中 国 建 筑 教 育

Chinese Architectural Education

2022 中国高等学校建筑教育学术研讨会论文集

Proceedings of 2022 National Conference on Architectural Education

主 编

2022 中国高等学校建筑教育学术研讨会论文集编委会

中国矿业大学建筑与设计学院

Chief Editor

Editorial Board for Proceedings of 2022 National Conference on Architectural Education,
China

School of Architecture and Design，China University of Mining and Technology

U0194873

中国建筑工业出版社

图书在版编目（CIP）数据

2022 中国高等学校建筑教育学术研讨会论文集＝
Proceedings of 2022 National Conference on
Architectural Education/2022 中国高等学校建筑教育
学术研讨会论文集编委会，中国矿业大学建筑与设计学院
主编. —北京：中国建筑工业出版社，2022.11
（中国建筑教育）
ISBN 978-7-112-28052-0

Ⅰ. ①2… Ⅱ. ①2… ②中… Ⅲ. ①建筑学-高等教
育-中国-学术会议-文集 Ⅳ. ①TU-4

中国版本图书馆 CIP 数据核字（2022）第 194074 号

2022 中国高等学校建筑教育学术研讨会暨院长系主任大会围绕"建筑教育的新形态与新机遇"为主题，设定"建筑学一流专业与一流课程建设经验交流""建筑学课程思政与教学资源建设""服务国家战略与建筑学教学改革""创新创业教育与建筑学人才培养"以及"学科交叉融合与知识和能力重塑"五个议题。经论文编委会评阅，遴选出各类论文 126 篇以供学术研讨。

责任编辑：陈　桦　柏铭泽　王　惠
责任校对：孙　莹

中国建筑教育
Chinese Architectural Education
2022 中国高等学校建筑教育学术研讨会论文集
Proceedings of 2022 National Conference on Architectural Education
主　编
2022 中国高等学校建筑教育学术研讨会论文集编委会
中国矿业大学建筑与设计学院
Chief Editor
Editorial Board for Proceedings of 2022 National Conference on Architectural Education，
China
School of Architecture and Design，China University of Mining and Technology

*

中国建筑工业出版社出版、发行（北京海淀三里河路 9 号）
各地新华书店、建筑书店经销
徐州中矿大印发科技有限公司制版
徐州中矿大印发科技有限公司印刷

*

开本：880 毫米×1230 毫米　1/16　印张：40½　字数：1364 千字
2022 年 11 月第一版　　2022 年 11 月第一次印刷
定价：**125.00 元**
ISBN 978-7-112-28052-0
（40174）

前言

根据全国高等学校建筑教育年会筹备组 2022 年的安排，一年一度的中国高等学校建筑教育年会暨院长系主任大会将由中国矿业大学建筑与设计学院承办，于 10 月在江苏徐州召开。届时全国建筑教育界同仁将聚首彭城，共同切磋、交流和探讨中国建筑学学科专业发展和建筑学教学改革的新发展、新成果和新经验。

当前，新冠肺炎疫情对社会生活的各种影响尚未结束，国家宏观经济调控亦对建筑行业产生直接影响，进而波及学校，建筑教育面临新的挑战与机遇。

习近平总书记在庆祝中国共产党成立一百周年大会上的讲话中提出"人类文明新形态"的概念。① 在教育领域，由于互联网等技术的发展带来了教育供给的新方式和新形态，如在线教育、虚拟学校等。建筑学作为一门交叉学科，兼顾技术与艺术，理论与实操，涉及知识范畴广、难度大，更应探讨新形势下建筑教育如何更好地传授技艺（崭新形态）。此外，随着国家双一流高校和双一流学科建设的推进，不少学校建筑学专业入选国家（省级）一流专业，融入国家高等教育改革的洪流，这为建筑学专业的高水平发展创造了条件。在此时代背景下，2022 中国高等学校建筑教育年会暨院长系主任大会确立了"建筑教育的新形态与新机遇"的大会研讨主题，具有深远的意义。

年会筹备组对全国（包括港澳台）及新加坡等华人地区发出研讨会论文征集通知，内容包括且不限于以下专题：

1）建筑学一流专业与一流课程建设经验交流

2）建筑学课程思政与教学资源建设

3）服务国家战略与建筑学教学改革

4）创新创业教育与建筑学人才培养

5）学科交叉融合与知识和能力重塑

论文征集通知发出后，得到各建筑院校广大师生的积极响应。筹备组共收到论文 180 余篇，经评委会认真初审、讨论和复议，最终录用 126 篇。应征论文作者来自包括国内外的 50 余所院校，录用论文作者来自 40 多所院校。

录用论文展现了教育改革的众多创新方向和丰富实践经验，充分反映了新时期建筑教育的探索和求实精神。教学体系的比较、构思和批评，可谓百家争鸣；联合工作坊、设计竞赛、教学研究、建造等支撑传统课程的新型教学方法不断优化和探索；绿色节能、大数据、参数化等前沿技术在建筑学教学课程中的应用日益丰富，且呈现如火如荼之趋势；文化遗产保护与利用、城市活力、乡村振兴、健康产业等当代热点问题也有越来越多的积极响应；两岸及海内外教学理念继续交流碰撞，春华秋实，开花结果。总体而言，这些教育改革和实践的新成果，体现出当前新的历史机遇下建筑教育的多元形态和丰富内涵。

按照惯例，年会筹备组将先行印刷《2022 中国高等学校建筑教育学术研讨会论文集》供与会者交流。在此，我代表全国高等学校建筑学学科专业指导委员会，并以我个人的名义，诚挚感谢中国矿业大学建筑与设计学院罗萍嘉院长领导的年会执行委员会在较短时间内高效率、高水准的筹备工作，以及为年会组织工作所付出的辛劳、智慧和努力！同时感谢筹备组各位院士、院长和教授对本次年会的积极支持，感谢中国建筑工业出版社对建筑学专业教育和教学工作一如既往的支持，感谢他们将此次论文结集出版！

王建国

2022 年

---

① 《求是》杂志. 习近平：在庆祝中国共产党成立 100 周年大会上的讲话［EB/OL］. 中国政府网，（2021-07-01）

目　录

Contents

建筑学一流专业与一流课程建设经验交流

基于开放性的空间训练——东南大学二年级基础设计实验性教学探析
·· 朱渊（2）

融会贯通——重庆大学建筑学部多专业联合毕业设计十年回顾
·················· 卢峰　黄海静　曾旭东　张海滨（7）

建筑学专业硕士培养方案的课程设置研讨——以上海交通大学设计学院为例
····························· 阮昕　刘杰　杜骞（11）

结构的造形与感知——东南大学建筑系结构建筑学 2016—2021 教学札记
·· 周霖　郭屹民（14）

新工科理念下的多元化建筑学教学体系改革探索——以厦门大学建筑学专业为例
··············· 张燕来　石峰　王绍森　李立新（26）

基于使用人群行为分析的空间形式生成——对天津大学二年级设计教学的思考
································ 李伟　张昕楠　朱蕾（30）

"新工科"建设背景下的建筑学毕业设计——教学引领的"产学研"合作
模式探索 ························ 田瑞丰　缪军（36）

在故宫建亭子——空间实体搭建教学的一次实验 ·········· 王靖　夏柏树（41）

从绘图工具盒开始——四元教学设计模式视角下的一个建筑初步课题训练
························ 柏春　寇楚天　李玲　项浚（46）

通专结合语境下的分解＋渐进式教学——以天津大学二年级建筑设计进阶
教学为例 ····························· 郑越　孙德龙（51）

面向实践的数字建筑设计教学改革研究 ············· 曾旭东　张晓雪　李娴（56）

体用并举，设计大义：上海交通大学建筑学系实践导师工作室教学改革与探索
·· 游猎　孙昊德（60）

一例线上版对标建筑师负责制的建筑设计启蒙
····················· 宗士淳　李伟　李珊　朱蕾（63）

STUDIO 教学题目类型选择与运行模式思考——以西安建筑科技大学建筑学系
四年级教学为例 ················ 李帆　叶飞　王晓静（70）

建筑学类"研究方法论"课程的筹划、讲授和思考 ··········· 张波　曾忠忠（78）

以学生"认知思维"为中心的建筑设计课程教学
····················· 曾磬　韩晓娟　彭芳　石孟良（82）

启蒙阶段建筑设计分析性思维培养的混合式教学模式及实践探索 ··· 秦媛媛（86）

建筑学一流专业课程建设——建筑策划与城市开发建设 ·············· 马健（92）

3导向＋3链接＋3工具——线上一流本科课程"城市设计原理"教学实践

·································· 吴珊珊　李昊（100）

材料的建构——基于材料搭建的设计课程探索 ·········· 吴涵儒　吴迪（106）

建筑技术深度融合高年级专题型设计课的教学研究与实践——以低碳通风

导向下的综合体建筑设计教学为例 ············ 顾贤光　张一兵　马全明（113）

基于数字找形技术的壳体结构平面化设计和建造策略

·································· 林涛　沈苏怡　段成璧（118）

数字技术课程体系下的参数化建构专题实验 ····· 李慧莉　王津红　丁晓博（124）

数字赋能——建筑行业数字化转型下的建筑学专业课程体系建设研究

···················· 刘启波　侯全华　余侃华　胡振博　杨雨丝（128）

历史建筑保护工程专业基础课程建设思考与实践 ·········· 陈聪　林源（132）

中国建筑史课程教学创新探索与实践 ··············· 赵冲　严巍　高宁（137）

基于问题为导向的翻转式教学在建筑历史与理论课堂的应用——

以"建筑流派"为例 ············ 张颖　马龙　宋辉（143）

整合地域建筑教育资源，强化地方特色教学成果——以安徽建筑大学建筑类

专业为例 ············ 胡春　王薇　潘和平（148）

地方应用型高校建筑学专业一流本科建设的困境与出路——以内蒙古科技

大学为例 ············ 孙丽平　王文明　马明（154）

建筑学课程思政与教学资源建设

设计课程教学中的建筑策划环节引入——以同济大学专题设计Ⅱ课程为例

·································· 屈张（160）

"积微成著 笃行致远 惟实励新"："建筑类型学"研究生课程思政建设与改革思考

·································· 汪丽君（165）

城市建筑：东南大学二年级基础教学与设计方法探讨 ·········· 黄旭升（170）

家国情怀与社会责任双层视域下的建筑学毕业设计课程思政的融入与实践

·································· 慕竞仪　薛名辉（174）

"建筑色彩学"课程三位一体思政生态构建探索与实践

·································· 黄茜　卢健松　钟力力（181）

古建筑测绘实习课程思政路径探索与实践

·································· 任舒雅　刘阳　饶永　贺为才（186）

"一核一轴两翼"：基于课程思政的建筑学复合型创新人才培养实践

········ 王绍森　李苏豫　杨哲　李立新　张燕来　石峰　王长庆（190）

中央美术学院城市设计课程思政建设思考 ·············· 虞大鹏（194）

华侨大学"城市设计：澳门城市更新专题"课程总结及思考

——以2019—2022年教学实践为例 ·········· 胡璟　费迎庆　孙亚楠（198）

多元教学模块有机融合的设计基础教学——以湖南大学为例

·································· 邹敏　钟力力　章为（205）

"环境行为学"课程融入思政教育的改革与建设路径探索 ·········· 徐梦一（210）

融合思政元素的建筑学设计课程教学探析——以建筑学专业竞赛单元为例

·································· 孟雪　李玲玲　薛名辉（214）

建筑设计课程思政探索与建设实践——以三年级设计课为例 ········ 贾颖颖（219）

以项目实践为引领、以国际前沿为导向的课程思政教学设计——

　以"设计前沿"示范课建设为例 ……………………… 耿慧志　李华（226）

文化传承和工具理性：未来建筑学专业教育之思考 ……… 朱文龙（230）

静水流深——对"建筑设计原理"课程思政的思考与实践

　………………………… 徐蕾　宋晓丽　刘力　陈立镜（234）

建筑学高年级设计类课程思政教学设计路径探析 ………… 武悦（238）

基于价值引领的建筑学本科二年级核心设计课程思政建设

　…………………………………………… 陈旸　郭海博（241）

"空间—建造"类型学初探：与课程设计同步的建筑案例分析教学

　………………… 吴佳维　冷天　孟宪川　麦思琪（246）

哈尔滨工业大学建筑设计基础课程思政教学实践

　………………………… 于戈　刘滢　邵郁　郭海博（251）

基于"SIUE"模式的"建筑设计理论与方法"课程思政建设实践

　………………………… 刘荣伶　胡子楠　胡英杰（254）

业主、建筑师、教师"三师"全程陪伴式教学模式探索——以三年级建筑

　设计课程为例 …… 胡映东　刘宇光　张开宇　石克辉　张红红　吕芳青（258）

基于三个导向的"城市设计"课程思政建设探索与实践

　………………………… 吴亮　于辉　路晓东（262）

"建筑设计基础"课程思政教学思考与探索 ……………… 李丹阳（266）

地方红色资源融入建筑学专业教学体系的探索与实践 ……… 李小娟　兰巍（270）

贯通与引导——"外国建筑史"课程思政目标、内容与体系构建研究

　……………………………………………………… 朱莹（274）

高校理工类专业课的"四点式教学法"——以本科建筑学专业"建筑

　构造（I）"课程为例 ………………………………… 朱元友（277）

从绘画观法到空间训练：建筑设计基础绘画教学中的课程思政设计

　………………………… 陈哲　郦伟　曾辉鹏（281）

以思维意识为导向的外国建筑史课程教学实践 ……… 赵春梅　舒平　严凡（286）

"针灸式"思政教学法在建筑设计课程中的应用——以本科三年级为例

　……………………………………………………… 潘卉（291）

耦合思政教育与能力培养的"建筑美学"教学模式研究 …………… 王益（296）

服务国家战略与建筑学教学改革

地形学双重维度下的设计教学研究 ………………… 唐斌（302）

新工科背景下的建筑设计课"五合"教学法探索及实践

　………………… 党雨田　张倩　宋冰　何泉　叶飞（308）

联结与革新——以时代议题为线索的建筑学专业课程转型实践

　………………………………… 田琦　鲁泽希（314）

"新工科"背景下建筑设计基础教学改革与实践 … 来嘉隆　崔陇鹏　叶飞（322）

行业特色与设计课程教学——行业特色高校建筑学本科设计类课程教学探讨

　………………………………… 孙良　罗萍嘉（328）

双碳背景下基于性能目标导向的绿色建筑设计教学实践与思考

　………………………… 陈伟莹　毕昕　曹笛（332）

"纵向进阶、横向融合"的建筑设计主干课程教学改革

·················· 路晓东 于辉 张宇 郎亮 吴亮（337）

房间和走廊：存量时代的建筑空间设计教学探索 ·············· 同庆楠（341）

基于实践性教学的绿色建筑课程体系改革探索 ·············· 石峰（349）

城市更新背景下的城市设计课程教学模式新探索 ·············· 李昂 常江（353）

图画小说与城市更新：基于"生活经验"的城市设计教学探索与实践

·················· 耿雪川 郝赤彪 解旭东 孟令康（359）

应用导向，知行合一——"环境行为学"课程教学方法优化研究

·················· 王琰 黄磊（367）

设计教育助力传统村落活态化保护利用的路径与实践研究——东南大学

研究生设计课程的探索 ·········· 吴锦绣 徐小东 张玫英 王伟 王海宁（372）

"双碳"战略目标导向的气候适应性大空间公共建筑设计教学

·················· 董宇 赵紫璇 陈旸（377）

绿色低碳与数字技术的协同——基于创新能力培养的建筑设计教学实践

·················· 黄海静 隋蕴仪 高嘉婧（381）

基于STEAM理念的体育建筑设计课程教学改革探索

·················· 史立刚 吴远翔 邱靖涵（386）

乡村振兴背景下乡村调研实践课程改革初探

·················· 张潇 林祖锐 华龙 秦乙山 李梦妍 姚欣雨（391）

"存量更新+文化传承"引导下城市设计教学探索——以湖南大学本科

四年级长沙火车站专题教学实践为例 ·············· 许昊皓 彭科 邱士博（397）

大数据空间分析与建筑学教学体系改革 ·············· 盛强（404）

城市记忆空间活化——中国矿业大学四年级专题城市设计教学探索

·················· 林岩 孙良（408）

融合计算性思维与创造性思维的教学创新实践 ·············· 孙明宇（412）

资源集中配置的地方高校绿色建筑设计教学课程群构建

·················· 李媛 胡英杰 高源 赵小刚（416）

基于恢复性环境的劳育课程建构思考——以"疗愈性景观体验与设计方法"

课程为例 ·················· 王诗琪（420）

运算化设计在健康住区设计教学中的应用与思考

·················· 舒平 张容畅 李子芊（423）

存量时代下城市与建筑认知教学改革探索——以中法暑期联合教学为例

·················· 李冰 郎亮 王时原 唐建（428）

元宇宙视域下城市历史街区更新设计教学研究——一次"城市设计"课程

教学的思考 ·················· 丁潇颖 杨凡 张正阳（435）

建筑学理论课程的混合式教学模式实践探索 ·············· 魏宗财 黄绍琪（439）

创新创业教育与建筑学人才培养

建筑本体的回归与拓展——天津大学建筑学三年级课程设计训练要点

·················· 张向炜 辛善超 韩哲（444）

基于"泛设计思维"的创新创业教育：理论探讨与实践探索

·················· 陈科 常远（449）

建筑史论课程"美育"体系的构建、融贯与实践研究 ········· 朱莹 李心怡（454）

山东建筑大学二年级"ADA 建筑实验班"建筑设计教学改革与实践
·················· 张文波 王昀（457）

城市研究与城市设计一体化教学模式研究
·············· 姜梅 汪原 周卫 董哲 张婷（466）

另一种角度的实践性教学：设计竞赛与设计课程并行相辅的建筑设计教学探索
·················· 任中琦（475）

基于建筑师负责制的建筑教育革新思考 ·········· 陈未 金秋野（480）

融合创新创业教育的建筑造型教学策略与改革 ·········· 贾宁（483）

立体建构的"双赢"——学生与儿童实践创新能力的互动
·················· 杨思勤 贾娇娇（487）

"去包豪斯化"思路下的 ETH 建筑系基础美术教学初探 ····· 严凡 孙立伟（490）

资源节约视阈下以建筑策划为导向的创新型人才培养模式 ····· 罗琳 刘越（493）

区域视阈下的建筑学入门阶段建筑设计课程有机教育教学改革探索
·················· 李燕 陈雷 辛杨（496）

基于地域特色和行业背景的建筑学专硕校企联合培养模式探索
·············· 石谦飞 王金平 梁变凤（500）

工艺相济理念下的建筑学人才培养模式探索 ········· 刘奔腾 马蕾 张涵（506）

学科交叉融合与知识和能力重塑

通识教育背景下的建筑教育专业分流与学制的关联性研究——以美国 120 所
建筑院校为例 ·············· 李登钰 顾大庆（512）

基于人类学观察的聚落更新设计——一次建筑设计教学的探索 ····· 韦诗誉（518）

建筑类通识课程教学组织探索——以同济大学"经典住宅赏析"为例
·················· 贺永 张迪新（524）

全面深化新工科背景下的建筑学专业高质量人才培养模式探索——西安建筑
科技大学的改革实践 ·············· 张倩 叶飞 尤涛（529）

1930—1960 年代美国建筑教育与人文社会科学的融合——现代性的另一种路径
·················· 崔婉怡 许懋彦（534）

基于多学科交叉的国际共建课程体系设计研究 ········ 郭海博 于洋 陈旸（538）

"案例先行，模型为本"——基于空间形态转译的城市设计教学方法研究
·················· 叶静婕 李昊 沈葆菊（543）

向工业建筑学习——融合设计与研究的教学方法 ·········· 邓元媛 林祖锐（549）

建筑学学科背景下历史建筑保护工程专业"设计初步"课程教学 ····· 张曼（555）

绿色建筑与建成环境交叉学科培养体系建设
·········· 展长虹 唐征征 刘京 孙澄 薛名辉 董建锴 沈朝（559）

建筑师专业地位提升视角下的循证设计课程群构想
·················· 戴晓玲 文旭涛 赵小龙（562）

基于学科交叉的木结构建筑设计教学 ·········· 舒欣 林佳宝 朱金津（568）

在建筑学教育中纳入景观与国土思维：天津大学 CIEPT 项目
·················· 张春彦 沈晨思（574）

面向"大类培养"的建筑类基础教学探索
·········· 颜培 张倩 李钰 靳亦冰 谢晖 崔小平 张永刚 苏静（579）

新工科背景下建筑专业教学数字技术应用分析——关于数字化辅助设计工具在

　　建筑专业教学中使用情况的问卷调研 ……………………… 俞传飞　章圣杰（583）

基于模块化与在场化理念的"城市设计概论"课程教学探索——以中央美术

　　学院建筑学院为例 ……………………………………………………… 苏勇（589）

以一体化街块再造为目标的城市设计课堂教学实验 ……… 沈葆菊　叶静婕（594）

建成环境评估课程浸入式教学探讨与实践 ………………………… 曾锐　李早（599）

自然基因·结构体系·构造形式——"新工科"山地建筑设计多学科交叉

　　融合教学实践 ……………………………… 庞佳　叶飞　陈敬　何泉（603）

融入绿色建筑设计理念的构造实习教学实践 ……………… 刘永鑫　罗鹏（611）

学科交叉视野下的历史建筑保护工程专业毕业设计课程探索 ……… 杨一帆（616）

固本清源、面向未来——建筑与城乡规划学院三专业联合毕业设计实践

　　…………………………………………… 程然　郝赤彪　解旭东（620）

从国家自然科学基金项目看建筑学科学术研究的问题——以《建筑学报》

　　基金专刊为例 …………………………………………… 吴茜　顾大庆（625）

健康建筑视野下的建筑学跨学科人才培养研究

　　…………………………………… 罗明　李哲　解明镜　童淑媛（630）

"科学＋艺术"——建筑类专业多学科交叉融合探索与实践 … 刘滢　于戈（634）

建筑学一流专业与一流课程建设经验交流

朱渊

东南大学建筑学院；104671868@qq.com

Zhu Yuan

School of Architecture，Southeast University

基于开放性的空间训练
——东南大学二年级基础设计实验性教学探析 *

Open Space Training
——Analysis on the Experimental Training of Fundamental Design in the Second Year of Southeast University

摘　要：联合试验教学，本文谈论针对二年级基础设计教学的内容，面向未来的内容、评价与引导的探索。本文通过教学中的实践思考，讨论练习化教学要点的重新反思。本文主要通过空间的开放性反思、具体的抽象性、层级关联下开放空间聚焦、空间路径的感知、精准性模糊等方面进行讨论。

关键词：基础设计教学；不确定；开放性

Abstract：Based on the combined experimental teaching, the second-grade fundamental design teaching content, reflection in the basic teaching, for the future content, evaluation, and guidance of exploration. Through the practice thinking in teaching, this paper discusses the rethinking of the key points of practicing teaching. The discussion is mainly carried out from the aspects of open reflection of space, specific abstractness, focus of open space under hierarchical association, perception of space, precision ambiguity and so on.

Keywords：Fundamental Design Teaching；Uncertainty；Openness

空间的基础训练，作为低年级设计教学的基本问题之一，一直在众多教学实践中，以多元视角进行尝试与探索。如何理解、界定和关联低年级基础设计教学中的要点与内容，在不同时期呈现了多元的差异性，并同时体现了对此长期动态优化的趋势。空间开放性，作为东南大学二年级基础设计实验性训练的基本出发点，[①]试图带动从城市到建筑关联的整体教学训练。日本东京工业大学教授坂本一成教授将具体的房间转化为间室的概念，以非确定功能的空间载体，解析相互之间确定的空间关联性；瑞士 ETH 的迪特玛·埃伯勒（Dietmar Eber-le）教授在本科二年级的教学中，将空间的使用方式作为一种不确定性的变量（图 1），重点讨论空间开放性带来的设计潜力，以及空间本体价值的取舍与判断标准，如对于日照、尺度的优劣，空间内部有无柱子的价值判断，以及建筑中不同空间位置的价值判断等。

对于低年级的学生而言，有效地进行空间观察、认知与训练，进一步促发其观察与思考空间价值的呈现途径，创造基于空间开放性塑造的空间氛围，空间开放性成为在基础训练中，需要被进一步讨论的问题。

＊项目支持：本文受江苏省高等教育教改研究立项资料 2021JSJG383。

① 东南大学二年级实验性设计教学与 ETH 前院长迪特玛·埃伯勒（Dietmar Eberle）教授合作，以开放性理念贯穿教学对于不同主题的引导。2021 年的会议论文介绍了本课程的主要架构与组织方式，本文主要聚焦于具体化的教学理念。

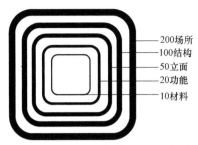

图1 不同层级下的更新频率，从10年到200年

1 空间的开放性：空间意识的反思

空间的开放性，一直是在建筑空间属性分析中不断关注的话题。在我们对城市微观层级持续关注，并对其相关的城市与建筑空间的可变灵活属性进行深度思考的同时，对建筑空间面向未来不确定的实践性判断，提出了更高的要求。由此，开启了对于开放性空间属性的设计思路与方法，并成为在低年级的教学中对于空间认知与设计推进的基础。

空间的开放性，可理解为以下几个主要特质：

其一，以人为主体的空间灵活定义。可依据人的不同行为，探索多适应性空间，以满足各种不同类型行为的具体空间特性。例如，作为教育的空间，可以不同的理解方式，形成室内、外不同大小的空间类型。

其二，预留空间可变的非确定性。可以在具有长久性与确定性的基本结构内进行转化，随着时间的变化，

图2 威尼斯海关大楼博物馆（Punta Della Dogana）：在外形保护的基础上，内部功能发生了多次的变化

发展其特有的空间属性。例如，针对特定使用方式的空间预留，在大空间的定义下，提前预留可以被多类型划分使用的可能性。

其三，具体定义的类型化。强调从空间具体不同使用类型的定位，转化为对空间稳定内在属性的抽象性理解。例如，从具体的功能空间的理解，转化为大小不同尺度类型空间关系的分析，从而解放对特定功能局限理解的趋势，走向一种广义的空间使用方式与排布需求。

其四，短期与长久。强调空间的开放性应对不同时期的空间需求，以及相互之间的转化关系。例如，短期的空间使用，是否能同时满足未来长期变化的趋势，由此带来空间多义性的潜力。

基于以上特性，设计教学聚焦于时间周期差异性视角，对不同要素进行进一步空间开放性理解。这种开放性的意识，体现于短暂与长期的周期变化之间的并置与互动性。相比较城市肌理的持久性，建筑外界面，以及内在结构的相对稳定性，空间使用方式的可变，显得更为灵活，我们可以从图2中看出，城市中的老房子，外部形态持久保存的同时，内部的功能在经历了多年的变迁产生了更多的变化。同样的空间，承载了各种不同使用方式的机会和发展。

2 "大""小"组织：空间的类型化整合

教学中，我们从具体空间使用类型定义，抽象为对"大""小"空间组织关系的重新思考，强调对空间组织关系的精准定位，即通过对城市界面、朝向、环境等影响要素的分析，以及建筑光线进入方式和空间感知氛围的分析，导向于空间的主次、上下，以及由此带来的空间结构与物质结构的关系，并在城市、建筑的不同层级的空间对话中，讨论功能空间作为一个独立体系的存在和作为剩余空间的氛围体验。

因此，基于对建筑的城市性，结构的空间性，形态的体验性、整体性反思与革新，空间的开放性决定建筑刚性与弹性的需求，设计变得更为简化与明确。这种简化并不是一种简单的信息减少，而是一种承载了更多信息下空间抽象类型化的结果。对于低年级学生来说，我们暂不用去讨论50m²的房间是办公室还是教室，只需讨论50m²与200m²的空间，如何能合理地存在于建筑的整体空间与结构体系中，并能通过相互之间的关系协调创造房间内与外的特殊体验（图3）。

此外，被理解为抽象"大"与"小"的基本空间，同时体现了同一个空间可以被使用的多样性，以及不同空间之间分隔与合并的灵活性。"大"与"小"的空间属性，可视为单一空间的"大"与"小"，也可理解为

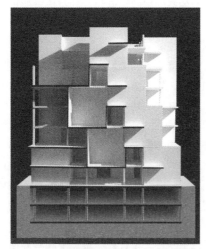

图3 大小不同空间的并置方式，创造光线
进入的特殊方式的产生的特殊的氛围
（学生：何子俊，指导教师：宋亚程）

多个"小"空间组织形成的大空间。这种空间之间的组织潜力，在体现了空间解放的同时，也带来了对于空间结构强关联的思考。其中，直接地灵活分割带来的多场景使用，以及墙体的定位带来的空间属性的定义，暗示了空间之间可以被关联使用的并置模式，并通过光线进入方式、公共性，大空间组织模式、城市界面等不同的要素进行相关引导。

3 城市—结构—材料：开放性的层级关联

从城市建筑到室内空间，课程中对空间开放性的关注，针对不同层级进行了进一步的讨论。其中，城市、结构和材料，三个不同层面，与空间的功能与感知之间，形成具有更为多元的空间属性，并通过明确的引导，延伸更多的潜在内涵。

从城市角度来看，空间的开放性体现于对城市关联要素的具体观察。从设计的体量介入开始，即引导学生从公共性融入的视角，引发对城市、街道、地块等不同层级边界的特殊性思考。在有意识、有创造力地延续城市肌理的同时，留出城市与建筑互动对话的空间。在围合与封闭之间，体现建筑在城市空间中的融合度。不同尺度的都市空间，均在对建筑面向城市的开放中，产生了共性基础上的差异性。从历史街区到城市新区，体量、层级与融入的引导，体现了不同城市环境中建筑开放性的深度结合（图4）。

从结构层面而言，差异化的结构类型直接或间接地引导了空间之间隔离与联系的方式。例如，核心筒作为结构，即通过空间体积占据的方式，在空间生成的过程中强化了剩余空间的分化与融合的灵活性。在平面划分

图4 延续城市肌理下的空间场所营造，
由此形成特殊的城市空间形态
（学生：高梦薇，指导教师：郭苪）

的基础上，"大""小"空间在垂直方向基于力流的结构与空间的组织方式，突出了基于开放性无柱需求上的空间性推进。"大""小"空间的组织与相应的结构支撑，带来对于"大""小"空间内部与外部空间感知的特殊呈现。这种聚焦于大小、内外的结构表达，释放了空间可以更为具体化定义的开放性（图5）。

从材料层面来看，通过统一或差异化材料，强化对于空间开放性的定义与引导，同时暗示了一种空间内在的封闭性或外在的延展性。利用材料体现空间的属性，一方面通过材料的分化，体现空间的界定关系；另一方面通过材料的统一，模糊性联系不同区位的空间，由此形成连续的串联或嵌套空间。其中，对于单一建筑要素（如墙体、楼梯、柱子等）的进一步强调或特殊意图的表达，可通过材料的强弱对比或一致性，进一步体现空间的开放性与延续性（图6）。

图 5　结构作为一种开放空间的聚焦，形成一种空间水平与垂直的联系方式
（学生：罗远烽，指导教师：朱渊）

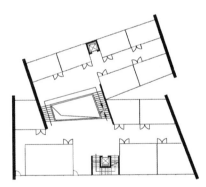

图 6　材料训练下的空间表现
（学生：董宇飞，指导教师：朱渊）

的感知进行判断与评价。由此，课程中，如何让学生理解开放性空间的感知特性，成为比较难以明确标准，却又非常重要的问题。整个教学可视为围绕氛围营造展开的不同专题练习的过程。如何将建筑学的基本知识通过属性研究与设计尝试，转化为人性化感知的一部分，成为针对建筑本体操作进行价值判断的重要依据。这种难以具体化而准确性传递的信息，在以开放性为引导的专题训练中成为需要重点讨论的一部分。

开放空间的氛围感知，一方面，可理解为动态与静态，内与外结合下的空间潜力；另一方面，可理解为从空间本体，向结构、光线、材料具体属性触摸性认知的深度传递。开放空间的流动性，如何通过结构与材料，针对历史街区与城市新区的不同城市氛围进行塑造，激发对结构形式、跨度、材料属性，以及空间关联属性等具体问题的分析（图 7），并针对空间氛围的感知营造形成具体的导向途径，成为在基于建筑学基本问题与要素的分析与研究下的重要目标之一。

图 7　氛围感知下的场所、表皮、结构等不同练习的整合（学生：李伦龙，指导教师：朱渊）

4　开放性氛围：空间感知的引导

从城市到建筑，不同层级的空间练习，最终通过人

5　准确的模糊：低年级的基础性

针对低年级同学而言，在缺乏专业化训练的初期，

设计教学内容中，相关设计内容的准确控制与部分的模糊放松，在互动的平衡中不断指向对于空间开放性的思考与判断。准确，不在于尺寸的职业化精准，而在于要素之间明确清晰的相互关系，如柱与梁、墙体与墙体的交接，不同空间之间的对位关系等；模糊，即在开放性基础上，对具体空间功能确定的放松。即如，强化对空间的理解、体验，以及对城市建筑空间、结构支撑、材料交接等相互之间关系与氛围的营造；模糊对空间详细功能的确定和排布，不强调职业化梁柱尺寸的精确性等。通过渐进式的方式，形成对于专业化训练能力的培养，将有限的时间投入对基本问题的短期专题练习。

因此，针对低年级的设计课程，模糊的过程，一方面，是对空间层级要点进一步明确和在保留信息饱和度基础上的精细化梳理；另一方面，强调了对低年级同学对知识要点之间相互关联的准确性强化。强化与弱化之间，逐渐让空间开放性引导下的教学目标与标准逐渐清晰，也逐渐让针对低年级同学的要求不断明确，并以一种目标性引导的方式逐步展开。

6 结语——基于开放的确定性

空间的开放性，可视为面向不确定性的空间策略和认知。从另一种角度来看，这种空间的适应性和可变性，表面是一种未知，却饱含了深层的确定性。未来空间的可变与多元适应性，是一种可知而确定的变量，也是在未来的发展中，可进一步动态讨论的话题。基于此，空间与城市、结构以及材料的关系，也是一个在各种动态活动中，形成的确定性话题。在低年级的训练中，如果能让这种对要素关系的准确性关注，形成根深蒂固的习惯性意识，则会在未来的不同尺度、类型的设计，以及不同时代的发展中，时刻把握建筑作为更大系统中不可分割一部分的重要意义。

因此，面向不确定的未来，是基于空间开放性对城市建筑的整体意识；是面向未来针对设计教学基础知识的思维反思；是聚焦于不同层级进行空间诠释的模式关联；是针对建筑话语进行整合更新的路径拓展。

图片来源

图 1 来源于作者自绘；

图 2 来源于威尼斯海关大楼［OL］. 猫途鹰. https：//www. tripadvisor. cn/Attraction _ Review-g187870-d1551068-Reviews-Punta_della_Dogana-Venice_Veneto. html.

图 3～图 7 由设计教学团队提供。

主要参考文献

［1］EBERLE D, SIMMENDINGER P. FROM CITY TO HOUSE：A DESIGN THEORY［M］. Zurich：GTA Verlag, 2007.

［2］EBERLE D, AICHER F. 9×9：A METHOD OF DESIGN, FROM City TO HOUSE CONTINUED［M］. Basel：Birkhäuser Verlag, 2018.

［3］坂本一成，等. 建筑构成学——建筑设计的方法［M］. 陆少波，译. 郭屹民，校. 上海：同济大学出版社，2018.

卢峰　黄海静　曾旭东　张海滨

重庆大学建筑城规学院，建筑城规国家级实验教学示范中心（重庆大学）；lufeng@cqu.edu.cn

Lu Feng　Huang Haijing　Zeng Xudong　Zang Haibin

School of Architecture and Urban Planning，Chonging University；Architecture and Urban Planning Teaching Laboratory Chongqing University

融会贯通
——重庆大学建筑学部多专业联合毕业设计十年回顾 *

Convergence and Integration
——A Decade Review of the Multi-professional Joint Graduation Design of the Faculty of Architecture，Chongqing University

摘　要：多专业联合设计是建筑学科各专业基于高水平专业人才培养目标的一项教学改革探索。本文从建设背景、教学前期准备、实施过程等方面，对重庆大学建筑学部多专业联合毕业设计的 10 年发展历程及其教学改革措施进行了较全面地阐述，希冀以此为契机，推动建筑学专业教育模式和课程体系改革向多元化、研究性课题等方向纵深发展。

关键词：多专业联合毕业设计；校企合作；协同设计

Abstract：Multi-professional joint design is an exploration of teaching reform based on the goal of high-level professional talent training in various architectural disciplines. This article from the construction background，pre-teaching preparation，implementation process，etc. The development process and teaching reform measures have been comprehensively expounded，hoping to take this opportunity to promote the in-depth development of the architectural professional education model and curriculum system reform in the direction of diversification and research topics.

Keywords：Multi-professional Joint Graduation Design；School-enterprise Cooperation；Collaborative Design

长期以来，以学科为核心的专业知识体系及其专业教育模式，在培养国家急需工程人才、支撑国家城镇化和工业化建设等方面发挥了重要作用。但在当代背景下，城市发展的不确定性、信息技术革命所带来的知识来源的扁平化以及原有学科边界的模糊化，使得以知识传授为主的传统教学模式以及窄口径的人才培养体系面临新的挑战；只有具备更广阔的知识背景和完整知识体系的人才，才可能具备在复杂状态下寻找最佳解决路径的能力，并最终成为能够适应与驾驭未来的领军者。

1　背景

重庆大学建筑学部多专业联合教学的产生与发展，具有深刻的时代背景和充分的前期酝酿。2011 年，教育部开始推行卓越工程师教育培养计划（简称"卓越计划"），明确提出卓越计划是为贯彻落实党的十七大提出

* 项目支持：

1. 重庆市高等教育教学改革研究重大项目：以学生为中心的研究性专业课程建设探索与实践（201002）；
2. 重庆市研究生教育教学改革研究重大项目：面向地区重大发展需求和国际化的建筑学专业学位研究生教育模式改革与实践（yjs202003）。

的走中国特色新型工业化道路、建设创新型国家、建设人力资源强国等战略部署，贯彻落实《国家中长期教育改革和发展规划纲要（2010—2020年）》实施的高等教育重大计划；同年，重庆大学开始在建筑城规学院2011级新生课程中试点通识教育课程"经典阅读"，并邀请国内著名学者甘阳、刘小枫、罗岗、张旭东以主题讲座的形式授课，开始了新的教学改革试点；面对新的历史发展机遇，重庆大学提出了在建校100周年之际将学校建设成为"中国最好大学之一"的发展愿景和培养"能够适应和驾驭未来的人"的教育目标；[1]为了筹备2012年11月的全校教学工作会议，学校成立了由主管教学的杨丹副校长牵头的《重庆大学高水平有特色教育体系》研究报告课题组，在对国内外不同办学理念、不同培养模式的教育体系分析比较的基础上，通过对学校办学传统的再认识以及对当前教育发展瓶颈的深入思考，该研究报告提出将"能力为重、学制贯通、通识教育、学科交叉、学研融合、国际视野"作为重庆大学教育体系改革的切入点，明确提出以"学生为主体、教师为主导"的办学理念，回归以本科教学为基础的大学教育本质。[2]为了更全面地了解国内外高校的人才培养状况，研究报告课题组在充分收集国内外院校资料的基础上，于2012年3月下旬出访日本，分别与东京大学教养学部、工学部，以及东京工业大学工学部针对通识教育进行了深入交流，其中东京工业大学的"楔形"通识教育构架使我们看到了不同于欧美高校的通识教育模式；与此同时，重庆大学建筑学专业入选2012年度教育部"卓越工程师教育培养计划"和"'十二五'期间'高等学校本科教学质量与教学改革工程'"，也开始从课程体系和教学模式两个方面开始探索高水平专业人才培养的新途径；在专业课程体系优化上，从基础知识强化和创新能力培养两个方面出发，逐步围绕学生阶段能力培养目标构建了"2+2+1"课程体系；[3]在教学模式探索方面，以2011年承办"八校联合毕业设计"为契机，开始探索跨地域、跨专业的联合教学课题，并与西安建筑科技大学建筑学院合作开展涵盖建筑学、城乡规划、风景园林三个专业的新型联合教学项目；[4]以上不同教学层面的思考、交流与探索，为重庆大学建筑学部多专业联合教学探索做好了前期铺垫。

2 成立

2012年11月2日，在重庆大学教学工作会议分组讨论会上，建筑学部深入探讨了以"实践型创新能力"培养为核心的特色教学体系建设的内涵与设想，认为学部制的建立，不仅将对学科与科研发展产生深远影响，

而且将对重庆大学的人才培养模式尤其是本科教学，产生不可估量的深远影响，学部制的建立为创新性复合型人才培养提供了一个坚实的基础。提出为了更好地适应高素质、有特色、复合型人才的培养目标，在课程体系、教学方法、教学模式等方面，必须由单纯的知识点传授向跨平台、以知识综合运用能力培养为核心的教学体系转变；[5]这些教学改革设想直接促成了建筑学部跨专业联合教学项目的产生。

2013年1月8日，为了进一步了解创新人才培养的新模式，由学部主任张四平常务副校长带队访问香港理工大学，对该校以问题为导向、强调学生动手能力的实验教学课程体系和开放式的实验教学空间留下了深刻印象；1月15日，建筑学部召开教学工作扩大会议，邀请各学院一线教师代表18人参会，讨论今后学部教学改革的工作重点，正式提出建筑学部联合毕业设计的构想；1月22日，建筑学部召开联合毕业设计讨论会，正式成立联合毕业设计教师工作组，并提出建筑学部多专业联合毕业设计工作纲要，明确设计题目和初步的教学进程安排，明确各学院指导教师及学生人数，明确将设计目标定位为"绿色建筑设计"；同年3月11日，在建筑城规学院国际会议厅举行联合毕业设计启动仪式，标志着重庆大学建筑学部多专业联合毕业设计正式开始实施。

面对一个更加广阔、更具不确定性的就业市场和多变的行业发展趋势，专业教育模式必然会发生两个显著转变，一是由单纯的知识传授转向对学生发现知识、分析知识、运用知识、创新知识的综合能力的培养，二是对学生解决行业前沿复杂问题和终身学习能力的培养；这两个培养目标的转变，必然带来专业课程体系的变革。自2013年以来，为打破各学科专业教育间的隔阂与壁垒、促进各学科专业教育协同发展、提高学生应对复杂设计问题的专业能力、构建探究式的教学过程，重庆大学建筑学部依托自身跨学科的平台优势，联合西南建筑设计院、重庆市设计院、重庆大学建筑规划设计研究总院等国内知名建筑企业，统筹建筑、结构、设备及管理4个学科7个专业，开始探索"跨学科、多专业协同、校企联合"的教学新模式，成为我国建筑领域"复合创新型"人才培养的一个重大创新举措。[6]

3 举措

2013年首次多专业联合毕业设计由于缺少经验，加之师资力量配置的瓶颈，所以采用了小规模的实验性教学模式，并且选择了学生比较熟悉的校园内场地作为课题设计用地，教学团队具体组成情况为：建筑学专业

4 位任课教师、1 位企业导师、4 名学生；土木工程专业 2 位任课教师、4 名学生；给排水科学与工程、建筑环境与能源应用、环境工程 3 个专业，3 位任课教师、6 名学生；工程管理、工程造价 2 个专业，3 位任课教师、4 名学生；共计 13 位指导教师、18 名学生；专业任课教师均有较丰富的工程实践经验，同时设计企业导师的参与，保障了教学过程中对具体技术细节的把握和对相关规范的深入理解，最终课程顺利推进，但也发现了不少问题；首先，是各专业协调工作开展得不顺利，长期形成的以学科为主体的专业教学模式，使各学院的专业教师和学生们对彼此的教学述求和专业学习特点缺乏全面了解，由于不了解整个设计课程过程中不同专业的阶段工作目标和重点，各专业学生往往各自为政，找不到解决问题的途径；其次，是学生的知识面比较窄，缺少知识综合运用能力的培养和设计发展的预见性，其他专业的学生往往需要待建筑学专业的学生提出较完整的设计方案后才介入设计过程，导致其工作量安排前松后紧，一旦建筑设计方案不合理，就会导致整个设计过程严重滞后；最后，只有提高各专业学生对设计过程中整个知识体系构成的认知水平，才能使其在获取和应用知识时不至于迷失方向。

2014 年，针对首次教学过程中存在的问题，联合毕业设计教师组对课程的流程和内容作了进一步的调整：一是开设了面向所有专业学生的设计通识理论课程，各专业指导教师着重强调了本专业与其他专业协调的重点和方法；二是增设了场地调研与社会实践环节，并依托各合作企业开设了由企业总师主讲的前沿讲座，涉及技术关联关系及其在经济、法律、管理、环境等方面的关联关系和制约关系分析、工程创新理论与方法、数字化工程设计理论与实践及相关工具平台运用等内容，使学生及时了解行业发展的前沿动态和技术要点；三是改变了线性的设计课程流程，要求学生在组成设计团队后，通过集体交流构建明确的设计路线图，并对设计过程中各重要技术节点和协调内容提出预案；经过以上教学调整，逐步形成了"面向企业的专业性社会实践调查、面向工程的多专业协同创新设计、面向建设工程全过程的工程设计实践"[7]的教学框架，并在后续的教学过程中不断得到完善和优化。

2015 年以后，多专业联合毕业设计的教学团队紧密结合国家发展战略，持续在教学过程中引入了 BIM、绿色低碳、装配式建筑等新的技术设计手段，引导学生以问题为导向构建研究性的设计框架，并通过设计团队的通力合作与集体攻关推动设计发展，从而使学生在设计过程中有更多的体验感和获得感，并初步具

备了根据问题构建针对性的知识体系和设计方法的能力。

4 结语

至 2022 年，参与重庆大学建筑学部多专业联合毕业设计的学生已达 426 名，有 60 余份学生作业入选重庆大学优秀毕业设计（论文）；相关教学成果获得了教育部赴重庆大学本科教学工作审核评估专家组、住房城乡建设部高等教育土建类专业评估专家充分肯定。[8] 自课程开设以来，团队成员主持或主研省部级以上教改项目 13 项；获省部级以上教学成果奖 5 项，其中国家级 1 项；发表高水平教改论文 10 余篇；出版学生作品集 1 部。[9] 回首 10 年，重庆大学建筑学部多专业联合毕业设计收获颇丰。

一是实现了专业教学模式由"授之以鱼"向"授之以渔"的转变。将原有静态的、以知识单向传授为主的被动教学过程，向以学生为中心、以学生自我探索与研究为主体的积极教学过程转变，使学生真正成为课程的参与者与建设者。

二是实现了由模拟实践教学向研究型教学的转变。按照"设计即研究"的理念，以国家和地方重大需求为导向，逐步摸索构建了师生共同参与、共同研究的"师生共同体"，持续开展了以先进数字技术与绿色建筑为核心的设计创新探索。

三是构建了一个更加开放和互赢的校企合作平台。企业深度参与教学过程，使最新实践成果能够及时转化为有特色的教学资源，为学生提供更贴近实际、更综合的技术解决方案；而校企双方也可借助这一平台探索新的技术集成模式和扁平化的设计工作模式，构建具有前瞻性的技术发展规划和技术储备。

重庆大学建筑学部多专业联合毕业设计，创下了国内专业教学的多个先例，是国内专业教学整合度最高、参与专业类型最全、对学生解决问题的综合能力要求最高的毕业设计课题之一，自 2013 年启动以来就受到了国内许多建筑院校的高度关注。10 年的教学积累，不仅展现了同学们对特定问题的深入探讨与艰苦的工作过程，也体现了各专业教师长期、无私的付出和严谨务实的教学风格；其中的许多设计方案目前看来还存在诸多不足，解决问题的方法和途径还稍显稚嫩；但风物长宜放眼量，虽然任重道远，我们仍秉承"敢为天下先"的探索精神和"以学生为中心"的教学理念，面向未来，有所作为，希望从这个独特的教学探索课题上找到专业人才培养的新路径、新方法。

主要参考文献

[1] 重庆大学探讨建立高水平、有特色的人才培养体系研讨会会议记录 [Z]，2011-12-16.

[2] 重庆大学高水平有特色教育体系研究项目课题组. 重庆大学高水平有特色教育体系研究报告 [R]，2012.

[3] 卢峰，蔡静. 基于"2+2+1"模式的建筑学专业教育改革思考 [J]. 室内设计，2010，25（3）：46-49.

[4] 卢峰，黄海静，龙灏. 开放式教学—建筑学教育模式与方法的转变 [J]. 新建筑，2017（3）：44-49.

[5] 重庆大学建筑学部. 重庆大学建筑学部教学工作会议总结 [Z]，2012-11-02.

[6] 李正良，廖瑞金，董凌燕. 新工科专业建设：内涵、路径与培养模式 [J]. 高等工程教育研究，2018（2）：20-24+51.

[7] 黄海静，邓蜀阳，陈纲. 面向复合应用型人才培养的建筑教学——跨学科联合毕业设计实践 [J]. 西部人居环境学刊，2015，30（6）：38-42.

[8] 重庆大学：探索"四链"融合 构建"大工程观"育人新生态 [N]. 中国教育报，2022-06-22.

[9] 黄海静，卢峰. 跨界融合致深——重庆大学建筑学部多专业联合毕业设计 [M]. 北京：中国建筑工业出版社，2020.

阮昕 刘杰 杜骞*

上海交通大学设计学院；电子邮箱：qian. du@sjtu. edu. cn

Ruan Xing Liu Jie Du Qian*

School of Design，Shanghai Jiao Tong University

建筑学专业硕士培养方案的课程设置研讨
——以上海交通大学设计学院为例

Study on the Course Programme of Professional Master Degree in Architecture
——Taking the School of Design，Shanghai Jiao Tong University as an Example

摘 要：专业硕士学位是我国当前研究生教育改革和发展的重要内容。虽然建筑学专业硕士的培养目标、教学理念与学术型硕士完全不同，但是二者目前在课程设置的区分度还并不明显，这给不同高校保留了一定的自主权来组织课程建设，体现其办学定位和特色。上海交通大学设计学院专业硕士（国际）项目于 2020 年正式启动，它是对建筑学专业硕士教育的一次探索，其课程设置既体现了上海交大建筑系的学科专业方向、设计学院的特点以及交大的国际化办学理念，也代表了上海交大对于当代设计新议题的关切。

关键词：建筑教育；建筑学专业硕士；培养方案

Abstract：The professional master's degree is an important part of current postgraduate education in China. Although the objectives of the professional master of architecture are entirely different from the academic master，the difference between these two curriculums is not apparent at present. It reserves some autonomy for various universities to organize the courses. The professional master in architecture (international) program of the School of Design of Shanghai Jiao Tong University was officially launched in 2020. It is an exploration of the professional degree of master in architecture. The course programme embodies the features of department of architecture and School of Design，as well as the international horizon of the university. It also reflects the concern of Shanghai Jiao Tong University to the new challenges in contemporary design.

Keywords：Architecture Education；Professional Master Degree in Architecture；Training Programme

1 引言

积极发展硕士专业学位研究生教育，培养适应社会需求的高层次应用型专门人才是当前我国研究生教育改革和发展的重要内容。建筑学专业学位硕士研究生的设立始于 2012 年，国务院学位委员会第十四次会议审议通过的《专业学位设置审批暂行办法》第二条规定：“专业学位作为具有职业背景的一种学位，为培养特定职业高层次专门人才而设置。”《硕士、博士专业学位研究生教育发展总体方案》[①]指出：“专业学位研究生教育在培养目标、课程设置、教学理念、培养模式、质量标准和师资队伍建设等方面，与学术型研究生完全不同。”

① 国务院学位委员会第二十七次会议审议通过。

2017 年，国务院学位委员会在《学位授权审核申请基本条件（试行）》中"五、专业学位类别博士硕士学位授权点申请基本条件"提出，建筑学专业学位的专业方向应依据《建筑学专业学位设置方案》，根据建筑设计行业发展需要设置，应包括建筑设计、城市设计、建筑保护设计、建筑技术设计等。专业方向与注册建筑师执业资格相衔接，并体现学校办学定位和特色。

在 2020 年全国专业学位研究生教育指导委员会编写的《专业学位研究生核心课程指南（一）（试行）》对建筑学核心课程的设置给予了建议，包含了建筑与城市设计、现代建筑理论、建筑历史与理论等 12 门课程，大部分课程可参考学术学位硕士的课程要求。可见，专业型硕士的课程设置与学术型硕士的虽然在总体的培养目标上完全不同，但是课程设置的区分度还不甚明显，这也给不同高校保留一定的自主权来组织课程建设，为体现其教育理念和办学特色留下了空间。

2 建筑学在当代应对的新挑战

正如王建国院士在 2017 年对中国当代建筑教育走向与问题思考中提出的，建筑学在当代面临几个非常大的挑战，包括了全球生存环境的恶化，数字技术对于建筑设计与建造过程产生的影响，以及未来设计的不确定性。在当前，设计在应对中国和人类社会面临的一些重大的挑战中愈发显得不可或缺，包括流行病防范、气候变暖、能源危机、城市更新、生态修复、城市公共资源的公平合理分配、健康宜居的城乡环境，以及可持续性发展等诸多方面。

在此背景下，一些著名的海外高校也从建筑学教育上体现了对上述前沿议题的回应，以哈佛大学设计研究生院（Harvard University Graduate School of Design）的为例，最显著的五个热点是基础设施、健康、居住、气候变化、实践；[①]伦敦大学学院（University College London）的建筑学院"March"学位下的项目除了 Part 2 阶段的建筑学和城市设计之外，还在 2018 年开设了"Bio-Integrated Design（Bio-ID）"和"Design for Manufacture"专业，以及最新开设的"Design for Performance & Interaction"。[②]这些不失为建筑设计在当代议题扩展的案例，也从一个侧面说明了这些建筑院校对今后建筑业发展的判断。

3 上海交通大学建筑学专硕国际项目

在国家创新驱动的战略背景以及新冠疫情的考验下，上海交通大学设计学院专业硕士（国际）项目（后简称 M. Arch.）于 2020 年正式启动，2021 年首届学生入校。培养方案以上海为试验场所，围绕"高密度超大型城市"人居环境开展设计教学实践。建筑学专业型硕士为 2.5 年，总学分为 33，包含 6 学分公共基础课，12 学分专业基础课，11 学分专业前沿课及 4 学分的选修课（表 1）。

上海交大 M. Arch. 各类课程学分要求　表 1

课程类别	学分要求
公共基础课	6
专业基础课	12
专业前沿课	11
专业选修课	4

培养方案的总体是课程制，而非典型的导师制，因而其专业课程一直会延续到研究生第二学年的上学期。学生自研二下学期开始进行实习，并在此后的一年中完成毕业设计与论文。相较于国内建筑学的学术型硕士，它的课程内容与学分略多，但是这一点也使得这一硕士学位与欧美体系建筑硕士学位进行互认时较为有利。

需要注意到的是，上海交大建筑学研究生专业硕士的招生名额目前还不足 30 人，相对于其他老牌建筑高校一届逾百人的研究生体量，M. Arch. 不可能提供过多的方向，而使得主题的分散和教学资源的浪费。对此，M. Arch. 所提出的解决方案是确立一个统一的课程设置构架，同时保留灵活配置的课程模块，为学生的个性化发展提供通道。

下文将详细论述 M. Arch. 课程设置的逻辑，展现它在满足教指委的要求下是如何将课程设置与上海交通大学（后简称上海交大）建筑学学科方向、设计学院特点，以及上海交大的国际化理念相结合。

3.1 课程设置与上海交大建筑学学科方向相结合

"以实践为主"是建筑学专硕培养方案设置的最大特点。在整个课程阶段，设计课（Studio）的学时量超过了课程总量的 50%。在研究生的第一年，设计教学通过了两个核心设计课（Core Studio 1 & 2）体现，分别对应了建筑设计和城市设计。相较于本科阶段方法导入型的建筑设计教学体系，这一阶段的教学更侧重于学生为主体的输出型教学方法。毫无疑问地，设计选题立足于上海这一高密度的人居环境，既有基于历史建成环境的设计，也有对于当代的社区街道的微更新探讨，对于人居环境品质的提升作为了核心设计课程的切入点。

在强化设计能力培养的同时，学生个人后期研究方

① https://www.gsd.harvard.edu.
② https://www.ucl.ac.uk/bartlett/architecture/programmes/postgraduate-0.

向的形成也在这一阶段初步确立。对应于《建筑学专业学位设置方案》中提出的建筑设计、城市设计、建筑保护设计、建筑技术设计四个方向，学生可以在 M. Arch. 的培养方案中找到相应的专属课程——"中国当代本土设计实践研究""城市设计与规划实践""建筑遗产保护——理论、技术与实践""建筑环境与设计"。这四门可谓是专业课中的主干课程，也是上海交大建筑学学科具有代表性的四个方向。教学的内容和课程名称可以根据老师授课情况作相应调整，但是对于建筑、城市、历史、技术这四个核心且选题上较为综合的课程将作为专业基础课长期保留下来。

学生需在上述四门课程选择两门，并通过任意选修课在个人拟定的专业方向上深化。任意选修课以教师的学术研究为入手点，课程内容不求大而全，但强调视角新颖、研究前沿。M. Arch. 现有的选修课包括："历史环境中的建筑设计方法""建筑人类学前沿""城市建筑开发与策划""高密度城市风貌与视觉实验""健康建筑科学"等，帮助学生在设计和研究方法上进一步聚焦。

这种限选课与不限选课的组合方式既保证了学生能够得到强化专业基础的训练，也提供了一定的自主性，亦即学生可以根据个人的兴趣和导师的意见对其培养方案做个性化定制。

3.2 课程设置与设计学院特点相结合

专业前沿课是培养方案中占比第二高的部分，从本质上说，它体现了 M. Arch. 对于当代设计发展趋势的回应，也反映了上海交大设计学院在专业组合中的特殊性。其设置背景可回溯至 2017 年上海交大创新设计学科群的提出，建筑学、工业设计、风景园林三个学科从原有的学院分离，重新整合构成现有的上海交大设计学院。

至于如何进行学科融合，以往的做法是通过在培养方案中设置跨专业选修课的方式，但是这样的结果往往难以逾越学科的壁垒，例如很难让建筑学的学生去理解植物配置或者是交通工具设计，学科交叉最后难免流于表面。因而，M. Arch. 培养方案中的一项创新性尝试是设置四门必修的学院平台课，以达到培养学生跨专业设计思维的能力的目的。

具体而言，建筑学、工业设计、风景园林三个专业分别提供一门可以与其他两专业共享的课程。建筑学对应"社会与设计"、工业设计对应"数字与设计"、风景园林对应"生态与设计"，同时也呼应了城市治理、虚拟现实、气候变化等当代的热点议题。学生在完成这三门理论课之后，通过"多学科合作设计"再次回归设计本体问题。"多学科合作设计"在教学形式上，将建筑学、工业设计、园林三个专业学生混合编排教学，打破

传统学科边界，探索在设计实践上实现跨专业深度融合。

3.3 课程设置与交大国际化理念相结合

M. Arch. 培养方案中课程设置的最后一个关键因素便是国际化，集中体现在夏季小学期的组织上。这一阶段的师资已经不局限于上海交大，而聘请国际师资来沪授课，带领学生进入最国际化的前沿性议题与研讨，提升学生国际化视野与跨文化研究能力。夏季小学期的课程密集而丰富，形成类似于学术交流季的状态。以2022 年夏季课程为例，建筑学、工业设计、风景园林三个专业分别邀请了纽约大学 Sheldon H. Solow 讲席教授 Jean-Louis Cohen、皇家艺术学院的 Qian Sun、国际风景园林师联合会（IFLA）前主席 James Hayter 等知名学者主持相应课程。

暑期研讨课同样沿袭跨学科的理念，学生可以在建筑学、工业设计、风景园林的课程中进行一门或多门的自由选择。

4 小结与展望

上海交大 M. Arch. 是对建筑学专业硕士教育的一次探索，其课程设置体现了上海交大建筑系的学科专业方向、设计学院的特点以及上海交大的国际化办学理念，这是它的内在逻辑。与此同时，贯穿培养方案的是对设计美学与品质的追求，对建筑师完整人格的培养，以及对当代设计问题的关切。这些因素综合考虑并融入了具体的课程设置中，使它显现出前瞻性和实验性。目前，上海交大的建筑学专业硕士项目只进行了不到两年的筹备与运行，首届研究生还未毕业，培养的成效尚有待后期观察与检验。

主要参考文献

［1］ 宋昆，赵建波. 关于建筑学硕士专业学位研究生培养方案的教学研究——以天津大学建筑学院为例［J］. 中国建筑教育，2014（1）：5-11.

［2］ 傅娟，李彬彬. 建筑学专业学位硕士研究生培养方法的教学研究——以华南理工大学建筑学院为例［J］. 中国建筑教育，2020（1）：93-97.

［3］ 全国专业学位研究生教育指导委员会. 专业学位研究生核心课程指南（一）（试行）［M］. 北京：高等教育出版社，2020：361.

［4］ 王建国，张晓春. 对当代中国建筑教育走向与问题的思考 王建国院士访谈［J］. 时代建筑，2017（3）：6-9.

［5］ 阮昕. 大学"管理"的误区＋"设计"应对［J］. 建筑学报，2021（4）：26-29.

周霖　郭屹民

东南大学建筑学院；101011416@seu.edu.cn

Zhou Lin　Guo Yimin

School of Architecture，Southeast University

结构的造形与感知
——东南大学建筑系结构建筑学 2016—2021 教学札记

Structural Modeling and Perception
——Teaching Exploration of the Archi-Neering，2016—2021，Department of Architecture Southeast University

摘　要：本文为东南大学建筑系自 2016—2021 结构建筑学教学回顾与小结札记，分别从结构造形、结构形态的建筑化两方面对教学框架与目标进行了诠释，并针对受拉与受压、轴力与弯矩、集中荷载与均布荷载、支撑与抗侧、结构尺度及平面形态进行重要概念梳理，介绍了结构建筑学结构原型法与模型实验法两种行之有效的教学方法，并结合四个教案课程及学生成果展开了从造形到概念的结构先行及要素化的教学思路与要点。

关键词：结构建筑学；结构造形；结构原型法；结构要素化

Abstract：This paper is a review and summary of the teaching of structural architecture in the Department of Architecture of Southeast University from 2016 to 2021. It interprets the teaching framework and objectives from the two aspects of structural shape and architectural structure，and combs the important concepts of tension and compression，axial force and bending moment，concentrated load and uniformly distributed load，support and lateral resistance，structural scale and plane shape，This paper introduces two effective teaching methods of structural architecture：structural prototype method and model experiment method，and combines the four teaching plan courses and students'achievements to carry out the teaching ideas and key points of structure first and elementalization from form to concept.

Keywords：Archi-Neering；Structural Modeling；Structural Prototype Method；Structural Element

中国建筑教育由于长期受"布扎"体系的影响，建筑设计与建筑技术教学状态呈现出较为严重的割裂状态，呈现出"重形式表现而轻技术""谈空间内涵而避结构"的风气，导致建筑结构教学始终是一个难点与痛点，加上结构教学中对力流传递及结构与"形"的关系的疏忽，导致了国内建筑学教育中普遍存在结构意识滞后的问题，学生更无法正确理解建造和技术的重要性。

针对这一缺失，东南大学建筑学院在三年级教学中明确了"设计＋技术"和"设计＋史论"两大方向的课程群，在"设计＋技术"中强调将结构、构造及设备等技术课程的知识模块融入设计课题中，有效解决设计教学与技术教学脱节割裂的问题，形成了技术教学对设计课程的全过程互动与促进。

1　教学目标与框架

2016 年东南大学结构建筑学研究中心成立，关注建筑与结构之间相互的融合的"结构建筑学"（Archi-Neering Design）教学为强化学生深刻理解结构对空间设计的重要性，认识到结构与造型的内在关系起到了积极有效的作用。通过大量经典结构建筑案例的学习，曾经令学生"不堪其扰"的结构成为了营造空间的重要手段，也让学生重新审视并思考结构与空间营造，结构与造型设计乃至结构与氛围场所的制约关系，学生逐步意识到，结构并非如我们通常认为的那般枯燥，相反它有着丰富的内涵与外在表现的可能。至今五届教学成果斐然，学生的结构知识短期内得到了明显提升，结构先行法则理论与实践的学习，让学生真正领会到结构对建筑空间与造型设计的"赋能"价值。

日本结构工程师大野博史说过："要将建筑与结构统一，让人无法区分建筑与结构。"因此结构建筑学教学始终强调将结构融入建筑范畴的统合与创新（图 1）：通过四个基础阶段学习，尤其加强图解静力学的理论知识，并了解单向大跨与双向（多向）大跨的受力特点，通过结构建筑案例的学习丰富结构选型知识储备及结构选型的内在逻辑与规律，并在高校建造节、日本 SSS 夏令营及 UED 大学生高校建造竞赛等实践机会加以验证，掌握结构形式生成与表达的技法，进而建立结构感与结构思维，实现对结构的二维分析与计算到整体结构体系的构建，并且意识到结构从单纯的受力构件逐步衍生出特有的文化与形式表现的意义：如稳固支撑蕴含的构筑性；力流传递构成的构件装饰性以及动态稳定暗含的平衡性等，从而实现结构从建筑设计物质范畴向精神范畴的进阶与升华。总结而言，结构建筑学教学目标即以结构先行导向出发，通过结构选型与结构形式生成逻辑为线索，以力流传递效率为脉络推进造型设计，最终以结构激活或引燃空间设计，使二者形成一个有机统一的整体。

结构建筑学教学框架
郭屹民

阶段	课题重点	理论教学	研习营	教学目标
基础1	单向大跨	图解静力学等结构选型	高校建造节	培养结构兴趣结构选型知识储备结构形式生成结构表达与深化建立结构感结构思维模式
基础2	多向大跨			
基础3	既有建筑更新		日本 SSS 竞赛	
基础4	作为空间的结构		UED 乡村搭建竞赛	
中级1		结构建筑学设计原理	创新结构大赛（建筑+结构专业）	结构建筑学设计与理论研究
中级2				

图 1 东南大学结构建筑学教学框架

2 教学重点与方法

结构建筑学教学强调结构与建筑设计的融合，在基

本结构知识体系基础上，既要避免常规结构力学侧重力学计算与弯矩图、剪力图等过于抽象的理性描述，又要强调对结构案例受力原理及力流传递的解析，同时结合结构原型还原及模型对比实验让学生真正将结构受力与结构实体单元之间构建系统认知。

2.1 重要概念图形化

1）受拉与受压

拉力与压力是结构力学的基础概念，教学过程中重点让学生建立两种受力带来的形态差异意识，掌握受拉与受压所对应的形式特征，由于受压带来的屈曲突变破坏，以及受拉杆件轴向力特征，从而对应受压构件相对粗壮厚重及受拉构件相对纤细轻盈的表征形式，掌握拉与压及其对应的不同尺寸的构件，将"力"可视化与造形化，建立动态的视觉或知觉体验。例如拱、穹窿对应的压力形态，以及悬索、张拉膜对应的拉力形态等。

2）轴力与弯矩

由于建筑学教学对"形"的强调，学生难以将这组基本的力学概念转换为图形。针对这一问题，教学中通过桁架与空腹桁架两种常用大跨结构进行对比，直观而清晰的构件力流传递让学生对桁架斜向腹杆的受力原理一目了然，也意识到两种桁架最大的差异性。因此理解并掌握轴向力与弯矩的转换，并将其运用到对结构构件形态的设计中，不仅可以更好地理解结构选型中各种类型的基本受力原理，还能够改变既有结构型式来获得新的造形，从而实现"从选形到造形"的创新转变。

3）集中荷载与均布荷载

力学教学中，学生都能区分两种不同荷载并很娴熟地进行受力分析，然而在真正设计中却无法区分两种荷载的真正含义，导致设计出在网架大跨屋顶上再立柱子等缺乏起码的结构意识的错误，究其原因还是未能真正理解两种受力的特点及对应的客体。总结而言，相关力学概念强化在于概念与可视化实例间缺乏必然联系，习惯了图示思维的建筑学专业学生未能构建二者间的对应图解。

4）支撑与抗侧

由于国内传统建筑学教学受制于欧洲建筑学的地域因素影响，导致学生大多仅关注因重力带来的竖向支撑设计，而忽略了地震作用或风荷载等带来的侧向受力，导致抗侧概念与意识相对较弱，这一问题多通过模型校验中侧向施压产生形变从而让学生理解了抗侧的重要性。比如，通过对剪力的运用来设置水平方向上的结构抵抗，斜向支撑的传力作用、联系梁的整体性，甚至是通过楼面的剪力作用，来形成整体结构的水平抵抗等。

从而真正深刻理解到剪力墙、斜向楼梯等构件单元对建筑物抗侧的支撑效用，尤其在单向大跨设计中跨间斜撑的作用与原理，除此之外，风荷载的水平力和上掀力、悬挑结构的稳定性、温度变形对结构的影响等，都是结构除竖向力之外的其他荷载。

5）结构尺度

结构的尺度包括两个方面的内容，一方面是结构跨度的尺度；另一方面是结构构件自身的尺度，二者间存在一定的比例关系。然而这一比例关系必须限制在一定范围内，而非无限制等比放大或缩小，因为结构物的形态与跨度之间必须遵循"平立方定理"，一旦超限制所产生应力将发生立方几何倍的增长。教学中尤其强调跨度方向构件的结构高度，它们与竖向的几何形状、支点位置、上部荷载等因素都有着密切的关系。比如简支梁、预应力梁、三角桁架、矩形桁架、弧形桁架等的一般基本跨度，并理解其中的结构原理；另一方面，结构构件的尺度是建立正确结构架构形态的重要决定因素。构件的形状与大小的合适，不仅关系到构件是否可以传递相应的力流，同时也是决定结构形态是否经济与高效的重要因素。

6）平面形态

结构的布置方式所形成的平面形态也是结构造形中极其关键的设计内容，结构的平面形态对建筑的空间构成、形态塑造均起到决定性的影响，需要结合结构力学因素之外的建筑要素来一并推敲确定，通常结构的平面布置按其主要受力面方向上的不同，可以分为单向布置的主次布置、双向或三向的均质布置、中心辐射式布置等主要类型。结构的平面形态与竖向形态的结合，就可以组合衍生出多种多样的结构形态。同时，结构的平面形态与受力分布是有关联的。一般而言，主受力方向越多，越有利于受力效率的提高。

2.2 结构原型法

在结构建筑学教学过程中，大量结构建筑案例由其功能、造型、空间、材料等各方面因素高度复合，使得其基本结构原理隐藏其中，不利于学生理解与分析。因此，教学过程中将结构建筑案例进行结构解析，将其还原为日常生活中受力原理相似的原型，让学生一目了然，清晰易懂，帮助理解与分析。这一方法深入浅出，教学效果非常显著。

例如，阿尔瓦罗·西扎所设计的 1998 年世博会葡萄牙国家馆——"悬垂着的轻薄地毯"是颇受关注的经典结构建筑，其中部顶棚为 70m×50m，却仅有 20cm厚，由预应力混凝土及悬链拱形钢索组成，类似悬索桥，整体为增强型带形结构，内部钢索增强稳定性并且增加混凝土的抗拉强度；同时混凝土又增加了屋顶重量，避免强气流造成屋顶移动或从下方将屋顶抬起；又如 2021 年建成的由石上纯设计的神奈川大学 KAIT 倾斜广场，同样是结构工程的壮举，其倾斜的铁屋顶，厚度仅为 12mm（约 1/2 英寸），跨度 90m（约 295 英尺）。从地板到顶棚，构筑物内部净高范围在 2.2～2.8m（约7～9 英尺）之间，同时在一年中的不同季节，温度会导致屋顶收缩和隆起幅度高达 30cm（约 1 英尺），好像建筑物在呼吸一样。

两个经典的结构建筑案例一个是钢索加预应力混凝土，另一个是钢板，规模与空间尺度大相径庭，然而仔细分析其主体结构原理，不难发现均有着极其坚实的承台基座：葡萄牙国家馆为两个厚重的混凝土体量，而KAIT 倾斜广场为四周堆砌的土基，两者中间大跨部分均为极其轻薄的面状覆盖体，其受力原型实质均为日常生活中常见的"吊床"，中部结实的面材或绳网将卧于其上部的人的重力转换为倾斜下拉的拉力，吊床两端粗壮的树桩受弯抵抗拉力，并将斜向分力与水平拉力合成竖向合力传递到地下，受力原理豁然开朗（图 2）。

图 2　1998 世博会葡萄牙馆、神奈川 KAIT
倾斜广场以及吊床原型

再如安田幸一设计的东京工业大学图书馆（大冈山本馆），建筑与微地形融为一体，建筑师结合地形与高差将书库藏于地下空间之中，上部标志性的三角形玻璃体量由三边的"Y 字形"巨柱支撑而起，两条长边的"Y 字形"柱形成了巨大的悬挑灰空间营造出进入地下功能区的入口广场，三角体量重心前倾，由后部短边的小"Y 字形"柱牢牢拉住，巨柱贯穿整个体量，径直撑起整个屋顶，再通过纤细的拉杆将下面 3 层楼板吊起，营造出一种动态平衡的力的场所感。这个具有失稳动感的结构建筑的结构原型同样可看作一个日常生活中随处可见的跷跷板或者秤杆，整个三角形体量平面形心与重心重合，前部锐角部分前倾趋势，后部"Y 字形"柱拉住实现力的平衡，日常可见的结构原型极大地增加了建筑结构的可读性与趣味性，悬挑空间的紧张感与广场入口空间相映成趣，巨柱接地节点根据力流需要适度放大，暗示了结构力流传递的逻辑（图3）。

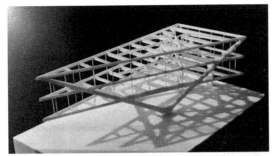

图3　东京工业大学图书馆结构及其跷跷板原型

Diller Scofidio + Renfro 建筑事务所设计的哥伦比亚大学医学院研究生楼，其端部变化丰富，空间体验感极强的剪刀楼梯形成的"研究阶梯"及外挑的功能盒子打造出一个集各种公共活动于一身的垂直空间体系，通过一系列空间操作，将入口门厅、多功能厅、学习交流区、咖啡厅，以及会议室等功能整合到了端部的"外挂楼梯"之上……最终营造出一个沿着楼梯展开的学习和社交平台的公共空间集群。

仔细研究可知整个矩形建筑另一端为强而有力的核心筒，所有楼板均以此核心筒为基本受力构件层层出挑，端部连续攀爬的外挂楼梯形成斜撑将层层楼板连接，大大增加了水平构件的刚性与抗侧性能，同时外挂楼梯栏板实质为连续圈梁，有效增加了悬挑梁的构件高度与抗弯性能。追溯整个建筑的结构原型，实质可视为一个插满的糖葫芦串，其结构原理就是层层悬挑的水平厚板，端部通过斜撑相互联系，并由此增强整栋建筑的抗侧性能（图4）。

结构原型法通过还原日常生活中的原型，通过身边耳熟能详的物件其结构原理解释复杂结构建筑的结构内核，在很大程度上增加了建筑的可读性，也进一步佐证了日常生活中经典结构利用的巧妙与独具匠心。

2.3　结构模型实验法

通过搭建结构模型，承载对比从而校验出效率更

图4　哥伦比亚大学医学院研究生楼与糖葫芦串原型

高，承载能力更强的结构方式是非常直观且高效的学习方法。在教学中一方面是制作单跨大比例结构模型；另一方面是不同结构方式带来的结构承载能力的提升的对比研究，与此同时日常生活中的模型小制作背后的结构原理解析对学生短期内有效提升结构知识也具有非常积极的意义。

例如通过制作张弦梁结构模型对比，可知在下弦拉索与上弦刚性构件之间增加短柱后，整个结构单元的承载能力将得到非常明显的提升，其结构原理可通过弯矩图叠加形成自平衡体系进行解释，由于下弦拉力可抵消大部分上弦弯矩，因此这一混合空间结构体系能够有效实现大跨与较小尺度构件的双赢（图5）。

又如用纸片卷成圆筒后形成筒柱，上部可以承载一定的荷载，但整体刚性不足，只需在内壁上增加肋条即可大幅提升筒柱的整体刚性从而有效提升承载能力。这一结构实验可以完美解释刘宇扬与张准所设计的喜岳云庐瑜伽亭更衣室钢板筒柱的结构原理，筒体内部置物隔板的增加，既满足了衣服临时搁放的功能需求，也是重要的结构强化构件——筒肋（图6）。

诚然，结构模型的制作中也存在一定的问题，由于结构材料自重较轻，结构胶粘剂强度大大超过构件自重，使得小比例结构模型无法真正映射实际结构效能，这也使得结构尺度中所必须遵循的"平立方定理"及大比例结构模型制作的必要性。

图 5 张弦梁及折纸结构模型承载对比实验

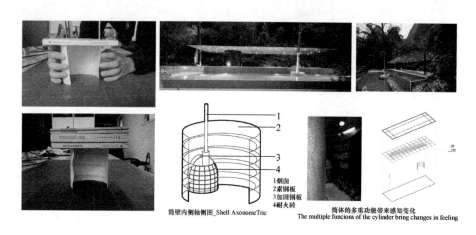

1 烟囱
2 素钢板
3 加固钢板
4 耐火砖

筒壁内侧轴侧图_Shell AxonomeTric

筒体的多重功能带来感知变化
The multiple funcions of the cylinder bring changes in feeling

图 6 筒肋承载实验及喜岳云庐瑜伽亭结构示意

3 教案设置与教学成果

3.1 大学生健身中心/大学生展示中心

课题选址东南大学四牌楼校区的文昌桥宿舍区内，场地原址内有一废弃的室外游泳池，周边为大量老旧住宅和商业用房。要求结合原泳池设计一包括室内游泳池（2000m²）及其他健身功能（2000m²）可面向学生及周边社区居民开放的健身活动中心（总建筑面积5000～6000m²）。受限于现有室外泳池形状及其方向，教学重点必然聚焦单向大跨框架（教学框架基础形态一）的竖向主次空间模式：其一为下部大跨，上部小空间，将原室外游泳池直接置换为室内游泳池部分，利用上部的结构形成跨度及其小空间的方式，即对结构设计的要求较高的大空间上部放置小空间模式；其二则是下部布置小空间，上部作为游泳池大跨空间，小空间作为游泳池的基座，该模式则必须考虑下部小空间的布置及对上部泳池的承载效能。泳池大跨空间作为整个建筑设计的题

眼，决定了建筑空间与结构的基本格局，泳池1:2长宽比的固定布局决定了其结构形式及主跨方向的对应关系，此外基地东西两侧分别对应城市与校区环境，以结构支撑所需要考虑的形态关联，都需要结构与建筑设计的统合考虑，并强调结构形态的重要性，结构与空间氛围及对应的建筑立面与表情的关系均需要整合考虑。

教学成果示例作业（一）采用了小空间置于大空间上的模式，以三角形片墙的结构构件组合形成下部大跨与上部小空间的竖向组合，并由此形成空间上主要的主题与表现（图7）。

作业（二）则采用了"W形"马扎结构，实质为用"人字形"大跨完成室外泳池室内化改造，中间顶部设置天窗将光线引入泳池，同时应对城市与校园通过不同高度的三角形空间形成不同的空间尺度与立面（图8）。

由于泳池对大跨空间仅有无柱限制而无净高要求，后在此课题基础上课题进行了微调，将室内泳池更换为有净高要求的无柱展陈大厅的大学生展示中心设计，其

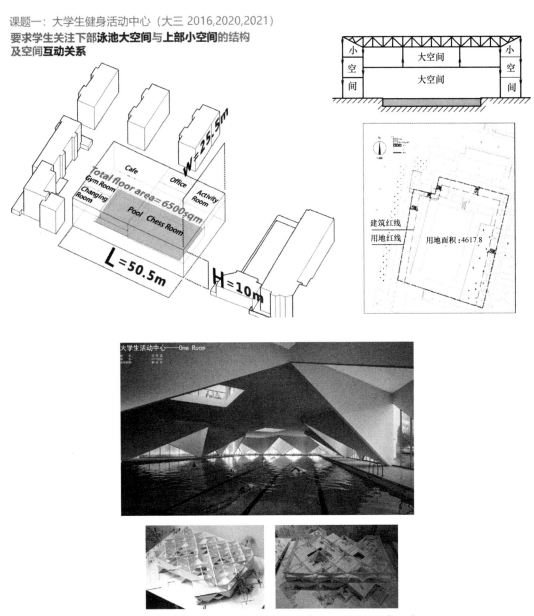

课题一：大学生健身活动中心（大三 2016,2020,2021）
**要求学生关注下部泳池大空间与上部小空间的结构
及空间互动关系**

图 7　大学生健身中心设计成果（学生：余梓梁　指导教师：郭屹民）

图 8　大学生健身中心设计成果（学生：魏云琪　指导教师：夏兵）

余要求不变。净高要求对大跨空间的体积与空间竖向延展维度有了新的限定，从而形成了中部通高大空间，周边小空间围合的第三种组织模式。

作业（三）则巧妙地利用空间桁架结构形成的环套如桶箍一般嵌套于拱结构外，通过环套自重形成的内向力与拱的侧推力相互抵消，内部架空连廊不仅增强了环套内小空间的动线联系，加大了整体结构的刚性与抗侧性能并有效减小了拱的侧推力（图9）。

图9　大学生展示中心设计成果
（学生：谢斐然　指导教师：周霖）

3.2　机器人展示中心

课题内容要求以研发、试验及展示机器人成品，并以机器人展示观摩为特色的机器人展示中心，为让课题任务更为聚焦，场地周边环境的设定上降低了复杂性，仅保留道路等基本的交通条件。其中大型机器人回转半径为15m，净高不低于12m，面积2500m²；中型机器人回转半径为8m，净高不低于8m，面积1500m²；此

外还需设置各1500m²的观摩区和办公区，观摩区要求必须能够同时看到大小机器人展示区且净高不低于3m，课题任务不仅需要满足不同规模与净高要求的大跨展示空间，设计可以根据构思的需要采用单向大跨（教学框架基础形态一），或双向（多向）大跨（教学框架基础形态二），甚至是网架结构以及拉力结构。同时，大跨空间与小空间的组合也不再只限于上下组合的模式，还可以充分利用场地条件设置成水平向组合的方式，在结构形态的构思同时，建筑的空间的布局也被一并整合在其中了，设计要求大小机器人展示空间必须体现其不同尺度要求，同时具有线性特征的观摩区的设计成为联系两个展厅的重要结构变化契机。较大的用地范围也使得课题形态布局设计上具有较大的灵活性，最终教学成果丰富多样。

教学成果示例作业采用了非对称"T形"桁架，并结合展示空间净高要求按12m—8m—4m逐级降低，营造出单跨空间层层递减的剖面逻辑，较为巧妙的在于对观摩区的设计，通过将观摩区设计为空间桁架结构体穿插于桁架之间，既成为桁架间的高差连接单元，又具有圈梁的结构作用，将多品"T形"桁架箍紧并有效增强其抗侧刚性，同时也保证了观摩区可以同时观看大小机器人展厅的观看要求，并在参观流线上营造出竖向上的变化，满足了从不同标高观看展陈的进阶要求（图10）。

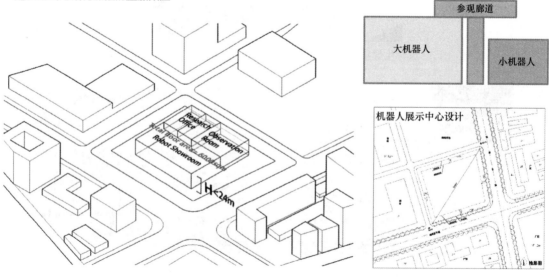

图10　机器人展示中心设计成果（一）（学生：祁雅菁　指导教师：周霖）

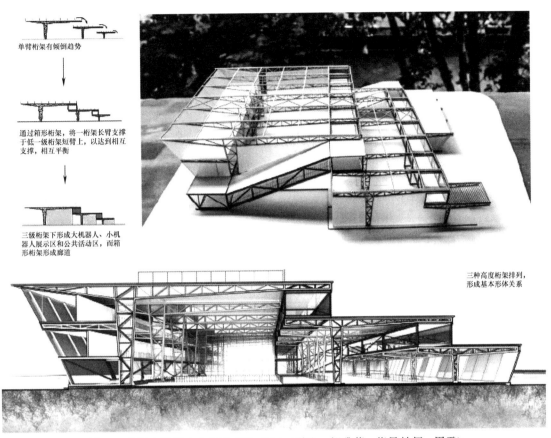

单臂桁架有倾倒趋势

↓

通过箱形桁架，将一桁架长臂支撑于低一级桁架短臂上，以达到相互支撑，相互平衡

↓

三级桁架下形成大机器人、小机器人展示区和公共活动区，而箱形桁架形成廊道

三种高度桁架排列，形成基本形体关系

图10 机器人展示中心设计成果（二）（学生：祁雅菁 指导教师：周霖）

3.3 扬子大厦高层综合体

课题场地位于南京市中心商业街区的新街口，由商业街及周围高密度城市办公楼群围合而成。建筑物的高度要求100m以下，除满足地下停车，需要地面建筑物内配置200人的报告厅及会务中心、办公等功能外，自行设定约7000m²的商业功能以作为商业功能策划的训练内容。课程要求结合策划的功能主题从高层结构形态切入设计，一方面课题结构要求从原来的水平向大跨变为高层竖向维度，同时结合高层建筑的防火、疏散、交通等技术要求来一并考虑建筑的内部空间设计与外部形态的表现；另一方面要求学生结合功能策划有针对地进行高层结构创新设计，鼓励打破常规高层写字楼框筒或筒中筒等常规模式，提出与主体功能更为契合匹配的新模式，同时大型报告厅的设置，对高层建筑的结构提出了一定的挑战，同时也是结构形态创新的机会。7000m²的自设自设策划内容，给予本课题高层建筑的概念与主题更多的可能性与灵活性。

教学成果示例作业（一）对于城市街角展现出对应的姿态，通过在场地的对角设置交通核心筒体，一方面

满足了建筑物侧向的支撑，同时又作为街角上部楼层悬挑的后部拉结构。受力清晰的结构，创造了富有特征的建筑形态（图11）。

作业（二）则运用核心筒＋框架剪力墙结构，同时结合城市立体书店这一商策业态主题，将竖向剪力墙栅格化设计为书架，既满足了结构要求，又将结构构件功能化，并与策划主题高度匹配，实现了"Programme"至"Diagram"的逻辑转化（图12）。

3.4 宁波鄞州区华茂青少年活动中心

课题设计场地位于宁波鄞州区城市核心绿带之中，用地狭长且被中心宽约24m的城市泄洪渠一分为二，面积约1.21hm²，毗邻以文化艺术教育为核心理念的重点九年一贯制学校——华茂国际学校。基地位于鄞州城市中轴线上，向南依次为华茂博物馆（王澍设计）及鄞州区政府办公楼，北侧为鄞州万达广场，地理位置极其重要。建筑限高24m，地上建筑面积约1万m²，主要包括针对市民服务的多功能展厅、150人报告厅、80人音乐厅及针对国际学校学生服务的美育之家（小学、初中、高中）、通用艺术教室、舞蹈教室及700m²多媒体

教室等。由于场地中心的泄洪渠限制，使得河道两侧狭长绿地宽度无法满足大空间需求，因此必须通过结构设计跨河，一方面联通河道两边人流动线，另一方面必须跨河才能满足大空间所需开间面宽。此外，为便于管理还必须考虑市民与国际学校学生两条流线的相对独立。课题设计需关注场地、轴线、跨河、人流等多方面复合要素，其中跨河结构既是功能动线连通的关键，更是实现大空间设置的必要条件，甚至成为有效分化市民与学生不同使用空间的要素，也是结构建筑学教学中对结构思维与结构感培养的高层次要求。与此同时，该课题为真实工程项目，由伊东丰雄设计，目前正在建设过程中，是一次与世界级普利兹克奖得主 PK 的难得机会。

教学成果示例作业（一）采用箱型梁作为基本单元，通过层层纵横叠放形成空间体量，箱型梁通过结构高度与空间高度的统一完成了跨河通廊与大空间的结构支撑双重功效，与此同时箱型梁通过外表皮格栅化处理形成书架，营造出具有日常学习互动与变化的立面（图 13）。

作业（二）则通过两侧绿地中的八个竖向核心筒支撑起上部钢结构空间框笼，将不同功能单元置入大小不一的盒子当中，通过悬吊、互承、叠放等方式塞入其中，营造出钢结构体量中丰富的正负空间：盒子内为具体功能区，盒子之间则形成了学生与市民间可望而不可及的公共交通与交往休闲空间，宛如空中聚落一般，强而有力的钢结构框笼通过悬吊实现了大空间的跨河，界定了复杂功能体量的边界，营造出了光影变化丰富的交往休闲空间，并在悬挂盒子的缝隙之中巧妙地完成了不同人流的组织与分化（图 14）。

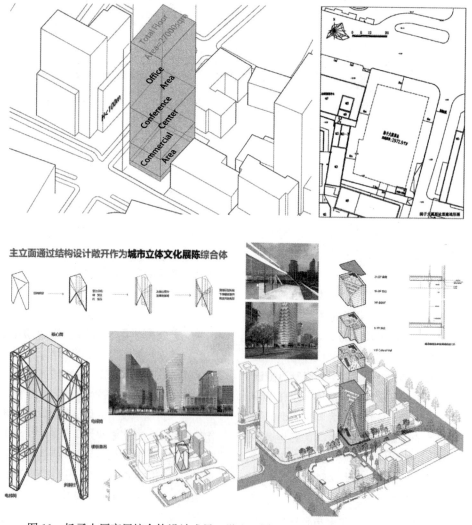

图 11　扬子大厦高层综合体设计成果（学生：周思文　指导教师：郭屹民　周霖）

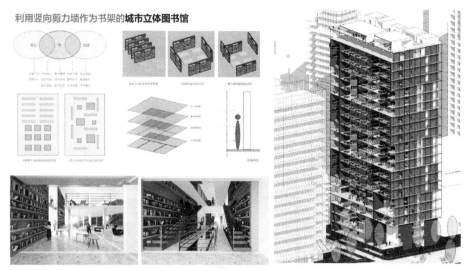

图 12　扬子大厦高层综合体设计成果（学生：朱翼　指导教师：郭屹民、周霖）

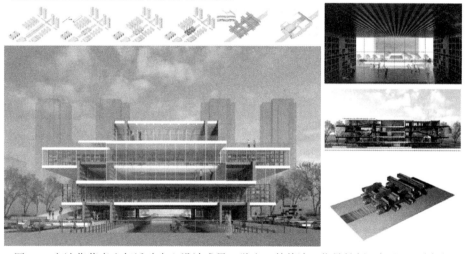

图 13　宁波华茂青少年活动中心设计成果（学生：林德清　指导教师　郭屹民、周霖）

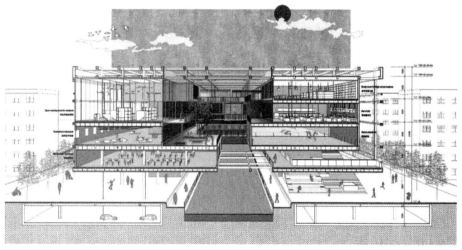

图 14　宁波华茂青少年活动中心设计成果（一）（学生：李想　指导教师：郭屹民、周霖）

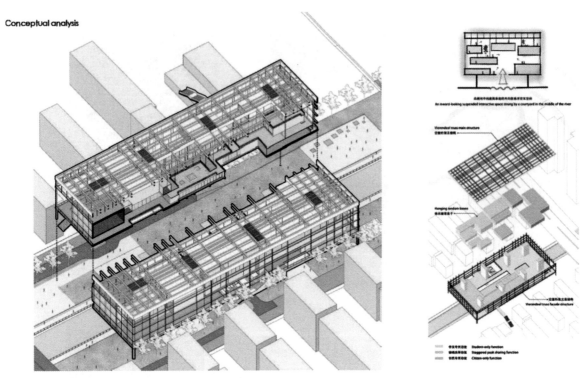

图14　宁波华茂青少年活动中心设计成果（二）（学生：李想　指导教师：郭屹民、周霖）

4　结语

通过上述结构造形、结构形态转变为建筑空间的设计教学要点与教学方法的总结归纳，以及四个各有侧重的结构建筑学教案及成果示例的阐述与分析，将东南大学2016年至2021年结构建筑学教学历程进行了回顾与小结。

在教学过程中，教学小组不仅推动了建筑设计教师与结构教师共同指导的模式，更邀请了"华东院"、"和作设计"等多名职业结构设计师参与到与学生"一对一"的教学指导中，既让学生结构选型方案的合理性与可实施性得到了保证，也让设计企业的技术人员走入校园，开启了校企深入合作切实可行的模式探讨；与此同时，在教学过程中还多次邀请知名结构设计师给学生开设相关案例的专题讲座与中期评图。

诚然，结构造形与建筑设计并非有着清晰的先后步骤，各要点之间也并非能够被清晰地划分。结构建筑设计在国内本科的专业设计课程开展的时间并不长，有许多经验教训还需要在实践过程中不断试错与总结，正因如此将结构统合于建筑的结构建筑设计，将结构构件从空间营造的必要而被动的手段转变为引导与限定空间营造的积极要素，不仅提升了创新的手段，更是丰富了创新的内容，进而让我们重新审视与认识结构与建筑的关系，即结构法中所说的"结构要进入空间构成的方法就是使之要素化"。

附注

本文所涉及的教学课程案例均为笔者与东南大学结构建筑研究中心主任郭屹民共同参与的东南大学建筑学院本科三年级与四年级的设计教学。其他参与人员包括东南大学建筑学院的夏兵以及大舍的柳亦春、王龙海，上海和作建筑设计有限公司的张准、蔡研明、张冲冲及华东建筑设计研究院有限公司istructure的杨笑天、李彦鹏、顾乐明、彭超等各位。

图片来源

图1来源于东南大学结构建筑学教学框架（郭屹民）（2021 ANDC Presentation）；图2来源于网络及作者自摄。

图3（日）日本建筑学会. 建筑结构创新工学 ［M］. 郭屹民，等，译. 上海：同济大学出版社，2015.

图4来源于网络及作者自绘，图5来源于结构建筑学教学课件（郭屹民）；图6来源于结构与感受教学课件（张准）；图7～图14来源于东南大学结构建筑学教

学学生作业（余梓梁、谢斐然、林德清、李想等）。

主要参考文献

[1] 郭屹民. 合理性创造的途径——结构设计课程教学的内容与方法 [J]. 建筑学报，2014（12）：16.

[2] 日本建筑学会. 建筑结构创新工学 [M]. 郭屹民，等，译. 上海：同济大学出版社，2015.

[3] 叶静贤，钱晨，坂本一成，奥山信一，柳亦春，郭屹民，张准，王方戟，葛明，汪大绥，李兴钢，王骏阳. 理论·实践·教育：结构建筑学十人谈 [J]. 建筑学报，2017（4）：1-11.

[4] 郭屹民. 结构形态的操作：从概念到意义 [J]. 建筑学报，2017（4）：12-14.

[5] 葛明. 结构法（2）——设计方法系列研究之二 [J]. 建筑学报，2013（11）：1-7.

[6] 周霖. 从"作为结构的结构"到"作为空间的结构"——东南大学建筑学院三年级结构创新设计课程思考 [C] //全国高等学校建筑学学科专业指导委员会，合肥工业大学建筑与艺术学院. 2016 全国建筑教育学术研讨会会议论文集. 北京：中国建筑工业出版社，2016，10.

[7] 周霖，郭屹民，夏兵. 结构对空间形态的赋能——南大学建筑系三年级结构建筑学教学探索 [C] //2020—2021 中国高等学校建筑教育学术研讨会论文集编委会，哈尔滨工业大学建筑学院. 2020—2021 中国高等学校建筑教育学术研讨会论文集. 北京：中国建筑工业出版社，2021，3.

张燕来　石峰*　王绍森　李立新

厦门大学建筑与土木工程学院；shifengx@xmu.edu.cn

Zhang Yanlai　Shi Feng*　Wang Shaosen　Li Lixin

School of Architecture and Civil Engineering，Xiamen University

新工科理念下的多元化建筑学教学体系改革探索
——以厦门大学建筑学专业为例

Innovation on Architecture Teaching System under the New Engineering Concept
——Taking the Architecture Major of Xiamen University as an Example

摘　要：随着数字建筑技术的发展，新的设计方法和建造技术对传统建筑学专业人才培养提出了挑战。厦门大学建筑学专业从学科发展特点出发，以新工科理念为基点，提出了以建筑设计系列课程为教育主轴，以技术翼和人文翼为两翼的"一轴两翼"的建筑专业创新综合型人才培养新体系。通过课程思政引领下的创新教学方法改革训练学生的知识构建能力、创新能力，通过实践教学与课程教学相结合提高学生在建筑设计中应用数字化技术的综合能力，通过教学平台和实践基地的建设促进教学，形成全时段、全面化的专业教育过程。改革在课程建设、教学平台建设、竞赛获奖等方面都取得了良好的成效。

关键词：新工科；多元化；数字技术

Abstract：With the development of digital architecture technology，new design methods and construction technologies challenge the training of traditional architecture professionals. The architecture major of Xiamen University，starting from the characteristics of disciplinary development and based on the new engineering concept，has put forward a new innovative and comprehensive talent training system of "one axis and two wings"，with architectural design courses as the main educational axis and technical and humanistic wings as the two wings. Through the innovation of the ideological guidance teaching method reform of training the students' knowledge construction ability，innovation ability，through the combination of practice teaching and course teaching to improve students' application of digital technology in architectural design of comprehensive ability，promote teaching by teaching platform and the construction of practice base，the forming period，comprehensive professional education process. The reform has achieved good results in curriculum construction，teaching platform construction and competition awards.

Keywords：New Engineering；Diversification；Digital Technology

1　建筑学教育的新需求

我国正在建设生态节能、信息化、智能化的社会，需要具有新技术背景的创新性建筑师和建设人才，而现有人才培养模式已满足不了国家的需求，如何培养面向新技术、面向新经济发展、推动我国实现制造强国战略的新型建筑工程师人才？这对传统建筑学专业人才培养提出了挑战，面向产业需求进行深化教学内容和教学体系的改革成为必然，也为传统建筑学专业的改造升级、与新技术的交叉融合提供了机遇。

当今，随着数字建筑技术的发展，BIM 技术、参数化设计、环境模拟等设计分析方法，以及 3D 打印、数控建造等建造技术引领着建筑设计行业的变革，将建筑形式创新与性能优化相结合的设计方法成为建筑设计发展的重要方向。随着新经济的发展，在建筑设计领域，未来所需要的人才将是具有工程实践能力、创新能力、具备国际竞争力的高素质复合型人才。厦门作为我国海峡西岸建设的主导城市，具有一定的地区优势，结合产业需求，进行高水平、高素质的建筑师培养是海西城市建设的必要保证。

基于厦门大学综合性、研究型大学的定位，厦门大学建筑学专业多年来探索新工科理念下的多元化建筑学人才培养体系。厦门大学是国家"双一流"建设 A 类高校、教育部直属综合性研究型大学，厦门大学建筑学专业入选 2020 年"国家一流专业"建设点，2019 本科硕士双双以"优秀"级别通过建筑学专业水平评估，2022 年获批建筑学一级学科博士点。教学改革项目探索新工科背景下教学新模式，制定了"多元化"专业人才培养模式和以建筑设计为轴心、人文与技术为两翼的"一轴两翼"培养体系，以期为建筑学专业的教学探索出一条注重基础，体现综合性和多元化的道路。

2 新工科理念下的教学改革思路

2.1 总体思路

厦门大学建筑学专业具有"高起点、高标准"的办学基础，2018 年"基于数字技术的建筑师培养体系研究与实践"入选教育部首批"新工科"建设项目，开启了新工科理念下的多元化建筑学教学体系改革探索，从学科发展特点出发，厦门大学建筑学专业提出了"一轴两翼"的建筑专业创新综合型人才培养新体系。面向建筑学专业教育，以新工科理念为基点，以促进素质教育为主题，以提高人才培养为核心，丰富课程体系，改革教学方法与手段，推进教学平台建设，将教学、研究与设计实践相结合，促进高等教育与科技、经济、社会紧密结合。以建筑设计系列课程为教育主轴，技术翼主要涵盖 BIM＋、参数化、绿色建筑等以技术为支撑的课程，人文翼主要涵盖文化、地理等以人文为支撑的课程，从过去单一建筑师培养目标提升到"双一流"学科建设环节中的多元创新综合型人才培养目标，充分结合学科特色，提出了以"职业性、前沿性、地域性"为核心理念的建筑人才培养体系（图 1）。

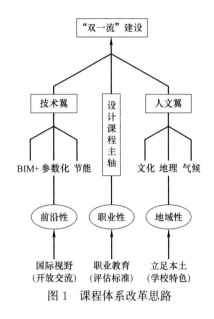

图 1 课程体系改革思路

2.2 课程思政的引领

在课程思政方面，项目组石峰老师依托"建筑热工与光环境"课程建立了绿色建筑的课程思政体系，教学中将建筑物理知识点的讲授与培养学生的绿色发展理念结合起来，让学生理解绿色建筑的内涵，了解其评价体系，认识到建筑活动对环境的影响及绿色发展的重要性；从全生命周期的角度看待建筑设计，发掘建筑的地域特征与文化特征，体现建筑师的社会责任。

与整体架构相对应，"基于课程思政的建筑学科复合型创新人才培养"体系由"一个方向三大平台"构成，强调"正方向、厚基础、强能力、高素质"（图 2）。

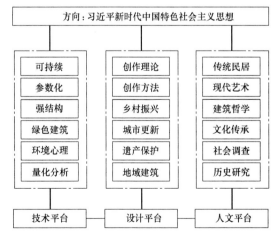

图 2 "一个方向三大平台"

核心培养方向以习近平总书记关于教育工作、城市工作等的重要论述为根本遵循，贯彻习近平新时代中国特色社会主义思想，落实立德树人根本任务，将思想政治教育全员全过程全方位有机融入建筑学人才培养。

第一培养平台：设计平台主要教授建筑设计的基本原理及基本表达方式，包括相关政策导向和社会热点，重在培养学生的专业素养。

第二培养平台：技术平台主要启发学生的自主设计兴趣和能力，引导学生观察现象、发现问题，进而提出解决问题的设计方案，重视对建筑技术、设计实操的学习及应用，提升学生的人文关怀和家国情怀。

第三培养平台：人文平台鼓励学生参加实际工程项目和国内外设计竞赛，开展与国内外建筑院校合作的设计实践，提高学生综合解决建筑问题的能力，引导学生努力将技能、潜力以及职业选择、个人成长融入社会发展和国家建设。

2.3 实践教学与课程教学相结合

在课程教学改革过程中贯彻"以学生为中心"的教育理念，通过翻转课堂、线上教学、虚拟仿真实验教学等教学方式改革，调整技术理论性课程的传统课堂教学模式，提高课堂的效率以及学生对理论知识的理解程度，注重信息技术在课堂教学中的应用，使用雨课堂、腾讯课堂等课程工具，适应信息化及疫情期间线上教学模式。

在设计课的教学中，依托工程实践项目、建筑设计大赛、联合设计、国际工作营，组织学生自主选题，建筑设计方向和数字化技术方向教师相互配合协同指导，使学生在设计构思方案时，将建筑数字技术和建筑设计理论结合起来一起教学，提高学生在建筑设计中应用数字化技术的综合能力。

2.4 依托教学平台建设促进教学

积极建设教学平台以及建立校企合作实践培养基地，引入一线职业建筑师深度参与教学；通过国际学生交流计划、双学位等途径拓展国内外联合教学培养模式；选题兼顾实际工程和工程设计研究，以教授为骨干指导专业毕业设计，从而形成全时段、全面化的专业教育过程。

在教学平台建设方面，建设了厦门大学乡建社、厦门大学数字建造社、厦门大学文化遗产学社三个学生社团，对应一轴两翼学科体系的三个方向，利用学生社团的形式让对相关领域有兴趣的学生加入进来，让他们互帮互带。社团每年定期举办各类活动，通过组织参与设计竞赛、举办建造实践活动等形式，促进学生实践能力

和设计水平的提高。

在实践基地方面，厦门大学建筑与土木工程学院近年来共签订实习实践基地近15家，组织师生前往世茂集团、厦门建发集团、合立道集团、美的置业等设计院和房地产企业进行参访交流，关注行业发展动态，丰富实习实践经验。

3 教学改革成效

3.1 课程建设成效

近年来，厦门大学建筑系根据上述改革思路积极推动教学改革的开展，基本按照预期进度进行。在课程建设方面，强调理论和实践相结合，建筑系先后建立了乡村振兴、地域建筑创作、数字化建筑设计、城市设计与区域规划、公共建筑设计方法研究等教学梯队。团队成员获省级教学成果奖5项，教育部"停课不停学"在线教学实践推进研究优秀成果奖2项，发表多篇教学研究论文。王绍森老师荣获中国建筑设计奖·建筑教育奖、"福建省优秀教师"荣誉称号，并担任中国建筑学会建筑教育分会第一届理事会理事。

3.2 教学平台建设

1）文化遗产数字化保护与应用平台

依托"闽台非遗文化数字化保护与智能处理文化和旅游部重点实验室""国际自然与文化遗产空间技术中心厦门分中心"等平台，开展文化遗产数字化方面的教学和科研工作。围绕鼓浪屿世界遗产监测中心需求，以及福建土楼、漳州古城等典型案例，将科研实践与教学相结合，开展提升设计、保护规划等实践教学活动。并且积极参加文化遗产数字化的国际学术交流，促进了建筑学、城乡规划学、土木工程、历史学、信息科学等多学科交叉创新，产出了包括国家一流本科课程、教育部优秀教学案例等在内的一批高水平教学成果。

2）厦门大学BIM虚拟仿真实验教学中心（省级）

厦门大学BIM虚拟仿真实验教学中心（校级）成立于2016年，被福建省教育厅批准为厦门大学BIM虚拟仿真实验教学中心（省级），2020年12月通过项目检查。中心的主要研究方向为建设基于BIM的虚拟仿真实验教学模块，将设计类或不易实施的实验通过虚拟仿真实验实现，通过虚拟实践的方式让学生了解建筑设计和建造的全过程，理解数字化技术对可持续建筑设计的重要作用。

3）新工科创意设计智慧实验室

面向建筑设计中VR教学、数字设计、数字智能建造等相关新工科课程，在厦门大学映雪楼建设了具有建

筑学专业特色的新工科创意设计智慧实验室。新建的实验室符合建筑学、城乡规划专业教学特色，取得很好的教学效果。

4）厦门大学智能建造与创意设计教学实验平台

本平台立足于闽南的地域特色厦门大学的人文特色，着眼于形成具有特色鲜明的数字建造研究团队，是对建筑学科建设的进一步完善和加强。以此为依托积极开展绿色建筑与数字技术相关的建造实践活动，充分利用数字化设计实验室、建筑物理实验室、建筑人工气候实验室等实验室资源，积极开展数字建筑工作营、大学生创新创业项目研究等活动。平台的建设目标在于培养既懂建筑设计又谙熟数字技术的复合型人才、建筑智能建造进行系统研究和开发、数字建筑的有效设计。

3.3 竞赛获奖

近5年来，在课程创新带动下，学生积极参加各类科创竞赛，本课程团队指导学生在各类国际国内竞赛中获奖近百项。其中，团队指导 Team JIA + 团队获得2018年中国国际太阳能十项全能竞赛总分第3名（图3），并获得厦门大学校长嘉奖令。比赛的参赛作品——零能耗建筑"自然之间"还获得了"Active House Award"主动式建筑卓越奖，同时也作为建筑系学生的重要实践教学案例。

图3 零能耗建筑"自然之间"

此外，建筑系师生在诸多国际国内赛事中都屡获佳绩，如2021年台达杯国际太阳能建筑设计竞赛一等奖、2019年中国研究生智慧城市技术与创意设计大赛一等奖、首届绿建大会国际可持续（绿色）建筑设计竞赛铜奖，谷雨杯全国大学生可持续建筑设计竞赛多次获奖等。

4 结语

厦门大学建筑学专业通过学改革项目探索新工科背景下教学新模式，制定了"多元化"专业人才培养模式和以建筑设计为轴心、人文与技术为两翼的"一轴两翼"培养体系，训练学生的知识构建能力、创新能力，通过实践教学与课程教学相结合提高学生在建筑设计中应用数字化技术的综合能力，通过教学平台和实践基地的建设促进教学，形成全时段、全面化的专业教育过程。改革在课程建设、教学平台建设、竞赛获奖、等方面都取得了良好的成效。该教学探索旨在为建筑学专业的教学探索出一条注重基础，体现综合性和多元化的道路。

主要参考文献

[1] 王建国，张晓春. 对当代中国建筑教育走向与问题的思考：王建国院士访谈 [J]. 时代建筑，2017（3）：6-9.

[2] 梅洪元. 繁而至简——变革中建筑教育之道与路 [J]. 时代建筑，2017（3）：72.

[3] 韩冬青，龚恺，黎志涛，单踊，王建国. 东南大学建筑教育发展思路新探 [J]. 时代建筑，2001（S1）：16-19.

[4] 孟建民. 我们需要什么样的毕业生——我国建筑教育问题谈 [J]. 时代建筑，2001（S1）：36-37.

[5] 王绍森，李立新，张燕来. 基于专业教育的特色教学探索——以厦门大学建筑教育为例 [J]. 当代建筑，2020（5）：131-133.

李伟　张昕楠　朱蕾

天津大学建筑学院：liweiwork@tju.edu.cn

Li Wei　Zhang Xinnan　Zhu lei

School of Architecture，Tianjin University

基于使用人群行为分析的空间形式生成
——对天津大学二年级设计教学的思考

Spatial Form Generation based on Analysis of Behavior
——Thinking on Design Teaching in the Second Grade of Tianjin University

摘　要：本文在梳理了使用人群行为分析的基础上，阐明了环境行为分析和设计的相互关系，进而以课程设计为依托，以空间形式操作训练为切入点，探讨了将环境行为分析的教学思路在建筑设计教学课程中的主要教学优势、教学原则和教学维度。文章最后通过教学实践进一步论证和分析适用人群行为研究应用在设计教学的可行性。

关键词：使用行为；空间形式；设计教学

Abstract：On the basis of combing the concept of environmental behavior，this paper expounds the relationship between environmental behavior and design，and then based on the curriculum design and taking the spatial form operation training as the breakthrough point，discusses the main teaching advantages，teaching principles and teaching dimensions of the teaching idea of environmental behavior research in the architectural design teaching course. Finally，the article further demonstrates and analyzes the feasibility of the application of environmental behavior research in design teaching through teaching practice.

Keywords：Environmental Behavior；Spatial Form；Design Teaching

1　问题的提出：从"行为分析"到"空间形式"

目前建筑学专业五年制设计教学体系，学生一般是在一年级进行空间操作技巧的基础训练，二年级开始介入完整的建筑设计教学。但学生在建筑设计的起始阶段，往往容易陷入纯粹的形式构成，形式上套用简单化的几何图像构成以引起人们的视觉注意，但却很少关注其场所文化、行为体验、技术建构等建筑基本问题在设计中的探讨和求解。例如，有关幼儿空间设计。学生的脑海里往往首先浮现的是几何图形和跳跃的色彩，致使很多学生以冲突的形式去表达自己的概念。然而对于几乎没有生活原始认知的幼儿而言，正方形、圆形、三角

形等不同的平面形式对于他们来讲没有优劣之分，色彩亦此，因此设计结果就完全成了图像呈现的结果。然而，二年级是学生设计价值观形成的关键时期，其目标是在一年级训练空间操作技巧的基础上，纳入场地、文化、行为、空间、建构等建筑设计基本问题，逐步建立起学生全面的设计考维度，使之形成正确的设计习惯与思维方式，这种设计思维方法的培养与确立对其今后的设计学习至关重要。环境行为作为建筑设计基本问题的重要一环，相比较场地环境、技术建构等是最容易被学生捕捉和发现问题的角度，也容易成为理解设计问题的出发点。因此如果我们能引导学生从使用者的特殊使用行为分析角度出发来思考设计，往往会得出截然不同的设计效果（图1）。

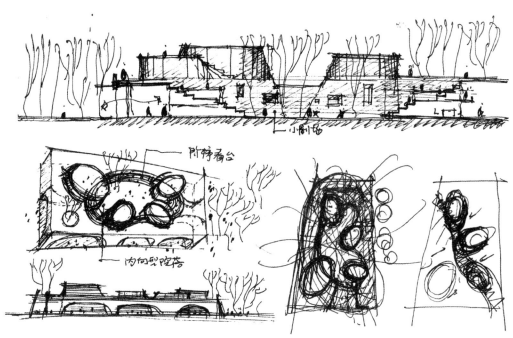

图1 教学过程中的幼儿空间教学草图

2 "行为分析"与空间形式生成

空间是行为的容器，也是行为事件发生的平台。一定的空间形态与组织模式诱导着一定的行为构成，并且二者相互作用。环境行为学（Environment-behavior Studies），也称为环境设计研究（Environmental Design Research），就是研究人与物质环境之间相互关系的科学。它着眼于物质环境系统与人的系统之间的相互依存关系，同时对环境的因素和人的因素两方面进行研究。[①]因天津大学二年级第一学期设置有"环境心理学"理论课程，这就更便于学生把环境行为学的相关理念运用到设计教学实践中。将使用人群行为分析应用于空间形式生成设计，新学期教学目标如下。

2.1 加强设计的操作逻辑

"设计无从下手"是很多初学设计者面临的问题。如果我们把设计拆解为一些可以操作的实际问题，特定的问题导出特定的设计概念，特定的概念生成特定的空间形式，这样，空间的形式操作就变得有的放矢，设计既能脱离纯粹的形式构成，又富有逻辑，进而更好地被学生掌握方法。而且还能使学生养成良好的问题指向的设计思维形式和思考方式。学生在设计过程中也会觉得设计过程的起始不再是感性的认知，而是更有针对性和逻辑化的问题求解过程和思考过程。

2.2 拓展设计的思考维度

天津大学二年级第一学期设置有相应的"环境心理学"理论课程，将其相关理论运用到同时进行的设计教学中，既可以对理论进行设计实证，又可以在设计教学中拓展学生的设计思考维度。行为分析作为设计"问题化求解"中的重要一环，学生可以依循使用者行为问题做出详尽地分析与解读，进行必要的数据采集与分析，在此基础上提出可行的设计概念，并开展相应的空间设计。

2.3 培养研究型设计方法

在教学中，按照"讲解行为理论、提出设计问题、进行研究分析、提出解决方案"的教学步骤，使学生在教学中逐步掌握设计思考和设计研究的方法。并在教学方法引导中，强调学习方法和途径的多样化。以课题为载体，培养学生以后的设计思维中需要的调查研究，数据分析，观察思考，讨论交流，团队合作等多方面来宏观考虑问题的方法。同时，题目设定的开放性使得学生能够自己发现并提出设计所针对的问题，因此能够最大化地激发学生的兴趣并充分发挥学生的创造力。通过"问题—分析—求解"过程训练，学生可以全面把握设计的实质，拓展设计的思考维度，为高年级开展的研究性设计打下基础。

---

① 李斌. 环境行为学的环境行为理论及其拓展 [J]. 建筑学报，2008（2）：30-33.

3 "行为分析"融入设计教学的教学维度与方法

3.1 教学方法

1）设计任务书的补充与整合

以往的设计任务书，指导教师从使用者、建筑面积、再到建筑功能等都给予明确的规定。但一个建筑项目从开始的可行性分析、再到设计，组后建成，是一个有逻辑的系统工程，我们希望学生通过环境行为等建筑基本问题的探讨，从项目的可行性分析阶段就介入自己的思考。因此，作为指导教师只制定设计任务书的一部分，而建筑使用者的身份，建筑的确切功能，发生的使用行为都需要学生通过自己的思考与推理，把任务书重新进行梳理和整合。在前期设计阶段，引导学生基于现场观察人的特殊使用行为与尺度，明确使用人群，使用方法与习惯，分析相关调研数据，进而总结行为模式，整合行为空间原型（图2）。学生如同一个导演，需要自己设定人物构成，空间节奏，情节梳理等环节，在设计过程中做到：时刻思考"谁去使用""如何使用""使用体验"几个环节的问题与相互关系。

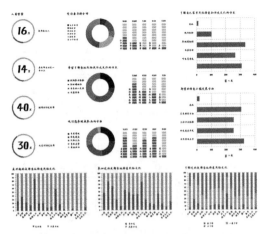

图 2　设计过程中的行为调研与数据分析

2）强调行为空间原型在设计过程中的使用

在建筑学语境的原型概念是一个伴随着整个建筑理论发展的重要思考，这个概念的产生从文艺复兴时学科兴起便已出现。其起源也是建筑学借由人的居住原型寻找学科自身正当性的一个诉求。我们在设计教学中强调基于使用者行为方式研究的空间原型设定。探讨使用者在不同情境和尺度下的空间组合与构成（图3）。

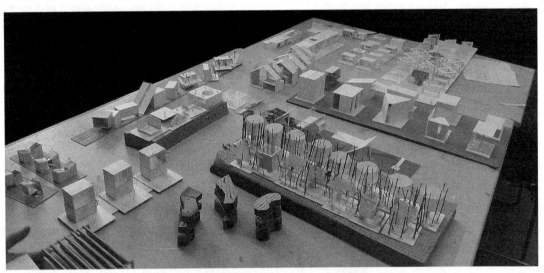

图 3　教学过程中的行为空间原型探讨

从环境心理学及行为场所理论角度上看，人们通常会在特定的场所中产生特定的行为活动，而这种习惯性的行为是由场所某些明确特征的空间要素所决定，经过长期发展，这些场所发生的行为成为人群活动需求的思维定式。人群行为原型的提取是基于人群行为与空间要素的密切联系下，抽象简化出外部空间中具有恒常性的行为模式，具体表现为人群行为在特定空间中发生的位置、范围，以及状态。通过设计场地使用情况的调研分析，分析、归纳、总结外部空间中人群行为活动的规律

性，从而抽象简化出人群行为原型。

3）细化设计任务，把控设计节奏

将设计教学过程分解，并细化为可以操作的四个步骤：

（1）解析：分析适用人群的行为模式，确立功能空间和相应的使用面积，完善任务书。

（2）抽象：发现和确立使用者的行为空间原型和使用类型。

（3）演绎：将使用者行为空间原型与空间要素相互

整合，并思考其在整体建筑空间中的形式组织与建构。

（4）优化：基于设计任务书，将前期设定的空间原型进行组合与优化，使之可以在整体的空间组织中得以展现和使用。

3.2　教学维度

在基于使用人群行为分析的空间生成设计教学中，应拓展教学思路，丰富教学内容，使教学的纬度多元化、具象化。课程中将教学课题拆解为多个不同的单元与教学阶段，使每个课题包含若干子课题，这样使教学环节从抽象的任务书走向具象的可把控环节，并结合各个教学环节相应设置训练内容、训练维度、课程环节、方法途径和设计表达，并结合课程进度讲授相应的环境行为理论和设计案例研究（表1）。

基于使用人群行为分析的空间形式生成的课程内容与纬度　　　表1

训练内容	训练维度	课程环节	方法途径	设计表达
基于行为分析的空间生成教学维度	行为与环境场地	行为与自然环境	研究行为与场地地貌,自然景观关系	调查研究 案例研究 图解分析 比较研究	场地模型 汇报演示
		行为与人文环境	研究行为与场地所在地域文化关系		
	行为与功能建构	行为的可能性	探讨场地可能发生的事件	空间原型 案例研究 图解分析 比较研究	设计草模 汇报演示
		行为场景搭建	探讨基于事件的行为场景		
		行为引导功能	探讨建筑可能具备的功能与逻辑组合		
	行为与空间形式	行为与空间形式	基于环境与功能分析的空间应对	原型组合 案例研究 图解分析 比较研究	设计草模 汇报演示
		行为与空间逻辑	行为与空间组织的逻辑性		
	环境行为与空间建造	行为与材料建构	材料质感与人的行为体验	空间优化 案例研究 图解分析 比较研究	节点模型 设计模型 汇报演示
		行为与表皮建构	表皮形式与人的行为体验		
		行为与结构形式	结构形式与人的行为体验		

4　课程设计指导实践

4.1　设计指导案例（一）

光滑梯——书吧设计

设计者：计乔　指导教师：李伟

（该作业获得新人战 TOP16）

1）设计规模：600m²

2）建筑功能：书吧

3）场地情况：天津大学西门外场地

4）行为问题分析

（1）环境行为问题：

人流量大，交通密集。学生、教师、家属、儿童等多种人群。

（2）功能行为问题：

① 城市高密度空间与书吧空间行为；

② 书吧多种人群的行为距离与互动。

5）对应设计策略：

（1）将建筑体量简化为水平层状空间，底层基本架空，使二层水平状体量悬浮于地面之上，以减少建筑体量对周边拥挤环境带来的压迫感。

（2）从垂直方向在薄片体量中楔入大小两个特色的

光筒空间作为行为特色体验区，剩余的体量为书吧阅读空间。薄片状体量为实，楔入的光筒空间为虚，形成虚实互补，活力相生的逻辑关系。并将光筒空间虚实空间界面一侧垂直界面变为斜向曲面，曲面的介入打破了传统的垂直界面带来的封闭感，天光随着平滑的曲面自然引入室内，形成人们可憩、可游、可观，的活力空间，给人的阅读与活动带来新的体验。入口处的筒体一侧向城市打开，使城市空间行为自然地与建筑空间行为衔接，人们通过阶梯在光筒内或上或下，连续有趣，使用者在不经意间游走于建筑空间和城市空间的时空变换中（图4、图5）。

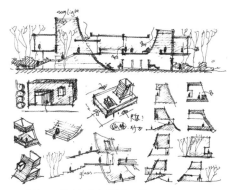

图4　作品"光滑梯"教学指导草图

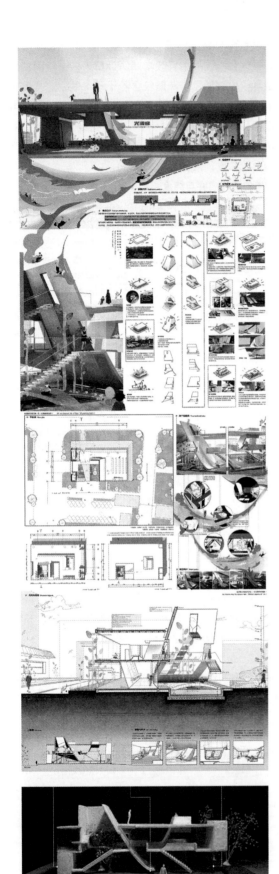

图 5 概念模型与表现

4.2 设计指导案例（二）

游园·街市·漂浮——国际学生会馆设计

设计者：吴振克 指导教师：李伟

（该作业获得新人战 TOP100）

1）设计规模：2200m²

2）建筑功能：公寓

3）场地情况：天津大学校园内，友谊湖东岸

4）行为问题分析

（1）环境行为问题：湖水景观，公寓行为与湖岸行为关系。

（2）功能行为问题：如何塑造校园与建筑的行为界面，使校园空间行为与建筑空间行为互为补充，并为人们塑造出积极高效的建筑与校园行为共享空间。

① 校园行为与公寓公共空间行为界面；

② 公寓组团之间行为界面；

③ 公寓组团内部行为界面。

5）对应设计策略：

将人们的活动行为分为三个层次：公共行为、半公共行为、私密行为。进而，将大体量建筑打散为组团式公寓，通过组团式空间设置，并分解为行为的三个层级：校园行为与公寓公共空间行为、公寓组团之间行为、公寓组团内部行为。设计以"街市"概念贯穿入整体建筑空间中。底层架空空间作为文化街市——校园公共空间的延续，可容纳公共行为活动的第一个行为层级，构成校园行为与公寓公共空间行为界面。相对独立的公寓组团之间的二层活动平台构成公共行为活动的第二个行为层级，构成公寓组团之间行为界面；公寓组团内部的共享空间可容纳公共行为活动的第三个行为层级，构成公寓单元内部行为界面。

以此创造出多院落、多层次、可供多供学生文化交流的公寓与文化街市。人们在街市游走中体验校园各种行为界面的交织，感受时间与空间的与变幻。建筑在漫步之间营造出公寓空间和校园空间中生动的故事可发生场所（图6、图7）。

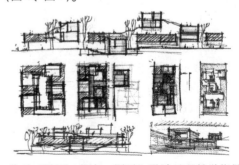

图 6 作品"游园·街市·漂浮"设计过程教学指导草图

图 7 概念模型与表现

5 结语

因此，在教学中要引导学生突破单纯形式的禁锢，通过对建筑设计中基本问题的研究分析，探讨建筑本质的意义，建立形式表述的背后要有观念本质的支撑的思维方法，提升与培养建筑的正确设计观。以此建构与空间形式相对应的设计概念，丰富建筑空间的行为体验。

图表来源

图 1、图 4、图 6 来源于李伟绘制，图 2、图 5 来源于学生作业，图 3 来源于作者自摄，图 7 来源于学生吴镇克；表 1 来源于作者自绘。

主要参考文献

[1] 李斌. 环境行为理论和设计方法论 [J]. 西部人居环境学刊，2017，32（3）：1-16.

[2] 李斌. 环境行为学的环境行为理论及其拓展 [J]. 建筑学报，2008（2）：30-33.

[3] 陆绍明，王伯伟. 情节：空间记忆的一种表达方式，建筑学报 [J]. 2005（11）：72-75.

田瑞丰　缪军

华南理工大学建筑学院；arrftian@scut.edu.cn

Tian Ruifeng　Miao Jun

School of Architecture，South China University of Technology

"新工科"建设背景下的建筑学毕业设计
——教学引领的"产学研"合作模式探索

Architecture Graduation Design under the Background of Emerging Engineering Education
——A Teaching-led "Industry-University-Research" Cooperation Model

摘　要：在"新工科"建设的背景下，本文以建筑学毕业设计教学为例，探索了基于传统工科现有教学体系的课程教学改革。本文立足于"新工科"教育的人才培养目标，结合作者六年来的毕业设计教学实践，提出了以教学为引领的"产学研"合作框架；文章进一步从设计选题、教学框架、反馈机制等方面详细阐述了以养老建筑为主题的教学模式；最后，文章总结了将这一教学模式具体落地的运行机制，并希望为其他传统工科专业的教学转型和升级提供借鉴和参考。

关键词：新工科；建筑学；毕业设计；养老建筑；教学改革；教学模式

Abstract：Under the background of "Emerging Engineering Education"，this article takes the teaching of architecture graduation design as an example to explore a teaching reform model within the existing teaching curriculums of traditional engineering. Based on the goals of "Emerging Engineering Education"，combined with the authors' six years of graduation design teaching practice，this article proposes a teaching-led "industry-university-research" cooperation framework；the article further elaborates on the teaching model under the theme of senior living architecture design through topic selection，teaching framework and feedback mechanism；finally，the article summarizes the operating mechanism of this teaching model. The aim of this article is provide reference for the teaching transformation and upgrade of other traditional engineering majors.

Keywords：Emerging Engineering Education；Graduation Design；Senior Living Architecture；Teaching Reform；Teaching Model

1 "新工科"建设背景下的建筑学毕业设计

自教育部 2016 年提出"新工科"建设这一举措以来，各主要工科院校、各新兴及传统工科学科均在不同层面进行了积极的探索和响应。其中，华南理工大学提出了"新工科建设 F 计划"，坚持以学生成长为中心，培养"学习力、思想力、行动力"兼备的工科领军人才。[1]针对传统工科专业中具有代表性的建筑学专业，华南理工大学建筑学院也提出了继承华南建筑重视工程技术的教育传统，发展"以问题为导向"创新思想的转型和升级思路。[2]然而通过对文献的梳理我们发现，当前关于传统工科专业的教学改革研究多关注于宏观上培

----

① 高松. 实施"新工科 F 计划"，培养工科领军人才［J］. 高等工程教育研究，2019（4）：19-25.
② 孙一民. 建筑学"新工科"教育探索与实践［J］. 当代建筑，2020（2）：128-130.

育新的优势特色，而基于现有教学体系下课程的教学创新探索不多。

在这一背景下，笔者所在的华南理工大学毕业设计教学团队主动寻求变化，探索将"新工科"的人才培养理念引入到建筑学本科教学用时最长、综合性最强的毕业设计课程中来，并形成以养老建筑为主题的连续 6 年的教学系列。我们认为建筑学的毕业设计不应仅仅是大学五年建筑知识和设计技巧的总结，而应该是在此基础上能够充分体现建筑学内涵的深度和广度，培养"新工科"人才核心能力的深度训练。因此，针对毕业设计教学模式的探索对于建筑学专业的转型和升级具有较强的参考意义。

2 当前建筑学毕业设计中存在的一些问题

通过多年的教学实践和观察，我们发现当前的建筑学毕业设计主要存在以下问题：

第一，毕业设计选题大多旨在培养学生的"工具理性"，而对学生的"价值理性"培养有所欠缺。选题对当前的主要社会问题缺乏主动的、持续的关注，与现实社会联系不强，从而使得学生认为毕业设计的内容仅仅是做一个规模更大或细节更多的课程设计，难于引导学生思考如何利用所掌握的能力解决或干预复杂的社会问题，也无法激发学生的社会责任感。

第二，毕业设计的内容在研究和实践中难于达到平衡。毕业设计的选题经常来源于教师的科研课题或实践项目。然而，单纯的科研课题作为毕业设计往往让学生过于"务虚"，这不仅对本科毕业生而言是一个挑战，也容易让这部分的学习与其接下来的工作实践相脱离；同样的，纯粹的实践项目又容易让毕业设计过于迎合实践，学生在开展设计的过程中被动迎合市场需求，容易变成"绘图员"的角色。因此，如何立足于建筑学学生的人才培养目标，平衡研究和实践之间的关系，使毕业设计内容既来源于实践，又具有一定的前瞻性，成为当前毕业设计最核心的难点。

第三，从一定时间跨度上来看，当前建筑学毕业设计的教学缺乏一定的反馈机制，即可以让教学框架不断完善的长效机制。毕业设计的选题类型、建筑规模、研究领域在不同年份往往波动较大，随之带来的问题的就是教学经验难以获得积累和反馈。

3 教学引领的"产—学—研"合作毕业设计教学模式

教学团队自 2015 年底即开始围绕养老建筑设计为主题进行教学研究。最初的目标是希望通过教学实践来

解决发现的上述问题。近年来，"新工科"建设的提出一方面促使我们对人才的培养目标加以更多的思考，另一方面也给我们建筑学毕业设计的教学改革带来了新的指引。因此我们有意识地将其中契合建筑学教育特点的部分与我们的教学实践相结合，逐渐形成了一套较为系统的以培养学生核心能力为目标、以教学为引领的"产—学—研"合作的毕业设计教学模式。我们将总结的教学模式特点归纳为以下几点：

3.1 选题关注社会问题，培养学生的"价值理性"

题目选择不仅仅决定了毕业设计的组织方式和研究内容，也代表了一种价值判断，是毕业设计教学的关键问题。选题应引导学生关注当前的社会问题，训练学生的综合设计技能，并具有一定的开放性和研究性。6 年来我们选择以养老建筑设计作为主题，主要出于以下原因。

首先，养老建筑设计关注我国人口老龄化这一重要的社会问题。根据第七次全国人口普查结果显示，我国 60 岁以上人口占总人口的 18.70%，并且预计未来将呈不断上涨的趋势。这一选题通过紧扣这一趋势，推动学生主动地关注社会动态并积极探讨如何通过设计来加以应对；同时，由于设计的使用对象是"老年人"这一具有明确特征的社会弱势群体，对于学生设计观念中的社会责任感的建立也具有很强的促进。

其次，养老建筑设计有助于培养学生的综合解决问题的能力。一方面，养老建筑设计往往需要多方合作，学生要充分了解养老建筑的使用者、运营方，以及政府监管部门的需求，从而培养了学生与其他专业的综合协调能力；另一方面，老年人群体作为使用者对建筑设计有着更多、更为细致的需求，对学生专业内的实践技能提出了更高的要求。因此，养老建筑这一选题能够充分调动建筑学本科教育所学的内容，并在此基础上加以综合提升。

最后，养老建筑设计的相关研究具有一定开放性和探索性。我国进入老龄化社会时间不长，这一领域的研究积累也相应较少。同时，养老建筑需要满足老年人生理、心理、社交等方面的需求，具有非常强的地域性和时代特性，基于其他国家或地区经济、文化背景的经验并不能直接应用到本土的项目之中。这为使得养老建筑设计这一主题具有很大的研究空间，非常适合通过教师的引导来鼓励学生的探索精神。

3.2 平衡产学研关系，形成教学引领的"产—学—研"合作框架

建筑学的学科属性使得它的教学不能也不应该与实

践和科研相割裂，作为本科教学综合训练的毕业设计更应该同时体现实践、教学和科研的内容。我们提出了一个新的"产—学—研"合作框架，强化教学的引领角色，发挥教学在实践和理论之间的"过渡"作用，引导学生从实践中提炼个人研究的"微课题"并运用于实践，从而最终达到对学生核心能力的培养的目标。

如图1所示，学生从实践中观察、发现的问题，需要经过教师的引导、统筹、调整，最终形成学生的研究方向。以养老建筑设计毕设组为例，无论在教师组织的参观学习还是在学生自发的调研过程中，学生都会发现与老龄化相关的大量问题，然而学生对于这些问题涉及的领域以及研究范围的把握往往欠缺经验。这个时候就需要教师来具有针对性的引导，形成适合建筑学学生深入研究的个人"微课题"选题。反过来，学生在确定研究选题之后，教师应推动学生在这一"微课题"领域充分研究国内外前沿理论及实践，总结案例设计中的共性，引导学生将其转化为能够指导实践的设计策略，并要求在随后的设计成果中予以体现。

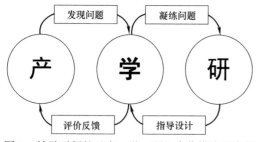

图1 教学引领的"产—学—研"合作模式示意图

以上的框架设置完成了建筑学毕业设计教学中的实践—教学—研究—教学—实践的闭环，形成了以教学为引领，双环循环的产学研合作教学框架。在这个框架中，教学起到了统筹引导的核心作用。

3.3 不断反馈迭代，形成可以拓展的教学系列

教学团队致力于达成"教学题目可以不断拓展，教学经验可以不断积累，教学模式可以不断完善"的长效机制，最终形成养老建筑作为主题的教学系列。教师充分发挥养老建筑设计可塑性强的特点，通过设置不同的场地、不同的运营方式以及不同的工程类型，使得6年的毕业设计在围绕养老建筑这一核心的基础上，能够有足够的丰富性和差异性。如图2所示，毕业设计的场地选择包括郊区、旧城区、市中心、城中村等较为典型的环境；运营方式涵盖了商业化养老设施、社区养老、代际互助养老等；工程类型方面则包括了新建、改建、加建等。通过这一可以拓展的教学系列，学生们得以接触到与老龄化问题相关的各个社会层面，拓宽了学生的知识领域，也加深了学生对老龄化问题的理解。

与此同时，我们的教学模式和经验也在探索中获得了完善和积累。通过多年教学，我们建立了针对养老建筑设计的相对稳定的多学科教学团队，对学生理论与实践训练的平衡有了更好的把握；与本地主要养老机构建立了长期合作关系，形成了较为成熟的校企合作机制；指导学生完成了几十篇针对养老建筑设计前沿的"微课题"研究，以供后续教学参考使用。

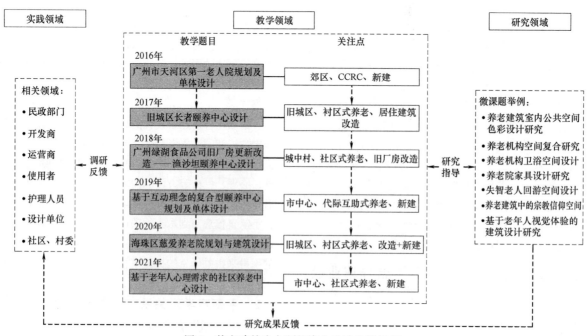

图2 养老建筑为主题的毕业设计教学框架

4 以学生为中心的教学落地机制

4.1 校企联合办学，从实践中发现问题

在毕业设计的教学过程中，引导学生在实践中发现问题是非常重要的一环。与本地的养老建筑运营企业、设计企业建立了长期的教学合作关系，在课题开展之初，学生便可以在合作教学的养老设施的调研中接触到养老建筑的主要使用者——老年人群体。通过与他们的亲身接触以及交谈了解老年人的生理和心理需求，建立对建筑使用对象的直观印象；在调研结束之后，养老设施的另一使用主体——运营方也会与学生充分交流，从

运营的角度提出设计需求；最后，养老建筑的设计企业也会提出养老建筑设计实践的设计策略、方法以及难点。

通过教学团队的精心组织，学校、企业得以深度联合，从而使学生的调研以及学习过程不再流于书面资料的查找，而是具有了真切的自身体验和深度的信息挖掘，进而获得关于设计主题的充足的感性及理性认知(图3)。事实证明，这种在实践中发现问题的方式，可以极大地调动学生的积极性，并能够促使学生主动的分析以及寻求解决方法，从而为后续的教学奠定牢固的基础。

图3　与养老企业管理人员及老年群体交流

4.2 多学科关联式教学，促进学生工程深度学习

建筑学毕业设计课程从"老龄化"问题出发，在教学环境中让学生体验到这一多学科的工程实践过程，是我们教学中的重点。为避免学生对问题的片面理解，拓展建筑设计领域的边界，我们在正常教学辅导的过程中，针对具体年度的课题特征，及时组织多学科的教学讲座。专家的讲座内容包括家具设计、室内设计、旧城更新、养老运营、老年护理等与养老建筑设计相关联的领域。在学生的设计完成后，我们也邀请这些领域的专家参与评图，从而构成学生与相关学科专家的双向互动。这一多学科的关联式教学机制，一方面，开阔了学生的知识面，使学生对老龄化问题有了更全面的了解，有助于学生拓宽创新解决各类实际问题的思路；另一方面，通过教师的组织，形成了建筑师与相关联领域的工程师、专家互动的工程实践情境，学生对建筑师在其中扮演的角色也有了更清晰的认识，最终促进了学生的工程深度学习。

4.3 "微课题"为抓手，引导学生开展研究型设计

毕业设计不应被动的迎合实践，而应具有一定的领域内的研究性和前瞻性。经过多年的教学实践，我们认为"微课题"是引导培养学生自主学习能力、引导学生

开展研究型设计行之有效的教学方法。"微课题"具有以下几个特征：第一，在研究内容上应"小而精"，毕业设计中的微课题并不是毕业论文，而是与毕业设计紧密相关的业界前沿，务必做到言之有物，选题过于宽泛或与毕业设计关联性不强都不能达到良好的教学效果；第二，"微课题"不需要达到毕业论文的篇幅，但立论、论证以及做出结论的过程都需要保证论述充分、逻辑严谨；第三，"微课题"的结论应形成能够指导个人毕业设计的设计策略或方法，要能够指导设计。

通过在教学过程中植入与设计紧密相关的"微课题"，既培养了学生的研究能力，提高了学生的学习热情，又没有过多的增加学生的工作负担，具有较强的实践价值。以2021年毕业设计为例，教师设定的设计题目为"基于老年人心理的社区养老中心设计"，一位学生选取的微课题角度为"城市型养老设施中立体户外活动空间研究"。通过大量的资料调研和理论研究，确定了立体户外活动空间对老年人心理的积极意义，归纳了不同使用者对户外活动空间的需求，总结了国内外优秀案例的经验，最终提出可用于指导实践的设计策略。

4.4 联合兄弟院校，拓展本地教学资源

多校联合毕业设计可有效地增进高校间师生的交流，扩展教学资源，对于建筑系学生知识面的拓宽以及

合作精神的培养非常有帮助。然而这种方式也容易受到异地教学、交通成本高等因素的限制。基于此，我们最终形成了线下联合本地院校，线上联合外地院校的教学方式。立足于岭南地区，我们联合了广东工业大学、广州大学的建筑学院共同开展以养老建筑为主题的多校教学小组。三校在毕业设计中采用共同研讨的任务书，在调研、讲座、评图、模拟答辩等主要教学环节上开展合作教学。同时，在线上我们也邀请外地兄弟院校的专家参与我们的讲座及评图。这种线上和线下相结合的多校联合方式在多种资源上实现了高效共享，减少了沟通成本，也让学生体验到不同的教学方式以及评价标准，打破了单一教学组的局限性。

多次获得校、院级优秀毕业设计，并在毕业设计竞赛中获得奖项；第二，积累了关注实践和理论前沿的"微课题"数十篇，可供教学以及相关领域实践人员参考；第三，与养老领域的相关单位以及兄弟院校建立了良好的合作关系。更重要的是，学生在学习过程中增强了社会责任感，对未来的实践环境有了切实的认知，并养成了"观察、分析、研究、解决"的意识和习惯。

建筑学教育不仅需要在教学体系上有所创新，也需要在具体的课程教学中做出应对。教学团队在6年的毕业设计教学实践中以养老建筑为主题，不断总结经验，优化教学框架，最终形成了一套立足于"新工科"人才培养目标、致力于传统工科升级转型的毕业设计教学模式。我们希望这一模式未来可以探索除了养老建筑之外的更多题材，也希望它不仅适用于建筑学教学，也可以为其他传统工科学科的教学改革提供一定的参考（表1）。

5 成果与展望

在此过程中，我们取得了一定的教学成果：第一，

历年优秀毕业设计 表1

2016年	2017年	2018年	2019年	2020年	2021年
天河区第一老人院规划及单体设计	旧城区长者颐养中心设计	渔沙坦颐养中心设计	基于互助理念的复合型颐养中心规划及单体设计	海珠区慈爱养老院规划与建筑设计	基于老年人心理需求的社区养老中心设计
廖祥	黄健	叶磊	袁潇雪	张烨琳	罗雨然
徐旻玮			张子凡	洪晓源	方文婧

图表来源

图1、图2来源于作者自绘，图3来源于作者自摄；表1来源于作者自绘，表中图片来源于学生毕业设计作品。

主要参考文献

[1] 吴岩. 新工科：高等工程教育的未来——对高等教育未来的战略思考 [J]. 高等工程教育研究，2018（6）：1-3.

[2] 王迎军，李正，项聪. 基于"4I"的工程人才培养模式改革 [J]. 高等工程教育研究，2018（2）：15-19＋29.

[3] 钟登华. 新工科建设的内涵与行动 [J]. 高等工程教育研究，2017（3）：1-6.

[4] 孙一民，肖毅强，王国光. 关于"建筑设计教学体系"构建的思考 [J]. 城市建筑，2011（3）：32-34.

王靖　夏柏树

沈阳建筑大学建筑与城规学院；471777194@qq.com

Wang Jing　Xia Baishu

School of Architecture and Planning，Shenyang Jianzhu Univercity

在故宫建亭子
——空间实体搭建教学的一次实验
Building Pavilions in Gugong
——An Experiment on the Teaching of Spatial Entity Construction

摘　要：自2010年沈阳建筑大学展开了多项空间实体搭建实验。本文对2021"中建海峡杯"建筑竞赛我校获奖作品"镜亭"进行详细介绍，借此分析该建造过程中的"非常规"搭建方式，从而对比传统实体搭建教学，探讨当前我国空间实体搭建教学遇到的问题以及新的探索。

关键词：空间实体搭建；建造教学

Abstract：Since 2010，Shenyang Jianzhu University has carried out a number of space entity construction experiments. This paper introduces in detail the award-winning work "Mirror Pavilion" of our university in the 2021 "Zhongjian Haixia Cup" Architecture Competition，so as to analyze the "unconventional" construction methods in the construction process. This paper discusses the problems and new exploration in the teaching of spatial entity construction in China by comparing our experiment with the traditional teaching.

Keywords：Spatial Entity Construction；Construction Teaching

1　背景介绍

搭建，始于人类本能的自我庇护，是建筑学的物质基础和表达手段。自包豪斯将建造与艺术引入建筑教学以来，近几年空间实体搭建教学在我国建筑教育界已逐渐得到认同，越来越多的高等建筑院校将其引入到建筑设计基础教学中，更通过各种竞赛形式，促进学生们对于空间、功能、形式、材料、结构、细部及建造等建筑设计基本问题的认识与思考。[1]

沈阳建筑大学自2010年展开空间实体搭建课程设计，不断探索出具有自身特色的空间实体搭建教学模式，并自2017年开始承办辽宁省空间实体搭建竞赛，将影响力进一步扩展到东北地区甚至全国（图1）。同时我校积极参加国内外各种类空间实体搭建竞赛，如同济搭建节、"中建海峡杯"建造竞赛、楼纳国际竹构建等，取得了较好的成绩，也进一步拓展了建造教学的视野。

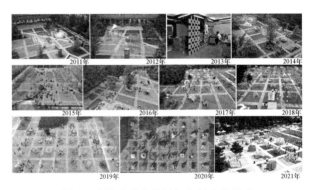

图1　沈阳建筑大学历年空间实体搭建

2021年6月举行的"中建海峡杯"第八届海峡两岸大学生实体建构大赛以"构亭"为主题，要求材料选用木材、钢材或玻璃等材质进行实体搭建，强调作品的结构稳定性和功能舒适性，造型鼓励创新，同时由于受疫情的影响，作品将由参赛者自行选择场地进行搭建，并采取线上直播方式进行最终评选。从设计到初选到实搭历时2月有余，在12件海峡两岸知名建筑院校搭建作品中，我校参赛作品以出色的表现斩获铜奖、小模型奖和优秀指导教师奖（图2）。

笔者自2010年参与沈阳建筑大学空间实体搭建设计教学及竞赛辅导以来，记录了我校"设计——建造"实践的全过程，对于10余年的搭建教学深有感触。而此次搭建竞赛作品无论从场地还是材料再到实搭，都是不同于以往传统方式的一次全新的尝试和探索，值得我们进行思考和交流。

2016海峡杯实体建构大赛 优秀奖　　2017海峡杯实体建构大赛 三等奖

2018海峡杯实体建构大赛 二等奖　　2019海峡杯实体建构大赛 三等奖

图2　沈阳建筑大学参加的历年"中建海峡杯"搭建竞赛现场

2　选址故宫：场地诠释"对话"主题

自2020年新冠肺炎疫情发生以来，人与人之间的正常交流急剧变少，各种活动也尽量避免人员聚集，"中建海峡杯"空间实体建造竞赛也受到影响。一方面，竞赛由之前的提供场地集中进行搭建，转变为在参赛队所在地搭建；另一方面，评选交流的方式也由线下变到了线上。这样的转变为搭建交流评选带来了挑战，但同时我们也看到了一些契机，去思考疫情下的"对话"。

2.1　与场地的"对话"

对于空间实体搭建这样的实践性教学，场地本应该是空间设计及评价的一个重要指标，场地的物理、心理及文化属性往往是设计的出发点和灵感来源。然而纵观国内外大多数搭建教学及竞赛，由于设计重心的偏离，或者场地特征的缺失，抑或先设计后选地的程序倒置等原因，搭建设计对于场地条件总是处于一种接近忽视的状态，学生们失去了一次很好的设计前期场地调研的机会，最终呈现的搭建成果也往往和外部环境没有任何关系，显得突兀而生硬。本方案把握住竞赛"自选场地"

这样的机会，从场地入手寻找突破，将设计视野放在城市中的真实场地，去发现设计问题并寻找解决方式。在众多场地中，学生们发现了故宫这样一处性格鲜明、具有地域代表性的场地，通过材料收集、特征提取、实地调研的方式，对场地特征进行全面地了解和梳理，为接下来的设计做好充分的准备。

2.2　两岸间的"对话"

"中建海峡杯"自创立起，就一直以促进海峡两岸大学生交流为主旨。面对疫情带来的"隔空交流"，学生们思考能否通过搭建设计作品本身来拉近两岸距离，寻找同根同源的血脉联系。于是，学生们惊喜地发现"故宫"这一文化线索出现在北京、台北以及沈阳三处，大胆地提出一个"三地同构"的概念。通过在祖国心脏的北京故宫、宝岛台湾的台北故宫，以及我们所处的沈阳故宫三处进行同时搭建，串联起整个概念叙事，触发两岸三地的文化碰撞，形成一次独特的超时空对话（图3）。这样的概念是很难达到的，但是我们鼓励从更大视野解读设计的方式，通过学校、沈阳故宫等多方面努力，我们从概念到实搭，终于实现了这一概念。作为学生竞赛实践，我们能在故宫完成设计搭建，实属不易。

沈阳故宫

北京故宫

台北故宫

图3　两岸间的"对话"

3　选型古亭：空间探寻形式意义

在完成搭建场地选择之后，搭建形式成为接下来需要解决的问题。学生们基于沈阳故宫场地并结合竞赛主题"构亭"，希望从故宫传统古亭入手，提取其特点，探寻古亭新意。

3.1　空间形式确定

搭建形式的确定离不开对场地空间的观察和思考。学生们通过对故宫进行前期调研，发现位于沈阳故宫东侧的大政殿、十王亭以及奏乐亭皆是以"亭"的形式呈现。整个场地以八角重檐攒尖顶的大政殿为中心，歇山顶方形的十王亭及奏乐亭则沿轴线呈八字形依次排开，形成放射状开阔的正梯形广场空间。从空间上看，位于中轴的新亭需要寻求形式上的统一，达到与场地融合；从形制上看，新亭和大政殿遥相呼应呈现古今对话和致

敬之意 (图4)。于是，学生们选取四立柱八边顶的形式，利用构造单元相互拼接创造围合的亭内空间和类似于传统古亭檐下的空间。通过将抽象简化的组合构件和现代的建构方式注入新亭，使其达到串联古今的目的。

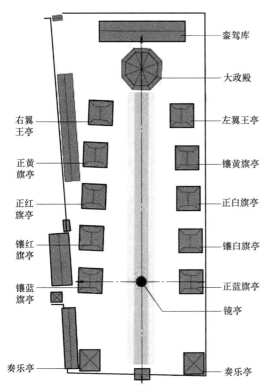

图 4 故宫总平面场地空间分析

3.2 空间功能探讨

设计在功能定位上，首先摒弃了亭子休息玩耍等具象功能，而保留了亭子的精神功能。亭子作为一个空间符号，出现在故宫大政殿的中轴线上，提供一处"看与被看"的新节点。亭子的空间构思基于对整个环境的考虑，需要解决好穿行和停留的关系。穿行需要空间的线性引导，目标对应的吸引；而停留则需要考虑空间的向心围合，开敞程度和界面形式。学生们一方面通过图纸和手工模型，推敲新建亭子的位置、大小及比例，确保在故宫大政殿轴线序列上与周围老建筑形式融合、节奏呼应 (图5)。另一方面学生们通过计算机建模，虚拟检验不同人群在不同时间段通过亭子时候尺度上和心理

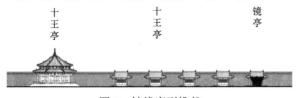

图 5 轴线序列推敲

上的感受。[2]

4 选材玻璃：材质启发建造实验

材料是建筑的原点，是建造的物质条件。不同的建筑材料触发了不同的建造方法，不同的建造方法塑造了不同的建筑形态。纵观各种类型的学生搭建，纸板、塑料中空板、木材、竹材较为常用，而纯粹运用玻璃进行搭建的案例非常少见，主要因为玻璃本身在承重和加工上有很大限制，但玻璃自身的表现性却非常强。所以选材玻璃，既为整个设计带来亮点同时也带来了很大的挑战。

4.1 发现玻璃材质的表现力

因这次竞赛对材质限定由之前的仅用木材放宽到可以使用木材、钢材或玻璃，因此学生们从设计之初就选取了玻璃这一特殊材料，希望通过镜面玻璃自身材质的透明性和反射性，将周围环境解构，通过映射天光、古建、人影，使作品本身在故宫建筑群中消隐。随着人的移动，亭子呈现的图像不断变化，营造出一种时空互动的视幻氛围，达到"明镜鉴古"之意。玻璃是常用的建筑材料，然而作为单纯的搭建材料进行空间实验却非常少见，张永和设计的某品牌汽车展示台 (图6)，利用玻璃营造独特的空间建构，对学生们有很大启发。学生们通过调研，对比不同类型玻璃的表现力、强度及价格，最终选择计算机切割10mm和5mm厚亚克力有机玻璃板，再在其上覆镜面薄膜，达到材质既反射又透明的双重效果，同时通过计算机模型，虚拟周边环境的映射效果，推敲镜面朝向，以达到实体和虚像的有机融合。

图 6 某品牌汽车展示台

4.2 探索玻璃构造的可行性

玻璃通常用作表皮围护材料，很少用作结构承重材料。此次搭建，学生们尝试利用玻璃质坚抗压的物理性能，抽取简化故宫大政殿屋顶挑檐的轮廓，模仿古代木构斗 的构造模式，通过玻璃板片穿插、叠合、承托，

形成受力逻辑清晰的支撑结构（图7）。同时在后期1∶1尺度结构试错中，对比检验不同尺寸支撑构件的稳定性和合理性，确定最终的结构模型（图8）。在细部节点设计上，学生们借鉴古代榫卯的连接方式，不借助一钉一扣，将构件间的榫卯槽口相互搭接咬合，形成稳固的整体。搭建整体呈现出现代与古典相结合的结构美以及虚实疏密变换的细部美（图9）。

图7 构造形式推演

图8 结构构件汇总图及结构爆炸图

图9 小模型推敲

5 选择快闪：疫情期建造流程改革

快闪，作为近几年青年人比较喜欢的活动方式，经常出现在各种社交媒体上，有其积极的价值。而近几年的学生搭建竞赛从某种意义上说也是一种"快闪"。学生真实搭建的建造周期通常都非常短暂，前期方案确定及深化大约需要3～5周，组件加工和试错大约需要1～2周，而真实的搭建组合其实仅需要1～3天（图10）。

此次搭建由于正处于疫情期间，为了避免长时间人员接触，更突破了以往搭建的时长，从材料进场到构件组合到完成搭建再到拆除作品恢复场地原貌，共计不到2小时（图11）。这需要学生们在设计之初就考虑好构件的制作运输及组合，精准每一步建造程序，同时考验队员之间的默契协作。整个搭建过程是短暂的，最终成果仅保留了几分钟，然而这样的快闪方式是有意义的，短暂和不可被复制成就了如生命般的作品，即使被拆除仍然长存于曾临现场的人们的脑海中。建造期间碰巧遇

图10 沈阳建筑大学 搭建教学流程

到大地艺术家克里斯托《被包裹的凯旋门》在巴黎建成和拆除，方式和我们在故宫做搭建有几分相似。这对于学生来说既是一次通过这样的快闪建造向大师致敬的机会，同时也给疫情下的故宫注入一股新鲜的活力，给疫情期间的人们带来更多的希望。

图11 "镜亭"空间实体搭建过程

6 选中求变：建造教学的探索思考

我国的建造教学实验，基本可以追溯到2004年前后，清华大学在高年级教学中添加了建造环节，随后东南大学、同济大学、天津大学等院校则更多地把建造环节放在基础教学中。从极少数高校的探索到逐步得到全国高校的认同和引进，再到现在基本成为建筑专业学生必修的一门课程，短短十多年时间，建造实验已在全国开花。[3] 然而随着时间的推移，建造教学中的问题也逐渐显现出来。建造创意的模仿、场地意识的缺失、空间主题的偏离、材料选择的单一、结构形式的枯竭、艺术技术的失衡、搭建过程的僵化、建造逻辑的忽视、主观能动的消退等问题，急需要我们寻找解决的方法。[4] 反观包豪斯时期的建造教学，我们需要进一步打开思路，扩大视野，保持对建筑教学的执着和热情，深挖建造和艺术的更多潜能。

这次在故宫进行空间实体搭建，或许只是建造教学的一个个例，却是对于近10余年学生搭建教学的一次总结，值得我们去挖掘其中的意义。回顾在故宫搭建的全过程，它看似简单，却在每一个关键环节向以往学生搭建的常规模式发起挑战，学生们通过选择不太寻常的搭建方式，体验了前所未有的搭建感受。场地的选择，突破了以往搭建对于建造环境的忽视，通过学生、学校和沈阳故宫的三方努力，让搭建走出校园走进城市，探

讨搭建在真实场景下的形式和意义，同时打造高校教学实践新平台，为传统建筑保护及发展提供了新思路及新方法；古亭的选择，让低年级学生对于塑造城市个性、树立人文情感有了最初的认识，激发其对于民族传统建筑的兴趣和自信，同时培养整体化的设计视野，避免学生陷入过度形式化的误区；玻璃的选择，打破常规材料，探寻特殊材料的特殊建构方式，加深学生们对于材料的感性认识和理性分析，鼓励学生们对于构造的创新；快闪的选择，结合流行的模式，精准每一步搭建程序，挑战疫情下的搭建速度（图12）。面对传统的空间实体搭建教学，我们希望通过这次搭建实验，发现潜在的问题，尝试新的探索，开启未知的体验，挖掘建造在教学上的更多意义。[5]

图12 空间实体搭建成果展示

在故宫建亭子，一个机缘巧合，一种珍贵体验，一次探索反思……

主要参考文献

[1] 顾大庆. 绘图，制作，搭建和建构——关于设计教学中建造概念的一些个人体验和思考 [J]. 新建筑，2011（4）：10-14.

[2] 阿希姆·门格斯，钱烈，曾雅涵. 整体成形与实体建造 计算形式和材料完形 [J]. 时代建筑，2012（5）：42-45.

[3] 尹春，王少锐，贺嵘. 建筑类专业设计基础教学中的"空间建造实践"探索 [J]. 教育教学论坛，2018（5）：104-105.

[4] 阎波，邓蜀阳，杨威. 基于创新人才培养模式的"建造实践"教学体系 [J]. 西部人居环境学刊，2018，33（5）：92-96.

[5] 张嵩，朱雷，韩冬青. 东南大学设计基础课程中的实体建造教学 [J]. 当代建筑，2020（1）：132-135.

柏春　寇楚天　李玲　项浚

上海大学上海美术学院，bc19977@163.com

Bai Chun　Kou Chutian　Li Ling　Xiang Jun

Shanghai Academy of Fine Arts，Shanghai University

从绘图工具盒开始
——四元教学设计模式视角下的一个建筑初步课题训练*

Start with the Drawing Tool Box
——A Preliminary Architectural Training Project from the Perspective of 4C/ID Model

摘　要：如何设计课题训练任务是建筑初步课程教学研究的一个重要问题，传统教学方式中课题训练与知识传授存在片段化、单一化、抽象化的问题，与后续设计课的衔接不好，学生知识与技能的学习迁移效果不佳。对此，本文提出借鉴四元教学设计模式，以递进的综合性设计任务为核心串联、组织建筑初步课程教学的改革思路，并对绘图工具盒设计这一学习任务的具体教学设计与教学过程做了简要介绍。

关键词：四元教学设计模式；建筑初步；课题训练

Abstract：How to design the task of subject training is an important issue in the teaching research of the preliminary course of architecture. In the traditional teaching methods，there are problems of fragmentation，simplification and abstraction in subject training and knowledge teaching，poor connection with the follow-up design course，and poor learning effect of students'knowledge and skills. In this regard，based on 4C/ID model，this paper puts forward the reform idea of connecting and organizing the teaching of preliminary architectural courses with the progressive comprehensive design task as the core，and briefly introduces the specific teaching design and teaching process of the learning task of drawing tool box design.

Keywords：4C/ID Model；Preliminary Architecture Design；Subject Training

1　对建筑初步课题训练设计与教学体系组织的思考

建筑初步是建筑学专业重要的基础课，传统上这门课的教学模式源自巴黎美术学院的布扎教学体系，重视各专项技能训练，特别是手绘表达与表现的训练，教学中强调顿悟与经验性传授。20世纪20年代，以包豪斯为旗帜的现代设计教育，强调通过设计实践学习和设计范例阐述的方式，倡导艺术学院理论课程与工艺学校实践课程相结合的建筑教育模式，引入国内后发展出以三大构成为代表的艺术与设计结合的教学内容。这两种教学模式及其混合变体，是当下国内院校建筑设计初步课程教学模式的主流。

20世纪50年代以来，以"德州骑警"、苏黎世高

---

* 项目支持：2022年上海市教育科学研究项目"基于四元教学设计（4C/ID）模式的建筑设计初步课程教学设计实践研究"（C2022262）资助，以及2021年教育部产学研协同创新项目"基于虚拟现实技术的建筑空间感知教学实验平台建设"资助（202102185024）。

工（ETH）、香港中文大学为代表的一些院校在建筑设计基础教学中，发展出系列"装配部件式"的抽象练习模式，强调建筑学的"可教性"。做法是把复杂内容和专业知识技能，层层分解为简单的要素，再组合成课题系列，分别进行专门性训练。希望借由理性的方法将整体性的、复杂的建筑设计学习拆解组织成有序可控、便于教学组织的单元性教学设计。课题训练多关注建筑学的本体问题，但存在过度抽象化的特征，抹去了设计问题存在的现实场景与复杂性。

本系近十几年的建筑初步教学，在不同的历史阶段分别采用过上述的三种教学模式。多年的教学实践下来，有两个问题引发了我们的思考：

1）很多同学在设计基础阶段各单项知识与技能掌握得不错，但到了高年级设计课时却出现不适应的情况，表现在不知道如何运用所掌握的知识与技能综合解决设计问题。这说明传统教学模式会形成知识技能的分割与碎片化，不能很好地提升学生知识和技能的迁移能力，学习者最终无法在迁移情境中将分离的元素整合起来并使之协调。

2）在建筑初步阶段，由于课题设置的片段化、抽象化，很多学生往往不清楚当前习得的知识与技能与现实中专业问题解决的关系，使得学生学习的主动性较弱。同时由于评价方式单一，过于强调结果，导致学生的主体性不够突出，多习惯按老师要求和喜好完成作业争取高分数，学习体验与自我认同较差，进而也对专业的认同感不强。

针对上述问题，近年来国内外一些院校在建筑初步课程教学内容与教学方法上进行了新的探索，出现了"设计带练习""从具身感知出发""项目式教学"等教学新模式。香港中文大学顾大庆教授指出，设计初步课程以测绘、渲染、构成为代表的单一的表达表现技能训练，割裂了与高年级设计课程的关系，建议将单项技能训练融合到具体的整体性的设计课程单元。[1]

2 依据四元教学设计理论对建筑初步课题训练设计的革新

2.1 作为一种综合性学习理论的四元教学设计模式（4C/ID）

20世纪80年代以来，教学设计模式的理论基础由客观主义转向建构主义认识论。教学设计从关注知识单向度传递的设计转向了支持和促进学生主动建构知识意义的学习环境设计，从片段分解式的原子化教学设计走向多项度整合的综合性学习设计。综合学习包括了知识、技能和态度的整合，希望培养学生具备问题解决和

终身学习的能力，注重学生知识"迁移"能力、认知图式的建构、高阶思维的培养，这也正是建筑学专业设计课程学习的根本目标。

四元教学设计理论模型（4C/ID）是综合性学习理论的代表，是由荷兰著名教学学家麦克恩伯尔[2]在20世纪90年代研究开发的，并提出了四元素、十步骤的具体设计方法。该理论认为学习旨在实现综合目标，并且同时发展知识、技能和态度，以获得综合能力和专业能力，是强调学习的内在生成性的自然整体设计模型。有别于基于目标驱动的设计方法，4C/ID采用以"真实学习任务"为中心的思维方式，强调能力应始终与学习者要完成的专业任务明确相关。关注的是现实生活中的任务，因此教学设计的模式也必须随之调整为"整体教学设计"，以应对在分析活动和设计活动中出现的各种复杂关系，而这种复杂关系恰恰是处置现实生活中的任务所必须的。[3]四元教学设计理论将学习任务的技能培养分为"创生性组成技能"和"再生性组成技能"，分别对应"基于图式的加工能力"和"基于规则的加工能力"，并分别提出了相应的教学方法与教学工具进行"支持"，帮助学生建构相应的"认知图式"，通过学习任务的递进与学习资源不同强度的支持（四元教学设计理论将其称为"脚手架"），最终熟练掌握"图式"，并能够在新的任务场景中加以运用。

设计教学是一种面向复杂学习的教学，必然是一种综合性学习，总是涉及达成多种学习目标。建筑学专业的设计课程教学，其传统就是在模拟完成各种真实任务的学习，通过各种功能类型或问题指向的设计课题的递进训练，来完成学生专业设计能力的培养，这与四元教学设计的理念、方法有着某种一致性。但在传统的设计课教学中，教学方式以师徒传授为主，普遍缺乏科学、系统的教学设计，教学效果更多依靠教师的个人经验与把控能力，以及师生之间的"偶合"，随意性较大。四元教学设计这种建立在认知科学基础上的体系化教学设计方法，有助于我们解决设计课程教学中一直面临的困境，"以真实任务为核心，有序设计（步骤），学教统一，手脑一体，扶放有度"，帮助学生掌握复杂认知技能，进而使设计教学走向科学性与有效性。

2.2 建筑初步课程学习目标分解与设计学习任务序列

借鉴四元教学设计理论，同时结合多年教学实践经验与反思，我们制定了建筑初步课程教学改革的整体思路，即以若干递进式的综合性任务学习为核心组织教学内容，将原来初步课片段化、孤立的单一性技能训练与

知识点分别整合到具体的与现实生活相关联的学习单元，并加入了创生性知能培养以及专业态度培养的内容。将20个学时的课程分成3个核心学习任务：绘图工具盒设计、校园微空间改造、电影回顾展展厅设计，形成了递进的整体性学习任务序列（表1）。

对建筑学专业指导委员会提出的建筑初步课程学习目标进行深入分析，分解复杂知能，厘清层次并排序与重新组合，对应到3个具体学习任务上，每个学习任务的侧重点会有所不同，但依据四元教学设计理论提出的任务"变式度"的原则，又保持了学习者基本知能与技能训练在任务间的连贯性与递进性。

依据四元教学设计（4C/ID）建构的建筑初步课学习任务序列 表1

学习任务序列	学习任务类别1	学习任务类别2		学习任务类别3	
		嵌入式学习任务A	学习任务类别2	嵌入式学习任务B	学习任务类别3
学习目标分解与进阶	在给定规则、步骤的条件下，从功能与形式两个要素出发，完成一个生活中的小设计，进行初步的设计表达，完成工具绘图与模型制作	学习如何观察、感知建筑空间，对空间进行记录与图解分析；学习建筑测绘方法与建筑制图规则，建筑与图纸的对应关系，准确绘制建筑平立剖面图	学习如何进行前期调研与分析，获得设计概念，并利用草图与模型方法推进发展设计；学习利用空间构成的方法生成单一空间，理解空间的尺度、行为要素；学习图纸排版与基本设计表达的方法与技巧	学习如何进行建筑案例分析，初步掌握图解形式分析方法；进一步理解空间构成要素的复杂性，学习空间处理的手法；巩固、提升图纸的表达表现能力与模型制作能力	学习通过类比等方法获得设计概念并展开设计的方法，以及如何在多要素制约下完成设计，进而初步了解建筑设计的过程、方法与思维模式；理解建筑空间氛围与意义，以及时间性与叙事性等概念，学习多空间的组合模式与方法，初步掌握建筑设计的综合性、多媒介的表达与表现方法
课题训练主题	绘图工具盒设计与制作	建筑空间感知与测绘	校园微空间改造—社团活动室设计	大师作品的图解分析与模型拆解再现	叙事空间设计—电影回顾展临时展厅设计

3 绘图工具盒设计作为建筑初步学习任务的开始

3.1 题目设定的思路

近年来，在国内外一些建筑院校的建筑初步教学中，出现了从一个具体的日常性设计任务入手，展开建筑设计启蒙的教学训练课题，如鸡蛋保护装置设计、荷载桥梁设计、小型坐具设计等。早在1977年同济大学的建筑初步教学中，就出现了"文具盒设计与制作"课题，是一个设计与制作类的综合训练。我们希望重新引入这样一个课题，并依照四元教学设计模型进行重新地教学设计。目的是将建筑初步课前半学期原来分散讲授与训练的教学单元，如基本建筑知识介绍，以及以工具绘图、线条练习、排版与配景、模型制作为代表的基本设计表达与表现技能，整合、串接到这样一个实际生活中的小设计问题上，在一个具体任务中实现知识体系的融会贯通。

这样一个容易上手的项目，直接将学生的注意力引导到问题状态、可接受的解决方案，以及有效的解决步骤上，有助于学习者从合理解决方案中提取有效信息，或者帮助他们使用归纳法建构可以反映特定任务类型的一般解决方案的认知图式，发展其问题解决、推理与决策能力，而这些能力的培养是建筑学教育更为重要的部分。另外，作为学生进入建筑系的第一个课程作业，除了完成相应的知识与技能传授，还担负着专业学习启蒙的作用，希望通过"做中学"使学生初步了解建筑学专业学习的特点，并建立对专业的兴趣与自信。

3.2 排定相关知能、设计支持程序和安排专项操练

四元教学设计提出了非常具体的"四元素与十步骤"的教学设计方法，除了依据目标设计综合学习任务并排序，在具体教学过程组织中，围绕任务排定相关知能以及设计相应的支持程序和安排专项操练是教学设计的重点。如表2所示是我们依据四元教学设计理论对绘图工具盒设计这一训练课题完成的教学设计框架。

绘图工具盒设计课题训练的教学设计框架 表2

学习任务	教学主题	学习内容（相关知能）		主题任务/问题	教学策略	学时
		支持性信息	程序性信息			
1. 示范样例	绘图工具盒设计与制作的SAP	绘图工具盒设计与制作的SAP（系统化解决问题的方法）		1. 制作案例分析简报	演绎性呈现	1

学习任务	教学主题	学习内容(相关知能)			主题任务/问题	教学策略	学时
			支持性信息	程序性信息			
2. 样例任务	绘图工具盒设计与制作的领域模式	概念	设计、概念、设计逻辑		2. 绘制分析案例的设计思维导图	归纳性呈现	2
		结构	设计的过程与逻辑,形式美的原则				
		因果	设计的评价				
3. 补全设计任务	针管笔的放置与拿取的可能	概念	功能、空间、形式、材料、尺度	草图绘制的要求,模型制作工具使用,模型制作的方法与步骤	3. 对给定的空间盒子,绘制草图研究针管笔的不同放置与拿取方式	归纳性呈现	3
		结构	放置与拿取的顺序,构件的联接与稳定性				
		因果	功能与形式的统一,设计创新的要素				
		设计整体构思、设计问题解决SAP,过程清单与经验规则			4. 绘制三个状态的三视图,A3铅笔		
4. 常规性任务 a	通过草图与工作模型进行设计构思,完成绘图工具盒的设计与制作	针对绘图工具盒设计与制作SAP提供认知反馈		针对程序性信息提供矫正反馈	5. 工作模型制作 6. 构思草图 7. 成品制作	指导性发现	6
5. 示范样例	工具绘图的步骤、方法与经验规则	工具绘图的SAP(系统化解决问题的方法)				演绎性呈现	1
6. 常规性任务 b	绘图工具盒设计图纸绘制	概念	图纸规格、线宽、线型、图框、图签	绘图工具使用方法,绘图姿势、动作,绘图步骤与次序	8. 尺规绘制一张A2黑白线条设计图	归纳性呈现,专项操练	5
		结构	图纸的布局要求,版面设计				
		因果	工具绘图的评价,设计与表达关系				
		针对设计表达、工具绘图SAP提供认知反馈		针对程序性信息提供矫正反馈			

3.3 教学过程

课题任务是为自己设计一个绘图工具盒,绘制设计图纸并完成加工制作。主要教学过程分为5个阶段:

1) 学生收集一些不同规格的纸质包装盒,并根据教师列出的清单准备好课程接下来学习必备的绘图工具。在给定的规则下,对现成的盒子进行切割、组合,并用绘图工具随时对放置空间与拿取方式进行设计验证,完成工作模型。这一阶段,追求"脑手合一",激励学生通过观察、动手和多种感知的培养,培育形成对物质世界不断发现、认知和整合的创造能力(图1)。

2) 通过绘制草图与模型切面观察的方法,结合相关建筑绘图知识的讲解,完成设计图的初步绘制。在这一阶段,提供相应的前提知识、课外学习资源(如慕课、参考书、范图等)作为支持程序,引导学生主动性学习。

3) 讲授并训练绘图工具使用,以及图纸排版的要求与技巧,规范绘制设计正图。在这一阶段,对于工具绘图这样一种再生性层面的技能,特别安排了专项操练(线条练习、环境配景练习),以期提高熟练度(图2)。

图1 学生利用包装盒制作工作模型推进设计

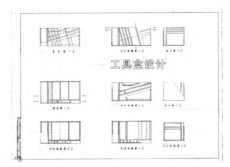

图 2　学生尺规墨线绘制的绘图工具盒设计图

4）选择合适的材料，加工制作成品绘图工具盒（图 3）。在这一阶段，结合案例示范，增加了对材料特性与连接构造，以及结构稳定等基本建筑知识的讲解。

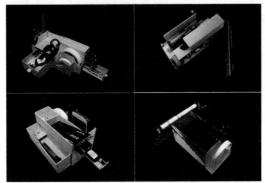

图 3　部分学生作业成果

5）汇报与展示。在集体评图时，教师注重对于学生设计过程的评价与认知反馈，并借此结合自身经验，向学生介绍设计问题解决的一般方法、步骤与过程，对学生完成学习任务中遇到的典型困境给出跨越的"经验规则"，即四元教学设计理论所称的提供"脚手架"，目的是帮助学生提升创生性技能，逐步建构起对于设计问题的"认知图式"与"认知策略"。

4　结语

四元教学设计理论主张将综合性的现实任务作为学习和教学的驱动力，即使对于像工具绘图、模型制作这一类需要熟练掌握的再生性组成技能，也要放在具体与整体的任务场景中进行练习，只有在把握了整体学习任务的意义之后，学习者才能在一个丰富的认知情境下开始操练，才能更加高效地掌握并灵活运用。对比本系建筑初步课程教学改革的前后，近两届学生的建筑设计表达与表现能力也有了很大的提升，证明了这一观点的正确性。

从绘图工具盒设计开始，实质上是提供了一个原型设计，它既能起到一个具体学习任务的培养作用，同时也是四元设计理论中提出的"任务迭代"的起点，起到一个教学测试的作用，为初步课乃至设计课程后续的学习任务的设计提供了基础。另外，作为建筑初步课程的第一个课题训练，它还可以起到一个学业评估工具的作用，测度学习者预期表现与实际表现之间的差距，为下一阶段设计学习任务尤其是编制学业目标提供了参照。

图片来源

图 1～图 3 来源于学生作业，表 1、表 2 来源于作者自绘。

主要参考文献

［1］顾大庆. 作为研究的设计教学及其对中国建筑教育发展的意义［J］. 时代建筑，2007（3）：14-19.

［2］Van Merrienboer J. J. G. 4C/ID-model：10 Steps to Complex Learning［R］. Presentation at the European Patent Office（EPO），Germany：Munich，2003.

［3］杰罗姆·范梅里恩伯尔，保罗·基尔希纳. 综合学习设计［M］. 盛群力，陈丽，王文智，毛伟，等，译. 2 版. 福州：福建教育出版社，2015：5-6.

郑越　孙德龙（通讯作者）

天津大学建筑学院；xslx2005@126.com

Zheng Yue　Sun Delong（corresponding author）

School of Architecture，Tianjin University

通专结合语境下的分解＋渐进式教学
——以天津大学二年级建筑设计进阶教学为例 *

Decomposition＋Progressive Teaching in the Context of General Specialization
——Taking the Advanced Teaching of Architectural Design in the Second Grade of Tianjin University as an Example

摘　要：为回应当代中国建筑学对设计者解决复杂问题的综合能力需求，针对建筑学基础教育中脱离现实语境、学科基本议题训练的针对性不强的痛点问题，教案立足于社会现实背景，将教学核心议题分解为场所、行为与材料性三个训练单元，并采用"分解练习＋综合设计"的策略，针对相应的议题设定特定的现实语境，强调对相应的核心议题的应答，关注在设计推演过程中每一步的思考和讨论。目标是提供一种将概念与建造联系起来的方法基础，更是训练一种洞察力和创新意识。

关键词：场所；行为；材料性；分解；渐进

Abstract：In order to respond to the comprehensive ability needs of contemporary architecture for designers to solve complex problems，and in view of the pain points in basic education of architecture that the training is out of the real context，and the training on the basic topics of the subject is not very targeted，the teaching plan is based on the background of social reality，decomposing the core topics of teaching into three training units of place，behavior and materiality，and adopting the strategy of "decomposition exercise＋comprehensive design"，setting a specific realistic context for the corresponding topics，emphasizing the response to the corresponding core topics，and focus on thinking and discussing at every step of the design deduction process. The goal is to provide a foundation for a method of linking concepts to construction，but also to train an insight and sense of innovation.

Keywords：Place；Behaivor；Materiality；Decomposition；Progressive

1　教学痛点与解决定位

在存量更新的时代，建筑产品的不确定性逐渐增加，应对当代建筑学科的发展与变革，设计者应加强对各种限制条件的平衡与整合能力，而非仅仅关注建筑的美学品质。[1] 以培养学生宽广科学视野和广袤人文情怀的目的的通识教育是当前教学的大趋势，而建筑学的通识教育不仅应是与专业课分离的通识课程，而是应该在

* 项目支持：国家自然科学基金资助项目，基金号51708397。

专业课中融入通识课程的思想，达到通专结合的新工科教育理念。

1.1 通才教育和专才教育

哈佛大学校长詹姆斯·柯南特（James Conant）最早指出，通识教育的核心是培养学生全面的综合素质。[2] 北京大学钱理群教授 2012 年提出"精致的利己主义"危机，指出通识教育的重要性及其缺失的危害性。在当代的大学二年级基础教学中，存在着学科基本议题，其训练的针对性不强的现象。一直以来，学界对于建筑学低年级教学存在分解训练和综合训练两种观点。

英系院校如 AA、UCL 在基础教学阶段强调综合训练，如 AA 的教学目标是让学生拓宽建筑在世界上的物理表现形式，全面考虑城市的设计方式，采用共享、开放的工作室，并以"边做边学"的方式进行对建筑的综合探索。德系院校如 ETH、门德里西奥，在基础教学中强调分解训练，如 2016 年 ETH 建筑学本科二年级教学分为 5 个专题，在每个专题中通过针对性的教学设定引导以主题为中心展开设计探索，完成对主题的深度解读。法国、意大利、俄国的诸多建筑院校继承布扎体系，这是一种以制图为基础的美院式的综合式的教学体系。美国院校由于继承了欧洲不同国家的建筑教育体系，呈现出多样化特征。Cooper Union 继承包豪斯模式，宾夕法尼亚大学延续了布扎体系。清华大学的创办者梁思成先生毕业于宾夕法尼亚大学，师承这一体系并把其融入早期清华大学的建筑教学中。同梁思成一起开展的营造学社工作的刘敦桢先生、童寯先生综合古建测绘与经典建筑学的构图实现了"布扎构图的中国化"，相关影响反映在今后天津大学、东南大学的建筑教学中。这三所建筑院校的传统教学虽然侧重点有所不同，都强调一种综合性的教学过程，虽然近年进行了诸多教学改革，但是建筑基础教学还是延续着早前的基调。与之相对，同济大学的教学体系沿袭包豪斯模式，这是一种"综合各个艺术门类，以手工艺途径建立艺术与技术的统一"，胡滨（2012）提出基础教学需要在分解训练和综合训练中寻求平衡，分解训练可以提升问题讨论的深入程度。[3]

1.2 教学痛点及解决方案

综合式教学虽然能够培养学生在处理设计问题的时候全面整体的思维，但是对建筑设计各个基本议题的思考不够深入，缺乏深入理解（时间维度）到对关联现实能力（空间维度）的透彻训练。在建筑环境日益复杂的

当下，既有的综合化、程式化的设计模式不能够应对多变的社会环境，建筑需求的快速更新促使当代建筑教学需要从建筑学的源头出发，深入剖析建筑设计的根本诉求和内生动力，从而赋予学生在今后的建筑生涯中源源不断的创造力，以解决关乎国情和民生的现实问题，能够为我国未来的城市更新和社会发展作出贡献。

结合建筑教学的深厚传统，顺应当下国家政治、经济、文化发展对于建筑设计低年级教学的需求，提出解决上述问题的定位：首先，强调从分解到综合的渐进式训练。二年级教学衔接建筑设计基础训练与建筑设计阶段，分解到综合的渐进式训练有利于学生对建筑学基本问题的认知与深入思考。其次，强调对现实问题的回应。实验教学的目标并非仅提供一种将概念与建造联系起来的方法基础，更是训练一种洞察力和创新意识，这些都离不开基于现实问题对生活与日常经验的观察与思考。最后，强调设计推演过程。通过专题训练强化基本功训练的，关键的是训练一种"提出问题、分析问题、解决问题"的连贯设计思维，通过对设计推演的强调，培养学生理论联系实际和深入思考的能力。

2 教学创新举措

2.1 从分解到综合

形式生成过程，是不同复杂因素相互作用的结果，但在逻辑的范围内存在不同的选择。肯尼斯·弗兰普顿（Kenneth Frampton）描述了三个重要影响因素的演化和相互作用：场所（Topology），建构（Tectonics）与类型（Typology）（图1）；[4] 原苏黎世联邦理工大学建

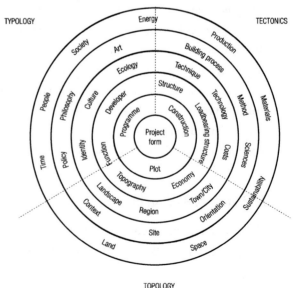

图 1 二年级的分解内容和案例分析

筑系系主任迪特玛·埃伯勒（Dietmar Eberle）认识到不同社会群体对建筑问题关注的巨大差异，并强调对学生应对与平衡此类问题能力的培养。他关注并基于建筑设计中可教的部分，采用分解训练过程，形成系统性的目标与方法。[5,6] 以此为基础，自2019年来，教案将本科二年级的核心议题分解为场所（Place）、行为（Behavior）与材料性（Materiality）三个训练单元，在每个题目中加入针对性的训练，并分别以三个核心议题作为各单元的关注重点，促进学生理解三个议题对设计结果的影响及可能产生的不同操作方式（图2）。

	分解训练一	分解训练二	分解训练三	经典案例分析
基于场所的空间生成训练	场所	空间结构	场所+空间结构	城市建筑学与类比建筑（Aldo Rossi）
基于行为的空间生成训练	行为	行为+功能	空间结构+行为+功能	建筑行为学（冢本由晴）
基于氛围的空间生成训练Ⅰ	材料性	空间结构+材料性	—	建筑氛围与图像（Peter Zumthor）
基于氛围的空间生成训练Ⅱ	场所+空间结构	场所+空间结构+功能	场所+空间结构+功能+材料性	建筑氛围与图像（Peter Zumthor）

图2 二年级的分解内容和案例分析

2.2 分步教案设计

分解训练1是基于场所的空间生成训练，以城市作为最普遍的语境，认知城市—建筑之间内在结构的联系；认知空间结构，培养形式操作的能力。设计过程包括场所的一般认知、空间结构认知，以及场地和空间结构组合训练，在历史街区中进行服装店设计。学会通过普遍性的形式组合产生新的形式，认知尺度、界面、空间构成上与周边场所产生的联系（图3）。

分解训练2是于行为的空间生成训练，以住宅为基础，围绕人的行为和建筑空间之间的关系展开。通过对建筑界面的探讨，创造能够容纳多样行为的生动空间。设计过程包括建筑界面与身体的关联认知、建筑功能与空间的关系认知，以及功能+空间结构的组合训练，在历史街区中进行共享住宅设计。学会组织建筑内外关系，公共与私密空间的方法（图4）。

分解训练3是基于材料的空间生成训练，以材料为基础，围绕材料对空间氛围的营造起到的作用展开。设计过程包括材料—氛围认知练习、单一空间的模型再现场景练习，以及以大比例模型为基础进行石之亭的设计，建立材料的建造—空间属性之间的联系。以空间氛围为起点探讨材料和建筑之间的关系，认识材料的建造属性（图5）。

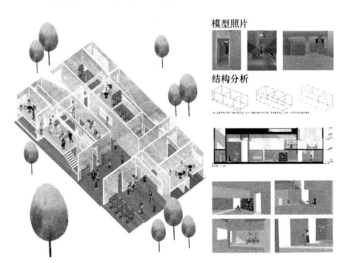

图3 丁雨桐作业（基于场地路径，将5股场地人流引入街巷之中，提升了空间的公共性和商业价值）

综合训练题为基于氛围的空间生成训练。融合场地、行为和材料三个方面的设计内容，以氛围营造为线索，鼓励将空间氛围营造融合进设计的其他方面。通过拼贴的方式营造"氛围类似"的建筑，在将建筑"锚固"在场地之中，为设计提供新的可能性。设计推演过程分解成初始意象收集—意象提炼—意象组合与具体化—意象深化与实施三个阶段。在西井峪所选基地范围内设计供村民使用的活动中心，将设计意象融合进既有的村落氛围之中（图6）。

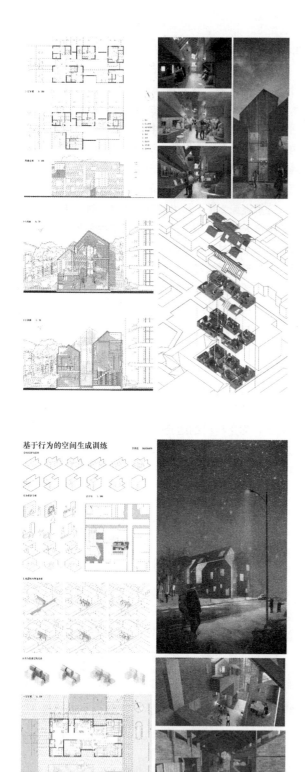

图4 罗新程作业（基于对年轻建筑师和社区互动需求，将街巷的意向引入设计中，在住宅的底层设计了一个灵活的展览和售卖空间，使建筑成为社群活力的发生器）

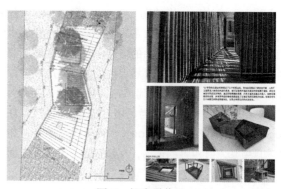

图5 相晓雯作业

	场所的一般认知(场所)	场所的结构认知(空间结构)	场地+空间结构组合训练：历史街区中的服装店设计
分解训练1			
分解训练2	建筑界面与身体的关联认知(行为)	建筑功能与空间的关系认知(功能)：	功能+空间结构的组合训练：共享住宅
分解训练3	材料—氛围认知	单一空间的模型再现场景	石之亭设计
综合训练	初始意象收集	意象提炼	意象组合与具体化	意象深化与实施

图6 分解训练及综合训练过程

3 通专结合与多元评价

3.1 建筑师参与教学，接轨现实语境

邀请国内外不同地区的多位执业建筑师参与方案推进阶段的中期评图，以及方案结束阶段的终期评图。建筑师通过评图时与学生进行面对面的讨论和交流，把当下最新的设计思想和方法传达给学生，加强学生对设计现实需求的认知。

3.2 加强课程思政，培养社会责任感

以当代城乡发展的热点问题为背景设计教案，鼓励学生以设计为手段深入探索社会问题。在设计前期加入

实地调研环节，鼓励学生通过实地走访和数据分析发掘现实需求，以建筑设计为手段，探讨改善广大人民群众生产生活环境的方法，以此来培养学生的社会责任感。

3.3　提升过程质量，实施阶段性评价

在设计评价中，强调对设计过程质量的考核，制定多元化的评价体系。要求学生每周都根据方案的推进情况，选取一个相关的当代知名建筑案例进行设计抄绘练习，鼓励学生广泛吸纳建筑学相关知识，并总结经验吸取灵感运用于设计课程之中。为加强设计的课程控制，将每周的抄绘以 10% 计入最终成绩，将中期评图以30% 的比例计入最终成绩，以此鼓励学生提升设计过程质量。

4　结语

应对信息时代背景下我国城市和乡村空间快速更新对建筑学提出的创新发展要求，以及当前我国建筑学基础教学人才培养方面缺乏对基本议题的深入训练，而导致学生在复杂新环境下解决实际问题的能力不足的痛点问题，以新工科通专结合的思想为指导，在众多的建筑学关键词中提炼出"场所、行为、材料性"三个基本议题，通过分解+渐进式训练模式，在教学过程中与学生共同进行设计探索，达到了良好的教学效果，并在人才培养方面取得了丰硕的成果。课程在教学中通过精准训练和统筹协调，培养一种敏锐的洞察力和创新意识，培养学生在设计中对多个相关因素进行综合考虑的能力，以及在设计中协调理性判断和感性认知的能力，以应对

未来我国城市和乡村发展的新环境、新问题，成为促进我国社会发展的复合型创新人才。

图片来源

图1、图2、图6作者自绘，图3丁雨桐绘，图4罗新程绘，图5相晓雯绘。

主要参考文献

[1]　许蓁，张昕楠，贡小雷，张龙. 天津大学建筑学院建筑设计教学 [J]. 城市建筑，2015（16）：36-38.

[2]　哈佛委员会. 哈佛通识教育红皮书 [M]. 李曼丽，译. 北京：北京大学出版社，2010.

[3]　胡滨. "天空之下"——空间叙事模型表述空间 [J]. 建筑学报，2012（3）：84-88.

[4]　DEPLAZES A. CONSTRUCTING ARCHITECTURE：MATERIALS，STRUCTURES，PROCESSES：A HANDBOOK [M]. Basel：Birkhäuser，2008.

[5]　EBERLE D，SIMMENDINGER P. FROM CITY TO HOUSE：A DESIGN THEORY [M]. Zürich：GTA Verlag，2007.

[6]　EBERLE D，AICHER F. 9×9：A METHOD OF DESIGN：FROM CITY TO HOUSE CONTINUED [M]. Basel：Birkhäuser，2018.

曾旭东　张晓雪　李娴

重庆大学建筑城规学院；405986533@qq.com

Zeng Xudong　Zhang Xiaoxue　Li Xian

School of Architecture and Urban Planning，Chonging University

面向实践的数字建筑设计教学改革研究
Research on the Teaching Reform of Practice-Oriented Digital Architectural Design *

摘　要：近年来，随着互联网＋技术的不断发展，各类先进的技术进入到建筑行业，给整个行业带来了革命性的影响，对建筑学学生的创新能力与各专业协同合作能力等有了更高的要求。本文以数字建筑设计课程为例，通过分析传统数字建筑设计课教学模式的不足之处，以实践为出发点，借助先进的数字化建筑技术，培养学生实际操作能力与其他学科协同设计的能力，结合实际项目将所学知识运用到实际工程中，进一步提升学生运用课程所学知识。

关键词：数字化建筑设计；多学科交叉；协同设计

Abstract：In recent years，with the continuous development of Internet ＋ technology，various advanced technologies have entered the construction industry，which has brought a revolutionary impact to the entire industry，and has higher requirements for the innovative ability of architecture students and the ability to cooperate with various majors. Taking the digital architectural design course as an example，this paper analyzes the shortcomings of the teaching mode of the traditional digital architectural design course，takes the practice as the starting point，and with the help of advanced digital construction technology，cultivates students'practical operation ability and the ability to coordinate design with other disciplines，and applies the knowledge learned to the field engineering in combination with the field project，and further enhances the knowledge learned by the students in the course.

Keywords：Digital Architectural Design；Multidisciplinary Intersection；Collaborative Design

1　引言

经济的快速发展，技术的不断创新都对建筑业造成的巨大的影响，培养创新型、综合型人才也逐渐成为教育的重点。目前，由"复旦共识""天大行动"以及"北京指南"构成的新工科建设三部曲是工程教育改革的新途径。[1]

建筑学是一门综合性很强的学科，既需要非常广的知识面，也需要很强的实践能力，综合使用各类学科知识，并应用到建筑设计中。目前建筑学学科主要呈独立散点式布局，教学内容涵盖的知识面较广，但是各教学课程之间的联动性不强，更加重视建筑理论的学习，忽视了学生的实践能力，易造成学生在跨入社会时空有一身本领而不知该如何下手。因此，建筑教学需以新工科建设理念为导向，以培养综合型和创新型人才为目标，将所学知识、课上实验教学与课下实际项目研究相结合，在实际操作的过程中掌握建筑教学内容，提供建筑

＊项目支持：重庆市研究生教育教学改革研究项目，yjg183012。

教学的高效性和学生综合运用知识的能力。

2 数字建筑设计教学现状及存在的问题

数字建筑设计课以数字建筑理论知识为基础，引领学生主动学习数字化建筑技术，提高学生创新能力和独立解决问题的学科。在高速发展时代下，数字化建筑技术占据着重要的地位，无论在建筑设计，建筑施工，后期运营管理阶段皆有着十分重要的作用，"可视化""参数化"，以及"智能化"等特点节省了人力物力。但目前建筑设计课程教学依旧存在很多的问题，如"重理论、轻实践"，数字化建筑技术与其他学科之间的联动性不强等等。因此，亟需深入挖掘数字建筑设计课程的问题，创造数字建筑设计课程教学新模式。

2.1 数字建筑设计课程与实际工程项目对数字化的需求脱节

传统的数字建筑设计课程以理论为主，虽然也注重课上的学生实践操作，但是其深度不够，离开了数字建筑设计课堂，学生在建筑设计中利用数字化技术的能力下降，并没有达到课程开设的目的。当前建筑教育的培养模式重点依旧在学校和课堂上，学生在整个设计过程中很少接触到真实的功能空间，并不了解实际项目中所要解决的问题，利用数字化技术提升建筑设计解决建筑设计中出现的问题只是纸上谈兵，缺乏对自我和实际项目建设的真正认知。[2]

建筑专业教学的内容落后于工程实践或与工程实践严重脱节，易造成学生的知识结构不完整，很难发现实际项目中存在的问题，以至于在今后的工作中需要经历一定时间的企业培训才能应付基本的工作，没有达到建筑教学的目的。

2.2 数字建筑设计课程与其他学科的联动性不强

一个综合项目的实施，要涉及城乡规划、社会文化习俗、风景园林等从大到小的数字分析调研，然后再到建筑形体、功能布局、建筑结构、管线布置，室内空间等的协调设计，最终建筑成型落地。这个过程不仅需要设计者具备丰富的专业知识，并且还能触类旁通各科知识，也需要熟练使用数字化建筑技术，因此培养具备学科交叉能力和具有创新能力的学生显得尤为重要。

目前，数字建筑设计课程中的多学科交叉内容较少，学生很难涉及其他学科，不了解多学科交叉的重要性。数字建筑设计课程具有先进的实验平台，是最能直观展现建筑空间以及建筑各部分结构的课程，对多专业的学习事半功倍。

3 数字建筑设计课程教学探索

3.1 构建数字化建筑教学与实际工程相结合的教学模式

基于数字化技术在建筑专业设计中的研究及设计应用，探索专业课程教学与实践教学高度融合的教学理念，构建教学技术先进、层次丰富的"研究＋实践"一体化教学体系是当前建筑教学新模式。数字化技术与实践的结合需利用我院先进的教学设施，如虚拟现实平台、性能仿真以及 BIM 云实验平台等，结合与校企合作紧密的实验实践教学的课程体系与实验环境，促进"工程项目导向"的创新实践能力培养。

以数字建筑设计课程中的某项目为例，利用数字化技术对重庆某地铁站的交通枢纽进行优化设计。以小组的方式展开实地调研其交通流线，并以问卷的形式调查行人对其满意度，如图 1 所示。

图 1 实地调研

使用虚拟仿真技术搭建地铁站虚拟空间，利用数字化技术对地铁站的人流进行模拟，结合实地调研结果，分析其存在的问题，如图 2 所示。通过数字化建筑模拟优化设计，多方案比选，确定优化方案，如图 3 所示。培养数字化模拟分析意识可高效快速地分析出建筑设计的问题，科学分析出建筑方案的优劣。

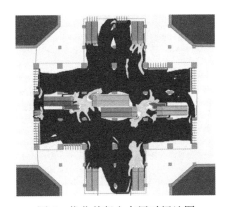

图 2 优化前行人占用时间地图

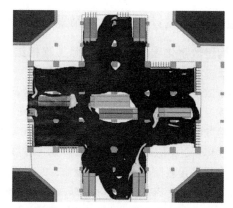

图 3　优化后行人占用时间地图

3.2　数字化协同设计，实现多学科之间的有机融合

数字化协同设计可以充分发挥个体的创作潜力，突显团队合作的优势。通过构建多个专业子系统合并的建筑体系，如图 4 所示，减少各专业之间在设计过程中的信息交流反馈，提高学习效率。协同设计更为后期室内净高的控制、立管穿墙、预留孔洞等提供了现实依据，避免了后期很多不必要的方案冲突，大大减少现场的设计变更及工程返工，在质量和效益上都有较大提升。[3]

这种协同模式打破了学科之间的专业壁垒，碰撞出更具创意的设计作品，在协同设计中掌握数字化建筑技术，培养学生的数字化协作意识。对建筑学学生来说，协同能力包括数字化协同的技术手段和协同的工作模式，也是比设计本身更为重要的必备技能。

图 4　数字化协同设计示意图

以数字建筑设计课程中某建筑项目为例，从低碳建筑的角度出发，利用数字化技术分析建筑性能，如图 5 所示，结合建筑设计相关规范优化建筑，达到节能减排

的目的。

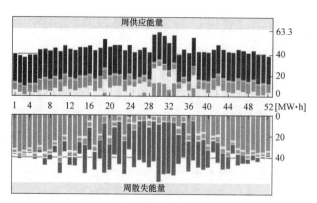

图 5　数字化能耗分析

多学科交叉的难点在于各专业之间的交流与理解力不同，在数字建筑设计课程中利用数字化建筑技术之间的协同实现学科交叉设计，增强建筑、结构、水电暖等环节之间的协调性。特别是建筑、结构与管线之间的碰撞，无论是在设计阶段还是在施工阶段都是易出现问题的地方，在课程中，小组成员利用软件模拟三者之间的碰撞，并查看相应的位置，解决后期施工中存在的隐患。

对于多学科交叉的学习不仅需要重视课堂的学习，还需重视实地建筑现场的学习，在真实空间中学习建筑、结构以及各管线等的关系更有助于进一步了解各工种之间协调和综合使用多专业知识的重要性。小组成员利用数字化技术建构建筑、结构、暖通、给水排水等系统为一体的虚拟建筑，如图 6 所示。利用 AR 技术在现场 1∶1 还原建筑，将虚拟建筑与真实场景结合，定位隐藏在建筑内部的管线以及结构等，如图 7 所示，帮助学生更直观地理解各专业的图纸。

图 6　BIM 管线综合

由于此次选取的建筑正在施工中，因此学生不仅仅学习多学科知识，还现场指导施工人员施工，帮助施工人员理解管线密集的区域，节省人力物力，加快建筑施工进程，如图 8 所示。

图7 虚拟与现实建筑的结合

图8 AR指导建筑施工

4 结语

数字建筑设计课程以培养实践创新能力为主，将课上所学知识与实际项目相结合，兼顾建筑设计、建筑施工，以及后期建筑改造，真正做到"理论＋实践"，系统地培养学生的数字化技能和多学科交叉的能力。在课程中，学生的积极性很高，课堂与实地相结合的模式增加了学生的科研兴趣，激发了学生的好奇心，取得了一定的成果。因此，加强多学科之间的交叉，丰富课堂内容，扩宽学生知识面，进行系统的培养，利用数字化技术，多层次、全方位的教学，培养创新型与复合型人才。其不仅提高学生的能力，也是未来数字化建筑教学的方向。

主要参考文献

[1] 陆国栋. "新工科"建设的五个突破与初步探索 [J]. 中国大学教学，2017（5）：38-41.

[2] 周坚. 建筑设计教学改革新思路的探讨 [J]. 高等建筑教育，2009，18（4）：71-73.

[3] 曾旭东，龙倩. 基于BIMcloud云平台的建筑协同设计——以某医院设计项目为例 [C] //董莉莉，温泉. 共享·协同——2019全国建筑院系建筑数字技术教学与研究学术研讨会论文集. 北京：中国建筑工业出版社，2019：214-217.

游猎　孙昊德（通讯作者）

上海交通大学设计学院建筑学系；sunhaode@sjtu.edu.cn

You Lie　Sun Haode（corresponding author）

Department of Architecture，School of Design，Shanghai Jiao Tong University

体用并举，设计大义：上海交通大学建筑学系实践导师工作室教学改革与探索

Noumenon with Use，Design for Humanity：Reform and Exploration of Teaching Fellow Studio in Department of Architecture，Shanghai Jiao Tong University

摘　要：当前，我国高校建筑学专业教师考核以及职称晋升主要是课题、论文等研究成果导向，在制度上缺少设计实践的激励。然而，在设计课教学环节，教师的设计实践经验至关重要，某个专门化的研究特长反而次之。上海交通大学设计学院尊重设计课教学规律与特征，参照国际设计教学范式，在国内首创实践导师工作室制度。在"体用并举，设计大义"的办学理念指导下，通过连接体制内教师与行业一线实践建筑师，打通教学与设计，融汇科研与实践，为破解上述困境提供了参考。

关键词：建筑设计课；实践导师；上海交通大学

Abstract：At present，the evaluation and promotion of faculties in architectural discipline of universities in China are mainly oriented by research such as funding projects and papers，but lack of incentive of design practice. However，in the teaching process of design course，the teacher's design practice experience is of most important，and some specialized research expertise is secondary. Hence，School of Design in Shanghai Jiao Tong University respects the teaching rules and characteristics of design courses，and with reference to the international design course paradigm，pioneered the Teaching Fellow Studio in China. Under the guidance of the philosophy of "Noumenon with Use，Design for Humanity"，it provides reference for solving the above difficulties by connecting faculties in the university with practical architects，integrating teaching and design，scientific research and practice.

Keywords：Architectural Design Course；Teaching Fellow；Shanghai Jiao Tong University

1　体用并举，设计大义

上海交通大学（以下简称上海交大）建筑专业办学历史可追溯至1907年其前身邮传部上海高等实业学堂创办土木科。1952年院系调整，土木科建筑教师并入同济大学。1993年起上海交通大学正式开办五年制建筑学本科专业。2002年筹备建系，2003年获"建筑设计及其理论"与"城市规划与设计"二级学科硕士学位授予权。2004年学校正式成立建筑学系，2006年首次参评并通过建设部建筑学专业本科（五年制）教育评估，获批建筑学学士学位授予权，2010、2014、2018年连续3次顺利通过复评。2011年获一级学科硕士学位授予权。2017年底建筑学系与设计系、风景园林系合并成立设计学院，并纳入学校17个双一流建设学科

群，专业发展进入快车道。2018 年首次参与建筑学专业硕士研究生专业评估获得"通过"，2019 年获建筑学硕士专业学位授予权，2021 年 6 月通过上海交通大学自主增列建筑学博士点专家评审，2022 年获批国家级一流本科专业建设点。

包含建筑学在内的上海交通大学设计学科，其办学理念可总结为"体用并举，设计大义"。在操作层面上，可以理解为理论和实践的结合，也可以延伸到中西合璧的跨文化层面；但更重要的是提高到哲学高度，亦即"道器并举"。只有上升为哲学理念，我们才能追求"设计大义"。也正是从这个角度讲，设计类学科绝不仅仅是美育教育或者视觉艺术、锦上添花。相反，设计在应对中国和人类社会面临的一些重大的挑战中不可或缺，包括流行病防范、气候变暖、能源危机、城市更新、生态修复、城市公共资源的公平合理分配、建设健康宜居的城乡环境，以及可持续性发展的诸多方面，都离不开人居环境的设计、实施和服务。[1]

然而，无论是作为执行层面的"体用并举"，还是作为目标定位的"设计大义"，在当前我国建筑学教育，尤其是作为核心主干的设计课中，突出的面临着教师考核与教学在管理上错位的严峻挑战。

一方面高校体制内教师考核以及职称晋升在目前环境下主要还是以课题、论文等研究成果评价为主，本身在制度上缺少设计实践的激励。另一方面，教师在指导学生设计课时，首先需要的是丰富的设计实践经验，而非某个专门化的研究特长。尽管目前已经迎来了"破五唯"的大环境，但考核指挥棒的研究导向，或者说非教学倾向，在我国高等教育仍然广泛存在，建筑学领域尤甚。

2 实践导师工作室改革

在上述大环境下，为了贯彻和坚持"体用并举，设计大义"的办学理念，在前期积累的基础上，上海交通大学建筑学设计课教学逐步探索出一条名为"设计实践导师制度（Teaching Fellowship）"的道路。

早在 2011 年春，为了应对师资紧张的压力，上海交通大学建筑学系邀请了 5 位校外优秀实践建筑师参与本科三、四年级设计课教学，开始了"先锋建筑师工作室"的试验教学模式。经过前后 7 期的发展，工作室共邀请国内外知名实践建筑师近 60 人次深度参与，在大大缓解师资压力的同时，取得了良好的教学成果。

从 2018 年开始，在新的设计学院成立后，学院开始统筹考虑包含建筑学专业在内的所有设计课教学规律与特征，并参照国际设计教学范式，以建筑学系为起点，在"先锋建筑师工作室"基础上，推出"Teaching Fellow Studio（实践导师设计工作室）"制度，正式纳入上海交大教务系统管理体系。

相较之前的"先锋建筑师"，新的"实践导师"因为有专门的学校经费拨款，其稳定性和可持续性大大增强。在管理上包括招录聘用、合同管理、教学考核、薪酬发放等方面更加规范。在教工号、校园卡，以及图书馆、食堂、体育场馆等方面，实践导师也享有正式教职工同等权限。这一改革除了外在的可以更好保障教学秩序，同时因为增加了实践导师的归属感和荣誉感，还可以内生的激励更优质的教学质量。

自 2019 年底设计学院在官方网站和官方微信公众号发布"Teaching Fellow 招聘启事"起，第一期实践导师招聘有 70 余人报名，后经学院审核、学系面试，确定首批 16 位 Teaching Fellow 进入实践导师专家库。结合学系教学计划、实践导师个人情况，最终安排 8 位 Teaching Fellow 参加 2020 春季学期本科三、四年级设计课教学，为期 10 周，正式开启了实践导师工作室的序幕。

作为 Teaching Fellow 教学的一部分，院系还同步开设了"上海交通大学设计学院建筑学系 Teaching Fellow Studio 实践导师设计工作室 2020 春季系列讲座"。讲座由校内指导教师主持，8 位实践导师主讲，每场讲座邀请有校内外观察员、点评嘉宾参与互动。各位实践导师以自身学习、实践和研究为基础，围绕城市和建筑基本议题，自主选题，展开系列讲座。讲座以设计学院建筑学系本科生、研究生为主要对象，同时面向学院全体师生和社会开放。每场讲座开始前和结束后，在设计学院官方微信公众号上均发布预告和回顾推送。2020 年疫情期间讲座全部在 Zoom 平台开展，参与人数众多，反响热烈。

在总结 2020 年第一届实践导师工作室的基础上，根据实践导师反馈、学生调查，并综合各年级设计课教学衔接关系，2021 年的工作室由本科三、四年级春季学期 10 周扩大到 12 周，并扩大到毕业设计环节。同时，进一步研究确立实践导师录用标准并启动第二届招聘，最终从 70 多位申请人中录取 4 人进入导师库。结合教学计划和导师意向，安排 8 位 Teaching Fellow 执教本科三、四年级，3 位加入毕业设计教学团队。

在既有的本科教学框架中，三年级关注的专业基本议题是"设计概念"，主题是"从概念到物化（From Concepts to Objects）"。所聘请的 4 位实践导师，均在建筑领域有丰富的设计实践和研究经验，希望通过本次教学加强学生提炼设计概念并物化为建筑空间的能力。

本科四年级关注的专业基本议题是"城市"，主题是"城市研究与城市设计（Urban Research & Urban Design)"。所聘请的4位实践导师，均在城市领域有丰富的设计研究和实践经验，希望通过本次教学加强学生对城市的理解与研究能力。

3 实践导师工作室探索

3.1 总结和反思

经过2020年和2021年两届实践导师工作室的建设，建筑学系也及时总结这一教学改革的经验和不足。

经验方面，总体来讲，在多年积累基础上，本科三、四年级实践导师工作室教学模式已较为成熟，包括教学目的、实践导师课题设计任务书预审、教学进度控制和教学纪律维持、期中期末评图及展览、作业归档、实践导师讲座、公众号推送等，已形成较为完整的体系，在兄弟院校中已经具有一定影响力。尤其是本科三、四年级工作室从2020年的10周加"竞赛"，调整为12周加"快题"的组合，得到学生普遍欢迎。

还有待改进的地方包括：2021年及之前的实践工作室，包括2011年以来的"先锋建筑师工作室"在内，都主要集中在本科三、四年级，并且仅仅是春季学期，实践导师的优势没有充分挖掘。此外，除评图、作业展外，本系教师与实践导师缺少实质互动，并且在系和实践导师之间缺少一个作为年级负责人的层次，这对教学管理和各年级衔接造成一定的影响。

3.2 优化和调整

针对上述情况，学系及时提出了针对性措施，主要是调整实践导师工作室的师资构成及分工。

按照学院初衷和意见，经系研究决定，请本系实践系列教授作为责任教师分别统筹负责本科三、四年级设计课教学。相应的师资构成为：责任教师＋校内教师＋Teaching Fellow同期同上设计课。

其中校内的责任教师需要统筹负责全学年教学计划及执行，包括参与实践导师招聘、课题/任务书拟定和审核、教学研讨交流、期中期末评图及展览、作业归档、登分、实践导师讲座和公众号推送等各环节。

责任教授以及校内教师与Teaching Fellow参与课题/任务书拟定和讨论、教学研讨交流、期中期末评图及展览、作业归档、学术讲座和公众号推送等各环节。

在这一模式中，责任教授根据学系整个本科培养计划，向本科教学主任和系主任负责。每学期末，由本科教学主任组织责任教授召集相关设计课教师召开"设计实践导师"设计课教学研讨会，对上学期教学进行总结，对下学期教学计划进行研讨，修改完善后执行。

这一调整从管理上化解了本科教学主任在实践导师工作室上原有的以教务协调为主的压力；而通过责任教授的统筹计划，可以实现聚焦和优化教学质量的更高目标。

新的调整在2022年春季学期开始执行，疫情期间克服种种困难，高质量地完成了既定教学目标，取得了良好的教学效果。

4 总结

通过设计课的"实践导师工作室"教学改革与探索，上海交通大学建筑学系在破解设计课教学师资"难"这个问题上走出了坚实的一步。

我们希望通过这一改革实现多赢的效果。一方面使学生通过接触业界优秀实践导师，扩大眼界、增长见识，有更多"获得感"。另一方面为广大一线建筑师，尤其是对建筑教育有热情的明星建筑师和新锐建筑师搭建平台，创造施展才华和实现抱负的条件。最终通过联结体制内教师与行业一线实践建筑师，打通教学与设计，融汇科研与实践，实现"体用并举，设计大义"。

主要参考文献

[1] 阮昕. 大学"管理"的误区＋"设计"应对[J]. 建筑学报，2021（4）：26-29.

宗士淳¹ 李伟¹① 李珊²① 朱蕾¹

1. 天津大学建筑学院

2. 芬兰 JKMM 建筑师事务所；marskrupp@live.com

Zong Shichun Li Wei Li Shan Zhu Lei

1. School of Architecture，Tianjin University

2. Finland JKMM Architects

一例线上版对标建筑师负责制的建筑设计启蒙
An Online Example of the Architectural Design Enlightenment Which is Benchmarked against Architect Responsibility System

摘　要：在以建筑师为核心的多对一信息交互模式的行业背景下，对建筑师的综合能力要求日益提高。然而受疫情影响，建筑设计课程被迫转为线上教学，大大增加了启蒙教育的沟通难度。为保证教学质量，不影响学生建立知识框架的完整性和综合性，天津大学在 2022 年本科二年级春季学期针对线上授课要求，多维度补充教学策略，实现了帮助学生构建综合知识框架，启蒙设计能力的教学目标。并借此探索未来线上与线下结合的建筑设计课程新模式。

关键词：建筑师责任制；线上教学；建筑设计启蒙

Abstract：There are more social demands to architectural discipline employees，Which put forward new demand of create ability，design managerial ability and multi-specialized coordination ability in design of architectural employees in varying degrees. As training backbone course of the ability，architectural design course shall to make corresponding adjustment. Reflect in the course disposes and the formulation of the ability train objective and the guidance course of the design course case of building design basis course and architectural design course，it should pay more attention to train student a overall one planned and designing goaling and enforceability to design content of task.

Keywords：Social Demand；Online Teaching；Architectural Design Course

1　背景

建筑师负责制、设计牵头工程总包、全过程工程咨询等行业实践模式成为业界发展的重要趋势的背景下。对标建筑师负责制的建筑设计启蒙已成为建筑设计教育的重要方向之一，[1] 社会对设计咨询服务的专业性也日

渐提升。[2] 过往天津大学建筑学院在本科二年级的教学中对标建筑师负责制进行建筑设计启蒙。[3] 而在疫情的社会背景下，建筑教育与教学工作面临巨大挑战。建筑设计课程作为建筑学专业的主干核心课程，以往的线下教学中注重实地调研、小组化教学，以及师生面对面交流，具有教、学、做一体化的特点，在专业培养体系中

---

① These authors contributed equally to this work.

具有重要作用。但由于社会与时代背景要求，现行教育方式与方法，不足以满足现有教学目标。因此针对现有建筑设计课程，应从教学模式等方面进行优化，做出相应的线上教学实践尝试，初步总结归纳线上教学的相关经验，为特殊时期建筑设计课程的线上教学提供一定的参考借鉴。

2　线上教学中的学生专业能力培养

关于目前天津大学大二建筑设计课程，随着大类招生推行，天津大学在本科一年级的设计课程中设置了人体尺度空间等空间操作练习，以培养学生的空间尺度等基础能力，在本科二年级开始真正意义上开展建筑设计的能力培训。以培养学生完整的知识框架以及基础知识为目标，进行与展开教学工作。针对既往教学中，相当于真实项目中概念方案阶段的任务，宽度和深度与行业发展不匹配等问题进行了优化。在保证学科框架完整性和综合性的前提下，在优化中进行调整，从作业成果导向转变为过程体验，加宽加深了设计任务的要求。从而使学生在本科二年级的一年之中完成对建筑设计全过程的初步认知与实操，掌握相关设计知识与内容，初步学习相关软件的使用技术，并希望最终实现学生对于自己方案的客观评价与反思，培养学生自主学习与进步的能力，为大三的学习打造良好的基础。为实现这个目标，教学组通过评估学生特点、教学资源及要求，经过数年探索，紧跟社会发展、不断调整优化教学内容，从而取得了一定教学成效与成果（图1）。

但是今年由于疫情影响，学校采取封闭式管理的同时，原有线下教学转为线上教学，尤其是本学年四个课题中，课题任务三为全程线上教学课题，而课题任务四为半程线上教学（前2周线下；后6周线上），课题教学方式与环境带来的新变化对教学工作提出了新的挑战，为应对挑战课题组从开题及前期准备、课程指导、最终评价的三个阶段针对性的采取了相应对策，在原有目标，以及要求的基础上，最大限度地提升学生在线上教学中的体验感，以及促进学生的积极性，并最终完成整体教学任务（图2）。

关于设计管理能力，在线上教学以及社会需求的影响下设计管理能力成为关键能力之一，从单一项目的阶段控制到多项目协调其都会直接影响到最终成果的优劣与形成。设计管理不仅是对阶段性的任务、目标，以及时间、资源配置的管理。同时也是在有效地分配与利用好设计过程中的时间和资源，虽然任务书中有关于时间节点任务的安排，但是大二初涉建筑设计的学生尚没有形成其自身的管理能力并养成习惯，因此学生在设计任

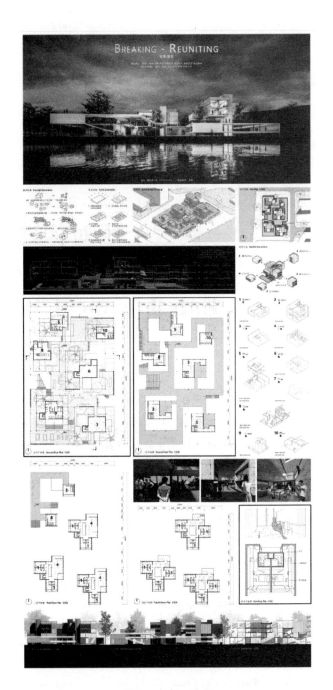

图1　支离—重组

务开始时往往陷入内在自我否定与迷茫之中不知所措，相反在提交成果前迫于成绩压力，学生往往放弃自我否定，通过放弃自身内在要求或追求，进行连续高强度工作的方式完成课程任务。从而对于学生自身的能力培养，学习的积极性，以及学习的方式都会产生重大的影响。这一在建筑学专业学生中普遍存在的现象往往被解释为与专业性质有关，但这种现象恰恰反映出设计管理能力的缺乏和对设计进程控制能力的不足，教学过程中

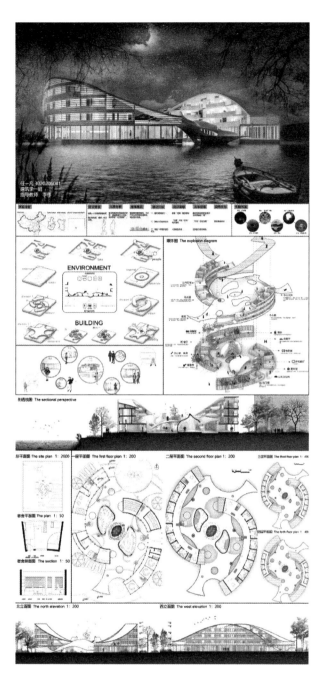

图 2 无题

目标同样也成为重要的方向之一（图 3～图 5）。

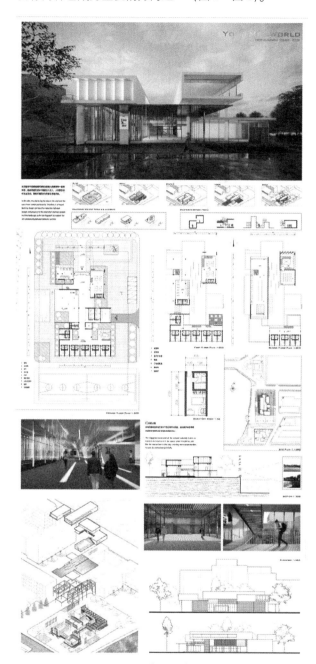

图 3 You & Me & World

教师对于学生的关注度过于集中在最终成果，忽略对于学生职业态度与素养等问题上，并且严重地打击学生对于建筑设计专业的兴趣与积极性，最终导致设计专业学生的外流，以及就业时的专业热情。特别是在本学期大量线上教学的影响下，学生与教师的直接沟通断裂，学生在整体设计的过程中，趋于失控，且内在的不安远远大于线下教学，因此关注学生心理变化的同时培养学生的设计管理能力、专业兴趣，以及专业热情，完成教学

首先，关于教学目标及内容，原有线下教学目标及内容中，教学组在可协调范围内引入相关知识，超前培养学生的策划、场地、空间、功能、结构、构造、机电配合等综合的建筑师思维。实现初步的知识框架。其次，把握建筑设计启蒙方向即建设项目全过程认知，在有限学时内，提高框架搭建效率和质量。整体设计过程由易到难、由简到繁、以实现巩固知识技能框架，积累经验。最后，区分全过程设计实践中多种辅助设计工具

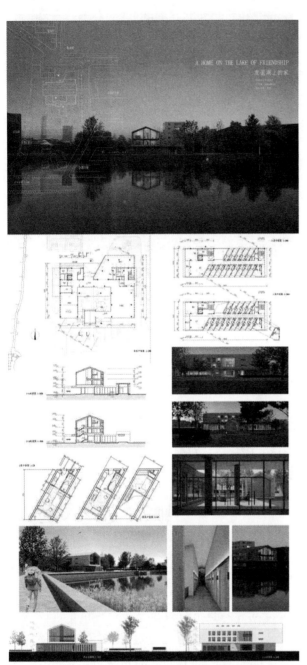

图 4 A Home on the Lake of Friendship

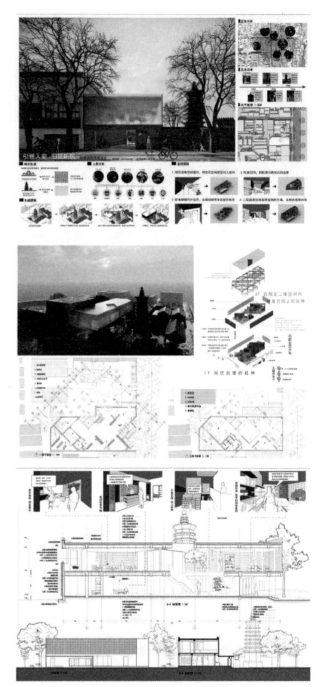

图 5 引巷入室 旧甃新筑

的配合，引导学生区分各种工具的优势与劣势，在不同设计阶段合理选择相应工具，形成适合自己的设计工作方法。

2.1 开题讲座以及前期准备

作为本科二年级的第三个设计课题与第四个课题，学生在前两个线下教学的课题（设计任务一建筑讲评站；设计任务二小住宅）中已经掌握了一部分基础的设计知识与经验，但是由于学生初涉建筑设计，因此所做课题具有体量小，针对人群单一，场地简单等特点，基于由简到繁的教学过程，本次第三课题选取既有单元式布局又有居住和公建功能综合的国际学生会所，其中设置交流空间作为针对公共空间的策划训练。场地则选取校园内现留学生及外国专家楼地块，具备交通、景观边界条件区分及居住与校园教学界面协调等场地问题，有一定综合性。用以培养学生的整体方案的把控能力，以及在多元视角下的问题处理能力。并且本年度基于课题线上教学的原因，从开题到最终评图，全程进行线上教学。因此，课题组在开题时便针对留学生会馆课题进行针对性解析，并邀请课具有留学经验的老师，关于留学生所面临的问题，以及需求进行专题沙龙。讲解内容不单单是介绍留学经验，更是通过实际举例或与学生的生活实际接轨的解析方式，使学生可以更切身地理解课题的目的，培养学生从以人为本的视角下，换位思考理解使用者的行为，以及内在需求，为学生打开思路，并提升方案深度。

2.2 课程中线上指导

本次课题中，以线上指导的方式，用8周左右的时间完成从部分策划到扩大初步设计的建筑专业设计工作步骤。在教学过程中，强调设计习惯和设计思维的养成的同时，指导教师更加注重与学生的沟通。并且通过案例研究、前期基础分析等方式一对一与学生深入探讨任务书内容，并且在班内组织讨论会，鼓励学生积极与留学生深入沟通，直面实际问题。学生则通过 PPT 等模式共享方案，实现了师生一定程度上的互动，促进了学生课前准备与课后反思，从而使学生能够在建立建筑设计的知识框架的同时养成自己的设计习惯。并且讲师团队的构成合理配备在职建筑设计师以及具有留学与实际设计经验的指导教师，可以更为全面地使学生了解行业的实际状况，了解各专业之间协调的原则和方法，学习沟通协调各个专业并推进建设项目进展。理解在实际工作中，沟通的重要作用。通过实际线上教学的尝试，课题组发现，线上教学并非想象中的完全不可实现，学生在整体教学过程中，通过课上与教师的 PPT 互动分享的方式，促使学生养成提前准备汇报文本的习惯。因此转化受疫情影响的线上教学困难，发挥线上教学的优势，并在今后的教学中探索线上与线下教学结合的教学方式，可以更为有效地提高教学效果。

2.3 成果评价

由于课程的全过程采取线上教学的方式，中期以及最终评图的评委组成均采用指导教师与外部评审混合构成的方式，邀请具有实际经验的在职建筑师参与对于学生作品的评价，外部评审分别来自日本大谷大学，华建集团，Society Particular 事务所，北京市建筑设计研究院，吾和建筑等单位。从学校与企业两个角度客观评价学生的成果，同时使学生可以获得更多的经验，从而使评图不单单成为学生成果的评判过程，更使其成为学生成长的另一个途径。关于教学成果，教学组通过注重

学生设计习惯塑造，希望学生可以通过自主的学习方式构建全面的知识框架。而实际过程中发现授课方式的变化，并未导致质量下降，反而依托信息时代优势以及自由的教学环境，学生纵横向互相学习能力以及反思能力大幅增长。教学成果实现复利积累，出线基本功与创意双优的作业成果（图6、图7）。并且线上评图更方便地请到众多国内外相关领域的专家，在建筑学背景下提出甲方、乙方甚至使用者视角的评价。

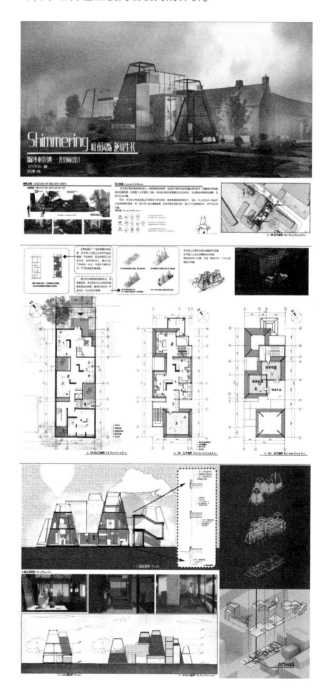

图 6 Shimmering 暗夜闪烁，逆境生长

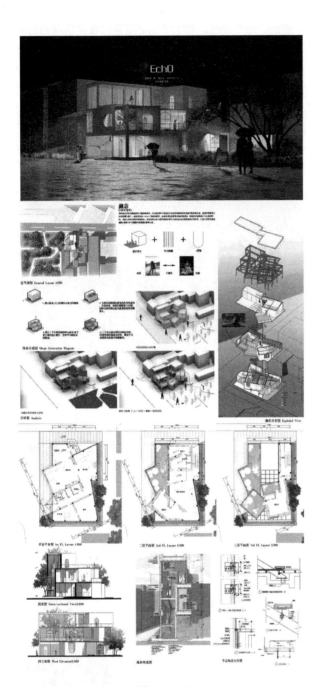

图 7 Echo

2.4 对后续课程的影响

由于第三课题全过程采取线上教学的方式，在第四课题小型公共建筑的课题开始伊始，部分老师尝试采取线上与线下结合的模式，尝试探索两者结合得更为有效的建筑设计课教学方法，但同样因为疫情的原因，第四课题在开始第三周之后改为全部线上教学。虽然线上教学与线下教学的区别非常明显，但通过实践给予教师以及学生更多的新思路以及意外的收获，对于今后探索更

加高效的建筑设计教学模式提供了宝贵的经验。

3 瓶颈与措施

高校教学环境与理想的全过程训练条件尚有出入，且建筑设计课程的全过程线上教学也是为应对现今社会环境的新的尝试。若能使相应资源及方式方法合理配合，学生能从另一个角度在实际体验团队协作与沟通的同时，与导师展开交流，从而自主展开学习以及思考，提高学生对建筑及建筑设计的认知水平。发挥线上教学的特点，给予学生更加自由、宽广的想象与思考空间。调动学生探索问题与解决问题的能力。但是全过程线上教学同样具有其局限性，教学过程中由于现实原因学生与指导教师之间的沟通不能通过手绘改图等传统教学方式进行，对于学生实际动手能力的影响不容忽视，因此结合线上与线下教学的实际经验，综合的开展教学工作，实现在不同教学环境中都可以达到相应的教学成果，使学生在建构全面坚实的知识框架的同时，能够尽早从宏观的视野审视细节，实现自主汲取经验，丰富知识结构，针对题目提出并解决问题。通过本次线上教学的经验，吸取其优势，转化疫情影响，探索线上与线下结合的教学方法，为今后探索会更为有效的建筑设计方式提供了保障，同时学生对线上交互模式的学习和熟悉也为未来全球化沟通，成长为国际化人才打下了基础。

4 愿景

为应对疫情的社会背景下，通过线上教学的方式，使学生体验建筑设计全过程，构建综合的知识框架为教学目标。对标未来建筑师负责制的线上教学尝试，不但是对未来的积极面对，也是对当今社会形势以及不同教学环境与方式的尝试，有利于更为全面地进行建筑设计的教学，多元多角度地培养未来优秀的建筑师。

图片来源

图1来源于：天津大学建筑学院二年级建筑系学生作业，留学生会馆设计，2019级范凡绘，指导教师李伟；

图2来源于：天津大学建筑学院二年级建筑系学生作业，留学生会馆设计，2020级任一凡绘，指导教师李伟；

图3来源于：天津大学建筑学院二年级建筑系学生作业，留学生会馆设计，2020级刘昕然绘，指导教师宗士淳；

图 4 来源于：天津大学建筑学院二年级建筑系学生作业，留学生会馆设计，2020 级王志诚绘，指导教师任军；

图 5 来源于：天津大学建筑学院二年级建筑系学生作业，小型公共建筑，2019 级郑瑞嘉绘，指导教师宗士淳；

图 6 来源于：天津大学建筑学院二年级建筑系学生作业，小型公共建筑，2020 级温彬绘，指导教师王绚；

图 7 来源于：天津大学建筑学院二年级建筑系学生作业，小型公共建筑，2020 级徐凡珺绘，指导教师朱蕾。

主要参考文献

［1］ 中华人民共和国住房和城乡建设部办公厅. 住房城乡建设部办公厅关于同意上海、深圳市开展工程总承包企业编制施工图设计文件试点的复函（建办市函〔2018〕347 号）［EB］，2018.

［2］ 曲泽军，姚越，范家豪. "执行建筑师"模式下的全过程工程咨询企业发展思考［J］. 中国勘察设计，2017（7）：44-49.

［3］ 朱蕾，张昕楠，李伟，李严. 以终为始——对标建筑师负责制的建筑设计启蒙［C］//2020—2021 中国高等学校建筑教育学术研讨会论文集编委会，哈尔滨工业大学建筑学院. 2020—2021 中国高等学校建筑教育学术研讨会论文集. 北京：中国建筑工业出版社，2021.

李帆　叶飞　王晓静

西安建筑科技大学建筑学院；5579689@qq.com

Li Fan　Ye Fei　Wang Xiaojing

College of Architecture，Xi'an University of Architecture and Technology

STUDIO 教学题目类型选择与运行模式思考
——以西安建筑科技大学建筑学系四年级教学为例

STUDIO Teaching Question Type Selection and Operation Mode Thinking
——Taking the Fourth-year Teaching of the Department of Architecture of Xi'an University of Architecture and Technology as an example

摘　要：随着时代的发展，社会对建筑专业人员的需求更加多元化，针对社会提出的新要求，对西安建筑科技大学四年级设计课程进行了调整，本文讲述了西安建筑科技大学四年级设计课程教学的演变与发展，总结了 STUDIO 教学体系出现的问题，提出了相应的解决策略，理顺了高年级 STUDIO 教学的模式与方法，培育了一批富有特色的设计课题，同时针对现存的问题对未来的发展提出了一些改进计划。

关键词：教学改革；建筑教育；建筑设计课

Abstract：With the development of the times, the society's demand for architectural professionals is more diversified，in response to the new requirements put forward by the society，the fourth-year design curriculum of Xi'an University of Architecture and Technology has been adjusted，this article describes the evolution and development of the teaching of the fourth-grade design curriculum of Xi'an University of Architecture，summarizes the problems that appear in the TEACHING system of STUDIO，puts forward corresponding solution strategies，straightens out the mode and method of teaching in the senior studio，cultivates a number of distinctive design topics，and puts forward some improvement plans for the future development.

Keywords：Pedagogical Reform；Architecture Education；Architectural Design Course

1　西安建筑科技大学四年级设计课程教学的演变与发展

"工作室"制概念在教学中最早提出自一个已有几十年历史的青年基金组织（Young Foundation），它在教育领域提出过很多新观念，包括函授大学（Open University），拓展式学校（Extended Schools），夏季大学（Summer Universities）等。"工作室学校"让学校回归到文艺复兴时期对工坊最原始的定义上——工作和学习相结合。据此，提出以下特点：①规模要够小；②适用于 14～19 岁的学生特点；③大部分课程不是坐在教室中完成，而是通过社会机构或实际项目的学习完成；④每个学生都有几位导师；⑤有详细的学习计划时间表；⑥在公开体制下进行，但各个工作室独立运作。

2014 年以前，我校建筑学专业在四年级开设了以剧场类建筑设计为主的"综合大设计"课程。多年来全年级题目统一、设计要求一致，后来各个班老师在教学过程中逐渐发挥主观能动性，出现了音乐厅、剧场、影院等同类型下的多个细分类题目，有了不尽相同的设计要求和场地条件。同时期五年级第一学期不同班级分别开设了"医疗""高层""文脉"等门类的设计课程，也形成了分组式教学的雏形。在当年的教学条件和教学目标指引下，该阶段的设计课程与相关技术课程紧密结合，着重训练学生处理较复杂技术条件要求的公共建筑设计能力，也取得了较好的教学成绩。但随着时间推移，各年级的班级数和学生数量增加，原题目的时效性变差，教学目标呈现出需要应对更加复杂和多样性变化的社会发展，这些变化和"分组式"教学的萌芽刺激了"STUDIO"模式教学方式的出现。

从2014年开始，西建大参考国内外同类专业的经验，针对建筑学高年级教学特点，在传统教学模式的基础上做出了一系列系统性的调整，逐渐形成了"工作室(STUDIO)"制的教学模式。并开始采用教学团队划分课题方向，学生跨班自由组队，与教师双向选择的教学组织方式。呈现出题目多样化、教师团队多元化、教学方法灵活丰富的特点。从学生选课角度讲形成了从"订餐制"定向教学向"自助餐式"自主选择式教学的转换。[1]

具体特点体现在以下几方面：

1) 题目设置：根据教师的专业研究范围拟定题目方向，可使用实际工程项目作为题目来源，可设置研究性课题，也可组织参加设计竞赛，甚至进行实体搭建等。题目具有真实性、研究性、可操作性。

2) 横向开放：工作室模式面向整个建筑学院开放，各专业、各教研室的老师可以通过单独设置题目或合作题目的方式参与教学，使学生理解和体会到建筑学专业综合性的特点。

3) 题目多元：将原有高年级设置的观演建筑、医疗建筑、高层建筑等设计课题包含到STUDIO课程体系当中，继承并发扬原教学体系中的优秀经验。打破单纯类型化的教学方式，将设计领域拓展到建筑技术、材料与构造、数字化建筑、地域性建筑等更多方向。

4) 方法多样：不同的课题采用针对性的教学方法：实地考察、踏勘、社会调研、问卷调查、网络调研、网络教学、模型教学、分组合作、实地搭建等，形式丰富多样。

2 STUDIO 教学体系的逐渐稳定

经过几年的教学尝试，四年级设计课程教学取得了全新的教学效果。学生和教师的积极性都被充分调动起来，呈现出学生愿意学、教师有兴趣教的良性互动，甚至在面临双选机制时，老师同学都会使出"浑身解数"相互吸引。

但在运行初期，在教学准备中也逐渐暴露出一些问题：

1) 由于开设题目自由度较大，题目类型多种多样，在一定程度上造成各题目组的具体教学目标不尽统一，有的组在设计过程中的控制环节不足，任务书不够具体，缺少严谨的教学组织或成体系的教案支撑；设计成果的深度要求不同。

2) 建筑设计类型上与其他年级有可能会有部分重叠，例如：与中低年级设计过的旅馆、住宅、艺术中心内容相近；与五年级的毕业设计题目重复等情况。

3) 设计与四年级开设的专业理论课程联系不足。一方面理论课上所讲的内容缺乏合适的平台与设计实践相结合；另一方面由于高年级很多同学的学分已修够，造成部分理论课选修的人数少甚至达不到开课要求。

针对教学中出现的这些问题，教学组开始逐渐对课程设置要求进行调整和修正。从教学管理上规范教学文件，严格考核教学过程：出台了"STUDIO课程教学纲领性文件""题目审查制度""作业例图制度""教学小组讲义规范"等，使整体教学目标更加清晰，题目设置和教学要求更加科学合理（表1、表2）。从题目及教学团队选择上，尝试由相对固定的教师团队开设具有"品牌"效应和优势特色的题目，保证教学质量的稳定性：例如在"大型公建设计"方向常设影剧院设计、体育馆设计、医疗建筑设计类的题目；在"建构与建筑设计"方向常设现代夯筑工艺的建筑设计、快速建造设计等题目；同时每学期保证开设1~2组新题目，在保持教学团队一直具有"新鲜度"的同时，题目设置的广度和深度得以保障。在设计课程与理论课程结合方面，伴随建筑设计课程开设的专业理论课程包括："设计方法""城市设计原理""环境行为学""建筑计划与设计""空间社会学""医疗建筑设计原理""城市更新中的新建筑类型""建筑信息模型""合院式住宅创新设计""既有建筑更新改造""建筑技术创新设计Ⅰ、Ⅱ"等课程。授课教师在担任理论课教学任务的同时开展STUDIO设计课程教学，将理论知识与设计实践更加有机地结合在一起，起到了良好的效果。[2]

表 1

"STUDIO课程教学纲领文件"中对能力培养目标的要求

建筑学专业本体脉络 高阶性：研究性与研究性 多元性与创新性	场所—文脉	基于城市文脉视角，通过城市地段调查及测绘，综合分析，解析其特征与价值，问题与挑战，明确设计目标，定位并制定设计任务书，探索城市文脉设计的途径与方法，实现以价值特征为导向的城市、建筑及环境设计
	行为—功能	掌握使用人群的基本行为特征，进行城市空间与建筑的系统性设计；掌握城市空间如何分析确定功能定位；了解不同专题空间中特殊人群的行为特征；掌握专项专题空间的功能设计
	空间—形态	城市外部空间形态和建筑专题空间形态；城市区域和系统性设计基础上的城市外部形态设计，外部空间尺度与质感，开放与封闭，层次与序列，组织与秩序，城市外部空间中精准着义和场所价值；以专项问题解决为导向的专题设计，场所，文化，技术，法规等多要素约束下完成建筑空间和形态的统一
	材料—建构	专题设计带来的针对专门材料，特殊材料或前沿材料的学习与理解；专题设计带来的对诸如数字建造，传统材料的当代加工与应用，可持续要求带来的建造策略的倾向等内容，适应特殊功能（大跨度，吸声，隔声，保温隔声）等要求所采用的材料建构方式与表达等

表 2

"STUDIO课程体系技术路线图"

本科四年级建筑设计类 STUDIO 课程体系技术路线图

课程模块	研究性理论模块 研讨课(Seminars)	实践性设计模块 项目设计课(Projects)	教学方法依托 教学法(Pedagogy)	能力培养目标								
				学习方法			知识结构			技能培养		
				研究能力	学习能力	团队合作	系统化	专业化	全面化	技术	功能	艺术
授课形式 课时量	24	120+K										
课题	医疗建筑设计原理	大型公建设计	本土特色建筑学教学方法			√	√	√			√	√
	既有建筑更新改造	建筑改造与更新设计			√			√	√		√	√
	合院式住宅创新设计	地域性建筑设计	美国当代建筑学教学方法		√		√	√		√	√	√
	建筑技术创新设计 I、II	建构与建筑设计		√	√		√	√		√		
	建筑计划与设计	绿色建筑设计	英国当代建筑学教学方法			√	√	√	√	√		
	建筑信息模型	数字化建筑设计				√	√	√	√	√		
	城市更新中的新建筑类型	微更新视角下的城市设计	德端当代建筑学教学方法		√	√	√	√	√			√
	空间社会学	建筑与城市文脉			√		√	√	√			
	设计方法	图解城中村	日本当代建筑学教学方法	√		√						√
	环境行为学	基于环境行为的商业步行空间设计		√		√	√	√			√	√
	城市设计原理	城市现象		√		√	√	√			√	√

3 STUDIO 题目类型选择

四年级设计课程是建筑设计深化、扩展阶段的重要环节。对标四年级能力培养目标的设定，我们逐渐明确了 STUDIO 题目的主要方向，并将其划分为"建筑设计"与"城市设计"两大类，要求学生在四年级的两个学期分别选择，以保证能其得到完整全面的培养。而具体题目方向的确定则扣紧当代建筑设计研究前沿、热点和西部地域特色进行选择。

1）建筑设计类

（1）大型公建设计：选取具有设计难度或建造特色的公共建筑类型，有针对性地培养学生处理综合性、复杂性问题的能力。例如：体育馆类建筑设计重点考虑大跨度结构设计；剧场设计考虑结构设计与声学、光学等技术设计并做视线分析；医院梳理复杂功能和多样化流线；[2] 高层设计考虑高层结构设计；商业综合体考虑复合型功能及使用者行为需求等，[3] 如图1～图3所示。

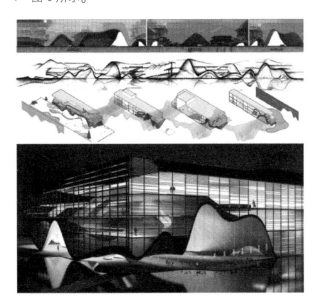

图 1　影剧院建筑设计

图 2　建筑计划指导下的医疗建筑设计

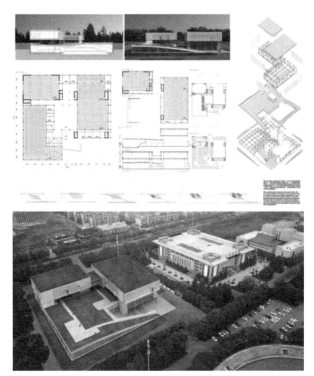

图 3　体育馆建筑设计

建筑改造与更新设计品酒店设计

（2）地域性建筑设计：在建筑行业已经进入存量时代的背景下，城市里有很多建筑年限尚存，但建筑使用职能需要发生改变的改造项目。如何挖掘旧有建筑的文化内涵及其保留的空间潜力，如何看待与策划适应城市发展需求的新的功能，如何使空间特征有效满足使用者需求，是此类题目希望解决的主要问题，如图4所示。

图 4　老钢厂改造精品酒店设计

（3）地域性建筑设计：我国西北特有的区域条件和环境特征造就了独具风格的建筑类型，例如窑洞建筑、夯土建筑、阿以旺式建筑、藏式建筑等。本类题目要求学生熟悉和理解地域建筑的特色，使其在新的建筑设计中得到传承和发展，并加深对传统、文脉的认知，如图5所示。

（4）建构与建筑设计：高年级应当更深刻地理解建筑材料、建筑构造方式对建筑设计的影响以及可能带来

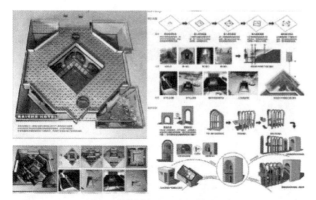

图5 柏社村地坑窑更新设计

的建筑设计创新。本类题目要求同学在知识构成上，熟练掌握一种建筑材料的特征属性；在图纸表达上，能够准确清晰表现建筑构造的特点；在工程实践中，了解建造过程中的搭建技法，并能亲身参与建筑施工过程，如图6所示。

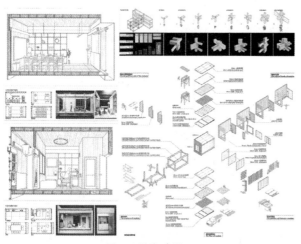

图6 基本建筑X

（5）绿色建筑设计：地处生态环境脆弱的西北地区，自身物质条件相对落后。在这样的地区，节约资源的生态需求更加迫切。结合当地富有特色的传统建筑形态和材料，鼓励多采用"低技"的方式达到绿色的效果。而在寻找问题、判断效果的过程中，需要运用软件进行模拟分析，如图7所示。

（6）数字化建筑设计：大数据、VR虚拟现实、云计算、人工智能等计算机发展的新技术和领域势必会影响到建筑设计行业。计算机不仅仅是绘图的工具，也已经成为较为成熟的设计工具，并使设计的可能性不断得到突破。在此方向我们尝试各种可能：学生体验感受空间的方式发生变化，生成边界、表皮的方法发生变化，检验空间物理品质的手段发生变化……让学生了解了如何应对技术的发展变化，如图8所示。

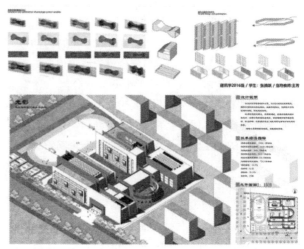

图7 绿色建筑设计

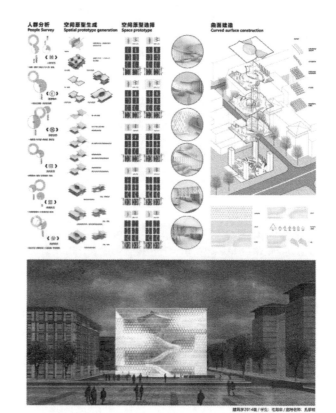

图8 性能优化设计

2）城市设计类

（1）微更新视角下的城市设计：培养学生观察城市，解决综合问题的能力，是培养合格的、全面发展的现代建筑学专业人才知识结构和能力的重要组成部分。课程选取西安明清老城区范围内的基地，从城市及地段的历史与现实状况出发，研究老城区内人的生活及城市空间状态，保护城市记忆，尊重市民生活，探寻城市本源。在当今快速更新的时代条件下，寻求地段"自生长"的空间发展方式，关注弱势群体的利益，同时通过对地段物质空间的设计对城市生活与发展做出回应，如图9所示。

图 9　微更新视角下的城市设计

（2）建筑与城市文脉：基于西安城市文脉，结合历史街区改造、城市更新、遗产保护中的一些现实问题制定题目，以特定的城市地段为对象，通过扎实的现场调查及分析研究，明确设计目标与定位，综合运用建筑与城市文脉设计的方法最终对地段及题目做出回应。旨在加深学生对建筑的社会、文化和历史属性的认识，培养学生继承传统文化、保护文化遗产的意识，和在城市整体环境中分析、把握和延续文脉的能力，进一步确立本土建筑学观念，如图10所示。

（3）图解城中村：当代建筑学的讨论离不开城市语境，隐藏在日常生活背景下的社会、政治、经济、文化要素是驱动城市空间形态更新发展的动力来源。通过图解的方式去揭示这些隐藏在城村市井中的深层组织结构，是我们理解城市空间形态的一种方式，也是我们认识社会的一种方式。图解作为工具，也具有空间形式生成诱发器的功能。以图解为媒介理解城市（社会）与建筑的关系，在城市语境下进行建筑设计是我们教学目标与要求，如图11所示。

（4）基于环境行为的商业步行空间设计：通过分析各类人群在商业步行街中的活动类型、心理需求、行为特征、空间需求等，尊重人的体验与感受，运用"环境

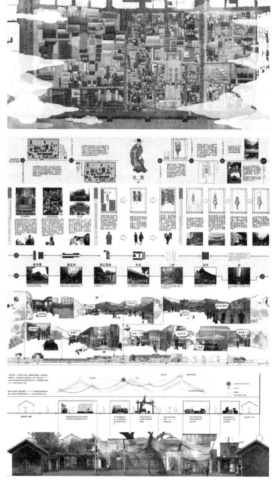

图 10　建筑与城市文脉

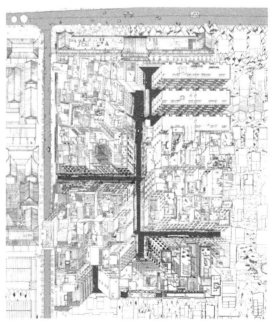

图 11　图解城中村

行为学"的相关理论与方法，对街道形态、空间尺度、建筑布局、外部空间环境等方面进行设计。基于行为特征，体现出"空间——行为"的对应关系，创造高品质、人性化的步行街商业空间，如图 12 所示。

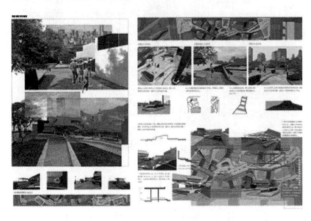

图12　商业步行空间设计

（5）城市现象："城市现象"是基于城市视角下培养学生认知城市的复杂系统，并在其影响下进行设计的能力。需要提取现象并找到设计的切入点从而进行操作，最后达到设计具有城市效用的结果。在教学过程中，需要培养学生的四项能力：感知并分析城市复杂现象的能力，捕捉与整合现象的能力；找到做设计的切入点的能力；通过利用、介入、转换这三种方法进行设计的能力。

研究类建筑设计。这类设计包括其他具有时效性、学术性或实验性的研究课题。来源于竞赛主题的题目：在符合课程教学目标要求的前提下，可使学生得到更充分的锻炼，其设计成果既要能满足竞赛本身的要求，也要满足课程设置的要求；来源于研究的题目：例如符号学、类型学与建筑设计的关系研究等，如图 13 所示。

图13　城市现象设计

4　运行模式特色

目前 STUDIO 系列课程已经形成了系统规范的教学制度，可以比较有序地控制从课题审定、选课，到教学全过程。具体有以下特色：

STUDIO 课题推介文件框架：包含了总体目标和要求、课题类别、课题内容、课题领域和核心问题、教学计划、成果要求。

1）题目审查：要求教师在学期中期前就下学期拟带课题提交课题简介，对教学方案、教学目标、学生要求等内容进行说明，由教学小组共同讨论商议，对题目进行修改完善，筛选符合教学要求的题目。

2）宣讲会：要求教师在学期中期 10～12 周制作选题宣讲 PPT，择时向全体四年级学生介绍题目。

3）选课制度：学生根据自身情况，选择适合题目，教师根据人数要求筛选，如此进行两次筛选，1 位教师所带学生人数限制为 6～10 位。

4）教学大纲：大纲中明确了课程的性质、目的和任务，规定了课程的内容、要求和教学形式，四年级 STUDIO 会根据选课情况对原先的年级重新分组，并配备相应专用教室。教学过程根据各组题目的不同，教师采取带领学生现场调研记录、发放问卷、课内汇报讨论的方式，邀请相关校内外专家在关键节点对于学生设计方向或细节的把控，整个过程期间课程负责人、教研室主任和系主任抽取节点随堂听课。

5）结题要求和结课方法：成果形式可丰富多样，例如实体模型、图纸、成本册子等，基本图纸要求每生多于 4 张 1 号图纸。结课采用全员答辩方式，邀请系内、院内、校外建筑师、"老八校"教师等组成答辩评委组进行全体学生的答辩结题。

6）电子化评图：设计成果提交已实现电子化管理，任课教师线上进行图纸批阅及点评；学生可以及时了解分数及错误，并与老师在线交流。

5　存在的问题及改进计划

回顾这些年来的课程建设经历，取得了一定的教学成果，理顺了高年级 STUDIO 教学的模式与方法，培育了一批富有特色的设计课题。但在教学工作中还遇到一些问题需要进一步完善与改进。

目前设计课程的训练频率略低，虽然对方案设计深度和完成度有所保障，但对同学而言较丰富的选择性和选题的唯一性之间产生了一定矛盾。因此计划借助课程学时调整的机会，以"长短结合"的方式适度增加每学期设计模块数量，使学生更多地参与到不同类型题目实践中去。

增加校际合作、校企合作机会，进一步提高教学质量。目前清华大学、天津大学等兄弟院校"大师班"的模式将建筑设计行业的优秀设计人才引进高校参与教学工作，与高年级阶段的学习方式与目标相互契合，起到了示范作用。而类似于"联合毕业设计"的"联合STUDIO教学模式"也逐渐出现在一些高校联盟中。这种集诸家之长，更大范围的交流互动式教学方式，能够推动STUDIO教学的进一步发展。

为了将更好的设计题目推介给学生，在题目选择机制上做进一步优化。把"立题权"转交给建筑系教学委员会，避免学生较为"功利"的选题理由干扰到符合教学目标要求的典型课题的开设。

主要参考文献

［1］ 李帆，李志民，王晓静. 建筑学专业高年级理论与设计课程结合的教学改革实践［J］. 陕西教育（高教版），2013（11）：69.

［2］ 李帆，李志民，刘倩男. 建筑计划指导下的医疗建筑更新改造设计——四年级STUDIO教学实践［J］. 住区，2019（3）：55-60.

［3］ 叶飞，李志民，石钰琪. 学习模式变革下的高校图书馆更新设计策略［J］. 当代建筑，2021（8）：36-38.

张波　曾忠忠（通讯作者）

美国俄克拉荷马州立大学，北京交通大学；zhangboarch@gmail.com

Zhang Bo　Zeng Zhongzhong（corresponding author）

Oklahoma State University，Beijing Jiaotong University

建筑学类"研究方法论"课程的筹划、讲授和思考 *
Research Methodology Course in Architecture：Design，Delivery，and Reflections

摘　要：建筑学类研究生培养机制的成熟与课程设置中对研究能力的有意识训练密切相关。近年来，越来越多建筑院校在研究生教育中开设了或者准备开设研究方法类课程。本文围绕笔者 2012 年以来在诸多学校所开设的建筑学类"研究方法论"课程，从教学目标的设定、课程结构的安排、课程作业的设计三方面介绍了课程的筹划和讲授情况。最后从整体培养体系、设计相关性和研究创造性、教学共同体、课程长效评估机制四方面讨论了课程的可能改进。

关键词：认识论；研究方法；研究生教育；课程设计；研究方法论

Abstract：The purposeful training of research abilities marks a critical sign of successful graduate education in architecture. Recently，increasing numbers of architectural colleges opened or plan to open a course on research methods. Having taught architectural research methods courses since 2012，the authors discuss the research methods course design in terms of learning goals，lecture framework，and assignments. Lastly，the future course improvements are reflected from four aspects，including the relationship with overall graduate curriculum design，creativity in research and relevance to design，the course teaching faculty group，and long-term course evaluation methods.

Keywords：Epistemology；Research Methods；Graduate Education；Course Design；Research

1　研究方法论课程的展开

美国未来学家托夫勒曾经判断："'知识就是力量'的旧观念，现在已经过时了。今天要想取得力量，需要具备关于知识的知识。"[①]所谓知识的知识，以探求知识生成和扩展规律为目的，是关于知识产生、扩展、深化、革新的认识，就是这里所说的研究方法。

建筑学相关学科的研究方法教育并不发达。据笔者统计，截至 2014 年，中国大陆的高等院校设立建筑学、城乡规划学、风景园林学的硕士点 30、32、36 个，博士点 18、13、20 个。此时，绝大多数研究生教育项目并未开设"研究方法论"课程。这种缺位可以归结为建筑类学科本身的实践性、形象性、综合性等学科特性。随着社会信息化程度的加深，社会对于各专业研究能力

---

* 项目支持：本文受到北京交通大学 A 类教改项目资助（134890522）。

① Toffler，Alvin．Previews & Premises：An Interview with the Author of Future Shock and The Third Wave［M］．New York：William Morrow & Co，1983．

的要求普遍提高。建筑学学术研究的精细化、研究生就业的开放性、高校内学术竞争的激烈等等因素，均要求在建筑学类研究生教育中加强研究方法的训练。2018年以后，中国大陆开设或者计划这类课程的学校逐渐变多。

笔者从2012年在美国鲍尔州立大学开始讲授研究方法课程，其后在北美、南美、欧洲多校就此课题做过讲座。受哈尔滨工业大学和北京交通大学的客座教授计划的支持，连续多年在两校完整开设了"研究方法论"的研究生课程。本文以中国两校情况为主，讨论了近10年该课程的筹划和讲授情况，并思考了未来改进的方向。

2 教学目标的设定

建筑学类"研究方法论"课程的目的是帮助研究生建立起"知识生产"活动的任务、过程、局限的系统认识。学生应该具备完成一个形式上合格的研究项目筹划的能力；也具备解析、评估、学习他人的研究产品和研究过程的能力。

2.1 建立系统全面的研究认识论

硕士及其以上程度的研究生，对于研究活动均有相当了解和热情；但是这种了解流于直观和碎片化。因此，本课程将系统全面地研究认识论作为第一目标。放弃了多人讲授经验的方式，以授课教师单人对"研究是什么""研究方法是什么""研究与设计的关系""设计学科研究的特点""研究的局限性"等基本理论问题给予认识论上的系统阐述。同时，也对设计学科中不同的研究范式、设计学科中有学术意义但不能作为研究内容的活动给予了厘清。这能够使得学生整合的而不是碎片化的、系统的而不是迷宫化的"知识的知识"的基础。

2.2 熟悉主要研究方法的适用逻辑和限制

选修该课程的研究生对于具体的研究方法（比如：问卷、实验、观察、文档、访谈、定性、定量等）都有所耳闻。因此，对于每种具体的研究方法，教学目标除了对于方法的操作步骤进行介绍以外，对每种方法的适用范围、选择要点、分析思路、数据精度规模要求等方法论基础进行讨论，也对每种方法的学术史和前沿发展进行介绍。

2.3 完成分析逻辑的基本训练

建筑学本科教育着重培养建筑师所需的综合（Synthesis）能力，这与学术研究所需的分析能力在逻辑上相向而行。因此，研究生教育中需要在方法论课程将分析逻辑的训练落到实处，包括归纳分析和演绎分析，以及两种分析逻辑所对应的一系列研究方法。以往经验证明，只有结合作业安排写作和反馈，训练分析逻辑的目的才能达到。

3 课程结构的安排

"研究方法论"课程结构分为四个部分：研究总论和认识论、研究的程序、具体的搜集方法和分析方法、研究型设计。根据课时情况，分成10～18次2小时讲座，其余时间为答疑、讨论、汇报，如图1所示，展示了通常的课程结构安排和课程作业安排。

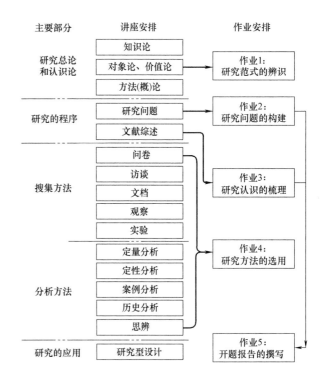

图1　课程结构安排

4 课程作业的设计

课程配置了比起一般讲座课程多得多的课程作业。历年均有学生反映课程作业量太大，但是没有影响到课程评价。其原因除了课程作业的设计与讲授内容比较匹配，作业完成也十分有助于研究生接下来的开题答辩环节。训练内容包括以下五个。由于学生之前没有经历类似训练，作业"4.2、4.3、4.4"通常需要经历大量讨论、批改、修改、返工的环节，和设计课改图类似。

4.1 研究范式的辨识

这一作业要求学生对于不同认识范式的论文进行辨识，从而建立起如何参与研究的观念。绝大多数学生都能对经验知识范式、专类知识范式、实证知识范式的论文给予辨识；[①]并明白自己未来参与的范式。

4.2 研究问题的构建

这一作业要求学生提出合格的研究问题，对研究问题的层次、研究问题的开放性和封闭性、研究问题应然性和实然性问题进行论述；并对研究问题的前提、划界、局限性进行陈述。其难点在于发展出具有疑问点、理论性、新颖性、能够被研究活动所回答的问题。历年来看，多数学生经过多次反复交流，能够发展出形式上合格的研究问题。虽然仅仅形式上合格的研究问题离指引有见地的认识发现还有距离，但是基本达到了课程的目的。此后，学生还需要继续对研究问题的潜在价值予以评估，发掘出不仅形式合格、同时具有探究意义的研究问题。

4.3 研究认识的梳理

这一作业要求学生对某一个具体的研究问题的已有认识进行梳理，也就是文献综述。历年来看，这是最为困难的作业，无论在美国还是中国，直到课程结束，只有不到一半的学生勉强达到作业要求。这一作业的难点在于，许多学生对于从文献中提取出指向相同的认识内容感到困难，更谈不上对于认识内容进行比较对照判断。从文献综述方法的掌握，到真正能够筛选文献进行分析，需要十分的勤勉、痛苦地多次颠覆性修改，方能完成分析能力和认识水平的提升。

4.4 研究方法的充实

这一作业要求学生在研究问题的指引下，选择问卷、观察、访谈、实验、模拟、思辨等方法的一种或者几种，并对研究方法的操作进行设计。比如对问卷法，需要设计具体问卷问题、发放范围、分析工具、预期结论。学生一般对方法选择和操作步骤并没有困难，对于研究方法的精度（数据要求）也能逐渐掌握；而对于方法所体现的研究问题关系常常出现游离，对于各类方法分析过程中所体现的归纳和演绎逻辑也存在理解的缺陷。

4.5 开题报告的撰写

结课作业原则上是"4.2、4.3、4.4"内容的集成，加上研究背景和研究意义的论述。最终，约一半学生推翻了之前选题，重新完成了问题-认识-方法的梳理。

5 对于课程改进的讨论

在近10年各校讲授过程中，师生反应总体积极，也受到了同行专家的好评。通过自检，笔者意识到值得进一步改进的以下内容。

第一，建筑学研究方法课程建设需要结合并带动整个研究生（博士生）培养体系。历年教学中，不断有学生反映"能否开设前置的理论通览课程""有没有后续的分析操作类课程"。研究方法课程与传统的建筑史、建筑理论、设计分析等课程的关系也需要给予清理。以学术产出为主还是以设计实践为主？以硕士培养为主还是以博士培养为主？把方法论课程放到研究生阶段开端，还是理论课之后，抑或大论文写作过程中？这些问题都需要把方法论课程放到培养体系中，形成和其他课程群体的良好生态。

第二，建筑学研究方法课程需要加强设计相关性和研究创造性。研究方法的讲授着重于认识产生的逻辑严谨可靠性；但是，写出条理清楚的论文只是建筑学研究活动的最低要求。建筑学研究方法课程要防止僵化地拥抱法则，沦为讲授社会学研究模式乃至于套路的课程。加强设计内容、特点、趣味的挖掘，激发设计学科研究活动的创造性，切实为设计学科提供有启发性的新认识。

第三，建筑学研究方法课程需要促进"教学共同体"的形成。这些包括：建立可讨论的课程大纲，组织编写和翻译课程教材及其相关读物，建立授课教师之间的横向联系，形成相关研讨机制，等。

第四，对课程长期效果进行精细准确地评估。除了课程中和课程结束后的有针对性调查，也应该包含对于修习该课程的学生硕士博士论文完成情况、学业期间发表情况、乃至于学术生涯进行追踪。

主要参考文献

[1] Toffler，Alvin. Previews & Premises：An

---

① 张波. 建筑学科的学术化和理论积累的三种范式 [J]. 建筑师，2019（1）：88-93.

Interview with the Author of Future Shock and The Third Wave ［M］. New York：William Morrow & Co，1983.

［2］ 张波. 建筑学科的学术化和理论积累的三种范式 ［J］. 建筑师，2019（1）：88-93.

［3］ Zeisel，John. Inquiry by Design ［M］. New York：W. W. Norto n& Co. 2006.

［4］ Groat，Linda，Wang，David. Architectural Research Methods ［M］. New York：John Wiley & Sons，2013.

［5］ Luck，Rachael. Design Research，Architectural Research，Architectural Design Research：An Argument on Disciplinarity and Identity ［J］. Design Studies，2019（65）：152-166.

曾磬　韩晓娟　彭芳　石孟良

湖南城市学院建筑与城市规划学院

Zeng Qing　Han Xiao Juan　Peng Fang　Shi Meng Liang

College of Architecture and Urban Planning，Hunan City University

以学生"认知思维"为中心的建筑设计课程教学
The Teaching of Architectural Design Course Centered on Students' Cognitive Thinking *

摘　要：建筑设计课程教学是建筑学人才培养的核心环节。从耦合"螺旋思维"的教学模式出发，提出了"整合交互＋发散协同"的教学框架，优化了"1＋2＋3＋多"的教学内容。为激发学生"高阶思维"的创新能力，从"问题激发式教学、价值认同的思政教学、意象思维的拓展教学"等三方面改进教学方法。根据布鲁姆教育目标，遵循"过程思维"的教学路径，构建了建筑设计课程"BOPPPS"教学模型，通过"五环节"多维动态的教学考核，实现自主、合作、探究于一体的建筑设计课程教学，打造具有高阶性、创新性和挑战度的一流课程。

关键词：一流课程；课程建设；认知思维；"BOPPPS"教学模型

Abstract：The teaching of architectural design course is the key link of cultivating architectural talents. Starting from the teaching mode of coupling "spiral thinking", the teaching framework of "integration, interaction, divergence and coordination" is put forward to optimize the teaching content of "1, 2 and 3 more". In order to stimulate students' innovative ability of "High-order thinking", the teaching method is improved from three aspects: "Problem-stimulating teaching, value-identifying teaching of ideology and politics, expanding teaching of image thinking". According to Brumm's educational goals and following the teaching path of "Process thinking", the "BOPPPS" teaching model of the architectural design course was constructed, to achieve independent, cooperative, inquiry into the integration of architectural design curriculum teaching, to create a high-level, innovative and challenging first-class Curriculum.

Keywords：First-rate Course；Course Construction；Cognitive Thinking；"BOPPPS" Teaching Model

1　引言

　　"认知思维"是人类认识事物过程中的复杂心理活动。"认知过程"具有"层次递进、循环往复"等基本属性，其"思维类型"可依次分为"低阶思维"——记忆、理解、应用；"高阶思维"——分析比较、综合判

＊1. 项目支持：

2020 年湖南省普通高等学校教学改革研究立项项目（项目编号 HNJG-2020-0799），

2021 年湖南省普通高等学校教学改革研究立项项目（项目编号 HNJG-2021-0860）。

2. 平台资助：

数字化城乡空间规划关键技术湖南省重点实验室（平台编号 2018TP1042）（Key Laboratory of Key Technologies of Digital Urban-Rural Spatial Planning of Hunan Province）。

断、推理创造等。"认知心理"具有"立体网状、多维发散"等基本属性，其"思维特征"可简化、直观描述为"三向思维"——纵向层次递进思维、横向发散创新思维、意向价值选择思维。

以学生"认知思维"为中心的课程教学，可以分为低阶思维的"累积学习、同化学习"[1]；高阶思维的"顺应学习、转化学习"[1] 等"两阶段四类型"教学形态。其中，"顺应学习"是一个合作交互的学习环境，通过与教师和同伴的"问题引导＋灵感激发"得以提升，需要对已经存在的教学模式进行解构、重组和新建；"转化学习"是一个较长时间的"循序渐进＋循环递进"过程，需要教学模式与学生认知过程、思维特征有机"耦合"。[2]

湖南城市学院自 2009 年"建筑设计原理"立项"省级精品课程"以来，就开始了"建筑设计课程群"的教学改革——以学生"认知思维"为中心，构建了"耦合螺旋思维的教学模式、激发高阶思维的教学方法、遵循过程思维的教学路径"，先后建成"建筑设计原理""建筑设计 1"省级线下一流本科课程。

2 耦合"螺旋思维"的教学模式

2.1 "整合交互＋发散协同"的教学框架

基于学生认知能力螺旋提升的基本特征，创新"整合交互＋发散协同"的"螺旋递进式"教学框架（图1）。低年级"起步阶段"，采用系统性较强的"整合交互式"原理教学；高年级"提高阶段"，采用针对性较强的"发散协同式"专题教学。设计原理课程的教学总学时为 32＋N。其中，系统性"建筑设计原理"32 学时；专题性"设计原理模块"N 学时。以"问题知识点模块"为交集，教学内容与教学形态螺旋递进，设计原理与设计课程关联协同、深度叠加，实现了教学框架与学生认知学习过程、思维特征"耦合"的教学效果"倍增"。

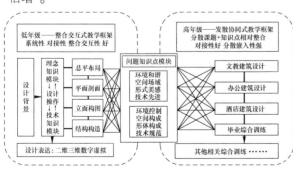

图 1 "整合交互＋发散协同"的"螺旋递进式"教学框架

2.2 "1＋2＋3＋多"的教学内容

基于教学内容"耦合"学习认知心理，顺应学生认知思维高阶网状发散性特点，教学内容优化为"一导向价值追求、两阶段设计方法、三思维设计操作"＋"多模块知识微课"（图2）。

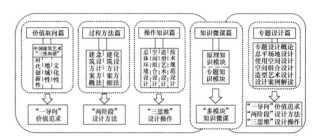

图 2 "1＋2＋3＋多"教学内容

价值取向篇："一导向价值追求"主要探讨中国建筑艺术时代创新性、地域性、文化性的"三性和谐"，培养团队合作意识和大国工匠精神。

过程方法篇："两阶段设计方法"包括建筑方案概念设计方法和建筑方案细化设计方法。分别从市场调研、方案构思、推敲深化、定稿表达、交流评价等五个阶段完成学习。

操作知识篇："三思维设计操作"包括建筑总体环境设计、建筑空间组合设计、建筑造型艺术设计、建筑技术规范设计等四个部分，强调"三向思维"的协同整合与螺旋递进，激发学生的创新能力。

知识微课篇："多模块知识微课"包括原理知识模块和专题知识模块。

认知思维能力培养贯穿建筑设计课程教学全过程，是提升学生专业能力的重要保障。教学过程"耦合"认知思维的螺旋递进，教学内容"耦合"认知思维的整合交互，实现多维课堂教学协同、知识传授向知识能力素质全面提升。

3 激发"高阶思维"的教学方法

3.1 "三向思维"的问题激发式教学

问题来源与思维发散是建筑设计创新思维的重要前提。"三向思维"的问题激发式教学，是教师在教学过程中"反向"提炼设计技术问题，"正向"引导学生挖掘设计意向问题。在设计教学的每个阶段，多重运用"纵向挖掘、横向比较、意向选择"的螺旋递进与问题激发式教学方法，加强师生互动、生生互动、专家与学生互动，从而引导、激发学生发散性设计思维与艺术性创新理念，以此"倍增"教学的趣味性、发散性和高阶性（图3）。

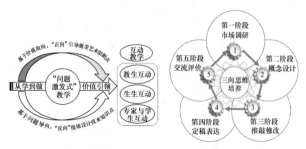

图3 "三向思维"问题激发式教学

3.2 "三性和谐"价值认同的思政教学

遵循"中国建筑梦"的时代引领，基于"本土文化"传承的价值认同与"新地域主义"建筑的价值取向，创新"课程思政＋地域美学"整合交互与价值认同的协同式教学（图4）。在培养学生工程技术、人文精神的同时，明晰"时代创新性、地域性、文化性"的"三性和谐"，以"地域自然、地域文化"为根本，融入德育、美育教育，厚植学生的家国情怀，提升学生的职业操守。以建筑学与环境学、心理学、美学、材料学、结构学等相关学科间的相互关系为研究视域，从方法交叉、理论借鉴、问题驱动、文化交融等层次，探寻地域建筑价值和美学规律。

合适的才是最美的，价值认同是艺术美学与文化自信的关键。"课程思政"整合"道法自然、美在自然"的地域美学，引领学生"地域的才是合适的、中国的才是世界的"价值取向，彰显中国建筑艺术的地域文化自信。

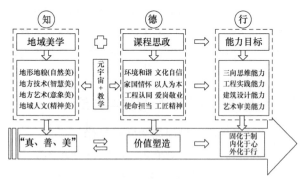

图4 "课程思政＋地域美学"整合交互协同教学

3.3 "高维时空"意象思维的拓展教学

信息化时代，人们的工作学习与思维方式，正在转向智能互动、高维虚拟与数字化。为此，我们构建了"元宇宙＋"的"认知意象拓展教学"——建立智能化、

数字化知识资源库，创设感知共生场景、地域文化场所等视频案例，实施原生资源的动态更新；结合典型工程实践案例，采用VR沉浸式、互动智慧式教学，使学生在建筑"高维时空"认知体验中，激发情感精神价值功能与意象思维拓展。

运用翻转课堂，我们引导学生自主构造情境，寻找设计方案的解决路径；利用智能工具，探索多种设计方案；借助智能设备，进行设计方案多方比较；创设多元情境，选择较优方案进行深化。师生在"高维时空"的多元、多维意象氛围中，教学相长，共同进步，效果倍增。

"元宇宙＋"的教学创新，营造了现实世界与虚拟时空的交互穿越，引领了线下、线上，线上线下深度融合的教学互动，有效拓展了学生高维时空的认知意象与高阶思维创新能力。

4 遵循"过程思维"的教学路径

4.1 "BOPPPS"螺旋递进的教学模型

"BOPPPS"教学模型是在传统教学方式基础上，及时获取学生学习信息反馈，重视学生个体差异，适时调整教学内容、教学方法的教学方式。"B"是"Bridge-in（导入）"，提高学生兴趣；"O"即"Objective，明确目标"；"PPP"包括"Pre-assessment（前测）、Participatory-learning（参与式学习）、Post-assessment（后测）"，知道学生对基础知识的掌握情况，学生多方位参与教学获得知识，检测是否达到学习目标并拓展知识；"S"为"Summary，总结知识"。[3]

在建筑设计BOPPPS教学模型中，我们提供了智能灵活的学习环境，设计了丰富多样的学习任务。教学过程包括为"课前自学预习、课中交流讨论、课后探究拓展"三个阶段（图5）。充分体现了布鲁姆高阶思维教学目标的全方位、全过程实施。

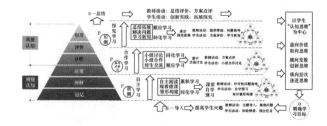

图5 建筑设计"BOPPPS"教学模型结构图

1）课前自学预习

把记忆、理解部分的知识点制作成微课小视频，并上传信息技术平台，学生自主预习并完成知识雏形构

建，带着问题参加后续课堂交流讨论。

2）课中交流讨论

在时间有限的课堂上，采用同伴教学法（Peer Instruction，PI）。[4] 利用师生之间、生生之间面对面小组合作，通过方案汇报、小组探讨、方案讲解、教师点评、年级交流等，实现师生互动，生生互动。

3）课后探究拓展

针对学生在课堂讨论中提出的复杂问题或教学活动设计的挑战性问题，校企深度融合，结合乡村振兴项目和创新性研究项目，引导学生组内合作、分组竞争，课后团队协作完成研究。

4.2 "五环节"多维动态的教学考核

我们在教学改革中采用形成性评价为主的多元考核模式。对于原理课程教学，通过技术平台对学生课前自学、课堂讨论、课后拓展的每个环节进行过程性评价，注重学生自我参照评价，根据每位学生个体差异，适时进行有效评定，准确把握学生的学习状态，及时反馈、反思和改进。而对于设计课程教学，也由"一张试卷、一张图纸"静态、终极的传统考核方式，向"全过程、多维度"动态、递进的考核方式转变。增加课程汇报、团队合作、小组讨论、模拟评审、年级答辩"五环节"，从思维、表达、应用等方面多维考核。

5 结语

教学无止境，要真正实现"学生忙起来、教师强起来、管理严起来、效果实起来"，[5] 一流本科课程的建设还需要课程团队的共同努力。"悟道、创业、生惑"的教学转型，应以学生"认知思维"为中心，打破沉默课堂，在关注高等教育教学研究和学生个体差异的基础上持续改进建筑设计 BOPPPS 教学模型，实现省级一流课程建设的高阶性、创新性和挑战度，[6] 充分发挥省级一流课程的示范引领作用，不断提高教学水平，推动专业和课程建设整体水平持续提升。

主要参考文献

[1] Rodney R. Cocking，John D. How People Learn：Brain，Mind，Experience and School. Expanded Edition [M]. Washington：National Academy Press，2000.

[2] 张萍，冯金明，梁颖. 国家级一流本科课程的结构框架和实现路径——基于翻转课堂的实践与研究 [J]. 中国大学教学，2021（7）：40-44.

[3] 李爽，付丽. 国内高校 BOPPPS 教学模式发展研究综述 [J]. 林区教学，2020（2）：19-22.

[4] 张萍. 基于翻转课堂的同伴教学法：原理·方法·实践 [M]. 北京：人民邮电出版社，2017：27.

[5] 教育部. 教育部关于深化本科教育教学改革全面提高人才培养质量的意见（教高〔2019〕6 号）[EB/OL]. 中国政府网，2019-09-29（2019-10-12）. http：//www.gov.cn/xinwen/2019-10/12/content_5438706.htm.

[6] 吴岩. 建设中国"金课"[J]. 中国大学教学，2018（12）：4-9.

秦媛媛

西华大学建筑与土木工程学院；arch_qinyy@126.com

Qin Yuanyuan

School of Architecture and Civil Engineering，Xihua University

启蒙阶段建筑设计分析性思维培养的混合式教学模式及实践探索 *

Mixed Teaching Mode and Practice Exploration of the Analytical Thinking Cultivation in the Enlightenment Stage of Architectural Design

摘　要：围绕建筑设计分析性思维培养的必要性，积极探索在启蒙阶段"建筑初步设计"专业课程混合式教学改革中开展建筑设计分析性思维的训练。基于OBE（成果导向教育）理论和方法，整合整体课程教学目标及思维训练目标，将分析性思维的训练作为能力培养融入多个教学板块。构建线上＋线下＋现场的混合式教学活动设计，充分的开展合作学习和课堂分享讨论。

关键词：建筑设计初步；设计启蒙；分析性思维；混合式教学

Abstract：Based on the necessity of the training of architectural design analytical thinking, this paper explores the training of architectural design analytical thinking in the mixed teaching reform of 'preliminary architectural design' in the enlightenment stage. Based on OBE (Outcome based education) theory and method，the overall curriculum teaching objectives and thinking training objectives are integrated，and the training of analytical thinking is integrated into several teaching sections as ability training. Build online＋offline＋site hybrid teaching activity design，fully carry out cooperative learning and classroom sharing and discussion.

Keywords：Preliminary Architectural Design；Design Enlightenment；Analytical Thinking；Mixed Teaching

1　建筑设计学习中分析性思维的必要性

对学生来说，建筑设计的学习要面临着两次重要的转化：首先是从高中阶段的逻辑推理思维（理性思维）向以视觉思考为核心的领域（视觉思维及表达），其次是要实现从纯视觉思考（构成、造型训练）转向对功能、技术、经济等要素的综合权衡；[1] 后者就包含了建筑设计过程中应当具有的分析性思维能力。目前建筑学人才培养中，学生表现出的表达设计思想时缺乏重点和逻辑，对设计原理的学习缺乏理解力，[2] 自主学习能力欠缺，乃至就业后继续学习能力差[3] 等问题，都反映出教学过程中科学分析与逻辑性思考训练的欠缺。

科学分析与逻辑性思考就是对分析性思维能力的需求，这源于工业社会中人们认识事物的既有思维方式，即对现象进行分解，从整体到碎片再到整体的重塑过程，是构成个人乃至整个人类科学知识体系最重

*项目支持：四川省教育信息化应用与发展研究中心（JYXX21-018），四川省2021—2023年高等教育人才培养质量和教学改革项目（JG2021-914）；2020年校级教学团队。

要的思维方法之一。[4] 在新知识学习、建立与既有知识的链接、认识分析解决问题的过程中都扮演着重要角色。

建筑学专业人才培养目标也强调分析问题的能力。《高等学校建筑学本科指导性专业规范（2013 年版）》和《全国高等学校建筑学专业本科（五年制）教育评估标准》中建筑学本科生培养的"能力要求"就包括"进行调查研究、提出问题、分析问题、解决问题的能力"。

2 启蒙阶段学生的特点及教学中存在的问题

启蒙阶段的学生要同时面对建筑设计复杂的建筑概念、丰富的外在表象和陌生的背后逻辑。大学之前几乎没有与"设计"有关的前序课程或训练，建筑设计学习要面对大量新的知识点。作为以"视觉"为主要表达途径的建筑设计，同一个知识概念会对应着丰富的建筑表现，需要根据不同的建筑情景进行理解；但高中阶段长时间相对单调封闭的学习环境，生活经验有限[5] 是建筑设计入门学生比较普遍的问题。启蒙阶段的学生很容易陷入繁杂的设计表现形式，何谈背后逻辑的理解。

建筑设计的分析包括对各种现象的分析，比如场地分析、空间分析、城市环境分析、人群分析，也包括以案例为依托，基于文献和图纸，通过演绎、推理对建筑设计作品形成过程的理性分析。对启蒙阶段的学生来说，对建筑现象的分析有助于其搞懂"建筑是什么""建筑设计到底是一个什么样的过程"这些基本问题，应当是这个阶段分析性思维训练的重点。但与设计技巧相比，思维视角及方法众多，掌握存在难度；启蒙阶段的学生还没有摆脱"应试教育"追求标准答案、"重结果轻过程"的学习思维习惯，在讨论和批评中容易打击自信心，容易出现畏难心理和回避行为，倾向过分重视表现技巧而忽略表象背后的逻辑性呈现。

3 翻转课堂混合式教学改革思路

西华大学"建筑设计初步"课程是面向"建筑类"一年级学生的专业基础课程，贯穿大一整个学年。课程改革立足布鲁姆认知层次理论，探讨能力培养为核心，落实以"学为中心，教师为主导"的教学理念，利用网络平台构建线上线下混合式教学模式。改革侧重学生思维能力的提升，培养知识迁移的能力和解决问题的能力。"逻辑思维训练"是建筑设计初步的课程改革的重要内容之一，包括设计思维、分析性思维、整体性思维等。

3.1 以"学"为中心的分析性思维训练教学思路

卡尔·罗杰斯在《学习的自由》一书中阐述了"以学为中心"的教育观："目标是促进学生的变化和学习，使学生能够适应变化并且知道如何学习"。所以以"学"为中心的分析性思维训练教学改革思路在于：一是从"学习者"的视角，考虑新生既有知识架构和生活经验，设计"从具象到抽象反复跃迁""递进式的"能力培养思路；拆分分析性思维的训练融入各个教学板块，降低门槛，逐步提高；二是尊重个体差异，力求"有效学习"，通过"运用""表达"让分析思维能力"显化"，让学生能看见自己的进步，建立自信并促进相互学习。

1）基于 OBE 理论将分析性思维训练融入建筑设计初步教学内容

基于 OBE（Outcome Based Education，成果导向教育）理论和方法，整合课程教学整体目标及分析性思维训练目标，重构线上教学资源及能力训练模块；设计学生为主的课堂活动。因为分析性思维不仅是学习的能力目标，更是获取新知识的一种工具。通过分析性思维的运用让新知识与既有经验、知识体系建立关联，帮助学生分解"设计任务"、探讨解决设计问题、实现知识运用、最终形成合理的设计成果。

启蒙阶段侧重训练拆分思维和结构性思维，主要参考了西安建筑科技大学建筑设计设计初步课程，[6] 重庆大学设计表述与文本表达课程对建筑设计分析的培养思路。以"要素""关系""规律"3 个视角入手，在"认知类"教学板块训练学生将整体的建筑及城市空间现象逐步拆分到设计要素，认识要素之间的空间结构关系，再从关系叠加形成整体的角度把握建筑"规律"，达成对建筑设计的认识。在"操作类"教学板块，还是从 3 个视角入手，将设计成果视为不同"要素"通过构建不同"关系"而形成的结果，从而实现对设计成果的分析（图 1）。

2）真实生活体验到书本知识的迁移实现分析性思维能力的跃迁

针对启蒙阶段的学生"缺乏建筑体验"，又需要同时面对建筑设计复杂的概念、丰富的外在表象和陌生的背后逻辑的问题，运用分析性思维建立新的建筑专业知识与个人既有知识体系的关联。

构建"多情景互动、三次迁移、一次跃迁"的能力训练架构（图 2）。"多情景互动"指的是不限于课堂学习（包括线上学习），安排学生走出教室、学校，到真实的空间场景中去观察，体验；参加虚拟仿真平

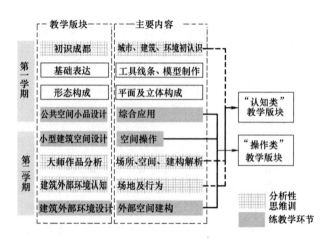

图1 分析性思维训练与教学板块的整合

台实验，深入理解建筑概念，培养空间感受，建立起具体空间现象和书本知识之间的对应关系。"三次迁移"指的是结合教学活动，实现"抽象"到"具象"、再由"具象"到"抽象"的三次知识迁移，培养理性分析问题的能力。"一次跃迁"指的是通过"三次迁移"教学活动，实现问题分析能力从较低水平到较高水平的提升。

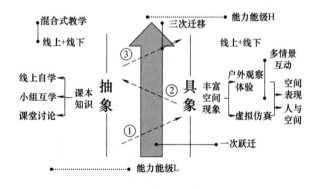

图2 分析性思维能力的训练架构

3）尊重差异构建具有拓展性的线上资源

翻转传统的教师授课为主、学生被动接收的教学模式，依托"超星学习通"网络平台构建线上学习资源，将更多的课堂时间留给分享和讨论，展示并检验分析性思维的训练成果。线上资源的构成不限于任课教师团队制造的课件，也筛选引入了其他国内外建筑院校的在线精品课程资源、案例，并建立知识拓展。学生可以根据自己的情况多次反复学习相关内容，对分析性思维的发展进行巩固和自我反思。

4）树立学生"成长心态"着眼长期发展

成长心态（或成长型思维，Growth Mindset）源自斯坦福大学心理学教授卡罗尔·德韦克（Carol S. Dweck）对人的心理学现象的描述。建筑设计分析性思维的训练需要学生能积极持续投入努力，也需要克服学生应试教育重结果轻过程，学习主动性较弱，难以客观评价自身能力的状况。成长心态是相对固定心态（Fixed Mindset）而言的。成长心态关心"学习"，认为成功来源于尽自己最大努力做事，能力是可以提高的，发展能力、接受挑战更加重要（表1）。

固定心态和成长心态的特征比较　表1

固定心态	成长心态
认为人的才智固定不变 容易在意他人评价 喜欢证明自己	相信人永远有进步空间 失败是自我提升的机会 比起别人的认同，更在意自己有没有进步
一旦觉得自己不如别人，就会陷入自我否定 尽可能避免挑战，以免暴露个人不足、丧失自信心	不需要透过和他人比较来获取个人价值 乐于接受挑战

3.2 分析性思维训练的混合式教学活动设计

1）线上＋线下＋现场的混合式教学活动设计

建筑设计分析思维的训练采取"理论授课（线上＋线下）＋实地体验调研（分组活动）＋分享讨论（线下）＋专题讲座＋阶段作业"的教学组织方式（表2）。首先是将相当比例的传统授课传达的知识内容转为线上自学，课堂活动以分享、讨论等课堂活动中检验思维结果，反思思考的过程。其次是针对大一学生缺乏生活经验和建筑体验，增加了实地体验调研的教学环节，要求以小组为单位，在选定的地块内开展空间、环境、建筑材料等的体验，在抽象的知识概念和具象的建筑表现间建立联系，认识场地，发掘问题，将分析性思维运用于实现不同教学板块的目标。

不同教学环节的分析性思维训练侧重　表2

	教学板块	教学活动		分析性思维训练主要内容
1	初识成都	理论授课		基本调研理论和方法
		实地体验调研		调研方法实践
2	建筑表达基本技法（抄绘）	实地观察		拆分思维、结构性思维
3	公共空间小品设计	实地调研	场地分析	拆分思维
		实地观察	案例分析	拆分思维、结构性思维
		讨论分享	设计表达分析	拆分思维、结构性思维

	教学板块	教学活动		分析性思维训练主要内容
4	小型建筑空间设计研究	实地调研、小组讨论	空间属性分析	拆分思维
		小组讨论	空间结构分析	结构性思维
		讨论分享	设计表达分析	拆分思维、结构性思维
5	大师作品分析	讨论分享	空间分析	• 拆分思维、结构性思维
			环境分析	• 重点认识设计的各种构成要素及要
			功能分析	素之间的关系
			建构分析	
6	建筑外部环境设计研究	实地调研	场地分析	拆分思维
		实地调研	外部空间结构分析	结构性思维
		实验、实地观察、案例分析	行为的空间需求分析	拆分思维、结构性思维
		讨论分享	设计表达分析	拆分思维、结构性思维

2）建立分组开展合作学习

学生自由组合形成稳定的学习小组，开展持续一整个学年的合作学习（图3）。合作开展调研，完成阶段作业，共同准备讨论分享的成果。为了避免组内可能出现的"搭便车"现象，每次课堂的讨论分享人都是随机抽取，由被抽取的同学代表整组分享小组工作成果。合作学习也便于教师进行针对性的小组学习指导，提高了教师反馈的效率。

3）课堂集中分享及讨论，促进思维训练反思

公开集中分享训练作业要求学生思路及语言组织的条理性，能够呈现作业完成过程中的分析性思维发展过程。讨论还能让不同组的同学看到认识、分析问题在角度、方法等方面的差异，反思自己的思考过程。锻炼学生如何就争议性话题开展恰当有效的回应、如何与观点不同者打交道、如何面对他人的质疑和反驳。

图3 建筑设计初步的课堂教学活动

4 教学评价

课堂日常表现与不同教学板块作业的质量是评价建筑分析性思维训练效果的主要依据。基于课程安排的建筑分析性思维训练框架，学生在日常的设计课程中可以逐渐强化分析的思维方式与方法。公共空间小品设计、大师作品分析、小型建筑空间设计和建筑外部环境设计部分的作业能较为集中的反映出学生是如何运用分析性思维认识建筑作品，以及如何认识、分析和解决建筑设计问题的。所以本文主要挑选了2021—2022年的两个教学板块的3份作业，对教学效果进行评价。

案例1（图4）是对藤本壮介的NA住宅进行的分析，学生拆分了这个空间变化丰富的建筑的空间要素，对空间在平面和三维中的关系进行了较为细致地解构，并尝试分步重现了其形成过程。实体模型的制作也反映出学生能够基于图纸、照片的分析，建立对建筑空间、结构构成要素及关系的理解。案例2（图5左）中表达了小型建筑空间设计的体块生成、功能与流线分解呈现。功能与流线分析比较准确地呈现了各层的功能构成要素与分层关系，能够较为直观地呈现水平和垂直方向流线的组织设计。但功能和流线的分析应该分开呈现更为合理，体块生成的分析缺乏建筑学视角的逻辑性，没有呈现变化的合理逻辑。案例3（图5右）中对建筑功能和流线的分析表达更为清晰，有明确的图例；结构分析则分层呈现了建筑的承重结构、围护结构，反映出学生能够运用拆分思维表达自己的设计意图。

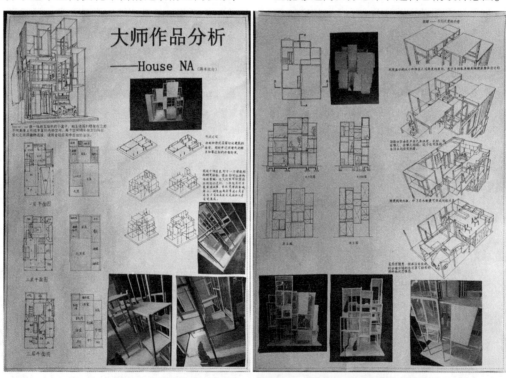

图4　藤本壮介作品分析作业（学生：宋晨威、赵配冉、李彦宏、李轶杭）

图5　小型建筑空间设计作业（学生：易晓晓、谷孟佳）

5 总结与反思

　　分析性思维的培养是高校建筑学专业学生能力培养的重要内容，但其养成不是一蹴而就的，而是一个相对长期的过程。启蒙阶段的学生要同时面对陌生的建筑概念、丰富的外在表象和陌生的背后逻辑，还需要克服"应试思维"的惯性。本文阐述了依托"建筑设计初步"课程的混合式教学改革，探讨以"学"为中心的、启蒙阶段建筑分析思维培养的混合式教学模式创新及实践。分析性思维的训练作为能力培养融入多个教学板块，通过能力的提升促进知识的积累及学生知识体系的重构。教学活动以"学生为主，教师引导"，充分的开展合作学习和课堂分享讨论，实现思维的交流和反思；并且锻炼学生有条理、有逻辑的语言表达能力，克服传统教学中"倾听为主"，被动学习的惰性。建筑设计的分析性思维是包容多种思维方式的复合理论及方法体系，本文聚焦启蒙阶段的思维训练，主要从拆分思维和结构思维入手，更高阶的思维方式要在后续的其他课程完成，构成较为完成系统的课程矩阵。

　　根据近两年来课程改革取得的教学成果和学生反馈，分析性思维培养的教学改革也出现了一些难点与痛点：①思维成果的表达：启蒙阶段学生能够运用分析性思维开展分析，但会受限于表达技巧、表达专业性、规范等问题，难以合理的呈现分析结果，容易打击学生的积极性；②思维培养的可持续性：与传统课堂相比，翻转课堂混合式教学需要学生花更多时间进行小组交流、分工协作、准备讨论，时间和精力的投入更高，在讨论批评后容易出现畏难心理和回避行为。为此提出以下建议：①构建建筑分析表达的案例库，提供分析表达形式、技巧的直观参考；②从整体视角构建建筑设计从初步到后续系列课程的分析能力矩阵，让学生清楚能力发展的目标和阶段性；并进一步优化课堂活动组织，引导学生关注思考过程及其变化，设置更多元化的日常评价体系，帮助学生逐步积累学习信心。

主要参考文献

　　[1]　褚冬竹. 开始设计 [M]. 北京：机械工业出版社，2011.

　　[2]　宫聪. 设计分析性思维的培养与训练——以建筑学专业相关课程教学为例 [J]. 高等建筑教育，2022，31（3）：134-141.

　　[3]　崔轶. 反思与重构——基于理性思维的建筑设计教学研究 [J]. 新建筑，2017（3）：112-115.

　　[4]　张康之. 反思社会科学研究中的分析性思维 [J]. 长白学刊，2015，（6）：1-9.

　　[5]　张天琪. 从深入认知体会出发的建筑学基础教学思路探索 [J]. 建筑与文化，2016（8）：216-217.

　　[6]　陈敬，来嘉隆，张天琪. 空间建构教学模式的实践与反思——西安建筑科技大学建筑基础教学课程设计 [J]. 新建筑，2021，（2）：134-137.

马健

西安建筑科技大学建筑学院；653584608@qq.com

Ma Jian

College of Architecture，Xi'an University Of Architecture and Technology

建筑学一流专业课程建设
——建筑策划与城市开发建设

Architecture First-class Professional Courses Construction
——Architectural Programming and Urban Development

摘　要：当前建筑学面临新的挑战，建筑教育亟需理论架构的创新。建筑策划和后评估作为以问题为核心的设计方法，可以帮助学生建立从发现问题、分析问题、解决问题的全过程意识，培养具有全过程咨询业务能力的建筑师，也是建筑学专业新的机会点和创新生长点。

关键词：建筑学；建筑策划；使用后评估

Abstract：Former architecture faces new challenges，and architectural education urgently needs innovation in theoretical framework. As a problem-centered design method，architectural programming and post-evaluation can help students establish awareness of the whole process from finding problems，analyzing problems and solving problems，cultivating architects with full-process consulting business capabilities，and also a new opportunity point and innovation growth point for architecture majors.

Keywords：Architecture；Architectural Programming；Post-evaluation

1　课程设立的背景

面对设计行业产能过剩、中国经济转型和互联网浪潮的新时代，建筑学面临外延和内涵的增加和拓展，建筑教育亟需理论架构的创新。传统的建筑学教学主要重视设计能力的培养，而设计之前、设计之后、建成之后的这些阶段知识体系的匮乏，使学生所学和当前的时代环境（包括经济、社会、科技等方面）脱节，尤其是和建筑产业的实际需求差距极大，"本科毕业生普遍不能胜任日常设计工作，进入企业后仍需接受较多培训，这与建筑教育的主要目标是为建筑相关产业输送人才相悖。许多建筑院校教学改革一直在进行，可见建筑教育的不足和改革的共识是普遍的。本科教育对实践所需的众多知识技能远不够重视，尤其是法律法规、施工图与

施工、经济造价和市场营销等至关重要的方面。甚至有的建筑学教师自己也不了解行业实践，毕业后就任教，如此循环，整个学科教育在脱离实践的方向上越走越远"。[1]

建筑策划与后评估是新时期背景下提升设计质量的迫切需要，2017年2月21日《国务院办公厅关于促进建筑业持续健康发展的意见》（国办发〔2017〕19号）提出"全过程工程咨询"这一理念，并提出"在民用建筑项目中，充分发挥建筑师的主导作用，鼓励提供全过程工程咨询服务"。在政府推动下，"全过程工程咨询"将会成为我国建筑师最重要的工作模式之一。全过程工程咨询包括策划、设计、后评估环节，在实际工作中建筑师必须把前后环节串接起来融合成一个整体，才能更好地为工程项目服务。在本科生阶段，应该让学生学习

建筑策划与后评估方法，充分进行真实案例调研和参与实践课题，有利于积累综合实战能力，缩小大学教育和产业实践之间的距离。

"建筑策划与城市开发建设"课程是西安建筑科技大学国家一流本科专业建设点建筑学课程建设子项目，是面向建筑学专业开设的专业方向选修课，旨在通过理论教学与实践操作训练，使学生了解建筑策划与后评估的基本理论和发展历程，初步学习建筑策划以问题为导向、讲求建筑空间的逻辑和理性推演、以实态调查为基础、对建造条件的分析等设计前期研究与设计方法在建筑设计过程中的应用；并使学生掌握建筑策划与后评估的操作方法，以及在城市开发建设工程实践中的应用，能够独立解决复杂工程问题。

2 课程的教学目标

2.1 培养研究能力

有能力应用建筑策划和后评估的方法，对城市待开发地块和城市更新项目进行研究，初步确定开发目标、规划内容、业态构成、建筑空间构想等。

2.2 培养策划实践能力

结合建筑策划工程实践项目，理论学习与工程实践相结合，让学生在实践中基本掌握建筑策划与后评估的操作方法。

2.3 课内实践环节

2019学年开始，针对建筑学专业四年级本科生开设了"建筑策划与城市开发建设"课程，课程定位为建筑学专业高年级选修课，授课内容为建筑策划与后评估的理论与方法，及其在城市开发建设工程实践中的应用，授课方法采用理论与工程实践相结合的方式，在理论授课之外邀请了多位行业专家、政府官员和项目甲方做课内讲座和现场授课（图1、图2）。课程设置较多的课内实践环节，课内实践教学内容及要求见表1。

图1　2019年课程讲座、调研及实践环节

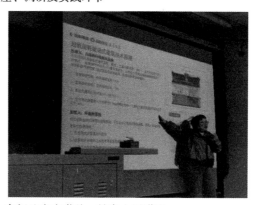

图2　西安地产行业专家李秋月、高新地产史琳总，健康人居讲座

序号	教学类型	教学内容	教学要求
1	课内讲座	邀请行业专家讲授实践项目	了解建筑策划在工程实践中的应用
2	实地调研	选取城市实际开发建设案例,邀请项目甲方进行现场授课,学生实地调研并开展使用后评估	了解项目开发建设与使用过程中出现的问题
3	项目实践	针对实际项目提出建筑策划方案	建筑策划和使用后评估方法的实践应用

2021 年,课程实践环节的研究课题为健康人居和城市更新,包括理论讲授、项目调研、实践、讨论、成果汇报等教学环节,实践课题包括西安高新天谷雅舍被动式建筑调研、健康人居调研、西安解放门片区更新改造调研、西安老菜场更新改造调研、西安三殿村城市更新项目调研,结课成果为自宅或校园小型商业建筑使用后评估和更新改造建筑策划。教学实践环节中邀请了数位行业专家、政府官员、项目甲方等参与了教学实践环节。

3 课程调研环节

3.1 健康人居调研

本次调研包括课堂学习+现场参观+问卷调研+数据分析四个环节。首先,学生在学校课堂中听老师、行业专家、项目甲方讲授了建筑策划与后评估理论、当今中国房地产市场现状、城市居住状况、健康人居的发展

历程等。之后前往天谷雅舍项目,听工作人员讲解了实际案例,参观了被动房体验馆。之后,学生以小组为单位进行讨论,设计了健康人居调查问卷并进行网络投放,历时一周,共回收 309 份有效问卷,学生对收集的数据进行分析,得出了居民居住状况和对居住环境的提升意见。

高新·天谷雅舍是西安高新地产开发的城市改善型商品住宅项目,天谷雅舍位于西安市高新区软件新城,总占地约 146.85 亩(约 9.79hm²),总建筑面积:397 297m²,容积率:2.8,绿地率:35.47%,总户数 720户,住宅面积区间 191~320m²,是西安首个"被动房"住宅项目。窑知未来·被动房体验馆从被动式超低能耗建筑技术原理,材料和工法展示,互动体验等方面,多维度展示了项目所打造的"恒温、恒湿、恒氧、恒洁、恒静"的被动式建筑原理(图3)。

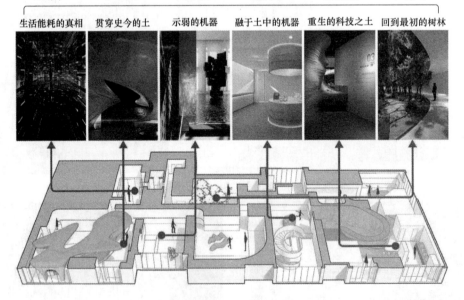

图 3 窑知未来·被动房体验馆

参观结束后,学生以小组为单位进行讨论,设计了调研问卷并在新浪网进行发布,共回收 309 份有效问卷,并对调研数据进行了汇总分析,得出了城市居住环境现状及居民提升改造意见的调研结论。通过此次调

研,学生对居住者所关注的问题有了更深入的认知,了解了住宅的设计趋势,对新的技术手段有了直观感受,弥补了学校课堂学习的不足。

3.2 住宅使用后评估和更新改造建筑策划

期末作业要求学生结合健康人居调研和对自宅的使用后评估，提出更新改造方案。学生通过行为观察、问卷调查、实地观察及测量、深度访谈、问题归纳、改造策划等环节，对自家住宅进行使用后评估并提出改造策划方案。

以下为学生作业部分内容（图4～图8）。

图 4 健康人居调研

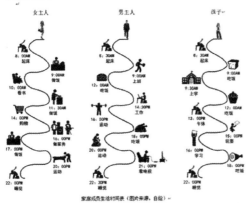

图 5 自宅改造策划（一）

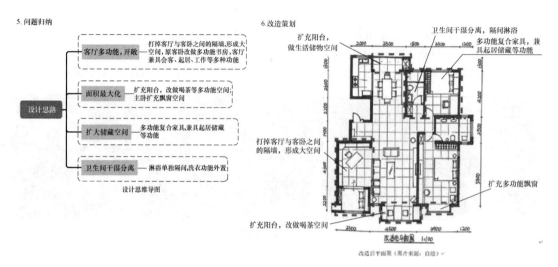

5.问题归纳

设计思路

客厅多功能、开敞 —— 打掉客厅与客卧之间的隔墙，形成大空间，原客卧改做多功能书房，客厅兼具会客、起居、工作等多种功能

面积最大化 —— 扩充阳台，改做喝茶等多功能空间；主卧扩充飘窗空间

扩大储藏空间 —— 多功能复合家具，兼具起居储藏等功能

卫生间干湿分离 —— 淋浴单独隔间，洗衣功能外置

设计思维导图

6.改造策划

卫生间干湿分离，隔间淋浴
多功能复合家具，兼具起居储藏等功能

扩充阳台，做生活储物空间

打掉客厅与客卧之间的隔墙，形成大空间

扩充阳台，改做喝茶空间

扩充多功能飘窗

改造后平面图（图片来源：自绘）

图5　自宅改造策划（二）

3.3　城市更新项目调研

本学期城市更新调研环节包括西安解放门片区调研、西安老菜场项目调研、西安三殿村项目调研。其中解放门和老菜场属于"微更新、轻改造、重运营"的城市老城区更新项目，三殿村属于城市大型综合片区改造项目。

图6　解放门街办郭珮琦书记、老菜场策划运营人全建彪、三殿村项目甲方现场授课

以下以西安老菜场项目为例阐述调研过程及成果。"老菜场市井文化创意街区"项目位于西安明城墙内南顺城巷东端。项目意图以菜市场为发起点，带动社区更新，振兴区域活力。建国门菜市场以"微更新＋轻改造"为理念，采用小成本、多产权的开发模式，以"保留原居民原有生活状态"和"保持菜市场的市井风貌"为前提，在不破坏原有历史、人文的基础上，进行空间功能转型和改造升级，保留城市记忆，将新型复合的潮流文化注入于此，吸引年轻客群。在西安的城墙脚下，营造及展现出"市井西安"的独特魅力，形成一个承载老城故事、工业记忆和市井生活的有趣场所。学生通过文献查阅、区位分析、场地分析、交通分析、人群构成

分析、行为活动分析、建筑分析、经营状况调研、问卷及访谈等环节对项目进行使用后评估，研究城市更新方法并提出改进措施。以下为西安建筑科技大学建筑学院建筑学 1801 班刘津睿同学的"老菜场市井文化创意街区"城市更新调研报告。

在城市更新调研环节，通过对三个不同类型的项目

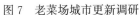

图 7　老菜场城市更新调研

图8　老菜场城市更新调研

进行调研和使用后评估，学生了解了不同的城市更新方法，学习了建筑策划和后评估以人为本、寻找问题并解决问题的实践理念和操作方法，学生普遍认为对今后的学习和工作都有极大的帮助。

4 结语

"前策划和后评估成为今天建筑学理论架构很重要的一个环节，是建筑设计及其理论二级学科范围内，最重要的一个理论生长点"，[2] 多学科融合的建筑策划方法也将成为我国职业建筑师的一项基本技能。从行业角度来看，随着时间的推移，对建筑策划与使用后评估的需求会越来越大。"建筑策划和后评估作为以问题为核心的实质性课程体系，有利于拓展学生专业的广度、有利于学生知识体系的构建，有助于创造性人才的培养。

可以帮助学生建立从发现问题、分析问题、反馈问题、解决问题的全过程意识"，[3] 是建筑学专业新的机会点和创新生长点。

主要参考文献

［1］ 袁牧. 建筑学的产业困境与教育变革［J］. 时代建筑，2020（2）：14-18.

［2］ 庄惟敏. 建筑策划与后评估教学回顾与未来探索［R］. 北京：首届建筑策划与后评估教学交流研讨会，2018.

［3］ 卢峰. 我国高校建筑策划与后评估教研共识［R］. 北京：首届建筑策划与后评估教学交流研讨会，2018.

吴珊珊 李昊

西安建筑科技大学建筑学院；517214259@qq.com

Wu Shanshan   Li Hao

College of Architecture，Xi'an University of Architecture and Technology

3 导向＋3 链接＋3 工具
——线上一流本科课程"城市设计原理"教学实践

3 Orientations＋3 Links＋3 Tools
——The First-class Undergraduate Course Teaching Practice of "Urban Design Principles"

摘 要：为应对疫情背景下线上教学的创新与实践需求，城市设计原理线上课程以"3 导向＋3 链接＋3 工具"为核心思路，探索适应学生网络学习特点的、兼具启发性、互动性、开放性的课程教学方案。从教学原则、引导方式、评价机制三方面形成 3 个基本导向，明确线上教学的整体目标。从城市发展的现实问题、实践应用的普遍诉求、授课方式的具体特征 3 个维度与线下配套课程建立密切链接，构建开放性的"知识树体系"。结合学生课后复习、答疑讨论、拓展阅读等学习需求，选择 3 个慕课工具模块，实现线上教学互动与知识获取的多种可能性。

关键词：城市设计原理；线上教学；教学实践

Abstract：In order to meet the innovation and practical needs of online teaching in the background of the epidemic，the online course of Urban Design Principles takes "3 orientations＋3 links＋3 tools" as the core idea to explore an inspiring, interactive and open course teaching program. It forms three basic orientations to clarify the objectives of online teaching. The open "knowledge tree system" is built by establishing links with the offline supporting courses in three dimensions：the problems of urban development, the general demands of practical application，and the specific features of teaching methods. Combined with the needs of students for post-class review, question and answer discussions, and extended reading, three MOOCs' tools are selected to realize multiple possibilities for online teaching interaction and knowledge acquisition.

Keywords：Principles of Urban Design；Online Teaching；Teaching Practice

1 城市设计原理线上课程概述

疫情背景下线上教学的重要性愈加凸显，随时、随地可自由学习的线上课程成为教育新形态的主要载体。由西安建筑科技大学城市设计专业教学团队建设的"城市设计原理"在线课程，于 2019 年在中国大学慕课平台开放，目前已运行 6 期，2021 年被评为"陕西省线上一流本科课程"。

该线上课程与线下建筑学专业核心理论课"城市设计原理"以"混合式教学"方式共同开展，依托慕课资源帮助学生进行课前知识预习、课堂教学互动、课后拓展学习及与教师的日常答疑讨论，实践全过程"陪伴式"的教学引导和学习效果评价。

课程围绕"3 导向＋3 链接＋3 工具"的核心思路，探索适应学生网络学习特点的教学内容与方式。首先，从教学原则、引导方式、评价机制三方面形成 3 个基本导向，明确城市设计原理线上教学的整体目标。其次，梳理优化教学内容，从城市发展的现实问题、实践应用的普遍诉求、授课方式的具体特征3个维度与线下课程大纲建立链接，形成顺时施宜的开放性知识体系。最后，结合学生课后复习、答疑讨论、拓展阅读等实际需求，选择3个辅助的慕课工具模块，实现线上教学互动及知识获取的多种可能性（图1）。

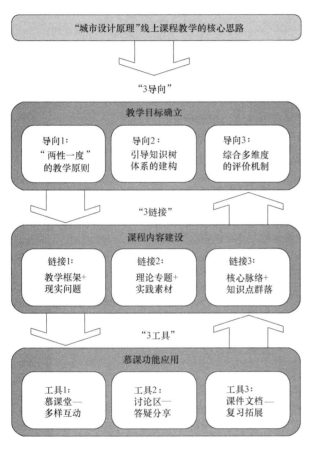

图1 城市设计原理课程线上课程教学核心思路

2 "3导向"：教学目标确立

在海量线上慕课资源的冲击下，思考本课程的定位与建设原则，明确线上、线下课程的相互关系以及线上教学效果的评价方式，形成城市设计原理线上教学的3个核心导向。

2.1 以"两性一度"为原则导向

"两性一度"即高阶性、创新性、挑战度。高阶性是知识、能力、素质的有机融合，在线上课程每节的视频中都会以一个或多个相关的问题为切入点，串联引出相应的知识点，学生不用死记硬背，跟随给出的知识逻辑链逐步理解掌握。例如在"现代城市设计的发生背景"一讲中，以"为何强调现代城市设计？"引发学生思考古代城市与现代城市的最大差异在于"人口规模"，进而引出导致人口规模差异的主要原因——"工业革命"，围绕工业革命对城市经济、社会等带来的影响，阐释现代城市规划和设计产生的背景，由此将人口规模、工业革命、发展转型、城市设计这些关键知识点串联城一条线索。创新性和挑战度与城市设计原理本身涉及的知识复杂程度密切相关，在线课程视频中穿插了相当数量的跨学科知识内容（心理学、社会学、经济学、统计学等）和前沿、经典的设计案例，拓展了理论知识体系的宽度与深度，配合多种形式的考核评价方式，让学生由浅入深地建立科学、系统的城市意识与先进创新的设计思维。

2.2 以"知识树体系建构"为指引导向

为应对庞杂的城市设计理论知识系统，确立了以"知识树建构"为核心的教学引导方式，教师在线下课堂负责引导学生搭建核心理论知识的"主枝干"框架（城市设计的价值站点、内容构成、路径方法等），在线上慕课部分补充、强化知识树框架相关的基本知识点（如城市空间结构、用地分类、开发机制等），并进行不同维度的知识拓展（如现状调查方法、大数据城市空间分析等），完成由片段式、大规模的点状知识输入转向关联式、开放性的树状知识系统建构（图2，表1）。

2.3 以"综合多维度考核"为评价导向

线上课程采用"四项合一"的多维评价机制，全面强化教学的"过程性考核"。具体的成绩评定由单元测试（20%）、单元作业（20%）、日常讨论互动（10%）、期末考试（50%）四部分构成：①单元测试伴随每周课程更新进行1次，每次10道客观题（单选、多选、判断题），共7次，检测学生对于教学视频与课件的学习效果；②单元作业在教学内容开放性较高的章节设置，为主观讨论题2~3道，检测学生对于线上拓展阅读资料的学习效果；③日常讨论互动在线上"讨论区"进行，教师根据学生回帖、发帖、师生互动活跃度等数据进行打分，检测学生的课外自主学习情况；④学期末通过期末考试对学生的综合学习效果进行检测，为45道客观题，试题库共计283道，保证题目覆盖所有教学内容的核心知识点。线上学习最终综合成绩为80分以上者，颁发优秀证书；为60~79分者，颁发合格证书。

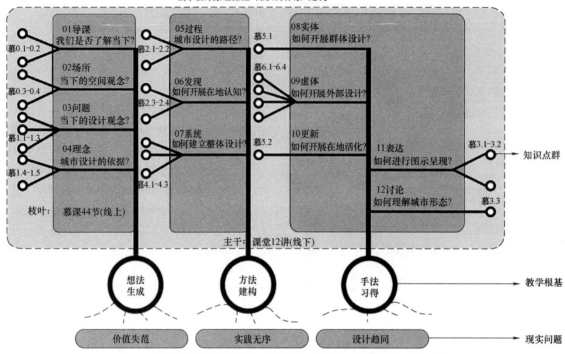

图2 城市设计原理课程线上线下混合教学的"知识树体系"建构

城市设计原理课程线上线下教学设置的对位关系 表1

阶段	线上(主干框架)与线下(枝叶知识点群)教学设置的对位关系		学时
第1阶段	线下:(2学时) 01讲 转变:我们是否了解当下? 1.1 当下? 1.2 知识? 1.3 世界? 1.4 中国?	线上:(2学时) 绪论 历史进程中的城市空间与城市设计 0.1 文明肇始:城市的产生 0.2 三种传统:城市空间形态的历史演进	2+2
第2阶段	线下:(2学时) 02讲 场所:当下的空间观念如何? 2.1 城市为何存在? 2.2 城市是什么? 2.3 转变:从空间到场所	线上:(2学时) 绪论 历史进程中的城市空间与城市设计 0.3 城市问题:现代城市设计的发生背景 0.4 三次变革:城市设计观念的演替	2+2
第3阶段	线下:(2学时) 03讲 问题:当下的设计观念如何? 3.1 从三无到三有 3.2 如何理解设计 3.3 问题态 3.4 创造性	线上:(3学时) 第一章 以人为本:城市设计的价值内涵 1.1 城市为何:人对城市空间的诉求 1.2 因何发生:城市设计的动力因素 1.3 关涉对象:城市设计的利益主体	2+3
第4阶段	线下:(2学时) 04讲 理念:依据什么开展设计? 4.1 理念思辨 4.2 方法思辨 4.3 城市设计的价值取向	线上:(4学时) 第一章 以人为本:城市设计的价值内涵 1.4 价值内核:城市设计的概念解读 1.5 主体内容:城市设计的构成要素	2+4

阶段	线上(主干框架)与线下(枝叶知识点群)教学设置的对位关系		学时
第5阶段	线下:(2学时) 05讲　过程:城市设计开展的路径? 5.1　设计方法论 5.2　总体城市设计 5.3　重点地段城市设计	线上:(2学时) 第二章　发现问题:现实认知的技术方法 2.1　动态过程:城市设计的技术路线 2.2　实务体系:城市设计的编制系统	2+2
第6阶段	线下:(2学时) 06讲　发现:如何开展对现实研究? 6.1　为何认知 6.2　认识什么 6.3　如何认知	线上:(8学时) 第二章　发现问题:现实认知的技术方法 2.3　地段现状:现实认知方法 2.4　问题辨析:发现问题方法	2+8
第7阶段	线下:(2学时) 07讲　系统:如何建立整体的设计? 7.1　望地定格 7.2　闻声定性 7.3　问用定量 7.4　切脉定形	线上:(6学时) 第四章　用地布局:城市空间的组织方法 4.1　因地制宜:用地基本特征 4.2　结构先导:用地布局规划 4.3　骨架搭建:道路交通组织	2+6
第8阶段	线下:(2学时) 08讲　实体:如何开展群体设计? 8.1　群体建筑的组合基础 8.2　群体建筑的组合原则 8.3　群体建筑的组合方式 8.4　群体建筑与外部空间组合	线上:(2学时) 第五章　建筑营建:实体空间的设计方法 5.1　空间确立:群体建筑组织	2+2
第9阶段	线下:(2学时) 09讲　虚体:如何开展外部设计? 9.1　外部环境概述 9.2　绿地设计方法 9.3　广场设计要点 9.4　街道设计要点	线上:(7学时) 第六章　场所营造:公共空间的设计方法 6.1　日常生活:街道空间设计 6.2　公共生活:广场空间设计 6.3　休闲生活:绿地水体设计 6.4　便利生活:环境设施设计	2+7
第10阶段	线下:(2学时) 10讲　更新:如何开展在地活化? 10.1　更新内涵及观念 10.2　更新要素及原则 10.3　更新类型及手法	线上:(2学时) 第五章　建筑营建:实体空间的设计方法 5.2　记忆活化:既有建筑更新设计	2+2
第11阶段	线下:(2学时) 11讲　表达:如何进行图示呈现? 11.1　城市设计表达内容 11.2　城市设计表达形式 11.3　城市设计传达路径	线上:(4学时) 第三章　发展策略:目标策划的技术方法 3.1　目标体系:发展目标研究 3.2　目标制定:地段定位方法	2+4
第12阶段	线下:(2学时) 12讲　讨论:如何理解城市形态? 学生优秀节课作业汇报	线上:(2学时) 第三章　发展策略:目标策划的技术方法 3.3　多轨推动:形态设计策略	2+2

3　"3链接":课程内容建设

以确立的3个导向为基础依据,开展线上课程的教学内容组织,通过三个维度的链接建立,的链接建立,形成线上教学的整体方案。形成线上教学的整体方案。

3.1　"教学框架"链接"现实问题"

固有的、普适的"城市设计经典知识体系"对于学生而言既枯燥庞杂,又缺乏具体的应用语境,针对目前城市发展转型背景下出现的三类典型问题——"价值失范""实践无序""设计趋同",从想法的生成(价值观念树立)、方法的建构(实践路径确立)、手法的习得(多元设计开展)三个层面进行回应,以"现实问题+解决路径"为导向建构线上课程的整体教学内容,共包括44讲,总教学时长414分钟。

3.2 "理论专题"链接"实践素材"

在三类典型城市发展问题的基础上,结合学生在城市设计实践课程中关于价值观念、概念构思、策略建构、具体设计方法、成果表达等方面存在的困惑和需求,进一步凝练7个专题讲授,通过"实践素材阐释+核心知识精讲"的课件组织方式,结合话题列举大量的优/反面案例和经典电影/动画视频(图3),增加理论

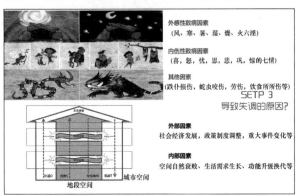

现实问题的诊断:电影《疯狂原始人》片段融入课件

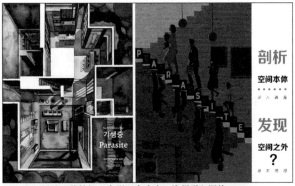

场地现状认识:电影《寄生虫》海报融入课件

整体设计原则:电影《疯狂动物城》片段融入课件

图3 经典电影素材与线上课程内容的结合

讲解的趣味性和可读性,在关注度较高的话题引导和循序渐进的讨论互动过程中,激发学生的学习兴趣和问题意识。

3.3 "核心脉络"链接"知识点群落"

数量大、类型杂又无法规避的基础知识点通过8～15min不等的单元化视频课件讲授,以线下24个基础学时内建立的核心知识脉络为依托,拓展组构系统性的"知识点群落"。例如在线下课堂第6讲"发现—在地认知方法"的教学内容设置中,围绕"为何认知?""认知什么?""如何认知"三个具体问题展开,相应的线上课程为第2章第3单元"地段现状的现实认知方法"对常用的9种方法进行分类介绍和实例解读,共同形成关于城市设计在地认知的知识生长脉络。

4 "3工具":慕课功能应用

利用中国大学慕课平台的多种功能模块,实现除视频讲授和习题测试以外的其他教学设想。

4.1 慕课堂:备课管理,多样互动

作为慕课平台综合性能最强的功能模块,慕课堂兼具教学备课、学情统计、学生成绩管理等多项功能,且可与手机微信端小程序进行联动,实现多种场景的教学互动,包括在线下课堂帮助教师轻松完成公告发布、微信签到、随堂测验、讨论互动等,又能详细统计每位学生的线上慕课学习进展和测试考试成绩记录。此外,利用慕课堂联动还可为其他兄弟院校选修本课程的师生提供学习情况反馈,促进高校之间的交流合作。

4.2 讨论区:日常答疑,资料分享

慕课平台的讨论区模块包括老师答疑区、课堂交流区、综合讨论区三个子板块,分别支撑了教师解答学生提出的作业、测试、课件内容等相关疑问,教师针对教学重点内容提问学生进行开放性回答(记入线上学习成绩评定),线上选课人员即时分享各种学习资料等线上教学交互活动,有效增加了学生的课外学习时间(图4)。

4.3 课件文档:讲义复习,知识拓展

慕课平台的课件模块支持视频和文档两种格式内容,除每讲教学视频外,相应的课程讲义也同步在线上课程开放,便于学生课后复习使用。同时,课程将教学团队主持的微信公众号"西安城志"公众号文章对应上传于相应内容的课件文档内,作为讲义的拓展资料,增强学生学习能动性并拓宽知识面(图5)。

图4 讨论区模块中的讨论主题与回复

图5 课件模块中的课程讲义与拓展阅读

5 结语

作为专业方向的原理类线上课程建设，本课程积极探索适宜互联网学习特征的教学模式，截止课程第5期结束，共有17500余人参与线上学习，慕课平台交流互动达3100余条，累积共计1600余人。目前，课程已被41所高校引用，在后续的课程建设中，还将持续更新教学内容，培育相关教学成果，并为社会学习者提供更多的专业知识服务。

附注

城市设计原理线上课程教学组成员：李昊，吴珊珊，徐诗伟，叶静婕。

城市设计原理线下课程教学组成员：李昊，吴珊珊。

图表来源

图1、图2来源于作者自绘，图3、图5来源于"城市设计原理"线上慕课课件截图，图4来源于"城市设计原理"线上慕课讨论区截图；表1来源于作者自绘。

主要参考文献

[1] 王建国. 城市设计 [M]. 3版. 南京：东南大学出版社，2011.

[2] 卡莫纳，等. 城市设计的维度：公共场所——城市空间 [M]. 冯江，等，译. 南京：江苏科学技术出版社，2005.

[3] 李昊. 城市公共中心规划设计原理 [M]. 北京：清华大学出版社，2015.

吴涵儒　吴迪

西安建筑科技大学建筑学院；hanruwu@qq.com

Wu Hanru　Wu Di

School of Architecture，Xi'an University of Architecture and Technology

材料的建构
——基于材料搭建的设计课程探索

Construction Through Materials
——Design Class based on Materials' Construction

摘　要：材料和建造这一建筑学的重要话题在国内各大院校的建筑教育体系一直被弱化，原因除了建筑教育的传统沿袭外，建造与材料背后庞杂的技术信息和跨学科的知识背景确实给课堂教授带来了困难。本文旨在记录西安建筑科技大学本科四年级的一门设计课程，这门课尝试引导学生以材料建构为出发点推动空间设计，分为材料研究，设计练习两大部分。课程对规定材料大量使用模型搭建，尝试在纷杂的材料建造知识线索中，聚焦研究对象，将材料特性，建构逻辑带入空间视角进行表达。

关键词：材料认知；模型搭建；材料建构的空间表达

Abstract：Materials and Construction, which is one of the most important topics in architecture, is always marginalized in the education system among Chinese architecture schools. Excluding the education tradition stemming from Beaux-Arts, the other reason are the complicated technology information and interdisciplinary knowledge background，which make it hard to teach on class. This essay aims to record the design class for the fourth year in Xi'an University of Architecture and Technology. The class directed students to start from research on materials and then design exercise. Throughout the whole process，students were encouraged to construct huge amount of models by using the assigned material，and teachers tried to help the students to focus on the research object and to bring the material characters into the formation of space.

Keywords：Materials；Model Construction；Tectonics of Materials in Space Expression

1　建筑教学中建造与材料话题的困境

材料和建造一直被认为是建筑教育中不可回避的重要内容，但在我国传统沿袭巴黎美院布扎体系（Beaux-Arts）的建筑教育体系下，形式与构图，尤其是二维平面上的构图是建筑教育的重点，而更关乎建筑实际建造中的材料与建构一直是被弱化的。在这样的教育体系下，我们的学生对材料，结构如何参与并影响空间的形成和表达缺乏认知，不考虑材料与建造的形式推敲和现实无法连接，设计的过程变成了无力的构图游戏。

随着国际交流增多，信息传播更方便多元，其他教学体系也在影响着国内院校的教育方法。如重视建造与建筑本体的瑞士 ETH（苏黎世联邦理工学院）的教学体系以及由顾大庆老师带领的以空间建构为主线的香港中文大学建筑系的基础设计课程。随着建筑教育逐渐趋向于对建筑本体的关注，国内不少的高校都开展了与建造有关的教学实验。但是不像 ETH 与港中文开展的体系化的设计课程，建造的话题在大部分院校的设计课程中还是属于"实验课程"，小众话题，并没有在基础课程的主线中普及开来。除了文章开头提到的教育传统沿袭

的原因之外，建造与材料确实牵扯繁多与复杂的知识线索。每种材料都有自身的物理特性，受力特点，合理的连接方式；现代技术手段的不断更新，日新月异的结构形式也是让人眼花缭乱。当建筑设计不加入材料和建构的讨论的情况下就已经需要大量的工作整合场地，空间，功能，流线，如果再加上材料和建构，同学和同样缺乏技术知识的建筑学老师常常一起陷入庞杂的技术细节中无所适从。所以作为建筑学本科四年级的一门设计课，如何聚焦教学目标，精简教学内容，让老师和学生适度的探索材料和建造的知识，让材料和建造的运用脱开对"技术的偏执"，变成空间表达，形式生成的推动力，是我们教案设计的核心目标。

2 材料的建构教案设计

课程教案主要分为材料研究与设计练习两大部分，让学生通过模型操作对某一种规定的材料进行分析探索，为后来生成复合材料特性和建构逻辑的设计方案打下基础。在材料研究之前我们加入了一些简单的力学知识的普及，让对力学知识停留在文字认识的建筑学学生可以结合建筑案例做简单的拉压力分析，从而在材料研究中更好的探索材料的特性和搭建方式。

2.1 力学知识准备

在进入材料研究之前，先选取几个经典案例，让学生对建筑不同部件受拉受压的状态进行简单的分析和辨别，学习画力流分析图。拉力压力是材料最基本的两种受力形式，比如，砖石砌体受压不受拉，竹子受拉不受压。不同的材料由于受拉受压的能力不同，导致它的搭建方式，连接细节，可实现的空间跨度等都有很大的区别，从而建构出效果迥异的空间。学习简单的拉压力的分析，为后面更加深入地认识材料的特性做准备（图1、图2）。

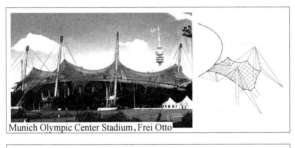

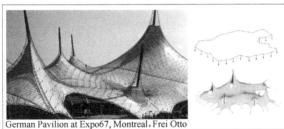

图1 学生作业：屋顶结构拉压力分析

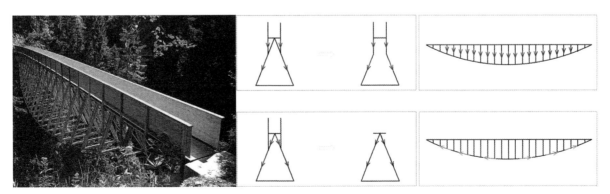

图2 学生作业：Traversina 步行桥拉压力分析

2.2　材料研究

为了让学生和老师更加深入的了解某几种常用材料，聚焦研究过程中的知识线索。在每一个教学周期（12周）中，规定一种材料作为研究对象，并在之后的设计中以之为建造的主要材料来建构空间。这样通过几组同学同时对同一材料的信息查找，典型案例分析，课堂上交流讨论，整组汇集的信息形成对一种材料整体而

深入的认知。从2019年开设这门设计课以来（一学年只有一学期的课程），我们带领学生研究过竹子、木材、土和砖这几种材料，逐渐形成了较固定的一套研究流程，在案例分析中着重分析材料的搭建工法，材料在空间中的受力特点，以及材料搭建形成的空间效果。材料研究的过程中，我们也一直强调动手搭建的重要性，通过搭建和使用材料本身来了解材料的特性（图3～图5）。学习ETH建筑课程的指导原则——"I think with

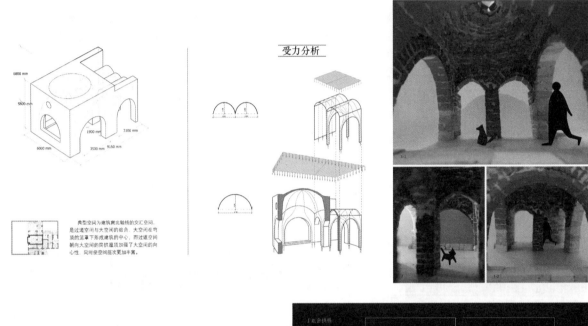

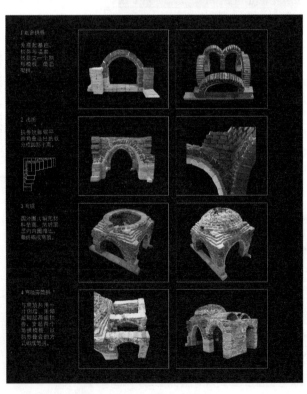

建造过程

图3　学生通过受力分析，模型搭建，空间观察研究哈桑法塞的建筑中的砖

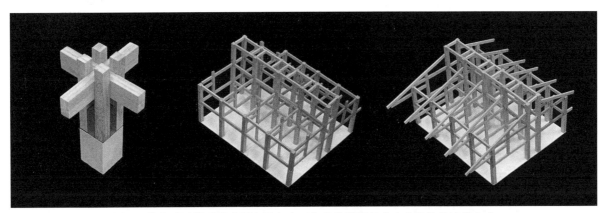

图 4　学生通过模型搭建研究罗宇杰工作室党群服务中心木结构的连接方式

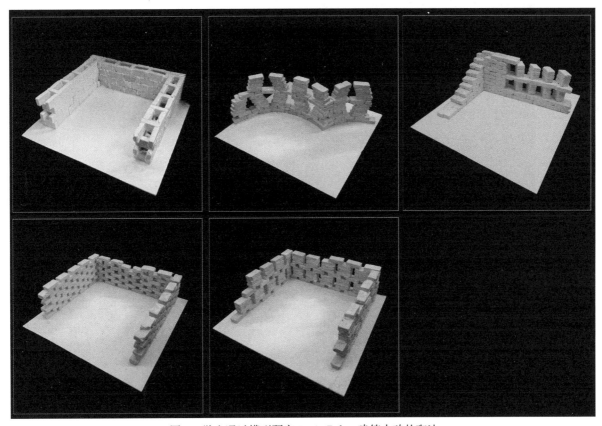

图 5　学生通过模型研究 Larie Baker 建筑中砖的砌法

my hands."[①]鼓励学生用身体感知材料，切实的观察和探索材料搭建的可能性。借用模型体验实际建造中材料和空间的关系。

2.3　设计练习

　　不同于以往从空间，从平面入手的常规的设计课流程，在充分了解了材料特性的基础上，我们引导学生运用自己在材料研究中的成果展开设计练习。抛开对总体的把握，从局部的建造开始，让学生动手进行"搭建游戏"，探索有趣的搭建方式，探索如何创新地运用材料构建空间。这种材料先行，搭建先行的切入设计的方式，弱化了其他条件对建筑的影响，让学生聚焦在模型

---

① Annette Spiro，Friederike Kluge. How to Begin?——Architecture and Construction in Annette Spiro's First-year Course [M]. ETH Zurich：gta publishers，2019.

试验上，用手思考，而不用之前的设计经验预设结果。一方面在初始阶段，学生常常会找不到方向，因为这种先局部后整体的设计方式和他们已经习惯的设计方法完全不同。另一方面，在用材料不断探索四处碰壁一段时间后，某个阶段，学生会拿出自己都意想不到的搭建模型。我们会帮助学生筛选合理的、有发展前景的模型作为设计的起点，在后续的设计中将这个局部模型作为结构原型或空间单元，发展出整个建筑的秩序。

为了充分发挥材料建构在方案设计中的推动作用，在任务书的安排上我们对其他条件进行了比较宽松的设置，控制规模，选取较为容易布置的功能，以及条件宽松的场地。在由模型单元发展出来的空间秩序大体确定后，再介入功能流线的梳理，对方案进行调整。最后是封闭边界，完成方案，选择发挥材料特性凸显空间特点的节点进行深化（图6～图9）。

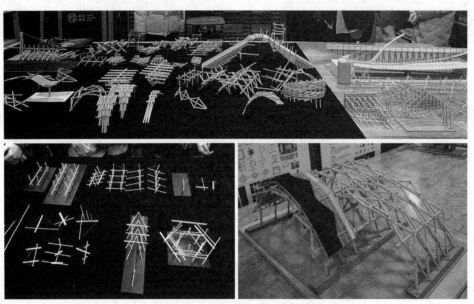

图6 课堂照片：探索木材搭建如何形成空间

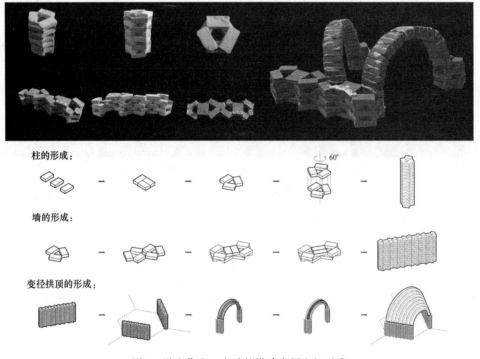

图7 学生作业：由砖的搭建发展空间秩序

图 8　学生作业：木构建筑完成方案

图 9　学生作业：砖构建筑完成方案

3　结语

本课程区别于传统设计课程中从功能出发，从平面出发的常规设计流程，突出对材料和建构的关注，从材料的建构出发，用模型搭建，试错探索空间的起点。不追求全面的建筑训练而在某一种材料上研究发力，追求以材料研究为起点的深入的有特点的设计过程。大量运用模型搭建，模拟建造体验，用动手操作代替图面思考，让具体的搭建结果引导材料的认知和设计推动，逐渐发展出自己无法预设的设计成果。

主要参考文献

[1]　Annette Spiro, Friederike Kluge.　How to Begin?——Architecture and Construction in Annette Spiro's First-year Course［M］. ETH Zurich：GTA Publishers，2019.

[2]　顾大庆，柏庭卫. 空间、建构与设计［M］. 北京：中国建筑工业出版社，2011.

顾贤光　张一兵　马全明

中国矿业大学建筑与设计学院；guxgu2001@163.com

Gu Xianguang　Zhang Yibing　Ma Quanming

School of Architecture and Design, China University of Mining and Technology

建筑技术深度融合高年级专题型设计课的教学研究与实践

——以低碳通风导向下的综合体建筑设计教学为例

Teaching Research and Practice of Architectural Technology Deep Integration of Senior Design Special Courses

——Taking the Teaching of Complex Building Design under the Guidance of Low-carbon Ventilation as an Example

摘　要：国内传统的建筑设计类课程与建筑技术类课程壁垒分明，相互融合存在不足。在当下追求高品质、高性能设计的导向下，在已具备相应建筑技术知识和设计能力的建筑学高年级学生中开展技术与设计的融合教学工作，是可行的，也是非常必要的。本文以低碳通风技术为例，在理顺综合体建筑功能流线的基础上，通过"场地风环境—形体风环境—室内风环境"三个维度，把自然通风技术深度融合到综合体建筑的场地设计、形态设计和空间设计中来，借助小型风洞实验和风环境模拟软件，指导学生对草图方案和工作模型进行多方案比较和推敲，选取最优的设计方案。在整个教学过程中，把技术融合设计的理念贯穿到整个设计方案的生成过程当中，这将会对培养创新型建筑设计人才起到至关重要的作用。

关键词：低碳通风；综合体建筑；建筑设计课；教学研究

Abstract：The traditional architectural design courses and architectural technology courses have clear barriers, and there is a shortage of mutual integration. Under the guidance of the current pursuit of higher design quality and better design performance, it is very feasible and necessary to carry out the integrated teaching of technology and design among senior architectural students who already have the corresponding architectural technical knowledge and design ability. In this paper, taking low-carbon ventilation technology as an example, on the basis of straightening out the functional streamline of the complex building, through the three dimensions of "site wind environment-body wind environment-indoor wind environment", the natural ventilation technology is deeply integrated into the complex. In the site design, form design and space design of the building, with the help of small wind tunnel experiments and wind environment simulation software, students are guided to compare and scrutinize the sketch plans and working models, and select the optimal design plan. , the concept of technology integration design runs through the entire design process generation process, which will play a vital role in cultivating innovative architectural design talents.

Keywords：Low Carbon Ventilation；Complex Building；Architectural Design Course；Teaching and Research

1 技术深度融合设计的趋势和需求分析

中国高校建筑教育越来越细的学科分工不仅导致诸如建筑构造、建筑物理、建筑设备等技术课程之间缺乏有效的联系，也引发了技术课程与设计课程之间的脱节。一旦涉及技术问题，传统的设计教学基本依赖于教师的经验，"定性而不定量的表面化技术设计已经成为现代建筑教育的常态"；与此同时，传统的技术课程偏重普遍性原理而弱化操作。重道轻器的困境使得学生无法在设计中真正结合技术，加之对于概念、美学等问题的过度重视，使得最终成果更像是缺乏深度的概念设计，越发远离了建造与实践。

在当今追求高性能环境和高品质空间设计的时代，以往忽视技术整合的单纯空间设计教学和脱离设计应用的技术研究已然难以满足时代需求。在设计实践中，设计与技术之间的整合多少有一点，但也存在较大不足。如何在我们的教育教学中，让学生理解技术与设计相互融合的必要性和紧迫性，也需要让学生掌握如何定量的分析技术融合设计的整体性能，这是我们课程主要的教学目标。

城市综合体建筑设计是建筑学学生从简单建筑设计迈向复杂建筑设计的必修环节。其建筑规模体量大，流线复杂程度高，空间设计难度大。要想设计出一个优质成熟的设计方案，不仅需要考虑场地、形体和内部流线设计，还需要整合的各类建筑技术，如结构选型、构造材料、消防疏散、低碳通风、热工声光等。既要考虑全面，还要进行深度设计。本文选择顺应当下健康防疫和碳达峰、碳中和形势，从低碳通风的视角切入，让学生通过课程设计训练实现自然通风技术深度融合城市综合体建筑设计的教学目标。

2 低碳通风技术与综合体建筑设计的深度融合的教学方法

低碳通风，就是希望通过建筑的形体空间设计手段而非技术设备手段来改善场地的风环境。其主要形式包括风压通风和热压通风两种形式，是一种非常实用的被动式设计方法。合理的自然通风设计，既可有效降低用电能耗，又可提升空间环境的健康舒适程度，是当下及未来建筑设计中优先融合的建筑技术之一。

在自然通风技术与建筑设计融合方面，主要从"场地—形体—室内"三个维度进行深度设计，以期获得最佳的建筑设计方案。

2.1 教学内容一：场地风环境技术与综合体建筑设计的融合

场地风环境直接关系室外活动场地的环境品质。主要表现为夏季天气炎热，活动场地要有利于通风，风可将热量带走，减弱人们户外活动时的闷热感；冬季寒冷，寒风对于人在户外活动有非常大的影响，所以活动场地的风越弱越好。

由于城市综合体体量规模大，在场地布局时，要充分城市主导风向、周边环境、建筑群布局方式对场地风环境产生的影响。在规划设计城市综合体时，良好的场地建筑群通风可以减缓热岛效应、促进污染物的扩散、改善场地人行区空气品质、提升人体舒适度、增加建筑室内自然通风的潜力，进而增进人与自然的融入感。

2.2 教学内容二：形体风环境技术与综合体建筑设计的融合

良好的室外风环境对于增强室外人体舒适性、建筑节能、促进室外有害气体扩散等多方面具有重要意义。建筑的形体对于室外风环境具有重要影响，风环境模拟可以在建筑方案设计阶段帮助建筑师进行建筑的形体优化。与形体空间设计相关的风环境研究主要集中在中庭形状、开窗洞口大小、建筑朝向、建筑室内分隔多方面，主要想得出建筑形体的最佳通风朝向。

2.3 教学内容三：室内风环境技术与综合体建筑设计的融合

室内空气质量的好坏，直接关系到人体的健康。保持有效的自然通风，即可降低室内耗能，又可以提高舒适度，保证人体健康。

如何加强建筑师室内平面空间和竖向空间设计来改善室内风环境的定量分析支撑是室内风环境设计教学的主要目标。

3 低碳通风技术融合综合体建筑设计的教学实践

3.1 通风技术融合设计的教学过程（表1）

在课程教学准备和教学组织时，首先向学生明确教学目标，并安排相关的专题讲座来促进学生对"场地—形体—室内"风环境技术融合建筑设计的理解，在进行通风原理讲授和案例分析的基础上，让学生同步深入掌握相关模拟软件，探讨不同阶段的风环境模拟边界条件和参数的设置方法。

	场地设计	形体建构	空间营造
设计阶段	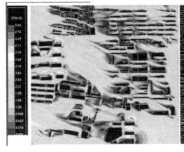		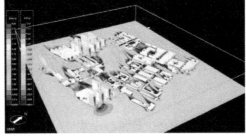
控制内容	控制建筑开口与城市主导风向的关系，建筑群间距	控制形体收分角度和通透度	设置合适的进出风口大小、位置
性能目标	控制人行区最大风速、风速标准差趋零化	拥有合适的迎风面积比、通风朝向	实现较为适宜的空气流速和换气次数

1) 场地风环境教学

借助基于 CFD 的通风模拟软件，对不同平面布局的建筑设计方案进行场地建筑群通风性能的定量模拟和比较分析，得出场地建筑群通风性能与平面布局之间的关联性。

评价标准：

场地内风环境应兼顾在夏季、过渡季节带走更多场地的热量，以及建筑实现自然通风的需要，因此，应尽量将夏季场地静风区面积比控制在较低水平。另外，场地内建筑组织应有一定的透风度，避免过于封闭，以免阻挡城市主要来风导致项目内部环境恶化。场地建筑的夏季主导风向迎风面积比要合理，确保有利于通风和排热的建筑空间形态。建筑群布局要有一定的离散度，如图1所示。

图 1 教学过程图示：场地风环境与建筑设计的推敲过程

2) 形体风环境教学

借助 CFD 通风模拟软件，对不同形体、不同架空率的建筑设计方案进行形体风环境自然通风性能的定量模拟和比较分析，得出不同迎风面积比与建筑形态之间的关联性，如图2所示。

评价标准：

《城市居住区热环境设计标准》JGJ 286—2013 定义迎风面积比为"迎风面积与最大可能迎风面积之比"，在建筑设计中，通过调节形体迎风面积比来实现高效的形体自然通风。

3) 室内风环境教学

借助 CFD 模拟软件，调节外窗开启扇洞口面积比，进行室内风环境模拟，以标准层新风换气次数为评价指标。优良的室内自然通风有利于室内污浊气体与室外新鲜空气的置换、有利于过热季节的通风降温，进而提升人的体感舒适度、增进人与自然的融入感，如图3所示。

评价标准：

在水平通风方面，要有一定的可穿越通风空间，缓解建筑队场地风的阻隔作用。在竖向通风方面，利用热压通风原理，合理布置不同形状和规模的中庭、天井、拔风井等拔风空间，促进室内自然通风。

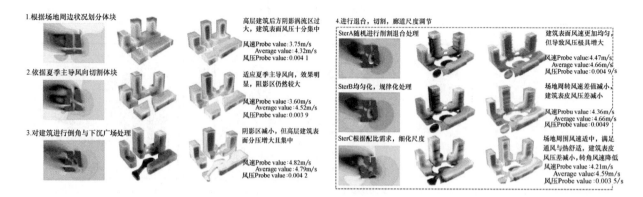

图 2　教学过程图示：形体风环境与建筑设计融合推敲过程图示

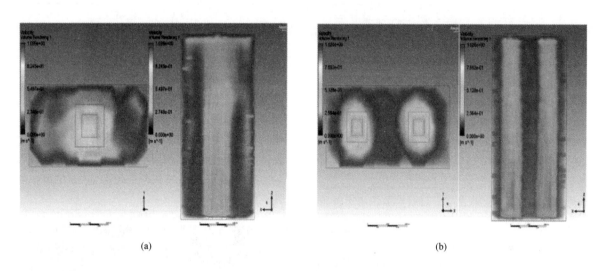

(a)　　　　　　　　　　　　　　　(b)

图 3　教学过程图示：室内空间风环境与建筑设计的推敲过程图示
（a）核心筒单中庭所产生的竖向热压通风效果；（b）核心筒双中庭所产生的竖向热压通风效果

3.2　通风技术融合设计的教学成果

在整个设计课程的教学过程中，各组同学积极性很高，主动采用多个模拟软件来进行风环境模拟，相互验证模拟结果的准确性。

在教学成果的产出方面，专题化设计研究只是整个城市综合体建筑设计的一部分。其他图纸内容还包括场地总图设计及前期分析，裙房及标准层平面设计，地下空间（含地库）各层平面设计，主要剖面、剖透视设计，各类建筑效果图及立面设计等相应的建筑图纸和方案成果模型。整个教学过程历时 96 学时，包含场地设计、建筑设计、地下空间设计及专题分析四大板块。整个设计过程强调设计思维逻辑的可行性，关注设计综合表现和表达方式，以及专题设计的深化程度。风环境技术与设计融合专题有关风环境的成果图纸，如图 4

所示。

4　结语

通过建筑设计与技术设计融合教学实践，相比普通教学模式，总结如下。

1）建筑设计教学从传统的"建筑类型"教学模式转变为性能导向的技术与设计相融合的教学模式，使得学生对设计的理解更加深入，完成的设计作品更能与时俱进，有助于提高学生建筑设计的综合素质，有助于培养学生正确的建筑设计观念。

2）相关技术专题讲座教师需要精心准备，课题组在组织教学前应该召开研讨会，确定专题化方向，必要时可校企合作，强化指导团队力量。设计方向的老师往技术上靠近一些，技术方向的老师应往设计实践方向靠近一些，实现双向融合。

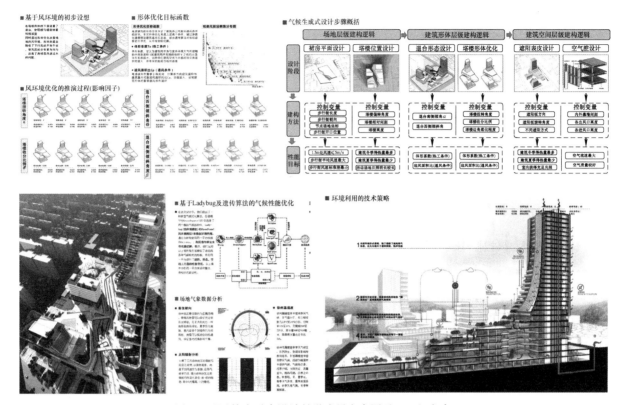

图4 通风技术融合设计教学成果方案图示（一组方案）

通过建筑设计与技术设计融合教学实践，我们也发现一些不足之处：①各种技术融合建筑设计，涉及的各类模拟软件太多，这对学生来说，负担很大，目前还缺乏一款能整合各种建筑性能的模拟软件。②作为设计课程教学，适合选取少量技术进行专题化的深入研究，不宜贪多。

主要参考文献

［1］ 清华大学建筑学院，住房和城乡建设部科技与产业化发展中心，中国建筑设计研究院有限公司，清华大学建筑设计研究院有限公司. 绿色公共建筑的气候适应机理研究［M］. 北京：中国建筑工业出版社，2021.

［2］ 唐丽，杨晓林，张榕珍. 高年级建筑设计课引入建筑技术关键环节教学模式探讨［J］. 中外建筑，2012（3）：93-94.

［3］ 谢振宇. 以设计深化为目的专题整合的设计教学探索——同济大学建系3年级城市综合体"长题"教学设计［J］. 建筑学报，2014（8）：92-96.

［4］ 张群，王芳，成辉，刘加平. 绿色建筑设计教学的探索与实践［J］. 建筑学报，2014（8）：102-106.

［5］ 郭瑞芳. 建筑设计与建筑技术课程整合的教学模式探讨［J］. 聊城大学学报（自然科学版），2015，28（4）：94-97.

［6］ 刘少瑜. 香港大学建筑"技术"与"设计"结合课程教学经验［J］. 时代建筑，1997（4）：59-60.

林涛　沈苏怡　段成璧

中国矿业大学建筑与设计学院；1178842167@qq.com

Lin Tao　Shen Suyi　Duan Chengbi

School of Architecture and Design，China University of Mining and Technology

基于数字找形技术的壳体结构平面化设计和建造策略
Design and Construction Strategies for Planarisation of Shell Structures based on Digital Form-finding Technology

摘　要：当代数字技术的发展，使得壳体结构在材料、形态和建造方式上都有了较大突破。参数化设计加速着性能化结构新形式的不断涌现，如何设计并建造复杂曲面空间结构成为当下的研究热点。当今，不少学者研究并实践了传统编织、插接的手工技艺与数字化技术结合来实现复杂结构形态的建造。同时，在以自由形态为特征的各种空间结构设计中，如何降低建造难度，兼顾经济性和高效性，成为设计师们追求的目标。本文聚焦壳体结构在数字化时代的新形式，讨论了如何利用参数化辅助设计和数控加工技术来实现壳体结构的平面化设计和制造策略，采用细分平面拟合空间曲面的方法，参考"指接"连接技术，论述了壳体结构从找形到建造的全过程，内容涵盖找形设计、平面细分、拼装建造等方面，并展示了具体的设计逻辑及算法实现，为壳体结构的设计和建造提供了新的思路。

关键词：壳体结构；结构找形；网格细分；曲面拟合；数控建造

Abstract：The development of contemporary digital technology has led to a major breakthrough in materials, forms and construction methods for shell structures. Parametric design has accelerated the emergence of new forms of performance-based structures, and how to design and build complex curved spatial structures has become a current research hotspot. Today, many scholars have studied and practised the combination of traditional weaving and joining techniques with digital technology to achieve complex structural forms. At the same time, in the design of various spatial structures characterised by freeform forms, it has become a goal for designers to reduce the difficulty of construction and to balance economy and efficiency. This paper focuses on the new forms of shell structures in the digital age and discusses how to use parametric aided design and CNC machining technology to realise flat design and manufacturing strategies for shell structures, using the method of subdividing planes to fit spatial surfaces and referring to the "finger joint" connection technology. The design logic and algorithm implementation are shown, providing new ideas for the design and construction of shell structures.

Keywords：Shell Structures；Form-Finding；Mesh Subdivision；Surface Fitting；Digital Fabrication

1 壳体结构起源与发展

壳体结构就是一种典型的形抵抗结构，"形抵抗结构"就是把材料做成某种形态，并以这种形态来求得强度，以达到抵抗荷载目的。薄壳结构能取得承载能力的表现形式是曲面，结构效能的发挥得益于曲面的曲率和几何特征。远在古罗马时期便有砖石砌体相互挤压成拱券结构。之后，穹顶空间形态得到进一步开发。西方有罗马万神庙穹顶，西班牙加泰罗尼亚拱顶，英国伦敦国王大学扇形穹顶，我国古代墓室亦有用砖砌薄壳作顶盖（图1）。

图1 壳体结构早期应用（从左到右为：古罗马拱券结构、万神庙穹顶、圣玛丽亚大教堂拱顶）

受当时建筑材料及技术手段所限，壳体屋顶多为石材，较为厚实，但是仍达到较大跨度，表现出不凡的建筑形态与力量感。随着工业化进程的推进和技术进步及新建筑材料的应用，壳体结构向着形态更轻、构造更合理、用料更节约等方向不断发展。许多形态浓郁的壳体建筑应运而生，例如霍奇米洛克餐厅和罗马小体育宫（图2）。

(a) (b)

图2 壳体结构的进一步发展
（a）霍奇米洛克餐厅；（b）罗马小体育宫

2 壳体结构的找形方法

在计算机辅助设计尚未普及的时代，从建筑师角度出发，符合结构性能的找形工作可以大致总结为以下三种：结合弯矩图的找形、基于图解静力学方法的找形以及模型实验的找形。

随着计算机技术和参数化技术应用于建筑专业，目前已出现了使用计算机以力学计算为基础的复杂形态找形与分析软件。数字化时代结构找形方法有力密度法、物理力学模拟法、拓扑结构优化法和推力网格分析法。

其中物理力学模拟法是建立在粒子—弹簧系统基础上，使结构物理计算简单化，可协助建筑师模拟出复杂力学环境状况，并提供找形合理的力学依据与结构参照。RhinoVAULT 和 Kangaroo 这两款软件的运算逻辑均以有关结构找形理论为依据，根据所设初始条件和元素间的相互关系，在该软件中运行程序即可获得直观的运算结果，其结果可由 Rhino 软件产生形态向用户及时地反馈。

3 壳体结构的建造方法

在计算机辅助设计（CAD）尚未得到推广的时代，由于壳体结构受力的复杂性，设计中常需借助于模型的验证与推敲。在数字化技术不断发展的今天，图解静力学和计算机技术相结合为结构形式的探索带来了更为宽广的天地。数字化找形设计方法正是基于这一背景应运而生。在具体施工时，因数控建造技术的进步，打破了结构构件的形态局限，在现代数控施工技术中曲面施工主要有如下3种方式。

3.1 异形模板浇筑

异形模板浇筑法是指利用数字技术对异形模板进行定制，比如热线锯切割曲面。然后利用可塑材料进行自由曲面形态的浇筑。这一做法一般需大量支模作业，而且复杂曲面对于脚手架及模板空间定位精度有很高要求需高技术设备及专业技术人员（图3）。

图3 台中歌剧院施工过程

3.2 机械臂增材打印

以 3D 打印为代表的快速成型技术属增材建造范畴，与减材建造数控切割技术相比，建造自由度更大。这一技术可以实现自动化建造并且成型能力强，可以完成较复杂曲面的施工，在最近几年得到了非常快速的发展，例如机器人层积打印和机器人空间打印技术。扎哈·哈迪德建筑事务所在 2021 年的威尼斯国际建筑双年展中，设计了一座名为 Striatus 的拱形砖桥（图4），该人行天桥由 3D 打印的预制混凝土板组装而成。

图 4　扎哈·哈迪德建筑事务所 Striatus

（a）建成效果；（b）3d 打印混凝土的过程

3.3　平面构件拟合

本方法通过将建造对象拆分成多个平面构件，采用激光切割机、CNC 数控切割机和机械臂等数字化加工设备直接对构件进行处理，然后组装拼接。CNC 数控切割机及激光切割机则能提供一种比较小型化异形构件的加工方法。通过对整块板材使用切割机按照推导出的图纸切割就能获得比较小的板片构件了，这类装置在设计院校及设计原型探索时十分普遍。数控切割机仅能在平面上对板材进行切割，机械臂对切割刀具进行夹持可实现三维洗切技术（图 5）。

图 5　Landesgartenschau Exhibition Hall，2014

4　国内外相关研究

近年来，伴随着参数化设计与数字建造的蓬勃兴起，许多学者开始对新材料与新技术发展背景下创新型建筑结构形式进行研究，并不断发掘曲面形态多样性与艺术潜力以塑造出充满趣味性的构筑物或建筑空间原型。

2017 年同济大学主办的上海数字未来暑期工作营期间，德国达姆施塔特工业大学王祥博士引导学生使用 1mm 超薄板材制做出 6m×8m 大尺寸壳体结构展亭（图 6）。这个展亭有 179 件组件，整个建造过程只需约 2h。王祥博士试图以超薄板材为研究对象，对其进行了

图 6　超薄纸板细胞化腔体结构的大型实验性展亭

新的细胞化腔结构体系验证，通过对该结构体系所建立的逻辑进行分析，结合大型展亭设计说明了空间离散结构与壳体结构参数化设计的几何设计技术及有关程序的实现。

5　设计过程

设计的流程主要分为以下 3 步：首先，数字化找形，获得三维壳体结构的造型；其次，利用"网格处理工具" Ngon，获得主体平板构件和连接构件；最后，使用布板工具 OpenNest 对构件进行排布和标记。

5.1　壳体找形

为了确定壳体结构的形态，我们用到了 Kangaroo 2 插件。Kangaroo 2 是 Grasshopper 的插件，基于粒子系统进行动力学模拟。Kangaroo 软件通过粒子系统来模拟现实世界中物体的运动，通过模型中的物体施加约束与设置作用力来引导形态的生形。

使用 Kangaroo2 模拟找形的流程为：

1）确定初始平面形态：杆、柱、索等线性构件用线段表示，膜用网格表示。

2）施加作用力：Load 重力运算器——将力作用于网格的顶点，Length 弹力运算器——为线段赋予弹力。

3）设定锚固点：Anchor 运算器——确定了结构体系的边缘支撑条件。

4）动力学模拟：主运算器 Solver 会根据输入条件模拟初始形体受力，从而完成找形。

除了使用 Kangaroo2，还可以使用 RhinoVAULT 2 插件来进行壳体找形。与 RhinoVAULT 2 不同，Rhino-VAULT 2 的计算实现不再依赖 Rhino。它完全基于 python 框架，适用于 Rhino 和 Grasshopper。由于我们测试的壳体形态的初始条件比较明确，本文用 Rhino-VAULT 2 来阐述形态找形机制。其操作流程（图 7）如下。

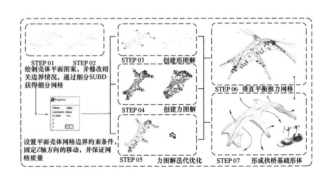

图 7　RhinoVAULT2 壳体找形过程

1）绘制平面形态，需要注意的是 RhinoVAULT2 只能处理未修剪过的平面。然后对确定的平面形态进行网格化处理，得到平面网格。

2）设置边界条件：边界形状、支撑点的选择、平面中开口的大小和位置等。

3）创建形图解与力图解，可以通过改变图形中节点的分布，并进行平滑处理，得到相互对应的形图解与力图解。

4）水平力平衡运算：根据软件提示分别操作形图解和力图解生成不同的几何形态，确保图解中的节点和网格线都处于平衡状态。

5）垂直平衡计算，得到最后的形态。

5.2 网格细分

在确定好壳体结构的空间形态后，接下来使用 Ngon 插件对壳体进行网格细分。Ngon 是一款 Grasshopper 的插件，主要用于网格的分析和处理。它包含以下几个板块：CREATE NGON（创建 NGON）、SUBDIVDE（细分）、VERTE/EDGE/FACE（网格要素：点、线、面）、TRANFORM（变换）、PLANARIZE（平面化处理）、POLYGON（多边形处理）、MESH UNTILITY（网格工具）、RICIPRICAL（互承结构）。

根据已有的三维壳体结构，首先在 Ngon-Subdivide 工具列中选择分割网格的方式。其中包含了各种形式的网格细分，有三角形、四边形、六边形等形式。本案例中采用四边形网格划分形式 QuadDivide。考虑到板材的厚度，需要对网格进行偏移，偏移量即为板材厚度。Extrude Edges 运算器将多边形网格的边缘线沿着其法线方向偏移，这里需要注意对多边形网格进行组合，如图 8（a）所示；OffsetMesh 运算器则是将整个多边形网格面偏移一定距离。经过网格细分和偏移后的壳体结构，如图 8（b）所示。

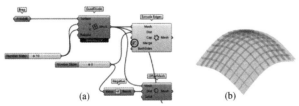

图 8 网格离散化和偏移处理
（a）电池；（b）数字模型

5.3 网格平面化

为了实现在数控机床上的平板化生产，网格化后的整体必须进行离散处理，我们可以借助 Ngon 插件对网格壳体进行条幅式离散。NGon 平面化处理的方式是通过取网格顶点坐标的平均值和三角面法线的平均值来计算的，将其轮廓投影到多边形网格平面来获得平面网格。我们将上一步中 Extrude Edges 运算器输出的 Mesh 输入到 Planariza2 运算器中对应的 Mesh 端口。在 Iterations 端输入 1000 的值。组合上下两层的多边形网格连接到 AdjustMeshVertics 运算器输入端的 MeshA，根据参照的 MeshB 网格顶点位置，进行网格顶点的位置调整，获得新的 MeshA。然后再经过 Planariza2 运算器的平面化投影处理，由投影函数获得的与平面最接近的点，重构得到平面多边形。最后，我们利用一组 Mesh 网格检测运算器，如图 9 所示，证明经过 Planariza2 运算器处理的两组网格均为平面四边形网格。

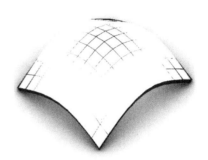

图 9 网格平面化处理后的结果

5.4 连接节点设计

接下来需要创建相邻平板构件的连接构件（图 10）。垂直于网格边缘的连接相较其他角度，在传递荷载方面表现较好，因此我们决定采用垂直网格边缘的连接方式。连接构件的方向取决于网格边缘方向和相邻网格面的法向量之和，RecipricalEdges 运算器可以按照平均法线旋转网格边缘。我们将上一步获得的平面化网格面板输入，输出端会获得两倍数量的平面曲线。接着对数据进行分组，获得两组上下一一对应的平面曲线，再取两组曲线之间的平均曲线。然后运行 Ngon—LineExtrude 运算器，将曲线沿着法线方向挤出一定距离，获得连接构件的平面。这里输入端 Dist 的值建议为负

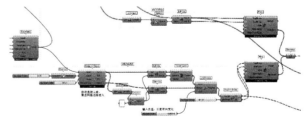

图 10 连接构件的创建

值，这样中心曲线会双向挤出长度。接下来需要根据板材的厚度，对连接构件进行偏移，这时应在 Polyline-Move 运算器的 Distance 输入端输入板材厚度的一半。

5.5 构件平面展开

主体平面构件的创建相对简单，我们只需对前面已创建的壳体结构的两层网格边线进行数据处理，获得主体平面构件上下对应的两组边线。接下来，我们要把主体平面构件和连接构件转换成 Ngon 的构件。以连接构件为例，将 PolylineMove 运算器中获得的两组边框线分别接入 Ngon-Plate 运算器，输出连接构件（图 11）。同理，输出主体平面构件。最后运用 Ngon-Solver 运算器对两者进行布尔差集运算，从而得到开槽后的主体构件和连接构件，如图 12 所示。

图 11 构件的获取与布尔差集运算

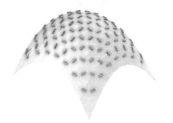

图 12 平面构件搭接效果

5.6 数控切割构件

最后，为了实现在数控机床上的平板化生产，我们需要借助 OpenNest 插件来对平面构件进行排版和编号。具体的做法为使用 OpenNest 插件中的 Pack Objects 运算器将平板曲线轮廓一一对应地投影到水平面上，设置好切割模板的尺寸、构件间隙，即可获得排列有序的平面构件图。

分散网格壳体后得到的是若干个平面四边网格单元，为了方便后期加工和组装，我们需要对构件进行编号，将平面构件设置为 A 组，连接构件设置为 B 组，序号刻在面板中心。以 A 组编号为例，首先提取平面构件的一组边框线，利用 Ngon-FromPolylines 生成 Mesh 面，通过 Ngon Centers 运算器确定 Mesh 面的中心和所在平面，从而确定文字序号的位置。然后在平面中心生成 A0 到 An-1（n 为构件总数）等差数列的编号，最后

将编号转换到平铺的平板上（图 13）。这样数控机床就根据排版好构件进行精准切割。

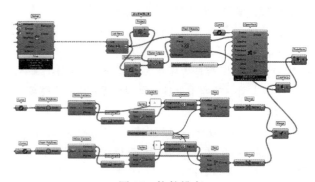

图 13 构件排布

6 实体模型阶段

激光切割机所能加工的面板尺寸最大为 600mm×900mm，因此实验模型的规模相对较小，约为长宽高。材料采用性价比较高的椴木板。在实体搭接的过程中，由于激光切割构件的实际尺寸与设计尺寸有一定的误差，从而主体构件与连接构件之间有细微的空隙（图14）。如果想要无缝衔接，需要借助机器人木材切割铣削工艺来确保每个构件的几何精度。

图 14 实体搭接小模型

7 结语

本文讨论了壳体结构的平面化设计和建造方法，利用参数化设计工具和数控加工技术，展示了壳体结构从找形设计、平面细分到拼装建造的全过程，并详细介绍了其中的设计逻辑及程序实现，为壳体结构的设计和建造提供了新的思路。在复杂壳体结构的制作当中，考虑经济性和工艺性等因素的制约，通过参数化设计与 CNC 加工技术的紧密结合进行曲面还原，是一个行之有效的成本可控的制作方法。

图片来源

图 1～图 5 来源于教学资料，图 6 来源于公众号 FabUnion，图 7～图 13 来源于作者自绘，图 14 来源于

作者自摄。

主要参考文献

［1］ 宋婧雯. 基于投影铸型的自由曲面建筑形态参数化设计研究［D］. 济南：山东建筑大学，2021.

［2］ 施立阳. 复杂边界条件下壳体形态的生成机理研究［D］. 广州：华南理工大学，2020.

［3］ 吴承霖. 编织结构自由曲面空间网壳设计与建造［D］. 北京：清华大学，2019.

［4］ 苏朝浩，王俊聪，陈庆军，邓能涛，王子安. 大型极小曲面壳体数字化建造［J］. 南方建筑，2021（5）：86-93.

［5］ 唐一伦. 基于结构性能的建筑曲面生形研究［D］. 天津：天津大学，2019.

［6］ 杨阳. 建筑设计中的复杂曲面形态实现方法研究［D］. 哈尔滨：哈尔滨工业大学，2013.

［7］ 孟宪川. 基于弯矩图的建筑设计方法［J］. 建筑学报，2019（6）：84-89.

［8］ 沈周娅. 图解静力学结合参数化在自由形式设计中的应用［D］. 南京：南京大学，2013.

［9］ 托尼·阔特尼克，约瑟夫·施瓦茨，汪弢，海因茨·伊斯勒的建筑［J］. 时代建筑，2013（5）：62-67.

［10］ 菲利普·布洛克，汤姆·范·弥勒，马赛厄斯·瑞普曼，王祥. 探索形与力：数字时代的图解静力学［J］. 建筑学报，2017（11）：14-19.

［11］ Lina Vestarte, Petras Vestartas, Romualdas Kucinskas. Corrugated Cardboard Shell——A Pavilion Project of An Architectural Workshop［Z］，2019.

李慧莉　王津红　丁晓博

大连理工大学建筑与艺术学院；apple_926@126.com

Li Huili　Wang Jinhong　Ding Xiaobo

School of Architecture and Fine Art，Dalian University of Technology

数字技术课程体系下的参数化建构专题实验
Thematic Experimental of Parametric Construction in the Digital Technology Course System

摘　要：建筑参数化设计使得数据可以通过清晰的可视化方式直接参与建筑创作，在建筑学教育中日益受到重视，学院的参数化设计相关课程进行了多年的改革与建设，从理论系统到软件操作，再到指导课程设计已经初步形成一定的体系。结合学院整体建筑学教学体系与数字技术的教学改革需求，在新的培养方案调整之际，将参数化专题列为小学期的集中式授课课程，以类似工作坊的工作学习方式，在小学期的集中授课期间，快速完成一类参数化设计及建造的尝试并以1：3和1：1两种尺度来进行表达，专题设计的形式具有较好的实践效果。

关键词：数字技术；数化建构；专题设计

Abstract：Parametric design for architecture majors allows data to be directly involved in the creation of buildings through clear visualization, which is gaining more and more attention in architecture education. In conjunction with the overall architecture teaching system of the college and the needs of digital technology teaching reform，in the new training program adjustment，the parametric topic is included in the primary school intensive lecture course，in the form of thematic design and workshop-like work learning mode，during the primary school intensive lecture，quickly complete a class of parametric design and construction attempts and demonstrate the final results in 1：3 and 1：1 scale. We found that the format of the thematic design had a good practical effect.

Keywords：Digital Technology；Parametric Construction；Thematic Design

1　大连理工大学建筑数字技术课程体系简介

计算机技术对建筑设计的影响极为深刻。20世纪末以来，数字技术不断发展并且与建筑设计的深度结合，正在方方面面深刻地改变着建筑设计，在设计的推敲、建模、表达等各个阶段运用到的一种方法和手段，也常被称为建筑数字化设计，涉及的内容广泛，因此在教学的过程中，长期处于一种相对比较分散的形式，在理论类授课、设计类指导中以及实践类的搭建中都多处涉及。基于对数字技术需求的不断提高，教学中的体系化系统化也亟待改革，学院数字技术类课程通过几年的调整，已经形成了从基础到应用再到操作的相对完整的系统。

1.1　一至三年级数字技术类课程

学院共开设建筑数字技术课程5门，分别于本科一至三年级完成（图1），本科一年级从基本的计算机辅助设计基础开始，学习计算机辅助设计的相关知识，并学习 Cad 及 Rhino 软件的基本操作。

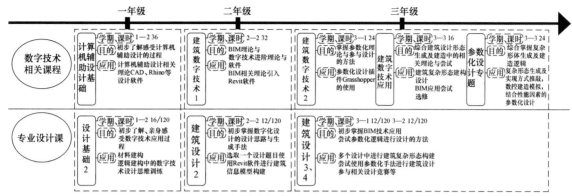

一年级　　　二年级　　　三年级

数字技术相关课程

计算机辅助设计基础
[学期、课时] 1—2 36
[目的] 初步了解感受计算机辅助设计的过程
[应用] 计算机辅助设计相关理论CAD、Rhino等设计软件

建筑数字技术1
[学期、课时] 2—2 32
[目的] BIM理论与数字技术进阶理论与软件
[应用] BIM相关理论引入Revit软件

建筑数字技术2
[学期、课时] 3—1 24
[目的] 掌握参数化理论与设计的方法
[应用] 参数化设计插件Grasshopper的使用

建筑数字技术应用
[学期、课时] 3—3 16
[目的] 综合建筑设计形态生成及建造中的相关理论与尝试
[应用] 建筑复杂形态建构设计BIM应用尝试选修

参数化设计专题
[学期、课时] 3—3 24
[目的] 综合掌握复杂形体生成及建造逻辑
[应用] 复杂形态生成及实现方式推敲，数控建造模拟，结合性能因素的参数化设计

专业设计课

设计基础2
[学期、课时] 1—2 16/120
[目的] 初步了解、亲身感受数字技术应用过程
[应用] 材料建构逻辑建构中的数字技术设计思维训练

建筑设计2
[学期、课时] 2—2 12/120
[目的] 初步掌握数字化设计的设计思路与生成手法
[应用] 选取一个课题目使用Revit软件进行建筑信息模型构建

建筑设计3、4
[学期、课时] 3—1 12/120　3—2 12/120
[目的] 初步掌握BIM技术应用尝试参数化逻辑进行设计的方法
[应用] 多个设计中进行建筑复杂形态建构尝试使用参数化手法进行建筑设计参与相关设计竞赛等

图1　一至三年级数字技术课程与设计类课程间的关系

对应设计类课程，在设计基础2课程中，结合材料建构课程的相关设计及搭建，尝试使用学习到的软件进行辅助性设计。

本科二年级建筑数字技术1课程逐步了解建筑数字技术相关理论，学习BIM相关知识，并掌握Revit软件的操作。结合设计课内容，在其中一个课题设计中，使用Revit软件进行建筑信息模型构建。

本科三年级集中设置了3门数字技术类课程，含必修课程2门，分别为数字技术2和参数化设计专题，以及1门选修课程建筑数字技术应用。在数字技术2中，重点介绍参数化设计的相关理论知识，并讲解Grasshopper插件的使用；数字技术应用以建筑复杂形体建构和BIM模型建构为主要训练内容，同时引入其他复杂形体建模软件的介绍。

在小学期，安排了参数化设计专题的课程，采用专题设计的形式。

1.2　高年级设计课中的数字技术应用

本科四年级之后不再开设专门的数字技术课程，但仍然在设计类课程中，结合不同的设计题目进行专门的指导，如结合大跨度建筑设计的设计题目，使用结构模拟软件进行形态与结构的推敲；本科五年级毕业设计环节在高层建筑设计、综合体设计等题目中，尝试使用参数化设计的综合要求进行形态、性能、流线等分析，尝试综合应用的训练，并尝试和土木工程结构专业的学生进行联合毕业设计，将结构测算和性能分析等融入数字化设计中去（图2）。

四年级　　　五年级

专业设计课

建筑设计5
[学期、课时] 4—1 12/120
[目的] 掌握数字化设计及建造在建筑结构及复杂形态生成中的利用
[应用] 大跨度建筑设计——复杂形态建筑结构及表皮建构

毕业设计
[学期、课时] 5—2 12/120
[目的] 复杂建筑中的综合应用
[应用] 高层建筑设计表皮设计综合体设计等类型中尝试应用

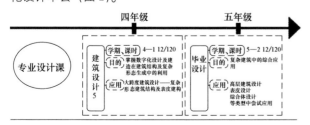

图2　四至五年级数字技术与设计课的关系

2　参数化设计专题课程

在本科三年级进行了集中的数字技术类课程讲授之后，于小学期集中周时间，设置参数化设计专题的课程，通过这一设置，将前3年的知识点贯穿起来，形成一次综合的训练。

2.1　以限定专题形式设置任务书

由于小学期时间相对集中，并且希望能够在完成后进行大尺度的搭建，于是采用单一专题设计，以类似工作坊的形式，选取某一种参数属性或参数进行专题性设计，如限定材料、指定结构形式等要求，从方案中进行选择分组，并逐步完成最终方案的筛选。要求应用Rhino和Grasshopper等参数化软件进行形态设计，将智能化建造与参数化设计进行有机融合。

每年针对不同的智能建造形式有针对性地进行题目设置，如首开课程时曾以自承重薄壳曲面空间为题，在建馆南侧草坪设计一个自承重结构曲面空间构筑物（图3）；该

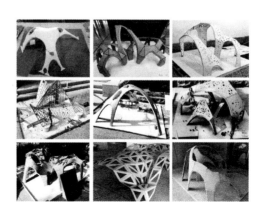

图3　部分过程及模型

125

专题以"薄板""自承重"为限定展开设计。最终以薄铝板为材料完成了近10m的跨度的自承重构筑物。

第二专题以机械臂直纹曲面加工方式为题，进行了建馆内部空间曲面设计，指定通道、壁挂等具体空间位置进行设计，并通过kuka机械臂智能热线加工平台进行了1∶1建造（图4）。

图4 部分过程及模型学生作业

第三专题曾以板材为主，以板片互承结构为主题进行的室外景观亭等设计，受疫情影响本次未能完成1∶1搭建任务（图5）。

图5 部分过程及学生作业

2.2 针对性训练对应的参数化设计要点

课程各个专题中，根据限定条件，分别有针对性地进行了设计要点的专项训练。

如在自承重结构中重点解决结构性能分析，以及加工测算等知识点内容的训练，要求学生掌握 Rhino、Grasshopper、Kangaroo，以及模拟分析软件 Inspire 等常用参数化设计软件的使用，尝试使用多样化的数字化结构生形算法来进行结构性能找形，同时根据场地情况和材料选择，解决材料的节点与地面的连接问题。通过分析重点解决的形态的设计、曲面的平面展开、材料节点交接关系、结构自支撑等多个问题，训练了Kangaroo袋鼠插件的使用，尝试通过受力模拟来设计全受压曲面。

通过软件 Inspire 的使用，可以模拟真实材料和受力下的结构稳定性，通过赋予真实材料，构建交接方式，附加风压等外力因素，通过模拟确定是否可以完成构筑物的自支撑（图6）。

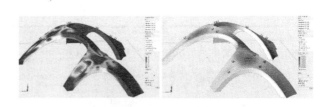

图6 使用 Inspire 软件进行模拟分析

在机械臂直纹曲面加工的专题中，加入了智能建造的尝试，重点针对 KUKA 机械臂的热线切割平台的使用展开，设计中强调形态的可加工性，同时，针对性强化了泡沫材料的材料体积计算及刀路与切割设计。同时针对加工平台使用中的加工限制进行了形态的优化（图7）。

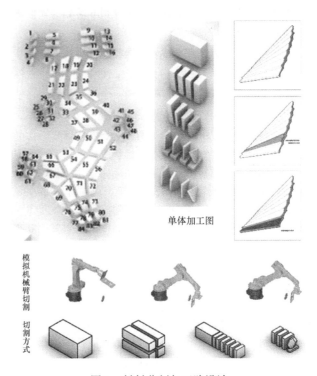

图7 材料分割与刀路设计

在板片互承主题的设计中，侧重强调了材料的属性以及加工结点的设计（图8）。

2.3 作品完成与搭建实施情况

通过集中专题练习，每次专题设计完成15～30组设计作品，并通过两轮的过程方案筛选，最终确定一半左右的作品进行1∶3的模型搭建，同时尽可能选择适合的作品完成1∶1的实体搭建（图9）。

通过热线切割的形式，利用正方体中3层热线切割创造出三组不同的建构模式。将不规则曲面等加工进行了有益的尝试（图10）。

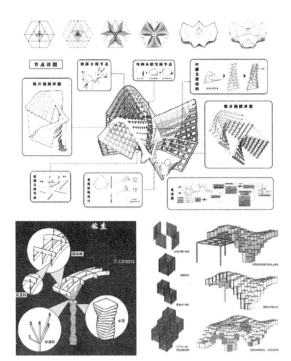

图8 板片节点设计

图9 专题设计作品献礼大连理工大学校
庆70周年1:1实体搭建

图10 热线切割加工平台1:1建构作品

3 结语

可以看出参数化建构技术在目前的建筑学教学中变得日益重要，需要掌握的内容范围广、难度相对较大，如何能够形成一定的体系并在有限的学时内实现理论与实际的融合，应做出更加大胆的尝试和变革。在逐步提高系统性和难度深度的同时，利用专题设计的形式，以相对集中的短期快速建构实验的方式，既能激发学生的热情，又能够在实际操作中加深对知识的掌握，在今后的参数化专题中，我们还会尝试更多样化的建构形式，逐步将各类知识点融会贯通。

主要参考文献

[1] 徐卫国，黄蔚欣，于雷. 清华大学数字建筑设计教学 [J]. 城市建筑，2015（28）：34-38.

[2] 袁烽，柴华，谢亿民. 走向数字时代的建筑结构性能化设计 [J]. 建筑学报，2017（11）：1-8.

[3] 由嘉欣. 当代中国数字化建构与建造转化研究 [J]. 城市建筑，2021，18（20）：109-111.

[4] 袁烽，柴华，朱蔚然. 实验建造共同体 [J]. 时代建筑，2019（6）：6-13.

刘启波[1] 侯全华[1] 余侃华[1] 胡振博[2] 杨雨丝[2]

1. 长安大学建筑学院；2311346290@qq.com

2. 广联达科技股份有限公司

Liu Qibo   Hou Quanhua   Yu Kanhua   Hu Zhenbo   Yang Yusi

1. School of Architecture，Chang'an University

2. Glodon Technology Company Limited

数字赋能

——建筑行业数字化转型下的建筑学专业课程体系建设研究 *

Digital Empowermen

——Research on the Curriculum System Construction of Architecture Specialty under the Digital Transformation of Construction Industry

摘　要：本研究基于建筑类人才培养特点和 OBE 教育理念，提出符合行业与专业发展方向的"数字赋能"下的新工科人才培养新模式。依托长安大学建筑学院与行业领先企业广联达科技股份有限公司的合作基础，双方共建"数智化"人才培养专业体系，开展新工科下的数字化设计方向培养。通过课程体系建设，以模块化植入方式培养数字化设计人才，建立校企产教融合机制，将智能建造的新技术与新技能贯穿于人才数字化设计能力培养全过程。

关键词：数字赋能；建筑学；课程体系建设

Abstract：Based on the training characteristics of architectural talents and OBE education concept，this research puts forward a new training mode of emerging engineering education talents under "digital empowerment" in line with the development direction of industry and specialty. Relying on the cooperation between the school of architecture of Chang'an University and Glodon Technology Company Limited，a leading enterprise in the industry，the two sides jointly build a "digital intelligence" talent training professional system and carry out the training of digital design under the new engineering department. Through the construction of curriculum system，cultivate digital design talents in the way of modular implantation，establish a school enterprise industry education integration mechanism，and run the new technology and skills of intelligent construction through the whole process of cultivating talents' digital design ability.

Keywords：Digital Empowerment；Architecture；Curriculum System Construction

1 引言

世界范围内新一轮的科技革命和产业变革以及席卷全球的新经济的蓬勃发展对工程教育的改革和发展提出了新的挑战，新工科建设的提出正是对这一挑战做出的积极回应。

* 项目支持：长安大学 2021 教育教学改革研究项目：建筑类专业"数智化"人才校企合作协同育人机制研究，2021 年第二批教育部产学研协同育人项目：公共建筑 BIM 正向设计和应用 VR 课程建设。

新工科建设的主要目标是主动布局、设置和建设服务国家战略、满足产业需求、面向未来发展的工程学科与专业，培养造就一批具有创新创业能力、跨界整合能力、高素质的各类交叉复合型卓越科技人才。《国务院办公厅关于深化产教融合的若干意见》（国办发〔2017〕95号）指出，深化高等教育改革，发挥企业重要主体作用，促进人才培养供应侧和产业需求侧结构要素全方位融合，培养大批高素质创新人才，为加快建设实体经济、科技创新、现代金融、人力资源协同发展的产业体系，增强产业核心竞争力，汇聚发展新动能提供有力支持。这对升级改造传统工科专业的视角提出了具体的要求，即必须基于产教融合的视角。

2 研究背景与基础

从全球层面看，数字经济的红利时代正在到来。从国家层面来看，数智化已经成为国家的战略方向。从行业层面看，2020年7月，住房和城乡建设部等13部门联合发布《关于推动智能建造与建筑工业化协同发展的指导意见》（建市〔2020〕60号），明确要围绕建筑业高质量发展总体目标，以大力发展建筑工业化为载体，以数字化、智能化升级为动力，形成涵盖科研、设计、生产加工、施工装配、运营等全产业链融合一体的智能建造产业体系。

建设领域中建筑信息模型（BIM）、城市信息模型（CIM）、景观信息模型（LIM）、虚拟现实、人工智能、大数据等技术的应用带来了新的设计与建造方式，拓展了建筑类专业的边界，也给建筑类专业的数字技术教育带来了新的挑战。面对数字技术发展对建筑教育带来的机遇和挑战，如何应对、如何拓展和变革建筑学专业的数字技术教育课程体系，成为建筑教育工作者和研究者必须思考和回答的问题。

广联达科技股份有限公司（后简称广联达）立足建筑产业，围绕工程项目的全生命周期，提供以建设工程领域专业应用为核心基础支撑，以产业大数据、产业新金融等为增值服务的数字建筑平台服务商。广联达现拥有员工8000余人，在针对项目全生命周期的BIM解决方案、云计算、大数据、物联网、移动应用，以及管理业务技术平台方面，均有深厚积累，以"数字建筑"为引领，持续助力建筑产业的转型升级。

长安大学建筑学院目前在数字化课程方面已经与广联达科技股份有限公司开展了多项合作，包括已经完成的校级虚拟仿真实验教学项目《医疗建筑流线设计数字场景重现虚拟仿真实验教学项目》，该实验通过引入BIM＋VR技术，对教学体系内容进行重构，把医疗建筑

流线设计模块（人流、物流）进行三维空间实体化建模，利用其沉浸性、构想性和交互性的特征，虚拟出特定的现实环境，实现流线动态可视化效果，与虚拟环境产生互动，并获取直接信息反馈，做设计时，实现"所见即所得"，提高设计能力（图1）。还有正在进行的2021教育部产学合作协同育人项目《公共建筑BIM正向设计与应用VR课程建设》，该项目通过BIM正向设计和VR技术在课程中的应用，对教学体系内容进行重构，通过可视化的场景和虚拟体验，模拟完整的建筑设计工作过程，在低年级阶段为学生建立正确、全面的设计概念；引导学生正确理解公共建筑设计的逻辑思维过程，理清主要设计问题；培养学生主动解决设计问题的意识和能力，从而为今后的设计学习建立专业系统化和协同化的概念（图2）。

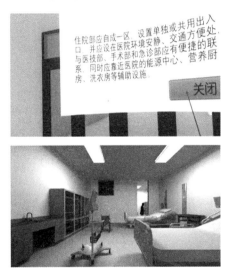

图1 医疗建筑流线设计数字场景重现虚拟仿真实验教学项目模型示意图

图2 公共建筑BIM正向设计与应用VR课程系统示意图

3 基于数字技术的建筑学专业课程体系建设

3.1 以"产学研"合作教育推动专业转型升级

与传统工科专业产学合作教育不同的是，新工科专业产学研合作教育强调合作对象的代表性、教育内容的前沿性，并加强与产业研究院所的合作。长安大学建筑学院的合作对象广联达科技股份有限公司是建筑行业新产业的代表性企业，具备新产业的特征，在业内处于引领地位，符合新工科专业教育的要求。与广联达的合作教育内容面向前沿，真实地反映了新建筑产业当前的发展状况和未来的发展趋势，有利于新工科专业人才能力和素质的培养。同时，依托广联达雄厚的科研力量，加强与其科研合作，对新建筑产业的未来发展，双方开展深入的研究并积累相关的资料信息，为新工科人才培养起到支撑作用。

建筑学专业作为行业龙头专业，是数字转型的生力军，但是传统的专业教育是存在一定滞后性的。科学研究和工程实践领域的发展需要已经远远超出传统的建筑教育所定义的人才的知识、能力和素质的标准。广联达公司推出的"BIM一体化教学解决方案"，以建设工程全生命周期 BIM 应用为核心，以 BIM、BIMVR、仿真等新技术辅助，融合产学研、校企合作、开放办学等产业链要素，围绕多专业全模块展开建设，可以根据建筑类专业群及专业建设的需求，形成可分可合的培养体系，即围绕数字化设计人才专门开展和搭建平台。

3.2 夯实建筑学专业特色"数智"学科专业基础，建设推动学科交叉的公共平台

传统建筑学科知识是工业时代的产物，精细化、专业化和学科化极大地促进了学生知识的进步和对于世界的精细认知，但也导致学科专业壁垒，制约了跨学科的综合协同。需要对现有学科专业体系进行调整升级，打破院系之间、学科之间、专业之间的壁垒，着力建设"数智设计＋"交叉融合的新方向。从学校层面打破学科专业壁垒，融合计算机科学与技术、GIS、数理统计等人工智能、大数据课程；从学院层面优化建筑类专业的建筑学、城乡规划、风景园林课程体系，通过与广联达的合作，搭建数字化课程平台，致力于"数智化"交叉学科领域的人才培养，服务学科专业的结构优化与改造升级（图3）。

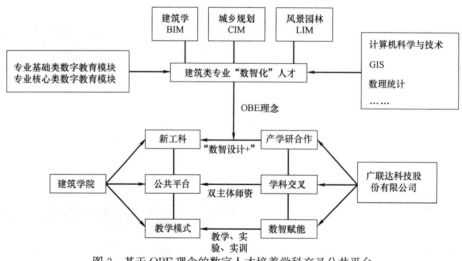

图 3 基于 OBE 理念的数字人才培养学科交叉公共平台

3.3 创新教学理念，推动教学模式数字赋能

涵盖多学科交叉知识和数字化知识与技术的加入，课程内容也在相当程度上增加了教师的教学难度，为此要加强师资队伍建设。内源建设方面，推动师资队伍焕发新活力，满足建筑类专业数智化升级改造对师资队伍的需求；外源建设方面，探索创新教师与企业人才双向交流的机制，实现全方位协同育人的师资队伍建设。

"数智设计＋"的课程体系同时对学生也提出了更高要求。通过教学组织形式设计和教学内容的组织，可以提高学生的学习兴趣；通过研究性学习、专题研讨式、项目合作学习等方式，可以提高学生学习的参与度；通过共享优质在线教育资源，实施混合式教学方式等可以提高教学效果；通过以提高数字设计能力为导向的教学设计，并辅以过程性评价可以提高学生利用新技术的能力。

4 结语

今天的教育不是封闭的象牙塔，共享企业的资源，能够非常好地在教育和工程实践领域形成互动。长安大

学建筑学专业基于与广联达科技股份有限公司的合作，以校企合作协同育人方式打破学科界限、专业界限，实现机制创新。一是打破建筑类专业内部的界限，"数智设计＋"的课程体系实现资源与成果共享；二是打破建筑学学科与其他学科的界限，推进数字化、人工智能等现代信息技术向建筑学学科专业渗透融合，推动学生从不同角度思考问题，建立多元化的工程实践教育机制。

图片来源

图1医疗建筑流线设计数字场景重现虚拟仿真实验教学项目系统截图，图2广联达BIM正向设计虚拟仿真教学系统截图，图3作者自绘。

主要参考文献

［1］ 林健. 面向未来的中国新工科建设［J］. 清华大学教育研究，2017，38（2）：26-35.

［2］ 孙澄，薛明辉. 建筑学专业"新工科"教育模式的探索与实践［J］. 当代建筑，2020（4）：110-113.

［3］ 吴雁，张珂，郑刚，杨瑞君，王晓军. "产教融合，同心致远"—智能制8造研究生创新人才培养模式探索与实践［J］. 大学教育，2021（5）：157-159.

［4］ 荆妙蕾，程欣. 产教融合视域下传统工科专业升级改造路径研究［J］. 高等工程教育研究，2021（3）：25-31.

陈聪　林源

西安建筑科技大学建筑学院；21166570@qq.com

Chen Cong　Lin Yuan

College of Architecture，Xi'an University of Architecture and Technology

历史建筑保护工程专业基础课程建设思考与实践
Thoughts and Practice on the Construction of Basic Courses for the Specialty of Historical Building Protection Engineering [*]

摘　要：历史建筑保护工程专业是一个新兴专业。作为衍生于建筑学的新专业，其专业基础课程的建设方面存在挑战，建筑学现有专业基础课程的教学模式虽较为成熟，但与历史建筑保护工程对人才培养的需求还有一定的差距，关于历史建筑保护工程基础课程的建设是急需解决的问题。本教学团队近年来采取"双线索"式教学模式对历史建筑保护工程的专业基础课程的建设进行了探索，本文通过回顾建设的思考与实践以期为进行同类工作的教育者提供一些参考。

关键词：历史建筑保护工程专业；基础课程；建设

Abstract：The specialty of historical building protection engineering is an emerging specialty. As the new specialty derived from architecture poses a challenge to the construction of professional basic courses. Although the teaching mode of the existing professional basic courses of architecture is relatively mature，there is still a certain gap with the demand of historical building protection engineering for talent training. The construction of basic courses of historical building protection engineering is an urgent problem to be solved. In recent years，the teaching team has adopted the "double clue" teaching mode to explore the construction of professional basic courses of historical building protection engineering，with a view to providing some references for educators working in the same field.

Keywords：Historical Building Protection Engineering；Basic Course；Construction

1　背景

历史建筑保护工程（后简称建保）是一个新兴专业，随着 20 世纪 90 年代城市化进程的加速，建筑遗产面临的保护问题日益突出，而对外交流的持续深化也使得从政府到学界乃至民众对于这一领域的关注度和认识水平不断加深。以西安为代表的西北地区拥有丰富的建筑遗产，当前建筑遗产保护与利用项目的快速增长，以及关于此类研究需求的不断深入使得对建保人才的需求也呈现了迅猛上升之势。在这样的背景下，西安建筑科技大学（后简称西建大）自 2016 年起经教育部批准，正式在全国范围内招收本专业的本科生。

同国内一些已开设建保专业的高校类似，西建大建保专业是设置于建筑学院建筑学一级学科之下的二级学

---

* 项目支持：陕西省一流专业培育项目（YLZY0104K03）。

科。衍生于建筑学的新专业对于专业基础课程的建设产生了迫切的需求。

2 其他院校建保专业基础课程现状

国内自同济大学于2003年开办建保专业以来，目前已经有同济大学、苏州大学、北京建筑大学、西安建筑科技大学等八所高等院校开设此专业。[①] 还有其他院校则通过在建筑学本科的高年级开设建保专门化来培养相关人才，如东南大学、华南理工大学等。

根据文献检索及走访了解，目前建保专业基础课程的教学模式大致分为两类，一类是在低年级阶段完全沿用建筑学的基础教学，强调学生的建筑学基础，如同济大学的建保专业，其总的教学计划、课程设置是按照两个阶段展开的。"两阶段分别是建筑学基础课程阶段（第一、二学年）和保护类专业课程深化阶段（第三、四学年）。"[1] 这种是常青院士提倡的"加餐式"教学模式，[2] 体现了建保是在建筑学基础上的延伸及专门化。

另一类则是在低年级就体现专业区别，引导学生较早进入角色，如苏州大学的建保专业，"在低年级设计基础课程教学设计中，一个重要的探索是如何在建筑学低年级的课程体系上增加学生对于历史建筑、历史环境的敏锐触觉，同时掌握一年级实物建构课程的基础要求。"[3] 这种探索是将建保专业的特性在专业基础课时就予以启示。北京建筑大学的建保专业在课程设置上也有类似的调整，李学兵（2020年）认为建筑遗产与我国传统绘画有着天然"血缘"关系，可在建保专业的低年级美术教学上，采取传统绘画的方式进行美术教学。[4]

3 建保专业基础课程建设的思考与实践

3.1 建保与建筑学专业基础课程思辨

近些年来，随着我国社会发展从"增量时代"来到了"存量时代"，建筑产业及学科也顺应时代发生转变。2019年教育部高等学校建筑类专业教学指导委员会建筑学专业指导分委员会提出了"通""专"结合的建筑学科发展方向，西建大建筑学专业随之调整。专业基础教学越来越朝向抽象空间的感知与操作方向发展。弱化建筑的具体，强调建筑抽象空间的生成、变化逻辑。教学转变为引导学生进行抽象空间的操作，教师培养学生运用"点、线、面、体"进行"空间运算"（图1），并对运算结果进行观察、感知。目前，建筑学的学生们普遍接受的是这种沉浸式"抽象空间操作"的设计思维启蒙，这种教学方法显然是一种"通用空间"的基础教学方法，

① 数据引自"中国教育在线"专业查询。

其目的也为高年级"空间＋类型"打基础、作铺垫。

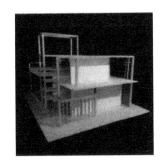

图1 抽象空间操作

建保虽然源于建筑学，但总体看来，目前建筑学"抽象空间操作"教学方法与建保对人才培养的总体培养目标还是有一定差距的。首先，建保专业从专业特征和学习对象来看，是以具体的建筑遗产实物为研究对象，并不适宜被抽象成一般空间进行探讨，建筑遗产具体的建筑构件、装饰、彩绘等都是建保专业研究的对象，是不能被抽象及省略的。重在抽象空间的教学模式缺少对具体器物的关注，缺少对器物背后知识的获取。其次，本校的建保专业有其天然的区位优势，学校周边有着丰富的建筑遗产可供学生认知及调研，为从感性到理性的学习过程提供了大量的教学素材，学生们可以十分方便到实地观摩，现场教学有较强可行性。以抽象空间为核心的教学在于空间操作及推演，与建保需要积累大量知识素材是有较大区别的。再次，建保相对于建筑学而言，正是"专"的具体表现，需要具体化和有针对性，不能泛泛而谈。

综上，有必要根据建保的人才培养目标进行专业基础课程建设，而不能简单地照搬建筑学专业基础教学。

3.2 建保专业基础课程建设思考

人才培养的最终目标是要培养出既能满足行业需要又能满足个人价值实现的专业人才，即从"人—物"二元一体的角度来进行人的培养，实现专业育人、人兴专业的效果。专业基础课是实现这个效果的初始，课程建

设既要实现对"专业的人"进行培养，又要实现对"人的专业"进行培养。因此，本课程建设团队从人的基本认知实践规律出发，着手课程建设，以"兴趣、习惯"；"经验、理性"四个关键词、两组概念为核心组织教学。其中，"兴趣、习惯"是指人的心理活动，表达了人在认识实践活动中的主动与被动情绪，是人的价值观的表现，人类所有的认识实践活动中总是介于这两种情绪之间的。"经验、理性"指人的知识体系，表达了人对世界的基本观点，也是专业知识的基本分类，世界所有知识皆是介于绝对经验和绝对理性之间的。

1）"兴趣＋经验"——现象式教学思考

经验论代表人物亚里士多德认为形式实际上是事物本身的特征。人类拥有的任何想法或概念都是通过感官引发意识的。理性也不过是人类自己制定的"游戏规则"而已。此类典型的教学模式即是田野调研，教学通过大量的调研、认知积累丰富的学习素材，通过一定的专业习惯对素材进行整理、记录、表达，而建筑设计及创造过程源于对素材的模仿创新，如早期希腊柱式对男性、女性的比拟一般，这个过程成为经验主义者研究建筑的范式。经验范式因其丰富的知识性，使人们从对建筑的认识拓展了丰富的文化。在建保的基础教学里即是通过不断地知识积累引发的思维创新，是对建保学科相关研究的不断拓展，启发学生对建保学科的本真思考。

兴趣——是主体在认识客观世界时的内在动力，也是获取经验（知识）的充分条件之一。在建保的基础课教学中，引发兴趣才能更好地引发学生去学习专业。从兴趣入手，是将"新生"塑造成"建保人"的重要开端。正如专业的名称所示的，建保专业所研究的对象是历史建筑，在文化学看来，这是承载文明的一种符号，是有温度和情感的物，人们通过研究这种文化符号来与历史共情，并对人类的发展提供参考和借鉴。也正因为具有人格化的传统建筑与人之紧密联系，使得无论是学界还是民间对传统建筑都有着极大的兴趣，愿意接近和了解她们。这一点，是建保专业引发学生学习兴趣的天然优势。专业基础教学所要做的便是顺应及发挥专业特点，使其凭借自身的文化吸引力，引发学生们的学生热情。

2）"习惯＋理性"——逻辑式教学思考

对于世界的认识，哲学界一直存在着经验的和理性的争论，这种不同认识观也深深影响着建筑学界及建筑教育界。不同的认识观必然带来不同的研究范式和学习范式。

理性论代表人物毕达哥拉斯认为世界都可以被抽象为数字，尔后进行数字间的运算便能推演出万物。此类典型的教学模式即是抽象空间的推演及逻辑思辨，将建筑抽象成基本几何构件进行运算成为理性者生成空间的

手段，将现实建筑物抽象成纯粹空间进行研究及用模型进行模拟空间生成，这个过程也成为理性者研究建筑的范式。理性范式因其高度的抽象性，使人对建筑的认识能聚焦在空间上，而略去其他细节。同时，因为理性范式内在逻辑性，使得在一定领域内形成了大家约定俗成的符号表达，借由这些符号，专业的人士能形成思想上与行动上的统一，最终成功扮演社会分工的角色。在建保的基础教学过程即是引导学生对现有相应工程知识的熟悉和掌握，使学生不断被培养成行业人才的过程，同时也是启发学生融入建保行业的阶段。

建保专业是大建筑学科的专门化，因此，建保的学生还需具备建筑学的基本功，对于工程人才培养而言，职业习惯的培养十分重要。按照职业约定俗成的方式进行"观察、记录、表达"是工程沟通的基础。建保基础课程教学在重视现场观摩的同时，也将图面表达作为重要的专业技能予以强化训练，从记录现场的徒手表达到小建筑测绘的工程制图，再到小空间设计的渲染表达均予以专门化环节训练。尽管作为表达的技能而言，传统表达技法已经过时，但是对于学生分析能力及行业规范的培养而言，还是十分有效的训练方式。

3.3 建保专业基础课程建设实践

关键词的组合是任意的，但在科学创新和产业效率的视角下，"兴趣＋经验"与"习惯＋理性"的组合是有意义的。所以，本课程建设确定了"兴趣＋经验"与"习惯＋理性"双线索式的教学模式，实现本课程的建设目标。课程设置了一系列讲授及作业练习，是双线索的教学思路的具体措施，如"街景表达""理想城市""无意识绘画""向蒙德里安和康定斯基学习""古建筑彩画""传统建筑立面描绘""建筑测绘""建筑遗产认知与场景想象""基于遗址公园认知的小空间设计"等。

"无意识绘画"作业是个十分有趣的思维训练，学生通过随意涂抹的方式完成一幅色彩涂鸦，尔后进行观察，观察者从这些随机的色彩组合中"看出"或形似或神似的场景（图2）。这个作业并非专业的色彩知识训练，而是让学生检索大脑中的生活积累、场景辨识的训练，是指向观察者内心的训练。

"建筑遗产认知与场景想象"作业训练是在现场观摩及文献查阅的基础上，学生完成一副现场认知与场景想象的作业。有的学生想象复原了历史上东岳庙节日里民俗活动的场景，还有的学生想象复原了历史上对大殿进行维修的场景。学生们在身临其境的调研中感受到了与历史同在的乐趣，在创作作品中又体会到与建筑遗产融为一体的情志（图3）。

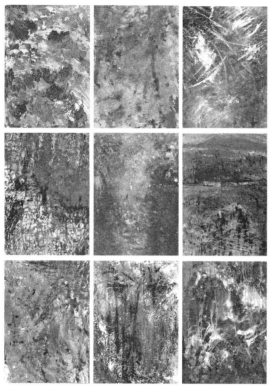

图2 无意识绘画

西安东岳庙认知

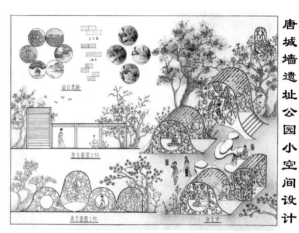

西安东岳庙场景想象

图3 东岳庙认知与场景想象

"基于遗址公园认知的小空间设计"作业训练是建保专业基础教学的最后一个训练环节，综合前面所学完成一处小空间设计，题目设置并未落到具体的建筑设计上，而将关注点集中到遗址环境和空间、人的关系上（图4）。作业成果综合考察了学生"双线索"式教学的效果。

图4 基于唐城墙遗址公园认知的小空间设计资料

4 结语

正如2019年全国高等学校建筑教育学术研讨会暨院长系主任大会的主题——建筑教育的"通"与"专"所表达的，如今建筑学教育的发展方向是多元的、复合的、新兴的，以建筑学为基础的"专门类＋建筑学"的教育模式是未来该学科大类的发展方向。

建保专业基础课程建设是陕西省一流专业培育项目的子项目，课程建设的基础来源于建筑学科及遗产保护的知识宝库，目前课程教学体系的结构已基本完整，教学内容仍在持续完善更新中。

西建大建保基础课程建设的思考与实践是关于建保专业人才培养的探索，希望可为进行同领域工作的教育者提供一些参考。

图片来源

图 1 建筑学专业学生作业，图 2 历史建筑保护工程专业 2021 级学生作业，图 3、图 4 历史建筑保护工程专业 2019 级学生作业。

主要参考文献

［1］ 张晓春. 保护与再生 写在同济大学"历史建筑保护工程"专业建立十周年之际［J］. 时代建筑，2013（3）：92-95.

［2］ 常青. 培养专家型的建筑师与工程师——历史建筑保护工程专业建设初探［J］. 建筑学报，2009（6）：52-55.

［3］ 陈曦，钱晓冬. 沧浪冶臆——苏州大学历史建筑保护工程专业设计基础课程探索［J］. 中国建筑教育，2019（1）：95-100.

［4］ 李学兵. 历史建筑保护工程专业美术教学改革探析［J］. 美术教育研究，2020（8）：101-103.

赵冲　严巍　高宁

福州大学建筑与城乡规划学院；2824305023@qq.com

Zhao Chong　Yan Wei　Gao Ning

School of Architecture and Urban-rural Planning, Fuzhou University

中国建筑史课程教学创新探索与实践
Innovative Exploration and Practice of the Course of Chinese Architectural History

摘　要：中国建筑史课程作为我校国家级一流专业建筑学专业的基础必修课程，坚持以学生为中心，以"新工科"人才培养为主线，组建科教融合的教学团队。创建"数智化"教学模式，该模式融合了数字技术和智能技术，并采用"雨课堂"现代信息技术。课程主要针对现有的人才培养模式不满足新工科人才培养需求、解决复杂问题的能力培养不足、现场教学存在安全隐患等真实问题，采用 VR（虚拟现实技术）、AI（人工智能识别技术）、无人机倾斜摄影等技术，实现了数字智能为核心，推动了现有工科的交叉复合，强化学生逻辑思维、科研思维和批判思维训练，提升学生启迪科研思维能力，增强了学生对历史遗产保护和传统文化传承的意识。实现科研思维进课堂反哺教学、课程思政与专业知识全程贯通。在中国城市规划学会举办的大学生乡村规划设计方案中获得优秀奖。

关键词：中国建筑史；新工科；数智化

Abstract：The course of Chinese architectural history, as a basic compulsory course for the national first-class professional architecture major in our school, adheres to the student-centered, "new engineering" talent training as the main line, and forms a teaching team integrating science and education. Create a "digital intelligence" teaching model, which integrates digital technology and intelligent technology, and adopts "rain classroom" modern information technology. The course mainly aims at real problems such as the existing talent training model does not meet the training needs of new engineering talents, the ability to solve complex problems is insufficient, and there are potential safety hazards in on-site teaching. VR（Virtual Reality Technology）, AI（Artificial Intelligence Recognition Technology）, UAV tilt photography and other technologies realize digital intelligence as the core, promote the cross-combination of existing engineering disciplines, strengthen students'logical thinking, scientific research thinking and critical thinking training, improve students'ability to inspire scientific research thinking, and enhance students'awareness of historical heritage protection. and awareness of traditional cultural heritage. Realize scientific research thinking into the classroom to feed back teaching, curriculum ideology and professional knowledge throughout the whole process. Won the Excellence Award in the Rural Planning and Design Scheme for College Students organized by the China Urban Planning Society.

Keywords：Chinese Architectural History；New Engineering；Digital Intellectualization

1　课程基本概况

中国建筑史课程作为福州大学国家级一流专业建筑学专业的基础理论必修课程，使学生理解中国建筑的发展历程和演变规律，提高建筑理论修养和建筑艺术修养，增强理论思维能力、艺术分析能力、历史知识能力，对建立新的建筑观和创造性的设计方法提供基础理论支撑。

2 传统教学过程中的真实问题

2.1 现有的人才培养方式无法满足"新工科"人才培养模式

"新工科"是科学、人文、工程的交叉融合，是着眼于互联网革命、新技术发展、制造业升级等时代特征，培养具备"整合能力、全球视野、领导能力、实践能力"的复合型、综合性人才的新兴产业交叉学科。虽然数字、智能技术近年来迅速发展，持续推陈出新，新的教学方法也不断涌现，但传统"史学"课程讲授仍以灌输知识的方式为主，没有融入"新工科"的学科交叉理念，学生很难得到创新的教学培养模式，导致学生思维训练得不到系统提升，针对复杂问题缺乏分析能力、针对新知识缺乏联想能力、针对困难缺乏辩证思维，都与传统陈旧的教学模式和人才培养模式有直接关系。

2.2 解决复杂建筑史基础问题能力培养不足

中国历史建筑案例丰富、分布广泛，传统的教学方式，以图片展示、视频等方式为主，尤其本课程大木结构部分内容难度大，所以传统教学把更多时间和重点放在知识讲授，导致学生获取专业知识感不强。学生的思维方式还不成熟，仅限于记忆基本定义和教科书中案例知识，对建筑多样性问题进行分析和研究所必备的批判性思维等高阶能力缺乏。

2.3 现场教学过程中存在安全隐患

为了学好建筑史，除了学习教科书的内容，还需亲临现场进行观摩学习。所谓"非纸上谈兵"。在传统的历史建筑现场教学环节，通常会指导学生进行建筑测绘，从而深入了解历史建筑的尺度、结构特征。传统的测绘方法，如爬梯子、爬房顶虽然可以满足测绘要求，但建筑的高度以及部分节点大样仍无法取得准确测量数据，且测绘效率慢，存在很大的安全隐患。

3 课程教学目标和教学内容重构

3.1 教学目标

从"新工科"人才培养视角创建"数字化"＋"智能化"的教学模式体系，形成具有"新工科"特色的人才培养需求的教学模式路径，实现在"史学"教学中的创新，推动课堂学习活力，增强学生学习积极性，支撑建筑学专业人才培养。落实立德树人根本任务，培养具

有扎实建筑史基础知识、深厚建筑素养、实践创新能力的优秀人才，为学生专业课程学习、个人成长和发展打下良好建筑理论基础。制定具体目标如下。

1）知识目标

使学生掌握中国建筑史发展的过程及基本史实，熟悉多样化的营造体系，理解各种自然条件、文化形态、社会和经济因素对中国建筑发展的影响和乡土建筑的地域特征。

2）能力目标

增强学生在古建筑遗产保护修缮和改造设计的社会服务方面，运用数字技术、智能技术的应用性和可操作性。数智技术的应用，将会使历史建筑复原与保护工作更加趋于科学、有效，更加符合信息化，大数据化时代对于古建筑遗址保护的现实要求与发展趋势。

3）价值目标

加强学生对文物保护利用和文化遗产保护传承意识，培养理论实践相结合的建筑专业人才为目标。传承中华传统文化，树立文化自信，涵养家国情怀，最终促进学生专业实践能力和政治素养"双提高"。

3.2 教学内容重构

原有教科书中的内容，以建筑类型划分为 12 个章节，各章节内容关联性不高，学生难以理解建筑的发展历程和演变规律。构建以时间为顺序的课程教学内容，由浅入深。福建特殊的地理环境与气候，历史和多元文化的冲击融合，使福建历史建筑成为具有显著地域特色的建筑体系，同时营建技艺也呈现多样化特点，从而形成多样性的建筑特色，将地域建筑案例纳入典型案例库，增强学生知识视野。

授课过程有机融入同步配套的学科前沿，将主讲教授及其教学团队的研究成果和学术论文及时在授课内容中体现，激发学生学习的积极性和主动性，增强求知欲与探索欲。

4 创建"数智化"教学模式

教学团队基于室内和现场的授课方式，秉承创建新型教学模式的理念，创建"数字化"＋"智能化"的"数智化"的教学模式，推动学科交叉的创新举措，以数字技术、工业智能为核心，力求解决教学过程中的真实问题。重点实施思维训练，强化学生科研能力，融入课程思政教育，如图 1 所示。学生在掌握基本知识原理的基础上，VR（虚拟现实）技术辅助实现历史建筑和城市的可视化展示、无人机倾斜摄影经典历史建筑案例的信息采集和建模、AI（人工智能识别）让学生认识了大样

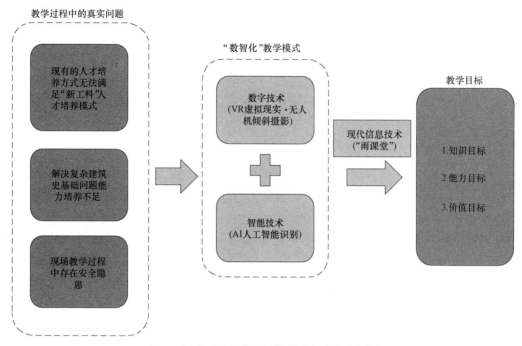

图1 创建"数智化"教学模式解决真实问题

本数据的处理。"数智化"教学模式贯穿"新工科"人才教育的核心思想，鼓舞学生学习"史学"课程的信心和动力，从根本上突破授课方法局限，体现课堂教学的"两性一度"。

4.1 培养"新工科"专业人才

以多学科交叉为特征的工程人才培养目标为导向，探索构建适应"科研—教学"深度融合的、研学一体化的评价方法和质量监控方式，确立新的人才培养评价标准，探索建立新工科人才评价管理新机制。

1）利用 VR（虚拟现实）技术的城市和建筑再现，实现"新工科"专业人才培养

在新冠疫情防控常态化背景下，受到疫情防控的制约，即使无法到达历史建筑进行现场授课，但学生通过佩戴 VR 眼镜，基于 VR 技术对无法达到的城市和建筑，实现课堂和场景的 1∶1 还原，虚拟再现和复原城市、建筑的艺术性和历史性。由于模型数据是 BIM 软件构建的可视化模型，学生视觉体验的同时，可以"手势"命令建筑模型中的每一个构件，得知每个构件的属性（如尺寸、材料、搭建方法等），从而加深学生对建筑结构大样的知识获取，如图 2 所示。

通过 VR（虚拟现实技术）的情景再现，利用"雨课堂"平台，针对新技术在建筑史学习过程中的体验感进行评议测试，引导学生从已有知识体系出发，综合师生讨论、生生讨论等方式，训练学生发现新问题的思维能力，如图 3 所示，课程焕发新的活力。

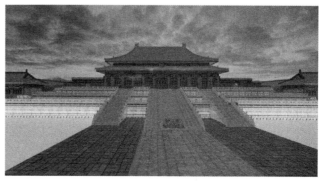

图2 VR 技术实现紫禁城（太和殿）的场景还原

图 3　课堂组织的师生讨论

4.2　解决复杂建筑史基础问题的能力培养不足，教师引入相关学术研究成果到课堂，训练学生批判性思维能力

学生通过教学科研一体化技术支撑平台，科研思维进课堂，科研思维反哺教学，启迪学生的科研思维能力，完成基础课程学习和竞赛实战。推广"数智化"的教学模式，体现其应用价值。

4.3　古建筑测绘现场存在安全隐患问题

1）基于数字技术（无人机倾斜摄影和三维激光扫描）的历史建筑信息采集，解决了测绘的安全隐患问题。建筑史的测绘实践过程中，需要学生对建筑平面、剖面、立面进行数据采集并绘制成图。传统方法通常需要现场手绘并测量数据到后期采用电脑绘制。完成二维的建筑图，不仅耗时，且无法一人完成。屋顶高度及其上面建筑构件，需要爬高上房，难以顺利完成。无人机倾斜摄影，男女生可以轻松地使用无人机航拍，通过高效的数据采集设备及专业的数据处理流程生成三维的建筑模型，根据三维模型可以简单地绘制出需要的建筑图。为测绘精度提供保证。同时，也缩短了测绘时间，减少了爬高作业，如图 4 所示。

图 4　无人机倾斜摄影及其古建筑模型

2）基于 AI（人工智能识别）的历史建筑大木结构类型分析，培养学生对复杂问题能力的提升。如图 5 所示为选取福建典型历史建筑为授课场所，亲临古建筑现场。福建的历史建筑结构，以南方建筑体系中的"穿斗

图 5　古厝现场教学

式"为主，针对如何准确快速的识别建筑的大木结构类型，与物理信息学院、机械学院教师团队配合，基于教学团队的既有的科研成果，引入AI（人工智能识别）技术，通过"雨课堂"平台，将现场手绘建筑的大木结构简图录入大木构架类型数据库，并通过计算机的网络模型进行选取，实现了快速有效的计算机图像分类，如图6所示，辅助学生快速熟练掌握建筑大木构架的属性特征，锻炼学生对建筑大木结构类型的提取能力，强化学生对大木结构类型的深刻理解。

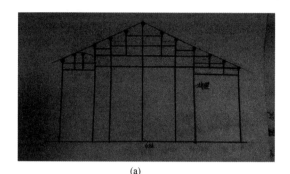

(a)

IIa+A2+III'a

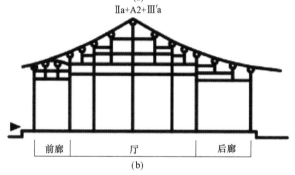

(b)

图6 学生手绘简图和识别数据库图的对比

学生通过对不同网络模型的对比分析，最终得出EfficientNet网络模型（准确度84.6%）的识别率最高，

从而培养学生批判性思维，提升学生科研能力，见表1，最终的混淆矩阵结论中可以得知所绘简图的类型属于"七柱十一架（II＋A2＋III）"，如图7所示。

不同网络模型下预测的分类准确率　表1

网络模型	准确率
LeNet	76.9%
AlexNet	61.5%
Resnet18	69.2%
Resnet34	76.9%
Resnet50	61.5%
EfficientNet	84.6%

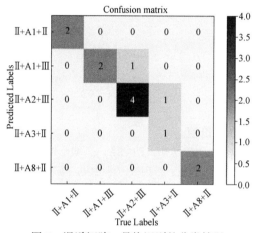

图7 混淆矩阵：最终识别的分类情况

5 课程教学评价体系、创新成果、推广价值

5.1 评价体系

基于"数智化"教学模式与案例教学的有机融合，为实现教学目标，构建教学评价体系，如图8所示为课程评价的整体内容构成和比例。

总评成绩构成及比例	平时成绩(40%)						课程报告及测绘图(20%)			期末成绩(40%)		
二级指标及比例权重	课前		课中			课后	完整性(50%)	合理性(30%)	创新性(20%)	基础知识(60%)	研究应用(30%)	课程思政(10%)
	视频任务(50%)	章节自习(50%)	主题讨论(50%)	小组任务(40%)	随堂练习(10%)	作业(100%)						
评价结构	形成性评价(开放性自评(20%)、互评(30%)、师评(50%))									终结性评价		
目标	知识目标、能力目标、价值目标											

图8 课程评价构成和比例

5.2 创新成果

课程以人才培养为目标，推动产学联动，促进专业建设与社会实践相接轨。学生大大提升了对历史建筑学习的积极性，在国内外的建筑学设计竞赛中，积极选择历史遗产保护、传统街区改造等相关课题，教学团队指

导的学生均有获奖，如图9所示。本课程的人工智能识别环节，主要依托相关专业的老师团队进行指导帮助，团队常年从事传统建筑类型的研究，并成功获得国家自然科学基金项目的资助，借此创新思路，将科研成果有效的反哺教学，逐渐提高学生自我要求、自我驱动的学习和科研能力，从而促进"研学"的有效结合。同时，

课程思政与专业知识讲授同向同行，中华建筑文化发展进程，本身就是树立学生历史唯物主义科学观的一本"教科书"，从专业知识中凝练中国传统文化、工匠精神，训练学生的文化自信和民族自信，培养学生的家国情怀。

图9 指导学生"乡村振兴"竞赛获奖

5.3 推广价值

"数智化"教学模式的创建，有助于推进新工科建设再深化、再拓展、再突破、再出发。培养具备实践能力、创新能力的高素质复合型人才是课程创新的任务使命。在高校的教育体系中，"数智化"教学模式除用于建筑史课程中，在同类型"新工科"教学，以及"新文科"教学中有借鉴作用。如法学的"模拟法庭"、旅游专业的博物馆感知、地理专业的野外实习等均可推广使用。通过学科交叉和课程创新，提升学生的综合素质、自身能力、学习能力。

主要参考文献

［1］潘谷西. 中国建筑史［M］. 7版. 北京：中国建筑工业出版社，2015.

［2］梁思成. 图像中国建筑史［M］. 北京：三联书店，2015.

［3］刘敦桢. 中国古代建筑史［M］. 北京：中国建筑工业出版社，1980.

［4］赵冲、陈德铭、郑翔. 传统建筑文化与红色建筑的传承——以建筑模型制作与古建筑测绘相互反哺的教学实践为［J］. 建筑与文化，2021（8）：101-103.

张颖　马龙　宋辉
西安建筑科技大学建筑学院；910436283@qq.com
Zhang Ying　Ma Long　Song Hui
College of Architecture，Xi'an University of Architecture and Technology

基于问题为导向的翻转式教学在建筑历史与理论课堂的应用
——以"建筑流派"为例

The Problem Oriented Flip Oriented Teaching in Architectural History and Theoretical Classroom
——Taking "Architecture School" as an Example

摘　要：本论文旨在研讨现今背景下建筑历史与理论课程的教学方法，试图通过以问题为导向结合翻转课堂的教学模式，有效激发与反思建筑学领域不同知识体系建构之间的关联性和差异性，并对其教学过程、实施方法与教学成果进行思考与总结，努力让学生通过不同视角审视东西方建筑历史文化及其理论，并进行批判性的思辨，促使学生思考建筑观念价值的未来取向。

关键词：问题导向；翻转课堂；未来建筑价值；建筑理论

Abstract：This thesis aims to discuss the teaching methods of architectural history and theoretical courses in today's background，and try to effectively stimulate and reflect on the construction of different knowledge systems in the field of architecture through problems with problem oriented combination. And think and summarize its teaching process，implementation methods and teaching results，and strive to allow students to examine the historical culture and theory of Eastern and Western architecture through different perspectives，and make critical speculation，prompting students to think about the future orientation of architectural conceptual value.

Keywords：Question Orientation；Flip the Classroom；Future Architectural Value；Architectural Theory

"建筑流派"课程是一门传统的建筑历史与理论课程，旨在让学生了解世界主要建筑流派发展的主要历史脉络及原因，并结合建筑历史现象、理论嬗变，深入思考与研究当今建筑面临的新环境和新问题。引入翻转式教学模式课程强调了建筑理论对建筑设计实践的指导作用，引导学生认识到提高建筑历史与理论水平的必要性，对学生进一步了解近现代建筑的建筑历史、把握世界建筑发展的前沿成果，提高学生独立思考建筑历史现象与研究理论问题的批判与思辨能力等都有十分重要的

指导意义。

1　目前建筑历史与理论课存在的问题

1.1　学生的知识来源和形式的丰富多样与课本知识固化的矛盾

目前实用的课本和讲义已沿用多年，虽然在每任任课教师讲授时有所增益，但仍然赶不上学科日益丰富快速的资料更新。课本的资料和史学的视角固化，不利于学生从多重角度客观地考察建筑历史现象和理论发展的

轨迹，课堂的吸引力逐步下降。

1.2 建筑历史与理论教学目的与学生学习状态之间的矛盾

建筑历史与理论的教学目的在于培养学生对于建筑历史现象、理论嬗变以及当今建筑问题深入思考和研究的能力。然而，长期以来应试教育的影响，使得多数学生在进入大学学习阶段后，缺乏主动研究问题的习惯，尤其工科学生缺乏系统的文史类知识，知识结构不全面、没有相关的知识储备，因此在学习历史与理论课程时使得课程的主要内容难以展开，学生完全处于被动听讲的状态。课程内容难以消化，更遑论主动研究了。

1.3 整体教学安排与学生可掌握主动学习时间之间的矛盾

目前建筑学学生课程量饱和，课堂授课几乎占满学生的在校时间。使得学生几乎没有主动阅读与思考的时间，这样就无法对理论问题进行深入的思考和研究。加之大多数学生尚未养成良好的阅读习惯，课前不看书预习，课后不读书复习，上课听讲完全被动，收效甚微。

1.4 与学习设计环节脱节，难易引发兴趣

建筑学学生设计课业量大，占据学生除设计课课时以外的大量时间。同时，目前建筑历史与理论授课的内容和方式使学生感到难以和日常设计的学习和今后的职业规划相联系，难以引发学生的兴趣和能动性，学生没有动力和意愿花时间进行史论的学习研究。

1.5 教师讲课方法的局限

目前限于课时和工作量的限制，授课教师必须在有限的课时内（根据改革的要求课时还将进一步缩减）讲完教学大纲所规定的知识要点，教师无奈也只能大部分依赖单纯讲授配以少量的多媒体和有限的课堂互动，但收效不大。

而当前学生的知识来源渠道丰富，且知识形式呈现多样性。主要表现之一，频繁的学术交流和众多的出版物日益成为学生课本以外重要的知识来源。如，国内、外建筑史学者直接参与国内教学之中，各种著作、译著、期刊撰写编译或翻译的相关文章的出版和发表。由于教学与学术资源极大丰富，教科书与课堂教学不再具有传统的权威地位。表现之二，认知学习走出课堂。短期留学和建筑旅行正成为一种常态，学生可亲临现场考察、体验和阅读历史建筑及其所处的城市与自然、人文

环境。表现之三，网络已构成课堂和校园之外日益强大的教—学空间，虽然网络资源呈现碎片和无序状态，信息良莠不齐，但其多样而开放的活力以及穿越时空的传播能力，已远远超越印刷时代，剧烈地改变着以学院体制和课堂主导的知识传播与思想交流形式。

在这样的新形势和新问题的挑战中，传统的课堂传授和知识灌输的教学模式显然应该被打破，任课教师作为知识拥有者的优越地位和权威角色如何转变，建筑历史与理论的课堂教学应该是怎样的模式，已成为我们必须回答的问题了。

针对此类情况，翻转课堂的历史教学防止将一种被裁剪的和美化了的"过去"作为单纯的样式呈现出来，警惕先入为主的将人物和作品简单地作为时代和文化统一体的标志来认知。改变以往的建筑历史与理论教学模式，避免使学生偏向于将种种建筑现象知识化，将当代建筑历史化，使历史建筑的样式成为一种为未来提炼模式和规则的、预设的"模板"。努力使学生对建筑经验的理解摆脱简单的形式语言的抄袭或理论的片段理解。同时这种反转也开放推动形成一种历史与理论课程与建筑学设计课程教学新的结合的意识。

2 以目标为导向的"建筑流派"课程设计环节

2.1 确定课程主题及单元设计

根据翻转式课程目标设计，教师设置课程主题及单元主题划分，学生根据单元主题分组，并展开多元化的横纵向研究，小组讨论设定研究内容。自主性的学习方式激发学生研究的热情，增强学生阅读的主动性，形成有效"听—讲"的有序循环（图1）。

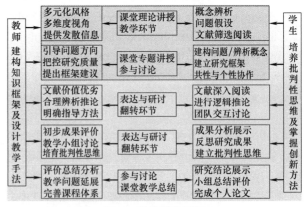

图1 教学思路框架

根据学生的特点与兴趣帮助学生定位研究主题。研究定位大体在以下四个方面。

1）概念思辨评析

借鉴了评论类课程是如何处理"词与物"的关系，

或者说概念与对象的联系的。首先引导学生尝试对"概念"进行阐释、建构，或批判。其次努力帮助学生描绘一幅图景，以"概念"为其本身的建立及与对象的联系都必然的，是以思辨为基础。当然思辨不仅是理性和逻辑的，而且需要理论化的视角和历史化的认知，在概念的辨析上尤其如此。

2）拓展历史认知

帮助学生确定研究范围，寻找研究主题，针对某一具体的历史对象，将"目之所及的事物背后不可视的背景、思想、价值判断、驱动力等，转化为可以言说、可以讨论、具有建筑学和文化社会意义的思辨性活动"，帮助学生多维度认识建筑历史事件，开阔视野。

3）重议学科问题

帮助学生梳理建筑学科的一些基础问题，并通过主题的组织，引导学生重新审视基本的理论问题，进行历史与理论问题的语境分析、多角度审视、理论与实践问题纵横比较等方面的研究。通过基于精读、研究的写作训练，实现思辨性思维的培养、培养学科的学术素养。

4）理论更新思考

以理论问题辨析为切入点，以即时性更新为线索，建立多层次延伸的学科体系。同时结合建筑实践专题研究，尤其是加强对中国现当代建筑话语的理解，保持即时更新性、准确性和可靠性。

2.2 采取开放式教学模式

教师根据单元主题的设定和分组研究情况，查看学生课后阅读进展。邀请学生进行课堂讲解，其他同学参与讨论，教师进行点评并进行深入讲解，帮助学生分析与主题相关的内容，不断地补充与完善研究框架，最终学生根据自己的研究兴趣点与课堂学习目标相结合，得出符合逻辑推理结构的研究框架，主题也在课堂的不断交流中进一步得以深化（图2）。

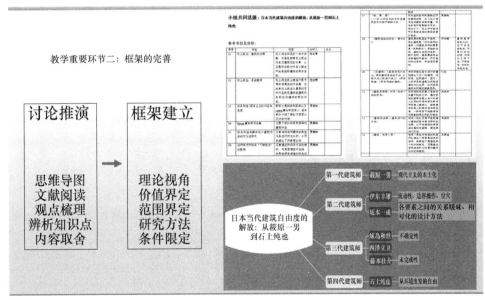

图2 框架的完善

采用规范评价分析法。通过对学生进行评价表和评价要素的调查研究，考察课程设计的合理性、学生的接受程度和进步幅度，从而进一步激发学生的学习兴趣和自主学习能力。通过小组互评和教师点评来考察教学效果的有效性，提高学生的理论素养。并借鉴其他高校建筑专业历史与理论课程的课堂经验，加以对比与分析研究，寻找其中的突出问题，提出针对性方法，进一步完善课堂设计，逐步建立规范有效的评价体系。使得评价更加公平和真实有效（图3）。

3 本课程的课堂教学模式主要特点

3.1 问题的导入为前提的教—学模式

在教师对课程总体介绍的基础上，引导学生选择自己感兴趣的课题（研究流派或代表人物、作品），并指导学生根据所选题目寻找并分析参考文献（书目录的选择为考核内容之一），以激发学生课余主动阅读的积极性。学生需进行自己所选课题、选题分析及研究技术路线，进行文献查阅、小组讨论、课堂点评修正，完成论文写作等（图4）。

教学小组总结

学生小组/个人能力评价	问题的更新	教学内容的补充	自我评价
A B C D	对提出的问题进行梳理，重构问题，更新教学内容	对涉及的案例进行总结，扩充教学内容	评价反思教学效果探讨教学的逻辑性与创新性

学生自我评价 　　　　　　　　　　　　　　　　　　　教师评价

组员个人选题及成绩统计表：

序号	组员	共选题工作量、成绩	个人选题	个人成绩1	个人成绩2	考查成绩
01						
02						
03						

图3　课程总结与反馈

教学重要环节一：问题的构建

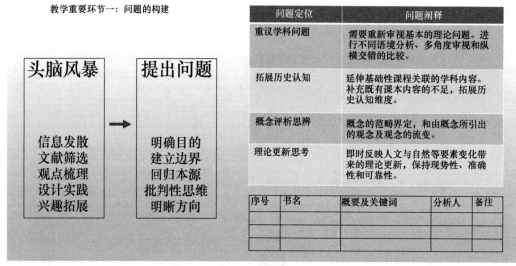

图4　问题的构建

3.2　学生为主体的课堂互动模式

翻转式教学的核心是以学生为主体，课堂学习主要形式为学生宣讲、教师点评和同学讨论。学生根据自选主题，采用PPT、视频等多媒体方式进行宣讲汇报，通过教师点评、小组讨论、进一步完善各阶段成果。培养学生参与互动的积极性和语言表达能力，培养科技论文的初步写作能力。

总而言之，本课程宣讲的组织与讨论，以及多次个人辅导，虽然耗费大量时间，但这是一个引导学生主动思考、发现问题、解决问题的不可替代的教学形式：老师直接引导学生怎样进入合理的讨论，与学生面对面讨论其观点，并予以指引。在这个过程中，教师既是学习活动的引导者，也是一名合作学习者，与学生一起互动探究。引导学生走向更深入、更有批判性的论点，并最终形成有理有据的多层次论点，本质上需要的是教学中的师生共同合作。当学生的讲演非常主动时，作为老师也会加入学生提问、回答和讨论的队伍中，这样更让师生形成了合作学习者的关系。这种从讲授式变成讲授—讨论的模式对于理论的学习有着重要的意义，特别是在中国建筑后高速发展的这个阶段，这种训练对于培养未来的中国建筑师在全球语境中对中国建筑既存和正在发生的设计和理论的总结、创新与重构有着重要的意义。

　　本研究期望能够以"建筑流派"课程为基础，总结课堂经验，梳理教学成果，优化现有教学模式，并形成符合我校卓越工程师培养计划的具有特色的建筑历史与理论教学模式。翻转课堂就是要推动一种共同探索的教学关系的建立。就是说教师以尽可能开放的学术态度将有意义的研究纳入教学，引导学生从建构问题开始，以追问历史进入，使课堂学习成为一种拓展历史认知、更新理论思考和重议学科问题的动力机制，而不是被动接受某些僵化的建筑历史与理论知识、认同某种正确的历史定论的过程。必须承认，翻转模式强调了以学生的主动接入为核心，通过教师的引导和主动阅读，促进其对历史和理论丰富性的深入了解，重视宏观和微观之间，观念和实践之间的复杂性关系。这样的变化带来教—学边界的模糊，课堂就成为一个探讨的场所，通过促进学生的主动阅读，以聚集多样的学术成果，建立深入的学习方法，获得知识的扩展、历史理论的理解深化。当然此课程虽能显示出翻转课堂的积极作用，但我们也要清醒地认识到它的局限性，还有许多有待进一步研究和实证之处，理性看待其作用和价值，做到谨慎对待，量力而行。

胡春[1,2]　王薇[1,2]　潘和平[3]

1. 安徽建筑大学建筑与规划学院；174391623@qq.com
2. 安徽建筑大学建成环境与健康重点实验室；
3. 安徽建筑大学经济与管理学院

Hu Chun　Wang Wei　Pan Heping

1. School of Architecture and Urban Planning，Anhui Jianzhu University；
2. Built Environment and Health Research Center，Anhui Jianzhu Universit；
3. School of Management and Economy，Anhui Jianzhu University

整合地域建筑教育资源，强化地方特色教学成果
——以安徽建筑大学建筑类专业为例

Integrating Regional Architectural Education Resources and Strengthening the Teaching Achievements of Local Characteristics
——Taking Anhui Jianzhu University as an Example *

摘　要： 地域文化是助推地方高校形成办学特色、实现特色发展的基础。在当前高等教育新形势下，如何落实特色建设、发挥特色作用是地方高校必须解决的关键问题。安徽建筑大学致力于将徽州优秀传统文化全面融入人才培养全过程，深入挖掘徽州文化"五育"新元素，重塑通识教育体系；融合徽派建筑地域文化，创新建筑类专业特色人才培养模式；整合徽派建筑教育资源，实施"WEDS"特色教学法；科教互促、校企合作，构建协同育人新机制，着力培养德智体美劳全面发展的新时代徽匠。

关键词： 地方高校；建筑类；地域文化；人才培养

Abstract： The regional culture is the foundation of promote local universities and colleges，which to form characteristics and achieve development with characteristics. Under the background of the new situation in higher education field，how to implement the characteristic construction and play the role of characteristic is the key problem that must be solved in the development of local universities and colleges. AHJZU is committed to fully integrating the excellent Huizhou traditional culture into the whole process of talents cultivating，deeply excavating the new notions of "Five Education" from Huizhou culture and reshaping the general education system；Integrating the regional culture of Huizhou architecture and innovating the mode of talents cultivating in architectural majors；Integrate Huizhou architectural education resources and implement the characteristic teaching method of "WEDS"；Mutual promotion of science and education，establishing cooperation between local universities and enterprise，building a new mechanism of collaborative education，and strive to cultivate a new

* 项目支持：本文受 2020 年教育部新工科研究与实践（E-TMJZSLHY20202129），安徽省教育厅新工科立项项目"面向地域文化传承创新的传统建筑类工科专业改造升级探索与实践"，2020 年安徽省教育厅质量工程重大教学研究项目（2020jyxm0349），2020 年安徽省教育厅质量工程一流教材（2020yljc031），2020 安徽省"双基"教学示范课"建筑设计专题"资助。

Hui-artisans wtih all-round development in morality，intelligence，physical，aesthetic and labor educantion.

Keywords：Local Universities and Colleges；Architecture；Regional Culture；Talents Cultivating

《中国教育现代化 2035》明确指出，建立完善的高等学校分类发展政策体系，引导高等学校科学定位、特色发展。特色办学是地方高校形成和提升核心竞争力的关键，而地方高校要实现特色发展，必须充分利用地方优秀传统文化资源，注重区域文化的滋养，成为区域社会的文化高地，形成因"地"而设、立"地"发展、为"地"服务的区域布局和特色。[1]

安徽建筑大学是安徽省唯一一所以土建类学科专业为特色的多科性大学，学校依托"大土建"学科优势，积极服务地方经济社会发展。以"立足安徽、面向全国，依托建筑业、服务城镇化"的办学定位和"打好建字牌、做好徽文章，走好应用路"的办学思路，传承创新徽州文化精神，培养新时代徽匠。建筑学、城乡规划、风景园林是学校的传统优势专业，现为国家一流专业建设点（城乡规划和建筑学）、安徽省高峰学科（城乡规划和建筑学）、安徽省一流本科人才示范引领基地等，学校创造性地将徽州优秀传统文化融入建筑类人才培养全过程，在培养方案、课程体系、培养模式等方面进行了深入的研究。

1 彰显学校办学特色，创新人才培养理念

地域文化是地方大学彰显办学特色、实现特色发展的基础。安徽建筑大学将徽州文化精髓作为特色发展的动力源泉，将徽州优秀传统文化全面融入人才培养全过程，构建特色人才培养模式。以培养德智体美劳全面发展的新时代徽匠为目标；构建"五育一体"的徽州建筑文化通识教育体系和土建类专业特色人才培养体系；将徽文化融入人才培养通识教育、徽派建筑文化与徽匠精神融入专业教育、徽派建筑遗产融入教学情境；创新专题授课、体验式教学、工作坊式教学和虚拟现实等教学法，着力培养"文化＋技术＋特色"三位一体的新时代徽匠。

2 整合徽州文化基因，重塑通识教育体系

习近平总书记在 2018 年全国教育大会上指出，"要努力构建德智体美劳全面培养的教育体系，形成更高水平的人才培养体系"。① 学校积极贯彻落实大会精神，系统析合徽州文化优秀思想，充分挖掘"徽学"时代内涵，提炼出徽州文化"五育"新元素，重塑通识教育体系。

德育从新安理学、徽派朴学中汲取徽文化精粹，整合为自身修养、知识素养、生活准则以及价值导向等道德教育单元；智育从徽州村落和徽派建筑中提炼营建智慧，重构为培养新时代徽匠的核心教育内容；体育从徽州民俗活动中提取教育元素，依据技术体系和组织方式分阶段融入体育教学中；美育从徽州技艺和新安画派中萃取审美思想，编撰《认识徽州》《触摸徽州》《感悟徽州》等一批具有地域特色的教材，深化美育理念、扩充美育内容；弘扬徽商徽匠艰苦奋斗、勇于创新的劳动精神，结合实践教学活动系统融入劳动观念，培养学生良好的劳动习惯、劳动技能和劳动关系。最终构建徽州文化、徽派建筑、徽州艺术、徽州体育、徽匠精神五个文化模块，有机融入德智体美劳全面发展人才培养之中，形成特色鲜明的"五育并举"人才培养之路（图1）。

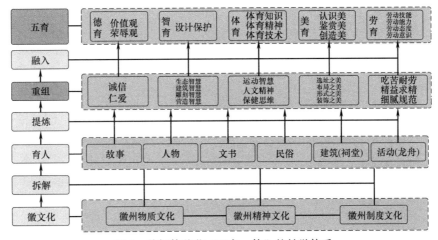

图 1 德智体美劳"五育一体"的教学体系

---

① 曹国永. 努力构建德智体美劳全面培养的教育体系（凭栏处）[N]. 人民日报，2018-11-29（17）.

3 融合徽派建筑文化，构建特色培养体系

将学科建设与地域文化特色紧密结合起来，可以促进地方高校特色学科的形成。[2] 建筑类专业依托丰富的地域资源，开设地域建筑特色课程，并渗透融入专业课程模块。通过重构课程体系，修订培养方案，建立"五模块、主辅线、三融入"的课程体系（图2），经过多年探索，已形成特色鲜明的人才培养模式。

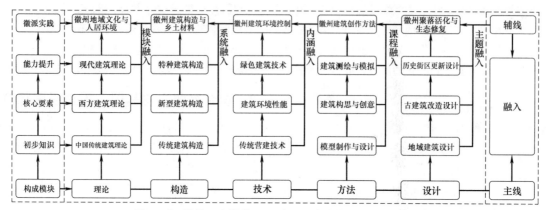

图 2 "五模块、主辅线、三融入"建筑类人才培养体系

首先，重构专业课程五大模块作为主线。以设计主干课程为核心，构建"理论—构造—技术—方法—设计"五大模块，依据"初步知识—核心要素—能力提升"学生专业能力发展的三个阶段，加大专业课程的重组与整合，注重课程之间的过渡衔接，形成多学科知识融贯、全方位能力培养，以及多平台支持的课程集群。在课程编排上，斟酌课程之间的时序安排，实现理论、技术、表达、实践、修养等各门课程的交叉渗透，将并行课程串联为高效联动的新模式。

其次，构建徽派建筑知识体系作为辅线。围绕主线脉络，构建"徽州地域文化—徽州古建筑构造—徽派建筑技艺—徽州建筑创作方法—徽州建筑活化"知识体系，将徽派建筑文化贯穿五大模块。学校以地域文化传承创新为理念，开设"徽州文化""徽州村落""徽州建筑""建筑遗产保护"等数十门地域特色课程，从理论解读、艺术鉴赏、功能形式、文脉传承、聚落活化等视角剖析徽州建筑，将传授徽派建筑知识和培养地域性思维能力相结合，完善学生自身知识平台。

最后，创新全方位多角度融入方式。通过开设系统课程群、增加主题章节、拓展内涵知识点等方式，将徽派建筑文化分阶段递进式融入专业人才培养全过程。学校经过多年的建设与开发，目前已形成系统的特色课程群；增加主题章节的融入方式更为灵活，如在本科一年级初步课程中加入"徽州古民居解读"，在本科二至四年级设计课程中设置"地域建筑设计""既有古建筑改造""历史街区更新"等设计专题，在毕业设计阶段开展"传统聚落研究"等；针对建筑技术类课程采用内涵融入的方式，如引导学生使用CFD软件对徽州传统建筑的物理环境进行数值模拟，探索徽州传统建筑审美的自然观与现代绿色建筑理论之间的契合，以技术的手段传承地域文化。

4 整合徽派教育资源，实施"WEDS"教学法

整合徽州建筑文化教育资源，以实地测绘、原貌移建、虚拟仿真、设计专题等方式将徽州古建筑遗产纳入教学情境，综合采用工作坊教学、现场教学、双院融合等多样化教学方法，融合虚拟现实技术，实施"WEDS"教学法（图3），充分发挥教师个人特长，调动学生的积极性。

图 3 WEDS 教学法

1) 工作坊制（Workshop）

高年级采用工作坊制，充分发挥教师的学术研究优势。以课题研究为基础搭建教学平台，合理配置教师，开拓设计选题，将历史街区遗产保护、古建筑改造与再利用等领域的前沿理念转化为教学内容，形成多样化、个性化的教学工作坊。工作坊制能够帮助学生找到专长，通过教导研究技能，让学生具备研究的习惯和价值观，以适应瞬息万变的环境，在职业生涯中保持领先。[3] 同时，也给予教师自主研究的自由，探索不同的教学方法，使教学充满活力和积极性。

2) 实验教学（Experiment）

针对地域建筑环境性能开展实测实验，从徽州传统建筑中提炼绿色营建智慧；针对乡土材料开展1∶1建造实验，要求学生通过实际建造掌握砖、瓦、竹、木等材料的性能，理解材料对设计的影响，建立地域建筑的设计意识；开发徽州古建筑传统技艺虚拟仿真实验系统，使徽州建筑相关知识点、建筑场景和建造过程等要素真实生动地呈现在学生面前，学生可以身临其境般地进行反复操作，从而掌握徽州古建筑的平面形制、空间形态和结构构造特征。

3) 设计院式（Design）

为适应社会对人才的要求，学校引进企业领军专家组建教学团队，建立"双元制"育人模式，邀请设计院导师参与课堂教学和公开评图，强化学生的工程实践能力；在毕业设计阶段实践设计院生产模式，在徽州传统建筑生态节能、徽州乡村聚落景观规划、徽州传统建筑木作等相关领域，培养具有创新创业能力和交流合作能力的设计人才。

4) 虚拟教学（Simulation）

针对智慧城市、生态景观等复杂领域，以模拟仿真的方式将书本中抽象的原理与概念转换为具象可感知的虚拟空间，相较于传统教学方法，教学体验更具真实感、设计的精准度和效率有效提升；师生间的交流障碍得以消解。[4] 与网络环境相结合的虚拟教学平台，还能够打破时空界限，实现资源实时共享，教学方式更加生动、多元。

5 创新人才培养模式，构建协同育人新机制

5.1 教学相长、科教互促

学校长期致力于徽州建筑文化教育与传承创新研究工作，在校生参与完成300多个乡村规划、1000余份美好乡村建设调研报告，连续4年被团中央等五部委授予全国大中专学生志愿者暑期社会实践"优秀单位"称号。指导学生在国内外高水平学科竞赛中屡获佳绩，先

后斩获国际大学生高层建筑设计大赛全球第5名、中国大学生设计展紫金奖、城市可持续调研报告国际竞赛金奖、全国人居环境设计大赛银奖等奖项。同时，教师的学科素养和教学素质也在不断提升，于晓淦教师团队主讲的"城市设计原理"课程，获安徽省高校教师教学创新大赛个人（团队）奖副高组三等奖。

立足地域文化资源，通过教学促进科研，科研反哺教学，全面提高人才培养质量。近年来，学校主持完成国家"十二五"科技支撑计划等20余项有关徽派建筑国家课题，主持编制国家标准、地方行业标准、规范与导则等，将相关研究成果积极转化为专业建设标准、课程建设标准、教学和教材内容，建设徽派建筑专题图书馆等特色网络资源；参与国家重点研发技术重点专项"经济发达地区传承中华建筑文脉的绿色建筑体系"，以项目为依托，开发"徽州古建筑数据库""徽州传统建筑特征元素数据库""传承文脉的绿色建筑设计虚拟仿真实验教学项目"，丰富学生在线学习资源，畅通学生自主学习渠道。

5.2 产教融合、校企合作

建筑类高校应坚持"以服务求支持，以贡献求发展"的思路，打破校企之间的壁垒，主动融入并服务企业发展。[5] 学校充分挖掘培养体系中的深度，充分调动社会资源、开放办学，先后与安徽省建筑设计研究总院股份有限公司、中国建筑西南设计研究院有限公司等20余家综合实力强的国有大型设计企业、房地产开发公司，签订创建"教学实习与就业基地"，并在宏村、西递等传统村落创建"教学实践基地"，形成多元化的实践教学场所。依托校外实践教育基地的建设，积极与企业管理部门合作，不仅关注学生建筑师基本素养与设计能力的培养，更注重工程管理能力的训练；邀请企业专家加入教学项目的指导团队，让学生实践训练内容更贴近行业需求；校内外导师共同指导学生参与创新创业教育和社会实践活动，强化实践教学，2015年以来开展的"地平线"杯安徽建筑大学建造节，通过5年的活动拓展，已发展成为全国性的建造教学活动，并赢得了较好的社会声誉。

5.3 协同发展、服务地方

安徽建筑大学致力于为地方经济社会发展提供智力支持，开展了一系列服务实践活动（图4），获得了政府的大力支持，实现了学校与地方社会发展的双赢。学校受地方人民政府委托，利用暑期开展教学实践活动，完成了庐江县乡村振兴规划、岳西县美好乡村规划等系

列乡村规划编制工作；为金寨县红色老街风貌整治、淮南市八公山镇乡村环境整治、潜山市特色小镇规划提供技术服务；与旌德县路西村、庐江县百花村合作开展竹建造活动。充分发挥建筑类专业的学科优势服务地方，带领学生了解社会需求，增强社会责任感；也为专业发展寻找新的立足点。

图4　服务地方实践活动

学校充分发挥教学、科研的综合优势，积极与地方政府、有关部门加强联系，主动承接地方经济社会发展的理论问题研究，受国家和省住房和城乡建设部门委托完成安徽省农民流动与宜居性调研等乡村问题的研究。通过研究项目驱动的合作，为师生提供了展现才能的平台，为地方经济社会的发展作出贡献；而地方政府通过项目合作，不仅工作得以推进，而且间接参与人才培养，推动了地方高校的发展。

6　特色人才培养实践成果

6.1　百花村建造节

2019年，安徽建筑大学与庐江县汤池镇百花村、安徽地平线建筑设计事务所有限公司合作举办建造节实体搭建活动，开展校政企合作，邀请省内外9所高校16支团队一同竞技。参赛高校与当地政府共同策划契合地方需求、长久性的竹构项目，将竹建造创意作品带到乡村，推动当地文化旅游和乡村振兴的发展进程，引起了社会的广泛关注（图5）。

竞赛与"中国旅游日"庐江县主题活动相结合，以"竹建构——亭阁的进化"为主题，精选百花村各旅游景点作为建造地点，建造时间为4天，师生共同创作乡村微景观，助力中国最美乡镇建设。乡村建造让学生从场地勘察、方案构思、模型制作、现场搭建等环节真实体验建造全过程，从建构的视角理解材料性能、结构策略和形式空间，直面材料加工、工程进度和施工安全等现实问题，并且在建造过程中，有机会与当地工匠、非遗传人充分交流沟通，学习传统的竹加工方法，拓展了建造教学的深度和广度。评审团队由来自安徽省土木建筑学会、东南大学以及庐江县汤池镇等单位的专家共同组成，从空间结构、创意构思，乃至作品与乡村环境、与村民活动等角度综合考量，评选出获奖方案。竞赛结束后，当地政府对建造作品进行了防腐处理，成为村民的休闲活动场所，不仅美化和丰富了村庄环境，也为乡村旅游创造了生动有趣的景致。

百花村建造节立足真实语境，让建造作品不再是暂时性的"空间装置"，真实体现了社会对建筑乃至建筑学的需求，实现对空间与功能、概念实现度、建造完成度、造价控制等环节的把控，整个过程与社会全面接触，体现了建筑的社会综合性意义。[6]

图5　2019年庐江县百花村建造节

6.2 三十岗乡村规划竞赛

"党的十九大"提出实施乡村振兴战略"产业兴旺、生态宜居、乡风文明、治理有效、生活富裕"的要求，深刻揭示了乡村发展的丰富内涵。2017年，学校与合肥市庐阳区三十岗乡人民政府共同承办了首届全国高等院校城乡规划专业大学生乡村规划方案竞赛，邀请了同济大学、南京大学等共21所国内高校，参与人数达200余名（图6）。竞赛旨在呼吁社会各界关注乡村规划与建设事业，推进乡村规划领域的专业知识发展，为国家新型城镇化战略目标储备更多技术人才。

三十岗乡作为合肥城市的边缘区，发挥着都市后花园的作用，其发展路径反映出其特殊区位对乡村发展的重要影响。来自各高校的师生深入三十岗乡，充分把握了乡村的本质特征，开展了多视角的经济、社会、文化、历史与生态及自然环境的细致调查，在充分利用三十岗乡特色优势资源的基础上，以清晰的逻辑勾画出具有特色的乡村发展路径。师生们立足现有产业基础，分析三十岗乡的区位、资源禀赋特征和未来发展可能性，在符合国家和地方有关政策、法规和规划指引的前提下，为三十岗乡打造"长三角最美滨水文化生态休闲区"的战略目标出谋划策，量身定制三十岗乡的未来发展策略和乡域空间利用方案，并对部分村庄进行深入的规划设计。

图6　2017年三十岗乡村规划竞赛

安徽省农村人口众多，为响应国家新型城镇化政策的号召，学校受地方政府委托开展大量乡村规划研究与建设工作，在本硕课程体系中增设乡村规划系列课程，编制《乡村规划概论》省级规划教材，兼具乡村发展的内涵、乡村的地域层次以及城乡地域的联系等多项内容，已经形成一套完整并具有特色的乡村规划教学内容与方法。

7 结语

地方高校是我国高等教育的主要组成部分，肩负着人才培养、科学研究、社会服务、文化传承创新和国际交流合作的重任。在高等教育新形势下地方高校面临着诸多挑战，必须坚持发展理念、注重内涵建设，坚持特色办学，才能在高等教育发展中占据一席之地。安徽建筑大学一直将徽州文化精髓作为特色发展的动力源泉，致力于将徽州优秀文化全面融入人才培养全过程，在课程体系建设、教学方法创新、协同育人机制等方面进行了改革与创新，取得了突出的成绩。学校将继续在人才培养方面开展更深入的探索与实践，争取为同类型地方高校特色办学提供更多有益的经验和参考。

主要参考文献

［1］郭峰，任伟伟，等. 地方大学文化与地域文化互动发展研究［M］. 北京：人民出版社，2017：117.

［2］曹毓民. 地域文化对地方高校办学特色的影响［J］. 江苏高教，2010（6）：35-37.

［3］亚当·夏尔，王逸凡. 设计、研究与教学：论建筑学的认知方式［J］. 建筑学报，2021（4）：36-41.

［4］戴代新，王健涵，戴开宇. 基于网络虚拟现实技术的风景园林设计交互教学平台构建与应用［J］. 风景园林，2018，25（S1）：26-30.

［5］沈阳建筑大学. 建筑类高校开放办学的探索与实践［J］. 中国建设教育，2017（2）：48-52.

［6］戴秋思，吴佳璇，等. 国内高校建筑学专业建造实践的调研与探索［J］. 高等建筑教育，2021，30（2）：120-126.

孙丽平　王文明　马明

内蒙古科技大学；sunliping@imust. edu. cn

Sun Liping　Wang Wenming　Ma Ming

Inner Mongolia University of Science and Technology

地方应用型高校建筑学专业一流本科建设的困境与出路
——以内蒙古科技大学为例

A Case Study of the Difficulties and Outlets of the Construction of First-class Specialty of Architecture in Local Application-oriented Universities
——Taking Inner Mongolia University of Science and Technology as an Example

摘　要：在教育部提出"双万计划"的背景下，内蒙古科技大学总结分析了地方应用型高校建筑学专业一流本科建设面临的问题，提出了地方高校建筑学一流本科专业建设的路径，为地方应用型高校提高一流本科专业建设水平提供借鉴。

关键词：一流本科；建筑学专业建设；困境与出路

Abstract：Under the background of "Double Ten-Thousand Plan" carried out by Ministry of Education，Inner Mongolia University of Science and Technology summarized and analyzed the problems，proposed the construction path of first-class specialty construction of architecture in local application-oriented universities，and try to provide references for other universities.

Keywords：First-class Specialty；Construction of Architecture Specialty；Difficulties and Outlets

1　相关背景

内蒙古科技大学是一所位于祖国北疆非省会城市的地方应用型高校。其建筑学专业设立于 1988 年，2008 年被评为内蒙古自治区品牌专业，同年成为自治区本科第一批录取专业，2010 年列为学校重点学科，2013 年列为学校"卓越工程师"计划专业，2014 年通过全国高等学校建筑学专业本科（五年制）教育评估，2016 年成立建筑学院，设建筑学、城乡规划、风景园林 3 个专业，2017 年获得建筑学一级学科硕士学位授权点，2019 年获批自治区一流本科专业建设点，2020 年获批国家一流本科专业建设点。

自 1993 年国家教委发布关于建设全国重点高等学校和国家重点学科的文件以来，我国高校建设发展就被分成"重点大学"与"地方高校"两类。长期以来由于两类高校在高等教育政策导向、自身发展动力等多方面存在着在所难免的差异，加之地缘因素、学术交流条件、师资流向等多重因素的制约，地方高校在本科专业建设过程中面临着诸多困境。内蒙古科技大学作为一所地方应用型高校，其建筑学专业在 30 多年的办学过程中也存在着很多现实困难和问题。2012 年以后，以建筑学专业评估为契机，以评促建，评建结合，狭缝中求生存，奋力开创着一条属于自己的发展路径。

2019 年 4 月 2 日，《教育部办公厅发布了关于实施一流本科专业建设"双万计划"的通知》（教高厅函〔2019〕18 号），计划 3 年建设 10 000 个左右国家级一流本科专业点和 10 000 个左右省级一流本科专业点。[1] 该计划面向各类高校、所有专业，分赛道实施，这无疑为地方高校专业发展提供了一个新的发展契机。内蒙古科技大学建筑学专业再次利用这一机遇，结合地区特质、夯实专业内涵、加强改革引领，努力建设有自己特色的一流本科专业，成为立足内蒙古、面向全国的优质工程应用型人才培养基地。

2 地方高校建筑学专业建设存在的主要问题

2.1 发展定位模糊，培养模式落后

由于办学历史短、师资水平弱、学术创新能力不够等因素，多数地方高校的建筑学专业处于被动办学的状态，往往不能及时把握国家发展与市场需求，无法较好地结合学校特色进行科学的专业规划，专业发展定位不甚清晰。某些地方高校的培养模式跟不上社会经济发展和产业结构调整的步伐，不能将有限的教育资源落到实处，专业培养和人才需求脱节，制约着地方高校建筑学专业的发展。

2.2 教学体系陈旧，跟跑现象明显

地方应用型高校在师资力量、学术交流等方面的弱势导致在人才培养方案制定过程中，往往不能着眼于区域整体发展及学校特质来进行创新，培养计划的修订缺少新意，课程体系经常嫁接照搬国内一流院校的建筑学专业课程体系。这些一流院校的建筑学专业通常是以培养研究型的精英人才为目标，而地方应用型高校建筑学专业多以培养服务地区经济社会发展的实践应用型人才为目标，这使得地方高校在套用一流高校课程体系时存在明显的"水土不服"，不利于地方高校建筑学专业的发展。内蒙古科技大学在 2008 年前也一直使用着多年不变的脱胎于清华大学的培养体系。

2.3 人才引进困难，智力支撑乏力

人才是专业建设与发展的重要资源，是衡量专业教育水平的主要指标。然而，缺少高水平师资是许多地方高校建筑学专业共同面临的问题。由于地处边疆，师资问题一直困扰着内蒙古科技大学建筑学专业的办学，人才引进困难，人才流失严重，教师数量仅能满足评估要求，教师整体层次和水平仍有待提高。人才缺乏的结果就是一流本科专业建设的智力支撑乏力，专业教育教学

能力、整体学术水平得不到保障。

2.4 经费投入不足，硬件建设滞后

大多数地方院校都是主要依靠地方财政支持，因此，地方高校建筑学一流专业建设都会面临着经费不足的情况，这很大程度上影响着高校的办学条件与水平。建筑学专业的建筑物理、构造材料、建筑模型实验室，尤其是近些年一流院校陆续新增的虚拟仿真、环境行为实验室的建设，以及整体教学环境氛围营造等都需要大量资金支持。内蒙古科技大学建筑学专业作为地方应用型高校中的非主流专业，经费不足的现象尤为明显。

3 地方高校建筑学一流本科专业建设的路径

显然，地方高校建筑学专业不具备我国建筑领域"老八校"的生源、师资力量和教学资源，也不享有社会普遍接受的认可度，其一流本科专业建设面临着很大的困境与挑战。所幸的是，2019 年教育部启动的"双万计划"是分赛道实施的，客观说，地方高校建筑学一流本科专业更多的是"省道"建设，它是一个相对的"一流专业"建设，是指地方高校建筑学专业的人才培养定位、培养模式、教学体系等方面要体现地方特色，达到区域一流水平，其培养质量反映为学生某些方面素质明显优于其他院校的毕业生，并得到社会及用人单位的广泛认可。基于地方高校建筑学专业的先天不足，内蒙古科技大学在高等教育内涵式发展的要求下，将服务国家战略和区域发展作为价值导向，结合地区特质、夯实专业内涵、多方寻找资源、注重联合办学、优化教学体系、完善保障机制，摸索着一条协同创新的建设路径。

3.1 结合地区特质，赢得生存空间

由于地方高校与生俱来的缺陷，在当前高等教育市场的激烈竞争中，无法通过传统的深化改革、招生就业等措施摆脱恶性竞争的宿命。因此地方高校更要深入挖掘地区优势，开拓可能的教育发展空间。内蒙古科技大学地处内蒙古中部的包头市，包头是一座典型的移民城市，农耕文化与游牧文化、晋陕文化与草原文化交融交错；包头也是民族地区建设最早的一座工业城市，有着较多的工业企业和丰富的工业遗产。内蒙古科技大学建筑学专业扎根西北边疆，面对生源"特质"，始终坚持具有创新精神、创业意识和实践能力的高素质应用型人才的培养定位，避免进入研究型、国际化的追赶误区，做到与我国建筑领域一流院校错位；同时聚焦自治区绿色高质量发展需求，结合自治区优势资源，尤其是包头

的城市特点、文化特征，升级改造专业内容，构建具有地域特色的建筑教育模式，为自治区及更大范围培养专业技术骨干和带头人，做到与地方同类院校错位，避免形成同质化发展倾向，赢得生存空间。

3.2 夯实专业内涵，优化教学体系

2010年开始，内蒙古科技大学建筑学专业逐步意识到要紧跟时代需求和专业发展动态，重视学科专业结构调整和人才培养方案的更新修订，从2012年启动专业评估到OBE教育理念的引领，以及2000年的建筑学院大类试点，不断明确专业定位，清晰服务面向，依托学校多科性大学的综合优势，在教学中搭建了结构、计算机、环境工程等学校优势专业支撑的协同教学平台，强化专业知识融合，拓宽人才培养口径，通过协同创新和内涵提升打开了建筑学一流本科专业建设的局面；遵循"知识、素质、能力协调发展"原则，合理设置课程模块，建立了由通识教学课程、学科基础课程、专业教育课程、实践教学环节四部分有机融合的"平台＋模块""一轴两翼三阶段"的课程体系（图1）；在建筑设计课程（图2）的教学过程中，注重内蒙古地区社会、经济、文化发展及严寒气候特征、草原生态环境、工业及移民文化等内容的学习研究，将地域性体现于专业教学环节当中，强化应用型人才培养。

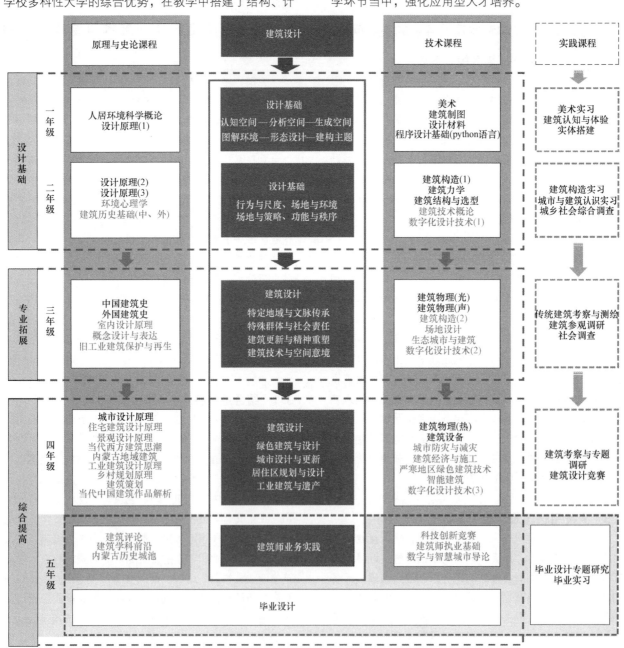

图1　内蒙古科技大学建筑学专业本科课程体系

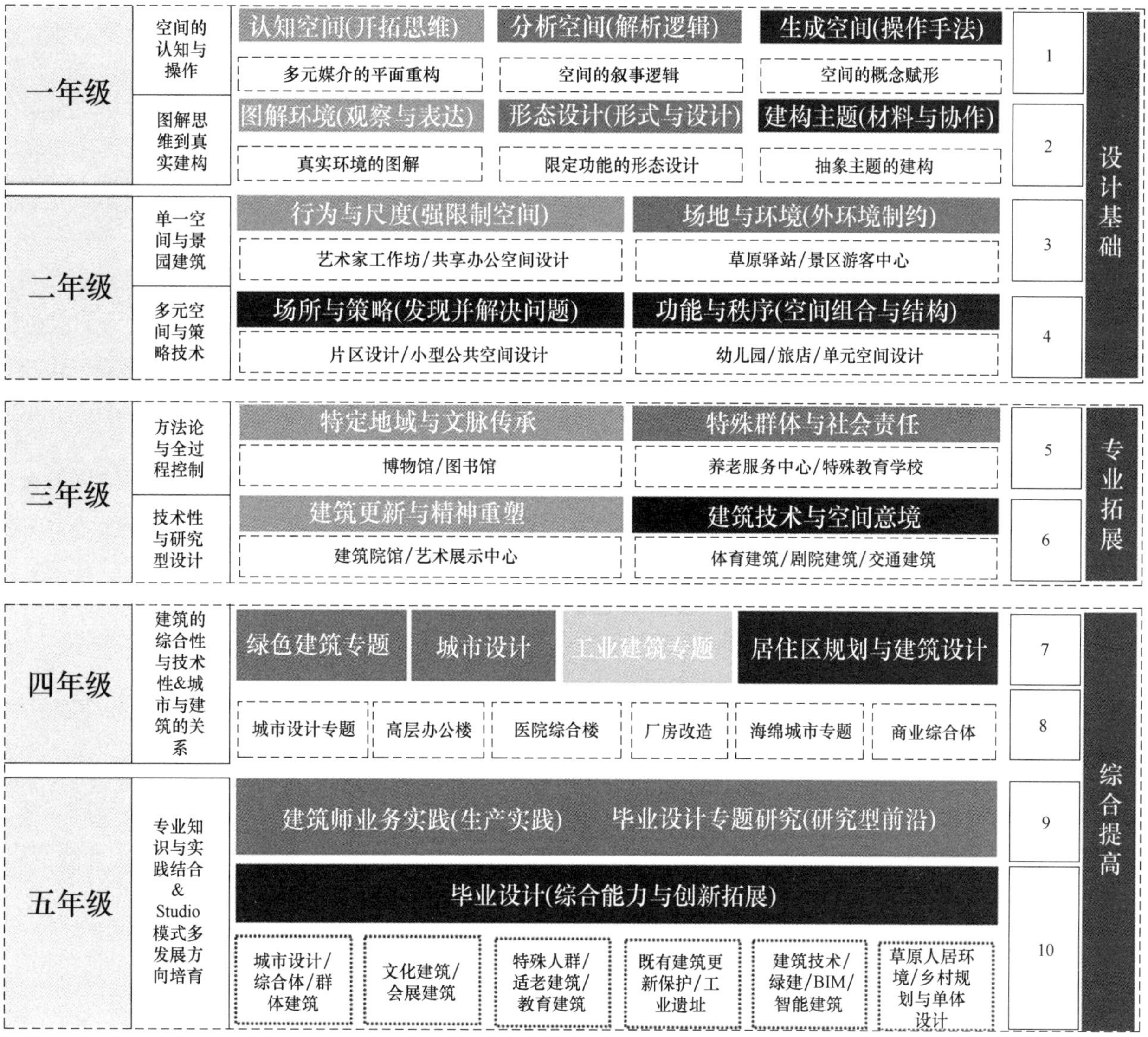

图 2　内蒙古科技大学建筑学专业设计课程安排

年级	主题	设计课程	序号	阶段
一年级	空间的认知与操作	认知空间(开拓思维)／分析空间(解析逻辑)／生成空间(操作手法)　多元媒介的平面重构／空间的叙事逻辑／空间的概念赋形	1	设计基础
	图解思维到真实建构	图解环境(观察与表达)／形态设计(形式与设计)／建构主题(材料与协作)　真实环境的图解／限定功能的形态设计／抽象主题的建构	2	
二年级	单一空间与景园建筑	行为与尺度(强限制空间)／场地与环境(外环境制约)　艺术家工作坊/共享办公空间设计／草原驿站/景区游客中心	3	
	多元空间与策略技术	场所与策略(发现并解决问题)／功能与秩序(空间组合与结构)　片区设计/小型公共空间设计／幼儿园/旅店/单元空间设计	4	
三年级	方法论与全过程控制	特定地域与文脉传承／特殊群体与社会责任　博物馆/图书馆／养老服务中心/特殊教育学校	5	专业拓展
	技术性与研究型设计	建筑更新与精神重塑／建筑技术与空间意境　建筑院馆/艺术展示中心／体育建筑/剧院建筑/交通建筑	6	
四年级	建筑的综合性与技术性&城市与建筑的关系	绿色建筑专题／城市设计／工业建筑专题／居住区规划与建筑设计	7	综合提高
		城市设计专题／高层办公楼／医院综合楼／厂房改造／海绵城市专题／商业综合体	8	
五年级	专业知识与实践结合&Studio模式多发展方向培育	建筑师业务实践(生产实践)　毕业设计专题研究(研究型前沿)	9	
		毕业设计(综合能力与创新拓展)　城市设计/综合体/群体建筑／文化建筑/会展建筑／特殊人群/适老建筑/教育建筑／既有建筑更新保护/工业遗址／建筑技术/绿建/BIM/智能建筑／草原人居环境/乡村规划与单体设计	10	

3.3　教师队伍多元融合、协同教学

优秀的师资是培养优秀学生、建设一流专业的前提。面对地方高校人才吸引力不足的问题，建立高等院校、设计企业、科研机构联合培养或组建师资团队的机制，合理分工、协同教学，是内蒙古科技大学建筑学专业解决师资短缺问题的有效途径。近年来，内蒙古科技大学建筑学专业在加大引育力度、刚柔结合引进人才的同时，还做到了以下几点：以卓越工程师计划项目为契机，以专业实践基地为平台，鼓励专业教师参与设计实践，支持教师参加注册建筑师考试，建设"双师双能型"教师队伍；聘请知名校友、企业优秀建筑师采用兼职授课、课程答辩、讲座交流、学术沙龙等多种形式参

与教学，提升学生解决实际工程问题的能力和创新思维能力；采取"走出去，请进来"的方式，邀请知名专家学者到校讲座、派师生到国内外交流、访学、听会等，开阔师生视野，营造良好育人氛围，努力造就一支扎根边疆的"多元化"高水平教师队伍。

3.4　区域专业联盟，增强核心竞争力

虽然地方高校建筑学专业没有我国建筑领域"老八校"的师资力量和教学资源，但以一流本科专业建设为抓手，践行地域建筑学专业联盟发展，实现不同高校间信息、资源的共建共享，是解决地方应用型高校建筑学专业资源不足、实现内涵式发展的创新式路径。[2]比如，专业联盟高校可以打破课程壁垒，实现学生自由在

各个联盟高校建筑学专业之间选择优质特色课程；地方高校图书馆通过图书、文献资料的统一管理、互借互阅以及建筑学专业联盟高校数字图书馆建设，实现图书信息的互利互惠；利用地方各高校的现有实验室资源，做到专业联盟之间的实验室等教学、科研场所的共享，实现优势互补、减少教育支出。内蒙古科技大学近年来陆续加入了西部A9＋、西部民族地区联合毕业设计以及大健康联合毕业设计，师生能在更宽阔的平台上与国内先进院校交流，拓展了专业的教育教学与科学研究视野。

3.5 校企政研协同，拓宽资源投入

在建立地方高校跨区域建筑学专业联盟的同时，也需加强校企政研的协同融合，也即高校开展科技创新，政府进行政策引导，企业提供资金保障及实践场所，多方协同，实现科技、资金、人才等多层次、多方面的资源共享，既缓解了专业办学资金不足、实践场地缺乏的问题，又增强了高校的社会服务职能，促进了地方高校科技成果的转换，培养了学生解决实际工程问题的能力，形成了良好的协同效益。

总之，地方高校建筑学专业以一流本科专业建设为抓手，用协同创新的思想，充分挖掘区域优势，调动一切可能调动的资源，加强高等教育内涵建设，才是专业可持续发展的出路。

主要参考文献

［1］ 一流本科专业建设"双万计划"发布［EB/OL］. (2019-04-10) ［2022-06-25］. http：//wap. moe. gov. cn/jyb_xwfb/s5147/201904/t20190410_377293. html

［2］ 李化树. 建设西部高等教育区——西部高等教育区域合作与发展模式研究［M］. 北京：人民出版社，2016：18.

建筑学课程思政与教学资源建设

屈张

同济大学建筑与城市规划学院；quzhang@tongji.edu.cn

Qu Zhang

College of Architecture and Urban Planning，Tongji University

设计课程教学中的建筑策划环节引入
——以同济大学专题设计Ⅱ课程为例 *

The Introduction of Architectural Programming in the Design Studio
——Taking Tongji University's Core Design Ⅱ as an Example

摘　要：在设计课教学中，设计任务书往往是一开始跟随题目与场地条件一起提出的，统一的设计任务书容易造成学生相似的逻辑思考，而缺少了对项目需求和问题全面的发掘。因此，在我们的设计课的教学中，希望尝试让学生参与设计任务书的制定，并通过这一过程发现项目中的独特性问题，进而寻找合理的设计解决方案。本文以同济大学建筑系专题设计Ⅱ教学为例，在设计长题教学中加入建筑策划环节，引导学生将调研分析结果，结合功能、形式、经济、时间四要素信息分析，提出设计任务书，在思维模式、评价标准、设计过程上实现教学创新。

关键词：设计课程；建筑策划；设计任务书；多主体参与

Abstract：In the design studio，design briefing is often directly put forward to the student at the beginning. The same assignment is likely to get similar results，but lack of comprehensive exploration of project requirements. Therefore，in our design studio，we would like to enable students to participate in make the own briefing，to find the unique problems in the project，and to propose reasonable design solutions. This paper takes Core Design Ⅱ of Tongji University as an example. We introduce the architectural programming phase in the long-term course，guides the students to think in a logical way，with the information analysis of the four elements of function，form，economy and time. There is innovation in the thinking mode，the evaluation standard and the design process of the course.

Keywords：Core Design Studio；Architectural Programming；Design Briefing；Multi-party Participation

1　重写任务书：建筑设计课程教学中的思考

在设计课教学中，设计任务书往往是一开始跟随题目与场地条件一起提出的，这也带来了一些问题。首先，很多学生对设计条件的理解多停留在面积和场地特征上，缺少对于使用者、业主、管理者等多主体需求的分析；其次，任务书中的功能和面积有可能限制学生的

设计思路，对于一些共享可变的空间或应对未来预期发展的空间难以自由发挥；第三也是最重要的一点，统一的设计任务书容易造成学生相似的逻辑思考，导致设计只是建筑形态和图纸表达上的不同，而缺少了对项目本身独特性问题的发掘。

路易·康（Louis Kahn）曾在自己的设计过程中，表达过对缺乏质量的建筑任务书的担忧，他坚持业主应

* 项目支持：国家自然科学基金青年基金项目（51808390）资助。

该与建筑师一起从头分析问题，而不是盲从于经验的判断。他曾对低质量的任务书提出了不满，在他看来，任务书目的不在于罗列需要多少东西，因为这些来自对相似建筑的复制。因此他设计前要做的第一件事就是"重写任务书"，重新回到设计问题的本质。

笔者在同济大学建筑与城市规划学院担任"建筑系专题设计"和"建筑策划"两门课的教学工作。[①] 其中，建筑策划解决的正是建筑设计任务书的制定问题，通过科学的分析方法和程序，提供合理的解决方案。在建筑策划课程中，曾经尝试选用与设计课相似的题目与场地进行策划和概念设计。结果证明，学生们有很强的能力来完善设计任务书，并且对设计问题有更加广泛而深入思考，呈现独特性的概念方案。因此，在我们的设计课的教学中，也希望尝试让学生参与设计任务书的制定。

2 设计课程基本情况

建筑系专题设计Ⅱ（城市与住区设计）是同济大学建筑系大四的专业必修课程，总计 8 学分，17 周时间。课程采用自选题形式，建筑系"A7-建筑策划与类型学"梯队承担该课程其中一组教学工作。在最近 3 年的教学中，梯队以"青年共享社区"为题。青年一代的理想社区是什么？对于未来即将设计、使用这些建筑的青年建筑师而言，该题目探讨如何通过建筑塑造共享与开放空间，创造良好的城市体验和宜居的生活环境。课程分为建筑策划、城市设计、住区设计、建筑设计 4 个部分。

该课程的一个特征是在 17 周的设计长题教学中，专门加入 4 周的建筑策划环节。引导学生将调研分析结果，结合功能、形式、经济、时间 4 个要素分析，对城市设计与建筑设计可能带来的各种正面或负面影响做出预估，并由学生自行完善设计任务书，为下一步的设计提供科学合理的依据（表 1）。建筑策划环节的加入也有助于让学生们尝试对设计问题进行一次科学推导，这种思维训练过程不仅是对设计课，对其他课程的学习也会有所帮助。

专题设计教学的 4 个阶段　　　　　　表 1

	功能	空间	指标	艺术
建筑策划	●	○	○	○
城市设计	○	●	○	○
住区设计	○	○	●	○
建筑设计	○	○	○	●
	多元	共享	合理	创新

3 建筑策划环节的教学内容

本课程建筑策划环节主要采用建筑策划问题搜寻法（Problem Seeking）的操作步骤和技术工具。问题搜寻法源于美国 CRS 建筑设计事务所的长期的实践经验，以及建筑策划先驱威廉·佩纳（William Pena）和策划领域专家史蒂芬·帕歇尔（Steven Parshall）的理论提炼。该理论以目标、事实、概念、需求、问题"五步法"，以及相对应的功能、形式、经济、时间"四要素"，形成的建筑策划信息矩阵表，基于信息的分析得出系统科学的问题陈述，即设计任务书。具体在课程中包括了以下教学内容（图 1）。

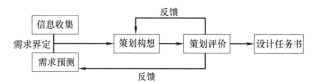

图 1　课程中建筑策划环节的教学内容与程序

第一步，需求界定。包括客观信息收集和主观需求预测。在这一步学生需要对法规、条例、上位规划等客观信息进行收集，也需要对主观信息进行预测，包括业主的设计目标、使用者的需求，以及项目可能对周边居民的影响等。上述内容将被整理成为功能和形式等若干类。

第二步，策划构想。根据界定的需求进行策划构想，将限定条件和需求通过设计语言表达出来，并提出可能的设计策略。与设计方案不同，策划是一种客观的陈述，根据发现的问题给出抽象的解决方案。

第三步，策划评价及反馈。主要包括业主及使用者的意见征询和策划自评机制，建立适合的准则，将结果反馈到最初的设计需求上，进行调整与总结。通常而言，景观详细规划的任务书主要体现出容量、使用功能、经济性等方面内容，但对于与建成环境相关的特性缺少设计依据，包括文化、社会、心理等内容都是需要予以考虑的。

第四步，设计任务书。在完成上述三步的基础上，将每部分内容汇总成为设计任务书，也为控制导则的制定提供了反馈。这种策划与规划的互动过程也改变了现有设计教学从既有条件到最终结果的线性模式。

4 教学成果示例

通过 4 周的建筑策划阶段工作，学生将对前期的调

---

① 建筑系专题设计自选题指导教师：李振宇、涂慧君、刘敏、江浩、屈张；建筑策划课程主讲教师：涂慧君、屈张。

研、访谈、构想等进行梳理分析，并完善设计任务书。以2021—2022学年课程为例，该项目基地位于上海市杨浦区大学路创智坊，该区域规划为小街区、密路网街区，西侧为复旦大学，东侧连接地铁站，很多创业型中小科技企业集聚于此。本次课程学生将尝试在满足传统住区控制指标的前提下，设计多种不同的建筑形式组成的开放街区。在策划阶段，成果主要分为基地和用户调研、策划矩阵表、策划构想3个方面。这些成果将完善原有的设计任务书。

4.1 基地和用户调研

第一部分内容主要对基地和用户调研，以确定任务书中的开发强度、建筑功能配置和比例（图2、图3）。结合政府、开发商、目标使用群体的调研，学生们首先对地基现状的主要问题进行梳理：第一，基地内缺少公共活动空间，也缺少可以吸引人留驻的场所；第二，现有业态基本以餐饮和零售为主且餐饮比例或高，街区活动呈现出明显的潮汐式特征，并集中于大学路主街；第三，青年人缺少创业的空间，特别是小型工作室和共享办公空间。因此在设计任务书中，提出控制纯住宅地块容量，保证商住混合功能的面积，并且根据地块区位情况，对具体的商住比例进行设定。

在住区方面，考虑到设计主要面向青年人群体，在策划中主要考虑的租赁单体的适用性、经济性、联系性。适用性：居住基本诉求，反映在设计的尺度和风格；经济性：考虑模块化、公共空间使用率、功能空间共享率的提升、个人空间折叠；联系性：对外高效、有效的人际关联、共享设计进行实现，动静分区、动线对于服务空间的串联、双动线，满足不同生活方式及使用需求。

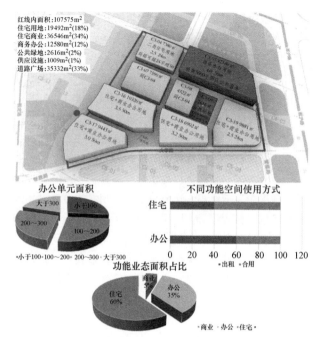

红线内面积：107575m²
住宅用地：19492m²（18%）
住宅商业：36546m²（34%）
商务办公：12580m²（12%）
公共绿地：2616m²（2%）
供应设施：1009m²（1%）
道路广场：35332m²（33%）

图2 开发强度、功能配置与比例设定

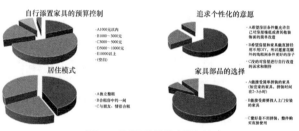

图3 使用群体特征调研

4.2 策划矩阵表

第二部分内容按照问题搜寻法框架，对青年居住设计的功能、形式、经济、时间4个方面的信息进行整理，并得出最终的问题陈述（表2）。

策划矩阵表　　　　　　　　　　　　表2

	目标	事实	构思	需求	问题陈述
功能：使用者行为相互关系	①令使用者更便捷地到达各功能空间 ②强化公共空间的吸引力 ③加强地块内各公共空间的关联性	①同一街区内功能单一，缺少部分基本功能 ②现有公共空间的吸引力较弱 ③现有公共空间分布分散，相互之间较为割裂	①地块分为若干组团，组团拥有居住之外其他功能 ②每一组团至少拥有一个独特功能 ③构建联系各个组团内公共空间的实体系统	①居民需要更便捷地到达各功能空间 ②对强吸引力公共空间的需求 ③对成系统的公共空间的需求	①如何将多元功能融入单一组团？ ②哪些功能在场地内唯一设置是合适的？ ③如何构建串联整个街区的实体系统？
形式：基地环境质量	①私密和公共性兼具的空间形式 ②人车分离保证交通通畅、安全性和舒适的漫步体验 ③加强景观绿化可达性和可视性	①街坊式平面封闭管理，开放性不足 ②人车混流、道路多停车、沿街使用效率、品质较低 ③内部景观绿化封闭、使用率较低	①介于全封闭和列车之间的"半围合"，人口的层级性、开放度层级性 ②竖向分离人流和车流 ③设置连续路径、多层级景观绿化系统	①私密和公共空间的界限 ②步行的舒适环境，车行的通畅 ③在不影响基本使用功能同时，丰富绿化、提升活力	①如何处理思考城市设计中公共与私密的关系？ ②如何梳理基地内的交通路网和人流车流流线？ ③如何营造有活力的绿色景观系统？

162

	目标	事实	构思	需求	问题陈述
经济：商业模式生命周期运行成本	①提高空间资源利用率 ②实现商业的可持续性运作 ③综合考虑投资与运行成本 ④通过公共活动所带来的人流带来实际经济收益	①基地商业设施丰富，但大量集中于大学路，分布不均匀 ②沿街部分商业位于较高层，对人群吸引力较差	①采取分时共享运作模式，使其长时段保持活力 ②提高商业功能可置换性 ③提高内部商业活力，使其分布均匀	①商业分时共享与可置换性的提高都需要稳固的社群关系为基础 ②投资、运行与管理费用的综合考虑	①对分时共享的商业模式，应当如何管理 ②在不改变基地外部环境条件下，如何使人进入并停留在基地内部
时间：过去现在未来	①过去作为大学城创智社区，商住办混合 ②现在进行青年住区规划，功能需求及分布发生变化 ③未来目标成为共享型青年居住社区	①青年社区发展趋势：以功能全面的组团形式出现 ②基地内活力相差悬殊，绝大部分集中于大学路 ③内部作为单一住宅区，缺少吸引年轻人进入的条件	①将功能分散至多个组团，组团间各自功能相对完善 ②有效引导人群进入基地内部，产生活动 ③社区共享空间的营造	①各组团内部及组团之间空间分布的合理规划 ②社区内共享空间的综合规划与管理	①未来的青年社区如何融入现有城市肌理 ②人群引入后如何与社区功能相结合

4.3 策划构想

第三部分内容提出具体的策划构想，为下一步的设计工作做准备（图4）。

1）在地块西侧设置一处集中的商业用地和广场，与东侧和江湾体育场地铁站的商业形成两端商业锚点，设置不同的连通路径；

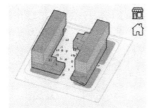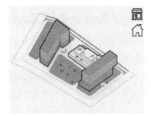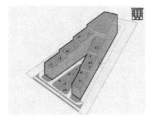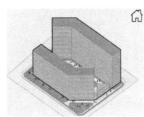

图 4 策划构想

2）部分地块采用商住混合的模式，主要街道一层和二层设置商业店铺，局部设置室外平台，上部为公寓，商业与公寓采用相互独立的流线和出入口；

3）建筑底层至二层建筑采用围合的形式，但避免形成连续封闭的界面，保证1:4的边界开敞；内院宽度与建筑层高比控制在（1:1.5）～（1:1）之间，设置不同高度的活动场地以满足多种人群需要；

4）在建筑二或三层设置外廊，与连廊相连接，形成一套面向社区居民架空的步行系统，步行系统两侧可设置社区服务设施；

5）酒店建筑的屋面采用多层退台的形式，并形成将建筑体量控制在适宜尺度；

6）纯住宅地块在满足容积率的前提下，留出地块的转角空间，顶部作为空中庭院供居民进行种植和活动。

5 策划环节引入的教学反馈与创新点

5.1 策划环节引入的教学反馈

通过教学观察与对本课程学生的访谈，建筑策划环节引入设计课程教学的有以下三点意义：

1）策划的引入帮助学生们进一步明确思路和准确定位。学生 A 认为，"一开始对整体概念不太明确的时候，我们先做了一部分策划构想，通过判断构想与需求的一致性，确定下来我们要做一个方向"。

2）让学生主动搜寻设计潜在问题和需求分析，补充设计条件，提升设计深度。学生 B 认为，"在策划阶段，设计师得以静下心来对各类需求、概念、限制条件进行梳理，将其整理转换成能够直接反应于设计的语言，对于后期的工作是十分有意义的"。

3）尝试在设计中的进行更加完整的逻辑推演。学生C认为，"它（策划）是一种逻辑推断而非拍脑袋空想，引导我们更加注重项目本身条件的挖掘，使后期设计更加科学合理。在策划中提出的使用者群像描绘、未来发展预测、多主体参与等要点是很有启发性的"。

5.2 策划环节引入的创新点

《中国建筑策划与后评估教学发展倡议共识》提出"应当将建筑策划与后评估作为当代建筑学人才能力培养的重要内容，明确纳入建筑学教学大纲的整体框架"。引入建筑策划环节，对建筑与城市设计课程教学有以下几个创新点。

1）思维模式的创新，引导从结果导向（Problem Solving）到问题导向（Problem Seeking）的设计思维。

传统的建筑设计教学对理论知识和设计原理有较系统的培养要求，而建筑策划思维和方法引入，有助于加强学生对设计问题的发掘，尝试创新设计思维过程的训练。建筑策划环节更注重调研和分析，使学生在设计阶段不仅"学会解题"，更要"学会出题"。教师成为教学组织者和引导者，而非以往的决策者，调动学生的学习主动性和集体合作意识。从问题出发，找出设计中的判断性和发散性问题，进而提出设计解决方案。

2）评价标准的创新，培养学生在设计中的多主体参与意识

传统的建筑设计教学多采取"真题假做"的形式，学生在设计过程中容易将自我需求误作为项目设计条件，缺少对于实际使用者、市场情况、政策等情况耦合下的需求考虑，导致了自上而下的理想化设计结果。真实的设计实践是一个多方博弈的过程，策划环节的引入使设计从关注"物"转变为关注"人"。突破实体空间导向的传统评价标准，培养学生在设计中的多主体参与意识，学会从不同角度思考，使设计更加全面。

3）教学过程的创新，建筑策划理论与建筑设计实践的知行合一

建筑策划和建筑设计是两门独立课程，前者更注重理论方法、程序和技术工具的介绍，由于教学时间有限，学生无法在建筑策划课程中完整地实践策划工作。而建筑设计长题有17周的时间，在以往的课程中，经常出现学生在8周后设计进度停滞不前的问题，其中一个原因就是设计输入条件较少，限制了设计思路的深度与广度。因此，我们尝试拿出4周时间，让学生们对设计条件和问题进行全面的发掘，也有助于巩固建筑策划

课程所学的知识。

6 小结

本文以同济大学专题设计Ⅱ课程为例，介绍了设计课程教学中的建筑策划环节引入。建筑策划从问题入手，分析客观信息和主观需求中，将其转换为设计因素，并结合实态调研，综合提出充分而客观设计策略。在实践层面，建筑策划有助于梳理实际项目中面临的复杂问题。对于当前倡导的项目多元主题参与而言，建筑与城市设计不仅需要考虑政府计划和开发商的利益，也需要考虑使用者和其他居民的环境、健康和公共利益。通过本课程的教学，希望进行一次设计思维的训练，并培养学生在设计中从单一价值观向多元价值观的转变。

图表来源

图1～图4，表1、表2均来源于2021—2022学年同济大学专题设计Ⅱ课程大纲及课程汇报。

主要参考文献

［1］ Joseph Demkin. The Architectect's Handbook of Professional Practice ［M］. 4th Edition. New York：John Wiley & Sons，Inc.，2008.

［2］ AIA. The Architect's Handbook of Professional Practice ［Z］. 13th edition，2000.

［3］ Pena William，Parshall Steven. Problem Seeking：An Architectural Programming Primer ［M］. 5th Edition. New York ：John Wiley & Sons，Inc.，2012.

［4］ Qu Zhang，Zhuang Weimin. Architectural Programming Study at EDRA50/50：History of Architectural Programming and Teaching Experience in China ［C］. Proceedings of the 50th EDRA，2019，9.

［5］ 屈张，庄惟敏. 建筑策划"问题搜寻法"的理论逻辑与科学方法：威廉·佩纳未发表手稿解读［J］. 建筑学报，2020（2）：37-41.

［6］ 屈张. 二维、三维、四维：建筑策划预评价方法与技术工具研究［J］. 住区，2019（3）：98-103.

［7］ 庄惟敏. 建筑策划导论［M］. 北京：中国水利水电出版社，2000.

［8］ 庄惟敏，张维，黄辰晞. 国际建协建筑师职业实践政策推荐导则［M］. 北京：中国建筑工业出版社，2010.

汪丽君

天津大学建筑学院；wljjudy@tju.edu.cn

Wang Lijun

School of Architecture，Tianjin University

"积微成著 笃行致远 惟实励新"："建筑类型学"研究生课程思政建设与改革思考 *

Accumulating Bit Makes too Remarkable，Keeping Loyal Spirit to Go Far，Practicing to Encourage Innovation：Curriculum Ideology and Politics Reform in the Postgraduate Course of "Architectural Typology"

摘　要：在育人过程中，应培养学生从"知识—能力—态度"三个层级不断提升家国情怀与文化自信。这体现了理想、责任与担当的有机统一，是社会主义核心价值观的重要体现。本文通过天津大学建筑学院研究生核心课"建筑类型学"的改革思考，探讨课程思政如何有机融入专业教育，总结了教学实践中遇到的问题及经验。

关键词：课程思政；建筑类型学；中国叙事

Abstract：In the process of education，students should be trained to continuously improve their national feelings and cultural self-confidence from the three levels of "knowledge ability attitude". This reflects the organic unity of ideal，responsibility and responsibility，and is an important embodiment of the core socialist values. This paper discusses how to integrate ideological and political education into professional education through the reform of "architectural typology"，the core course for Postgraduates in the school of architecture of Tianjin University. This paper summarizes the problems and experiences encountered in teaching practice.

Keywords：Curriculum Ideology and Politics；Architectural Typology；Chinese Narrative

1　引言

"课程思政"是把"立德树人"作为教育的根本任务的一种综合教育理念。通过构建全员、全课程育人格局，将家国情怀品格作为人才培养重要目标，将思想政治教育融入教书育人全过程。

天津大学的校训是"实事求是"，作为天津大学的风骨、文化的核心，指引着一代又一代天大建筑学人追求"不从纸上逞空谈，要实地把中华改造"的气魄。"懂么？会么？敢么？"老校长张含英的"治学三问"正

---

* 项目支持：国家自然基金项目资助（52038007）。

在向往来学子讲述求学之道，笔者认为我们天大"治学三问"精神正是体现了在育人过程中，要培养学生从"知识—能力—态度"三个层级不断提升家国情怀与文化自信。这体现了理想、责任与担当的有机统一，是社会主义核心价值观的重要体现，是一流人才所应具备的重要文化基因。

2 课程简介

由汪丽君教授独立撰写的《建筑类型学》于 2021 年 10 月获首届全国教材建设奖（高等教育类）二等奖，2021 年 4 月获首批天津市高校课程思政优秀研究生教材。教材的内容包含从认识论与方法论两个维度的建筑类型学理论、方法及应用。其中把城市和建筑视为同构的整体观；把传统与现代联系起来的历史观；把城市、建筑和自然融贯起来的生态观，为自主性思考中华营建智慧文化传承提供了具有积极启示作用的操作方法和理论支撑，树立课程思政与专业教育有机融合的教学样板。

自 2007 年起，汪丽君教授在天津大学建筑学院开设研究生理论课"建筑类型学"并一直使用该教材，2015 年起"建筑类型学"列为建筑学学科研究生核心课程，并一直连续参与"天津大学研究生创新人才培养项目"。在多年的教学改革实践过程中，逐步完善教学体系，形成了从模式创新、示范教材、慕课建设和课程思政有机结合的教学特色。

3 如何解决课程思政的有机融入

3.1 教材内容注重厚植"家国情怀"

汪丽君教授传承了彭一刚院士开创的天津大学"中国当代建筑设计方法论"研究方向的上长期理论积淀，展开对建筑类型学理论的中国本土化理论研究与实践应用。在教材撰写上，细化、强化基础理论和设计方法教学环节的衔接。内容上既渗透了古今中外的哲学、美学思想，又紧密联系中国当前的建筑创作实践。经过 17 年的不断建设，每次新修订的教材版本都不断增补与修订该领域最新研究成果。最新版本在对中华传统智慧传承方面增加关于建筑类型学本土篇的研究内容，通过对东方文化地区现代地域性建筑的类型学启示，分析了中国当代建筑创作中对中国传统地域建筑文化的类型学思考。同时结合当下计算机科学的发展趋势探讨类型、原型与参数化设计在未来结合的可能性。

3.2 课程建设注重倡导"学思结合"

在课程设计上结合学科特点，将设计性、研究性、综合性有机融合，注重积极激发学生的学习兴趣，培育学生的主动精神和创造性思维：

1）授课方式

积极开展"研讨课"教学方法研究与应用。每次课除了教师的理论教学以外，安排一定比例的学生进行"研讨"环节。以研究生研讨、教师引导点评、集体讨论的形式开展。提前制定每节课的研讨主题并提供相对应的课外阅读材料，通过学生自己阅读、探究、讨论科研文献，从中发现问题，甚至提出研究课题。

2）教学内容

注重自己研制的数字化教学电子课件建设。内含丰富的图片和教学资源，方便教师和学生教学和自主学习。同时注重需求导向，结合行业领域前沿，与时俱进更新教学内容。自 2015 年起，每年选取该领域近年来重要学术影响的中外文文献近 20 篇更新在网上 e-learning 教学平台，邀请国内相关知名行业实践建筑师结合最新业内实践工程案例进行专题讲座。疫情期间，教材在已有建设基础上，积极联系中国建筑工业出版社，为学生开通网上数字图书馆免费教材。2022 年 5 月"建筑类型学"慕课已正式在"智慧树"上线，并录制完成"学堂在线"研究生精品示范视频课。可以提高学生通过移动互联网终端进行高效自主学习的灵活性。

3）结课形式

采用灵活多样方式，注重综合素质的考核。采用"研究式设计"结课方式，让学生可以将对建筑类型学理论的研究与设计实践相结合。启发学生在复杂场地环境中分析新旧建筑关系，提炼场地历史、现状、周边建筑形态的类型要素线索、还原空间类型，体现建筑学、城市设计、景观设计的深度交叉融合。所采用的考核方式是"分组研究报告＋设计＋个人研讨汇报"，并采用"总成绩＝课堂表现与研讨 20％＋调研 30％＋设计成果报告 50％"几部分相结合进行综合考核，以激发学生自主学习、独立思考和创造性思维能力的培养。

3.3 思政教育注重培养"工匠精神"

按照课程思政标准进行课程体系的再设计。启发学生对中华营建筑传统的敏感性，在课堂研讨环节积极引导学生讨论当代建筑类型学对中国传统建筑智慧传承与创新的途径。针对教学场景，引入业内建筑师结合自身作品进行类型学工程实践学术讲座，使学生关注社会文化与建筑历史的基本历程和阶段特征，结合历史背景、建筑技术、建筑认知、建筑师生涯等知识点，分析、评价各种建筑变革。特别注重收集整理建设国内外体现思政内容，涉及社会责任、工程伦理、工匠精神的教学重点案例库。归纳国内外在现代建筑中融入传统元素的对应案例，增强学生将传统文化融入设计中的意识。

3.4 教学改革创新"理论课＋设计 Studio"模式

自 2021 年以来，结合专业研究生教学改革，"建筑类型学"在 8 周的理论教学后，又延伸开设了 8 周研究生建筑理论专题设计 Studio："建筑类型学的中国叙事"。

1）2021 年题目"传统戏曲实验小剧场设计"

历史与地域是类型学设计方法中原型的两大来源。原型的抽取及场所化的设计过程即是类型学在建筑形态构成中的运用。传统戏剧表演空间则是承载着古典戏剧活动的容器。不同于西方传统剧场是一个自我封闭的世界，中国的传统剧场是开放的。在中国古典戏剧的演出中，不仅剧场对周围环境是开放的，舞台对观众区也是开放的，强调表演者与观者的互动、表演空间与演出内容的呼应、氛围的塑造等。不同于西方戏剧的具象与写实性表现，中国传统戏剧表演活动和布景更加注重抽象性的表现和身临其境的意境传达，因此设计者在原型抽取与场所化设计中也应结合中国传统文化，在视觉与听觉结合的基础上调动观者的想象空间，尝试再现古典戏剧中的意境（图 1、图 2）。

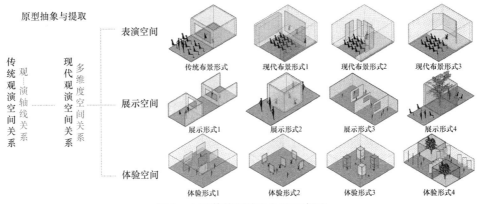

图 1　中国传统观演空间原型提取

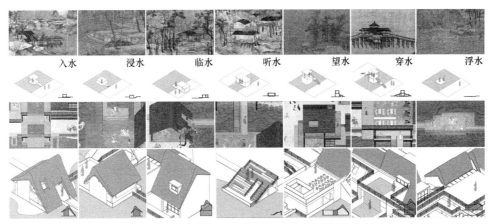

图 2　中国传统观演空间原型转译

2）2022 年题目"乡村原型的活化与营建"

"乡村振兴战略"的国家助力使得以"乡村建设"为阵地的建筑理论探索与实践活动亦随之如火如荼。本次专题设计 Studio 的目的是将建筑类型学的理论与设计方法研究与河北唐山市乐亭县农渔小镇乡村活化设计项目联系起来。一方面，从"批判的地域主义"等相关论述中寻找注解；另一方面，借助"乡村现代性"（Rural Modernity）等标签寻求对地方特征的新表达。通过植根于特定乡村社区（Community）的建造系统，从中发掘可资借鉴的类型、技术、工艺等营造经验，以此保存具有识别性的特征，直至找到可持续（Sustainable）的当代乡村原型活化实践方式，使设计适应于所处的自然条件、社会状况与文化环境。同学通过专题设计 Studio 可以尝试发掘"在地经验"（Local Experience）处于非都市条件下的复杂适应性，以此超越对既有乡村空间原型的简单复刻。因此某种程度上，这也还可以视作一次"既向乡村输出，又向乡村学习"的观念重构（图 3～图 5）。

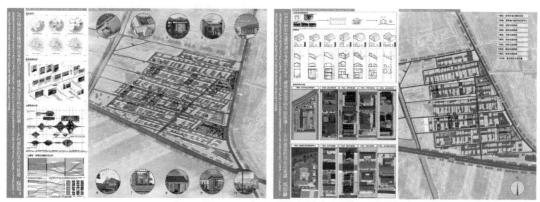

图 3　乡村原型的活化与营建—乐亭八里桥村总图

图 4　乡村原型的活化与营建—村口公共空间

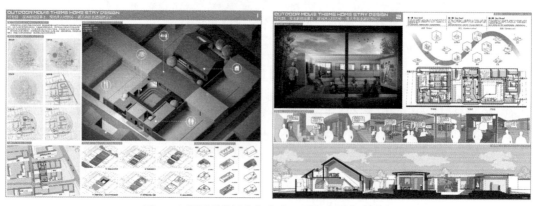

图 5　乡村原型的活化与营建—露天电影主题民宿

4 课程思政教学创新点总结

4.1 教材内容创新：积微成著，传承"天大建筑"学人传统

《建筑类型学》教材内容建设强调全面涵盖本专业的基础理论知识，同时密切关注本学科发展的动态前沿。坚持传承中华营建思想，发展中国特色的现代城市与建筑理论的教学理念。与国内其他建筑学大类研究生专业理论教材相比，既突出中国特点又与国际接轨。

4.2 教学模式创新：笃行致远，践行"知行合一"教学模式

以培养"家国情怀、全球视野、创新精神、实践能力"人才为目标，形成全面提升中华民族文化自信的教学理念。创新性地开展"课堂研讨＋分组城市调研＋中国传统原型转译设计 Studio"教学模式探索与应用，将理论教学与设计实践融通，对全面提升学生的文化自信心，构建和谐美丽的现代化人居环境具有重要的促进作用。

4.3 课程思政创新：惟实励新，探索"五育并举"育人机制

注重思政与专业教育的无痕融合，通过"教材＋电子教学课件＋行业建筑师讲座＋慕课视频课"多样性教学，全方位服务课程思政改革。结合最新工程案例，将课程思政内容有机融入教材内容与配套资源建设。特别是联系我国当前城市建设中存在的文化基因断裂问题和建筑设计创作的具体情况，启发研究生从类型学的视角对中华营建智慧传承进行探索。于潜移默化中强化爱国主义情感，引导学生主动认识和汲取传统文化精华，提升专业素养。

黄旭升

东南大学建筑学院；huang_xusheng@seu. edu. cn

Huang Xusheng

School of Architecture，Southeast University

城市建筑：东南大学二年级基础教学与设计方法探讨
Urban Architecture：Basic Teaching and Design Method of the Second-year Course at Southeast University

摘　要：基于城市更新和城市高质量发展的国家战略，东南大学本科二年级建筑设计教学探索了一种城市建筑的设计理论与方法，通过将"从城市到建筑"的设计原则贯彻到场所、结构、表皮、计划、材料5个建筑基本问题的分项练习，提高学生对建筑的城市意识和城市价值的理解。

关键词：城市更新；建筑教育；基础教学；城市建筑；立面；平面

Abstract：Based on national strategy on urban regeneration and urban high-quality development，the second-year architectural design course at Southeast University explores a design theory and method of urban architecture. By putting the design principle that from city to building into the thematic exercise regarding five basic architectural issues：place，structure，envelope，program and materiality，it enhances students'understanding of urban value in architectural design.

Keywords：Urban Regeneration；Architecture Education；Basic Teaching；Urban Architecture；Façade；Plan

1　城市建筑

中国在过去30年经历了世界历史上规模最大、速度最快的城镇化进程，"十四五"以来，城市发展类型迫切要求由粗犷型转型到精细型，增长模式由外延式提升到内涵式，以高质量发展为主题，提升城市价值和品质，通过改善人居环境，推进以人为核心的城镇化。为此，中央提出城市要从"大拆大建"到"更新提质"。建筑基础教学如何回应城市更新的国家战略，从低年级开始使学生意识到建筑的城市和公共价值是东南大学二年级教研的重点方向。基于此，我们与苏黎世高等理工学院（ETH Zurich）建筑系荣休教授迪特玛·埃伯勒（Dietmar Eberle）开展深度合作，探索从"自内向往"的以功能类型为线索到"自外向内"的以城市建筑为线索的基础教学改革。

教学的核心理念和方法是城市建筑。虽然城市建筑

（Urban Architecture）和城市建筑一体化（The Integration of City and Architecture）在中文表述上类似，但两者却各有侧重。城市建筑一体化强调建筑作为一个小城市，特别是站城一体开发、公共交通指向型开发（TOD）等旨在通过提升土地利用价值、资源效率，以建筑承担城市交通、私人公共空间等复合功能，促进公共交通、城市和房地产的共同发展；而城市建筑是批判性地思考建筑设计本身——建筑如何在本体和具体的设计问题上回应城市挑战并对城市作出贡献。

罗西在20世纪60年代的《城市建筑学》中提出了对功能主义的反思，他认为建筑应该是记忆和理性的集合体。无论是集合住宅还是公共纪念建筑都能赋予城市持久性和身份特征，例如帕多瓦（Padua）的雷吉奥宫（Palazzo della Ragione），建筑功能在漫长的历史中几经变化，但建筑形式却完全独立于功能保持不变。建筑类型学及类比建筑和城市重新审视了功能决定论，以场

所、文脉和周边作为设计的开始。真正让建筑得以持续的，是建筑的城市属性和公共价值。

当今，从城市环境出发设计建筑已形成共识，特别是赫伯特·克莱默（Herbert Kramel）教授提出的环境—建构—空间三要素在 20 世纪 80 年代深刻地影响了中国的建筑理论和教育。这种框架下这三者似乎获得了平等关系，而城市建筑更强调城市和公共价值作为贯穿设计全过程的理念和方法（图 1）。本课程的教学通过分主题和阶段的设计练习，分别在城市和建筑两个层级进行设计训练。

图 1　教学训练中围绕场所的五个基本问题

"场所"是课程的基础——对场地与建筑体量和布局关系的认知、分析和设计。"结构"主题在承重和力学之外，关注建筑单体的结构与场所结构，特别是周边建筑结构背后的经济、社会、文化动因，以此理解建筑结构基于城市和社会的适宜性。"表皮"主题反思了形式追随功能或表皮体现建构的第二位设计原则，提出表皮作为城市表达的第一位自主性。"计划"主题从新的角度认识功能，强调室内空间布局与城市空间的联系。"材料"主题将室内空间氛围与材料产地、特性、施工相结合，体现具体的场所特征。

城市建筑的设计起点不是对内部功能的回应，而是如何回应外部城市的诉求，提升公共空间品质并参与到场所塑造中。由于篇幅所限，本文将聚焦表皮和计划两个主题，从立面和平面两个建筑设计的基本问题探讨城市建筑的设计原则与方法。

2　立面的城市性

赛利奥在《建筑五书》中绘制了维特鲁威提出作为歌剧院背景的三种街景：庄严的、欢快的、激情的。前两种是城市的街道，赛利奥用古典风格的柱廊和山墙表达君主、国家和公共典礼的庄严街道，用哥特风格带有外廊和成排窗户的私人住宅代表祥和欢快的日常街道。这体现了建筑立面的城市意义——构成街道立面和城市公共空间的界面。米兰的理性主义建筑师路易吉·菲吉尼（Luigi Figini）和吉诺·波里尼（Gino Pollini）设计的米兰布洛莱托街 37 号建筑，为了化解建筑的大体量

并维持城市的延续性，将体量分为沿布洛莱托街的一座 7 层的办公楼和退后的一座 11 层的住宅塔楼，沿街的建筑立面通过大理石墙面和规则开窗，合乎比例且优雅地融入原有街道，体块中间的建筑则采用有空间深度的立体格构立面向花园景观开放（图 2）。

图 2　米兰布洛莱托街 37 号建筑沿街和
地块中间两栋建筑的立面

在教学上，学生首先要通过场地调研体会建筑立面与城市文脉、空间、相邻建筑的关系。在场所阶段已经做过大尺度场地调研的基础上进一步记录和分析具体的城市界面特点，包括：地块宽度、公共空间的尺度、相邻建筑的间距、面宽、层数、层高（标准层、首层）、窗墙比、比例和韵律、窗户的比例关系（选取典型的窗户）、细部的拍照记录（材料、构件）。

之后，学生要评价这些街道立面：描述街道立面形成的印象及其与街道和对面立面的关系；比较不同的街道立面；研究单个街道立面的特点；对街道立面组织规则的描述和表达；列出立面的构件和材料；对街道立面建筑效果的评价；对当地典型建筑的选择；比较不同的建筑立面。

最后，在方案设计中尝试解决建筑与城市环境及周围建筑关系的具体问题（图 3、图 4），包括：建筑立面依附的体量和位置；立面的材料和属性与周围建筑的关系；立面的透明性；洞口的比例和韵律与周围建筑的关系；层高与周围建筑的关系；颜色和装饰与周围建筑的关系；立面的虚实、轻重、组织与周围建筑的关系，以及立面与天空和地面的关系，即森佩尔所说的表皮与屋顶、台基的关系——立面要如何结束、构件要如何收头等。

图 3　学生作业沿街立面模型照片

图4　学生作业沿街立面

3　平面的城市性

与功能主义向内探寻平面的价值不同，课程强调室内空间组织与城市场所的关系。建筑类型与城市形态、文化、记忆密不可分，脱离城市背景、外部空间和自然环境的内部组织是使建筑孤立于城市的重要原因。室内空间布局可以创造性地解决场地问题、引入自然、结合公共空间创造城市"场所"，提供室内外直接或间接的联系。在城市建筑学的理解框架下，从城市到建筑具有连贯性，室内的集体空间连接了城市公共街道和广场与私人的办公、生活空间，特别是建筑的底层平面往往更需要考虑向城市的开放。

意大利米兰百年的建筑实践为建筑在城市更新和发展中的作用提供了重要的参考。奇诺·祖奇（Cino Zucchi）为第14届威尼斯建筑双年展（Venice Architectural Biennale 2014）所做的展览"米兰，现代性实验室"（Milan, Laboratory of Modernity）以城市建筑为基础，对百年以来适应传统的现代建筑进行了梳理。从20世纪20至30年代开始，建筑师尝试对老城局部的替换和密度提升，以及第二次世界大战后对战火摧毁的城市片段的修补，都在探索城市既有环境下建筑的更新和发展，例如前文提到的米兰布洛莱托街37号建筑。同样，拉蒂斯兄弟（Gustavo e Vito Latis）设计的 via Gherardini 2号公寓位于主要和次要道路的街角，设计师以回字形平面布局，通过高低两个建筑呼应了两条道路，又与周围的建筑共同围合出庭院（图5）。古纳尔·阿斯普朗德（Gunnar Asplund）和图尔·赖博格（Tuer Ryberg）参加的皇家官署竞赛方案（Royal Chancellery Competition Project）位于中世纪的老城和水域之间，皇家宫殿的斜对面，并紧邻一座重要的历史建筑，建筑

师捕捉到城市广场与小巷结合的肌理，化整为零，在靠近老城一侧延续了街道的柱廊和广场的围合，靠水面一侧伸出四翼，形成四栋建筑与穿越而过的街巷的组合（图6）。其平面布局呼应了场所要求，并创新性地提升了场地品质。

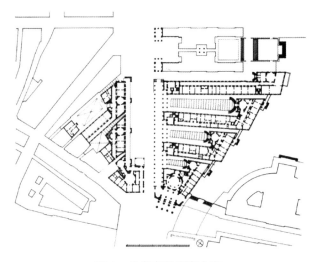

图6　皇家官署竞赛方案

在教学上，课程练习规定了四种城市场地：前三种为建筑填补街区并与周围建筑紧邻，分别为南面、南北两面、东南两面临街，最后一种为四面临街的独立建筑（图7）。前三个场地是城市更新中的肌理片段，通过平面和剖面布局与相邻建筑缝合起来，后一个面临更大的挑战——让现代主义典型的空间中孤立的物体表达城市性。

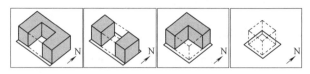

图7　练习规定的四种场地

教案通过重新审视狭义的"功能划分"，在满足使用需求的基础上鼓励学生思考房间布局与类型、构图和城市的关系。通过平面和剖面模型，强调空间的开放性、公共性，通过房间群的组织理解建筑局部与整体、建筑与城市、空间与采光、理念与经济的关系（图8）。

图5　via Gherardini 2号公寓

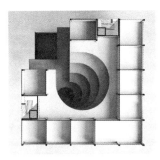

图8 转角地块学生作业：剖面和平面模型

4 结语

城市发展的历史表明，大规模建设之后，城市更新会成为城市建设的主要任务。面对当代中国的城市转型，如何让学生建立建筑的城市意识，并将这种设计理念转化为具体的设计方法，是建筑教育的重要任务。东南大学本科二年级教学改革立足于分阶段、分主题的设计练习，将教什么和怎么教结合起来，让低年级学生在做中学、学中做，了解设计理论的同时掌握可操作的设计方法，为我国城市价值和居民生活品质的提升培养设计人才。

图片来源

图1、图7来源于作者自绘。

图2引自网络来源如下：https：//ordinearchitetti. mi. it/it/cultura/itinerari-di-architettura/42-figini-e-pollini/opere/474-edificio-per-abitazioni-e-uffici/galleria.

图3、图4选自毛敬言作业，指导教师：黄旭升。

图5引自网络来源如下：https：//www. lombardiabeniculturali. it/architetture900/schede/RL560-00023/?offset＝0.

图6引自 Stuart Wrede. The Architecture of Erik Gunnar Asplund［M］. Cambridge and London：MIT Press，1980：79.

图8选自吉天宇作业，指导教师：黄旭升。

主要参考文献

［1］ EBERLE D，SIMMENDINGER P. FROM CITY TO HOUSE：A DESIGN THEORY［M］. Zürich：GTA Verlag，2007.

［2］ EBERLE D，AICHER F. 9×9：A METHOD OF DESIGN：FROM CITY TO HOUSE CONTINUED［M］. Basel：Birkhäuser，2018.

［3］ 黄旭升，朱渊，郭茹. 从城市到建筑——分解与整合的建筑设计教学探讨［J］. 建筑学报，2021（3）：95-99.

［4］ 黄旭升. 表皮的自主性——理论探索与教学训练［J］. 新建筑，2021（5）：90-94.

［5］ 黄旭升. 教育建筑的空间组织：以瑞士3所紧凑型学校为例［J］. 室内设计与装修，2021（7）：120-121.

慕竞仪　薛名辉

哈尔滨工业大学建筑学院，寒地城乡人居环境科学与技术工业和信息化部重点实验室；

mujingyi1713@163.com；yi_zhu@vip.126.com

Mu Jingyi　Xue Minghui

School of Architecture，Harbin Institute of Technology；Key Laboratory of Cold Region Urban and Rural Human Settlement Environment Science and Technology，Ministry of Industry and Information Technology

家国情怀与社会责任双层视域下的建筑学毕业设计课程思政的融入与实践

The Integration and Practice of Ideology and Politics in the Graduation Design Course of Architecture from the Perspective of Home Country Feelings and Social Responsibility

摘　要：在建筑学专业人才培养中紧扣立德树人根本任务，改革创新人才培养模式，奋发作为，以"卓越工程师"为目标，以创新和实践结合的教学形式，积极探索新百年建筑学专业杰出人才的培养路径。建筑学专业毕业设计是学生综合思维能力，包括捕捉问题的敏锐力、分析问题的洞察力和解决问题的创造力等的体现；也是学生家国情怀，社会责任感的集中体现，通过毕业设计的训练，为未来的接触人才发展打开一扇新的窗口。

关键词：课程思政；毕业设计；家国情怀；社会责任感

Abstract：In the training of architecture professionals，we should adhere to the fundamental task of building virtue and cultivating talents，reform and innovate the talent training mode，work hard，take "outstanding engineers" as the goal，and actively explore the training path of outstanding architecture professionals in the new century in the form of innovation and practice. The graduation project of architecture major is the embodiment of students'comprehensive thinking ability，including the keen ability to capture problems，the insight to analyze problems and the creativity to solve problems；It is also the concentrated embodiment of students'feelings of family and country and sense of social responsibility. Through the training of graduation design，it opens a new window for the future development of talents.

Keywords：Curriculum Ideology and Politics；Graduation Design；Family and Country Feelings；Social Responsibility

1　背景

2016 年 12 月，习近平总书记在全国高校思想政治工作会议上发表了重要讲话，指出"各门课都要守好一段渠、种好责任田，使各类课程与思想政治理论课同向同行，形成协同效应"。[①]习近平总书记的重要论述指明了高校各类课程和思想政治理论课必须同向同行、协同建设的根本方向。

[①] 新华社. 习近平：把思想政治工作贯穿教育教学全过程［EB/OL］. 新华网，（2016-12-08）. http://www. xinhuanet. com/politics/2016-12/08/c_1120082577. htm.

2017 年，中共教育部党组关于印发《高校思想政治工作质量提升工程实施纲要》（教党〔2017〕62 号），提出"大力推动以课程思政为目标的课堂教学改革……梳理各门专业课程所蕴含的思想政治教育元素和所承载的思想政治教育功能，融入课堂教学各环节，实现思想政治教育与知识体系教育的有机统一"。高校课程思政协同创新提出是对现实问题的积极探索和回应，是正确理解立德树人的体现，是高校人才培养的题中之义。

在哈尔滨工业大学迈入新百年之际，习近平总书记向哈尔滨工业大学建校 100 周年发来了贺信，贺信中提出了"在教书育人、科研攻关等工作中，不断改革创新、奋发作为、追求卓越"的目标。

在建筑学专业人才培养中紧扣立德树人根本任务，改革创新人才培养模式，奋发作为，以"卓越工程师"为目标，积极探索新百年建筑学专业杰出人才的培养路径。建筑学专业秉承着思政育人，实践育人和创新育人的路径，以家国情怀与社会责任感塑造为引领，响应习近平总书记贺信对于"教书育人应追求卓越"的新要求，以立德树人为根本任务，探索面向国民经济发展新需求，具有浓厚家国情怀与社会责任感的卓越建筑师为目标，体现学科特色的人才培养模式。[1]

2 毕业设计模式与理念探讨

2.1 毕业设计的课程特色

建筑学专业教育主要培养有较强社会执业实践能力的专业人才，其核心专业的教学明显有别于其他文理学科的系统性知识教学，而多采用围绕"案例/模拟案例"展开的"案例式研究学习""案例式模拟实践"等，使学生对未来执业进行知识准备、开展技能预演训练，尤其是后者更为重要。教学过程特别注重技能训练、实践应用和创新能力的培养。

在建筑学专业毕业设计课程中，常以未来执业实践中较有代表性的具体个案条件作为教学课题设置的依据，并以小组师生间单独或小组的评改、研讨等为组织形式，在一定时长跨度内渐次展开。建筑学专业独特的教学形式和课程目标，形成了毕业设计专业教学特点。

1）注重实体与空间的设计，既注重空间功用合理、实体牢固经济，也讲求形式观感、空间体验和社会效益等。

2）集成理工学科与人文社会科学，技术与艺术相结合，逻辑思维与形象思维、发散思维相结合。合理、优化与美观等相结合。

3）生师比较低，课堂教学中师生间针对性相互探

讨程度深，根据学生不同特点因材施教的特征明显。围绕案例、模拟案例展开研究学习或者模拟实践。突出综合创新、创意能力等。

4）选题不固定，要求指导教师根据不同的选题，结合学生的设计思路给出相应的指导意见。在教学过程中要在教学方法中不断创新，引导学生的追求卓越的精神。

2.2 毕业设计的思政特色

毕业设计的综合性使得思政目标也变得综合。关注城市和人的日常生活，"以人为本"的基本思想体现以"人民为中心"的中国建筑伦理主题，凸显建筑师的社会责任。围绕建筑学科的基本概念和方法，超越西方话语体系下的"建筑风格"范式，展开中国现实场景和中国文化背景下的具体讨论，体现学科的家国情怀和文化自信。设计教学以"做"为核心方法，动手和动脑结合，结合国家建筑产业发展现状，凸显新时代建筑师的"工匠精神"。[2]

毕业设计的实践性，使得思政目标与社会责任更多结合。建筑学院毕业设计围绕建筑师的责任、义务、权力，注重实践过程中思想引领与价值塑造的结合，加强学生在职业道德、职业规范、工作作风、社会责任等方面的培养，强化学生的团队合作精神和敬业精神；做建筑师职业道德与责任的模范践行者；启发学生将传统文化和爱国主义情怀融入设计作品中，体现人文关怀精神。[3] 课程的主要特点包含注重学生专业能力的综合体现及提升；加强"思政课程"与"课程思政"协同育人建设；体现家国情怀与社会责任感引导等方面，如图 1 所示。

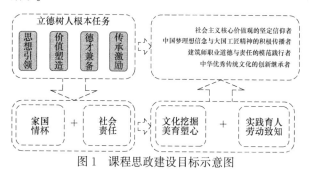

图 1　课程思政建设目标示意图

3 家国情怀与社会责任双层视域下毕业设计课程思政融入路径探索

3.1 建筑类专业毕业设计定位

随着时代的发展与进步，多元、开放已成为建筑教育的重要特征；如何促进不同地域间建筑类高校的沟通

与融合，互通有无、互争短长，在良性竞争中促合作，在特色交融中求发展；已经成为当前建筑教育非常重要的发展趋势之一。

近年来，随着建筑教育的发展，建筑类专业的毕业设计起到的是一种承上启下的作用，而不仅仅是对学生本科阶段的收尾与终结；另外一个角度出发，学生本科阶段每门课程的学习成效已经由每门课程的成绩进行考核，体现在其毕业前就已拿到手的成绩单之中，这也使得毕业设计作为一项综合考核的作用越来越弱。在以往的教学中，出现了学生不重视毕业设计的情况。

由此，在一系列课程中进行改革，尤其在毕业设计中，从课程模式、指导方式、成果展现、课程目标、设计手法、研究过程等都进行了改革创新。

1）巩固基础，鼓励创新

毕业设计是兼顾本科阶段所学内容的综合运用，同时面向学生未来的职业方向、研究领域展开的本科阶段最后一个学习课程；在毕业设计指导过程中，指导教师承续本科学习知识，巩固学生在过去4年半中的知识积累，并引导学生开启未来的新阶段，在毕业设计中打开思维，开拓创新。为祖国培养一批具有扎实专业技能，思维活跃，勇于创新的新一代人才。

2）理性与感性结合

毕业设计的选题应具备一定的研究性和前瞻性，同时也是理性与感性的结合。在毕业设计中，将研究引入设计过程，例如进行问卷调研、空间模拟、环境感知实验等科学研究方法，帮助学生在更加理性地认识设计过程；融入角色扮演、访谈调查、案例分析等方法，让学生运用定性分析去解析建筑空间的功能与需求的关系。关注科学前沿和国家发展战略方向，在设计中体现家国情怀与社会责任感。

3）授课方式灵活创新

毕业设计的教学过程可以更加灵活，未必一定是一个人完成一份作品，因为一人独立工作的方式，已经不是非常适用于目前的设计机构。在改革创新后的毕业设计课程中，采用模拟实际工程项目中的分工合作方式，采取推选一个小组组长和一个副组长作为课程项目总控，其他成果划分为不同设计小组的形式进行。在毕业设计的不同阶段，各个小组会重新划分或组合。

4）真题真做，多校比拼

改革后的毕业选题和设计场地均为真实工程项目，设计指导过程中，指导教师结合实际工程项目和真实的场地环境，结合国家社会及教育的发展需要、行业产业发展及职场需求、学生发展等角度，培养学生具备扎实求精的工程实践能力、创新思维能力、兼具形象与逻辑

思维能力。在多校联合毕业设计的过程中，通过各校毕业设计团队在开题、中期和成果汇报等阶段比拼，激发了学生的竞争意识和勇于争先的精神品质。在毕业设计课程中，指导教师鼓励学生们进一步开阔思维，设计成果不仅具有严谨务实的科学态度、求真探索的思辨精神，更要突出创新精神，设计思想凸显社会责任感，不负习近平总书记对我校师生"国之重器、杰出人才"的评价。

3.2　教学方法

在当前时代背景需求下，传承传统教学方法，平衡模仿与创新、习得与规训。

1）思政元素显隐结合

显性的理论、案例讲授，配合课程设计过程中思政线索隐性介入，引导学生关注社会弱势群体的生存状态与生活变化，体现家国情怀和社会责任感。

2）注重现场实践教学

强调实践学习、真实案例解析等教学形式，通过探查、记录、实测、拍照等手段学习观察建筑与城市，结合科学的研究方法，培养新时代具备综合专业知识的建筑人才。

建筑设计课程要从多方面、多角度培养学生的建筑设计能力，本专业思政教学的重中之重，具有极其重要的地位。是培养学生大国工匠精神的最重要手段与途径。在专业教育上，其核心是培养学生应对复杂建筑问题的综合能力与素质。在这样的专业特色面前，创新、创意本身就成为学生设计过程中必须要追求的目标，而设计实践则成为承载这一目标的主要"手段"。在毕业设计指导过程中，指导教师结合实际工程项目和真实的场地环境，结合国家社会及教育的发展需要、行业产业发展及职场需求、学生发展等角度，培养学生具备扎实求精的工程实践能力、创新思维能力、兼具形象与逻辑思维能力；具备开阔的国际视野，具有严谨务实的科学态度、求真探索的思辨精神；注重团队协作，善于沟通表达；勇于担当社会责任，品德优良，信念执着，恪守职业信条。[4]

毕业设计结合课程思政还需要强调以下几点：①设计题目关注社会需求，或以先端理论或先端技术手段面向时代的未来需求，或以当代知识理论或技术手段面对当下社会现状；②培养优良的建筑师职业素养和正确的职业价值观，关注民生、关注社会、注重公平；③注重建筑传统文化知识的传承，以不同方式、不同阶段结合于设计课题目之中（图2）。

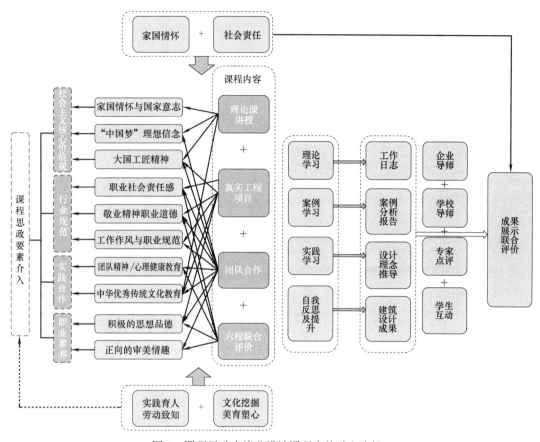

图 2　课程思政在毕业设计课程中的融入路径

3.3　哈工大毕业设计课程基础

多所著名的建筑类高校近年来都开始积极打造联合毕业设计平台，经过多年的持续建设，形成了品牌效应（表1）：如由清华大学、同济大学、东南大学、浙江大学等高校联合发起的建筑学专业"8＋"联合毕业设计，特色是在8所固定学校的基础上，每年增加1～2所学校参与，并作为设计的出题单位；如由哈尔滨工业大学、华南理工大学、重庆大学、西安建筑科技大学4所

高校共同发起的"UC4"联合毕业设计，特色是除校际联合之外，还将建筑学、城乡规划与风景园林三个专业在一起交叉融合；如由东南大学、同济大学、华南理工大学、哈尔滨工业大学等高校联合发起"大健康建筑联合毕业设计"，专注在"大健康建筑"领域，旨在整合各校优势资源，群策群力，共同将我国医疗、养老、健康人居、残障照护、特殊教育等建筑领域的教学与研究水平推进到一个新的高度，目前已有12所高校参与其中。

2021春季学期联合毕业设计表　　　　　　　　　　　　　　　　　　　　表1

毕业设计组名	联合高校	特点
国际联合毕设	哈尔滨工业大学、西班牙拉科鲁尼亚大学	分别在哈尔滨和西班牙拉科鲁尼亚选择基地
UC4联合毕设	哈尔滨工业大学、华南理工大学、重庆大学、西安建筑科技大学	每年换一个不同的地域 今年选择亚热带地域
寒地六校	哈尔滨工业大学、大连理工大学、东北大学、河北工业大学、内蒙古工业大学、吉林建筑大学	以寒地地域建筑为研究对象
立体城市与复合空间	哈尔滨工业大学、同济大学、重庆大学、北京工业大学、深圳大学、东南大学	以立体城市背景下的商业综合体为研究对象
大健康联盟联合毕设	哈尔滨工业大学、北京工业大学、北京建筑大学、东北大学、大连理工大学、河北工业大学、华中科技大学、西安建筑科技大学、西南交通大学、清华大学、重庆大学、沈阳建筑大学	以健康、养老产业建筑为研究对象

3.4 解读案例的课程背景

六校联合毕业设计是哈尔滨工业大学建筑学院与北京工业大学、同济大学、东南大学、重庆大学、深圳大学联合承办的毕业设计课程，以城市轨道交通换乘站域一体化概念方案与商业综合体设计为选题。

在站城一体的发展理念引导下，北京市于2018年发布了《关于加强轨道交通场站与周边用地一体化规划建设的意见》，明确指出要结合轨道交通建设规划，以轨道交通场站为区域核心，以TOD理念开展城市设计，打造城市微中心，如图3所示。

本学年的联合毕业设计题目——城市轨道交通中心选址在北京大兴区亦庄新城。亦庄新城位于北京东南部，是京津发展带上的重要节点，也是北京打造科技创新高地中"三城一区"的重要组成部分。建设亦庄微中心目的在于优化城市功能，提升土地集约开发度，助力亦庄打造为集聚、高效、复合、绿色的新城中心。

01	02	03	04	05
加强对于TOD导向下城市开发建设的研究与应用能力	强化面对复杂城市交通条件下的功能与空间组织能力	培养从整体宏观到微观节点的设计方法	探索复杂条件下的新商业综合体空间特性	提高设计的协作性与独立性
设计应深度探讨区域建设需求，兼顾考虑产业布局、风貌管控、开发时序等方面，使设计契合城市发展规划并满足轨道微中心交通功能与生活需求	营造与城市环境、交通条件相契合的城市与建筑空间，在建筑空间，城市环境、建筑形象选择等方面充分体现亦庄新城的发展定位与产业文化	由大范围的城市微中心地段城市设计到小地块的综合体设计，充分理解城市微中心的设计内涵，以及整体城市空间形态对单体建筑的指导意义	综合体应同时将轨道交通、商务办公、文化展示、生活休闲等纳入设计范畴，以复合型空间应对高密度下的城市问题	学生需通过小组协作的方式完成片区的城市设计，并在此基础上在规定场地内进行个人独立的单体建筑设计，体现整体理念的统一性与节点设计的独特性

图3 轨道交通场站为核心打造城市微中心

区别于出入口接入周边建筑的简单衔接一体化模式，轨道微中心强调"与轨道交通站点充分融合、互动，可达性高，土地集约化利用程度高，具有多元城市功能，具备场所感和识别性的城市地域空间"，通过在车站周边一定范围内适度集中建设，优化城市空间形态，合理布局城市功能，深化道路交通规划，创造安全、舒适、便捷的交通出行环境，真正做到用交通的"站"给城市"塑形"。

本年度的毕业设计场地位于台湖高端总部基地区。为亦庄新城的科技金融创新中心。目前设计基地仍处于待开发状态，毗邻基地的公园尚未开工。北侧的车辆段及地铁站正在建设，西侧的居住区也正在建设；本课程的设计目标，如图4所示。

毕业设计的真实选题为课程思政的介入提供了非常好的土壤，每学年的选题都具有地方特色和复杂、综合的问题。比如之前两个年度的毕设分别在上海张园和重庆的朝天门，地块有着复杂的地理位置和周边环境，学生们要解决的问题除了设计本身，还要解决建筑与人、建筑与社会的关系。在一系列复杂综合的问题之下，对建筑任务书做出最好的解答和回应。今年的毕业设计场地相较前两年的场地来说，场地现有的城市肌理不复杂，看似较之前的选题简单，但是在城市新城中打造标签，既要符合城市规划的指标，完成新城的建设开发，又要考虑到北京亦庄特有的地理位置及现有条件，提出合理的建设开发路径，是对学生项目策划、概念生成、文化脉络梳理、建筑设计、后期评估等全套能力的考验。

3.5 课程思政与设计理念融合

1）践行"以人为本"的设计理念

在毕业设计课程中启发学生对城市问题的思辨。学生首先对北京的城市意象、城市特点进行解读，在此基础上通过分组对亦庄的背景、现状、未来发展目标进行了梳理。结合北京其他新城的发展轨迹、参考国内外优秀轨道交通中心的案例分析，提出了亦庄发展不均衡、产业结构单一、新城业态不完善、城市形象不明确等问题。

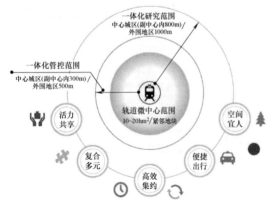

图4 课程设计目标

在毕业设计课程指导中启发学生从"人"的视角提出需求，以真实的社会情境和人民需求为导向的设计目标，不仅化解了建筑学专业课程"悬浮，不接地气的问题"，更加强了学生的社会责任感与参与感。学生以此从亦庄的地理位置、人口特点、以在京打工人等视角出发找到设计的突破点，挖掘亦庄的城市新定位就发展机遇。

毕业设计中学生在大组合作中锻炼了协作精神。从布置任务书，场地分析到概念生成等阶段均模拟设计机构的设计、分组模式和汇报形式，让学生切实体验工作中面对大型项目的工作流程和分工模式，培养学生团队合作、善于沟通表达的能力。

2）聚焦当下，放眼未来，突出家国情怀

在设计过程中引导学生从实际问题出发，面对当下及未来可能遇到的问题，提出切实解决之道。建筑设计并不仅仅是解决当下的问题，也要思考随着社会发展，社会人口、产业、事业结构发生转变下，建筑是否可以适应未来的社会特性。学生以国内外的火车站、机场等重要交通枢纽建筑为例，对国内外优秀案例进行充分的解读。这一过程中，学生结合国内外社会特点、文化、生活习惯的差异，在对国外优秀案例学习的同时，思考适用于中国社会的新城开发路径和轨道交通中心形式。此外还鼓励学生对"失败"案例进行分析，从"失败"中发掘问题，学习经验教训。我党也是在不断地经验教训总结中，逐渐摸索出符合中国国情的社会主义道路，在不断的学习和反思中砥砺前行。在教学中，实践"学习与反思"，时刻关注国家的发展方向、社会的变革，是家国情怀的重要体现。

3）设计理念与传统文化的结合

设计理念的提炼是建筑学设计课程的总重之中，是设计的核心。在设计理念的提炼过程中，引导学生结合中国传统文化、尊重自然规律。

在激烈的观点碰撞中，学生能够从尊重传统文化、地域特点和社会发展角度思考建筑设计问题，树立强烈社会责任意识，学会将建筑设计与社会生活密切联系在一起，得到正确价值观念的树立，掌握自然辩证法的思路，继而使学生在社会责任、个人品格和认知能力等各方面取得发展。通过将思政教育扩展到课程教学各个环节，指导学生科学解决专业学习问题，能够使课程思政作用得到充分发挥。在讨论过程中，学生们始终秉承中华传统文化作为设计理念基础这一准则，体现了学生们对中华文化的深度认同感和自豪感，这是对前期教育体系中传统文化教育成果的体现，也是学生对传统文化与专业设计知识结合的重要部分。

4）关注弱势群体，突出社会责任感

在城市的发展进程和工程项目中，往往注重城市的经济高速发展、设计成果的展现，而部分弱势群体的生存现状、生存轨迹往往被忽略。在城镇化发展过程中，人不是工具，而应该是目的。因此农民的生活空间应该得到应有的尊重，不应该以无限压缩农民生活空间作为城镇化发展的代价。同时应该帮助农村人口融入发展进程，使之能够在参与城市高速发展进程的同时，享受城市发展带来的生活便利和生活质量提升，实现共同富裕。

课程中启发学生打开思维枷锁、关注弱势群体的需求和发展路径。以毕业设计亦庄新城的建设为例，启发学生从现状入手，引入时间轴概念，如图5所示，结合亦庄发展的规划文件，对场地进行分阶段的建设。这一设计过程既体现了哈工大学生扎实的基本功和严谨的设计思维，也展现了学生作为建筑师的社会责任感。

5）因地制宜，创新与实践结合

启发学生开阔思路，将创新的设计理念与实践结合，

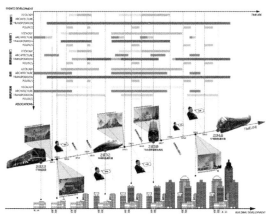

图5　引入时间轴

变成可落地的具有参考价值的设计成果。针对具体问题提出解决之道，例如在本次毕业设计中，学生们提出了以农业为核心的设计思路，如何为农业提供更好的表达形式，为农民群体提供更多融入城市建设的空间和机遇成了本设计的重点。鼓励学生通过对生活的细微观察和生活经验的总结，在指导过程中将思政元素结合到对学生的启发过程中，抓住"市"与"庄"结合的重要场所，即"集市"作为设计的落脚点。由此学生提出了"市井""市坊""市街""市集"四重概念，既是建筑类型学的延伸与汇总，又是对商业模式的总结和拓展。这一过程中体现了习近平主席贺信中"不断改革创新"的精神，也突出了建筑学学科专业特有的社会人文关怀。在对"市井""市坊""市街""市集"，以及"时间轴"概念的设计中，帮助学生结合建筑类型学、实际工程土方计算等专业知识，将创新的设计理念落地，变成可分步实施的工程项目。

毕业设计需要将思政"传道"与课程"授业"的元素紧密结合在一起，使学生在课程学习中对思政理念进行践行。在实践教学中，融入党的十九大报告中"加快生态文明体制改革，建设美丽中国"的内容，引导学生理解人与自然是生命共同体等内容，以便使学生在建筑设计中加强亲近和尊重自然的设计理念运用，在职业发展中树立生态保护意识，引导社会民众形成建筑环保意识。

在对设计理念转化为设计的过程中，实现思政教育映射，帮助学生理解环境与人类、工程与技术间的道德规范，让学生关注弱势群体与社会发展结合，注重工程阶段的有效分配，提高学生责任意识和担当精神，确保学生在今后发展中有扎实的专业技能、家国情怀和社会责任感。结合课程教学内容完成相应思政元素选择，使专业教育与思政教育密切结合，帮助学生树立职业使命感和责任感，掌握"大国工匠"精神实质，才能完成德才兼备的中国特色社会主义合格建设者培养。

4 总结与反思

毕业设计主要是学生综合设计能力、社会责任感的重要体现。毕业设计是对学生过往 4 年半在校学习成果的检验，也是学院思政教学成果的重要体现。是完成本科学业之前一个重要的综合体现和最后一个学习机会。同时也是继续深造或者走向社会开始职业生涯的重要过渡阶段。在学生设计手法、专业知识都比较成熟的阶段，加强思政教育，夯实爱国主义情怀；强化社会责任感，引导学生关注社会弱势群体，把对于建筑设计课程当中的创新热情和人文关怀从学校延伸到学生们新的学习或工作阶段。

综上所述，由于毕业设计课程的特殊性，教师在指导中润物细无声的加强课程思政教学，潜移默化的激发学生自主思考作为一名合格的建筑师应具备的社会责任，在思想意识、设计理念、设计项目中体现"不断改革创新、奋发作为、追求卓越"的精神。此外，作为指导教师还应不断充实自己，在专业知识积累、理念等方面保持创新，坚定落实"课程思政"的决心，通过加强科学教育理念运用，将课程设计与思政元素紧密结合在一起，能够使课程思政作用得到充分发挥，真正做到"在新的起点上，紧扣立德树人根本任务，在教书育人、科研攻关等工作中，不断改革创新、奋发作为、追求卓越"。

主要参考文献

[1] 岳华.《建筑设计入门》课程思政的探索与实践 [J]. 华中建筑，2020，38（9）：134-138.

[2] 董翠，卢政."三全育人"理念下艺术设计类课程思政实践研究——以建筑设计与原理课程为例 [J]. 安徽建筑，2021，28（9）：142-143.

[3] 薛名辉，张佳奇，张正帅，等. 创新实践与实践创新——面向创新人才培养的建筑学专业特色课程体系建构 [J]. 中国建筑教育，2019（2）：133-140.

[4] 孙澄，薛名辉. 建筑学专业"新工科"教育模式的探索与实践 [J]. 当代建筑，2020（4）：110-113.

黄茜　卢健松　钟力力

湖南大学建筑与规划学院；1040519488@qq.com

Huang Qian　Lu Jiansong　Zhong Lili

School of Architecture and Planning，Hunan University

"建筑色彩学"课程三位一体思政生态构建探索与实践
Exploration and Practice of Trinity Ideological and Political Ecological Construction of "Architectural Color Science"

摘　要：国家教育政策明确提出要高度重视大学课程思政工作，专业人才的培养需要融入思政目标。"建筑色彩学"课程探讨以社会服务导向与中国传统色彩传承为思政脉络，建立"课堂＋公益＋科普"三位一体的教学生态圈，促进学生与社会的良性互动，强化学生的社会责任感，以目标为导向，建构性提升大学生专业素养与思政意识。

关键词：色彩教育；思政建设；三位一体

Abstract：The national education policy clearly proposes to attach great importance to the ideological and political work of university courses，and the training of professional talents needs to be integrated into the ideological and political goals. The course of "Architectural Colors" explores the ideological and political context of social service orientation and the inheritance of traditional Chinese colors，and establishes a trinity teaching ecosystem of "classroom ＋ public welfare ＋ popular science" to promote positive interaction between students and society，strengthen students'sense of social responsibility，and aim at Oriented，constructively improve the professional quality and ideological and political awareness of college students.

Keywords：Color Education；Ideological and Political Construction；Trinity

1　新时代人才培养理念与建筑学专业培养的思政内涵

中央强调教育发展要同国家未来发展紧密联系，培养有责任、有担当的杰出人才，表明我国将高校人才思政教育放在首位。人才培养要层层挖掘专业学科教学的思政点，将思政内容深度融合于专业教学过程。[1]

建筑学作为融合社会、艺术、技术三方面的综合学科，社会因素的变革直接带动建筑行业整体的调整，要结合民生热点与国家整体发展趋向，推动建筑学人才思政层面培养。[2] 建筑学人才培养体系围绕形式、空间、建构、技术、创作等方面展开，由单一的教学模式转向多维度的教学模式。教学工作坚持以学生为中心，发挥建筑学科优势，融合社会公益实践，结合多场景、多学科，实现实践型人才培养目标。[3]

"建筑色彩学"课程为专业选修课，面向建筑学专业本科三年级开设，以色彩学与建筑学为基础，辐射心理学、文化学、材料学等多领域。本课程通过"课堂＋公益＋科普"模式，校园内，进行色彩教学体系建设，优化学科发展环境，打造校内生态循环体系；校园外，推动学校平台与周边社区建立合作关系，构建生态共同体，开展色彩科普，传播社会服务理念。

2　课程背景与研究综述

2.1　色彩教学研究综述

中国现代色彩设计教育自 20 世纪初期至今的 100 多

年时间内，总体经历了以"图案色彩"为代表的"启蒙期"，以"色彩构成"为特点的"发展期"，以"色彩专业"为标志的"繁荣期"这三个主要历史发展阶段。[4]

当代国内色彩教学主要为以建筑审美方向的建筑美术体系和以色彩设计为方向的设计教学体系两类。两者都沿用巴黎美术学院的布扎体系，采用写生和临摹及计算机辅助的图形拓扑、分解、重构等方式创造艺术形体。并且随着网络技术迭代革新，人工智能大数据逐步介入色彩教育。

2.2 色彩学教学发展趋势

未来科技创新带动教学技术发展，以5G技术促发数字化教学常态化，通过VR、AI等虚拟技术，促进色彩教学可视化。逐步运用色彩图形提取技术，构建色彩数据库，探索色彩数字化教学的技术路径。

色彩教学优化"社会责任感"导向的项目式学习，运用小组合作法，线上线下混合教学，以实践基地实际问题为目标，嵌入情景式教学，学生代入真实角色，强化建筑师的社会责任意识。考核中，社会多方角色参与评价，检验社会服务的思政成效。

3 三位一体思政生态构建

在国家美育政策的指导下，依托设计类学科显著的审美艺术性与专业实践性，以"美育科普与社会服务"为目标，利用新技术、新理论、新平台，进行"建筑色彩学"课程三位一体思政生态构建，努力实现高校与社会的共同教育成效。

3.1 政策需求契合时代，结合社会审美，课程革新

1）结合教育生态理论，提升学生高阶能力

色彩素养作为建筑师的专业素养之一，包括色彩系统思维和色彩设计能力。在教学中，以实践基地的真实问题，作为小组研究性学习目标，将过程拆解为四个版块，以PBL学习构建建筑色彩学的专业思维，色彩工具应用实践，色彩设计规范流程化，调度教学社会生态因子，提升学生的高阶能力（图1）。

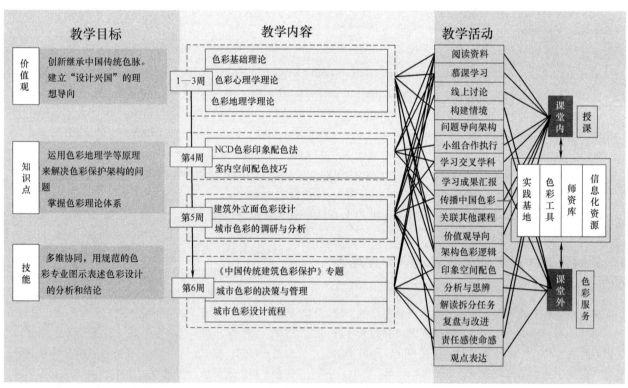

图1 "建筑色彩学"教学设计架构

2）推动现代色彩理论，实践色彩定量分析

现代色彩学与多学科交叉，是以融合为基础的数字化色彩体系。原有单一理论性的、传统纸面的色彩构成教学无法支撑未来应用场景。建筑色彩设计需要在系统的定性模式中融合以验证理论的定量思维，课程开发

CA（色彩分析软件）和CI（色彩问卷调查软件）软件，引导学生用色彩数据支持设计生成，建立高度的职业使命感。

3）保护古建传统色彩，坚守传统文化自信

中国建筑传统色保护与传承的执行，需要与管理

学、社会学、传播学等进行联动，培养学生中国文化自信，充分理解建筑色彩设计背景下的文化内涵。以在地校园古建筑岳麓书院为案例，树立科学保护古建筑色彩的意识，并积极联动社会力量，及时转化学习成果，带动社会建设传统自信的美育氛围。[5]

4）创新课程结合社会，建设创新审美成果

课程获得第六届西浦教学创新大赛特等奖，湖南省高校教学创新大赛一等奖，湖南省高等院校信息化教学比赛一等奖等教学比赛奖项；慕课"色彩密码"获批湖南省线上一流课程；相关教学改革成果获批湖南省普通高等学校教学改革研究项目；指导本科生 SIT 色彩研究项目《重大疫情核心医院电梯启动流线的色彩应急介入研究》《长沙市养老机构建筑色彩体系设计优化研究》

等，成果转化为服务社会。

3.2 人才教育培养品德，设立公益平台，校外实践

1）学校联合医院，广泛推动医疗色彩

结合湖南省儿童医院"童心溢彩"色彩公益计划，挂牌建立志愿者基地，采用彩画手绘、模型建构、视频影像等学科特色形式，面向湖南省儿童医院住院部患儿长期开展青年志愿色彩公益系列活动（图2）。公益团队关注儿童医疗政策，深入探索色彩心理学及环境情感结构等相关理论，鼓励志愿者发挥空间设计专业优势，产出儿童医疗空间色彩优化方案，实现服务社会的愿景。以此积极培养具有奉献品德的高校人才，推动公益思政建设。

湖南省儿童医院竖向交通色彩墙绘设计
Color Wall Painting Design of Children's Hospital

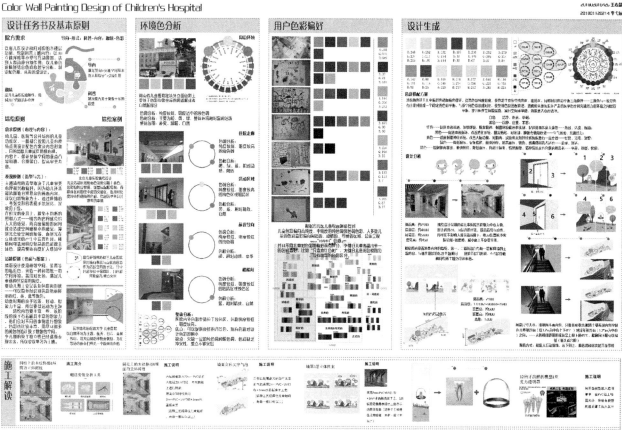

图2 竖向交通色彩墙绘设计作业

2）课程联动志愿，协同联系国际教育

课程师生团队基于国内外色彩学术组织，配合建筑与规划学院青年志愿者协会的青年力量，增加色彩学科的公益广度。志愿者活动在校级、省级、国家级平台发声，联动湖南师范大学等高校热心公益者，激发强大的色彩公益潜力，以实际行动影响更多青年大学生积极投

入公益活动，增强高校学生的服务意识。团队积极同社会色彩专家进行交流，寻求专业指导，以建设自身公益强度。目前已经同国际 AIC 色彩教育小组、中国流行色协会、日本色彩设计研究所、日本设计大师南云治嘉等取得了密切的交流。色彩公益团队获得湖南省雷锋杯志愿者服务大赛铜奖，校志愿服务大赛金奖等嘉奖。

3) 实践深入社区，同步开展乡村建设

建筑色彩设计深入社区进行调研，联合师生、住民、居委会等多方力量，践行社会服务理念。发起公众参与式色彩规划，推动丰泉社区更新改造；深入分析乡村的传统色彩，传播与传承地域色彩文化。以此为背景建设色彩教学生态共同体的乡村振兴路线，在湖南省隆回县花瑶乡村建设中获得实效。深度开展志愿服务，组织大学生与实践基地建立长期志愿服务关系，将色彩育人理念深入大学生课内课外的思想与实践。学校建立多个平台供学生在各地进行色彩社会实践，开创具有示范作用的高校人才公益思政模式。

3.3 高校资源汇集社会，强化高校科普，内外联动

国务院美育政策提出要促进普及教育和专业教育融合，开展以高校为中心的科普活动。本课程尝试以"美育输出式"体系，进行以色彩学为特色的美育科普，通过慕课、讲座、活动等形式普及社会对中国传统色彩认知，提高国民美学素养。[6]

1) 传统建筑色彩传播，知识性科普

课程以湖南大学色彩科普基地为基础，线下讲座，以线上公众号、视频号的形式，开展传统建筑色彩科普教育：解读中国建筑色彩等级制度，科普民间建筑的色彩文化，讲授中国传统色彩哲学内涵。线上公众号推广75篇原创文章，视频网站发布16篇原创视频，已形成一定影响力。东茅街小学儿童色彩素养项目涵盖色彩美育教学、校园空间色彩设计、社区色彩共建等实践活动。在疫情期间，以《讲给孩子们的中国传统色故事》为主题，为全校学生提供通俗易懂的线上色彩科普课程，获得教育部门的高度肯定（图3）。

图3 儿童色彩素养普惠公益计划

2) 传统建筑色彩保护，数字化科普

传统建筑色彩保护在地化实践，深化数字化科普工作。邀请古建筑专家以讲座形式，分享传统建筑色彩保护发展与趋势。以SIT研究为基础，结合岳麓书院古建筑群，辅以现有高新技术手段，探索岳麓书院传统建筑色彩信息的可视化传播，用于古建筑色彩的传承，展现古建风貌，并对修复工作提供数据参考。校园文化建设中，将传统建筑色彩信息融入湖南大学建筑群虚拟导览系统，向公众直观展现千年学府的文化脉络。在此基础上，学生更能够树立具有传承中国传统建筑色的榜样及服务社会协同色彩传承的必要性认知。

3) 传统建筑色彩实践，示范性科普

通过社区公众色彩营造、传统建筑色彩保护、色彩公益活动的示范性效应，推动社会的色彩应用实践。组织大学生参与岳麓书院古建筑色彩保护、传统建筑色彩科普讲座、新媒体色彩科普、社区街道立面改造等活动，深度体会科普过程中的实际问题，培养服务社会意识。城市传统街区色彩保护中，用数字量化色谱的形式，联合社区商铺与居民共建传统社区色彩营造。色彩科普工作通过与外部机构的配合，将孤立的单点核心模式转为联合性的多维互动，促进色彩教育资源之间的内外流动。以此建立大学生思政培养体系，激发学生艺术服务意识，弘扬传统文化的色彩美学，促进大学生身心健全发展。

4 结语

本文以建设教学生态圈的形式，通过"课堂＋公益＋科普"的模式带动思政教学，让学生在真实问题中思考并解决问题，深化学生体验社会角色，这是培养学生社会责任意识的内生性需要，也是培养社会责任感认知的有效途径。本课程依托现有公益、科普平台，平行融合在地实践基地，以建筑色彩学为切入点，以行动提升大学生服务社会的责任意识。

课程思政需要融合专业学习，成果转化，进一步扩大思政一体化的影响力。该课程注重第一课堂与第二课堂的融合，积极培养以大学生为主体的创新性人才，构建社会责任感内省式认知，树立大学生正确的社会主义价值观。

"建筑色彩学"课程以专业课程为载体，通过设计志愿服务、科普志愿服务和公益志愿服务等形式，践行社会主义核心价值观。开展课程思政能够有效提升大学生综合能力与思想素质，促使大学生在服务实践中提升使命意识，增进文化自信。

主要参考文献

[1] 王弘. 高校"三位一体"人才培养模式的探

索与实践——基于社会责任感、创新精神和实践能力的思考 [J]. 江苏高教，2018 (5)：32-35.

[2] 胡圣知. 大学生社会责任感培育刍议 [J]. 学校党建与思想教育，2019 (16)：69-70＋78.

[3] 郭瑾莉. 新时代高校公共艺术课程价值赋能的三重维度 [J]. 中国大学教学，2021 (12)：48-51＋81.

[4] 崔唯. 继承与蜕变——透视中国现代色彩设计教育的百年历程 [C] //色彩科学应用与发展——中国科协 2005 年学术年会论文集，2005：254-258.

[5] 沈泓. 基于课题导向的设计色彩教学改革与实践 [J]. 装饰，2020 (2)：142-143.

[6] 陈树文，林柏成. 新时代做好大学生社会责任感培养工作的四个维度——以习近平的青年思想政治教育工作理论为指导 [J]. 思想理论教育导刊，2018 (2)：133-136.

任舒雅　刘阳　饶永　贺为才

合肥工业大学建筑与艺术学院；362401591@qq.com

Ren Shuya　Liu Yang　Rao Yong　He Weicai

College of Architecture and Art，Hefei University of Technology

古建筑测绘实习课程思政路径探索与实践 *

The Path Exploration and Practice of Curriculum Ideology and Politics in Ancient Building Surveying and Mapping Practice Course

摘　要：针对习近平总书记提出的高校的课程思政建设要求，实现思政教学和课程教学的有效结合，以合肥工业大学建筑与艺术学院古建筑测绘实习课程为例，贯彻合肥工业大学"立德树人、能力导向、创新创业"三位一体的教学体系，根据古建筑测绘实习课程自身的特点，探索出一条以三种文化、两种精神为主线的课程思政路径，并以屏山实习为例，介绍课程思政建设的教学实践。

关键词：古建筑测绘；课程思政；三种文化；两种精神

Abstract：In response to the ideological and political construction requirements of colleges and universities proposed by General Secretary Xi Jinping，to realize the effective combination of ideological and political teaching and course teaching，taking the practice course of ancient buildings surveying and mapping in the School of Architecture and Art of Hefei University of Technology as an example，implement the teaching system of Hefei University of Technology，according to the characteristics of the ancient buildings surveying and mapping practice course itself，explore a curriculum ideological and political path with three cultures and two spirits as the main line. And takeing the practice in Pingshan as an example to introduce the teaching practice of the curriculum ideological and political construction.

Keywords：Ancient Building Surveying and Mapping；Curriculum Ideology and Politics；Three Cultures；Two Spirits

1　引言

自古儒家就重视个人品德与思想的修行，强调人生观、价值观以及世界观的塑造。新中国的教育中，历来高度重视思想政治教育。我国高校通常采用显性的"思政课程"作为主要的思想教育手段，2004年以来，中央先后出台了关于进一步加强和改进未成年人思想道德建设和大学生思想政治教育工作的文件。2016年习近平总书记在全国高校思想政治工作会议上讲道："要坚持把立德树人作为中心环节，把思想政治工作贯穿教育教学全过程，实现全程育人、全方位育人，努力开创我国高等教育事业发展新局面"。[①]将德育教育内化于专业

* 项目支持：本文研究受安徽省教学研究项目（2021jyxm1），安徽省省级教学团队（2020jxtd2），合肥工业大学教学研究项目（JYXM2007）资助。

① 新华社．习近平：把思想政治工作贯穿教育教学全过程［EB/OL］．新华网，（2016-12-08）．http：//www. xinhuanet. lom/politics/2016-12/08/c-1120082577. htm.

教学中，实现课程思政与专业课程同向同行的立德树人目标。

"课程思政"不是一门或一类特定的课程，而是一种教育教学理念。其基本含义是：大学所有课程都具有传授知识培养能力及思想政治教育双重功能，承载着培养大学生世界观、人生观、价值观的作用。本文以合肥工业大学建筑与艺术学院古建筑测绘实习课程为例，贯彻合肥工业大学"立德树人、能力导向、创新创业"三位一体的教育教学体系，结合古建筑测绘实习课程的自身特色，探索课程思政教育教学的新路径。

2 课程背景

古建筑测绘实习是合肥工业大学建筑与艺术学院开设的建筑学专业必修课程，是在完成中国建筑史课程教学之后，通过对实际建筑对象的现场调查、测绘，以印证、巩固和提高课堂所学的理论知识，加深对古建筑群体组合、设计手法、工程作法及装饰特征的理解。同时古建筑测绘将历史保留下的建筑物按比例测绘成工程图纸，为古建筑保护与研究作出贡献。该实习课程开设已有30余年，一般安排在本科二年级暑期，为期10天。依托徽州地区丰富的古民居资源，学院在安徽省和江西省设置实习基地10余处，如安徽省黟县的屏山、南屏、西递、宏村，歙县的唐模，绩溪县的龙川，泾县的查济、厚岸、章渡，江西省婺源县的理坑、虹关等地。

3 课程思政的路径探索

课程思政本身就意味着教育结构的变化，即实现知识传授、价值塑造和能力培养的多元统一。思政教育元素的选择跟专业知识是紧密相连的，不是脱节分开的。只有这样，学生在学习专业知识的同时，才能更好地接受到思政教育，才能让专业课程思政的目的发挥出专业课程思政方面的作用。古建筑测绘实习作为专业实践课程，更要注重学思结合、知行统一。针对高校的课程思政建设要求，通过分析课程思政的意义与目标，结合以学生为中心、成果导向、持续改进三大核心理念，挖掘建筑学专业中蕴含的德育教育元素，并根据建筑测绘实习课程自身的特点，探索出三种文化、两种精神为主线的课程思政路径。三种文化指传统文化、红色文化和绿色文化。两种精神指集体主义精神和工匠精神。古建筑测绘实习课程思政中三种文化相结合、两种精神并举。

3.1 传统文化

古建筑测绘实习的主体是古建筑，是专业课程自带

的思政元素。徽派建筑集徽州山川风景之灵气，融汉族风俗文化之精华，是我国重要的建筑遗产，集中国传统文化、营建技术、木作技术、雕刻技术、材料技术之大成，具有极高的文化、艺术、技术、工艺价值和人类历史文化遗产不可替代的唯一性和重大价值。这也是选择皖南和婺源作为实习地的主要原因。古建筑测绘是通过综合运用测量和制图技术对古建筑的相关人文信息、传统工艺、技术及其随时间变化的信息进行采集、测量、整理与利用等的技术活动，是对古建筑最直观最有效的研读方式。

3.2 红色文化

皖南红色文化是中国近代革命历史文化的重要组成部分，是中国共产党领导下的皖南人民和以新四军为代表的革命者们长期革命斗争下形成的先进文化代表，皖南发生过一系列重大事件，涌现出一批革命英雄人物。皖南拥有一批革命遗存，其中"皖南事变"烈士陵园和新开馆的"皖南事变"史料陈列展览馆是全国爱国主义教育基地，中宣部确定的红色旅游1号工程。除此之外，还有黄山市黄山区八路军北上抗日先遣队纪念馆、黄山市岩寺新四军军部、黟县柯村乡皖南苏维埃政府旧址、屯溪老街中共皖南特委机关纪念馆及各市县烈士陵园和历史名人故居等红色文化设施。丰富的红色文化资源，拓展了古建筑测绘实习中课堂思政建设的内容。

3.3 绿色文化

徽州传统村落结合了当地的生态环境、气候特点，营造了适宜人们居住的场所。纵观徽州古建聚落的形成与发展，在聚落规划、建筑布局、营建技术、园林设计等方面，蕴涵着很多朴素的自然生态观，原生的"绿色"思想和传统建筑技术精华。在实习过程中，了解传统建筑智慧，体会地域建筑与人文地理环境之间的和谐关系，对于建筑的可持续发展，绿色建筑技术、节能建筑，以及国土空间规划背景下乡村振兴等方面的问题有直观的了解和感悟，对建筑学专业的学习和建筑师人文素养的形成起到重要的作用。

3.4 工匠精神

徽州营造技艺及精美三雕体现了徽州工匠的工匠精神。工匠精神是一种文化传承，包括高超的技术和精湛的工艺，严谨细致、专注负责的工作态度，精雕细琢、精益求精的工作理念，以及对职业的认同感、责任感。其中，专注是工匠精神的关键，标准是工匠精神的基石，精准是工匠精神的宗旨，创新是工匠精神的灵魂，

完美是工匠精神的境界，人本是工匠精神的核心。提倡工匠精神，大力弘扬劳动光荣的理念，是当代建筑教育需要的，也是建筑学子追求的。

3.5 集体主义精神

古建筑测绘内容繁杂，工作量大，仅靠个人难以完成，故采用小组方式进行测绘。一般8人1组，完成一栋古建筑的测绘工作，包括总平面图、平面图、立面图、剖面图，以及大样图的测量、图纸绘制、模型建造和动画制作。在实习过程中，同学们需要制定工作计划，合理分配任务，精诚合作协同，才能按期按质完成教学任务。每个同学在实习过程中既要对个人负责，也要对集体负责，是集体主义精神最好的实践和展现。

4 课程思政的教学实践

以屏山实习为例，介绍古建筑测绘实习与课程思政结合的教学实践。

4.1 屏山村简介

屏山村，古称九都、长宁里，位于黟县城东，因村庄北向有山状如屏障而得村名。屏山村入选第三批中国历史文化名村、第二批国家级传统村落。村内保存有光裕堂、成道堂等7座祠堂，其中庆余堂是建于明万历年间的一座舒氏宗祠，占地480m²，坐北朝南，体型高大，梁柱雄伟，步架规矩，雕刻精美，是安徽省重点文物保护单位，也是皖南极为少见的明代宗族祠堂。另外，还存有明清民居200余幢，如御前侍卫贴墙牌坊、舒绣文故居、玉兰庭、葫芦井、小绣楼等名胜古迹。其中，舒绣文故居是中国杰出的表演艺术家舒绣文的祖宅，舒绣文拍摄多部进步电影，将演艺事业与国家命运紧紧相连，其中《一江春水向东流》是其代表作。屏山步行20min可达的金家岭是黟县县委的诞生地。屏山村优越的地理环境和丰富资源，使其成为合肥工业大学建筑与艺术学院古建筑测绘实习较早的实习基地。

4.2 古建测绘实习的教学安排

古建筑测绘实习过程中，学生可以近距离地观察、触摸、体验古建筑，是一种沉浸式的教学方式，学生在测绘过程中学到的古建筑知识，比在教室通过教师讲授、观看PPT要生动、鲜活和深刻得多。结合教师的现场指导和讲授，理论和实践紧密结合，知识点更加系统全面，是非常生动的教学活动（表1）。

实习进度安排 表1

教学课次	授课要点	思政映射与融入点	教学形式	思政体现
第一天	古建筑测绘的相关知识讲解：法式测绘的基本方法，测绘工具的使用，古建筑的相关人文信息、传统工艺、技术等	古建筑是我国重要的建筑遗产，集中国传统文化、营建技术、木作技术、雕刻技术、材料技术之大成，具有极高的文化、艺术、技术、工艺价值和人类历史文化遗产不可替代的唯一性和重大价值	讲授式教学 研讨式教学 启发式教学	传统文化
第二天	熟悉传统村落的规划布局、功能组织，测绘总平面	传统村落在聚落规划、建筑布局、营建技术、园林设计等方面，蕴涵着很多朴素的自然生态观，原生的"绿色"思想	考察参观 实地测绘 现场教学 体验学习 自主学习	传统文化 绿色文化 集体主义精神
第三天	了解单体建筑的空间组织，功能布局，测绘建筑平面	传统民居的营建技术、木作技术、材料技术是民间艺术的瑰宝，是劳动人民智慧的结晶，是优秀的历史文化遗产	实地测绘 现场教学 体验学习 自主学习	传统文化 绿色文化 工匠精神 集体主义精神
第四天	了解单体建筑的结构体系，测绘建筑立面、剖面	传统民居的营建技术、木作技术，是民间艺术的瑰宝，是劳动人民智慧的结晶，是优秀的历史文化遗产	现场教学 体验学习 自主学习 实地测绘	传统文化 绿色文化 工匠精神 集体主义精神
第五天	了解建筑营造技术和装饰艺术，测绘建筑细部	传统民居的发展是当地建筑、绘画、雕刻技艺的集中展现，是民间艺术的瑰宝，有着深厚的历史文化渊源	现场教学 体验学习 自主学习 实地测绘	传统文化 绿色文化 工匠精神 集体主义精神
第六天	了解古建筑营建技术、木作技术、雕刻技术、材料技术，测绘细部大样	激发学生对人文历史、环境保护的兴趣，传承工匠精神，为当地传统建筑保护改善提供技术支持和帮助，使传统建筑更新与保护相结合	现场教学 体验学习 自主学习 实地测绘	传统文化 绿色文化 工匠精神 集体主义精神

教学课次	授课要点	思政映射与融入点	教学形式	思政体现
第七天	外出游学,参观古村落和红色教育基地	参观黟县金家岭村,学习了解中共黟县县委的诞生历史,丰富党史教育,弘扬爱国主义精神。参观黄山市城市展示馆、屯溪老街、黎阳in巷等新老建筑,丰富建筑知识,开阔视野	体验学习 自主学习 考察参观	传统文化 红色文化 绿色文化 工匠精神 集体主义精神
第八天	完善测绘,补测缺漏部分	了解中国传统建筑的营建过程,重现传统技术,发掘营造智慧	体验学习 自主学习 实地测绘	传统文化 绿色文化 工匠精神 集体主义精神
第九天 第十天	地域建筑设计	在了解中国传统建筑的完整营建过程基础上,结合当地的乡村振兴以及文化旅游开展需求,进行地域建筑设计	自主学习 讨论学习 体验学习	传统文化 绿色文化 工匠精神

5 结语

古建筑测绘实习的课程思政建设,以红色文化的丰富价值内涵和厚重的精神力量,促进专业教育与课程思政相结合。走进传统村落并和人居环境改善相结合,增强学生低碳理念,挖掘传统建筑中的绿色生态思想及做法,实现双赢,符合国家乡村振兴的发展要求。学生通过动手协作,建立认真负责的工作态度,以及对职业的认同感、责任感,培养工匠精神和集体主义精神。课程思政是当今百年未有之大变局形势下落实"立德树人"根本任务的必然选择,构建"全员育人、全过程育人、全方位育人"的思政道路还需要我们不断深入和求索(图1、图2)。

图2 师生到金家岭参观

图1 指导学生测绘

图表来源

图1、图2作者自摄,表1作者自绘。

主要参考文献

[1] 习近平.习近平在全国高校思想政治工作会议讲话[N].人民日报,2016-12-09 (1).

[2] 林源.古建筑测绘学[M].北京:中国建筑工业出版社,2003.

[3] 杨晓文.融入思政元素的房屋建筑学课堂教学对策[J].品味经典,2020 (9):65-66.

[4] 刘阳,饶永,贺为才,严敏.强化地域认知的古建筑测绘实习教学探索[C]//全国高等学校建筑学学科专业指导委员会,合肥工业大学建筑与艺术学院.2016全国建筑教育学术研讨会会议论文集.北京:中国建筑工业出版社,2016:525-529.

王绍森　李苏豫①　杨哲　李立新　张燕来　石峰　王长庆

厦门大学建筑与土木工程学院；w3m@vip. sina. com

Wang Shaosen　Li Suyu ①　Yang Zhe　Li Lixin　Zhang Yanlai　Shi Feng　Wang Changqing

School of Architecture and Civil Engineering，Xiamen University

"一核一轴两翼"：基于课程思政的建筑学复合型创新人才培养实践

"One Core One Axis and Two Wings"：Cultivation Practice of Compound Innovative Talents in Architecture based on Curriculum Ideology and Politics

摘　要：课程思政指以构建全员、全程、全课程育人格局的形式将建筑学与思想政治理论课同向同行，形成协同效应，把"立德树人"作为教育根本任务的一种综合教育理念。习近平新时代中国特色社会主义思想的丰富内涵对建筑学人才培养有很强的指导作用。本文以厦门大学建筑学"一核一轴两翼"教学体系，与习近平新时代中国特色社会主义思想有机结合，培养国家需要的建筑学复合型创新人才。

关键词：课程思政；一核一轴两翼；复合型创新人才

Abstract：Curriculum ideology and politics refers to a comprehensive education that combines architecture and ideological and political theory courses in the form of building a full-staff，whole-course，and full-course education pattern to form a synergistic effect，and takes "cultivating morality and cultivating people" as the fundamental task. The rich connotation of Xi Jinping Thought on Socialism with Chinese Characteristics for a New Era has a strong guiding role in the cultivation of architectural talents. This paper combines the teaching system of "one core one axis and two wings" of architecture in Xiamen University，organically combines with Xi Jinping's new era of socialism with Chinese characteristics，and cultivates innovative talents in architecture that the country needs.

Keywords：Curriculum Ideology and Politics；One Core One Axis and Two Wings；Compound Innovative Talents

1　建筑学复合型创新人才培养目标

习近平新时代中国特色社会主义思想明确中国特色社会主义事业总体布局是"五位一体"，对统筹推进经济建设、政治建设、文化建设、社会建设、生态文明建设做出重大战略部署，确立创新、协调、绿色、开放、共享的发展理念。"五位一体"全面推进、协调发展，才能形成经济富裕、政治民主、文化繁荣、社会公平、生态良好的发展格局。

随着建设社会主义现代化国家新征程全面开启，城

---

① 为共同第一作者。

190

乡建设成为现代化建设的重要引擎，密切着经济、政治、文化、社会和生态文明建设等方面，人居环境建设关乎着美好生活。习近平新时代中国特色社会主义思想中关于文化自信、生态文明、新型城镇化、乡村振兴等一系列重要思想，不断引领和拓展着建筑学人才培养内容的重要方面（图1）。

宜居城市	绿水青山	生态文明	文化建设	文化自信	新发展理念	高质量发展	新型城镇化	乡村振兴
·建筑与环境的介入与适应	·关注地域气候的设计	·关于材料的应用与表达	·空间意境	·建筑与跨界（艺术与文化）	·建筑与新技术	·旧建筑新生命	·城市更新	·乡村建设

图 1　新时代建筑学人才培养的重要内容

面对新形势新任务，对于建筑学教育是挑战，更是机遇。如何应对生态保护、"双碳目标"、乡村振兴、城市转型等国家重大战略需求，建筑学专业人才必须是具有创新思想、实践能力、国际竞争力的高素质复合型人才。

福建衔接长江经济带与粤港澳大湾区，面向台湾，背靠中西部腹地，是海上丝绸之路核心区，作为首个国家生态文明试验区，城乡建设铺设了坚实的可持续发展基调，在生态保护、文化传承与人居建设协同发展方面具有多重可推广经验。创新复合型建筑师的培养也是福建省城乡建设发展的必要支撑。

紧密国家发展战略，以及地区城乡建设需求，厦门大学建筑学科在落实"立德树人"根本任务基础上，以国家视角、全球视野和未来角度提炼建筑专业人才培养，扎根本土，立足前沿，从单一建筑师培养目标提升至"双一流"学科建设环节中的复合型创新人才培养。

2　课程思政与建筑学专业对应协同

国家战略、地区发展、人才需求等，引领了建筑学复合型创新人才培养目标确立。同时，需要从所在区域、学校、学科背景中探求优势和特色，从学科自身发展脉络出发，构建适宜、可行的培养体系。

2.1　厦门大学建筑学科发展

厦门大学是国家"双一流"建设A类高校，教育部直属综合性研究型重点大学，涵盖人文、社会、自然、工程与技术、管理、艺术、医学在内的完备学科体系，鼓励学科交叉，具有综合、复合、开放的优势资源。

厦门大学建筑学专业具有"高起点、高标准"的办学基础。依托"侨、台、特、海"区域特色，在闽台建筑研究、滨海城市建筑、绿色节能建筑设计、地域文化传承等方面持续深耕。2018年入选教育部首批"新工科"建设项目。2019年本科硕士均以"优秀"通过建筑学专业评估，2020年入选"国家一流专业"建设点。

自2014年设立"文化遗产与城市建设""建筑环境监测及防护"2个二级学科博士点，至2022年获批建筑学一级学科博士点。"绿色建筑与建筑节能""城乡建筑文化遗产保护与传承"分别为厦门大学"双一流"能源科学与工程学科群、人文与艺术学科群的子方向。

2.2　"一核一轴两翼"的架构

面向建筑学教育的国家战略引领和地方发展人才需求，厦门大学建筑系从学科发展特点出发，以"课程思政"为抓手，秉承"职业性、前沿性、地域性"理念，不断确立和强化建筑学复合型创新人才培养。经过探索实践，形成以"课程思政"为核心，建筑设计系列课程为主轴，技术课程、人文课程为支撑的"一核一轴两翼"的特色教学体系（图2），深入推进建筑学教育与新时代科技、经济、社会、文化、生态建设等方面的多维度融合。

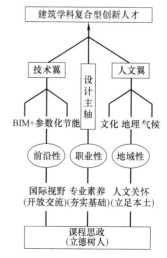

图 2　基于课程思政的建筑学特色教学体系

建筑设计系列课程主轴以多元设计教学方向和内

容，夯实专业基础和综合素养。贯彻新发展理念，坚定生态优先，抓住科技和产业变革机遇，推动新兴技术与绿色低碳建筑产业深度融合。技术翼涵盖 BIM＋、参数化、绿色建筑等前沿科技为支撑的系列课程，拓展开放交流的行业前沿和国际视野。坚定文化自信，深入挖掘文化内涵，创造性转化、发展传承深厚文化底蕴，更好地服务经济社会发展和人民高品质生活。人文翼涵盖文化、地理、气候等以人文为支撑的系列课程，扎根本土，彰显文化自信和人文关怀。

3 课程思政引领的建筑学人才培养

3.1 需解决的问题

新时代发展使建筑教育面临新挑战。构建新发展格局和实现高质量发展，"碳中和碳达峰"，城乡建设与生态环境，建筑空间适应新型生活方式等，需要建筑学人才培养紧跟时代、服务国家建设。

新观念变革对建筑教育提出新要求。生态文明建设、共同富裕、城乡区域协调发展，文化自信、讲好中国故事等，需要建筑学人才培养创新回应文化、社会等多重需求。

新技术革新为建筑教育打开新维度。数字技术，人工智能，参数化，建筑空间量化分析、优化；新型材料、技术、结构、建造等，需要建筑学人才培养融入新技术、新思维、新方法。

3.2 培养体系构成

基于课程思政的建筑学科复合型创新人才培养，与建筑学教学体系整体架构对应，包含"一个方向，三大平台"(图3)。以习近平新时代中国特色社会主义思想为核心培养方向，贯彻"立德树人"根本任务，以教育、文化、生态、城市、乡村等方面重要论述为引领，

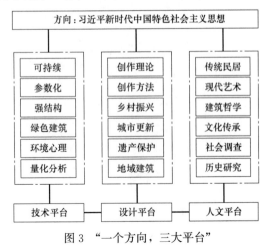

图3 "一个方向，三大平台"

将思想政治教育与建筑学人才培养全员、全过程、全方位融合。

设计平台主要教授建筑设计的基本原理、创作理论、方法及表达，夯实专业素养。技术平台重视建筑技术的学习及应用，整合创新技术策略，主动探索前沿、高效解决问题的设计方案。人文平台启发学生的文化和社会关注，鼓励多方面的创新探索和综合解决问题能力。通过"正方向、厚基础、强能力、高素质"，强化学生的社会责任感、人文关怀和家国情怀，以扎实前沿创新的专业知识、素养、技能和视野，投身服务社会发展和国家建设。

3.3 培养实践创新

基于课程思政的建筑学科复合型创新人才培养，在人才培养理念上突出"思政人才专业化，专业人才思政化"。专业思政系统化设计、一体化推进；思政教育融入专业培养各环节、各方面。加强顶层设计，形成专业思政整体建构；注重精准实施，建设专业思政教师队伍；强化动态评估，推动专业思政持续改进。

在专业人才培养方法上：

1)"思政"与"教学"交融。以习近平新时代中国特色社会主义思想中文化自信、生态文明、高质量发展、城市建设、乡村振兴等重要内容，引导树立正确的文化观、建筑观、创作观。

2)"人文"与"理工"交叉。立足中国传统建筑文化和建筑历史，新增乡村营建、存量提升、文化传承等内容，使教学内容与最新学术、社会热点保持同步。

3)"技术"与"设计"交织。以数字化设计创新型实验为载体，结合绿色建筑、装配式建筑、数字化设计等科技前沿，搭建学生创新创业发展平台。

在专业人才培养体系上：

1)专才培养与通才培养结合的兼合式培养。在设计方法、建筑结构构造等方面打下坚实基础，同时强调关心社会、文化等诸多问题，具有批判精神。正方向、大视野、宽口径、多样化。

2)文化传承与设计创新结合的融合式培养。大量阅读相关文献、案例、理论、资料，掌握人文社科领域的基本研究方法，将历史、哲学、人文、经济等内容与建筑设计融会贯通。

3)数字技术与设计实践结合的复合式培养。建筑设计和数字化技术方向相互配合协同指导，将建筑数字技术和建筑设计理论结合，提高在建筑设计中主动应用前沿技术的综合能力。

4 "一核一轴两翼"的实践成效

在课程思政引领下，厦门大学建筑系以"一核一轴两翼"教学体系架构，落实"一个方向，三大平台"，实践建筑学复合型创新人才培养，取得积极成效。

4.1 教学拓展与平台建设

教学形成乡村振兴、地域建筑创作、数字化建筑、城市设计与区域规划、公共建筑设计研究、建筑遗产保护等多元方向。课程建设强调理论和实践相结合，双师型结合（建筑师＋教师）。多次获省级教学成果奖，发表多篇教学研究论文。王绍森老师荣获中国建筑设计奖·建筑教育奖、"福建省优秀教师"荣誉称号。

平台建设紧密支持教学新方向内容。新工科创意设计智慧实验室，厦门大学 BIM 虚拟仿真实验教学中心（省级），厦门大学智能建造与创意设计教学实验平台等，深度开展数字乡建、智慧城市、数字建筑、智能建造等研究与教学。

科创和竞赛屡获佳绩。《数字乡建——多维数据服务，赋能乡村振兴》获中国"互联网＋"大学生创新创业大赛铜奖；零能耗住宅"自然之间"获"国际太阳能十项全能竞赛"第三名，以及台达杯国际太阳能建筑设计竞赛、中国研究生智慧城市技术与创意设计大赛、UIA 霍普杯国际大学生建筑设计竞赛等奖项均有收获。

4.2 科研学术与社会实践

着力城乡可持续的重要建筑、规划项目，例如厦门大学各校区建筑，漳州古城更新、鼓浪屿文化遗产保护，"新闽南"建筑创作，传统村落乡建规划等，获国家及省部级工程设计 20 余奖项。承担国家和地方重要科研课题，近 5 年获国家自然科学基金项目 10 项，出版专著 18 本，发表学术论文 337 篇，多次获省部级奖项。

以科研学术引领新理念、新模式、新机制，开创落实城乡建设和文化传承、服务地方，更是为教学打造了丰富的前沿实践实训平台。近年来签订实习实践基地近 15 家，校企联合科研、实践和培养，产学研互动共创不断深入。

对应教学体系 3 个方向，厦门大学乡建社、厦门大学数字建造社、厦门大学文化遗产学社，以设计竞赛、设计下乡、陪伴共建、建造实践、文化遗产走读等，有效提升综合专业素养，服务城乡建设并形成广泛社会影响。

4.3 对外合作与国际交流

厦门大学（建筑与土木工程学院为执行主体）（XMU-SACE）、与联合国教科文组织亚太地区世界遗产培训与研究中心（上海）（WHITRAP-Shanghai），以及意大利国家研究委员会—文化遗产研究中心（CNR-DSU）建立用于培训、能力建设和研究"海上丝绸之路沿线城乡聚落文化遗产保护与价值提升"的战略合作，为城乡建筑文化遗产保护传承的研究教学、国际化人才培养、国际合作研究等方面拓展了重要方向。

与国内外多所知名建筑院校建立多向交流合作，开展系列教学研讨、互访、讲学等。与斯图加特大学、特里尔大学"厦港街区联合教学"，与新加坡南洋理工大学、同济大学"建筑遗产联合工作营"等。通过国际学生交流计划、双学位等途径，拓展国内外联合教学培养模式。多名学生获英国纽卡斯尔大学"威廉·奥特奖"及"研究生毕业设计奖"、法国 AUBE 欧博奖学金等。

5 结语

在迈向第二个百年奋斗目标的时代背景下，以习近平新时代中国特色社会主义思想为指导，基于国家战略发展和社会需求，理解建筑学科的新特征、新趋势，将课程思政和复合型创新人才培养融入教学理念、教学模式、教学主体将越来越重要。未来，厦门大学建筑学科将继续心怀"国之大者"，全面落实"立德树人"根本任务，为党育人、为国育才，努力构建完善适应未来机遇和挑战的人才培养体系，为服务区域发展和国家战略作出更大贡献！

主要参考文献

[1] 何镜堂，程泰宁，魏敦山，王建国，孟建民，刘力，周恺. 笔谈：中国建筑创作十年（2009—2019）[J]. 建筑实践，2019（12）：16-23.

[2] 王建国，张晓春. 对当代中国建筑教育走向与问题的思考：王建国院士访谈 [J]. 时代建筑，2017（3）：6-9.

[3] 朱文一，王辉. 中国建筑教育改革 30 年 [J]. 建筑创作，2008（12）：78-82.

[4] 孙一民. 建筑学"新工科"教育探索与实践 [J]. 当代建筑，2020（2）：128-130.

[5] 王绍森，李立新，张燕来. 基于专业教育的特色教学探索——以厦门大学建筑教育为例 [J]. 当代建筑，2020（5）：131-133.

虞大鹏

中央美术学院建筑学院；yudapeng@cafa.edu.cn

Yu Dapeng

School of Architecture，Central Academy of Fine Arts

中央美术学院城市设计课程思政建设思考
On the Integration of Ideology and Politics in Urban Design Courses at Central Academy of Fine Arts

摘　要：通过对中央美术学院建筑学院城市设计课程教学与课程思政的分析思考，探讨如何结合专业课程教学有机融入课程思政建设，实现"立德树人"的教育目的。

关键词：城市设计；课程思政

Abstract：With analysis of the teaching and the integration of ideology and politics into urban design courses at Central Academy of Fine Arts，this paper explore ways to integrate the politics into specialized courses in order to achieve the end of moral education.

Keywords：Urban Design；Course Ideology and Politics

1　引言

城市设计于 20 世纪 90 年代引入国内建筑、规划学术体系，是指人们为了某种特定的城市建设目标所进行的对城市外部空间和形体环境的设计和组织，其主要目标是改进人们生存空间的环境质量和生活品质，城市设计比较偏重空间形态艺术和人的知觉心理，不同的社会背景、地域文化传统和时空条件会有不同的城市设计途径和方法，需要有特定的专业基础理论、特定的研究方法和设计方法。

城市设计课程是中央美术学院建筑学院建筑学专业（含城市设计方向）本科四年级的核心专业必修课程之一。课程在前一学期城市规划原理、城市设计原理课程基础上，选择特定城市地块进行城市设计，培养学生对城市公共空间敏锐的观察能力、对社会文化空间公平客观的支持态度，并能够运用丰富的专业知识和手段分析城市问题，建立和培养"以人为本"的设计理念和方法。通过对所选基地详尽的观察、调研与分析，进行城市设计，并结合人的活动、行为，从社会生态学、文化学与城市学的角度出发，立足空间规划的专业基础和引导"城市人"的合理行为作为基本手段，观察城市，体验社会，发现问题，提出方案，继而丰富文化，和谐发展。

2　课程思政资源分析

城市设计侧重城市中各种关系的组合，是一种整合状态的系统设计，经过几十年的实践与思考，城市设计的学术和专业内涵得到极大的延伸和扩展。此外，城市设计具有艺术创作的属性，是以视觉秩序为媒介、容纳历史积淀、铺垫地区文化、表现时代精神，并结合人的感知经验建立起具有整体结构性特征、易于识别的城市意象和氛围。习近平总书记提出要把更多美术元素、艺术元素应用到城乡规划建设中，增强城乡审美韵味、文化品位，把美术成果更好地服务于人民群众的高品质生活需求。其实总书记讲的就是城市设计（同时可以涵盖城市设计课程与教学并扩大到城乡规划学科）的意义和价值所在。此外，深入贯彻中央城市工作会议精神和习近平总书记建设城市美丽家园指示，结合"两山论"

"四个注重""人民城市"等重要思想,对各种城市问题进行聚焦式深入探索,强调对于文化与社会议题的探讨,为城市设计研究提供各种可能,重视问题意识下的设计研究,确定研究主题,聚焦特定问题,演示与规范研究方法,重点提高真实城市语境下的问题发现能力与团队协作创新能力,追求问题意识、学术价值、专业深度、艺术再现、成果创新,强调综合性、装置化的表达"研究"与"设计"两阶段的核心成果。针对目前世界范围的文化、生态和经济危机,充分发挥中央美术学院学术资源与优势,并与自身专业内涵探索相结合,注入人文历史和艺术审美,着重研究城市文化中所遇到的一系列基本问题,包括文化解读问题、历史及人类学问题、社会学问题、视觉造型问题等,将一直以来被认为是"隐性"与"飘忽不定"的文化因素进行"显性"解读,对文化脉络进行"当代显影",将中国传统文化、世界优秀文化的学术成果与中国当代城市发展的巨大动力相互结合,结合中央美术学院深厚的艺术底蕴和审美高度,从美育入手,彰显中央美术学院城市设计课程(专业、学科)的独特个性,做出美院独有的贡献。

3 课程实施概况

中央美术学院建筑学院开展城市设计教学已近20年,从最初的侧重居住行为和居住空间研究到后来的公共空间体系分析与研究、城市历史地段研究、城市新区建设研究同时结合互联网时代的行为转变、全民健身等诸多内容一直进行与时俱进的调整和完善。

2021—2022学年,中央美术学院建筑学院城市设计课程题目为:"链接"——全民健身视角的城市设计。

3.1 课程背景

全民健身运动作为我国健康中国2030计划的重要内容,近年来受到国家和各级地方政府的高度重视和发展。根据世界卫生组织(WHO)最新公布的一项调查,世界人口健康比例不足20%,多数人处于亚健康状态,随着社会工作节奏的加快,这一比例还在加剧,改变这样问题行之有效的方法是开展全民健身运动。党的十九大提出:"广泛开展全民健身活动,加快推进体育强国建设"的战略方针,将全民健身活动提高到国家战略层面。根据《全民健身计划(2016—2020年)》指出,到2020年经常参加体育锻炼的人数降到4.35亿,全民健

身消费规模达到1.5万亿元,全民健身将成为城市发展、产业融合、拉动内需的新引擎和新增长点。城市作为市民活动的重要载体,要为引导市民健康活动提供积极有效的空间环境,基于"人的健康"为主要出发点,结合"人民城市"理念,研究全民健身运动语境下的健康城市营造,具有重要的学术意义和研究价值。

3.2 基地选择

望京地区是北京市新兴城市副中心,亚洲最大的居住社区,经过20年的发展,目前已成为有40万左右常驻人口、接近一个中等城市规模的相对独立区域,奔驰、微软等跨国企业纷纷将其中国甚至亚洲总部设置于望京。由于发展过于迅捷,望京地区的城市空间呈现明显的"独立化""分割化"特征,尺度上偏宏大,各个地块相对独立缺乏呼应。课程选择望京核心区作为研究对象,希望通过城市设计的手段,对本区域空间进行再组织,以达到区域共兴之目的。空间研究范围为望京核心区并可以延展至望京全域,对此区域进行深入研究、调研,发现问题、兴趣点。之后对图示红线范围内区域进行深入设计(红线范围内用地面积约7hm²,图1)。

图1 望京核心区

3.3 设计任务

本课题的主要研究内容包括新兴城区空间问题的发现和解决,互联网时代商业模式的转变以及相应的空间策略等,其中包含两大重要议题:城市高密度发展与建筑师的应对和责任、互联网消费精神下的设计思维革命。课程主要设计任务如下。

1)全面认识了解全民健身运动的意义,立足于健

康城市营造理念，从气候、地域出发，结合全民健身运动的空间需求与影响，重新审视城市设计的本原，研究自然条件（阳光、风、水、绿化……）对于人类居住、生活、交往的影响，研究分析气候对于公共空间、建筑形态的影响，研究全民健身运动与城市空间的相互作用与影响。

2）认真收集现状基础资料和相关背景资料，分析城市上一层次规划对基地提出的规划要求，以及基地现状与周围环境的关系，并提出相应的设计主题或者设计概念，进行规划设计。

3）提出此次城市设计的整体目标和意图，确定建设容量，确定城市设计的基本要素。提出街区外部空间组织、天际线控制、景观开放空间等城市设计框架，包括建筑布局、绿地水系系统、交通系统组织和地下空间利用方案等。

4）分析并提出本规划区内部居民的交通出行方式，布局道路交通系统，确定道路平面曲线半径，结合其他要素并综合考虑道路景观的效果，必要时设计出相应的道路断面图。确定停车场的类型、规模和布局。

5）分析并确定本街区公共建筑的内容、规模和布置方式。表达其平面组合体型和室外空间场地的设计构思。公共建筑的配置应结合当地居民生活水平和文化生活特征，结合原有公建设施一并考虑。

6）绿化系统规划应层次分明、概念明确，与街区功能和户外活动场地统筹考虑，必要时应提交相应的环境设计图。绿化种植设计应与当地的土壤和气候特征相适应。

7）鼓励同学在基地现状进行全面分析的基础上，结合本地区的自然条件、生活习惯、历史文脉、技术条件、城市景观等方面进行规划构思，提出优美舒适、有创造性的设计方案。

3.4 课程组织

强调团队合作设计的组织与协调、提高田野调查、程序规划、模型表达、交流汇报、图纸表现的综合能力。

教学由前期研究—目标策划—整合设计3个单项练习组成。前期研究要求完成基地调查报告与相关的专题研究，并通过组内答辩交流的方式共享分析成果；目标策划要求学生提交设计目标与概念方案；整合设计要求通过不同比例的实体模型和设计草图推进设计发展，学生独立完成城市设计方案及公共节点设计。

3.5 作业案例（图2～图5）

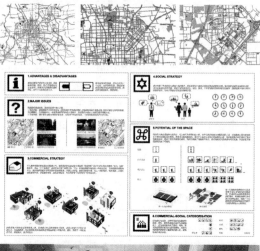

图2 望京核心区城市设计

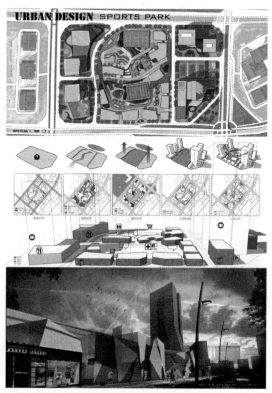

图3 望京核心区城市设计

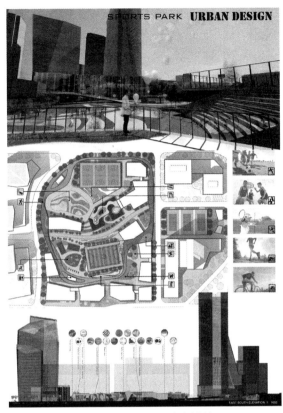

图 4 望京核心区城市设计

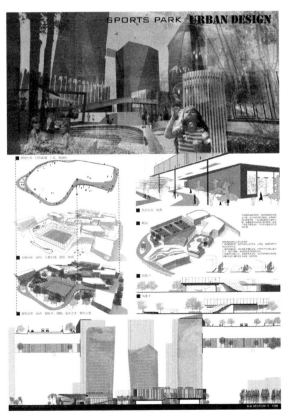

图 5 望京核心区城市设计

4 结语

课程思政指以构建全员、全程、全课程育人格局的形式将各类课程与思想政治理论课同向同行，形成协同效应，把"立德树人"作为教育的根本任务的一种综合教育理念。作为专业核心课程，在学习过程中帮助同学树立正确的价值观，将"立德树人"有机融入到专业学习中尤为重要。

基于上述，中央美术学院城市设计课程在教学中强调三个目标导向，即：①价值目标：建立和培养"以人为本"的设计理念和方法；②知识目标：运用丰富的专业知识和手段分析城市问题；③能力目标：掌握城市设计的思路与方法。结合上述三个目标导向，将城市设计课程的主要知识点：容积率和建筑密度、退界（道路、用地）、间距（日照、规划、消防）、停车（机动车、非机动车）、绿化（绿地率、集中绿地率）、日照与风环境分析、道路组织与分级、消防（总平面、中高层、高层单体）等与"人民城市""两山论"理念深入结合，强调探讨文化与社会议题，重视问题意识，聚焦特定问题，结合中央美术学院深厚的艺术底蕴和审美高度，充分发挥中央美术学院学术资源与优势，形成中央美术学院城市设计课程的特色打造并与课程思政有机融为一体。

图片来源

图1作者基于谷歌地图自绘，图2～图5来源于蒯新珏的课程作业。

主要参考文献

[1] 中央美术学院建筑学院城市设计与规划系. 空间·社会·人——中央美术学院建筑学院城市设计教学十年探索 [M]. 北京：中国建筑工业出版社，2019.

[2] 虞大鹏，等. 中央美术学院建筑学院城市设计课程体系构建 [C]//2019 中国高等学校建筑教育学术研讨会论文集编委会，西南交通大学建筑与设计学院. 2019 中国高等学校建筑教育学术研讨会论文集. 北京：中国建筑工业出版社，2019，10.

[3] 虞大鹏，岳宏飞. 中央美院建筑学院城市设计课程的组织与实施 [C]//教育部高等学校城乡规划专业教学指导分委员会，湖南大学建筑学院. 协同规划·创新教育——2019 中国高等学校城乡规划教育年会论文集. 北京：中国建筑工业出版社：北京，2019，7.

胡璟　费迎庆　孙亚楠

华侨大学建筑学院；47013378@qq.com

Hu Jing　Fei Yingqing　Sun Yanan

School of Architecture，Huaqiao University

华侨大学"城市设计：澳门城市更新专题"课程总结及思考

——以 2019—2022 年教学实践为例①

Summary and Reflections on the Course "Urban Design：Macao Urban regeneration" at Huaqiao University

——Taking the Teaching Practice of 2019—2022 as an Example

摘　要：城市更新设计是近年来响应于国家的市场需求和规划的热门话题，其中澳门城市更新专题则是华侨大学依托自己独特的优势应运而生的专项课题。不仅积极践行澳门申遗之后的相关城市设计更新的策略应用，同时在一定程度上建立一个与澳门同胞的合作交流与联系的平台，推动全方位的多元文化交流。但随着后世遗时代的来临以及粤港澳大湾区的发展，本课程试图将在"城市设计：澳门城市更新专题"的教学中，对近些年来的教学内容等作出相应的思考与调整，期冀让学生更加深入到实际城市环境中，主动学习多元化背景下的城市更新设计。

关键词：澳门城市更新；后世遗时代；粤港澳大湾区；城市设计教学

Abstract：Urban regeneration design is a hot topic in response to the country's market demand and planning in recent years. Among them，the topic of urban regeneration in Macau is a special topic that Huaqiao University has come into being based on its own unique advantages. It not only actively implements the strategic application of relevant urban design updates after Macao's application to the World Heritage List，but also establishes a platform for cooperation，exchange and connection with Macao compatriots to a certain extent，and promotes all-round multicultural exchanges. However，with the advent of the post-heritage era and the development of the Guangdong-Hong Kong-Macao Greater Bay Area ，this course attempts to integrate the teaching contents of recent years in the teaching of "Urban Design：Macao Urban regeneration". Make corresponding thinking and adjustments，hoping to let students go deeper into the actual urban environment and actively learn urban regeneration design in a diversified background.

Keywords：Urban Regeneration of Macao；The Era of the Later Generations；Guangdong-Hong Kong-Macao Greater Bay Area；Urban Design Teaching

---

① 本文研究为国家一流本科课程"城市设计：澳门城市更新专题"阶段成果。

1 城市更新教学开展背景

20世纪60年代，美国、英国等西方国家的城市建设从大规模物质空间建设转向城市更新与复兴阶段。当前，我国多个城市也逐步进入更新发展阶段，在强调理性规模增长的同时，更重视以城乡统筹、城市功能结构调整、城市生活质量提高为目标的"存量"发展。存量土地成为城市增长的主要空间来源，城市设计研究的对象发生了改变。以往以增量土地资源为载体的新城建设越来越少，城市应该如何进行再生和复兴成为当下语境中学界重新关注的议题。

此时，高校顺应时代发展需求和响应国家政策，开展相应的教学活动就具有切实的现实意义。城市更新在存量时代的城市发展中对塑造城市风貌特色，提升城市公共空间品质中发挥着越来越大的作用，也是高校城乡规划、建筑学专业教学的重点。策划思维和设计技巧如何逐步融合，如何减少课程教学与现实实践之间的"真实性"差距，并由此对教学模式进行改进，是教学实践中有待探讨的问题。

2 "城市设计：澳门城市更新专题"课程建设

2.1 概况

"城市设计：澳门城市更新专题"是国家首批一流课程。自2011年起开展，已持续11年。教学内容包括知识讲授和设计辅导两部分，主要采用线下授课方式。利用侨校资源，选题"海上花园"的澳门，以澳门城市发展中面临的问题为课题，形成价值引领、知识探究、态度养成服务地方的教学目标，通过专题实施，将开展的系列调研和咨询提案服务于澳门，全面提高学生的综合能力，加强培养学生的社会责任感，同时还具有建立与港澳同胞的合作交流与联系，推动多元文化交融的特殊意义。

2.2 内容及实施

2.2.1 澳门城市更新专题教学实践内容

澳门是中国领土的一部分，位于中国大陆东南沿海，地处珠江三角洲的西岸，毗邻广东省。澳门的总面积因为沿岸填海造地而一直扩大，自有记录的1912年的11.6平方公里逐步扩展至现在的30多平方公里。

2005年7月15日澳门历史城区因其符合世界遗产第ⅱ、ⅲ、ⅳ、ⅵ条价值标准，被列入世界文化遗产名录，成为中国第31处世界文化遗产。澳门历史城区是

---

① http://www.wh.mo/cn/

中国境内现存年代最远、规模最大、保存最完整和最集中，以西式建筑为主、中西式建筑互相辉映的历史城区见证了西方文化与中国文化的碰撞与对话，证明了中国文化永不衰败的生命力及其开放性和包容性，以及中西两种相异文化和平共存的可能性。难能可贵的是，澳门历史城区到今天依然保存原有面貌和延续原有功能，不仅是澳门文化和市民生活的重要部分，更是澳门为中国文化以至世界文化留存的一份珍贵遗产。①

自开埠以来，经过多年的发展，澳门由一个中国传统渔村演变为世界遗产城市和世界旅游休闲城市，其城市空间形态变化剧烈，先后经历了澳门开埠、租界发展、大规模填海发展、澳门回归、历史城区申遗等众多事件，多元地域文化积淀深厚，加之澳门狭小的城区、高密度的人口，使其可持续发展面临着复杂的矛盾和问题，如：澳门城市空间与现实需求和未来目标间的差距；快速发展变革中地域文化和多元生活形态的保存；把握未来发展的机遇等是本课程的核心问题。从2011年至今，教学组完成了澳门永福围片区、妈阁周边片区、司打口片区、佑汉片区、塔石周边片区、十月初五街、内港历史城区以及世遗路线周边区域、氹仔老城区、黑沙环工业区、三盏灯片区、澳门旅游塔片区、筷子基湾片区等旧城更新活化的设计与研究工作。相对以往设计课题而言，课题任务从单一需求转变为多元需求，各种错综复杂的矛盾带来的是设计思维的转变以及对学生综合能力的考验。

2.2.2 澳门城市更新专题课程教学组织实施情况

教学重点体现为以下三点。

1）建立从社会、经济、文化出发，进行综合价值判断。

2）树立"建筑设计—城市规划—景观设计"三位一体的空间设计观，建立从"宏观—中观—微观"多层次分析视角，训练"发现问题—分析问题—解决问题"问题导向逻辑思考，多角度、多维度、系统性对城乡问题的分析和解构能力。

3）从实际调查中凝练问题，提倡人文关怀，结合地域文脉和现实问题提出重建活力、回归日常的模式和策略。

本课程课时量大、周期长、过程较复杂，采取目标控制的方法，总共分为：1前期研究——2现场调研——3提出策略——4深化设计——5成果编制——6多元评价六个阶段（表1）。其中3、4、5阶段为课堂教学，采用作业汇报——互动交流——理论讲解——设计实操——形成新任务的方式（图1）。

阶段	时间	工作内容	具体细节
第一阶段： 前期研究＋ 计划制定	寒假＋1周	①场地研究回顾与现状分析，文献研究与案例分析，相关理论阅读，以PPT形式课堂分享讨论 ②制定调研计划，划分调研小组，提前制定访谈提纲、调查问卷	①初步了解澳门文化、澳门城市发展历程和现状、本次设计对象的相关信息等 ②理解城市更新的相关理论和成功案例，如城市更新的概念、内涵、范畴、缘起、发展历程、设计方法、实施步骤、参与主体等 ③有条件的同学可开展案例实地学习，观察其空间组织特点、参与者行为特征、运营方式、业态类型等，分析其成功原因及不足之处
第二阶段： 现场调研＋ 头脑风暴	1周	①现场调查，完成调查报告，以PPT形式在现场汇报。（前期调研成果共享） ②基于初步印象和实地参与的兴奋，快速提出多个概念设想	①依托团队合作快速了解基地及其周边基本信息（包括场地区位、上位规划、周边条件、环境特征、交通组织、景观视线、街道界面、空间特色、日常生活等），进行必要的建筑测绘、问卷、访谈 ②各小组进行有针对性调查，发现基地内不同价值和问题，提出创造性设想方案 ③澳门文化局、澳门科技大学、澳门华侨大学士建协会等建筑师、学者将会以不同形式参与该阶段授课
第三阶段： 确定概念＋ 提出策略	4周	①课堂研讨、穿插相关讲座。 ②小组针对整个研究地块提出总体性、概念性规划设计方案	从社会、经济、文化三方面入手，对片区整体定位、确定发展目标和愿景，对产业、文化、空间结构提升策划，并提出具体实施内容及步骤
第四/五阶段： 深化设计＋ 成果编制	6周	①小组深化总体设计方案；选择不小于2公顷核心范围进行具体场地空间环境和建筑布局 ②完善、深化建筑单体设计 ③完成全部设计成果并进行答辩	①选定核心范围和重点区域，进行中观尺度的场地环境、交通组织、沿街界面、建筑群体布局、建筑功能策划、景观结构等 ②建筑单体深化设计，包括平面布局、外立面、周围环境、核心空间、节点表达等
第六阶段： 多元评价	暑假	成果整理，展览	导览手册，展板设计，展陈布置

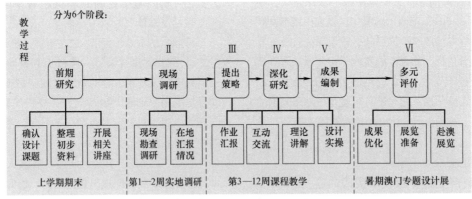

图1　教学过程

2.3　特色及创新

2.3.1　课程特色

1)"产、学、研、创"系统一体化，在项目实践的基础上，侧重历史文化遗产的保护研究，以及对地域文化和建筑的了解，增强学生的社会融入感。

2) 采取多元开放的教育模式。

3) 采用国际化视野下"在地实践"的互动式教学，体验澳门生活、文化。紧密结合两地的实际情况，融入现实社会和生活的教育，提高学生为社会服务、为地方服务意识。

2.3.2　教学改革创新点

本课程体现了选题、教学模式、师资团队和考核评价的创新。选题均来源于澳门正在进展或即将开展的建设项目研究，具有真实体验和实践性。教学设计上采用PBL模式，引入前沿理论、信息技术和交叉学科，前期增加在地工作坊及建筑策划，澳门调查期间，与当地高校师生开展工作坊联合教学。中期开展开放式讨论，加大学生参与。后期增加总结回顾，在地举办成果展览。学生编制作业成果集，可整理逻辑思路，总结收获和不足，为后面的学习积累经验。学有余力的同学可以通过课后再辅导，参加专业竞赛，以赛促学。

整体采用境外生和国内生混编的形式组建团队，加大港澳籍学生的参与。师资团队按具有宽广的国际视野，以及丰富的项目实践经验进行配备；邀请澳门政府部门及设计单位具有丰富实践经验的建筑师、工程师参与前期辅导和阶段研讨。

革新考核评价机制，考核内容涉及课堂表现、阶段成果、公开答辩、开放展览。澳门城市更新设计展已在澳门举办9届，各大媒体深度报道，形成与当地政府部门、专家学者及社区团体、市民的积极互动，成为内地与澳门沟通交流的平台，为澳门建设决策提供了一定的科学依据（图2～图4）。

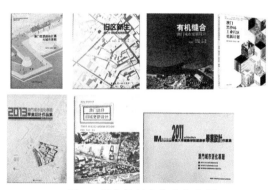

图2　部分教材和作业集出版

图3　2019年澳门日报报道成果展

---

① http://www.cnbayarea.org.cn/

图4　2022年成果交流会（澳门专家线上点评）

3 "城市设计：澳门城市更新专题"的调整与思考

澳门城市活化教学课题选址，不仅考验学生对于城市更新类型复杂度的把握与思考，更是对城市活化发展的与时俱进的全新理解。顺应澳门遗产保护的大趋势，早期课程的设计对象分布在澳门文化遗产核心区及缓冲区，主要目标偏重历史场所的保护与文化再造。随着时代发展与居民需求的改变，社会焦点发生转移，教学设置相应调整。

3.1 背景变化

3.1.1 "后世遗时代"带来的挑战

2005年，"澳门历史城区"成为中国第31处世界文化遗产，这是澳门450多年城市发展的要转折点。首先，入遗使澳门在国家和区域经济发展层面有了独特的地位和功能，从顶层设计上明确了澳门世界旅游休闲中心的城市发展定位。世界文化遗产澳门历史城区是这一城市发展定位的前提和独特资源。其次空间转型是利用世遗效应推动澳门建设世界旅游休闲中心的结果，造成了城市物质形态两面性和城市生活两面性。[4]然而申遗之后，如何平衡保护和开发？世界遗产的问题，第一，如何保证可持续性的保护？第二，如何让这种可持续性的保护带动整个区域的文化产业发展？第三，如何让这些产业能够烘托、传播世界遗产的文化氛围，而不是将世界遗产淹没在充斥消费、欺诈文化的环境中。

3.1.2 "粤港澳大湾区"带来的发展契机

2019年2月，《粤港澳大湾区发展规划纲要》印发，澳门的定位为"建设世界旅游休闲中心、中国与葡语国家商贸合作服务平台，促进经济适度多元发展，打造以中华文化为主流、多元文化共存的交流合作基地"。①此区更显示出在深化粤港澳合作，推进大湾区建设中的战略意义，亟待更新发展。

澳门城区用地狭小、人口密度高，社会发展变化剧烈，城市空间与现实需求和未来目标间存在矛盾和问题，如何在可持续发展中保存其地域文化积淀，保持其生活形态的多元，把握未来发展的机遇是课题的思考方向。

3.2　教学调整——以2019—2022年教学实践为例

基于后世遗时代保护开发和"粤港澳大湾区"的全新需求，"澳门城市更专题新"教学要充分考虑澳门文化遗产保护中的文化内涵扩展、城市定位提升、居民互动、保护开发博弈、规划衔接等方面，通过新时代的文化建构推动城市转型和经济发展。2019年、2021年、2022年本课程选址跳脱出历史城区，选址涉及工业区、海岸带、侨居地、湾区等，这些区域相对于历史城区来说，发展更为快速，可操作性手法更为多样，既有挑战又很有趣(图5)(受疫情影响，2020年未开展本教学)。

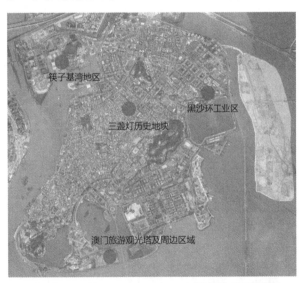

图5　2019年、2021年、2022年教学选址示意图

3.2.1　2019年：黑沙环工业区改造

黑沙环工业区紧邻拱北口岸和港珠澳大桥，地理位置优越，该地区自20世纪60年代起，依托澳门发电厂，发展成以食品业和轻工业为代表的工业区。片区内高层工业大厦林立，城市空间别具特色。20世纪90年代后，伴随博彩业的兴起，澳门工业衰退，现正面临产业不振、业态杂糅、空间混乱的情况，急需转型发展。

本次教学目标包括黑沙环工业区整体更新策划、城市空间与结构设计；不小于2hm²核心区建筑方案布局及环境景观设计；重点单体建筑设计三部分内容。

1) 研究该地区城市空间历史、现状和未来可能，研究澳门传统文化，研究澳门工业产业的历史和现状，探讨合理有效的高层工业厂房片区更新改造的可能性与方式、内容。

2) 在分析研究的基础上提出改善城市空间的方案，增强该地区城市活力的策略，并进行一定范围的项目策划，自行生成建设项目后开展建筑和环境设计。

3) 结合游客、工人和当地居民的需求，依托原有工业大厦文化，强化澳门特有的多元开放、中西融合文化特色，探讨密集式高层工业片区的改造模式，包括协调和城市环境的关系、建筑功能置换、空间再组织、街道界面优化提升、场所文化再营造等。

学生针对现场调查发现的问题和隐藏的价值，提出更新发展的策略及意向表达，体现不同的视角和方法，如关注社会底层人群、解决住房短缺、复兴传统工业、立足都市景观、发展文化创新产业等，最终形成设计成果(图6)。

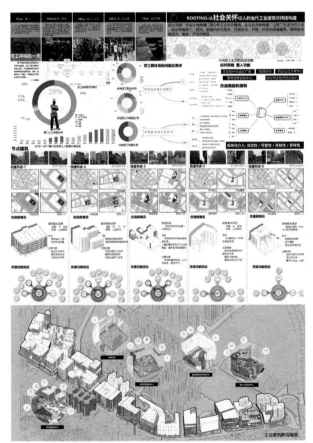

图6　从社会关怀视角出发以提升劳工生活环境为切入的设计

3.2.2　2021年：三盏灯地区城市更新

澳门土地面积27.3km²，人口约46万，是一个典

型的袖珍小城。却有着 60 多个国家的归侨生活在这里。归侨初到澳门之际，人生地疏，为了相互依靠，多数归侨就以原居地为单位，开始集聚在一起。柬埔寨归侨多聚居黑沙湾、马场一带，印度尼西亚归侨多聚居雅廉坊、提柯区一带，而缅甸归侨主要聚居在三盏灯、新桥一带。归侨为澳门带来了资金、人才、技术、大量劳动力等；带动区域性的发展，例如工业，商业、饮食、建筑地产等，也产生了独特的生活习惯、饮食文化、宗教信仰等。

三盏灯地区位于澳门本岛中心，其正式名称是嘉路米耶圆形地 (Rotunda de Carlos da Maia)，是澳门的缅甸归侨分布最集中的区域，素有"小缅甸"之称。三盏灯地区以缅甸美食闻名，泼水节、东南亚美食嘉年华等特色活动丰富，澳门缅华互助会、澳门黑猫体育会、缅华诊所等公共机构分布其中。大量的归侨在此定居，也成就了该片区的多元性与差异化，浓郁的市井气息与生活味道更是让人心向往之。然而，这个老旧的片区也存在着一定的生活矛盾，例如交通拥挤，绿化稀缺，建筑老化等。保持其多元生活形态的同时，如何改善环境品质，加强归侨认同，强化归侨文化，振兴特色产业，把握未来发展的机遇是本次选题的思考方向（图7）。

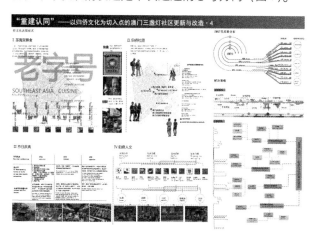

图 7 三盏灯片区归侨文化分析

3.2.3 2021 年：澳门旅游观光塔及周边区域城市设计

澳门旅游观光塔及周边区域城市设计用地位于澳门本岛南端填海区，用地规模为 60hm²，其中西地块40.8hm²，东地块 19.5hm²，为《澳门城市总体规划2020—2040》确定的滨水历史旅游轴带中心节点，澳门旅游观光塔为现状标志物，其余现状建筑为南湾湖政府设施。

该选题要求结合上位规划，串联南西湾湖、妈阁一带的特色滨海绿廊建设，打造全新的旅游休闲路线，提

供更丰富娱乐体验。此外增设商业区，推动与新口岸原有商业区在旅游娱乐、商业活动方面的协同发展。保护澳门历史城区景观视廊，延续强化澳门"山海城"景观特色，塑造全新城市门户和天际线效果，体现人水亲和、生态共融，历史文化永续规划目标（图8、图9）。

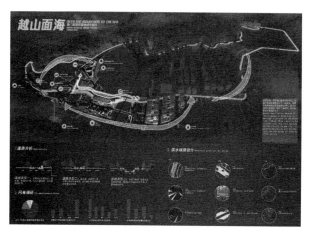

图 8 以打造运动赛道为特点的设计

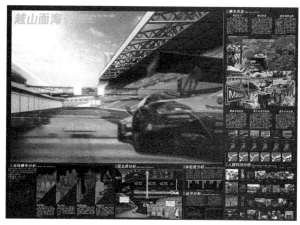

图 9 赛车赛道设计

3.2.4 2022 年：筷子基湾地区城市更新

本次课题选址澳门半岛西北端的北 1 区，区域内包括青州山、筷子基北湾、筷子基南湾、鸭涌河等自然资源，拱北口岸、青州口岸等交通枢纽，珠澳跨境工业园等工业大厦，交通便捷、环境优美、产业基础良好，但也面临山海环境优势未能充分利用、产业发展疲软、文化特色缺失、社区活力不足等问题。

珠澳跨境工业区是中国享受最多优惠政策的特殊监管区，有 24h 通关专用口岸出口。设在珠海拱北茂盛围与澳门西北区的青州之间，分为珠海、澳门两个园区。珠澳跨境工业区以发展工业为主，兼顾物流、中转贸易、产品展销等功能。

根据澳门城市总体规划分区，北 1 区为了更好地配

合珠澳跨境工业区口岸，在促进跨境工业区持续发展的同时，保持青州山及带动青州居住区的发展，借此构建"一河两岸合作轴带"。那么，如何定义这个片区的属性？产业社区会是它的未来吗？山、海资源要如何利用？其整体片区的更新方向将何去何从？作为附属产业、环境及交通又该在新的发展需求下如何提升？课题要求学生在充分了解基地的基础上，着眼国家战略，遵循上位规划、挖掘片区资源、选定某一角度，自证合理，逻辑闭环，开展更新设计（受疫情影响，本次教学未能开展现场调研）（图10、图11）。

图10　聚焦海岸线复兴的设计方向

图11　聚焦跨境工业转型超级总部的设计方向

4　结语

在面临全新机遇挑战的时代背景中，城市更新课题面临的不再是单一的问题矛盾，而是多元的利益交杂。基于此背景下的综合考量，针对高校建筑学的教学课题不仅需要具有更多理性和耐心，还需具备宏观综合的把控设计能力和敏锐的多方利益平衡能力。澳门城市形态现状复杂、文化多元、私有土地占比大，在教学过程中如何引导学生找到有效的解决方法是本课程的一大难点。时代背景的转变，促使学生需要更加全面成熟的宏观思考，诸如跨学科视角和方法的引入，科学手段以及大数据工具等辅助等，都是值得探索和改进的内容。高校教育的目的是为社会输出合格适配的优秀人才，因此应对于社会现实的需求变化，也要对城市更新的教学模式和体系做出相应的思考与调整。

在当前"一带一路"国际文化交流合作框架下，继续加强和巩固与澳门的教学交流合作，丰富城市设计系列课程教学体系，推进境内外学生培养模式改革，探索多元开放的建筑教育模式。

主要参考文献

[1]　戴铜，吕飞，路郑冉. 回归空间本源：城市更新背景下城市设计本科教学要点探索 [J]. 城市建筑，2017（30）：4.

[2]　顿明明，王雨村，郑皓，于淼. 存量时代背景下城市设计课程教学模式探索 [J]. 高等建筑教育，2017，26（1）：132-138.

[3]　郑剑艺. 澳门后世遗时代建筑文化遗产的文化建构与保护困境 [J]. 世界建筑，2019（11）：7.

[4]　郑剑艺，吴波. 空间转型效应：后世遗时代澳门城市空间生产力的重塑 [J]. 建筑学报，2018（7）：99-104.

[5]　郑剑艺，田银生. 回归以来内地在澳门城市规划领域的相关研究综述 [J]. 建筑与文化，2015（6）：12-17.

[6]　袁壮兵. 澳门城市空间形态演变及其影响因素分析 [J]. 城市规划，2011，35（9）：26-32.

[7]　吴少峰，费迎庆，陈志宏. 多元与开放——澳门城市活化专题教学实践 [J]. 新建筑，2013（1）：28-32.

[8]　王建国. 现代城市设计理论和方法 [M]. 2版. 南京：东南大学出版社，2001.

[9]　王建国. 城市设计 [M]. 3版. 南京：东南大学出版社，2011.

[10]　陈泽成，刘先觉. 澳门建筑文化遗产 [M]. 南京：东南大学出版社，2005.

[11]　胡璟，费迎庆，陈志宏. 澳门黑沙环工业片区更新计划 [M]. 南京：东南大学出版社，2020.

邹敏　钟力力　章为

湖南大学建筑与规划学院，丘陵地区城乡人居环境科学湖南省重点实验室，湖南省地方建筑科学与技术国际科技创新合作基地；

199240013@qq.com

Zou Min　Zhong Lili　Zhang Wei

School of Architecture and Planning，Hunan University；Hunan Key Laboratory of Sciences of Urban and Rural Human Settlements in Hilly Areas，Hunan University；Hunan International Innovation Cooperation Base on Science and Technology of Local Architecture

多元教学模块有机融合的设计基础教学
——以湖南大学为例 *

Multi-teaching Module Organic Integration of Design Basic Teaching
——Taking Hunan University as an Example

摘　要：设计基础是建筑学专业学习的起点。本文以湖南大学设计基础课程为例，围绕"形式与认知"作为核心，将教学内容进行梳理和整合，设置了表达基础、形式基础、空间基础、场所认知基础、建构基础五个教学模块，将各阶段模块内容进行多元融合，对技能训练与空间思维提出双向要求，改善建筑学本科一、二年级专业课程的脱节，组织和串联起低年级的专业基础课程。以期提升学生基本能力，掌握基础知识，培养专业素质。

关键词：教学模块；有机融合；设计思维；专业技能

Abstract：Design foundation is the starting point of architecture study. This paper takes the design foundation course of Hunan University as an example. Centering on "form and cognition" as the core，the teaching content is sorted out and integrated，set up five teaching modules：expression basis，form basis，space basis，place cognition basis and construction basis. The contents of the modules at each stage are diversified and integrated，to put forward bi-directional requirements for skill training and spatial thinking，and improve the disconnect between the first-and second-year professional courses in architecture，organize and connect the basic courses of the lower grades. In a word，we hope students to improve basic ability，master basic knowledge and cultivate professional quality.

Keywords：Teaching Modules；Organic Fusion；Design Thinking；Professional Skills

1　缘起：基于设计基础的教学思索

在本科一年级的建筑设计基础教学体系中，建筑基础教育的核心课程涵盖的内容多而杂。教学的目的是希望学生能够建立起较为全面的专业认知，因此授课内容多，范围广，强调"广"而非"深"。整体教学组织上呈现出内容结构之间的并列性，是一种广度型的教学模式。同时，设计基础课程的教学鼓励学生启

* 项目支持：本论文受湖南省普通高等学校教学改革研究项目《以"多元·认知·融合"为导向的建筑设计基础课程教学模块研究》资助。

发感性思维，培养敏锐的造型感觉，追求创新精神，帮助学生打开头脑和思路，领会建筑学专业的学习特点与方法。而传统的本科一年级建筑学设计基础教育关注追求形式与技巧，偏重于二维技能训练而对缺乏体系化的空间思维训练，也缺少对建构、体验等新热点的关注探索。另一方面，从学的角度来看，现行教育体制下的理工类学生进入大学学习建筑前的艺术素质与空间思维能力普遍不够，设计基础教学普遍感觉是技能循序渐进容易训练，但思维培养却非一朝一夕之功。学生常常绘图技能出色但想象力匮乏，设计在多维空间和抽象思维方面形成短板。技能训练缺乏空间思维的有效关联，在接下来的本科二年级建筑设计中易"手高眼低"，难于找到正确的构思方法、设计路径与操作策略。本科一、二年级的设计教学衔接往往产生偏差和错位。

湖南大学建筑与规划学院（以下简称我院）的建筑学和城乡规划两个专业都开展了建筑设计基础课程，故该课程命名为"设计基础"，实施统一的教学方案。我院在"设计基础"的教学核心范畴内，对以往的教学内容进行梳理和整合，将各阶段模块内容进行多元融合，以空间的认知和设计形成本科一年级建筑设计基础教学的横纵主线，以期对同学们"设计性思维"培养和"专业化技能"训练，并改善建筑学专业本科一、二年级专业课程的脱节，组织和串联起低年级的专业基础课程。

2 课程目标设定

2.1 多元教学模块有机融合的设计基础教学模式

湖南大学建筑学本科五年的教学重点依次为"形式与认知、空间与环境、建构与营造、创作与实践"。作为整个教学计划的第一环节，设计基础教学是以空间认知和设计为核心，强调分阶段、分模块地展开技能训练，同时针对性进行空间思维培养。教学方法与实践上分为五大教学模块，每个模块配套相应的设计题目，题目会针对技能训练与空间思维提出双向要求，引入"设计性"思维与训练"专业化"技能，以期提升学生基本能力，掌握基础知识，培养专业素质。模块之间形成有机联系的整体，以空间认识为导向，以空间设计训练为主线，按照教学次序交叉呈现于学生面前。教学模式内在的关联性、逻辑性与学生的专业认知规律相一致，很好地解决了教学过程中学生在"逻辑性思维"基础上引入"设计性思维"、在"常规化技能"基础上逐步训练"专业化技能"的教学问题。

2.2 加强对学生设计思维和专业技能的综合能力培养

帮助学生实现从零基础向兼具空间思维与设计技能的顺利转换与过渡。五阶段五模块的多元训练建立了一个可灵活调整的教学框架，以"形式与认知"为重点，以空间的理解与学习为隐含主线，将设计思维训练、专业技能培养、空间认知和设计、建筑设计等内容有机整合，让学生能循序渐进的在各方面获得启蒙和提升。

2.3 建立本科一年级的多维关联教学网络，衔接好二年级的设计教学

本科一年级学生的综合能力培养在五教学阶段、五教学模块中各有侧重。前期设计启蒙与设计构成阶段在保证基础知识讲授同时加大技能训练强度，强调基本制图读图，通过课堂与课后训练使得学生尽快学习、掌握基础技能；中段的空间认知与空间设计阶段则把思维培养与技能训练并重，"动脑与动手"互相促进，在空间思维认识逐步深化同时完成专业技能的整体掌握；后期的微建筑设计阶段建构基础模块则提出思维空间发散与技能灵活运用的更高要求，思维培养上强调对空间理解、形式与空间的转换以便顺利衔接本科二年一期的单元空间设计，而技能训练则突出综合表达、大小比例模型建构为后续空间组合、场地介入等埋下伏笔。

在课程体系上，建立起本科一年级的整体多维关联教学网络（图1）。横向上，整合本科一年级的专业基础课程如设计概论、工程图学、阴影透视、建筑力学、建筑表现、美术等课程资源。纵向上，本科一年二期的微建筑设计与建造主题承接和串联和本科二年一期的小住宅类型建筑设计专题。整体教学采取基础教学的多元

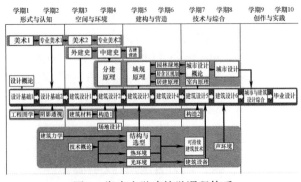

图1 湖南大学建筑学课程体系

模块整合，把学生综合能力的培养贯穿本科一年级本科学生从"零基础"到"形式与认知"再到"空间与环境"的教学进程中，依次完成设计启蒙—设计构成—空

间认知—空间设计—建筑设计的教学环节，为整体本科教学的有序展开与深入打下良好的基础。

3 课程建设内容

3.1 整体框架设置

本科一年级建筑设计基础传统教学中，建筑设计概述为理论部分、建筑基本功技法训练即理性认知，形态构成训练为感性认知。因此在教学方法与实践上分为设计启蒙、设计构成、空间认知、空间设计、建筑设计五个阶段内容，我院对应设置了表达基础、形式基础、空间基础、场所认知基础、微建筑设计基础五个教学模块（图2）。因教学的内容和阶段呈现出较为独立的模块式教学特点，教学模式呈现"散"和"广"的特点，教学内容呈现出并列型和广度型特点，所以学生对于并列进行的理论知识的传授以及基本功技法的训练，对教学目的和目标的理解不够明确，需要我们对各教学模块进行梳理和整合，以内在的对空间的认知和设计作为一条明确的主线贯穿始终，整合各阶段各模块的知识点，使得较为分散并行的教学模块能够多元融合，厘清指导性知识和练习性知识，启发和培养学生的设计性思维，最大限度地引导学生的主观能动性，在接下来的本科二年级建筑设计课程中能够较为顺利地衔接课程，转化应用建筑基础知识。

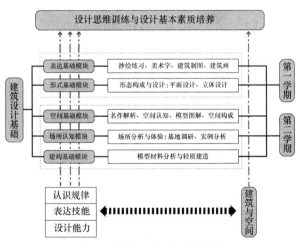

图2 设计基础教学模块设置

3.2 基本模块设置

具体来讲包括以下几个方面：①设计启蒙阶段设置表达基础模块，通过城市地图与建筑认知学习建筑工程制图、仿宋字、徒手钢笔画、水彩渲染、计算机辅助制图等，在此基础上综合掌握概念与分析、识图与测绘、制图与解读。②设计构成阶段设置形式基础模块通过平面构成、立体构成、色彩构成学习建筑形态构成基础、构成方式与形式美原则，特别是二维构成与三维模型的转换理解。③空间认知阶段设置空间基础模块，通过文本阅读、电影场景提取与转换等结合空间构成，突破传统的单纯形式的狭隘教学视野；强化空间思维与模型建构，突出概念构思与实体建造的两极。让学生充分认知空间的自由思维与实施技能之间的巨大鸿沟，从而对综合能力的具体所指有更清晰的认识。④空间设计阶段设置场所认知模块，通过认识城市、建筑解析、环境设计学习形态学、行为心理学、人体尺度等，使得形式与认知的核心最终聚焦于空间及空间的使用。⑤建筑设计阶段设置建构基础模块，通过单元空间，宿舍改造、小品设计甚至轻质建造等多样命题尝试复杂的空间思维培养以及手绘、电脑制图、手工草模、大比例模型建造多种技能。

3.3 基本模块的补充

针对传统建筑设计基础教学的传授和训练基本功技法为主的教学方式，引入了"设计性"思维与训练"专业化"技能，以设计思维培养与技能训练为导向，空间认知和设计为核心。另外，在五个基本的教学模块的开展过程中，根据当年的教学重点和实际情况，在课外和小学期工作营以开放课程的形式进行补充模块的训练，例如在形式模块里可补充色彩构成内容；在表达模块里可补充测绘制图内容；在空间建构模块，在暑假小学期开展实体建造工作营或者建造节活动，补充课程有限的课堂学时，延长教学时序。[1] 在建筑学的设计基础教学开展中，五大基本模块是该阶段教学的核心部分，保持稳定和连续，是一个环环相扣、递进扩展的过程。补充模块插入基本模块体系中，作为其完善和补充，可根据学生设计进度和具体情况可进行灵活的增减安排。

设计基础课程的模块式教学的梳理和整合有助于为学生顺利进入本科二年级建筑设计课程的学习打下坚实基础，并将自身课程纳入在建筑学专业五年制本科专业教育的培养目标和设计教学体系之中。

4 课程建设路线

4.1 注重综合素质教育，建构宽口径教育模式

课程加强了建筑学、城乡规划与相关专业大类（土木工程、环境科学、材料学科、设计艺术、岳麓书院等人文社会学科等）的知识融贯，培养学生多学科协调能力；强调可持续发展意识，注重地方建筑知识、地域观念、适宜技术的传承与引导。

4.2 利用多学科综合平台与师资，实施模块教学教改

充分利用本院建筑学、城乡规划专业，基础教研中心、土木、材料等学科平台与师资实施模块化教学。目前，已经在空间构成、建筑设计、材料建构等方向取得较好的教学成果。改变现有建筑学本科一年级课程体系相对分散，设计概论、模型制作等与设计基础配合不够，设计基础课与本科二年级的教学内容各自为政的情况，建立一个多课程介入的教学网络平台。

4.3 强调新技术、新方法、新理论，加强技能训练

在空间构成、微建筑设计、材料建构等方向注重新软件、新技术、新材料的尝试与应用，在三维模拟、模型实践、材料建构等领域进行了新的尝试并凝练课程特色，技能训练重点加强综合能力与多元表达。在保持手工绘图技能训练基础上，大大拓展对新技能的学习与运用，如：城市地图、调研分析、模型制作、轻质建造等。通过设计基础的技能训练，学生能熟练掌握建筑绘图、撰写报告、手工模型等；也能基本掌握部分计算机辅助设计、材料处理、轻质建造等复杂技能。这些也为后续的建筑设计、材料构造、模型表达等课程提供技能储备。

4.4 以"形式与认知"为重点，空间为核心，模块串联、层级递进

强调内容的系列递进与主题细分，优化空间认知与设计的内在关联。横向上，整合设计概论、模型制作实践、建筑与环境概念设计、轻质建造等课程资源。纵向上，设计基础开始之初则充分考虑本科一年级新生特点，加强对高中阶段知识延续与建筑学的专业启蒙，通过课外专业阅读、手绘钢笔画、城市认知、艺术赏析等与课内的教学内容关联；而在课程末端则通过建筑设计阶段的建筑名作解析、空间构成与设计、模型建构、小建筑设计等对接二年一期的基础教学模块：单元体空间的设计、空间的划分与组合、场地的介入。为后续的本科二年级教学内容打下设计思维与专业技能的扎实基础。

4.5 开展学术交流和社会参与，组织实施特色鲜明的开放式教学

多元教学模块有机融合的课程建设，初步形成了

我院设计基础的教学特色。每年举行课程公开评图和教学成果展览，展现课程成果。教师团队积极组织和指导学生参与各类设计竞赛，结合国内外高校竞赛、工作营、公共评图、现场建造等，建立开放式教学的交流平台，促进我院开展学术交流和社会参与，也提高了湖南大学建筑学科在国内外的学术影响力。例如在专指委举办的"全国高等学校建筑设计教案和教学成果评选活动"中屡次获奖（图3）；参与东南大学举办的中国新人赛等竞赛，并屡次进入了全国TOP100强，取得了较好成绩。在国内外的有影响力的一流建造节参与交流、多次获奖（图4）；特别是持续主办国内外30余所大学参与的湖南省梦想家建造节等活动（图5），产生了广泛的社会影响与一致好评，也成功地搭建起湖南省设计基础教学交流与实体建造竞赛组织的一流平台。

图3　2019年专指委优秀教案
"寝室＋大学生居住单元设计"

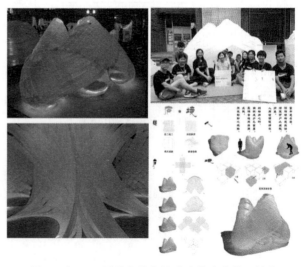

图4　在2019同济大学高校建造节中荣获一等奖

图5　2021年湖南梦想家空间设计节荣获一等奖

5　课程建设成果

近几年持续不断地荣获湖南省多项教学成果，且获批为湖南省线下一流课程（省级金课）。结合设计基础的课程建设，该课程的教师团队获得了2019年湖南大学教学成果奖一等奖："从纸上建筑学到建造建筑学——设计＋建造Tectonic开放课程教学探索与实践"以及2019年湖南省教学成果三等奖（图6）。在该课程的教学教改持续推动下，设计基础（2）获得了2020年湖南省线下一流课程，本课程的教学建设和成果得到了湖南大学及湖南省内广泛认可。

图6　2019年同济大学国际建造节荣获一等奖

主要参考文献

［1］　钟力力，邹敏，钟明芳. 材料建构与空间认知—湖南大学"建构实验"课程实践与思考［C］//全国高等学校建筑学学科专业指导委员会，湖南大学建筑学院. 2013全国建筑教育学术研讨会会议论文集. 北京：中国建筑工业出版社，2013：275-279.

徐梦一

西南民族大学；404967431@qq.com.

Xu Mengyi

Southwest Minzu University

"环境行为学" 课程融入思政教育的改革与建设路径探索

Exploration on the Reform and Construction Path of "Environmental Behavior" Course into Ideological and Political Education

摘　要：思政教育是当今高校教育实践工作中不可或缺的重要环节，对于培养大学生正确的人生观、世界观与价值观、良好的职业操守及专业素养均意义重大。"环境行为学"蕴涵丰富的思政教育元素，如何将课程知识内容与之有机结合，从而最大化达到协同育人的作用值得探讨。本文以重视思政教育绩效、思政要点植入教学目标、现存教学问题导向等，作为教学设计原则，采用课堂讲解、视频或案例引入、交流讨论与游戏等多重手段，全员、全过程、全方位地在课程中融入思政教育，建立有一定参考价值的课程思政建设路径。

关键词：环境行为学；思政教育；建设路径

Abstract：Ideological and political education is an indispensable and important link in the educational practice of colleges and universities. It is of great significance to cultivate college students' correct outlook on life, world outlook and values, good professional ethics and professional quality. Environmental behavior contains rich elements of Ideological and political education. It is worth discussing how to organically combine the content of curriculum knowledge with it, so as to achieve the role of collaborative education. Based on the principle of attaching importance to the performance of Ideological and political education, implanting the key points of Ideological and political education into teaching objectives, and guiding the existing problems, this paper adopts multiple means such as classroom explanation, video or case introduction, communication, discussion and games to integrate the whole staff, the whole process and all-round into the ideological and political education, and establishes a path of curriculum ideological and political construction with certain reference value.

Keywords：Environmental Behavior；Ideological and Political Education；Construction Path

1　绪论

立德树人是教育的本质和时代使命，也是检验高校所有工作的核心标准。围绕"立德树人"三位一体的根本任务，即价值塑造、知识传授和能力培养，中共中央、国务院在《关于加强和改进新形势下高校思想政治工作的意见》中指出，思政教育工作实践中需遵循"三全育人"的基本思想，坚持全员、全过程、全方位育人，在高校思想道德、文化知识、社会实践等多途径教育的全过程中，所有学科课程教师均具有推进思政教育的职责，形成教书育人、科研育人、实践育人、管理育人、服务育人、文化育人、组织育人等多措施、全方位的长效育人机制。基于此，2017年中共教育部党组关于印发《高校思想政治工作质量提升工程实施纲要》（教党〔2017〕62号）第一次提出"课程思政"概念，强调"大力推动以'课程思政'为目标的课堂教学改革，梳理各门专业课程所蕴含的思想政治教育元素和所承载的思想政治教育功能，融入课堂教学各环节，实现思想政治教育与知识体系教育的有机统一。"[1] 课程思政既是贯彻落实"三全育人"思政教育的重要改革举措，也是思政教育工作中继专项思政课程之外的有力补充，具有重大的现实意义。

2 "环境行为学"课程思政的重要意义

首先，"环境行为学"课程思政，是高校思政教育全方位育人的必要环节，是向学生传递正确价值观、了解学生思想动态的课堂之一。

其次，"环境行为学"作为空间环境学科中的重要专业课程，是研究真实的自然环境、建成环境、社会环境、信息环境等与人的行为和经验之间关系的整体科学，同时以解决源于实际生活的问题为导向，最终以改善环境、提高人类福祉和身心健康为第一要义。[2] 以此来看，"环境行为学"课程本身就具备潜在丰富的、与思政教育密切相关的要素可以挖掘，具备开展思政教育的明显优势和特点。

"环境行为学"融入和强调思政教育板块，有助于帮助教师与学生站在超越学科知识学习的高度上，进一步解读和凝练课程意义和思想内涵。同时，思政教育通过"环境行为学"这一课程载体，经由更易被本专业学生所接受和理解的途径介入教学，从而以一种"润物细无声"的沁润方式得以强化。课程本体与思政教育的相互补充，能够发挥出课程知识目标与思政内容的协同育人作用，同向同行地有效提高人才培养质量。

3 "环境行为学"课程教学面临的现状问题

"环境行为学"是建筑学科教育中重点强调正确和科学设计思想与观念的专业基础课程，也具有较强的实践性和应用价值，是理论学习和设计类课程衔接的重要桥梁。从某种层面来讲，建筑学科教育中暴露出的相关问题即是本课程需要"查漏补缺"的重要方向。

3.1 设计者个体主导的狭隘设计观

在建筑专业教学过程中我们发现，学生理性思维及对使用者本体的考虑相对不足，相反，常习惯性地停留在以设计者为本位的、浅层的、以美学为目标的视觉层面，缺乏对使用者行为规律与行为特征的关注，甚者误读抑或臆想使用者需求，形成建筑师个体观念主观导向设计结果，设计观狭隘。[3]

3.2 薄弱的共同体意识

学生在学习中还往往暴露出缺少对个体与社会整体关系认知的全局视野。对当下社会动向及态势不闻不问，不去了解和思考现象背后深层次的原因，设计思想缺少大局观、同理心。

3.3 职业操守及设计素养培育的空缺

高校现有建筑教育中对学生职业操守、道德以及设计素养培育的关注严重不足。导致学生存在相关问题并表现在：趋向于微观和个人的功利主义，专业学习只是为取得文凭以谋生，缺乏远大理想和抱负，以及个人于社会的价值发挥和社会责任感。设计合作与敬业精神欠缺，不愿宽容看待和客观接受不同的观点，主动参与能力较差，不能持之以恒地钻研方案解决问题。学习动力匮乏，被动地应付和拖延学业现象也时有发生。

3.4 缺乏对课程理论学习与实践的链接意识

区别对待不同类别的课程，重视专业设计课，轻视甚至忽视理论课程。学生没有意识到理论学习是构建专业知识结构体系的重要部分，以及在建筑使用后评估中的重要角色，更是专业设计实践的前期铺垫、方案产生的有力依据。学生需要被引领和导向正确认识理论课程的桥梁作用，以及与专业设计课的关联性，加强主动链接两者的意识。

4 "环境行为学"课程思政的改革路径探索

4.1 重视思政环节在课程教学中的有效和正确输出

在"环境行为学"课程的微观层面也同样践行"三全育人"的教育思想。

第一，"全员"。课程思政教育内容不仅仅依靠单向的教师推进，同时需要将课内教师对知识点的"教"与"授"，辅以网络视频的延展性内容以借此启发学生的思考，组织全体学生可参与的互动讨论、实践游戏等。因此在教学过程中结合采用课堂讲授、视频引入与交流讨论、游戏的多元形式。

第二，"全过程"。"环境行为学"教学内容设计整体采用"王"字形框架结构，在纵向的课程知识教育中横向地不断植入思政教育，贯穿于完整的课程教学之中，确保两者有机融合、相互补充与支持。

第三，"全方位"。具体是指思政教育全面覆盖课上讲授、课下思考与作业以及期末成果与总结等各个环节。对于课程知识体系的设置来说，也同样贯通于理论学习以及实践过程之中，从而建立全面、立体的思政教育模式。

4.2 从教学目标入手挖掘思政要点

从课程起始就切入思政内容，并向学生输入教学目标即学习目标的观点。"环境行为学"课程学习不仅是专业知识的学习载体，更是健康设计观的树立过程。因此"教"与"学"的双向维度均应强化以下目标。

1）建立学生了解国内外相关动态的习惯，建立长期持续关注社会、关注生活、关注建成环境使用绩效等的现代设计思想。

2）建立环境行为学中的"心理"与"行为"观念，了解使用者的行为特征及其与环境间的交互关系、规律及内在影响机制，并合理、有意识地将环境行为学的研究成果运用于与建成环境相关的设计中去。

3）掌握环境行为学的基本理论和知识点，并运用基本的调研方法收集和分析相关数据，有依据地指导设计各环节，形成循证设计思维，树立科学合理的设计观。

4.3 构建以解决现存教学问题为导向的教学设计

依据教学大纲要求，"环境行为学"设置在本科二年级第一学期开展教学，面向建筑大类专业学生。考虑到所处年级对应的方案语汇积累水平、问题解决能力等，故将重点侧重于应用环境行为学知识推进"发现问题——分析问题——解决问题"导向思维的前两个环节。故教学设计要点如下（图1）。

1）在教学重点内容选择上强调"空间行为"板块，切实教学目标中心理与行为观念的目标落地。例如通过"私密性与个人空间""领域性与空间密度"章节学习，引领和强化学生关注"人"的本体以及人与环境的关系，扩展研读参与式设计相关理论，树立并加深以使用者需求为本位的方案意识和科学设计观。

2）带领学生探讨社会公共事件，科学认识学科和课程价值及其不可避免的局限性，提高学生对现实觉察的敏感性与自主性。例如，俄乌战争下老幼等弱势群体的庇护问题；理性设想新冠肺炎疫情下及后疫情时代的学科行动与发展动向；国家人口政策背景下育儿环境改善及儿童友好城市建设策略，等。唤起学生对社会现象和动态的高度关注，帮助其通过社会环境认知个体与周遭的关系等，并在讨论过程中了解学生内心所想，及时发现思政动向，有问题做到及时纠偏。

3）利用课下作业和结课考核环节，鼓励并给予学生走出书本、走出校园，接触真实社会和建成环境使用者的机会，实事求是，直面和尊重客观事物发展规律，以课程所学发现、分析甚至有逻辑地解决社会民生现实议题。例如，以儿童、老年人等视角多角色体验日常建成环境并总结优点与问题，以社区为研究单元，在中观尺度下进行多视角评价与微改造的方案概念实践，了解空间建设与服务、政策的协同治理途径与方法等。

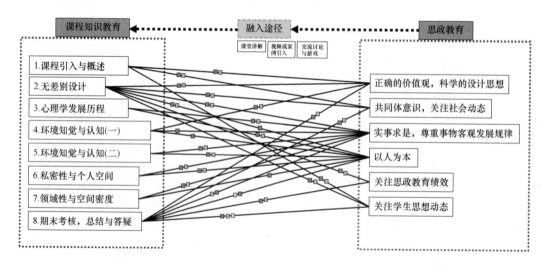

图1 "环境行为学"教学融入思政内容的课程设计及实现路径

5 结语

"环境行为学"是目前高校建筑大类专业教学中重要的、兼具理论与实践性质的课程，能够发挥其特点，以人与环境关系探讨作为核心视角，落实立德树人的思政任务。在课程基础学习和实践技能的指导过程中，利用课堂讲解、视频或案例引入、交流讨论与游戏等多重手段，全员、全过程、全方位地推行思政教育。在发挥教师对课程整体内容把控的主导作用的同时，也带动学生知识与思政协同学习的主动意识。总之，"环境行为学"融入思政教育的改革与课程建设，需要明确要点，精心设计路径，重视成果绩效，师生同心协力来达成。

主要参考文献

［1］ 樊晓翠. 基于OBE理念的建筑工程法规课程思政建设路径探索［J］. 产业与科技论坛，2022，21（1）：132-133.

［2］ 胡正凡，林玉莲. 环境心理学——环境—行为研究及其设计应用［M］. 4版. 北京：中国建筑工业出版社，2018：3.

［3］ 徐梦一，朱一然. 从设计师到使用者本位转换的设计思维培养——建筑类低年级设计课程教学改革探索［C］//2018中国高等学校建筑教育学术研讨会论文集编委会，华南理工大学建筑学院. 2018中国高等学校建筑教育学术研讨会论文集. 北京：中国建筑工业出版社，2018，11：298-301.

孟雪　李玲玲　薛名辉

哈尔滨工业大学建筑学院，寒地城乡人居环境科学与技术工业和信息化部重点实验室；mengxue@hit.edu.cn

Meng Xue　Li Lingling　Xue Minghui

School of Architecture，Harbin Institute of Technology；Key Laboratory of Cold Region Urban and Rural Human Settlement Environment Science and Technology，Ministry of Industry and Information Technology

融合思政元素的建筑学设计课程教学探析

——以建筑学专业竞赛单元为例*

Exploring the Architectural Design Course Combining Ideological and Political Elements

——A Case Study of Architectural Competition Course Unit

摘　要：建筑设计竞赛单元是建筑学专业三年级专业课程的重要组成部分。竞赛单元课程思政对于提升学生专业实践技能，培养学生创新精神与创新能力，激发其学科使命感与社会责任感具有重要作用。本文结合竞赛单元教学思政实践情况，分析了竞赛单元教学的模式与特征，并基于实例探讨了融入思政元素的竞赛单元教学课程实践探索。

关键词：课程思政；建筑设计；竞赛单元教学

Abstract：The architectural design competition course unit is an important part of the third grade professional courses of architecture. The ideological and political elements of competition unit plays an important role in improving students' professional practical skills, cultivating students' innovative spirit and ability, and stimulating their sense of academic mission and social responsibility. Combined with the ideological and political practice of competition unit teaching, this paper analyzes the mode and characteristics of competition unit teaching, and discusses the practical exploration of competition unit teaching curriculum integrating ideological and political elements based on examples.

Keywords：Ideological and Political Elements；Architectural Design；Competition Course Unit

1　引言

　　建筑学专业竞赛单元教学课程以立德树人根本任务，以培养创新能力强、具有家国情怀和社会责任感、适应中国经济社会发展需要的卓越建筑师为目标。在体现学科特点的前提下，教学课程在设计竞赛选题、竞赛解题与立意、概念方案生成等教学全过程中贯穿对于学生社会责任感与学科使命感、创新精神与创新能力、设计实践技能等方面的锻炼，以实现未来建筑学科及相关领域高水平、高素质人才的培养。

2　建筑学专业竞赛单元教学的概况与特征

2.1　竞赛单元教学的概况

　　设计竞赛是建筑设计活动的重要组成部分，对于活

　　*项目支持：黑龙江省高等教育教学改革一般项目（SJGY20210296）。

跃思想、发现人才、鼓励竞争、提升设计水平等方面具有积极作用。[1] 建筑学院建筑学专业在本科三年级下学期第二个课程设计设置竞赛单元训练。竞赛单元以当前重要的设计竞赛如天作奖、谷雨杯等为依托，学生结合自身兴趣点进行自主选择。由于竞赛主题涵盖内容大多庞大而复杂，并往往基于热点话题开展讨论，为参与者提供了更大的发挥与想象空间，锻炼其从多元维度、不同视角入手探讨解题思路。上述特征也使得竞赛单元设置在提升学生专业技能的同时，有助于培养学生的创新精神与创新能力，并有效激发其学科使命感与社会责任感。

在我国当代建筑教育体系中，多数院校将竞赛纳入传统教学体系，形成对常规课程设计训练内容的补充，将建筑设计能力培养同思维发散相结合，引导学生从日常生活与社会事件观察入手，形成对于特定问题的综合性思考与解决应对。[2] 从建筑学专业设计课程的设置来看，常规设计课程训练大多围绕特定建筑类型开展命题，例如本科三年级下学期的"特殊环境群体空间设计"指导学生以博物馆建筑为本体进行建筑创作，培养学生初步掌握解决综合性复杂建筑设计问题的能力，并深入理解设计全过程的建筑生成规律。竞赛单元更加强调设计作品的原创性与探索性，在一定程度上弱化了作品的现实性与可操作性，因此对于启发学生建筑设计中的创新思维，培养创新能力具有重要价值。[3] 对于竞赛单元教学而言，由于在学生开展建筑创作的前期阶段，需要对竞赛主题与主旨进行深刻理解，结合主题探讨作品立意，并确立具有创意的设计概念。这一过程需要引导学生关注身边与社会的现实问题，并由问题入手探索与主题密切相关的建筑学解决提案。同时，在教学过程中上述流程可能循环往复多次，直至形成具有发展潜力的作品立意，在师生交流与互动中持续锻炼学生的批判性思维与创新性思维。

2.2 竞赛单元教学课程思政的特征分析

建筑设计竞赛是聚焦热点问题、构建批判思维、表达学术观点的重要载体。[4] 出于对特定空间概念、城市空间问题、未来居住生活畅想等方面制定竞赛主题，同时针对当下社会热点话题开展建筑学视角的应答也在近年来成为其中重要方面。教学单元课程的设计竞赛选题以深入社会热点问题、展现人文关怀、体现学科责任感与使命感为前提，并注重引导学生对于特定社会问题与公众情感回应，以更好发扬建筑学适应我国经济社会发展、建设更高品质人居环境的目标。以2021年为例，多项竞赛将主题立足于疫情冲击下的城市生活现状与应对措施，探讨基于建筑学视角的空间解决方案：谷雨杯将主题设定为"空间折叠：疫情下的城市生活空间"，天作奖的竞赛题目为"后疫情时代的建筑提问"。通过对近年来国内具有影响力的天作奖、谷雨杯竞赛进行梳理，命题思路可划分为5种类型——空间概念拓展、城市/空间问题、未来畅想、技术革新以及社会热点。

尽管竞赛单元是设计课程训练中的重要环节，但其与常规设计课程存在明显的差异性。竞赛的核心宗旨在于鼓励建筑设计中的原创性和探索精神，而常规课设则主要强调对于形式、空间、建构等建筑本体问题的思考与训练。[3] 总体而言，竞赛单元教学特征体现在以下3个方面。①工作流程的差异性。竞赛单元的创作前期需要对竞赛主旨与概念立意开展系统性分析与探讨，这相当于延长了设计训练中的过程链条，并对于建筑设计前期的策划部分提出了任务要求。②训练重点的差异性。竞赛作品的立意、推导、形成与表达需要逻辑连贯性，与此同时，由于大部分竞赛训练采用学生组队合作方式，也有助于培养团队协作与沟通能力。③结果导向的差异性。与常规课设中终期评图中图纸表现与汇报相结合的形式不同，竞赛成果在正式提交后往往没有公开汇报环节，仅依据图面表达进行作品的评判，因此设计介入缘由的论证与成果的图面表达便尤为重要。

3 融合思政元素的竞赛单元教学课程实践探索

在竞赛单元教学中，紧扣立德树人根本任务，采取多种教学方式方法，力求通过以设计竞赛这一职业情景的仿真训练为依托，培养学生在专业认同、学科使命、创新精神与创新能力等方面水平的提升。

3.1 从解题与立意中引导学生找寻专业认同，激发学科使命

建筑学科在提高人居环境水平、提高人民生活质量方面具有重大意义。当前我国经济进入减速提质阶段，城市发展由增量向存量转变，城市空间面临着一系列问题，这就要求未来的建筑从业者对于学科使命有着深刻的认识，并具备社会担当与责任。在竞赛单元的教学过程中，引导学生从对竞赛命题与主旨的解读中挖掘专业落脚点，通过社会事件、政策导向、城市发展、生活见闻等多个层面入手，与学生进行双向互动与交流启发。力求从竞赛主题的解读与作品初步立意过程中明确建筑设计介入的方式与途径，鼓励学生思索概念设计中实体空间背后所产生的人文、社会、情感、经济等维度的意义。

3.2 以问题为出发点，培养学生创新精神与能力

在教学过程中，以找寻"问题"为出发点，鼓励学生从生活体验与社会情境入手，以真实的需求导向为设计目标，找寻与竞赛命题相关的"空间"问题，或能够通过"空间"解决的社会性问题，回归建筑学的学科特征。这不仅强化了建筑学专业教学更加务实、避免悬浮性的问题，更培养了学生的创新思辨能力与参与感。例如，在2021年"谷雨杯"设计竞赛中，一组同学结合新闻报道与文献查阅关注到了城中村的居住环境，并在深入解析中发现其中居住人群大多为青年人，最终聚焦到青年人健康需求与相应环境供给间

的矛盾问题。基于上述真实情景与现状问题，方案概念力图通过构建青年的"饮食"与"运动"双系统，在城中村建筑间的夹缝中构建出线状循环系统，以形成符合青年人生活习惯与需求的饮食与运动场所，进而实现其健康生活（图1）。在方案确定过程中，面临着诸多难点：一方面，如何在夹缝空间中构建出符合需求的场所，而又尽量减少为相对局促的空间所带来的负面影响；另一方面，针对密集居住环境中的线性系统落位，如何在既定场地中服务更多人群，同时又维持自身系统的简洁性与有效性。针对上述难点，在教学过程中与学生进行反复推敲，鼓励其在多种发展方向中探寻契合目标的最优解。

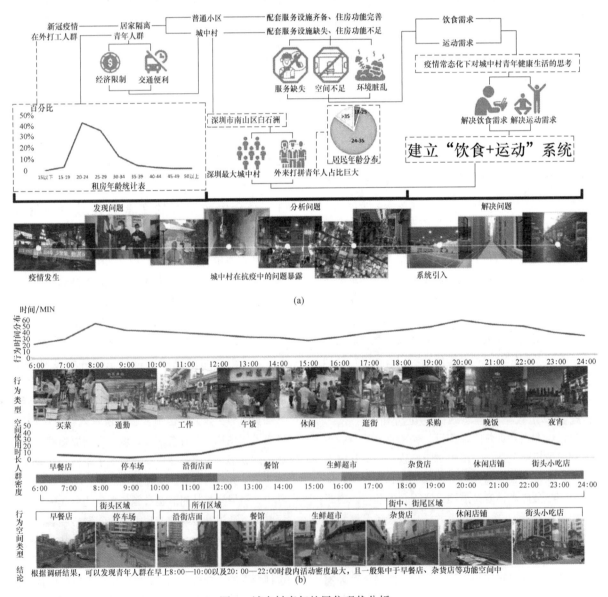

图1 城中村青年的居住现状分析

（a）问题解析；（b）人群行为特征分析

3.3 以方案主题清晰表达为核心，锻炼学生实践能力

针对不同竞赛方案的立意与构思特点，有针对性地引导学生开展方案深化，在图面表达中真实反馈其逻辑连贯性，并清晰呈现方案特色。在教学中，引导学生围绕主题开展设计深化，在空间原型提取、设计手段、活动内容等方面进行思考细化，在实践中锻炼设计技能，同时鼓励学生从中遴选出有助于表现概念主题的图纸内容与表现形式，以更好地反馈方案概念特征，传达设计意图。以2021年谷雨杯作品"疫·市·集"为例，在场地选址与方案构思基本敲定的前提下，组内同学经过讨论明确了可能绘制的图纸内容与呈现方式，并进行了初步尝试与深化。在教学过程中，考虑到方案构思中空间利用模式的可变性与适应性特点，建议组内同学采取多种建筑空间利用模式的平行表达来强化方案特征，突出概念信息（图2）。在上述过程中，学生通过自主实践锻炼了其设计技能，与此同时，以突出方案主题及其信息传达为核心，引导学生提取与凝练图纸内容，也进一步增强了逻辑连贯性。

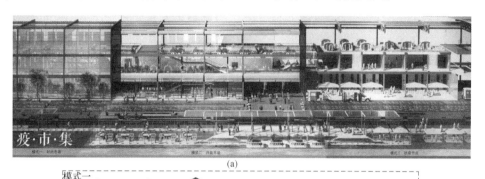

(a)

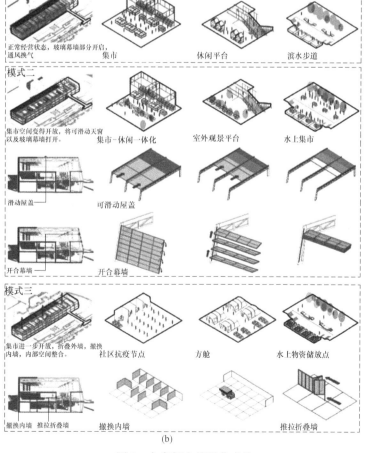

(b)

图2 方案概念的强化表达

（a）3种模式空间利用场景；（b）3种模式空间的转换

4 结语

建筑学专业竞赛单元教学模式注重突出学生在实践活动中的主体地位与创新意识。学生在完成竞赛的过程中，能够激发起其学科使命感与社会责任感，并在创新精神与能力、设计实践技能等方面获得有效提升，同时其逻辑思维能力、思辨精神、沟通表达与团队协作等能力也能得到锻炼。融合思政元素的竞赛单元教学是培养能够引领建筑及相关领域未来发展的高水平、高素质人才的有益尝试。

主要参考文献

［1］ 马国馨. 关于建筑设计竞赛［J］. 建筑学报，1985（5）：48-51.

［2］ 辛善超. 竞赛的误区与导向——天津大学建筑学院三年级竞赛专题教学感悟［C］//2020—2021中国高等学校建筑教育学术研讨会论文集编委会，哈尔滨工业大学建筑学院. 2020—2021中国高等学校建筑教育学术研讨会论文集. 北京：中国建筑工业出版社，2021，3.

［3］ 冯天舒. 概念式建筑设计竞赛及其工作方式的解析［D］. 天津：天津大学，2011.

［4］ 陈家炜，王蒙，辛善超. 概念式建筑设计竞赛对新冠疫情的回应与思考——以2020年基准杯一等奖作品为例［J］. 中国建筑教育，2020（2）：120-128.

贾颖颖

山东建筑大学；12959@sdjz.edu.cn

Jia Yingying

Shandong Jianzhu University

建筑设计课程思政探索与建设实践
——以三年级设计课为例

Ideological and Political Exploration and Construction Practice of Architectural Design Course
——A Case Study of Design Course of the Third Grade

摘　要： 以山东建筑大学国家一流课程"公共建筑设计原理与设计"建设和省级课程思政申报为契机，以建筑学三年级设计课教学改革为依托，在教学设计中探索和发掘设计类课程的思政建设思路，提出"目标体系—思政元素—教学方法—课程评价"四位一体的课程思政建设路径，并在本科三年级"建筑设计"课程思政建设中加以具体应用，经过2年的教学实践，取得一定教学成效，可为建筑设计类及相关课程思政的工作提供基础参照和建设方向。

关键词： 建筑设计课；课程思政；教学实践；实施路径

Abstract： To Shandong Jianzhu university national first-class courses "public architectural design principles and design" application of construction and provincial curriculum education as an opportunity to grade three in architecture design course teaching reform, exploration and excavation design courses in the teaching design of ideological construction, put forward "target system-ideological elements-teaching method, course evaluation" four integrated curriculum education development path, After 2 years of teaching practice, certain teaching results have been achieved, which can provide basic reference and construction direction for the ideological and political work of architectural design and related courses.

Keywords： Architectural Design Course; Ideological and Political; Teaching Practice; Construction Path

教育部思想政治工作司《2021年工作要点》明确提出"落实立德树人根本任务，实行精准思政"的课程思政建设要求。建筑学作为交叉性极强的专业，其专业核心课程"建筑设计"涉及自然、经济、社会、人文、艺术等多方面内容，蕴含了丰富的思政元素。如何将"丰富内容"落到"精准思政"上，是我们本轮课程思政建设的重点。根据设计课特点，我们确立了"以设计能力培养为核心，发挥专业价值塑造作用"的建筑设计课程思政教学目标，引导学生将实现个人价值与国家发展、民族复兴、人类福祉紧密相连，在多维复杂的综合

性、实践性设计训练中落实"工匠精神塑造、创新能力培养、文化自信树立"的思政教育内容。从课程思政教学系统性建设入手，对课程思政教学的目标体系构建、建设过程与方法、实施保障等方面进行有益探索，提出了"目标体系—思政元素—教学实施—考核评价"四位一体的课程思政建设路径。

1 "建筑设计"课程思政建设要点

课程是人才培养的核心要素，它直接面对教育微观的问题，解决的是教育最根本的问题。课程思政自身具

有显性和隐性两方面的功能，其显性功能是提升课程内涵和提高课程质量，隐性功能则是给知识和能力赋予正确的价值观取向，"价值决定方向"。如何由"教学"变为"教育"，如何在知识传授中呈现思政元素，如何加强顶层设计发挥教师的积极性，是我们在设计课课程思政实践中着重思考和解决的问题。下面以本科三年级建筑设计课为例，具体说明。

1.1 本科三年级建筑设计课基本情况

本科三年级是学生建筑设计能力提升和建筑观拓展深化的阶段。空间训练目标为"多因素制约下的空间生成"。培养学生在环境、功能、技术等复合要素制约下的综合设计能力，着重从设计立意、功能使用、建构表达、技术实现等方面对建筑设计基本问题进行深化训练。引导学生关注地域、人文、城市、社会以及现代建筑技术对设计的影响，培养学生综合把握设计过程中各种制约因素的能力，加强使用与场所、物质与精神、自然与人文在设计中的渗透表达，着力培养学生的设计思辨能力和创新能力。设计训练分为空间再生、技术综合、场所营造、概念统筹四个专题进行（图1）。

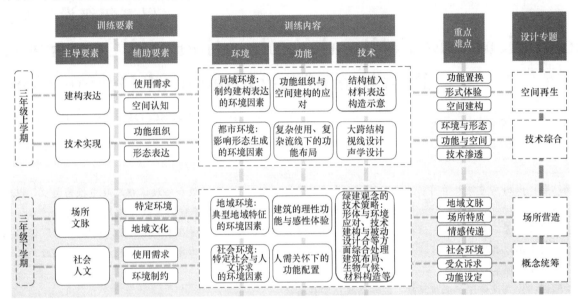

图1 三年级"建筑设计"课程教学框架

1.2 课程思政建设要点

1）选题扎根现实土壤

建筑设计课重视学生理论学习与实践结合的发展需求。在选题上注重反映"源于问题、贴近生活"的现实性问题，增强课程感召力，加强理论联系实践的指导作用。在本科三年级上下学期共4个设计专题的设置中，每个设计专题的基地均选用真实的场地环境，为学生提供面向现实环境的调研支持。选题从建筑改造，到大跨建筑设计，到结合地域人文的空间叙事训练，再到针对特需人群选基地自拟功能进行设计，形成逐级递进、环环相扣的，面向社会发展的、反映社会环境的、体现社会人文的、满足人本需求的建筑设计训练，将专业知识与社会现实对接，引导学生在设计过程中，关注社会需求，聚焦现实问题，并尝试用建筑学的手段予以回应和解决。将社会现实和人本问题嵌入设计教学内容中，由关注知识传授"教学育才"转变为关注综合素养提升的"教育育人"。

2）教育关注自然生动

采取相对隐性而非过于直白的方式开展课程思政教育，发挥专业课本身所具有的思政教育功能。让设计课蕴含"思政味道"，突出育人价值，让立德树人"润物无声"。我们抓住建筑设计本身具有"理实一体化"的特点，结合"三全育人"理念，在教学内容和形式上将思政内容自然生动的置入课程之中。

例如，在"空间再生——山青院礼堂改造设计"的前期调研测绘环节，教师带领学生开展现场测绘工作，并亲自爬到房梁等部位做测量示范，身前士卒的敬业精神和一丝不苟的测量过程，在无声中给学生树立了榜样，感受"工匠精神"，此外，在测量中除让学生使用激光测距仪等现代便携测量仪器外，还引导学生以"、步、围"等传统身体测量单位来测量空间，将中国传统智慧融入教学过程中。

再如，在"技术综合——演艺中心设计"中，通过让学生观看国内知名建筑师马岩松的哈尔滨大剧院设计采访和设计建造过程的视频，除了让学生了解一线建筑师的工作内容和职责担当，感受建筑师艺术之上的理性智慧和创新能力外，还学生认识到我国在建筑建造、设计、施工工艺上的国际先进性，以及中国建筑师在世界舞台的风采，这极大增强了学生的民族自豪感和职业认同感。

3）顺应创新开放趋势

课程思政作为新时代教育理念，需要顺应时代潮流。因此，把握好创新趋势，挖掘有效的创新载体和教学路径，是我们本轮设计课思政建设的重要着力点。在课程内容选取上，密切结合国家发展需求和行业动向，将设计选题与城市更新、脱贫、人口老龄化、新冠疫情、三胎政策等国家战略实施、社会热点问题相结合，引导学生在设计中对时代流有所反映，逐渐形成融合创新的设计观。例如，在本科三年级最后一个设计专题"概念统筹——社区中心设计"中，引导学生将专业知识运用到解决实际社会问题的能力中去，启发学生以思辨性去建立建筑学与社会的链接，通过挖掘社会问题，思考建筑学的职责所在，以及思考设计改变生活的能力范畴，让学生自设问题、自选基地、自拟任务书，激发学习兴趣的同时，形成高阶性、创新性，具有一定挑战度的课程设计训练。

2　授课内容与思政要点提炼

本科三年级两个学期共设置4个设计训练专题，由抽象到具体，由片段到整体，渐进式地培养学生设计综合能力和专业素养。课程思政重在落地，我们首先提炼各个专题设计具体的教学重点难点，然后分析筛选与之相匹配的课程思政要点，接下来把各项思政要点拆解为具体的思政内容和实施方法，导入设计课教学内容中，让每一个思政内容反映思政要点，并与教学要点相匹配，再结合教学方法引导、课堂形式改革，共同推进思政落实（表1）。

三年级"建筑设计"课程思政要点　　　　　　　　　　　　　　　　　表1

序号	教学模块名称	思政重点
专题1	空间再生（山青院礼堂改造设计） • 功能置换与空间传达 • 形式体验与功能适应 • 空间建构	• 提升历史文化遗产保护和传承的责任感 • 树立可持续发展的设计观 • 批判性反思，激发历史敬畏感
专题2	技术综合（演艺中心设计） • 环境制约与形态生成 • 功能流线与空间塑造 • 技术渗透	• 恪守价值观念、社会责任和行为规范 • 培养科学态度和敬业精神 • 强化法律意识、规范意识和职业道德意识
专题3	场所营造（泉水博物馆设计） • 空间寓意与文脉申引 • 建筑的理性功能与感性体验 • 物质空间的精神传达	• 参与地域文化传承，创新中华优秀传统文化的传承载体 • 增强传统文化的认同感，提升本土化的创造性思维和创新意识 • 建立生态设计观
专题4	概念统筹（社区中心设计） • 人文诉求的建筑应对 • 建筑策划与功能设定 • 使用需求与环境制约	• 建立设计思维与社会生活的连接 • 追求高尚的道德情操和精神境界，锻造为人民服务的品格 • 培养科学全面的思维方式和理性宽容的设计态度

3　课程思政实施路径

课程思政重在实施，制定切实可行的实施路径是实现课程思政建设的关键。我们针对本科三年级学生学情特点和课程训练要求，以思政目标为引领，以思政内容与专业内容协调建设为重点，以教学过程实施为主线，以考核评价改革为保障，全方面系统化地推进设计课课程思政的实施（表2）。

3.1　建设课程思政目标体系，确定教学目标

按照2020年教育部《高等学校课程思政建设指导纲要》中提出的工学类专业思政建设要求，对照新工科人才培养要求和"三全育人"标准，三年级"建筑设计"课程思政设定了以体现"工匠精神塑造、创新能力培养、文化自信树立"为主要内容的思政目标体系，并结合具体设计专题课程内容，对教学目标进行分解细化（表3）。

设计专题	课程内容	思政目标	教学目标	教学实施	教学形式	考核评价
专题一 空间再生 （由青院礼 堂改造设计）	历史建筑价 值认知	文化自信 人文素养	提升历史文 化遗产保护和 传承的责任感	通过对改造建筑的价值分 析与提炼，提升历史文化遗产 保护和传承的责任感；学习探 索建筑改造可能的设计语言 与方法，建立批判性反思，激 发历史敬畏感	专题授课 实地调研 小组研讨 一对一辅导	①前期汇报 • 实地调研和资料收集 的准确性及详实程度 • 成果整理深度，分析 深度与严谨性 • 结论的价值与合理性 • 设计意向的针对性与 创新性
	功能置换与 空间生成	社会责任	树立可持续 发展的设计观	通过对改造空间的建构操 作和功能设计，将新的功能置 入既有建筑空间并加建形成 新的空间，树立可持续发展的 设计观	小组研讨 课上汇报 案例讲解 一对一辅导	②中期评价 • 中期设计成果的表达 及其深度 • 课堂汇报的逻辑思维 ③成果答辩 • 既有建筑的建构特征
	建构与空间 表达	时代追求 工匠精神	创新精神培 养，工匠精神 塑造	通过建构模型、空间模型的 操作训练，深刻理解建构与空 间之间的关联，探索建筑方案 设计的营造方式和实现过程， 培养基于科学理性的创新精 神和精益求精的工匠精神	小组研讨 课上汇报 案例讲解 一对一辅导	• 源自功能的空间介入 • 植入空间的氛围营造 • 最终建筑的建构实现 • 成果图纸的完善表达 • 答辩陈述的逻辑性、 正确性、针对性
专题二 技术综合 （演艺中 心设计）	环境制约与 形态生成	社会责任 遵守规则	恪守价值观 念、社会责任和 行为规范	通过对城市空间环境的梳 理和建筑人群受众的分析，寻 找基于环境制约的建筑生成 机制，恪守价值观念，社会责 任和行为规范	专题授课 实地调研 小组研讨 一对一辅导	①前期汇报 • 实地调研、信息采集 的准确性及详实程度 • 相关案例资料收集、 分析的广度与深度； • 调研成果整理深度， 表达严谨性与规范性；
	功能流线与 空间塑造	时代追求 科学精神 工匠精神	培养科学态 度和敬业精神	借助演艺中心建筑设计，训 练学生对置于城市复杂环境 下的、功能复合性较强的公共 建筑的设计把控能力，培养基 于科学理性的创新型思维。 通过观演厅、舞台、后台特殊 工艺流程和特定使用方式的 探究，培养科学严谨的态度和 敬业精神	专题授课 小组研讨 课上汇报 案例讲解 一对一辅导	• 调研结论的价值性与 合理性； ②中期评价 • 概念构思的产生及深 化，图示方式的运用； • 功能与空间关系的统 筹，大跨结构与空间体量 之间的对应
	技术渗透	依法从业 职业道德	强化法律意 识、规范意识和 职业道德意识	重视建筑技术对空间表象 的组织和支撑，掌握依循"功 能逻辑—空间逻辑—技术逻 辑—形态逻辑"的设计方法， 树立建筑艺术与技术的关联 意识；进一步了解结构、材料、构 造等与建筑功能、空间、形式之 间的内在联系，树立法律意识、 规范意识和职业道德意识	专题授课 案例讲解 一对一辅导	③成果答辩 • 建筑与环境 • 功能与空间 • 交通组织 • 技术运用
专题三 场所营造 （泉水博物 馆设计）	文脉申引	民族精神	中华优秀传 统文化的传承 载体	注重文脉、地域特色的设计 策略与方法，进一步强化建筑 设计提炼空间特色的综合能 力。 通过调研济南泉水特色和 泉城文化，参与地域文化传 承，创新中华优秀传统文化的 传承载体	专题授课 小组研讨 一对一辅导	①前期汇报： • 相关案例资料收集、 分析的广度与深度； • 调研成果整理深度， 表达严谨性与规范性；

设计专题	课程内容	思政目标	教学目标	教学实施	教学形式	考核评价
专题三 场所营造 (泉水博物馆设计)	建筑的理性功能与感性体验	时代追求 人文素养	增强传统文化的认同感,提升本土化的创造性思维和创新意识	通过研究地域文化建筑及泉城特色建筑与空间,增强传统文化的认同感,提升本土化的创造性思维和创新意识	专题授课 小组研讨 课上汇报 案例讲解 一对一辅导	• 调研结论的价值性与合理性; ②中期评价 • 概念构思的产生及深化,空间手法的运用 • 平面、体量、空间大关系图示的产生及其过程的逻辑性 ③成果答辩 • 场所与建筑 • 功能与交通 • 设计表达 • 答辩陈述
	物质空间的精神传达	科学精神 工匠精神	建立生态设计观和人文设计观	在先期空间与功能训练的基础之上,强化对场所概念的理解,训练复杂环境制约下建筑功能空间的实现,以及在此基础上的场所精神的呈现,建立系统生态设计观和人文设计观	专题授课 案例讲解 一对一辅导	
专题四 概念统筹 (社区中心设计)	人文诉求的建筑应对	时代追求 社会责任	建立设计思维与社会生活的连接	探索地域、文化、环境、生态与建筑的有机结合,综合考虑与建筑紧密联系的各种因素,建立与自然、社会、人文等各种设计制约要素的对话;通过社会问题的挖掘和人群受众分析,拟定设计任务书并配置具体功能,建立设计思维与社会生活的连接	专题授课 实地调研 小组研讨 一对一辅导	①前期汇报 • 实地调研、信息采集的准确性及详实程度 • 相关案例资料收集、分析的广度与深度 • 调研成果整理深度、表达严谨性与规范性; • 调研结论的价值性与合理性; ②中期评价 • 概念构思的产生及深化,空间手法的运用 • 平面、体量、空间大关系图示的产生及其过程的逻辑性 ③成果答辩 • 建筑类型 • 空间、功能应对 • 设计表达 • 答辩陈述
	建筑策划与功能设定	科学精神 工程伦理	增强职业认同感,锻造为人民服务的品格	根据调研自选基地、自拟功能任务书;通过对特定人群的关注及其诉求的分析,以建筑学的方式解决人需问题,全面分析使用方、服务提供方、管理方各项诉求,合理配置各项功能,增强职业认同感,锻造为人民服务的品格	专题授课 小组研讨 课上汇报 案例讲解 一对一辅导	
	使用需求与环境制约	工匠精神 社会公德	培养科学全面的思维方式和理性宽容的设计态度	通过地域环境要素调研、社会人文因素认知、基地选址可行性辨析、建筑功能配置与空间适应设计,培养科学全面的思维方式和理性宽容的设计态度	专题授课 案例讲解 一对一辅导	

"建筑设计"课程思政指标体系　　表3

一级指标	二级指标
精神品质	民族精神、工匠精神、科学精神、创新精神
责任担当	社会责任、为人民服务
素养追求	文化自信、时代追求、科学素养、人文素养、艺术素养
伦理公德	工程伦理、职业道德、依法从业

3.2 丰富课堂教学形式,重视思政教学实施过程

1)分组教学

建筑设计生产实践是以团队协助形式开展,有分工、有协作。本课程采用分组教学形式,强调协作与交流。尤其注重对学生的团队协作精神的培养。通过小组作业形式,培养青年学生的组织能力、团队精神和协作意识,提升学生的社会素质、专业素质及综合素质。通过每一模块的小组交流讨论,引导学生深入理解建筑设计的综合背景,研究建筑空间形式背后隐藏的深层次动因,包括可能涉及的意识形态、政治制度、行政体制、社会经济、文化历史等,融入社会主义核心价值观,从而引导学生树立正确的世界观、人生观、价值观,提升学生的政治思想素养。

2）注重动手操作能力的训练

以概念模型、成果模型等手工模型制作方式为主要手段，要求学生如实反映设计思路和方案细节，避免设计讨论流于纸上谈兵，培养学生躬身力行、精益求精、专注、创新的工匠精神。

3）重视互动式教学模式

课程思政可更多地采用"研讨性教学"，强调课堂交流、师生互动、生生互动等。例如要求学生以4～6人团队为单位进行建筑实例调研，并采用PPT形式进行实例调研成果汇报交流，结合同学提问及教师点评等形式，活跃课堂气氛，提升学生的团队协作精神和沟通表达能力。在教学中注重师生关系的协同，注重"教"与"学"的衔接，发挥教师的引导作用，强化学生的主动性。

4）重视"一对一"辅导形式

教师根据学生学习能力以及领悟能力的差异，富有耐心地进行具有针对性的个别辅导，按照学生不同的学习情况进行理论讲解、修改图纸等，提高学习质量。教

师及时了解与掌握学生的思想动向与心理需求，并给予必要的及时的指导干预和帮助。

5）积极拓展教学手段

互联网和信息技术的广泛应用可作为重要的教学资源整合进课程思政的新范式。可选择体现中华民族优秀传统文化的建筑实例制作微课。课内充分利用教室、多媒体、课程网络教学平台等教学资源；课外借助网络教学平台、微信等媒介，实现资源共享、信息传播与课程交流，并积极拓展新的教学手段，如在线辅导、实地参观考察等均为课堂教学的有益补充。

3.3　优化课程思政教学评价，提升教学效果

课程过程评价和成果评价并重，将一次设计任务分为设计前期、设计中期、终期答辩3个环节分别进行考核。在每个环节中，将思政考核指标融入，形成具体的考核要求。在成绩构成上，设计考核占总成绩的70%，思政考核占30%（表4、表5）。

"建筑设计"思政考核评价指标　　表4

考核内容	评价指标	分值	评价内容
思政考核 （总分30分）	思想动态 理想信念	10分	思想端正，积极乐观； 追求真理、勇攀高峰的责任感和使命担当，精益求精的工匠精神
	协作能力 服务意识	10分	团队意识、分工合作能力、协调能力； 吃苦耐劳、善于沟通、乐于奉献的品质和助人服务意识
	实践操作 创新思维	10分	设计方法得当、程序规范、成果可预期； 在方案设计中刻苦钻研、开拓进取的研究精神，发挥主观能动性、创造性分析、解决设计问题的能力和耐心细致、精益求精的设计成果呈现

设计成绩评定表（以"专题四——概念统筹：社区中心设计"为例）　　表5

阶段	评定要点	分项成绩	设计总成绩
1 调研与 前期分析	①实地调研，信息采集的准确性及详实程度； ②相关资料收集、案例分析的广度与深度； ③分析过程的深度、严谨性； ④成果整理深度，表达的严谨性与规范性； ⑤调研结论的价值性与合理性； ⑥设计意向的提出：设计意向的针对性与创新性； ⑦课堂汇报的逻辑性	10分	70分
2 中期 评价	①概念构思的产生及深化，空间手法的运用； ②平面、体量、空间大关系图示的产生及其过程的逻辑性； ③模型手段的运用； ④中期设计成果的表达及其深度； ⑤课堂汇报的逻辑性	20分	
3 终期 答辩	①建筑类型：作为社区最重要的公共资源，社区中心的设计创作应基于严谨的逻辑推理分析其内在需求，以特定的空间策略形成配置公共资源的有效载体，满足人们的真实需求； ②设计关注点：以人文关怀为基础，以社区问题研究为起点，发掘相关人群的场所诉求，并将其转化为建筑设计范畴可解决的问题，从而形成清晰的逻辑链条；同时，还需适度考虑弹性空间设计一定的抗风险和自我管理需求； ③空间、功能应对：根据调研自选位置、规模、自拟功能任务书；要求根据所选地块特征全面分析使用方、服务提供方、管理方各项诉求，合理配置各项功能，明确各项功能服务运营主体和运营方式，在此基础上形成明确的空间策略和使用策略，并以此为依据进行具体设计； ④设计表达：设计表达的深度；表达与设计理念的关联度、空间叙事与空间操作法的逻辑性；图面效果； ⑤汇报陈述：现场表达的逻辑性、回答问题的正确性、针对性	40分	

课程成果包含图纸绘制、手工模型制作和答辩文件制作。图纸形式和内容突出基础性、综合性、应用性和创新性。考核内容既要考查学生专业知识掌握和综合应用情况，又要考查学生坚持家国天下，文化自信，法治意识和道德修养，具备吃苦耐劳、团队协作的工程职业道德素养等。

4 结语

开展"建筑设计"课程思政教学探索，对教师有效开展课程思政教学和学校培养具有设计核心素养的创新型建筑类人才有作重要的意义。通过近两年对"建筑设计"思政教学反馈发现，教师在政治素养和教学方式方法上有了较大提高，学生的课堂参与度、专业认可度、主动思索分析能力也有明显提高。

专业课程思政建设需要精心设计、系统谋划、综合施策才能有所成效。"建筑设计"具备丰富的课程思政元素，通过"建筑设计"课程思政要点提炼与实施路径研究，做到由专业教学内容自然生发，顺势而为，自然过渡，自然交融，穿插进行，避免生搬硬套和喧宾夺主，并充分利用多种教育途径开展课程思政课堂教学，以此实现润物无声的专业与思政相融合的教育。

主要参考文献

［1］ 中华人民共和国教育部. 高等学校课程思政建设指导纲要：教高〔2020〕3 号［Z］，2020-05-28.

［2］ 李丽娟，杨文斌，肖明，章云. 跨学科多专业融合的新工科人才培养模式探索与实践［J］. 高等工程教育研究，2020（1）：25-30.

［3］ 贾颖颖. 以"学"为中心的建筑设计课教学改革——以山建大本科三年级为例［C］//2018 中国高等学校建筑教育学术研讨会论文集编委会，华南理工大学建筑学院. 2018 中国高等学校建筑教育学术研讨会论文集. 北京：中国建筑工业出版社，2018，11.

［4］ 陈林，贾颖颖，赵斌，王茹. OBE 理念下大学三年级建筑设计课程教学改革探究——以空间再生课程作业为例［J］. 高等建筑教育，2021，30（2）：127-133.

［5］ 陈林，贾颖颖，王茹. "模块化"理念下三年级建筑设计教学探索［J］. 中国建筑教育，2020（1）：42-46.

耿慧志　李华

同济大学建筑与城市规划学院；99025@tongji. edu. cn，11126@tongji. edu. cn

Geng Huizhi　Li Hua

College of Architecture and Urban Planning，Tongji University

以项目实践为引领、以国际前沿为导向的课程思政教学设计
——以"设计前沿"示范课建设为例

The Design of Curriculum Ideological Teaching based on Project Design Practice and International Frontiers
——Taking the Demonstration Course "Design Frontiers" for Example

摘　要：基于以"重实践"和"国际化"为特色的课程思政教学架构，从延伸"项目实践"和追踪"国际前沿"两个方面对示范课程进行教学设计，包括：师资安排上促进相近学科的交叉和融合、讲座议题上强调创新引领和前沿探索、讲座导向上传递政策和精神层面的正向张力。在此基础上，从国家战略、创新能力和文化自信3个方面诠释如何将"项目实践"融入课程思政教学内容之中，从开拓前沿视野、提升传统文化影响力、应对设计实践复杂性等3个方面解析如何将"国际前沿"融入课程思政教学内容之中。

关键词：项目实践；国际前沿；课程思政；教学设计

Abstract：Based on the curriculum ideological teaching framework characterized by "focusing on practice" and "internationalization"，we designed the demonstration courses by extending "project design practice" and tracking "international frontiers". We made efforts on the following 3 aspects：promoting the intersection and integration of similar disciplines in terms of teachers' arrangement，emphasizing innovation guidance and frontier exploration in terms of lecture topics，transmitting the positive tension of policy and spirit in terms of lecture guidance. On this basis，we explained how to integrate "project design practice" into the curriculum ideology teaching from "national strategy"，"innovation ability" and "cultural self-confidence". We also integrate "international frontier" into the curriculum ideology teaching from expanding frontier vision，enhancing the influence of traditional culture and coping with the complexity of design practice.

Keywords：Project Design Practice；International Frontiers；Curriculum Ideology；Course Teaching Design

1　课程思政教学架构和示范课程教学设计

1.1　以"重实践"和"国际化"为特色的课程思政教学架构

"重实践"和"国际化"是同济大学建筑与城市规划学院教学体系在长期历史发展过程中形成的两个鲜明特色。

早在20世纪80年代，时任学院院长陶松龄教授牵头的"坚持社会实践，毕业设计出成果出人才"荣获全国教学成果特等奖，这是对20世纪50年代建院之初一直坚持建筑规划景观教学面向"真基地、真项目、真调研"的阶段系统总结。有两个数字很能说明问题，其

一，学校下属上海同济城市规划设计研究院有限公司承担的规划设计项目覆盖了全国95%的地级市和60%的县和县级市；其二，学院教授主持的规划获奖项目占到全部获奖项目的70%。师生深度参与设计实践项目对学院的专业教学形成了有力支撑。

在国际化方面，学院与全球30多个院校建立了双向合作交流项目，自2012起学院接收校际交流生人数呈显著上升态势。近五年双学位硕士项目共培养了1290多名中外学生，其中外国学生近500名。年均有300多人次的同济学生走出国门参加各类国际会议、联合设计、暑（冬）令营等交流活动。2014年9月，同济大学本科建筑学国际班项目于正式启动，所有课程英语授课，招生对象为非中国籍国际学生，已累计培养100多名本科国际生。

如何更好地贯彻课程思政建设的主导思想，是新时代研究生人才培养面临的重要任务。首先，课程思政理念需要更全面、更深入地融入课程体系之中；其次，贯彻"设计以人为本"指导思想，需要掌握更多的前沿技术和知识，更好地服务人民的持续升级需求；再次，前瞻的人才培养体系不能停留于"单纯解决实际问题"，应该置于"主动对接国家战略"的大格局之中，真正发挥学科专业的引领作用。基于这三个方面的思考，从课程体系、教学内容和教学方式构建了学院的课程思政建设框架，通过人本价值引领、前沿知识传授与实践能力培养的"三位一体"互动，以及"重实践"和"国际化"特色深度融入，实现人才培养的课程思政建设目标。（图1）

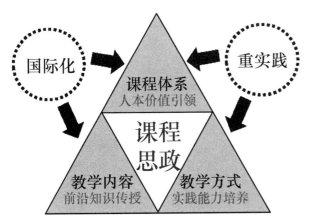

图1 课程思政建设框架

1.2 延伸"项目实践"和追踪"国际前沿"的思政示范课程教学设计

"设计前沿"是学院于2015年开设的硕士研究生核心课程，面向建筑、城乡规划、风景园林3个学科的6个硕士生培养方案和建筑直博培养方案（表1），旨在推进学院内部3个相近学科的交叉和融合，由学院在设计实践领域具有丰富设计实践经验、较高社会声誉的教师主讲，专题介绍具有前沿性代表性的建筑、规划或景观设计作品，是一个学生了解前沿设计动态的窗口。

课程对应的研究生培养方案　　　　表1

	专业学位硕士	学术学位硕士	直接攻读博士
建筑系	必修	选修	选修
城乡规划系	必修	选修	—
风景园林系	必修	必修	—

教学设计对每一门课程而言都是至关重要的前置环节，类似于计算机操作系统的底层架构，决定了每一门课程的最终呈现。"设计前沿"课程思政教学目标设定为培养"同济天下、崇尚科学、创新引领、追求卓越"的新时代同济精神，以及深刻领悟如何"把论文写在祖国大地上"。这门课在课程设计环节重点考虑了师资构成、讲座议题和讲座导向三个方面，将教学目标、教学内容、教学方法、教学步骤等融入其中。

1) 师资构成：促进相近学科的交叉和融合

学院的建筑学、城乡规划和风景园林均为国家一流学科，在倡导学科交叉的大背景下，首先考虑如何在学院内部做好学科交叉，因此师资选择基本上贯彻了三分原则，即三个学科方向的师资各占1/3。

在项目实践板块，选择在工程项目实践领域有突出表现的教授作为这门课的授课教师。例如，章明教授的上海杨浦滨江改造实践获得了习近平总书记的充分肯定，并在基地考察中提出了"人民城市人民建、人民城市为人民"的著名论断。杨贵庆教授的浙江黄岩乡村设计建造实践很大程度上推动了当地乡村的新生，获得了当地政府的表彰以及中央电视台等媒体的广泛报道。这些具有全国影响力的设计实践项目主持教授成为授课教师的首选。

在国际前沿板块中，邀请了5位国外专家和7位具有国际影响力的国内专家主讲，在教学过程中还邀请学院领导、年轻建筑师等与学生进行研讨和互动交流。国外专家为哈佛、耶鲁、哥伦比亚等大学的现任教授，同时也是设计事务所的主持建筑师；国内专家除了从事设计实践外，也兼任清华大学、东南大学等的客座教授或设计导师，均具备丰富的设计实践和理论教学经验。

2) 讲座议题：强调创新引领和前沿探索

建筑学、城乡规划和风景园林三个学科都是实践性很强的学科，设计课程始终是本硕课程体系的主干，理论课程和技术课程是支撑设计课程的"两翼"，分析和研讨有标杆意义的项目实践和有引领意义的设计思潮是本课程的基本设定。

在项目实践板块，选择在项目实践领域最新、最具代表性的设计方案进行分析。例如，汤朔宁教授结合在雄安新区体育馆、西安会议展览中心等大跨度建筑设计，解析了如何排布复杂功能的前提下探索纯净的建筑形象，并通过结构设计上的创新予以实现。袁烽教授结合所在团队在月球 3D 打印建造的研究，介绍了预制集成式、预制装配式和原位材料建造三个阶段月球人居基地的全球探索，以及团队在 3D 打印建造方面的初步探索。卓健教授讲解交通空间的规划设计，传统上交通空间由市政工程师主导，但设计师主导能够更好地使交通空间与城市功能有机融合。

在国际前沿板块，哈佛大学设计研究生院 Eric Howeler 教授从建筑技术的视角出发，讨论前沿的通信技术和机器人建造技术等对建筑设计和建造方式的影响，同时也强调了前沿技术应该是辅助建筑师实现设计理念的工具，而不能取代建筑师的思考。

3）讲座导向：传递政策和精神层面正向张力

讲座内容的选取是教学设计最核心的部分，前沿引领、最新探索的议题内容是课程吸引力的基本保证。同时，如何在讲解的过程中，对传递的导向性进行预先埋设，也是需要把握的重要方面。

在项目实践板块，议题的前沿性和代表性是基本条件，通过特定设计方案的讲解要传递怎样的信息是需要预先想清楚。张尚武教授主讲的上海城市 2035 总体规划传递了落实中央城市工作会议精神、创新引领城市全球影响力和依托长三角腹地支撑的发展策略；周俭教授讲解"城市街区营造"传递了"满足人的基本需求""促进社会融合""信任、互惠性和社会支出带来的宜居生活"。通过设计案例传达了政策和精神层面的正向张力。

在国际前沿板块，刘宇扬建筑事务所创始人刘宇扬以"平凡中的非凡"为题，结合当前面临的疫情，引导学生思考在充满不确定性的未来作为建筑师该如何通过实践来应对社会需求。

2 "项目实践"引领的课程思政教学内容融入

2.1 "国家战略"课程思政教学内容融入

新时代背景下，国家战略呈现不同的层级。例如，"一带一路"是应对全球化的国家战略，"乡村振兴"的目标是城市反哺乡村和推动城乡均衡发展，"城市更新"是应对城镇化发展进入存量为主的新态势，"两山理论""人民城市""双碳目标""长三角一体化""大湾区联动""科创引领"等发展理念的倡导都与国家战略密切相关。设计实践项目或多或少都有国家战略的映射，通过这门课程的讲座，促使授课教师更加深入地思考设计实践项目如何深度融入了国家战略，要把这种深度融入更清晰地讲述出来，以贯彻课程教学的思政导向。

张尚武教授回顾上海历史发展和历次总体规划编制要点，阐述上海 2035 总体规划编制理念和战略思考，呼应国家"多规合一""科创引领""长三角一体化"等战略层面目标；杨贵庆教授以"新乡土建造"为题，从农村生产方式、生活方式、社会结构、文化习俗、空间需求的变迁入手，研究乡村的空间失衡和需求失衡，探寻乡村空间布局的优化策略，总结了"乡村振兴工作十法"，践行乡村振兴国家战略。耿慧志教授探讨了如何呼应国家战略已经成为大尺度城市设计项目的重要设计线索，将国家战略有机融入设计之中是提升设计方案定位的关键环节，战略叙事能力成为设计本体的有机组成，推动了设计的深化提质。

2.2 "创新能力"课程思政教学内容融入

创新能力是任何一个学科和专业发展的永恒话题，培养学生的创新能力是引导学生成为"社会栋梁 + 专业精英"的关键所在。设计实践项目是让学生深刻认识创新能力的有效载体，通过设计实践项目的细致解析，学生获得对创新能力的生动感受。

孙彤宇教授结合杭州亚运村公共建筑的设计实践，基于"建筑设计创造的灵魂来自对于人在空间中活动特点和体验的关切"，解析建筑创作的创新思维。袁烽教授讲座围绕月球人居基地这一未来设计方案探索展开，对标国际知名建筑设计事务所的月球人居基地设计方案，解析月球人居基地的设计建设方案，包括基地探测、基地选址、米级/分米级/毫米级的定位，月壤采集和 3D 打印，展现了中国建筑师的创新解决思路。汤朔宁教授，倡导"纯净应以解决复杂矛盾为前提，而非忽视矛盾为代价"，为此在大跨度体育会展等建筑创造中探索了多种创新技术应用，技术和手法的创新成为建筑纯净形象的有力保障。

2.3 "文化自信"课程思政教学内容融入

文化自信是对国家、地区、所在城市等文化价值的充分肯定，是对自身文化生命力的坚定信念，文化自信是培养学生成为社会栋梁的基本前提，只有坚定自身的文化自信，才能坚持家国情怀和理想信念。

建成环境是文化内涵的有形载体，结合设计实践项目阐释文化内涵，是传递文化自信精神力量的有效手段。

张鹏副教授从城市的"新陈代谢"与"城市更新"的关系切入，结合南京颐和路历史文化街区保护等实例，从遗产保护的对象、为什么要保护遗产、新与旧的关系、保护价值观的复杂性等角度对城市更新中的保护问题进行了深入剖析。田宝江副教授强调城市特色要从文化的角度去挖掘，空间的文化意义是城市设计的重要内涵，传承地方传统文化是城市特色塑造的重要设计策略，包括城市色彩也是在特定历史语境下的文化选择。

3 "国际前沿"导向的课程思政教学内容融入

3.1 开拓前沿视野、把握发展动态

当前欧美国家在建筑、规划、景观设计领域的理论研究和实践仍处于领先地位，本课程主要的思政教学目标是开拓学生的前沿视野，让学生通过实践案例学习最新的设计理论、了解设计的前沿发展趋势。

哈佛大学设计研究生院建筑系主任 Mark Lee 教授从建筑材料、建构技术的视角探讨现代主义建筑理念在当前及未来的拓展。Preston Scott Cohen 教授通过分析近现代著名建筑中的空间离散性，讨论建筑结构、材料、功能等的变化对建筑空间组织的影响，并对今后建筑设计的发展趋势提出展望。这些都是我院现有建筑设计理论教学的补充和拓展。

3.2 提升我国传统文化的国际影响力

我国的传统建筑设计有着较完整的独立体系，如何在当前新材料、新技术快速发展的趋势下，发掘和拓展我国传统建筑文化、提高国际影响力也是本课程重要的思政目标。

大舍的柳亦春建筑师介绍了"因借"的手法，将中国传统的建筑与空间形式转译后植入龙美术馆和后舍等项目。同时，这"因借"并非简单的嫁接，而是采用了现代的建筑材料和建造技术完成的，加深了学生对于如何继承传统文化的理解。

阿卡汉奖得主，标准营造的张轲建筑师通过介绍雅鲁藏布江小码头项目和北京的微杂院、微胡同等项目，在探讨建筑与环境关系的同时，引导学生深入思考如何采用当代建筑形式、建筑材料来表达我国的传统文化。

OPEN 建筑事务所的李虎建筑师通过对北京市城市更新项目的介绍，提出目前北京市内不仅存在空间上的缺失，也存在文化传统的缺失。让学生从一个普通市民的视角发现存在的问题，提出复兴城市文化传统的方法。

3.3 应对设计实践的复杂性

学生通过多年的课程设计学习，到了研究生阶段已经具备了一定的建筑、规划、景观设计能力。本课程通过聚焦国内外著名的实践项目中建筑师的建筑思维、见解以及设计过程的个人设计特色、建筑技术、地域文脉等各种因素对设计的影响，让学生进一步了解设计实践的复杂性。

直向建筑事务所的董功深入讲解了海边图书馆、阳朔糖舍酒店等知名实践案例的设计过程；哈佛大学设计研究生院的冯世达教授等从建构角度出发分析刘家琨建筑师的鹿野苑和西村大院等著名建筑，都让学生透过"网红"的外衣，了解设计师对建筑材料、建构方法等建造技术的深入思考。

哥伦比亚大学建筑规划保护学院的 Hilary Sample 教授通过对多个国家多种规模的居住类建筑的介绍，讲解在设计过程中对人体尺度、心理感受以及活动场景等的关注。

图表来源

图 1，表 1 均来源于作者自绘。

主要参考文献

[1] 蒙巧. 基于课程思政的英语阅读课程教学设计 [J]. 高教学刊，2022，8（17）：95-99.

[2] 刘林涛. 文化自信的概念、本质特征及其当代价值 [J]. 思想教育研究，2016（4）：21-24.

朱文龙

中国矿业大学；30431473@qq.com

Zhu Wenlong

China University of Mining and Technology

文化传承和工具理性：未来建筑学专业教育之思考
Cultural Heritage and Instrumental Rationality：Reflections on the Future Professional Education of Architecture

摘　要：关于建筑教育的讨论往往会聚焦在教案、教程和教学法方面。然而，这篇文章将重点讨论重点引向建筑教育思想建筑学知识主题的问题，引发对建筑学教育定位的思考。[1] 文章通过对当前建筑创新力匮乏、传统建筑文化缺失以及建筑技术粗糙等现象的分析，指出了文化传承和工具理性的重要性，笔者认为在建筑教育中"形而上"和技术实现的内容是今后建筑教育需要补充的重要内容。

关键词：建筑教育；文化传承；形而上；工具理性

Abstract：Discussions about architectural education tend to focus on lesson plans, tutorials, and pedagogy. However, this article will focus on discussing issues that focus on the subject of architectural knowledge in architectural education thought, triggering reflections on the orientation of architectural education[1] . Through the analysis of the current lack of architectural innovation, the lack of traditional architectural culture and the rough construction technology, the article points out the importance of cultural inheritance and instrumental rationality. Education needs to be supplemented with important content.

Keywords：Architectural Education；Cultural Inheritance；Metaphysics；Instrumental Rationality

1　引言

从 1927 年建筑学作为一个学科被引入中国大学起，我国建筑学专业就无可选择地继承了西方"建筑是艺术"的概念，核心知识体系围绕着建筑设计而构成。经过了近百年的发展，国内高校建筑学教育依然沿用着西方学院派的建筑教育模式。反观建筑创作，大量未经推敲的"速度建造"构建了脆弱的繁华盛景，却依然掩盖不了建筑思维的贫瘠与创作源泉的枯竭。

高端建筑创作领域与国外建筑师竞技的核心竞争力匮乏；中低端市场充斥着大量的"山寨式"赝品。[2] 如何培养学生，使之既能够适应社会的需求，又能够在未来的建筑设计中获得可持续的发展，甚至成为引导建筑设计方向的新一代人才，是高等院校建筑学教学必须面对的问题。

2014 年 10 月，习近平总书记在文艺工作座谈会上提出"不要搞奇奇怪怪的建筑"。① 这种现象的主要原因在于创新力的匮乏。从更深层次看，建筑创新力的匮乏

---

① 习近平：像爱惜自己的生命一样保护好文化遗产［EB/OL］. 新华网，2015-01-06. www.xinhuanet. com//politics/2015-01/06/c_1113897353. htm.

也是社会整体创新力不足的体现。"奇奇怪怪"的建筑说明，我们的建筑学教育、相关学科支撑力等多方面都亟待补缺。

2 我国建筑教育

我国建筑学学科的历史只有近100年的时间，但是我国营造建筑的历史已有4000多年的时间。

1927年中国大学的第一所建筑院系正式诞生，[3]建筑学教育一开始就别无选择地继承了西方"建筑是艺术"的概念，核心知识体系围绕着建筑设计而成。西方建筑学的引入不仅改变了建筑知识的传承方式，[1]对建筑学的理解往往也是以西方传统建筑学的观念为基础。在建筑教育"移植"过程中，第一代建筑教育家们非常理解建筑在中国传统文化中的角色，因此抛弃了西学中的"形而上"的讨论而转向社会普遍接受的"形而下"的建造技术问题，在理论教学部分舍去了西方建筑学理论中关于哲学和美学的讨论、意识形态的争论、建筑批评等"形而上"的内容。从而学的实在，没有玄学，讲求实际……然而只知其然，而不易知其所以然，因此建筑设计课程常有"只可意会，不可言传"之说。[4]

我们的教育方法采用了渲染的模式。从"描红"来提高对范式的理解开始，到对现代建筑的模仿。这种注重"形而下"的教育方式存在着两个方面的问题：首先，"只可意会不可言传"并不是大学教育的方法，启蒙教育中就应该清楚地传递知识，应该可以用理性的方式表达。其次，这种纯粹形式的训练会对"形式"误解，它不仅仅是单纯的训练方法，而是体现出对建筑学的理解和认识。

当然我国建筑教育出现这种现象，与第一代学成回国的建筑师们所接受的教育有关。第一代建筑师们多数接受的师美国宾夕法尼亚大学的教育。宾夕法尼亚大学的保罗·克瑞教授的教学最具影响力。他在教学中一方面沿袭了巴黎美术学院的严谨的理性的形式主义表现手法，另一方面要求学生分析古典建筑的形式构件时尽量避免对历史事件进行分析，他不重视形式的历史意义。除去了建筑史和建筑技术的相关理论，还涉及美学、哲学、形态学、建筑评论理论等等。这也许是我国建筑教育"只可意会不可言传"的最根本的根源吧。

3 "形而上"的文化传承：创新力的哲学根源

"形而上谓之道，形而下谓之器"，这是中国传统的说法。西方"形而上"是从生长学、自然学中"生长""超越"出来的，说的是"自然"——"物"背后的东西，与此不尽相同的是中国传统观念里，所谓"形而上"是真的指"形"之"上"的东西，在这个"上"的前提下，才有"超越""背后"的意思。[5]

形而下谓之器，"器"在"地"上，而"地"上是"天"，因此，所谓"形而上"的具体意思是指"天"。"在天成象，在地成形"，从这个意义上说，形而上是指"天"上的"象"。

突破形式之围，使作品在人的体验中获得人的主体力量和自我意义，让建筑走向"形而上"正是建筑所追求的。从我国传统的建筑、城市、甚至园林等传递出来的永恒生命力来看，正式有了"形而上"的文化传承。

3.1 传统建筑的形而上

中国传统建筑受中国传统文化的影响，形成自己特有的建筑原则。中国传统建筑的形而上与中国传统文化息息相关，受到各种思想体系的影响。"天人合一"是中国古代很多贤人志士的最高境界，典型的天坛圜丘便是"天人合一"的典型代表（图1）。

图1 天坛圜丘坛

儒家"卑宫室"思想可以说是中国古代建筑最重要的基本原则之一。"卑宫室"这一建筑观念归结到了儒家传统中最为提倡的"仁"与"德"之类的道德性观念。[6]也就是说，宫室之建造的最高意义，并不在于建筑之美观与否，而是是否彰显了帝王应该恪守的仁义节俭的崇高美德。这样，古代中国人在自己的房屋建造中便蕴含了某种至善的内涵，展现了中国传统建筑特有的含蓄气质。

还有传统建筑的"等级秩序、尊卑秩序、长幼秩序"的表达，均体现了儒家思想的"礼"。如故宫中传统建筑（图2）通过其屋顶形式、位置方位，甚至木作做法等，处处体现着它的等级秩序。还有四合院等建筑

---

① 中国传统文化中建筑是"器"，因而构筑者只能视为工匠，和其他工艺技术行业一样依靠师徒制的方法传承。

案例等，均突破了形而下的"器"，而是将其建筑的中级追求设定为建筑所体现出的建筑之所有者的道德美。

图2　故宫

3.2　传统城市的形而上

宇宙论与本体论的统一，是中国哲学基本特征。"易"是中国传统文化的本源，衍生诸子百家。经过诸子与历代哲人的阐释与发展，演化成为中国传统哲学对于宇宙观的基本解答——"天人合一"，成为中国传统哲学最突出的特点。"易"之构成法则渗入政治、艺术、科学以及日常习俗、心理底层等各个领域，成为中国文明的最深层基因。

城市，受天、地、人"三才"影响和作用而存在与发展，故亦在此构成发展的框架之内。传统城市的"因循天地之道、家国同构明分以群"[7] 的特征皆是在协同天、地之道。如周武王土圭测景定天下之中，苏州古城"象天法地"，北京城市与天象垣局的应对，古典园林的"师法自然"，等等。秩序性特征是"明分使群"的社会映射，是中国传统城市最突出的特点。

3.3　观景园林的形而上

在溯源中国风景园林哲学之前，首先需要回答哲学于中国人之意义。中国人的生活不能缺少哲学，因为中国人的"超道德价值"是通过哲学获得的。[8] 超道德价值是一个哲学概念，是高于道德价值的价值。爱人，是道德价值，是对现世的追求；爱上帝，是超道德价值，是对超乎现实的追求。[9] 中国风景园林是中国人的人居理想之境，其作为超道德价值的集中体现而与哲学密不可分。它又是承载中国知识分子"避世"哲学思想的"小世界"。中国传统文化的教育始于哲学，知识分子的文化思想始终在哲学思考中展开，所以风景园林自然就承载了知识分子寄托的"超道德价值"。

关于园林的记载最早见于商周时期。纵观中国园林的发展史，则一直奉行"道法自然"的自然美理念。古人的哲学比现代人所想得更加抽象，自然并非所指今日的西方自然科学引进词语的具象自然界，如西晋时期玄

学家郭象的观点"自己而然"或是"自以为然"是一种哲学形而上的抽象概念。

"与谁同坐轩""还我读书处""汲古得绠处""静乃修身，浅隐于市；动则入世，际会风云"等处处展现着造园主人精神世界，这些便构成了园林的独有性，展现出强大的创造力。

4　工具理性：形而上的实现

大数据、低碳、软件辅助设计等成为我们当前面对的行业三大时代特征。而对于我们建筑学教育而言，为了更好地实现建筑"器"的功能，我们的教育理应紧紧把握时代的脉搏，充分利用时代所赋予我们的优势，以及去满足时代对我们的要求。

4.1　大数据

海量数据的挖掘来获取日常的见解。通过大数据解决方案，设计前期能够分析相关数据，并提供最佳解决方案。大数据带来的信息风暴正在变革我们的生活、工作和思维。譬如单体建筑行业，首先是房地产，比较迫切的是拿到市场需求、户型类型这些核心数据，这些都可以通过大数据来解决，比如城市各种人口构成、位置流动、收入支出、家庭需求等，可以保证楼盘的选点、户型切合市场需求。至于公共类建筑，也可以通过大数据获取决策信息，比如机场车站、酒店商业、文化博览建筑，到底有多少需求，放在哪里合适，都可以参照人们流动规律、消费规律获得。为了使用大数据赋予我们的便利，在建筑学基础教育中，应适当增加数学知识的学习，目前的数学知识甚至不支撑进一步学习数理统计与分析的课程。

4.2　低碳社会

低碳社会，就是通过创建低碳社会、发展低碳经济，培养可持续发展、绿色环保、文明的低碳文化理念，形成具有低碳消费意识的"橄榄形"公平社会。根据《中国建筑能耗研究报告（2020）》，2018 年建筑行业全生命周期碳排放占全国碳排放总量的 51%。[10] 所以我国建筑领域不断把低碳发展稳步推进。先后出台了《民用建筑节能条例》、《绿色建筑行动方案》（国办发〔2013〕1 号）、《建筑碳排放计算标准》GB/T 51366—2019、《绿色建筑评价标准》GB/T 50378—2019、《超低能耗建筑评价标准》T/CSUS 15—2021 等文件、标准，促进了建筑领域绿色低碳发展。

低碳建筑不仅是理念，而且在实现上有多个方向措施——材料选择、建筑体形系数、保温措施、自然光运

用等。例如我们可以用软件模拟的方式来对建筑物进行照度模拟、采光模拟、通风模拟、散热模拟等等。在教学中部分课程（如建筑物理）包括相关的模拟知识，只是与设计课程没有很好的衔接，对相关课程学习的知识点没能运用到设计中来。

4.3 软件辅助设计

目前建筑设计中从开始的调研到建筑构思，直至建筑表现等全过程有着多种的建筑软件来辅助我们的建筑设计、建筑方案推敲，通过视频浏览、通过 VR 体验、通过三维模型等多种方式让我们模糊的构思逐渐变得清晰和直观，以便对其做出判断和优化。软件的学习在大多数学校中都能有相应的数字化设计的课程。这里我想说有些软件的学习还需要相关的知识做支撑，如犀牛 grasshopper 需要一定的数学知识。

5 结语

21 世纪以来，中国建筑学教育进入了一个繁荣发展的新阶段，建筑学教育也呈现出多层次、多模式和多目标的新局面。[11] 如果说在当今的时代各个古老的学科正在经历新的成长烦恼，那么建筑学肯定是位列其中的。技术的戏剧性进步导致生活方式的剧变，气候与环境的全球化台站导致关键设计问题领域的彻底更新，这些都再次把现存的建筑学体系推向了生存危机之中。[12]

通过对建筑形而上部分课程的完善，如传统哲学、美学、建筑评论理论等课程，建立和完善建筑学科的理论体系。工具理性让我们设计得以深化和实现，在讨论建筑教学中的形而上的同时，我们同样承认形而下的功能的重要性，利用工具理性来让建筑更好地去实现，提供更为舒服的人居环境，通过形而上的文化传承的教育来展现建筑"道"的内涵，通过工具理性的学习来更好地实现形而下的"器"的空间。

主要参考文献

[1] 丁沃沃. 回归建筑本源：反思中国的建筑教育 [J]. 建筑师. 2009 (4)：85-92＋4.

[2] 梅洪元，张向宁，朱莹. 回归当代中国地域建筑创作的本原 [J]. 建筑学报. 2010 (11)：106-109.

[3] 单踊. 东南大学建筑系七十年记事 [M]//东南大学建筑系成立七十周年纪念文集. 北京：中国建筑工业出版社，1997：234.

[4] 王文卿. 东南大学建筑系七十年记事 [M]//东南大学建筑系成立七十周年纪念文集. 北京：中国建筑工业出版社，1997：197.

[5] 陈红玲，王芳. "形而上"与"形而下"——对当今建筑形式标新立异的反思 [J]. 华中建筑，2004 (5)：24-25.

[6] 仲文华. 尚俭——中国传统建筑之形而上探微 [J]. 家具与室内装饰，2010 (8)：20-21.

[7] 汤晔峥. "易"之形而上的城市辨析 [J]. 城市规划，2012 (12)：77-83＋90.

[8] 刘滨谊，廖宇航. 大象无形·意在笔先——中国风景园林美学的哲学精神 [J]. 中国园林，2017，33 (9)：5-9.

[9] 冯友兰. 中国哲学简史 [M]. 北京：北京大学出版社，2012：4，8，20，21.

[10] 建筑行业碳排放占全国排放 51％？"房住不炒"成行业减碳关键 [N]. 华夏时报，2021-11-04.

[11] 郦伟. 启蒙意识形态与中国高校建筑学启蒙教育 [J]. 惠州学院学报，2013，33 (6)：112-116＋123.

[12] 张利. 成长的烦恼——从威尼斯建筑双年展的主题展看转型中的建筑学 [J]. 世界建筑，2021 (12)：6-7＋129.

徐蕾　宋晓丽　刘力　陈立镜
天津城建大学；xlsair2006@126.com
Xu Lei　Song Xiaoli　Liu Li　Chen Lijing
Tianjin Chengjian University

静水流深
——对"建筑设计原理"课程思政的思考与实践 *

Still Water Run Deep
——Reflections and Practices of the Ideological and Political Course of "Principles of Architectural Design"

摘　要："建筑设计原理"是建筑学学生本科阶段的起步理论课程，对学生的知识积累、职业引领和价值观形成与塑造都有着重要的作用和深远的影响，是课程思政建设的重要阵地。构建"原理—思政"课程框架，并且结合教学情况，形成分级渗透、重点突出的思政建设脉络。在教学过程中，坚持"浸润"的原则，通过多种教学途径在潜移默化中完成对学生的德育优化，明确将思政建设纳入课程的考核环节，打造智育和德育并举、有感召力、有引领力、有塑造力的原理课程思政建设。

关键词：建筑设计原理；课程思政；价值观；浸润

Abstract："Principles of Architectural Design" is an undergraduate theoretical course for architecture students. It has an important role and far-reaching influence on students' knowledge accumulation, career guidance, value formation and shaping. It is an important position during Ideological and political construction. To establish the "principle-ideological and political" curriculum framework and combine with the teaching situation, it form an ideological and political construction context with graded penetration and prominent focus. Adhering to the principle of "infiltration" in the teaching process, through a variety of teaching methods in the subtlety of the students to complete the optimization of moral education, and clearly incorporate the construction of ideological and political into the assessment of the course, to create an ideological and political construction course with both intellectual education and moral education, which is inspiring, leading and shaping.

Keywords：Principles of Architectural Design；Ideological and Political Course；Values；Infiltrate

　　从 2016 年全国高校思想政治教育工作会议到 2019 年学校思政课教师的座谈会，习近平总书记始终强调开展思想政治教育具有重要意义，提出高校各类型学科与思政课程同向、同步、同行这一核心要义，阐明在专业培养中遵循立德树人的教育目标。而课程思政建设是挖掘知识的育人功能，实现课程工具理性和价值理性的统一，进而实现育人的终极目的。

1　"建筑设计原理"课程与课程思政

　　先秦时代的《尚书》中提出了与中国建筑有关的三

＊项目支持：天津城建大学教学改革项目（JG-YB-22063）。

项原则"正德、利用、厚生","正德"是这三项建筑原则的核心,中国传统建筑建造的原则如此,中国的建筑教育亦如此,这也是当代教育的核心问题和首要任务。

课程作为重要的学科基础课设置在本科二年级第一学期开展教学,面向建筑学、城乡规划和风景园林共三个专业开放授课,每年选课人数均达到 200 人以上,受众学生数量较大。在课程设置方面,原理课是教学进程中一系列理论课程的开端,是第一面较为全面、系统地向学生介绍公共建筑的基本知识与基本原理的课程,教学内容具有普适性的特点,是学生今后进阶学习的理论基础,与"建筑设计 I"形成理论与实践双线并举,合力搭建起学生设计学习的起步平台。

无论从课程定位、教学内容还是课程影响方面来看,"建筑设计原理"课程都具备天然的育人优势,是"立德树人"的重要建设渠道。在帮助学生进行建筑设计基本知识、基本原理等知识积累的过程中,在意识形态方面加强课程思政价值本源的挖掘,引导学生去认知建筑、感知建筑的价值进而形成对建筑的理解,与树立学生的建筑理想,提升学生的职业操守,厚植学生的人文修养,培养学生的爱国情怀等结合起来,贯彻实现专业知识教学与思政育人同题、同向、同行。

2 原有课程思政建设中的问题

在 2020 年,教学组集中反思了之前的课程建设工作,发现了一些问题。①初期的课程尝试中,思政元素全部是以设计案例的形式出现,形式较为单一,彼此之间也缺乏联系。②部分思政内容思政味道过重,和专业知识出现分界感,学生在学习过程中往往会有"出戏"的感觉,还有部分同学认为思政是思政课程的教学内容,在专业课堂上会无形中自我弱化了该部分的学习。③教学方式上,思政教学也是单向的由教师向学生输出,教师讲、学生听,学生缺少主动的学习及反思,学习效果并不理想。在学情评价方面仍是主要以专业知识为考量标准,对于思政教学也缺少评价和反馈。

3 "建筑设计原理"课程思政的思考与实践

课程组在对之前的工作进行了全面地总结与反思后,从教学大纲、课程体系和教学方式等方面进行改革,充分激发本课程的思政育人效能。

3.1 明确思政目标,形成"原理—思政"框架

建筑设计原理所蕴含的以人为本的人文精神、至臻

至善的工匠精神、真善美的设计思想以及创新的开拓思维等都与思政育人的内容与目标高度契合。因此教师围绕着"同向同行"的目标指向,系统规划课程思政的建设方案,结合课程内容,考量每个知识章节,充分挖掘思政元素,形成"原理—思政"紧密结合的课程框架(表1)。

课程框架　　　　　　　　　　　　表 1

课程章节	思政目标	思政形式	分级策略
导论	以人为本 职业道德 社会责任感	建筑师及 作品案例 建筑时事 研讨与汇报 微课与视频 建筑作品 节选赏读 建筑事件关注 实践参观	重点滴灌
公共建筑与 环境设计	保护生态环境 传承历史、民族文脉 树立文化自信 法律法规		多点浸润
公共建筑的 功能关系与 空间组合	实事求是 工匠精神		多点浸润
公共建筑的 造型艺术 问题	弘扬真善美 工匠精神		重点滴灌
公共建筑 技术经济 问题分析	创新思维 绿色低碳 法律法规		多点浸润

3.2 结合教学情况,强化重点思政环节

综合教学内容和学生接受情况两方面考虑,课程思政采用元素全面"浸润"和重点"滴灌"的分级策略进行建设。在第一章导论部分主要讨论建筑是什么,建筑设计的特点和当代建筑的研究范围与要求,本部分关乎学生在意识形态方面基本建筑观如何形成,是建筑价值认定的本源与核心问题,也是树立建筑师职业道德和社会责任感的基础,是本课程思政建设的重中之重。第四章进行公共建筑的造型分析与探讨,内容较为直观,并且学生具备一定视觉经验积累,普遍易于接受,所以,我们选择这两部分作为思政育人的重点环节。在建筑造型章节中,将近年来备受社会关注的"中国十大最丑建筑评选"这一热点时事引入教学(图1)。教师抛出引子后学生表达出浓厚的兴趣,主动了解备选建筑作品的基本情况,初步形成个人评价,再对市民、业内学者和专家等多方群体的观点进行思考。在恰当的情景下,将"追求真善美是建筑的永恒价值,要创作无愧于时代的优秀作品""不做奇奇怪怪的建筑""实用、经济、美

图1　审丑建筑入选项目

图2　实践参观中感知工匠精神

观"的设计理念潜移默化地传递给学生，通过这一系列教学设计，完成学生价值观的引领与内化。通过几年的教学实践，学生普遍对这一环节表现出强烈的积极性，甚至会通过对历年来的审丑建筑所折射出的社会不良意识、对大众的影响和社会意识形态的变迁做出总结和较为深刻的反思，这些相信都会对未来的学习和工作产生深远的影响。

3.3　元素润物无声，育人力量静水流深

教学组全方位的挖掘思政元素，将专业知识的显性教育和思政育人的隐形教育紧密结合，在专业知识的情境下，实现润物无声的德育优化。

首先对思政元素的浸润形式进行丰富，既有课堂上教师对彰显民族自信与设计创新的奥运建筑的案例介绍，也有在恰当情境下引入建筑书籍节选的赏析，还有对当下业内热点的关注，如前不久对以人为本、因地制宜探索地域建筑实践的普利兹克奖得主和《梦想改造家》建筑师与作品的热议。

在教学形式方面，在坚持课堂主体教学的同时，也在实践环节中增加了思政育人的环节，如对天津工法展览馆的参观，以具体的、真实的物例和场景强化学生对一丝不苟的工匠精神的理解和对法律法规意识的提高（图2）。教学组精心选取建筑师、建筑作品、建筑事件等蕴含思政要素的微课及视频，由学生小组自由选择进行调研、谈论，制作视频进行分享（图3），由被动接受变为主动、积极地选择、思考、内化，形式的丰富性和多样化增加了学生学习的动力和积极性。

3.4　思政贯穿课程，积极建设考评标准

对思政育人进行恰当形式的考评，将其纳入学情评价，是课程思政建设必不可少的内容，必要的检验、反

图3　汇报现场及视频资料

馈和总结一方面是对育人成果的检验，另一方面也为今后的教学工作提供了改进的方向。因此，在设计原理授课过程中在第一章节、第四章节和最终作业的环节中分三次对学生进行思政学习的考核，以小组汇报和调研报告的形式进行考评，并以10%的比例计入课程总成绩。

4　结语

随着课程建设的深入，教学组也越来越意识到教师的思政意识和思政学习也应不断加强，才能持续地、更好地在学生意识形态形成的关键期完成知识积累、职业引领、素质提升和价值观的塑造，打造好智育和德育并举，有感召力、有引领力、有塑造力的原理课程思政建设，实现立德树人的最终目标。

主要参考文献

［1］ 吴晶，胡浩. 习近平在全国高校思想政治工作会议上强调把思想政治工作贯穿教育教学全过程 开创我国高等教育事业发展新局面［J］. 中国高等教育，2016（24）：5-7.

［2］ 习近平主持召开学校思想政治理论课教师座谈会强调 用新时代中国特色社会主义思想铸魂育人 贯彻党的教育方针落实立德树人根本任务　王沪宁出席［J］. 党建，2019（4）：4-5.

［3］ 何红娟. "思政课程"到"课程思政"发展的内在逻辑及建构策略［J］. 思想政治教育研究，2017，33（5）：60-64.

［4］ 郎亮，范熙晅，于辉. "中外建筑简史"课程思政建设探索与实践［J］. 建筑与文化，2021（12）：218-219.

［5］ 李菲. 课程思政理念下优秀传统文化融入建筑专业课程的路径研究［J］. 建筑与文化，2022（2）：36-37.

武悦

哈尔滨工业大学；wuyuehit@hit.edu.cn

Wu Yue

Harbin Institute of Technology

建筑学高年级设计类课程思政教学设计路径探析
Exploring the Path of Designing Civics Teaching in Senior Design Courses of Architecture

摘　要： 在哈尔滨工业大学建校 100 周年之际，结合建筑学专业"以人为本"的专业特色，学院全面开展了融入思政教育的建筑设计课程教学改革研究。通过对建筑学高年级设计类课程教学内容和教学方法的研究，以提升学生专业能力的同时增强其正确的价值取向和社会责任感为目标。在对教学思政要素分析的基础上，对设计课程思政教学模式进行了设计，并在"建筑设计-5"课程实施中开展了教学实践，随后结合实践阐述了该模式的关键环节和实施策略。

关键词： 课程思政；建筑设计；以人为本；服务民生

Abstract： On the occasion of the 100th anniversary of the founding of Harbin Institute of Technology, combined with the "people-oriented" professional characteristics of the architecture major, the college carried out a comprehensive research on the teaching reform of the architectural design course integrated with the ideological and political education. Through the study of the teaching content and teaching methods of the senior design courses in architecture, the goal is to enhance the students' professional ability while strengthening their correct value orientation and sense of social responsibility. On the basis of the analysis of the elements of teaching Civics, the Civics teaching model of the design course was designed, and the teaching practice was carried out in the implementation of the "Architectural Design-5" course, and the key aspects and implementation strategies of the model were elaborated in the context of the practice.

Keywords： Curriculum Civics；Architectural Design；People-oriented；Serving People's Livelihood

1　设计课程思政体系建设

在哈尔滨工业大学建校 100 周年之际，[1] 结合建筑学专业"以人为本"的专业特色，哈尔滨工业大学建筑学院建筑系进行了融入思政教育的建筑设计课程教学改革。该改革力图将思政教育内容融入建筑设计课程教学中，面向国家改善民生的重大需求与建筑设计教学紧密结合，进一步加强学生的社会主义价值观培养，引导学生充分认识新时期城镇建设任务的艰巨性与特殊性，在获取知识的同时真正成为具有较高职业素养和思想品德

水平的高层次复合型人才。[2]

"建筑设计-5"也对应开展了课程思政教学改革研究。基于新时代"以人民为中心"的国家发展战略，提出"设计服务民生"的时代呼声，开展建筑设计类课程思政教学改革与创新的研究，深入探索价值导向与知识导向的融合模式，创新教育教学理念、教学方法和教学内容。将服务社会民生融入设计教学，在课程中体现新时代地方高校的责任与担当，增强学生的专业认同感和自豪感，树立"中国梦"的理想信念，引导学生通过设计服务民生、服务群众、服务社会，为中国发展贡献

力量。

2 设计课教学思政要素挖掘

2.1 思政要素挖掘实施步骤

1) 课程思政要素发掘与教学资源库共建

重点结合"以人民为中心"的国家发展战略，分析识别和深入挖掘建筑设计课程中蕴含的核心价值观、思想道德、爱国主义情怀、职业精神、优秀传统文化等思想政治教育要素，并激励学生共同发掘与分享相关建筑实践内容，师生共同建设课程思政资源库。

2) 课程思政要素教学内容的调研与分析

选择建筑学专业人才在国内重要的就业机构，开展国家对于建筑学专业人才在价值观培养方面的需求情况的调研，结合调研结果反思教学存在片面性或局限性，深入探索价值导向与知识导向的融合模式，创新以课程思政为载体的新型教育教学理念、教学方法和教学内容。

3) 课程思政教学融合人才价值观培养

针对建筑设计教学内容，分别采用以类型思政要素融入的"专题融合"、以思政要素重点融入城市设计和高层建筑设计的"知识点融合"，以及"以人民为中心"的国家发展战略和"设计服务民生"等重大社会职责的"情绪融合"等方式，将思想政治教育资源分散至课程的知识点中，使得学生在获得专业知识的同时增强未来作为建筑师正确的价值取向和社会责任感。

4) 课程思政建设依托教学方法实施与探讨

在传统讲授式教学方法的基础上，课程教学遵循立德树人的基本理念，将服务社会民生融入设计教学，通过向学生展示"煤矿棚户区改造工程"，介绍我校扎根东北、服务社会的民生示范工程案例，培养学生爱国情怀，增强学生的专业认同感和自豪感，树立"中国梦"的理想信念，引导学生通过设计服务民生、服务群众、服务社会，激发学生学习热情、树立正确的价值观。

2.2 思政要素植入实施措施

1) 教学进度安排

课程共11周，分为两个阶段，教学进度安排及授课方式见表1。

2) 思政要素植入

根据每周不同的教学内容，将思想政治教育内容与专业知识技能教育内容有机融合，使得学生在获得专业知识的同时增强未来作为建筑师正确的价值取向和社会责任感。具体植入实施措施如下。

教学进度安排及授课方式　　表1

教学阶段（周）	1	2	3	4	5	6	7	8	9	10	11
城市设计	□	▲	■	■	○						
高层设计						□	▲	■	■	■	○

注：□理论讲授■小班讨论○联合点评▲翻转课堂

(1) 城市设计阶段

第一周，国家重大战略发展需求与建筑学专业的关联性。

第二周，引导学生对真实认知城市空间，为新时代城镇化建设奠定坚实基础。

第三周，培养学生协调考虑在东北经济下行压力较大的情况下协调经济与设计的关系。

第四周，培养学生在设计过程中考虑如何增强人民群众的幸福感和获得感。

第五周，将经济社会组织结构和利益关系融入城镇社会现实情境。

(2) 高层设计阶段

第六周，引导学生面向国家重大战略发展需求设计和建设适宜的公共建筑。

第七周，引导学生关注公共卫生安全和生态安全，利用设计手段保障人民群众生命健康安全。

第八周，国家以人民为中心的发展思想和建筑学专业"以人为本"的关联性。

第九周，引导学生设计"服务民生"的设计理念。

第十周，引入建筑工程质量规定，介绍建筑设计事关人民群众生命财产安全，事关城市未来和传承，事关新型城镇化发展水平。

第十一周，介绍建筑师负责制，明确建筑师的责任和义务。

3 设计课思政教学模式设计

3.1 课程目标

1) 教学目标

面向国家以人民为中心的发展思想，结合建筑学专业"以人为本"的专业特色开展融入思政教育的建筑设计课程教学改革研究，包括教学内容和教学方法的研究，提升学生专业能力的同时增强其正确的价值取向和社会责任感。

2) 思政育人目标

面向国家重大需求与建筑设计教学紧密结合，积极响应以人民为中心的经济社会发展原则，进一步加强学生的社会主义价值观培养，引导学生充分认识新时期城镇建设任务的艰巨性与特殊性，在获取知识的同时真正成为具有较高职业素养和思想品德水平的高层次复合型人才。

3.2 课程教学内容

教学内容与思政育人成效见表2。

教学内容与思政育人 表2

教学周次	教学内容	思政育人成效
1	"设计开题-1"对城市设计·课程目标及课程进行概述(第一次理论课)	培养建筑学专业人才的社会责任感
2	学生对相关案例进行分析汇报，针对场地现状，在特定的社会文化背景下，提出设计概念	在建筑设计教学中融入社会主义核心价值观
3	形成城市设计初步方案；构建草模，推敲方案	考虑到居住在城市中人的利益和人与自然的和谐
4	协调组织建筑物、区位、交通、场地之间关系	增强学生的专业认同感，树立"中国梦"的理想信念
5	深化方案，调整模型及细部，定稿	培养学生正确的职业价值观，谨防建设资源重复浪费
6	"设计开题-2"对高层建筑课程目标及课程进行概述(第一次理论课)	培养学生承担新时代城镇建设工作的使命感和专业能力
7	学生根据不同类型和功能，归纳高层建筑的特点；针对场地现状，在特定的社会文化背景下，提出设计概念	引导学生聚焦国家重大发展战略需求
8	形成高层建筑综合体初步方案；构建草模，推敲方案；总图调整，将设计方案进一步完善	培养学生在建筑设计中服务群众、服务社会的思想品质
9	裙楼、地下室设计；调整草模；标准层的功能、流线组织；标准层精细化设计，进一步对方案深化设计	增强学生在设计过程中关注保障和改善民生，抓住人民最关心最直接最现实的利益
10	立面造型、顶部及基座造型设计；空间节点细部深化、草模深化、计算机建模，绘制结构体系分解图、设计逻辑分析图	培养具有较强实践能力的复合型人才，提升学生的责任感和使命感
11	结构选型，防火分区设计，竖向交通设计	培养具有较高职业素养和思想品德的高层次复合人才

4 结语

本课程力求探索适合建筑学高年级设计类课程的教学思政模式。涉及的课程为面向建筑学本科四年级开设的"建筑设计-5"专业必修课程。教学受益面为建筑学四年级本科生。获得成效及目标有以下三点：首先，基于新时代"以人民为中心"的国家发展战略，提出"设计服务民生"的时代呼声，为达到课堂成为思想政治教育的有效载体，课程教学遵循立德树人的基本理念，将服务社会民生融入设计教学。其次，通过向学生展示和介绍我校扎根东北、服务社会的民生示范工程案例，培养学生爱国情怀，增强学生的专业认同感和自豪感，树立"中国梦"的理想信念。最后，促进设计课程体系与思政课程体系的良好耦合，将思政课程要点穿插进设计课之中，形成全链条式课程思政体系，引导学生通过设计服务民生、服务群众、服务社会，为中国发展贡献力量。

主要参考文献

[1] 熊四皓. 习近平总书记致哈尔滨工业大学建校100周年贺信的学习思考 [J]. 思想政治工作研究，2020 (12)，23-25.

[2] 孙澄，薛名辉. 建筑学专业"新工科"教育模式的探索与实践 [J]. 当代建筑，2020 (4)：110-113.

陈旸　郭海博

哈尔滨工业大学建筑学院，寒地城乡人居环境科学与技术工业和信息化部重点实验室；chenyang1109@126.com

Chen Yang　Guo Haibo

School of Architecture，Harbin Institute of Technology；Key Laboratory of Cold Region Urban and Rural Human Settlement Environment
Science and Technology，Ministry of Industry and Information Technology

基于价值引领的建筑学本科二年级
核心设计课程思政建设 *
Ideological and Political Construction of the Core Design Course for the Second Year of Undergraduate Architecture based on Value Guidance

摘　要：建筑设计类课程作为建筑学核心专业课程，蕴含了丰富的思政价值元素。本文结合建筑学本科二年级的教学特点，以价值引领为重心，以思政建设为导向、以单元模块化教学设计融入思政元素为主线、依托过程化多元累加式综合考评方式，构建了课内与课外、线上与线下相融合的多模块混合式课程思政教学体系。旨在探索一条将价值塑造、知识传授和能力培养三者融为一体的设计课教学模式，以及基于信息化技术的课程思政教学方法，以形成育人合力并为其他专业课程教学提供思路。

关键词：价值引领；课程思政；建筑设计课；混合式教学

Abstract：As the core professional courses of architecture，architectural design courses contain rich ideological and political value elements. Combined with the teaching characteristics of the second year of architecture undergradute，this paper has built a multi module hybrid course ideological and political teaching system integrating in class and out of class，online and offline，with the value guidance as the focus，the ideological and political construction as the guidance，the unit modular teaching design as the main line，and the integration of ideological and political elements，relying on the process of multiple cumulative comprehensive evaluation. The purpose is to explore a design course teaching mode integrating value shaping，knowledge imparting and ability training，as well as a course ideological and political teaching method based on information technology，so as to form a joint force of education and provide ideas for the teaching of other professional courses.

Keywords：Value Guidance；Curriculum Ideology and Politics；Architectural Design Course；Blended Teaching

本科二年级建筑设计课程是专业设计课程的开篇，是帮助学生掌握建筑设计的基本技能，建立专业素养的核心课程。旨在通过理论学习与循序渐进的几个设计专题训练，使学生掌握建筑设计的基本流程和方法。

目前课程教学体系及课程内容的设置主要围绕"建筑设计基本能力"的培养，偏重于知识点讲解与基本技

* 项目支持：黑龙江省高等教育教学改革研究项目（SJGY20200220、SJGY20210288）。

能的训练，专业性较强，尚未把知识传授和价值塑造结合起来形成育人合力，未充分发挥课程育人的功能，不利于学生综合能力的培养。随着当前经济的发展，现代社会所需要的不仅仅是实践性的技能型人才，而是具有良好职业精神和道德素养、具有可持续发展能力的复合型人才。因此，应当摒弃狭隘的知识教育观，在专业知识传授及能力培养过程中注重价值引领，促进知识传授和价值引领的同频共振，不但可以使专业知识更具延伸性，同时可以让学生明确自身所承担的专业责任、社会责任，促进学生全面发展，才能更好地提高思政教育的有效性。

1 本科二年级建筑设计课程思政的价值引领目标

当前我国正处于社会转型期，学生生活在多元化的意识形态背景下。本科二年级学生正处在专业基本功建立的起始阶段和职业价值观形成的初期，因此在培养学生专业基本能力的基础上，探索"构建专业能力基础——强化情感培育——促进价值生成"的"课程思政"教学路径，对学生进行价值取向、价值理想和价值标准的教育和引导，以形成并坚定学生的价值认同。

1.1 树立精益求精的科学观

从基础入手，根据本科二年级专业基础设计课程的学习情境特点，通过循序渐进的小型建筑设计专题训练，帮助学生认识建筑设计的基本问题，培养学生空间创造力与实践操作能力；帮助学生掌握建筑设计的基本技能，建立专业素养；强化学生的工程伦理教育，培养学生严谨认真、精益求精的科学精神和勇于创新的学习积极性，激发学生的工匠精神。

1.2 形成正确的职业价值观

设计任务选题基于基本建筑类型并结合社会热点，使学生了解建筑学与社会人文、生态环境、国家民生的密切联系。通过不同专题训练重点的不同，分别使学生了解建筑与人的行为体验、环境、材料建构之间的关系，使学生关注社会群体行为、树立环境意识、了解设计中的人文关怀与社会关注，引领学生在掌握专业基础知识的同时，明确行业及自身的使命与社会责任；引领学生利用设计手段"服务民生""服务国家需求""服务社会发展"；引领学生树立正确的职业价值观，具有"建筑人"的责任担当。

1.3 坚定学生的价值自信

结合中国建筑历史文化的学习、案例分析与设计实践，通过知识传授、情感诱导、思想沟通、实践活动等方式，使学生深刻理解中国优秀的建筑历史与文化，剖析其思想精华和时代价值，引领学生体会中国建筑艺术中反映出来的独特表现方式、艺术特征、风格特点和文化内涵，使学生形成系统认识，提升学生的审美意识；引领学生持续增强"阅尽万国建筑而坚定中国气派，遍历中华文化而重塑建筑之魂"的使命自觉；引领学生涵养家国情怀、立足中国实践、反映中国民情、总结中国经验，增强民族自豪感，自觉传承和弘扬中国传统文化，坚定学生的文化自信和价值自信。

2 基于价值引领的模块化混合式课程思政教学体系构建

结合学科专业建设特点，以价值引领为重心，以思政建设为导向、以实践为补充，基于混合式教学理念，构建课内与课外、线上与线下相融合的多模块混合式教学体系，并建设相应的课程单元、教学资源、教学活动组织、考评方式及教学效果评价等，将价值塑造、知识传授和能力培养三者融为一体。

2.1 思政元素融入的多模块进阶式教学设计

依据本科二年级建筑设计课程的教学定位，将教学目标分为能力目标、知识目标和价值目标。围绕"空间建构"的主题、知识框架和各阶段要求进行单元划分，分解为空间与功能、空间与形态、空间与环境、空间与技术、综合训练5个进阶式设计单元，并明确各课程单元的思政建设重点内容，将其有机融入课程教学，充分发挥课程的育人价值，如图1所示。

以设计为核心，整合设计原理、设计方法、形式表达、环境认知、技术研究等知识点，总结归纳学生的学习路径，精选和平衡混合式教学的内容，按需"重组"课程模块，构建课堂教学＋线上教学＋实践教学的多模块混合式课程体系。

实践教学模块，定期邀请国内外知名专家开展专题讲座、报告、论坛、评图、师生共同参与的研讨设计等活动，让学生在实践体验中产生思想共鸣和价值认同。可以采取线上＋线下相结合的形式，既可以突破时空和参与人数的限制，也可以有效利用多元化的教学资源并降低成本，同时能够起到对课堂教学内容的补充，不断

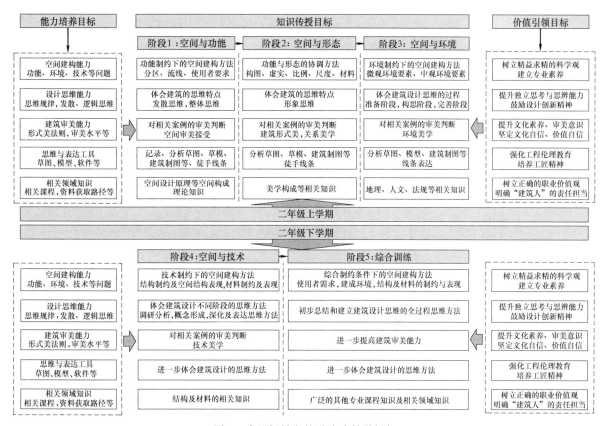

能力培养目标	知识传授目标			价值引领目标
	阶段1：空间与功能	阶段2：空间与形态	阶段3：空间与环境	
空间建构能力 功能、环境、技术等问题	功能制约下的空间建构方法 分区、流线、使用者要求	功能与形态的协调方法 构图、虚实、比例、尺度、材料	环境制约下的空间建构方法 微观环境要素、中观环境要素	树立精益求精的科学观 建立专业素养
设计思维能力 思维规律，发散、逻辑思维	体会建筑的思维特点 发散思维，整体思维	体会建筑的思维特点 形象思维	体会建筑设计思维的过程 准备阶段，构思阶段，完善阶段	提升独立思考与思辨能力 鼓励设计创新精神
建筑审美能力 形式美法则，审美水平等	对相关案例的审美判断 空间审美接受	对相关案例的审美判断 建筑形式美，关系美学	对相关案例的审美判断 环境美学	提升文化素养、审美意识 坚定文化自信、价值自信
思维与表达工具 草图、模型、软件等	记录、分析草图、草模 建筑制图等、徒手线条	分析草图、草模、建筑制图等 徒手线条	分析草图、模型、建筑制图等 线条表达	强化工程伦理教育 培养工匠精神
相关领域知识 相关课程，资料获取路径等	空间设计原理等空间构成 理论知识	美学构成等相关知识	地理、人文、法规等相关知识	树立正确的职业价值观 明确"建筑人"的责任担当

二年级上学期

二年级下学期

能力培养目标	阶段4：空间与技术	阶段5：综合训练	价值引领目标
空间建构能力 功能、环境、技术等问题	技术制约下的空间建构方法 结构制约及空间结构表现，材料制约及表现	综合制约条件下的空间建构方法 使用者需求，建成环境，结构及材料的制约与表现	树立精益求精的科学观 建立专业素养
设计思维能力 思维规律，发散、逻辑思维	体会建筑设计不同阶段的思维方法 调研分析，概念形成，深化及表达思维方法	初步总结和建立建筑设计思维的全过程思维方法	提升独立思考与思辨能力 鼓励设计创新精神
建筑审美能力 形式美法则，审美水平等	对相关案例的审美判断 技术美学	进一步提高建筑审美能力	提升文化素养、审美意识 坚定文化自信、价值自信
思维与表达工具 草图、模型、软件等	进一步体会建筑设计的思维方法	进一步体会建筑设计的思维方法	强化工程伦理教育 培养工匠精神
相关领域知识 相关课程，资料获取路径等	结构及材料的相关知识	广泛的其他专业课程知识及相关领域知识	树立正确的职业价值观 明确"建筑人"的责任担当

图1 多目标导向的进阶式教学框架

拓展课程思政建设途径，充分发挥课程的育人价值。

2.2 素养本位的跨专业联合教学团队建设

专业教师个人素养的提升是实现课程思政育人的关键。专业教师自身应具有明确的政治立场，拥有深厚的家国情怀和对学生的仁爱之心，具有广博的学识，并能与时俱进、持续更新自我的知识体系。在教学中，专业教师应充分认识到知识传授与价值引领之间的关系，主动挖掘特色思政元素，将其灵活地融入教学过程之中，在潜移默化中引导学生形成良好的人文素养、职业道德和价值认同感。

多学科教师联合组成跨专业的教学团队，在设计中置入各自研究的内容与环节，丰富教学内容，增加设计深度，形成多轨训练，并建立课程思政集体教研制度。

定期开展"校企联合""校际联合""中外联合"等方式，聘请优秀的职业建筑师作为校外导师进行联合设计指导、讲座与评图，将实践经验传递给学生，将设计企业的文化内涵融入课程实训过程，加强学生的职业敬畏感。

2.3 过程导向的多元累加式综合考评体系

评价是完整教学体系中的最后一环，也是保证教学质量的重要环节。思政元素融入的新的教学评价体系注重过程考核，既要关注专业基本知识的掌握，又要关注技能、技艺与技巧的提升，还要关注学生在学习中所表现出来的情感、态度与价值观等，纳入综合素质评价指标。

针对课堂表现、线上学习及教学资源的利用率、教学活动与实践的参与度等三类课程模块的特点，制定累加式综合考核与教学质量评价体系，用面向过程、能力和素养的综合评价取代传统的只面向设计结果的考核，做到知识、能力和素质的相互统一，实现思想启迪和价值引领。尤其在对学生设计成果展示的评分中，改变传统仅由教师打分的评定方式，将学生自评、学生互评和教学组教师联评相结合，促进学生自我认识、师生相互交流学习、共同提高。

3 基于信息化技术创新课程思政教学方法

利用网络教学平台，推动信息技术、智能技术与虚拟仿真实验教学的深度融合，针对课程思政教改特色建设数字化教材和项目案例资源库，提高思政教学质量和水平（图2）。

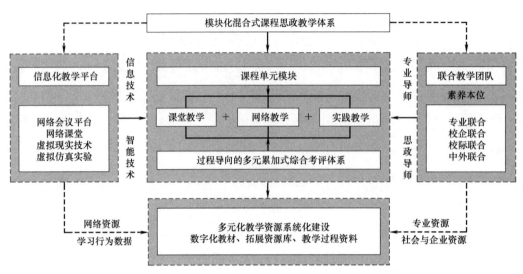

图 2　基于信息化技术的多模块混合式思政教学体系

3.1　网络教学平台的综合应用

可以通过即时通讯软件（微信、QQ等）随时进行资源分享、任务布置、答疑等，实现随时随地交流与及时指导；通过MOOC、超星等网络课程平台可以提供理论讲解视频、课程教案、课程大纲、课程补充资料等；通过腾讯会议等线上会议平台，可以随时建立网络会议室进行小组合作讨论、作品展示、教学研讨交流、线上授课与评图等；目前网络直播平台不限观看人数，适用于参与人数较多、受众较广的公开课。可以采用以上两种或多种相结合的应用模式，在网络空间中进行资源分享、合作研讨、成果展示等形式多样的专业＋思政教育实践。

3.2　依托VR技术的教学资源平台拓展

虚拟现实技术（Virtual Reality）是一种可以创造和体现虚拟世界的计算机系统，它所模拟的虚拟场景能够更好地促进对建筑空间维度的理解。在建筑设计基础教学中引入VR技术，开展虚拟仿真实验教学，进行"建筑空间与环境体验训练"，将虚拟空间与现实空间相结合，能够带给学生较为真实的空间体验，帮助学生快速建立对空间的认知，引导学生体验建成环境的感受，从而学习理解建筑的内涵。此外，将VR技术放在设计建筑的过程中，使其设计的过程变得可视化，使学生仿佛置身于待建的场地中，充分感受建筑物内部功能布局和外部环境设计优缺点，帮助学生自主学习，更好地验证设计的正确性和可行性。

3.3　混合式教学资源的系统化建设

混合式教学资源表现在教学资源的多元化，包括：专

业资源库、教师自主创作、社会和企业资源、网络资源、在教与学过程中生成的各种资源与数据。通过系统化建设，拓宽教学渠道，多方位地实现对学生进行思政内容的融合与渗透。

1）数字化教材建设

整合学校教育、培训机构、网络教学等资源对现有教案进行改造更新，针对课程思政教学改革的特色编写包含线上自学指南、教学设计、电子课件、知识点讲解视频等可视性强的数字化教材，完善教材体系的建设。

2）教学过程资料汇总

汇总整个教学周期在教与学过程中生成的各种资源，包括教学资源、拓展资源、教学过程、学生成果、课程思政特色等。建设周期采用持续性地补充，最终形成一个从教学前期准备到教学成果展示的数据库，以供相关课程教学参考。

3）拓展资源库建设

在网络平台上建立拓展资源库，包括参考书目、学术论文、专业网站、项目案例、思政案例、专业公众号、有益的电视节目等，教师可以运用自己的专业知识，对网络上的信息进行提炼放入拓展资源库，并根据学生个性化发展需求拓展内容，增强教学的表现力和吸引力，强化育人功能。

4　结语

基于价值引领的本科二年级建筑设计课程思政教学改革，是对教学理念、模式与方法的整体提升，有助于培养具有良好职业精神和人文素养、具有可持续发展能力的专业复合型人才。

结合信息技术的多模块混合式教学体系，能够提高学生自主学习能力和课堂上知识讲授的"浓度"，促进深度交流，拓展学习维度，为学生提供整合式的学习体验。尤其在疫情期间，混合式教学发挥了重要作用。后疫情时代，混合式教学模式将持续发展优化，促进教学资源的建设与共享，激活更多的教育能量，普惠更多的学生。

主要参考文献

［1］ 李维，张靖宇，姜秋实，朱天伟. 应用转型背景下建筑学实践教学"思政本源"的探索与实现途径［J］. 高等建筑教育，2021，30（1）：173-181.

［2］ 彭芳，彭建国. 建筑学专业二年级"建筑设计"课程优化实践分析［J］. 安徽建筑，2022，29（4）：103-104.

［3］ 曾磬，韩晓娟，彭芳. "建筑设计"课程思政价值本源与教学实践［J］. 重庆建筑，2022，21（5）：27-29.

［4］ 李菲. 课程思政理念下优秀传统文化融入建筑专业课程的路径研究［J］. 建筑与文化，2022（2）：36-37.

吴佳维　冷天　孟宪川　麦思琪

南京大学建筑与城市规划学院；wujw@nju.edu.cn

Wu Jiawei　Leng Tian　Meng Xianchuan　Mai Siqi

School of Architecture and Urban Planning，Nanjing University

"空间—建造"类型学初探：与课程设计同步的建筑案例分析教学

An Exploration of the "Space-Construction" Typology：Architectural Case Studies Synchronized with Design Teaching

摘　要：对结构、构造知识的追寻应建立在主动的设计意识基础之上，设计教学对建造议题的讨论不应受知识掌握程度的绝对制约。本文提出了一种从探寻"空间—建造"关系出发、以案例分析为手段、以关键词为抓手、与设计过程深度结合的设计教学方法。

关键词：空间；建造；案例分析；关键词

Abstract：The pursuit of structure and construction knowledge should be based on design awareness. The discussion of construction issues in design teaching should not be confined by the students' level of construction knowledge. This paper proposes a design pedagogy that applies architectural case study to explore the "space-construction" relationship, while using keywords as a tool，and deeply integrated with the students' design process.

Keywords：Space；Construction；Architectural Case Study；Keywords

一般而言，设计教学会通过大跨度、大空间来讨论"空间—结构"议题，因而对学生在构造、结构方面知识的掌握要求较高，相应的课程设计往往在本科三年级以上展开。其实，对结构、构造知识的追寻应建立在主动的设计意识上，那么，如何在低年级设计教学中建立学生的"空间—结构—材料"意识，促进他们未来对建构议题的求索呢？南京大学建筑学本科的构造课程设在本科三年级第一学期，但二年级学生着手的第一个课程设计已经要求在大比例的剖透视图中表达构造关系，[1]这对学生和教师都是一个挑战。一种策略是给定建筑的结构体系及外墙做法，使学生可专注于适应于场地和使用需求的空间组织，后期再结合构造做法调整设计，近年来"建筑设计一：小住宅设计"采取这种方法使得初学者也能够完成较有深度的设计。在此基础之上，教学小组在本年度"建筑设计二：校园快递中心设计"中进行了新的尝试。

1　原理：建造方式的三种原型及其空间特征

在德语系国家有一种常用的构造方式分类法，按照承重构件的形态和布置特征，将那些以体块式构件堆砌或浇筑而成的墙体承重并构成封闭空间、沉重体量的建造方式归类为实体式建造（德：Massivbau；英：Solid Construction）；将那些由纤细的杆件或线性元素编织而成的建造方式称为杆系式建造（德：Filigranbau；英：Skeleton Construction），其构成的空间往往较为轻盈通透；还有一种实体式建造的特殊状态，即承重墙只出现在单个走向上的平行板式建造（德：Schottenbau；英：Slab Construction）。[2] 有趣的地方在于，这种分类方法并不由承重的材料所决定，而明显地与其表现出来的空间特征相关。例如，一般认为，木材是一种杆件形态的材料，因此木构建筑理所当然应属杆系建造，然而，井干式木构以砌筑的方式堆叠木材，且形成了四角封闭的包裹式空间，故被归类为实体式建造。不但如此，对于蒙古包的构造方式，一些学者则因其外墙的支撑结构是由纤细材料编织而成而认为其应属杆系式建造，而另一些学者根据其复合的包裹结构及密闭性将其归类为实体式建造。[3] 可见，这种建造方式的分类包含了人的感知（图1）。

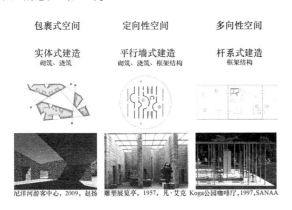

图1 三种"空间—建造"类型

上述三种建造方式分别构成了包裹式（内向性）空间、流动式（多向性）空间、引导性（定向性）空间。在这三个原型中，承重元素也是主要的空间限定元素，也就是说，结构形式决定了空间特质。除此之外，三个原型之间存在着过渡的形式（图2）。笔者认为，正是

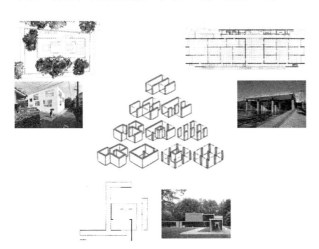

图2 三种原型、过渡形式及当代案例

在三个原型及其变体与具体建筑材料的结合之中蕴含了丰富的形式可能。在教学中，这些"空间—建造"的基本关系能够帮助学生识别当代建筑设计形式中的基本规律，进而使他们摆脱"功能—形式"的单一赋形途径以及肤浅的形式模仿。

2 案例分析结合课程设计

作为教学法的一种，与设计进度并行的案例分析能够使学生带着设计问题去理解案例中建筑师的具体设计策略，寻找可能的解答。要达到这样的效果，要求案例选择与课程设计任务具有可类比性。这一相似性不必是建筑类型上的，而重在建筑规模及空间组织关系。

本次设计题目为约200m² 的"校园快递中心"，除了与学生的日常生活关系紧密、功能流线简明的特点外，该题目还包含2个隐含信息：①快递柜或快递架尺寸具有规律性，可以为结构布置提供模数参照；②快递柜本身有成为空间限定元素的潜质，而不是一种随意摆放的家具。此外，设计任务还在快递收发、员工休息区之外，加入了校园复合空间（面积及容纳的活动内容由学生自定）。

从建筑类型上来说，目前少有小型快递站建筑范例，但类似尺度、相似的"服务—被服务"空间组织关系却可以在当代众多画廊、独立住宅等小型建筑中找到类比。我们筛选出9个国内外的建筑案例，它们从建造方式上涵盖了前文所述的实体式建造和杆系建造类型，从建造材料上包括了砖石结构、木结构、钢结构，从项目环境上包括了热带、温带、地中海气候等多个类型，在技术上有应用了精细构造做法获得抽象效果的，也有巧妙运用乡土建造技术的地域性表达。

每一个案例由一组同学（2～3人）完成，分为前后两个阶段。第一阶段对应于课程设计的概念构思，分析场地操作和空间组织；第二阶段对应课程设计深化，分析案例的材料选择、结构体系和构造层级，以及它们对设计概念的呼应，如此完成剥洋葱式的进阶理解。

3 关键词＋图解

在过往教学中发现，仅仅规定分析的议题并不足以帮助学生剥离出准确的信息点。低年级学生对建筑专用术语陌生，无法准确描述自己或他人的设计，更无法用这些概念指导设计。因此，我们在本次教学中采取关键词与分析图解双重限定的模式，要求学生按规定方式绘

制分析图解来表达特定关键词。例如，在"场地操作"分析中，以黑色块表达建筑实体，以留白表达场地，呈现"图—底"关系；在"空间组织"分析中，以灰色块和红色块分别表示"被服务空间"与"服务空间"，体现平面布置对"使用需求"的回应方式。

在第一阶段分析中比较特别的是，将"空间域 (Spatial Zoning)"与"运动趋势 (Movement Tendency)"两个关键概念置于"结构布置"分析议题下。这两个概念均来自德州骑警核心成员伯纳德·霍斯利 (Bernhard Hoesli) 20 世纪 60 年代开始在苏黎世联邦理工学院建筑系的设计入门教学。在他给学生列出的《基本概念》名词释义中，"空间域是空间的局部，在空间内部发挥空间效果。空间定义元素的作用令空间域的界限可被感知"。而"运动趋势是一种在地的空间特征，它通过空间构成元素的布局及大小比例引导观者朝大致某个方向移动"。[4] 在霍斯利的概念中，空间定义元素与其是否起承重作用无关；在本次案例分析中，要求学生识别出承重构件，去除非承重的元素，在简化的平面上将柱或承重墙填红色，并用点画线标出梁的轴线位置。承重构件的疏密程度划分了"空间域"，同时构成了空间的方向性（图 3）。学生通过读图、分析，能够发现不同的建造方式在结构布置上的特点和相应的空间格局。由此作为分析第一阶段的结束。

Ex.1 案例精读 阶段一
结构布置 Structural layout

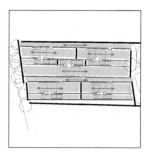

图 3　某建筑案例的结构布置、空间带与运动趋势分析

分析的第二阶段，首先要求学生详细阅读案例的构造图，标注关键的构造信息；比照建筑照片提取最主要的建筑材料，标出相应的构造节点；绘制承重结构的轴测图；根据功能性区分构造层，以颜色区分保温隔热层、内饰面、保护层，以传达"功能层应连续"的构造基本原理；最后，根据前述分析，呈现案例局部的"构造—结构—空间"关系。在此阶段，不同建造方式所带

来的建筑结构与气候边界之重合或分离的关系、流动空间与单元式空间之区别等等特征凸显出来。

案例分析与课程设计题目同时布置，并辅以专题讲座。在总共 8 周的课程时间内，学生在第 2 至 3 周的课堂上展示第一阶段的分析，每个小组约 10 min；在第 5 至 6 周展示第二阶段的解读（图 4）。如此，整个班级构成了学习的共同体，对"空间—建造"类型的特征和构造基本关系有了总体的认识（图 5、图 6）。一些学生能够将这种空间认识运用到自己的设计中，方案体现了结构体系与空间的整合关系，还有一部分学生能够在结构布置的规律中发现形式的创新点，并结合合理的构造做法获得良好的空间品质（图 7）。

课程设计任务书	案例精读时间表
第1周 场地认知，结合已有图像资料对快递服务中心的建设场地进行实地调研。 第2周 制作场地模型，比例1:100。提出设计概念。 第3周 思考与场地周围现有建筑的对话关系，提出处理设计问题的结构策略，整合结构与空间的组织方式。初步方案与工作模型。 第4周 深化方案阶段，优化并发展前述的结构策略，用1:50的图纸比例，手绘平立剖面图纸，在初步方案的基础上深化体与建造层面的思考。 第5周 制作更深的工作模型辅助结构设计，使结构细部清晰明确可认知，明确承重结构和围护的各自作用。 第6周 确定最终的设计方案，并将研究的重心转移到建造设计研究部分。 第7周 了解实际建造方面临的误差问题和节点问题，推敲设计细节，制作全新的结构体模型，比例1:50。 第8周 排版调整，思考并选择图面表达的效果，制作必要的分析图和效果图。整理并完成图纸，制作正式模型（基地模型1:100）并完成课程答辩。	Lect.1 空间限定 Ex.1 案例精读 阶段一 ／ Lect.2 结构与空间 Ex.2 案例精读 阶段二 ／ Lect.3 材料与营造 Lect.4 细部读图

图 4　案例分析与课程设计进度的关系

4　总结与反思

本教学小组探寻了一种使当代建筑设计变得"可教"的途径。案例分析的过程试图让学生紧扣"空间—建造"议题，专注于读图、识图，在理解之后，以最小的图量做表达，避免学生在埋首绘制一个又一个分析图的过程中实质上一步步远离了设计初衷。本学年是该教案的第一次实施，取得的阶段性效果是：学生作为初学者能够较为准确地掌握与设计相关的关键概念，较快进入了建筑设计的语境；对构造产生了兴趣，理解了材料、建造与设计的紧密关系，对构造学习产生"饥饿感"。种种不足在实施过程中展现出来，例如案例基本图纸资料的部分缺失导致低年级学生无法重现构造做法；由于构造基本知识的缺乏，阅读技术图纸困难；更主要的是，能够在案例分析与自己的设计之间建立有效关联的学生属于少数。未来的教学将以读图辅导、实体模型制作等方式针对性地补足这些方面并应对新的课程体系做调整。

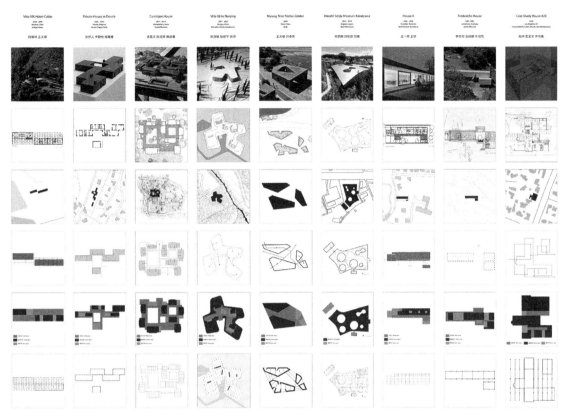

图 5　案例分析阶段 1 成果

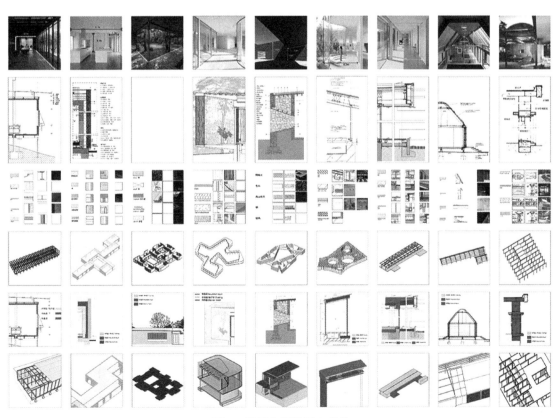

图 6　案例分析阶段 2 成果

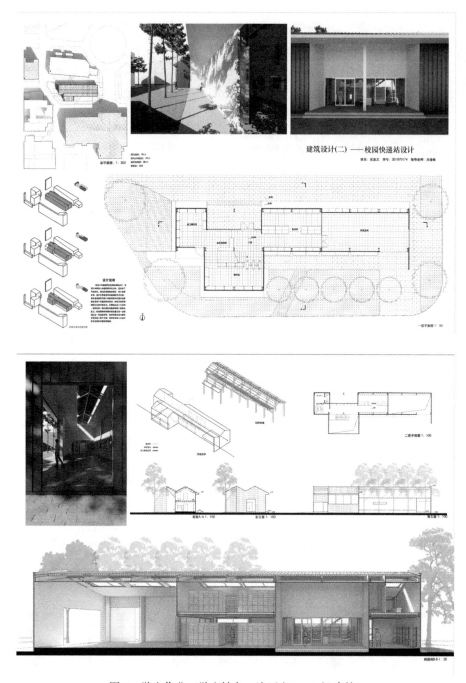

图 7　学生作业（学生姓名：沈至文 2020 级建筑）

注释及主要参考文献

［1］　至 2021—2022 年度，南大建筑学本科课程设计开始于二年级下学期。本科一年级为设计通识课程，本科二年级上学期为不含建筑设计内容的测绘、分析作业。

［2］　德文与英文称法并不完全对应，此处不细述。

［3］　Meijs Maarten，Ulrich Knaack. Components and Connections：Principles of Construction［M］. Basel：Birkhäuser，2009.

［4］　本文作者翻译自霍斯利的《基本概念》，来自苏黎世联邦理工学院建筑系建筑历史与理论组的 gta Archive.

于戈　刘滢　邵郁　郭海博
哈尔滨工业大学：yuge_hit@hit.edu.cn
Yu Ge　Liu Ying　Shao Yu　Guo Haibo
Harbin Institute of Technology

哈尔滨工业大学建筑设计基础课程思政教学实践
Harbin Institute of Technology Basic Architectural Design Course Civic and Political Teaching Practice

摘　要：哈尔滨工业大学建筑设计基础课程在做好专业知识传授、能力培养的基础上，结合专业课程特点，围绕家国情怀、文化素养等优化课程内容供给，加强教学建设，创新教学方法，达到润物无声的育人效果。课程教学团队也因此获批黑龙江省"高等学校课程思政教学团队"和哈尔滨工业大学"先进思想政治工作集体"。

关键词：课程思政；建筑设计基础课；教学实践

Abstract：Harbin Institute of Technology Basic Architectural Design Course, on the basis of teaching professional knowledge and cultivating ability, combined with the characteristics of professional courses, optimize the course content supply, strengthen teaching construction, innovative teaching methods, and achieve the good effect of education. As a result, the teaching team of the course has been approved as the "Teaching Team of Curriculum Civics in Higher Education" of Heilongjiang Province and "Advanced Ideological and Political Work Group" of Harbin Institute of Technology.

Keywords：Curriculum Civics；Basic Architectural Design Course；Teaching Practice

本科一年级的建筑设计基础学习，对于一个学生基本设计态度以及基本工作方法的养成具有重要的意义。哈尔滨工业大学建筑设计基础课程目标是通过结构有序的教学方法使学生树立正确的价值观念，明晰社会责任，掌握基本的设计研究能力和设计表达能力，进一步建立设计思维，获得基本的建筑设计能力。课程教学团队，由建筑学院建筑学、城乡规划学等四个专业，老中青相结合的教师组成。课程教学始终强化质量意识，深化课程思政教学改革，并取得显著成效。团队成员先后获国家级和省级教学成果奖、国家精品在线开放课程、省虚拟仿真实验教学项目、全国优秀教案、国家级教学名师等奖项。团队筑牢为国家人居环境建设培养卓越人才的信念，在做好专业知识传授、能力培养的基础上，结合专业课程特点，围绕家国情怀、文化素养等优化课程内容供给，加强教学建设，创新教学方法，达到润物无声的育人效果。

1　课程思政教学设计

哈尔滨工业大学建筑设计基础课程围绕"政治认同、家国情怀、文化素养、宪法法治意识、道德修养"等设计课程思政教学目标，将专业知识传授、能力培养和坚定学生理想信念有机融合，培养学生树立正确的世界观、人生观和价值观，今后能成为具有国际视野、家国情怀和使命担当的国家人居环境建设卓越人才。

1.1　课程思政元素

课程将"弘扬传统建筑文化""培养大国工匠精神""坚守职业道德操守"和"增强团队协作意识"等思政元素潜移默化地融入专业基础教学中。

1.1.1　弘扬传统建筑文化

中华传统建筑文化是中华优秀传统文化的重要组成部分。培养学生坚持文化自信，将中华传统建筑文化发扬光大，争做有中国特色的建筑师，设计有中国特色的当代建筑。

1.1.2　培养大国工匠精神

大国工匠精神是一种以爱国主义为核心的民族精神、以改革创新为核心的时代精神。大力弘扬中国精神、中国智慧、中国力量，锤炼学生精益求精的学习作风，树立科学探索、自主创新的发展理念。

1.1.3　坚守职业道德操守

坚守职业道德，是践行中国特色社会主义核心价值观的基本要求之一。强化学生爱岗敬业的工作态度，树立为实现建筑理想，能够克服重重困难的坚定信念。

1.1.4　增强团队协作意识

团结协作是工匠精神超越个体局限的关键，个人和集体只有依靠团结的力量，才能把建筑师个人的愿望和团队的目标结合起来，超越个体的局限，发挥集体的作用。

1.2　方法和载体

课程通过空间训练系列教学单元与国内外经典建筑案例研究，使学生逐步掌握建筑设计与表达的基本技能。以此为载体的课程思政教学，通过深挖每个教学单元中的思政元素，将弘扬传统建筑文化、培养大国工匠精神、严守职业道德操守、增强团结协作意识四个方面融入其中，通过教学单元的知识点、技能训练目标、思政建设目标与成果表达形式的对应，使思政教育切实融入课程教学的每一个环节，教学方法如下。

1）实行理论—实践一体化教学，采用教师讲授＋视频观看＋交流互动＋单元练习＋实践操作等方式。

2）借助慕课、模型、虚拟现实技术等手段融"教学做"为一体。

3）根据教学单元与技能训练环节设定课程思政目标，编写教学课件，采用现场调研、建造实践、知名建筑师评图、系列小故事和讲座等多种方法。

1.3　教学成效

哈尔滨工业大学建筑设计基础课程思政在结合原有课程体系的基础之上，以空间训练单元组织教学，将思政元素潜移默化地融入专业基础教学中。由浅入深，循序渐进，将知识传授、技能培养与价值引领融为一体，充分展现专业基础教学与课程思政相结合的优势。同时，课程思政推动了教学方法和手段的创新，实现了思政元素在专业基础课程教学中的全方位融合。丰富多样的形式增强了学生学习专业课程的积极性，激发了学生自主学习的动力。

近年来，学生多次在"全国高等学校建筑设计教案和教学成果评选"同济大学国际建造节等竞赛中获奖。课程教师多人获中国建筑教育奖、国家级教学名师、省教学名师、哈工大金牌教师和教学优秀奖等奖项。

2　课程思政建设特色

哈尔滨工业大学建筑设计基础课程面对正处于世界观、人生观、价值观树立关键时期的新生，紧密围绕课程思政目标，以融合为核心枢纽，将多条思政线索融入专业基础教学；以实践引导为关键环节，形成课程思政"点线面"的融会贯通。将知识传授、技能培养与价值引领融为一体，弘扬中华优秀传统文化，培养学生理想信念、工匠精神，以及健全的人格与正确的价值观。课程思政建设有四点特色：

1）课程引入大量中国传统建筑与艺术的精髓，激发学生的文化自信。

2）以"一单元教学、一能力训练、一创意闪现、一心灵触动"的教学手段，采用现场调研、建造实践、知名建筑师评图、系列小故事和讲座等多种教学方法，将专业基础教学与课程思政有机融合。课程的启迪性深受学生喜爱，课程团队主讲的中国大学MOOC上线课程，获国家级精品在线课程。

3）采用"理论—实践一体化"教学模式，强调团结协作下的实践性教学，融"教学做"为一体。课程团队组织的哈尔滨工业大学建造节与国际高校雪构建造竞赛，已成为国内高校知名竞赛，锻炼了学生的实践动手能力和团队合作能力。

4）充分发挥校企合作育人的优势，知名建筑企业支持和参与的联合评图，调动学生对未来职业的热爱，潜心润化学生的家国情怀。

3　青年教师培养

哈尔滨工业大学建筑设计基础课程教学团队始建于2003年，如今已成长为由建筑学、城乡规划学、风景园林学、艺术设计学四个专业20余位教师组成、老中青相结合、年龄结构合理的教学团队。团队在培养青年教师方面有三重保障。

1）智库保障

团队骨干教师包括长江学者、国家和省教学名师、中国建筑教育奖获奖者等多位名师，从理论功底、教学能力、教改意识、人生阅历等多维度影响青年教师的价值追求和道德选择。

2）发展保障

团队成员跨学院四个一级学科，教师知识结构多元交叉，对青年教师成长起到很好的支撑作用，有利于助力科研转化教学。

3）模式保障

团队推进老中青相结合，发扬传帮带作用，注重培养可持续发展的课程思政教学队伍。

课程团队强化质量意识，深化课程思政教学改革，积极推动课程思政教学研讨与教学经验交流。青年教师成长迅速，多位青年教师评教全部为 A 和 A＋，多门次课程学生评教 100 分。青年教师郭海博获省青年教学名师，多位青年教师先后获省微课比赛一等奖、省多媒体课件制作大赛三等奖、校教学成果一等奖、校教学优秀奖、青年教师教学竞赛二等奖等奖励。青年教师指导学生在各级学科竞赛中多次获奖。

4 课程建设计划

哈尔滨工业大学建筑设计基础课程将进一步发挥多学科师资整合的资源优势，深挖专业基础课程中所蕴含的思政元素，加强课程思政建设和专业建设。在师资队伍建设、课程建设、课堂教学手段与方法等多方面完善课程思政教学体系。

1）在师资队伍方面

坚持教学能力突出，政治素质过硬的高端学者、长聘教授主讲基础课程，在家国情怀和理想信念引领方面发挥作用；继续完善青年教师培养机制，力争培养更多优秀青年教师，打造可持续发展的课程思政教学队伍。

2）在课程建设方面

进一步结合专业课程的艺术性和人文性特点，紧紧围绕坚定学生理想信念，全面贯彻"一坚持五体现"，优化课程内容供给，加强课堂教学建设，创新教学方法和手段，结合新版教学大纲编制，将课程思政落实到课程目标设计，开发专业基础课程思政专题示范教材。

3）在课堂教学手段与方法方面

继续创新课堂教学模式，推进现代信息技术在课程思政教学中的应用，激发学生学习兴趣，引导学生深入思考。加强校企合作育人建设，拓展实践性教学的广度和深度，在各级教学竞赛和学科竞赛中取得优异成绩。

力争将哈尔滨工业大学建筑设计基础课程建设成国家课程思政示范课程。将建筑设计基础课程教学团队建设成黑龙江省乃至全国人居环境专业领域示范性专业基础课程思政教学团队，力争在国家级和省级高校教学成果评选中取得标志性成就。

主要参考文献

邵郁，孙澄，于戈，郭海博. 建筑空间设计入门[M]. 北京：中国建筑工业出版社，2021.

刘荣伶　胡子楠　胡英杰

河北工业大学建筑与艺术设计学院；2020104@hebut. edu. cn

Liu Rongling　Hu Zinan　Hu Yingjie

School of Architectural and Art Design，HeBei University of Technology

基于"SIUE"模式的"建筑设计理论与方法"课程思政建设实践 *

The Ideological-political Course Construction of "Architecture Theory and Method of Architectural Design" based on "SIUE" Mode

摘　要：本文以面向建筑学本科三年级学生开设的"建筑设计理论与方法"课程为例，提出基于选、授、用、评四步的"SIUE"课程与思政元素有机融合教学模式，探索如何在以讲授西方经典建筑理论的基础上实现研究型设计意识的培养和思政元素的解析渗透。

关键词：建筑设计理论与方法；"SIUE"模式，课程思政建设

Abstract：This research took the course "Architecture Theory and method of architectural design" as case study for explaining ideological-political course construction. The teaching mode of "SIUE" course and ideological and political elements which put forward based on four steps：selection，instruct，utilize and evaluate was used in the course construction. The research result explored how to realize the cultivation of research-oriented design consciousness and the analytical infiltration of ideological-political elements on the basis of teaching western classical architectural theories.

Keywords：Architecture Theory and Method of Architectural Design；SIUE Mode；Ideological-political Course Construction

1　引言

1.1　研究背景和重要性

2020 年 6 月，教育部印发《高等学校课程思政建设指导纲要》教高〔2020〕3 号，指出课程思政建设工作要在所有高校、所有学科专业全面推进，各类课程要与思政课程同向同行，形成协同效应，构建全员全程全方位育人大格局。在这一系统工程中，专业课程的思政建设是最为核心、最关键也是最难解决的部分的，也是当下高校教育教学改革工作需要着重关注的领域。建筑设计理论课程是建筑学专业不可缺少的一门专业基础课程，主要传授建筑设计理论知识、方法、观念、原则等，是基于广大学生认知水平所开展的一门系统理论教学课程。该类课程具有以中西方经典建筑理论为"知识传授"本体并承载多种显性、隐形思政元素的特征，对其思政融入方式进行的探索和尝试，能够促进以晦涩理

* 项目支持：2021 年度天津市高校一流本科建设课程"建筑设计理论与方法 A/B"资助（津教高函〔2021〕25 号）。

论传授为核心的同类型课群形成整体的思政挖掘方法体系和微观的思政元素渗透路径。进一步增强思政建设在建筑学专业课程的全覆盖和价值塑造优化。

1.2 既有研究综述

赵祥（2010 年）针对建筑设计领域弊病问题，提出建筑理论教学应当立足基本国情，突出建筑本质特征为核心。[1] 何敏（2020 年）分析了新时期建筑理论课程教学现状，从教学目标、内容、方式及评价等四个方面提出建筑设计理论课优化路径。[2] 范莉（2015 年）从教学观念、完善与重构课程体系、改革理论教学方法实施及考核体系等方面提出建筑设计理论与方法类课程教学改革措施。[3] 刘圆圆（2020 年）研究了五年制建筑学本科建筑设计系列课思政教学的思政引导目标，方法论培养和基本原则。[4] 王薇（2020 年）聚焦专业理论课、设计课、实践课的思政体系建设，明确了建筑学专业课程建设目标为爱国主义、建筑理想、视野操守和人文情怀。[5] 刘九菊（2021 年）提出建筑史课程思政目标为理想信念、家国情怀、品德修养、知识见识、文化素养、全球视野、奋斗精神。[6] 梁莹（2021 年）首次提出课程与思政元素有机融合的"SIUE"模式及其实施策略。[7]

综上，已有研究在微观层面具体某一门课程的思政教学思考较为成熟；思政一体化建设、教学模式，以及与专业知识内容的融合框架思路也已构建完成。但鲜有关于建筑设计理论与方法类课程思政建设的系统研究，这类课程兼有建筑史学类尤其是西方建筑史课程的特点，也同空间营造、概念构思和形态设计类课程有重合，包含实践与理论双重属性，其思政建设涉及的内容更为多元和复杂。

2 "建筑设计理论与方法"课程概述

2.1 课程基本信息

"建筑设计理论与方法"为 2021 年获批的天津市一流本科建设课程（线上线下混合式），分 A 和 B 两个子课程，对应授课学期为河北工业大学建筑与艺术设计学院建筑学本科三年级上和三年级下。"建筑设计理论与方法 A"和"建筑设计理论与方法 B"分别为 16 学时，1 学分，包含建筑空间综合操作及思维模式、建筑符号学、建筑类型学、建筑现象学等四部分内容的学习，密切支撑同年级开设的"建筑设计 A/B"的图书馆、民俗博物馆、小型城市地块更新和历史建筑单体改造等建筑类型设计。该课程的设立弥补了本科阶段现当代建筑理

论教学的空缺，是对设计课程的必要补充，也满足了同学们系统学习建筑理论知识的愿望。

该课程以"设计思维"培养为核心，分为"建筑设计理论"与"建筑设计方法"两部分，以"引导—发现"式学习为教学主线，通过理论与方法的讲授、实际案例的分析以及在学生自主设计过程中的映射与反馈，使学生逐步认知建筑理论、方法原理与建筑设计的关系、熟练掌握以设计概念与社会问题为导向的设计策略，逐步形成研究型设计思维，以满足未来我国城乡建设精细化发展的新需求（图 1）。

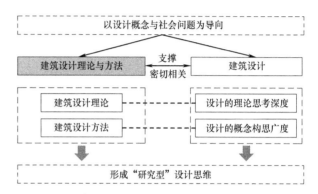

图 1　建筑设计理论与方法课程价值和重要性

2.2 思政建设目前存在问题

1）如何实现西方建筑理论的本土教学消化

建筑设计理论与方法课程主要以介绍西方经典建筑理论，类型学、现象学和符号学为主，授课内容基础框架由西方学者研究成果主导，讲述的社会、历史、文化背景也多以西方为主，中国元素较少，学生接受起来相对困难，也难以提起兴趣。

2）将晦涩深奥的理论知识转化为设计思维

从哲学的认识论来讲，是从实践到认识再到实践到再认识的一个螺旋上升的过程。现在大部分理论课程开设与设计课没有太大联系，学生不能意识到理论的学习会帮助对设计的理解，往往对理论的学习不太重视，只是为了学习、考试和作业的完成。

3）思政元素和课程知识内容的融合不深入

目前，建筑设计理论与方法课程价值引导不成体系，着重课程知识本体的传授，对价值特征的提炼和思考还不够深入，缺少较为明确的思政育人目标，教学方法和素材的积累相对不足，仅能靠零碎的思政元素达到思政教学的目标。课程本身讲授的相关概念抽象、术语难懂；再加上传统教学手段单一，难以调动学生课堂积极性，思政教学元素的融入变得生硬，影响思政教学效果。

3 "建筑设计理论与方法"课程思政优化路径

针对建筑设计理论与方法课程思政建设困境，借鉴"SIUE"模式从"选""授""用""评"等四个步骤进行逐一攻克，由对应的"Select""Instruct""Utilize""Evaluate"四个单词的缩写组成。

3.1 优选教学团队，精选思政元素，明确育人目标

教学团队由八位中青年教学骨干教师组成，具有较为深厚的思政理论基础和专业教学经验。团队教师根据既有课程建设经验，在本科二年级建筑理论课授课内容基础上提升和拓展。根据教育部下达的课程思政建设内容要求和本课程涉及的详细知识点内容，经过多次教学讨论明确教学框架和要达成的思政元素及育人目标，确定以科学精神、艺术素养、人文精神、爱国主义、劳动精神、工匠精神这六个内容为本门课程重点培育和突出强调的思政元素。

1）思政育人目标为

（1）引导同学掌握严谨的逻辑思维能力和抽象分析的科学精神，掌握研究型设计的思维方式和辩证法认识论。通过讲解设计方法论，掌握抽象原型的方法。培养学生形成社会学科知识素养以及批判态度和实证方法等科学精神，熟悉将设计学问题转化为自然科学式研究思维的方式。

（2）培养学生们精益求精的设计态度、严谨的理性思维和人文感性思维有机结合的科学精神，以及高品位的艺术素养。学习老一辈建筑大师的卓越技艺、深厚艺术素养和工匠精神，激发同学们的文化自信，树立根治地域集体意识和传统文脉进行当代建筑设计创作的奋斗决心。

（3）帮助学生解答思想困惑、价值困惑、情感困惑，激发其为国家学习、为民族学习的热情和动力，引导学生将所学到的建筑学专业知识和技能转化为内在德行和素养，实现建筑教育立德树人的目标。

2）思政元素和课程内容对应关系呈现（表1）

思政元素和课程内容对应关系呈现 表1

知识模块	课程内容	思政教育内容
建筑类型学	建筑类型学的概念及发展历程	①引导学生关注事物发展的类似性和可分类属性，提高同学们运用联系的、全面的、发展的观点看问题的意识 ②了解中国古代建筑分类的丰富性、广博性和独特性，思考中西方对建筑分类的差异性，侧面激发爱国主义精神和对传统手工匠人工匠精神的思考 ③理解任何一个理论的成熟都需要后人在前人研究的基础上进行不断的创新继承和完善提升；用联系发展的眼光看问题，避免守旧与僵化，培养同学们不断进取，勇于质疑权威的科学精神
	建筑类型学与城市更新	①通过讲解意大利共产主义建筑理论家和教育家阿尔多罗西的著作《城市建筑学》及声卡塔尔多公墓设计作品，展现一代建筑大师对工作的饱满工作热情和艰苦奋斗的精神，激发同学们珍惜大好时光成就一番事业的决心和态度 ②聚焦西方城市更新发展实践，他山之石可以攻玉，掌握城市形态逻辑分析和操作途径，助力国内的城市更新国家战略行动及历史街区保护，培养传统建筑保护性传承思维意识 ③介绍我国城市形态学前沿理论的探索与实践，了解中国城市更新研究代表学者及研究内容，扎实的本土研究在国际学术舞台同顶级专家平等切磋，培养同学的学术自信
	建筑类型学与建筑更新	①掌握城市-建筑共生和新老建筑空间关联的设计策略，通过何镜堂、崔愷、王澍、张轲等建筑作品近现代建筑对传统建筑文化的传承和弘扬，培养同学们对文化遗产和建筑艺术的辩证客观的保护态度 ②严谨细致的分类解析能力，根据具体问题进行具体分析，树立联系发展的眼光 ③建筑设计过程中要注意地域特征表达，培育爱国主义精神和尊重自然生态的意识
	建筑更新的技术策略	①对建筑结构体系、维护体系、生态节能等的设计策略的学习，培养实证研究、逻辑分析、理性思维等科学精神 ②综合理性思维和感性设计，侧重自然科学和社会科学知识素养的培养，引导学生形成系统的科学思维和艺术素养
建筑符号学	我国传统建筑与符号观念	①建筑符号的文学性影响因素 将中国文学中的精华——诗作为研究对象，探讨了诗这种文学符号如何影响了传统建筑空间的。分析了诗意符号的形式、诗意符号的内容以及诗意空间产生的方式 ②建筑符号的礼制性影响因素 将中国传统儒家文化中的礼制因素提取出来，剖析了礼制因素对建筑空间序列塑造的影响，对建筑标准化和模数化的促进 ③建筑符号的哲学性影响因素 将中国道法自然、阴阳和合的哲学观与西方二元对立的思想进行比较，发现符号学对西方二元对立思想的突破事实上是与中国传统哲学观产生了跨域时空的契合，反映了中国建筑空间的哲学性影响因素在现代建筑文化思潮中占据了重要地位

知识模块	课程内容	思政教育内容
建筑现象学	中国古典园林中的现象学思考	①理解中国园林"物我未分""浑然一体"意境,将天然之质、清淡之色、素雅之韵与人的主观体验、精神意趣相契合,体会古典园林意境美的塑造,感受中国传统优秀文化的深厚底蕴,培养文化自信和爱国情怀 ②中国传统哲学在时间问题上与现象学理论暗合的层面;蕴含庄子"齐物论",以人的生命终将划归于万物的观点,化解人对死亡的恐惧,使生命融入循环复活的永恒;感受人文精神、深刻的哲学内涵 ③践行生态文明建设,传承古典园林师法自然、天人合一的生态观

3.2 精细化思政教学主体

授课对象为建筑学本科三年级同学,分为竞赛特训组和普通教学组两组学生。根据每个学生的具体情况,认知技能、学习态度和领悟能力的差异性等,进行个别点拨或指导。课程提供的全部中英文文献资料要求竞赛特训组同学做到百分百落实,并鼓励其广泛阅读理论相关的其他文献;普通组可先以消化中文文献为主。面向全体学生,结合课程两轮建设成果,建立专业化课程思政素材库和教学视频;以课程互动、小组讨论、课后思考等方式激发学生自主学习欲望。

3.3 多元化技术手段强化课程思政效果

根据课程单元、主体模块、单节知识点等进行分层次教学媒体设计,如在讲解冯纪忠方塔园何陋轩茶亭时,播放"一条"公众号采访视频,通过建筑大师王澍点评何陋轩的中国建筑原型探讨;在讲解阿尔多罗西的圣卡塔尔多公墓播放哈佛大学,建筑的想象力系列视频;在讲解建筑"现代建筑类型学的设计方法"选取河工大建筑与艺术设计学院学院楼立面比例关系作为类型选择既抽象化的集中方式小节的讲解。综合运用了建筑自媒体平台、公开课、动画演示、身边的案例等多种方式增加课程思政的趣味性和效果性。

3.4 借助教学平台构建课程思政评价体系

借助超星学习通平台增加教学过程中的学生间互评、自评。检测课程任务点完成情况、完成质量、成绩反馈等数据的把握,并及时根据评价情况进行教学内容微调,了解每位同学的学习动态和心得体会。多元化的课程思政评价体系可以更权威、更全面地反映课程思政教学成效和经验。

4 结语

借助层级递进、环环相扣的思政教学规范化建构模

式"SIUE",探讨了"建筑设计理论与方法"及相似课程如何攻克课程知识内容和思政元素融合度不高、不深入、不系统的问题。立足学情,综合吸纳多元化优势资源,使专业教学和课程思政融合的更精准更有效。

图表来源

图1、表1均来源于作者自绘。

主要参考文献

[1] 赵祥,白雪,成斌. 融入国情观的建筑理论教育探索 [J]. 高等建筑教育,2010,19 (6):1-4.

[2] 何敏,巩玉发,林涛. 新时期下建筑设计及其理论课程教学的优化路径设计 [J]. 吉林广播电视大学学报,2020 (11):103-104.

[3] 范莉,王雨晴. 应用型院校建筑设计理论与方法类课程的教学改革初探 [J]. 亚太教育,2015 (7):120.

[4] 刘圆圆. 五年制建筑学本科建筑设计系列课思政教学研究 [J]. 住宅与房地产,2020 (21):283-284.

[5] 王薇,王甜,左丹. 建筑学专业思政元素融入专业课程的建设实践研究 [J]. 城市建筑,2020,17 (28):124-126.

[6] 郎亮,刘九菊,王时原. 建筑学专业建筑史课程思政建设探索与实践 [J]. 当代建筑,2021 (11):66-68.

[7] 梁莹,刘瑞儒. 课程与思政元素有机融合的"SIUE"模式及其实施策略 [J]. 教育探索,2021 (8):70-72.

胡映东[1]　刘宇光[2]　张开宇[1]　石克辉[1]　张红红[1]　吕芳青[1]

1. 北京交通大学建筑与艺术学院：ydhu@bjtu.edu.cn
2. 北京市建筑设计研究院

Hu Yingdong[1]　Liu Yuguang[2]　Zhang Kaiyu[1]　Shi Kehui[1]　Zhang Honghong[1]　lv Fangqing[1]

1. School of Architecture and Design, Beijing Jiaotong University
2. Beijing Institute of Architectural Design

业主、建筑师、教师"三师"全程陪伴式教学模式探索
——以三年级建筑设计课程为例 *

Teaching Mode Exploration on the "Three Teachers" Whole Process Accompanying with Owners, Architects and Teachers
——Taking the Three-grade Architectural Design Course as an Example

摘　要：三年级建筑设计课程至少有两个训练目标，一是处理复杂社会、历史、人文、价值问题；二是需求—空间的转译能力。上述目标一虚一实，存在两头难的问题，即目标端解决多要素影响和多元评价造成的选择和求解困难，实施端则存在概念和意向转化为物质空间过程中的建筑语言、语态不清的难题。传统介入教学法以学生为主体，但难以克服学生主体的需求导向不清、价值判断不明等问题。我校在本科三年级设计课程中，尝试业主、建筑师、教师"三师"全程陪伴式教学模式，"三师"围绕"教学要素"和"行业要素"进行任务组织与教学，通过任务选题、任务发布、过程辅导、结课评图的全过程陪伴，打通行业上游环节，实现供需对接、产学衔接，让市场有益的新鲜空气吹进学校，启发学生接触并思考建筑产业化趋势和理念、市场需求、设计者使命与专业范畴。最后，共同反思持续推进"三师"陪伴教学的动力机制与改进措施。

关键词："三师"；全程陪伴式；教学模式；三年级建筑设计课

Abstract：There are two goals in the third-grade architectural design course：one is to deal with complex social, historical, humanistic and value problems；The other is the translation ability of demand to space. There are two difficulty in these goals, the target side need to solves the selection and solution difficulties caused by the influence of multiple elements and multiple evaluation, while the implementation side has the problem of unclear architectural language and voice in the process of transforming concepts and intentions into physical space. The traditional intervention teaching method takes students as the main body, but it is difficult to overcome the problems of students' unclear demand orientation and unclear value judgment. In the third-grade design course, our school tried the whole process accompanying teaching mode of "three teachers" of owners, architects and teachers. These three organized and taught tasks around "teaching elements" and "industry elements". By means of the whole process accompanying task topic selection, task release, process guidance and

* 项目支持：教育部人文社科研究规划基金项目"虚拟现实技术对建筑设计思维与教学的影响机制与应用研究"（19YJAZH032）。

course-ending evaluation，we linked the upstream of design industry，and realized the supply and demand connection and production and learning connection，Let the beneficial fresh air of the market blow into the school，and inspire students to contact and think about the trend and concept of building industrialization，market demand，the main mission and professional work scope of designers. Finally，we reflected the dynamic mechanism and improvement measures to continuously promote the "three teachers" accompanying teaching.

Keywords："Three Teachers"；Whole Process Accompanying；Teaching Mode；Third-grade Architectural Design Course

作为承上启下的重要一环，本科三年级建筑设计课程训练目标至少包含两部分：一部分是处理复杂社会、历史、人文、价值问题；另一部分是需求—空间的转译能力。上述目标存在一虚一实两头难的问题，即目标端需解决多要素影响和多元评价造成的选择和求解困难，实施端则存在概念和意向转化为实体物质空间过程中的建筑语言、语态不清的难题。

1 陪伴式教学

传统介入教学法是以学生为主体，引导学生积极参与的一种教学形式，但容易忽视学生主体的价值判断和取向引导。不少国内外学校聘用或邀请专业建筑师参与教学，带来新的市场观念、技术和思考方式，但学生仍难以直面真实需求，存在选择盲目等问题。

我校在本科三年级"建筑设计Ⅳ"课程中，尝试业主、建筑师、教师"三师"全程陪伴式教学模式。多主体共同策划能覆盖教学要求的项目、组织任务并开展教学，学生在"三师"引导下通过完成项目来提高认知、学习知识、训练能力、综合表达。

为达成教学大纲的目标，"三师"陪伴式教学实施应包含两大要素和原则：一是"教学要素"，使得教学内容有利于学生开展简单到复杂、感性到理性的认知活动和认知过程，以符合教育规律和初衷；二是"行业要素"，"环境"模拟利于学生走进社会，去倾听、理解和合作，提升服务社会的意识和能力。

2 教学设计

2.1 任务选题陪伴

课程主题是"北京二热厂（二期）工业遗产再生设计"，有两个专题：一是二期整体保护与再生概念设计，二是锅炉高塔深化"艺术家工作室"设计，每个专题7周。后者以前者学生结组完成二期约4.3万平方米主厂房概念设计为基础，选取其中6座锅炉房塔楼为6组艺术家量身定做工作室。

北京二热电厂位于西城区天宁寺西侧，占地约8万平方米，曾是中心城区重要的供热基础设施。因为城市发展和环保需要，机组于2008年停产。像许多工业遗存一样，面临设施荒废、人员安置、厂区闲置等问题。2015年迎来一次新的转型机遇，打造成为二环旁、城市级的开放文化创意产业基地"天宁1号"。项目由北京市建筑设计研究院主持设计，一期已于2016年建成，二期正在规划设计中，改造对象是一座由机组主厂房、锅炉房、蒸发站、烟道烟囱等相连形成、总面积2万余平方米的工业综合体。根据服务"四个中心"的北京发展战略，加之二环的核心优势区位，文化产业仍是二期重要的功能组成。课程邀请该项目主持建筑师刘宇光总院副总建筑师共同策划和实施，将二热厂产权人、潜在艺术家业主、各政府决策方的诉求和利益，与既有建筑改造的技术和艺术创作进行权衡，使得教学任务具有解决现实问题、价值多元评判的特征。[1]

参与课程指导的艺术家业主虽来自不同艺术门类，但与建筑结有深刻情谊。大部分艺术家参加由刘宇光发起，勒·柯布西耶爱好者共同策划编导的系列舞台剧《寻找勒·柯布西耶》，是一群喜爱并熟识建筑的"行内人"。

任务书由"三师"现场探勘和讨论后制定（图1）。"三师"通过现场及微信群头脑风暴，组成6个艺术家工作室作为改造任务的目标业主。"三师"分工明确：教师按教学大纲把控和落实教学要点、教学目标及时间进度；建筑师结合行业与市场动态，将设计任务、教学

图1 "三师"在现场考察
（a）主厂房；（b）锅炉房

要素与改造手段相互对应；艺术家业主则依据改造对象，明确本工作室的定位、要求和意向，准备宣讲材料。

待改造的6座锅炉房塔楼形制相同，主体结构逻辑清晰。改造对象依据8米标高分为上下两部分，上部塔楼平面尺寸为11米×17米，总高度约28米，外圈混凝土柱，内无楼板，内部锅炉已拆除，改造灵活度大；下部是与机组主厂房连为一体的锅炉房，层高为8米，设计范围平面轮廓约为22米×30米。

2.2 任务发布陪伴

与以往教师讲解任务书不同，课程开题由艺术家自我介绍和发布需求，建筑师对项目涉及的政策、转型目标及技术难点进行分析。各艺术家工作室简介和关注点如下（图2）。

图2 艺术家业主在开题宣讲

1）实验影像及非遗文化工作室

主持艺术家刘嘉南是著名时尚摄影和影像艺术家、清华美院摄影硕士、北京服装学院摄影教研室主任，专注创意艺术影像传播20年；主持艺术家肖丽鹃，麟角创投基金合伙人、国际手工艺及设计潮流大展策展人，曾供职于全球最大奢侈品集团LVMH，致力践行中国品牌当代化表达。

2）诗词艺术工作室

主持艺术家陈娟是中国东方歌舞团节目主持人，毕业于中国传媒大学播音主持专业，在重要国事和多边文化交流活动担任主持人，荣获2020年国际演交会"金牌主持人"奖。该工作室致力于传承、弘扬中国诗词艺术。

3）戏剧艺术工作室

主持艺术家刘利年曾提名第33届台湾金马奖最佳男主角奖，参演电影《月满英伦》《建党伟业》《芙蓉

镇》，还从事家具和室内设计；主持艺术家翠翠是艺术家，珠宝及室内设计师。该工作室除作为"器官"系列演出场地，还收藏和展示新时期电影的服装、道具、布景、剧作影像。

4）光影艺术工作室

主持艺术家夏志君是纪录电影《星球的脊梁》总策划、制片人、应景儿数字科技联合创始人、可可西里野生动植物保护协会理事；主持艺术家郭燕淇导演拥有13年影片制作经验，广受CCTV、德国电视二台、美国MTV频道青睐。工作室致力于推动元宇宙与新媒体。

5）品牌与音乐艺术工作室

主持艺术家赫尔丹娜是大卫杜夫（非烟）品牌代表、前米兰时装周中国项目首代、浙江大学时尚总裁班讲师、资深奢侈品营销人、策展人。

6）舞蹈艺术工作室

主持艺术家赵元灏是独立导演、自由舞者、FREE舞蹈工作室创始人，北京文化艺术基金资助项目"中国现代舞编创人才培养计划"入选舞者，荣获北京大学生电影节实验短片奖、北京舞蹈学院学院奖、北京电影学院先力奖ARRI摄影奖，入选乌镇、洛杉矶等15个海内外电影节。

宣讲会后，学生按兴趣选择设计主题。每个工作室学生约10人，配校内指导教师1或2人。学生通过网络了解艺术家导师的创作理念、作品、工作室运作构想，了解目标艺术形式的内涵、表演/展示形式及场地需求，以细化个人任务书。

2.3 过程辅导陪伴

课程推进过程中，校内教师承担主要辅导任务，艺术家和建筑师在线答疑，并提供意向图片和参考案例。针对目标业主，同学们提问多涉及该艺术门类的创作特点、作品创作过程、演出演员和观众人数、场地分区、灯光音响设备布置等技术问题，艺术家结合创作演出体会和需求给予建议。[2]

在中期评图环节，为便于与艺术家交流，学生提供图纸及直观的VR动画漫游。该阶段发现的主要问题是：过分关注空间塑形、材料趋同、未指向目标业主、设计手法过时、市场水平及需求失察等。

在与建筑师沟通后，教师引导学生调整思路，基于建筑现状条件，强化塑造空间特质与表情，突出工作室功能、氛围与场景的物质空间非通用表达；推进学生抽象——具象"符码转译"的思考和尝试，将一首诗、一幅画、一场剧落在空间上。

2.4 结课评图陪伴

课程公开答辩环节，同学们汇报图纸、VR漫游动画、沙盘模型（图3），艺术家业主点评及相互点评，建筑师和外请教师进行专业点评。答辩后，"三师"对教学过程进行复盘，既肯定了同学们在重结果——重过程、重概念——重问题、单专业——多要素的转变过程中，在关注社会、解决问题及训练设计思维等方面勇于尝试、相互学习的努力，也对各环节前松后紧、未能真正走进艺术家生活和内心等遗憾进行反思，展望下一季。

图3 学生们与模型合影

3 结语

"三师"陪伴式教学实现供需对接、产学衔接，与设计上游段打通，让市场有益的新鲜空气吹进学校，启发学生接触并思考建筑产业化趋势和理念、市场需求、设计者使命与专业工作范畴。并有几点反思：

1）"三师"陪伴教学如何提高人才培养质量的机制？三师的核心是"强约束条件设计"的形式之一，鼓励学生通过研究和逻辑分析进行理性判断、认清条件，避免空想臆造和形式模仿，打破约束追求更高一级的创新。

2）"三师"陪伴教学如何形成共同需求与持续凝聚力？三师模式对师生的帮助显而易见，但如何回馈建筑师和艺术家业主？所谓教学相长，挖掘思想深度和创新源泉，才能留住艺术家和业主，摆脱唯价值论束缚，实现更高一级的精神契合。

3）"三师"陪伴教学如何区别于实际工程？强约束条件下的方案多元呈现，并不会阻碍学生创意创新：一方面促进学生相互学习，另一方面要求学生关注行业发展。这对教师提出紧跟甚至引领学术前沿的更高要求。

"三师"陪伴教学在一定程度弥补理念与内容过时、学生认知水平等短板，体现出产学研协同教学的价值。艺术家邀请师生参加展会、舞台剧和走秀等了解艺术，也直言学生的设计落后于时代，缺乏对行业和市场的基本认识和判读。虽然有缺少直接接触和体验的经历、途径，但也暴露出教学中缺乏针对观察和思维的科学训练方法，仅靠扩展见识、提高审美水平难以彻底解决。以上能否印证当前高校积极引进行业高水平人才担任教职的迫切需求，希望与各位方家共同探索"三师"陪伴式教学的可能。

致谢

感谢刘宇光副总建筑师共同策划，感谢艺术家及其团队，他们是刘嘉南、肖丽鹃、陈娟、刘利年、翠翠、夏志君、郭燕淇、赫尔丹娜、赵元灏，感谢二热厂主单位给予支持，感谢评图嘉宾吴耀东、陈雳、何勍、李科、徐璐、郑方给予悉心点评，感谢教学组全体教师和同学们的付出。

主要参考文献

[1] 冒亚龙，陆慧芳．"教、学、评、传"理念下改造类设计课程教学模式探索[J]．高等建筑教育，2022（3）：119-121．

[2] 王克朝，詹丽丽，姜德迅，刘琳．在线陪伴式精准教学设计与实践[J]．计算机教育，2021（4）：28-30．

吴亮　于辉　路晓东

大连理工大学建筑与艺术学院；wuliang1026@126.com

Wu Liang　Yu Hui　Lu Xiaodong

School of Architecture and Fine Art，Dalian University of Technology

基于三个导向的"城市设计"课程思政建设探索与实践

Exploration and Practice of Ideological and Political Education Construction in "Urban Design" Course based on Three Orientations

摘　要：在新的发展阶段，如何回应国家战略和社会需求是当前城市设计人才培养需要思考的重要问题。当前城市设计教学在需求导向、科学导向、人本导向三个方面存在一些问题。本文以大连理工大学城市设计课程思政建设为例，探讨了面向多层级需求的选题改革、注重科学与理性精神的教学环节改革，以及回归人本与生活尺度的设计评价改革。希望能为城市设计人才培养起到一定的积极作用，并为设计类课程的课程思政建设提供一些参考。

关键词：城市设计；课程思政；需求导向；科学导向；人本导向

Abstract：In the new stage of development，how to respond to national strategies and social demands is an important issue that needs to be considered in the current urban design education. There are some problems in the current urban design teaching in three aspects：demand-oriented，scientific-oriented，and human-oriented. Taking the ideological and political construction in urban design course of Dalian University of Technology as an example，this paper discusses the reform of design topic for multi-level demands，teaching links focusing on science and rationality spiritual，and the design evaluation returning to humanistic and living standards. It is hoped that it will play a positive role in the cultivation of urban design talents，and provide some references for the ideological and political education construction in design courses.

Keywords：Urban Design；Ideological and Political Education；Demands Oriented；Science Oriented；Humanism Oriented

1　引言：城市设计教学的三个导向

在世界范围内，"城市设计"是一个相对年轻的学科。20世纪末，我国高校的城市设计课程随着相关理论的引入而逐步开设，其教学体系与模式受西方城市设计思想的影响显著，而与我国的城市建设与发展实际存在脱节现象。党十八大以来，随着我国城市空间发展由增量开发向存量更新的转变，城市设计工作从中央到地方、从教育领域到实践领域受到越来越多的关注。在新的发展阶段，如何回应国家战略和社会需求是当前城市设计人才培养需要思考的重要问题。

围绕专业课教学开展课程思政建设、贯彻落实"立德树人"根本任务，是人才培养、课程建设及教育教学改革的重要方向。"城市设计"作为建筑学专业的核心课程与主干课程，其能力培养的核心是解决城市问题、提升空间品质，这些内容与国家战略、社会需求、人民福祉联系密切。课程知识内容中蕴涵的思政元素众多，而唯有抓住核心词汇才能真正发挥"课程思政"育人作用。[1]从对以往城市设计教学的反思中，我们认为其"核心词汇"可总结为"三个导向"问题。

1）设计选题的需求导向问题

城市设计选题偏于虚拟化和理想化，基地外部环境淡化、内部问题简化，与当前我国城市发展及社会需求脱节，单一尺度的"架空性"课题模式无法回应城市设计工作的复杂性、矛盾性和综合性。

2）能力培养的科学导向问题

在能力培养中重"设计感性思维"而轻"科学理性思辨"，简单沿用建筑设计教学模式，忽略城市设计的教学特点，研究性环节薄弱，且缺乏新方法和新工具的支撑，导致设计方案缺乏科学性和可实施性。

3）设计评价的人本导向问题

城市设计过程及成果评价中缺乏价值观引导，"只见物不见人"的形式主义倾向较为突出。学生更多地从"图形"而非"生活"的视点、"宏观"而非"近人"的尺度审视设计方案，成果的深度与精度不足。

针对中国城市新阶段的发展特征和社会需求，国内一些高校已经对城市设计课程教学进行了积极地改革探索，尤其是在培养学生的人文意识和"在地"观念，强化学生对社会现实和需要的全面认知方面提出了一些值得借鉴的做法。[2~4]大连理工大学城市设计教学团队经过多年的研究与实践，建立了进阶式长周期城市设计教学模式，获评辽宁省一流课程。在此基础上，通过选题、环节、评价三个层面的深化改革，进行了基于三个导向的课程思政建设探索与实践。

2 需求导向：面向国家、社会与个性需求的选题改革

城市设计选题是教学理念、目标的直接反映和载体，也是教学改革研究的起点。过去的选题倾向于针对城市未开发区域进行"标志性"设计训练，强调"新城市空间"的创造，虽然可以培养学生的形态设计能力，但降低了环境背景的复杂性，是一种"刷新"而非"更新"式的设计，难以使学生充分认识并理解我国现阶段城市和社会发展中的主要矛盾。

因此，我们通过研讨、考察、与规划管理部门的深

入交流等多种途径，全面了解当今国内城市发展动态与趋向，关注最新国家战略对城市空间提出的新要求，结合大连本地的城市空间特色与发展契机，重新研究城市设计选题的主要领域，使选题方向由完全理想化的"架空性课题"，转向面向国家和社会需求的"背景性课题"。已建设形成的课题库包括"交通枢纽的空间转型与活力再生""近代历史街区保护与更新""工业遗产片区城市再开发"等多个当前社会关注、矛盾集中的领域（图1）。

图1　城市设计选题领域及其分布

除了回应国家和社会需求，由于城市空间的尺度层级特征以及学生个性的差异，城市设计选题还应坚持多尺度和个性化原则。我们在选题改革中，考虑到建筑学专业的微观尺度特征（相比城乡规划专业），设置了三个尺度与两种模式。三个尺度分别是研究尺度（约120hm²）、规划尺度（约60hm²）、建筑尺度（约6hm²），分别对应问题研究、片区设计和地块设计三个教学阶段。两种模式分别是全周期模式与长短题模式，其区别在于第三个教学阶段：前者选择在前两个阶段基础上继续深化完成地块尺度的建筑策划与设计，形成全周期贯穿式教学链条；而后者自主选择相等尺度的城市设计竞赛作为短期训练课题，强化开放性思维和创新性设计。

3 科学导向：注重科学与理性精神的教学环节改革

建筑学是集科学性、艺术性、社会性于一体的综合性学科，城市设计作为建筑学专业的一个重要方向，在研究与设计尺度上比建筑设计更大，其科学性和社会性特征也更强。然而，传统城市设计课程基于教学周期、专业局限等各方面原因，往往片面强调"设计感性思维能力"培养，教学内容主要围绕"城市空间形态设计"展开。对于"为什么是这样的形态""如何实现这样的形态"等前置问题或后续问题回答得不多、不够也不深。为了回应这一问题，我们将"科学精神与理性思维

能力培养"放在与设计能力同等重要的地位,将"科学观、矛盾观、系统观"等课程思政观念融入教学内容体系,对教学环节做了三个方面的改革。

首先,加大城市设计前期研究阶段的比重,设置独立的"问题研究与策划"教学模块。通过增加系统化的研究与策划内容,有目的地使学生关注社会问题,并能够运用多种方法科学分析城市环境与社会民生状况,对我国现阶段的社会主要矛盾有一个更加具体、直接的认识。该教学阶段历时3周,研究范围在空间尺度上设定为设计范围的2倍,采用专题培训和自主学习的方式使学生掌握基本的社会调查与空间分析方法,针对疫情期间不能实地调研的问题,重点培训基于大数据和开放网络的分析方法。该模块以调研与策划报告作为阶段成果,为提出合理的城市设计方案提供了必要的科学依据。

第二,受清华大学毕业设计教学改革的启发,[5] 在片区尺度城市设计阶段增加城市设计导控教学内容,引入城市设计导则作为城市设计的成果形式之一,使学生能够从城市发展机制与开发管控角度更加深入地了解城市设计的本质和特殊性,完成从"感性语言"向"理性规则"的转译。城市设计导则的内容涉及城市规划、建筑学、风景园林、社会学、管理学等多学科领域,对学生而言具有一定的难度。为此,我们通过邀请相关规划部门及学术领域的专家开展专题性理论讲座,丰富学生的跨学科知识,结合对优秀导则的案例讲评,使其能够在设计方案基础上以图文结合的方式完成导则编制(图2)。

图2 学生作业示例:城市设计导则

第三,在地块尺度城市设计教学阶段引入建筑策划内容,作为过渡环节往上与城市设计导控相承,往下与建筑设计工作相接。建筑策划思维的培养是建筑学专业本科教育的一项重要内容,对于复杂的综合开发项目,除了城市设计给出的外部约束条件,还需要通过系统、

科学地前期调查、案例比较分析、使用者及其需求分析,确定建筑规模、功能配比、空间模式等内部性的设计条件,构成指导建筑设计的完整的、科学的指标和依据。在城市设计导则和建筑策划研究的共同作用下,学生的科学思维与理性设计能力得到显著提升。

4 人本导向:回归人本与生活尺度的设计评价改革

城市设计成果从内容上包括方案和导则两种类型,从表达方式上包括图纸、模型、报告等多种形式。以图纸和模型为主要媒介的城市设计方案评价是成果评价的核心部分,但其评价标准长期以来较为模糊,且缺乏较为客观、量化的评价方法,容易导致学生过分追求图面效果,而忽略作为空间主体的人的使用和体验。以"物"还是以"人"为核心去开展城市设计,从"设计者"还是从"使用者"的视角去塑造城市空间,表面上是设计方法的问题,但从深层本质上而言,反映的是思想观念和价值判断的问题。

因此,通过建立以正确价值观为导向、回归人本与生活尺度的城市设计成果体系与评价标准,使学生真正领悟"塑造什么样的城市空间""为谁塑造城市空间"这一核心问题,从专业的角度更深入地理解"以人民为中心"的意义和内涵,成为我们的教学改革和课程思政建设的一个重要目标。为实现这一目标,首先改变传统的以空间形式和最终图纸表现为主的评价模式,加强过程评价,补充以人为主体和视角的空间策划研究、行为场景表达及虚拟体验评价,要求学生以场景动画的方式表达设计概念,形成由调研报告、策划报告、方案图纸、导则文本、手工模型、场景动画等构成的多元化成果体系。

其次,在设计教学中植入"创新单元",鼓励学生利用虚拟现实技术、参数化工具、计算机视觉等新的技术方法对城市设计中的人本尺度问题进行专项研究。诚如爱因斯坦那句名言"我们时代的特征便是工具的完善与目标的混乱"所表达的,新的分析、设计与评价工具日新月异,掌握这些工具固然重要,而在教学中更应该关注的是如何引导学生应用这些工具去解决有价值的设计问题。例如,在2022年的教学中,针对"街道界面与人的视觉感知之间的关系"问题,其中一组学生从人观察事物的原理出发,结合优秀案例的街道界面数据分析,推导得出建筑高度、视角、水平距离等变量之间的关系函数,并将函数拟合为曲线,沿观察路径进行空间扫掠获得空间控制界面,最终以科学的方法实现了对原设计方案的优化(图3)。

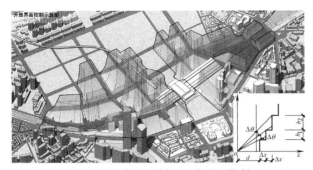

图 3　学生作业示例：开放界面控制

5　结语

　　城市设计能力的培养在建筑学专业人才培养体系中正占据越来越重要的地位，很多高校都从不同角度进行了积极的教学改革与探索。本文以大连理工大学为例，从课程思政建设的角度提出了城市设计教学中的需求导向、科学导向、人本导向三个导向问题，并分别从选题改革、环节改革、评价改革三个方面探讨了基于三个导向的课程思政建设思路与举措。包括城市设计在内的建筑学专业课程思政建设应该成为未来教学改革的重点之

一，希望本文能够在此方面提供一定的参考。

主要参考文献

　　［1］梅瑞斌，包立，王晓强，等. "课程思政"建设体系与价值典范研究［J］. 华北理工大学学报（社会科学版），2021，21（1）：84-89.

　　［2］吴晓，高源. 城市设计中"前期研究"阶段的本科教学要点初探［J］. 城市设计，2016（3）：104-107.

　　［3］戴铜，吕飞，路郑冉. 回归空间本源：城市更新背景下城市设计本科教学要点探索［J］. 城市建筑，2017（30）：48-51.

　　［4］李昊，叶静婕. 基于"自下而上"渐进式更新理念的城市设计教学实践与探索［J］. 中国建筑教育，2016（2）：26-32.

　　［5］朱文一，商谦. 城市翻修设计课程教学系列报告（30）："北京规矩"城市设计导则［J］. 城市设计，2016（6）：96-112.

李丹阳

沈阳建筑大学建筑与规划学院：lee_dy@126.com

Li Danyang

School of Architecture and Planning, Shenyang Jianzhu University

"建筑设计基础"课程思政教学思考与探索 *
Thoughts and Exploration on Ideological and Political Teaching of Architectural Design Foundation Course

摘　要：随着国家对课程思政教育的大力推进，各大高校对学生思政教育更加重视，课程思政的建设成为必然趋势。本文以"建筑设计基础"课程为例，探索课程思政视角下建筑学专业基础课程教学方法与模式，期望促进学生专业素质与思想道德素质同步提升。课程思政与专业教学目标统一，不断完善教学内容、实施互动式教学模式、建立课程思政教学评价体系，实现专业教学与思政教育自然融合与全面育人的教育目标。

关键词：课程思政；建筑设计基础；教学改革

Abstract：With the country's vigorous promotion of curriculum ideological and political education, colleges and universities pay more attention to students' ideological and political education, and the construction of curriculum ideological and political education has become an inevitable trend. Taking the course of Architectural Design Foundation as an example, this paper explores the teaching methods and modes of architectural basic courses from the perspective of ideological and political education, hoping to promote the synchronous improvement of students' professional quality and ideological and moral quality. The curriculum ideological and political education should be unified with the professional teaching objectives, and the teaching content should be constantly improved, the interactive teaching mode should be implemented, and the evaluation system of curriculum ideological and political education should be established, so as to achieve the educational objectives of natural integration of professional teaching and ideological and political education and comprehensive education.

Keywords：Ideological and Political Theory Courses；Foundation of Architectural Design；Teaching Reform

2017 年 2 月，中共中央、国务院印发《关于加强和改进新形势下高校思想政治工作的意见》，强调"要培育和践行社会主义核心价值观，把社会主义核心价值观体现到教书育人全过程"。同年 9 月，中共中央办公厅、国务院办公厅印发《关于深化教育体育体制机制改革的意见》，提出要"健全全员育人、全过程育人、全方位育人的体制机制，充分发掘各门课程中的德育内涵，加强德育课程、思政课程"。2020 年 5 月，教育部颁发《高等学校课程思政建设指导纲要》（教高〔2020〕3 号）（以下简称《纲要》），强调要把思想政治教育贯穿于人才培养体系中，发挥每门课程的思政育人作用，深入挖掘课程思政元素，有机融入课程教学，提高人才培养质量。2022 年 2 月教育部高等教育司印发《教育部高等教育司 2022 年工作要点》，提出从学科专业、教

＊项目支持：2021 年辽宁省普通高等教育本科教学改革研究项目"基于 2＋3 培养模式下的建筑设计基础教学"。

学组织、课程教材，宏观、中观、微观三个层面全面提高高等教育人才培养质量。

本研究深入发掘"建筑设计基础"课程各个教学环节中蕴含的价值观、职业道德、行为规范、思维方法等思政元素，运用科学的教学方法和多元化的教学手段，构建"术""道"结合的教学模式，实现全方位育人的教育目标。[1]

1 "建筑设计基础"课程思政设计理念

建筑学是一门工程技术和人文艺术结合的学科，"建筑设计基础"课程（以下简称"基础"课程）为建筑学本科一年级的专业入门课程，共200学时。结合人才培养要求及学生具体特点，"基础"课程主要使学生理解建筑设计的相关概念，熟悉建筑空间建构逻辑，了解建筑设计工作程序，掌握建筑设计基本方法。建立完善的基础知识体系，同时注重基本技能训练，学习科学的设计思维方法，为"建筑设计原理""建筑设计"等后续专业课程学习打下基础。课程思政教学从个人品德、社会主义核心价值观、民族文化自信三方面出发，围绕"技术"与"艺术"两条专业主线进行设计，形成教学与育人协同效应。

1.1 思政与教学统一实践思政育人理念

建筑设计是工程实践类课程，需要遵循严谨的设计规范，设计师也要有强烈的社会责任心。教学设计根据学科特点，以社会属性、个人品格为切入点，以空间为载体将专业教学与课程思政教学有机统一，实践专业与思政结合育人理念。

1.2 时代性和地方性融入思政育人理念

建筑设计实践需要体现国家建设新政策、满足服务地方需求、体现地域文化特点，建设可持续发展的人居环境，并以此为课程思政立足点，多维度展开课程思政设计。

1.3 多元化的教学方式支持思政育人理念

翻转课堂、启发式、研究性、参与性教学方法提供了科学的教学及思维方法，VR虚拟现实技术通过将建筑基本知识的可视化，不但便于理解更有效地激发了学生的想象力。课程思政与专业教学不断融合，在实践中践行育人理念。

1.4 科学的课程评价体系完善思政育人理念

传统教学评价看重专业结果，而课程思政则隐含在

教学过程中，因此，为保障落实课程思政内容，应建立过程式评估机制，遵循阶段性成果原则，引入第三方评价，促进和保证课程思政的实施效果。

2 "建筑设计基础"课程思政教学目标

《纲要》指出"培养什么样的人、怎样培养人和为谁培养人，是新时代高等教育的首要问题"。因此，"思政课程"和"课程思政"教育教学目标必须一致。专业教师与思政教师协同工作，把"立德树人"的根本任务放在首位，坚持在课堂教学、知识传授过程中，将价值塑造和能力培养融为一体，帮助学生塑造正确的世界观、人生观、价值观，遵循行业规范，培养建筑师使命感和社会责任心，恪守职业道德、弘扬民族文化、建立文化自信，使其成为"德智体美劳"全面发展的社会主义建设者和接班人。[1] 同时实现具有家国情怀、坚定理想、创新精神、专业素养的新时代人才培养目标。

"课程思政"的目标制定注重"立德"与"求知"并重，系统设计德育递进路径，并固化于教学大纲中，潜移默化地传递给学生。[2] 教研室老师坚持学习"思政课程"理论，结合建筑学专业特点从家国情怀、职业道德、科学价值观三个切入点进行课程思政框架设计。从学生的知识获取、品格树立、能力培养、价值观塑造等方面完善教学大纲。[1] 将知识传授、能力培养和价值观塑造三为一体作为思政课程教学目标，从而实现思政教育与专业知识教育的有机结合。

3 课程思政教学举措

3.1 发挥教学团队智慧

基础教研室教师积极学习课程思政示范课，汲取教学名师及团队经验，结合自身专业优势，在教学中充分发挥每个人的特长，为学生提供多角度多元化的专业视角。同时参加学校组织的师风师德、教学能力培训并提升政治理论素养。明确"立德树人"的责任感，课上以身作则，对学生进行专业知识传授与交流；课下关心学生日常生活，不断深化对学生的认识，从而提升教育实效与教师育人能力。[1] 结合学科特色，充分发挥教学实践基地的作用，为学生提供多种类型建筑认知场地。

3.2 完善教学内容

专业课程是课程思政的基本载体，发掘专业课程蕴含的丰富思政元素，在课堂教学设计中做到"专业突出、思政同步"。[1] 注重教学过程中对学生思想意识的培养和塑造，社会素质和专业能力并重，达到润物无声

的育人效果。

建筑学专业需要在实践中学习，因此，教学大纲除理论讲解，更多需要进行现场调研、经典建筑解析、设计创作等手眼脑结合的学习（表1）。课程通过建构逻辑进行教学组织，每个环节包含丰富的思政元素，建立思政元素与教学内容的对应关系，确保课程思政与专业

课程教育目标一致。建筑实地调研这一环节，选择有地域特点、时代特点的典型建筑作为素材，以时代背景为思政教育切入点，地域特点为专业教育切入点，思政元素自然融入教学，以润物无声的方式将家国情怀、工匠精神融入教学内容，有效传递给学生。

"建筑设计基础"课程思政教学重点 表1

教学内容	学习任务	课程思政教学任务
基本表达技能——识图制图	了解工程制图、建筑制图规范掌握建筑平立剖面图的画法	①增强学生的规范意识，培养学生的工程思维；②培养学生严谨的学习态度
建筑环境认知——实地测绘、图解表达	了解建筑的基本知识；建筑与环境的关系、建筑功能的组织关系；理解建筑空间的尺度关系	①讲解建筑历史文化的传承；②感受空间环境的开放与共享；③空间的公平与共享；④空间的人性化设计，以人为本的设计理念
体验与学习——大师作品分析与重构	学习大师作品空间、形态设计手法；了解构思形成过程；利用模型作为构思及表达的辅助手段，理解空间塑造方法及表现手法	①传统建筑的经典再现，弘扬中华民族优秀传统文化；②建筑的场所精神与时空意义
空间概念设计——我的理想空间	了解空间设计中各要素之间的协调关系；掌握建筑空间、造型等设计概念的表达；熟练空间设计操作过程	空间的人性化设计，以人为本的设计理念
实体搭建	了解材料、结构、构造与建造过程相互制约的基本关系；初步掌握基本的建造逻辑；了解建筑与环境的基本概念，掌握处理建筑与环境关系的基本方法	①体会工程智慧；②培养工匠精神、恪守职业道德、加强团结协作意识

3.3 探索多元化教学方法

1）建立单元式教学模式

教研室借鉴维果茨基的"邻近发展区"①理论和"支架式教学"②法进行教学。[3] 制定逻辑清晰的学习单元，以建构逻辑为教学组织主线，帮助学生建立对建筑空间的认知，并通过逐步深入和扩展的课程任务设置来深化对空间的理解。每个教学单元的训练重点突出，目标明确。随着专业知识学习逐渐深入，悠久的建筑文化养分也融入思政教育。思政教学与专业内容关系清晰，达到思政与教学目标一致。

2）鼓励小组分工协作

建筑设计生产实践以团队协作形式展开，有分工、有协作。个人能力与团队智慧结合，教学实践中鼓励学生组团分工协作完成任务，强调沟通交流，培养团队协

作精神，建立团队协作意识。引导学生在交流讨论过程中深入理解建筑设计的综合背景，研究建筑空间形式背后的深层动因，包括意识形态、政治制度、行政体制、社会经济、文化历史等，引导学生树立正确的世界观、人生观、价值观及整体的建筑观。[2]

3）注重师生互动交流

传统教学注重知识的传授，师生间是教与学的关系，从心理学角度看是"刺激—反应"的关系，属于被动接受知识。[3] 苏联早期著名心理学家维果茨基指出知识结构和学生的认知结构存在差异，并揭示教学的本质不在于知识的传授，而是教师与学生共同构建、发展学生认知结构的复杂过程。[4] "研讨式教学"强调师生互动、生生互动。提升每一位学生的主动性、积极性，参与课堂交流，促进思考，达到自主学习的目标。

---

① 邻近发展区的概念是指学习者独立解决问题的实际发展水平和教师指导下解决问题时的潜在发展水平之间的距离，而通过教学可以创造最临近的发展区，不停顿地把学习者的智力从一个水平印象另一个忻的更高水平。

② 教师为学生提供一种"概念框架"，将复杂的任务分解，帮助学生建构对知识逐步深入的理解，这种教学方法被称为"支架式教学"。

4 课程思政评价及成效

4.1 建立多维度的教学评价机制

教学是一个完整的过程，因此更适合将理论学习、实地调研、汇报交流、最终成果等阶段进行综合评定。以小组成果与授课过程中个人表现两个维度的评价指标，对学习成果及学习状态进行综合评定。[1] 逐步将教学评价从专业维度拓展到个人能力、职业道德、社会责任感等多个维度。

4.2 形成教、学互促的良好循环

以学生为主体进行"输出式"教学。通过教师讲授、学生查阅资料、社会调研、辩论研讨等教学方式，激发学生不断发现问题、提出问题、分析解决问题，充分调动学生积极性，实现自主学习。而教师则是课程思政的践行者。既要了解学生对专业知识的掌握情况，又要了解学生的身心特点、价值观及思想动态，进行因材施教。从根本上改变专业教师"只教书不育德"现象，更好提升育德育人能力。

4.3 促进课程思政与专业教学的进一步融合

"基础"课程完善建筑空间认知的价值体系，围绕价值取向、行为规范、职业道德等方面对学生进行培养，将专业课程教学作为载体，构建"思政激发专业潜力"的协同育人课程思政教学体系。[5] 将专业知识教育与社会主义核心价值观结合，实现以思政教育引领专业教育的协同育人目标。

5 结语

本研究主要关注沈阳建筑大学建筑与规划学院"建筑设计基础"课程思政教学，以课程思政为引领，对应"基于2+3培养模式下的建筑设计基础教学"为培养目标，将课程思政目标、专业教学目标双线并行并融为一体，合理安排教学内容，完善教学评价体系、实施互动式教学模式，不断深入挖掘课程思政元素，围绕家国情怀、价值观念、职业道德、行业规范等方面进行建筑认知。持续探索并践行专业基础课程思政的教学路径及教学模式，实现专业教学与思政教育自然融合与全面育人的教育目标。

主要参考文献

[1] 吕飞，于淼，王雨村. 城乡规划专业设计类课程思政教学初探——以城市详细规划课程为例 [J]. 高等建筑教育，2021，30（4）：182-187.

[2] 何韶颖，蒋嘉雯. 深度学习理论下的城市设计系列课程思政教学研究 [J]. 高等建筑教育，2020，29（4）：162-168.

[3] 滕凤宏. 研究性学习方法在空间认知与设计训练系列教学单元中的实践与应用——以建筑设计基础教学为例 [J]. 高等建筑教育，2014，23（4）：116-121.

[4] 张莉云. 维果茨基认知发展理论的当代发展及教育启示 [D]. 长春：东北师范大学，2008.

[5] 孙朝阳. 层次分析与改革实践：课程思政切入点设计的三个维度 [J]. 河北大学学报（哲学社会科学版），2020，45（6）：146-154.

李小娟　兰巍

天津城建大学；mickige680@163.com

Li Xiaojuan　Lan Wei

Tianjin Chengjian University

地方红色资源融入建筑学专业教学体系的探索与实践

Exploration and Practice of Integrating Local Red Resources into the Teaching System of Architecture

摘　要：红色资源兼具丰富的物质形态和感人的精神内核，将地方红色资源融入课程思政教学，将为专业育人提供生动的教学素材与丰富的实践载体。目前在红色资源融入专业教育方面还存在融合方式单一、缺乏体系化教学、未有效发挥教师纽带作用等困境，应通过课堂挖掘地方红色资源、建设红色资源课程思政实践教学基地、构建红色资源课程育人主线、建设示范课程、建立教师协同育人队伍及机制、采用浸润式教学方法等实现两者的有机融合，实现专业教育与思政教育同向同行。

关键词：地方红色资源；建筑学专业；教学体系

Abstract：Red resources have both rich material forms and touching spiritual core. Integrating local red resources into curriculum for Ideological and Political education will provide vivid teaching materials and rich practical carriers for professional education. In terms of the integration of red resources into professional education, there are still some difficulties, such as single integration mode, lack of systematic teaching, and failure to effectively play the role of teachers' bond. We should achieve the organic integration of the two by relying on the classroom to tap local red resources, building the practice teaching base of curriculum for Ideological and Political education on red resources, building the main line of red resources curriculum education, building the demonstration curriculum, building the team and base of teachers' collaborative education, and adopting the infiltrative teaching method, realize the same direction of professional education and ideological and Political Education.

Keywords：Local Red Resources；Architecture；Teaching System

　　党十八大以来，以习近平同志为核心的党中央高度重视红色资源的传承。习近平总书记在地方考察调研时反复强调要"用好红色资源，传承好红色基因，把红色江山世世代代传下去"。[1]

　　2020年5月，教育部颁布《高等学校课程思政建设指导纲要》（教高〔2020〕3号），纲要指出课程思政建设内容要紧紧围绕坚定学生理想信念，构建科学合理的课程思政教学体系，分类推进课程思政建设。红色资源兼具丰富的物质形态和感人的精神内核，其中蕴含着对马克思主义的信仰，对共产主义和社会主义的坚定信念，对党和人民的赤胆忠诚等基因要素，对于涵养大学生的政治认同、家国情怀、文化素养、道德修养、宪法法治意识具有十分重要的意义。因此，将地方红色资源融入课程思政教学，将为专业育人提供生动的教学素材与丰富的实践载体。

1 国内外研究动态

近年来，红色资源逐渐成为国内学术界的研究热点。在中国知网以"红色资源"为主题可以检索出约 1 万余篇学术文献，其中高等教育学科 2612 篇，思想政治教育 1870 篇，而与课程思政相关的研究仅有 25 篇。从目前的研究现状来看，大部分研究集中在红色资源融入大思政教育体系的研究，以"红色资源融入课程思政"作为研究对象的学术成果并不多。刘建平[2] 认为红色文化资源融入课程思政存在红色文化资源的整合难度大、不同学科对红色文化资源的了解程度不同两方面挑战，应从推动红色文化资源的专门化管理、加强红色文化资源科研与教学之间的协作、红色文化资源纳入课程体系三方面实现。陈喜华[3] 将红色文化融入课程思政的困境概括为：教育活动单一、育人方式和手段缺乏创新、缺乏完整有效的课程思政体系，并提出建设红色文化育人资源库、丰富红色文化实践活动、创新红色文化传播方式等改善路径。龚静[4] 从教师队伍建设、课程主题选择、红色基地建立、校园文化打造四个层面探讨了四川红色文化资源融入专业课程教学的实践路径。叶蕾分析了本土红色文化融入课程思政的难点，从优化课程体系、提升教师红色文化素养、丰富实践教学等方面提出实现路径。王恩妍认为应通过开设相关的红色文化资源思政选修课程、邀请专家开展专题讲座、校内开展红色文化主题展览等方式促进红色文化资源与课程思政教育相融合。王红梅[5] 以软件工程专业为例，探讨融入红色基因元素的课程思政其大思政其格局整体规划、培养方案思政部署、教师思政能力提升、教学思政资源建设等。

国外较早就开始利用本国特有的精神文化资源开展爱国主义教育。革命英雄主义教育和爱国主义教育一直是西方意识形态教育内容的重中之重。在西方国家，学者们通常把各类纪念馆、伟人故居、战争博物馆等物质实体蕴含的历史底蕴使青年一代更深入且生动地了解到国家历史，让青年尤其是大学生群体更加崇敬领袖伟人、更加热爱祖国、更加敬仰英雄模范人物。美国高等教育界普遍认为，道德的教学绝不是孤立进行的，而是以丰富的学科知识为背景。美国高校课堂德育的相当大一部分是在各专业课堂和通识课堂中以渗透的方式完成的。

2 红色资源融入专业教育的困境

通过梳理国内外相关研究及实践成果，地方红色资源融入课程思政教学体系主要存在三方面问题。

2.1 融合方式单一

在将红色资源融入课程思政教学中，大多数教学实践融合方式多停留在理论宣讲和知识传授层面，育人效果多为价值灌输而非价值塑造，导致学生片面理解而非内化吸收。

2.2 缺乏体系化教学

大多数专业对课程思政体系缺乏梳理，将红色资源融入课程思政的也多集中在单一的课程教学中，红色资源融入课程思政的目标体系、知识体系不连贯，课程思政的育人作用发挥不充分，理想信念教育贯穿不彻底。

2.3 未有效发挥教师的纽带作用

专业教师对课程思政教学仍然处于摸索阶段，具备课程思政建设能力的教师队伍相对不足，能够有效协同的课程思政教师队伍少之又少；部分高校建立了红色资源教师团队，多由思政课教师构成，专业教师参与其中的红色资源课程思政教师团队非常少。多方面原因导致专业教师的育人作用发挥不明显。

3 天津红色资源融入建筑学专业教学体系的实践

3.1 依托课堂，挖掘天津红色资源

天津是一座具有光荣革命传统的历史文化名城，众多革命先烈在天津留下了光辉的足迹，北洋法政专门学堂、南开学校、觉悟社、吉鸿昌故居、国民饭店等都曾记录了中国共产党领导组织天津人民开展革命斗争的光辉历史。

自 2019 年起，以建筑历史保护方向的专业教师为主，以思想政治工作教师为辅，在第二课堂开展天津市红色建筑的普查复查，在第一课堂—建筑测绘课程中测绘天津红色历史建筑。目前，已普查复查天津市全部革命遗址 356 处，完成中共中央北方局旧址等 60 多处革命文物的三维扫描、建模和测绘。挖掘天津红色旧址 430 处，并建立了天津市红色旧址的信息数据库。

3.2 建设红色资源课程思政实践教学基地

以天津市红色旧址信息数据库为基础，建设"革命丰碑"展厅，即校级爱国主义教育基地及课程思政实践教育基地。

基地建筑面积 621m²，在中华人民共和国成立 72 周年以及中国共产党成立 100 周年之际，共精选 100 余处天津市红色旧址，以红色建筑讲述革命历史为主线，

展示了建筑学专业师生开展红色资源调研测绘的成果。

展览主要用于开展大学生爱国主义教育，是思想政治课程、专业课程的实践教学基地，通过入学第一课、课内实践、课外实践、党日活动、团日活动等方式将天津红色资源充分融入大学生思想政治教育教学全过程。

基地的社会影响力持续扩大，自 2019 年以来共接待约 3 万人次开展教育实践，已获批天津市青少年实践教育基地，并成为天津市大中小学思政一体化的教育基地。

3.3 构建红色资源育人主线，建设示范课程

紧密围绕立德树人根本任务，以"利用红色资源、传承红色基因"为目标，遵循教学规律，将红色资源逐次融入学科基础课、专业核心课、实践课、专业主干课等系列课程，形成"识红色建筑——画红色建筑——读红色建筑——测红色建筑——讲红色建筑"的红色资源课程育人主线。

1）识红色建筑

在入学教育阶段，参观革命丰碑课程思政实践教学基地，使学生初步认识天津的红色建筑以及红色历史。

2）画红色建筑

在第 2 学期专业美术课中赏析经典红色美术作品、讲红色故事、画红色建筑，在提高学生专业能力的同时，帮助学生树立正确的价值观、塑造美好心灵。

3）读红色建筑

在第 3 学期中国建筑史课程的实践学时中，通过讲授近代历史建筑，在天津市红色旧址开展现场教学，使同学们认识天津红色历史建筑的特征，解读近代历史建筑在新民主主义革命时期具备的选址特征、空间特征、功能特征等。

4）测红色建筑

在第 6 学期的"建筑测绘"课程中，通过测绘天津市红色旧址，了解历史建筑保护的相关知识、天津近代历史建筑在新民主主义革命时期发挥的历史作用及其保护价值和意义。掌握天津红色历史建筑的风格特征、空间特征和建造特征。

5）讲红色建筑

在第 8 学期的"建筑设计 Ⅵ"课程中，开展天津红色旧址周边历史街区更新设计，学生通过深入分析红色建筑，挖掘革命历史，深化理解革命精神内核，最终通过设计方案传达对红色街区更新利用的设计观，通过设计讲述革命精神，同时也实现了革命精神载体的有效创新。

3.4 建立教师协同育人队伍及其机制

逐步建立以红色资源挖掘、保护、弘扬、传承为主要任务的教师协同机制、课程协同机制、工作实施机制等。

1）教师协同机制

以建筑学专业教师为主，协同马克思主义学院思想政治课程教师、建筑学院思政政治工作专职教师组建红色资源育人团队。专业教师负责红色资源的普查调查、三维扫描测绘、建筑风貌、保护与更新设计等专业教学以及相关科研，马克思主义学院思想政治课程教师负责党史学习教育教学、课程思政红色元素的把关和融合指导，学院思想政治工作专职教师协同开展课程思政教学方案制定、教学实践基地建设保障和第二课堂实践活动等工作。教师团队通过教学研讨、培训交流，将课程思政贯穿教学设计和教学大纲。

2）课程协同机制

梳理出红色资源融入专业课程的先后序关系，通过识、画、读、测、讲红色建筑等系列任务融入系列专业课程，建立了递进式的课程协同机制。

积极探索建立第一课堂与第二课堂协同育人机制，例如，围绕天津红色旧址的保护和传承，在第一课堂开展建筑测绘常规训练，在第二课堂开展三维场景模拟等专题训练等。

3）工作实施机制

对于具体的课程建设、成果展览、第二课堂实践活动等工作，坚持学校党委领导、建筑学院党委把关、教师团队教研、主干教师主导的工作实施程序，根据工作内容组建红色资源育人专题任务组，推动工作稳步有序开展。

3.5 采用浸润式的教学方法

以隐性教育为原则，对红色资源的利用不仅停留在知识灌输、活动参与、浅层认识的层面，结合实践课程、理论课程实践环节、设计课的教学特点，综合采用"情感浸润""情景浸润""文化浸润"的教学方法，通过认知、绘画、测绘、分析、评价、创造等专业训练过程，对红色资源的利用采取现场教学、小组讨论、师生研讨、测绘、革命历史挖掘分析、红色建筑分析、红色历史街区更新设计等多种形式融入教学过程，使学生对革命精神的理解从深度体验到反应认同再到领悟内化，通过"沉浸其中"的教学过程达到"润物无声"的育人效果，达成课程育人的价值塑造、知识传授和能力培养三位一体目标。

4 结语

通过将天津红色资源的挖掘保护与建筑学专业教育有机融合，初步解决了大学生理想信念教育贯穿不彻底、融合方式单一、融合不深入、育人队伍缺乏协同的问题，使红色资源在专业课堂更加丰富和生动，使专业教育与思政教育同向同行，使爱国主义教育内化于心、外化于行。

主要参考文献

［1］ 习近平. 用好红色资源，传承好红色基因，把红色江山世世代代传下去［J］. 求是，2021（10）.

［2］ 刘建平. 红色文化资源融入课程思政的路径研究［J］. 教育评论，2020（10）：81-85.

［3］ 陈喜华，方圆妹，黄海宁. 红色文化融入课程思政的路径探索［J］. 传播与版权，2021（2）：122-124.

［4］ 龚静. 四川红色文化资源融入专业课堂的实践路径研究［J］. 科教文汇（上旬刊），2021（12）：44-46.

［5］ 王红梅，刘永，梅洋. 红色基因元素代入式专业课程思政体系建设探索［J］. 档案管理，2022（1）：66-68.

朱莹

朱莹　哈尔滨工业大学建筑学院，寒地城乡人居环境科学与技术工业和信息化部重点实验室；duttdoing@163.com
Zhu Ying
School of Architecture，Harbin Institute of Technology，Key Laboratory of Cold Region Urban and Rural Human
Settlement Environment Science and Technology，Ministry of Industry and Information Technology

贯通与引导
——"外国建筑史"课程思政目标、内容与体系构建研究 *

Connect and Guide
——Research on the Ideological and Political Goals，Content and System Construction of the Course "History of Foreign Architecture"

摘　要：本文以建筑学主干专业课程"外国建筑史"为典型，对课程所蕴含的思政要素和德育功能进行提炼，从教学目标、教学方向、教学特色三方面进行思政课程构建体系梳理，以"思政"为主线、以"六个力"为辅线，探讨时下适应时代发展的建筑学外国建筑史思政的教学方式。

关键词：建筑教育；建筑史论课程；课程思政

Abstract：This paper takes the main professional course of architecture "History of Foreign Architecture" as a typical example，and refines the ideological and political elements and moral education functions contained in the course. "Ideological and political" as the main line，with "six forces" as the auxiliary line，to explore the current teaching methods of ideological and political teaching of foreign architectural history in architecture that adapt to the development of the times.

Keywords：Ideological and Political Theories Teaching；Architecture Education；Courses on the History of Architecture

"外国建筑史"自 1977 年开课至今已走过半个多世纪的历程，现作为哈尔滨工业大学建筑学核心、专业必修课，共 64 学时，开设于大三年级秋季学期。课程在教学中以现实发展为基点，阐释过去的建筑历史、前瞻未来的建筑态势；以纵向时间线索和横向知识点编织课程体系，帮助学生全面了解建筑的发展规律，建立对外国建筑史的全景式理解和多维度认知。对于学生树立正确的建筑观、加强建筑素养和建筑理论知识有重要作用。2019 年 12 月 "外国建筑史" 课程获批黑龙江省一流课。

1　三个教学目标与三种思政 "力"

"外国建筑史"课程紧密融贯 "全国高等学校建筑学专业本科（五年制）教育评估标准目标要求"，历经 50 余年积淀求索，凝练为三个教学目标，并与时俱进深化为三种思政 "力"。

---

*项目支持：2020 年度哈尔滨工业大学教学发展基金项目（课程思政类，课程名称：外国建筑史），2020 年度黑龙江省教育厅教育教学改革研究项目（SJGY20200224），2019 年度黑龙江省教育厅教育教学改革研究项目（SJGY20190208）。

1.1 理解与认知

了解和掌握以欧美国家为主线的外国建筑历史发展的过程和基本史实，了解世界建筑传统的多元性及相互影响与传承关系。了解和掌握各种自然条件、文化类型、社会和经济因素对建筑发展的影响；了解建筑发展的历史规律和发展趋势。以此种理解与认知，融合思政，落实为培养学生建筑文化自信力与文化自尊力。

1.2 审美与思辨

融合思政，落实为培养学生建筑文化自立力与文化自强力：了解和掌握历史上各主要建筑风格形成的历史背景，理解各时期建筑理论和建筑美学的主要观点。了解和掌握近现代欧美各国主要建筑流派的基本理论和代表人物的主要作品的艺术特色；理解建筑中诸元素的相互制约关系，加深对建筑本质与特性的认识。以此种审美与思辨，融合思政，落实为培养学生建筑文化自立力与文化自强力。

1.3 研究与创新

了解和掌握历史上建筑空间、环境与场所等概念的发展及其与意识形态、结构技术、社会生活等的关系，培养学生透过历史现象揭示本质的研究能力。通过对建筑史的学习，加深学生对建筑师的社会责任的认识。提高学生的建筑评析能力和建筑创作水平。以此种研究与创新，融合思政，落实为培养学生建筑文化自觉力与文化创新。

三个教学目标及其思政目标的细化分解，为"外国建筑史"课程提供教学远景的内容夯实和思政愿景的授课途径。与此同时，"外国建筑史"亦是建立在历史通识基础上，以专业视角搭建历史线索、梳理历史素材、组织历史内容。这种以专业性的知识还原一种即源于现象又高于现象的全景认知，并通过回溯、比较、阐释、评价和思辨等多种方式构建学生自身的历史观，为教学提供了另一种"回想"。而回想之上的思政引领，恰成为课程内容"向后看"与"向前看"的两极，两种力也分别构成课程教学的"教"与"学"的两种主导，而建筑文化自信、建筑文化自尊、建筑文化自立、建筑文化自强、建筑文化自觉、建筑文化创新这六个导向的培育则构成六种"力"，横向贯通多学科交叉、纵向引导多内容互生，通过六个力的编织和构架，形成"外国建筑史"课程的思政体系。

---

① 引自侯幼彬口述史。

2 三个教学方向与六种思政"力"的构建

2.1 以"外国建筑史"课程深耕为基点，坚守传统、延承特色进行思政

哈工大建筑学科史论课程的授课传统始终坚守"两个理念，一个走向"，课程以此为根基，延承并拓展。第一个理念是对建筑遗产的认识，将建筑传统区分为"硬传统"和"软传统"。建筑学史论课程不应仅停留于硬传统的认知，应该深入到软传统的探索追溯。第二个理念是对建筑史论课程教学目的、课程作用的认识，其重要作用是"有助于培养建筑创作的黑箱型思维"。"通过学习建筑史，是有助于从输入和输出的两端来包抄建筑创作思维黑箱"。[①]建筑创作恰恰是黑箱型思维是占主导的，这也是建筑创作的最重要的一个特点。"一个走向"就是"从描述性史学走向阐释性史学"。阐释性史学则需要解读、阐释。因为通过阐释可以从知其然上升到知其所以然。如果说描述性史学主要是停留在回答"什么"，那么阐释性史学则要追问一下"为什么"，偏重现象背后的规律性"软分析"。以此，以"六个力"的思政目标为指引，以"两个理念，一个走向"为维度，从描述性走向阐释性，从硬传统走向软传统，构架课程体系，培养学生的"黑箱型思维"创作思维，即为外国建筑史课程的思政教学的基础。

2.2 思政主线贯通下外国建筑史教学中"六个力"互生

"外国建筑史"（64学时）讲授过程的关键是认识到以何种视角、主线、格局或姿态去审视、理解和前瞻尤为重要，特别是外国建筑史，因文化体系不同、国情差异而异常复杂。首先需要一条主线，形成思政主线的纵向贯通，以古往今来繁杂而庞大的史论内容为基本，形成"六个力"的辅线，即建筑文化自信、建筑文化自尊、建筑文化自立、建筑文化自强、建筑文化自觉、建筑文化创新于一体的交融与互生，并建构出单一学科史论课向多学科史论课生长的横向贯通的辅线，即科学、艺术、文学、经济、政治等多维向度，形成横纵交织的主辅结构。课上以"今心"解"古意"的阐释、课下"古意"鉴"今心"的求索，突出时代的大美精神、建筑创作的核心价值、建筑师的责任担当。以此，以"思政"为主线、以"六个力"为辅线，探讨时下适应时代发展的建筑学外国建筑史思政的教学方式。以期在主线贯通与辅线交织下，跨越专业历史的古今时间鸿沟，中

西文化差异，引导学生以"人—地"和"人—环境"为视角，多语境、多角度、多学科和多领域地感知历史的多维之美，培育学生自身的历史观、专业素养及对学科的创新力，即为外国建筑史课程的思政教学的结构搭建。

2.3 多学科交融整合下外国建筑史课程教学的思政精神互融

时下，多学科交融、交叉、渗透的趋势日益显现。自然、技术、艺术、社会的四个向度，构成了学科发展的四种生长，这也是建筑学建筑史论课程的"进化"。四个向度也构成了思政内容在不同方向上的侧重和深化，在四个维度下呈现异质同构的内核和内容。因此，自然、技术、艺术、政治经济，这四种向度，也体现着从简单到复杂的过程，给予科学既是制约力也是演化力的架构，从演化的力的维度去理解它的内向与外向所架构的学科历史体系，实现从表层的现象整合到深层的价值阐释，组织与时代背景与学科内核之间的链接。四种向度又将课程思政的"六个力"，拓展为"传统传承—时代精神—专业精神—历史价值"四个支撑，从更广阔的视野、更明确的枝干、更深层梳理课程内容的散点现象为有机体系。

因此，外国建筑史的思政将探究在同一历史背景和主体语境中，如何在"思政"主线整合下，形成的自然、技术、艺术、社会四个向度下的共生和拓展。在"自然—人—环境"关系的维度中，建构两个学科共生的平台，提炼出思政与外国建筑史结合的本质，实现从表层的现象整合到深层的价值阐释，组织与时代背景与学科内核之间的链接，即为外国建筑史课程的思政教学的体系拓展。

3 多种体系维度与三种教学特色的凸显

"外国建筑史"课程正是以思政建设为目标，以教学实践为驱动，通过三个教学目标导向三个思政目标，落实为六种思政力的贯通与引导。其中多学科交流促进课程思政内容的互建、多类型交融促进课程思政内容的提升、多体系交织促进课程思政讲授的互补、多经验探讨促进课程思政建设的丰富。在此目标、方向和体系下，课程呈现出三个特色。

3.1 由点带面的体系建构

外建史课程的知识如同一个个的"点"，通过不同课程的点与点的激发和交融、点对点的交流和拓展，将点汇合和拓展成"面"，思政恰恰是面的构成的编织和"黏合"，通从点到面的渗透和影响、拓展和融贯，并侧重国际共建课的合作支撑，为国内和省内的建筑史论课程思政教学发展提供助力。

3.2 由表及里的层级融贯

课程采用统一主线——"人—地"关系，即人在大地之上的美的创造，以此提炼美的本质，形成多种美的趋向，以此建构两个学科历史可对话的基础、关乎美的创造的讲授平台，形成即分且合架构。思政内容恰恰是另一条深层的主线，通过两天主线的牵引，将历史建筑的创造细分为美的内涵、手法、意义和作用及价值等层面的讲授，而思政的"六个力"，建筑文化自信、自强、自尊、自立、自觉及创新，是为从主线中生长出辅线，以"环境与人与建筑"的视角去讲授，建构三个层级，宏观、中观、微观，凸显人与自然、人与城市、人与建筑的三种层级，以此强化不同专业特质组织思政的内容落实和细化着眼点。

3.3 由"硬"到"软"的阐释引导

历史的内容可归为四个向度的阐释，自然、技术、艺术、社会的融合性讲授，以"黑箱型"思维和侧重软性的阐释性史学教研为根基，以此总结建筑创作的创造背后的逻辑和规律。这四个向度也构成思政教学中"传统传承—时代精神—专业精神—历史价值"四个支撑，形成一种紧随时代、满足时代、反映时代的思政内核。从的"力"的维度去理解它的内向与外向所架构的学科历史体系，实现从表层的现象整合到深层的价值阐释，以思政内核来组织与时代背景与学科之间的链接。从更广阔的视野、更明确的主干、更深层梳理历史的散点现象为有机体系。

4 结语

外国建筑史的课程思政，既是对以上研究实践，也是对以下问题的突破。第一，如何在外国建筑史论课程中实践"六个力"的构建和渗透，形成彼此相融的思政体系；第二，如何在建筑史论课程中打破中国与西方、古代与现今及多学科、多专业的壁垒和鸿沟，以多维向度、多维触角形成思政内容的层级融贯；第三，针对"外国建筑史""西方建筑历史与思潮（国际共建课）""建筑遗产保护与更新"等本科课程，进行多种知识体系间的横向贯穿；针对研究生"历史建筑保护研究""近代建筑艺术研究"等，进行本、硕的纵向贯通，将思政建设的"六个力"构筑为史论课程背后的主线，做到本硕课程上的"建筑文化自信、建筑文化自尊、建筑文化自立、建筑文化自强、建筑文化自觉、建筑文化创新"持续培育和深耕。

朱元友

西南交通大学建筑学院

Zhu Yuanyou

School of Architecture，Southwest Jiaotong University

高校理工类专业课的"四点式教学法"
——以本科建筑学专业"建筑构造（I）"课程为例

Four-Points' Pedagogy for Universities' Scientific or Technological Professional Courses
——To be demonstrated by the course of Building Composition and Construction（I）for undergraduates

摘　要：高校理工类专业课的教学，由于总课时的限制，再加上当前大环境下总学时的压缩，不可能像中学一样，利用课堂时间进行反复的练习来进行课程巩固和提高，必须在教学内容的选取及组织上做出一定的改变。本文所谓的"四点式教学法"，这里的四点分别是"重点、难点、疑点和热点"，与此相对应，针对性的措施分别是——突出重点，兼顾难点，回答疑点，结合热点。作者希望通过这样的方式，能使本科理工类课程的教学质量达到进一步的保证。

关键词：四点式教学法；理工类；专业课

Abstract：For universities' scientific or technological professional courses，because of the limits of total course time，in addition to the compression of the total course time，it is impossible for the teachers to do so much trainings in the course time to get a better teaching effects. Something have to be changed in the choosing and organizing of the teaching materials. The Four-Points Pedagogy in this article，which contains emphasizing points，difficult points，doubtful points and hot points，and respectively，the teacher should pay more attention to them，which leads to highlighting the emphasizing points，taking account of the difficult points，answering the doubtful points and combining the hot points. By doing this，the author want to ensure the teaching effects of undergraduate scientific or technological professional courses.

Keywords：Four-Points' Pedagogy；Scientific and Technological；Professional Courses

笔者在高校建筑学院从事本科建筑学专业"建筑构造（I）"的教学工作，至今已有十余年时间。经过长期的课堂教学，本人认为，影响课堂教学效果的因素，不外乎如下方面：

1) 教学内容的选取；

2) 教学内容的组织（也就是我们常说的教案）；

3) 教学手段；

4) 授课教师的敬业态度，如准备是否充分，对授课内容是否达到熟练；

5) 授课教师的个人魅力，如形象、着装、口才、举止等；

6) 课下作业的布置、检查与讲评；

7）课程的考核及反馈；

……

以上诸多方面，本文准备仅对前两个方面——即教学内容的选取及组织方面谈谈自己的心得体会。

一段时期以来，由于林林总总的原因，应该说，在我国高校的理工类专业，存在着一定程度的重科研轻教学的情况，个别老师忙于做课题、发论文、出专利，在理工类专业的专业课程教学上时间投入相对不足、主观重视程度不够。

这容易导致在教学内容的选择与安排上出现以下问题：

1）教学内容陈旧，没有达到与时俱进，跟当下的热点话题也没有主动进行关联，导致学生学习兴趣不高；

2）教学内容繁杂，没有突出重点；

3）教学上平均用力，没有顾及学生在掌握知识中的难点；

4）教学时间上不能结合学生在学习中出现的疑点问题进行及时有效的解答。

有感于此，笔者拟针对我国高校的理工类专业课教学的现状，以本科建筑学专业"建筑构造（I）"课程为例，提出"四点式教学法"。

所谓的"四点式教学法"，这里的四点分别是"重点、难点、疑点和热点"，与此相对应，针对性的措施分别是——突出重点、兼顾难点、回答疑点、结合热点。

1 要突出重点

针对教学中的重要的知识点进行重点讲授，其余相对不重要的内容则一笔带过，不占用过多的课堂教学时间。

笔者认为，大学教学和中学教学一个非常不同的地方就是，在中学，学生有着大量的时间对某个知识点做反复的练习、巩固和提高，但是，大学里学习内容比较庞杂，课程比较多样，往往是一门课学完就结业了，在有限的十几个乃至几十个学时里，老师根本不可能安排大量的时间进行反复练习以用于相关知识点的巩固。

而且，近年来，国内高校大量课程还存在学时压缩的情况（本文对此不做深入探讨），如笔者所讲授的建筑构造（I）这门课，3 年前为 51 学时，现在被压缩至 32 学时，以前能详细讲解的部分，如今只能快节奏掠过，有些环节学生不提前预习的话，课堂听课很容易跟不上。

因此，需要教师在课程教学的时候不能平均用力，必须要突出重点，而且，教学时间也必须要比以前有更加精准的控制，否则，个别重点阐述得过多，就必然会影响到其他重点内容的讲授。

同时，这种教学方式，对学生课下的自主学习也提出了更高的要求。学生必须提前预习，对新课将要讲授的内容必须提前熟悉，提前思考，否则，课堂上一样达不到满意的教学效果。

为了帮助学生更好地提前预习课程内容，教师可以提前制作课程预习提纲，提示学生哪些地方是课下必须提前了解，课堂上不会花太多时间的，而哪些地方是课堂上会花较多时间重点讲解的。这样，学生在预习时的效率将会更高。

例如，在"建筑构造课程"的"钢筋混凝土楼板"章节，在安排学生预习时，可以把这部分的知识点罗列出来，按照各知识点的重要程度进行区分，学生预习时就可以做到心中有数。

表 1 中，把各知识点按重要程度分了三级，最低为"一般性了解"，然后往上为"熟悉并掌握"，最高级别为"熟练运用"。学生在课前预习或课后复习时，就可以根据表 2 合理分配时间，以促进学习效果。

"钢筋混凝土楼板"部分知识点重要性级别汇总表 表 1

授课章节	小节内容	知识点	重点程度标记	备注说明
第 3 章，第 2 节 钢筋混凝土楼板	单向板与双向板	单向板	熟悉并掌握	基本概念，必须掌握
		双向板	熟悉并掌握	
	装配式钢筋混凝土楼板	平板	一般性了解	内容较为陈旧，教学时从略
		槽形板	一般性了解	
		空心板	一般性了解	
	现浇式钢筋混凝土楼板	现浇筑梁楼板	熟练运用	熟练运用所学知识进行钢筋混凝土框架结构的楼面结构梁柱布置
		井式楼板	熟练运用	
		无梁楼板	熟练运用	
	装配整体式钢筋混凝土楼板	密肋填充块模板	一般性了解	结合装配式建筑的发展趋势，学有余力的学生可以深入拓展学习
		叠合式楼板	一般性了解	

由表 2 我们可以看到，对于不同重要性级别的知识点，课前课后所花的时间是不一样的。

不太重要的内容，需要学生在课前多花点时间去预习，以便课堂学习时尽早进入学习状态；而相对重要的内容，课前预习如果时间有限，反而可以从略预习，但学生必须集中精力在课堂上专心听讲；对于特别重要的内容，甚至需要在课下结合课程作业进行反复的练习，并安排时间在课堂上专门讲解，以保证学习效果。

不同重要性级别知识点课前、课堂、课后学习要点表 表 2

知识点重要性级别	课前预习	课堂教学	课后复习
级别为"一般性了解"	重点预习	快速掠过	一般性复习
级别为"熟悉并掌握"	一般性预习	会讲解到，但可能不会面面俱到	重点复习
级别为"熟练运用"	一般性预习，从略预习甚至可以不预习	重点讲解＋示例＋作业＋评讲作业	重点复习＋作业练习

2 要兼顾难点

针对历届学生学习过程中反馈出来的共性的难点问题，也应在课堂上专门花时间统一讲解。个别的难点问题，如果无关大局，那当然不用过多纠结；但是相当多的难点问题，同时也是重点问题，那就更加值得重视了，不仅得重点讲，可能还需要反复讲。

例如，在"建筑构造课程"的"楼地面"章节，针对"普通钢筋混凝土框架结构建筑平面的结构梁柱布置"，这部分内容既是重点，又是难点。

有过设计院实践经历的建筑师都知道，构造教材上的知识点跟实际工程中的实践运用还有一定的距离。当然，教材的编写在这方面确有不足，这是另一个话题，在此不必赘述。

但是，如果学生学习完构造都还不会进行方案的结构布置，不会实际运用，这恐怕就是教师的失职和悲哀了。

因此，对于这部分内容，作为授课教师，除课堂授课相关知识点之外，我一般还会做以下教学工作：

1) 给学生反复强调这部分内容的重要性；

2) 找 3～4 个工程实际案例图纸，在课堂上给学生对照结构布置的知识点进行讲解；

3) 课下带领学生参观实例 1～2 个；

4) 平时作业（一）（课下完成）：布置学生分组进行调研，每 4～5 名学生一组，每个小组调研学校的一幢类似结构的教学楼，手绘其各层楼面结构布置图；

5) 平时作业（二）（课下完成）：分组布置平时作业，给定建筑平面与建筑功能，让学生分组完成其结构布置平面；

6) 作业展示（课下完成）：不同小组互相评价各小组完成的"普通钢筋混凝土框架结构建筑平面的结构梁柱布置"平时作业，评价完打分，说明扣分原因。

7) 作业评讲（课堂完成，用一次课，2 学时）选取代表性案例，展开课堂讨论，对所学知识点进行巩固和提高。

3 要回答疑点

唐代文学家韩愈在《师说》中对教师这个职业是这样描述的——"师者，所以传道授业解惑也"。从这句话中我们可以看出，"解惑"是教学活动必不可少的组成内容。授课教师定期或不定期安排出足够的课堂或课下时间，回答学生在学习中遇到的问题，这是教学工作必不可少的环节，也是教学效果的保证。

答疑，也是师生之间最好的互动。教师以自身的个人阅历和职业经验，对学生的疑难问题做出解答，这也是教育本身不可或缺的功能之一。

但是大学跟中学不同，大学很少会像中学一样专门安排有教师参加的自习课。大学教师一般上完课就离开了，许多大学也没法保证所有教师都有一个固定的办公空间。这就导致学生有了问题之后，往往无法及时找到老师当面反馈问题，这种现象在 20 年前的大学尤为普遍。

但是，借助于现代化的通信媒介，现在这一问题有了很大的改善。现在授课教师一般都会在课程正式开始前利用通信软件建一个课程群，学生通过课程群跟授课教师可以直接交流互动，非常方便。

这种群聊的方式，相当于开辟了真正的第二课堂，学生有了问题，可以第一时间在群里问，老师也可以利用平时工作生活中的碎片化的时间进行回复，当然，有时是"及时"的，有时是不够"及时"的，毕竟大家手头都有可能同时有别的事情要忙。当然，作为教师，发现这些问题，及时在群里回复学生学习中的疑难问题应该属于基本的职业道德。

但是，我也经常发现有的学生会更爱用"私聊"的方式问老师问题。

通常我会建议，除非真的有什么特殊情况，否则，最好都还是采用"群聊"的方式问学习上的问题。显然，跟私下答疑相比，公开答疑的效果将会更好，效率也更高。有些普遍性的问题，老师没有必要单独多次分开讲，那样真是太浪费时间了。老师有时也不必急着解答，这样可以发动其他同学一起参与思考，几乎所有学生都将在这个互动环节有所收获。

那么问题来了，现在既然有这样方便而强大的即时通信工具，我们还需要课堂时间答疑吗？

课堂时间当然非常宝贵，尤其是在目前课时压缩的大背景下。尽管群聊工具很好地解决了学生不容易找到老师的问题，但是我认为课堂上仍然有必要安排专门的时间进行集中的提问与答疑。

一是，教师需要提前准备一些高质量的问题，在课堂上提给学生。

这些问题是学生由于阅历有限很难会想到的，因此只能由教师提给学生。这方面我的经验是，最好在每节课下课前，给学生提 1～3 个思考题。而不是在一开始上课的时候提，因为学生的思考需要花费一些准备时间，马上回答并不太现实，回答的质量也根本不能保证，而且，好多时候在老师抛出问题之后，面对的是大家面面相觑一脸问号的模样，白白浪费宝贵的课堂时间。

有些问题，是针对复习的。比如，在墙体章节完成之后，我可能会提这样的一道课下思考题——"清水砖墙建筑怎么进行保温隔热处理？"这样的问题其实有一定的难度了，学生在课堂上直接回答很不现实，只能在课下结合自身知识查阅相关资料才能有一个相对完善的回答。

还有些问题，是针对预习的，这些问题能激发学生的积极思考，也非常有价值，比如在地基基础部分的上一次课的末尾，我可能会提一个思考题"建筑物一定需要地基吗？"或者"地基和基础这两个概念有何区别？"这样的问题。

二是，有一些普遍性的问题，重要的问题，也需要在课堂上专门安排时间来进行强调，并通过课堂答疑环节对学习效果加以巩固。

比如，有以前的学生在学习过程中提的一个问题就很好，他问"壁柱和构造柱到底有什么区别？"这个问题我现在每年都会给学生在课堂上安排集中提问。

目前，我们在教学考核环节都有平时成绩设置，我认为，平时成绩完全可以包括课堂及线上互动问答环节。学生对授课教师所提问题的回答水平，以及学生所提问题本身的水平都反映了学生在课下思考的深度，拿来作为平时成绩的一个组成部分是非常合适的。

4 要结合热点

笔者认为，课程热点的内容主要包括以下两方面：

一是结合研究课程前沿的科技成果。对此，紧跟时代的步伐，保证足够开放的视野，洞察该课程领域的新思路、新动向，这是高校教师的应尽职责，唯有这样，才能更好地调动学生的学习积极性。

比如，在讲授"建筑构造"中抗震部分内容的时候，引入时下较为前沿的"消能隔震支座"的内容，以及台北 101 大厦"抗震阻尼器"的内容，对学生的学习兴趣绝对会起到极好的激发作用。

二是结合相关的热门社会话题。结合这些热点话题，将使课程内容更接地气，使学生的课堂注意力更加集中，同时促进学生在这些方面的思考，结合得当，必然会大大促进课堂效果。

比如，在讲授"建筑构造"中地基部分内容时，可引入 2009 年上海莲花河畔景苑在建住宅楼整体倒塌的案例，并分析其倒塌原因，将有可能相当程度地激发学生的学习热情。

再如，2022 年 5 月的长沙自建房坍塌事故，也可以作为建筑构造"墙体"章节结合的热点。

值得注意的是，有些学生的科研兴趣的培养，正是因为在这些课程的教授过程中，授课教师对该课程前沿研究热点热情洋溢的介绍。

值得一提的是，这些内容有相当的部分在教材上是没有的，作为授课教师，笔者认为教师没有必要画地为牢，拘泥于教材，教师完全可以大胆地突破教材的束缚，教会学生一些最新的理念、最新的方法、最新的思维。当然，这需要授课教师在相应的领域有相当的涉猎和了解。

以上，是笔者结合自身"建筑构造 I"的教学体会，总结的所谓"四点式教学法"，但愿这种教学方法能给广大理工类课程的教学同仁们以某种参考和帮助。

陈哲　郦伟　曾辉鹏

惠州学院建筑与土木工程学院；1125194019@qq.com

Chen Zhe　Li Wei　Zeng Huipeng

School of Architecture and Civil Engineering，Huizhou University

从绘画观法到空间训练：建筑设计基础绘画教学中的课程思政设计 *

From Painting Observation to Space Manipulation： Ideological and Political Education Design of Painting Teaching in the Fundamentals of Architectural Design

摘　要：本文从东西方绘画观法比较中寻找到一种建筑空间理解的关联性，并通过在地化教学设计，实现建筑学专业基础教学从绘画观法到空间的训练，完成"学生中心，教师指导"的双向PCDIO项目式教学模式的建构，在"五阶递进"项目教学过程中融入本土课程思政设计，培养具有粤港澳大湾区荣誉感的应用创新型人才。思政内容融入学生学习与老师教授的双向教学过程中，包括"文人情怀""在地体验""大师课堂""朋辈教育"四个主要方面。

关键词：建筑绘画；空间训练；建筑设计基础；课程思政

Abstract：This paper finds a correlation of architectural space understanding from the comparison of Eastern and Western painting observation methods. And through localized teaching design，we realize the basic teaching of architecture major from the observation method of painting to the training of spatial cognition. Completed the construction of the two-way PCDIO project-based teaching model of "student center，teacher guidance". Blending the values education design of local courses in the teaching process of the "Wu Jie Di Jin" project，then cultivating applied innovative talents with a sense of honor in the Guangdong-Hong Kong-Macao Greater Bay Area. The content of values education is integrated into the two-way teaching process of students' learning and teachers' teaching，including "Literati Sentiment"，"Local Experience"，"Master Class"，"Peer Education" four main aspects.

Keywords：Architectural Painting；Space Manipulation；Fundamentals of Architectural Design；Ideological and Political Education

---

＊项目支持：惠州学院2020年课程思政教改项目——课程思政背景下"建筑设计基础"课程教学的探索与改革；该成果获得广东省本科高校课程思政优秀案例二等奖。

1 引言

建筑设计基础教学有两个重要的源头：①以巴黎美院的布扎为代表的感性派；②以德国包豪斯为代表的构成派。以及在这两个重要源头的基础上试图寻找第三种可能的"德州骑警"，他们发展出来的一套"形式三要素+空间九宫格"的方法论和操作工具。建筑这一科学与绘画、雕塑，甚至是音乐并无二致，它们都要求从抽象的角度思考，并使用一套专业的语言系统进行交流。[1] 对于布鲁斯·朗曼（Bruce Lonnman）所提及的这套专业的语言系统要怎么获得，他认为按照一个结构有序、系统的过程来教授非常重要。建筑又有别于艺术品及工业产品，它同时包括：基地、空间、材料，分别对应场所、功能、建造三个认知过程。单纯地训练抽象的语言能力似乎不可触及建筑的全部，在"德州骑警"一派看来，建筑基础教学须同时融入具体的形式三要素训练和抽象的空间训练。顾大庆在其研究中总结了三种空间训练：①以轴线对称来组织建筑体量、平面和立面关系的布扎构图（Composition）；②以透明性（Trans-parency）理论为代表的空间组织；③以模型操作作为设计的出发点决定外部体量和内部空间。[2] 爱德华·W. 苏贾（Edward W. Soja）在《第三空间》一书中提及了"他者化——第三化"的概念，第三化引入关键的"不同"选择项，它通过他性来言说与批评。也就是说，它不是源于先前二元项的简单叠加，而是源于对它们所假定的完整性的拆解和临时重构，从而产生一种开放的选择项，它既相似又迥然有别。[3] 第三化所生成的那种东西最好叫作累积的"三元辩证法"，① 它对另外的"他性"彻底开放，对空间知识的持续扩展彻底开放。第三化跳出了二元论的诱惑，后者把世间万物的意义缩减为两个概念之间非此即彼的对立。他者化不是一种连续系统中的中间地带，而是一条全新的第三道路思想。正如我们的"中国特色社会主义道路"思想，"他者化——第三化"是我们很重要的思想源泉。回归"建筑设计基础"课程的教学思想，我们试图创立一种立足"本土建筑基础教育"的"第三化"教学模式，该模式通过"课程思政"的隐性融入形成一种全新的"从绘画观法到空间训练"的建筑绘画教学方法（图1）。

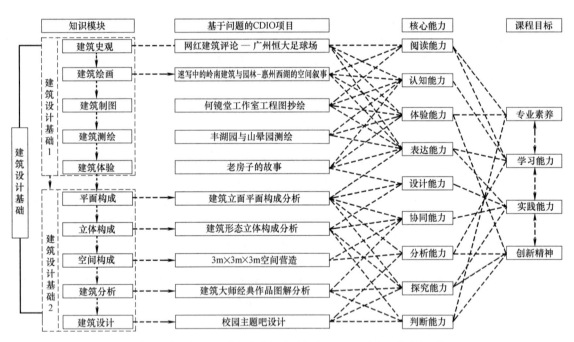

图1 建筑绘画与"建筑设计基础"课程整体教学结构的关系

---

① 亨利·列斐伏尔（Henn lefebvre）在其著作《空间的生产》中将"空间"引入到马克思的历史辩证法中，尝试建立一种"时间—空间—社会"的三元辩证法，这种辩证法将"空间"与"社会"的辩证关系纳入其中，"空间"不再是外在于生产关系的，而其本身就是生产关系的现实载体，空间生产于是与社会形态的演变建立了本质的内在联系。而在"三元辩证法"中，第三项的存在旨在打破历史辩证法把一切形式简化为二元化的思维模式，这种二元化倾向于把主题分解为两个范畴之间的对立，比如：主体与客体、中心与边缘，列斐伏尔认为这种对立的二元结构是不够的。

2 课程概述

"建筑设计基础"是建筑学专业启蒙课程。本课程以成果导向教育理念为依据，通过课程结构和教学程序的项目化重构，变革传统课程教授过程，建构了一种基于问题导向的（PBL）工程教育项目式（CDIO）教学模式（以下简称 PCDIO）。着力于学生专业素养、学习能力、实践能力和创新精神的培养。课程通过十大系统的知识模块学习，结合 PCDIO 项目训练，培养学生的阅读能力、体验能力、认知能力、表达能力、设计能力、协同能力、分析能力和探究能力，为学生未来的全面发展打下良好的基础。

3 绘画观法与建筑表达

建筑表达是承上启下的重要能力，设计师的所有阅读、认知与体验最终都需要通过特定的表达呈现出来。建筑表达系列课程主要包括：建筑绘画、建筑制图和建筑测绘三大知识模块，每个模块教学时间为 3 周，总共 9 周时间。绘画与制图、测绘不同，后两者是经过严格

视觉规训的产物，是一种纯粹的离身化表达，它往往是专业者之间的交流媒介，它是准确的、一针见血的，而绘画则能够反映出多义性，它是模糊的、引人思考的。对于刚接触专业的新生，须从绘画入手进行建筑表达的训练，而对于如何教授绘画不是建筑设计基础课程的任务。在建筑设计基础课中我们提供一种确切的东西方绘画观法，并通过 PCDIO 项目训练学生用该法在图纸上预测事件与场所结构的能力。

以五代的《乞巧图》和柯布西耶的《寂静的生活》为例，如图 2 所示，对比东西方，我们能够找到绘画在这两个时间节点上东西方是共通的。《乞巧图》中清晰可见园林空间的层化，层化空间中的人在相同的时刻发生着各自不同的行为，《寂静的生活》呈现为抽象的形式和要素组织，可以让人直接联想到勒·柯布西耶（Le Corbusier）设计的加歇别墅，从别墅的正面观看，可以看到类似王澍设计的十里红妆博物馆中的 6 层空间与其内在的关联性。两个建筑案例都可从绘画解读中得到设计方法，因此通过对绘画观法的训练可以促进建筑设计的深度思考。

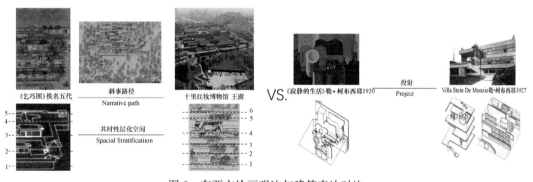

图 2 东西方绘画观法与建筑表达对比

3.1 焦点透视与空间离身化

现代西方写实绘画的基础是意大利建筑师菲利波·伯鲁乃列斯基（Filippo Brunelleschi）发明的线性透视法。而绘画中的透视空间其实是在 2D 上表达出 3D 中与真实场景视觉感知一致的图像，此刻对空间的认知强调视觉的至上，而完整的身体感官在透视表达中被抛弃，我们日常用身体感知的空间开始出现离身化。透视法的出现可以说是空间离身化在工具上的契机，透视将以往基于生理与心理层面的空间转化成为一种笛卡儿空间，此刻理性战胜了感性，对透视的探索实际上是在追寻理性的真实，这种对理性、科学的崇拜在欧洲启蒙运动的推动下，表现在空间认知上即导致了空间的离身化倾向，直到现代主义出现该倾向达到了顶峰。现代性的

确立，理性成为人们普遍信仰，身体在思维模式中的地位变得不再重要，古典时期的装饰实际上是很重要的与人的身体发生关联性的要素，现代主义认为这一切魅惑都应该被去除，建筑空间就应该是纯净的理性思考，是一种人抽离建筑空间之外的理性判断。

3.2 散点透视与时空性

在《不朽的林泉》一书中高居翰将园林画放在比中国传统山水画更为重要的位置，首肯以明代张宏绘制的《止园图》为代表的写实主义园林绘画创作，认为园林画是进行历史研究中极为重要的参考资料。书中将园林画的表现形式总结为三种：挂轴、手卷、册页。[4] 这三种园林画的形式在内容表达上具有不同的历时性与共时性的问题，在空间表达上表现为一种不同类型的游赏组

合特点。

手卷作为中国传统画的一种重要形式，在表现园林空间、事件、人物的时候采用一种按照时间演进的方式进行绘画创作，时间的刻画往往结合全园的游赏路线，在画面中多表现为桥、路、汀步、水流、游船等，这些空间描绘中暗含时间性，而这种时间性往往表现为一种共时性（即画中故事在同一时间发生）。手卷善于表现人物身入园中的一种连续性游赏。

同样是手卷，在仇英的《独乐园图》中，仇英对于自己园居生活的刻画采用了不同时间的拼贴处理，导致了一种时空上的矛盾性，而这种转变与册页的表现形式有着密切的关联性。册页的表现形式为多幅组合，一件园林画册页作品往往包含几十件独立视角下的绘画，而这些绘画表现的对象是园中分散布置的重要的景致。而这种表现方法多出现在明代中晚期，其中的渊源与西方透视理论的传入有很大的关联。册页单幅尺寸较小适合运用透视的方法表达重要的景，如明代张宏绘制的《止园图》在册页开篇就按照西洋透视的原理绘制了全园鸟瞰图。

3.3　建筑表达与空间

建筑表达源于绘画的发展，绘画语言是一种对现实世界的抽象，设计师通过某种抽象的语言可以重构现实世界。事实上，现代建筑中的空间性理解有很大一部分来自现代艺术。以塞尚的"立体主义"为发端，现代绘画在相机发明后重新寻找到了现实意义，而"立体主义"极力表现的是对现实世界的某种抽象语言。于是我们可以在西格弗里德·吉迪恩（Sigfried Giedion）与柯林·罗（Colin Rowe）的论战中看到后人对于建筑时空观的解读，并由立体主义画派直接催生建筑的"透明性"理论，"德州骑警"在这一理论的基础上发展出有别于传统二元的建筑教学法。对于建筑表达的训练，我们以东西方绘画作为重要的研读范本，以东西方绘画中的观法差异比对形成一种对绘画背后的空间性反思，于绘画表达中思考建筑空间问题。建筑的表达已超越线条、文字等单一工具性，而是一种具有理解空间操作可能的空间图像。

4　建筑绘画课堂教学设计

"建筑绘画"是"建筑设计基础1"中建筑表达系列课程之一。本专题以惠州西湖为体验对象，项目化设计基于EPCDIO教学模式。在各体验维度注重培养学生对西湖园林空间的理解，从P问题—C构思—D设计—I实现—O运作等五个不同维度的体验观察达到对惠州西湖园林空间的格物致知，最终学生以钢笔速写为"技"通过"挂轴"

"手卷"和"折页"三种绘画形式呈现对惠州西湖的空间叙事，从而达到问"道"于自然的目的。本专题着力于学生阅读、体验、认知、表达四方面能力的训练，最终实现专业素养、学习能力、实践能力和创新精神的课程目标，为学生系列能力的达成打下良好的基础。

4.1　课堂教学环节设计

建筑绘画课堂采用PCDIO项目式教学设计，并将PCDIO项目实现各阶段融入E（体验），形成适用于"建筑绘画"专题的EPCDIO新模式。课堂以学生为主体，按照"E体验—P问题—C构思—D设计—I实现—O运作"的环节设计建构全新的教学过程，将课堂打造成高阶性课堂，创新性课堂，具有挑战度的课堂。通过阅读与体验的能力训练让学生能够在历史中寻找建筑美的密码，在现实中发现美的感动瞬间，使学生在美育启蒙过程中培养对于建筑学专业的洞察力与创造力。教师通过"问题引导—支架搭建—过程组织—点拨纠错—考核评价"五个阶段的过程组织参与并主导建筑绘画EPCDIO教学项目（图3）。

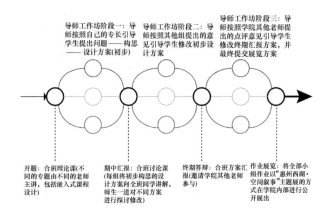

图3　教学环节设计

4.2　课堂思政融合设计

在课堂的专业教学与思政教育的融合设计中，课程团队构建了课堂思政的融合设计模式（图4），以课程思政设计目标为导向设计课堂目标，将知识传授、能力培养与价值塑造融入课程教学过程，促进学生的全面发展。在学生主体与教师主导的教学全过程融入满足不同阶段训练要求的思政内容，培养学生解决复杂项目的专业综合能力和设计创新思维的同时对博大精深的中国传统园林文化产生认同感、敬畏感，为出生在互联网文明时代的"土著"们系好中国传统文化的第一粒扣子——中国传统园林文化。教学详细设计如图4所示。

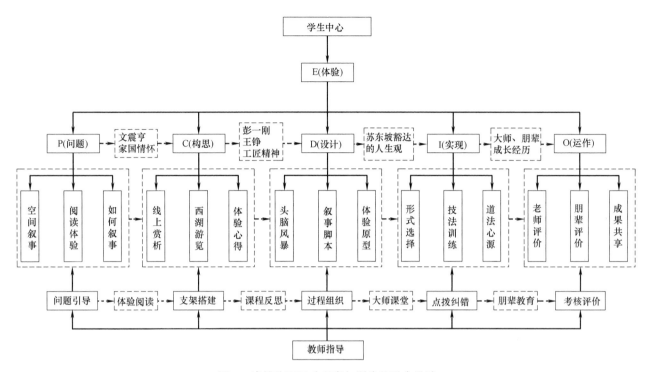

图 4　建筑绘画思政元素与课堂的融合设计

5　课堂总结

回顾"建筑绘画"EPCDIO 项目式教学各个阶段教学成效，"建筑绘画"模块项目式教学是一次在能力训练上打破以往常规的革命性课堂。本模块的训练从原来简单的训练学生画建筑配景等单一"技"层面的训练提升到注重体验与阅读之后的格物致知，学生最终将格物致知后的心得通过绘画的"技法"表现自己心中的"道法"。项目学习过程比过去的配景训练增加了更多的挑战度，老师通过打造"两性一度"课堂，使学生在专业学习与价值塑造两方面都有了较大的转变，具体思政设计体现在以下四个方面：

1)"文人情怀"的课程思政模式

"建筑绘画"课堂在"建筑设计基础"课程思政模式"两融四入，五阶（PCDIO）递进"基础上深化了中华优秀传统文化观与匠心观的部分。整个"建筑绘画"系列课堂思政设计都围绕"文人情怀"展开。

2)大师课堂

我们邀请惠州画院院长进课堂讲解建筑速写的技法以及自己三十九年的绘画之道，通过大师发自肺腑的成长故事鼓励同学们在专业学习上要不断的勇攀高峰。

3)朋辈教育

我们邀请深圳大学建筑学专业高年级学生进入课堂点评学生最终完成的作业，通过朋辈间的指点，学生获得来自同辈的评价。

参考文献

[1] （美）布鲁斯朗曼，徐亮. 抽象构成与空间形式 [M]. 北京：中国建筑工业出版社，2020.

[2] 顾大庆. 空间：从概念到建筑——空间构成知识体系建构的研究纲要 [J]. 建筑学报，2018（8）：111-113.

[3] Soja E. W. Thirdspace：Journeys to Los Angeles and Other Real-and-imagined Places [M]. oxford：Blackwell，1996.

[4] 高居翰，黄晓，刘珊珊. 不朽的林泉中国古代园林绘画 [M]. 上海：生活·读书·新知三联书店，2012.

赵春梅　舒平　严凡

河北工业大学建筑与艺术设计学院；zhaochunmei@hebut. edu. cn

Zhao Chunmei　Shu Ping　Yan Fan

School of Architecture and Art Design，Hebei University of Technology

以思维意识为导向的外国建筑史课程教学实践
Teaching Reform in History of Foreign Architecture based on Thought Consciousness Training

摘　要：国家创新驱动发展战略对人才提出了更高要求，创新驱动实质是人才驱动。课程建设是人才培养的核心环节。外国建筑史作为建筑学专业的核心理论课程，探索了以学生为中心，以思维意识为导向，在教学目标、教学方法、教学实践等方面进行了教学改革，将理论知识与设计实践有机融合，激发学生的内生动力，旨在推动建筑学创新人才培养。

关键词：外国建筑史；思维意识；内生动力

Abstract：The national strategy of innovation-driven development puts forward higher requirements for talents，and the essence of innovation-driven is talent actuation. Curriculum construction is the core of personnel training. As the core theoretical course of architecture major，the history of foreign architecture has explored the student-centered，thought consciousness oriented teaching reform in teaching objectives，teaching methods，teaching practice and other aspects. This course integrates theoretical knowledge with design practice，and stimulates students' internal impetus. It aims to promote the training of innovative talents in architecture.

Keywords：History of Foreign Architecture；Thought Consciousness；Internal Impetus

1　引言

国家创新驱动发展战略是党的十八大报告中正式提出的，习近平总书记在党的十九大报告中 59 次提到"创新"，可见创新驱动成为中国发展的重大战略。高校教育的目标不仅是为了让学生获取知识，更重要的是要不断提高学生的学习主动性，提升学生的基本素养，培养学生的创新思维和创新能力。

对建筑学专业人才培养来说，创新的使命在于培养具有创新思维、创新意识和创新能力的设计类人才。学生是高校学习的主体，是充满活力和创造力的群体。设计思维意识的培养是近年来我校建筑学专业通力打造的本科教学特色，从大学一年级的专业通识课程"设计认知与思维导入"中设计思维的引入训练，延伸到各年级的设计课程中。"外国建筑史"作为一门核心理论课程，如何将理论授课与设计思维意识培养相结合，并将其融入课程教学中，是本课程教学改革想要解决的问题。课程教学团队以创新教育理念为引领，坚持以学生为中心，从挖掘学生潜力和培养学生主动学习的兴趣出发，进行了 4 年的教学改革与实践，探索了以思维意识为导向，将理论知识与设计实践有机融合的改革思路，旨在激发学生的内生动力。

2　外国建筑史课程教学设计

2.1　教学目标

我校的"外国建筑史"包括外国古代建筑史与外国近现代建筑史两部分，主要讲述外国建筑历史发展史实与发展规律，建筑与社会、经济、文化、技术、地域等的关系，旨在拓展视角、开阔思维，探索未来建筑设计的发展方向。在教学过程中，教师通过对不同历史时期的相关建筑案例进行比较分析，阐释历史建筑与现代建筑如何融通与互鉴，引导学生积极思考。

学习建筑史，不仅要掌握历史知识，熟悉历史发展，还要学会在思维意识的培养和训练中，运用批判性思维进行理性分析，运用创新思维进行设计分析，指导学生的学习与实践，提升学生的创新思维和创新意识，强化思维意识的训练和培养。通过小组作业设置的多样化，引导学生关注隐藏在建筑表象背后的历史、文化、思想、理念等深层次因素，鼓励学生从多层次、多角度解读历史，加深对建筑的理解，培养学生的历史思维与批判性思维，进而做到古为今用，丰富创作思维。

同时，有意识地将思政元素融入理论知识与案例教学中，通过对外国古建筑历史脉络的梳理，理解建筑的传统性与社会性，树立历史思维；通过学习外国近代建筑发展，知晓科学技术对建筑发展的重要性；通过学习外国现代建筑思潮，理解建筑发展的多元性，树立批判性思维；通过中外建筑的对比与关联，揭示建筑的文化性，树立文化自觉与文化自信；通过经典建筑与建筑师的解析，树立科学的建筑观，提升职业自豪感和责任心（职业道德）。通过设置经典作品解析、古今对比，建立设计的创作思维；通过设置多元化的课堂作业，激发学习历史的兴趣；通过设置小组作业学习分工协作模式，培养团队协作精神。

2.2 教学方法

传统的理论课堂教学模式是老师在课堂上讲授知识并布置作业，学生课下完成，讲授过程强调系统和完整，却很少给学生留有主动思维的空间和余地。在这样的教学过程中，由于缺乏师生的高度互动，制约了学生内生动力的激发与培养，主要表现在学生学习过程的被动性、孤立化和单一性：填鸭式的被动接受方式使得学生缺乏主动思考的能力；理论课与设计课程之间缺乏融会贯通，使得学生不能有效地将理论与实践进行结合；课程考核形式和作业设置相对单一，使得学生缺乏深入讨论和消化的机会。

以学生为中心、以思维意识为导向的课程教学改革，打破传统理论课堂上的沉默枯燥和单向输出、输入的现象。教师从讲授者、讲解者真正转变为学习的激励者、启发者，学生由知识的被动接受者转变为主动学习者。课堂的主要功能不再只是知识的讲解，而是评价、交流与互动的平台。调动学生的思维输入的积极性和表达输出的主动性，增加学生的参与感，参与到课程中、课堂中、知识中，激发学生的内生动力。

1）启发式教学，引导主动学习，实现"我问—你答—主动学"。在课前的随堂复习中采用提问的启发方式，帮助学生回顾所学知识，做到温故而知新，然后引出新知识；对于建筑作品的解析以及背后的思想和成因，通过提问的启发方式，引导学生思考大师如何思考进行设计，并如何在自己的设计中有所借鉴。

2）研讨式教学，强化自主学习，实现"你说—我听—自主学"。通过课堂互动、小组讨论和作业展示等多种形式，促使学生自主进行知识溯源，并鼓励学生走上讲台，增加学生的参与感。

3）案例式教学，探索课程思政，实现"润物—无声—正能量"。选取经典建筑和事迹作为案例，加深学生对弗兰克·劳埃德·赖特建筑思想的理解，任何一位大师的思想都不是闭门造车得来的，需要融通与借鉴。通过案例解析赖特终其一生领悟到的引以为傲的空间观，却早在《道德经》里就有所论述，让学生理解中国传统文化的博大精深，树立文化自信。

4）鼓励式教学，激发学习兴趣，实现"想看—会看—看不厌"。对于学生来说，鼓励是学习最大的动力之一。在授课中讲述建筑大师的伟大成就时，也会让学生明白大师也是从学习中一点一点积累而来，鼓励学生勤思考善总结，在学习与积累中不断进步。

3 外国建筑史课程教学实践

3.1 作业设置多元化

在教学过程中，有两个主体，除了老师（教），还有学生（学）。课程改革在围绕老师的教学设计展开时，也不要忽略学生多才多艺的优势，在课堂上给学生提供全方位展示其优势与知识互动的舞台，最大程度的挖掘和激发学生的内生动力。

1）作业目的

课程小组作业是为了调动学生的学习积极性和主动性，激发学生的兴趣并将其与课程学习相结合。作业以小组为单位，通过查阅资料文献、整理汇报文档、设计课堂呈现、编辑展示讲稿等，完成作业成果的同时，培养学生的团队合作精神。

2）作业设置

主要布置两个课堂作业，均以小组形式完成。其中，小组作业（一）为课前预习分享型，课前10分钟讲台展示；小组作业（二）为设计制作演示型（图1），要求充分准备、大胆设想、走心设计、精心演绎，录制视频电子版，并配以宣传海报。

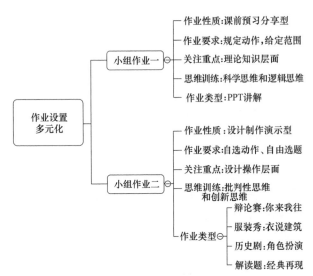

图1　作业设置的思维导图

3) 作业类型

小组作业（一）为PPT讲解类型；小组作业（二）

从你来我往、衣说建筑、角色扮演到经典再现，涵盖了辩论赛、服装秀、历史剧、解读题四种有特色的作业类型，为外建史的学习带来了活泼创新的教学效果。根据所学内容，各小组自主选择以上作业类型，选取自己感兴趣的内容为题。自主选题有助于学生主动思考与决策，选取自己喜欢的内容作为切入点进行梳理与分析，激发学生的理性思维，通过批判性的思维辨析能力，让学生对建筑史的发展与演变有了更加深刻的认识。

3.2　作业展示趣味化

作业展示主要包括两个方面：视觉表达和行为表达。视觉表达一方面是PPT的排版和制作，另一方面是海报设计。其中，海报设计元素紧扣主题，设计手法多样，表达了学生的发散思维和极具个性的风格（图2）。行为表达方面主要是小组作业（一）的课堂分享和小组作业（二）的视频表达。学生用幽默的方式来表达对历史知识的变通性，风趣生动。

图2　学生作业海报展

4　教学反馈

教学反馈主要采用了课后的问卷调查和学习反馈。问卷调查主要围绕教学内容、作业设置、课程思政、与设计课关联等方面展开，涵盖了知识层面、能力层面、思政层面和实践层面，从结果看，学生对课程的评价较好。表1为抽取的部分问卷调查。

学生的学习反馈是以撰写课后心得体会的方式展开的，采用自愿反馈机制，从字里行间能感到学生对本课程教学改革的喜爱和认可，也能看到学生内生动力的逐步释放和对建筑专业的热爱。表2为抽取的部分学生学习反馈。

问卷调查反馈　　　　　　　　　　　　　　　　　表1

问题	结论	备注
通过本课程的学习，你认为自己在以下哪些方面有所提高？	其他:8.51%　相关历史知识:89.36%　建筑设计思维:61.7%　建筑设计手法:59.57%　建筑发展脉络:87.23%　建筑设计思想:65.96%	知识层面

问题	结论	备注
通过本课程的学习,你在以下哪些方面得到提升?	其他:0% 严谨的学习态度:59.57% 探索意识的培养:55.32% 观察建筑的习惯:74.47% 设计思维的培养:65.96% 团队合作的能力:55.32% 审美认知的能力:74.47% 资料收集的能力:68.09%	能力层面
你认为一个优秀的建筑师应该具备以下哪些方面的能力与素养?	其他:6.38% 扎实的建筑历史知识:91.49% 历史与现代相结合:76.6% 可持续发展的设计观:85.11% 多学科交叉与融合:76.6% 高度的社会责任感:78.72% 设计创新与国际视野:78.72% 职业道德与团队精神:78.72% 良好的表达与沟通:82.98%	思政层面
你有可能将哪部分内容融入你的设计课程中?	大师 建筑 手法 设计 思想	实践层面

学生学习反馈　　　　　　　　　　　　表 2

作业类型	作业题目	学生感言
你来我往	当代建筑风格的主流:现代 or 复古	主题源于我们平时的一次讨论:古典建筑中浮雕等繁杂的装饰对当今建筑有没有借鉴意义;在我看来,这已经不仅仅是完成一项作业,更多的是对建筑史中所学知识的运用,让我们更好地理解和学习,提高我们学习的兴趣; 在完成一辩稿的过程中,通过资料查询,对现代主义建筑有了更加深刻的印象,了解了勒·柯布西耶和安藤忠雄的更多建筑与思想;对以后设计有了更多想法,让设计更加贴合人的生活
	复古主义 VS 现代主义	选题主要源于对勒·柯布西耶的崇敬……在一轮轮辩答中,更加深刻明白建筑这门学科没有明显的对错,只有合适与不合适,我们评判时要去结合其时代背景与特点,历史在不断发展,建筑亦是
	解构主义 VS 结构主义	外建史带领我们畅游在世界历史长河中,从人类开始建造居住地开始,再到近现代建筑思想的激烈碰撞,纵观了建筑起源和未来发展趋势,小组作业的多种形式与主题恰恰展现了建筑领域的特点:开放形式与包容特点。我们小组采用辩论的形式来辨析解构主义和结构主义;我从中学到了很多,因为它和我的民宿设计主题有相符之处,帮我理解了我的设计,这种开放的学习形式非常有意义,帮助我们打开视野;在辩论的准备过程中,我查阅资料,学到了很多书上没有的东西,也让我对枯燥"历史类"课程的态度大大改观,从消极参加只为考试取得成绩,到积极主动学习课内知识、拓展课外知识。我也有关注其他小组的"衣说建筑",看到他们制作出的精美衣服,我也很感兴趣,在学习的同时,也提高了自己的动手能力

作业类型	作业题目	学生感言
衣说建筑	致敬圣保罗教堂	非常喜欢小组作业二,因为作业形式丰富,让建筑史这门课程也更加立体鲜活地呈现在我们面前;我们小组选择了"衣说建筑"的形式,用服装来致敬圣保罗大教堂,尝试从另一种角度了解圣保罗,同时也加深了我们对其形式的理解,艺术都是相通的,把建筑融入服装不是天马行空的想法,建筑本身的线条美和对称美都可以融入服装设计。很开心通过这次作业做了一次跨界设计师!
	洛可可 VS 未来主义	用衣服来表达建筑的内涵,这对于我们来说是一次新的机会、新的尝试、新的体验;由于从没接触过服装设计,我们对服装和结构设计仍停留在懵懂阶段;在制作洛可可风格服装时遇到了难题:裙撑如何支起来? 如何在厚重布料的覆盖下依然挺立? 经过多番尝试,我们将 3 股铁丝拧在一起解决了单根铁丝易弯的问题;为了避免裙撑塌瘪,用 12 个支撑点去固定上中下 3 个大小不同的圈,这就好像穹顶的肋,均匀受力把裙子支撑起来……在定稿和制作期间,搜寻了很多资料,不仅让我了解和认识服装结构设计,也成功的让我记住了洛可可和未来主义,受益匪浅
角色扮演	新建筑运动下的思潮交锋	通过剧本素材的搜集,详细了解了戈特弗里德·森佩尔、卡尔·弗里德里希·申克尔与皮埃尔·弗朗索瓦·亨利·拉布鲁斯特 3 位大师的生平与思想;他们对于新事物的追求与表达出的大胆创新想法和展现的人文关怀是这次最大的收获;一位优秀的建筑师往往具有高度的使命感,这样设计出来的建筑才有温度,才能打动人;
		经过初期选题的困难后,我们选定了新建筑运动,因为它有足够的深度,是一个具有明确性的历史事件……在拍摄过程中,我们也比较开心,除了做海报有点费劲外,这个作业我们乐在其中,对 3 位大师和这一重大历史时期的相关事件也有了比较深刻的了解,感觉建筑学也确实是寓学于史
经典再现	赖特的建筑思想与作品赏析	完成视频剪辑时,需要找大量的视频素材、背景音乐、解说文案……从几十个素材中组合成短短几分钟的视频带给了我们很大的挑战,正是经历了这个过程,我们才能在全面了解后选择自己所倾向的方面;这次作业我们经历了找材料—提取关键—再组合的过程,也就是老师所说的"先把书读薄,再把书读厚"的过程
	津味教堂	出去走走总是好的;为了强迫自己摆脱课业压力和懒惰心理,走出去学建筑,我们选了一个旅游体验的选题,抽时间逛了一遍天津主要的教堂;遗憾的是,因为疫情不能一睹教堂的内部风采;如果下学期中建史也有类似的作业的话,我们或许可以考虑一下"天津寺庙之旅"
	文艺复兴与人文主义	这次作业在小组分工时,我主动要求做海报(不擅长项目)……挑战自我后发现:只要想做,没有做不到的事情,只要善于听取别人的建议,自己也能得到不一样的惊喜

5 结语

创新是民族进步的灵魂,是国家发展的动力。"外国建筑史"课程以学生为中心、以思维意识为导向的教学改革,从课程作业设置的多元化入手,借助丰富的教学方法,将课堂上以老师为单一主角转变为老师与学生并重的教学模式,为学生的主动学习提供了平台,让学生参与到课堂的教学讨论中,提高了课堂生动与互动的融合,展示了学生个性与专业的碰撞,提升了学生的参与感和获得感,激发了学生的内生动力,让学生更加热爱建筑学。

主要参考文献

[1] 叶琳,米俊魁. 国家创新驱动发展战略背景下省属高校双创教育发展的瓶颈与突破 [J]. 当代教育科学,2020 (2):64-70.

[2] 丁晓蔚. 我国高校创新人才培养中的课程建设:主要症结与改革走向 [J]. 江苏高教,2020 (4):41-44.

[3] 陈薇. 意向设计:历史作为一种思维模式 [J]. 新建筑,1999 (2):60-63.

[4] 王凯. 作为思维训练的历史理论课——"建筑理论与历史Ⅱ"课程教案改革试验 [J]. 建筑师,2014 (3):28-35.

潘卉

三江学院建筑学院：panhui_sj@qq.com

Pan Hui

School of Architecture，Sanjiang University

"针灸式"思政教学法在建筑设计课程中的应用
——以本科三年级为例 *

Application of "Acupuncture" Ideological and Political Teaching in Architectural Design Course
——Taking the Three-grade of Undergraduate as an Example

摘　要："针灸式"课程思政教学法以学生能力的培养为导向，将建筑设计教学过程视作有机整体，厘清教学脉络，找准教学痛点（"祛病穴位"），从而达到激活教学主体的内驱力，激励学生产生学习的内动力和主动性的根本目的。文章从设计课程建设思路、疏导和活化策略，考核和反馈方式等方面详细介绍了相关改革情况，为专业课程的思政教学提供了参考。

关键词：针灸；课程思政；教学痛点；疏导活化；学习能力

Abstract：Guided by the cultivation of students' ability, the ideological and political teaching method of "acupuncture and Moxibustion" course regards the teaching process of architectural design as an organic whole, clarifies the teaching context and finds out the teaching pain points ("disease eliminating acupoints"), so as to achieve the fundamental purpose of activating the internal driving force of the teaching subject and encouraging students to produce the internal driving force and initiative of learning. This paper introduces the relevant reforms in detail from the aspects of designing curriculum construction ideas, dredging and activation strategies, assessment and feedback methods, which provides a reference for the ideological and political teaching of professional courses.

Keywords：Acupuncture；Curriculum Thought and Politics；Teaching Pain Points；Dredging and Activation；Learning Ability

1　针灸式思政教学法的含义

作为一种"内病外治"的医术，针灸指中医体系通过经络的传导作用，对身体的痛点或特定穴位施以针刺艾灸法，以点带面治疗全身疾病。在本科建筑设计课的教学过程中，学生对特定的教学重点、难点知识技能把握不到位，往往会牵制整体教学活动的顺利进行。其原因在于学生尚未形成科学的方法论和正确的价值观，也就是缺乏足够的内动力——即"内里"的认知体系不够健全，从而导致一系列教学痛点的"外在"表现。

"针灸式"课程思政教学法以学生学习为主导，将建筑设计教学过程视作一个有机整体，充分提取课程教

* 项目支持：建设成果——2021年江苏省"一流课程"，研究课题——2三江学院课程思政建设研究项目（项目编号：SZ21005）。

学中蕴藏的思政资源，理清各个阶段的教学脉络，找准教学痛点，将其视为"祛病穴位"，通过一系列针对性切入，在尊重学生自发性思考和实践自主性的前提下，将价值引领和知识传授有机融合，疏导和活化该教学环节的痛点，并进一步辐射蔓延，最终激活整个教学的思政内核，激励学生产生学习的内动力和主动性。

2 专业课程思政总体建设思路

在新工科背景下，融入工程教育认证标准的建筑学人才培养目标充分体现了"从知识传授到能力建构"的教育观念的转变，而这要求学生具备学习的主动性和内驱力，所谓"授之以鱼不如授之以渔"。而除了在专业层面"授之以渔"，还要在思想素养层面"授之以德"。以完备的专业课程思政内核作为学生学习内驱力的能量来源，才能助其实现更高阶的学习目标。根据建筑学专业的特色，将建筑学人才培养思政目标划分为三大条八小点，即专业"一阶思政指标"（表1）。分析现有课程

体系，结合建筑设计课程教学内容和特色，选取关联度高的一级指标点若干进行细化，从而形成系统的课程思政目标，即"二阶思政指标"（表2）。

**基于工程教育认证标准的建筑学
人才培养要求和专业思政一级目标　表1**

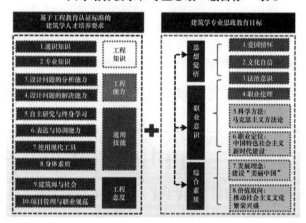

课程目标与人才培养要求及思政培养目标的对应关系（建筑设计3为例）　表2

人才培养要求（工程教育认证标准）			思政培养目标		
一级指标点	二级指标点（课程目标）	一级指标点		二级指标点（思政目标）	
2. 专业知识的掌握	掌握建筑学的设计表达方法；掌握建筑设计的基本原理与知识	课程目标1	2. 文化自信	重视优秀文化的历史传承，具有人文精神和使命感	思政目标1
3. 设计问题的分析能力	能够应用建筑学的基本原理，识别、表达、并通过文献研究分析复杂工程问题，具体包括识别与判断、正确表达、寻求解决方案，获得有效结论等方面的能力	课程目标2	3. 法治意识	对我国建筑领域内现行的法律规定以及专业与法律两者之间的相互影响关系有清楚认知	思政目标2
4. 设计问题的解决能力	具有根据相关知识和要求，进行调查研究、提出问题，分析问题，解决问题并完成设计方案的能力	课程目标3			
9. 表达与协调能力	具备图形、文字、口语等表达设计的综合能力。具有一定的与工程项目相关的组织、协调、合作和沟通的能力，以及较强的组织和团队协作能力	课程目标4	5. 科学方法	提升运用马克思主义立场、观点、方法分析和解决问题的能力	思政目标3

3 "针灸式"思政教学法的策略

3.1 教学框架的改革和优化

建筑设计课程大多以8周为一个教学周期。传统授课模式通常经历三轮草图——定稿图——正图点评即完成一个课程设计作业。该模式以知识传授为主，考评方式相对单一。为适应新工科对人才培养的要求，全面考核学生综合能力与素质，对课程架构优化如下：将课程根据训练目的拆解为四个阶段：调研分析、绪论开题、方案设计以及评图汇报阶段，分别确定阶段性的教学、

思政目标。设立以问题和任务为导向的教学情景，以考察、研讨、交流、汇报等多种教学方法强化学生在教学过程中的主导地位。新的教学框架使教学体系更加完善，脉络更加清晰，在教学互动中有利于及时发现学生的薄弱环节，即找准教学痛点（表3）。

3.2 教学痛点的定位、疏导与活化

以"承上启下"的三年级建筑设计课程为例，其设计任务的规模和难度、阶段目标的复杂程度显著提升，学生从"入门"阶段向"拓展提升"阶段过渡，专业素

融合思政内涵的建筑设计课程能力培养目标及对应的教学环节设置　　　　表3

课程名称			建筑设计3	阶段目标
序号	教学内容	学时	教学要求	教学目标 思政目标
1	调研分析	4	(1)场地和实例的实地调研,分析收集到的信息	课程目标 2/4
			(2)对个人和团队合作任务的执行力	
			(3)树立设计的大局观:感悟建筑作为环境因子,受制于环境并且反作用于环境	思政目标3
2	绪论开题	10	(1)建筑设计的一般程序:掌握该建筑类型的设计流程,原理和方法	课程目标1
			(2)资料的搜集:文献检索、文献综述、案例积累	
			(3)设计手法的吸收:抄绘和分析,手绘,记录方式	
			(4)树立正确的价值观和文化自信,建设美丽中国的使命感	思政目标1
3	方案设计	35	(1)设计理念的创新和追求:情感体验、观察分析、设计体现	课程目标3
			(2)对设计流程的系统掌握,对设计矛盾的正确取舍,对设计原则的理解和实践	
			(3)对设计进度的把控,对建筑规范的重视,对设计细节的追求,对制图准确度的把握	
			(4)掌握科学的工作方法和逻辑思维方式	思政目标 2/3
			(5)培养遵守规范法则和技术标准的工作意识	
4	评图汇报	7	(1)口头表述的条理性、善于聆听和沟通	课程目标4
			(2)ppt制作质量,图纸分析表达能力和排版	
			(3)展示时间控制,团队成员现场配合默契	
			(4)通过VR虚拟实验手段,分析方案主体和周边环境的关系	
			(5)掌握系统的方案汇报流程,能在评图展示中通过交流和比较进行有效的反思和改进	思政目标3

质尚在完善中。分析学情存在的问题,可概括为"设计过程顾此失彼、分不清主次;教学重点、难点把握不到位"的现象。根据对各个教学环节成果的考评和分析,对各阶段教学痛点分别进行归纳(表4)。在系统地总结教学痛点问题之后,深入挖掘专业课程中的思政元素,结合教学重点难点,以微课专题、实地调研、分组作业等多种方式充分调动学生的探索欲,发挥主观能动性去解决预设的任务。通过上述手段,让教学痛点的疏导与活化方式与能力进阶训练紧密联系,从而使价值引领与知识传授得到有机融合,使教学体系获得思政的内动力。

针对教学痛点进行疏导活化并形成思政内动力的模式(建筑设计3—"文脉"启动的博览建筑设计)　　表4

阶段	教学痛点定位	疏导与活化的方法	思政内动力的形成
阶段一:调研分析 (约0.5周)	缺少从城市和历史的视角看待建筑环境	预设建筑类型演变史、基地人文历史资料、任务场地环境的资料查找任务;将调研地块结合南京城的背景下进行历史、文化、城市规划等层面的分析;调研除常规拍照、测绘等记录方式,强化观察、访谈等方式,以便对场地功能和服务对象的需求进行分析归纳,提取场地重要元素	①培养自主学习的能力和意识; ②树立从城市和发展的眼光看待建筑环境的正确视野
阶段二:绪论开题 (约1.5周)	缺乏发展和辩证的眼光看待社会环境对建筑的塑造作用。案例分析单纯追求形式,缺乏深层次剖析	理论学习:spoc自制微课＋国家政策解读——强化对环境的认知;经典案例的正反面对比和大师案例解析强调文脉的重要性;案例分析示范——启发式讨论——学生交流,循序渐进强化对"文脉"概念的吸收; 　　分析构思:以小组汇报交流和个人作业的形式完成对场地环境分析、文脉挖掘以及优秀案例学习的任务。通过对主题相关历史构筑物的"点阵"地图绘制,对基于地块环境剖断面分析视觉和天际线关系,对具有当地历史文化特征的建筑元素的总结;案例分析及讨论,环境模型制作和方案设计实现文脉在设计中的实践(能力进阶)	①掌握正确的设计分析方法; ②认识到设计"接地气"的必要性; ③树立"文化自信"、建设美丽新中国的使命感

阶段	教学痛点定位	疏导与活化的方法	思政内动力的形成
阶段三：方案设计（约5.5周）	设计要素主次不分，顺序颠倒。缺少平面、造型同步考虑的协调力	将工作模型结合大范围基地环境（含城墙、护城河、山体、相邻重要建筑节点等）进行方案构思的讨论，要求方案从始至终能清晰呈现建筑与场地环境及场所文脉的联系，模型能体现与周边环境的良性互动以及对地域历史文化的呼应关系强调从环境到建筑	具备整体到局部的设计逻辑思维，提升运用科学的马克思主义立场、观点、方法分析和解决问题的能力
阶段四：评图总结（约0.5周）	图纸表现表达不够深入。汇报思路欠清晰，框架结构欠合理	以分组讨论、微课专题、线下公开评图、App跨校交流等形式，对课程作业进行全过程、全方位的评价和反思；通过案例和作业比较，虚拟仿真模拟等方式对建筑的价值取向，建筑与环境的关系等教学痛点问题进行回顾和归纳总结	探讨和塑造正确的职业价值观；认识到传统文化既强调延续，也应坚持创新的探索

3.3 评价与反馈机制的优化

有别于"自上而下"灌输知识的传统教学模式，针灸式思政教学法更关注学生"自下而上"的学习需求，体现了以教学成果为导向的OBE新型教学理念。

1）过程评价

评价方式除了常规方案草图互动，还强化了课堂学生汇报和小组观摩等多种考核和反馈形式。团队工作环节增加团员自评和互评内容。

结合设计课程具体内容，针对教学痛点和学习难点，开设慕课SPOC线上微课学习、测验与讨论环节，学生可以根据兴趣方向和学习薄弱点进行"点单"式自主学习。在课堂上，教师会根据看图时学生的认知漏洞，一对一定制针对其薄弱点的小作业。通过回收作业，评价笔记，平时成绩奖励等反馈方式，真正做到了全程全方位覆盖的教学痛点疏导。

2）结果评价

结果评价包括设计图纸和答辩汇报环节。课程组联合东南大学、南京工业大学、东南大学设计院等同行院校单位，参与开发使用专业评图工具"每刻"App软件，从而增强院校、用人单位交流，促进思政外延的推广。

4 "针灸式"思政教学法的特点

4.1 目标明确，以点带面

有别于教师单方面自设思政映射点的常规手段，"针灸式"思政教学法强调师生共同参与，以及全程全方位的反馈和评价。因此，所有的教学活动均为有的放矢，环环相扣。而教学痛点的疏导活化将修复学生的学习"短板"，有助其梳理和优化专业认知体系，并形成内动力，彰显了以点带面的建设效果。

4.2 同向同行，因势利导

所谓"同向同行"，指思政目标与专业高阶学习目标（即学习能力提升）方向一致。通过目标预设、评价激励的方式提升学生斗志，达成专业水平和综合素养双赢的效果。

教学痛点的疏导和活化手段可以因势利导，紧扣时代发展脉搏，例如关注人口老龄化等社会焦点问题，结合当代人工作与生活的变革，切实思考社会需求。从而启发学生立足当下、根植社会，潜移默化加强学生对社会不同人群的共情能力，提升职业使命感。

4.3 因地制宜，因人而异

结合教学进度和课程需求，融合思政内涵制作系列专题微课作为课外拓展，内容可关联不同专业课程以及职业方向。学生可根据自身学情，因地制宜，按需索取，查缺补漏，也可以根据兴趣方向拓展学习。

借由一对一指导的模式，教师在课堂上的教学侧重点可以因人而异，具有极强的针对性。教师的以身作则、示范式教学以及对学生的个体关注，也是潜移默化的思政教育，让学生亲其师而信其教，从而形成教学的良性循环。

5 结语

针灸式思政教学法并非机械的"头疼医头、脚疼医脚"，也并非"1＋1式"专业教学和思政教育的捆绑叠加，而是以专业教学的实际需求为导向，以社会和人的关系为纽带，通过教学内容的引导，教学方式的影响，教师自身的示范，帮助学生加强专业认知和自我修养，通过全程、全方位的教学反馈和痛点疏导，打通专业教育教学的整体脉络，由内而外焕发学习自主性和活力，是一条值得探索的高校专业思政教学新路径。

主要参考文献

[1] 邵郁, 孙澄, 薛名辉, 邢凯. 工程教育认证与专业评估双重驱动的建筑学专业教育标准研究 [C]//全国高等学校建筑学学科专业指导委员会, 深圳学建筑与城市规划学院. 2017 全国建筑教育学术研讨会会议论文集 [C]. 北京: 中国建筑工业出版社, 2017, 10.

[2] 习近平主持召开学校思想政治理论课教师座谈会强调: 用新时代中国特色社会主义思想铸魂育人贯彻党的教育方针落实立德树人根本任务 [N]. 人民日报, 2019-03-19.

[3] 王薇, 王甜, 左丹. 建筑学专业思政元素融入专业课程的建设实践研究 [J]. 城市建筑, 2020, 17 (28): 124-126.

[4] 尹东衡, 黄春华, 蒋新波. 基于学生综合能力培养的《建筑设计》课程研讨式教学方法研究和实践 [J]. 科技经济导刊, 2020, 28 (31): 78-79.

[5] 李维, 张靖宇, 姜秋实, 朱天伟. 应用转型背景下建筑学实践教学"思政本源"的探索与实现途径 [J]. 高等建筑教育, 2021, 30 (1): 173-181.

王益

合肥工业大学；wangyi@hfut. edu. cn

Wang Yi

Hefei University of Technology

耦合思政教育与能力培养的"建筑美学"教学模式研究 *

Research on the Teaching Mode of Architectural Aesthetics Coupling Ideological and Political Education and Ability Training

摘　要：针对"建筑美学"课程理论性强、实践性弱的特点，以思政教育为主线，以能力培养为目的，将思政教育与能力培养有机结合，融入教学模式设计中。思政教育上，将道德教育、知识教育和审美教育相结合，用建筑讲好思政故事。能力培养上，以线上、线下和实践教学为平台，激发学生的主体思考意识和学习主动性，培养学生审美能力、创新能力、交叉能力等综合能力。

关键词：建筑美学；思政教育；能力培养；综合能力

Abstract：In view of the strong theoretical and weak practical characteristics of architectural aesthetics, taking ideological and political education as the main line and ability training as the purpose, the ideological and political education and ability training are organically combined into the design of teaching mode. In terms of Ideological and political education, combine moral education, knowledge education and aesthetic education, and tell ideological and political stories with architecture. In terms of ability training, take online, offline and practical teaching as the platform to stimulate students' subjective thinking consciousness and learning initiative, and cultivate students' comprehensive abilities such as aesthetic ability, innovation ability and cross ability.

Keywords：Architectural Aesthetics；Ideological and Political Education；Ability Training；Comprehensive Ability

1　"建筑美学"的课程特点

1.1　课程要求

"建筑美学"是一门建筑学学科的理论课程。要求通过学习，掌握建筑美学基本原理，能运用相关理论进行建筑认知、分析和欣赏，提升审美能力和素养。

1.2　课程特点

"建筑美学"作为专业辅修课程，相比于其他核心课程，除了具有内容开放、方法交叉等特点外，还具有以下两个特点。

1) 理论性强

"建筑美学"是建筑学与美学的交叉，但美学理论

*项目支持：安徽省质量工程项目（2019mooc024；2020jyxm1479）。

理论性较强、晦涩难懂。[1] "建筑美学"不仅涉及建筑学本学科的理论，还涉及美学、心理学等其他学科理论，知识较为抽象，多为共性理论问题，结构体系严密，不利于开展思政教育。

2）实践性弱

建筑学专业学生思维活跃、创造力十足，普遍动手能力强且重视实践和体验环节。[2] 而社会发展要求学生具有具备敏锐的观察能力、敏捷的分析和判断能力、独立解决实际问题的能力，科学的思维能力以及创新的欲望和意识。[3] "建筑美学"以理论思辨为主，实践操作相对较少，其教学设计能够培养思维能力，但缺乏对其他能力的培养。

2 教学模式设计

2.1 基本思路

"党的十七大"提出："坚持育人为本、德育为先"。[4] 新工科建设则要求将学生培养成为具有"形而上"观念、使命感和价值感、空间感、关联力、想象力、宏思维、批判性思维的新一代工程师，[5] 具有品德正、能力强的复合人才。

本课程教学设计适应于新工科建设要求，以思政教育为主线，以能力培养为目的，融合线上、线下和实践教学模式，提升其综合能力。

在思政教育方面，坚持"以德为先"，融入社会主义核心价值观，用"建筑"讲好思政故事。引导学生树立正确的审美观、世界观和价值观，增强民族自豪感、文化自信心，培养学生专注、坚持、坚毅等优良品质。

在能力培养方面，贯彻以能力为导向的一体化人才培养体系建设目标，培养学生创新能力、交叉能力等综合能力。对接新工科建设要求，强调实践性、交叉性和综合性，培养学生理性结合感性、运用学科交叉分析和解决问题的能力。

2.2 教学模式

课程总体教学模式见表1。

总体教学模式 表1

思政教育	能力培养	教学内容	融入方式	教学方法
职业操守 坚定信念 脚踏实地	学科交叉 开放思维 拓展思维	1.1"建筑美学"课程简介	以"建筑美学"的课程特点说明学科交叉和开放思维的重要性	网络调查 理论建构
		1.3 建筑的美学内涵	以"空中花园"到"空中城市"为讨论点，比较浪漫与现实差异，强调理性思维与感性思维、基础的重要性	平台讨论 案例教学
		1.4 建筑三要素	以中国和西方古代建筑要素比较，说明"正德为先"和"以人为本"的意义	课堂教学 概念比较
			以卢浮宫扩建为例，说明工程实践中坚定信念的意义，强调不言放弃、坚韧不拔的重要性	平台讨论 案例教学
职业热爱 事业专注 精益求精	观察学习 类比研究 联想思维 创新思维	2.2 自然与建筑	在网络教学平台上推送"圣家族大教堂和高迪""自然建筑与限研吾"文章，引导学生提炼其中蕴含的积极精神，如精益求精、向传统学习	网文推送 案例讨论
		2.3 自然的审美意义	通过"网络微课堂"讲述赖特与流水别墅、西塔里埃森、约翰逊制蜡公司总部，启发学生观察、思考，培养类比、联想能力	微课堂 案例教学
爱国 爱家 中国梦 文化自信	审美能力 共情能力	3.2 文化比较与审美思考	通过布置课外作业"记忆中的建筑""我心中的地标"并在 App 打卡，培养学生共情能力，增强爱国爱家的感情	课外思考 App 打卡
		3.3 当代建筑思潮	以国家大剧院设计为例，说明尊重民族文化的意义，强调文化自信与共情能力的重要性	微课堂 案例教学
理论联系 实际 工匠精神 文化自信	协作能力 学会倾听 积极交流 批判思维	4.1 优美与秀逸	通过三维动画模拟埃及金字塔的演变，说明理论联系实际的意义，强调协同工作的重要性	三维模拟 案例教学
		4.3 灵巧与精微	以斗栱的灵巧与精微，引导学生重视传统工匠精神的传承	案例教学
		4.6 滑稽与丑陋	推送"十大最丑建筑"网文，讨论"美"与"丑"，对其进行批判和思考	网文推送 案例讨论

思政教育	能力培养	教学内容	融入方式	教学方法
健康心理 求同存异	审美能力 学会倾听 积极交流 团队合作	5.2 审美态度和情感	发放网络问卷，调查审美差异性与共同点，启发学生以宽容心理容纳他人观点	网络问卷
		5.3 观念、趣味与时尚	以小组模式讨论审美观，做出观念评价，让学生学会倾听、交流、合作	小组学习
爱校 与时俱进 中国梦	实地调研 审美能力 综合分析 创新能力 批判思维	6.2 形式与功能	以"最美的校园建筑"为题，实例体验、网络打卡并互评，引导学生关注校园、热爱生活	实例自学 网络互评
			通过"网络微课堂"和虚拟漫游讲述地域建筑，讨论形式意义，强调情感不超越法则	微课堂 虚拟课堂
		6.4 风格的意义	以现代主义建筑为例，说明事物发展的矛盾性，强调与时俱进与多维思考的重要性	网络讨论 案例教学
			以赖特与草原式建筑为例，说明创新的价值，强调调查与思考的重要性	网络讨论 案例教学
爱国 怀揣梦想 坚定信念 文化自信 责任感	创新能力 团队合作 实践能力 归纳能力	7.1 审美意象	布置"工大的色彩"作业，通过实地调研和小组讨论，了解建筑形式与文化传承	网络讨论 小组学习
		7.3 中国建筑审美意象 与文化传承	通过梁思成等发现佛光寺东大殿的过程，强调坚定信念的重要性	微课堂 案例教学
			通过贝聿铭、王澍的建筑创作活动，坚定文化自信，了解传承与创新	微课堂 案例教学

3 教学案例设计

3.1 教学内容与思政主题

案例选择为第7.3节，该节的教学内容为《中国建筑审美意象与文化传承》，思政主题为"怀揣伟大复兴中国梦，用建筑讲好中国故事"，通过三代建筑师与中国建筑的故事，将审美提升、能力培养与文化自信融入教学中，培养学生审美、创新、交叉等能力，引导学生树立理想和历史使命，增强爱国心、敬业心、自信心。

3.2 达成目标

1) 教学总体目标

一是了解真实、立体、全面的中国建筑。把握中国建筑整体风貌和审美意象。二是领悟中国传统建筑文化的深刻内涵。理解传统建筑技艺特征和工匠精神，把握中国建筑文化中的当代传承，体味中国建筑文化传承的内在价值。

2) 思政育人目标

一是培养爱国情怀，增强文化自信。通过学习中国建筑故事，领悟其中蕴含的中国品格、智慧和精神，培养爱国情怀，增强文化自信。

二是怀揣复兴中国梦，树立远大抱负。通过学习三代建筑师们心怀祖国、不懈追求、脚踏实地等故事，激发学生怀揣中国梦，树立远大抱负。

三是培养中国文化传承者。围绕建筑中的文化传承，培养学生富有中国心、饱含中国情、传承中国魂，自觉成为中国优秀文化的传承者。

3) 能力培养目标

一是提升审美素养。要求掌握建筑审美意象的基本概念，运用相关理论对建筑进行认知、分析和欣赏，提升审美能力和素养。

二是培养综合能力。结合实地调研、独立思考与小组讨论，培养积极思考、注重实践、交叉融合、交流协作、创造创新、总结归纳等能力。

3.3 内容设计

该节按教学目标和主题设计要求，设计教学内容框架（图1），具体教学过程如下。

1) 课前作业：学校梦

网络作业：以"学校梦"为题，调查学校（合肥工业大学）内的建筑风格、材料色彩、建造年代，查阅相关背景资料，分析其中的基本形式、建造技术等规律，完成 App 打卡。

2) 课程导入

（1）提问导入：建筑形式与目的、材料、风格、环境、背景等因素相关。如何评价学校建筑形式呢？请结合调研结果，小组讨论，绘制思维导图。

（2）教师提醒：请重点关注建筑形式与学校发展历

图 1　教学过程

史及文化传承的关系。

（3）小组讨论：围绕调研建筑，对形式与历史的关系进行思想碰撞，绘制思维导图。

（4）汇报展示：展示各小组思维导图，分析其材料、色彩等形式共同点和差异性，提出形式生产的影响因素及与文化传承的关系。

（5）教师总结：合肥工业大学从艰难初创到跃升重点，风雨兼程中却始终深怀"工业报国"之志，在漫漫历史长河中已逐渐走过了 75 年的时光。同学们经过细致调查，发现了校园建筑的审美特征，总结了形式规律，发掘了其中蕴含的历史文化内涵，了解了学校发展历史和建筑背后故事，值得肯定。希望在以后的学习生活中能留意身边的建筑，了解它们的背景，用建筑讲好故事。

（6）思政切入：党的十八大以来，习近平主席反复强调要"讲好中国故事"。从古代到当代，中国建筑保持了独特的风貌特征，蕴含着丰富的价值内涵，是彰显中国文化的重要承载物，用建筑讲好中国故事对于传播中国文化具有重要的意义。

今天我们将分别用建筑讲述三个中国故事，让我们从这三个故事中读懂建筑，读懂中国。

3）第一个故事：梁思成的中国梦

（1）网络教学：预习微信教学平台中"建筑赏析—佛光寺东大殿"节内容，结合背景阐述，了解建筑概况、技术特征和设计风格。

（2）导入故事：以"梁思成的中国梦—梦回唐朝"为题，讲述梁思成等学者们发现佛光寺东大殿的过程，反驳日本学者声称中国没有唐代建筑遗构的所谓"定论"。

（3）知识拓展：围绕东大殿，结合其他遗存唐代建筑，认识唐代建筑审美取向，讲解木结构建筑的独特性，分析其技术优势、审美内涵。结合名画《瑞鹤图》《清明

上河图》，分析宋代建筑审美取向，进行对比分析。

（4）思政切入：2012 年 11 月 29 日，习近平在参观《复兴之路》展览时说："每个人都有理想和追求，都有自己的梦想。现在，大家都在讨论中国梦，我以为，实现中华民族伟大复兴，就是中华民族近代以来最伟大的梦想。"通过梁思成等发现东大殿的曲折追梦过程，引导同学学习前辈们坚定信念、大胆求索、脚踏实地、热爱祖国、树立理想，探索未知等优秀品质。

（5）内容承接：优秀传统文化是"文化自信"的永恒根基，是中国创造的力量所在。"中国有坚定的道路自信、理论自信、制度自信，其本质是建立在 5000 多年文明传承基础上的文化自信。"党的十八大以来，习近平曾在多个场合提到文化自信。只有坚守优秀传统，坚定文化自信，才能在世界变迁之中屹立不倒。作为文化承载物的中国建筑也应当传播当代中国价值观念、体现中华文化精神、反映中国人审美追求。

4）第二个故事：贝聿铭的中国梦

网络教学：要求学生借助网络检索，以"贝聿铭与中国风"为主题，了解其代表作品和设计风格，为主题发言准备。

（1）导入故事：以"贝聿铭的中国梦—我是苏州人"为题，介绍美籍华裔建筑师贝聿铭，他虽然声名卓越，却始终说"我是苏州人"。

（2）核心故事："我企图探索一条新的道路，在一个现代化的建筑物上体现出中华民族的建筑精华。"通过这段话，讲述贝聿铭与"最亲的小女儿"—苏州博物馆的故事，以"中而新、苏而新"为设计宗旨，将中国元素与现代几何相结合，将现代精神融入中国文化。

（3）小组讨论：以"贝聿铭与中国梦"为主题，讨论其作品中的中国风格及中国情结。各小组推荐一名同学代表讲述。

（4）思政切入：通过贝聿铭先生成长及作品故事，学习其中蕴含的华人对祖国和家乡的热爱，学习贝聿铭严谨、坚持、执着、创新的工作态度，以及互融、灵活、变通的工作方法。

（5）内容承接：像贝聿铭一样，中国建筑师们在文化传承方面不断探索，表现为：一是强调"与古为新"，即在汲取传统精髓的基础上，进行新的创造。二是"与时俱进"，即在面对时代变革时，保持调整和变化的适应性。

5）第三个故事：王澍的中国梦

（1）导入故事："中国建筑的未来没有抛弃它的过去。"导入王澍"寻找中国建筑的魂"的故事。

（2）核心故事：由中国美院象山校区、宁波博物馆

等切入，结合《造房子》，讲述王澍的中国梦——对中国传统文化的思考和探索。

（3）思政切入：王澍对传统文化的探索得到肯定，与其深厚的传统文化素养有关，也与其沉潜、执着等内在品质有关。同学们要学习其潜心学习、积极思考、认真执着、不断探索等优秀品质。

（4）课外拓展：结合网络，了解其他作品，并鼓励同学们自发组织网络小组辩论。

6）课程总结：我的梦

（1）思政切入：以"我的梦——寻找内心的话语"为题，讨论如何结合自身学习，践行"中国梦"。

（2）教师总结：习近平总书记说过："中华民族伟大复兴的中国梦终将在一代代青年的接力奋斗中变为现实。"我们要坚定文化自信，树立远大理想和历史使命，做一个爱国、敬业、自信、踏实的"中国梦"践行人。

4 案例成效与教学反思

4.1 案例成效

案例采用"故事讲述"的轻松引入方式，将思政教育潜移默化地融入课程中。实地调查、亲身体验、小组学习和互动讨论的方式，调动了学生的自主学习意识，提升了审美观察、判断分析、归纳总结等能力，学习效果良好。而雨课堂、平台学习、App打卡等方式，让学习方式不再单一和枯燥，变得更加多元和有趣。

同学们积极参与教学活动，在作业中表达了对祖国、学校、家乡的关注，形成积极的情感态度和价值观。有同学游览莫高窟后感慨其"是一个很包容的灵魂，你可以毫无准备地走近它，折服于它的历史，赞叹它的精美。"有同学在参观中山陵时发现"整个陵园就

像一口警钟，提醒后人不要忘记为祖国奉献自己的力量，要把革命先辈们那种忧国忧民、为国奉献的精神发扬光大。"有同学在参观完钱学森图书馆后感慨："不要抱怨生活，学会热爱生命，活出自己的价值！"

4.2 教学反思

一是教育应"以德为先"。"建筑美学"是一门"美育"课程，课程将"德育"和"智育"融入"美育"课程中，促进学生树立高尚情操和正确审美观，培养学生理性结合感性、运用学科交叉分析和解决问题的能力。

二是教育应"以情感人"。课程采用引导＋自助模式，将知识点打散，灵活运用"讲故事""打卡""体验"等方式，将知识、方法与情感相结合，揉入价值观引导，综合塑造情感个体。

主要参考文献

[1] 蔡良娃，曾坚，曾鹏. 建筑美学教学方法思考与探索[J]. 高等建筑教育，2013，22（3）：95-97.

[2] 周雪帆，陈宏，管毓刚，丁德江. 基于建筑学学生思维特点的实践性建筑物理教学初探[J]. 华中建筑，2018，36（9）：111-114.

[3] 王银辉，王小荣. 论土木工程专业学生综合能力的培养[J]. 重庆交通学院学报（社会科学版），2003（S1）：19-20.

[4] 黄蓉生. 大学生思想政治教育的时代要求[J]. 高校理论战线，2008（3）：43-46.

[5] 石雪飞，李珂. 传统工科课程在新工科建设要求下的改革[J]. 教育教学论坛，2020（3）：80-82.

服务国家战略与建筑学教学改革

唐斌

东南大学建筑学院；344354799@qq.com

Tang Bin

School of Architecture，Southeast University

地形学双重维度下的设计教学研究
Research on Design Teaching under the Dual Dimensions of Topography

摘　要：当代建筑地形学（Topography）的两个学理基础是后结构主义与现象学。这两个学术框架自身就极其复杂和庞大，在实际教学与操作中较难直接使用而依赖于对该方法体系的深度研究，并在教学中转化为课题的设计与目标的设置。本文结合2022年度"江南营造"设计课题教学环节的回顾，对其中的关键学术理论与教学方法进行梳理，并对基于空间构成与知觉现象学的地形学设计教学方法作系统性地呈现。

关键词：地形学；后结构主义；知觉现象；空间构成；江南营造

Abstract：The two foundations of contemporary topography are post structuralism and phenomenology. These two academic frameworks themselves are extremely complex and huge，which are difficult to be used directly in actual teaching and operation. They depend on the in-depth study of the method system，and are transformed into the teaching design and goal setting in the design topic. Based on the review of the teaching links of the design project "Jiangnan constructing" in 2022，this paper combs the key academic theories and teaching methods，and systematically presents the teaching methods of topographical design based on spatial composition and perceptual phenomenology.

Keywords：Topography；Post Structuralism；Perceptual Phenomenology；Spatial Composition；Jiangnan Constructing

肯尼斯·弗兰普顿（Kenneth Frampton）将建筑设计的要素组成归纳为一种类同心圆结构，并根据各要素组成的相关性，将建筑设计总结为类型学（Typology）、地形学（Topography）和建构（Tectonic）地形三个基本框架。其中地形学设计方法在思维向度、研究对象、操作方法和表达方式等方面与另两种设计类型明显区别，更强调在特定地形地貌与建造技术下，建筑、景观，及地形相结合的整体操作。从而在空间特征与建造方式上与形态研究出发的出发文脉主义与地域主义加以界定。一直以来，与地形利用相关的设计课题更多地探讨形式语言、地形处理与场地的关系，这样模式正如黑

格尔所言，"当我们还在讨论概念的相互关系，我们尚处于概念的边缘，未进入概念的本质"。唯有在建筑学的空间本源层面，对当代地形学的学理基础进行解析，方能在价值取向的"道"与设计操作的"器"两个方面深达方法之内核。

1　地形学方法的学理框架

地形学的两个词义具有本质的不同。地貌学（Geomorphology）是研究地表形态特征及其发生、发展和分布规律，以便在人类的经济活动中，利用自然，改造自然，并与其所造成的灾害进行斗争的学科。地形学（Topography）则是建筑学意义上的地形学，是从建筑与土地的关系入手，在思想和方法，理论和实践中，借鉴多门学科，形成了跨学科（风景园林、地理学、心理学、社会学以及材料学等）的研究方向，早已突破了地球本身的地质构造和自然生物的覆盖所产生的基础地形学，潜移默化地从多个维度的综合实现空间的建构。从构词法来看，"Topography"由"Topo"（场所）和"graphy"（书写与表达）组成，意味场地中有意义的表达。首先，书写与表达什么是地形学需要回答的问题。在中国传统营建，"相地"是其中的第一个步骤，即通过对场地的选择，发现并利用其中最具价值，且最具建造可能的场地。在广大江浙皖地区，丘陵山川占据了绝大的地域范围，因此面对真实地形的建造成为一种必然，也带有选地与营造的朴素的价值导向——景观优越、环境良好、并具适应性的建造可能。其次，建筑通过什么进行书写是决定建筑设计策略的核心。相对于形态的模拟，或材质上的表达，空间作为建筑学操作中最重要的内核，其空间组织与呈现的逻辑与场地地形关系的一致性成为最好的书写方式。场地地形自有结构可循，建筑空间亦在组织中产生结构的意义。地形学中的结构契合，或者说恰当的书写方式，正是建筑的空间结构成为地形结构的表述，才使地形的特征得以更精准的体现。最后，在具体空间操作的"器"之背后存在着对人工环境与自然环境关系判断的"道"。通过对东西方代表画作中自然要素的呈现方式对比可以发现，在中国的哲学体系中，人工与自然是一元系统架构，相融与适配成为建筑空间应对自然地形时的选择与审美标准，并由此产生了朴素的设计"辩证法"。例如，如何传达建筑作为场地中的实体而形成的空间内与外关系，如何相对性地建立建筑尺度的大与小，如何利用空间手段建立室内空间的上与下等。广义地形学（Extended Topography）是地形学的另一个重要的拓展，戴维·莱瑟巴罗（David Leatherbarrow）认为地形学是一切建筑与景观科学的基础和背景，地形学的存在可以保证建筑和景观学科的彼此独立且相互结合。广义地形学将城市的物质空间系统、景观系统与自然地形地貌相联系，成为更具应用性的方法体系，也更具系统特征。各系统在地形统一下的相关性成为理解和操作空间生成的核心环节。

当代地形学受到后结构主义和现象学理论的影响，因此，这两个学理基础成为理解并操作地形学设计方法的两个有力支撑。

2 后结构主义维度下的地形学

结构主义是通过单元与单间的系统关系建立而构成

建筑空间体系的一种方法。相对于统合空间的构成方式，结构主义强调单元的自治，以及单元间的相关。谢德拉克·伍兹（Shadrach Woods）更将其视为一种可生长的系统，并由凡·艾克与赫曼·赫兹伯格等人发展到新的高度。后结构主义之于地形学并非是对结构主义的颠覆，而是在地形条件下单元空间的重构。典型的结构主义单元之间通过伍兹的"茎、干"系统（交通结构）强化单元之间的联系效率，从而使建筑的空间结构得以形成。地形重构下的空间构成方式则体现在单元在三维地形状态的配置，以及依据地形，与单元产生多重空间关联的空间构成线索两个方面，并在地形学的运用中体现于以下四点。

2.1 单元

在地形敏感区域，首要应对的设计问题就是合理建立建筑的尺度系统。相对于统合空间体系，拆解为单元的操作方式能够更为有效地适应地形的变化，并控制建筑的体积，并在可感知的状态下对整体环境下的建筑容量进行感知层面的控制。良好的单元组织结果可产生两种不同的知觉容量变化：在外，拆分后的建筑大大缩减对建造环境的压迫性，使得建筑显现出相对性的"小"；对内，单元之间的空间相互渗透，扩大了单个空间的容量边界，使得每个空间拥有超乎自身体积的"大"。

2.2 "空"

"空"是一种特殊的单元，即将无形的虚空视为实体化的单元，并参与至单元间的组织序列，以建立建筑与环境之间更为友好的空间关系。"空"可表达为建筑单元之间的"留白"，既可能是单元间的院落，也可能是建筑内部黏合实体单元的公共性空间。"空"的存在使得实体单元有着更为微妙的组织关系，具有更为丰富的空间层次，从而也能更精确地修正建筑在地形环境中的尺度感。

2.3 提喻

提喻（Synecdoche）是一种文学修辞方法，意为指代。在设计中，场地内外不以建筑红线作为空间的分裂界面，二者本为一体，因此，场地以外的要素组成同样为设计提供有意义的参照与标定。园林中的借景即为地形学中提喻的诠释例证之一。提喻的使用与广义地形学在内涵层面相互贴合，将场地外临近且相关的空间单元视为空间线索的组成要素，能在地形学的时空框架层面建构起更为宏大、完整的叙事背景，从而为设计提供多条由外而内的空间组织线索，亦使设计具备更强的场地适应性。

2.4 空间构成

地形学方法以建筑空间对地形条件的回应作为检验的重要准则，即空间以地形的高程变化，以及空间对不同标高的景观要素组织作为空间呈现的线索，因此这种空间构成方式带有典型的三维特征，地形成为重新定义空间的一种积极要素，并且随着空间构成要素的逐一展开，空间线索亦具有了一种叙事性，空间特征由三维转向四维，静态的表达已无法完整呈现空间特质。在此空间序列中，存在若干关键的空间节点或转换点（Keypoint），起到推动空间发展的作用，是地形特征与空间特征的交汇所在，在这里能够同时体验到空间的内外、上下、单元间的空间递进，这样的空间我们将其定义为"主标高空间"。主标高空间是设计中最高质量的空间，也是室内空间与地形逻辑关系最好的表达视角。

伴随空间线索产生的还有在建筑空间中连续性的行为出现。在"原型"场地中的登、歇、眺望等观赏性行为演化为建筑空间行、驻、望等使用方式，空间质量的评价即可通过连续性行为的产生与发展过程的蒙太奇重叠进行，空间组织的期待即可借助于空间预设的知觉引导达成，空间的丰富程度即可凭借行为转换的多样性评价。

3 现象学维度下的地形学

如果说后结构主义为地形学提供了场地叙事的基本结构，那么现象学则为这种地形叙事提供了内容和文本的修辞方式。建筑现象学基于两个重要的思想领域：以海德格尔为代表的存在主义现象学和以梅洛·庞蒂为代表的知觉现象学。地形学中的现象学研究更倾向于后者，是从建筑空间与人感知系统的互动中发现并表达建筑对环境的相互关系。传统"相地"行为对场地的认知始于踏勘，终于营造，其中贯彻始终的是场地对身体知觉的保留，并在营造的过程中还原身体对地形的记忆，从而使其空间具备了部分地形的"原真性"。这种对地形的记忆和还原是一种身体的普遍反映，因而空间"编码"与"译码"具有共识特征，能够被公众理解、认知并接受。于此，地形变化中的各种修饰语义可被转译为建筑空间的描述语汇，二者在语言学逻辑层面具有了相通性。

3.1 上/下

上/下是地形学中最基本的空间标尺，也是人们以身体所处作为参照的空间定义。随着身体的移动，上下的空间关系发生改变，因而上/下的空间关系具有典型的辩证性，也成为地形学中最值得讨论的一组空间对仗关系。在上/下的空间关系中，绝少出现完全上下覆盖，

更多地呈现上下空间的部分套叠，或者大小空间的相融，因此最为精妙的"对角线空间"得以出现。同时，在这种关系中，"下"代表着因身体与地面接触而产生的意义中的"地"，而不全然是真实的地面；而"上"虽是地的另一种维度延续，却在空间认知中与"地"的概念脱离。这种定义上的模糊提出了地形学中另一个值得讨论的议题：通过"像地"一样的空间营建，可以重新定义地形学中的"地面"；也可以通过空间的多重定义，实现对单一空间的多重解读，从而使其空间具有更为丰富的发展可能。

3.2 轻/重

轻/重是伴随上/下关系同步产生的感知预判。一般而言，作为"下"的地与坚实、稳固等建造的功能性要求相关，如基石；作为"上"的上部空间则通过承接天空而将自身表达为上下之间的"中介物"，一方面与地锚固，另一方面借助结构作用实现对空间的覆盖而产生"房"的使用意义。而在真实的地形上下变化中，由于"地"的标高的连续变化，上下的相对性转变为轻重的相对性。与一般意义上的上轻下重不同，轻重关系的呈现取决于结构与空间逻辑的制定。最为典型的例证是作为基础一部分的地梁，本是基础结构的一部分，但随着空间的连续，延伸的地梁能够转为建筑的上部空间大梁，从而借助结构的轻重实现了空间连续性表达。而在悬空寺的案例分析中，上部结构的"重"才是实现自身结构稳固的唯一技术策略。诸如此类，结构与材料的有效组织突破了惯常思维逻辑的羁绊，突破了传统地形学建筑的"匍匐"姿态，也使空间与结构在一体性逻辑基础之上产生了多样性的创造可能。

3.3 内/外

传统的内外定义是通过设定明确的气候边界实现。而地形学中的"虚实"单元并置，以及空间辩证性的存在，导致空间内外的模糊。内部空间因知觉范围内"外"的存在而扩大了可感知的容量，外部空间因对内部空间的渗透，而使外部空间获得更为有趣的空间层次。当对目标物的登临成为地形建筑建造的目的，最好的空间设计策略之一即是使得到达的过程一如在初始场地中的行进，对于地形的描述与阐释转化为有意义的空间形态营造，基于等高线变化的空间魔术将这样的外部地形关系实现为层层递进的内部空间建构。简而言之，像经营地形一样经营内部空间是实现内外空间一体化最直白同时也是最为有效的方法。此时，内外之间的空间，如面向内院的檐下空间成为一种积极的空间中介，

以现象性的透明空间破除了物质性透明界面所形成的内外两分。

3.4 大/小

地形学空间设计方法的终极目标在于回答最为基本的营造策略——如何在自然环境中有效实现人工环境的楔入。古今中外对于这一命题的解答各异，但让建筑看上去对环境的干扰更小一点，总是个相对不错的选择。而对于空间的使用而言，在总量控制的前提下，又以能够适应更为多样的使用方式，并看上去大一点为宜。如此，空间操作通过单元位置的经营，单元空间的互动关系确立，虚实单元的并列，空间层次建立等不同方式获得从外而内，以及从内而外的知觉尺度修正，从而获得建筑设计中的尺度可控。

4 "江南营造"教学设计

本年度的"江南营造"课程选择在南京市的龙潭街道，基地地处宁镇山脉，作为典型的城郊待开发区域，龙潭街道尚保存着不同发展形成的空间痕迹。传统的金箔制作技艺，粗放发展时期的石矿开采，以及工业化时期对生活设施的不完备配置成为该区域的标识。课题将设计场地选择为主街南侧的锥子山北坡，这里是居民登山游览和健身的必经之路，但路径被现存建筑遮挡，空间的公共性严重不足。锥子山现有的景观结构被石矿开采行为破坏，目前正处于生态保育期。居民登山必经的半山平台设有社区健身设施，是居民日常使用较为平常的公共场所（图1）。教学希望通过建筑的楔入带动龙潭街道功能秩序的重建，并续接居民与山体的空间与行为关系。

图1　场地及山体现状

4.1 课程要求

在场地要求方面，课题拟拆除沿街的两栋多层住宅，打开山体临街界面，并与场地对面的政府服务中心形成空间联动。设计需在满足自身使用的前提下，提供居民沿外部及内部的两条长短流线到达半山的休憩平台，并能接续登山路径。在功能配置方面，课题设定游客中心、健身中心、社区健身中心三个功能单元，并通过学生的场地调研对功能单元的具体空间配置进行细

化。要求每个单元能够容纳一个480m²的高大空间，以及若干模数化的中、小空间，空间的高度根据功能使用要求定义，并具有充分的拓展可能（图2）。课题利用半山平台设定第四个空间单元，这里虽不属于设计用地范围，但需以类似的单元构成方式，将其纳入整体设计。在空间设计方面，课题要求尽可能地控制建筑密度与建筑高度，保证从街道与场地内观山的视觉连贯性。同时，建筑的空间设计需紧密结合场地的地形特征，可综合运用垂直等高线或水平等高线的两种空间设计策略进行空间组织，保证大空间之间的连续，以及必要的景观特征（图3）。在技术设计方面，课题要求建筑结构设计能突出结构体系的空间性特征，使其充分参与空间建构；在材料组织方面要求设计运用空间的上下二分特征，突出接地空间的"重"与上部空间的"轻"，避免建筑形态对场地形态造成压迫；在空间质量方面，课题要求充分研究地域性的气候条件，利用适应性技术措施解决采光及冬冷夏热的难题。

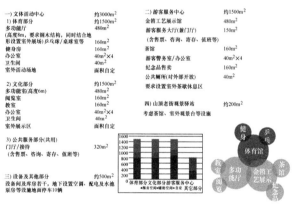

图2　模块化的功能组织模式

图3　场地的地形特征

4.2 教学方法

良好的教学效果基于明确而有效的方法积累。历经了 6 年的磨砺，"江南营造"设计课程总结出相对成熟的地形学操作理论与方法，并在教学中付诸实践。

首先，课题设置中预设方法的引导。例如，模块化的功能配置意味着空间单元组织模式的可能性；半山平台的设置意味着将设计研究的视域牵引至设计场地之外，在更为宏观与整体的角度探讨人群与山体之间的互动性；对单元内部的空间组织类型的研究，暗藏着大小空间在不同空间配置下与其他单元，以及外部空间结合的可能（图 4）。教学过程中，设计理论与方法的传授以学生自主的案例研读展开，避免了教条性的传授，通过学生亲历性的分析操作，得以充分的理解与掌握。

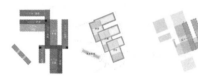

图 4 基于地形适应的单元组织研究

其次，课题的空间与技术设计均要求直面场地地形的知觉体验，为此，课程提出大尺度模型的操作方法。设计凭借草图和模型相结合的方式推进，并随着设计的发展由 1∶100 的场模，渐进至 1∶50 的建筑模型，进而操作 1∶50 的单元空间模型（图 5）。通过模型操作，传统计算机模拟中因不易被观察和体验而被忽视的微空间操作被强调，成为设计中必须客观对待的核心问题。同时，我们在教学中提出"角色扮演"的思路，学生以游历者的身份，体察并通过剖面与透视描述主标高空间及各关键节点的空间设计，要求在这些空间中能够体现与地形同步的空间变化及室内外关系。

图 5 设计不同发展阶段的模型操作

再者，课题强调在循序渐进中把控建筑空间的质量。基于后结构主义及知觉现象学的地形学方法将空间/场地组织与空间/体验一体化，能够获得真实且高品质的建筑空间。场地中的高程梯度，不同类型功能空间的高度配置均为空间研究提供了开放性的基础条件。空间设计操作分四步进行：第一步从建筑与场地的整体剖面设计关系出发，要求空间配置与地形特征的结合；第二步发展空间单元设计，推敲单元之间的组织关系，以形成空间的内/外，上/下关系，并进一步研究建筑空间与地形之间的内在关联；第三步操作强调对单元内部空间的研究，通过不同单元内部空间组织类型的确定，再进行单元组合的空间校验，以建立单元内部，以及单元之间的空间互动性；第四步则通过对结构体系的梳理，强化结构对建筑空间的暗示与引导，在这一操作中，结构体系的轻/重，以及空间的上/下被明确界定（图 6）。

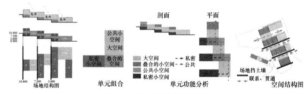

图 6 空间操作流程

最后，本设计课题讲求空间设计与技术设计的同步。"江南营造"的教学关注于如何在特定场地上实现适应性营建，因此在面对具诸如山阴阳地中大尺度覆盖下的采光，山地地表径流组织，山体土壤稳固，建筑微气候调节等问题时，均要求学生在结合空间使用与地形理性的基础上提出了相应的一体化解决策略。虚实相间的单元设计，院落或采光中庭的使用，可开启界面的引入，像"地"一样空间的出现，地梁与主结构的连续化处理等均可视为在操作中对上述问题的有益尝试，也是对课程主题的回应（图 7）。

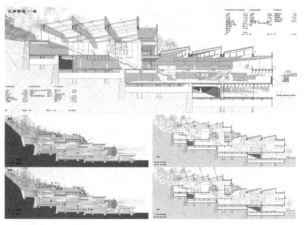

图 7 课程中的技术设计呈现

4.3 成果评述

一如山水图卷中的表达，古人在自然环境中的建筑营造，总能取地势而利其建，其背后的逻辑建立在人工与自然两大系统共存的辩证统一之下，此为地形学建筑的营建之"道"。与作为具体设计方法与营建技术的"器"相较，在地形学的设计讨论中，我们更愿意结合地形的自有结构顺其道而为之，一切称之为方法的设计操作均在回应如何将地形的特征与空间的建构同步，如何以建筑空间书写场地地形的"原道"。因此，对于教学成果的评价，抑或我们对基于地形学方法的设计研判在于空间构成中地形逻辑的清晰；在于建筑体量与自然环境的默契；在于建筑空间依山就势、内外融通的张弛有度；在于空间叙事中的层层推进，人景合一；也在于因地制宜、承古拓今的营造创新（图8）。

图8 内外合一的空间/地形一体

为此，"江南营造"课程一贯强调设计教学的研究性与设计操作的在地性，因为有了特定的地形约束和课题设计中的开放性，教与学在师生的互动中不断精进。或许，这些设计的成果并不张扬，也不前卫，但恰是我们理解中的地形学方法在设计教学中的最佳诠释。

论及结合地形的建筑设计，往往讨论的焦点往往趋向于地域性的建筑形式，抑或是具体的地形处理方法，建筑设计也在形式的导向下亦步亦趋。经过"江南营造"系列课程的研究与教学实践，我们发现真正的地形学设计问题核心在于空间和建造，唯有在空间的操作与技术建构层面回应了特定的地形特征，建筑的在地性，以及自有的建造属性才隐隐浮现（图9）。于此，基于后结构主义与知觉现象学的空间构成方式，空间感知与呈现相结合的表达方式成为主导地形学建筑设计操作由样式模拟至地形自觉的有意义的转变；也唯此，建筑与环境的有机契合可以成为当代建筑语境下的有意义主题，一方面，可以在地域性的建造传统中获得滋养，尤其是中国固有的人工与自然的一元体系内的辩证观奠定了中国地形学营造体系区别于西方的价值本体；另一方面，也凭借空间这一恒久性的国际性话语，使得我们的地形学的研究与教学在国际化的坐标系中觅得自身的位置，并使地形学下的建造获得国际性的话语。摆脱了形式、手法的模仿与约束，当代的地形学设计教学与实践也因方法层面的更新而寻得新的发展途径。为此，"江南营造"砥砺而行。

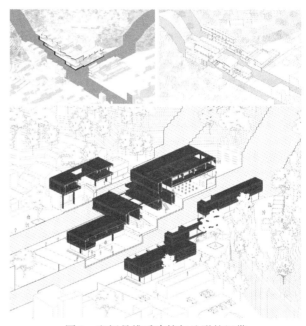

图9 空间是维系建筑与地形的纽带

主要参考文献

［1］ 唐斌. 走近本体的建筑教学实践——东南大学"江南营造"课程解析［C］//2019中国高等学校建筑教育学术研讨会论文集编委会，西南交通大学建筑与设计学院. 2019中国高等学校建筑教育学术研讨会论文集. 北京：中国建筑工业出版社，2019，10：460-465.

［2］ 童明. 空间神化［J］. 建筑师，2003（5）：18-31.

［3］ 冯琳. 知觉现象学透镜下"建筑—身体"的在场研究［D］. 天津：天津大学，2013.

［4］ （美）戴维·莱瑟巴罗. 地形学故事——景观与建筑研究［M］刘东洋，陈洁萍，译. 北京：中国建筑工业出版社，2018.

［5］ 葛明. 建筑群的基础设计教学法述略［J］，时代建筑［J］，2017（3）：41-45.

党雨田　张倩　宋冰　何泉　叶飞

西安建筑科技大学建筑学院；dangyt@xauat.edu.cn

Dang Yutian　Zhang Qian　Song Bing　He Quan　Ye Fei

School of Architecture，Xi'an University of Architecture and Technology

新工科背景下的建筑设计课"五合"教学法探索及实践 *

Convergent Teaching Methodology and Practice in Architectural Design Courses Against the Backdrop of Emerging Engineering Education

摘　要：针对传统的建筑设计课存在的一系列问题，探索新工科背景下的建筑设计课教学方法，提出目标复合、知识融合、课程整合、教师联合、学研结合的建筑设计课教学法改革策略，并在"生态宜居导向下的居住环境规划与居住建筑设计"课程中进行了教学实践应用。

关键词：新工科；建筑设计课；教学法；教学实践

Abstract：In view of problems existing in the traditional architectural design courses, the research explores the convergent teaching methodology of architectural design under the background of Emerging Engineering Education, puts forward the reform strategies of teaching methods which are composed of goals diversification, knowledge integration, curriculum coordination, teacher collaboration and learning-research combination, and applies the methods in the course of "ecological livable oriented residential environment and building design".

Keywords：Emerging Engineering Education；Architectural Design Education；Teaching Methodology；Teaching Practice

1　新工科背景下的建筑教育转型与挑战

1.1　新工科背景下的建筑教育

以大数据、人工智能为代表的新技术和低碳发展为代表的新任务，正在推动着当今世界的新一轮科技革命和产业转型，并对工程技术发展和工科教育产生着深刻的影响。教育部2017年提出了基于"新理念、新模式、新质量、新方法、新内容"的新工科建设，[1] 标志着我国的工科教育进入了新时代。建筑学作为一门兼具工程技术属性、社会科学属性和艺术学属性的学科，同样面临着新的发展与挑战：随着城乡建设从增量走向存量，建筑教育从传统的设计能力培养逐渐转向能够综合运用多学科知识和多种技术手段解决城乡人居环境问题的复合型人才，这是新工科背景下国家建设需求对建筑教育转型的必然要求。

1.2　新工科背景下的建筑教育

目前国内建筑院校的主流教学模式是以"建筑设

* 项目支持：本文由"教育部人文社会科学研究项目工程科技人才培养研究专项（编号18JDGC007）"资助。

计"为主干课的师徒式教学，教师通过带领学生做设计的言传身教、手把手辅导绘图的方式，把设计经验和知识传递给学生。随着新工科背景下建筑教育目标转型和教学内容的不断延展，这种传统的设计课教学模式在高年级教学中暴露出一系列问题。

1) 目标单一

传统的建筑设计课程往往对教学目标进行理想化的简化，忽视诸多设计条件和限定因素以实现更好的创意表达，过于关注设计概念和形式生成，难以应对现实中日趋复杂的城市环境问题、人和建筑的交互问题、技术对建筑的约束问题等。

2) 知识孤岛

建筑学科的知识体系较为庞杂，包括建筑技术基础、建筑历史与人文、建筑表现方法、设计原理与规范等，此外城乡规划、风景园林、社会学等诸多学科知识与建筑学具有密切的关联，建立知识单元之间的关联成为目前设计课程教学中的薄弱环节，导致学生的知识储备成为孤岛而难以在建筑设计中进行综合运用。

3) 课程冗余

设计课的教学内容与各专业课的教学内容有较大重叠，课程重复设置，课程任务缺乏衔接，导致学生课业繁重，例如"场地设计"这门课程要求学生测绘并设计一个城市公共空间，建筑设计课程中也有场地调研和外部环境设计的部分，二者之间各自独立、缺乏衔接。

4) 师资固化

传统的建筑设计课程教师几乎都是建筑设计及其理论专业背景的教师，师资的固化导致教学内容、方法和理念的固化，在新工科教学转型的背景下需要更多的知识储备与跨学科视野，亟须多学科背景的师资力量介入，为建筑设计课程教学带来更多方法上的可能性。

5) 学研分离

传统的建筑设计教学往往关注于学生的悟性和对空间形式的感性认知，教学线索较为模糊，教学内容和评价方法较为主观，学生逻辑思维能力、研究创新能力和科学探索能力不高，缺乏科学研究范式的通识培养，导致学生难以从传统建筑学中走出去、适应未来的学科交叉融合新领域。

2 以设计课为核心的"五合"教学法探索

针对传统设计课程存在的问题，西安建筑科技大学建筑学新工科教学团队在历时 3 年的教学改革中逐渐探索形成了以设计课为核心、以"目标复合、知识融合、课程整合、教师联合、学研结合"为主要措施的教学方法，并在新工科本科四年级的"居住区规划与居住建筑设计"课程中进行了实践。

2.1 目标复合：认识设计的多目标协同与约束条件

在设计课教学中，改变过于注重空间与形式本体操作的设计方法，引导高年级学生认知设计的多种约束条件和多目标导向，探索综合性的设计解决方案。不同的设计目标和约束条件在设计课过程中循环出现，促进学生理解"设计过程是不断寻求多个变量控制下的最优决策"。

1) 功能约束

由人的行为活动、心理特征和需求导致的对建筑的限定，强调通过既有理论的引入或观测的一手数据作为客观证据。

2) 技术约束

建筑作为物质实存的性能、结构、运维需求导致的技术手段对建筑物的限定，强调结构选型、构造逻辑和适宜性绿色建筑技术。

3) 城市约束

建筑所处的既有城市环境对建筑物的约束，包括城市上位规划、城市设计、周边城市功能、道路交通、人群特征等。

4) 法规约束

建筑法规是建筑设计原理的主要表现形式，在教学中培养学生对建筑法规的理解和遵守是必要的。由于建筑涉及的法规较多，在实际教学中以建筑方案设计阶段的重要法规作为限定，例如在"居住区规划和居住建筑设计"课程中主要考虑《城市居住区规划设计标准》GB 50180—2018、《住宅建筑规范》GB 50368—2005、《住宅设计规范》GB 50096—2011、《城市居住区热环境设计标准》JGJ 286—2013。

2.2 知识融合：全尺度设计教学和知识运用

在同一个建筑设计课程中综合置入城市环境、建筑群组、外部空间、建筑单体、空间单元乃至室内家具等多尺度环境设计能力的培养，引导学生理解不同尺度下的空间对人产生的影响作用，[2] 强调在设计过程中关联运用多种专业课知识，建立建筑学知识体系。

1) "人——城界面"，城市尺度的规划研究：千米级（平方千米尺度研究范围），关注建筑作为"城市单元"在更广泛的城市区域中承担的服务职能和总体定位，对应于城市规划原理、城市形态学等知识。

2) "人——街界面"，远体尺度的城市设计和建筑策划：百米级（公顷尺度街区调研），关注"群体的人"在整个街区中的交通、行为、活动以及空间感受，对应于城市设计原理、建筑策划方法等知识。

3) "人——屋界面"，中体尺度的外部公共空间和邻里环境营造：十米级（建筑组团尺度），关注不同类型人群在外部空间中的交往、停留、视线与心理，对应于外部空间设计原理、景观设计、建筑气候学等知识。

4) "人——室界面"，近体尺度的单体建筑设计：米级（建筑单体尺度），关注建筑不同使用者群体的交通流线、行为活动、心理感知、交往与交互等，对应于建筑设计原理、材料与构造、环境行为学、建筑物理等知识。

5) "人——器界面"，体表尺度的空间单元和家具设计：厘米和毫米级（房间尺度），关注建筑空间单元内人的行为活动、生理和心理需求等，对应于人体工学、材料与构造细部、环境热舒适等知识。

2.3 课程整合：围绕设计主干课的课群建设

设计主干课和同步进行的专业理论课整合形成课群（图1），专业课作为设计课的理论支撑和专题教学模块，设计课作为专业课的实践应用，实现理论课与设计课、理论研究与设计创作的协同，减轻学生和教师的教学负担，同时避免重复教学和低效教学。具体的措施包括：将设计课中的共性问题按照其对应的知识需求作为专业课的教学内容，通过专业课的学习解决设计课的具体问题，以设计课的建筑类型、场地、案例作为专业课的教学案例和分析对象等。

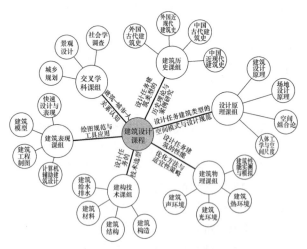

图1 以设计课程为核心的课群关系

2.4 教师联合：不同知识背景教师的协作教学

为了促进学生综合掌握和运用各类专业课知识，消除由于教师知识背景单一导致的设计课程教学视野盲区，采取了多学科背景的教师联合指导设计课的方式，改变传统设计课教师全部由建筑设计及其理论方向的人员构成，由2名建筑设计方向教师与1或2名建筑技术或建筑物理方向教师配合形成教师组，共同指导30名学生。

1) 设计课教师组的3位教师通常同时是"围绕设计课的专业理论课讲授教师"，通过设计课教师联合进一步保障了课程整合和知识融合的实现。

2) 设计课程的讲座部分由3位教师共同承担，从不同专业的视角讲授知识。

3) 日常的设计指导由2位建筑设计方向教师主要承担，技术方向的教师主要承担设计方案的技术选型、设计优化、技术分析等教学环节，设计指导与技术应用交错进行。

2.5 学研结合：科学理性的设计方法

虽然设计创作过程有诸多感性的、不确定的因素存在，但设计方法本身是具有科学性和理性的操作范式，这也是设计教学的目的。良好的设计教学过程要求"教师可教、学生可理解"，其关键是培养学生在设计中的理性思考能力和创新思维。通过"传统师徒式的设计教学"结合"学生为主体的自主研究"，实现学研结合的教学目标。

1) 通过案例分析研究，归纳总结设计任务建筑类型的空间原型与技术原型，促进学生对特定建筑类型的设计原理的理解和掌握。

2) 基于城市建筑调研一手数据和设计原理进行空间推演和形体推演，强调设计决策的逻辑判断和循证设计证据。

3) 在设计过程中不断对设计方案进行预评价，强调问题导向的设计迭代优化，例如采用绿色建筑模拟软件进行热环境分析和设计优化、采用设计指标与设计标准对照进行空间容量分析和优化等。

3 教学实践：生态宜居导向下的居住环境规划与居住建筑设计

3.1 课程概况

自2017年起，西安建筑科技大学开始组建建筑学新工科班，学生第一学年主要学习土木工程、环境与市政、建筑设备科学等建筑学相关工科专业基础课程，第二—五学年进行学科交叉背景下的建筑学专业学习，旨在培养具有厚基础、知识融合的建筑学人才。"居住环境规划与居住建筑设计"是本科四年级第一学期的设计主干课，也是命题设计课教学序列里的最后一个设计任务，通过综合运用知识和技术工具对真实的设计问题和设计过程有更全面的系统化认知，在更接近于实战演练的完整教学过程中理解建筑的综合性、复杂性与约束性，初步培养全尺度空间分析与干预能力，逐渐形成科学、理性、可遵循的设计方法。

授课教师由2名兼具城乡规划学和建筑设计及其理论教育背景的教师和1或2名从事建筑技术和建筑物理研究方向的教师共同构成，同时承担了"居住环境规划与居住建筑设计原理"和"建筑与城市气候设计"专业理论课，初步形成了共计176课时的设计课群（表1）。

以设计课为核心的课群建设　　表1

课程名称	课时	课程主要内容
生态宜居导向下的居住环境规划与居住建筑设计	120	设计主干课，在4hm²场地上完成一个居住区规划和居住建筑设计任务
居住环境规划与居住建筑设计原理	24	配合设计课进度，讲授居住环境规划与居住建筑设计的一般概念、理论发展、空间原型、设计方法、法规与标准、案例分析等
建筑与城市气候设计	32	配合设计课进度，讲授建筑单体与城市环境的绿色设计策略、模拟软件、优化方法、技术原型、法规与标准、案例分析等

3.2 教学过程

1) 课前准备：功能约束下的居住环境个人体验

(1) 教学目的：认知建筑的人本属性。调研分析功能、行为、心理、需求等要素与居住建筑空间的关系，为后续设计提供环境行为学依据。

(2) 教学内容：在课程前的暑期布置作业，要求学生对自己家庭的居住环境进行空间与行为调查，包括：观察、记录并绘制自己家所在居住区的建筑布局、道路、景观、公共空间；分析人的行为、流线、场地活动、视线、空间感受等；绘制自己家庭的住宅套型，观察、拍照记录、绘制自己在套型中的活动、行为、流线、视线、感受等，包括做饭、洗衣、卫生间等使用场景（图2、图3）。

2) 设计研究：技术约束下的设计原型汇编

(1) 教学目的：认知建筑的技术属性。通过案例研究促进学生对居住区规划和居住建筑设计原理的系统掌握，整理汇编的空间原型和技术原型为后续设计过程提供了参照坐标。

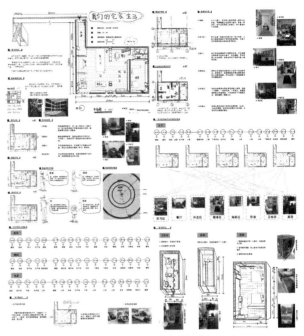

图2　课前准备：空间体验与观察

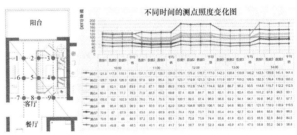

图3　课前准备：空间测量与记录

(2) 教学内容：以2或3人为一组，进行1～2周的居住环境规划与居住建筑设计优秀案例查找和分析研究，重点是住区容积率、住区总平面布局、住栋层数、住栋平面类型、套型、所属气候区、应用的绿色建筑技术手段和策略等参数之间的对应关系，并制作等比例尺实体模型，整理形成居住环境规划与居住建筑空间原型汇编和绿色建筑技术原型汇编（图4、图5）。

3) 场地调研：规划约束下的建筑策划与设计目标界定

(1) 教学目的：认知建筑的城市属性。鼓励学生对城市环境有创造性思考，在调研基础上制定细化的设计目标，初步学习城市规划条件分析和城市空间分析。

(2) 教学内容：以2或3人为小组，在规定用地、容积率、限高、各套型面积比例等前提下，对场地进行调研，有限度地制定符合场地周边城市环境特征的住区定位、商业功能定位、居住人群构想、配套设施构想等；在分析场地周边道路交通和城市功能的基础上，由教师指导确定场地退线、出入口位置、功能布局策略，通过讲授的方式促使学生理解城市规划对建筑设计的约束作用（图6）。

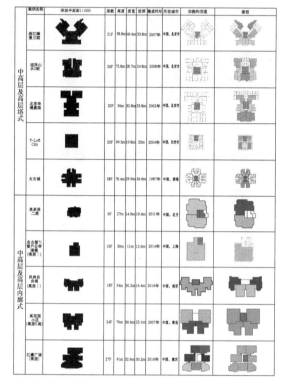

图4　设计研究：建筑原型汇编

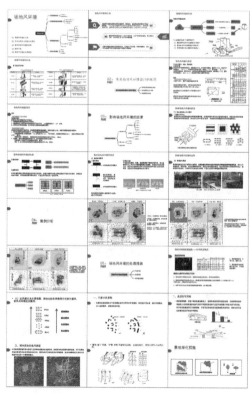

图5　设计研究：技术原型汇编

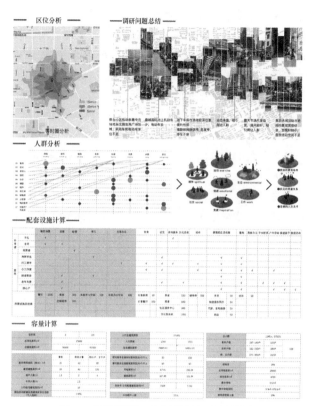

图6　场地调研：人群分析与容量计算

4）空间规划：科学理性的生态居住区规划设计方法

（1）教学目的：传授"原理—方案—模拟—优化"的设计操作方法，掌握相关绿建模拟软件。

（2）教学内容：以2或3人为一组，制定场地的规划结构，根据居住区空间原型汇编和居住区规划设计原理，以实体模型布置体块并绘制规划总平面图；应用天正、斯维尔、Ladybug等绿色建筑模拟软件分析规划总平面的日照和通风，基于模拟分析结果进行总平面的设计优化，在设计课中不断强调"原理指导、模拟验证、优化迭代"的科学设计过程，最终形成符合日照要求的设计方案和风环境设计策略（图7）。

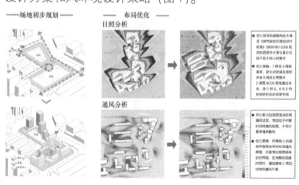

图7　空间规划：生态导向的设计优化

5）住栋单体与套型：功能、技术、法规三重约束下的设计创作

（1）教学目的：在诸多约束条件下有限度地进行方案创作，理解建筑设计过程的多目标协同和复杂性。

（2）教学内容：学生个人独立完成，选择1个居住组团的建筑单体进行住栋设计和套型精细化设计。综合考虑户型人群特征、行为习惯、心理需求等功能要素对建筑空间、尺度、流线、分区、公共空间层级的约束，日照、通风、遮阳、结构、水电燃气等技术对建筑平面布局、立面开窗与遮阳、形体遮挡、结构选型、厨房布置、剖面对位关系等的约束，以及居住建筑设计规范、防火规范等对建筑层数、电梯、出入口、疏散等的约束（图8）。

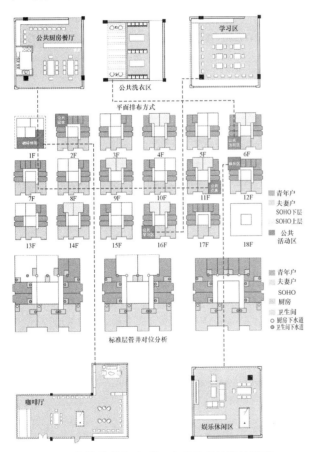

图8　住栋单体与套型：多重约束的设计探索

6）外部空间邻里环境：绿色技术导向的场地设计

（1）教学目的：初步掌握居住区邻里环境和场地景观设计，理解场地构成要素与绿色设计策略之间的关系。

（2）教学内容：学生个人独立完成，对所选择的居住组团的邻里空间环境进行设计。利用绿色建筑模拟软件对场地的日照、风环境进行分析，根据分析结果合理布置室外活动场地、植物等，形成"公共—半公共—私密"多层级公共空间（图9）。

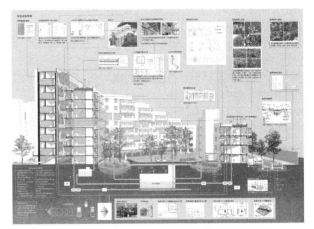

图9　邻里环境：多层级空间的绿色技术支撑

4　结语

总体上，新时代国家建设行业的存量化、精细化、绿色化、智能化转型对建筑学人才培养提出了"复合知识、创新能力、应用导向"的要求。以国家倡导的新工科教育为宏观背景，针对传统建筑学教学"目标单一、知识孤岛、课程冗余、师资固化、学研分离"的问题，通过提出"目标复合、知识融合、课程整合、教师联合、学研结合"的"五合"教学法并进行实践应用，得到了学生和其他教师的广泛认可，取得了较为显著的初步教学效果。随着新工科建设的持续推进和教育教学改革的深化，"五合"教学法及其教学思想还需要在其他设计课程，以及专业理论课等多种类型的课程教学中进行实践验证。

图表来源

表1来源于作者自绘，图2节选自学生刘函宁的作业，图3节选自学生杨凌的作业，图4节选自学生贾晓雯、张雪楠的作业，图5选自学生潘欣蓉、梁纪宇、来丰园、范文清的作业，图6、图7节选自学生周怡宇的作业，图8节选自学生张茜的作业，图9节选自学生李雨娇的作业。

主要参考文献

［1］　顾佩华. 新工科与新范式：实践探索和思考［J］. 高等工程教育研究，2020（4）：1-19.

［2］　张利. 城市人因工程学：一个学科交叉的新领域［J］. 世界建筑，2021（3）：8-9.

田琦　鲁泽希

重庆大学建筑城规学院；919491591@qq.com

Tian Qi　Lu Zexi

School of Architecture and Urban Planning, Chonging University

联结与革新
——以时代议题为线索的建筑学专业课程转型实践

Connection and Innovation
——The Practice of Curriculum Transformation of Architecture Specialty based on the Theme of the Times

摘　要：建筑学专业教育如何顺应时代发展、教学成果如何与时代需求相匹配是新时代背景下建筑学专业教学面临的两个重大问题。本文系统性地介绍了重庆大学建筑学专业本科三年级的课题建构积极回应国家乡村振兴战略，在目标导向下针对课程体系及课题选址做出合宜的教学调整，以开放进步的姿态不断实现自我革新，为培育出社会所认可的创新实用型建筑人才做出进一步的研究与探索。

关键词：课程改革；活化与更新；乡村振兴；社会反馈

Abstract：How to adapt to the development of the times and how to match the teaching achievements with the times are the two major problems faced by the teaching of architecture in the new era. This paper systematically introduces the project construction of the third grade of Architectural Major in Chongqing University actively responds to the National Rural Revitalization Strategy, and makes appropriate teaching adjustments to the curriculum system and project location under the goal orientation, and constantly realize self innovation with an open and progressive attitude, and makes further research and exploration for cultivating innovative and practical architectural talents recognized by the society.

Keywords：Curriculum Reform；Activation and Renewal；Rural Revitalization；Social Feedback

近年来，我国已从高速增长阶段迈向高质量发展新阶段，渐渐步入城镇化发展中后期，城市更新从大规模增量建设转向存量提质改造与增量结构调整并重的转型新阶段成为必然。面对国家战略调整，如何将时代议题与教学体系相匹配成为当下建筑教育的迫切任务。在此背景下，重庆大学建筑城规学院（后文简称我院）建筑学本科三年级的既有环境及建筑活化与更新课题应时而生，并顺应社会发展不断革新。党的十九大以后，我院积极响应乡村振兴战略，将乡村作为研究内容主体纳入课题的教学中，让学生投身到最前沿的时代发展大背景中，实现教学内容与社会实际需求的紧密关联。

1　建筑学本科三年级课程总述

我院本科教学以人文与技术为两翼，以设计课程为核心主轴形成一轴两翼的教学框架，并建立设计基础平台、设计拓展平台和设计综合平台构成的三级进阶平台的 2+2+1 模式。[1]这种 2+2+1 的阶段教学模式（图 1）分别对应"基础型""拓展型""创新型"三个知识层次与多个知识点。[2]建筑学本科三年级正处于承上启下的设计拓展平台阶段，该阶段更加强调对学生的学习自主性和综合能力培养，教学重点研究建筑的社会性与人文性，课程具体内容围绕社会、环境、文化、产

业、空间和技术等问题作出思考应对，紧扣乡村发展的
时代命题（图2）。

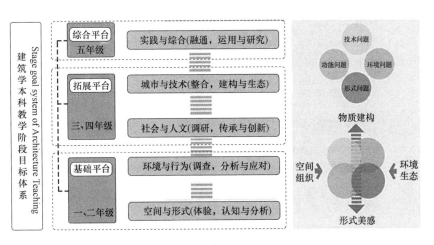

图1 "2+2+1"阶段教学模式

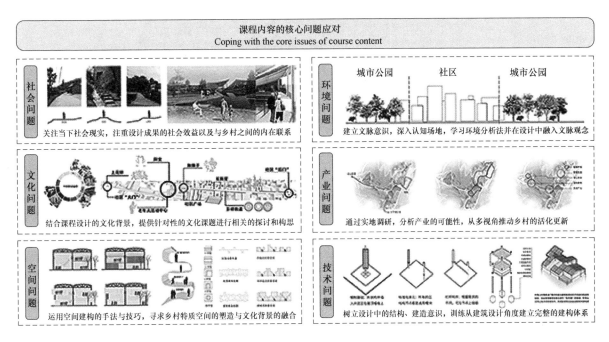

图2 课程内容的核心问题应对

1.1 联结：以人文与社会为主线

在存量提质的时代背景下，立足现实基础，我院建
筑系于2007年设立的《既有环境及建筑活化与更新》
课题（图3）紧紧围绕社会与人文这一主线设置多元开
放的教学课程，以培养学生对建筑的社会性与人文性认
知为总体目标、以学习掌握专业相关的社会人文背景交
互的设计方法为阶段性目标。通过实地教学模式引导学
生对场地所处的特定社会人文架构展开研究，实现对既
有建筑的功能置换、空间重构与人文再造，让学生在设

计中深入了解建筑与社会性与人文性的关联。

1.2 革新：以传承与创新为依托

建筑兼具传统性与时代性的双重特征，在教学过程
中传授学生传统性与时代性相结合的设计观，[3] 使既有
建筑转换成具有鲜明文化和时代印记的当代建筑实质存
在，实现具体的物质空间改造和抽象的历史文化再造的
双重更新，使城乡既有环境与建筑改造课题成为训练学
生演绎建筑传统性与时代性的设计方法，引发学生对既
有建筑的传承与创新进行理性思考。

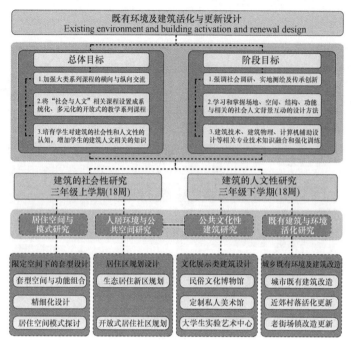

图 3　建筑学本科三年级总体课程教学体系

2　城乡既有环境及建筑改造课题的转型

2.1　走出城市，走进乡村

城市与乡村作为人类社会关系和经济活动的主要载体，是社会发展的基础。随着城市化进程，乡村渐衰而城市愈兴。进入新时代，我国城乡区域发展不平衡问题日益凸显，以此为背景，党的十九大明确提出乡村振兴战略，是立足于新发展阶段实现社会主义现代化的重大决策部署。

乡村振兴战略的实施对建筑学专业教育提出了新的要求，我院建筑学本科三年级的教学体系也在社会发展和时代需求中不断实现自我革新。从 2007 年起，建筑学专业本科三年级的课题便从以类型建筑设计为主的医院门诊楼设计转向既有环境及建筑活化与更新（图4），此时的教学目标研究主要停留在城市层面。随着 2017 年乡村振兴战略提出，我院于次年将乡村作为研究目标纳入课题之中（图5），从城市环境到老街场镇，再到近郊村落均有涉及，至此已形成了多元设计载体和组合菜单式设计构架，教学的深度和广度得到扩展和补充，极大地提高了学生的学习积极性。

图 4　2007—2017 年教学课程选题

图 5　2018—2021 年教学课程选题

2.2　乡村选题的课程解析

以城乡既有环境与建筑改造课题下的乡村选题为例，对本课题的教学目标、教学内容、计划安排等作简要介绍。

1）教学目标：服务乡村振兴，培养创新实用型人才

以服务国家战略为导向，将培育乡村发展的内生性动力、促进城乡融合发展作为设计重点，以提高乡村人居环境、改善乡村产业结构、促进乡村经济发展、总体提高乡村质量作为基本教学目标，引导学生从建筑学专业角度提出乡村振兴的措施，通过设计改变乡村、艺术修复乡村、文化引领乡村、产业振兴乡村形成具体的、可持续发展的乡村振兴与转型策略。

2）教学安排：教学进度与设计内容双线并行

明确教学目标后，教学进度大致可分为开题及设计调研、方案的初步设计、方案的深化完善、和方案的正图表达（图6），并拟定任务书，对设计内容作出计划，形成教学进度与设计内容双线并行的教学安排。

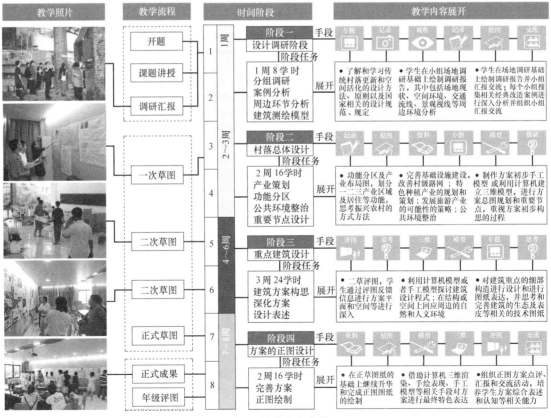

图 6　教学进度安排

3）教学内容

（1）乡村田野调查

该阶段贯穿设计前期的全过程，为后续设计开展提供理论支撑。田野调查的内容主要为村落总体调研和测绘，要求学生从自然环境、人文历史、建筑空间与结构技术等方面着手，对村落的实际情况进行全面勘查并分析得出相应的思考与结论。调研成果的真实、准确、全面是保证后续设计顺利展开的前提（图7）。

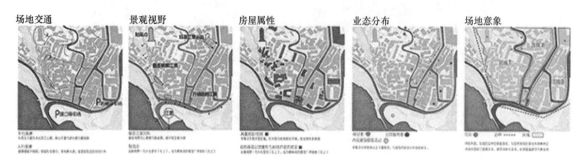

图7　一方水土——"水土街道活化与更新设计"学生作业——部分前期调研
（学生：喻明阳、龙非凡　指导教师：田琦）

（2）村落总体设计

该阶段是对调研成果的梳理、提炼和演绎，要求学生对社会经济和乡村演变发展态势作出准确研判。并依托现有山水等环境格局，对村落或场镇的历史文化内涵和特殊产业价值（图8）进行深入挖掘并以此作为旅游发展的契机，达到通过经济发展唤醒村民主观能动性、吸引外流劳动力回归的目的，以此促进乡村人居环境质量和产业经济全面提升，最终实现乡村振兴。

自行选取具有当地代表性的建筑进行改造或新建设计，要求学生除了关注建筑的物质空间和材料技术层面外，还要深入研究设计对象背后特定的历史文脉和地域因素对建筑空间、形态、材料甚至人的生活习性方面的影响。让学生在关注建筑中的社会与人文要素的同时，将自身对人文背景和时代发展的理解通过设计语言表达出来，使学生的建筑认知从物质技术层面上升至精神文化层面（图9）。

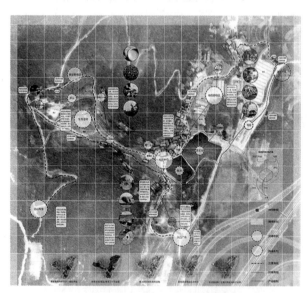

图8　瓦山——"三河村乡土聚落的当代衍构"
学生作业——产业策划（学生：康善之、
史家辉　指导教师：陈俊）

图9　瓦山——"三河村乡土聚落的当代衍构"
学生作业——重点建筑改造（学生：康善之、
史家辉　指导教师：陈俊）

（3）重点建筑设计

该阶段是对前两个阶段成果的进一步深化。由学生

3　乡村选题的多元特色

3.1　传承地方文脉，增强文化自信

乡村是中华民族农耕文明的文化遗产，是实现中华民族伟大复兴的根基，乡土文化的瓦解使得文脉寻根成为人类共同使命。一方面，在教学中要求学生从社会、

时间、文化、历史、功能等多维层面构建基于生产、生活、生态等不同类型的空间与人的行为融合共生的乡村生命系统，凸显乡村建设中的人本核心价值，营造场所精神。另一方面，通过指导学生分析乡村空间形态生成的内在基因对乡村进行系统性重构，实现乡土地域文脉和精神内涵的延续，增强学生的文化自信。

3.2 紧密结合现实，回应乡村需求

设计对象多以重庆本土乡村为载体，真实的选址有利于学生感受具象的乡土空间，增强学生对当下社会环境的把控和解析能力，在真实感知中寻求解决乡村困境的有效途径。前期，教学课堂扎根乡村，切实了解乡村实际情况；中期，根据调研结果进行产业策划和总体环境提质；后期，将建筑的空间形态改造与乡土实际建造技术相结合。教学过程紧密结合乡村实际情况，回应乡村需求，最终的设计成果具备可落地性。

3.3 学科交叉融合，专题多样丰富

城乡既有环境与建筑改造课题具备较强的综合

性，呈现出多学科交叉融合的特点。人文基础研究与设计应用研究的隔阂在这种多学科交叉融合的教学体系中被打破，实现两者的良好融合。该课题涉及历史遗产保护、建筑结构、光学、生态、表皮设计等诸多建筑大类相关学科的知识，其视角多元化的专题讲座与设计教学关联并进的方式极大地拓展了学生的知识面，构建起深度与广度双向延展的建筑学科教学体系。

3.4 了解乡建技术，结合在地手段

在城乡既有环境与建筑改造课题中，重点培养学生对传统乡土技术和材料的创新运用，进行在地建造。运用现代设计语汇将当地传统材料与在地建造技术进行重新组织，有利于发挥地域资源优势，营造具有地域文化特色的乡土建筑，是符合经济需求和立足当下乡村实际的选择，可以使学生对建筑设计中的各个环节有更深入全面的了解和认知（图10）。

图10 檐下·有屋——"白林村乡土聚落的当代衍构"——乡村建造（学生：于春晓、翁钰展　指导教师：田琦）

3.5 结合思政教育，服务乡村振兴

全面建设社会主义现代化国家、实现中华民族伟大复兴的中国梦，最广泛最深厚的基础依然在乡村，实施乡村振兴战略是新时代实现高质量发展的必然要求。近年来，我院建筑学本科三年级的城乡既有环境与建筑改造课着力促进思政教育与专业教育深度融合，鼓励学生走出课堂，扎根乡村，运用专业知识与设计实践为乡村振兴贡献青春力量，涵养青年家国情怀，全面服务乡村振兴（图11）。

图11 乡村选题的多元特色

4　乡村选题的社会反馈与多样延续

4.1　社会反馈机制

经过几年探索和实践，我院建筑系本科三年级城乡既有环境与建筑改造课题中的乡村活化与更新选题也取得了丰厚的教学成果。以2020年的"水土街道活化与更新"选题为例，由我校牵头，联合水土街道办事处组织了水土老街活化与更新的学生设计竞赛（图12），这种校地结合的教学模式将城市发展的实际问题与高等建筑教育有机结合，在选拔学生优秀设计方案的同时探索培养人才的新模式。最终，竞赛的结果引发了极大的社会关注，获得了多家重庆主流媒体的报道（图13），取得了积极的社会反馈。社会反馈机制的引入极大地拓宽了教学维度，避免了空中楼阁式设计，使学生直接面向社会，在实践中检验教学成果，让社会反馈成为检验教学成果优良与否的重要维度之一。

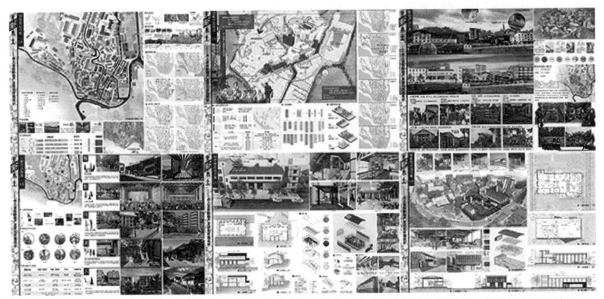

图12　光影水土-水土老街活化与更新的学生设计竞赛一等奖（学生：李祎童、杨乔伊　指导教师：田琦）

图13　媒体报道

4.2　乡村选题的多样延续

在我院建筑系的教育中，与乡村振兴战略相结合的课程正以多种形式进行拓展。例如重庆市规划自然资源局于2021年联合我院启动的与地方需求紧密结合的"设计美乡村"暑期社会实践活动，旨在送设计下乡，服务乡村振兴；同年，我院积极组织学生参与"2021年度全国高等院校大学生乡村规划方案竞赛"并取得优异成绩，共荣获九项奖励；今年，在建筑学专业本科四年级小学期的创新实践课"龙兴古镇微更新活化实践"中，教学组带领学生走进老街场镇，继续在乡村振兴的答卷上奋笔疾书。

5 结语

教育制度在不断革新，但教育的根本目的却从未改变，陶行知曾言："教育者不是造神，不是造石像，不是造爱人。他们所要创造的是真善美的活人"。[4] 建筑教育应当服务社会，回应时代议题，只有主动与社会关联并作出适应性调整的教学体系才能更好地完成教学责任，培养出基于社会需求的创新实用型建筑人才。

在建筑学本科三年级的过渡阶段，我院既有环境及建筑活化与更新课题积极回应国家战略，做出相应的教学调整。通过对建筑的人文性与社会性探究帮助学生进一步完善建筑观，构建正确的建筑认知，不仅得到了学生的广泛认同，还取得了积极的社会反馈。在未来，既有环境及建筑活化与更新课题将在现有基础上继续探索和发展，使教学体系与时俱进，逐步走向成熟。

主要参考文献

[1] 田琦，孟阳. 多样化载体与功能植入——城市既有建筑改造与更新设计课题的建构 [J]. 室内设计，2013，28（1）：16-21.

[2] 卢峰，蔡静. 基于"2+2+1"模式的建筑学专业教育改革思考 [J]. 室内设计，2010，25（3）：46-49.

[3] 黄珂. 建筑的传统性与时代性——乡土建筑设计教学的探索 [J]. 华中建筑，2002（1）：93-95.

[4] 陶行知. 创造宣言 [J]. 意林，2022（3）：66.

来嘉隆　崔陇鹏　叶飞

西安建筑科技大学；jialong-lai@foxmail.com

Lai Jialong　Cui Longpeng　Ye Fei

Xi'an University of Architecture and Technology

"新工科"背景下建筑设计基础教学改革与实践 *

Teaching Reform and Practice for the Architectural Design Foundation under the Background of "New Engineering" Education

摘　要：作为建筑学专业核心课程之一，建筑设计基础对于学生建筑观形成和专业能力培养具有重要作用。本文从"新工科"建设的角度，对近4年来西安建筑科技大学"新工科实践班"建筑设计基础课程教学进行系统梳理。以培养多元、复合、创新型建筑人才为目标；确立"空间操作""环境融入"两条并行教学主线；设置"校园中的亭子（空间限定）"—"有人的盒子（空间形态）"—"校园公共卫生间（空间尺度）"三大教学模块，并在课题设置、教学引导、媒介表达、考核评价等方面进行了探索创新，为推动建筑设计系列课程改革提供参考。

关键词：新工科；建筑设计基础；空间；练习化；过程呈现

Abstract：As one of the main courses of architecture major, the architectural design foundation course plays an important role in the formation of students' architectural concept and the cultivation of their professional ability. From the perspective of "new engineering" education construction, this paper systematically summarize the teaching of architectural design foundation course of "New Engineering Practice Class" in Xi'an University of Architecture and Technology in the past four years. The teaching aims at cultivating diversified, composite and innovative architectural talents. Establish two parallel teaching main lines of "space operation" and "environment integration"; Three teaching modules of "pavilion in campus (space limitation)", "A room with people (space form)" and "campus public washroom (space scale)" have been set up, and explorations and innovations have been made in subject setting, teaching guidance, media expression, assessment and evaluation, providing reference for promoting the reform of architectural design series courses.

Keywords：New Engineering Disciplines；Foundation of Architectural Design；Architectural Space；Practice；Presentation of Process

1　引言

"新工科"建设是为应对新经济的挑战，从服务国家战略、满足产业需求和面向未来发展的高度，提出的一项持续深化工程教育改革的重大行动计划。[1] 涉及高等教育的多个专业领域，致力于培养兼具创新与实践能力的复合型人才。聚焦到建筑学领域，"新工科"建设更加注重通识能力、工程实操能力和发展战略眼光的培养，在一定程度上弥补了传统建筑教育人才培养方向单一、专业培养一味追求深度而忽视广度的短板。[2]

* 项目支持：教育部新工科专业改革类项目《基于高层次建筑人才培养的建筑学专业改造升级探索与实践》。

2018年西安建筑科技大学（以下简称我校）获批教育部新工科研究与实践项目，确立了"厚基础、宽口径、高素质、强能力、重创新"的指导思想，制定了多元、复合、创新型建筑人才的培养目标，并于同年"新工科实践班"开始招生，新生直接从我校相关工科专业的本科第二学年的学生中择优录取。第一学年的工科学习让"新工科实践班"学生在思维逻辑与科学素养方面具有一定优势，同时，不同的专业背景有利于学生打破传统专业之间的横向壁垒，促进相关专业之间的融合与创新。

建筑设计基础是建筑学专业的核心课程，其教学主线、内容框架、教学组织、评价方式将直接影响学生建筑观的形成和专业能力的培养。因此，教学团队立足"新工科"建设的目标要求，结合学生的自身特点，对"新工科实践班"建筑设计基础教学进行革新。

2 教学主线与课题设置

教学团队对原有的教学框架进行整合与重构，形成了以"校园生活"为主题，"空间操作""环境融入"为两条并行的教学主线，由"校园中的亭子（空间限定）"—"有人的盒子（空间形态）"—"校园公共卫生间（空间尺度）"3个教学模块、12次设计理论短课及针对性练习共同构成的教学框架（图1）。

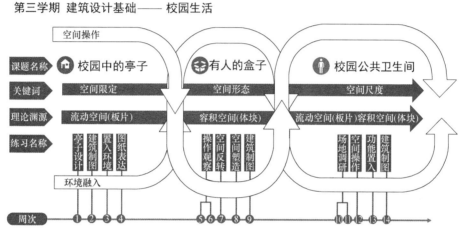

图1 西安建筑科技大学"新工科实践班"建筑设计基础教学框架

2.1 教学模块一：校园中的亭子——流动空间

本教学模块源自东南大学顾大庆教授的"场所：城市公共空间中的亭子"，在教学过程中强化了现代建筑中"流动空间"的概念，通过板片操作结合校园中的既有树木，限定出具有场所感的流动空间。

1）教学目的

①学习空间操作的基本流程方法：操作、观察、修改、记录和呈现；②建立对流动空间、板片交接、人体尺度和场地环境的初步认识；③对建筑设计表达媒介——模型、技术图纸和表现图进行初步体验。

2）设计条件

用给定尺寸的5块板片，按照搭接、咬合、穿插等方式来限定一个空间结构体——亭子。学生在校园内自行选择带有一棵树木的场地作为基地。将亭子置入基地中，与环境融合，并引入一定的公共活动，形成场所感。

3）教学过程

①亭子设计：课题首先探讨如何用给定尺寸的5块板片来搭建一个具有"流动空间"特征的亭子。在综合考虑空间的特征、板片的结合方式的同时，着重关注空间、人、树三者的关系；②建筑制图：学习技术图纸的绘制原理和方法，绘制亭子的平立剖面；③置入环境：将亭子模型置于实际校园环境之中进行拍照，强调融入环境，激活场地；④图纸表达：学习并掌握模型制作、图纸绘制和表现图绘制的基本原理与方法（图2）。[3]

2.2 教学模块二：有人的盒子——容积空间

本教学模块以现代建筑理论中的"容积空间"为理论基础，通过加入人的活动，让抽象的空间变得具体可感知。

1）教学目的

①巩固空间操作的基本工作方法：操作、观察、修改、记录和呈现；②建立对容积空间、结构受力、人体尺度的初步认识；③练习从空间体验和光线的角度来讨论空间感受。

2）设计条件

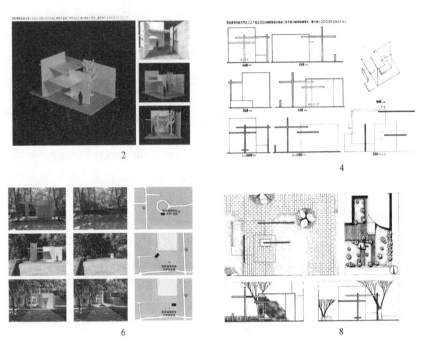

图 2　校园中的亭子

运用空间操作的手法，在 6m×6m×9m（1：30）的边界内进行操作，在保持盒子完整性的同时，形成内部联通，内外交流的空间形态，在此基础上，反转空间使空间在内、外之间转换，增加其丰富性，并调整各部分空间的大小尺度，使之分别适应人的不同类型活动。

3）教学过程

① 盒子空间的操作与观察：在给定尺寸的泡沫或花泥上，通过挖、穿、切、位移、组合等手法（挖空部分不超过盒子容积的 1/2），来创造内部空间与室外的交流；②空间的组织与反转：利用纸板或者石膏浇筑的方式将实体模型转换为空间模型，理解"正形"与"负形"的关系，进一步研究内部空间的空间形态和组织特征；③人的活动与空间塑造：通过加入人的活动，调整各部分空间的尺度，使之适应人的不同活动，并以人的视角观察空间，再用素描的方式绘制有人的一点透视图，通过不同明暗表达不同空间位置及相互关系；④建筑制图：进一步强化对模型制作、图纸绘制和表现图制作的能力（图 3）。

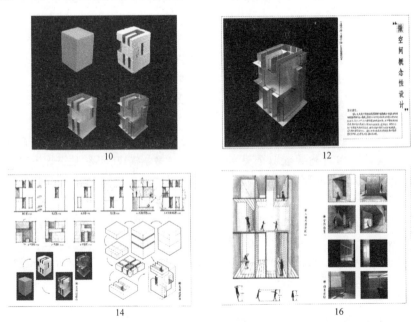

图 3　有人的盒子

2.3 教学模块三：校园公共卫生间——功能空间

本教学模块核心议题是如何通过空间操作的方式来创造满足简单功能的空间，并符合具体尺度要求。选择校园中 200m² 的场地作为基地，综合运用前两个模块的操作方法来营造一处紧密融合场地环境的校园公共卫生间。

1）教学目的

① 初步掌握场地调研、记录基本方法；②练习从场地和功能角度对空间操作进行限制和引导；③理解空间的不同属性；④掌握公共卫生间的功能组成和人体的基本尺度。

2）设计条件

基地位于西安建筑科技大学图书馆北侧树林内，自由选择面积为 200m² 的场地作为基地，要求尊重原有地形地貌，保留较大树木，然后置入一个 6m×6m×9m 的立方体，利用切、割、推、拉等基本手法进行空间操作，形成男女卫生间，设置不少于 15 个蹲位，男女蹲位比例 1：2。

3）教学过程

① 场地调研：在西安建筑科技大学图书馆北侧树林内，自由选择场地作为基地，要求对场地及周边的地形地貌、树木植被、人流活动进行调研记录；②空间操作：引导学生运用空间操作的手法创造两个大小接近，且相对独立的空间。重点关注空间的形态和结构稳定性，思考空间操作和周围环境的呼应关系；③功能植入：初步理解空间的属性，开敞空间与封闭空间、私密空间与公共空间、室内外空间与"灰空间"等，基于卫生间的功能组成和具体尺寸要求，对模型进行调整优化；④建筑制图：绘制图纸、制作模型，并用真实场景拼贴的方式表达建筑与周边环境的关系（图 4）。

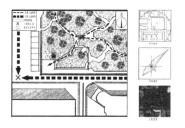

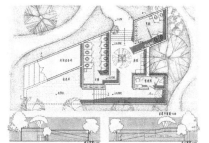
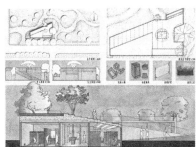
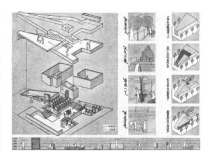

图 4　校园公共卫生间

3　多措并举的教学法新探索

教学团队围绕"新工科实践班"人才培养目标，在课题设置、教学引导、媒介表达、考核评价等方面都开展了积极地探索，回应"新工科"建设所面临的问题和挑战。

3.1　模块设置课题，强调设计练习

传统建筑设计基础课程存在课题间相互独立、知识点重叠的现象，易造成设计课程缺乏新鲜感，前后强度分布不合理的问题。基于此，教学团队将课题分解成"校园中的亭子（空间限定）—有人的盒子（空间形态）—校园公共卫生间（空间尺度）"等3个既相对独立又前后递进的教学模块，并进一步细分为12次设计理论短课及针对性练习，每次练习都给出明确设计内容和版式要求。这一改变强化了教学过程的吸引力和紧凑度，同时，多模块、递进式课题设置也有利于培养学生的理性思维能力，为学生面对复杂条件、进行感性与理性相结合的建筑设计打下基础。

3.2　突出空间主题，明确约束条件

对于初学者而言，传统的"空间操作"课题存在操作目标不明、操作方式杂乱、评价标准模糊的问题。同时，由于没有具体的场地环境，致使学生容易忽视场地环境对空间操作的限制和引导。基于此，教学团队尝试引入建筑学经典理论中的"流动空间""容积空间"两种空间原型，并有针对性地强化他们与操作方式之间的关联性，借鉴并改进了校园中的亭子（流动空间—板片操作）、有人的盒子（容积空间—体块操作）两个教学模块，[4] 在此基础上，重构了以空间为主题的教学框架，并在教学过程中对基地选址、操作方式、操作次数、空间容积及表达方式等都给出了具体要求，以期帮助学生更好地理解把握空间操作。

3.3　强调图纸规范，丰富表达媒介

技术图纸是建筑方案表达的重要媒介，技术图纸绘制原理和表达规范是低年级设计教学的重要内容。传统训练多以抄绘和测绘的方式进行，但此类练习通常包含大量机械重复的描摹工作而冲淡了对"绘制"能力的训练。因此，教学团队将技术图纸的训练分解到3个教学模块之中，根据循序渐进的原则先后共设置了4次专项练习，以帮助学生更有效地学习掌握技术图纸的绘制方法。在最终成果的表达上，借鉴东南大学顾大庆教授照片拼贴的形式，[5] 将模型置于真实场地进行观察和拍照，并利用 Photoshop 或 Ipad 中的 Procreate，Trace 等软件，对照片进行拼贴处理以强化空间的场所感，在加强学生对于透视的基本原理的掌握和运用能力的同时，强化学生对"空间—场所—人"之间相互关系的理解。

3.4　完整记录学习过程，充实考核评价维度

针对以往设计课程评价过分强调"纸上功夫"和"图面结果"而忽视学习过程的现象，教学团队完善了课程教学的评价体系，推动由感性色彩较浓的结果导向评价过渡升级到比较理性的多维度全过程评价，建立阶段答辩、过程手册（图5）、期末答辩相结合的评价模式。

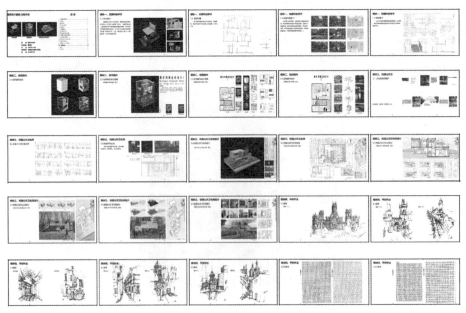

图5　过程手册作业案例

在期末答辩过程中，在传统图纸、模型的基础上，增加了对记录整个学期成果——过程手册的答辩要求，同时邀请国内外相关院校教师、院企设计师参与答辩点评，为学生带来更加广阔的视野和更多元的视角。"多维度全过程评价"的模式，可以科学有效地评价学生学习效能，促进健全知识能力的形成。

4 结语

经过4年的改革实践，我校逐步改变过去教学中基于类型化的建筑功能和空间设计，形成了以"空间操作"和"环境融入"为教学主线的"新工科实践班"建筑设计基础教学模式，从"两个独立短题"过渡升级到"3个教学模块12次针对性练习"；从"针对不同建筑要素展开的空间操作"过渡升级到"基于流动空间、容积空间展开的空间操作"；从"图纸表现"过渡升级到"图纸＋模型＋真实场景拼贴的空间表达"；从"结果导向评价"过渡升级到"多维度全过程评价"，为培养多元、复合、创新型建筑人才奠定坚实的基础。

图片来源

图1来源于作者自绘，图2源于学生高润哲的作业，图3来源于学生潘子绅的作业，图4来源于学生李相贤的作业，图5来源于学生高润泽的作业。

主要参考文献

［1］ 林健. 引领高等教育改革的新工科建设［J］. 中国高等教育，2017（Z2）：40-43.

［2］ 叶飞，雷振东. 对当代建筑教育的思考及教学实践［J］. 当代建筑，2020（2）：131-133.

［3］ 顾大庆，等. 2020本科一年级设计基础课程｜02场所：城市公共空间中的亭子［EB/OL］. 中大院公众号，（2022-06-09）. https：//mp. weixin. qq. com/s/geJZel3Gqt648MzyhoV5nQ.

［4］ 张彧，张嵩，杨靖. 空间中的杆件、板片、盒子——东南大学建筑设计基础教学探讨［J］. 新建筑，2011（4）：53-57.

［5］ 顾大庆，柏庭卫. 建筑设计入门［M］. 北京：中国建筑工业出版社，2010.

孙良　罗萍嘉

中国矿业大学建筑与设计学院；sunliang@cumt.edu.cn

Sun Liang　Luo Pingjia

School of Architecture and Design，China University of Mining and Technology

行业特色与设计课程教学

——行业特色高校建筑学本科设计类课程教学探讨 *

Industry Characteristics and Architectural Design Course

——Discussion on the Teaching of Undergraduate Architectural Design Courses in University with Industry Characteristics

摘　要：如何面对特色行业与建筑学专业之间的关系，是制约行业特色高校建筑学专业发展的关键问题之一。中国矿业大学建筑学专业主动对接能源资源型行业转型与创新发展，并在本科设计类课程教学中得以体现，引导学生对行业建筑及遗存进行认知、改造和创新探索，其目的在于培养学生的综合能力与创新素质。

关键词：行业特色；本科设计类课程；教学探讨

Abstract：How to face the relationship between characteristic industry and architecture specialty is one of the key problems that restrict the development of Architecture Specialty in Colleges and universities with industry characteristics. The architecture major of China University of Mining and Technology actively connects the transformation and innovative development of the energy and resource-based industry，which is reflected in the teaching of undergraduate design courses，and guides students to recognize，transform and explore the industrial architecture and relics，with the purpose of cultivating students' comprehensive ability and innovative quality.

Keywords：Industry Characteristics；Undergraduate Design Courses；Teaching Discussion

1　引言

行业特色高校是指原为行业部门所属、行业特色鲜明的高等学校，[1] 如石油类、矿业类、交通类、地质类、纺织类、冶金类等高等学校。这类高校多是 20 世纪 50 年代院系调整时由综合性大学院系分离出来发展壮大的，几十年来为行业的发展输送了大批人才，也形成了鲜明、稳定的办学类型、学科特点与服务面向。[2] 20 世纪 90 年代，行业特色高校开始面向综合性大学转型。在此前后，许多行业特色高校开始兴办建筑学专业，以矿业类高校为例，就有中国矿业大学、西安科技大学、河南理工大学等 10 余所高校拥有建筑学专业。

由于受到专业壁垒等因素的影响，行业特色高校建筑学专业在发展过程中普遍存在一定的问题，例如与学校主流行业关系不密切，资源分配受到限制；再如建筑学专业自身影响力不足，办学声誉有待提高等。此外由于受到房地产波动周期的影响，专业还存在进一步边缘化的隐忧。在这一背景下，作为行业特色高校兴办的建

* 项目支持：中国矿业大学教学研究重点项目 2020ZD09，2021ZD04。

筑学专业，如何处理行业特色与专业办学之间的关系是值得进行深入思考的问题。这一问题可以分解为以下两个方面：一方面对于建筑学专业而言，行业特色是制约专业建设的障碍还是促进专业发展的资源；另一方面对于设计课程教学而言，行业特色要不要在本科教学中得以体现，并如何进行体现等。

2 行业特色与专业建设

中国矿业大学（以下简称我校）建筑学专业创办于1984年，已经有了近40年的发展历史。由于受到行业和地域等多方面的影响，专业建设的速度和规模一直受到限制。为了谋求更好的发展，2008年建筑学专业在参加全国高等学校建筑学专业教学评估的过程中，经过认真讨论和研判，总结并提出了"依托行业，服务地方"的办学思路。2016年建筑与设计学院成立，邀请知名专家来校对专业发展进行指导，专家们指出"紧扣能源资源行业转型，服务淮海经济区发展"是适合矿大建筑学发展的理想定位。

作为行业特色高校兴办的建筑学专业，将行业特色与专业建设相结合成为本专业长期坚持的办学理念和发展方向，并在本科教学、研究生培养、设计实践以及科学研究等方面进行落实。这一定位符合中国矿业大学建筑学办学特色的需要，更重要的是切合能源资源型行业转型与创新发展的战略需求。众所周知，我国资源禀赋存在"富煤、贫油、少气"的特征，煤炭资源在一次能源生产和消费结构中的占比长期超过60%，是国家能源供应的安全保障，起到了"压舱石和稳定器"的重要作用，[3]但同时由于其开采利用方式的特性影响着我国的生态环境，[4]在当前实现"碳中和、碳达峰"战略目标条件下，煤炭行业转型与创新发展已经成为必然的趋势。

在行业转型和创新发展的过程中，建筑学专业大有可为。在行业转型方面，既有建筑改造、矿区更新设计、矿城协同发展、地下空间开发利用等成为重要课题，为科研和教学提供了大量的素材。在创新发展方面，煤炭资源深加工利用、煤电一体化开采、"三深[①]采矿"等新技术、新模式得到了不断的完善，同时也为建筑设计前沿研究提供了新的契机。

基于以上的讨论，建筑学专业主动对接行业发展需求，体现行业特色是有着必要性和可能性的。让学生在掌握建筑学专业知识的同时，了解行业的转型发展的实际需求，培养具有专业能力和创新视野的复合型设计人才。

3 行业特色与设计课程教学

在本科课程设置方面，具体而言，在低年级通过调研与现场感受，加强对行业建筑的认知；在中年级通过对矿区工业建筑的更新改造，进行相关设计操作；在高年级，以专题设计和综合设计的形式探索地下空间利用、采矿迹地修复等问题，并针对太空采矿等面向未来的课题进行设计研究。

3.1 低年级：行业建筑作为空间认知的媒介

"设计基础"是建筑学专业本科一年级教学的重要环节，该课程旨在让学生了解建筑设计的基本步骤和方法，建立空间、功能、技术的基本概念，提升对建筑概念的理解。该课程的内容主要由"外环境、竖空间和小建筑"三大模块组成，教学所设定的场地为徐州权台煤矿工业广场及废弃储煤筒仓（图1），其中"外环境"是对现存的工业广场进行认知，"竖空间"是对竖向特征的经典建筑进行解读，"小建筑"是对储煤筒仓进行改造。教学遵循从认知到设计的阶段划分：先组织学生现场考察，然后再展开环境重塑设计；并在经典先例分

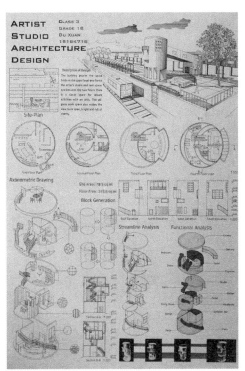

图1 "筒仓设计"学生作业实例
（作者：杜璇，指导教师：刘茜）

---

①"三深"指深地、深海、深空。2016年9月国土资源部出台的《国土资源"十三五"科技创新发展规划》（国土资发〔2016〕100号）明确提出，要以深地、深海、深空为主攻方向和突破口，构建向地球深部进军、向深海空间拓展和深空对地观测的国土资源战略科技新格局。

析的基础上，进行筒仓改造设计，强调先看后做，学以致用。作为主要设计对象的筒仓为圆形，直径 10 米，高 16 米，周边还保留了运煤廊道、铁路等工业遗存。通过课程作业可以看到，矿区工业建筑可以成为空间认知、空间塑造训练的理想场所，特别是储煤筒仓，为学生理解竖向空间提供了良好媒介。

3.2 中年级：行业遗存作为空间操作的对象

本科三年级"建筑设计"课程是建筑学专业的主干课程。该课程近年来以锅炉房、选煤楼、综合厂房等旧建筑改造等为题展开设计教学，目的在于引导学生了解旧建筑"更新改造"概念、意义与原则等，掌握旧建筑改造设计的基本方法（图2）。在教学的过程中，引导学生从建筑空间的角度，通过设计操作去思考继承与创新、发展与保护等问题。以锅炉房改造为例，教学设计中将锅炉房及周边区域的更新改造设定为"智慧矿区研究中心"，主要满足科学研究、对外交流及工作生活需要，通过改造激发建筑空间活力，唤起场所新精神，并构建可持续发展空间环境系统。选煤楼位于权台煤矿厂区遗址，该厂区规划定位为煤炭工业遗址主题公园，选煤楼改造以不设置限制性目

标，引导学生在调研的基础上思考既有建筑在功能和空间上的可能性，培养学生的分析能力、策划能力以及概念提炼与转化能力、创新能力和团组合作能力。2019年，利用该课题与福州大学、安徽建筑大学、苏州科技大学等四校组织联合课程设计，获得了较好的效果。

3.3 高年级：行业发展作为设计探索的课题

本科四年级设置"综合设计"等课程，该课程的教学目的在于提高学生的综合设计能力、分析研究和实践创新能力。通过本课程设计训练，系统地将所学的专业基础知识应用到设计实践中。近年来，本课程结合矿业行业转型发展的实际情况，将矿坑修复与利用、太空采矿与未来建筑等课题引入到教学中。

以矿坑修复与利用课题为例，该课题选择南京六合冶山铁矿矿坑为题（图3），矿坑又称"大峡谷""露天塘口"，也称"吴王谷"，东西约 800 米，南北宽 200 多米，纵深 100 多米，是江苏省最大的人工大峡谷、最大的枯水坑。该课题拟挖掘矿区地质的独特性，最大的转化其商业价值，将其设计为集观光、住宿、餐饮、博

图 2 "锅炉房改造"学生作业实例
（作者：马金磊，指导教师：邵泽彪）

图 3 "矿坑修复与利用"学生作业实例
（作者：郑泽稳、林秀妹，指导教师：孙良）

览、特色体育、科学探索为一体的大型综合性特色旅游项目。课题涉及采矿小镇城市设计、重点区域景观修复以及深坑建筑设计等，其中深坑建筑设计除了交通组织、功能布局与其他建筑不同外，还需要综合考虑结构、消防、日照、通风等一系列问题，该课题对培养学生的综合能力、创新素质和探索精神是大有裨益的。

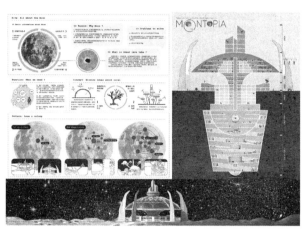

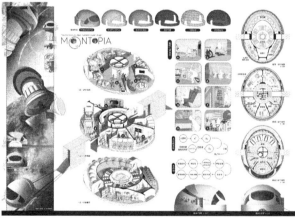

图4 "未来建筑——太空采矿"学生作业实例
（作者：孙艺、林佳敏，指导教师：姚刚）

在未来建筑课题中，教师组以太空采矿深海采矿、漂浮建筑、快速建造等为题进行建筑设计教学（图4）。以太空采矿为例，该课题充分激发学生的想象力，引导学生在微重力、重防护、内循环等条件下进行探讨式建筑设计。学生对该课题十分感兴趣，在教师的指导下，

自发学习和总结了大量基础知识，并进行了充分的设计研讨。

4 结语

我校建筑学专业在行业特色高校背景下，摒弃做"纯"建筑学的办学思路，主动与能源资源型行业对接，作为学校主流行业的合作者、组织者与开拓者。在专业建设方面，深度挖掘行业转型与创新发展所带来的挑战和机遇，并将其融入建筑设计课程的教学中来，取得了较好的成果。通过多年来的设计教学实践，可以看出在这一过程中，培养学生的创新意识和综合素质是行业特色与设计教学相融合的关键所在。事实上，我校培养的建筑学专业学生以建筑行业为主要就业面向，绝大多数毕业生并不从事与矿业相关的设计项目。然而，本科阶段所训练的与行业特色相关的建筑设计课题，有助于学生了解建筑设计所面临的复杂自然及社会环境，学会从综合的视角审视建筑与环境、建筑与文化、建筑与技术的关系，并将创新意识、分析和解决复杂问题的能力应用到建筑设计实践中。

然而，系统审视我校建筑学专业近年来所做的教学探讨，仍然存在设计深度不足，理论研究不够、创新意识不强等问题，这些问题也有赖于在今后的本科教学实践的过程中得以解决。

主要参考文献

[1] 李轶芳. 地方行业特色型高校人才培养的探索与实践 [J]. 中国大学教学，2010（7）：26-28.

[2] 林莉君. 行业特色型大学缘何"失色" [N]. 科技日报，2012-12-18（7）.

[3] 李全生，张凯. 我国能源绿色开发利用路径研究 [J]. 中国工程科学，2021，23（1）：101-111.

[4] 王舒菲，高鹏. "双碳"目标下煤炭行业转型必要性及路径探究 [J]. 中国煤炭，2022，48（3）：9-14.

陈伟莹　毕昕　曹笛

郑州大学建筑学院；chenwy@zzu.edu.cn

Chen Weiying　Bi Xin　Cao Di

School of Architecture，Zhengzhou University

双碳背景下基于性能目标导向的绿色建筑设计教学实践与思考 *

Teaching Practice and Thinking of Green Building Design based on the Performance Objective Oriented under Dual Carbon Background

摘　要：低碳和可持续理念逐渐成为建筑学领域的研究重点，因此绿色建筑设计在未来建筑教育中扮演的角色愈加重要。本文以郑州大学绿色建筑设计教学实践为例，提出了以绿色建筑性能为目标引导学生通过被动式设计手法，运用性能模拟软件进行方案设计和优化的教学方法，总结了教学中遇到的问题和难点，以期为绿色建筑课程体系建设提供参考。

关键词：绿色建筑；建筑教育；性能目标；教学实践；双碳背景

Abstract：The concept of low carbon and sustainability has gradually become the research focus in the field of Architecture. The role of green building design becomes more and more important in the future of architectural education. Taking the example of teaching practice of green building design in Zhengzhou University, this paper puts forward a teaching method which aims at green building performance. And guiding students to design and optimize the plan by using passive design methods and simulation software. It also made a summary of the encountered problems and difficulties. The results could be a reference to the construction of green building curriculum.

Keywords：Green Building；Architecture Education；Performance Objective；Teaching Practice；Dual Carbon Background

1　引言

在当前气候变化的大背景下，低碳和绿色建筑的发展成为建筑学领域的研究重点，建筑学也融入了更多的跨学科内涵。作为未来建筑师的培养机构，高等院校面对碳排放对建筑设计带来的挑战，把碳减排和可持续发展列为建筑教育的核心内容已刻不容缓。[1]

建筑教育必须顺应时代发展，承担起应付的社会责任，在当前的建筑教学中融入绿色设计与技术理念，利用数据设计方法对性能目标进行设定和评价，扩展了传统建筑学的发展内涵，有助于学生从环境控制与生态节能角度出发，更为有效地创建设计构思，以建筑性能优

＊项目支持：2021 年度郑州大学校级教育教学改革研究与实践项目（2021ZZUJGLX154），2021 年度郑州大学一流本科课程项目（2021ZZUKCLX017）；国家自然科学基金面上项目（51878620）。

化为目标，建立相对完整的绿色建筑设计逻辑。

2 绿色建筑教育发展现状与思考

2.1 国内外绿色建筑教育发展现状

20 世纪 80 年代国外高校就在本科阶段设置了与可持续发展和生态知识相关的绿色建筑课程。各类院校也根据其历史沿革和学术底蕴设置教学重点，寻求自身特色。

如某些院校注重建筑技术和数字模拟的应用与研究；某些院校注重伦理和理论等哲学方面的研究和思考；某些院校关注存量空间的保护更新，结合地缘优势开展基于地域条件的可持续研究；某些院校从城市角度进行绿色建筑相关研究，为解决城市问题寻找出路。虽然各有专长，但各高校的教学重点均体现在三个方面，即：注重通识类课程的开设、注重体验类课程的延续性组织、注重课程要求的特定具体现实性。[2]

国内各类建筑院校也在从绿色建筑设计理论、工程实践、国内外竞赛，以及毕业设计等各个方面推进绿色建筑专门化方向的设计教学和实践。通过增加生态设计策略专题讲座、技术单元等方式在原有设计课程中阶段性的加入绿色设计策略，或者设置以绿色生态理念为专题的设计课程。

如清华大学在本科和研究生中较早开展生态建筑设计与理论教学工作，开展生态建筑 studio；同济大学将"生态城市、绿色建筑"作为学科发展重点，在本科四年级专题设计中加入绿色生态建筑部分；东南大学设置绿色建筑设计教学研究小组，实现绿色设计教学的层次化和系统化；西安建筑科技大学结合地域特点开展西北地区适宜技术应用教学；华南理工大学结合技术课程辅助专题设计，进行了亚热带地区的绿色建筑设计教学探索等等。[3]

随着近些年来关于绿色建筑教育教改和实践的相关著作和论文不断涌现，可以看出全国范围内开展绿色建筑教学的高校越来越多。这些教学改革和探索为我国绿色建筑专业人才培养打下了坚实基础。

2.2 关于绿色建筑教育的思考

国内高校在绿色建筑教学实践中已经取得了一些阶段性成果，主要体现在设计、技术、理论和实践课程等方面，有些高校还效仿国外顶级院校设置可持续发展方向专业队学生进行专业化训练。如西交利物浦大学专门开设可持续建筑硕士专业，培养学生对当今及未来可持续发展战略的关键意识、获取跨专业的视角以及从现有和新兴科技中找到可能的解决方案。

但是总体来看国内的绿色建筑教育尚处于起步阶段，大多是基于原有教学体系和学术专长的拓展，缺乏总体化进展，体系相对分散和片面，同时也缺乏对于教学成果的后续评估。因此，绿色建筑教育迫切需要形成一套完整的教学框架和评估体系。

3 郑州大学绿色建筑设计教学实践与思考

作为郑州大学建筑学院绿色建筑设计和建筑节能技术的研究团队成员，笔者长期承担建筑学专业本科四年级绿色建筑专题设计与研究生绿色建筑技术课程的讲授任务。自 2014 年开始担任绿色建筑设计课程主讲以来，迄今已经进行了 8 轮教学实践，同时在授课过程中不断调整课程内容和优化教学团队。现有的教学团队中包含两位教授和五位博士，均具有绿色建筑研究背景和建筑实践经验，为授课质量提供了有力保证。

3.1 课程设置与教学模式

近年来我院开设的绿色建筑设计课题主要围绕既有建筑绿色改造、绿色校园教育建筑\绿色办公建筑和绿色生态住区等类型开展。

传统的建筑教学主要侧重于建筑功能、空间和形态的训练，而把建筑技术和经济等属性放在次要和从属位置，导致学生在设计中较少关注经济性、舒适度和室内环境品质等方面的内容。[4] 因此我们在任务书设定时尽量结合本地的自然和气候条件，选择方便学生调研的基地，控制适当的建筑面积，避免设置复杂的建筑功能，弱化对建筑造型的要求，使学生把重点放在气候适应、绿色要素和技术分析之中。

课题设置以绿色建筑性能为目标，引导学生通过被动式设计手法，运用性能模拟软件进行方案优化和改善。在课程进行中采用开放的互动式教学以及讨论和讲述相结合的教学方法和手段，通过案例分析、实地考察、方案设计和量化模拟，在数据交换与空间形态生成之间形成交互驱动，让学生对技术性、综合性强的绿色建筑方案具备一定设计能力，加深对绿色建筑与可持续城市环境的理解。

3.2 教学步骤

本课程根据教学目标将 8 周课时分为理论教学、案例分析、性能模拟、成果表达等阶段，强调以绿色性能为目标的设计理念。

课程推进的同时，课程团队在学校一流课程建设的支持下，在郑州大学厚山学堂开设混合式慕课课程，采用线上讲授基本理论和模拟软件，线下课堂推进设计方案的模式开展教学①。

1）在设计前期阶段首先要求学生根据理论教学对绿色设计策略进行学习和梳理，为下一步设计目标的确立打好基础。

除了带领学生完成基地踏勘和场地分析，还要求学生从气候策略、绿色技术等方面对国内外绿色建筑进行典例分析并相互交流扩展知识面。

教学团队成员在课程进行过程中根据自身教育背景和擅长领域以专题讲座的形式讲解绿色建筑设计步骤、相关标准与评估体系和模拟软件运用等内容，使学生加深对绿色建筑的了解。

2）在设计中期阶段要求学生在被动式设计策略的

原则下，以建筑性能如声、光、热环境、空气质量、能耗以及碳排放等要素为目标，选择其中任意因子建立起性能要素与建筑功能、空间以及形体等方面的对应关系，基于软件模拟进行双向互动调整，评估设计效果并进行方案调整和优化（图 1）。

3）在设计成果阶段要求学生除基本图纸外，最终成果需包含场地规划与当地气候关系分析、建筑与气候关系分析、建筑体型组织、建筑性能要素分析等以及其他表达设计内容的必要图件。（图 2）。

4）最终通过教学团队的集体讨论和评议形成更为客观的成绩评价标准，同时改变原有贴图打分的传统，增加最终集体答辩环节，实现交流互动和信息反馈。

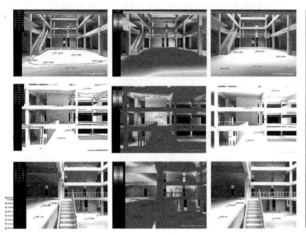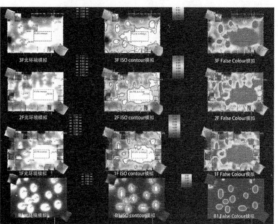

图 1　光环境性能模拟与比较分析
（设计绘制：宋宣达　指导教师：陈伟莹）

3.3　软件模拟

对于绿色建筑性能模拟是本课程的重要环节，鉴于课时有限，要求学生在课外时间进行软件学习。在早期教学过程中学生一般采用 Ecotect Analysis 性能模拟软件。因其功能较全，可对声、光、热等多种要素进行模拟，建模方式与 SketchUp 相似，易于掌握。但该软件早已不再更新，且有模拟精度不高，内嵌材质库与国内常用材质不匹配等问题。[5]

因而在近年教学中由教师与软件商沟通获取支持，组织学生试用绿建斯维尔模拟软件，其优势在于可以一模多算，对建筑碳排放、能耗、日照、采光、通风、声环境以及暖通负荷等多方面详细模拟。但该软件各功能块并未集成，学生需要学习的软件较多，导致教学时间略显不足。因此更需要学生在设计早期明确侧重的性能

目标要素，依此进行针对性的软件学习并以量化数据对比分析为依据进行优化设计。

3.4　教学体会与思考

笔者在绿色建筑课程教学中遇到的问题主要集中在以下几点：①由于课时限制无法全面展开理论和原理的讲授，导致学生无法系统的理解绿色建筑设计原理，在设计中缺乏对各项技术要素的完整认识，学习内容与相关知识相对零散，设计偏向于绿色技术的罗列；②可供学生现场调研参观的实际案例较少，并且绿色设计要素对建筑的影响不如空间和形体要素来得直观；③由于课时有限，学生只能利用课下时间学习软件，难以深入的掌握，也导致模拟数据不够准确；④对绿色建筑来说设计评价极为重要，但依据现有条件无法针对评估体系展开深入的教学；⑤课程相对孤立，除了建筑构造和建筑

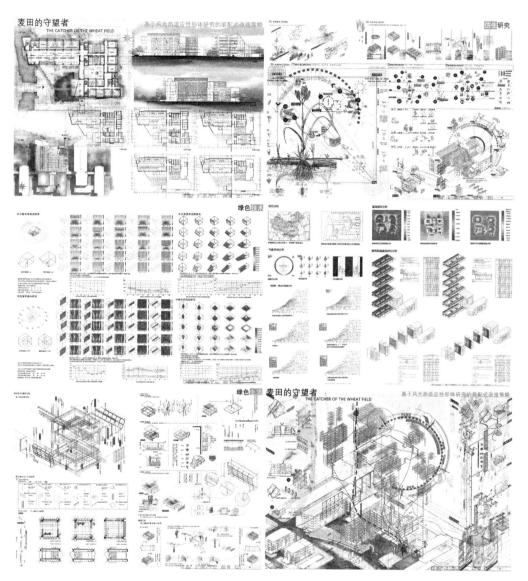

图 2　麦田的守望者——校园教育建筑绿色改造设计
（设计绘制：王瑞明、李楠　指导教师：陈伟莹）

物理等专业基础课之外，在整个教学课程体系中缺乏先修和后续专题理论课程的支持，难以保证绿色课程的整体性和连续性，无法形成教学链条；⑥虽然教学团队已经调整，但当前的师资还是以建筑学背景的教师为主体，缺乏跨学科背景教学团队的组建。上述问题随着学院整个教学课程体系和师资队伍的不断调整和完善也将逐步得到解决。

随着课程体系的进一步完善，可以在本科阶段的各个年级教学框架中增设绿色建筑相关内容，如本科一年级可以在建筑概论课中增加绿色部分，让学生进一步了解自然生态要素对建筑的影响，使其树立正确的环境观念；本科二年级可以结合相关设计课程和构造课程，侧

重于被动式设计的讲授和运用；本科三年级结合建筑物理和建筑设备等课程，侧重于被动式空间设计与主动式技术的结合；本科五年级的毕业设计中可以增设包含整体环境的全面性和纵深性的设计课题，以期全面体现绿色建筑设计教学成果。[6]

4　总结

绿色建筑设计是一个多学科交叉的设计过程，其在未来建筑教育中所扮演的角色会越来越重要，建筑学专业毕业生不仅需要掌握绿色建筑的理念和知识，而且需要具备绿色创新和实践的能力。

相较于绿色建筑设计和专门人才培养的现实需求，

现有的绿色建筑教学体系还需不断深化和完善。教育工作者应从根本上实现教育理念的转变，坚持教学改革和协同创新，为"碳达峰、碳中和"的目标作出贡献。

主要参考文献

［1］ 刘念雄，张竞予，刘依明，韩玥君. 建筑师视野的碳排放与建筑设计［J］. 建筑学报，2021（2）：50-55.

［2］ 康恒. 国外绿色建筑设计课程体验层面教学探析及其对我国的启示——以苏黎世联邦理工学院建筑系、UCL 巴特莱建筑学院、康奈尔 AAP、宾大 Penn Design 为例［J］. 建筑创作，2018（3）：162-169.

［3］ 杨维菊，徐斌，伍昭翰. 传承. 开拓. 交叉. 融合——东南大学绿色建筑创新教学体系的研究［J］. 新建筑，2015（5）：113-117.

［4］ 何文芳，杨柳，刘加平. 绿色建筑技术基础教学体系思考［J］. 中国建筑教育，2016（2）：38-41.

［5］ 田真. 建筑学专业"绿色建筑"课程教学实践与思考［J］. 中国建设教育，2018（4）：29-32.

［6］ 张磊，刘加平. 绿色建筑设计教学研究［J］. 四川建筑科学，2014，40（4）：323-326.

路晓东　于辉　张宇　郎亮　吴亮

大连理工大学建筑与艺术学院；lxd3721@dlut.edu.cn

Lu Xiaodong　Yu Hui　Zang Yu　Lang Liang　Wu Liang

School of Architecture & Fine Arts，Dalian University of Technology

"纵向进阶、横向融合"的建筑设计主干课程教学改革 *

Reform of the Teaching System of Architectural Design Course

摘　要：建筑学专业建筑设计主干课和讲授课程的相互配合，始终是教学体系架构的重点。延续和巩固既有的教学体系与特色，强化设计主干课"纵向进阶、横向融合"两大教学特色。在纵向，不同教学阶段的设计主干课程衔接上，以"创造性进阶"培养基础知识的教学广度，以"专题化进阶"突出专门人才的培养深度。在横向，以"跨课程融合""跨专业融合""跨地域融合"来强化专业教学中已有的教学特色和学科优势。构建了以设计课为核心的课程之间的复合联系，并随之产生不同知识背景的教师联合执教和课时叠用的教学新形式。

关键词：建筑设计主干课；教学体系；教学改革

Abstract：The coordination between architectural design course and theoretical course is always the key point of architecture teaching system. Based on the existing achievements，this paper strengthens two teaching features of "vertical advancement，horizontal integration" of the architectural design curriculum. In the vertical direction，the architecture design curriculum of different teaching stages is connected，and the teaching breadth of basic knowledge is cultivated by "creative advancement"，and the training depth of specialized talents is highlighted by "thematic advancement"．In the horizontal direction，"cross-curriculum integration"，"cross-professional integration" and "cross-regional integration" are used to strengthen the existing teaching characteristics and disciplinary advantages in professional teaching. A composite connection between courses with architectural design courses as the core is constructed，and a new teaching form of joint teaching and overlapping class hours is produced.

Keywords：Architectural Design Course；Teaching System；Teaching Reform

1　引言

随着"新工科"计划实施，我国由工程教育大国迈向工程教育强国，如何培养出契合国家、社会发展需要，符合建筑行业未来发展的建筑学专业人才，成为关键问题。亟须在有限的课程学时内，提升知识增进、技能训练和能力获取的效率。随着高校改革，毕业学分减少，这一问题日渐突出。建筑学专业特点决定了建筑设

* 项目支持：文受辽宁省普通高等教育本科教学改革研究项目资助。

计主干课在教学中主导地位，"设计课与相关课程的链接关系实则相当薄弱，即使是办学历史悠久的学校也不例外"。[1] 围绕设计主干课的教学改革成为教学实践的重点。

大连理工大学建筑学专业成立于1984年，入选首批国家级一流本科专业建设点、首批国家级特色专业，连续多次以优秀级通过国家建筑学专业教育评估。其专业建设从整体架构上借鉴了东南大学"一体两翼"、[2]哈尔滨工业大学"三位一体"[3]等培养体系，并进一步凝练办学理念和特色，形成"3＋1＋1"进阶式人才培养模式与"1＋N"多线协同课程体系，取得多项教学成果奖。但在具体的教学实践中仍存在教学管理偏于粗放，教学组织不够严密等问题，教学内容的细化、要点的承接、特色的凝练仍有强化的空间。

自2019年起，逐步探索"纵向进阶、横向融合"的建筑设计主干课教学体系改革与实践，即以"纵向进阶"强化各专业方向训练内容的衔接；以"横向融合"促进设计主干课与讲授课程之间的专业知识的关联。

2 教改举措

2.1 课程体系建构

在建筑学专业最新的培养方案修订中，结合现有的教学体系与特色，以"纵向进阶"在教学体系上深化"3＋1＋1"进阶式人才培养模式，对学生个性化培养。已凝练形成"历史与地域""艺术与人文素养""原理与

相关理论""数字技术""建筑技术""实践与实习"六条课程子线（图1）。同时，以"横向融合"巩固"1＋N"多线协同课程创新体系。通过对课程群教学环节的集聚、关联，形成了以设计课为核心的居住建筑设计、高层建筑设计、城市设计等五大课程群。

2.2 "纵向进阶"

1）创新能力进阶

体现本科教学中"厚基础、宽口径"的学科通识教育的人才培养特色，有选择性的与设计竞赛相匹配，开展开放式设计教学。利用小学期，设立探索性、实践性强的课程，使学生能够全身心地投入到设计实践中，充分感受实际设计工作的状态。利用培养方案中的专创融合荣誉课程（不计入总学分），以工作坊形式在课外开展专题设计，将设计能力训练与知识传授有机结合。

2）专题设计进阶

对"1＋N"多线协同课程体系，将代表专业方向的子线"N"进行拆解，再融入设计主干课教学中，这也是"纵向进阶"要解决的核心问题。随着教学进度，每一个方向的系列讲授课程与设计主干课多次对应，进阶式推进，将专业知识逐步落实到设计主干课中。与之相对应，设计主干课的选题在一定程度上多元化，并有相应的师资匹配。多个子线如何在合适的学期，合理地与现有设计主干课的教学要点相匹配，如何体现进阶，又如何调配相应师资，是关键教学问题。

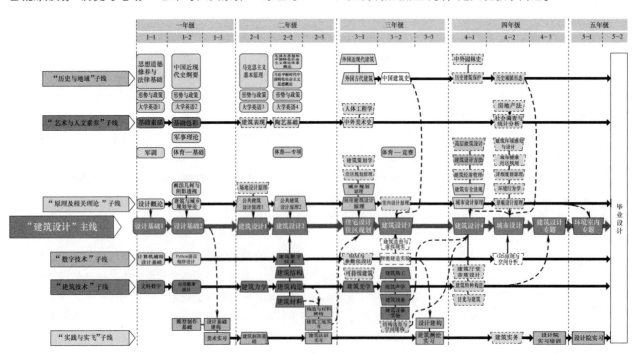

图1 建筑学专业课程体系构架

目前"数字技术"与"建筑技术"两条子线，在"纵向进阶"方面的建设相对完善，分别将知识分成四阶段和三阶段传授，并分别落实于与理论课并行的四门和两门设计主干课，形成"四阶四融合"和"三阶两融合"的教学体系。其他四条子线仍在推进过程中。

2.3 "横向融合"

1）跨课程融合，构建设计课程联合教案

基于已形成的知识关联型矩阵式课程体系，明确以建筑设计为相关课程集成的核心平台。由设计课程教师与理论课教师设立联合教案，不仅在建筑设计成果的内容和深度上综合了多项要求，还以问题为牵引、以实践为载体，在知识的运用中获取知识。

与建筑学"老八校"相比，我校师资配置有所不足，但也因此在课程融合方面具有一定优势。设计主干课教师除了设计课教学，大都承担一到两门理论课，已经形成自身的专业化方向。通过师资调配，多门设计课的教师承担与之相关联的讲授类课程教学，课程融合效果好。

2）跨专业融合，构建多学科合作机制

建筑相关专业（土木工程、建筑环境与能源应用工程等）对建筑设计有很大影响。与这些专业的融合是改革重点也是难点。国外高校，如欧洲德语区[4]以及日本高校，[5]建筑学专业与其他专业共同完成建筑设计是常态，但在我国，由于教学体系的区别，少有较好地实现。学校的土木、水利、交通等建设工程学科群为此提供了有力支撑。对低年级课程，以小型构筑物为训练载体，强化知识要点在空间中的认知与体验；对高年级课程，邀请相关专业教师以课程顾问形式加入，促使相关知识要点体现在设计成果中。

3）跨地域融合，构建开放的教学平台

依托由40余家知名设计机构组成的实践基地平台，吸引优秀校友持续反哺学校，通过线上、线下相结合的方式，邀请知名建筑师参加本科生授课，并结合自身擅长的方向，在一定框架范围内自拟题目，给予充分的灵活度。

3 建设成效

经过近4年的建设，教改初具成效。以建筑学本硕学生为主，参加国际太阳能十项全能竞赛（SDC2021），完成"24·35宅家"的设计与建设，并获验收。此外，多项设计竞赛获奖，《雾隐潇湘》被认为"结构设计非常新颖"（图2），获2019霍普杯一等奖；《声透镜》运用建筑声学知识（图3），获2021"天作奖"佳作奖。

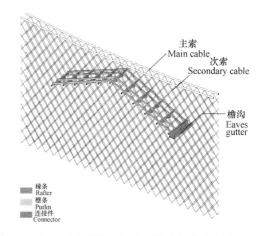

图2 《雾隐潇湘》中对悬索结构的思考

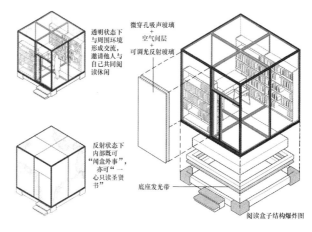

图3 《声透镜》中对建筑声学的思考

设计主干课建设成效显著，已获评一门国家级一流课程（"建筑专题设计"），三门省级一流课程（"住区规划与住宅设计""城市设计""设计基础"）。相关的两门讲授课程获评省一流课程。2022年"建筑学专业综合实践能力培养模式改革与实践"获辽宁省教学成果一等奖。

4 结语

"新工科"计划的实施对办学水平提出新的要求。我校建筑学专业优化教学组织，以设计主干课与理论讲授课为教学载体，构建"纵横结合"教学体系，充分发挥我校及我院的师资优势、科研优势，形成立体式、网络式知识框架，建立交叉复合的课程结构，强化设计主干课教学体系，联动提升理论讲授课教学水平。

主要参考文献

[1] 孔宇航, 辛善超, 王雪睿. 新综合 设计与构造关系辨析 [J]. 时代建筑, 2020 (2): 22-25.

[2] 韩冬青, 鲍莉, 朱雷, 夏兵. 关联·集成·拓展——以学为中心的建筑学课程教学机制重构 [J]. 新建筑, 2017 (3): 34-38.

[3] 孙澄, 董慰. 转型中的建筑学学科认知与教育实践探索 [J]. 新建筑, 2017 (3): 39-43.

[4] 韩雨晨, 韩冬青. 融汇·实践——德语区建筑学结构教学体系初探 [J]. 建筑学报, 2020 (7): 73-79.

[5] 加藤耕一, 唐聪. 日本建筑教育史概略: 从东京大学建筑学科体系创建谈起 [J]. 建筑师, 2020 (6): 13-21.

同庆楠
西安建筑科技大学建筑学院；267361303@qq.com
Tong Qingnan
College of Architecture，Xi'an University of Architecture and Technology

房间和走廊：存量时代的建筑空间设计教学探索
Rooms and Corridor：The Architecture Space Design Teaching Exploration in the Stock Age of Urbanization

摘　要：日常生活中的房间和走廊是增量时代空间生产的商品，是当下存量时代空间优化的对象；而建筑空间本体中的房间和走廊在建筑空间概念上是现代围合体建筑空间的两种类型，在建筑空间美学上又与现象透明性有着本质的关联。可以说，房间和走廊是连接日常空间现象和抽象空间概念的桥梁、是空间功能设计的要素、是塑造空间美学的起点、是存量时代的现实问题。基于此，笔者选择以房间和走廊作为建筑空间设计教学过程的线索，形成了由三个环节，四个练习组成的"房间和走廊"空间设计课程，是一个结合存量时代现实问题与建筑空间本体内核的当代建筑空间设计教学探索。

关键词：存量时代；房间和走廊；建筑空间设计教学

Abstract：Rooms and Corridor in everyday life are the standard products of the space production in the Incremental age of urbanization，the target of space optimization in the stock age of urbanization. While in architecture theory，rooms and corridor are two types of enclosure space concept，and closely related to the phenomenal transparency. Then，rooms and corridor are the bridge between everyday space object and abstract space concept，the elements of functional space design，the start point of space aesthetic，and the practical problem of stock age. Based on this，the author selects rooms and corridor as the thread of architecture space design teaching，to form a "Rooms and Corridor" course by three parts and four exercises，which is an architecture space design teaching exploration that combines the practical problem of stock age and the essence of architecture space tradition.

Keywords：Stock Age of Urbanization；Rooms and Corridor；Architecture Space Design Course

1　日常生活中的房间和走廊

1.1　房间和走廊是增量时代空间生产的商品

历经近 40 年增量时代的快速城市化，我国已经建成了海量的建筑空间。亨利·列斐伏尔的空间生产理论认为消费社会中的空间也是一种商品，这种空间商品的大规模生产必然会采用复制的模式。因此，当代城市的建筑空间表面看似纷繁复杂，实际却单调乏味。我们很

容易找到当代城市建筑空间的两种标准化产品——房间之间直接相连的"房间式"（多用于 X 室 X 厅的住宅建筑）、房间通过走廊相连的"走廊式"（多用于办公、学校等公共建筑）（图 1）。可以说，当代人居住、学习、工作、生活在各种各样的房间中；经过、停留在各种各样的走廊里。房间和走廊是增量时代空间生产的标准商品。增量时代的空间商品是由建筑师设计的，造成当代建筑空间标准化制度化的核心在于在影响面最大的职业建筑师教育、建筑规范中，房间和走廊被当成纯功能化

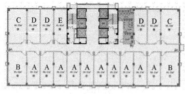

图1　典型住宅和办公平面

的要素，空间设计被约减为功能设计。而功能空间的特点是纯抽象化的几何空间，将精神空间从"生活空间"中分离出来，使人类主体不仅只是与其劳动成果相疏离，而且是和整个日常生活经验的疏离。胡塞尔认为在抽象空间中，居住者自身也成为抽象物，建筑蜕变成了"居住的机器"而人退化为"持存物"，人失去了生活世界。

1.2　房间和走廊是存量时代空间优化的对象

可见，现代大都市中功能化的房间和走廊并不是人们精神上的安居之所，而是变成了一个抽象的、令人恐惧的都市迷宫。

《中共中央关于制定国民经济和社会发展第十四个五年规划和二〇三五年远景目标的建议》中提出"推进以人为核心的新型城镇化"，以人为本，是指任何有关促进城镇化建设的行为和活动，都要首先考虑人的因素，并且要以实现人的全面发展为旨归。增量时代的重点在于抽象物理空间的复制化大规模生产，却忽视了在其中生活的人作为个体的差异性、多样性、精神性、情感性的需求。而存量时代的重点在于关注和改善空间中人的生活，因此，打破纯功能化建筑空间的抽象性，从空间的美学设计和人的精神性角度提升和优化日常生活中房间和走廊的空间品质，是存量时代建筑空间面临的现实问题。

2　空间木体中的房间和走廊

当代大都市日常生活中的房间和走廊是标准化、抽象化的建筑空间商品。然而，作为建筑学空间本体中的专业空间词汇和术语，房间和走廊却具有十分丰富的内涵。

2.1　房间和走廊与建筑空间概念

1）房间与现代建筑空间概念

房间是一个古老而传统的空间概念，在建筑出现之前，自然界中只有广延、无限的"室外"空间，而人类通过建造人工的"室内"空间作为自己的"家"，而这个人工的"室内"空间就是通过材料的围合与广延的室外空间分离开来而形成的具有围合感的"房间"（Room）。路易斯·康认为"建筑起始于房间的建立"；1852年德国建筑理论家森佩尔提出"建筑的第一动力是空间的围合（Enclosure）"；最早的现代建筑空间概念是1898年德国建筑理论家施马尔松明确提出的，施马尔松认为空间（Raum）是建筑设计的核心，这里的空间是德语中的"Raum"，也就是英语中"Room"的意思。

房间所代表的围合空间概念是19世纪末对房间这一古老而传统的历史空间现象的解释和总结，而随着钢筋混凝土技术的应用和艺术领域立体主义绘画的发展，一种打破传统的"围合"空间，或者说打破封闭"房间"的新的空间概念在20世纪初出现了。最早体现出打破封闭房间的建筑是美国建筑师赖特的草原住宅系列建筑；在欧洲，风格派的核心人物凡·杜斯堡从抽象的几何角度提出将封闭的盒子体量分解成不同方向空间构成要素。空间设计不再以体量为单元，而是以体量分解为的板片和杆件为要素，将这些要素组合在一起形成空间；包豪斯的建筑教师莫霍利-纳吉1928年在《新视界》中清晰地阐释了不同于传统"围合体"空间的"连续体"空间概念。

英国建筑理论家阿德里安·福蒂在2000年对20世纪90年代之前的建筑空间概念进行了详细地梳理，将不同的空间概念总结分为三类，其中属于抽象性概念类型的空间定义有两种：一种空间作为一种"围合体"；另一种空间作为一种"连续体"。顾大庆教授在2018年从格式塔心理学的几何图底关系的角度提出，只有两种不同的空间类型，一种是"包裹"空间，另一种是"流通"空间（图2）。

图2　围合体与连续体

可见，从抽象概念的角度来看，房间是最古老和传统的空间认知和空间现象，对房间空间现象的总结是现代空间概念的来源，而对房间的打破则是颠覆传统空间认知的新空间概念的起点。房间是梳理建筑空间概念历史发展的线索：房间的建立和瓦解是现代建筑围合体（Enclosure）与连续体（Continuum）空间概念的来源。

2）走廊与现代建筑空间概念

然而，现代社会结构的复杂化带来了建筑功能的复杂化，多个房间的建筑空间组织方式（房间群）在应对复杂的功能与流线系统中分化出一种特殊的、专门作为交通空间使用的房间——走廊，走廊的出现使围合体的建筑空间概念出现了重要变化。

与房间相比，走廊的出现却是一个比较晚的事情。罗宾·埃文斯在1978年的《人物，门和通道》中提到，在17世纪意大利文艺复兴时期的别墅中是没有走廊的，建筑是由"串联的房间网阵"（平面房间群）构成的，而一开始"贯穿式通道"的出现只是给仆人们使用的，主人使用的主要房间之间还是通过房间来组织。走廊作为对房间的分离在出现之初就产生了两种效果，一种是避免了房间群中穿越式房间使用上的不便，交通和使用的分离提高了建筑使用的效率；另一种是这种分离不仅是对房间群中房间的分离，而且是房间群所代表的对人与人之间亲密关系的分离。从这个角度，埃文斯批判这种消除人与人之间亲密关系的走廊式建筑，而赞同促进社会交往亲密性的房间群建筑。

麻省理工学院（MIT）建筑与规划学院教授马克·亚尔左姆贝克在2010年的《走廊空间》中从建筑历史的角度详细梳理了走廊的出现、发展和演变过程与其所反映的时代的社会特点，认为走廊是人类社会现代性发展的空间工具，而埃文斯提出的建筑要回归家庭生活式人与人之间亲密性关系的观点是一种"返祖倾向"。亨利·列斐伏尔也指出："建筑学中的空间话语，远非建筑学的独立性断言，而是有关现代时期权力和统治的操练。"也就是说建筑空间的结构是由社会特征决定的，而不是建筑师的一己之力和一厢情愿。

从功能的角度看，走廊避免了穿越式房间使用上的不便，是现代社会追求效率和功能性的体现；而在建筑空间的功能背后隐藏着的是走廊所代表的社会意义，走廊瓦解了房间群所包含的传统家庭社会中的亲密关系，是现代集体社会中的阶级和职业特征对私密性要求的体现。而建筑空间只是社会结构和人与人之间关系的空间体现而已，因此，在现代集体社会复杂的人群类型和公共私密性要求的情况下，想消除走廊是不可能的。房间群的空间组织适用于功能和人群关系较为简单的建筑类型，而不适用于所有的现代建筑类型；尤其在功能复合化、人群复杂化、公共私密清晰化要求的建筑中，一定会有走廊的出现，走廊作为一种特殊的房间，是现代社会必要的空间工具。

综上所述，房间是现代建筑围合体空间概念的来源，而房间和走廊是当代围合体空间的两种基本类型。

2.2 房间和走廊与建筑空间美学

1）透明性作为建筑空间美学理论

功能化的空间是纯几何化的抽象客观空间，在其中没有人的存在，建筑空间的美蕴藏在形式背后完美的数学比例之中；而自康德之后，空间观念发生了主体转向，心理学的研究方法被引入到美学研究中，形成了著名的"科学美学"思想。在科学美学的视角下，建筑空间的形式不仅是一种数字和几何的比例关系，而且能够和主体产生知觉和情感上的联系，自此，身体被引入到建筑空间之中，抽象的几何空间成为具体的"空间体验"和"空间感"。在科学美学思想的影响下，20世纪艺术史和建筑史的研究中形成了著名的形式主义批评与现代主义艺术批判。

正是建立在以上坚实的现代空间形式理论的基础上，从20世纪40年代持续至今的不断的探讨和研究中，透明性逐渐成为一个较为完整的现代建筑空间形式的身体体验美学理论。然而经过近80年研究，透明性自身已经发展成一个包含空间体验、形式分析、设计手法等多重含义的混杂概念，其中和空间身体体验相关的主要是著名的物理透明性和现象透明性之争。吉迪恩在1941年首次提出透明性的概念——后被柯林·罗在1964年贬低地称为物理透明性，罗认为吉迪恩的透明性只是玻璃的物理透明，而正面性视角带来的空间层化现象则是带来多重解读的现象透明性；1978年罗斯玛丽·布莱特对罗的现象透明性进行了批判，认为罗的正面性观看视角体现出一种从文艺复兴直到布扎平面中反复出现的"Enfilade"空间效果，是一种固定视角的空间概念，而吉迪恩的透明性和柯布西耶的作品则追求流动空间和漫步建筑的空间效果；1997年德特雷夫·莫汀思继续了对罗的现象透明性的批判，他认为柯林·罗误读了吉迪恩的透明性，忽略了其论述所要阐释的"时间—空间"四维动态空间概念的目的，只是片面地提取了透明性浅空间的呈现方式，反而是一种观看绘画一样的二维静止的观看方式，同时使用了现代主义艺术自律性的观点对这种绘画式建筑背后的美学本质进行了探讨。

简单来说，柯林·罗的现象透明性是人在集中式构图建筑空间中静止，从固定的正面性视角观察，将三维的建筑空间转变为二维化层化结构的浅空间，像观看二维的绘画一样观看三维建筑空间的方式，其目的在于建立一个与真实的三维空间区分开来的艺术的美学空间；吉迪恩的物理透明性是人在分散式构图建筑空间中运动，从各个不同的视角观察，人对空间的视觉感知随着身体和空间位置关系的变化而不断变动，作为物的建筑空间与人建立了变动不居的情境关系，是一种在时间中持续的四维的时间—空间体验。

2）房间和走廊与现象透明性

布莱特提出两种透明性与集中式构图和分散式构图空间的区别有关。如果我们将两种类型的透明性与其背后的建筑空间类型对应起来的话，可以进行这样的梳理：物理透明性对应吉迪恩提到的第三种"时间—空间"，赛维提出的流动空间与四维分解空间，布莱特的分散式构图；而现象透明性对应吉迪恩的第二种实体内部挖空的空间，赛维提出的静态空间的方向性，布莱特的布扎平面的集中式构图。可见，两种不同透明性空间体验对应两种不同的建筑空间类型。

如果从现代建筑围合体和连续体建筑空间概念的角度来看，围合体空间对应集中式构图，而连续体空间对应分散式构图，那么，现象透明性则是围合体空间的空间感，而物理透明性是连续体空间的空间感。从历史的角度来看，"Enfilade"正是房间群产生的空间效果，可以看作是现象透明性这种空间层化现象的历史佐证。

可见，现象透明性是围合体的空间感，而房间和走廊是围合体的两种空间要素，因此，现象透明性是房间和走廊的一种空间美学。

3 以房间和走廊为线索的建筑空间设计教学探索

通过以上分析可以看出，不论在存量时代的日常生活中还是在建筑空间本体理论中，房间和走廊都具有着非常丰富和深刻的内涵，那么，能不能以房间和走廊作为线索，进行当下存量时代的建筑空间设计教学探索。如果说建筑空间设计是通过对某种空间要素的组织，在满足功能使用的基础上，塑造出具有美学品质的空间体验的话，那么，在当下以房间和走廊作为建筑空间设计教学的线索具有以下几个优势。

首先，从空间要素层面上看，房间和走廊是连接日常具体空间现象和抽象空间本体概念的桥梁，以房间和走廊作为建筑空间设计教学的起点可以将抽象的空间概念具体化为每个学生都能理解的日常生活空间体验；其次，从建筑功能的层面上看，房间和走廊本就是传统功能化建筑空间设计方法的基本要素、是现有各类建筑规范的约束对象，以房间和走廊作为空间设计的要素可以简明高效地解决基本的功能流线问题；再者，从空间美学体验的层面上看，房间和走廊是营造现象透明性这种建筑空间美学的起点；最后，从当代现实意义的层面上看，日常生活中标准化、抽象化房间和走廊的空间品质

的优化与提升正是当下存量时代的现实问题，而以房间和走廊为线索的空间设计教学目的就是为了塑造具有美学品质的空间体验，其教学目标直指日常生活中房间和走廊的制度性和抽象性，具有极强的现实问题针对性。

可见，房间和走廊既是日常生活中具体的、最为常见的空间商品和空间现象，又是建筑空间本体的核心问题；既是传统空间功能设计的要素，又是空间美学设计的起点；同时，日常生活中房间和走廊的空间品质提升又是存量时代建筑空间的现实问题。正是基于以上问题的思考，笔者在西安建筑科技大学"自在具足"系列教改本科三年级上学期的大师案例解析课程中，通过七年的教学探索实践与博士论文研究，形成了由以下三个环节组成的"房间和走廊"建筑空间设计教学。

3.1 房间和走廊的空间观察

作业（1）："日常生活中的房间和走廊"

观察日常生活中的"房间和走廊"空间，将它们用照片、平面图和剖面图等方式记录下来。可以采用地点、时间、尺度、颜色、情绪等线索将你一天经过的、停留过的多个房间和走廊的空间记录组合起来，形成一幅拼贴作品，表达你对日常生活中房间和走廊空间的理解；也可以关注于一张房间和走廊的照片，对其进行处理，体现你对日常生活中身体视而不见的房间和走廊空间的认识。成果要求：A2 图幅×1。

这个作业包含两个要求，一个是对房间和走廊空间的观察和记录：使用照片、平面图和剖面图等方式；另一个是对房间和走廊空间的理解，通过多个房间走廊拼贴的方式隐含着一种理性的、类型化的理解，而关注于一个房间走廊空间的照片隐含着一种感性的、身体性的理解。下面选取典型的作业成果进行简要介绍。

贺晨静（图 3a）、王迪（图 3b）和景怡雯（图 3c）的作业则侧重于从身体的主观感受去体会与记录对日常生活中房间和走廊的空间的印象。贺晨静将在一个走廊中不同位置拍摄的走廊照片拼合在一起，深浅不同的走廊照片却在透视上没有太大变化，突出了走廊的幽深；王迪将不同层的走廊和楼梯拼合在一起，体现了身体在

(a)   (b)   (c)

图 3 学生作业

（a）贺晨静作业；（b）王迪作业；（c）景怡雯作业

教学楼中穿越的过程中经历的无尽的走廊；景怡雯将不同层的走廊照片拼合在一起，表达了走廊空间的标准化和单调性。

通过对日常生活中房间和走廊空间的观察，郝薇雪和朱子唯的作业（图4）通过房间和走廊照片的拼贴总结出了日常生活中的空间要素——房间和走廊，将两者分离后又结合在一起。通过作业（1）对日常生活中空间的观察和记录，学生们建立起了房间和走廊是当代日常生活中空间要素的概念，得出了"房间式"和"走廊式"是现代主义房间和走廊功能性组织的标准模式。在此基础上，为学生提供事先准备好的与日常生活中功能性、抽象性房间和走廊组织不一样的当代建筑空间设计案例，分析这些案例中空间体验的不同之处，以及与房间、走廊的空间组织方式。

图4　郝薇雪和朱子唯作业

（a）房间；（b）走廊；（c）房间和走廊

3.2　房间和走廊的案例分析

作业（2）："房间和走廊透明性的案例分析"

选取案例库（已提前提供给学生建筑案例）中的4～5个案例。首先，从案例室内透视照片的角度分析案例中的"房间和走廊"的空间与日常生活中的空间体验有何不同，通过室内透视图渲染的方式呈现此空间的核心效果（图5a）；其次，通过标注过的平面和剖面识别这个体验不同的空间在整个建筑中的位置在哪里（图5b）；再者，通过分解轴测图的方式呈现出这个体验不同的空间的房间和走廊的组织方式（图5c）；最后，通过与分解轴测图逻辑一致的实体模型制作物理地呈现这个核心空间的房间与走廊空间组织方式（图5d）。成果要求：将每个案例标识过的平面、剖面、室内透视图、分解轴测图和模型照片进行排版，每个案例A2图幅×1。

这个作业是在作业（1）建立起房间和走廊空间要素概念的基础上，提前筛选出"以房间和走廊为空间要素、以透明性为空间感目标"的案例，让学生从空间身体体验的角度分析案例中与日常生活中不同的"空间感"的特点，并从房间和走廊的空间组织角度分析这种

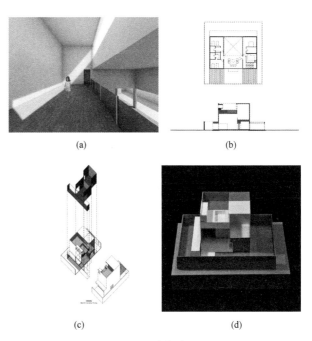

图5　案例库

（a）室内透视图；（b）核心平剖面；（c）分解轴测图；（d）模型照片

"透明性"产生的原因，在感性的身体体验与抽象的空间组织之间建立联系，揭示"透明性"的空间感的营造机制。这部分的作业经过8年的教学过程中对图纸绘制与模型制作方法的推敲和完善，已经形成了以上固定的图纸与模型分析方法，对累计37个房间和走廊透明性的建筑案例进行了深入分析（图6）。

3.3　房间和走廊的设计练习

"房间和走廊透明性的案例分析"让学生建立了房间和走廊空间要素的概念、分析了相关案例、总结出自己独特的关于房间和走廊的空间设计方法；"房间和走廊透明性的设计练习"是让学生将自己总结出的设计方法进行分解地、步骤化地应用。

作业（3）："教学主楼的空间改造"

教学主楼是同学们每天学习的场所，是身体最为熟悉的空间，是日常生活中最为典型的中走廊平面布局（图7）。回忆自己3年来在主楼中学习和生活的经历，寻找自己切身体会最为强烈的空间问题，结合"房间和走廊案例分析"作业中的空间案例和设计方法，从房间和走廊的角度做出具有空间问题针对性的空间改造方案。第一步，只需考虑空间形式和大致材料的划分，不需深入考虑材质、光线、结构等问题；第二步，在确定空间形式的改造方案后，仔细考虑结构、材质、洞口与景观、光线、颜色、声音等空间中实体部分物质性的具体问题。空间实体物质性的设计要与空间的形式设计结

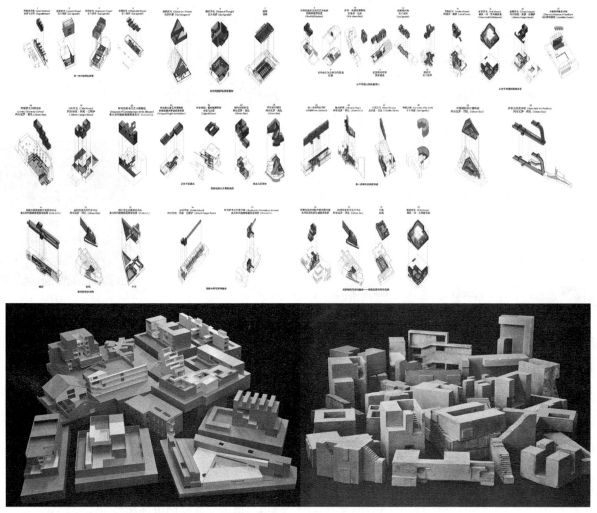

图6 37个房间和走廊的案例分析

图7 教学主楼平面图

合考虑,物质性要素加入的目的是要加强空间形式设计的特点,而不是单独的要素。成果要求:效果图、平面图、剖面图、设计分析图(体现房间和走廊空间设计方法是如何应用在设计之中的),A1图幅×1。

景怡雯的设计(图8)的主要目的是改造单调的走廊空间,通过将原来通长的走廊分段、在剖面上进行错动,并和周边的房间组织在一起,丰富的、多个方向透明性结合的走廊和门厅空间;王玲玲的设计(图9)的主要目的是改造封闭的房间,她将不同层的房间在剖面和平面上进行错动,同时把原本私密性均匀的房间进行了不同公共性功能的设置,形成了平面和剖面上相互联系、不同方向的透明性相互叠加的房间之间的关系;武若男的设计(图10)将不同层上的走廊进行了方向扭转,下层的走廊通过遮挡形成了纵深感,和上层横向的走廊建立了视觉联系,实现了水平和垂直、不同标高、不同方向走廊叠加而形成的极为丰富的走廊的透明性体验;钱昱宇的设计(图11)将不同层的走廊在剖面进行了退台式处理、在平面进行了错动,同时将天光引入走廊系统之中,创造了逻辑简单分明,但纵深感效果丰富的走廊系统;刘泽宪的设计(图12)将单调冗长的走廊在空间节点处打断,和周边的公共房间结合在一起,形成了房间和走廊的一个令人印象深刻的空间节点;高楚晨的设计(图13)在教学主楼中间加入了一个标高位于楼梯休息平台上的中庭,这个中庭在短向和两侧的走廊、在长向又和旁边的中庭一起形成了两个方向的剖面上的透明性,从而制造了公共房间和走廊共同形成的丰富的空间体验;

图 8　景怡雯作业

图 9　王玲玲作业

图 10　武若男作业

图 11　钱昱宇作业

图 12　刘泽宪作业

图 13　高楚晨作业

　　整体来讲，通过以上三个步骤的教学设置，使学生形成了对以房间和走廊为空间要素、以透明性为空间目标的案例的深刻认知与设计方法的初步探索与应用，从而形成了对空间设计问题的初步的、自身独特的思考。同时，这个探讨并不是要告诉学生关于空间设计问题的具体答案，而是提供了当代空间设计的优秀案例、一个思考这些案例中空间现象的角度和方法框架，在统一的空间要素和空间感目标的基础上，引导学生形成自己对空间方法的个性化理解。

4　结语

建筑空间设计教学既是一个建筑的本体问题，同时又应结合时代的背景与问题。从这个角度看，通过7年教学与研究的相互促进，"房间和走廊"的建筑空间设计课程形成了一个基本的思路，从存量时代日常中最为普遍的房间和走廊空间现象出发，将其和建筑本体的空间概念和空间美学相连接，并指向存量时代的空间问题，具有对当代问题的针对性和建筑研究的本体性；同时，这个空间设计教学课程提供给学生的是一个思考和研究的视角和框架，并不是告诉学生具体的答案，具有多样性和开放性。

主要参考文献

[1] （英）阿德里安·福蒂. 词语与建筑物：现代建筑的语汇 [M]，李华，武昕，诸葛净，等，译. 北京：中国建筑工业出版社，2018.

[2] （英）罗宾·埃文斯. 从绘图到建筑物的翻译及其他文章 [M]，刘东洋，译. 北京：中国建筑工业出版社，2018.

[3] 顾大庆. 空间：从概念到建筑——空间构成知识体系建构的研究纲要 [J]. 建筑学报，2018（8）：111-113.

[4] 同庆楠. 从透明性到"远" [J]. 华中建筑，2022，40（1）：32-36.

[5] Mark Jarzombek. Corridor Spaces [J]. Critical Inquiry (Summer)，2010，36：728-770.

[6] Mertins，D. Transparency：Autonomy and relationality [J]. AA FILES，1996：3-11.

石峰

厦门大学建筑与土木工程学院；shifengx@xmu.edu.cn

Shi Feng

School of Architecture and Civil Engineering，Xiamen University

基于实践性教学的绿色建筑课程体系改革探索
Exploration of Green Building Curriculum System Reform based on Practical Teaching

摘　要：随着我国绿色发展理念和"双碳"目标的提出，绿色建筑的重要性日益凸显，对现有的绿色建筑教学体系进行改革成了当务之急。针对传统教学中建筑学专业学生普遍存在"重艺术，轻技术"的现象，以及绿色建筑课程内容与建筑设计类课程缺乏衔接的问题，厦门大学建筑学专业提出了基于实践性教学的绿色建筑课程体系改革的思路，通过课程体系改革、教学方式改革、课程资源建设、教学平台建设等多种手段，将技术类课程与设计实践相融合，让学生在实践中深入理解绿色建筑技术策略及其实际应用。通过课程教学的创新改革，提升了学生对技术类课程的兴趣，取得了丰富的竞赛成果，实现了教学与科研相长。

关键词：建筑技术；绿色建筑；实践性教学；数字技术

Abstract：With the proposal of the concept of green development and the goal of "dual carbon" in China, the importance of green building has become increasingly prominent. The reform of the existing teaching system of green building has become a matter of priority. Aiming at the common problems of architecture students in traditional teaching, such as "heavy art，light technology"，as well as lack of connection between green building curriculum content and architectural design curriculum, the idea of green building curriculum system reform based on practical teaching is put forward. This reform includes the curriculum system reform，teaching method reform，curriculum resource development，teaching platform construction. By integrating technical courses with design practice, students can have a deep understanding of green building technology strategies and their practical application in practice. Through the innovation and reform of curriculum teaching, students' interest in technical courses has been enhanced，a lot of competition awards have been won，and teaching and scientific research have been promoted together.

Keywords：Building Technology；Green Building；Practical Teaching；Digital Technology

1　引言

绿色建筑是习近平总书记提出的"五大发展理念"中绿色发展理念的重要载体。随着"碳达峰、碳中和"双碳目标的提出，对消耗全社会总能耗 1/3 的建筑领域进行绿色创新与改革，成为亟待推进的重要举措。绿色建筑、建筑节能的理念逐渐为建筑师所重视，他们以更为积极的姿态探讨建筑与环境之间的关系。但现阶段，绿色建筑更多反映在设计概念上，落地性不高，停留在图纸上和绿建评估文件中，相关技术的应用尚需进一步的提升。这种现象的产生存在各方面的原因，其中，建筑师对绿色建筑知识的重视不够和掌握不足是重要的因素之一。

在此背景下，对现有的绿色建筑教学体系进行改革就成了当务之急。在建筑学专业的教学中，改革梳理绿色建筑的相关课程，通过系列课程展示绿色建筑的发展脉络，让学生理解绿色建筑的内涵，并在实践中灵活运用绿色建筑的技术策略，具有十分重要的现实意义。

2　传统教学痛点

2.1　建筑学"重艺术，轻技术"的现象

建筑学专业教学涵盖了设计、艺术、技术、人文等各个门类的诸多课程，由于传统教学方式的影响，建筑学专业学生普遍存在"重艺术，轻技术"的现象，重视建筑设计课程，而对建筑技术方面的课程认识不足、重视不够。

一方面，建筑物理等绿建类课程中涉及较多的理论推导和分析计算内容，而建筑学专业学生数理基础比较薄弱，对于数理公式本能的排斥，导致课程氛围差、课程中的推导和计算等内容学习困难。另一方面，课程涉及的相关学科内容丰富且发展迅速，导致学科知识点多而分散，讲解中如不联系实际，会导致学习过程枯燥无味。因此，需要结合建筑学学生的思维特点，改变传统授课型教学模式，综合多种手段提高学生的学习兴趣。

2.2　绿建类课程与设计类课程缺乏衔接

传统教学中，设计类课程与技术类课程的界限清晰，按照先修、后修的关系来组织知识体系的建构。但建筑技术类课程内容往往存在与建筑设计脱节的问题，学生对绿色建筑知识的实际应用理解不深，理论知识不能应用到建筑设计中。在设计中遇到实际问题时，多数学生无法系统回顾知识点与实践操作之间的逻辑关系，导致虽然学过但记不清，或者不知道如何使用。因此，需要考虑从课程衔接的角度出发，做到两类课程的交叉融合，达到技术知识的学以致用。

3　教学改革目标与创新理念

3.1　课程教学改革目标

针对绿色建筑的发展背景和建筑技术类课程传统教学中的痛点，厦门大学建筑学专业提出了基于实践性教学的绿色建筑课程体系改革的思路，通过实践性专题讨论、设计竞赛、建造实践工作营等形式，将建筑技术类课程与设计实践相结合，让学生在实践中深入理解绿色建筑技术策略及其实际应用，形成系统化的绿色建筑课程体系，适应建筑领域发展的时代需求（图1）。

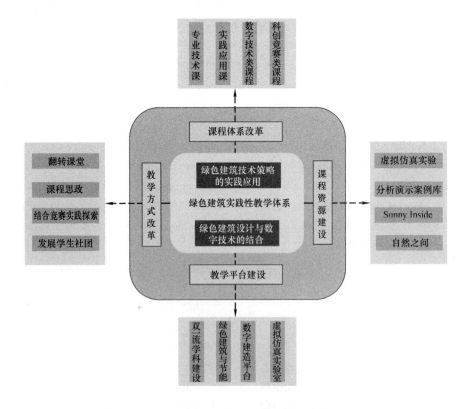

图1　绿色建筑实践性教学体系建设示意图

3.2 教学创新途径

本课程的创新理念强调新工科背景下绿色建筑课程体系与设计类课程体系的有机融合，并结合数字技术的应用和多种教学形式的结合，建立能适应建筑学专业学生特点的绿色建筑课程体系。

1) 课程体系改革

基于"一轴两翼"的建筑学专业培养体系，将绿色建筑类课程进行合理整合，作为技术翼的重要支撑，并与设计类课程有机结合。绿色建筑课程体系中包括"建筑热工与光环境""建筑声环境及设计""可持续建筑理论与实践""绿色建筑"等绿色建筑理论课程，以及"建筑数字设计技术""数字建筑设计与建造"等数字技术实践课程，改革后结合科创竞赛、数字建造工作营、大创项目等形式，实现数字技术与绿色技术的结合，并在建筑设计中进行实际应用。

绿色建筑类课程内容紧跟最新行业和科研发展动态，引入新的知识技能和分析手段等内容。例如，建筑热工与光环境课程注重数字技术和建筑物理知识在设计中的应用，基于 Ecotect、Ladybug 等软件进行可视化展示与分析；并与设计实践性课程相结合，形成概念设计——模拟分析——评价反馈——设计深化的计算性设计流程，其中物理环境的模拟分析一方面作为提升建筑环境质量、实现绿色建筑的重要步骤，另一方面也作为优化设计的目标之一。

2) 教学方式改革

通过翻转课堂、线上教学、虚拟仿真实验等教学方式改革，提高课堂的效率，以及学生对理论知识的理解程度。由传统课堂转向以学生为中心的翻转课堂教学模式，采用课前预习——线上资源辅助——课堂汇报——重难点讲解——课堂讨论等步骤进行教学，强调老师引导、学生自主学习的教学模式。

在教学模式上，由传统课堂转向以学生为中心的翻转课堂教学模式，强调老师引导、学生自主学习的教学模式，通过设置实践性的专题，在"建筑物理""可持续建筑技术"等课程的讲授中，将绿色建筑知识点的讲授与设计案例的实践和讨论相结合。

3) 课程资源建设

将数字化技术引入到本课程的教学中，利用虚拟仿真实验、建筑环境模拟软件、参数化设计软件等数字化工具与课程相结合，深入展示绿色建筑的技术策略及其性能分析方法，建设绿色建筑相关的虚拟仿真实验和分析演示案例库，通过实际案例让学生掌握绿建知识和技术策略在建筑中的应用方法。

教学团队将科创竞赛等活动产生的成果进行总结，作为本课程的素材使用。如针对历届"Solar Decath-lon"国际太阳能十项全能竞赛中的诸多参赛作品进行深入分析，将历届几百个参赛作品中，在建筑造型、保温、遮阳、通风、太阳能利用、中水雨水处理、新材料应用等方面的代表性案例进行分类总结，形成本课程各个章节的教学案例。

4) 教学平台建设

厦门大学建筑与土木工程学院拥有福建省 BIM 虚拟仿真教学实验中心，教学改革中依托该平台建设了基于 BIM 的虚拟仿真实验教学模块，将设计类或不易实施的实验通过虚拟仿真实验实现，通过教学实践不断深化和完善现有的虚拟仿真实验项目，并积极开发新的实验项目。

同时，依托绿色建筑教学团队组建了厦门大学数字建造与创意设计教学实验平台，开展绿色建筑与数字技术相关的建造实践活动，充分利用数字化设计实验室、建筑物理实验室、建筑人工气候实验室等实验室资源，积极开展数字建筑工作营、大学生创新创业项目研究等活动，将教师科研成果与教学相结合，促进绿色建筑技术在建筑设计中应用。

厦门大学团队的国际太阳能十项全能竞赛参赛作品，零能耗建筑"自然之间"（图 2）和"Sunny In-side"在比赛结束后进行重建，作为绿色建筑类课程的教学示范平台，在教学中作为参观实例进行现场教学，可进行绿色建筑策略的示范教学、建筑物理环境参数实测、建筑性能虚拟仿真实验等各项教学内容。

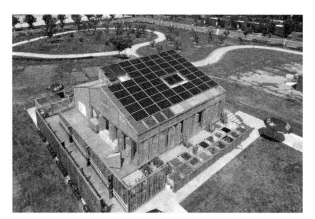

图 2 零能耗建筑"自然之间"

4 教学改革成效

4.1 学生对技术类课程的兴趣提升

在对教学模式进行改革后，通过实践性讨论的引导、学生社团的宣传和建筑技术学习氛围的营造，学生的对技术类课程的兴趣提升，从一定程度上解决了建筑学科理论与实践脱节的教学痛点问题。

在发展学生兴趣社团方面，组建了厦门大学数字建造社，利用学生社团的形式让对绿色建筑、数字建筑技术有兴趣的学生加入进来，让他们互帮互带。社团每年定期举办数字建筑工作营（图3），通过组织参与设计竞赛、举办建造实践活动等形式，综合应用绿色建筑知识进行建筑构件的设计制作。

图3　2021年数字建造工作营

4.2　竞赛成果丰富

近5年来，在课程创新带动下，学生积极参加各类科创竞赛，本课程团队指导学生在各类国际国内竞赛中获奖近百项。其中，课程团队指导 Team JIA + 团队获得 2018 年中国国际太阳能十项全能竞赛总分第 3 名，指导厦门大学团队获得 2013 年中国国际太阳能十项全能竞赛总分第 6 名，并两次获得厦门大学校长嘉奖令（图4）。在"Active House Award"主动式建筑中国区竞赛、中国研究生智慧城市技术与创意设计大赛、台达杯国际太阳能建筑设计竞赛、绿建大会国际可持续（绿色）建筑设计竞赛、谷雨杯全国大学生可持续建筑设计竞赛等竞赛中屡获佳绩。

图4　团队两次获得厦门大学校长嘉奖令

4.3　教学与科研相长

课程团队参与了多项绿色建筑相关的科研课题，并参与学校"双一流"重点建设项目"能源科学与工程"学科群中学院负责的子课题"绿色建筑与节能"。课程负责人主持相关科研课题十余项，其中国家自然科学基金项目 3 项，通过对绿色建筑技术方面的深入研究，为本课程的教学改革提供理论与技术支撑。

课程团队在绿色建筑、数字建筑、建筑性能模拟分析等方面的研究成果都应用到了教学里面，作为课程素材及示范案例，做到了教学与科研相长。例如，零能耗建筑"自然之间"和"Sunny Inside"在本课程中作为示范建筑实例，进行现场教学展示，并在其基础上共建设了 6 项虚拟仿真实验项目，其中省级虚拟仿真实验一项，在多门课程中得到了应用。团队指导学生在科研方面也取得了较好的成果，近 5 年发表核心期刊论文数十篇，出版专著 3 部。

5　结语

本课程以实践性教学作为创新改革的基本思路，通过参加设计竞赛、建造工作营等形式，建立新工科背景下多元融合的绿色建筑课程体系，让学生在实践中深入理解绿色建筑技术策略及其实际应用，在科创竞赛方面取得了较为丰富的成果，也提升了学生对技术类课程的兴趣，能较好地解决建筑学专业学生"重艺术，轻技术"的现象。以实践性教学为核心的改革模式和以科研促进教学的建设理念，具有一定的可推广性和应用价值。

主要参考文献

［1］杨维菊，徐斌，伍昭翰. 传承·开拓·交叉·融合——东南大学绿色建筑创新教学体系的研究［J］. 新建筑，2015（5）：113-117.

［2］董海荣，常征. 基于绿色建筑设计能力提升的建筑学专业教学改革探索［J］. 高等建筑教育，2016，25（4）：95-99.

［3］吴蔚. 技术与艺术，孰轻孰重？——绿色建筑设计在建筑技术教学中的应用研究［J］. 南方建筑，2016（5）：124-127.

［4］何文芳，杨柳，刘加平. 绿色建筑技术基础教学体系思考［J］. 中国建筑教育，2016（2）：38-41.

［5］葛坚，朱笔峰. 以绿色建筑教育为导向的建筑技术课程教学改革初探［J］. 高等建筑教育，2015，24（3）：83-86.

李昂　常江

中国矿业大学建筑与设计学院；li_ang@cumt.edu.cn

Li Ang　Chang Jiang

School of Architecture and Design，China University of Mining and Technology

城市更新背景下的城市设计课程教学模式新探索 *
A New Exploration of the Teaching Mode of Urban Design Course under the Background of Urban Renewal

摘　要：结合城市更新时代背景下的行业转型需求以及地方高校的教学目标，对建筑类本科专业的城市设计教学进行思考和探索。以中国矿业大学为例，总结当前城市设计课程教学存在的主要问题，提出以 IRKOB 为核心的城市设计教学情境模式，并对教学实践经验和问题进行总结，以期对高校城市设计教学改革提供借鉴参考。

关键词：城市更新；城市设计课程；教学模式

Abstract：Considering the needs of industry transformation in the context of urban renewal and the teaching objectives of local colleges and universities，this paper considers and explores the urban design teaching for undergraduate architecture majors. Taking China University of Mining and Technology as an example，this paper summarizes the main problems existing in the current urban design course teaching，puts forward the urban design teaching situation model with IRKOB as the core，and summarizes the teaching practice experience and problems，in order to provide reference for the urban design teaching reform in colleges and universities.

Keywords：Urban Renewal；Urban Design Courses；Teaching Mode

1　引言

城市设计是以城市为研究对象的设计工作，它介于建筑设计、城市规划和景观设计之间，主要研究城市空间环境和社会问题。在 2015 年中央城市工作会议中特别提出，"要加强城市设计，提高城市设计水平"。2016年 3 月住房和城乡建设部提出要全面开展城市设计工作，并支持高等院校的城市设计教学工作。城市设计是建筑类专业本科四年级的主干课程，所授专业技能在塑造城市风貌特色、提升城市公共空间品质中发挥了重要作用，是建筑类本科专业教育的重点和难点。通过近40 年的城市设计教学探索，我国建筑教育已经形成了面向城市快速增量发展的城市设计教学范式。

2021 年，"实施城市更新行动"首次出现在国民经济和社会发展 5 年规划里，城市更新已上升到国家战略层面。城市设计以其独有的空间延展性与经济社会联结性，成为落实城市更新计划的主要手段，在全国范围内以更新为目标的城市设计研究与实践方兴未艾。城市更新工作的全面开展标志着我国城市发展重点由增量向存

---

* 项目支持：江苏建筑节能与建造技术协同创新中心专项基金项目（SJXTBS2102）"城中村更新与既有建筑改造关键技术研究——以徐州市为例"；中国矿业大学通识教育课程遴选建设项目（2021TSJY35）；中国矿业大学课程思政示范课程，（SZ-2021-036）《城市发展史》；中国矿业大学研究生教育教学改革研究与实践项目（2021Y02）"科教融合下的《数字支持设计理论及应用》课程教学模式研究"。

量的事实转变，城市设计的主体对象、核心问题和研究范式也面临扩充与改变。在此情境下，高校建筑类专业学生能力素质的培养应该因时而动，城市设计课程建设也面临新的要求。如何应对城市更新背景下城市设计教育理念的转变，如何引入创新思维和开放的知识结构，如何弥补设计课程教学与现实实践之间的"真实性"差距，并由此对教学模式进行改进，是城市设计教学实践中亟须探讨的问题。

2 城市更新背景下学生城市设计能力培养的新动向

2.1 对城市问题系统性深入认知的能力

城市更新背景下的城市设计，通过对已经开发的城市土地资源进行再利用，使其成为城市再发展的存量空间，是一种"在城市上建设城市"的规划设计类型。与以土地增量为导向的新区开发型城市设计相比，学生面对的"难题"不再是如何在"一张白纸"上描绘理想蓝图，而是如何在问题认知基础上对城市系统进行设计"缝合"。可见，城市更新类型的设计需要学生不仅有物质形态的设计操作能力，更需要具备城市问题的系统分析和研究能力，因此，在教学过程中需要从注重"形体空间操作"向重视"城市问题探究"转变。

2.2 对利益相关群体及其需求的辨识与分析能力

存量时代的城市设计土地使用权主体是多元的，即有待更新的不仅仅是存量的物质空间，还需要重新调整和界定的利益关系。可以说城市设计所涉及的利益相关者更加广泛和多样化。利益相关者（Stakeholder）是指能够影响一个组织目标的实现，或者受到一个组织实现目标过程影响的人。

城市更新必然涉及对既存利益的调整，学生将面临错综复杂的矛盾问题与博弈抉择，如在课程教学过程中如果不引导学生对城市设计过程中所涉及的利益相关者及其需求关注，那么其方案的可实施性必然与真实状况有差距。学生城市设计思维训练不仅仅要关注物质空间，还要关注利益相关者。

2.3 对现实问题解决思路的空间转译能力

城市设计的方案实施是一个长期过程，特别是在城市更新背景下，无论是方案制定还是方案实施都是多方利益相关者协作的结果，规划管理在这个过程中起到非常重要的引导控制作用。在培养学生分析问题能力和关注利益相关者的思维方式的同时，面向城市更新的城市设计更需要学生理解更新的内在机制和管理过程。存量

土地资源的再利用需要"精打细算"的精明设计，是能够"脚踏实地"的实施方案，更是基于制度设计的规划管理成果。因此，学生需要具有从问题解析到设计演绎，再到实施管理，城市设计全过程的综合协调能力。

3 城市设计课程现存主要问题——以中国矿业大学为例

中国矿业大学（以下简称矿大）建筑学专业成立于1985年，1998年开设城市设计课程，并作为建筑学本科专业的核心课程。经过24年的发展，在建筑教育改革与区域环境的综合作用下，矿大逐渐形成了具有资源型城市转型发展底色的城市设计教学模式。然而在存量更新的时代背景下，城设计教学过程中存在亟须解决的老问题和新挑战，主要体现在以下几个方面。

3.1 用建筑的思维解决城市问题

城市问题是系统性问题，综合了建筑、规划、景观、社会、经济等多个维度和语境下的多种因素。对于与矿大类似、仅依托建筑学专业发展起来的城市设计教育模式，存在以建筑思维主导城市设计教学的共性问题。这一问题在城市设计教学的全过程均产生影响，例如在设计初期缺乏对区域与城市发展背景的深入解读、在调研过程中重视物质空间环境而忽视社会环境的基本认知，总体设计方案难以与城市各系统有机衔接等问题较为突出，而在面对城市更新类的设计任务时，以上问题所产生的不良后果更加凸显。这种现象与教学团队的师资配置、教师的学术背景甚至学校的学科结构等因素均有广泛关联。

3.2 课程结构松散，缺乏过程管理

以分组设计辅导的"1对1"模式是传统城市设计教学的主体部分，然而对于刚接触城市设计的本科生，尤其是建筑学背景的学生，对城市相关学科知识的掌握匮乏，单一的辅导式教学难以帮助其形成较为系统的分析和解决城市问题的能力；并且分离式的知识和经验传授，容易造成学生知识掌握的碎片化和差异化，脱离了城市设计教学的核心目标。此外，授课过程也缺乏规范化管理，实际教学进度与任务书中的计划脱节现象时有发生，对于每一节课的内容安排、时间分配、汇报控制等缺乏精细化设计，从而导致整个课程前松后紧、各学生小组辅导失衡等问题。

3.3 注重设计表现，缺乏城市研究

从最终的设计成果来看，大多数学生将主要精力放

在空间效果的呈现上，而方案本身鲜见对城市问题的思考和回应，脱离实际甚至存在基本的认知错误。尤其在引入城市更新类设计任务之后，作品仍旧试图通过脱颖而出的表达来吸引评委，方案本身却往往缺乏足够的城市、社会、经济背景的支撑。该问题的深层次原因是城市设计教学的导向和结果评价没有做好向更新类规划设计的转变，仍然沿用增量时代追求识别度与设计个性的思维模式，结果成为难以满足实际需求的空中楼阁。

4 城市设计课程 IRKOB 模式的组织与实践

中国矿业大学密切结合国家城市政策指向，结合地方社会和经济发展的需要，以 IRKOB 模式教育理念为核心，从城市实际出发，实现城市更新与城市设计教学的融合发展，调动学生自主探索积极性，兼顾城市设计基本专业技能的牢固掌握，以及城市更新时代背景的适应能力。主要从教学目标、教学内容和教学过程三个方面开展城市设计课程创新与实践探索。

4.1 明确教学目标

一方面是教学目标的扩充。除了传统城市设计课程中对城市设计内涵、工作内容和工作方法的教学目标，还加入了城市更新的概念界定、相关知识、背景政策解读、相关研究概览等目标内容，不局限于设计方案的能力，综合提升学生发现问题、分析问题和解决问题能力的连贯性和自洽性。

另一方面是教学目标的由虚转实。以往的教学目标如问题启发、系统认知等，往往比较宽泛，不利于学生对课程设计的理解和学习策略制定，在更新的教学目标中预设实际议题，如"什么是城市更新？与其他类型的设计有何不同？""公共空间是否重要？""城市居民需要什么样的公共空间？""居民一天的活动特征时候什么样的？需要何种场所？""什么样的城市让生活更美好？一个衰退的地区如何重现价值与活力？"等，通过这些实际问题激发学生的探索欲与自主性，在过程中实现多个维度的教学目标。

4.2 教学团队组织

改变原有的教学团队组织和任务分配模式。首先，从原来的 1 名教授负责固定数量的学生，变为每名学生至少有 2 或 3 名教师进行辅导，即由 2 或 3 名教师形成一个课程大组，无论是汇报讨论还是个别辅导，多名教师共同或轮换完成，师生搭配从"串联"转向"并联"，增加教师与教师之间的交流与融合，增加学生汲取不同教师知识经验的可能性。

其次，在教学团队配置上，采取资深教师与青年教师搭配、不同学科背景教师搭配的组合方式。注重权威性与创新性教学理念的平衡，充分发挥具有建筑学、城乡规划学、土木工程、地理学、测绘学、社会学等不同学术背景教师的相关知识能力，从而更专业地解决在城市更新设计过程中可能遇到的各类经济、社会和工程问题，丰富学术的知识结构。

4.3 教学内容安排

1) 理论知识

基于存量更新的城市设计课题对于本科学生而言学习难度较大，除了面对的问题相对复杂之外，一个重要原因是其他相关理论课程内容尚未进行同步更新，学生在知识积累和思维模式上还未做好准备。为了解决这一问题，从 2019 年开始，在课程前期为学生提供城市更新设计经典文献库，以最新的城市更新研究论文为主体，入库标准考虑权威性、易读性、实用性，同时满足本科生的接受程度，并且根据学生反馈意见在每个学年进行动态调整。对于已有的城市设计经典教材和参考资料，为学生划定重点学习范围，缩减明显不适用于当前城市发展特征与规律的知识内容，使学生整体知识结构更加系统合理。

2) 题目选取

结合当地城市发展现状，选取多种类型的待更新城市空间作为设计场地，包括城中村、单位大院、老旧工业区、老旧商业区等，通过较为详细的场地介绍激发设计热情，由学生自主选择感兴趣的地段作为课设基地。与以往课程中的题目设置不同，除了考虑场地周边城市环境要素多、限制条件丰富外，场地本身也应具有独特的文脉、建成环境和社会问题，需要学生详细挖掘。通过复杂的现状条件引发学生的辩思和讨论：为谁更新？更新什么？如何更新？从而寻求不同的设计思路和策略，避免唯一解的产生。

3) 案例研究

案例是设计实践类课程中的重要内容，是让学生对自身工作内容和标准形成直观认识的最有效手段。精选近年来国内外具有代表性的城市更新实践项目，除了介绍空间设计方面的方法与成效，还增加了设计实施、规划管理、项目完成后评估等方面的内容，使学生真正了解一个城市更新设计从方案到落地的现实流程，增强学生对设计深度、原则、方案可操作性的把控能力。

4.4 教学过程设计

改变原有城市设计教学以随堂辅导为核心的相对单

一的过程模式，对每一个课程单元进行精细化设计，融入沉浸式教学、翻转式教学、开放式教学等理念，同时提高知识传授效率，激发学生自主探索与课外学习的积极性。在场所认知、理论学习、讨论交流、方案创作和成果评价等方面进行特别设计，总结为 IRKOB 教学模式（图1），其具体内容包含以下几个方面。

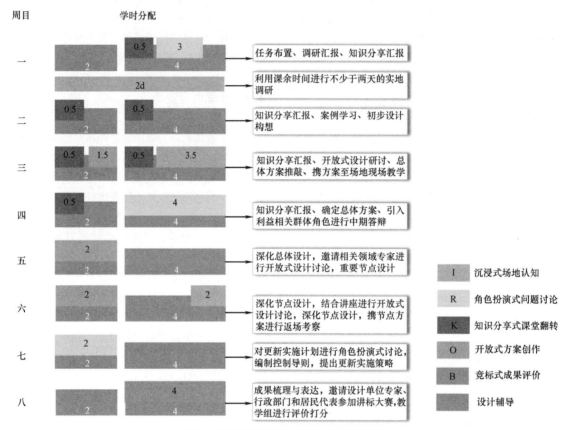

周目　　　　**学时分配**

一：0.5 ｜ 3 → 任务布置、调研汇报、知识分享汇报
2d → 利用课余时间进行不少于两天的实地调研

二：0.5 ｜ 0.5 → 知识分享汇报、案例学习、初步设计构想

三：0.5 ｜ 1.5 ｜ 0.5 ｜ 3.5 → 知识分享汇报、开放式设计研讨、总体方案推敲、携方案至场地现场教学

四：0.5 ｜ 4 → 知识分享汇报、确定总体方案、引入利益相关群体角色进行中期答辩

五：2 → 深化总体设计，邀请相关领域专家进行开放式设计讨论，重要节点设计

六：2 ｜ 2 → 深化节点设计，结合讲座进行开放式设计讨论，深化节点设计，携节点方案进行返场考察

七：2 → 对更新实施计划进行角色扮演式讨论，编制控制导则，提出更新实施策略

八：4 → 成果梳理与表达，邀请设计单位专家、行政部门和居民代表参加讲标大赛，教学组进行评价打分

I　沉浸式场地认知
R　角色扮演式问题讨论
K　知识分享式课堂翻转
O　开放式方案创作
B　竞标式成果评价
　　设计辅导

图1　基于 IRKOB 模式的教学过程设计

1）沉浸式（Immersive）的场所认知

在空间认知方面，与学科实验室联合采用街景扫描、无人机探测等多种先进技术手段辅助场地阅读。在社会认知层面，在教师的带领下，确保实地踏勘的时长与深度，采取结构式访谈与调查问卷相结合的方式，使学生真正站在场地使用者的视角上考虑城市更新问题，除了访谈与调研问卷等传统调查手法，还鼓励学生从更长的时间维度进行对象人群的生活体验，在不影响居民生活的基础上，部分学生陪伴式地记录了受访者从清晨到傍晚的生活状态与公共活动，事实上完成了在待更新片区的生活体验，学生的认知从模糊的、上帝视角的表层逐渐引入深层次思考，学生身份实现了设计第三方和利益相关者的融合，既加强了场地细节的了解，又提升了设计高度和对城市问题的洞察能力（图2）。

2）角色扮演式（Role-playing）的问题讨论

教师有目的地引入或创设具有一定情绪色彩的、以形象为主体的生动具体的场景，以引起学生一定的角色

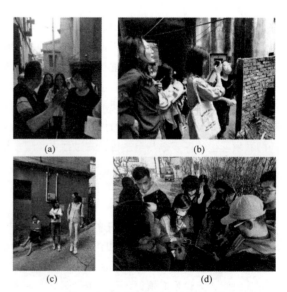

图2　沉浸式场所认知教学场景
（a）结构式访谈；（b）场地生活体验；（c）陪伴式记录；
（d）携设计方案进行现场教学

体验，从而帮助学生理解课程，并使学生的心理机能得到发展的教学方法，情景教学法的核心在于激发学生的情感。情景教学的基本特征是能够通过创设与教学内容相符的情景，根据学生特点发布任务，生动形象地展示教学内容。

每个小组内学生分为三组，分别扮演开发商、居民和专家角色，教师扮演政府管理部门角色。每次课程教学以多方提问、回答、辩论和情景博弈等方式展开情景化教学。引导学生进行现状调查和问题研究，每次上课以专题报告的形式进行展现，并接受其他角色的提问和评价；此外，教师引导每个小组根据角色需求，对地段发展中的重要问题和利益关切进行研究，在上课时与其他"利益相关者"进行讨论，相互辩论和博弈，教师对整个过程进行点评（图3）。

图3 角色扮演式问题讨论教学场景

3）知识分享式（Knowledge-sharing）的课堂翻转

学生在学习城市设计相关理论与方法的过程中，教师只给予暗示与问题，让学生通过阅读、观察、思考与讨论等途径独立探究，自行发现与掌握原理和结论。由于将学生作为主体，教师在引导学生自觉地、主动地进行探索后，不仅能够提高学生的主体地位与自主能力，还能诱发学生对城市设计课程的学习兴趣。每个小组通过精读1或2篇经典城市设计文献或者最前沿的城市更新案例，总结提炼出与课程设计相关的知识点，对全体同学进行讲授，通过这种方式缩减了每个同学进行理论分析的时间，同时提高了获取关键知识的效率（图4）。

图4 知识分享式的课堂翻转教学场景

4）开放式（Open）的方案创作

在方案创作阶段，学生基于上一阶段的理论学习与前沿设计技术方法的积累，逐渐形成针对不同关切问题的特有方法体系。教师在这一过程中除了介绍传统的城市设计方法，更加鼓励学生综合运用思维导图、空间环境微更新、空间句法、社会学统计分析等不同的理念生

成与设计实现手段，对各不同小组遇到的理论与技术问题予以指导。在教学中期，适时邀请相关领域专家参加课堂研讨，或举办小型讲座，拓展学生设计思路，进一步强化方案的创新性与可行性（图5）。

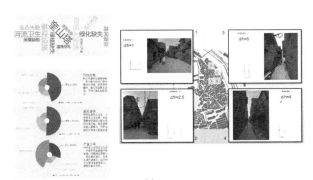

(a)

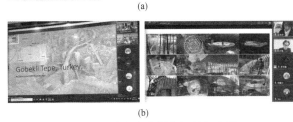

(b)

图5 开放式方案创作场景与成果
（a）多种设计方法的综合运用；（b）邀请相关专家参与开放式教学

5）竞标式的（Bidding-style）成果评价

引入真实的社会群体，包括开发商、设计师、物业主体、政府和居民等不同利益相关方，与教师一起担任方案评审专家，各设计小组作为竞标方进行方案介绍。不仅从方案设计的质量、深度与合理性等方面进行基于评价体系的评分，还包括表达能力、时间把控、节奏掌握、成员配合等多个维度对学生的综合素质进行点评，使学生提前感受到城市更新项目开展的复杂性，及对未来所要从事的专业工作的真实体验（图6）。

图6 竞标式成果评价教学场景

5 结语

城市设计教学在不同的时代背景下应具有与时俱进的教学模式，随着我国经济社会发展方式进入新的阶段，城市更新将在未来较长时间内占据城市建设的热点和主体，因此对人才的能力素养需求也将逐渐发生变化。与增量主导下的城市设计教学不同，城市更新的知识结构、设计对象和相关问题更加复杂多元，为了尽快实现城市设计教学的转向，满足国家社会对城市建设专门人才的需求，增强学生未来从业的适应能力，本文结合在中国矿业大学建筑学专业的城市设计教学实践，对现存问题及改革方向进行了思考和探索，完善更新背景下的城市设计教学目标、教学团队和教学内容，并提出了基于IRKOB模式的教学过程设计策略。

该模式已经过2个学年的实际运用，充分考虑了学生的课程感受和知识接受程度，不断进行调整和再优化，已经形成相对成熟的教学流程。根据学生的设计成果和教学评价结果，学生对城市设计的相关理论与实践掌握得更加深入，对城市更新领域的相关知识产生了浓厚的兴趣，但同时也反映在理解城市更新中多方利益主体博弈与场地社会属性等方面存在困难，在未来的教学实践中将着重探索补充学生相关认知的方法，寻求更加简洁、可行的知识传授与教学互动路径。

主要参考文献

[1] 王伯伟. 城市设计的教学策略——三种性质与三种工作方式的比较 [J]. 时代建筑，1999（2）：60-62.

[2] 杨俊宴，高源，雒建利. 城市设计教学体系中的培养重点与方法研究 [J]. 城市规划，2011（8）：55-59.

[3] 黄瓴，许剑峰. 城市设计课程"4321"教学模式探讨 [J]. 高等建筑教育，2008（3）：110-113.

[4] 梁江，王乐. 欧美城市设计教学的启示 [J]. 高等建筑教育，2009，18（1）：2-8.

[5] 高源，马晓甦，孙世界. 学生视角的东南大学本科四年级城市设计教学探讨 [J]. 城市规划，2015（10）：44-51.

[6] 赵燕菁. 城市规划的下一个三十年 [J]. 北京规划建设，2014（1）：168-170.

[7] 邹兵. 增量规划向存量规划转型：理论解析与实践应对 [J]. 城市规划学刊，2015（5）：12-19.

[8] 周俭，张恺. 在城市上建造城市 [M]. 北京：中国建筑工业出版社，2003.

耿雪川　郝赤彪　解旭东　孟令康

青岛理工大学建筑与城乡规划学院；gengxuechuan@qut.edu.cn

Geng Xuechuan　Hao Chibiao　Xie Xudong　Meng Lingkang

College of Architecture and Urban Planning, Qingdao University of Technology

图画小说与城市更新：基于"生活经验"的城市设计教学探索与实践

Graphic Novel and City Renewal Teaching Exploration and Practice of Urban Design based on "Life Experience"

摘　要：从文字与图像、主景与配景两个方面阐述图画叙事、生活经验与人物关系在建筑设计中如何表达，通过在旧城更新设计教学环节中让学生自设角色、剧本、场景等，激发学生基于"生活经验"对真实生活场景的思考，在尊重历史风貌环境，地域特色的教学过程中，引导学生从生活出发思考城市问题，使学生理解建筑师作为"生活导演"的职责，在方案表达中穿插"图画小说"的方式，让学生从人的视角，捕捉空间的内涵，获得新的认知。

关键词：图画小说；城市更新；生活经验；城市设计教学

Abstract：Explaining how graphic narrative, life experience and character relationship are expressed in architectural design from two aspects: text and image, main scene and supporting scene, stimulating students to think about real life scenes based on "life experience" by letting them set up their own roles, scripts and scenes in the teaching session of old city renewal design, respecting historical landscape, environment and regional characteristics, guiding students to think about urban issues from life, making them understand the role of architects as "life directors", and interspersing "graphic novels" in the teaching process of project expression. In the teaching process of respecting the historical landscape and regional characteristics, students are guided to think about urban issues from life, so that they can understand the role of architects as "life directors". Interspersing "graphic novels" in the expression of plans allows students to capture the connotation of space from a human perspective and gain new perceptions.

Keywords：Graphic Novel；Urban Renewal；Life Experience；Urban Design Teaching

1 引言

新常态下，中国城市建设从增量开发转向存量开发，建设量逐年放缓。人们对城市这个有机体，更加注重的是可持续发展，大量的旧城更新项目、历史街区改造项目，以及最近几年比较流行的城市更新项目都是这类存量建设再开发利用的实例。遗存有历史建筑遗产的历史街区更新，应更多地侧重城市文化与底蕴的延续，不同于一般的旧城改造，历史街区改造需要设计者具备遗产保护理论与相关的专业知识。因此为适应我国现阶段从增量到存量建设的转型时期，面对城市发展中不断显现的新问题，建筑学科外延也在不断扩展。

2 教学改革背景

2.1 文字与图像——叙事的意义

图画小说是把绘画艺术引入小说创作的一种类型，它是以绘画语言作为表达媒介和艺术材料而创作的小说。这种小说以连续性或非连续性的形象图画，将小说的人物形象、故事情节直接诉之于读者的视觉，如图1所示，国内外均有大量该类文学作品的例子。

而图画小说的叙事特性，为建筑方案的表现提供了新的参考，相对于单幅图画的单一解读。但是，图画小说的叙事情节之于建筑方案的表达有何意义，小说对于塑造人特征的形式对于建筑设计是否多余，将图画小说的形式直接用到建筑设计方案表达中，或许有些低效。

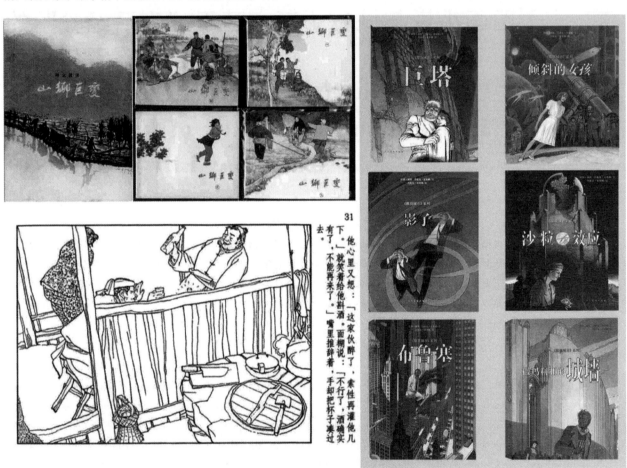

图1　文字与图像

2.2 主景与配景—生活·人物关系

在《一点儿北京》著者绘造社访谈中提及灵感来源于桑贝的《一点巴黎》，该著作中，画面主要被城市和建筑占据，但你无法分辨谁是主角，谁是配景，人和城市密不可分（图2）。人需要一个表演的舞台，城市弥漫着急待讲述的故事，[1]人在物质空间中的生活状态在建筑和环境占主要图幅的情况下，被以一种主景配景"平等"而相互交织的形式表达了出来。

这种表达方式，在"*JIMMY CORRIGAN: THE*

SMARTEST KID ON EARTH"、《绘本非常建筑》中，都有类似的表达，而以上2本著作中机械的画风，建筑师画法的平立剖加轴侧视角，为建筑方案表达提供了参考。

基于以上，针对青岛城市的建设和发展形势，对青岛理工大学建筑学专业本科四年级城市设计课程进行了改革，在近2年的课程建设中，选择青岛最典型的"里院"片区，融合"图画小说"在设计教学中的应用，激发学生对"生活经验"的认识，强化学生对社会需要的认知。

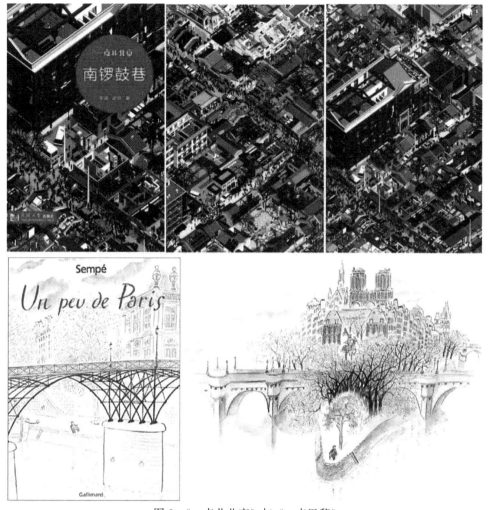

图 2 《一点儿北京》与《一点巴黎》

3 课程搭建

3.1 教学核心内容

在上述背景下,从 2020 年开始尝试让学生以"图画小说"的形式,从"生活经验"的角度探索人与城市空间关系的城市设计课程建设。课程的地段选址为青岛历史建筑片区,地段与中山路综合商业街、青岛文化街、青岛科技街和即墨路小商品市场联系紧密,交通四通八达,联系城市各条主要干道、青岛火车站和青岛港等,交通便利,人流量大。并且周围有儿童公园、第二体育场、工人体育场联系紧密,目前是市北区重点改造更新片区。街区内聚集了大量百年历史建筑,见证了当时各阶层的人居环境和生活环境,真实展现出当时政治、经济、文化教育、宗教民俗等多方面信息,构成一个区域化的近现代文化生态环境,是探索青岛城市文脉的"实物标本"之一 (图3)。

图 3 基地选址现状航拍

课程要求学生在区域内调研发现并总结问题，提出整体城市设计构想，并据此选择重点地段结合场所营造理论与方法进行深入的城市设计。

3.2 教学设计——图像生活

教学过程将图画小说贯穿到整个设计教学中，通过理论引导和教学实践贯彻人文关怀与现实关注（图4），教学活动在12周的时间里分3个阶段逐步展开，采用每周评图与按阶段深入讨论相结合的方式进行。

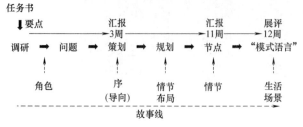

图 4 教学流程安排

1) 调研与策划阶段

前2周为调研阶段，学生各自组成4或5人的调研小组。通过采访相关专家和当地居民、现场调研、文献查阅、案例分析等方法，对用地的现状及规划进行了解，

熟悉研究范围及周边环境。（图5）。

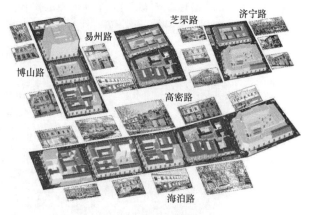

图 5 场地调研概况

在对研究范围内的各种建筑与空间要素进行普查的基础上，了解核心区域内的重要建筑、构筑物、空间场所、交通组织、景观要素等的相关属性，例如建筑的建造年代、权属、类型、高度、艺术价值、工艺环节与内容等（图6）调查各种日常活动在空间中的分布并进行评价（图7、图8），发掘城市特色元素以及具有文化与历史价值的非物质文化遗存，并分析其中典型的社会经济活动是如何与物质空间形态相结合并在其中运转的。

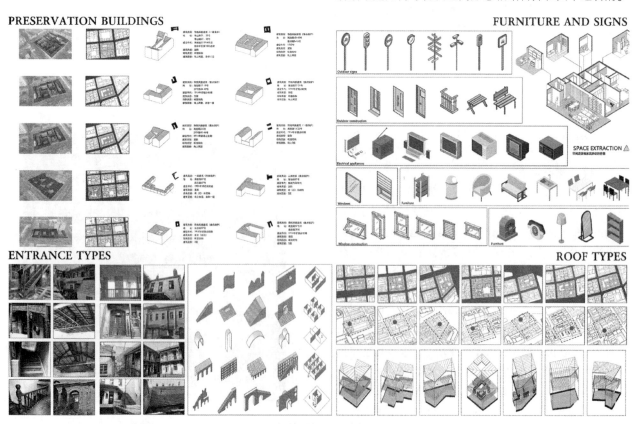

图 6 相关属性调研分析图纸

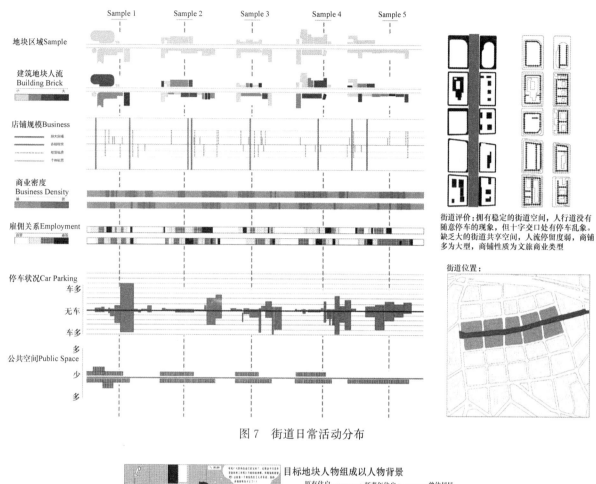

图 7　街道日常活动分布

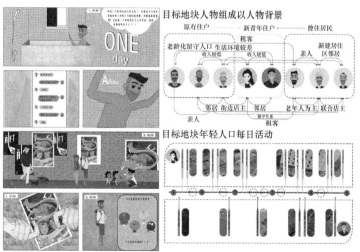

图 8　市民活动类型与关系

与此同时，在该阶段引入了"角色扮演＋情境思考"的方式，让学生根据调研情况和个人理想为自己绘制"自画像"并以 100 字描述自己在基地内的职业、日常行为、性格爱好等特征，为"图画小说"提出人物设计，同时也为后续设计提出业态等条件，以让学生设身处地的方式加强学生对设计作业的热情和思考动力（图 9）。

随后第 3 周学生通过对调研的讨论分析，引导学生探讨区域发展、人、场所之间的相互关系，在学生感性认知和理性分析的过程中帮助其发现设计的关键点，引导学生针对地块做出初步策划（图 10），是城市设计的总体策略阶段，包括策划总体发展定位与目标、功能内容、主要活动等。并在该阶段，为方案做出图画小说的

"序",为方案介绍作铺垫。如图11所示为学生绘制草图,该组学生以"丢失的大白"为小说主题开展方案介绍,方案采用双线叙事:明线为猫,暗线为城市空间,明面是 猫的问题,背面隐含城市空间问题,这里生活的猫隐喻对这里不满而迁走的人,会因为家的落后而离开,也会因为家的新生而归来。

图9　学生角色设置

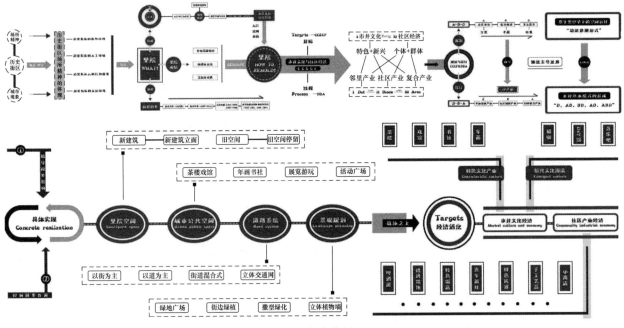

图10　方案策划

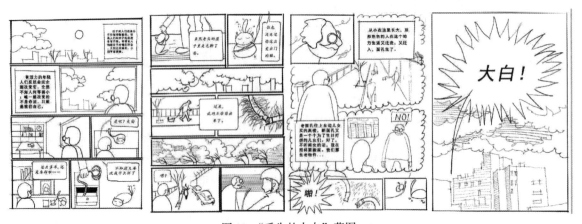

图11　"丢失的大白"草图

2）方案设计阶段

第二阶段为期 8 周，第 4 至 6 周结合场所营造的基本思想确定地段总体更新策略，确定地段内建筑空间形态与城市之间的关系，梳理交通体系与景观系统，确立总体构思和空间形态（图 12）。

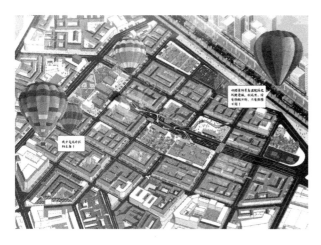

图 12　方案鸟瞰图

第 7 至 11 周学生对设计内容进行细化，包括深化城市设计方案，以穿插"图画小说"的方式，完成方案设计构思陈述、重要节点建筑单体设计和成果表达，并邀请规划师、建筑师等参与最终的开放式评图答辩，与学生就提出的问题展开分析与讨论（图 13）。

图 13　方案节点图纸

3）模式语言

在针对地块的方案后，我们在这一教学环节中使用模式语言的方法，以期以分类细化策略解决同类城市空间形态问题，学生在自己的设计成果中，总结梳理同类改造项目的更新方法模式（图 14）。

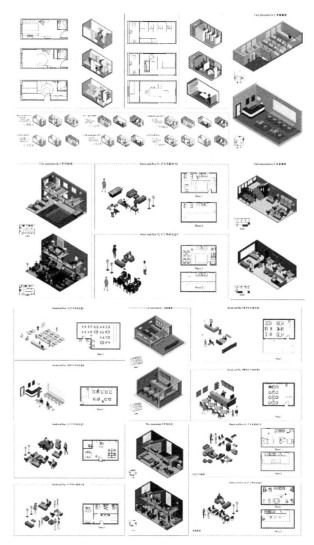

图 14　模式语言

4　教学启示与讨论

重建或恢复有意义的场所是维护和发展城市特色、塑造和提升城市环境品质的重要途径，是当代城市设计的一项基本目标，也是未来建筑学专业在城市设计课程的教学中所要迫切解决的关键问题。本文介绍了尝试通过"图画小说"的方式教学引导学生注重发掘这些独特的文化内涵和历史遗存，处理当下普遍存在的新旧融合的矛盾和问题，在保护街区整体风貌等物质要素的基础上，整合传统习俗，居民生活方式等非物质文化要素以延续其历史传承。教师需要继续在教学中采取包容、开放、多样的态度，探索如何为人们提供更多温暖的栖居之所，而非一个个冰冷而无意义的抽象空间。

图片来源

图1、图2来源于作者整理自网络，图3来源于作者自摄，图4来源于作者自绘，图5～图14来源于学生自绘。

主要参考文献

［1］ 一财网. 人人都想快速离开的西直门地铁站，他却迷上了它［Z/OL］. 新浪网.（2017-01-13）［2022-06-09］. https：//news. sina. com. cn/o/2017-01-13/doc-ifxzqnva3450536. shtml.

王琰　黄磊

西安建筑科技大学；446059473@qq.com

Wang Yan　Huang Lei

College of Architecture，Xi'an University of Architecture and Technology

应用导向，知行合一
——"环境行为学"课程教学方法优化研究

Application Oriented，Unity of Knowledge and Action
——Research on Teaching Method Optimization of Environmental Behavior Course

摘　要：本文分析了建筑学专业理论课程"环境行为学"的教学现状问题，针对课程特点与教学难点，提出了"应用导向，知行合一"的教学方法优化理念。在理论教学方面，包括凝练"空间—行为"主线、联动教学、"案例＋"等优化方法；在实践环节教学方面，包括在地调研、场景教学等优化方法，以提升学生的理论应用能力。

关键词：环境行为学课程；教学方法；应用导向；知行合一

Abstract：This paper analyzes the teaching status of the theoretical course "Environmental Behavior" for architecture majors，and puts forward the teaching method optimization concept of "Application Oriented，Unity of Knowledge and Action" according to the course characteristics and teaching difficulties. In terms of theoretical teaching，it includes the optimization methods of "spatial behavior"，linkage teaching，and "Case＋". etc. In practice teaching，including in-situ research，scene teaching and other optimization methods，in order to improve students' theoretical application ability.

Keywords：Course of Environmental Behavior Study；TeachingMethod；Application Oriented；Unity of Knowledge and Action

1　课程概况

"环境行为学"是建筑学专业的一门专业理论课程，主要研究人的心理、行为与人所处环境之间的关系。该课程是交叉学科与应用学科，涉及心理学、社会学、地理学、文化学、人类学、建筑学、城乡规划、园林规划与设计和环境保护等多个领域。[1] 本课程有助于学生树立正确的环境观，建立"以人为本"观念，有助于学生在设计实践中理解"人民城市人民建，人民城市为人民"。

环境行为学是建筑设计理论的重要组成部分，其理论价值体现在具体的设计实践之中。为响应培养应用型、创新型人才，以理论应用为导向，以知行合一为目标，进行教学方法优化，有利于体现"环境行为学"课程的核心价值。

2　教学的困境与突围

作为一门建筑理论课程，传统教学方式学生多为被动接受，存在学习积极性不高，教学效果欠佳，理论与实践脱节等问题。

2.1 教学困境

1) 教学内容庞杂抽象，专业跨度大

环境行为学一门是典型的交叉学科，理论派系庞杂抽象，涉及面较广，很多概念术语源自心理学、生理学、社会学等学科。学生一般理论基础较为薄弱，而课程的陌生概念及理论较多，从而造成教学的难点。

传统的教学模式因内容单一，不易引起学生共鸣，学生对知识点只能生硬记忆，无法真正理解，教学效果往往不佳。因此应优化教学内容，引入新的教学模式，解决如何深入浅出，生动形象地向学生解释复杂的教学内容。

2) 理实脱离、知行分离

传统的教学模式仅注重教师对知识的讲授，学生对知识多为被动接受，影响了其应用能力的培养。作为一门应用型学科，环境行为学的理论价值体现在设计应用之中。因此应针对学生的专业特点，改进教学模式及手段，结合设计题目，通过相应的教学环节，培养学生发现问题—分析问题—解决问题的能力，以及理论应用能力，从而达到教学目标。

在传统教学模式中，学生多为被动的听讲者与接受者，对理论课学习往往不积极、不重视，对理论课教学留有死板和枯燥的印象，学习效果不佳。因此应引入新的教学模式，使学生参与到教学之中，鼓励学生多视角分析、发表不同意见，提高学生的教学参与性和学习积极性，强化教学效果。

2.2 教学突围

作为一门专业理论课程，针对传统讲授式课程教学面临的困境，经多年教学实践总结，形成以下创新教学的突围方法（图1）。

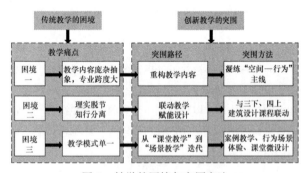

图1 教学的困境与突围方法

3 "知"的提升：理论教学方法优化

3.1 重构教学内容，凝练"空间—行为"主线

"环境行为学"课程教学内容主要包括：心理学基本概念、环境行为理论、空间使用方式、城市环境认知、城市公共空间行为等几个部分。教学内容涉及心理学、生理学、城乡规划、风景园林、城市地理学、社会学等多个学科，内容庞杂，对于建筑学本科三年级学生具有一定难度。

空间是建筑设计的主角，使用者行为与空间的关系是"环境行为学"课程的核心。针对学生的接受程度和理论基础，以"空间—行为"为主线，重构教学内容，去除过于复杂难懂、与专业关联度不高的相关知识点，突出"空间—行为"的对应关系，回归建筑设计本质，增强学生的对复杂抽象理论的理解力，使其更体现出建筑学的专业特征。

3.2 联动教学，赋能设计

环境行为学是建筑设计的重要理论基石，建该课程开设于我校建筑学专业本科三年级下学期。建筑学专业本科三、四年级学生正处在提升设计能力的关键时期，为使学生走出建筑设计"重形式，轻理论""空间—行为不对应"等误区。[2] 将环境行为学课程教学内容与建筑课程设计进行联动教学，理论指导实践，赋能设计，知行合一，让学生将环境行为学的相关原理直接运用其课程设计之中，将理论原理直接转化为设计实践，既实现了环境行为学的理论价值，又提高了学生的建筑设计水平。

"环境行为学"课程与建筑设计课程联动教学实施步骤如图2所示。以本科四年级的建筑设计课"行为导向下的商业步行街设计"为例，与"环境行为学"与课联动教学要点及设计成果见表1，以及如图3所示。

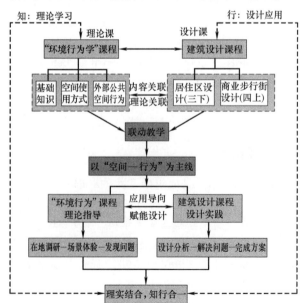

图2 理论课与建筑设计课程的联动教学模式

"环境行为学"教学内容	与设计课结合的教学内容	结合方法	载体与成果
多种感觉与环境设计	多种感觉与街道空间感知	案例解析	小组汇报PPT报告
个人空间、私密性	步行空间的私密性	课堂微设计——街道中的座椅布置	微设计草图
领域性与空间安全性	街道空间的领域性、安全性	结合学生的设计课方案，小组讨论	方案图纸
空间异用行为	街道中的空间异用	行为观察、情景模拟	小组汇报，PPT报告＋调研视频
5W调研方法	步行街环境设计	5W方法、SD法等，对商业步行街进行在地调研	PPT报告＋改进建议
城市外部公共空间行为特征			
基于行为的外部空间设计		结合学生的设计课方案，小组讨论	"环境行为学"结课调研报告及设计图纸

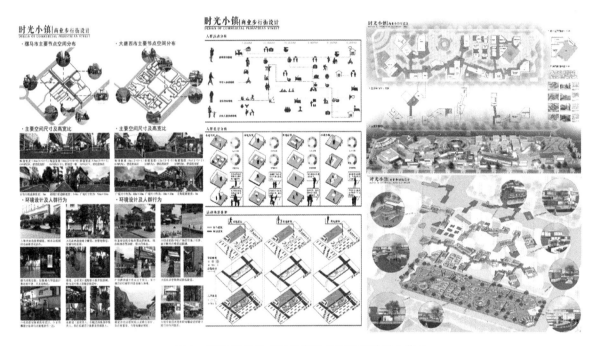

图3　联动教学模式下的商业步行街设计学生作业

3.3 "案例＋"教学模式的延展

案例教学是教学方法体系中的一种模式，它与其他教学方法之间不是对立的，它们之间对实现培养目标的要求各有作用，各有优势。在传统教学中，能够传授比较系统的知识，但在能力培养方面效果明显不足；而在案例教学中，它虽然能有效地培养学生分析问题、解决问题的能力，但在传授系统知识方面效率较低。因此在教学中，针对环境行为学课程教学内容的特点，采用系统讲授基础理论与案例教学相结合的教学方式，两种教学方式各取其长，同时加入"课堂微设计""情景体验"等多种教学手段，形成"案例＋"的多元教学方法，以获得最佳的教学效果。具体教学模式及其对应的教学内容如图4所示。

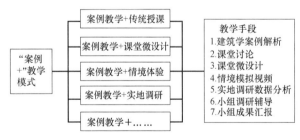

图4　"案例＋"教学模式

4 "行"的提升：实践环节教学方法优化

4.1 作业选题：存量发展下的社区环境调研与更新

国家在"十四五"规划中明确提出"实施城市更新行动"。[3] 社区更新是城市更新的重要组成部分，在城市存量发展背景下，社区更新是提升城市品质的重要手段。"环境行为学"课程的实践环节教学与理论教学并处核心地位，[4] 课程结课作业为调研报告。作业选题紧扣国家需求和政策导向，根据建筑学专业人才培养目标及环境行为学课程的特点，结合本科三年级的建筑设计课程（"居住区设计"），以《社区环境调研与更新》为选题，完成调研报告并提出环境改造建议（图5）。

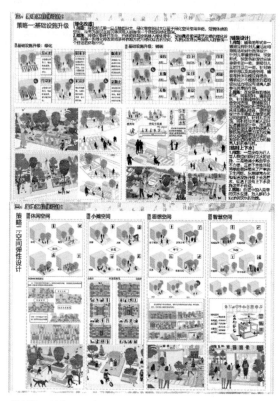

图5 "环境行为学"结课调研作业示例

在教学中以"在地调研"为抓手，以"案例＋"教学为载体，引入"场景模拟—场景体验"，实现从"课堂教学"到"场景教学"的方法迭代，增强学生的对复杂抽象理论的理解力，调动学生的学习积极性，以获得最佳的教学效果。

4.2 从抽象到具体：以"在地调研"为抓手

针对建筑学专业的特点，结合理论教学进行现场案例调研，让学生在真实情境中学习资料收集、制定调研计划、数据搜集分析、判断决策，提高学生的理论应用能力。通过："理论学习—在地调研—发现'空间—行为'矛盾—分析问题—解决问题"的路径，将环境行为学课程教学内容与建筑课程设计进行整合，让学生将环境行为学的相关原理直接运用其课程设计之中，将理论原理直接转化为设计实践，既实现了环境行为学的理论价值，又提高学生的建筑设计水平。调研任务的布置使得抽象的理论知识与略显枯燥的理论授课变得鲜活起来[5]。

以课程中的"外部公共空间行为模式"一节为例，此部分内容主要研究人在使用外部空间时的行为习性及外部环境调研方法，是重点教学内容之一。在课堂讲授完基本原理之后，安排两次案例现场调研课程。调研以4人小组为单位进行，选择社区环境进行调研，并在课堂上进行成果汇报。教师及其他同学可提问交流，最终教师对各组成果进行点评及总结。

4.3 方法迭代：从"课堂教学"到"场景教学"

常规的教学仅依靠"课堂教学"，教学环境限于教室，教学载体主要为教材、课件等，学生往往会感觉枯燥、单一，对所将理论感受不充分、体验不佳、无法深刻理解相关理论。引入"场景教学"理念，让学生在真实环境之中，体验"空间—行为"之间的关系与矛盾，突破教室空间局限，形成"真实环境—体验感受—情景模拟—发现问题—分析问题"教学方法，让学生感同身受，理论活学活用，体会环境设计应当"以人为本"。

通过调研作业学生走出课堂，走入真实环境与场景，观察使用者的行为，运用环境行为学的相关原理与方法，发现真实具体环境中的"空间—行为"存在矛盾之处，提出优化建议（图6）。鼓励学生在真实情境中，模拟使用者的行为，寻找环境设计中的现实问题，真切体验环境与行为的关系，例如室外台阶设置不当引发摔跤、缺少休息座椅造成空间异用等。

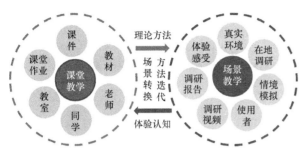

图6 从"课堂教学"到"场景教学"

5 结语

"知是行之始，行是知之成"。应用导向下的"环境行为学"课程教学方法优化，通过凝练"空间—行为"主线，增强学生对复杂抽象理论的理解力及理论应用能力；通过与建筑设计课程的联动教学，把学生对空间的"感觉"和"体验"提到理论的高度来加以分析与阐明。结合社会热点问题，进行"在地调研"与"场景教学"等方法，学生体会到"以人为本"不再是抽象的口号，而是与日常生活环境密切相关，并深刻体会到环境行为是空间环境设计的底层逻辑，知行合一，从而促进学生提高建筑设计质量，形成科学化的建筑设计方法。

图表来源

图1、图2、图4、图6，表1均来源于作者自绘；图3来源于作者指导的李俊杰等学生的建筑设计课程："行为导向下的商业步行街设计"部分图纸；图5来源于作者指导的学生刘怡嘉完成的"环境行为学"结课调研报告。

主要参考文献

［1］李志民，王琰. 建筑空间环境与行为［M］. 武汉：华中科技大学出版社，2009.

［2］王琰，黄磊. 应用导向下的案例式教学在环境行为学课程中的实践［J］. 华中建筑，2013，31（3）：174-177.

［3］王蒙徽. 实施城市更新行动［J］. 建设科技，2020，418（21）：14-17.

［4］许芗斌，夏义民，杜春兰. "环境行为学"课程实践环节教学研究［J］. 室内设计，2012（4）：18-22.

［5］戴晓玲，吴涌. 以项目式教学为主线的《环境行为学》教学探索［J］. 西部人居环境学刊，2017，32（3）：51-57.

吴锦绣　徐小东　张玫英　王伟　王海宁

东南大学建筑学院；wu_jinxiu@seu.edu.cn

Wu Jinxiu　Xu Xiaodong　Zhang Meiying　Wang Wei　Wang Haining

School of Architecture, Southeast University

设计教育助力传统村落活态化保护利用的路径与实践研究
——东南大学研究生设计课程的探索

Research on the Path of Design Education to Help the Living Protection and Utilization of Traditional Villages
——Exploration of Graduate Design Studio in Southeast University

摘　要： 在乡村振兴的宏阔背景下，传统村落保护利用研究和模式从传统的"凝冻式"保护模式转向一种系统与活态的认知观。本课程依托东南大学建筑学院建筑设计双一流学科培养体系中最重要的核心课程之一——建筑设计课，紧扣乡村振兴的背景和传统村落活态化保护利用的迫切需求，基于研究团队已经展开了数年的广泛调研和持续研究，探索建立设计教育助力传统村落活态化保护利用的路径的基本框架，并通过实证研究得以验证和优化，展示了相关教学成果。本论文研究以陆巷和堂里古村为例的阐述，对于培养乡村设计人才以及我国不同地域传统村落实现活力提升和长远发展具有积极的借鉴和参考价值。

关键词： 设计教育；传统村落；活态化保护利用；研究生设计课

Abstract： Under the grand background of rural revitalization, the research and mode of traditional village conservation and utilization have shifted from the traditional "frozen" conservation mode to a systematic and living cognitive view. This course is based on the core curriculum of Architectural Design, one of the most important courses in School of Architecture, Southeast University, and is closely related to the living protection and utilization of traditional villages. Based on the extensive research and continuous study for years, we have explored the basic framework of the path of design education for the living protection and utilization of traditional villages, and verified and optimized it through empirical research. This thesis and the case studies of Lu Xiang and Tangli traditional villages will be of positive reference for the cultivation of rural design talents as well as for the vitalization and long-term development of traditional villages in different regions of China.

Keywords： Design Education; Traditional Villages; Living Conservation and Utilization; Graduate Design Studio

1　课程设置的背景

传统村落保护利用是当下城市规划建设的前沿问题与实践热点。近年来，传统村落保护利用研究大都基于一种片面的、静态化保护的认知观点，在实践过程中带来不少困难与阻力，效果并不理想。[1-3] 在乡村振兴的宏阔背景下，传统村落保护利用研究和模式架构如何摆脱传统的"凝冻式"保护模式，转向一种系统的、动态的认识观，高效、活态化地引导传统村落未来的保护利用与现代营建适用模式，[4~6]也促进学生对于乡村振兴背景之下中国乡村发展问题的认识和思考。

本课程依托东南大学建筑学院建筑设计双一流学科培养体系中最重要的核心课程——建筑设计课，紧扣乡村振兴的背景和传统村落活态化保护利用的迫切需求，基于研究团队已经展开了数年的广泛调研和持续研究，探索建立具有创新性的设计教育助力传统村落活态化保护利用的路径与实践。扎根乡村实际，践行设计学科高质量发展，探讨乡村振兴背景下设计人才培养新格局、新路径、新发展；从专业角度构建空间和时间维度相整合的活态化保护利用多元路径整体构架，并培养学生对乡村规划设计、传统村落活态化保护更新、传统民居建筑改造（技术）、景观设计以及社会学调研等多方面知识的综合应用与团队协作能力。

2 课程建构的整体框架

2.1 课程建构的流程

1）课程框架的建构与村落整体调研和规划设计阶段，培养学生对乡村情况的认知

从村落整体规划设计层面，梳理传统村落的肌理与建筑现状，制定发展策略，提升村落环境，服务于村落产业发展以及居民和游客生活，为传统村落未来的发展奠定坚实的基础。综合运用多个学科领域的方法培养学生对乡村情况的认知，以及乡村规划设计、传统村落活态化保护更新、传统民居建筑改造、景观设计等多方面知识的综合应用与团队协作能力。

2）传统村落活态化保护利用多元路径建构与实证研究阶段，培养学生通过设计解决乡村问题的能力，使其成为合格的"乡村设计师"

通过"整体格局—民居建筑—室内环境"三个层级多元路径的建构，以及相适配的规划设计方法的研究，提出兼具创新性和实操性的设想，完成传统村落的活态化保护利用的研究。培养学生对于传统村落活态化保护利用的设计方法和技术手段的研究，培养通过设计解决问题的能力。

3）成果深化与总结提升阶段，践行设计学科高质量发展，综合优化相关成果

对于上述成果进行深化与总结提升，凝练和完善相关成果，对照研究目标进行成果的总结提升。

2.2 课程建构的教学方法

1）拓展云课堂和实践课堂，践行线上和线下教育相结合的教学方式

采用线上云调研和线下调研实测相结合的方式，促进学生扎根乡村，梳理和认知中国乡村的发展状况以及存在问题。

2）学生自主学习和交流学习相结合的教学方法

加强生态文明建设的学习，促进以人为本的设计，引导学生对于乡村发展问题进行积极地思考，探讨乡村振兴背景下设计人才培养新格局、新路径、新发展。

2.3 课程建构的主要观点与创新点

1）紧扣国家乡村振兴战略，建立设计教育助力传统村落活态化保护利用的路径与实践研究的知识体系，培养学生的社会责任感。通过对于国家乡村振兴战略和传统村落实际的关注，拓宽学生视野，帮助学生正确认识传统村落在当今所面临的问题，提升引领性、时代性和开放性，系统服务于一流学科的建设；培养学生社会责任感和心系国家重大发展战略的奉献精神，鼓励学生在真实的社会环境中发现问题、研究问题和解决问题，培养其知行统一、勇于探索的创新精神。

2）在设计教育体系的建构中，创新性地拓展了传统设计课课堂教学的边界，鼓励学生扎根乡村，深入生活，培养学生了解社会、服务社会的家国情怀。

通过情景式教育、交互式、信息化等新技术手段，打造线上线下相结合的崭新教学方式，打通学校和社会的边界，促使学生走出课堂，走入乡村，促进学生成为"乡村设计师"，验证所学的专业知识，为学生了解社会、服务社会的家国情怀的培养奠定坚实的基础；

3）落实以学生为中心的教学思路，夯实专业基础，探讨乡村振兴背景下设计人才培养新格局、新路径、新发展。

构建紧密相关的课程教学和乡村实践环节，通过课内教学、课程研讨、课外调研以及课程作业形成系统化的整体思路和持续优化途径，形成问题导向的教学思路，助力乡村规划设计人才的培养。

3 设计课教学成果

本课程作为"十三五"国家重大专项课题"传统村落活态化保护利用的关键技术与集成示范"研究的一部分，东南大学建筑学院2020级研究生一年级建筑设计课程针对此领域展开系统探索和研究。课题围绕环太湖传统村落，基于"三生"（生产、生活、生态）融合发展的思想，开展与整体格局—单体建筑—室内环境"三层级"相适配的规划设计研究。综合运用多个学科领域的方法，促进村落建筑的保护利用，切实改善村民的生

产和生活环境，提供江南水乡传统村落的范本。

　　课程选取了位于苏州市太湖东山的陆巷古村和西山的堂里两个国家级传统村落作为研究对象。这两个村落皆为背山面水的格局，在悠久的历史发展中形成了各自独特的村落结构。这里的历史建筑形制较高，建造精致，保护状况良好，具有高超的建造技艺（图1）。

　　陆巷古村，位于太湖东山后山的一个浅坞内，被两山环抱与太湖相连，景色、风水极佳，环境宜人。陆巷古村历史悠久，在村落的长期发展过程中，逐渐形成了严格遵循宗族理念的"一街六巷三河浜"的空间结构。陆巷古村内保留下来的历史建筑众多，但同样面临着年久失修、居住环境差的问题。此外，大量年轻人流向城市使得村落的"老龄化"和"空心化"现象也愈发明显，陆巷古村的活态化保护利用的任务已经迫在眉睫。

　　堂里古村，位于太湖洞庭西山西北端湖湾山麓，地处缥缈峰南坡水月坞前庭。相传鼎盛时期村内有大小厅堂72座，其中以仁本堂、心远堂、容德堂三座大厅堂声名最为显赫，"三名堂里"之称也由此而来。古村原生格局与形态保留较好，村内现存大中小古厅堂10余处，仁本堂（西山雕花楼）成为知名旅游景点；但在发展中也遇到许多困难：产业发展动力缺乏、村内人口流失、村落整体客流量稍显不足等，因此，亟待引入"活态化"的保护发展思路，并提升建筑性能和空间品质，增强村民获得感，增强村落吸引力。

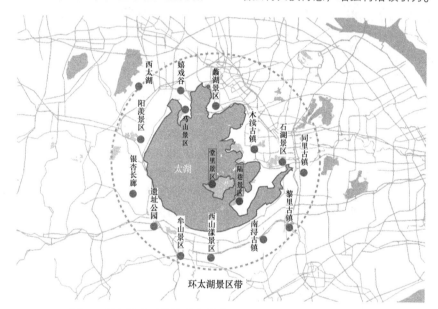

图1　环太湖地区传统村落分布以及陆巷、堂里两村的位置

3.1　陆巷古村："三生融合"视角下的活态化保护与利用

　　经过大量的调研，从历史人文视角和农旅互融两个视角提出了旅游带动生产、优化生活环境、改善自然生态及风貌保护控制的总策略和定位，建立了陆巷的公共空间及建筑单体的评价体系，提出了初步的活态化设计导则，并最终选择一个较具有代表性的民宿设计了在不同活态化保护思路下的改造方案。

　　1）历史人文视角下的传统村落活态化保护利用

　　基于陆巷的众多的历史建筑以及优秀的历史文化遗产，从历史文化追溯角度指出总体规划策略。将陆巷重新定位为太湖教育基地，以一街六巷的核心区域及历史建筑群作为发展重点，引入教育基地（吴中文人、吴门画派、香山帮）、图书馆、书屋、博物馆、文创售卖等功能，吸引外来参观学习、体验古村落历史文化的青少年、文艺工作者、学者等，举办夏令营、文艺活动、沙龙会议等活动，提升历史文化古村的知名度，推动文旅产业的发展，进而带动村落其他产业的提升。

　　基于总体发展策略，单体改造策略通过对于历史建筑元素的提取与转化，庭院空间的营造，提出了历史与现代、建筑与自然、村民与游客的多元素和谐共生相辅相成的场地模式，融入展览、体验、文创、休闲、餐饮和住宿的多功能复合的模式，并计划引入新的管理模式，最终形成了富有历史文化气息、传统庭院体验和多功能复合的现代化民宿。

　　2）农旅互融视角下的传统村落活态化保护利用

　　经过实地调研与前期资料梳理，提出"农旅互融"的概念，以陆巷古村特色之一"采白玉枇杷，品洞庭碧螺，尝太湖三白"为出发点，挖掘场地潜力，以产业活态化促进村落整体活态化。

通过对陆巷古村的产业现状分析，划定了区域规划范围，区域内产业资源丰富，是陆巷古村产业发展的核心，希望以局部带动整体，以激活区域产业进而活化村落整体发展。

在总体活态化策略的基础上，以三德堂为例，单体层面的活态化保护利用策略。通过实地调研、现状分析，评估场地要素价值并提出单体改造策略，在保持原有肌理的基础上，保留场地重点要素并植入新功能，提取村落特色产业元素并进行转化，以期激活带动周边，实现农旅互融活态化保护利用（图2）。

(a)

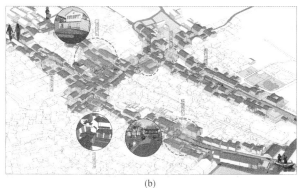

(b)

(c)

图2 "三生融合"视角下的陆巷古村活态化保护与利用
（a）陆巷历史人文要素的提取与分析；（b）陆巷产业空间分析；
（c）"三德堂"民宿保护更新设计

3.2 堂里古村：从碧螺春茶与香山帮产业文化视角切入的活态化保护利用

在"三生"思想的指导下，结合实地与文献资料调研分析，从堂里两大特色——碧螺春茶产业文化与香山帮建筑——视角切入，提出"三生融合、以点带面、活态触发"的发展总策略，优先针对古村核心片区以及容德堂单体进行规划设计。

1）村落总体规划设计

活态化保护发展总策略分近期（以核心片区的村民游客共享模式为出发点、强化村落茶产业与香山帮建筑文化，逐步启动村落活化）与远期（落实完善更大范围的村民游客共享模式，逐步完成村落活态化）两步。以期扭转空心化、景点单一的局面，打造活态化、新老交织的传统村落。

2）单体与室内层面的活态化利用

单体建筑的选取容德堂为例进行改造设计，划定保护优先、传承优先、发展优先三个层级，并提出相应的设计导则，采取不同的改造策略进行活态化改造与性能提升研究（图3）。

容德堂		
保护优先	传承优先	发展优先
包含部分 正厅	门厅、花篮厅、东路楼厅	边路、建筑拆除或塌场处、新建筑
判定依据 空间等级高，破损程度较低，格局变动之处均可恢复	空间总体格局保留完整，部分构件工艺优良、价值高，部分屋面、楼面损毁	空间总体格局保留完整，部分构件工艺优良、价值高，部分屋面、楼面损毁
设计导则 修缮保护，复原原有空间格局、构件与界面	保留总体格局，修缮保护高价值构件，可增添其他新构件，围护结构可进行改动	设计并新建

■保护优先　■发展优先　■传承优先

(a)

(b)

(c)

图3 文化与产业视角下的堂里古村活态化保护与利用
（a）荣德堂建筑的空间评价与适宜性策略制定；（b）荣德堂现有照片合并；（c）"三德堂"民宿保护更新后放出效果

近期规划聚焦容德堂周边片区，打造游客与村民共享的村落核心活动区，改造容德堂为集"茶＋香山帮"展示体验与村民文体活动于一体的"乡村活化器"，以此作为触发点激活古村。远期规划辅以更多元的活动策划、文创产品研发、新媒体宣传等，进而推动乡村振兴走向城乡互哺，完成村落活态化发展进程。

4 结语

本论文基于前期研究持续研究，构建了设计教育助力传统村落活态化保护利用的路径的基本框架，并通过实证研究得以验证和优化，得出如下结论。

1）通过设计教育不仅可以有效助力传统村落活态化保护利用，促进学生全面了解乡村振兴战略的背景之下乡村所面临的机遇与挑战，培养社会责任感。

2）通过传统村落保护利用多元路径建构与规划设计实证案例，可以培养学生探索传统村落在当今的传承与创新发展的专业素养和设计能力。

本论文中设计教育助力传统村落活态化保护利用的路径与实践研究，以及以陆巷和堂里古村为例的阐述，将对于培养乡村设计人才我国不同地域传统村落实现活力提升和长远发展具有积极的借鉴和参考价值。

课程参与人员名单

指导老师：吴锦绣、张玫英、徐小东、王伟、王海宁。

参加学生：罗淇桓、刘琦、张聪慧、王涵、李琴、颜世钦、李雨昕、李珂、陈瑾（堂里）。

主要参考文献

［1］ 王小明. 传统村落价值认定与整体性保护的实践和思考［J］. 西南民族大学学报（人文社会科学版），2013，34（2）：156-160.

［2］ 王琼，季宏，陈进国. 乡村保护与活化的动力学研究——基于3个福建村落保护与活化模式的探讨［J］. 建筑学报，2017（1）：108-112.

［3］ 武联，余侃华，鱼晓惠，等. 秦巴山区典型乡村"三生空间"振兴路径探究——以商洛市花园村乡村振兴规划为例［J］. 规划师，2019，35（21）：45-51.

［4］ 徐小东，张炜，鲍莉，刘梓昂. 乡村振兴背景下乡村产业适应性设计与实践探索——以连云港班庄镇前集村为例［J］. 西部人居环境学刊，2020，35（6）：101-107.

［5］ 张行发，王庆生. 基于遗产活化利用视角下的传统村落文化保护和传承研究［J］. 天津农业科学，2018，24（9）：35-39＋69.

［6］ 吴锦绣，董卫，李永辉，傅秀章，淳庆. 旧住宅，新生活——基于渐进式性能提升的南京中农里民国住宅区保护更新［J］. 建筑学报，2013（8）：99-103.

董宇　赵紫璇　陈旸

哈尔滨工业大学建筑学院，寒地城乡人居环境科学与技术工业和信息化部重点实验室；zixuanzhao2022@foxmail.com

Dong Yu　Zhao Zixuan　Chen Yang

School of Architecture，Harbin Institute of Technology；Key Laboratory of Cold Region Urban and Rural Human Settlement Environment Science and Technology，Ministry of Industry and Information Technology.

"双碳"战略目标导向的气候适应性大空间公共建筑设计教学 *

Two-carbon Strategic Goal-oriented Climate Adaptability to Large Space Public Building Design Teaching

摘　要：2022 年是我国"双碳"战略实施的第二年，建筑业正在经历一场广泛而深刻的科技革命与产业变革，对建筑学专业教育的改革和发展提出新的挑战。在"双碳"战略目标的背景下，大空间建筑专题设计课程作出相应的调整，在建筑设计课程配置中深入思考将"碳中和"作为气候适应性大空间公共建筑平衡机制的约束条件，课程教学以"新理念、新模式、新内容、新质量、新方法"为核心内涵，探讨碳中和导向的气候适应性大空间公共建筑设计的可实施性。

关键词："双碳"目标；气候适应性；学科融合；大空间公共建筑设计教学

Abstract：The year 2022 is the second year of the implementation of China's "two-carbon" strategy. The construction industry is experiencing an extensive and profound scientific and technological revolution and industrial transformation，posing new challenges to the reform and development of architecture professional education. Under the background of "double carbon" strategic goal，large space building project design course to make the corresponding adjustment，deep thinking in the architectural design course configuration will "carbon neutral" as climate adaptability large space public building balance mechanism constraints，course teaching，"new ideas，new model，new content，new quality，new method" as the core connotation，discusses the carbon neutral oriented climate adaptability of large space public building design.

Keywords："Double Carbon" Target；Climate Adaptability；Discipline Integration；Teaching of Large-space Public Building Design

1 "双碳"目标下对建筑教学的新需求

2021 年 10 月 24 日国家发布的《关于完整准确全面贯彻新发展理念做好碳达峰碳中和工作的意见》中从三个方向指出城乡建设提升绿色低碳发展：其一是节能低碳建筑要大力发展；其二是建筑用能的结构要加快优化；其三是推进城乡建设和管理模式低碳转型[1] 通过以上三点明确了作为气候适应性大空间公共建筑在"双碳"目标下发展的主要方向，低碳绿色节能已成为建筑业的发展热点[2] 建筑业面临十分艰巨的转型发展任

* 黑龙江省高等教育教学改革研究项目，项目编号：SJGY20200220；黑龙江省高等教育教学改革研究项目，项目编号：SJGY20210296。

务,建筑业的减碳行动已成为我国实现"碳中和、碳达峰"目标的关键一环,对实现高质量发展,全方位迈向低碳社会具有重要意义。对此,大空间公共建筑设计专题教学领域的矛盾性与复杂性显得尤为突出。

建筑学专题设计课程的教学应与时俱进,紧密围绕国家战略和专业发展新风向等方面进行深思寻找人才输出的端口,适应未来建筑设计行业的发展。在教学中引领学生探索建筑学专业在智能化与信息化时代下展现的新特征、解析环境资源和社会经济面临的可持续发展困境。建筑学具有横跨工程技术与人文艺术的学科属性,而当前理工科各学科专业间沟通与交流仍然不足,过于专门化的教学方式会导致学生的专业素养狭窄。因此建筑学专业的人才培养应以"新理念、新模式、新内容、新质量、新方法"为核心内涵,顺应信息传播途径和知识形成过程的改变,以科技与产业发展新趋势为主导,培养学生具有面对未来社会对建筑学专业教育和人才需求的变化与挑战的能力,实现高效专业人才输出助力学科教育强国建设。

2 大空间公共建筑教学融入新理念

在建筑业节能减排这种形势下,在指导建筑学专业的学生进行大空间公共建筑专题设计课程时,可以结合建筑业"新技术、新经济、新产业和新业态"的发展趋势来丰富专业课程的内涵和结构。

2.1 虚拟仿真技术交互式的前期策划教学

大空间公共建筑设计是一门"理论+实践"紧密联系的课程,既强调培养创造、分析和解决问题的实践能力,又强调理论知识储备的全面性与复杂性。然而近年在新型冠状病毒肺炎疫情防控期间,建筑设计课程的实地考察、调研等实践教学环节受到了较大影响,为了达到教学和学生能力培养的要求,利用虚拟现实技术的实践平台驱动建筑设计课程教学。相比于传统教学,结合了数字技术的虚拟仿真教学可以利用"航拍+VR技术"让学生进行沉浸式无阻碍的基地情况调研[3](图1),也可以是后防疫时代下设计课程教学拟题基地实地调研的补充。带领学生以全新的角度观察设计目标基地的尺度并收集其地理信息,不受空间场地的限制以多视角观察基地周围人流、车流的运行情况(图2)。

虚拟仿真实践教学是与设计课程内容相辅相成的。大空间公共建筑对城市的低碳发展有着重要影响,其建筑场地具有便捷可达性、形体尺度具有超常规性、建筑界面表现具有自由性、建筑空间组织具有弹性,方方面面都可以从"双碳"目标的角度融入低碳化、节能化、生态化的设计理念的教学考察点。

通过虚拟现实交互平台,促使学生自主在设计课程初期以大盘全面的视角,观察并解析任务书中基地的现实情况,综合引入并利用多媒体技术、网络信息技术、虚拟现实技术,营造一个理论与现实交互的教学环境,让学生从设计方案的客观落地性的角度,更好地体验建筑使用者的实际需求,实现课堂和工程实践的有效互动,增加大空间公共建筑设计课程的趣味性与实践性,重点培养学生思考在建筑最终生成模型的"气候适应性",以及"生态环保性"的低碳设计能力。

图1 设计课程中基地虚拟现实交互平台

图2 虚拟现实交互系统中多视角基地观察

2.2 智慧智能建筑策略引领传统教学转型升级

大空间公共建筑设计课程的教学从国家战略和行业发展新兴增长点等层面进行探索,升级丰富传统教学内容,面向大空间公共建筑未来发展新热点,增设智慧建筑理念的设计方法教学。

大空间公共建筑在国家"智能+"战略背景下,绿色、智慧建筑已成为其发展的主流。以"互联网+"、大数据和建筑智能控制系统等为主要增长点(图3),在设计课程中理念教学中可以从健康性、体验性和交互性等角度的建筑空间环境新需求来增加考核点,适当加入智能控制与可视化能源协调系统的概念,使大空间公共建筑设计教学与时俱进（图4）。同时，在建筑可持续化转型和绿色发展的需求影响下，性能化建构、参数化生成、信息可视化等智能智慧理念可与设计方法教学有机整合，培养学生树立起"科技化、智能化、节能化"的理念意识与实践能力。

国家创新驱动战略驱动建筑学专业教学对智慧建筑方向人才培养的需求，大空间公共建筑设计专题课程教学应坚持"厚基础、强实践、求创新、严过程"的人才培养特色，课程教学培养学生掌握前沿理论方法与智慧建筑基础，针对智能技术与工具的应用进行了解并实践，培养建筑学专业学生掌握跨学科开放交融的知识结构体系，使学生具备扎实创新求精的工程实践能力和素养，培养具有未来发展视野的创新人才。

图3 大空间公共建筑智能控制理念融入教学

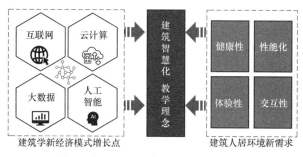

图4 大空间公共建筑课程新增考核点

2.3 基于碳中和的建筑物理气候适应性教学

课程改革目的在于展示区域气候与大空间公共建筑及使用者之间的良性循环，提倡学生在大空间公共建筑设计理念层面创造提质增效的自然—经济—社会的综合效益观念，[4]重视主干设计课程对国家前沿政策理念的解读与实践。结合建筑物理学研究人在建筑环境中的声、光、热因素，采取技术与设计措施、调整建筑的物理环境，从而使建筑物达到低碳适宜的使用效果，研究各种物理因素对人的作用和对建筑环境的影响（图5），引导学生设身处地地思考大空间公共建筑"适宜性与实用性"的应变设计方法。

课程教学核心是强调气候适应性大空间公共建筑必须尽量最小化自身的碳排放，但并不回避能耗。面对全球气候变化的威胁，时代赋予当代建筑师的责任是思考并探索如何通过建筑设计实现碳中和或是运行低碳。[5]在自然条件下，气候适应性大空间公共建筑室内使用的舒适度要求往往与室外气候资源难以同步，为满足建筑功能的需求通常需要供给额外的能源。

增加大空间公共建筑设计专题课程中"以人为本"思想的实践教学。所以在设计课程教学中应当充分结合建筑物理学理论基础知识，带领学生解析任务书所选基地的自然气候资源，课程考核点增加以提供可再生能源措施，以及被动式策略来优化环境性能，培养学生通过大空间公共建筑设计课程实践可持续建筑设计的能力。

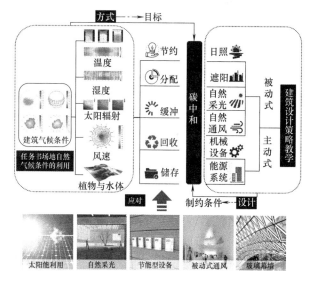

图5 碳中和作为气候条件制约下的建筑设计教学

3 "双碳"目标结合设计课程教学应用

3.1 "双碳"目标下设计课程体系新建构

专业设计课程是以培养本科生核心设计与建造能力的大学分课程，应采用"基础考核＋拓展教学"模式强化实践教学环节。基于大空间公共建筑设计课程核心内容，为激发学生探讨"双碳"导向的气候适应性大空间公共建筑的设计方法与策略，新增针对任务书区位环境、建筑形体、表皮体系、技术设施和材料系统五个基础层面的低碳考核点（图6）。并基于此，建构智慧建造、虚拟仿真、计算性设计、建筑全周期等四个方向的拓展教学模块。二者共同构成全方位、创新化低碳大空间公共建筑设计专题课程体系。这一体系的特点是加强训练学生在双碳目标的实践创新理念、培养学生解决大空间公建低碳设计中核心问题的能力、是输出目标人才的重要手段。

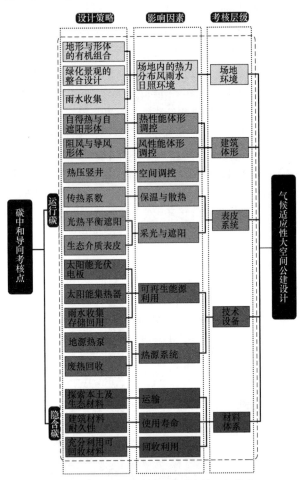

图6 碳中和导向的专题设计课程考核点

3.2 开放课程平台优质资源共享

开设建筑设计课堂开放课程平台，推进基于前沿科技教学模式优化和优质资源共享，拓展课堂实现网络环境下的人才培养新模式（图7）。在大空间公建设计拓展课程中通过邀请专家进行专题讲座，配合专业老师进行理论知识的补充与交流，开放平台实现校企协同育人、融合双方优势资源的新人才协同培养模式。学生可以通过调查问卷、成果汇报的方式形成教学交流闭环。将行业优质

资源融入设计课程培养方案制定、课程教学、实践指导等各环节中，加强学术和人才培养，向本科生全面开放科研资源，建立本科生参与科研的常态化培养机制。

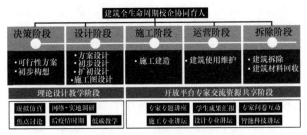

图7 建筑全生命周期开放课程平台

4 结语

"双碳"目标导向在大空间公共建筑设计课程中的逐步推广，未来势必将变成大部分建筑学课程的教学目标导向之一。在理论教学上，重点关注以碳平衡作为效果导向与衡量标准的气候适应性大空间公建教学内容改革。通过实践训练使学生用清晰的逻辑将关键设计要素重新整合，达成高性能的气候适应性大空间公共建筑设计目标。教学内容关注气候适应性大空间公共建筑的相关基本原理，各层面设计要素在教学中以"碳平衡"为核心，回应"碳中和"理念。后续的教学改革也将持续聚焦推动大空间公共建筑的可持续发展，以期在人才培养方面为响应国家"双碳"政策号召作出更大的贡献。

主要参考文献

[1] 王有为. 谈"碳"——碳达峰与碳中和愿景下的中国建筑节能工作思考 [J]. 建筑节能（中英文），2021，49（1）：1-9.

[2] 焦舰. 碳中和目标下的绿色建筑展望 [J]. 当代建筑，2021（9）：48-50.

[3] 袁玉康，雷华. 以VR虚拟现实技术促进古建筑教学 [J]. 山西建筑. 2020，46（2）：188-190.

[4] 罗毅. 双碳目标下绿色建筑发展前景 [J]. 城市开发，2021（22）：72-74.

[5] 李麟学，郭岸. 以气候响应为线索的当代建筑地域性实践 [J]. 新建筑，2021（2）：79-83.

黄海静[1,2,3]　隋蕴仪[1]　高嘉婧[1]

1. 重庆大学建筑城规学院；cqhhj@126.com
2. 山地城镇建设与新技术教育部重点实验室
3. 建筑城规国家级实验教学示范中心，重庆

Huang Haijing[1,2,3]　Sui Yunyi[1]　Gao Jiajing[1]

1. School of Architecture and Urban Planning，Chongqing University
2. Key Laboratory of New Technology for Construction of Cities in Mountain Area
3. Architecture and Urban Planning Teaching Laboratory，Chongqing

绿色低碳与数字技术的协同
——基于创新能力培养的建筑设计教学实践 *

Synergy of Green Low-carbon and Digital Technology
——Teaching Practice of Architectural Design based on the Innovation Ability Cultivation

摘　要：高质量人才培养是高校的立校之基、发展之本，人才培养的基本内涵是人才的"能力培养"。在国家双碳目标及数字化转型背景下，为培养具备数字、低碳意识和创新、实践能力的建筑学专业人才，重庆大学建立创新实践教学体系，搭建校企协同育人平台，采用开放式、研讨式、多元化培养机制，积极拓展数字、低碳协同的创新实践能力培养路径。本文结合两个竞赛获奖案例阐述了该教学探索与实践成果。

关键词：绿色；低碳；数字技术；创新实践；能力培养

Abstract：The cultivation of high-quality talents is the foundation of the establishment and development of universities. Moreover，the essential connotation of talent cultivation is the 'ability cultivation' of talents. In the context of the national dual-carbon goal and digital transformation，Chongqing University has established an innovative practice teaching system，set up a platform for school-enterprise collaborative education，adopted an open，discussion-based and diversified training mechanism，and actively expanded the innovative practice ability training path of digital and low-carbon collaboration in order to cultivate architectural professionals with digital，low-carbon awareness and innovative，practice ability. This paper expounds its effect of teaching exploration and practice through two winning cases in the competition.

Keywords：Green；Low-Carbon；Digital Technology；Innovative Practice；Ability Cultivation

1　数字低碳背景下建筑教学改革

全球变暖、能源危机成为当今各国及地区发展中共同面临的巨大挑战。2022 年教育部发布《加强碳达峰碳中和高等教育人才培养体系建设工作方案》（教高函〔2022〕3 号），指出：为深入贯彻新时代人才强国战略

＊项目支持：国家自然科学基金项目（52078071），教育部第二批新工科研究与实践项目（E-XTYR20200656），重庆市研究生教育教学改革研究重点项目（yjg222001），重庆市高等教育教学改革研究重点项目（212007）。

部署，面向碳达峰碳中和目标，把生态文明思想贯穿于高等教育人才培养体系全过程和各方面，加强绿色低碳教育，推动专业转型升级，加快急需紧缺人才培养，深化产教融合协同育人，提升人才培养和科技攻关能力，为实现碳达峰碳中和目标提供坚强的人才保障和智力支持。[1] 与此同时，信息技术、数字技术迅猛发展，数字经济在全球迅速崛起，极大改变着人们的生活方式，也深刻影响着建筑产业端的发展。随着城市建设环境趋于复杂，仅靠单一的设计经验判断将难以为建筑节能、性能模拟及碳汇计算提供科学、有效的数据支持和实时验证。而基于数字技术的综合效能分析，能为智慧城市与低碳建筑的创新、研发提供有效支撑。

在"数字中国"和国家"双碳"目标背景下，数字技术与低碳建筑的整合必将成为引领建筑产业转型升级的核心引擎。一方面，数字技术的进步对建筑设计思维和方法的影响日益深远，从传统的静态二维向动态多维的信息化方向转变；另一方面，"双碳"目标的提出推动建筑研究从节能、绿色迈向低碳、零碳的发展纵深。数字技术与低碳理念在建筑学科领域的发展态势，促使建筑教育在学术研究、教学实践、能力培养等方面不断创新。建筑学是一门强调实践的学科，学生的知识体系、研究能力和综合素养需要在实践中锤炼、提升。为培养真正具备数字、低碳意识和创新、实践能力的建筑学专业人才，对现有人才培养模式、路径和教学思路、方法的改进势在必行。

2 创新实践能力培养要求及路径

将知识转化为能力，构建以能力培养为核心的专业教学体系，是建筑学教育的关键。"新工科"建设强调创新复合型人才培养，[2] 数字化低碳建筑的实现也对学生的跨学科、创新和实践的综合能力提出更高要求。然而仅通过课堂教学，学生难以融会贯通多学科知识构架；除课堂教学外，学生对系统知识的掌握和应用能力的提高与课堂之外的学习和实践息息相关。以问题为导向的创新实践活动是促进学生深度掌握知识架构和综合能力达成不可或缺的环节。

为切实提高学生的创新、协同意识和能力，重庆大学将课堂教学的重点放在"启发和指导学生形成自己的专业学习能力"上，[3] 同时引导学生有效整合课余碎片时间，关注社会发展及学科前沿问题，借助现代信息化、数字技术，进行自主性创新研究和实践探索；依托重庆大学学生交叉创新中心，将课上与课下学习形成闭环，将知识学习与实践环节有机结合，促进学生通过主动的研究和实践完成创新能力的持续养成（图1），具体建设路径如下。

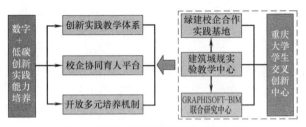

图1 数字·低碳创新能力培养框架

1) 以"低碳"为目标，构建创新实践教学体系

紧扣绿色低碳目标及数字化转型国家战略，落实"全局育人"理念，构建创新实践教学体系，持续开展"绿色建筑——建筑学部多专业联合毕业设计""太阳能低碳建筑设计""OpenBIM 协同创新与实践"等实践课程教学，运用 TRIZ 创新理论体系[4] 引导学生自组织、协同开展绿色低碳导向的设计实践、创新课题和学科竞赛，提升其创新思维、专业技能和实践能力。

2) 以"融合"为手段，搭建校企协同育人平台

以校企共建的"绿色建筑校企合作实践基地""GRAPHISOFT-BIM 联合研究中心"为协同平台，结合绿色建筑设计技能大赛、全国大学生 OpenBIM 竞赛、国际太阳能建筑设计竞赛等，将行业、企业的绿建、BIM 等性能模拟、能耗计算及数字化分析的技术及软件引入实践教学与竞赛活动中，培养学生掌握与数字、低碳建筑相关的知识体系和技术方法。

3) 以"过程"为导向，建立开放多元培养机制

建立学生为主体的开放性、研讨式、多元化培养机制，构建"研究＋实践"融合的师生共同体，引导学生成为课题搭建者，激发学生研究兴趣与创新意识，围绕数字、低碳核心问题，通过深度"沉浸式"，以知识发现和运用为中心的"做中学"过程，培养学生掌握"研究—设计—实施—反馈"全过程性学习方法，建立起整体工程观、绿色发展意识和系统性思维。

3 面向数字低碳的设计竞赛实践

以绿色低碳为理念、数字技术为工具，二者的协同是结合竞赛开展研究性设计的核心思路。设计过程包含三个阶段：①前期研究阶段，梳理绿色建筑、太阳能建筑、数字化设计等相关理论知识，整理场地条件、功能需求和设计要素，利用软件模拟分析影响因子，制定绿建策略；②方案生成阶段，搭建功能空间与绿建技术一体化数字模型，根据性能和能耗模拟进行比对分析，修正并完善方案；③设计深化阶段，利用绿建及数字软件

优化表皮、结构系统与构造逻辑，计算碳排放量，验证并完成项目设计。

3.1 项目一：基于太阳能利用的模块化幼儿园设计——2020台达杯国际太阳能建筑设计竞赛获奖作品（一等奖）

竞赛选址福建省南平市，要求建一所12班360人规模的全日制幼儿园。在梳理太阳建筑设计原理的基础上，项目采用Ecotect软件模拟分析用地气候条件，研究建筑形体和绿建设计影响因素；采用基于Rhino和Grasshopper的Ladybug Tools软件对建筑空间、形态、性能及能耗进行数字模拟分析，确定绿色低碳设计策略。采用3m×3m的模块作为基本空间单元，通过模块拼接形成不同功能用房，满足使用需求，为装配式建造提供可能（图2）。

项目采用被动与主动相结合的太阳能建筑设计策略。其一，通过模块水平错动与垂直交叠，形成自遮阳、架空层、灰空间及退台绿化等隔热系统；其二，将冷巷和通风廊道、吊顶和地板通风夹层，与垂直风井形成联通，利用热压与风压综合作用促进空气流动、更新，带走室内热量；其三，在幼儿园街巷外墙面、幼儿单元微型阳光间、屋顶平台处，设置双层表皮间置入绿植的腔体模块、循环潮水式垂直绿墙模块、利用雨水收集的种植模块，构成多重气候缓冲区；其四，契合幼儿园建筑性格设置彩色光伏板和光伏玻璃，采用太阳能光伏光电系统满足室内照明、空调及其他用能，富余电量输送给市政电网；其五，采用承重模块、功能模块、装饰模块和预制装配式建造方式，提高生产、运输和建造环节的效率并降低碳排放，建筑拆除时还可将钢材回收增加碳汇，全面实现绿色低碳目标（图3）。

项目采用装配式技术、数字化技术与太阳能绿建技术的整合，实现"创意与实用""舒适与节能"的有机平衡。目前该项目已完成施工图设计，将在2个月内落地施工建造。

图2 幼儿园鸟瞰及透视效果

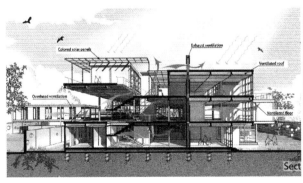

图3 主动、被动整合的太阳能策略示意

3.2 项目二：基于低碳理念的工业建筑节能改造——2022全国高校绿色建筑设计技能大赛获奖作品（特等奖）

项目位于重庆市沙坪坝创意产业园区，原为鸽派电缆厂老旧工业厂房，根据用地现状功能属性改造为社区文创中心。基于既有建筑节能改造相关理论研究，项目制定了"被动优先、主动优化"的节能改造思路，利用绿建（BIM）校企实践基地提供的绿建斯维尔软件CEEB结合Grasshopper等参数化软件，通过"模拟—

分析—再模拟—再分析"的循环设计过程，实现方案最优化（图4）。

第一，采用多层呼吸式表皮，Low-E玻璃内置遮阳百叶调整室内光照，空腔顶设拔风装置，促进空气流动带走热量；第二，回收电缆厂废旧电缆铜丝，与空心薄砖组成柔性折叠砖系统，结合立体种植形成遮阳、绿化复合系统；第三，通过传感器感应室内外温度、湿度、风速、日照，利用Grasshopper参数化模拟自动调整可开启窗扇数量、角度和内置百叶开合度，实现智能化控制；第四，在建筑与堡坎间形成冷巷，堡坎面铺设反光板和植物爬架，优化采光通风；第五，在中厅设置季节

性可移动模块，夏季形成通高空间实现"拔风"效应，冬季形成封闭空间营造局部"温室"；第六，屋面雨水收集设备、建筑表皮绿化、室外水景形成水循环整合系统，节约水资源，调节微气候；第七，最大化利用可再生能源，结合附近江水的水源热泵系统将冷水机组的制冷系数提高20％～35％，大大降低空调系统能耗，太阳能光伏系统将太阳能转化为主要供能来源，全年供电达286277kW·h（图5）。

经模拟和计算显示，改造后的建筑性能极大优化，基础节能率达86.56％，碳排放量为－9t，不仅达到零碳建筑标准，还负碳。

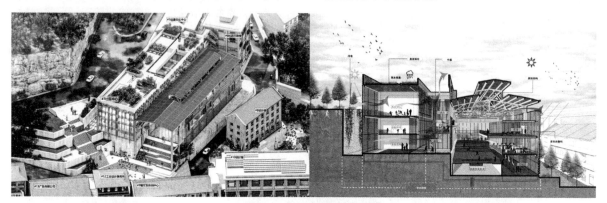

图4　社区中心鸟瞰及剖面空间关系

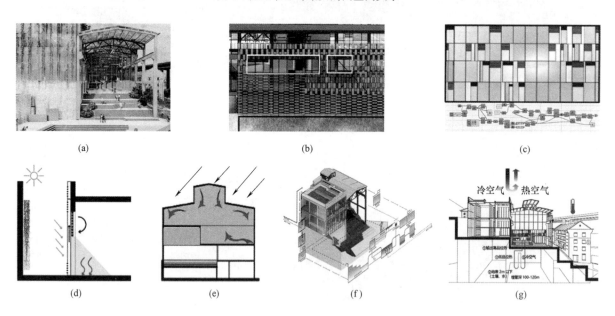

(a)　　　　　　　　　　　　(b)　　　　　　　　　　　　(c)

(d)　　　　(e)　　　　(f)　　　　(g)

图5　社区中心绿色低碳设计策略示意
（a）多层呼吸式表皮；（b）遮阳绿化复合系统；（c）窗开度智能调控；（d）冷巷通风采光优化；
（e）季节性动态调节空间；（f）水循环整合系统；（g）可再生能源利用

4　结语

围绕绿色低碳理念，借助于数字技术工具，重庆大

学积极探索"数字＋低碳"导向的创新实践能力培养路径，将作为"结果"的建筑设计转化为作为"过程"及"生成"的建筑设计，[5] 在全程参与"研究—设计—实

施—反馈"的环节中，培养学生建立绿色低碳意识和数字化设计思维，养成自主性学习的动力和创新性探究的兴趣，为数字、低碳建筑教育以及具备创新实践能力的建筑人才培养提供有力支撑。

主要参考文献

［1］ 中华人民共和国教育部. 教育部关于印发《加强碳达峰碳中和高等教育人才培养体系建设工作方案》的通知：教高函（2022）3 号［EB/OL］.（2022-04-19）［2022-05-07］. http：//www. moe. gov. cn/srcsite/A08/s7056/202205/t20220506_625229. html.

［2］ 肖凤翔，覃丽君. 麻省理工学院新工程教育改革的形成、内容及内在逻辑［J］. 高等工程教育研究，2018（2）：45-51.

［3］ 卢峰，黄海静，龙灏. 开放式教学——建筑学教育模式与方法的转变［J］. 新建筑，2017（3）：44-49.

［4］ 林健，彭林，Jesiek B. 普渡大学本科工程教育改革实践及对新工科建设的启示［J］. 高等工程教育研究，2019（1）：15-26.

［5］ 徐卫国，徐丰，《城市建筑》编辑部. 参数化设计在中国的建筑创作与思考——清华大学建筑学院徐卫国教授、徐丰先生访谈［J］. 城市建筑，2010（6）：108-113.

史立刚[1]　吴远翔[1]　邱靖涵[2]
1. 哈尔滨工业大学建筑学院；slg0312@163.com
2. 寒地城乡人居环境科学与技术工业和信息化部重点实验室
Shi Ligang[1]　Wu Yuanxiang[1]　Qiu Jinghan[2]
1. School of Architecture，Harbin Institute of Technology；
2. Key Laboratory of Cold Region Urban and Rural Human Settlement Environment Science and Technology，Ministry of Industry and Information Technology

基于 STEAM 理念的体育建筑设计课程教学改革探索 *
Exploration on Teaching Reform of Sports Building Design based on STEAM Educational Concept

摘　要：在国家创新战略语境下，作为哈尔滨工业大学本科建筑教育的收官，如何在全民健身中心设计教学中寻求教育创新的全面突破是我校体育建筑设计教学组的关注点。本文基于笔者多年的教学实践，结合 STEAM 教育理念的梳理，建构了基于知识模块的教学设计，尝试提出建筑功能策划、场地布局逻辑、结构选型适应、运动氛围营造等教学策略，探究全民健身中心设计教学的理论和规律，为同类教学提供参考。

关键词：STEAM 理念；体育建筑设计教学；教学策略

Abstract：As the ending of architecture undergraduate teaching in Harbin Institute of Technology，It is a focus of HIT sports architecture teachers how to explore the educational innovation of national fitness center design teaching in the context of national innovation strategy. Based on years of teaching practice，STEAM educational conception is teased，instructional design based on knowledge module is constructed，and teaching strategies such as function programming，site layout logic，structure selection adaptation and sports atmosphere building are put forward. This paper discusses and summarizes the teaching theory and rules of national fitness center design，and provides reference for similar teaching.

Keywords：STEAM Educational Conception；Sports Building Design Teaching；Teaching Srategies

1 引言

1.1 建筑设计教育发展亟待突破理论与技术分离、设计与实证互斥的困境，形成从学科育人到整体育人观

2016 年中共中央、国务院印发《国家创新驱动发展战略纲要》，作为科学、人文与艺术的完美统一，建筑学教育具有典型的全面育人特性，建筑设计与建筑理论、建筑技术课程的互动交融成为建筑教育体系发展的重要引擎。但是在当今科技与人文日新月异的语境下，建筑教育却面临着建筑设计教学与人文理论、科学技术的各自为战，同时评价体系的多元性、模糊性使得建筑

* 项目支持：黑龙江省高等教育教学改革项目（SJGY20210296）；教育部双万计划，省级一流课程项目（生态基础设施与概念城市规划）。

设计的逻辑体系难以自洽，设计逻辑缺乏实证，导致学生在设计思维黑箱中一头雾水无所适从，如何整合各自的话语体系形成情理交互滋养的建筑设计教学理论是目前建筑学教育发展亟待解决的关键问题。

1.2 STEAM 是全面落实建筑学全人教育、弥合建筑设计科学鸿沟的重要理论抓手

STEAM 理念提倡基于项目或基于问题的学习，强调多学科知识的教学整合对"真实问题""项目活动"和"设计活动"的解决完成工程项目和探索解决科学问题，并从中获得知识和技能等直接经验，是一种探究的实践，这与建筑学培育"创新型、复合型、应用型人才"的目标和核心特质不谋而合，特别是在当前建筑设计课程与理论课程渐趋分离的语境下，STEAM 教育理念愈加成为全面落实建筑学全人教育、弥合建筑设计科学鸿沟的重要理论抓手。

2 STEAM 教育理念

STEAM 教育理念源于美国国家科学委员会在 1986 年《本科的科学、数学和工程教育》报告中首次提出的 STEM 概念，随后美国学者亚科姆（G. Yakman）又提出"A"（Art）加入到 STEM 中，由此产生了"STEAM 教育"。[1]

STEAM 教育是一种跨学科的综合模式，主要以项目问题为驱动，通过统整科学（Science）、技术（Technology）、工程（Engineering）、艺术（Arts）和数学（Mathematics）领域的相关知识与技能，强调不同学科之间的知识联系，引导学生运用跨学科的思维方式进行学习和解决具体的实际问题，旨在促进学生的全面发展让学生基于真实的情境，尝试解决现实生活中的复杂问题（图 1）；强调知识与能力并重，倡导"做"中"学"；强调创新与创造力培养，注重知识的跨学科迁徙及其与学习者之间的关联。以提升学生的逻辑思维、问题解决、交流合作和自我实现等能力，最终将学生塑造成 21 世纪所需的复合型创新人才。

3 基于知识模块的教学设计

建筑设计课程就是从解决工程设计实际出发，提出并解决问题。基于 STEAM 教育理念的建筑设计课程改革的主要任务是使学生学会如何融会贯通地运用建筑、结构、环境、数学、综合学科知识和规律分析实际的工程问题，并掌握多种方法。因此如何在建筑设计课程中理顺并组织建筑、结构、环境、人文等相关知识模块的内容、时序、配比关系是本研究的第一要务，有利于学生全方位理解建筑设计的复杂性和层次性。

作为哈尔滨工业大学建筑学院的传统特色课程之一，体育建筑设计是建筑学本科教学的收官之作。如何在新时代背景需求下拓展发掘体育建筑设计教学的实验价值寻求突破是我校体育建筑设计教学组的关注点。由于功能、工艺、技术逻辑较强，在本轮建筑学本科教学培养方案中全民健身中心设计被置于本科四年级春季学期，教学时长为 12 周，教学内容将建筑设计、技术设计和室内设计融为一体，打造为建筑学专业毕业前的技术综合深化设计，培养学生在大空间建筑设计中综合解决问题的能力，将结构、设备、经济、政策法规综合应用到设计中。教学团队包含建筑设计、建筑物理、室内设计的专业教师和建筑设计院的建筑师。

教学组结合健康中国语境下体育建筑的多元需求和设计教学规律，合理安排体育建筑、结构、技术、室内设计等专题讲座的融入节点，使学生在恰当阶段输入相关基础知识，形成知识体系与建筑设计有机适配的教学秩序，为新时期体育建筑设计教学的开展提供了坚实的课程组织支撑（表 1）。

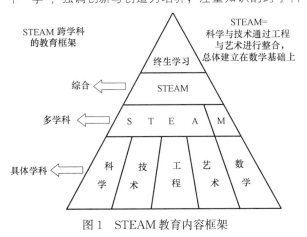

图 1 STEAM 教育内容框架

体育建筑教学计划 表 1

周次	1	2	3	4	5	6	7	8	9	10
专题讲座	体育		结构	技术		室内				
建筑设计	▲	▲	▲	▲	▲	▲	△	△	△	▲
技术设计				▲	▲	▲	▲	△	△	▲
室内设计						▲	▲	▲	▲	▲

设计题目选址于吉林省通化市辉南县高速公路入城口，北临城市主干道富强大街，南侧毗邻辉发河河渠，西侧为文化博览建筑建设用地。该基地位于城市近郊、辉发河北岸，环境优美，是健身休闲的绝佳之地，主要为城镇居民提供文化或体育活动服务。基地地势较周边

道路低洼，存在 5.5m 高差。总用地面积 37200m²，总建筑面积 8000m² 左右。要求学生自拟任务书，包括室内篮球训练场 2 块（含 1500 坐席）、羽毛球场 4 块、乒乓球场 10 块、体操健身等基本功能。

教学过程分为三阶段，第一阶段（第一至六周）为建筑设计阶段，包括基础理论、建筑方案设计和建筑技术设计、室内设计对接四部分，其中基础理论分别由建筑设计教师和建筑师将体育建筑学、建筑声光学、技术设计、室内设计等以四个专题讲座形式分别融入设计教学过程中，以期最大程度地实现理论对设计的指导。建筑方案设计由专业教师指导全民健身中心建筑策划和前期设计，主要解决立意、功能、流线、形象、环境等基本问题；第二阶段（第四至七周）为建筑技术完善阶段，由设计教师结合学生前期方案进行技术深化指导，解决视线、结构选型、防火疏散、设备布置等问题，全面考虑结构、水、暖、电的合理性。第三阶段（第六至十周）由设计教师讲解指导建筑室内设计如何与建筑结构、建筑工艺、声光热、绿色节能、设备构造等方面结合，深入推进建筑室内设计专项定案。通过师生参与、探究、解释、精致、评价等教学环节[2]（图 2），学生基本掌握体育建筑这一相对复杂类型建筑、技术和室内一体化设计的基本方法和步骤，落实多学科交叉融合解决问题的能力培养，初步探索出体育建筑设计课程 STEAM 教学模式。

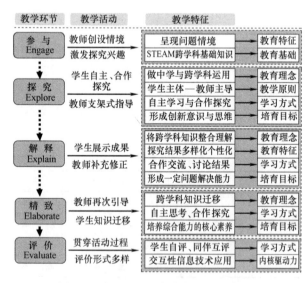

图 2　面向 STEAM 教育的 5E 教学流程

4　教学策略与成果

在教学中笔者结合全民健身中心的类型规律和场地地形特征分别从建筑功能策划、场地布局逻辑、空间形态模式和结构选型适应四个方面深入指导方案设计。

4.1　建筑功能策划

作为城市公共服务的有机体，体育建筑的永续经营是其存在的根基。如何拓展消费市场盘活体育空间资源实现可持续运营是后奥运时代的体育建筑开发建设策划的重中之重，也正是传统设计教学体系中的短板。

辉南全民健身中心功能配比　　表 2

	策划面积/m²	设计面积/m²	备注
篮球训练馆	2700	2725.26	1500 座左右坐席，场地设置两块篮球场地，平时可兼用比赛、演出、集会、展览等功能，配套相应设施设备、场地区、看台区、辅助用房
乒乓球训练馆	900	740.25	10 块练习场地
羽毛球训练馆	900	818.81	4 块羽毛球练习场地
大众健身馆	1400	1382.45	体操、健身器械、瑜伽等
附属配套设施	700	680	更衣室、卫生间、洗浴设施；休息室、小卖部、餐饮；器材室、贮藏室；医务室、教室、音响室、图书室、研究室
其他设备用房	100	78	生活用水、变配电室、消防控制室、风机房等
入口大厅	900	1356	入口大厅、接待、文化纪念品商店、运动专卖店
办公空间	400	345.23	办公室、会议室、值班室
合计	8000	8126	

基于对体育建筑经济性能和全寿命周期的理解，体育建筑策划是设计方案的母体，而后者是前者演绎的结果。为此笔者在课程中设置了任务书策划和可持续设计环节，引导学生通过对城区体育设施和开放空间分布和现状、公共交通可达性、周边配套设施等的 SWOT 分析，初步建立起项目选址的可行性意识。继而根据上下游体育产业的相关需求、辉南人口和经济发展现状，确定体育、主题商业、娱乐、培训、健身、办公等的面积配比和服务关系。基于大健康、大体育、大卫生的理念，全方位开发健康服务是全民健身中心设计的要义。因此笔者引导学生引入运动医疗、健康教育和体育休闲产业等的系列功能，兼顾赛时医务药检和平时运动健康咨询理疗等，促进体育与医学的深度融合。通过这一策划过程着实锻炼了学生的体育建筑经济效能和策划营销思路，及至后期设计中将策划成果贯彻于适宜的功能布

局与赛时赛后动态的空间复合策略，学生全面建立起了体育建筑全寿命周期观（表2）。

4.2 场地布局逻辑

鉴于基地处于高速路口，地形相对平整和全民健身中心尺度较大，笔者建议保留场地与主干道之间的5.5m高差，同时从外部景观视廊视角要从各角度把篮球馆、羽毛球馆、乒乓球馆等主要体量完整地展示出来形成视觉显著点，以期为后期的可持续运营奠定基础。因循场地自然逻辑，设计方案将三馆呈三足鼎立之势共同围合出共享空间建构精神核心，既形成了融于环境肌理的有机意趣，又传承了整体内聚和生态适应的地域建筑场所精神，而且比较到位地诠释了全民健身中心的公共开放性和地标气质（图3）。

图3 全民健身中心场地布局与结构形态

4.3 结构选型适应

结构选型在全民健身中心大空间形态建构和环境氛围的表达中话语权举足轻重，同时也是建筑气质表达的建设性力量。在教学过程中笔者指导学生尝试将建筑材料与结构选型结合建构丰富宜人的建筑空间体验（图3～图5），既要注重地域表现性价值，还要基于经

图4 全民健身中心结构选型—悬支结构

济实用性。其中弦支穹顶方案通过覆膜材料贯彻呼应了原初轻盈通透、融于自然又视觉内聚的理念，树状结构方案通过工业化模块预制探索了装配式结构集成的可能和契合地域的价值，木桁架方案则通过木材的本真建构演绎了传统工艺和场所精神。

4.4 运动氛围营造

作为典型的室内外一体化设计，比赛厅的运动氛围营造是本次设计的难点和重点。其中既包含坐席布局、视线升起、声光设备选型等刚性技术设计，又有界面材料、质感、光影、氛围等空间主题意匠的塑造。基于工程实践经验，结合健康中国的背景，笔者引导学生将运动地板、坐席颜色、吸声材料、设备马道、LED显示屏、广告标语等综合协同，营造出整体内聚热烈又颇具地域特色的比赛氛围（图4、图5）。同时结合日常运营需要，积极借助建筑形体的转折组织天窗营造丰富的自然光环境，进而通过参数化技术对顶界面吸声材料布局进行光影模拟优化（图6），取得兼具专业而自然的空间效果。

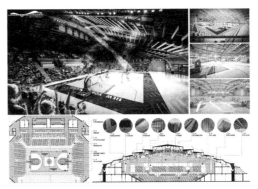

图5 全民健身中心木结构与运动氛围

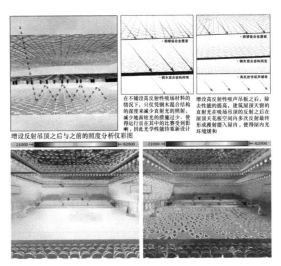

图6 全民健身中心顶界面模拟优化

5　结语

STEAM 教育是以发现问题、解决问题为导向的基于科学与工程实践的跨学科探究式学习，而建筑设计课程的中心任务是依据相关背景知识和规律针对具体基地环境、气候、经济、功能、技术等约束条件演绎生成各具特色的设计方案，二者的目标、途径和方法不约而同。因此基于 STEAM 教育理念的体育建筑设计课程教学通过引入体育工艺、策划、结构、设备、室内等专业化主题课程，对建筑设计课程进行高阶统整，进而基于数字仿真技术对建筑设计方案模拟实证支撑，提高全寿命周期视角下建筑设计方案的科学性，有利于学生内化建筑设计的技术逻辑性和艺术感染力。在当前国家创新战略和建筑业内涵式发展语境下，STEAM 教育理念对建筑设计教育未来发展无疑是一种建设性选择，本文结合哈尔滨工业大学体育建筑设计 STEAM 教育的实践梳理，抛砖引玉，期待更多更深入的 STEAM 建筑教育实践。

图表来源

图 1 引自 Andy Connor 发表文献见参考文献 [3]，图 2、表 1 来源于作者自绘，图 3 来源于邵泽敏设计，图 4 来源于张广益设计，图 5 来源于张晨设计，图 6 来源于张皓添设计。

主要参考文献

[1] 蔡红梅，陈醒宇. 美国 STEAM 教育政策发展的特点、困境及其启示 [J]. 教育评论. 2022 (3)：162-168.

[2] 赵呈领，赵文君，蒋志辉. 面向 STEM 教育的 5E 探究式教学模式设计 [J]. 现代教育技术，2018，28 (3)：106-112.

[3] Connor A. M，Karmokar S，Whittington C. From STEM to STEAM：Strategies for Enhancing Engineering & Technology Education [J]. International Journal of Engineering Pedagogy，2015，5 (2)：37-47.

张潇　林祖锐　华龙　秦乙山　李梦妍　姚欣雨

中国矿业大学：zhangxiao1217@msn. com

ZhangXiao　Lin Zurui　Hua Long　Qin Yishan　Li Mengyan　Yao Xinyu

China University of Mining and Technology

乡村振兴背景下乡村调研实践课程改革初探 *

A Preliminary Study on Curriculum Reform of Rural Research Practice in the Context of Rural Revitalization

摘　要： 乡村振兴战略是十九大提出的重要战略举措，乡村规划人才的培养是其顺利实施的重要支撑条件。文章通过总结高校乡村规划类教学内容的问题和不足，探讨乡村调研实践课程的改革路径。遵循以学生为本的教学改革思路，以激发学生的自主认知能力与创新精神为目标，采用模块化教学的方式，分解教学任务，通过阶段性目标的设定，探索形成了细致有效的过程监控机制，增强学生的专业水平和综合能力，为乡村振兴战略培养有经验、有情怀、能创新的复合型人才。

关键词： 乡村振兴；调研实践；教学模式

Abstract： The strategy of rural revitalization is an important strategic initiative put forward by the 19th National Congress，and the cultivation of rural planning talents is an important support condition for its smooth implementation. The article summarizes the problems and shortcomings of teaching contents of rural planning classes in colleges and universities，and discusses the reform path of rural research practice courses. It follows the student-oriented teaching reform idea，aims at stimulating students' independent cognitive ability and innovation spirit，adopts modular teaching，decomposes teaching tasks，explores the formation of a meticulous and effective process monitoring mechanism through the setting of milestones，enhances students' professional level and comprehensive ability，and cultivates experienced，sentimental and innovative composite talents for the rural revitalization strategy.

Keywords： Rural Revitalization；Research Practice；Teaching Mode

1　乡村规划实践教学的意义

党的十九大提出了乡村振兴战略，2018 年中央一号文件《中共中央国务院关于实施乡村振兴战略的意见》中提出了乡村振兴人才培养的要求。同年，教育部印发了《高等学校乡村振兴科技创新行动计划（2018—2022 年）》的通知（教技〔2018〕15 号），提出完善乡村振兴人才培养模式，加强实践教学体系建设的要求。

* 项目支持：

1. 中国矿业大学教学研究项目 2020YB65：基于 OBE 理论的城市规划课程群教学体系重构研究；

2. 中国矿业大学研究生教育教学改革研究与实践项目 2021YJSJG034：乡村振兴背景下《村镇规划理论与实践》课程产学研结合改革探索。

无论从国家还是高校层面，乡村规划都被提到了一个新的高度，乡村规划教育也迎来了新的机遇和挑战。

乡村调研实践课是乡村规划系列课程的重要环节，担负着理论教学与社会实践接轨的角色，以深化学生对乡村现状的认知，提升对地域特色的理解，解决乡村现实问题为目标，具有实践性、综合性、多样性的特点。但是，纵观我国的城乡规划教育体系，由于长期的社会经济结构和快速城镇化发展模式，导致了规划教育一方面偏向对城市发展相关问题的研究和应对，另一方面，由于高校距离乡村较远，乡村规划的教学内容也重理论、轻实践。从而导致乡村调研实践课程体系不完善，教学模式不合理，学生对乡村知识的认知弱等问题的出现，因此，亟待探索适合社会发展的乡村实践教学模式。[1]

2 乡村调研实践课程存在的问题

2.1 教学体系完善性

为了响应国家号召，各大高校都在学时有限的培养方案中增加了乡村规划方面的知识，但是理论、调研、设计等环节脱节，导致身处城市的学生对乡村实际发展状况和需求存在明显的认知差异，理论和实践脱节，调研报告及设计方案出现城市化、理想化，同质化等问题。亟需构建完整的乡村规划知识体系，让学生深入乡村感受现实乡村存在的问题，才能培养出适合乡村发展的人才。[2]

2.2 教学内容的单一性

乡村调研实践课的课程模式是教师发布课程任务，通过任务推动学生自主学习乡村调研的方法，通过实地调研发现乡村规划中存在的问题，并用所学的理论分析问题，用设计的手法解决问题。而乡村具有复杂的地域特征、多元化的乡土人情，前期理论教学的单一性，致使实践课缺乏完整的理论支撑，学生无法解决乡村调研中出现的复杂问题，导致调研成果质量低，抓不住重点。[3]

2.3 课程内容的前瞻性

调研实践课程强调时间、空间、社会三个视角的融合，而乡村的各种资料和信息与城市相比缺失严重。[4]传统的实地观察的方法，很难在短时间内获取完整的空间资料，往往出现文史资料、问卷访谈等与空间信息不匹配等问题。伴随科技的进步，无人机航拍技术、3S技术及以数理统计为核心的量化模型为乡村的精准、快速调研提供了可能。需要将新技术、新方法纳入教学体系中，辅助调研实践。

2.4 课程评价的完整性

调研实践类课程教学过程主要由学生自主进行社会调研完成，课程的监控机制和过程评价比较困难。乡村调研是一个协作性很强的工作，团队合作时，学生的能力、态度差异的不同对成绩的评判会带来一定程度的影响。[5]需要一套完善过程监管机制，确保每个同学都主动参与到实践中来，从实践中获取有效信息。

3 教学改革与探索

针对上述问题，本文对建筑学专业本科三年级的乡村调研实践课程（3周，16课时）进行改革（表1），将课程分为理论教学（大组翻转课堂4课时）、任务拟定（课堂小组讨论2课时）、调研实施（实地调研6课时）、成果凝练四个阶段（数据解析4课时）。课程采用翻转课堂、KJ法等教学方法，让学生成为课堂的主人，提高学生自主学习的能动性。

分阶段教学改革解析　　　　表1

课程阶段	教学内容	教学方法	模式引入前	模式引入后
理论教学	乡村规划的相关理论资料总结及调研方法的总结	翻转课堂	纯理论讲授，学生单方面接受理论知识，课堂吸收效果不佳	学生依据自己的兴趣点翻阅相关资料，并进行讨论，课堂气氛活跃，讨论中促进理论知识的吸收
任务拟定	依据兴趣点选择最想解决的问题，拟定详细的计划书	KJ法	问题过于宏观，内容复杂，难以提炼重点	问题聚焦，调研目标明确，任务规划分解细致，可实施性强
调研实施	按照拟定的计划书进行调研	技术支持	传统的空间调研，工作量大，效率低，数据采集误差较大	新技术的应用，提高了空间调研的效率及精度，有效地结合了空间、社会、时间三个要素
成果凝练	用设计的方法解决问题	随机引导	设计方案不接地气，城市化现象严重，缺乏乡土气息	设计方案体现地域特色，具有乡土气息，能解决具体问题

3.1 理论教学阶段

转变教学模式，提前布置任务书，让学生以组为单位查找乡村规划方面感兴趣的理论知识，乡村规划调研的方法，并预测乡村中可能存在的问题，在课堂上进行讨论。在讨论中，让学生意识到乡村问题的复杂性，社会关系的多元化，意识到自己知识的狭隘。通过讨论冲突，学生加深了对问题的印象，从而构建新的认知体系和知识网络。

3.2 任务拟定阶段

依据讨论的结果，明确调研方向及目标。采用 KJ 分析法对现有的认知进行筛选。本文以一个教学班为例，首先，让学生确定大方向，选择城中村的有 6 人，乡村的 14 人。第二步，依据前期梳理的国家相关政策及理论知识，学生意识到城中村与乡村的差别，认知到乡村振兴在未来城乡规划中具有重要的作用，进一步将主题定为乡村。第三步，在乡村类型的讨论中出现了"普通乡村""特色田园乡村""美丽乡村""传统村落"等多个名词，在区分概念的基础上，通过文献分析、生活经验及个人兴趣，归纳出 26 个问题点（图 1）。经讨论认为，传统的调研技术不能满足乡村规划大量调研的需求，因此，学生在调研技术落后这一问题上达成了共识，将乡村调研实践的课题定为：新技术在美丽乡村规划调研中的应用，并将学校附近的美丽乡村峨山村定为实践目标。

3.3 调研实施阶段

峨山村调研的目的为如何采用新技术提高空间调研的效率及精度为题。学生通过多方渠道收集峨山村的文献资料并提出实践方案。通过前期资料收集，学生发现乡村原始资料缺失过多，卫星地图等电子资料的信息相对滞后，且清晰度不高，导致获取信息方式过于被动，准确性及完整性不足。而实地测绘虽然能较为准确的采集乡村建筑及空间布局的现状，但由于工作量过大，短时间内获取完整数据较为困难。因此亟待寻求一种快速准确获取乡村规划现状的方法。通过文献阅读，学生提出了倾斜摄影技术，认为倾斜摄影能快速对观测地物进行实景三维模型构建，该技术不仅能从垂直角度采集数据，还能通过多个不同角度的拍摄获得真实度高、可靠性强的空间影像，便于后期对村落空间形态进行分析。因此，决定利用无人机倾斜摄影的方法完成峨山村空间形态方面的调研。

实施操作时，学生的积极性很高，为了方便多次采集数据，课程选择距离学校 6km 的城郊村峨山村，每个小组 4 或 5 名学生。目标为：完成峨山村空间数据的收集，并进行三维建模，模型要求精准度高，能够对后期的规划设计改造提供参考。学生通过自主学习掌握了操控技术，在多次拍摄过程中，发现需要解决照片质量、照片重叠率、拍摄角度等问题。其次是空三软件的选择问题，学生找出了 4 款主流的无人机建模软件，包括 DJI Terra、Context Capture（CC）、Smart 3D 和 PhotoScan，分别从建模格式、复原精度、建模速度

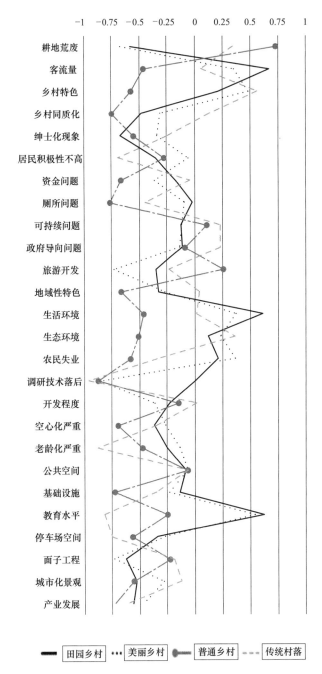

图 1 KJ 法问题汇总

三个方面考虑选择适合的软件。从最终模型中，可以得到建筑细部的信息，例如院落形态、违章搭建、窗户的尺寸、屋顶的瓦片、建筑表皮等，经对比（表 2）发现，四个软件的模型测量高度均在 7.519～7.69m 范围内，与实际测量建筑高度 7.702 m 的误差在 20cm 以内，精度上能够满足后期规划设计的需要。为了匹配后期的分析，学生还尝试将模型导入眼动仪、SketchUp、Rhino、3D MAX 等软件中。为后期的社会调研、整治规划及改造设计提供参考依据。

不同软件建模精度对比 表 2

软件	优点	缺点	支持输出的三维模型格式	局部模型照片	高度测量
DJI Terra	界面简洁；操作简单；建模速度快；模型精度高	购买软件成本较高；电脑配置要求较高	①B3DM 格式 3D 模型 ②S3MB 空间三维模型数据格式 ③osgb 格式的分块多层次网格 ④obj,ply 格式的三维纹理网络 ⑤i3s 三维场景数据库格式		7.65m
Context Capture	兼容性较好；模型还原度较高；建模流程较为固定	建模时间长；建模过程容易出错；对电脑配置要求较高	①3MX 格式 3D 模型文件 ②i3s 三维场景数据库格式 ③kml 格式的用户自定义的矢量对象 ④osgb 格式的分块多层次网格 ⑤obj,fbx,stl 格式的三维纹理网络		7.68m
Photo Scan	操作简单；建模流程清晰	建模精度较低；后期工作量大	①obj,3ds,stl,fbx 格式三维纹理网络 ②dae 格式 3D 交互文件 ③ply 格式三维 mesh 模型数据格式 ④abc 格式动画模型格式 ⑤wrl 格式场景模型文件 ⑥dxf,shp,dgn 和 kml 格式的用户自定义的矢量对象 ⑦osgb 和 slpk 格式的分块多层次网格		7.69m
Pix 4D	兼容性较好；专业化程度高；可得到多种分析数据	软件成本较高；后期工作量大	①p4d 格式 3D 模型文件 ②obj,ply,dxf 和 fbx 格式的三维纹理网络 ③osgb 和 slpk 格式的分块多层次网格 ④las,laz,xyz 格式的点云 ⑤dxf,shp,dgn 和 kml 格式的用户自定义的矢量对象		7.52m

3.4 成果凝练阶段

完善过程监控与成果评价机制，制定合理的评价规则。理论教学和任务拟订阶段的考核，由教师把控课堂上每个学生的状态，以学生为主的翻转课堂，激发了学生学习的主动性，讨论环节学生热情非常高。调研实施阶段的考核要求学生提交实践过程中遇到的问题以及解决的思路。最终成果，以小组为单位提交一份分析图纸和调研报告，包括自己所承担的调研工作、解决的问题，以及对乡村中现存问题空间的解决方案。每个小组根据自己的分析重点，提出了相应的解决方案（表3）。

1）道路优化小组，利用模型统计出村内 32 条因杂物、垃圾堆放产生的堵塞道路，其中 2 条难以确认，经实地调研验证其中 30 条符合现状，难以确认的 2 条通道掩藏在杂物下方勉强可以通行。结合村民访谈和问卷调研，学生对村内街巷整治提出了优化建议，疏通了 27 条街巷，并对主街进行了整治设计，丰富了街巷空间。

2）老龄化应对小组，通过对比不同日期，不同时间段的模型，归纳了村内老年人的活动规律及行为轨迹，结合空间观察、访谈梳理出村内老人聚集的热点区域，进行适老化设计，为村内的空巢老人提供舒适的户外活动场所。

3）居住环境提升小组，将村内建筑样式类型化，依据建筑增改建的功能不同，结合居民的职业及生活习惯，对村内建筑进行微改造，既提高了原住民的生活舒适度，也为将来村庄的旅游开发提供了拓展空间。

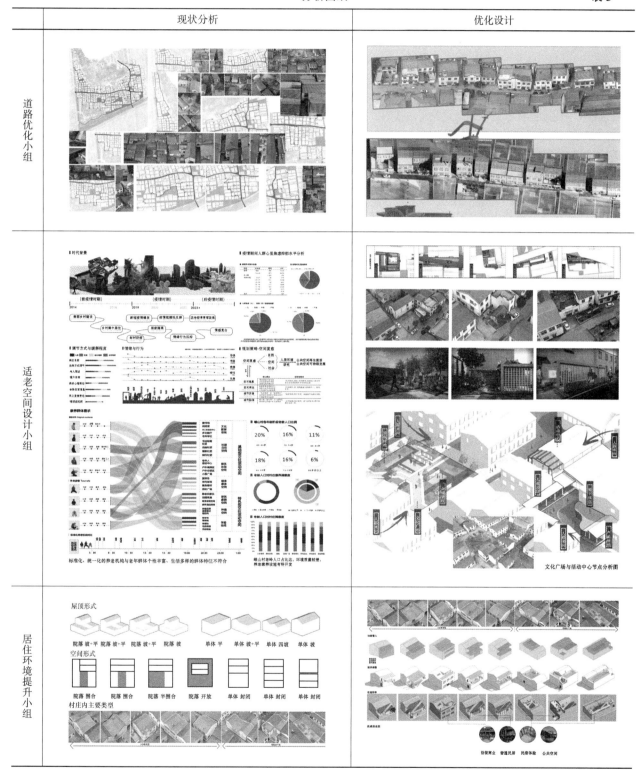

文化广场与活动中心节点分析图

4　结语

　　乡村调查实践课程是连接理论与设计的桥梁课程，在当前国家助推乡村振兴的大背景下，建筑学专业应该增强对乡村实践的重视。本文通过对乡村调查实践课程进行改革，细化教学互动环节，制定教学阶段性目标，建构了灵活的教学模块。教学过程以学生为中心，从激发学生从兴趣入手，引导学生自主思考；遇到问题能够主动查阅文献、小组研讨，通过反复的实践和验证，寻求多元化的解题思路；扩展了知识体系，帮助学生深入了解乡村，提升对乡村问题的关注度。此外，本次调研实践，学生将无人机倾斜摄影技术运用到课程中，提高了空间调研的效率和精准度，让学生在短时间内对乡村的街巷脉络、空间格局有了更充分的认知，使得设计方案更接地气，达到培养乡村规划建设实用人才的目的。

主要参考文献

［1］ 王少剑. 乡村振兴背景下社会调查研究教学改革［J］. 高教学刊，2021，7（30）：12-16.

［2］ 白淑军，许峰. 城乡规划专业城市调研类实践课程教学改革研究与探讨［J］. 高等建筑教育，2015，24（2）：129-133.

［3］ 杨帆，周天扬，朱结好. 当前乡村规划问题反思与策略——以乡村规划设计竞赛为剖析对象［J］. 规划师，2019，35（16）：68-73.

［4］ 蒋金亮，刘志超. 时空间行为分析支撑的乡村规划设计方法［J］. 现代城市研究，2019（11）：61-67.

［5］ 贺永，张迪新，张雪伟. 设计基础的"研究导向型"教学——以"城市公共空间调研与解析"教学组织为例［J］. 中国建筑教育，2020（1）：72-78.

许昊皓　彭科　邱士博

湖南大学建筑与规划学院；xuhaohao@hnu. edu. cn

Xu Haohao　Peng Ke　Qiu Shibo

School of Architecture and Planning，Hunan University

"存量更新＋文化传承"引导下城市设计教学探索

——以湖南大学本科四年级长沙火车站专题教学实践为例 *

Exploration of Urban Design Teaching under the Guidance of "Stock Renewal ＋ Cultural Inheritance"

——Taking the Teaching Practice of "Changsha Railway Station" in Fourth Year of Hunan University as a Case

摘　要：*"存量更新"和"文化传承"是当前我国城市发展关注的两个重点领域，城市设计的本科教学亦需要根据适应性调整。湖南大学城市设计课程"长沙火车站"课题教研组从这一背景出发，指导学生从城市存量更新中普遍面临的产业更新、城市综合交通问题，结合对城市重要公共空间节点如"长沙火车站"的历史文化元素的传承与彰显，结合设计研究完成城市设计方案。通过近年来教学中的不断完善，逐步梳理教学程序，优化教学选题，整合教学内容，修正教学目标，探索一种针对性的城市设计课程教学方法。*

关键词：*存量更新；文化传承；城市设计；教学改革*

Abstract："Stock Renewal" and "Cultural Inheritance" are two key areas of urban development in China，so the undergraduate teaching of urban design also needs to be adjusted according to adaptability. From this background，the teaching and research group of urban design "Changsha railway station" of Hunan University guides students to complete the urban design scheme from the industrial renewal and traffic problems commonly faced in the renewal of urban stock，combined with the inheritance and demonstration of the historical and cultural elements of important urban public space nodes such as "Changsha railway station". Through the continuous improvement of teaching in recent years，the teaching and research group has gradually sorted out the teaching procedures，optimized the teaching topics，integrated the teaching contents，revised the teaching objectives，and explored a targeted teaching method of urban design course.

Keywords：Stock renewal；Cultural inheritance；Urban design；Teaching reform

　　* 项目支持：融媒体视阈下湖湘红色建筑（遗产）价值挖掘与传播策略研究，湖南省社会科学成果评审委员会课题，XSP22YBC153；基于空地协同三维重建与虚拟现实的设计类教学资源建设研究，教育部产学研协同育人教学内容和课程体系改革项目，202102185009；以生为本理念下分异化建筑设计教育模式研究，湖南省教育科学规划一般项目，SKZ2021026。

1 课程背景

1.1 城市发展面临从增量开发转向存量更新的大趋势

随着我国城市空间逐渐由增量开发向存量更新模式转变，以及"十四五"规划和2035年远景目标纲要要求，近几年来城市更新一直是国内较为热门的话题。城市更新逐渐成为未来城市高质量发展和转型发展的必要途径和必经之路，城市发展的重点转向了城市存量土地和资源的挖掘、改造和再利用，以创新的方式在现有高密度城市中进行集约开发，[1] 在设计实践、学术研究、教育教学方面引起了越来越多的关注。

1.2 城市空间中的历史文化传承困境

长久以来历史文化以各种方式保留在城市环境中，并沉淀为城市独特的记忆。但城市的飞速扩张暴露出城市建设发展与城市文化传承失调的问题，大量的"拆旧建新"导致城市历史文化遗迹被破坏，同时已有优秀建筑的价值没有充分被彰显。城市文化遗产逐渐淹没在城市扩张的浪潮之中，失去在新时代的价值，使得城市发展陷入了文化传承的困境，如何处理好城市发展和文化传承之间的关系，也成为我国城市发展面临的重要课题。

1.3 城市问题日趋复杂化

同时，随着城镇化进程推进，城市问题不单单停留在空间和文化层面，城市问题和相关工作模式在模式、手段、维度、目标不同层级上发生转变，城市问题日趋复杂，关注点逐渐增加到城市空间资源配置、资金平衡、多主体利益协调、多方工作协同的问题等方面。[2] 城市发展与城市问题呈现出新特征和复杂化的趋势，对解决城市问题的多方力量提出了更高的挑战和能力要求。

2 既往城市设计教学方法在现存条件下的问题

面对复杂的城市问题所提出的新需求，建筑学专业作为解决城市问题的统筹者，在其培养过程中以综合解决城市问题为导向的专业核心课程"城市设计"也必须重新思考其培养目标与教学模式，契合现阶段城市发展的需求进行改革。

在教学模式上，建筑学专业既往的"城市设计"课程教学的教学方法和视角一方面还停留在过去城市增量发展时代的"大拆大建"模式上，选题及设计过程多为

"空白"地块上"从无到有"的模式，已不再适用于如今的城市发展趋势和城市设计工作；另一方面，在传统的教学过程中，城市更新的理念虽然也在课堂中提及，但更多的是作为知识补充及学生自主发掘的兴趣点，主流教学的教学目标、教学过程并未根据城市更新的能力需求进行改革。现有城市环境的更新、提质和对城市资源的挖掘、统筹已逐渐成为现阶段城市更新和设计工作的主要方向，传统教学模式的培养导向必然与当今时代环境对专业人员的能力需求产生脱节。

既往教学进程中涌现出新的问题，亟待教学方法随之更新。①在探索规划策略的阶段，学生的视角通常受限，仅能从建筑学专业或单一类型使用者的需求展开对于设计方案的思考，面对复杂化的城市问题往往难以适从，很难找到平衡点。同时因生活体验和工作经验不足，学生对于城市更新所要求的多学科协调能力、表达能力较为缺乏；②在具体的空间操作层面，学生往往习惯于从更加宏观的视角对城市空间进行设计，在前期花费主要精力关注于宏观概念与空间布局，受限于课时在具体空间设计上往往草草了事，从而导致忽视了城市公共空间的优化操作能力，缺乏提升城市公共空间品质的手段。当教学目标切换为城市存量建设为主题，这种对具体物质空间优化，提升体验性的能力也必然纳入新的教学要求。

3 教学程序的梳理与组织

湖南大学建筑学专业"城市设计"课程是本科四年级第二学期的专业核心课程，位于建筑学本科教学的末端，是培养学生在复杂背景条件下解决城市现实问题能力的重要环节。同时，依据建筑学专业培养计划本科四年级以"技术与综合"为主题，"城市设计"在其中以核心课程的身份构建课程组与知识模块，从而达到培养多专业综合协调能力与综合知识运用能力的目标。[3] 在城市发展趋势的要求和湖南大学建筑学专业的培养目标指引下，"长沙火车站"课题教学组通过教学实践工作的不断摸索和推进，在教学各环节形成了一定经验，并取得了相应的教学成果，主要体现在以下几个层面：

教学课题设置——选取具有主要矛盾、符合培养目标、保证训练效果的教学课题；教学内容的凝练——从解决城市问题的过程出发，以"存量更新的物质操作"和"文化信息的精神传承"两条脉络构成核心教学内容；教学目标的修正——以培养学生解决城市综合问题的能力作为核心教学目标。

3.1 教学课题的设置

面对日益复杂的城市问题，在综合能力培养目标和有限的课时限制下，选取具有主要矛盾、符合培养目标、保证训练效果的真实课题成为保证教学效果的起点。在面向"存量更新+文化传承"的城市设计教学改革中，教学团队经过认真的研究策划，结合指导教师的主要科研方向，自2019年开始选定长沙火车站片区作为设计基地，经过几年的教学调整逐渐优化设计主题，使教学课题满足能力培养的多元需求。

长沙火车站迁建于1975年，于2015年扩建，居于城市中轴线五一路最东端，曾荣获中国建筑学会颁发的"新中国成立60周年建筑创作大奖"，被列入长沙市第六批市级文物保护单位。[4] 长沙火车站的建成既是历史机遇，也是政治任务，是长沙市民群体义务劳动的成果，建成后成为长沙新地标。[5] 经过40余年的发展，长沙火车站从位于城郊边界到占据城市中心，不但已经融进长沙的血脉，也承载这座城市变迁的记忆。长沙火车站已成为市民心中的经典地标，也是湖南改革开放的"见证者"，直接影响人们对这个城市的第一印象，随着长沙跻身人口超1000万的特大城市，长沙火车站成为长沙需要重点营造的城市名片与城市门户。如今长沙火车站联系京广铁路、沪昆铁路等多条国家区域铁路干线，客运、城铁、地铁站3个大型公共交通枢纽在此汇集，集国铁、城际轻轨、地铁、长途客运、短途客运、货运、公交场站于一体，出入旅客及接送人员日均超过12万人次，周边商场多、市场多，每天平均人流量达15万多人次，高峰期达到30万余人次，人流密集。同时，长沙火车站地域狭小，交通枢纽功能压力较大，站外交通拥堵，周边建筑群老旧，形象不佳，东西广场割

图1 《建筑学报》1978年01期封面、《中外建筑》2021年06期封面中的长沙火车站

裂，人流穿行不畅，各类交通缺乏合理布局，旅客出行不便利，与省会城市窗口形象不相符。长沙火车站地区虽处于中心城区的黄金地段，吸引着广大的人流，但一直未开展大规模规划改造，区域优势没有发挥，商业价值没有开发，随着城市的扩张与变革，长沙火车站片区所蕴含的如何重新发挥门户价值、梳理周边城市空间与产业关系的主要矛盾，在"存量更新+文化传承"的课程背景下具有典型的选题意义。同时长沙火车站作为我国20世纪70年代由我国建筑师集体创作的经典建筑，曾经登上过1978年《建筑学报》封面，在建筑空间和形式上都具有典型的意义，亦可作为建筑学学生学习的经典建筑范例。

3.2 教学内容

"城市设计"课程作为建筑学本科最后一门设计课，所涉及的要素十分庞杂，注重培养学生综合处理城市问题的能力，教学组经过连续几年不断的教学调整，确立"存量更新的物质操作"和"文化信息的精神传承"为导向的两条主要教学脉络，组织教学过程中的理论讲授和设计实操，满足教学计划中对"城市设计"课程的培养目标的要求。其中，"存量更新的物质操作"即为设计实操环节，在传统设计课的"看图—改图"模式之外，课程组注重根据场地主要矛盾出发，从产业布局、道路系统、组群空间形态、局部节点逐步深化，从存量更新角度帮助学生建立完整的设计视角和科学的思维模式，具体内容见表1；"文化信息的精神传承"即为相关理论讲授，课程组通过相关集中性理论课程、讲座和方案交流，引导学生关注城市文脉与城市记忆的挖掘与提取，通过自身设计方案得以延续，体现城市场所精神，培养学生对城市文化基因的关怀。具体研究范围由教学团队经过几年的教学实践反复修改后确认，每大组（4人）选取30hm²开展专题研究，小组（2人）选取10～20hm²开展城市设计方案设计。

在具体的教学时序上，教学主要分为四阶段，根据不同阶段的教学任务和教学重点引导学生从剖析问题出发逐步通过设计对城市问题作出回应。"理解城市"阶段的教学主要是了解城市设计发展的理论趋势和技术工具，重点关注城市空间形态操作，理解不同尺度下城市空间环境的特点，理解规划和城市设计的一些关键术语。"解读城市"阶段各小组将继续结合理论研究进行实地现场调查，并将通过使用数据调研，空间分析制图和利益相关者过程以其他分析模式来解读城市。在"再现城市"阶段教师鼓励学生专注于创意过程以及使用城

市设计工具以图形的方式传达想法。最后,"改变城市"阶段各小组将最终策划提出一项城市设计的行动方案,制作完成一套完整的设计方案完成设计的表达,在此阶段教学组坚持湖南大学建筑学专业重工程实践能力的倾

向,着重引导学生的设计方案设计创意的基础上向可行性靠拢,注重通过总图技术深度的逐步深化确保各小组设计成果的完整性和深度,避免设计方案的"天马行空",具体内容见表2。

存量更新的物质操作 表1

子环节	教学目标	教学内容	关键点	思政元素
产业布局	引导学生对城市片区功能、产业对城市影响的全方位、多角度认识,认识过程具备一定的广度和深度	通过对周边片区调研,对城市业态与城市空间的关联进行分析,提交调研报告及技术路线图	结合地区功能定位及产业发展特征,明确空间布局结构,优化周边地块功能,细化核心区域建筑的功能,形成灵活开发地区空间结构及用地布局方案	通过现场访谈等方法关注城市中人民的生活状态与基本需求,发现城市空间中存在的问题,从产业和城市发展动力角度思考更新
空间结构道路交通	引导学生通过对片区内外交通的调研、分析,思考城市交通对城市开发的影响	在调研报告和前期策划书的基础上,对选定地块进行功能分区和交通梳理,形成一草图纸	衔接周边城市交通,合理组织内部交通及地块出入口;对设计范围内的交通需求、出行特征进行预测分析,核算交通承载能力与土地开发强度的关系;合理组织区域各类交通流线,重视塑造宜人连续的步行环境	特定类型城市空间结构,如轴线、广场中所体现的仪式感以及文化信息;关键交通节点作为城市流量入口具有重要的文化传播意义
组群形态	培养学生对于城市空间形态的操作思路,以及塑造组群空间形象的手法	根据一草方案细化城市片区形态与建筑体块,制作实体或电脑模型,形成二草图纸	合理塑造地块内建筑整体空间形象,确定地块内主要建筑体量、高度、轮廓、色彩、立面和屋顶形式。提出地区的内部空间形态的要求	建筑体量、高度、色彩、材质各种中观尺度设计中的文化信息传承和设计协调
局部节点	体会人的具体活动需求、活动路径及环境条件,引导学生对城市空间节点及空间感受的关注	对比优秀案例和作业,根据设计方向细化具体空间节点设计深度,形成三草图纸	基于人的活动需求、活动路径及自然环境条件,以及景观塑造,结合街道、公园、绿地、广场,组织公共空间系统	如何在微观尺度上营造舒适宜人的市民活动空间,满足多重需求

设计主线 表2

教学阶段	理解城市 目标制定与知识储备	解读城市 专题研究	再现城市 空间形态操作	改变城市 方案表达、决策与实施
教学重点	理论阅读和案例分析	现场调研,分析关键问题	方案的生成和表达	伦理判断和价值观引导
教学目标	①了解城市设计发展的理论趋势和技术工具 ②重点关注城市空间形态操作,理解不同尺度下城市空间环境的特点,理解规划和城市设计的一些关键术语	结合理论研究进行实地现场调查,并将通过使用数据调研,空间分析制图和利益相关者过程以其他分析模式来解读城市	专注于创意过程以及使用城市设计工具以图形的方式传达想法	策划提出一项城市设计的行动方案,制作完成一套完整的设计提案和汇报文件
教学内容	①了解城市设计的理论趋势和技术工具范式 ②理解关键知识和核心术语 ③理解城市作为一个复杂巨系统的特点,建立多专业协同操作空间的思维范式 ④确定项目整体目标和设计范围	①掌握从复杂系统结构的角度分析与定义关键问题的方法和策略 ②掌握通过数据采集和调研工具箱,用图形方式分析和表达城市问题 ③了解城市设计多目标和多主体利益和需求分析	①掌握城市空间环境要求的物理和感官指标,熟悉并能处理好良好的城市设计所需的一系列空间属性;构建城市联系、创造人性场所、建立空间秩序 ②理解不同尺度下城市空间的研究与设计 ③掌握城市设计方案表达的方法和技能,了解城市设计成果编制的一般要求和形式	①理解城市设计中的项目策划和建立初步的经济概念 ②理解城市形象和品牌战略 ③建立基于城市发展目标的价值分析以及伦理原则 ④了解多元利益主体决策和公众参与的特点(角色扮演) ⑤了解城市设计工具箱

教学阶段	理解城市 目标制定与知识储备	解读城市 专题研究	再现城市 空间形态操作	改变城市 方案表达、决策与实施
学生作业	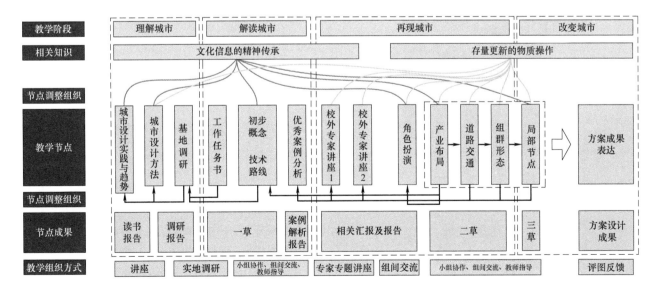			

3.3 教学目标的修正

经过几年的教学探索和实践，湖南大学"城市设计"课程逐渐形成了基于核心专业能力精细化培养的教学体系，在教学实施过程中，也发现了一些问题。首先，课题的设置是城市中心区复杂问题交织的地段，课题难度较大，如何让学生快速判断问题、确定设计策略的主导方向是一个难题，在本科三年教研组将课题的相关制约条件进行限定，如限定拆建比，学生需在前期通过调研信息确定方案的拆建比，并以此为目标进行方案深化。其次，前期调研成果与后续方案的结合还存在较大的差距，前期学生往往提出传承精神文化的设计目标，但在现实空间操作转化的手法和策略不足。因此指导教师在教学目标之中，单列对历史文化传承目标的专项评分，邀请历史老师来讲述长沙火车站的历史故事，以及邀请国内一线设计师为学生进行专场讲座，为学生讲解空间操作策略的思路。最后，因我院本科四年级第二学期同时还有一门大跨度建筑设计主干课程，存在与其他建筑设计课程的内容协调与时序衔接问题，缺少进一步强化巩固学习成果的有效手段，这也是今后教学改进的重点（图1～图4）。

图2 "长沙火车站"城市设计课题教学框架图

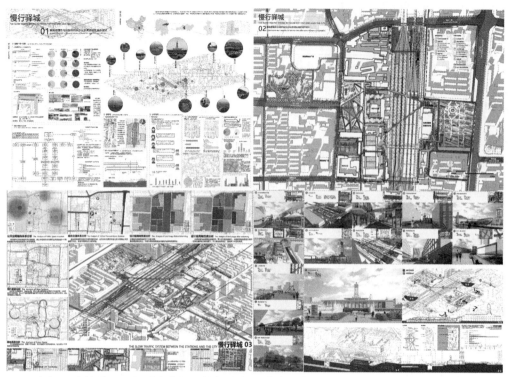

图3 建筑学2015级学生作业《慢行驿城》（作者：任意、温俊嘉、毛逸欣、卢梦茵）

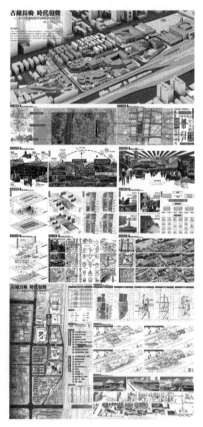

图4 建筑学2018级学生作业《古钟长鸣
时代发声》（作者：江欣城、计姝婷）

4 结语

通过近几年教学实践的改革，教研组对在"城市设计"课程中要完成特定人才培养目标，在课题的设置、教学的时序和教学目标设定方面的经验总结如下。

1）课程选题和选址应位于城市中心区，问题要有一定复杂度和普适性，选择的基地最好存在城市存量更新中普遍面临的产业更新、交通问题，需要学生进行问题的层级判断以及多目标优化的筛选。

2）教学内容要融合文化自信和思政元素，城市设计课程除了要完成建筑学专业所要求的物质空间操作能力训练，因为所涉及的对象城市空间是人民大众认知一座城市的媒介，培养学生对城市空间中历史文化元素的关注和尊重意识，主动在设计中运用相关设计策略。

3）教学目标的优化，在"存量更新"和"文化传承"背景下，课程的培养目标调整为培养全球视野和地方文化特征下的独立思维能力，培养学生的自主学习能力和创新能力，鼓励特定历史文化背景下的城市设计理念创新，提高对城市建筑群整体空间形态和城市空间环境设计的把握能力。

图表来源

图 1 来源于《建筑学报》1978 年 01 期、《中外建筑》2021 年 06 期；图 2 来源于作者自绘；图 3～图 4、表 2 中图片来源于学生作业。

主要参考文献

[1] 刘瑞刚. 我国城市设计的"再出发"思考 [J]. 规划师，2019，35（23）：91-96.

[2] 董昕. 我国城市更新的现存问题与政策建议 [J]. 建筑经济，2022，43（1）：27-31.

[3] 宋明星，魏春雨，卢健松，邹敏. 形式与认知　空间与环境　建构与营造——湖南大学建筑设计教学体系 [J]. 城市建筑，2015（16）：103-106.

[4] 常立军. 解剖长沙火车站 [J]. 中外建筑，2021（6）：10-15.

[5] 龚顺元，龙小芳，林俊. 忆长沙火车站的修建 [J]. 湘潮（上半月），2015（1）：46-47.

盛强

北京交通大学建筑与艺术学院；qsheng@bjtu.edu.cn

Sheng Qiang

School of Architecture and Design，Beijing JiaoTong University

大数据空间分析与建筑学教学体系改革
The Application of Big Data Spatial Analysis in the Reformation of Architecture Education

摘　要：大数据带来行为学的革命，也呼唤建筑设计教学体系的改革。本文介绍了北京交通大学建筑与艺术学院近年来在建筑学专业教学中大数据空间分析课程体系的建设状况，针对本科各年级与研究生阶段的教学特点，建立了长短双循环的本研一体化课程体系解决研究与设计脱节的问题。在城市设计和居住区规划课程中，综合实地调研与网络开放数据的优势，应用空间句法理论及方法，建立基于空间形态对交通流量、城市功能和社会聚集的数据空间分析模型，探索了数据时代以研究型设计为特点的量化评估和深化设计方法。

关键词：大数据驱动设计方法；空间句法；研究型设计

Abstract：The age of Big Data is calling for a quantitative design method in urban design. This paper presents an experimental course system named "Data-informed Urban Design" for 4th year undergraduate and 1st year master student. This system established a long+short circular course chain to fill the gap between research and design. In urban design and residential district design studio it combines field work with the open source data-mining，using space syntax theory and software to establish statistical model on spatial structure，traffic flow，land use and social gatherings. It explores a research-based design in the age of Big Data.

Keywords：Data-informed Design Method；Space Syntax；Research-based Design Education

1　大数据时代的建筑学教学

随着网络信息技术的飞速发展，大数据已成为行业热点，但现多用于学术研究，且部分实践应用也多限于区域与城市规划的宏观尺度，如何在建筑学关注的街区和街道的微观尺度充分利用大数据，从对数据的量化空间分析中发现使用者的行为规律，并在设计的不同阶段应用这些规律来指导建筑设计过程，对培养数据时代具有交叉学科知识和研究型设计能力的建筑师有重要价值。

在研究内容上，大数据驱动的设计方法并不直接将软件作为简单的分析和可视化工具。这与计算日照检验设计方案是否满足规范要求等对物理环境的模拟有本质的不同，它有助于将研究型设计方法的教学从物理学拓展到行为学。

在设计方法上，大数据驱动的设计方法试图在研究与设计之间建立更直接的联系。数据获取与分析是研究的起点，而基于数据分析建立的空间模型则对设计阶段的概念形成和空间形式评价有直接的意义。更为重要的是，传统建筑学对空间与形式的判断不免携带艺术色彩，而当代的数据空间分析技术有潜力发现空间与建筑形式和手法对使用者行为、空间盈利能力等非艺术因素的影响，为设计提供了超越传统设计手法所能涉及的理性依据。

基于此，北京交通大学建筑系近年来尝试在建筑学本科循序渐进的引入大数据空间分析理论及方法教学，并依托理论和设计课程收集大量的交通流量、商业功能分布和社会聚集数据，将数据分析结果直接用于指导设计方案。此外，上述数据同样支持了研究生的相关课程和研究，并不断提升和完善分析方法反馈本科教学，形成了本硕一体长短双循环结合的课程体系。本文将从大数据空间分析的课程体系建设和设计课程组织两方面深入介绍相关的教改经验。

2 大数据空间分析课程体系

2.1 本研课程体系构架

图 1 展示了 2020 版教学大纲中大数据空间分析的课程体系建设状况。本科一年级"大数据与计算机技术"课程教授数据抓取、统计分析和空间句法等空间分析模型的基础理论和软件操作。本科二、三年级的选修课"环境行为数据挖掘与分析"结合具体的研究案例带领学生收集数据并进行可视化和量化分析。本科四年级选修课中的空间句法部分（16 学时）为设计课程提供精准的大数据分析支持，近年来先后尝试与"城市设计""大型公共建筑设计""居住区规划"相结合，在设计课程前期 2 周时间以整个年级为单位对设计基地进行大范围的多种数据采集和分析，并集中学习设计过程中空间形态量化评价的相关方法，确保研究和设计的连续性。

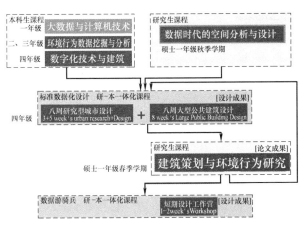

图 1 北京交通大学建筑学本科和研究生中的数据空间分析课程体系

此外，在研究生一年级分别在秋春两个学期开设信息平台课程"数据时代的空间分析与设计"和专业核心课程"建筑策划与环境行为研究"。其中前者深入系统的介绍大数据空间分析的理论、技术和方法。后者为实践课程，指导学生如何将收集到的数据和空间分析结果整理为论文研究成果投送高水平的学术会议、论文竞赛和期刊。作为研究生设计课程组成部分的短期工作营则为研究生的数据分析成果应用于本科生的设计提供了平台。

2.2 长短循环本硕一体

研究型设计的教学实践难点往往在于在有限的课时内研究与设计难以兼顾，真正具有创新和探索性的研究需要很长的周期，而一个标准的设计课则往往不超过 8 周。近年来笔者摸索出一套本研结合长短双循环的方式来解决这个问题。

短循环指的是在本科设计课程中基于调研发现规律到应用规律的流程。这意味着这些"研究"必须高度套路化，确保能够发现对设计有直接指导价值的结果。多年来空间句法对各类交通截面流量的分析已经高度稳定成熟，其分析结论以一元或多元线性回归方程表达，可用于各个设计方案的量化评测，直观的评价各个方案中街道网络对未来机动车、非机动车和步行流量和商业分布潜力的影响。对相关分析、回归分析等统计学知识的教学完全可融入软件操作方法教学，能够在很短的时间内被建筑专业背景的学生掌握和应用。此外，也有意的融入了部分真正具有探索潜力的内容，让本科生也能初步体会科研的艰辛和发现的乐趣。比如，2015 年交通专题小组初步测试了应用街景地图数人的方式替代实地采集步行流量数据。尽管当时并未成功，2018 年本科生在后续研究中尝试融入对商业数据分析中的数据均匀化方法，发现对步行人数较多的街区可以取得较好的分析效果，相关成果以本科生为第一作者发表在《新建筑》上[1]。而对这个数据处理方法，也是在 2015—2017 年结合设计课由多届本科生大量测试不同备选方案后逐步稳定下来的。因此，尽管是本科生的短循环，但对真正的科研工作也能起到基础数据积累、火力侦察和探索新领域的价值。

长循环指的是在设计课程之外，研究生依托其他课程或相关研究基于本科生短循环积累的基础数据、初步发现和新方向进行的更为系统、深入、耗时较长的研究，其研究成果往往在下一年或两年内为本科生数据化城市设计课程提供新的方法和技术支撑。

近年来在长循环中完成的关键性技术包括对商业数量、社会聚集等静态类数据加总均匀化的方法测试，基于此方法可将对商业数量和点评等数据空间分析效果提升至与交通流量分析相匹配的程度，[2] 同时也明显提升了空间句法模型对社会聚集等行为的分析效果。[3]

3 大数据建筑设计课程的教学环节

大数据空间分析在建筑设计课程中的应用是整个体系的核心部分，近年来笔者实践了包含"数据挖掘—分析—设计"的三段式教学环节的结构。各阶段主要的工作内容和组织方式如图2所示。

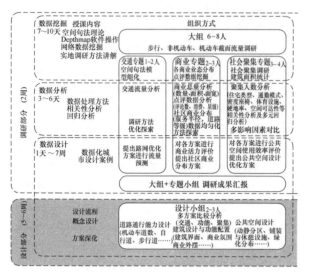

图2 数据化城市设计/居住区规划的教学环节

3.1 数据挖掘环节

数据挖掘环节可以理解为设计课程中基地调研环节的拓展，其课程安排一般为1周。调研的内容主要包括交通、功能、社会聚集三个专题。分组方式采用按地段分大组，按研究专题在大组内分小组的方式。

大组通常以6～8人的配置，其核心工作在于收集覆盖所辖研究片区内的交通流量视频数据，每人负责6～8个测点对基地周边的研究范围进行道路截面流量实测。获取的交通流量数据本身可支持城市设计，根据回归方程预测设计方案各路段的各类交通量并以此为据设计街道的断面形式。同时，这些数据也可以为研究商业分布和社会聚集的专题提供一组反映真实交通情况的自变量。

3个小组中分析任务相对简单的为交通专题小组，一般配置1或2人，其任务为应用空间句法模型分析大组收集的截面流量或轨迹跟踪数据。

商业专题小组一般配置2或3人，该组在调研阶段的任务除参加大组交通流量调研外，需应用街景地图和大众点评收集研究范围及周边一定缓冲区内的业态类型及使用状态数据（点评数、人均消费和评价星级）。近年来为与居住区规划专题结合，强化了对社区商业的研究。

社会聚集专题小组数据收集和分析难度最大，一般配置3或4人。该组在调研阶段除参加大组交通流量调研之外，需选取研究范围内典型的住区，按指定的时段在平日和周末记录该区内居民在户外空间中的社会聚集情况，并按规定的模板进行数据整理与可视化。

3.2 数据分析环节

本环节一般用时3天到1周，各专题小组基于数据挖掘阶段获取的数据，应用Excel、SPSS、Depthmap软件进行统计分析寻找规律。需要说明的是，各组之间需要的数据彼此之间是相互支撑，即相互作为自变量的。

交通专题小组的任务是建立对各类交通流量具有解释力和预测力的一元或多元线性回归模型。

商业专题小组的任务是发现城市商业或社区商业分布的空间逻辑，与城市设计课程结合时往往针对城市商业结合点评数据进行分析，与居住区规划课程结合时针对社区商业进行分析。

社会聚集专题小组的任务是发现居民对社区公共空间实际使用情况背后的规律，用于社区绿地和活动场地的设计。通过调研实际的社区，学生普遍发现设计师设计的活动场所或政府设置的运动设施往往出现被弃用和异用的现象，而居民会自发在一些适合的位置形成聚集（图3）。对这些位置的分析需综合考虑空间的拓扑可达性、周边建筑密度（不同可达范围内建筑总面积）、绿视率或绿化覆盖率、座椅数量等因素的影响。

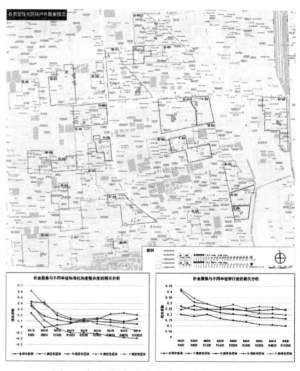

图3 各组社会聚集调研的数据可视化

3.3 数据设计环节

本环节覆盖后续设计的全过程，具体可分为两部分。首先，在两周数据挖掘和分析的最终汇报中即明确要求各大组需对研究范围提出不少于三个设计方案并应用各专题小组的分析结果对各设计方案的效果进行量化评测。这些设计方案不需要提供设计细节，仅仅需要提供路网结构、功能分区和公共空间体系的图解，而各专题小组则需针对上述三方面分别应用本组发现的统计回归模型对设计方案进行对比（图4）。本部分工作要求的目标在于确保研究阶段学生已经明确了数据空间分析应用于指导设计形态选择的技术路线。

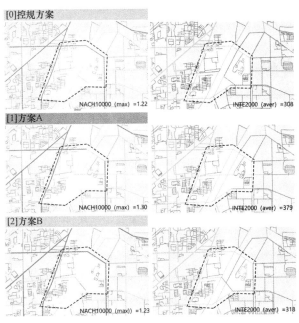

图4 研究部分提出的各设计方案与现有
规划方案的提升效果对比（左右两图分别
对应机动车流量预测和商业分布预测）

其次，在具体的设计阶段（3～8周），学生重新分成2或3人的设计小组开始正式的设计过程。理想状况下每个小组的成员来自前一阶段不同专题的小组。本部分的重点是应用之前的分析工具和统计模型在多方案比较和深化时进行量化的评测，避免了传统设计教学中对空间形式的判断过于依赖美学和感觉的问题。

4 立足科学，以人为本

大数据带来了行为学的革命，并使得人的行为模式变得越来越可见且可分析。即便是在疫情的大背景下，本课程体系也尝试了完全依靠手机信令与网络开放数据来支持课程设计以弥补实地调研的缺失。[4] 从教学的效果来看，本教学体系的探索有助于提升建筑学专业学生在大数据空间分析领域的交叉学科知识，并训练学生以人为本的设计理念和相关的具体方法，使学生学会如果观察人的行为，满足人的需求并塑造适合人使用的空间，为数据时代建筑学新工科建设提供了新内容。

主要参考文献

［1］黄燕玲，盛强，雷涵博，杜建文. 街景地图对实测步行流量的替代性研究［J］. 新建筑，2019（4）：137-141.

［2］盛强，杨振盛，路安华，常乐. 网络开放数据在城市商业活力空间句法分析中的应用［J］，新建筑，2018（3）：9-14.

［3］刘星. 北京街区居民社会聚集的空间句法分析［D］. 北京：北京交通大学，2018.

［4］盛强.“数据游骑兵”实用战术解析 空间句法在短期城市设计工作营设计教学中的应用［J］. 时代建筑，2016（2）：140-145.

林岩　孙良

中国矿业大学建筑与设计学院；linyan@cumt. edu. cn

Lin Yan　Sun Liang

School of Architecture and Design，China University of Mining and Technology

城市记忆空间活化

——中国矿业大学四年级专题城市设计教学探索 *

Activation of City Memory Space

——Exploration on the Teaching of Fourth Year Special Urban Design Course of China University of Mining and Technology

摘　要：保留城市记忆，因地制宜地形成城市可持续更新运作模式，是本阶段城市更新工作的重点和难点。在这一背景下，中国矿业大学本科四年级专题城市设计课程以"城市记忆空间活化"为主题，以承载徐州工业文化的鼓楼区化工机械厂为研究对象，引导学生从文化遗产保护、城市功能提升、人居环境改善、城市活力激发等多个方面完成地段更新设计，探索面向城市转型的教学改革。

关键词：城市记忆；城市设计；教学改革

Abstract：Retaining city memory and forming a sustainable urban renewal operation mode according to local conditions are the key and difficult points of urban renewal at this stage. In this context，the fourth year special urban design course of China University of Mining and Technology takes "activation of urban memory space" as the theme，and chemical machinery factory in Gulou District which carries Xuzhou's industrial culture memories，as the research object. It guides students to complete the renewal design from the aspects of cultural heritage protection，urban function improvement，habitat environment improvement，urban vitality stimulation，etc，and explores the teaching reform oriented by urban transformation.

Keywords：City Memory；Urban Design；Teaching Reform

1　引言

在我国城镇化进入"以提升质量为主的转型发展新阶段"的背景下，"实施城市更新行动"成为党中央"十四五"期间做好城市工作的重大战略举措。习近平总书记强调："城市规划建设工作不能急功近利、不搞大拆大建，要多采用微改造的'绣花'功夫，让城市留下记忆，让人们记住乡愁。"[①]当前，我国许多地区进入存量规划与增量开发并重的阶段，实施人居环境整治，保留历史文化记忆，因地制宜地形成具有城市可持续更新运作模式，是本阶段城市更新工作的重点和难点。

当前我国城市转型的境况，对城市设计工作提出了

---

① 央视网. 习近平：把改革开放不断推向深入

[EB/OL]. [2018-10-25]. https：//baijiahao. baidu. com/s？id=1615308543523933730&wfr=spider&for=pc.

* 项目支持：江苏省社科基金项目（20YSC010）、中国矿业大学通识教育课程建设项目（2021TSJY33）。

较高的要求，而培养具备城市设计能力的专业人才也成为当前城市发展的迫切需求[1]。落实到城市设计课程上，如何补充与存量更新相关的知识，训练相应的思维方式与技能，进而培养出当前城市更新阶段所需的人才，是教育工作者需要思考的。本文以中国矿业大学本科四年级专题城市设计课程为例，以"城市记忆空间活化"为主题，尝试探索面向城市转型的教学改革路径。

2 课程改革思路

在过去以增量为主要模式的城市发展阶段中，城市设计类专题课程设计的主题大多与"新建"相关，课程训练重点在于如何在特定空白地块上完成形体创造，使一系列空间要素形成良好的秩序。面对城市存量发展转型的变化，城市设计教学势必面临从课程选题到技术方法、教学重点等一系列内容的转变，课程改革重点可以概括为以下几个方面：

1）正确城市设计价值观的引导

不同于"新建"类城市设计课题多以功能和美学作为价值导向，存量空间的更新设计与时间、文化、人群等因素密切相关，[2] 设计的前提是充分了解空间载体和背后的城市文脉、集体记忆之间的关系，应鼓励学生在充分理解场地及所包含的空间要素内涵价值的基础上，采用适度干预的方式完成对空间的激活。

2）着重训练复杂问题的分析能力

存量空间场地上往往已经包含了一系列空间要素，并存在较为固定的使用者，场地现状问题不止关乎于空间，也涉及背后的社会、经济、文化等内容，现状空间的复杂程度通常要大大超出城市空白地块，因此需要加强前期研究环节，训练学生的复杂问题分析能力。

3）设计技术方法的探索和创新

针对存量城市空间和新建空白地块的设计对象和内容的差异，所采用的城市设计技术方法往往也不同。在存量空间的更新设计中，会涉及拆改计划、既有建筑改造、环境优化和微空间设计等内容，因此在课题的任务要求和设计训练要点上需要进行有关调整，并鼓励学生进行相关探索。

3 课程实施概况

城市设计课程教学已成为我国建筑学和规划专业教育体系中不可或缺的设计课训练类型。[3] 本门课程是中国矿业大学建筑与设计学院建筑学专业本科四年级的第一个专题设计，课程设置从以下几个方面考虑：①在国家战略引领下，探索以城市更新实际要求为导向进行课程主题设置；②依托学校所在城市的实际情况，筛选适

宜的设计基地和任务；③根据学生成长的需求，设置城市设计技能训练环节和课程整体线索。

3.1 课程背景

本次专题设计课程的主题是"城市记忆空间活化"。在城市更新中，重点保护具有一定历史特征与地域特色的历史文化风貌区，盘活存量空间资源，优化城市空间格局与场所，是城市更新工作的重要类型之一。

徐州，古称彭城，是江苏省地级市，国务院批复确定的国家历史文化名城，全国性综合交通枢纽，淮海经济区中心城市。当前徐州的城市更新工作正在积极推进，完善城市历史文化要素的保护与传承，形成具有徐州特色的可持续城市更新模式是本阶段的工作重点之一。根据《徐州历史文化名城保护规划》中提炼的五点城市特色历史文化价值，工业文化是徐州特色文化的重要组成部分。近年，徐州围绕着工业遗产的保护与再利用，开展了一系列旧厂区改造与更新设计工作，使工业遗产保护融入经济社会发展之中，融入城市建设之中，融入人们的生活之中。

一直以来，工业遗产保护与更新亦是中国矿业大学建筑学专业重点发展的研究方向之一，有不少老师围绕徐州市本地工业遗产空间展开科研和设计实践工作，取得了丰富的成果。本次课程也是科研结合教学的一次有益尝试。

3.2 基地选择

本次课程基地选择为徐州市鼓楼区的化工机械厂。场地是徐州当前保存最完整的老厂区之一，是徐州宝贵的工业文化遗产。化工机械有限公司成立于1950年，1970年正式更名为徐州化工机械厂，1995年又更名为化工机械总厂，并与德国阿卡公司合资成立了徐州阿卡控制阀门有限公司。2004年，徐州化工机械厂破产清算重组，于2006年成立徐州化工机械有限公司，2017年底厂区搬迁至大庙，原厂区地段处于待更新状态。

化机厂片区城市更新项目位于煤港路49号，南至二环北路，北至银郡路，东至煤港路，西至润和园住宅小区，设计地段面积约为10.6hm²。部分厂区已改造升级为大型停车场、高端食宿酒店、餐饮大排档，周边有多个成型小区，交通便捷，人流、物流畅通（图1）。

场地内部空间主要由三部分组成：①原址化工机械有限公司，占地53.6亩（约3.57hm²），共有11栋厂房、1栋办公楼和1栋职工礼堂，总建筑面积约3万m²；②海仑假日酒店，建成于1978年，占地6亩（0.4hm²），建筑面积1.2万m²，共12层；③青啤大排

图1 研究基地

档，占地9亩（0.6hm²），建筑面积约6000m²。

本基地内空间情况比较复杂，设计不仅需要考虑对遗产的保护和再利用问题，也要解决交通和现代功能的植入，并涉及微观层面的场所营造，是一项对学生来说比较有挑战的训练课题。

3.3 设计任务

本课题要求学生可以从文化遗产保护、城市功能提升、人居环境改善、城市活力激发等多个方面切入地段更新设计，思考如何在保留城市记忆的同时，提升空间品质，形成空间关系合理、人文关系和谐、功能业态多元的高品质街区。具体要求包括。

1）明确更新目标

充分理解当前城市建设阶段的特点和需要，以空间提质和文化传承为导向，基于徐州城市空间现状与特点，展开更新设计。结合场地物质空间形态特征、历史文化特色、社会经济发展状况等，确定合理的更新设计目标。

2）合理布局空间

根据上位规划对土地功能和交通道路的布局要求，重新组织本地块内部的空间，要求和上位规划形成良好的衔接。通过更新设计，使场地结构清晰、布局合理、功能适配、系统完备，符合城市发展的要求和周边居民的现实需要。

3）塑造优美环境

考虑场地内部工业遗产建筑的保护与再利用方式，提出外立面控制导则，并协调新旧空间的相互关系，形成具有特色的空间场所。对开放空间、重点建筑、景观、空间细节等方面进行重点设计，同时设计须达到一

定深度。

3.4 课程环节

本课程一共被切分为四个教学阶段：场地认知（2周）——总体设计（3周）——节点深化（2周）——控制导则（1周），每部分设定单独任务书，以引导学生不断将研究与设计推进。

在第一阶段"场地认知"中，要求学生一方面学习国内外旧城更新、工业遗产片区更新案例，总结常用方法与思路，形成自己对城市更新的理解；另一方面通过对场地历史文脉、构成要素、人群活动等方面的研究和分析，对场地特征与记忆元素形成比较完整的认识。

第二阶段"总体设计"是课程的关键环节，要求学生根据场地现状分析结论，提出明确的设计概念，要求二者之间具有明确的逻辑关系。不仅要求学生在这一阶段完成总平面设计，同时需要完成交通道路、绿地景观、公共空间等系统设计。从多维度完成场地形态的组织与构建，训练城市设计的基本操作方法。

第三阶段"节点深化"承接"总体设计"进行进一步设计推敲，要求在系统设计完善的基础上，自选三到五个节点进行深化设计，包括节点中的概念性建筑设计和景观设计。这部分训练将衔接城市设计与建筑设计，要求学生注意城市设计中节点设计和单体建筑设计之间的区别——仍应考虑一组形态要素之间的关系，以及该节点对整个场地的作用。

第四阶段的训练主题是"控制导则"，学生可根据小组方案的实际情况，选做厂房外立面改造导则或室内设计导则，从空间形体关系、材料、色彩、细节等多方面提出后续设计的控制要求（图2）。

3.5 教学反思

在教学实施中，大部分学生能够适应从建筑设计向城市设计的转变，并在设计中涌现出"共享社区""运动街区""公园城市""创客街区"等丰富多样的主题想法。同时，不少学生反映面对这样一个复杂存量空间环境的城市设计课题，比以往的单一建筑设计更具有挑战性。通过教学实践和反思，在以下几个方面有望进一步改进。

首先，面对亟须更新的城市"问题地块"，学生在调研过程中总能发现很多实际问题和不足，但如果问题过于分散，会导致后续研究和设计无法聚焦。如何在诸多问题中甄别出主要矛盾，并形成影响设计的依据，是老师需要从操作思路和方法上进行引导的。

其次，不少学生在研究环节推进比价顺利，并能根

图 2　学生作业实例

据发现的问题产生丰富的设计想法，但落实到图面设计上却十分困难。在面对场地上本身存在一定建设量的情况下，很多学生表示无从下手，针对存量空间设计方法的传授还需加强。

与此同时，在存量空间城市设计课题中，处理场地中"新""旧"元素的关系始终是训练的重点。如何引导学生在设计中表现真实的历史时序，处理好新旧空间形成和谐的关系，是教学中需要着重关注的。

4　结语

面向城市更新的城市设计教学是近年中国矿业大学建筑学教学改革的重点，立足徐州城市建设的真实情况和问题，展开与实践相结合的教学工作。在教学过程中，让初次接触城市设计的学生了解国家当前发展阶段的需求，形成对存量城市空间的正确认识，并有意识训练相关技能。课程主要形成的教学经验如下。

1）选题从实际出发

在存量发展阶段，每座城市面临的问题是不一样的，应当鼓励从不同城市的实际问题出发，选择典型地块作为课程研究对象，实现"真题真做"。在中国矿业大学本科四年级专题城市设计课程中，以高校和地方政府的沟通为基础，选择城市中的典型"问题地块"——徐州化机厂——作为课程研究对象，让学生在解决实际问题中了解城市更新的相关知识，取得了比较理想的效果。

2）设定研究专题

针对存量空间的城市设计，对场地现状的研究往往更加复杂和重要，需要厘清既有空间的发展脉络、要素关联、人群使用情况等。鼓励学生根据调研中发现的主要问题和矛盾，进行自主研究。

3）注重整体思维训练

城市设计与建筑设计教学上很大的不同点在于训练学生整体性思维的养成，在方案推进中注意国家政策和上位规划的影响前提，在空间上考虑地块与城市的关系，在时间上注意文脉传承的延续性和所形成方案在时间上的渐进实现，都是整体思维的体现，也是教学中应当注意的环节。

图片来源

图1来源于作者根据谷歌地图自绘，图2来源于夏蕾、曾庆航、蒋熠辉绘制。

主要参考文献

[1] 孙彤宇，许凯. 从建筑学科核心要素谈城市设计专业建设 [J]. 时代建筑，2021（1）：9-15.

[2] 王建国. 现代城市设计理论和方法 [M]. 南京：东南大学出版社，2001.

[3] 高源，马晓甦，孙世界. 学生视角的东南大学本科四年级城市设计教学探讨 [J]. 城市规划，2015，39（10）：44-51.

孙明宇

厦门大学；smy_arch@xmu. edu. cn

Sun Mingyu

Xiamen University

融合计算性思维与创造性思维的教学创新实践
Teaching Innovation Practice Integrating Computational Thinking and Creative Thinking

摘　要：在新时期国家战略与人才培养的背景下，通过学情分析，提出传统教学与我国国家战略需要、未来建筑师双向思维、发展学生高节能力、落实学生中心理念、促进学生多元发展之间存在矛盾与脱节。通过"计算设计实验"系列进阶课程，进行融合"计算性思维"与"创造性思维"的教学创新实践，探索以学生发展为中心、以"厚基＋前沿＋融合"新型建筑师人才培养为理念的教学创新系统。经三年教学实践，具体落实了"PBL项目＋O-PIRTAS翻转"教学模式创新、"模块化＋精细化"教学设计创新、"立体评价系统"教学评价创新；成功培养了学生在计算性设计领域的科研与实践能力，产出一系列教学成果；积极回应我国新工科时代发展需要及建筑学科发展需要，具有重要推广价值。

关键词：教学创新；新工科；新人才；创造性思维；计算性思维

Abstract：Under the background of national strategy and talent cultivation in the new era, this paper puts forward the contradiction and disconnection between traditional teaching and the needs of national strategy, the two-way thinking of future architects, the development of students' high ability, the implementation of the student-centered concept and the promotion of students' diversified development through the analysis of learning situation. Through the series of advanced courses "Computational Design Experiment", the teaching innovation practice integrating "computational thinking" and "creative thinking" is carried out，and the teaching innovation system centering on student development and taking "thick base ＋ frontier ＋ fusion" as the concept of new architect talent cultivation is explored. After three years of teaching practice, the innovation of "PBL Project ＋ O-PIRTAS Flip" teaching mode, "modularization ＋ refinement" teaching design and "three-dimensional evaluation system" teaching evaluation have been concretely implemented. It has successfully cultivated students' scientific research and practical ability in the field of computational design and produced a series of teaching achievements. Actively responding to the development needs of China's new engineering era and the development needs of architecture has important promotion value.

Keywords：Teaching Innovation；New Engineering；New Talent；Creative Thinking；Computational Thinking

1　问题导向

在新时期人才培养的背景下，通过学情分析，提出建筑设计传统教学中存在五大痛点。

1.1　痛点一：传统人才培养与国家战略需要矛盾

2016年，我国提出《中国制造2025》王牌计划部署全面推进实施制造强国战略，并预计到2025年我国

412

新一代信息技术产业人才缺口将达到 950 万人。但是，传统建筑设计培养方向与新一代信息技术产业人才需求相脱节，不适用于我国新一轮科技革命与产业变革的战略需要，亟需变革。

1.2 痛点二：传统教学内容与培养新型建筑师人才的矛盾

第四次工业革命强势来袭，计算性设计、智能设计应运而生。但是，我国传统建筑设计教学中缺少计算性设计的关注，更加缺乏对计算性思维与创造性思维相融合的培养，难以应对"由无所不在的计算所带来的跨越行业和学科的机遇和挑战"。因此，传统建筑教育亟待重组。

1.3 痛点三：传统教学模式与发展学生高阶能力的矛盾

相较于其他学科课程，学生创造性设计能力的培养是传统建筑设计教学的重点之一，然而，在计算性设计技术的冲击下，学生应具备更多元的高阶能力，更具挑战性的设计问题，更具思辨性的价值判断。因此，为更好发展学生高阶能力，教学模式亟待革新。

1.4 痛点四：传统教学设计与落实学生中心理念的矛盾

相较于其他学科课程，建筑设计课程教学方式是以小班制，1 对 1 的教授方式为主，是以学生为中心的教学理念，然而，相较于利用现代信息技术的新型教学方式而言，仍呈现出较为粗犷的问题，亟需与新型教学方式相结合，进一步落实学生中心的教学理念。

1.5 痛点五：传统教学评价与促进学生多元发展的矛盾

建筑设计课程成果多以学生设计作业为主体，评价对象多集中于最终作业成果，评价多以教师为主，缺少学生参与，导致不能全面反映学生多元学习能力的培养。

2 创新特色

2.1 以"厚基＋前沿＋融合"的教学理念创新，回应国家战略需要

"厚基础"，即尊重传统建筑设计教学特征，强调计算性设计方法与建筑学核心"空间设计"问题的结合，厚实学生专业基础；多学科"前沿"，即建立建筑科研中前沿问题与建筑本科教育的紧密联系，同时积极关注各学科前沿研究成果，以创造性应用解决建筑空间设计问题；多维度"融合"，即培养计算性思维与创造性思维相融合的双语者（图 1），科研、实践与教学的融合，计算设计技术与信息教学技术的融合等。

图 1 新型建筑师人才培养的双向思维

2.2 以"计算＋想象"的教学内容创新，培养新型建筑师人才的双向思维能力

通过"计算设计实验"系列进阶课程，创新性地将"计算性思维"与"创造性思维"培养同时融入教学内容之中，调动学生对现实世界现象及空间设计问题的抽象描述，激发学生从自然、历史与现实中汲取设计创作灵感，培养新型建筑师人才的双向思维能力。

2.3 以"PBL 项目＋O-PIRTAS 翻转"的教学模式创新，促进学生高阶能力发展（图 2）

1）PBL（Project-Based Learning，项目式学习）。在"计算设计实验"系列课程中，设置了两个进阶主题项目：几何星球、仿生结构，在教学设计中重点考虑各项核心要素，并设置六个活动环节：请学生提出驱动性问题设置、聚焦学习目标、投入科学实践、实施小组协作、公开成果展示、多方评价反馈。通过计算思维模块课程与想象思维模块课程设想结合，向同学们提出具有挑战度的学科设计问题，驱动学生创造性地完成项目任务；通过真实小组合作进行探究式设计，实现教学中的创新性与挑战度的目标。

2）O-PIRTAS 翻转课堂通用模式（目标、准备、视频、回顾、测试、活动、总结）。针对课程制定详细的课堂设计，课前通过线上推送视频、布置任务、测试，课中通过线下课堂进行回顾、测试、活动、讨论与评价，非常有效地实现了课前、课中与课后，线上与线下，测试与评价的生态性教学课堂，同时真实达成教学创新目标。

2.4 以"模块化＋精细化"的教学设计创新，落实"以学生发展为中心"教学创新理念

三大教学模块分别为"计算模块""想象模块""项目模块"，针对各教学模块进行"精细化"教学设计

413

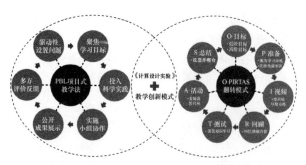

图2 PBL项目式教学法+O-PIRTAS
翻转模式相融合的教学创新模式

（图3）：①"计算模块"包括"第1讲：理论篇"与"第2讲：计算篇"，集中讲授数字化设计的发展脉络、参数化设计工具使用；②"想象模块"包括"第3讲：任务篇"与"第4讲：想象篇"，集中布置设计项目任务、相关案例构思等；③"项目模块"分别以本科一、二年级为教学对象，设置了"几何星球""仿生结构"两个专题（参见图5～图7），提供详尽的PBL项目任务卡、计算性设计范例及灵感激发案例等资料，为项目顺利开展提供足够支持。三大模块共同作用，学生在"计算模块"与"想象模块"学习后，习得充足的基本知识与技能储备，服务于"项目模块"开展，切实落实教学创新理念与目标。

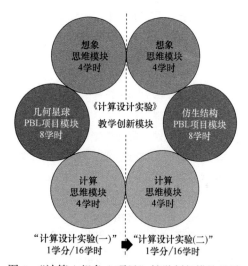

图3 "计算+想象+项目"教学创新模块设计

2.5 以"立体评价系统"的教学评价创新，促进学生多元能力发展

教学创新下的学生学习效果需要科学化的评价系统，结合教学创新模式与设计具体环节，本课程创新性搭建了立体评价系统（图4）。第一，评价环节设置，分别为课前线上测试、课中线上＋线下测试、项目活动

1：灵感激发、项目活动2：逻辑提取、项目设计初步方案、项目设计最终成果六个环节。第二，多维度评价，将传统教师评价转换为包括教师在内的多方互评，包括学生自评、小组内互评、小组间互评、课外专家评分、线上测试得分及教师评价的多方互评。

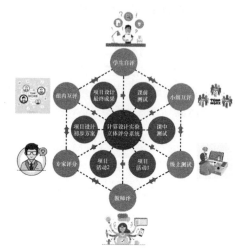

图4 教学评价创新——立体打分系统

3 创新效果

历经3年教学创新实践，累计授课人数171人，成功培养了学生在计算性设计领域的科研与实践能力，产出了一系列教学成果。

1）国家级大创项目

从该课程教学中挖掘具有创新能力、科研热情的学生进行进阶培养，已指导学生团队开展国家级大学生创新创业项目研究2项。

2）学生竞赛获奖

基于该课程教学指导学生参加设计竞赛，已获国家级、省级、校级各类奖项20余项。

3）教学项目

以教学团队荣获教育部首批"新工科"实践与研究项目《基于数字技术的建筑师培养体系研究与实践》（2018—2020）；福建省级教改项目《新工科理念下的多元化建筑学人才培养体系改革研究》（2019）；校级一流课程"设计基础（一）"（2020）（申报省级一流课程中）；校级一流课程"设计基础（二）"（2020）；校级一流课程"计算设计实验（一）"（2021）。

4）教学获奖

涵盖本课程的团队教学成果《基于数字技术的建筑师培养体系研究与实践》荣获2020年厦门大学高等教育教学成果奖，一等奖；主讲教师以作品《Space in Architecture》荣获2020年全国高校教师教学创新比赛——第六届外语微课大赛，福建省三等奖；主讲教师荣获2020年厦门大学第十五届青年教师教学技能比赛，一等奖。

5）学生成果库

对各年度课程学生作业进行整理，已形成系列课程学生成果库1项（内含2类、5子项），详细记录学生姓名、学号、作品名称、设计说明，图纸、视频等信息（图5～图7）。

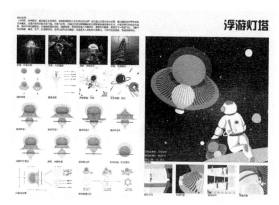

图5 "几何星球"专题：浮游灯塔（2019级梁洁）

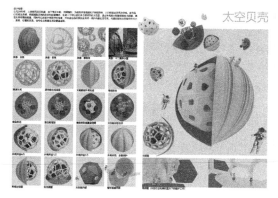

图6 "几何星球"专题：太空贝壳（2020级蒲海鲲）

4 结语

"计算设计实验"系列课程的教学创新实践，在原有建筑设计思维之上，融合全新的计算性设计思维，进一步培养计算性与创造性兼具的双语者，呼应了新一轮科技革命与产业变革的战略需要，呼应了教育部"新工科"建设需要，对新工科建筑学教育革新做出初步探索，对新型建筑工程师人才培养提供了有益借鉴。融合计算性思维与创造性思维的教学创新实践，培养适用于未来技术革命的新型人才，围绕建筑学科基本问题，建构多学科融合、产学研融合的多维通道与系统，积极回应新工科建筑学的学科发展需要。

 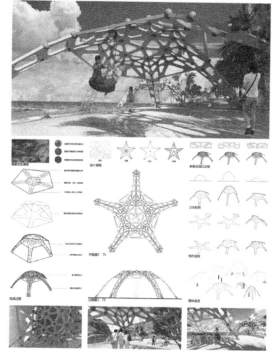

图7 "仿生壳体"专题：深海晨星（2019级梁洁）

主要参考文献

［1］ 郭建鹏. 翻转课堂教学模式：变式—统一—再变式［J］. 中国大学教学. 2021（6）：77-86.

［2］ 郭建鹏，陈江，甘雅娟，计国君. 大规模疫情时期如何开展在线教学——高校在线教学模式及其作用机制的实证研究［J］. 教育学报. 2020（6）：32-41.

［3］ 孙明宇，饶金通，李立新. 几何星球——面向建筑类一年级的计算设计实验［J］. 当代建筑. 2020（11）：77-80.

［4］ 孙明宇. 计算与想象——建筑教育中的双向思维培养［J］. 城市建筑. 2021，18（22）：118-120＋128.

李媛[1,2]　胡英杰[1]　高源[1,2]　赵小刚[1,2]

1 河北工业大学建筑与艺术设计学院；498541446@qq.com

2 河北省健康人居环境重点实验室

Li Yuan[1,2]　Hu Yingjie[1]　Gao Yuan[1,2]　Zhao Xiaogang[1,2]

1 School of Architecture and Art Design, Hebei University of Technology

2 Key Laboratory of Healthy Human Settlements in Hebei Province

资源集中配置的地方高校绿色建筑设计教学课程群构建 *

Course Group Construction of Green Architecture Design in Local Universities under Resource Centralized Allocation

摘　要：根据国家对建筑行业的新方针以及教育部新工科的建设要求，地方高校在绿色建筑设计教学方面既存在其他高校重艺轻技、技术理论课与设计课长期脱节的共性问题，也面对师资、生源和课时数的自身客观限制。本文首先梳理了国内各个高校绿色建筑设计的教学模式和教学内容，而后分析了我校在开展绿色建筑设计课程时的客观情况，最后针对这一客观情况采用各种资源集中配置的策略，从设计课的开设时间和内容设置、相关课程群的统一教学组织和内容衔接，以及师资资源三个方面集中配置资源，形成"理论—实体实验—设计—虚拟仿真实验—数字化设计实践"的课程群结构，达到提高绿色建筑设计教学效率、提升教学效果的目的。

关键词：绿色建筑设计；地方高校；资源集中配置；课程设置；课程群构建；师资资源

Abstract：According to China's new policy of building industry and construction requirement of "New Engineering" of Ministry of Education, there are not only common problems in the green architecture design teaching of local universities as others, which attaches importance to art and makes light of technology, and disjoints theory and design courses, but also objective limitation of faculty, students and class hours. Firstly, this article combs the teaching modes and teaching content of green architecture design in each college. Then it analyzes the objective situation in our college, based on which it puts forwards the strategy of centralized allocation of all kinds of resource, such as arrangement and design task of design courses, unified teaching organization and content connection of relative course group and faculty resource, so that it establishes a course group structure of "theory-entity experiment-design-virtual simulation experiment-digital design practice" in order to increase the teaching efficiency and lift the teaching effect.

Keywords：Green Architecture Design; Local University; Resource Centralized Allocation; Curriculum; Course Group Construction; Faculty Resource

* 项目支持：河北省高等教育教学改革研究与实践项目（2020GJJG028），河北省高等学校人文社会科学研究重点项目（SD201037），国家自然科学基金（51808179），河北工业大学 2021 年度本科教育教学改革研究与实践项目（202101012）。

2016年春，中共中央、国务院提出了建筑行业的八字方针"适用、经济、绿色、美观"，"绿色"成为建筑行业发展的新方向。

2017年2月，教育部积极推进新工科建设，旨在全力探索形成领跑全球工程教育的中国模式、中国经验，助力高等教育强国建设。地方高校作为重要的组成部分，"要对区域经济发展和产业转型升级发挥支撑作用"。[1] 建筑学专业在"绿色"和"新工科"的经纬交点处，教学内容应满足产业的绿色发展和转型升级的要求。作为地方高校，我们不仅面对国内建筑学专业长期以来重艺轻技，以及技术理论类课程、实验类课程与设计类课程相脱节的共性问题，同时，在开展绿色建筑设计教学时，还要面对师资、生源和课时数的限制，如何最高效率地利用手中的资源达到最好的教学效果是一个值得思考的问题。

1 国内高校绿色建筑设计教学实施情况

1.1 教学模式

国内高校绿色建筑设计教学模式主要有两种，一种是将绿色建筑技术与本科一至五年级设计课相融合的全程贯穿模式，比如东南大学[2]（图1）；另一种是集中体

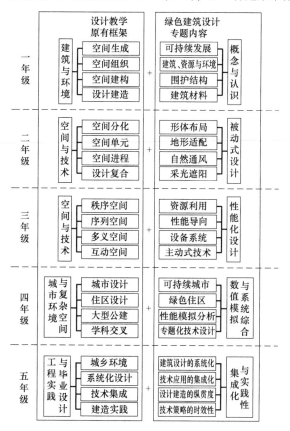

图1 东南大学绿色建筑设计教学体系

现在某个设计任务中，一般在本科三、四年级或者毕业设计阶段实施。

1.2 教学内容

在全程贯穿模式中，东南大学每个年级每个任务书由浅入深贯彻"空间"和"绿色"两条主线的教学实践，本科一至三年级是对绿色建筑理念和技术的分解式教学过程，本科四、五年级是针对专题更加综合和深入地应用前三年所学，并辅以相关的理论专题讲授。[2] 这些专题包括：城市设计、公共建筑设计、住区设计、技术集成的工程实践。采用集中突破模式的各高校绿建设计课教学内容见文献，[3～10] 从选题立意方面，有的高校从更加宏观的生态平衡角度选题，比如山东建筑大学，有的高校更注重全面的技术学习，比如桂林理工大学、武汉大学，其他大部分高校选择与具体的某项设计任务相结合；在设计方法方面，绝大部分高校都会选择模拟仿真软件作为定量分析和科学反馈的方法；从任务设计方面，有的高校从建筑形态、建筑剖面设计入手，比如西安建筑科技大学和河北工业大学的教案，有的高校注重建筑技术与建筑设计的全面融合，一般选题为观演类建筑，比如大连理工大学和西南交通大学。

2 我校建筑学专业现状分析

教学活动的构成因素包括顶层设计、学情、师资、学时和实施方案，即任务书设计，包括：教学目标、任务内容和对设计方法的规定。[11]

2.1 学情

以我校学情而言，不适宜采用全程贯穿的绿色建筑教学模式，主要原因在于：

1）建筑物理（热工部分）、建筑构造课程都是在本科二年级进行，相关理论知识没有提前储备，感知知识的实验课也还未进行，因此适宜在本科三、四年级展开绿色建筑教学。

2）本科二年级的教学主要目标为解决建筑的基本问题，包括：发现设计问题、确立设计主题、功能流线合理、尺度合宜、符合设计规范和形式美，学生已没有余力考虑其他问题，应率先保障完成原定的教学任务。

2.2 师资

我校建筑学专业设计课教师中有绿色建筑设计研究背景的7人，另有2名教授建筑物理的教师。本科二到四年级设计课每个年级需要6位教师授课，共有18位

教师，在这种情况下，师资力量不足以支撑全程贯穿的绿色建筑设计教学模式。

2.3 学时

与2017级相比，2019级的培养计划中建筑学专业的主干课程由每学期15周降低到14周或13周，画图占用的时间不变，因而缩减的时间都是设计构思和推敲方案的时间；在二三四年级上学期末增加了为期两周32学时的建筑数字技术设计，作为设计课的延续和补充；建筑学专业的学习特征是多积累多分析多学习，这就使其课下与课上的学习时间至少为1：1，通识和思政类课程大幅增加的课时必将挤占专业主干课的课下学习时间，且这些课程主要设置在低年级。

3 我校绿色建筑设计课程群构建策略

面对学情、师资和学时的客观条件，应以学生掌握绿色建筑设计方法、知识和技能为出发点和归宿点调动师资、整合课程、设计任务书，实现最高效的教学效率。

3.1 资源集中配置策略

资源配置一词来源于经济活动，意为用最少的资源耗费，生产出最适用的商品和劳务，获取最佳的效益[12]。后来，资源配置的思想和方法在教育、文化、医疗等公益领域也得到了广泛的应用。

具体到本文要解决的问题——提升绿色建筑设计的教学效率和教学效果，尽管是一个较微观的问题，但也涉及人力资源（师资）、时间资源（相关课程群的课时）和技术资源（相关课程内容的设计）的优化配置。鉴于前文对我校建筑学专业的现状分析，采取资源集中配置的方式有益于利用好各种非常有限的资源。

3.2 绿色建筑设计课程集中设置

鉴于我校建筑学专业的客观情况，以及借鉴其他兄弟院校绿色建筑设计课的设置情况，我校适宜在本科三年级和四年级分别设置一次绿色建筑设计任务。

本科三年级的设计任务主要以被动式设计为主，基地选择可以不拘泥于当地，而在气候特征比较突出的地方，宗旨是将被动式设计融入方案构思中，培养查尔斯·柯里亚（Charles Correa）、杨经文（Ken Yeang）式的建筑师，希望设计出吉巴欧文化中心（Tjibaou Cultural Center）和波尔多法院（Bordeaux Law Courts）式的作品。模拟仿真软件可以作为细部设计推敲的定量辅助，不求面面俱到，但求一点深入，在有限时间内既

培养学生绿色建筑设计思维，又培养他们落实细节设计的能力。

本科四年级的绿色建筑设计主要依托居住区和住宅设计，是根据国家相关标准对之前所有绿色建筑知识、技能和原理的综合性应用。亦可在国家标准之外，提供一些性能化设计专项以供学生选择，比如住宅热舒适与能耗的平衡、提升单一朝向住宅通风效果的设计、提升室内平均照度的设计等。

至于本科五年级毕业设计，可以深入到绿建的主动式设计及定量计算，但这是面对少部分学生的，全员训练应在本科三、四年级完成。

3.3 课程群相关授课内容的集中配置

所有理论课和技能课是为了设计课的教学目标服务的，在专业课程课时缩减的客观情况下，更应注重课程具体内容围绕同一目标的彼此衔接。以本科三年级绿色建筑设计课为例，通过"理论—实体实验—设计—虚拟仿真实验—数字化设计实践"的课程群组织使学生达到灵活运用绿色建筑原理，将其与建筑设计融合在一起的教学总目标（图2）。在建筑物理（热工）理论课结束后的实验课应培养学生将人的感知、物理指标和建筑设计建立起联系，比如中庭高度与风速的关系，室内辐射与遮阳形式的关系等；之后带着直观的感受进入下学期的绿色建筑设计课；在可持续建筑理论课中利用国家虚拟仿真实验教学平台的线上资源（比如西安建筑科技大学杨柳教授主持的绿色建筑设计与性能评价虚拟仿真实验教学项目）进行"设计＋实验"技能训练；最后，在学期末的数字技术设计实践课中，结合参数化编程定量科学地深化方案（图3）。

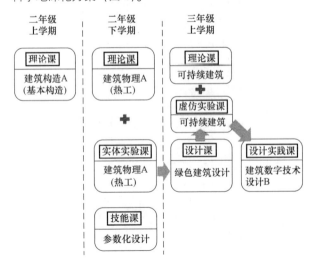

图2 我校本科三年级绿色建筑设计课程群构建

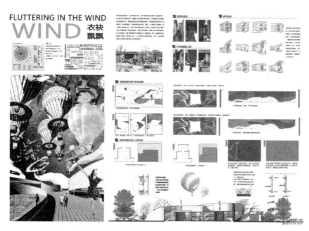

图3 三年级学生运用模拟软件定量落实设计

3.4 师资集中设置

长远来看，培训已有师资的绿色建筑设计能力才是长久之计，但就目前情况，尤其是三年级的被动式绿建设计课程，需要兼具设计和绿色建筑背景的教师任教设计课，而不是单纯设计背景的教师和建筑技术课教师共同任教设计课，以免设计课变成先设计后技术，技艺脱节的情况。因此，建议中高年级不以年级为单位安排师资，而是按照教师的专长根据教学专题安排师资，集中有效利用师资，保障师资均好性。

4 结语

在绿色建筑设计的时代强音下，以后不存在不绿色的建筑，只有浅绿色和深绿色的建筑，以及技术与功能和艺术结合是否紧密而巧妙的建筑。以我校为地方大学一例，谈及绿色建筑设计课程教学的各方面，旨在分析清楚现在面临的客观情况，因地制宜地集中配置各项资源，为提高教学效率、提升教学效果、达到教学目标服务。

主要参考文献

［1］ 高教司.“新工科”建设复旦共识［EB/OL］.［2017-02-18］. http：//www. moe. gov. cn/s78/A08/moe_745/201702/t20170223_297122. html.

［2］ 张彤，鲍莉. 绿色建筑设计教程［M］. 北京：中国建筑工业出版社，2017.

［3］ 成辉，张群，刘加平. 以“绿色”为目标的建筑设计教学研究［J］. 室内设计与装修，2020（2）：136-137.

［4］ 周忠凯，刘长安，赵继龙. 绿色建筑设计的思维构建与图解表达［J］. 科学发现，2017（7）：565-571.

［5］ 王静，朱光鑫. 绿色建筑毕业设计中的研究型设计思维与开放式教学模式［J］. 城市建筑，2019，16（33）：36-39.

［6］ 巩新枝，邓星，金樾，等. 基于学生创新能力培养的绿色建筑设计教学实践［J］. 高教学刊，2020（8）：32-34.

［7］ 李鹍，赵田. 基于环境评估的回馈式绿色建筑教学体系［J］. 城市建筑，2018（11）：47-50.

［8］ 教育部高等学校建筑学专业教学指导分委员会. 2017 全国建筑院系建筑学优秀教案集［M］. 北京：中国建筑工业出版社，2017.

［9］ 教育部高等学校建筑学专业教学指导分委员会. 2016 全国建筑院系建筑学优秀教案集［M］. 北京：中国建筑工业出版社，2017.

［10］ 教育部高等学校建筑学专业教学指导分委员会. 2014 全国建筑院系建筑学优秀教案集［M］. 北京：中国建筑工业出版社，2015.

［11］ 顾大庆，赵辰，丁沃沃，等. 渲染、构成与设计——南工建筑设计基础教学新模式的探讨［J］. 建筑学报，1988，（6）：51-55.

［12］ 朱庆缘. 基于 DEA 理论的固定资源分配与固定资源 DMU 效率评价研究［D］. 合肥：中国科学技术大学，2018.

王诗琪

中国矿业大学建筑与设计学院；892282031@qq.com

Wang Shiqi

School of Architecture and Design，China University of Mining and Technology

基于恢复性环境的劳育课程建构思考
——以"疗愈性景观体验与设计方法"课程为例

The Construction of Labor Curriculum based on Restorative Environment
——An Example of "Therapeutic Landscape Experience and Design"

摘 要：习近平总书记提出的劳动教育思想居于全局地位并发挥重要基础性作用，对于高等教育具有重大战略意义。恢复性环境研究探讨了自然环境对人类身心健康的积极作用，将其引入大学劳育课程的建构中，将从理论认知、实践能力、身心健康等方面发挥劳动育人作用。从理念目标、教学内容、教学方法等方面，对中国矿业大学建筑与设计学院"疗愈性景观体验与设计方法"课程实践进行梳理总结，旨在为基于恢复性环境的大学劳育课程建构提供启发。

关键词：劳动教育；建筑教育；恢复性环境

Abstract：The labor education put forward by General Secretary Xi Jinping plays an important fundamental role in higher education. Restorative environment research discusses the positive effect of natural environment on human physical and mental health，which will exert the effect of labor education from theoretical cognition，practical ability，physical and mental health and other aspects. This paper summarizes the practice of "Therapeutic Landscape Experience and Design Methods" in the School of Architecture and Design of China University of Mining and Technology from the aspects of concept，objective，teaching content and teaching methods，to provide inspiration for the construction of related college labor-education curriculum.

Keywords：Labor Education；Architecture Education；The Restorative Environment

恢复性环境是能够帮助人们减轻精神压力、缓解心理疲劳、促进身心健康的环境，已成为人居环境领域的研究热点。[1] 面对习近平总书记提出的"劳动教育观"，[2] 以及当今大学生普遍存在的身心健康问题，[3]将恢复性环境理论与设计方法引入课程，不仅能够巩固传统环境心理学课程的基础知识、促进其向实践应用转化；同时具备诱导大学生身心疗愈、增强体力活动、强化校园环境认知等健康促进与情操陶冶的美育与劳育价值。本文结合中国矿业大学建筑与设计学院"疗愈性景观体验与设计方法"课程实践，从理念、目标、教学内

容、方法等方面探讨其建构与实施途径。

1 课程理念与建构目标

1.1 基于恢复性环境理论的劳育理念

"恢复"最初是由美国景观设计大师奥姆斯特德(Frederick Law Olmsted) 于19世纪中期提出，泛指自然对于人类清脑提神和疲劳恢复等积极功效。自然环境和城市绿色空间被广泛证实是典型的恢复性环境，该理论强调了自然体验之于人类身心的积极功效。因此，"疗愈性景观体验与设计方法"的课程是以自然环境或

绿色空间为载体，以实地调研、园艺活动、建构改造等方式促进学生进行自然活动。其劳育理念体现在以下两个方面。

一方面，以劳育美。马克思主义美育观具有实践性，劳动是造就美的基础与手段。[4] 审美性是恢复性环境的主要特征之一，提升审美能力也是建筑学学生的基本要求。因此课程将着眼于劳动过程中的审美性体验感受与相关能力培育；倡导尊崇自然、保护生态、正确的环境意识，以及"劳动美丽"观念；主张运用科学的知识分析理念自然之美，并深入探讨其美学本源。

另一方面，以劳怡情。人类的生物属性使其本能地想与自然建立联系，这一需求的满足解释了自然的诸多心理健康功效，而恢复性环境理论探究自然健康效益最大化的体验方式。因此，在注重美育与劳育结合的基础上，本课程将着眼于自然活动对精神和心理的长效影响，倡导通过科学的方法体验并改造自然以寻求自我疗愈及健康提升的现实途径。

1.2 课程的建构目标

本课程在讲授相关理论知识和实践方法的基础上，也注重劳动教育对于正确环境观念、积极心境和创新能力的培养，建构目标包括认知水平、实践操作、情绪健康三个维度，相辅相成，不可分割。

在认识水平维度上，通过对恢复性环境的相关理论知识、环境实地调查研究方法及原理的讲授，使学生了解自然景观对人类身心的作用方式，掌握恢复性环境的识别规则、调研评价方法与设计方法。在实践操作维度上，通过对园艺种植与养护、环境改造方法的讲授与演示，使学生具备疗愈性体验计划制定以及进行疗愈性景观改造与设计的操作能力，为课程的顺利进行提供基础保障。在情感健康维度上，首先，通过自然体验与自然活动，增进学生对校园环境的认知，培育校园归属感，树立正确的环境观和自然观；通过体验疗愈性环境，实现纾解消极情绪、培育积极心态、提升体力活动水平等健康促进功效。

2 课程的内容体系与教学方法

2.1 内容体系

课程内容由三部分构成：基础知识、实地调研、设计改造，三者逐层递进，遵循学习、探索、创造的内在逻辑。首先，基础知识部分主要包括环境心理学概论、恢复性环境理论、园艺疗法理论等内容，重点对人与环境相互作用原理、恢复性环境作用机制与设计方法等进行讲授。然后，实地调研部分是以校园环境为载体，自

主选择或界定三处室外景观节点空间，采用问卷调研、行为观察等调研方法对该节点的疗愈性进行评价，并从区位、交通、植被、设施、景观小品、周围建筑等方面分析内在原因。最后设计改造方面，针对实地调研所存在的问题，运用所学的恢复性环境设计方法，对所调研地点的景观环境进行改造设计。

2.2 教学方法

劳育课程普遍存在较多室外教学，传统室内课堂的教学方法将造成师生沟通交流困难、学生缺乏监管而懈怠学习任务、课程作业与教学过程联系脱轨等问题。在本次劳动课程中，对传统教学方法进行改进，以探究适宜室外环境、保证教学高效进行的户外教学方法。具体包括以下三方面。

1）"团队竞争"激发学习欲望

为提高学生对课程的参与意识和兴趣、促进团队合作、激发自主思考，采取组长负责制的小组劳动模式。具体为：在理论讲授结束后，围绕"从恢复角度分析校园室外景观环境现存问题"展开讨论，在教师辅助下对问题进行编码与归纳；按照问题类别将学生进行分组，并在每组中确立1到2名负责组长，针对本组提出的问题进行实地调研，以培养同学间的竞争意识、增强学习意愿与责任感、促进相互监督，保障教学过程的高效进行。

2）"虚拟课堂"保障高效交流

各小组学生将分散到校园户外环境的不同场所中，缺乏与教师和其他同学间的交流。为解决这一问题，利用微信位置共享和腾讯多人会议等通用的信息应用软件，建立实时联系，创建"虚拟课堂"。具体包括：以小组为单位，在到达目标位置5min之内，利用微信位置共享功能发送实时位置，上传全部成员在选定景观节点处的合影；同时打开腾讯多人会议，对该节点进行1min的简要描述；另外师生间可随时通过腾讯会议进行交流和讨论。这种方法能够打破空间限制，在室外环境下建立教学联系，同时"打卡合影"活动能够进一步激发学生对环境使用方式的思考、加强小组成员间的互动联系（图1）。

3）"劳动时记"促进课堂内外联系

劳育课程不仅是单纯的实践活动，更重要的是通过劳动对观念、素养以及身心产生正向影响。因此为使学生课堂体验过程与作业成果产生更直接紧密的联系，采用"劳动时记"方法，要求学生运用速写、拍照、视频或音频等多种方式，对自然体验与活动的过程、心得进行实时记录，并体现到最终的作业成果中（图2）。记

图 1　学生在调研地点的打卡照片

录的具体内容包括调研地点的环境特征、小组内分工及所从事的具体工作、令人感兴趣的事件或事物等，并注明时间、位置等信息。

图 2　学生劳动时记成果

3　教学反思与启示

本课程整体上取得了较好的实施效果，学生对恢复性环境理论体现较浓厚的兴趣，自然体验与活动能够有效激发学生身心恢复，并加强了与校园环境的情感联系，但仍存在诸多不足之处，通过对该课程实践的反思，为今后相关课程建设提供启示。

3.1　加强精细化的面对面指导

虽然使用通信软件辅助交流沟通，但在实地调研环节，由于小组人数众多且位置较为分散，教师对学生的面对面指导仍显不足，并且教师在户外环境寻找目标小组的过程中浪费了较大精力与时间。因此在今后的教学

过程中，应缩小调研区域范围或增加师生比例，以对学生进行深入、精细化指导。并为学生发放可存留的标志性物品，例如旗帜或帽子，以辅助教师在户外环境中寻找目标学生。

3.2　建立教学专用的疗愈性花园

目前该门课程是利用既有的校园景观，以体验为主，环境设计基本停留在图纸阶段，难以转化为实体建构。为进一步与自然建立深入、长久的联系，可在校园中设立用于实践教学的"疗愈性体验花园"，支持学生进行园艺种植、环境设计与改建等活动；鼓励学生定期对自己养护的植物或设计的景观节点进行"回访"以及使用后评价；促进建筑学、园林学、农学等多学科学生协同合作、激发创造性思维与创新成果。在课余时间，可兼做学生社交、娱乐活动场所，亦可打造为校园景观"名片"，使自然资源得以充分利用。

4　结语

大学生的身心健康是国家与社会的关切重点，也是大学教育的主要目标。恢复性环境的相关研究体现了建筑学科在促进人类身心健康、思维兴盛方面的积极作用，将其引入劳育课堂教学中，能让学生在学习环境心理学、环境行为学相关知识的同时，获取自然体验所激发的身心恢复效益；通过进行环境改造与评价实践，更好地理解人与环境的关系与学科的责任和担当。

主要参考文献

[1] Kaplan Rachel，Kaplan Stephen. The Experience of Nature：A Psychological Perspective［M］. New York：Cambridge University Press，1989.

[2] 习近平. 习近平在全国教育大会上强调：坚持中国特色社会主义教育发展道路 培养德智体美劳全面发展的社会主义建设和接班人［N］. 人民日报，2018-09-11.

[3] 黄泉源，孟晓岩，等. 不同学科大学生心理健康状况调查［J］. 中国社会医学杂志，2011，28（4）：274-275.

[4] 臧亚平. 马克思主义美育观的特征与功能初探［J］. 理论观察，2016（7）：12-13.

舒平　张容畅　李子芊

河北工业大学建筑与艺术设计学院；shuping@hebut. edu. cn

Shu Ping　Zhang Rongchang　Li Ziqian

School of Architecture and Art Design，HeBei University of Technology

运算化设计在健康住区设计教学中的应用与思考 *

Application and Thinking of Arithmetic Design in the Teaching of Healthy Residential District Design

摘　要：后疫情时代，健康理念已经成为住区设计的主流趋势。运算化设计可以为健康住区设计提供数据与技术支撑、完善设计逻辑体系，建筑学专业教学应积极将健康设计相关内容融入原有的设计课程中。本文通过河北工业大学建筑学本科四年级健康住区设计课程介绍，探讨运算化设计方法如何与居住建筑设计有机结合，进一步加强学生在设计过程中的逻辑性思考，总结了教学实践中遇到的问题及经验。

关键词：建筑教育；健康住区；运算化设计

Abstract：In the post epidemic era, healthy residential area has become the mainstream trend of residential area design. Computational design can provide technical support and perfect logical system for healthy residential design. Architectural teaching should actively integrate relevant contents into the original design curriculum. This paper discusses how to combine computational design with architectural design and how to strengthen students' logicality in the design process through the course of healthy residential design for the fourth year of architecture in Hebei University of technology. This paper summarizes the problems and experiences encountered in teaching practice.

Keywords：Architectural Education；Healthy Settlements；Computational Design

1 背景

本文通过河北工业大学建筑学本科四年级健康住区设计课程，讨论本科生如何借助建筑数字技术加强设计过程中的逻辑思维，试图探寻数字技术与建筑教学课程更适合本科生的结合方式。

随着建筑设计过程中所涉及的信息量不断增加，设计的复杂性越来越强。数字技术不仅可以作为建筑设计正式的生产工具，还可以作为设计的优化工具。它为解决造型、结构、性能和外观等设计问题提供了有效的手段。[1]

我们在河北工业大学建筑学专业本科三、四年级设计教学中连续开设"建筑数字技术实践"系列课程，使学生掌握数字设计、绿色建筑实现途径、参数化生成设计方法和性能化设计思维。在多年的教学实践过程中，逐步完善教学体系，形成了强化建筑设计中的逻辑思维以及运用运算化手段辅助建筑设计的教学特色。

2 运算化设计在建筑设计中的运用

从 20 世纪 80 年代后期，计算机和软件被引入到建筑行业之后，经过数十年发展，运算化设计取得了很大的进步并得到了广泛的应用。同时国内建筑类院校也已逐步开展有关运算化设计的设计课程。[2] 当前两个领先的运算化设计插件是 Dynamo 和 Grasshopper，教学中

＊项目支持：国家自然科学基金资助项目（52078178）。

使用更多的是与 Rhino 兼容的 Grasshopper。

借助运算化设计插件模拟，能够在建筑设计过程中为设计人员提供全面的数据依据，同时能够推动建筑设计迈向科学化与逻辑化。在设计的过程中，随着内容的不断深入会有不同的运算化设计模拟参与进来。因此在建筑设计初期应明确各阶段的目标与需求，进而匹配与之对应的运算化设计模拟方式，最终实现对建筑设计的完善与巩固。

3 健康住区设计教学实践

基于算法设计、建筑性能模拟等运算化设计方法，建筑数字技术实践教学涵盖博览建筑空间生成、高密度住区布局、建筑形体生成、城市设计、高层设计等。以下将结合健康住区设计呈现运算化设计教学研究成果。

后疫情时代全方位的居住功能都经受着考验，人们愈发关注公共健康。"绿野山踪"（张容畅，李子芊）项目（图1）引入大地景观、立体垂直绿化、不同开合程度的植物组团等绿化形式，在后疫情时代为人们提供一个可以呼吸新鲜空气、锻炼身体、相对安全地进行社交的场所，维护人们的身体健康、精神健康和社交健康。同时该住区还采用了组团布局形式，形成社区、组团、单元楼三级管控系统，每一级系统下都有配套的健康生活保障，从而应对不同程度的突发安全事件。该住区既能够抵御外在传染风险，能保障健康，又能为邻里提供天然安全的社交场所，让宅家生活不单调。方案生成过程引入了羊毛算法、力学模拟、泰森多边形，逻辑严密，还充分结合了声、光、风环境模拟，为人们提供舒适理想的居住生活条件。

图1 绿野山踪——基于运算化生成优化的后
疫情健康住区设计效果图

3.1 路网生成

1) 绿地空间影响城市公共健康的三个方面

井然有序的城市，被一场猝不及防的疫情笼罩。面对这一突发事件，猝然暴露在疫情中的住区，全方位的居住功能都在经受着考验。在此之前，都市中的自然生态和谐，是城市规划的重要诉求。而在 2020 年之后，"健康"几乎成为凌驾于所有策略之上的首要关键词。

世界卫生组织将健康界定为人的身体、精神及社交这三个层面的健康，而不仅仅是身体上没有疾病。这种对健康宽泛的定义，恰好对应了绿地空间影响城市公共健康的三个维度：身体健康、心理健康和社会健康（图2）。

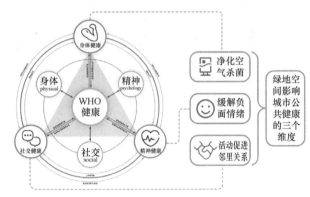

图2 绿地空间影响城市公共健康的三个维度

该设计希望将多层次多形式的绿化融入住区中，为后疫情中的人们提供一个接触自然，锻炼身体，放松身心，相对安全地进行社交的场所。同时植物与构筑物等组合成不同开放程度的空间，开拓了新型的公共——私属的空间（图3）。

图3 新型的公共——私属的空间

2) 周边设施定位及路径提取

基地位于南开区迎水道与简阳路交会处。根据《城市营造》书中所说，在基地周边 15min 生活圈附近，将影响宜居住区的六类设施——周边建筑、商业设施、公园绿地、教育设施、交通设施、医疗设施分别进行定位（图4）。

根据设施与场地的最短路径（图5），分别确定到达不同设施处，场地边界通行率较高的区段。

根据羊毛算法对于六类设施分别进行模拟，将高通行率区段作为场地出入口，通过可能性组合、迭代计算（图6）。将运算结果叠加，剔除因误差产生的曲线，根

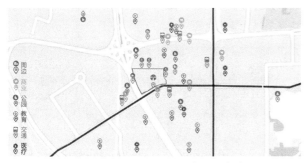

图 4 影响宜居住区的六类设施定位

图 5 各设施与场地的最短路径

据线条重合率提取出主要街道走势。由于部分街区边界过长，因此调整街区尺度，形成适宜步行的小型住区组团（图 7）。

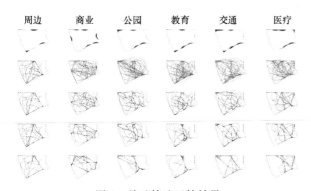

图 6 羊毛算法运算结果

图 7 羊毛算法运算结果处理

3）力学模拟

依照划分的小型住区组团，结合各组团位置优势，设定住区各组团代表性功能定位，通过 Grasshopper 构件力学模拟模型，使得各定位点以及场地边界之间互相受排斥力影响，最终组团定位点均匀分布于场地中（图 8）。

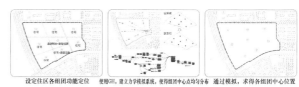

图 8 力学模拟

4）泰森多边形

通过均匀分布的各组团定位点位置生成泰森多边形，结合羊毛算法的演算结论，确定住区街道走势以及各道路级别。同时根据基地周边街道肌理调整路网结构，优化交通流线（图 9）。

图 9 泰森多边形

3.2 形体生成

1）形体挤出

根据场地内外路网结构进行退线（其中西侧受快速路影响退线 25m），形成进深 15m 的围合式住宅平面。将各组团内部绿地与中心景观呼应，打破平面围合的形式，形成半围合状态的组团单元（图 10）。场地北侧建筑 18 层，其他周边临近建筑均为 6 层，为不破坏城市天际线，挤出形体至 18 层，与北侧住宅楼同高（图 11）。

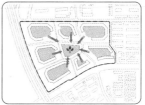

图 10 半围合状态的组团单元

图 11 挤出形体

425

2）声环境分析

依照快速路噪声研究相关结论，[3] 结合场地西侧快速路实际情况，代入水平距离50m（建筑外边线距最外侧行车道中线）单层分离式高架道路模型（图12）。根据天津市南开区声环境功能区要求，结合CADNA/A环境噪声模拟数据，西侧临近快速路住宅需在6层以下或12层以上满足声环境要求，因此将此处住宅限制在6层以下（图13）。

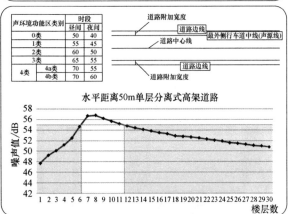

图12　单层分离式高架道路模型

西侧临近快速路住宅限制在6层以下

图13　沿快速路住宅限制在6层以下

3）光环境模拟

通过光环境模拟，部分底层光照时长不满足规范要求，结合"绿野山踪"设计概念在建筑顶部进行退台处理，通过多次模拟及形体优化（图14），直至所有建筑均满足采光要求（图15）。

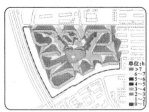

形体处理前部分底层光照时长不合理　　退台处理、形体分离直至满足采光需求

图14　光环境模拟

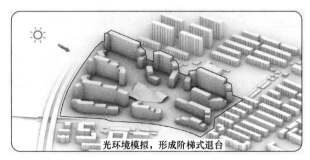

光环境模拟，形成阶梯式退台

图15　退台处理

4）风环境模拟

结合规范尺度要求，建筑形体过长，需做断开处理，结合"绿野山踪"设计概念，在形体中间位置附近，进行形体分离，通过对比多组分离前后风环境模拟结果，选取分离后仍可提供稳定且舒适的风环境的位置（图16、图17）。

形体分离前-夏季-SE风向模拟　　　形体分离后-夏季-SE风向模拟

形体分离前-冬季-NNW风向模拟　　形体分离前-冬季-NNW风向模拟

图16　风环境模拟

5）形体细化

为应对突发公共安全事件，设立住区级、组团级、单体级三级健康生活保障（图18）。

在空中平台以及连接体处，设立公共活动空间，满

图 17 形体分离

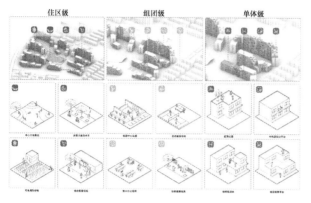

图 18 突发公共安全事件下的三级健康生活保障

足生理健康、心理健康和社会健康多重需求。设立横纵双向交通体系,增加公共空间可达性。细化建筑形体,生成最终方案 (图 19)。

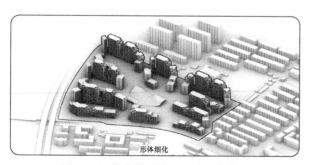

图 19 细化建筑形体,生成最终方案

4 教学总结

本科三、四年级开设的"建筑数字技术实践"系列课程对于学生来说属于新鲜的事物,伴随着运算化设计在建筑教学中应用的大趋势,该课程对于本科生逻辑思维训练以及设计能力提升的作用日益凸显,通过几年来教学实践研究,总结出以下优势与问题。

1) 从理论上讲,运算化设计能够在建筑设计过程中为设计人员提供系统的数据依据,可以使得设计项目理性的开展,进而推动建筑设计向科学化与逻辑化迈进。通过开设数字技术实践课程可以及时、有效地将其他前沿领域的新技术、新发展引入到建筑学教育中,使得建筑学学生知识体系更加完善、逻辑框架更加严密。

2) 构建完善的运算化设计教学体系仍需进一步整合相关的专业知识,在设计工具方面,需加强对本科生在数字技术方向的教学引领,引导学生学习运算化设计相关软件,并在设计过程中加以运用,提高使用能力。在设计思维方面,由于学生在设计过程中过度重视视觉效果,对于设计的逻辑性考虑欠佳,往往使得设计成果经不起推敲,因此在教学过程中也需要挖掘学生在逻辑思维方面的能力。只有技术的进步与思维的提升相配合,建筑教育才能取得长足的发展。

主要参考文献

[1] 朱姝妍,马辰龙,向科. 优化算法驱动的建筑生成设计实践研究 [J]. 南方建筑,2021 (1):7-14.

[2] 袁烽,张立名. 从图解到建造本科三年级"未来博物馆"课程设计教学总结与思考 [J]. 时代建筑,2016 (1):142-147.

[3] 苏凯,廖明旭,贺玉龙,张书豪,张群,杨卓鑫. 城市不同类型高架快速路噪声影响 [J]. 工业安全与环保,2021,47 (2):101-106.

李冰　郎亮　王时原　唐建

大连理工大学建筑与艺术学院；lba＿letter@126.com

Li Bing　Lang Liang　Wang Shiyuan　Tang Jian

School of Architecture and Fine Art，Dalian University of Technology

存量时代下城市与建筑认知教学改革探索
——以中法暑期联合教学为例 *

A Teaching Innovation of Urban and Architectural On-site Learning for the Age of Built-up Area Planning
——Case Study of Sino-French Summer Joint Teaching Activities

摘　要：存量时代的城市发展对建筑学的教学提出了更高的要求，基于增量发展的传统建筑教学模式开始遭遇种种挑战，在建筑教学中强化城市与建筑的关系成为建筑学教学的重要改革方向。对巴黎城市与建筑的现场认知是一次沉浸式教学体验。2019 年 7 月，大连理工大学建筑与艺术学院和法国巴黎玛拉盖建筑学校在巴黎举行了为期两周的中法暑期联合教学活动。这是我校建筑系历史上的一次重大突破，具有空前的重要意义。它将建筑认知实习、建筑测绘实习、建筑工地实习相结合，通过现场认知强化建筑和城市的关联。本文以这次国际联合教学活动及相关学生作业为基础，系统梳理学生的兴趣点及其内在原因，为存量时代下的建筑专业教学改革提供启示。

关键词：存量时代；巴黎；城市与建筑；现场认知；中法联合教学

Abstract：The age of built-up area in China has put forward higher requirements for the education of architecture，and the traditional architectural teaching model based on incremental urban development began to encounter various challenges. Strengthening the relationship between city and architecture in architectural education has become more and more important in the teaching reform. The urban and architectural on-site learning in Paris is a complex and immersive experience for both the teacher and the students. The school of Architecture & Fine-art，Dalian University of Technology，and the Paris-Malaquais School of Architecture of France，held a two-week Sino-French Joint Teaching activity in Paris in July 2019. This was a breakthrough in the history of our school with an unprecedented importance. Combining an architectural study trip，an architectural mapping exercitation and a construction site visit，this special on-site learning experience connect the studies of architecture and its urban context. Based on this international co-teaching activity and the students' assignments，this paper sorts out students' interests and its intrinsic motivations to provide insights into the teaching reform of architecture in the age of built-up area planning.

Keywords：The Age of Build-up Area Planning；Paris；City and Architecture；On-site Learning；Sino-French Joint Teaching

＊项目支持：大连理工大学 2022 教育教学改革基金一般项目（YB2022056），"多元潜能训练下的建筑设计教学改革研究"。

1 引言

当下的中国城市已经进入存量发展时代，基于增量发展模式的建筑教学经常遇到种种挑战。学生的设计思考模式，经常习惯性地陷入孤立的形式自由陶醉之中，却不能很好地与基地环境结合。面对复杂的城市环境，却不知道如何入手进行深入分析。教师希望带领学生进行城市和建筑现场认知，但周边环境中的优秀案例并不多见。法国巴黎经历了几百年的发展与沉淀，蕴含了不同时代的优秀城市与建筑空间，对于建筑学子而言，如果能够在世界艺术之都巴黎接受城市与建筑的现场认知教学，将会是极为难得且受用一生的学习体验。

经过 2 年多的前期准备，2019 年 7 月 7 日至 21 日，大连理工大学建筑与艺术学院师生团队赴法国巴黎开展为期两周的中法国际联合教学活动。教学内容主要包括：巴黎城市发展历史及城市空间认知教学、巴黎建筑名作参观、法国 Vinci 建筑公司工地参观实习、法国新艺术运动名作 Castel Beranger 的建筑测绘。这次联合教学活动对于我校建筑与艺术学院师生是一次史无前例的重要教学体验。在真实的历史建筑和城市空间的熏陶和感染下，学生们如饥似渴地汲取营养，巴黎的授课收到了异乎寻常的效果。

2020 年初以来，席卷世界的新冠疫情阻碍了国际合作交流。重新深入反思和消化这次来之不易的中法教学交流活动，对以后的建筑教学将会产生重要且持续的影响。

2 中法联合教学的计划与实施

中国学生在法国巴黎的现场教学是本次暑期联合教学的核心，因此，教学活动中学生的现场参观的收获多少，更重要的是体现在教师教学计划安排，尤其是授课的计划。在此观念的指导下，我们拟定了如下的两周暑期教学计划（表 1）。

2019 中法暑期联合教学课程计划 表 1
（制表：李冰）

教学课程	序号	课程名称	时长	次数	授课教师	授课地点	针对学生
城市认知	1	巴黎城市发展史	2	2	Jean Léonard	巴黎玛拉盖建筑学校	本科二、三年级
	2	巴黎城市空间认知	5	3	Jean Léonard 李冰	法国巴黎 国内课堂	本科二、三年级
建筑认知	3	法国巴黎的历史建筑	2	2	唐建、李冰、郎亮	巴黎玛拉盖建筑学校	本科二、三年级
	4	建筑名作参观	8	13	李冰、王时原、郎亮	巴黎及其周边地区	本科二、三年级
建筑测绘	5	建筑测绘实习	4	1	李冰	Castel Beranger 住宅	本科三年级
施工建造	6	建筑工地实习	4	1	李冰、王时原、郎亮	法国 Vinci 建筑公司	本科二年级

2.1 巴黎城市及建筑的授课与认知

"丈量城市"是法国巴黎玛拉盖建筑学校对本科学生开设的城市认知课程，由 Jean Léonard 教授负责。课程从巴黎城市的环境和现实生活入手，将学生带入建筑与城市设计的真实体验。这是对城市和建筑的沉浸式教学，极大地激发了学生的专业兴趣。Jean Léonard 教授利用此次中法联合教学活动，提炼出三次特色主题参观路线，分别巴黎历史城区、奥斯曼巴黎改造以及当代巴黎城区（图 1）。他利用三个上午的时间带领我校

图 1 Jean Leonard 教授的巴黎城市行走路线图[①]

① 根据本篇参考文献 [1] 及 Jean Leonard 提供的资料整理。

学生在巴黎进行现场认知课程教学（图2）。

图2　巴黎城市史课堂授课

2.2　建筑名作参观

同时，Jean Léonard教授还作了两次关于巴黎城市发展历史的英文报告，主要内容为不同历史时期巴黎城市的发展沿革，为中国学生的城市现场参观提供基础知识储备（图3）。

图3　巴黎城市与建筑认知现场授课

中方教师也在巴黎玛拉盖建筑学校进行了巴黎的建筑历史的课程教学，内容包括法国古代建筑、新艺术运动、现代主义运动以及当代思潮等，对巴黎不同时期的重要建筑特征和重要人物都作以提纲挈领式的梳理介绍，为学生的参观和专业知识吸收做出最大的前期准备（图4）。

建筑名作的参观是此次建筑和城市认知的最重要内容，所占课时比重也最大。在出发前的3个月左右，教师已经开始拟定和调整参观计划，并组织学生分头进行系统整理，为参观作充足的准备。按照既定计划，师生团队现场参观学习的建筑名作包括法国新古典主义名作先贤祠，现代建筑先驱拉布鲁斯特著名作品法国国家图书馆老馆，法国新艺术运动建筑大师吉马尔的系列住宅

图4　在玛拉盖建筑学校的巴黎建筑史授课

作品，早期现代主义建筑先驱奥古斯都佩雷的富兰克林路住宅，勒柯布西耶的萨伏伊别墅、瑞士学生宿舍、巴西学生宿舍、拉罗歇住宅、莫利托住宅，以及当代建筑名作布朗利博物馆（努维尔）、LV基金会美术馆（盖里）、巴黎新法院（皮亚诺）、蓬皮杜中心（罗杰斯 & 皮亚诺），等（图5）。在参观的过程中，有些重要建筑，如先贤祠、富兰克林路住宅等，学生和老师同时在现场，老师当场对学生进行针对性的讲解，及时解决学生在现场的疑问。

图5　法国巴黎建筑名作参观

2.3　建筑测绘实习

本次法国巴黎认知实习的本科学生中，有7名三年级学生。按照现有教学计划，他们应当在暑期参加建筑测绘实习。本次暑期教学团队选择法国新艺术运动名作贝朗歇住宅（Castel Béranger，1895—1898年）立面作为测绘实习的对象。这座社会住宅位于巴黎16区，是法国最著名的新艺术运动作品，由建筑师吉马尔（Guimard）（1867—1942年）通过竞赛夺魁获得设计权并最终建成。由于建筑管理方面的限制规定，学生无法进入或攀爬建筑。于是，我们只对一至二层可触及的部

分进行了直接的测绘（图6）。建筑其余部分根据照片和网络资料进行了等比例折算后重新绘制。

图6　本科三年级学生进行建筑测绘实习

2.4　建筑工地实习

Vinci 建筑集团是一家拥有超过百年历史的建筑企业，成立于 1899 年。此次工地实习参观该集团下属 BATEG 分公司的 Stories 项目，其业主为安盛集团（AXA）。本科二年级建筑专业学生是本次暑期工地实习的主体。教学团队联系了法国最大的建筑公司 Vinci 建筑集团的一处工地进行现场参观（图7）。该企业是世界 500 强，一直是世界建筑施工领域的领军企业。法国建筑师以及工地负责人带领学生参观并介绍了工地项目的概况，现场讲解基础的施工和建造技术，以及操作流程。团队教师也参与其中，给学生现场辅助讲解建筑施工、节点构造以及与中国施工技术方面的异同。

图7　Vinci 建筑集团的工地实习现场

3　学生作业的反馈与分析

学生在巴黎实习的作业包括实习日记、实习总结、专题报告、速写四项，本文选取除速写外的三项作业内容进行统计分析，希望从中了解学生的兴趣，反思此次教学的成效，为专业教学改革提供启发。

3.1　巴黎"城市漫步"的作业反馈

法国教授 Jean Leonard 负责的巴黎"城市漫步"教学是十分难得的城市与建筑关联性的特色教学内容和方法。从学生的作业反馈中，能够发现城乡规划专业的 5 名学生虽然在作业中不一定提及法国教授的城市漫步课程字样，却表现出完全的城市思维及对城市要素的综合思考。专题报告中常将巴黎和自己熟知的国内城市进行对比分析，如巴黎和西安、巴黎和北京等。而建筑学的学生对"城市漫步"这一课程的兴趣程度较高，大部分作业中提及这一课程，其中的大部分学生做了较为详细的思考和记录（图8）。约 1/3 的学生未提及城市和建筑的关联或"城市漫步"的课程体会。

3.2　建筑认知实习的作业反馈

从学生作业对巴黎经典建筑的认知信息中，我们可以看到学生关注度最高的建筑集中在教师统一带领参观并讲解的著名现代建筑，如柯布西耶、努维尔、盖里、博塔等大师的作品。其次为集体参观并统一讲解的巴黎历史建筑。参观之前的课程教学准备使学生具有一定的基本知识，在现场与建筑产生共鸣，是打动学生的重要原因。同时，集体参观和重点讲解的历史建筑数量比现代建筑的关注度略低大约 25%，原因在于参加此次实习的学生大部分为本科二年级，尚未接触外国建筑史，对欧洲的历史建筑知识储备不够。另外，艾弗尔铁塔和塞纳河的关注度非常高，虽然他们并不是集体参观和讲解的内容，但是由于其世界级知名度和现场震撼感受，学生们依旧给予了最高的关注（图9）。

3.3　新艺术运动建筑名作的测绘

这一作品的结构形式是石材砌体承重墙体和木结构梁板结构，大门及扶手等局部构件为铸铁。这是一个世纪前常用的建筑材料和结构形式，却做出了来自植物灵感的曲线装饰风格。学生通过建筑测绘以及图纸的绘制，了解到石材的建造逻辑，立面分缝与之的紧密关联，对课程设计具有直接的帮助和提升。建筑立面图体现建筑形体阴影的画法再次使学生重新温习了一年级学习的画法几何与阴影透视基础知识。学生绘图的过程并不是一帆风顺，而是在老师的指导下反复多次修改调整，才比较忠实地表达出这一历史建筑名作的特征（图10）。测绘的学生是本科三年级选拔的优秀学生，但是他们自身的美术功底和巴黎美院时期的新艺术运动建筑的距离显而易见，绘制复杂的曲线形态能力有所欠缺。

图 8　巴黎"城市漫步"作业反馈统计
（制图：仇一鸣）

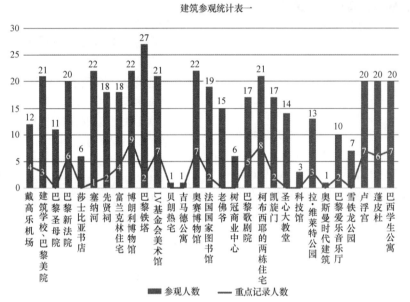

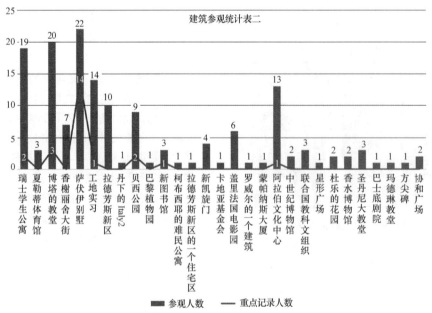

图 9　学生作业反馈的参观建筑关注度统计

图 10　三年级的 Castel Beranger 建筑测绘图展板
（制图：张智林、侯雅洁、张玮仪、许凌子等，部分照片源于参考文献 [2]）

这使得教师重新反思当下现代主义建筑教育对美术基础要求的意义，或者"建筑教学与美术教学完全脱离"[3]，则空间、建造、材料等方面的教学训练变得更加迫切。

3.4　Vinci 集团工地认知的反馈

学生在法国的工地实习仅有半天，但巨大的收获出乎意料。担任工地讲解的是位华裔负责人，能直接汉语沟通或翻译。法国工地的干净整洁令人耳目一新，半天的见闻调动学生在校学习的知识与施工现场相碰撞。介绍的主题主要包括施工计划、玻璃幕节点、混凝土浇筑、预制构件、单向受力楼板、工地安全疏散等方面。

从学生的实习报告中，能够看出频率最高的词汇包括施工、工地、万喜集团、预制、混凝土结构等（图11）。学生感受到施工现场和课堂设计的不同：计划、

图 11　工地实习报告的词频分析
（制图：仇一鸣）

管理、物流组织等，都是施工企业的工作逻辑，完全不同于建筑设计课堂天马行空的畅想。与课堂的设计关联

度较高的是玻璃幕墙节点的等比例模型节点，书中抽象难懂的剖面节点在现场转换为真实的模型。

4 结论：存量时代下的教学模式的思考与启发

4.1 对于城市与建筑现场认知教学的经验

对于现场认知教学的计划和安排，可得出经验供以后的教学借鉴。总体数据上看，我们的参观行程为 13 天，约 56 栋建筑。其中学生印象深刻的有 29 个，详细分析的有 10 个。因此，比较适合的参观强度为每天 2 或 3 个重点参观建筑，加上若干同一交通路径的参观建筑。如果超过这一强度，时间和体力的透支会影响当天的理解及第二天的参观。

带队教师提前计划和学生提前预习都是必要步骤，将增加参观学习的效率，以及学生现场的理解深度。学生提前准备建筑平面图，对照图纸现场理解建筑空间将带来设计观念上的深刻触动。

从公交出口逐渐接近并抵达参观建筑的过程，是理解城市环境和建筑关联性的重要过程，也是体现建筑时间维度的重要方面。应提前提醒学生留意观察附近城市街区特征，及其与参观建筑的关联。参观过程是形成建筑与城市整体认知的必要步骤。当然，对于城市空间的专题参观，也是启发建筑学学生城市整体性思维的重要手段。

4.2 对城市和建筑的体验认知

对于中国学生而言，这次"城市漫步"课程具有另一重含义。非东方文化的遗产城市，优秀的城市设计和建筑作品给予前所未有的体验，大量新鲜的信息迅速冲击着既定思维，学生重新反思自己熟悉的环境，重新思考建筑和城市环境应有的关系。沉浸式的直观体验，体验迅速打通了国内传统建筑史课程的难点，并快速了解巴黎城市诞生和演变的历史进程。城市课程的讲授与参观给习惯了单体建筑设计的学生以直观的冲击，学生们有太多的内容无法在作业中表达。这两周获得的信息需要学生几年甚至于更多的时间去消化和吸收，以形成自己的职业观念。

4.3 对建造与施工的体验、认知与启发

存量时代的建筑改造或者遗产建筑修复，需要重视建筑材料、结构、建造等知识的综合。传统的设计授课对施工与建造方面知识的传授过于抽象，与实践建造的关联度较弱，很难获得对设计的直接帮助。这次巴黎的工地实习和测绘实习，尽管时间很短，但是很多课堂上没有的知识给学生的专业设计以重要的帮助。

从教学视角看来，也能找到相应的启示。第一，在设计课的教学中融入施工建造的相关环节，哪怕只是观察、记录、阐释，以及师生们的交流，也将促使学生从图纸设计的视角与真实的建造视角建立关联。第二，主讲教师可以结合自己的建造工程实例，强调施工进程与设计的关联，展现建造与设计的互动关系。当下很多高校教师具有不同程度的工程实践经验，无论是成功或是遗憾，将实践的思考和演变历程与教学相融合，都将是极具价值的教学尝试。

主要参考文献

［1］ Maurice Garden ＆ Jean-Luc Pinol. Seize promenades historiques dans Paris ［M］. Paris：Editions du Détour，2017.

［2］ Georges Vigne. Hector Guimard：Le geste magnifique de l'Art Nouveau ［M］. Paris：Editions du Patrimoine/Centre dus Monuments Nationaux，2016.

［3］ 张永和. 对建筑教育三个问题的思考［J］. 时代建筑. 2001（S1）：40-42.

丁潇颖　杨凡　张正阳

河北工业大学建筑与艺术设计学院；568334000@qq.com

Ding Xiaoying　Yang Fan　Zhang Zhengyang

School of Architecture and Art Design，Hebei University of Technology

元宇宙视域下城市历史街区更新设计教学研究

——一次"城市设计"课程教学的思考*

Teaching Research on Urban Historic District Renewal Design from the Perspective of Metaverse

——A Study of "Urban Design" Course Teaching

摘　要："元宇宙"的出现引发不同学科专业的广泛关注。目前已出现关于"元宇宙"在建筑领域应用前景的探讨，但相关教学的研究仍较少。本文以河北工业大学本科城市设计教学为例，探索"元宇宙"在城市历史街区更新设计中的可能性。基于典型设计案例发现，"元宇宙"为历史文化要素融入城市更新提供新的形式，发展出多样化的功能类型；"元宇宙"扩展虚拟空间，催生了新的城市更新空间形态；并最终满足多元群体需求，激发场地活力。

关键词：元宇宙；城市更新；历史街区；建筑教学

Abstract：The emergence of Metaverse has aroused wide concern among different disciplines. At present，there have been discussions on the application of Metaverse in the field of architecture，but there are still few studies on architecture teaching. Taking the urban design teaching of Hebei University of Technology as an example，this paper explored the possibility of urban historical districts renewal design under the perspective of Metaverse. Based on the typical design case，this paper found that Metaverse provides a new form for integrating historical and cultural elements into urban renewal and develops diversified functional types，Metaverse expands the virtual space and gives birth to the new urban renewal space form，and ultimately it meets the needs of diverse groups and stimulates the site vitality.

Keywords：Metaverse；Urban Renewal；Historic District；Architecture Teaching

1　元宇宙与教育教学

元宇宙（Metaverse）一词最早出现在科幻小说《雪崩》中，被描述为一种与现实世界平行的虚拟环境。近年来，随着网络空间爆炸式地发展，以及新冠肺炎疫情下"在线生活"模式的影响，"元宇宙"进入发展热潮。

由于"元宇宙"及其相关技术能够提供深度沉浸体验、群体学习社交、个人自由创造、虚实交互融合等功能，为未来教学形态提出新的可能，在"元宇宙"的热

* 项目支持：教育部产学合作协同育人项目"基于BIM的协同创新实践基地和社会服务平台建设"（编号：202102234019）；2021年度河北工业大学本科教育教学改革研究与实践项目"面向新工程的建筑学专业四年级设计课程教学模式研究"（序号11）。

潮下，有关"元宇宙"与"教育教学"的探讨逐渐增多。目前诸多专业教师已对宏观的"元宇宙"下教学改革路径、中观的"元宇宙"下在线教学模式，以及微观的"元宇宙"技术的适用性进行深入分析。[1-2]聚焦建筑领域，虽未有将"元宇宙"与建筑教学相整合的研究，但"元宇宙"在建筑领域的应用前景已引起学者关注。例如，杨健认为"元宇宙"有利于建筑行业中交互式设计、施工模拟、虚拟空间功能拓展与运营维护、建筑业交易。[3]周湘华指出 BIM 和 CIM 建模与"元宇宙"中虚拟现实世界的关联性。[4]

面对如上发展趋势，如何在建筑学教学中应用"元宇宙"，以更加先进的技术形态激发学生设计思维，并培养学生前瞻性学习新技术和引领未来产业发展的能力，成为当前建筑学教育教学中值得研究和实践的课题。

2 城市设计教学的新需求

2.1 城市更新教学内容的确定

2021 年城市更新行动被列入"十四五"规划纲要，成为国家战略。通过城市更新营造高质量绿色健康的城市宜居环境，成为当前我国城市设计的重要内容。[5] 为此，河北工业大学建筑与艺术设计学院在建筑学本科四年级城市设计教学中置入"城市更新设计"内容，提出城市历史街区更新设计的教学方案，要求学生熟悉城市更新的概念、指导思想与设计原则，掌握城市更新的理论与方法。在本次城市更新设计教学中，教学团队结合"元宇宙"这一热点话题确定设计要点，主要包括：

1）基本要求

提出选择用地整体规划设计思路、总体结构、空间布局、公共空间设计、城市景观设计、重要节点概念建筑设计、三维形态设计及开发强度安排、综合交通设计、立体慢行系统、地下空间组织等内容。

2）进阶要求

应用"元宇宙"概念，定位场地功能，通过更新激发历史街区活力，并借助相关数字技术认识城市形态特征，思考和探索城市更新的多种可能性。

2.2 设计任务书解读

课程设计场地位于天津市红桥区三岔河口，是历经 600 年岁月的子牙河、南运河与海河的汇集处。两河（子牙河、南运河）环绕，三面临水，从历史发展来说，是天津发祥之地，是天津水脉、文脉、人脉、商脉的起源，也是中国近代民族工业的摇篮。场地面积约 85.1hm²，建筑面积 150 多万 m²。周边环境既有传统

的居住形态又具有荷兰 MVRDV 规划的开放街区，还兼备休闲、娱乐、文化、商业商务等功能，是典型的城市核心区滨水复合功能区。

对于具有丰厚历史积淀的城市而言，城市更新是永远都无法回避的问题。该城市更新设计要求学生在充分调研建成现状的基础上，查阅相关文献，了解场地的过去、现在、未来。基于"元宇宙"这一新兴概念探讨和设计城市更新模式，以及如何实现场地内传统文化与现代理念的融合、本土化与国际化的融通等。

3 元宇宙＋城市更新设计教学的应对

本次教学共有 7 组学生对"元宇宙"概念下的城市更新设计进行探讨，并得到较好的设计成果。本文选择其中最具代表性的设计作业进行简要分析。

3.1 场地历史文脉梳理与现状解析

基于文献整理和前期调研，学生小组充分了解场地所承载的历史文化，明确场地在三个时代承担的不同功能：既有明清漕运的繁荣，也有九国租界的异域风情，更有工业运输航线的独特风貌（图 1）。同时，小组成员也深入调研场地现状，发现：①文化底蕴被遗忘，场地原有漕运功能被遗弃，现有津渡遗址公园文化功能属性缺失；②大胡同街区缺乏活力，三岔河口周边商业配套与公共配套较为齐全，交通便利，但人群活跃度较低；③功能均质化，同质化的商业空间较多，普遍竞争力偏弱；④缺乏"呼吸"空间，周边建筑密度较大，缺少公共活动空间。

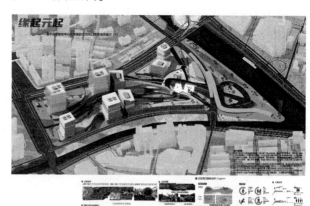

图 1 场地现状调研和历史文脉分析

3.2 元宇宙视域下历史街区的功能定位

基于漕运文化逐渐淡化的背景，小组成员提出利用"元宇宙"的概念和方法重新挖掘场地丰富的文化底蕴

激活街区活力，并进一步让场所文化迭代流传。为此，成员确立本次设计的目标：追溯与传承漕运文化影响下的生产生活方式，并结合元宇宙概念，利用智能智慧技术，探索三岔河口活力更新的可能性，使三岔河口成为天津的智慧大脑。

在具体功能设置上，小组成员以历史文脉传承为核心，以NFT相关产品的"体验—学习—制造—体验"为主线（图2），构建了创新创业轴和生活重塑轴，置入的功能类型包括：①展览交易区——文化资产迭代更新：参与者创作的作品被展示并启发其他参与者创作；被启发的参与者继续创作，重复此过程，循环迭代更新文化资产。②商务区——艺术文化人才产业园：吸引艺术人才、元宇宙运营人才进驻；产生更多的创新业态，更新地块文化增加地块收益。③体验创作区——文多元人群共创：不论是游客还是职业艺术家还是管理人员等都可以创作；多元人群共同创作，拓宽形式和丰富程度迭代集体文化记忆。④滨河休闲区——开放式共享街区生活：共享的空间和设施为多样的公共空间生活提供可能，丰富周边办公、居住人群的日常生活。

图2　场地功能定位

3.3　元宇宙视域下历史街区的空间组织

"元宇宙"的概念极大地拓展虚拟空间的潜力，小组成员建立了"元宇宙"视域下的场地漕运文化NFT学习、创作、展览、交易的空间体验路线。通过建筑曲线形态围合形成退台和广场空间，构建沿主轴可见的展示空间；设置连廊连接各个展台和主轴，形成可达空间；预留接口安装用于体验的实体模块，增加可触空间。并通过将NFT相关的各类功能空间（NFT展览中心与行情分析中心、NFT交易中心、NFT展示活动等）并置，丰富线上创作线下零售的体验活动（图3）。

元宇宙的核心内容是去中心化，在本次设计中，小组成员对空间进行去中心化处理。在整个场地中，置入全息投影、虚拟现实、增强现实、季度巡展、实物拍卖、NFT纪念、货币兑换等多个模块化插件，以向参与者展现直沽寨、码头记忆、明清辉煌、近代航运、现代港口、民族工业摇篮、近代租界等文化元素（图4）。

图3　场地空间组织

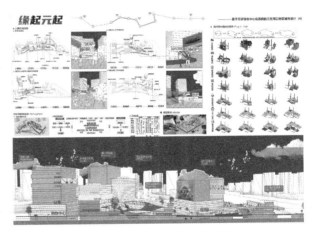

图4　场地空间去中心化处理

4　结语

本文以城市历史街区更新设计为题，强调"元宇宙"概念的应用，既联系城市转型的国家战略，又充分探索"元宇宙"新理念下设计思维和设计策略的突破。通过典型设计作业解读可知，"元宇宙"的介入，既能够解决场地功能缺失的问题，将历史文脉以全新的形式融入当下城市发展；又可以拓展虚拟空间，构建新的城市更新空间形态；还能够满足疫情下的各类线上线下活动，迎合多元人群的需求，激发场地活力。整体而言，本次教学取得较好的成果，是对"元宇宙"等新概念、新技术导向下的建筑专业课教学进行有益探索，为我国城市更新提供新的可能。

图片来源

　　图1～图4来源于杨凡、张正阳绘制。

主要参考文献

　　[1] 陈昂轩，贾积有. 教育元宇宙——虚拟沉浸的教学新模态 [J]. 教学研究，2022，45（3）：1-6＋13.

　　[2] 修南. 教育元宇宙：职业学校教学改革的未来路向 [J]. 中国职业技术教育，2022（14）：48-53＋75.

　　[3] 杨健，张安山，庞博，等. 元宇宙技术发展综述及其在建筑领域的应用展望 [J]. 土木与环境工程学报（中英文）：1-14.

　　[4] 周湘华，黄媛媛. 周湘华：打造完整建筑，创建数智转型 [J]. 中外建筑，2022（4）：1-8.

　　[5] 计算性技术驱动的街道空间更新设计教学研究 [C]//智筑未来——2021年全国建筑院系建筑数字技术教学与研究学术研讨会论文集. 北京：中国建筑工业出版社，2021：163-168.

魏宗财　黄绍琪

华南理工大学建筑学院；weizongcai@scut. edu. cn[1]

Wei Zongcai　Huang Shaoqi

School of Architecture，South China University of Technology

建筑学理论课程的混合式教学模式实践探索 *
Practice of Blending Teaching Mode in Architecture Curriculum

摘　要：理论课程作为研究生前半阶段学习的核心内容，探究其教学实践效果对建筑学科教育发展具有重要意义。互联网和教育的融合推动了混合式教学模式的迅猛发展，疫情防控政策更促进了该模式的普及，推动其成为数智赋能建筑教育的"新常态"。梳理和发掘现行混合式教学模式在课程设计中的应用特征及实施效果。混合式教学模式注重教学内容的拓展、评价手段的创新、教学方式的递进以及课程建设的多元化。目前，该模式在理论课程中的教学效果能普遍被学生接受，但仍有改进空间。成果能为混合式教学模式在建筑学理论课程中的应用提供参考。

关键词：混合式教学；教学实践；理论课程

Abstract：Theoretical curriculum is the core content in the first half of the study, it has significance to explore the effect of its teaching practice for the educational development of subject. The integration of Internet and education has promoted the rapid development of blended teaching model，and the epidemic prevention and control policies have expanded the popularity of this model，promoting it to become the "new normal" of intelligent and capable architecture education. Taking the course "Essay Writing and Academic Norms" as an example，we explore the usage and implementation effects of the mode in the course design. Blended teaching mode pays attention to the expansion of teaching content，innovation of evaluation means，progressive teaching methods and diversification of course construction. The teaching effect of this model in theoretical courses can be generally accepted，but there is still room for improvement. The results can provide reference for the practice of blended teaching mode in architectural theory courses.

Keywords：Blended Teaching；Teaching Practice；Theoretical Course

2021 年，教育部提出将深入实施"教育信息化 2.0 行动计划"，积极推进"互联网＋教育"发展，探索推进线上—线下教育教学新模式，支撑教育高质量发展。基于此，各高校及学者陆续开展混合式教学模式的研究与实践，教学方法模式探索成为重要议题。

以某高校研究生"论文写作与学术规范"课程为例，梳理混合式教学模式在理论课程中的实施成效，使用调查问卷数据，分析学生对该教学模式在理论课程教学方法、考核方式及教学质量方面的效果，为理论课程的混合式教学模式改革提出针对性建议。

* 项目支持：广东省高等教育教学改革项目（粤教高函〔2020〕20 号）、华南理工大学校级教研教改项目。

1 教学模式实践发展

互联网和教育的融合推动了混合式教学模式的迅猛发展,[1] 疫情防控要求进一步促进了线上—线下融合教学模式的普及。该模式中教师和学生的角色均发生转变(图1)。教师从知识的传播者转变为学生学习的促进者。为适应混合式教学模式,教师需调整工作方式、提升自身能力。[2] 学生成为教学行为"主体",该模式的本质是为学生创建高度参与性的个性化学习体验。[2]

目前,混合式教学模式主要以传统教学课堂为基础,融合钉钉、[3] 慕课、[4] 雨课堂和智慧教学系统等线上平台,以实现不同学习方式和教学要素的融合。部分高校结合各专业特征,将虚拟现实技术[5] 等引入教学中,建立翻转课堂,对该教学模式进行改进。

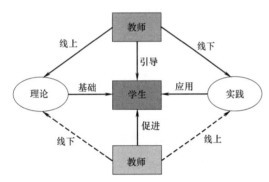

图1 混合式教学模式

2 混合式教学模式课程设计

2.1 课程特点

理论课教学内容以基础知识讲授居多。简单的理论内容堆砌和强硬的知识灌输模式注重知识结构的完整性,但使得课程枯燥无味,不宜于学生的理解和记忆,也忽视了学生自主学习能力和创新实践能力的培养。

另外,"论文写作与学术规范"的教学目标是提高学生的学术写作能力和学术研究素质,而非仅对理论知识的记忆,故学生的论文写作实践是教学内容的重点环节。单一地讲授理论知识,学生不能得到真实有效的训练,撰写能力仍会处于较差水平。学生和教师的互动交流有利于教学目标的实现。论文写作并非一蹴而就,需要持续的修改和完善。在此过程中,学生需要与老师持续并反复交流和沟通,经老师的指导和反馈,学生的论文写作能力才可能得到提升。

2.2 课程设计

"论文写作与学术规范"课程内容包括学术规范和

论文写作两大板块,使用线上和线下两种教学方式,其中线上103个学习单元,线下32个课时。混合式教学不只是增加线上授课方式,更重要的是教学理念、教学模式和教学组织方式的综合性变化。通过融合线上授课的优点,减弱教学的时空间限制,推动课程教学进步(图2)。

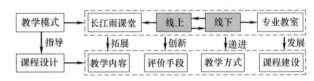

图2 混合式教学模式课程设计应用

1) 教学内容拓展

基于混合式教学的"论文写作与学术规范"课程内容在线上和线下教学中各有侧重。通过长江雨课堂开展的线上教学以基础知识为主,通过11个讨论板块和2个答疑帖收集学生的疑问和难点,在线下教学中进行针对性讲解。线下教学内容包括社会调查方法、论文写作注意事项、文献阅读方法等,着重提升学生的论文写作能力。总体而言,现行混合式教学模式串联了线上线下教学内容,加强学生在技能培育和能力提升等的衔接,提高了教学针对性。

2) 评价手段创新

该理论课以"过程+终结性"评价为考核方式,检验教学效果及学生学习成效,并为教学质量改善提供参考依据。学期中,线上教学采用章节测试,线下课堂运用课程汇报及课程论文检查学生学习效果。学期末,线上线下均通过考试考查学生学习成果及论文写作能力。"过程+终结性"的评价方式实现了互联网技术和传统课堂的充分融合。

3) 教学方式递进

教学过程中,教师着重加强课程设计的线上线下关联性。课前教师将学习资料上传至长江雨课堂平台中并发布任务,方便学生预习;线上课堂中学生结合教学资料、慕课和小组讨论等对基础知识进行自主学习,并按时完成线上测试;线下课堂中,教师基于线上课堂中学生的疑问和教学内容中的重难点进行讲解,另外通过课堂互动降低师生间的距离感,调动学生的积极性。课后学生可针对自己的疑问进行留言并参与讨论。

4) 课程建设发展

为强化学生全面发展的课程环境建设,学校开发了具有挑战性、综合性、实践性的学习任务模块。教师以增强学生知识积淀、提升写作能力为教学目标,系统设计了教学流程。另外,课程要求全体学生均需参加线上线下教学课程，保证课堂教学完整性。

3 混合式教学模式实施效果

为确保对教学效果客观公正的评价，笔者发放了200份调查问卷，回收有效问卷159份，填写者均为一年级研究生，包括建筑学（99份）、城乡规划学（39份）、风景园林学（21份）三个专业。

混合式教学模式在理论课的实践效果总体较好，能被大部分学生接受。教学效果比传统课堂效果好（39.62%），仅14.46%学生认为不如传统课堂。45.28%的学生表示喜欢混合式教学模式，且61.01%的学生能够适应该模式，仅有8.18%学生不适应。学生们认为合理的计划安排（67.92%）、自学能力（包括学习态度、自律意识）（63.52%）和老师的教学设计和组织（如交流互动等）（49.69%）是影响学习效果最重要的三项因素。

3.1 教学方法

现行教学方法满意度较高，但仍需改进。学生对线上和线下教学方式的满意度分别达72.33%和79.24%。但学生们印象最深的理论课知识点仍是通过老师线下讲授（54.09%）获得的，通过平台发布的慕课视频对学生的帮助较小（12.58%），揭示出现行教学方式仍不太成熟。多数同学（54.09%）认为线下课堂互动效果更好，仅39.62%的学生认为线上课堂互动效果更佳。这主要由于线上课堂中，师生们缺少面对面的交流，也削弱了答疑互动效果。在授课内容方面，学生多认为线下课程是对线上课程的补充和深化。61.64%的学生认为线下课堂需讲授比线上课程（基础知识和理论）更加深入和前沿的内容。

3.2 考核方式

该教学模式提高了考核方式的多样性和延续性，并受到学生们的支持。多样化和延续性的考核方式能够多方面地对教学成果进行评价，更好的体现教学质量。83.02%的学生认为期末考试成绩占总成绩的比重应小于50%。且对课堂考勤（61.64%）和课程论文（52.58%）表示支持。但也有学生表示目前课程中考核内容过多，压力较大且占用较多时间。有学生表示"每堂课都点名，每个课都要汇报，期末还要考试，真的做不完"。

3.3 教学质量

教学模式改革后，学生们在文献阅读方法（59.12%）和论文选题（57.23%）方面有较大提升。问卷数据显示，混合式教学模式增加了学生的学习主动性（64.16%）、交流沟通能力（49.06%）并拓展了知识、思维的广度和深度（64.15%）。一名同学表示"我觉得有了点想法，现在想去看论文了"。

4 结论

混合式教学模式的应用改善了理论课程的教学方式，能增加学生对教学方式的满意程度和自身的学习投入，有利于教学目标的实现。在后续教学建设中，需整合网络资源以完善教学方式，尤其需要提升线上互动效果；增加随机测试等课程任务，提高学生对课程的重视程度，以提高学习投入，但同时也需适当选择考核方式类型，降低为完成形式内容而产生的时间成本。

主要参考文献

[1] 冯晓英，王瑞雪，吴怡君. 国内外混合式教学研究现状述评——基于混合式教学的分析框架[J]. 远程教育杂志，2018，36（3）：13-24.

[2] 冯晓英，王瑞雪."互联网＋"时代核心目标导向的混合式学习设计模式[J]. 中国远程教育，2019（7）：19-26＋92-93.

[3] 彭宇，钱匡亮，余世策. 新冠疫情下建筑材料实验课程线上线下混合教学模式实践[J]. 实验室研究与探索，2021，40（12）：232-236＋257.

[4] 凌玉，李念兵，罗红群. 慕课和虚拟仿真在物理化学实验教学中的作用[J]. 西南师范大学学报（自然科学版），2020，45（5）：174-177.

[5] 刘忠柱，潘玮，裴海燕，等."互联网＋"背景下混合式教学在"先进纤维材料"课程中的应用[J]. 化学教育（中英文），2021，42（22）：37-41.

创新创业教育与建筑学人才培养

张向炜　辛善超（通讯作者）韩哲

天津大学建筑学院；zhangxiangwei@tju.edu.cn

Zhang Xiangwei　Xin Shanchao（corresponding author）　Han Zhe

School of Architecture，Tianjin University

建筑本体的回归与拓展
——天津大学建筑学三年级课程设计训练要点 *

The Return and Expansion of Architectural Ontology
——The Training Points of Design Course for the Third Grade Undergraduates of Architecture of Tianjin University

摘　要：课程设计作为建筑学本科三年级的专业主干课程分为两种训练类型：必选指定设计题目和自选专题设计题目，其训练要点均包括：概念与图解、功能与空间、建筑与环境的建筑本体性要素，自选专题设计题目在此基础之上提供更加多元、更深层次的具有社会学、生态学、文化学等层面的思考与探讨。两种类型的课程设计从两个维度让学生得到两者之间具有张力的基本性训练与拓展性训练，逐层递进地培养和提升学生的自主学习能力、逻辑思维能力，以及抽象能力、批判能力和创新能力。

关键词：课程设计；训练要点；建筑本体；回归与拓展

Abstract：As a major course for the third grade architecture undergraduates，the design course is divided into two categories：required appointed topics and optional thematic topics. The training points are both including concept and diagram，function and space，architecture and environment，starting from the origin and nature of architecture. Except mentioned above，optional thematic topics provide more diversified and deeper thinking and discussion at the levels of sociology，ecology，culture，etc. From two dimensions，the two kinds of courses are designed to enable the students to get basic and expanding trainings，so as to gradually cultivate and enhance students' independent learning ability，logical thinking ability，as well as abstract ability，critical ability and innovation ability.

Keywords：Design Course；Training Point；Architectural Ontology；Return and Expansion

自维特鲁威提出建筑三要素以来，最具革命性的现代建筑变革即便动员了整个时代的力量，终究也没有跳出空间和建造的范畴。现代建筑根植于建筑学本体，在新的社会条件下，恢复了建筑的基本目标。[1] 紧随其后的后现代、解构等建筑思潮并没有带来颠覆性的变革，除了在建筑思想上带来对建筑历史与文脉的思考，在建筑实践中带来更多的是形式主义、商业炒作和低俗文化的困境。与建筑本体和建筑的基本目标相背离的建筑思潮只能是昙花一现，不能长久。

建筑本体论是透过组成建筑的最基本要素本身及其相互运动的现象去探索建筑本质。通过研究使用建筑的人，建筑存在的自然环境、物质环境、社会环境，以及

项目支持：国家社会科学基金艺术学重大项目——中国建筑艺术的理论与实践（1949—2019）（项目编号：20ZD11）。

建筑的营造条件等，探求其存在的基本规律。无论是培养建筑实践的拔尖人才还是培养具有批判精神和创新能力的领军人才，都不能偏离设计思维和操作过程中的建筑本体和建筑的基本目标。

本文探讨天津大学建筑学本科三年级课程设计中，必选指定设计和自选专题设计两种课程设置的训练要点，和在此基础之上的提升和拓展（表1）。

建筑学本科三年级 2020—2021 学年
课程设计题目设置　　　　　　表 1

设计题目	秋季学期		春季学期	
	必选指定设计题目		自选专题设计题目	
设计题目	校园（社区）学习中心	美术馆＋	专题设计	设计竞赛
教学周期	9周	7周	10周	6周
建筑功能	学习＋交流	展览＋自拟	专题自定	依竞赛要求
建筑基地	校园（社区）	历史街区	专题自定	依竞赛要求
建筑面积	2500m²	4000m²	3000m² 左右	依竞赛要求

1　课程设计训练要点

以上两种课程设计题目的训练要点均包括：概念与图解、功能与空间、建筑与环境等。这些训练要点从建筑的本原、本性问题出发，是基于建筑本体要素的考量。

1.1　概念与图解

由设计概念出发，注重概念与建筑形体生成之间的连续性、对应性，以及逻辑关系。即设计概念是出发点，空间操作是手段，而形体生成是结果。设计概念没有一定之规，但要求有明确的设计主旨，可从建筑周边环境的物质空间、社会生活，或建筑类型自身发展趋势等层面抓住问题，获取灵感。图解分析可以清晰阐述设计概念，也可以反过来辅助和影响设计概念的逻辑生成，以逐步培养学生建立批判的立场、独立的思考，以及敏锐的洞察力。

设计概念的强调贯穿于本科三年级课程设计的始终。在一个课程设计当中，原初的概念也往往在中期和后期各种复杂的事物操作中被遗忘或抛弃，导致最后呈现的结果跟原初的概念之间缺乏关联。因此，需要指导教师在课程设计过程中的各个阶段，帮助学生不断推进、理清和深入其设计概念，最终将设计概念逻辑清晰地落实于形体生成和空间操作当中（图1）。

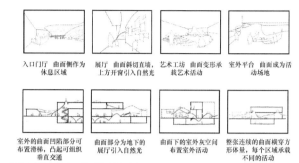

入口门厅　曲面侧作为休息区域	展厅　曲面斜切直墙，上方开窗引入自然光	艺术工坊　曲面变形承载艺术活动	室外平台　曲面成为活动场地
室外的曲面凹陷部分可布置滑梯，凸起可组织垂直交通	曲面部分为地下的展厅引入自然光	曲面下的室外灰空间布置室外活动	整张连续的曲面横穿方形体块，每个区域承载不同的活动

学生：孙琦　指导教师：杨菁

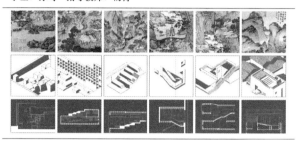

学生：郑祺　指导教师：辛善超、张睿

图 1　概念与图解优秀学生作业范例

1.2　功能与空间

空间是现代建筑的核心也是灵魂，当空间开始被体块要素所捕获、围合、塑造和组织的时候，建筑便产生了。空间如同自由一般，难以把握，它以模糊性、透明性和层次性取代确定性。[2] 对建筑功能与空间的训练与培养，有助于形成更具本体层面意义的建筑教学思想和方法。

空间组织和操作是本科三年级建筑设计课程训练的基本核心之一。考虑到与本科二、四年级建筑设计课程的递进与衔接，本科三年级的空间操作希望以更扎实的功能训练作为基础和支撑。功能的复杂性和灵活性最终体现为空间的多样性和趣味性。

在所有现代建筑的矛盾着的理想之中，今天没有任何理想被证明其重要性能超过创造一个有人情味的环境。[3] 课程设计教学中要求学生将纯粹的空间形态研究转向关注人文心理所需要的空间场所营造，把人的活动引入对空间的研究讨论中，使空间成为更具有吸引力的、特征鲜明的、有情感的、内涵丰富的场所（图2）。

1.3　建筑与环境

该训练要点为如何处理城市复杂环境中的建筑。掌握设计过程中建筑的生成规律，并通过建筑形体、外部空间设计了解建筑与复杂环境的关联性，以拓展学生的设计潜力。注重培养学生从物质空间和社会生活两个层

445

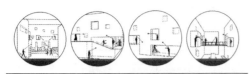

学生：许慧；指导教师：李伟

学生：杨凯帆；指导教师：杨菁

图2　功能与空间优秀学生作业范例

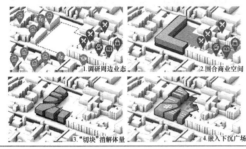

学生：穆荣轩；指导教师：冯刚

学生：任英辉；指导教师：辛善超

图3　建筑与环境优秀学生作业范例

面处理建筑与城市密不可分的关系。在一个城市尺度范围内，引导学生精心考虑设计定位：是复制和延续一个场所的现有结构肌理，与周边融为一体；抑或作为城市空间中一个重要标识，而呈现出独立的特质。[4]

课程设计"美术馆＋"选址于历史街区，关注建筑与城市的关系，强调建筑的文化和艺术属性。而"＋"更多的是从社会生活层面出发，从周边市民的利益和需求出发。以期学生在城市调研和认知的基础上，有更多的创新性和洞察力的展现（图3）。

对建筑所处城市环境的熟悉和了解，并不是仅仅停留于用语言去清晰描述，而是能对周边环境的各种信息反复进行有目的的分析、综合和评估。创造力常表现为对现有信息进行原创性加工处理的能力。一个设计并不能解决所有问题，因此培养和强化学生对城市环境复杂信息的选择性观察，以及聚焦矛盾的能力非常关键。

2　课程设计训练要点的拓展

天津大学建筑设计专题课程模块建立由低年级到高年级的纵向贯通模式，以低年级知识储备为基础，逐步实现高年级知识深度和广度的拓展。本科三年级课程设计在春季学期利用10周时间进行自选专题设计，在时间安排上给予较充分的周期，推进传统的"知识导向型"设计向"研究导向型"设计转变。教学计划在保证学生全面设计能力训练的基础上，强化综合能力与个性化的培养。

"教学即研究"，专题设计题目由年级组教师结合各自所擅长的研究方向提供多元设计课题，在以科研带动教学的同时，向学生传授相关方向的理论知识、前沿成果、设计方法等。[5]自选专题题目提供更加多元化、更深层次的具有社会学、生态学、文化学等层面的思考与探讨。同时，各专题之间也会兼顾设计难度、建筑规模、成果呈现的相对均衡。专题设计鼓励学生在拓展的专业领域中找到自己的兴趣与特长。（表2，图4）。

建筑学本科三年级2020—2021学年自选专题设计题目　表2

专题题目	建筑功能	建设基地	建筑面积	训练侧重
符码转译：形式的逻辑与意义的回归	自拟	自拟	3000m²	寻找对自己有意义的源文本，将其转译为建筑，创造性的满足具体的使用功能需要
古典园林之现代转译：建筑学院展览及校友活动中心	活动中心	校园	3000m²	挖掘传统建筑文化的潜在特性与内在精神，找出继承文脉的理性思路，对其实现现代性解读
几何·山水·诗画：山地灵修文化社区设计	社区中心	承德避暑山庄	3000m²	选取一个或多个景点题名，将其诗画意境与建筑单体结合，在场地内择址创作
	灵修会所		1500m²	

专题题目	建筑功能	建设基地	建筑面积	训练侧重
参数化设计:居住胶囊	居住	自拟	不限定	从组织模式到参数化体系结构的建造:组织模式——参数化原型——原型转译——设计生成
水利馆绿色改造	自拟	校园	不限定	对现有建筑空间和结构进行分析,结合绿色设计概念,提出改造方案
原型转译与场所构建——垂直聚落·古文化街观光中心	游客中心	天津鼓楼	2500m²	选取斗栱、墙、屋顶、合院等原型,在垂直维度重构富有中国传统文化观的场所空间
基于自主学习模式的大学学习空间设计	自拟	校园	3000～5000m²	将"自主学习"概念及其核心内容转化为一种特定的大学校园空间模式
山地生态建造:河北阜平气象站设计	气象观测站	河北阜平山地	2500m²	采用适当独特的结构选型和建构方式,设计与自然和地形融合的建筑
重木结构建筑——低碳建筑研究中心	研究中心	校园	2500m²	整合绿色建筑的被动设计策略和主动技术,探索重木结构建筑的结构形式和建构方法

学生:田宇　指导教师:汪丽君

学生:刘轩　指导教师:张向炜

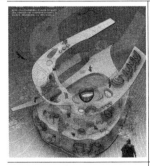

学生:杨钧然
指导教师:杨菁、王迪

学生:黄昱铭
指导教师:张睿、辛善超

学生:田秋实
指导教师:邹颖

学生:吾婉琳
指导教师:荆子洋

学生:李洋、王浩翼　指导教师:许蓁

图4　专题设计优秀学生作业范例

必选指定设计题目与自选专题设计题目,这两种具有差异性的课程设置,从两个维度让学生得到两者之间具有张力的基本训练与拓展训练。两种设计题目的设置相得益彰,相互补充与强化。

3　结语

当今,数字技术、人工智能、绿色生态等为代表的新技术、新理念对各行各业都产生了深远的影响,未来充满了多元和不确定性。但是建筑学的价值判断标准没有变，建筑的基本目标没有变，那就是建筑要满足人的物质和精神需求。警惕本科建筑设计教学偏离建筑基本原理和基本规律这些核心的教学内容，而转向深奥莫测的建筑哲学思辨或者求奇求异的建筑形态炫技。天津大学建筑学本科三年级课程设计贯彻"必选指定设计题目＋自选专题设计题目"的教学框架，逐层递进地培养和提升学生的自主学习能力、逻辑思维能力，以及抽象能力、批判能力和创新能力。

主要参考文献

[1] 蔡永洁. 变中守不变：面向未来的建筑学教育［J］. 当代建筑，2020（3）：126-128.

[2] （荷）赫曼·赫茨伯格，建筑学教程2：空间与建筑师［M］. 刘大馨，古红缨，译. 天津：天津大学出版社，2017.

[3] （英）彼得·柯林斯. 现代建筑设计思想的演变［M］. 英若聪，译. 北京：中国建筑工业出版社，2003.

[4] （德）赖因博恩，（德）科赫，城市设计构思教程［M］. 汤朔宁，郭屹炜，宗轩，译. 上海：上海人民美术出版社，2005.

[5] 顾大庆. 一石二鸟——"教学即研究"及当今研究型大学中设计教师的角色转变［J］. 建筑学报，2021（4）：2-6.

陈科 常远

重庆大学建筑城规学院，山地城镇建设与新技术教育部重点实验室，国家级实验教学示范中心；240836207@qq.com

Chen Ke Chang Yuan

School of Architecture and Urban Planning，Chongqing University；Education Ministry Key Laboratory of urban Construction and New Technologies of Mountainous City，National Experimental Education Demonstration center

基于"泛设计思维"的创新创业教育：理论探讨与实践探索

Innovation and Entrepreneurship Education based on "Pan-design Thinking"：Theoretical and Practical Exploration

摘　要：创新创业教育应注重创新与创业在教育过程中的共生关系，而建筑学专业背景的创新创业教育面临着特殊的挑战和机遇。笔者尝试进行基于"泛设计思维"的创新创业教育的理论探讨与实践探索。"泛设计思维"来源于"泛设计"与"设计思维"两个概念的结合。在"共情受众—明确问题—提出策略—拟订方案—测试优化"五环节中突破专业局限涉猎多个设计领域既为学生学习创新创业提供了内容要点，也启示了教师指导创新创业训练的方法途径。

关键词：创新创业教育；泛设计；设计思维；人才培养

Abstract：The symbiotic relationship between innovation and entrepreneurship in the process of education is very important for innovation and entrepreneurship education，while such education with architectural background is facing special challenges and opportunities. The author tries to explore the theory and practice of innovation and entrepreneurship education based on "Pan-design thinking". "Pan-design thinking" comes from the combination of the two concepts of "Pan-design" and "design thinking". In the five link section of "empathy with the audience-clarifying problems-proposing strategies-formulating plans-testing optimization"，breaking through professional limitations and dabbling in multiple design fields not only provides the content points for students to learn innovation and entrepreneurship，but also enlightens the methods and ways for teachers to guide innovation and entrepreneurship training.

Keywords：Innovation and Entrepreneurship Education；Pan-design；Design Thinking；Personnel Training

1　前言

高校创新创业教育是以创新能力培养为基础，融入创业教育，并以创新与创业行为为教育的目标导向，培养大学生创新创业意识、思维方式和创新能力的一种新教育理念。[1]创新创业教育的定位应注重创新与创业在教育过程中的共生关系，以"创新"为体，以"创业"为用。创业是手段，创新是源头，重点在教育。[2]

建筑学专业背景的创新创业教育面临着特殊的挑战和机遇。首先，以建筑物为载体的创新创业教育存在明显的局限性。一方面，建筑物修建的巨大成本和复杂因素是一般意义上的教学资源所难以支撑的；另一方面，如果只设计而不修建，那么创业教育的实践性特征又难以体现。其次，建筑学专业学生的职业方向呈现出多元化发展趋势，进入建筑以外多个设计领域的创新创业人才层出不穷，通专结合的建筑学人才培养模式呼唤与时代发展相适应的创新创业教育。

基于上述背景，笔者尝试进行基于"泛设计思维"的创新创业教育的理论探讨与实践探索。

2 基于"泛设计思维"的创新创业教育理论探讨

2.1 "泛设计"与创新创业教育

某专业的设计者涉足多个设计领域可以称为"泛设计"。[2] "泛设计"既紧扣建筑教育专业核心，又具有跨学科的通识属性，还顺应职业方向多元化发展，因而可以作为建筑教育的一个通专结合点。[3] 多个设计领域包括但不限于：建筑设计、景观设计、室内设计、装置设计、产品设计、活动设计等。

对于建筑学专业背景下的创新创业教育而言，"泛设计"的引入一方面能提供更加多元的设计对象和更具现实可行性的实践机会。另一方面，也提示指导教师应针对该教育的特殊性进行特定的教学设计。

2.2 "设计思维"与创新创业教育

"设计思维"（Design Thinking）被认为是一套关于创新式解决问题的方法论体系。[4]

诺贝尔奖获得者，经济学家 Simon 于 1969 年在他的著作《人工科学》中提出设计作为一种思维方式。哈佛大学设计学院教授 Rowe 在 1987 年出版的《设计思维》首次使用了设计思维这个概念。1992 年，Buchanan 发表了"设计思维中的难题"的文章，指出设计思维可以扩展到社会生活的各个领域。2005 年，斯坦福大学建立了名为 d. school 的设计学院，给出了包含五个阶段的设计思维过程模型：同理心—定义—概念生成—原型化—测试。设计咨询公司 IDEO 的设计思维实施流程则包含相似的五环节：发现—解释—构思—实验—进化[5]。

值得一提的是，一些国家和地区的教育机构日渐意识到，教育领域是一个最为巨大且综合性最强的人工系统，因此将设计思维引入教育系统才能解决教育的许多根本问题。[4]

综合上述，笔者认为基于设计思维的创新创业教育可着重训练以下五环节：共情受众—明确问题—提出策略—拟订方案—测试优化。

2.3 基于"泛设计思维"的创新创业教育理论框架

"泛设计思维"来源于"泛设计"与"设计思维"，旨在强调设计领域的多样性，以及创新的过程性。

"泛设计思维"为学生学习创新创业提供了内容要点：从满足和激发受众的多元需求出发，而不是从个人兴趣或经验出发（共情受众、明确问题）；从多个领域（泛设计）出发解决复杂的现实问题（提出策略、拟订方案）；不断地实践方案，获得受众反馈，反思问题和策略，进而持续优化方案（测试优化）。

"泛设计思维"也启示了教师指导创新创业训练的方法途径：指导教师应进行专门的教学设计（泛设计），基于学生的学习基础、创新创业经验和发展需求（共情受众），设定适宜的创新创业教学目标（明确问题），设计适宜的教学组织形式承载丰富的教学内容（提出策略、拟订方案），并且在教学实施过程中不断收集反馈信息，进行教学反思和教学优化（测试优化）（图1）。

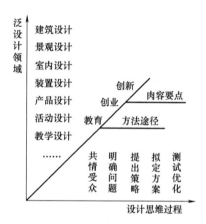

图1 基于"泛设计思维"的创新创业教育理论框架

3 基于"泛设计思维"的创新创业教育实践探索

笔者基于"泛设计思维"的创新创业教育实践探索包括主讲"泛设计"创新实践课程、指导多个大学生创新创业训练项目等。限于篇幅，下文以其中一个项目为例展开详细论述：国家级大学生创业训练项目"不止工坊——创意设计产品与服务互动平台"。该项目前身为大学生自主经营的位于校园内的一家小型咖啡馆。由于相邻的多家校园咖啡馆同质化竞争等复杂原因，该咖啡馆经营状况不佳，时常亏损。笔者基于泛设计思维，以创新推动创业，带领学生进行了一系列实践探索，取得了显著效果。

3.1 共情受众

明确受众及其需求是创业的起点。店铺位于高校校园内，紧邻校门附近的步行通道。因此，店铺的受众主要来自高校师生和附近居民（本项目时间为疫情前数年，当时校园采取开放式管理）。其中，经常路过店铺的人群是最主要的潜在顾客。

与此同时，在半径 50m 范围内就有其他 3 家校园咖啡馆。对于顾客而言，几家咖啡馆提供着十分相似的内容满足其多元需求。值得注意的是，顾客的认知需求和自我实现需求是否能通过咖啡馆提供的内容而得到满足尚不明确（表 1）。

基于马斯洛需求层次理论的顾客多
元需求与咖啡馆提供内容关系分析　表 1

顾客多元需求	咖啡馆提供的内容
生理需求	饮料和点心
安全需求	有一定庇护感的空间
情感和归属需求	与亲友共处的小环境
尊重需求	餐饮类服务
认知需求	尚不明确
审美需求	具有美感的食物和空间环境
自我实现需求	尚不明确

在创新创业教学层面，笔者发现经营咖啡馆的几位学生更多的是从个人兴趣爱好出发进行创业，并未充分将建筑学专业的相关知识和技能迁移到店铺经营中。也就是说，学生需要寻求适宜的途径以发挥其才能，需要得到合适的引导以激发其潜能。

3.2 明确问题

通过共情咖啡馆顾客需求，笔者引导学生梳理出店铺创业的几点主要问题。

1) 在食品和空间环境层面，店铺与相邻的几家咖啡馆相比并没有明显优势，甚至还有劣势：店铺门前有多级台阶，室内外高差大，视觉景观效果差；室内环境较为普通，缺乏审美特色。

2) 顾客归属需求的满足与店铺的关联性较弱，店铺没有主动为顾客创造与更多人建立某种情感联系和集体归属感的机会和条件。

3) 顾客对咖啡馆的惯常体验使其缺乏认知需求和自我实现需求被满足的诉求。也就是说，顾客的诸多潜在需求未被激发。

从创新创业"教育"的角度来看，笔者认为学生现阶段尚难以将专业知识和技能灵活地迁移到真实而复杂的创新创业情境中，而掌握与之相关的思维方式和行动方法正是创新创业教学的主要目标。

3.3 提出策略

基于上述学情和教学目标，笔者采取的创新创业教学策略是：以指导教师深度参与的方式，带领项目组学生通过多个领域的设计实践，创造性地解决创业中遇到的主要问题。

1) 因地制宜地优化店铺室内外空间环境和总体视觉印象，提升顾客的审美感受。

2) 依托咖啡馆实体环境，提供以创意设计为特色的产品与服务。激发顾客好奇心和探索欲。促使具有相同兴趣的陌生人在店内相遇、相识，建立与店铺紧密相关的情感联结与群体归属感。

3) 结合建筑学专业特色和设计能力优势，研发文创产品与互动活动，以发挥顾客的个人才能，激发其创意设计潜能，满足其自我实现的需求。

3.4 拟订方案

1) 环境设计方案

在台阶上增设多个匹配台阶尺寸的植物种植箱，用绿化景观改善台阶的生硬感，提升店铺入口空间视觉美感；室内空间大量摆放突出设计文化特点的物品，包含学生设计制作的建筑方案模型、设计类书籍和多种文创产品等。

2) VI 设计方案

VI（Visual Identity，视觉识别系统）设计被认为是最外在、最具有传播力和感染力的设计，而建筑学学生往往具有一定的视觉设计学习基础。本项目的 VI 设计以不止工坊的标识设计"不止＋"为核心，应用到店铺招牌、会员卡、印章、纸巾等物质载体。

3) 产品设计方案

基于建筑专业技能，包括利用手工、激光切割和3D 打印等不同技术手段，设计制作灯具、笔筒、笔记本和桌面摆件等。

4) 活动设计方案

研发适合多名非专业人士同时参与的泛设计实作活动，由实践经验丰富的指导教师主持，展示其泛设计作品，讲解设计和制作要点，引导顾客自由构思、独立完成设计和制作，并当众介绍作品，交流设计实践心得（图 2）。

环境设计:台阶绿植与突出创意设计文化特点的各类物品

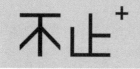

VI设计:工坊标识设计,应用到招牌、印章、卡片等物品

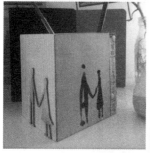

产品设计:基于建筑学专业技能设计制作的若干创意产品

活动设计:由指导教师示范主持的第一次设计实作活动

图 2 基于"泛设计思维"的若干方案实施情况

3.5 测试优化

将上述方案实施一段时间后,店铺的顾客量和营业额均显著增加。与此同时,笔者引导学生留心观察顾客

行为,及时收集顾客反馈意见,通过多次头脑风暴和持续的泛设计实践,不断提出和实施创新方案,使得店铺人气和收益进一步提升。

"环境设计 — 装置设计"一体化:高人气的水写布互动装置

"VI设计—产品设计"一体化:融入工坊标识的文创产品

活动设计系列化:"桌面建筑"和"节日玩具"系列设计实作

"产品设计—活动设计—展陈设计"一体化:满足顾客多元需求

图 3 基于"泛设计思维"的优化方案实施情况

1)"环境设计—装置设计"一体化方案:除了台阶绿植,增设一个公共互动装置——水写布涂鸦板。该装

置引起了大量路人的好奇和兴趣，从最初的匆匆一瞥，到驻足观看，再到动手尝试。很快，该装置为店铺门口的高人气"景点"，引导越来越多的人拾级而上。

2）"VI设计—产品设计"一体化方案：基于工坊标识设计衍生产品，包括带有工坊完整标识"不止＋"的布袋、笔记本等，以及只带有部分标识"＋"的文件夹布套等。此类产品既可以作为商品销售又可以作为促销礼品，成为传播设计文化和强化品牌形象的重要元素。

3）活动设计系列化方案：将颇受欢迎的设计实作活动的主题做成若干系列，而不是简单重复，吸引顾客持续多次参与。包括"桌面建筑"系列和"节日玩具"系列。

4）"产品设计—活动设计—展陈设计"一体化方案：项目组师生研发的文创产品可以作为设计实作活动的参考样品，而顾客在设计实作活动中的作品又可以在店铺乃至更加公共的空间中进行一段时间的展陈，既满足了顾客的自我实现需求，又增强了店铺与顾客的情感联结，还激发了更多潜在顾客的好奇心和探索欲（图3）。

4 结语

可以看到，在"共情受众—明确问题—提出策略—拟订方案—测试优化"五环节中突破专业局限涉猎多个设计领域既为学生学习创新创业提供了内容要点，又启示了教师指导创新创业训练的方法途径。

真实的创新创业情境往往是复杂而综合的，创造性地解决问题常常有赖于多个设计领域的相互关联和互相支撑。事实上，建筑学专业学习的综合性实际上已经为"泛设计"实践打下了良好基础，而泛设计实践领域的多样性和灵活性又使得设计思维五环节"共情受众—明确问题—提出策略—拟订方案—测试优化"能够相对容易地在创新创业训练中完整实现。

对于指导教师而言，应充分认知创新创业教育与专业教育的联系和区别，基于"泛设计思维"有意识地做好创新创业教学设计，与学生充分共情，根据实际情况灵活地采取启发、引导、示范等不同教学方法，确保创新创业教学过程的完整性和有效性。

如何发展和完善基于"泛设计思维"的创新创业教育，仍需要更多的理论探讨和实践探索。

附录

国家级大学生创业训练项目《不止工坊——创意设计产品与服务互动平台》（已结题）

团队成员：林晓婕、张晶茗、江攀、邰舒婷、杨阳、游晋

指导教师：陈科

主要参考文献

[1] 石丽，李吉桢. 高校创新创业教育：内涵、困境与路径优化 [J]. 黑龙江高教研究，2021（2）：100-104.

[2] 张永和. 非常建筑的泛设计实践 [J]. 时代建筑，2014（01）：50-52.

[3] 陈科，冷婕. 建筑教育通专结合中的"泛设计"教育探索 [C] //2019中国高等学校建筑教育学术研讨会论文集编委会，西南交通大学建筑与设计学院. 2019中国高等学校建筑教育学术研讨会论文集. 北京：中国建筑工业出版社，2019，10：348-351.

[4] 林琳，沈书生. 设计思维的概念内涵与培养策略 [J]. 现代远程教育研究，2016（6）：18-25.

[5] 李彦，刘红围，李梦蝶，袁萍. 设计思维研究综述 [J]. 机械工程学报，2017，53（15）：1-20.

朱莹 李心怡

哈尔滨工业大学建筑学院，寒地城乡人居环境科学与技术工业和信息化部重点实验室；duttdoing@163.com，18304422816@163.com

Zhu Ying Li Xinyi

School of Architecture，Harbin Institute of Technology；Key Laboratory of Cold Region Urban and Rural Human Settlement Environment Science and Technology，Ministry of Industry and Information Technology

建筑史论课程"美育"体系的构建、融贯与实践研究 *

Research on the Construction，Integration and Practice of the "Aesthetic Education" System in the Architectural History Course

摘 要：本文以建筑学的专业核心建筑史论课程为典型课程，论述了教学改革实践下的"美育"内核的建立，并提出了以培养学生美的研究与创作能力为目标，坚持授课传统的"两个理念，一个走向"，在"美育"主线下贯穿多维教学线索的一线教学改革实践方法，构建建筑史论课程"美育"体系。

关键词：美育；建筑教育；建筑史论课程

Abstract：This paper takes the professional core architectural history course of architecture as a typical course，discusses the establishment of the core of "aesthetic education" under the practice of teaching reform，and proposes the "aesthetic education" system of architectural history course that aims to cultivate students' aesthetic research and creative ability，adheres to the teaching tradition of "two concepts，one direction"，and runs through the multi-dimensional teaching clues under the main line of "aesthetic education".

Keywords：Aesthetic Education；Architectural Education；Courses on the History of Architecture

美育，指培养学生认识美、爱好美和创造美的能力的教育，也称为美感教育或审美教育，是全面发展教育不可缺少的组成部分，也是一个不断"化成"真正立体的人生现实的精神实践活动。[1]

建筑学专业建筑史论课程，涉及建筑学下设的建筑设计、城市规划、景观设计、数字媒体设计等专业的历史与理论课程，历经三代人、三次革新，奠定以阐释性史学和黑箱型思维为授课特点，提出描述性与阐释性史学结合、建筑师研究与美学思潮评介相结合等，教研互补充、本硕博互支撑的全局构架，并与时俱进激发国际资源共建、美育思政引领，数字技术支撑的建筑史论的教与研的新方向，在信息时代的建筑教育中寻找史论课程新的链接热点、增长领域、整合体系。"美育"的凸显，无疑为 21 世纪的建筑史论课程教学目标和人才培养，构建了新的平台和视角、融贯了新的线索和途径、实践了新的能力和素质。

1 "美育"内核的构建

1.1 与时代共"大美"

建筑是社会精神、时代变迁、技术革新，文化艺术等的创造和表征，具有物质和精神的两重性。从建筑史论课程的外延到内核，从时代语境、地方语境、再到技

* 项目支持：黑龙江省教育厅教育教学改革研究项目（SJGY20200224），黑龙江省教育厅教育教学改革研究项目（SJGY20190208）。

术、艺术、文化、经济、政治、哲学等影响和制约发展因素的细分，形成从外延影响因素解析内核思想的"时代之于建筑"的历史梳理和理论阐释，从内核思想透析外延时代精神的"建筑之于时代"的美学挖掘。

1.2 与学科共"培育"

当下，多学科交融、交叉渗透的趋势日益显现，自然、技术、艺术、社会的四个向度，构成了学科发展的四种生长，也是学科的"进化"。自然是生存的根本，敬畏抑或改造，征服和被征服；以技术为导向的建筑学史论课程体系生长，凸显新的技术理念、方法等对专业的引领；艺术通过审美成为反思与批判的力量，对时代进行拷问与推动；经济具有决定性作用，是时代的社会文化的表征。四种向度，促进着建筑学建筑史论课程内容的整体进化，既是动力也是线索、既是方向也是内容，在"自然—人—环境"之间，模糊固有边界，探讨三者的共生。

建筑学建筑史论课程是培养创作"美"的审美与思辨能力。建筑学史论课程的讲授，在"美育"平台上、在多维向度里、在学科交融的体系中，引导学生理解现实现象和问题，找寻过去发展中的症结和渊源，理性和精准地认清现实。实现和提升学生身心的平衡、升华大爱的品格、创作艺术至美的境界。

2 "美育"体系的融贯

建筑学建筑史论课程作为建筑学专业必修与核心课程，是培养创作"美"的审美与思辨能力。以建筑学建筑史论课程为类型（图1），"美育"体系的构建需要研究三个问题：如何在建筑史论课程中构建"美育"内容体系；如何在建筑史论课程中打破中西、古今及多学科、多专业的壁垒和鸿沟，以多维向度、多维触角形成美育内容的层级融贯；如何以建筑史论课程为典型课程，借一线课堂实践对同类型课程进行类比和渗透。

2.1 "美育"目标下课程传统的坚守

建筑学科史论课程的授课传统始终坚守"两个理念，一个走向"。

第一个理念是对建筑遗产的认识：将建筑传统区分为"硬传统"和"软传统"。建筑学史论课程不应仅停留于硬传统的认知，更应深入到软传统的探索；第二个理念是对建筑史论课程教学目的的认识：史论课程的作用，是了解建筑的基本知识及发展历程，认知建筑的文化遗产，提高理论修养，最重要的是，"有助于培养建筑创作的黑箱型思维"。黑箱型思维的一大特点就是——虽然无法探清黑箱的内部结构，但是可以观测其输入端与输出端及相互关系，推论黑箱的内部联系，也即黑箱方法。[2] 史论课程中以案例评析为典型，历史上的实存建筑，就是历史建筑的输出端；建筑的历史背景、环境制约条件就是历史建筑的输入端，建筑史讲的正是这两端（图2）。通过学习建筑史，有助于从输入和输出的两端来包抄建筑创作思维黑箱。

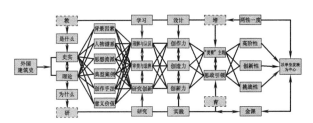

图2 建筑史论课程的"黑箱型"讲授思维

"一个走向"即"从描述性史学走向阐释性史学"。如果说描述性史学是停留在回答"是什么"，那么阐释性史学则要追问"为什么"，需要解读、阐释，从知其然上升到知其所以然，偏重现象背后的规律性"软分析"。

"美育"体系通过理念传统坚守和课堂一线实践，以美育的目标为指引，以"两个理念，一个走向"为维度，从描述性走向阐释性，从硬传统走向软传统，构架课程体系，培养"黑箱型"创作思维，即为建筑学建筑史论课程的体系构建。

2.2 "美育"主线贯通下课程教学线索的互生

在建筑学史论课程的讲授中，以何种视角、主线或格局去审视、理解和前瞻尤为重要。首先需要一条主线，形成时空连续发展的纵向贯通，将古往今来繁杂而

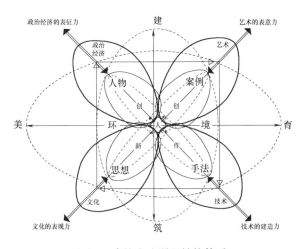

图1 建筑史论课程结构体系

庞大的史论内容，贯穿为彼此关联、因果相生的一体，并建构出单一学科史论课向多学科史论课生长的横向贯通的辅线，即科学、艺术、文学、经济等多维向度，形成横纵交织的主辅结构。

"美育"教学主线下，过去与现实传承"美"的关照、过去与未来沿袭"美"的借鉴。建筑学建筑史论的诸多课程，都是浩大人类语境中不同学科、专业领域细分的产物，它们的美的创作和创造，反映和诠释了人类对宇宙的解码、自然的认知，持续且不倦地探寻"人—地"关系和谐模式的过程、"人—环境"共生的全息周期的途径，是课程所秉持的教学思路和线索的所在。[3]

"美育"体系以"美育"为主线、以时代特征和学科特征为辅线，探讨时下适应时代发展的建筑学建筑史论课教学方式，以期在主线贯通与辅线交织下，跨越专业历史的古今时间鸿沟，中西文化差异，引导学生以"人—地"和"人—环境"为视角，多语境、多角度、多学科和多领域地感知历史的多维之美，培育学生自身的历史观、专业素养及对学科的创新力，即为建筑学建筑史论课程的层级线索贯通。

2.3 目标拓展下课程教学体系的互明

信息时代的历史，一方面有着虚拟世界穿越的可能，另一方面有着数据模拟未来、数字技术建构大美的期许。科技的快速发展之下，如何引导学生挖掘历史背后不断向未来延伸的美学价值，是立足于当下历史教育视野所在。未来已来，传统仍在，历史中仍有很多隐藏在表象背后等待发现和揭示源头，更需要立足现实的回到历史之源的揭示。

"美育"体系是在"美育"主线下对历史资源的穿针引线，在"美育"平台上对历史过往的思辨和总结，在"创作"目标下对历史经典的古今关照。借助数字技术的复原、虚拟技术的再现，以"数字遗产"链接未来，以对历史的美的阐释、解析、思辨、转化和升华是让历史走进未来的途径之一，即为建筑学建筑史论课程一线教学实践改革。

3 "美育"实践的拓展

21世纪的今天，诸多新技术、新革新、新发展不断冲击，诸多城市与建筑问题从不同层面在现实中纠结缠绕、彼此牵制，历史课的揭示和寻脉尤为关键。在"美育"目标的引领下，将建筑学史论课程群凝练为对"美"的创作的解析、评介、引导学生学习和掌握"美"的创造原则、创作手法和思想。进一步而言，美育目标

的确立不仅可以厘清单一学科史论课的繁复内容形成主干，也可链接相关科学史论课的体系形成互生。

通过"美育"与建筑学建筑史论课程教学的融揉，凸显美育实践的几个拓展：第一，侧重教学从单一到多元，从无形到有形；课程内容专题性整合，构架美育主线、思政辅线、多元向度关联互生的有机体；合理介入信息技术，基于虚拟仿真实验室，拓展美育体系与建筑史论教学相融合的新趋向。第二，侧重从理论到实践，从抽象到有用；以美育对接建筑设计，引导古为今用、古意今解的建筑遗产保护与利用实践。与美育对接建筑理论，引导古今穿越、古意今心的代表建筑师、建筑美学研究。第三，侧重从坚守到突破，从泛讲到精品；以美育为依托，传承中国建筑美学研究、西方建筑美学研究。第四，侧重从全面培养、精准培育到"大美之才"的美育主导、思政领衔。立足设计之美：创造之美、创作之美、创新之美；挖掘理论之美：关注时代、响应时代、引领时代之美；强化实践之美：美的城市、美的乡村、美的建筑遗产保护与再生。

4 结语

建筑学史论课程是培养创造"美"的理解和认知能力。建筑学要培养有文化品位的建筑师，首要是理解我们这个时代的社会、哲学、科学等新观点和新理论。只有将文化上升为建筑师的基本素养，才能提升创作的原创力和深刻性。

美育在高层教育的教学中，特别是以建筑学为代表的，为城市、乡村创造美的世界、为百姓创造美的环境、为大众创造美的愉悦的专业而言，至关重要。但其研究体系的构建，特别是横向中、外横跨的结构架构以及纵向多学科、多触角的渗透和融合尚不完善。加之时下数字技术、媒体媒介的新技术手段和平台对传统教学的冲击，建筑史论教学也面临着自身发展的局限和困难，慕课资源介入、教学方法、手段的变革也时不我待。

主要参考文献

[1] 朱莹，武帅航."美育"平台整合下史论课程教学内容的互融 [J]. 建筑与文化，2019（9）：15-16.

[2] 朱莹，仵娅婷."美育"目标拓展下史论课程教学体系的互明 [J]. 建筑与文化，2019（9）：17-19.

[3] 朱莹，屈芳竹."美育"主线贯通下史论课程教学线索的互生 [J]. 建筑与文化，2019（9）：12-14.

张文波　王昀

山东建筑大学建筑城规学院建筑系，ADA 建筑设计与艺术研究中心；610653445@qq.com

Zhang Wenbo　Wang Yun

Department of Architecture，School of Architecture &·Urban，Shandong Jianzhu University；Research Center of Architecture Design and Art

山东建筑大学二年级"ADA 建筑实验班"建筑设计教学改革与实践

Architectural Design Teaching Reform and Practice of ADA Architectural Experimental Class in the Second Grade of Shandong Jianzhu University

摘　要：长期以来，建筑学低年级的建筑设计课程教学研究一直是建筑教育领域探索的重要课题。近年，山东建筑大学二年级"ADA 建筑实验班"针对该课程的教学模式、教学框架与方法进行了系统性的探索。经过两年的教学实验与验证，该实验教学取得了普遍较好的教学成果。本文围绕该教学的课程框架、训练目标与教学组织进行归纳、梳理，全面概括了这一教学实验的过程与方法，希望为国内建筑设计教学的发展与改革提供借鉴性的研究思路。

关键词：建筑设计教学；ADA；建筑学

Abstract：For a long time，the teaching and research of architectural design courses in lower grades has been an important topic in the field of architectural education. In recent years，the "ADA Architectural Experimental class" in the second grade in Shandong Jianzhu University has systematically explored the teaching mode，teaching framework and methods of this course. After two years of teaching experiment and verification，the experimental teaching has achieved generally good teaching results. This paper summarizes and sorts out the curriculum framework，training objectives and organization of the teaching，and comprehensively summarizes the process and method of the teaching experiment，hoping to provide reference for the development and reform of architectural design teaching in China.

Keywords：Architectural Design Teaching；ADA；Architecture

1　缘起

作为地方性院校的建筑学专业，如何在建筑设计领域快速发展的时代探索出适合本校学生的教学策略、方法，培养适应时代发展需求的创新型设计人才，一直是山东建筑大学建筑学专业教学努力追求的目标。该校本科二年级"ADA 建筑实验班"建筑设计实验教学始于2020—2021 学年的第一学期，是在本科一年级"ADA 建筑实验班"建筑设计基础实验教学之后进行的第二阶段的实验课程。[1] 两者共同构成了本校建筑学低年级阶段的整个建筑设计教学的实验环节，开辟了这一专业学习从快速入门到专业进阶的全新教学方法。

2 课程框架与特点

本科二年级"ADA 建筑实验班"的课程框架与以往建筑设计教学中以"功能"为主线的课程框架不同。这一课程框架以建筑要素训练作为组织原则，包含结构、人体与尺度、光影、场景、空间精神、功能、未来视觉等要素。这些要素根据训练步骤分布于 10 个训练单元当中，其中第一学期包含 4 个训练单元，剩余 6 个单元分布于第二学期，如图 1 所示。

该课程框架不同于以往建筑设计课程的"长题"训练模式，而是以"短题"为主，具有训练单元密度大、节奏快、强度高、目标鲜明的特征，如图 1 所示。这种"短题"训练模式更加接近于实际工程项目的工作节奏，同时由于训练目标各具特色的原因，保证了同学们在学习过程中的新鲜感，避免了"长题"模式下因重复要求而造成的"疲劳感"。每个要素作为训练单元的主题，围绕该主题进行建筑方案练习和设计两个环节的训练。在具体训练单元下，虽然每位同学需完成相应的建筑方案设计，但是因各单元的训练主题不同，各方案的训练要求便有较大区别。这不同于以往建筑设计教学中追求每个建筑方案设计"全面"训练的要求。

序号	训练专题	训练环节	训练时长
1	杆件组合形态与观念赋予设计法	功能空间组合 / 杆件形态训练	5 周
2	"人体尺寸测量与尺度感"训练	人体尺寸测量 / 使用空间设计	3 周
3	"光"的收集装置训练	光的收集装置 / 空间中光的设计	3.5 周
4	场景与空间序列训练	故事脚本写作 / 场景分镜头绘制 / 故事场景设计	4.5 周
5	观念中的几何形与观念赋予训练	几何空间形式组合 / 建筑观念赋予	4 周
6	从功能到形式体块关系的训练	功能组织与分析 / 功能空间设计	2 周
7	建筑方案快题设计	学生自主完成设计	1.5 周
8	个体行为观察分析	调研与分析 / 室内空间改造设计	1.5 周
9	社会集体行为的观察分析	调研与分析 / 建筑空间改造	2.5 周
10	未来视觉单元训练	未来形式探索 / 观念赋予	4.5 周

图 1 二年级"ADA 建筑实验班"课程框架
图片来源：作者自绘

3 教学单元

在制定好系统地教学框架之后，每个教学单元都具有什么具体训练目标、内容，以及如何组织和展开的，接下来，本章节将对每个训练单元逐一展开论述。

3.1 杆件组合形态与观念赋予设计法

1) 训练目标与训练内容

本单元主要围绕"杆件结构"围合而成的建筑空间形态进行设计训练。建筑中的结构杆件既是承受荷载的受力体系，同时也是建筑空间形式的重要构成和限定要素。如何将这些受力杆件满足以上两方面的需求，还能够符合视觉形式的美学法则，构成了该单元的训练目标。围绕这一训练目标，展开的有关建筑结构杆件的相关概念、构成要素、组织逻辑、组合形态构成了本单元的训练内容。

2) 教学组织

从教学单元的组织架构而言，这一部分教学分为前后两个阶段的训练。前一阶段训练，要求以"几何空间形态与观念赋予设计法"完成具体建筑方案平面的设计训练。后一阶段则是在这些平面基础之上，赋予杆件结构体系，进而形成以杆件视觉形式为主的建筑形态。在建筑立面与剖面下的这一形态，需同样满足"几何比例"的视觉形式法则。这样经过这两个阶段的训练，整个建筑内、外最终实现了杆件结构体系与视觉形式的统一，如图 2 所示。

该单元的训练时长为 5 周，在此期间，每位同学要求完成一个建筑方案设计（图 1）。

3.2 "人体尺寸测量与尺度感"训练

1) 训练目标与训练内容

人体尺寸是建筑空间尺度的标尺，而人体行为又是建筑功能产生的起点。每位练习者通过对不同人体行为的测量，认识到人体尺寸与建筑空间尺度之间的密切关系，构成这一单元的主要训练目标。该训练目标要求下，本单元主要训练内容包括两个层面，首先是人体行为和尺度认知练习，在此之上，依据人体行为和尺度进行建筑功能空间的设计训练。

2) 教学组织

针对以上训练目标和内容，教学组织层面前后分为两个阶段。第一阶段，围绕人体尺寸测量的训练以小组为单位进行组织，便于练习者之间进行协作测量。第二阶段，每位练习者获取身体行为的测量数据后，进而根据这套数据进行功能空间的组织与设计，如图 3、图 4 所示。

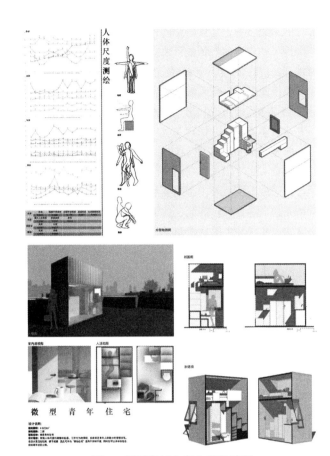

图 2 微型青年之家方案设计图

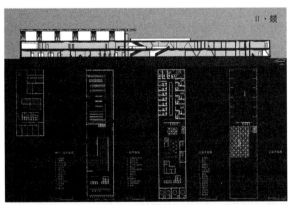

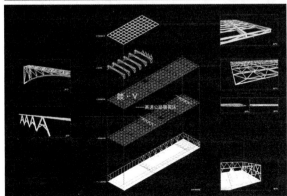

图 3 杆件组合形态与马念赋予设计作业

图 4 实体模型空间尺度感知

该单元的训练时长为 3 周,在此期间,每位同学要求完成一个"微型青年之家"的小型建筑方案设计。

3.3 "光"的收集装置训练

1)训练目标与训练内容

"光"是空间表现的重要构成要素,它不仅满足人的使用需求,同时对空间形式的塑造、空间氛围的渲染都发挥着极为重要的作用。练习者初步认知建筑中不同光的收集方式和作用,并应用到建筑设计中,达到具有艺术性的空间光影效果,是本单元训练目标。围绕这一目标,本单元展开对建筑中"光"的认知和设计两方面的训练内容。

2)教学组织

在教学组织方面,该单元按照训练内容要求分前后两个阶段。前一阶段进行"光"的收集装置制作练习。练习者制作不同的实物模型,在不同光照条件下,观察其内部光影效果,并进行视频和照片记录,感受光对于内部空间形式和氛围的影响。后一阶段,练习者在对"光"的收集方式和空间渲染作用有了一定认知之后,接下来,下来便是在具体的建筑方案中进行设计应用练习,通过设计实践,深化对"光"的这一主题的进一步认知,如图 5、图 6 所示。

图 5 光的收集装置模型

459

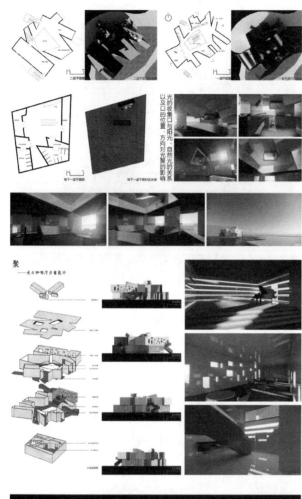

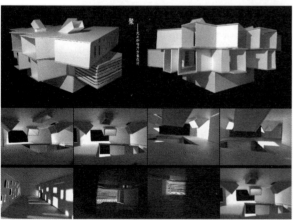

图 6 光影咖啡厅方案设计图

本单元的训练时长为 3.5 周，每位同学完成一个小型咖啡馆的建筑方案设计。

3.4 场景与空间序列训练

1) 训练目标与训练内容

早在建筑学本科一年级"几何空间与观念赋予设计

法"的单元当中，场景与空间序列的训练在这一单元当中进行了初步认知训练的涉及。但并未作为专题进行针对性训练。在本科二年级建筑设计课程的这一单元当中，围绕此专题进行系统训练，有助于提升练习者对于建筑空间序列的组织和空间布景能力的提升。

建筑空间既是人们日常生产、生活的客观环境，又是故事发生的重要场景。让练习者通过故事脚本的组织，将空间进行编排，利用空间形式、氛围及多种空间的组合形成满足故事发生需要的空间场景，这些构成了本单元的训练目标。因此，训练练习者对空间场景的初步认知，并将抽象的场景意象，转译为三维空间的场景成为该单元的主要训练内容。

2) 教学组织

根据教学内容需要，本单元分为三个部分进行训练。第一部分，每位练习者完成具有一定场景的故事脚本的写作。第二部分，练习者将文字脚本转译为图像场景。第三部分，根据前两部分的训练，练习者进一步转译为三维建筑空间场景，如图 7、图 8 所示。

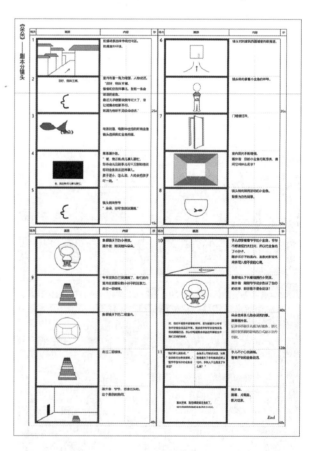

图 7 电影分镜头设计

这一单元的训练时长为 4 周，每位同学完成一个"作为电影场景的住宅"建筑方案设计。

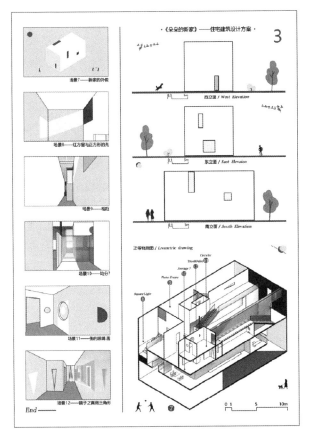
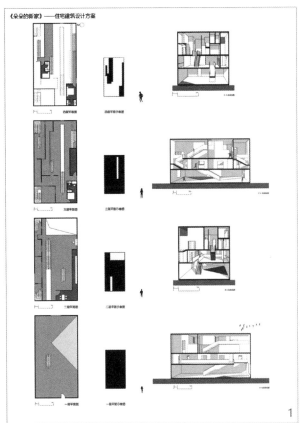

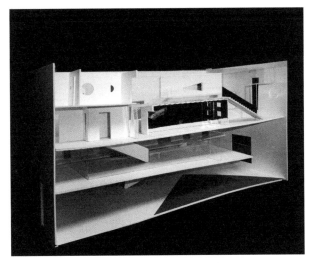

图 8　电影住宅场景设计图

3.5　观念中的几何形与观念赋予训练

1）训练目标与训练内容

"方形""圆形""三角形"是存于人类观念中的基本原型，是一种先验存在，同时也是我们认识世界的基本形式。这类几何原型先天存于人的观念之中，其形式承载着人的精神特质。但是随着人类社会的发展，由于视觉形式在表象刺激方面的优势，其传播和应用长时期以来掩盖了观念几何形的艺术表现力。本单元训练目标是一方面让练习者认识到建筑空间除却功能之外的空间艺术，另一方面则是学会运用这类基本几何原型设计具有精神性的建筑空间的能力。就训练内容而言，同样包含两个层面，一个层面是让练习者认识到建筑的本质是空间的艺术，这是区别于房屋的功能本质的，另一个层面就是围绕这些基本几何形的组合所构成的空间形式进行练习。

2）教学组织

这一单元的训练，从训练主题可以看出，这与之前以往的"建筑空间形态"训练的教学组织方式是一贯的，都是先"形式"训练再进行"观念赋予"。

该单元的训练时长为4.5周，每位同学完成同一个场地内2个不同的"艺术主题酒店"建筑方案设计，如图9所示。

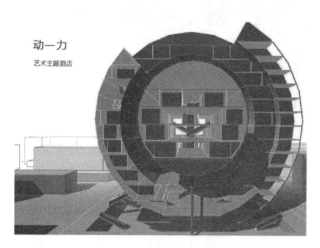

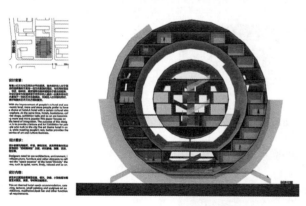

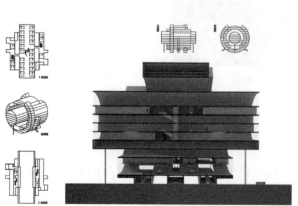

图9　艺术主题酒店方案图

3.6　从功能到形式体块关系的训练

1）训练目标与训练内容

上一单元的"观念中的几何形与观念赋予"围绕建筑空间形式的艺术性表达展开训练，属于"建筑"内核的训练范畴。而本单元则将训练核心转向纯功能空间的组合，即如何应对"房子"的设计。前者训练空间的精神属性，后者则侧重空间的使用属性。如此鲜明的训练专题，其目的是使得练习者较为分明地区别两者的不同之处，进而从概念范畴上对两者形成较为清晰的界定，这对于低年级学生而言，极为重要。

在了解了该单元的训练核心之后，训练目标便极为清晰，就是要训练练习者按照功能空间流线组合进行设计的能力。训练内容则围绕"房子"设计的方法展开，包括面积计算、功能区块组合、立面设计等。

2）教学组织

这一单元的教学组织与之前以往"建筑"设计训练的先"形式"再进行"观念赋予"的流程相反，直接由功能指标计算生成功能空间，再将其按照流线组合形成"房子"的立面形式，如图10、图11所示。

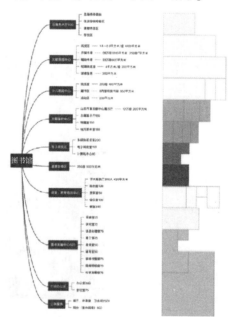

图10　功能指标计算图

该单元训练时长为2周，每位同学完成1座社区图书馆的方案设计，包括动画、图纸（图1）。

3.7　建筑方案快题设计

1）训练目标与训练内容

这一单元是继"从功能到形式体块关系的训练"单

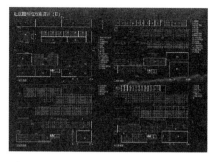

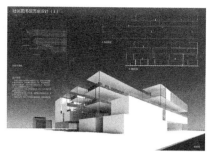

图 11　社区图书馆方案设计

元的延续。训练目标在于进一步加强、巩固功能空间体块组合的设计能力。训练内容为练习者独立完成"房子"的设计任务。

2）教学组织

在该单元中，授课教师不讲授任何内容，直接将设计任务分发到练习者手中。每位练习者通过 1 周的训练（图 1），完成一座幼儿园的方案设计，如图 12 所示。

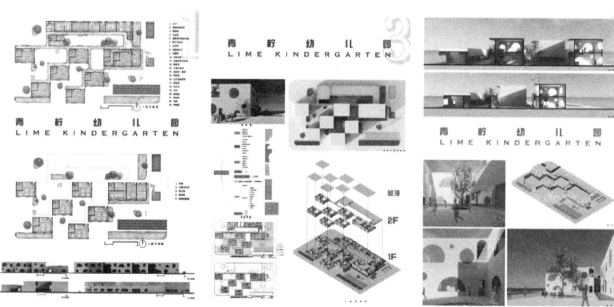

图 12　幼儿园设计方案图

3.8　个体行为观察分析

1）训练目标与训练内容

该小节以及第 3.9 节中的训练单元，属于建筑设计的综合性训练，包含了从设计任务生成到最终方案设计完成的不同阶段。本单元的训练重点是从个体行为观察分析入手，直到完成室内设计的方案。训练目标旨在通过对室内个体行为的观察分析，凝练设计内容，概括得出具体空间的设计可行性研究的研究能力。依此目标，训练内容聚焦在人体行为的观察分析和设计任务书的研究生成两个方面的训练。

2）教学组织

在教学组织方面，首先，授课教师利用幻灯片展现场景，让练习者进行快速绘画记录，以此方式再对现实生活中的某处场所中的人物行为进行记录，最后通过室内空间的改造设计，完成该处空间环境的改造方案，如图 13、图 14 所示。

本单元训练周期为 1.5 周，每位练习者完成 1 处咖啡厅的室内方案改造设计。

3.9　社会集体行为的观察分析

1）训练目标与训练内容

前一单元"个体行为观察分析"是以使用者行为与室内空间环境设计为核心的训练专题。本单元将行为观

463

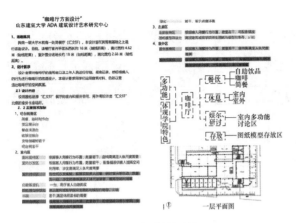

图 13 咖啡馆调研

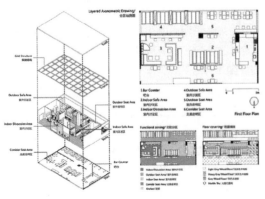

图 14 咖啡馆改造设计方案

察的范围外延，推广到社会集体行为的观察上来，并依此进行社会功能空间的设计。从训练内核看，两者都是训练练习者对人的行为与功能流线下空间的组织能力。本单元的训练目标旨在培养练习者对社会环境下不同人群的行为观察与分析能力以及依此进行功能空间组织和设计的能力。训练内容包括两个方面，一方面是对社会环境中不同人群的行为观察和分析训练，另一方面是对功能空间组织与设计的训练。

2）教学组织

该单元的教学组织，首先，需选定一处社会公共场所，本课程选取一处菜市场作为现场调研对象，再者，根据调研，组织练习者对该场所进行环境提升设计，最后成果如图 15 所示。

本单元训练周期为 2.5 周，每位练习者完成 1 处社区菜市场环境提升设计方案，如图 16 所示。

图 15 济钢市场调研

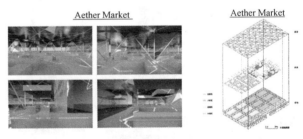

图 16 济钢市场改造方案设计图

3.10 未来视觉单元训练

1）训练目标与训练内容

以往各单元的训练都是以建筑单体或建筑组群为对象的设计训练。本单元作为学期末的最后一个训练环节，不再对练习者进行具体的限制性训练，而是鼓励其探索未来城市视角下的未来视觉的训练，激发每位练习者对未来城市空间的想象能力，这成为本单元的训练目标。基于此，训练内容层面主要围绕未来城市空间的组织形式进行练习。

2）教学组织

为了满足设计场地内未来城市空间的丰富性需要，不同练习者需对场地进行划分，并认领各自地块进行设计，最终拼接成为整个场地的完整的未来城市设计，如图 17 所示。

图 17　未来城市拼接模型

该单元训练时长为 3 周（图 1），每位完成 1 个未来城市设计方案。

4　结语

山东建筑大学本科二年级 "ADA 建筑实验班" 的这次建筑设计课程的实验教学，在为期一学年的过程中开展得较为顺利，取得了丰富的教学成果。该实验教学摆脱了围绕建筑功能为核心的建筑设计教学框架，形成了以训练建筑学构成要素为核心的全新课程架构。这次实验教学中每个教学单元之间训练主题的差异性使得该教学内容具有层次性和丰富性特征。练习者通过这种多元训练主题的学习，能够更加深刻认知建筑构成要素，

针对性地练习围绕该要素的设计方法与手段。在教学安排方面，通过实验教学中高密度的 "短题" 训练模式，练习者一方面能够保持学习的新鲜感，另一方面，由于每个专题所具有的鲜明特色，练习者还可以充分发掘自身的 "感性" 和 "理性" 层面的创造潜力，完成更具个性化的设计作品，增强其学习的动力和兴趣。这避免了受限于单一训练模式导致练习者创造潜力不能充分发掘的问题。本文希望这一建筑设计课程的实验教学在课程框架、训练内容、教学组织方面的尝试，为当代这一专业的教学改革抛砖引玉，提供可以可供参考的借鉴思路。

图片来源

图 1 来源于作者自绘，图 2 由张皓月提供，图 3 由杨玲珺提供，图 4、图 5 由张皓月提供，图 6 由刘源提供，图 7、图 8 由石丰硕提供，图 9 由刘源提供，图 10、图 11 由宁思源提供，图 12 由李凡提供，图 13、图 14 由刘昱斑提供，图 15、图 16 由石丰硕提供，图 17 由崔晓涵提供，图 18 来源于作者自摄。

主要参考文献

［1］　王昀，张文波. 建筑学一年级建筑设计教程［M］. 桂林：广西师范大学出版社，2022.

姜梅　汪原　周卫　董哲　张婷

华中科技大学建筑与城市规划学院；jump_jm@126.com

Jiang Mei　Wang Yuan　Zhou Wei　Dong Zhe　Zhang Ting

School of Architecture and Urban Planning，Huazhong University of Science and Technology

分议题：4. 创新创业教育与建筑学人才培养

城市研究与城市设计一体化教学模式研究
Research on the Integrated Teaching Mode of Urban Studies and Urban Design

摘　要：城市设计课程的教学改革与城市研究、城市设计发展的新阶段、新成果密不可分，城市研究影响着城市设计实践，同样，教学研究也影响着课程教学。这种研究主导的城市设计教学是一种"边做边学"的积极过程，它是基于问题的多学科、多尺度、多文化和协作式的创新型教学，关注共同创造现实生活场景，激发对城市的批判性思维和学生的终身学习能力。

关键词：城市设计；城市设计研究；城市设计教学

Abstract：The teaching reform of urban design courses is inseparable from the new stage and new achievements of urban research and urban design development. Urban research affects urban design practice，and similarly，teaching research also affects course teaching. This research-based teaching of urban design is an active process of "learning by doing"，a problem-based multidisciplinary，multiscale，multicultural and collaborative innovative teaching that focuses on co-creating real-life scenarios，stimulating Critical thinking about the city and lifelong learning of students.

Keywords：Urban Design；Urban Design Research；Urban Design Teaching

全球化正在改变知识的生产和交换方式，全球化、市场、技术和知识交换经济正在推动新形式的知识生产和学术参与。学生可以自己从各种不同的来源获取知识，不再依赖学校老师甚至一般的学者来传播专业知识。知识的全球化和商品化意味着学术界不再是专业知识的唯一提供者，学校也不再是知识的唯一定义者。

传统的高等教育依赖于平等的教育机会、社会公正以及对学生和学者的伦理关怀。然而新的状况导致教育供应的碎片化，加快了大学越来越依赖虚拟学习环境和技术的步伐，这些环境和技术促进和支持"远程学习"。在电子社交网络蓬勃发展的当代社会，利用这些技术可以促进知识的学习和传播。

华中科技大学建筑学系本科四年级城市设计课程的教学改革，正式启动始于 2021 年的春季。在城市设计学科责任教授的带领下，之前经过多轮讨论，之后经历了疫情的反复、行业的衰退、学生的焦虑，以下是我们的思考和尝试。

1　研究、设计与教学

城市设计被定义为"场所营造"的艺术和科学，它也是塑造和管理城市环境的多学科活动。城市设计师使用视觉和语言交流手段，结合技术、社会和表达方面的关注，参与城市社会空间连续体的所有尺度。西方学者认为城市设计教育和实践的演变遵循了两条不同的路径，同时始于巴洛克传统的规划和设计的共同根源。这两条路径——柏拉图式和亚里士多德式——前者代表了建筑学科常见的精英主义和确定性方法，后者代表了规划学科典型的多元、审议和参与式方法。在柏拉图的传统中，城市设计是由勒·柯布西耶等英雄领导的英雄行为，而在亚里士多德的传统中，城市设计师本质上是一个匿名的反英雄，充其量是集体和参与性的倡导者和组织者。当代城市和城市设计的大部分都是这种辩证法的结果。

由于城市设计涉及"创造"一个城市或其中的部分区域，目标是为活动和环境创造平台和背景，这些活动和环境需要具有美学品质，增强人的生活，并减少对其他人的不利影响。考虑到城市政治经济社会的各种动态状况，需要通过"设计"和技术来实现它的愿景。城市设计工作从大型建筑和景观的设计到基础设施要素的设计，以及政策和指导方针的设计，确保不同开发人员共同参与，实现一些共同目标，塑造特定方向区域的三维空间品质。城市设计不仅包含对城市的改造和建设，还包括对城市的研究和对城市规律的认知。那么城市设计师如何通过城市设计教育塑造呢？如何更好地实现城市设计师的教育以完成这些任务？

城市设计课程的教学与城市研究、城市设计发展的新阶段、新成果密不可分。城市研究影响着城市设计实践，同样，教学研究也影响着课程教学。高等教育中关于教学与研究之间的关系被反复思考，研究性教学，根本旨趣在于重新定义大学课堂，从传统单维课堂走向新型立体课堂。从笼统的教学模式走向多样化和可选择的教学模式，包括田野式教学、研讨式教学、案例式教学、实验式教学以及启发式教学等。有些人可能将教学与研究之间的联系视为一条单行道，学生是教育者研究的接受者。事实上，它是一种双向交互。

研究主导的教学是一种"边做边学"的积极过程，引导学生积极参与。以研究为主导的教学在课堂上，特别重视有意义的交流，帮助发展对复杂问题的批判性分析并寻找解决途径，赋予学生技能和学习成果，扩大基于老师和学生之间相互尊重和信任的讨论。具体区分还可以进一步分为以下三种。

1）研究主导（Research-led）的教学，选择的学科内容直接基于教学人员的专业研究兴趣，强调的是理解研究结果而不是研究过程。

2）研究导向（Research-oriented）的教学，学习和理解在该领域产生知识的过程与学习和获得知识同等重要，重点是探究技能和获得"研究精神"，以及更广泛的研究经验。

3）基于研究（Research-based）的教学，作为一种有意识的探究式活动，研究与教学之间双向互动的范围被有意利用。老师在探究过程中的经验高度融入学生的学习活动中，有意识地对教学过程本身进行系统探究。

高年级的教学面对的学生已完成了基础专业知识的学习，即将步入更高阶的学习阶段，无论今后从事生产实践，还是进一步的研究生教育，研究能力的学习和培养都是必需的。

2 教学目标

在课程体系的重新建设中，首先对教学目标进行了再讨论，希望通过城市研究与设计的教学，让学生逐步掌握科学的方法论、博雅的知识素养和前沿技术方法，培养数字时代的数据素养。

2.1 科学的方法论

城市设计知识涵盖从设计方法到人文社会科学以及科学的定量方法，考虑到一系列专业职业机会，学生需要掌握来自社会科学和设计学科的相关理论、方法和技术，包括一些共同的理论基础，如城市设计的形态、美学、感知、社会政治和文化维度，发展他们的创造性思维和解决问题的能力。在这里反思性是最重要的，学生通过反思将理论内化，教育通过基于设计的反思性学习来实现。通过共同反思概念和方法，学生、教育工作者、社区、决策者和从业者能够创造性地设计、规划和生产宜居和包容的城市环境。如果不反思，我们就不可能从自己和他人的经验中学习，并将变革性的知识融入未来的实践中。

在科学的方法论引导下，城市研究与设计逐步倾向于有深度的主题，如可持续城市设计、健康城市、历史性城市街区再开发等。非正规性城市、临时城市主义以及基于疫情管理的城市空间、安全性等主题的出现，将城市设计与对人道主义和城市复原力的思考联系起来。学术领域内教学和研究工作的综合对教学至关重要。

2.2 博雅的知识素养

相关知识的学习涵盖三个领域的课程：①比较研究好城市的概念和城市形态，特别关注社会/文化价值与建成环境之间的关系。关于城市形态的理论和历史的文献，从社会科学中挑选出的有关环境/行为相互作用的文献，文化地理学、城市人类学、环境心理学和社会学的知识是课程的重要组成部分。②学习深入观察、测量和评估城市空间品质的技术。了解在城市环境中发挥强大作用的自然系统和城市交通系统，强烈鼓励相关领域课程。学生进行案例研究和实验，了解不同用户群体的需求，密切关注不同城市环境中社会行为与城市形态之间的关系。③将理论和方法应用于现实世界问题的设计课程。包括城市设计在规划和开发过程以及监管环境中的作用，塑造城市环境的土地使用政策的作用，以及如何改进政策和标准，从微观到区域多个尺度研究城市发展的可能性。

场的研究工作，这一好处是巨大的，但学生用数据替代真实城市的危险也是巨大的，而真实城市无疑才是真正的城市设计实验室。

2.3 前沿技术的学习，培养数字时代的数据素养

新信息技术的潜力不容忽视，城市设计的研究和教学也随之发生改变。数字技术和媒体的发展改变了我们对周围世界的认知和理解，创新了城市设计教学的部分主题，实地学习经验，研究城市感知，教师通过视频、动画、交互式设计反复推敲。采用一种更直接的方式，将学生置于真实的城市环境中，有助于学生进行城市形态、城市密度、功能业态、人群构成、行为特征、多尺度的城市网络和公共空间等问题的研究。

在个人层面上，智能手机的出现为在教学和学习中使用摄影和视频开辟了许多可能性，许多学生在技术使用上比老师更熟练。如何在课程中融入新技术，数字技术在城市设计教学中如何发挥作用，大数据提出了自己的挑战。一个例子是使用视频将一些传统的研究作为一种动态的连续空间体验带入生活，以新的视角来重新理解城市设计经典文献，例如戈登·卡伦在《城市景观》(Townscape)中记录的视觉漫游。

虽然数字技术是更好地理解和改造城市的工具，但新技术的光环和新设备的乐趣可能也会导致手段和目的的混乱，他们擅长制造信息，也能掩饰信息和知识之间的差异。增强对大数据的分析研究将有可能部分替代现

3 教学过程

当前城市研究与设计呈现出研究领域多元化、研究视角全面化、研究内容虚拟化的特征和趋势，城市研究与城市设计一体化教学模式为学生提供一个平台，让他们在真实和复杂的环境中发展自己的技能，学习为城市问题寻找解决方案。为了帮助学生便利的掌握复杂的学习内容，我们将教学过程大致区分为两个阶段：城市研究阶段（4周）和城市设计阶段（4周），每一周都详细安排教学内容和目标，帮助学生尽快入门。

3.1 城市研究阶段（4周）

本科四年级的学生，第一次面对城市研究，面对复杂城市的复杂系统、复杂要素、复杂关系，这种参与需要认识了解城市的复杂性，与复杂性互动，无论是对城市的多标量方法，城市问题的多维性质还是机构、文化或个人之间的冲突。虽然学生渴望重塑城市，却对城市的运作方式知之甚少。在学生束手无策之时，为避免他们乱了阵脚，课程提出"手把手（Step by Step）教你做城市研究"的方法，为学生学习提供一个拐杖，一个逻辑清晰的思路，城市研究被分解为相对简单易操作的8个维度，见表1。

城市研究的8个维度　　　　　　　　　　　　　　　　　　　表1

	研究内容	研究方法	成果表达
1	通过实景照片＋手绘简图等方式熟悉场地与路径，以mapping的方式感知场地特征和城市中的复杂关联性	空间注记	
2	对城市空间的分类、空间尺度、功能、级别等属性进行类型研究	类型学研究	

468

	研究内容	研究方法	成果表达
3	对城市空间的公共性强度和特征进行更深入的研究	公共性研究	
4	通过热力图等开放数据信息,结合现场调研,对场地活力进行分析	外部数据研究	
5	对城市空间与人的活动的关联性进行图解分析,包括空间节点、活动场景、空间要素、人物、事件、活动轨迹等	模式语言研究	
6	对场地中重要的城市空间节点进行三维图解分析,了解重要城市空间节点的特征及其影响因素	三维空间图解	

	研究内容	研究方法	成果表达
7	对城市空间构成要素进行深入研究,包括对象(物)的数量、形式、空间分布及与人和日常生活的关系等	考现学研究	
8	撰写人的剧本和城市的剧本,通过叙事方式,建构人与城市空间的时间性线索和关联性,对未来城市愿景进行展望	城市剧本	

目前学生选择的城市研究主题非常多样化,从社会科学类型的调查研究、实地考察到使用档案研究事件案例,包括街区大小和街道网格的连通性,可达系统的便捷度,可步行性和可骑自行车性,是否方便前往公园、学校、和娱乐场所等,还有城市公共空间的品质,建筑形式的特征等。

观察和测量技术借鉴了设计领域的经验,以及环境心理学、社会心理学、城市人类学和地理学。实地考察通常是步行完成,但也可以骑自行车,或者乘坐公共交通工具。这些城市研究包含协作和参与式方法,以提炼城市的本地关系图景。城市研究关注城市面临的一些关键问题:从旧城经济的衰退,老年社区的宜居性,体育活动场地的争夺,到游客与居民的冲突,摊贩与管理者的矛盾,应对疫情的灵活性等。地方需要鼓励和促进社会空间活动,作为交流的场所,多样性和个性得以和平共处。

同时为了防止城市研究的套路化,我们一方面强调现场调研的重要性,另一方面建议学生根据关注的问题选择适合的研究方法,包容学生选择一些列表之外的方法,强调研究方法为研究内容、研究目标服务,并且强调研究要有深度,才能有所发现,才能有助于下一步的设计。学生通过技术路线,厘清研究思路,界定研究对象,梳理内部构成要素和外部关联,通过图像解读、文本研究、图解分析等手段,完成从研究到设计的衔接过渡(图1)。

3.2 城市设计阶段(4周)

在城市设计阶段,主要强调了以下三点:

1)强调城市设计的问题导向,城市设计的方法多种多样,需要针对不同问题和目标,采取不同设计策略。

2)强调城市设计的逻辑性,通过理性的方法,指导城市设计生成。重点关注如何与社区共享想象力和可视化,这些富有想象力的可视化是否有可能成为合法化图像的一种形式?在这种背景下,城市设计的范围和目标是什么?如何刺激经济活力,如何吸引年轻人,如何善待老年人和儿童,如何塑造"城市公民",如何以经济合理高效的设计策略提供健康的城市和社区等。

3)包容城市设计手段的多样性,包括建筑、规划、景观、政策、指导方针等多重设计手段,以及公共艺术、装置设计、引导标识系统等。城市设计的跨学科特征,不能依赖单一的评价标准和设计手段,以空间设计为核心,将建筑、规划、景观和城市设计联系起来,克服狭窄的专业偏见和学科划分。

课程为学生提供学习和设计现实环境的机会,与普通市民、城市工作人员和开发商的不同群体交流合作。给予学生和当地居民之间有意义的互动,引发双方世界观的变化。深入分析和评估城市特征和问题,从规划和

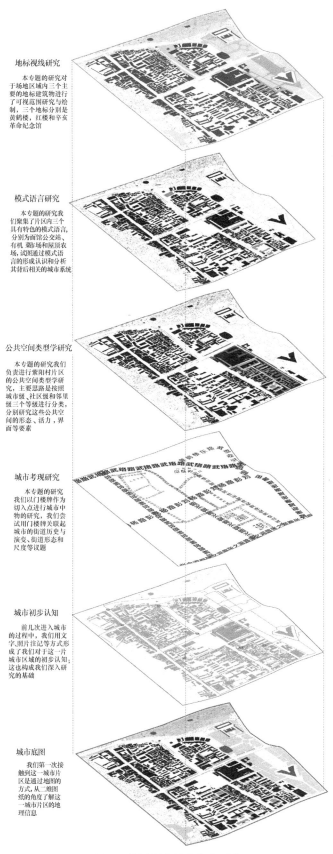

地标视线研究

本专题的研究对于场地地区域内三个主要的地标建筑物进行了可视范围研究与绘制，三个地标分别是黄鹤楼，红楼和辛亥革命纪念馆

模式语言研究

本专题的研究我们聚集了片区内三个具有特色的模式语言，分别为面馆公交站、有机 菊场和屋顶农场，试图通过模式语言的形成认识和分析其背后相关的城市系统

公共空间类型学研究

本专题的研究我们负责进行紫阳村片区的公共空间类型学研究，主要思路是按照城市级、社区级和邻里级三个等级进行分类，分别研究这些公共空间的形态、活力，界面等要素

城市考现研究

本专题的研究我们以门楼牌作为切入点进行城市中物的研究，我们尝试用门楼牌关联起城市的街道历史与演变、街道形态和尺度等议题

城市初步认知

前几次进入城市的过程中，我们用文字、照片注记等方式形成了我们对于这一片城市区域的初步认知；这也构成我们深入研究的基础

城市底图

我们第一次接触到这一城市片区是通过地图的方式，从二维图纸的角度了解这一城市片区的地理信息

图 1　分层研究城市复杂系统

设计的不同维度，设想提高公共城市生活的方法，制定一个创新和创造性的愿景来更新旧城区，对地方计划、政策和项目形成影响。城市设计师需要跟上变化，并增加与实践的联系，需要重新连接并增加不同主体之间的对话，最重要的是将学术研究与实践和政策应用联系起来（图2～图4）。

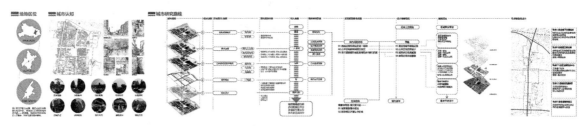

图 2　从城市研究到城市设计的技术路线（一）

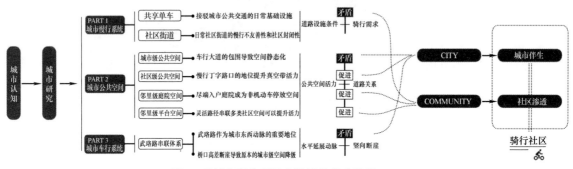

图 3　从城市研究到城市设计的技术路线（二）

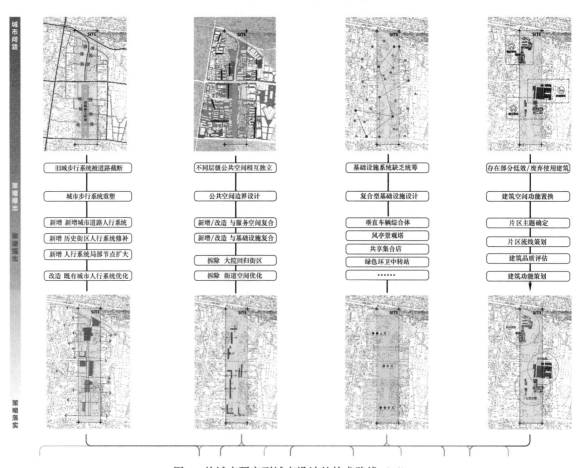

图 4　从城市研究到城市设计的技术路线（三）

4 教学特色与创新

本次城市设计教学改革具有以下三个特点。

4.1 学习面对复杂问题的研究和设计

城市设计是基于问题的多学科、多尺度、多文化和协作式的教学，其中涉及公众参与和多学科背景下的协作工作。凯文林奇认为城市（和大都市设计）包括四个尺度：区域或大都市、城市、系统和项目。同样，由于景观都市主义或区域都市主义的倡导，对区域尺度设计的兴趣正在上升。今天的大部分城市设计工作都是在项目规模上进行的，涉及重建、填充开发、新的城市化细分、历史保护、适应性再利用等，通常由建筑解决方案主导，根据设计指导或审查的制度化要求进行调整，以城市为基础，包含不同规模的参与。这种复杂性具有跨学科性的含义，超越了通常在城市设计中建筑、规划和景观的学科界限。

学生学习跨尺度工作，并成为多学科设计团队的一部分，重点关注公共空间及其使用者，在研究基础之上探索具有新方向的城市设计主题，重新思考社交媒体在塑造公共生活和城市空间中的作用、衰退的旧城和废弃的边缘空间等问题，把对社会的人文关注渗透到教学和研究中。这是一种基于协作学习和共同创造现实生活场景的教学法，这些城市设计场景涵盖了城市中广泛的各种大问题和小问题。学习城市研究与设计的相关理论和方法，不仅是为了更好地进行城市研究和设计，这些知识对于本科四年级其他大型公共建筑设计、住区设计等复杂设计问题的思考和能力提升也是非常重要的，帮助学生培养从城市层面来思考大型公共建筑设计和住区设计问题。城市设计教学努力扩大城市想象，探索可能城市的极限，就所教授的内容以及工作类型而言，教学范式发生了转变。

4.2 基于日常都市主义的沉浸式调研

虽然很多城市设计的研究会依赖城市的数据收集和分析，会使用或传统或先进的技术手段。然而，建筑学领域的城市设计，对空间场所的沉浸式体验和调研永远是第一位的。

我们在教学中所采用的这种类型的现场调研具有相当深刻的沉浸式和协作体验，更侧重于参与、交流、体验式学习和城市感官研究的多种可能性。提供系统比较城市现象的各种机会，帮助学生了解城市的多维面孔，正式的和非正式的、光明的和阴影下的、积极的和消极的、群体的和个体的、公共的和私密的、看得见的和看

不见的。随着时间的推移将经验作为现象纳入，每个学生慢慢建立对城市特征的开放式表述。而早期传统的教学方法不可能实现这些教学目标和结果。

学生在图书馆或大数据库中更安全，但他们在风险条件下可能会学到更多。让学生在未充分利用的间隙空间中设计和实施真实项目——在真实城市中进行实验，帮助学生摆脱自上而下的思维模式，将非正式城市化理解为一种渐进的适应过程，将公共领域视为城市设计的重要角色。在全球化的世界中，有一种愿望去解决"真正的"问题。

4.3 城市设计作为生活实验室

城市设计的最佳学习环境是什么——学校、课堂，抑或街道、田野、社区研讨会、跨学科实验室？本次教改最大的改变是将城市设计教学项目转变成不断发展的"生活实验室"的一部分。课程题目都使用城市和社区作为教学的背景和对象，这些"生活实验室"以城市研究为基础，提出丰富的创意，为城市更新的干预或城市增长的管理提供创造性的解决思路。学生在真实环境中体验各种具有挑战性的"现场项目"，参与各种"现场"场景，得到专家团队的指导、协助和挑战，体验现实生活中的专业工作。"生活实验室"教学，将城市设计和城市设计教育置于"打造更美好的城市"辩论的前沿。

同时，学生还学习与当地居民合作，了解他们想要什么样的社区，帮助居民认识如何改善他们的房屋，如何稳定当地的生产和经济，提供当地的设施，改善该地区的整体面貌。通过对旧城中消极空间的思考和干预，"生活实验室"小组提出创造性的解决方案，避免旧城区的简单拆除，尽量减少城市更新的消极影响，将正式的和非正式的城市要素融入复杂的城市结构。21世纪城市设计教学和研究的基础需要超越以发展为导向的物理规划，包容对日常城市生活体验的理解，以创造适合所有人的宜居城市。

5 结论

城市设计是一个渐进的、参与性的、有时是制度性和官僚性的过程。与此同时，建筑环境中更大的结果将继续保持平庸的非描述性景观，不时点缀着"明星建筑"、幻象模拟和超现实的拼凑。凯文林奇所想象的多尺度城市设计仍然存在，甚至扩展到公共性、非正规性城市等领域。现在城市设计普遍共享的是一个强大的理论、知识和文化话语，它既是全球性的，也是地方性的。

城市设计，就像城市本身一样，从根本上是多元

的，因此也受制于多种教学法。大学里一项关键任务是防止学生简单化执行所提供的众多归约中的任何一种——无论是现象学、大数据、话语分析、平面设计，还是参数化设计、形态分析……没有一件事可以解释所有城市，没有永远正确的设计方法，也没有单一的城市设计教学法。所有伟大的城市都是不同的，没有任何教学计划可以包含所有的相关材料。最伟大的城市设计教学是去激发对城市的批判性思维和终身学习，大学里发生的事情只是一个开始。

主要参考文献

［1］ Tridib Banerjee. The Brave New Urban Design Pedagogy: Some Observations ［J］. Journal of Urban Design，2016 (5).

［2］ 仇保兴. 基于复杂适应系统理论的韧性城市设计方法及原则［J］. 城市发展研究，2018，25 (10)：1-3.

［3］ 张庭伟. 从城市更新理论看理论溯源及范式转移［J］. 城市规划学刊，2020 (1)：9-16.

［4］ 王建国. 包容共享、显隐互鉴、宜居可期——城市活力的历史图景和当代营造［J］. 城市规划，2019，43 (12)：9-16.

［5］ 陈煊，玛格丽特·克劳福德. 日常都市主义理论发展及其对当代中国城市设计的挑战［J］. 国际城市规划，2019，34 (6)：6-12.

［6］ 白雪燕，童明. 城市微更新——从网络到节点，从节点到网络［J］. 建筑学报，2020 (10)：8-14.

［7］ Elisabete Cidre. How emergent is pedagogical practice in urban design ［J］. Journal of Urban Design，2016 (5).

任中琦

北京建筑大学；renzhongqi@bucea. edu. cn

Ren Zhongqi

Beijing University of Civil Engineering and Architecture

另一种角度的实践性教学：设计竞赛与设计课程并行相辅的建筑设计教学探索 *

Teaching with Practicality from Another Perspective：Research on Design Teaching Methodology Integrating Design Competition and Design Course in a Paralleled-Coordinated Mode

摘 要：设计竞赛由于其实践性和创新性，为建筑设计教学提供了另一种角度。但是设计竞赛与设计课程在教学目标、组织、内容等方面的差异，必然会导致相应的教学问题。因此，如何趋利避害地结合设计竞赛与设计课程进行建筑设计教学，是一个值得被探讨的问题。本文以北京建筑大学建筑学实验班一系列教学工作与成果为例，从"并行"的教学组织和"相辅"的教学内容出发，尝试探讨设计竞赛与设计课程的关系，以及一种合理结合两者的、兼具实践性和创新性建筑设计教学方法。

关键词：设计竞赛；设计课程；建筑设计教学；实践性

Abstract：Due to its practicality and innovation，design competition provides another perspective for architectural design teaching. However，the differences in teaching objectives，setup and content between design competitions and design courses will inevitably lead to corresponding problems. Therefore，how to reasonably integrate design competitions and design courses into a teaching methodology is a question worthy to discuss. This paper takes a series of teaching works from Architecture Experiment Class in Beijing University of Civil Engineering and Architecture as cases，starting from a "paralleled" teaching setup and "coordinated" content，it tries to discuss about the relationship between design competitions and design courses，as well as a practical and innovative teaching methodology with integration of both.

Keywords：Design Competition；Design Course；Design Teaching Methodology；Practicality

1 引言

设计竞赛作为一种特定模式的建筑设计教育手段，最早源自巴黎美院。由于当时的建筑设计教学及训练主要分别在不同的教授工作室中独立进行，因此，为了从学院角度控制分散开来的教学秩序与成果，巴黎美院设置了一套独特的教学体系，便是"设计竞赛"。[1] 之后，这一制度与其他训练内容、教学方法共同发展成为影响

---

* 项目支持：北京市社会科学基金项目-基金年度规划项目青年项目：20LSC014。

深远的"布扎"（Beaux-Arts）教学体系。

在国内，从 20 世纪 80 年代开始，随着建筑学逐步恢复国际交流，设计竞赛逐渐兴起。这些国际和国内竞赛为建筑学专业师生提供了一个重要的专业和学术交流平台。以《建筑师》于 1981 年、1983 年、1985 年举办的三次全国大学生建筑设计竞赛为代表，[2] 包括崔 、孟建民、庄惟敏、张永和等在内的彼时优秀学生由此获得了超越学校资源的专业提升。而这些设计竞赛的示范效应最终又反向影响和促进了高校建筑设计教学的发展，直至今天。

如今，各类重要国际和国内设计竞赛已经成为国内高校建筑学专业评价的锚点之一，也是建筑设计课程设定的参考。但是，在这个信息发达的时代，设计竞赛数量之多、类型之繁杂、主题之多样不胜枚举。在这样的情况下，一个问题便不得不被提出，设计竞赛之于当下高校内以设计课程为主的建筑设计教学，应当是怎样一种角色？

本文希望通过笔者在北京建筑大学建筑学实验班一系列教学工作与成果为例，简要地回答这个问题，并探讨设计竞赛与设计课程的关系，以及两者并行相辅的创新性建筑设计教学方法。

2 设计竞赛：一种实践性教学的补充

与设计课程不同，设计竞赛某种程度上可以被理解为一种超然于日常建筑设计课程的教学手段。区别在于，设计课程的目的是在规定的课时内，教授教学大纲规定的内容，并用统一且稳定的标准做出评价。而设计竞赛则不必遵循于大纲的要求，也不必考虑大部分学生的接受程度和能力。在这一基础上，设计竞赛所能探讨的问题范围更为广泛和多元，主题也可"虚"可"实"。

务虚方面，一些设计竞赛可引导学生探索建筑学的内涵、边界或愿景，或者引入其他专业领域的概念、理论、方法和工具来解决建筑学专业的问题，亦或者反过来利用建筑学专业提出针对其他领域问题的解决策略。例如 Velux"明日之光"竞赛、eVolo 摩天大楼竞赛、霍普杯、天作杯、谷雨杯、UA 建筑设计竞赛等。

务实方面，另外一些设计竞赛可推动学生脱离通常教学设置的假定或半假定的场地，去触碰真实的场地，调查并发现真实的问题，然后通过可被落实的城市设计与建筑设计的策略或技术，提出解决这些真实问题的思路与方法。例如三年一届的国际建协（UIA）大学生建筑设计竞赛等。

此外，还有一些以设计课程作业为竞赛作品的综合性竞赛，如中国建筑新人赛、YTAA 青年人才建筑奖、

Archiprix 毕业设计奖等。

但无论以上设计竞赛的主题是"虚"还是"实"，它们在工作方法上都与现实中的设计实践或科学研究非常接近，即都是遵循"调查/调研——发现问题——分析问题——寻找合适的方法/工具/技术——解决问题"的设计及研究路径。相对地，日常建筑设计课程，特别是中低年级设计课程的教学逻辑则是"给定问题——给定方法/工具/技术——解决问题"。

由此，相较之下，设计竞赛可以被理解为实践性教学的一种有效补充，并为学有余力的学生提供了更加真实的实践环境。

3 并行相辅的教学模式

3.1 并行的组织方式

由于设计竞赛与设计课程在教学目标、组织、内容等方面的差异，两者之关系首先应当是并行，即在教学组织方式上分开运行。

一方面是因为通常的竞赛周期无法与正常的教学周期相对应。以第 27 届国际建协（UIA）建筑设计竞赛和2021 霍普杯建筑设计竞赛两个国内外代表性竞赛为例，如图 1 所示，两个竞赛均跨越了不同学期，且起始时间或提交作品时间均在学期期中。因此，如果将竞赛纳入设计课程，将会为教学组织带来极大的困难，并打乱了竞赛所需的工作周期。

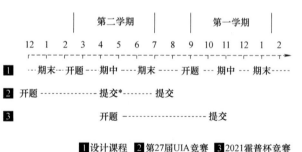

1 设计课程　**2** 第27届UIA竞赛　**3** 2021霍普杯竞赛

*由于疫情原因，第27届UIA竞赛作品提交时间推迟3个月

图 1　设计竞赛周期与课程教学周期关系

另外一方面，通常设计竞赛均设有一定技术门槛（这也是竞赛的目的所在），而这对于多数学生来说则并不友好。因为多数学生无法适应竞赛题目的开放性，以及完成竞赛所需要的调研能力、分析与研究能力、更高水平的设计表达能力等，更严重的问题则是竞赛过后无法对设计过程形成明确的认知，即"不知道学了什么。"

因此，合理拆分设计竞赛与设计课程是非常必要的。但由于竞赛需要一定时间的高强度工作，所以笔者在指导设计竞赛时，通常利用课余时间，采用短期工作

坊的方式进行教学。通过这样并行的方式，尽可能规避设计竞赛对设计课程的冲击。

3.2 相辅的知识、技能与方法

与并行的组织方式不同，设计竞赛与设计课程在知识、技能与方法的教学与训练方面，具有极好的互补性。课程所教授的教学内容，在学生理解和消化后，可以被应用于实践性更强的设计竞赛中。反过来，设计竞赛中所探讨的实践性和创新性的问题，则可以为日常设计课程的教学提供指引和参考的思路。

通常来说，设计竞赛与设计课程相辅的模式主要有三种（图2），由简单到复杂分别是：

1）利用设计课程的成果，经过调整和优化，参加竞赛。这种方式主要可以训练学生的设计表达技术和方法，如手工模型制作、技术图纸绘制、渲染图制作方法等。

2）利用设计课程教授的知识点和技能，经过归纳，应用在竞赛中。这种方式可以训练学生梳理教学内容的能力，以达到遇到实际问题能够举一反三的效果。

3）利用设计课程培养的设计研究思路和方法，经过总结和提升，应用在竞赛中。这一模式对学生要求最高，因为这既需要学生有成熟的归纳和总结的能力，又需要学生能够掌握清晰的研究思维能力。通常来看，能够以这种模式参加竞赛的学生，普遍初步具有了科学研究的意识。

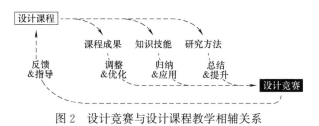

图2 设计竞赛与设计课程教学相辅关系

4 实例：三种模式的并行相辅

4.1 利用设计课程的成果参加竞赛（图3）

1）作品：《林木书院》

2）获奖：刘力源

3）奖项：2018中国建筑新人赛一等奖

设计竞赛作品是北京建筑大学建筑实验班本科三年级"建筑设计（3）"的课程作业。课程课题为"书院"，即复合了公共生活空间的学生宿舍综合体。学生在课程结束后，在竞赛工作坊中，通过调整和细化图纸，完成了竞赛作品的准备。

该设计很好地完成了设计课程在空间品质和场地关

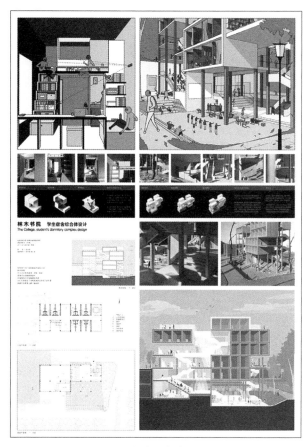

图3 《林木书院》竞赛图版（1/1）

系上的要求。例如，设计将建筑首层架空并留出多个标高的室外活动空间，在连接了原本被宿舍楼阻隔的食堂前广场和绿地的同时，将丰富的室外场地拉入至建筑内部，以此将"书院"营造为一个积极的校园中心。在书院内部，空间上水平与纵向的贯通、标高的变化、活动空间与路径的连接共同制造出了丰富的空间体验，以及能够使各种相遇和交流发生的可能性，并满足了书院制之下各类学生公共文化生活的需求。

4.2 利用设计课程的知识点和技能参加竞赛（图4、图5）

1）作品：《去空心化手册》（Manual of De-hollowization）

2）作者：甘锐、张国灏、车禹 、孟昭祺

3）奖项：2021霍普杯建筑设计竞赛三等奖

2021霍普杯竞赛的题目开放性很强，某种程度上是一个不那么"建筑"的题目，这要求学生具有较强的调研和归纳的能力，以提出具有可操作性的建筑策略。如前所述，竞赛周期部分与三年级第二学期重合，此时北京建筑大学三年级实验班"建筑设计（4）"课程——

"公园＋工园"课题刚好完成上半学期城市研究与公共空间设计板块的教学工作。由于课题在前半学期设置了一系列针对城市公共空间的社会调研、文献研究、案例解析等教学环节，过程中学生逐步掌握了调研与分析的知识内容与技能工具，为他们参加竞赛作好了准备工作。

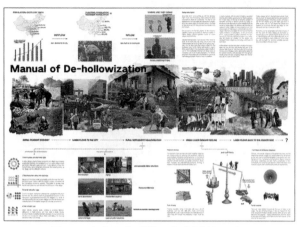

图 4 《去空心化手册》竞赛图版（1/3）

图 5 《去空心化手册》竞赛图版（3/3）

竞赛中，学生关注到乡村空心化的议题，并利用从设计课程中掌握的社会调研方法，进一步明确了空心村的困境，即老龄化、劳动力不足、土地房屋等资源的荒废等等。因此，如何引导资源和人力回流到农村是学生总结出的关键问题。

针对靠近大城市的空心村，交通较为便利，学生提出利用闲置的土地、房屋和部分回流的劳动力，满足第一产业的需求，同时为养老产业提供物质基础。针对远离县城的空心村，产业结构单一。设计提出从农产品增值出发，逐步形成以数字农业为核心的产业组团，使村庄能够自发运作和发展。

最后，学生结合利用设计课程中所掌握的拼贴图、渲染图、分析图、图表等表达手段，完成了条理清晰、图像有趣的竞赛成果。

4.3 利用设计课程的研究基础参加竞赛（图6、图7）

1）作品：《让对流发生》（Let Convection Begin）

2）作者：赵相如、王逸品、刘力源

3）奖项：第 27 届国际建协（UIA）大学生建筑设计竞赛银奖

近几届 UIA 建筑设计竞赛的主题都是从城市出发、以建筑结尾，来解决一定社会、经济文化问题，里约热内卢这次竞赛也不例外。正因为如此，竞赛需要学生具有完整的调查与研究能力，以发现问题、分析问题和解决问题。这样的设计竞赛基本无法与设计课程兼容，因此笔者采用竞赛工作坊的方式，帮助学生归纳在设计课中学到的知识技能，并以此为基础建立研究意识和方法。

竞赛中，学生关注到 Maré 街区虽然破旧，但却很好地保留着里约热内卢的街头文化和艺术，因此希望通过城市和建筑策略将 Maré 的文化传播出去，吸引城市地区的人和资源来到 Maré，在传递在地文化艺术的同时，提升街区环境条件。

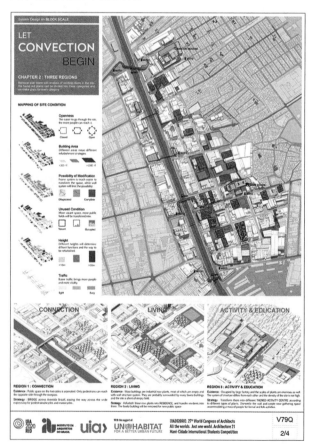

图 6 《让对流发生》竞赛图版（2/4）

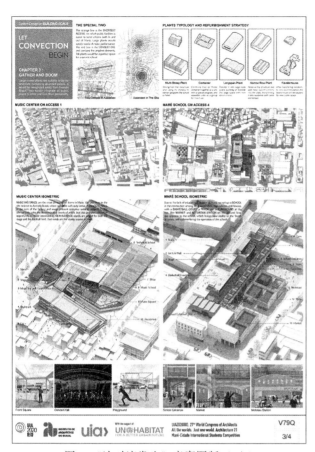

图7 《让对流发生》竞赛图版（3/4）

由于参加竞赛时，学生已经从设计课程中掌握了资料研究、城市设计、工业建筑改造等相关知识和技能。因此主要的教学重点在于引导学生学习从城市研究到建筑设计的工作方法。

该设计从研究到设计，逻辑清晰，主旨明确。在城市尺度上，设计提出五条通道连接 Maré 与城市，并将通道上的现状厂房改造成文化和教育地标。在建筑尺度上，设计根据场地现状，规划了数种不同的更新策略。例如根据厂房规模和类型，将不同厂房改建为公建、基础设施和住宅等。

设计以此推动城市和贫民区之间的经济和文化的"对流"，在提升 Maré 产业和生活环境的同时，促进与周边城市地区的共同发展。

5 结语

以北京建筑大学实验班的教学过程来看，设计竞赛与设计课程具有极强的互补性，设计竞赛由于其实践性和创新性，在为学生提供更广阔的知识与技能实践平台的同时，也为相对稳定的设计课程提供了另一种角度的指引和参考。但客观地说，设计竞赛是一种更高强度的建筑设计教学方式，这不仅需要师生投入大量精力，更需要通过合理的教学组织使学生在竞赛与课程并行的时候保持专注。只有这样，才能使设计竞赛与设计课程相结合的教学模式发挥其最大的教学价值。

主要参考文献

［1］ 顾大庆. 向"布扎"学习——传统建筑设计教学法的现代诠释［J］. 建筑学报，2018（8）：98-103.

［2］ 刘涤宇. 起点——20 世纪 80 年代的建筑设计竞赛与 50—60 年代生中国建筑师的早期专业亮相［J］. 时代建筑，2013（1）：40-45.

陈未　金秋野

北京建筑大学；chenwei@bucea.edu.cn

Chen Wei　Jin Qiuye

Beijing University of Civil Engineering and Architecture

基于建筑师负责制的建筑教育革新思考

A Proposal of Architecture Education based on the Architect Responsibility System

摘　要：随着建筑师责任制的实施，建筑教育需要面对挑战，积极改革。本文论述了建筑师负责制下对人才培养的新要求，揭示了当前建筑教育存在着以建筑设计人才培养为核心目标的缺陷、偏科型的教学体系和专业课程教学碎片化等问题，提出了建立"3+2"分流培养模式或推进"本硕一体的456梯级培养"制度，以及以项目为媒介的工程实景式培养模式的教学改革思路。

关键词：建筑师责任制；建筑教育；改革

Abstract：With the implementation of the architect responsibility system，Chinese architecture education seeks further reform to face the coming challenge. This paper discusses the new requirements for architecture students training under the architect responsibility system. It reveals the defects of the current architectural education and the teaching fragmentation of professional courses. It then proposes to establish the "3+2 diversion" training mode and "456 undergraduate and graduate" training system，which provide new thoughts for the engineering training system.

Keywords：Architect Responsibility System；Architecture Education；Education Reform

2021年北京市规划和自然资源委员会颁布《北京市建筑师负责制试点指导意见》（京规自发〔2021〕28号，以下简称《意见》），标志着北京市正式在行政辖区内的低风险工程建设项目中实施建筑师负责制。这是"按照《中共中央国务院关于进一步加强城市规划建设管理工作的若干意见》、《国务院办公厅关于促进建筑业持续健康发展的意见》（国办发〔2017〕19号）、《国务院办公厅转发住房城乡建设部关于完善质量保障体系提升建筑工程品质指导意见的通知》（国办函〔2019〕92号）要求，拓宽建筑师服务范围，完善与建筑师负责制相配套的建设管理模式和管理制度，培养一批既有国际视野又有民族自信的建筑师队伍"[①]在北京建筑界的具体落实，对建筑师培养摇篮——高校建筑学教育的影响

深远。尽管高校教育教学针对注册建筑师制度，在《堪培拉协议》的要求之下和在全国建筑学专业指导委员会教育评估的指导下已作出了多年积极的工作应对，但建筑师全面负责制的落地，对建筑师相关责任的要求还是对目前我国建筑教育提出不小的挑战，教育界非常有必要认真对待和思考。

1　建筑师负责制下对人才培养的新要求

建筑师负责制是以担任民用建筑工程项目设计主持人或设计总负责人的注册建筑师为核心的设计团队，依托所在的设计企业为实施主体，依据合同约定，对民用建筑工程全过程或部分阶段提供全寿命周期设计咨询管理服务，最终将符合建设单位要求的建筑产品和服务交

[①] 北京市规划和自然资源委员会，《北京市建筑师负责制试点指导意见》（京规自发 2021，28号）

付给建设单位的一种工作模式。从《意见》中有关建筑师的六项工作要求看，建筑师不仅是一个以设计擅长的专业技术工作者，也应是团队（不仅仅是技术团队）的管理者、甲方的咨询合作者、通晓经济财务官、了解相关法律法规的明白人。所以作为一名合格的、可承担建筑师全责的建筑系毕业生应具备如下知识点或专业技术（表1）。

建筑师负责制要求的专业知识点及技术　表1

	服务内容	相关主要知识点或课程
1	参与规划	城市规划原理、修建性详细规划等
2	提出策划	建筑策划、项目可行性研究、建筑经济、工程伦理等
3	完成设计	建筑、场地、城市、景观、装修等设计、建筑物理、建筑构造、建筑材料、建筑结构、建筑概预算、消防、防灾、建筑师执业基础等
4	监督施工	建筑施工、施工监理、建筑构造、建筑材料、建筑结构、项目管理、建筑机械、工程伦理、建筑师执业实践等
5	指导运维	建筑管理、建筑设备、BIM、工程法律及法规等
6	更新改造拆除	建筑设计、建筑施工、建筑构造、建筑材料、建筑结构、安全技术及法规、建筑爆破、资源循环、装饰装修等

当然在建筑师具体执业生涯中，并非所有人都需要具备《意见》中的6项工作能力，从目前的情况看，建筑师细分为甲方建筑师、设计方案建筑师、施工图建筑师。或其中两者的结合。这也符合了建筑学毕业生的三个主要工作去向：地产（或企事业单位）、设计院和建筑设计咨询机构。但比较《意见》的相关规定，要求建筑师不仅要懂设计规划、也要懂施工、懂管理、懂法律、懂财务。所以基于这样的社会需求，建筑学人才的培养如何检讨目前的问题，面对新形势的要求呢？

2　新形势下建筑教育面临的问题

2.1　以建筑设计人才培养为核心目标的缺陷

纵观北京主要高校的建筑学本科人才的培养目标或定位，均集中聚焦在培养建筑工程设计人才上，尽管一些学校还包含有建筑工程管理、创新人才等描述，但建筑工程设计人才几乎存在于所有学校的定位目标中，并占核心地位，显然这样的目标定位在全国各高校也应类似。比较《意见》中对建筑师的6项工作能力要求，这样的目标定位难以满足社会对高校建筑学人才的需要，同时也与《中共中央　国务院关于进一步加强城市规划建设管理工作的若干意见》、《国务院办公厅关于促进建筑业持续健康发展的意见》（国办发〔2017〕19号）和《国务院办公厅转发住房城乡建设部关于完善质量保障体系提升建筑工程品质指导意见的通知》（国办函〔2019〕92号）要求存在距离，作为公立院校，国家和地方的建设政策与方针、社会及行业发展需求，应是各高校制定培养目标主要依据，所以有必要检讨目前我们的人才培养为目标缺陷所在。

2.2　偏科型的教学体系

目前全国高校建筑学专业教学体系和课程组织按照全国高等学校建筑学学科专业指导委员会制定的《高等学校建筑学本科指导性专业规范（2013）》（以下简称《规范》）和《普通高等学校本科专业类教学质量国家标准—建筑类（2018）》（以下简称《国标》）搭建教学体系、展开课程建设、教学运行和管理的。在建筑类《国标》中建议建筑设计类课占比30%，而笔者对北京几所高校建筑系的调研发现，这个占比要高出近10%，这也是各高校建筑系教师可直接感受到的。在《规范》和《国标》中尽管有结合注册建筑师培养要求，安排了管理、法规等课程，但许多院校将其归为通识选修课范围，而城市规划、建筑施工、建筑经济、建筑材料、建筑设备等与建筑设计类课程关联不是很紧密的课程，往往学时占比很低，多数在32个学时及以下。当然教学体系建构本身是一件非常复杂和系统关联的事情，有一些知识点融入设计课中，从课程名中可能并不能完全知晓。但以建筑设计课为核心或主干的课程组织结构是一个不争的事实。所以面对《意见》有关建筑师的工作要求，显然是偏科了。

2.3　专业课程教学碎片化问题

教育学告诉我们，知识和技能的获得需要渐进积累和训练，应该是一种网络复合化的过程。但在各高校建筑学课程设计中，可能只有建筑设计这项技能及密切相关的知识得到了从简单到复杂的教学训练安排，而更多的知识点则以线性累积的方式，孤立地传授给学生，只有悟性好且积极思考的学术才会较好地把相关知识串起来，形成完整的知识链。建筑施工、经济、材料等课程被轻视，这一方面体现在课程内容没有深度和针对性，另一方面被学生归为"无用"的课程而边缘化。这些课程在5年的本科教学中仅出现一次，之后就再也没有课程提及它们。学生们不知道什么时候会用到它们，以及如何去应用它们。毕业设计和建筑师业务实践（实习）曾被寄予厚望，事实上由于各种原因，它们并不能担负起整合5年建筑学教育的重担。

3 建筑教育革新思考

3.1 建立"3＋2"分流培养模式或推进"本硕一体的 456 梯级培养"制度

建筑师负责制的 6 项工作，在具体的运作中，会有相应的细分，由不同分工的建筑师专职负责，如主营建筑设计的设计建筑师、主营施工等工作的建造建筑师和主营运维的管理建筑师等（图1）。当然也会出现能够胜任全部要求或承担上述两类工作的建筑师。这种细分一方面是由于市场竞争和发展的结果，另一方面也与建筑师的个人能力和兴趣有一定关系。而反馈到建筑教育中，培养全能型责任建筑师是高校建筑学专业的理想境界，但因材施教，将责任建筑师工作要求提前分流，也是提高成材率和教育效率的必要举措。据此认知，我们提出"3＋2"分流培养模式和"本硕一体的 456 梯级培养"制度。

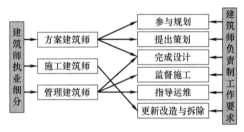

图 1　建筑师负责制与执业细分关系示意

本科三年专业基础教育加两年专业教育和实践是许多学校本科培养的一种模式，在欧美的建筑学教学体系中也有这样的教学安排。这里 3＋2 后两年就是对未来发展有倾向的学生进行分流的教学安排。这个安排可能的问题是学生和老师对分流判断比较困难，且未来就业的不确定性，使这个分流显得非常重要和不得有失。

清华大学等院校曾提出一个"456"学制，即 4 年毕业授予工学学士、5 年毕业授予建筑学学士、6 年授予建筑学专业硕士学位。这里想借助这一设想，4 年作为第一次小规模分流；而以培养 5 年建筑学学士为重点、基本满足建筑师责任制要求的毕业生，再用一年用于强化或分流有不同执业侧重的学生。这一想法的优点是学生有更多的选择，同时将本硕培养合为一体，形成梯级培养制度，适应于当前市场对高层次（硕士）工程人才的需求趋势。

3.2 融入"项目"为媒介的工程实景式培养

目前许多院校通用的教学模式是线性的知识积累教

育，在大学教育过程中，经过循序渐进的知识传授，最后通过毕业设计全面应用与检验（图2）。无疑这种教学模式是比较理性和合理的，也符合学生掌握知识的认知逻辑，但在实际应用中，也存在着学生知识认知的碎片化和学习动力及目的不明确的问题，同时以毕业设计最终全面检验和应用过往学习的知识也是有一定问题，因为有些知识学的时间比较早，学生可能已经忘记，同时知识的综合应用也很难有机协调，特别是培养具有实操能力要求较高的建筑师负责制需要的人才，这样的培养方式效果不佳。

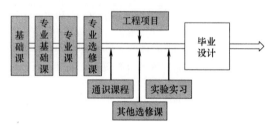

图 2　知识积累型教学模式示意图

为此我们认为应以现代工程教育为指导，引入 CDIO[①] 教学模式，变被动教学，为主动学习。通过教师协同设计，搭建学生可参与的知识应用与能力培养实景教学环境，以建筑设计项目为驱动，培养学生的专业兴趣、主动学习能力以及建筑师负责制的执业体验（图3）。

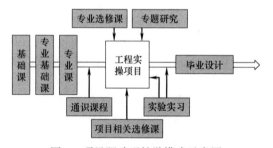

图 3　项目驱动型教学模式示意图

在这方面北京的一些院校有各自不同的做法，比如北京建筑大学依托城市设计高精尖工程前沿中心，借助企业的力量打造的多层次、复合化的实践教学体系与环境、北京工业大学的"工程师进课堂"、北方工业大学的"模拟建筑师事务所"等教学探索均具有很好的启发意义。本研究也希望在各高校实践经验的基础能形成更好的成果，进一步推动建筑教育的与时俱进。

---

① CDIO 代表构思（Conceive）、设计（Design）、实现（Implement）和运作（Operation），它以产品研发到产品运行的生命周期为载体，让学生以主动的、实践的、课程之间有机联系的方式学习工程。

贾宁

中国矿业大学；4216603@qq.com

Jia Ning

China University of Mining and Technology

融合创新创业教育的建筑造型教学策略与改革
Strategies and Reforms of Architectural Modeling Teaching Integrating Innovation and Entrepreneurship Education

摘 要：建筑造型作为建筑学的本科基础教学，着重培养学生建筑形态创作的思维方式和创新能力，是整个专业教学过程中不容忽视的重要环节。针对当前建筑造型教学现状，结合建筑形态理论与实践形势，融合创新创业教育，通过教学过程中的逐步深化与改革，为专业教育发展探索新途径。

关键词：建筑造型；创新创业教育；形态生成；创造思维

Abstract：As the basic undergraduate teaching of architecture, architectural modeling focuses on cultivating students'thinking mode and innovation ability of architectural form creation，which is an important link in the entire professional teaching process that cannot be ignored. Aiming at the current situation of architectural modeling teaching，combining the theory and practical situation of architectural form，integrating innovation and entrepreneurship education，and exploring new ways for the development of professional education through the gradual deepening and reform in the teaching process.

Keywords：Architectural Modeling；Innovation and Entrepreneurship Education；Form Generating；Creative Thinking

建筑造型是被人直观感知的建筑空间的物化形式，是构成建筑形态的美学形式。作为建筑学本科教学的重要环节，其是学生正式接触建筑设计的一项前置性工作。尤其是在现今多元化、信息化、数字化的时代，虽然设计师越来越注重形态的创意组合，但很少关注其内在规律和发展演变。相关教学也只是将形态构成作为基础课内容灌输给学生，导致概念化有余而实用性不足。

为此，笔者紧密结合当下新时代背景，将创新创业教育与专业课程相融合，尝试建筑造型教学的适时改革，对优化专业课程、培养建筑造型及空间分析能力，起到了良好的促进作用，有利于输送更多具备创新精神和专业能力的人才。

1 建筑造型教学的现状分析

建筑造型教学不仅要求学生掌握造型的基本理论和方法，更要求学生具备一定的形态创新能力和设计表述能力，为日后专业学习和设计从业奠定良好的审美与造型基础。然而，在传统的基础教学中，却面临着亟待解决的普遍性问题。

1.1 理论与思想的断层

随着社会的进步、各领域的交融，尤其是复杂性科学研究和计算机技术的发展，建筑形态开始向一种自组织与自适应的方向前进，与建筑领域日新月异的发展态势相对应的，却是国内高校教学中建筑形态研究理论与思想的断层，以及教材和教学方式的陈旧。各大高校大多仍以传统构成理论为核心，指导学生从事形态创作，而在面对当代的一些复杂性、非线性异型时，大都选择了欣赏甚至是回避的方式。总的来看，目前高校开设的建筑造型课程存在理论上的断层，仅仅依靠 20 世纪的形态构成理论来分析 20 世纪中后期至今的建筑形态，不可避免具有时代的局限性。

1.2 方法和技巧的缺失

当代先锋建筑形态并非是简单元素的变形或组合，而更多的是通过计算机的模拟以及参数化设置，呈现出类似"生长"的生命系统，其本身具有一定的自组织与自适应性，能够根据条件的改变，形成有机的、可变的、不可分割的形态。与强调形态美法则的主观性形态构成不同的是，"形态生成"是一种数字化的造型手段，它更强调形态内部的逻辑和法则，通过一些复杂性科学，如分形、CA 模型、遗传算法、混沌学、涌现论等，大大拓展了建筑形态的广度与深度，突破了传统的造型思维和手法。

因此，如果我们的教学手段依旧仅依靠传统形态构成的相关思维和技巧，将会束缚学生对建筑形态的认知和创新能力，甚至产生理解上的误区。

2 建筑造型教学的改革策略与方法

通过上述对比分析，可以看出建筑造型在当今趋势下所呈现的变革和进步，建筑造型的教学改革势在必行。笔者通过长期的理论研究和课程实践，开展创新创业与专业教育的融合教学，激发学生的创作热情、塑造专业能力，教学效果得到了明显提高。总结相关改革策略与方法如下：

2.1 结合新时代背景、确立教学目标

新时代背景下，我国城镇化快速发展，对建筑专业人才在"质"和"量"维度上的要求不断攀升。由此，建筑专业人才培养应结合本专业的行业需求，在注重专业技术能力的同时，重视学生的创新创业能力，关注学生"专业"和"创新创业"知识体系的融合，促进学生综合素质的提升。在科学育人计划指导下，培养兼具创新精神与专业技能的综合型人才，促使建筑专业人才的创新能力更为优良、实践技能更为突出，实现高质量创新创业教育教学目标。

2.2 关注专业实践、丰富造型理论

围绕从"构成"到"生成"的建筑形态演变思路，

使学生由浅入深地逐步对建筑形态进行全面、客观的认知，并通过介绍典型先锋建筑师及其创作方式，如弗兰克·盖里与 CATIA、彼得·艾森曼的"深层结构"、切莱斯蒂诺·索杜与生成设计、格雷戈·林恩（图 1）及其后现代哲学思想、卡尔·朱的"源空间"以及 NOX 的内在性研究等（图 2），使学生对"形态生成"的概念和理论以及当代先锋建筑的创作过程有更为深刻地了解，激发学生的好奇心和创作热情。

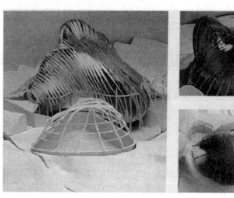

图 1　利用生物学理论生成的胚胎住宅（格雷戈·林恩）

图 2　基于 Wet Grid 概念的空间形态模型（NOX）

此外，鼓励学生搜集有关"形态构成"与"形态生成"的理论和实践案例，选择关注点做 PPT 分析报告和学术交流，不仅使学生加深了对课程的理解和兴趣，锻炼了综合素质和从业能力，同时达到知识背景与知识结构的知行一致，实现"课程特色＋创新创业"的高度融合。

2.3 革新创作方法、拓展创造思维

有关建筑形态的创作原理和方法，教学中将创新创业教育贯穿其中，改传统的"形态构成"为自发的"形态生成"，培养学生的抽象思维能力，引导其对复杂物象进行提炼和概括，为后续建筑设计的开展做好准备；同时培养学生多方案创作的能力，引导其进行多角度思

考和分析，提供更多解决实际设计问题的方案，在不断思考甚至是不断推翻草图的过程中，真正激发学生的能动性（图3、图4），以便更好地开拓创造思维、提升从业能力。

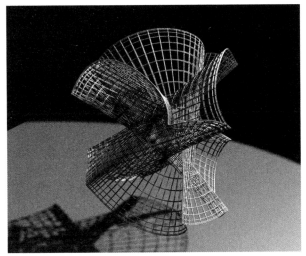

图 3　学生作业—启发创作训练

图 4　学生作业—形态生成训练

2.4　补充创作手段、更新教学形式

对传统教学进行创新是推动创新创业教育改革的关键环节。以往形态创作练习大多是手工制作，分为纸上作业和模型制作，不仅创作周期长、作业量小，也不利于教师及时地进行课堂指导和讲解，学生很难在有限的时间里全面理解和掌握形态创作的各类方法和技巧，更谈不上进行相关"形态生成"的创作练习。

而计算机技术的融入很好地解决了这一问题，无纸化的练习和创作，可以在短期内完成多种造型训练。学生有充分的时间结合当下建筑思潮和业界发展，对建筑

和艺术深入体会与积淀，规范造型手段和方法，提升形态创作能力，从而全面理解和掌握理论知识与实践方法，推进创新创业教育的深化融合。

3　教学效果的显现

3.1　教学质量的提升

通过以上的教学调整和改革，学生不仅锻炼了造型能力和创造能力，还自发学习了相关软件，如 Sketch-up、3D MAX、Rhino 等，从而大大提高了自身的专业水平，为参加设计竞赛提供了较好助力，在全国大学生建筑设计等竞赛中屡次取得优异成绩（图5、图6），在毕

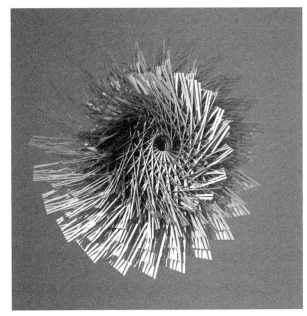

图 5　风眼（全国高校建筑与环境设计大赛一等奖）

图 6　生长（全国高校建筑与环境设计大赛三等奖）

业设计中的建筑造型也得到较大的突破和提升，为日后从事相关设计工作奠定了良好的审美与造型基础。

3.2 教学思维的应用

经过十余年的实践应用和教学检验，笔者总结教学经验与方法于《建筑形态构成》（东南大学出版社，2018）一书，为建筑设计、室内设计、城乡规划和风景园林等专业，以及相关设计人员，提供专业知识，帮助其加深理解建筑造型和形态构成的相互关系，具备更好的形态创新能力和设计表达能力。

4 结语

综上所述，建筑造型是挖掘学生创新意识和创造能力的重要环节，是实现理论基础与设计对接的关键桥梁。随着科技和专业的发展，建筑形态理论和方法需要不断地探索和研究，切实地将创新创业教育融入建筑专业人才培养的全过程，拉近教学与实践的距离，加深对建筑形态的整体把握和理解，让学生全面、客观地理解建筑形态的先锋魅力，激发学生的创造力，更好地服务于建筑设计和创作，全面提升建筑类人才培养质量。

主要参考文献

[1] 胡伟，贾宁. 建筑形态构成 [M]. 南京：东南大学出版社，2018.

[2] 郑凯，董兴辉. 创新创业教育与工程图学和CAD课程建设的深度融合 [J]. 高教学刊，2022，8（17）：26-28＋34.

[3] 董奕宏. 新时代教育背景下的教育建筑设计探究 [J]. 房地产世界，2022（10）：34-36.

[4] 韩林飞，车佳星. 基于"空间语汇"的建筑空间造型设计浅析 [J]. 中国建筑教育，2022（1）：129-137.

[5] 李海宗，费凡珂. 高等职业院校创新创业课程体系研究——以建筑工程技术专业为例 [J]. 建筑与文化，2022（6）：13-15.

杨思勤　贾娇娇

东北石油大学土木建筑工程学院；2441379791@qq.com

Yang Siqin　Jia Jiaojiao

School of Civil Engineering and Architecture，Northeasl Petroleum University

立体建构的"双赢"
——学生与儿童实践创新能力的互动
The "Win-win" of Three-dimensional Construction
——The Interaction between Students and Children's Practical Innovation Ability

摘　要：建筑类专业学生将立体构成和空间限定等实操知识结合到儿童的教育中，通过制作足尺的立体构成和空间限定的模型，营造活动场景，引导儿童对其进行探索和再加工，进一步提升孩子对空间的敏感度和动手能力，从而激发其想象力和创造力。在此实践过程中，学生的实践创新能力、团队协作能力和解决问题能力都得到了提升，从而实现了二者的相互促进与成长。

关键词：立体建构；创新与实践；能力提升

Abstract：Architecture students integrate practical knowledge such as three-dimensional composition and space limitation into children's education. By making full-scale three-dimensional structures and space-limited models，creating activity scenes，guiding children to explore and reprocess them，and further enhance children's sensitivity to space and hands-on ability，thereby stimulating their imagination and creativity. In the process of practice，students' practical innovation ability，teamwork ability and problem-solving ability have been improved，realizing mutual promotion and growth.

Keywords：Three-dimensional Construction；Innovation and Practice；Ability Improvement

1 立体构成的创新实践应用

本研究立足于"双一流"背景下大学生实践创新能力的提升，以《大学生创业实践项目》为依托，将建筑类学生学习到的专业基础知识与儿童心理与行为特点相结合，通过让儿童探索形态各异的立体搭建、架构模型，引导其对模型空间的感知和再次创造，从而锻炼儿童的想象力和学生综合能力。

在建筑学和城乡规划专业中，立体构成训练视为推动学生认知三维形体与空间、体验形态设计及塑造、表达设计方案及透视等的重要转折点。[1] 立体构成创造了不同空间形态的无限可能，培养了对空间形态美的感受与把握能力。[2] 在建设儿童友好城市的背景下，儿童友好是城市建设的起点，用"空间"引导儿童教育十分必要。[3] 本次实践活动中，儿童可通过感受不同材料的肌理材质，塑造不同空间，探索空间后再进行二次创造；也可在项目实施过程中构建不同情景，进入设定的氛围中动手实践。活动过程的设计注重儿童感受和体验，通过亲身体验联系生活场景和立体架构模型制作，既锻炼了儿童的动手能力，又表达了儿童的个性化思考和不同情感。另外，学生还力求实践课程内容贴近自然环境或地方文化遗产、建筑物，以游览体验、互动参与方式带动儿童积极性，从自然环境、建筑物、文学作品、展览、语言交流等方面获取灵感，用手工制作空间模型等方式表达自己。经过这样的实践活动，不断激发学生潜能和求知欲，创造力、想象力、思辨力几种能力得到全方位提升。

2 创新——视角的转变

此项目重点是如何引导儿童参与，学生在方案讨论初期重点考虑方案的可操作性和安全性。学生通过走访各类儿童教育机构和网络信息的查询，了解到只有个别建筑师、对口高校建筑教育社会普及项目、少数艺术类培训机构及家长会把目光聚焦到儿童空间的引导教育上，开展针对儿童建筑教育的课程设计、营建项目、社区参与等，[4] 大多数儿童在创造力的培养上都缺乏基础性引导。通过调研学生们对社会状况有了进一步的认知，跳出了"两耳不闻窗外事，一心只读圣贤书"的学习模式，有利于思维方式的转变，在项目实施过程中也能够侧重于解决现实问题。

3 协作——方案的可能性

学生对适宜儿童进行的立体架构进行了前期调研，一方面考虑营造情景时使用建筑中提炼出的元素，如何将其转化成立体架构的点、线、面构成；另一方面考虑如何引导儿童兴趣，让儿童参与到设计、绘制、模型制作的环节。

前期准备了多个模型对教学内容进行推敲，在形体的塑造中感知空间，以儿童视角多次推演讨论，适当引入不同材料、形式、色彩丰富形体变化。最终对4个方案进行深入的讨论、研究和试验（图1）。

方案1：设计者主要使用木棍架构了主体框架，再用三个立方体丰富空间，然后对木棍搭建成的形体进行多种扭转变化，最后用红黄蓝三原色对木质模型进行装饰。

方案2：设计者在体的构成变化中尝试互相关联，进行空间的拓展变化，采用雪弗板、木棍、纸板等材料进行多种形体架构尝试，运用雪弗板裁剪多种形状进行组合，可锻炼儿童对不同尺度空间的感知，对木棍进行不同长度的组合，进行旋转变化，以此训练儿童的动手能力。

方案3：设计者使用多个体量不同的纸盒进行组合，搭建不同空间，引入"迷宫"概念，在纸盒上凿洞，用工具凿开尺寸不一的洞口将纸盒进行穿插组合，用棉线、木棍丰富空间，用纸盒搭建出不同路径使路线更具趣味性。

方案4：设计者尝试用木棍搭建主要的立方体框架，在主要框架内再次嵌套小立方体，将小立方体的部分结构打散重新组合空间，用木棍围合出不同空间，再裁剪尺寸不同的彩色卡纸粘贴在立方体框架上丰富空

图1 前期准备方案模型图片

间。在完成小模型后，设计者尝试用PVC管材和三通、四通、五通等接口进行实验，更换不同材料让初始的立方体搭建过程更有趣。

4 实践——活动的开展

基于材料的方便、安全，对方案3和方案4进行了实践，利用生活中常见的材料塑造各类活动空间。此实践活动过程为：观察—使用—再创造，学生辅助儿童对模型进行加工，增强儿童的耐力和专注力，动手能力和沟通协作能力。

1）活动——《迷宫》

在概念生成时运用不同体块进行组合，形成不同空间，明确探索空间的路径。常见的纸箱作为主要材料进行搭建，设想儿童具体操作时可能会产生的不同路线和组合形式，进行多次小体块的模拟，不断完善模型的可能性（图2）。

（1）模型制作：学生使用纸箱、线、纸等材料

模拟迷宫不同路线，用纸箱搭建如图1所示的路线，再用线条、卡纸适当丰富路径。制作过程中发现纸箱尺度不适宜，以及其部分结构不稳固，虽对箱子进行了加固，但纸箱仍易塌陷，或是有的纸箱表面过软无法稳定，这时需用另一个箱子错位支撑，辅助的箱子因体量增大可能会不适宜儿童使用，于是结合幼儿的身高体重对部分结构进行重构，确保活动顺利实施。

图2 《迷宫》概念生成及足尺模型制作构成图片

（2）活动场景：儿童通过观察、尝试，穿过由纸箱构成的不同空间，不断寻找通往终点的正确路径，在寻找过程中体会空间的组合方式。然后引导儿童对纸箱上的孔洞和不同纸箱的连接处进行探索，儿童穿越纸箱孔洞，在多条路径中找到合适的路径，最终到达终点。在

寻找路径时有些儿童会将新游戏与之前接触过的事物进行关联。在活动中，儿童利用绳子的缠绕构成虚界面，或利用体块的堆叠，希望整个路线向高处发展，或在大纸箱内部用纸板塑造小空间丰富路径，或在纸箱上开洞来打通连接在一起的不同纸箱，创造新路径。儿童互相协作，体态各异，或钻或爬，充分利用自己的头脑和身体进行各类尝试（图3、图4）。

图3 原模型活动场景图片

图4 孩子改造后活动场景图片

2）活动——《正方体下的架构》

（1）概念生成在该阶段，学生制作多个小尺度模型探索方案，最后确定将正方体框架化处理。经过不同材料的试验比对，确定PVC管用作主体搭建，纸管进行内部空间塑造。学生使用PVC管时考虑到儿童活动的安全性，将管材进行切割打磨，又结合儿童身高特点，确定了1.5m高的立方体框架为初始模型尺度。

（2）制作过程：学生制作模型时先搭建小立方体空间作为范例，在现场引导儿童一起搭建1.5m高的大尺度立方体空间，使用布料铺满立方体框架顶面，在四角悬挂水瓶保持布料的稳定性，儿童在立方体空间内部用棉线、小尺度的管材进行小空间的塑造尝试（图5）。

图5 《正方体下的架构》概念生成及足尺模型制作构成图片

儿童对小立方体框架进行观察，学会PVC管搭建立方体的方式并尝试拆卸。然后搭建大尺度立方体，用不同形式的接口连接管材，了解三通、四通、五通接口在立方体搭建过程中的使用方法，同时为了保证稳定性要先搭建底部框架再逐层递进。学生与儿童合作搭建起完整的1.5m高的立方体框架，儿童在搭建过程中体会运用不同工具组合形体的方法、自主创造空间的乐趣。

在搭建时有些儿童喜欢自己动手搭接，倾向于将管材组合拼接，在搭接过程中不断探索；有些儿童喜欢自己动手探索新结构，在原有造型上进行新的尝试。比如在立方体顶部空间的塑造中，学生用绳子制造一个十字交点作为管材支撑点，儿童看到后，对结构的形成非常感兴趣。学生提出如何让更多的管材在顶部立起来，儿童积极寻求解决方法，不断尝试新的构成方式（图6、图7）。

图6 原模型活动场景图片

图7 孩子改造后活动场景图片

5 结语

在此活动中，儿童的创造力和思维能力得到了锻炼。学生面对儿童，解决各类问题的方式方法都要全面衡量，处理儿童情绪，提升积极性，解决儿童的提问、如何有效沟通，如何引导……如此繁多的问题，是学生们课堂学习不到的。通过这类实践活动，学生运用专业课知识，增强了动手实践能力，学会了跨学科思考分析问题，培养了团队合作能力，各方面能力都得到了有效的锻炼。

主要参考文献

[1] 赵志生，王天祥. 立体构成 [M]. 重庆：重庆大学出版社，2002.

[2] 施瑛，潘莹，王璐. 建筑设计基础课程中形态构成系列的教学研究与实践 [J]. 华中建筑，2009，27（10）：169-171.

[3] 刘磊，石楠，何艳玲，等. 儿童友好城市建设实践 [J]. 城市规划，2022，46（1）：44-52.

[4] 孙雪丹，刘楠. 创新力与创造力培养：欧洲儿童建筑教育初探 [J]. 美术研究，2021（2）：130-136.

严凡 孙立伟

河北工业大学建筑与艺术设计学院；yanfan@hebut.edu.cn

Yan Fan　Sun Liwei

School of Architecture and Art Design，Hebei University of Technology

"去包豪斯化"思路下的ETH建筑系基础美术教学初探
The Art Course of ETHZ under the "De-Bauhausian" Thought

摘　要： ETH的建筑系的基础美术教学，自2017年始启用德国观念艺术家卡琳·桑德的教学体系来替代之前基于包豪斯传统的体系。桑德将艺术理解为创造观念或者表达态度，由此通过设置自由绘画课程和涉及八大当代艺术领域（摄影、表演、装置艺术、行为艺术等）的课程，引导学生发展出一种个人对于公共话题的独立的，明辨性（批判性）的态度。

关键词： 建筑基础美术教育；ETH；去包豪斯化；观念艺术

Abstract： The architectural department of ETHZ has employed since 2017 the German conceptual artist Karin Sander to lead its basic art course，which was till then deeply influenced by the Bauhaus school. Sander regards the art as a means of searching for meaning or attitude out of the standardized world. Through the free sketching course and the 8 studios (photograph，performance，installation，intervention，etc.)，the students learn to develop their own critical attitude to the public discourses.

Keywords： Architectural Art Course；ETH；De-Bauhausian-thought；Conceptual Art

1　去包豪斯化的基础教学思路

瑞士苏黎世联邦理工学院（ETH Zurich，以下简称ETH）建筑系的基础阶段（第一学年）的教学思路在过去的5年中经历了一次重大的调整。原本其基础教学是建立在设计课、构造课和美术课这三大课程三足鼎立的基础上，每门课程各用时3个整天（每天约相当于我国的8学时）。从2017年开始，在延续此基本框架不变的基础上，设计课调整为基于数字化设计的教学思路，比如引入三维打印机辅助学生制作工作模型等，教学内容也有相应改变；与之相配套的"建筑图学"课程取消，改为由"数字建筑"教席的霍维施塔特教授（Ludger Hovestadt）教授四门编程语言，包括mathematica语言等，以期为设计方法的数字化转型服务。构造课的改动不大，但重新回到由设计课教师教授构造课的传统。

革新最为激烈的则是基础美术课的内容，改为由德国的观念艺术家卡琳·桑德（Karin Sander，1957年至今）领衔的团队负责，替代之前的包豪斯框架下的美术课程。这一系列的改革，可以用"去包豪斯化"（P. Ursprung语）的思路来理解，即去除包豪斯时代奠定的基于抽象的造型练习为基础的教学理念，转而寻求在数字化时代的新条件下的设计教学方法。以下重点介绍其基础美术课程的教学内容。

2　基础美术教学的目标和内容

2.1　对艺术的理解

观念艺术家卡琳·桑德认为：我们今天对"艺术"这一概念的理解，不再主要是指创造出实体性质的艺术作品（也即是说无论具象绘画还是抽象绘画都不再是主角）；它更多的是指一种方法，这种方法能从日益固定

490

的标准化世界之中，创造出复杂的意义。由于艺术在其本质是主观的，因此艺术特别需要艺术家具有一种明辨性思考（Critical Thinking）的能力。（"Critical Thinking"被很多人译成"批判性思考"。但批判性思考的译法缺乏原文中包含的"建设性"这一层的含义。因此此处将 Critical Thinking 这个提法宜译为"明辨性思考"，以表达原文的"批判性＋建设性"的含义。）她的美术教育就是基于这样的理念，训练学生的这种明辨性思考（Critical Thinking）的能力。

在这样的理念下，桑德把她的基础美术教育理解为一种无论是在形式上，还是在内容上都不确定的，但在品质上却是确定和可控的活动。建筑设计和基础美术的关系，也不仅是一种传授某种技能的关系，而且更是一种能交换各自领域的创造性方法的相互关系。这种创造性体现在：对任何快速解决问题的方案的质疑，多角度的思考，对事物真诚的观察，概念的明晰，同样重要的还有对环境、对场所的敏感度，这种敏感度是建立在美学的，政治的，和历史的框架下的。这需要学生建立一种广泛的文化意识，对世界的理论认知，以及对当下的美学、政治和社会的清晰把握。

桑德要求其教席内的教师必须每年持续参加各类展览，一段时期内不参加展览的教师将被淘汰。她认为艺术教育的最终目标，是希望教会学生发展出一种每个人自己对于公共话题的独立的，明辨性（批判性）的态度。她认为：艺术不是模仿，艺术恰好是要摆脱模仿。

2.2 基础美术教学的目标

第一学年的教学目标是培养感知能力和造型能力。在传统的造型训练比如素描速写、油画、摄影、摄像、雕塑、装置等之外，还引入了适合时代的新媒介，比如数字化工具和基于网络的媒介、行为艺术，等等。学生还要学习表达的能力，交流的能力，发展概念的能力和跨领域的艺术手法。这些都是当代建筑和艺术领域常见的方法。

还有一个目的是：学校给学生创造一个平台以及提供必要的工具，帮助学生整理自己的概念和想法，最终使其找到解决问题的新方法。这些新方法是通过其他途径，比如单向度的理性思维很难获得的。

2.3 基础美术教学的内容

为期一整天的基础美术课分为四大部分：①导语（8：00—8：15）。这部分由卡琳·桑德主持，介绍她本人的作品，或者偶尔会有客座艺术家介绍他们的作品。②关于当代艺术的讲座（8：15—9：30）。此阶段的内容是介绍 10 位当代艺术家，包括：格哈德·里希特（Gerhard Richter），小野洋子，布鲁斯·瑙曼（Bruce Nauman），大卫·霍克尼（David Hockney）等，介绍他们的艺术姿态和作品。③自由绘画（9：45—10：30）由教师引导学生进行各种创意素描练习。④分组练习（11：00—17：00）学生分别进入各个不同领域的艺术家的教学组进行认知，每周轮换一位艺术家（共 8 个艺术方向）。

自由绘画环节贯穿两个学期，每次的题目着眼于绘画的不同主题，强调创意性。比如题目 1：教师在一张白纸上给出一个字母"Z"的线描，让学生根据自己的想象把这个字母"Z"发展成一幅图画。题目 2：教师在一张白纸上给出四个圆点，学生根据这四个圆点自由创意画出一幅图画。题目 3：根据一段电影场景画一幅想象图画。题目 4：绘制一个你想象中的怪物。题目 5：画自己的左脚鞋子的立面；用图案填充满鞋子的立面；再用图案填充满背景，使得鞋子的形象不再可见等等。两学期总共有 16 个类似的题目。判断这些自由绘画的标准包括：①想法（比如题目 2 中："我"用这四个点来干什么？从中看到一幅图像吗？这幅图像是必须的吗？或者我只是简单复制这四个点来形成一幅作品?）；②边界感（比如教师给出一个字母"Z"，让学生以此出发发展出一幅图画；有人的画面紧贴着教师给出的"Z"字形，有人的画面则扩展开去：学生对"边界"的理解各不相同）；③幽默感；④尺度感；⑤生动性；⑥笔触；⑦节奏；⑧个性；⑨随机性；⑩独特性；⑪敏感度；⑫冒险性；⑬偶然性。

自由绘画的环节之后，学生被分成 8 个不同的大组，每组跟随一个艺术家（方向）进行学习一次，接下来每周轮换一个新的艺术家，直到所有学生在学期末，把这 8 个艺术方向都了解过一遍。然后到了一年级第二学期，学生则在整个学期内固定在其最感兴趣的艺术家工作室深入该方向学习。这 8 个不同的艺术方向分别是：①视频＋表演；②图像＋语言；③装置＋建筑；④材料＋雕塑；⑤摄影＋器材；⑥绘画＋空间；⑦摄影＋抽象；⑧行为艺术＋身体。

2.4 基础美术教学的判断标准

基础美术阶段的成绩判定，由每学期末的学生作品介绍环节来完成。学生整理出自己在本学期所有的艺术作品，向整个教席做一次作品汇报，教师给出成绩。对这些作业的判断标准包括：①观点和态度；②独立性；

③严肃性；④勇气；⑤社会影响；⑥反射强度；⑦是否让人回味无穷；⑧材料的经济性；⑨尺度；⑩连贯性；⑪是否简明扼要。

3　比较与思考

建筑设计教育与基础美术教育的关系一直以来是一个重要话题。正如桑德所说："重要的不是建筑学与艺术共有的部分，而是这两个学科的交互本身。"（*Nicht die Schnittmenge zwischen Kunst und Architektur ist das interessante，es ist der Schnitt selbst .*）我国建筑系的基础美术教育截至目前，更多的还着眼于具象造型能力的培养，少量的院校开始引入"抽象表现"的训练，而 ETH 的基础美术教学则几乎将这二者完全扬弃，转而进入观念艺术的领域。具象的造型训练对于建筑学学生的造型能力培养效果的优劣已为大家熟知。抽象表现的训练基本延续了包豪斯时代的理论和方法，并在后来的诸多现代美学理论比如格式塔心理美学等的完善下，构建出形而下的文本比如三大构成教学以及在此基础上的拓展，成为目前大量建筑院校美术基础教学的主流。这类训练，在形式上解决了建筑学学生从"无中生有"创造出造型的难题，但似乎确实无法触及更加深入的"意义"或者"态度"（Haltung）层面的探索。ETH 的这种改革，则直接面对训练学生追寻自身"态度"的课题，扬弃了从造型层面对艺术的理解。这样的扬弃所带来的优点和缺点，值得我们后续的长期关注。

主要参考文献

[1]　https：//sander. arch. ethz. ch/.

[2]　Karin Sander［EB/OL］. https：//www. kar-insander. de/en.（卡琳·桑德的主要作品均列于此网站）

罗琳　刘越

西安科技大学；759248661@qq.com

Luo Lin　Liu Yue

Xi'an University of Science and Technology

资源节约视阈下以建筑策划为导向的创新型人才培养模式

An Innovative Talent Training Model Guided by Architectural Planning from the Perspective of Resource Conservation

摘　要：在我国当前经济社会高速发展时期，各项生产建设活动存在较多浪费现象。为响应"建设资源节约型社会"广泛号召，社会各个领域应减少能耗、提高收益。建筑行业是社会化大生产的关键领域，更应在教育教学本着资源节约的原则进行工程实践。在传统教学模式中引入"建筑策划"，倡导资源节约视阈下的创新型人才培养模式，可促进教学与实践的可持续发展。

关键词：资源节约；建筑策划；创新型人才；培养模式

Abstract：In the current period of rapid economic and social development in my country，there are many wastes in various production and construction activities. In response to the broad call for "building a resource-saving society"，all areas of society should reduce energy consumption and increase profits. The construction industry is a key area of socialized large-scale production，and engineering practice should be carried out in accordance with the principle of resource conservation in education and teaching. Introducing "architectural planning" into the traditional teaching mode and advocating an innovative talent training mode from the perspective of resource conservation can promote the sustainable development of teaching and practice.

Keywords：Resource Conservation；Architectural Planning；Innovative Talents；Training Mode

1　社会背景

在社会化大生产的基础领域，高等教育应秉承"节约成本、集约资源"的理念，进行有利于社会、经济、文化可持续发展的各项教育教学活动，从而实现"资源节约型、环境友好型"社会主义国家的最终目标。其中，建筑领域成为建设资源节约型社会的关键一环，但是与此同时，很多建筑工程在建设和使用中依然产生成本增加、资源浪费、存在安全隐患等一系列问题，高等院校在建筑设计专业人才培养中并没有将此类社会问题体现在教学环节中，也是一种教育本位的缺失。因此运用建筑策划学研究方法，进行创新型人才培养模式的改革与探索，从而指导高速城市化进程下社会建设各个领域的需求，具有重大的理论意义和实践价值。[1]

2　理论背景

2.1　建筑策划学产生的背景

建筑策划学即"建筑计划学"，是日本在明治维新之后为解决西洋建筑在日本的"水土不服"所形成的一门独特学科。[2] 20世纪60年代，日本受到第二次世界大战的严重破坏，城市建设面临重大压力，在这种情况下，如何花最少的钱以达到最高的效益，成为全社会关注的问题，"建筑策划"应运而生。广义"建筑计划"包括建筑策划学、建筑人类工程学、建筑设计方法论等分支学科。狭义的"建筑计划"就是建筑策划，简称"建筑计划"。它强调设计逻辑性，以及建筑与社会、经济、环境、使用方式等的关系，使得建筑空间更好的满足人的需要，以保证建筑设计的科学性、实用性、经济性。

2.2 建筑策划学的方法与应用

建筑策划学是指总体规划目标确定后，根据定向、定量的研究得出设计依据。所以，应位于建筑规划设计之前，提出条件约束建筑设计如何去运作。面对新时期"资源节约型社会"的建设原则，传统建筑设计程序逻辑性差、经济性差、没有一定的市场科学性，不能保证环境效益，经济效益，社会效益的均好性，以及是否符合实际市场需要。将"建筑策划"融入传统建筑设计教学环节中，能够有效填补在传统的建筑规划设计程序中"市场化断层"的弊端，使得设计更有科学依据，实现社会的可持续发展。

2.3 建筑策划与工程建设程序的关系

我国现有的工程建设基本程序为以下四个阶段：项目前期、项目设计、项目施工、项目使用。可以归纳为前期策划—任务书制定—设计展开—实施施工。广义的建筑计划贯穿于工程项目建设的各个阶段，随着社会经济的发展，外来专业细分观念的碰撞，国内建筑规划设计市场逐渐的在由"投资商指导规划"发展到由"策划来指导规划"的阶段，也就是"以市场需求来指导规划设计"阶段来。

2.4 建筑策划对设计教学的影响与作用

1) 节约成本

引入"建筑策划"作为传统建筑规划设计为前置环节，由建筑师提交建筑策划方案，为双方节省大量费用。其次，在设计的各个环节注重策划目标、实地调研、使用评价等，摆脱受到传统建筑观念以主观感受为主的弊端，科学计划成本，减少投资浪费。

2) 缩短时间

"建筑策划"流程的引入可以极大地缩短"投资商考察建筑师—建筑师给投资商提交创意思路"的工作时间。在调研过程中也由于具备一定的市场分析基础而加快了设计的进程，减少返工，节约人力财力。

3) 注重评价

在国家规范和标准的约束下，"任务书式"的规划设计方向明确、设计条件较为单一；而没有明确任务书的规划设计导致使用人群模糊化、空间利用忽视化，设计本位的缺失，设计结果的不合理性。运用"建筑策划"指导规划设计，注重使用者心理感受，实践意义重大。

3 教育实践——"建筑策划"导向下的人才培养模式改革

建筑策划的领域广泛涉及科技、信息、社会、人类、经济、环境等，是传统建筑学无法明确的，主要包括以下几部分内容。

1) 宏观层面

人与环境的关系，精神因素及社会机能、景观与经济、生态与可持续性发展，建筑与人的生理、心理的关系。

2) 微观层面

涉及空间、功能、建设目标的确定、建设目标的构想、对构想结果的使用效益的预测、目标相关物理心理量的分析评价、设计任务书的生成等，为设计提供数字化依据。

面对以上"建筑策划"的不同应用领域，在创新型人才培养模式上，我们应该改变传统教学模式的单一化和理论性，注重市场导向和使用者的体验，为科学设计、资源节约提供设计指导。

3.1 以"市场"为先导——重"调研"轻"案例"

在教育教学中不能过分依赖理想状态下的案例剖析，而应深入实际，以现状使用为依据展开调研分析，[3] 主要包括以下几个方面：

1) 外部条件调查

即社会环境，人文环境，自然环境，基础设施，规划设计条件。

2) 内部条件调查

即项目包括使用者、住户及功能要求。

3) 空间内容构想

运用建筑策划的手段来对空间构想进行空间评价，通过对生活的预测以及时态调查的分析、归纳、总结和提炼对空间加以修正，通过这个机制的运作反馈到环节中去。

4) 技术构想

材料、结构、构造、设备等。

通过调研分析以上几个部分，形成结论，为下一步建筑设计提供依据。摆脱传统教学中对案例分析的依赖和主观性判断，深入结合市场现状，对使用者的时态调查变成一个主要因素之一，以此为依据进行方案预测，科学合理制定任务书。

3.2 以"策划"为依据——重"数据"轻"图示"

在策划任务书形成之后进入核心部分——数据统计分析以及对设计条件的把控。此环节将以"数据"为支撑重点，摆脱传统教学模式中以直观性的图示代替理性客观的判断，延续策划学的设计依据进行细化教学。主要包括：

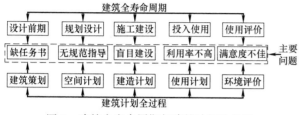

图1 建筑全寿命周期与建筑计划的关系

① 对建设目标的明确；
② 对建设项目外部条件的把握；
③ 对建设项目内部条件的把握；

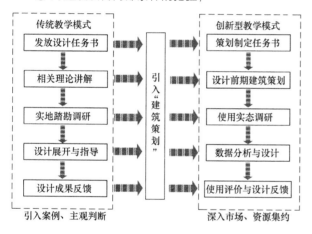

图2 引入"建筑策划"的创新型人才培养模式

④ 建筑项目空间构想的表述；
⑤ 建设项目实现手段的确定。

首先，从目标入手，通过对项目用途、目标、规模性质的判断，分别有了对内部、外部条件的认识，收集信息；其次，限定条件，形成设计的研究依据；最后，通过策划找出解决方法；最终确定方案。

3.3 以"使用"为检验——重"评价"轻"标准"

对于具有策划意识的建筑师来说，建筑师的工作流程一般应该是：策划—构思—设计—实施，以策划的观点研究市场，能够有效帮助建筑师在"设计"和"生产"定位中找到平衡，在教学中引入"策划"这一环节的最终目的也是有机联系市场，节约建设成本。[4]

任务书制定一般参考的是各类型建筑的国家、地方、行业的各项法律及规范。例如，中小学校建筑设计主要参考和依据的就是《城市普通中小学校校舍建设标准》（建标〔2002〕102号）、《中小学校设计规范》（GB 50099—2011）等。但是，这种"一刀切"式的规范制约存在不能体现地区差异、地域特点、项目的特殊性等缺陷，如果没有专门细化研究，往往造成建设成本增加、利用率不高、不符合使用需求等问题。

以高中设计为例，目前国家规范支撑的最大办学规模只到48班，而各地涌现的"老校名校""热点学校"等超大规模学校的新建、改扩建因缺少规范支撑，空间环境陷入盲目建设，影响在校师生学习生活。因此，实践教学中前期任务书制定成为重要一环。以规划设计、施工建设、投入使用作为中间三个阶段，建筑前期策划与使用后环境评价，贯穿前后，构成从建筑策划到环境评价的完整过程。[5] 建筑计划予以每一个环节指导，保证建筑设计的科学性与合理性。如图1所示，其详细表示了建筑全寿命周期与建筑计划的关系。综上，资源节约视阈下以"建筑策划"为导向的创新型人才培养模式关键教学环节及其特征如图2所示。

4 小结

当前，我国正处于经济高速发展的时期，在社会生产的各个领域应本着集约高效、资源共享的原则，在教育教学中引入"建筑策划"的创新型人才培养模式，科学合理地制定任务书，以策划为依据进行设计，既满足使用者的实际需求，也保证建设领域可持续发展。

图片来源

图1、图2均来源于作者自绘。

主要参考文献

［1］ 白林，胡绍学. 建筑计划学方法的探讨——建筑设计的科学方法论研究（一）［J］. 世界建筑，2000，（8）：68-70.

［2］ 庄惟敏. 建筑策划导论［M］. 北京：中国水利水电出版社，2001：20-22.

［3］ 田慧生. 教学环境论［M］. 南昌：江西教育出版社，1996：65-67.

［4］ 靳希斌. 教育经济学［M］. 北京：人民教育出版社，2009：45-46.

［5］ 转型期中国重大教育政策案例研究课题组. 缩小差距：中国教育政策的重大命题［M］. 北京：人民教育出版社，2005：52-55.

李燕[1]　陈雷[1,2]　辛杨[1]

1. 沈阳建筑大学建筑与规划学院；lyly0322@126.com
2. 东北大学江河建筑学院

Li Yan[1]　Chen Lei[1,2]　Xin Yang[1]

1. School of Architecture and Planning, Shenyang Jianzhu University
2. School of Jianghe Architecture, Northeastern University

区域视阈下的建筑学入门阶段建筑设计课程有机教育教学改革探索

Exploration of Organic Teaching Reform of Architectural Design Course in the Entry Stage of Architecture from Regional Perspective

摘　要：建筑学专业入门阶段的建筑设计课程是专业主干课程的首要环节，在培养建筑学专业人才的过程中占据主导地位。在区域建筑学理论背景下，通过建立有机教育教学体系，将进一步系统化地梳理出以建筑设计课程为核心的本科二年级专业主干课程，并结合各个教学阶段安排适宜的理论课程和实践环节，建立起适应"新工科"教育理念的完整教育教学体系骨架。

关键词：区域建筑学理论；建筑设计课程；有机教育教学

Abstract：The architectural design course in the entry stage of architecture major is the primary link of the main courses and plays a leading role in the process of training architecture professionals. Under the theoretical background of regional architecture, through the establishment of organic education and teaching system, we will further systematically sort out the main professional courses of the second grade with architectural design as the core, and arrange appropriate theoretical courses and practical links in each teaching stage, so as to establish a complete framework of education and teaching system.

Keywords：Regional Architecture Theory；Architectural Design Courses；Organic Education and Teaching

1　背景

随着国家"新工科"教育理念的发展和社会经济技术发展的需求，高校建筑学科一直在探求建筑教育的历史传承和发展变革。如何重新定位建筑学专业人才的培养目标，将通识教育、工程教育、实践教育与实验教学之间有机结合起来，培养科学基础雄厚、综合素质高的创新型人才是建筑教育领域热议的焦点问题。近几年，国内建筑类各高校都在适应时代发展、提升教学质量、提高人才竞争力等方面，开展广泛而深入具体的教学改革与创新发展，推动了建筑学科在我国高校教育中的稳步发展和持续提升。其中对于建筑设计课程的重视程度一直很高，对课程设置、知识结构、题目安排、进度要求、教学方法等都在不断地进行改革和创新研究。在当前的建筑学专业课程体系中，建筑设计课程与其他专业理论课和实践环节都是相对独立的课程内容，教师在讲授课程的过程中很难兼顾到其他的课程内容，这就使得学生在学习各门课程时处于比较隔绝的状态中，并不能够将同一学期或者同一学年的多门课程中的知识点系统地联系到一起。这种分散的教学安排不利于学生对知识的融会贯通，也不利于作为职业建筑师预备人才的培养目标。当今社会发展的需求，要求建筑学专业人才具备越来越多的综合能力和技术来应对科技的快速发展。基于这样的目标，在培养建筑学专业人才的课程体系中调整以建筑设计为核心的专业主干课程体系是亟待解决的问题。

2 改革目标

建筑设计课程是建筑学专业的主干专业课，是学生认识建筑设计、建立设计思维、掌握设计要领的重要课程，在培养建筑学专业人才的过程中占据主导地位。入门阶段的建筑设计课程一般都在本科二年级开始。这个阶段的建筑设计课程是本科一年级建筑设计基础课的进阶课，也是本科三年级建筑设计课程的先导课，起着重要的承上启下的作用。在这一阶段中，以建筑空间塑造训练为主线的教学体系设置，是在本科一年级抽象空间认知训练基础上的递进与延伸，也是本科三年级城市尺度空间整合训练的基础和前提。我们希望通过对这个阶段的建筑设计课程的教学目标、课程内容、进度安排、训练方法、教学重点等方面进行系统、全面地梳理，并根据建筑学专业人才的培养目标建立有机教育教学体系，针对专业主干课程进行教学改革。通过改革课程架构、课程体系和教学方法，使得建筑设计课程与专业理论课和实践环节更好地融合在一起，多门课程形成整体有机的联动关系，有利于学生对建筑学这门综合性较强的应用学科有更好的理解和掌握。改革的目标主要包括如下几个。

1) 以社会多元化需求为导向，拓展新时代建筑学专业人才的培养目标。

2) 以理论与实践相结合为基础，完善建筑设计主干课课程架构。

3) 以系统模块化课程体系为依托，优化当前建筑设计课程的课程体系。

4) 以培养学生自主思考为目标，转换教学双方角色重心。

3 教学思路

着眼于"新工科"教育理念的大背景以及社会对建筑学专业人才的多元化需求，我们重新梳理以建筑设计课程为主干的专业课程教育体系，完善现有建筑设计课程的课程目标和教学内容，将课程与建筑理论、实践有机融合在一个完整的系统内，并结合实际情况调整教学方法和考核标准。

3.1 践行区域建筑学理论在教学中的应用

在建筑设计教学环节中，基于沈阳建筑大学张伶伶教授创新性地提出的区域建筑学理论，以较高的视角来关注建筑设计的问题，涵盖自然、历史、人文以及经济等综合因素。课程中带领学生以认识环境、分析问题、探究本源为目标展开设计研究，扩大了学生思考问题的范围，跳脱出只注重形式美感而忽略建筑本真内涵的设计误区，是对区域建筑学理论在建筑设计教学中的应用实践。

3.2 建立系统有机的教育教学体系

将原有的相对独立的建筑设计课程内容，系统化、模块化建构重组，并形成一套以建筑设计课为主线、以理论课程和实践环节为两翼的有机教育体系。在建筑设计课程的教学过程中，通过与理论课程和实践环节的有机结合，将专业知识系统地贯穿于入门阶段的各个教学环节，使得学生建立更为立体的专业知识结构。

3.3 追求以学生为主体、因材施教的教学理念

当前社会的快速发展使得知识的传递不局限于传统的课堂式教学，通过改变传统教学中学生被动灌输知识的局面，让学生成为学习的主体，鼓励自主学习、自主探索和发散性思维。专注于因材施教的教学理念，注重人才的个性化培养，提高专业人才的多样化出口，以满足当今社会对建筑学专业人才的多样性需求。

4 教学体系

入门阶段的建筑学专业学生刚刚开始接触建筑设计，有着强烈的求知欲望，并渴望得到系统、充分的教育引导。如何能够高效优质地完成这个阶段的教学，对于专任教师来说有着很高的教学能力要求，对于课程设置来说也有着很广泛的探索空间。这个阶段的建筑设计课程是贯穿整个建筑学专业本科教育阶段的专业主干系列课程中的初始环节。我们试图通过结合区域建筑学理论，融合专业理论课和实践环节，完善建筑设计课程循序渐进的教学训练，优化当前的课程安排以达到更为理想的教学效果。

4.1 拓展专业人才培养目标

随着社会发展和科技进步，建筑学专业人才的就业渠道、社会对建筑学专业人才的需求日趋多元化。传统的知识体系和课程内容已经不能满足社会对建筑学人才

的更高需求。建筑学专业教育以及建筑设计课程的教学目标也将更新培养理念，以目标需求为导向，以广义的职业建筑师培养为目标，构建全新的人才培养模式。

1）培养设计思维能力

通过对围绕建筑设计课程体系中的人、建筑和环境之间关系的研究，培养学生的计思维能力，提高对建筑的认知和探索，鼓励学生尝试多种可能性的比较分析。

2）培养决策判断能力

通过对各个设计题目的模块化设置，提供更多的选择性和限定条件，让学生尝试在不同的条件下完成建筑设计任务，培养学生综合分析和解决问题的决策判断能力。

3）培养创新精神与社会责任意识

通过完善设计题目的类型，加强设计前期环节的研究深度，鼓励学生对不同建筑形态的探索和研究，培养学生的创新精神和通过建筑设计解决社会问题的责任意识。

4.2 完善主干课课程架构

在应对当今社会出现的复杂问题时，传统的专业教育构架导致单一的各学科对问题的认知和解决方案缺乏系统性，建筑学专业的教育也将面临知识体系的重构优化。传统的课程架构需要通过进一步完善和优化，既延续传统和精华又要吸纳更多优秀的课程资源，建立科学的课程架构，以适应社会发展的需求。

1）针对标培养目标完善现有的教学体系

以"建筑设计课程系列"为核心，建立明确的"基础核心理论课程系列""建筑文化理论课程系列""建筑历史理论课程系列""前沿技术理论课程系列"和"专业实践环节训练"课程板块，并根据教学进度科学合理地组织起来。

2）梳理以主干课为主的课程主体架构

通过对建筑设计课程的模块化设计，优化课程体系，形成以建筑设计课为主线，以专业理论课程和实践训练为两翼的课程体系。

3）结合优秀的课程资源丰富课程内容

通过网络平台、社会资源等多渠道拓宽课程资源，打破传统课堂教学的壁垒，有针对性地吸纳更多优秀的教学资源进入到建筑设计课程中。例如，邀请与建筑设计课程内容相关的建筑师以及其他专业的工程师开展专题讲座、网络课堂等方式，丰富建筑设计课程内容，拓展学生知识来源，鼓励学生开展更广泛的知识积累。

4.3 优化建筑设计课程体系

传统的课程体系中课程科目相对独立，不利于学生融会贯通、灵活掌握。优化后的课程体系，更为合理地安排教学内容，在整体减少学时的情况下提高课堂教学质量。进一步完善了以建筑设计课程为主线的课程体系，充分将专业理论课、技术类课程和实践环节的内容与建筑设计课程的知识点互相关联，整合教学资源，提升每门课程的教学效果。

1）确立主线与两翼

通过确立建筑设计课程的主线地位，进一步明确课程目标及教学重点，并将专业理论课程和实践环节作为主干课的知识关联，形成主线与两翼的整体架构。

2）整合课程资源

结合国内外的学科发展新动向和建筑设计课程的教学安排，引进先进科学的课程资源，减轻学生课下自己盲目寻找学习资源的问题，更好地发挥高校教育资源平台的作用。

3）建立有机模块体系

系统性的梳理课程体系，高效发挥教学资源优势，建立有机整体的模块体系，为教师教学和学生自学提供灵活多变的基础平台，更好地达到训练目标。

4.4 转换教学双方角色重心

在建筑设计课程的教学环节中，首先在保证教学内容符合教学大纲要求的我前提下，增加设计题目设置的灵活性和多种选择性，给学生提供更多自主寻找兴趣点的机会；其次，通过在前期调研、案例分析、场地踏勘和方案构思等各个阶段中安排以学生为主体的教学内容；最后，通过课上课下灵活地调动学生自主获取知识的积极性，增强学生的主动思考、主动探究和动手操作能力。

学生变被动灌输知识为主动获取信息，并结合网络资源多渠道获取符合该阶段训练目标的知识资源，打破旧有的单一获取知识来源的壁垒，教学环节的角色重心将从以教师为主角逐步转换为以学生为教育的主角。

5 结语

沈阳建筑大学建筑学专业一直践行朴素平实的建筑创作思想，始终立足于东北老工业基地的城乡建设。在以区域建筑学理论为核心教育理念的背景下，希望通过以"点"带动"面"的教学改革新思路，推进新工科建设理念下建筑类高校人才培养模式的探索。通过建立建筑设计课程的有机教育教学体系，将进一步系统化地梳理出以建筑设计课程为核心的本科二年级专业主干课程，并结合各个教学阶段安排适宜的理论课程和实践环节，建立起完整的教育教学体系骨架。因此，这项课程的改革与创新研究对于新时期建筑学专业培养目标的拓展与重构将会产生较大的影响，它不仅提供了理论指导和实践经验，还为具体问题的解决提供了切实可行的研究办法。

主要参考文献

[1] 孙德龙，郑越，张昕楠，许蓁. 基于氛围的空间生成训练：建筑学本科二年级基础教学探索 [C] //2020—2021 中国高等学校建筑教育学术研讨会论文集编委会，哈尔滨工业大学建筑学院. 2020—2021 中国高等学校建筑教育学术研讨会论文集. 北京：中国建筑工业出版社，2021.

[2] 刘彤彤，张颀，荆子洋，许蓁，赵建波. 天津大学建筑学专业主干课教学体系改革的实践与研究 [C] // 全国高等学校建筑学学科专业指导委员会，内蒙古工业大学建筑学院. 2011 全国建筑教育学术研讨会论文集. 北京：中国建筑工业出版社，2011.

[3] 薛明辉，张琳，关毅. OBE 理念下的建筑学专业核心设计课程优化 [C] //2019 中国高等学校建筑教育学术研讨会论文集编委会，西南交通大学建筑与设计学院. 2019 中国高等学校建筑教育学术研讨会论文集. 北京：中国建筑工业出版社，2019.

[4] 刘莹，于戈. "新工科"背景下建筑学专业的学科交叉融合教学模式探索与实践 [C] //2019 中国高等学校建筑教育学术研讨会论文集编委会，西南交通大学建筑与设计学院. 2019 中国高等学校建筑教育学术研讨会论文集. 北京：中国建筑工业出版社，2019.

[5] 朱渊，黄旭升，郭菂. 基础知识的分界传递——东南大学二年级建筑设计教学试验探索 [C] //2020—2021 中国高等学校建筑教育学术研讨会论文集编委会，哈尔滨工业大学建筑学院. 2020—2021 中国高等学校建筑教育学术研讨会论文集. 北京：中国建筑工业出版社，2021.

石谦飞　王金平　梁变凤

太原理工大学建筑学院；shiqianfei@163.com

Shi Qianfei　Wang Jinping　Liang Bianfen

College of Architecture，Taiyuan University of Technology

基于地域特色和行业背景的建筑学专硕校企联合培养模式探索 *

Exploring the Joint Training Mode of School-enterprise based on Regional Characteristics and Industry Background for Professional Master's Degree in Architecture

摘　要：通过分析建筑学专业学位硕士研究生教育面临的问题，在借鉴学术型硕士学位研究生教育经验基础上，探索适应地域特色和行业背景的建筑学专业学位研究生的校企联合培养模式。在特色培养制度、联合培养实践基地、企业导师队伍、地域特色和行业背景研究方向、教学改革研究等方面介绍了太原理工大学建筑学专业学位研究生教育的实践经验和培养成效，并提出有待今后继续研究探索的5个方面的问题。

关键词：地域特色；行业背景；建筑学专硕；培养模式

Abstract：Through analyzing the problems faced by the professional master's degree in architecture education，and based on the experience of academic master's degree postgraduate education，we explore the joint cultivation mode of school-enterprise for architecture degree postgraduates that adapts to the regional characteristics and industry background. This paper introduces the experience and achievements in the aspects of characteristic cultivation system，joint cultivation practice base，enterprise tutor team，research direction of regional characteristics and industry background，and teaching reform research，etc. And the issues to be continued to be researched and explored in the future are proposed.

Keywords：Regional Characteristics；Industry Background；Professional Master of Architecture；Cultivation Mode

1　引言

建筑学是应用性特点非常突出的学科，建筑学学术型硕士就业主要渠道是进入各类建筑规划设计机构，从事服务社会经济发展的建筑设计或城乡规划设计。从目前国内各设计机构对建筑学学术型硕士的工作评价来看，普遍的问题是在校期间的学术训练与工作技能之间的契合度差。从学生的角度看，认为在校期间的科研训练无法在实际项目的设计过程中应用，从设计机构来看，感觉学生设计能力不能满足实际项目设计的需要。在此背景下，建筑学专业学位硕士应运而生，目的是与现行的注册建筑师制度相配合，为企业培养符合行业需

＊项目支持：基于山西地域特色的建筑学硕士专业学位校企联合培养模式研究，2020年度山西省研究生教育改革（指令性）研究课题，项目编号：2020YJJG066，山西省教育厅。

求的应用型高级人才。通过建筑学专业学位硕士的培养，解决了行业应用型高级人才的紧缺问题。经过几年的运行，目前又面临新的问题，就是如何基于地域特色和行业背景，培养服务地方经济社会发展的高级应用型设计人才。建筑学专业学位作为应用型人才培养方式，与以往的学术型硕士培养模式存在较大区别。如何在借鉴学术型硕士学位研究生教育经验基础上，探索适应地域特色和行业背景的建筑学专业学位研究生的校企联合培养模式，是目前建筑学专业学位研究生教育需要探索的重要课题。

2 建筑学专硕教育面临的问题

2.1 培养目标不明确、特色不鲜明

目前，我国大部分建筑学专业学位培养院校制订的建筑学硕士专业学位培养目标都存在目标不具体、特色不突出、定位不明确等问题，集中表现为制定的培养目标与各校学术型硕士学位培养方案大体相近，没有结合各院校所在地区的社会经济发展特点和地区行业实际情况进行调整，培养目标的定位不明确。

2.2 培养模式和评价标准雷同僵化

专业学位研究生课程体系与学术型基本相同，课程内容未能体现当前行业发展的需求和状态；授课教师仍然以学校教师为主，体制僵化，不能吸收行业内专家参与授课；对于专硕研究生在读期间的科研成果没有细化，未突出体现对实践成果的详细要求和评价标准。专业型学位论文评审环节的评价标准与学术型论文评审没有实质性区别。

2.3 专硕导师缺乏行业实践经验

了解行业发展并熟悉建筑师业务的专硕导师缺乏，体现在以下三点。①校内导师缺乏行业实践经验，对学生参与的实践项目，缺乏指导能力。②校外导师对培养过程和培养目标不熟悉，对学生培养的全程化参与度不高。培养方案要求校外导师不仅承担专业学位研究生的实践指导工作，而且要参与研究生培养的全过程，包括开题报告、中期检查、毕业答辩等培养环节。③校内与校外导师相互之间缺乏沟通与交流，缺乏对专业学位研究生课程教学和实践教学的效果评价机制。

2.4 课程教学与实践过程脱节，实践环节薄弱

专硕课程设置和学硕课程相比没有太大变化，没有针对专硕培养目标设置课程体系，导致课程教学无法对实践过程提供支撑。实践过程作为专硕培养的重要环节，一直是专硕培养亟待提高的薄弱环节。问题主要包括：①学位课程中的实践教学部分实施困难；②半年至一年的校外实践基地实践效果不稳定，教学质量难以保障；③企业导师的项目专长和校内导师的研究方向不完全匹配，校内外导师的关注点不同，使学生无所适从。

3 建筑学专硕培养机制探索

3.1 确定培养目标

太原理工大学建筑学专业学位硕士授权点于 2019 年获批，2020 年开始招生，首次招生 25 名。如何进行培养，是我们一直在思考的问题。

2020 年 7 月 29 日召开了"全国研究生教育会议"，提出推动产教融合建设行动。提出组织实施"国家产教融合研究生联合培养基地"建设计划，带动国家、地方、学校三级基地建设；鼓励各地各培养单位设立"产业（行业）导师"，推动行业企业全方位参与人才培养；完善产教融合联合培养质量评价机制，提升研究生实践创新能力。

山西转型发展进入关键时期，依托山西的文化资源，推进城乡一体化发展。建筑设计业务从城市向乡镇扩展，城市更新、美丽乡村、传统聚落保护更新等工作任务非常重，对地域建筑设计人才需求量很大。急需既有丰富的地域建筑设计理论知识，又有扎实的建筑设计实践经验的应用型高级建筑设计人才。

山西是建筑遗产和聚落遗产大省。山西拥有 6 座国家级历史文化名城，国家级历史文化名镇 15 处，国家历史文化名村 96 处，550 个中国传统村落，36 100 多处地面文物古迹，531 处国家级重点文物保护单位。山西省政府公布的历史文化街区 30 处，各级政府公布的历史建筑 1726 处。

据此，我们提出了太原理工大学建筑学专业学位硕士研究生的培养目标：立足于山西地域特色资源优势，服务地方经济社会发展。以服务地方文化资源为导向，建立基于地域特色和行业背景的建筑学专硕校企联合培养模式。

3.2 建立培养机制

1）特色培养制度建设

在学校专硕培养办法的框架内，结合我校建筑学专硕培养目标，提出具有针对性的课程体系、实践环节和学位论文要求（图1）。

本科一年级需完成课程学习。在制定课程体系时，根据教育部《专业学位研究生核心课程指南》中"建

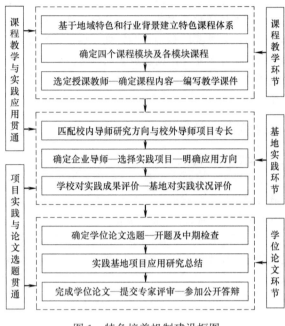

课程教学与实践应用贯通

课程教学环节
- 基于地域特色和行业背景建立特色课程体系
- 确定四个课程模块及各模块课程
- 选定授课教师—确定课程内容—编写教学课件

项目实践与论文选题贯通

基地实践环节
- 匹配校内导师研究方向与校外导师项目专长
- 确定企业导师—选择实践项目—明确应用方向
- 学校对实践成果评价—基地对实践状况评价

学位论文环节
- 确定学位论文选题—开题及中期检查
- 实践基地项目应用研究总结
- 完成学位论文—提交专家评审—参加公开答辩

图1 特色培养机制建设框图

模块化课程设置情况 表1

序号	课程模块	课程名称	课程类型
1	建筑设计及其理论	现代建筑理论	核心课程
2		建筑与城市设计(一):综合类建筑设计	核心课程
3		建筑与城市设计(二):城市重点地段建筑设计	核心课程
4		建筑与城市设计(三):生态城市与绿色建筑	核心课程
5		建筑空间艺术与技术设计	自设课程
6		城市设计理论与方法	核心课程
7		[英]景观设计理论	自设课程
8	建筑历史与理论	建筑历史与理论专题:传统建筑文化与技术	核心课程
9		建筑遗产保护专题:保护理论与方法	核心课程
10		建筑遗产保护技术前沿	自设课程
11		建筑评论	核心课程
12		建筑环境心理学	自设课程
13		建筑策划与使用后评估	核心课程
14	建筑技术科学	建筑技术科学前沿	核心课程
15		人居科学导论	核心课程
16		噪声控制与建筑声学设计	自设课程
17		数字建筑理论与方法	核心课程
18		[英]地理信息系统实践	自设课程
19	建筑师职业教育	建筑师职业教育与实践	自设课程
20		工程伦理	自设课程

筑学专业学位研究生核心课程指南"的要求,在规定的12门核心课程之外,另增加了8门实践性强的自设课程,课程按照模块化设置,共有4个课程模块:①建筑设计及其理论;②建筑历史与理论;③建筑技术科学;④建筑师职业教育(表1)。课程体系突出了基于地域特色和行业背景的建筑学专业学位培养的应用性特点。

本科二年级需在企业导师所在实践基地实践一年。在企业导师的指导下,参与实际项目的设计实践,强调"研究型应用设计"的实践导向。学位论文的选题要求与实践基地工作内容相关,企业导师和校内导师共同参与指导,强调"设计型应用研究"的学术导向。在实践基地确定学位论文的课题方向,并完成开题报告和中期检查。项目实践是建筑学专硕培养过程的关键环节和其他环节的主要支撑。在学校规定的框架内,细化了建筑学专硕申请学位的科研成果要求,不再按学硕的要求发表论文和专利,而是以在实践基地的实践成果为主,包括报告类(可行性研究报告、前期策划、使用后评价报告、环境评价报告等)、设计类(方案图、规划图、施工图、修缮图等)和测绘类(古建筑测绘、历史建筑测绘、村落测绘等)。强调成果内容的应用研究导向。

本科三年级期间需完成学位论文的撰写与答辩。专硕学生的学位论文选题,要求在实践基地期间完成开题报告和中期检查,选题以校内导师研究方向和企业导师项目专长相结合,采取产学研相结合的模式,选题内容

基于实践项目中发现的急需解决的行业难点问题,紧扣实践应用的课题方向。选题集中在地域建筑设计理论与实践、建筑与聚落遗产保护利用理论与实践、绿色建筑与低碳节能技术应用、装配式建筑理论与技术应用、城市更新与既有建筑改造等方向。学位论文中的案例和数据均要求来源于实践基地的具体项目,学生在参与项目的过程中发现问题、分析问题、解决问题,提升论文的应用研究价值。学位论文答辩需聘请学术界和行业界两个方面的专家参加评审,评价标准也区别于学硕,坚持应用研究的方向。

2)校企联合培养实践基地建设和企业导师队伍建设

2019年与山西省古建筑与壁画彩塑保护研究所合作成立"山西省古建筑保护研究生联合培养基地",2020年与省内主要建筑规划设计机构合作,建立包括12所省内主要建筑和规划设计公司的"太原理工大学

建筑学专业学位硕士联合培养实践基地"（表2）。

联合培养实践基地类型及企业导师情况 表2

企业类型	建筑设计企业（公营）	城乡规划设计企业（公营）	建筑设计企业（民营）	古建筑技术机构	合计
数量	5	2	4	1	13所
企业导师数量	42	43	9	9	103人

按照学校的条件，经单位推荐个人申报，学校评审，2019—2021年聘任了103名专业硕士研究生的企业导师，这些导师都是各设计机构的中层以上专业负责人，拥有高级职称和一级注册建筑师或注册规划师，在行业内具有一定的专业声誉，具有一定的行业资源和专业能力，能够与校内导师共同指导专硕研究生。建立了专硕校企联合培养的导师选聘机制。

3）基于地域特色和行业背景确定研究方向

基于山西省由能源输出大省向文化旅游大省转型发展的背景，关注建筑领域，尤其是建筑规划设计行业的发展趋势。立足于我校建筑学专业硕士的培养目标，围绕地域建筑设计、绿色建筑与建筑节能、装配式建筑、城市更新与既有建筑改造、建筑遗产与聚落遗产保护利用、美丽乡村建设等方向进行选题，强调基于山西地域特色资源和行业新技术变革的课题方向。对企业导师研究方向和项目情况进行调研，匹配学校导师的研究方向和企业导师的项目专长，确定专硕研究生的校内外导师及课题方向，发挥校企联合培养的优势。

4）教学改革研究与学生培养同步进行

太原理工大学对建筑学专业硕士的培养模式研究非常重视，并对培养过程进行教学研究。由建筑学院分管研究生培养的副院长为负责人，由学院院长、分管学科建设的副院长、骨干导师组成课题组，申报并获批2020年度山西省研究生教育改革（指令性）研究课题：基于山西地域特色的建筑学硕士专业学位校企联合培养模式研究（2020YJJG066）。项目组通过调研，确定教学改革的研究线路：可行性研究—培养方案制定—培养方案实施—实施结果评价—培养方案改进。

该教改项目对建筑学专硕培养进行全过程研究，包括：培养方案制定、企业导师遴选标准、课程体系制定、实践环节制度、研究方向设定等。在学校有关专硕培养制度的框架内制定了建筑学专硕的各类培养实施细则，包括：《建筑学专硕培养方案》《建筑学专硕申请学位成果要求》《建筑学专硕实践环节要求》《建筑学院学位论文盲评规定》等。

4 培养方案实施成效

4.1 专硕学位研究生的培养方式受到学生的青睐，招生报考和录取数量有很大提升

2020至2021年的建筑学专硕研究生报考人数逐年增加，考生录取比例约为25%。2020年建筑学学术型硕士招生19人，专业型硕士招生26人。2021年建筑学学术型硕士招生21人，专业型硕士招生43人。专硕数量已经超过学硕数量，并逐年提升，人数比例接近1∶2。

4.2 研二学生全部进入校企联合培养实践基地，突出了专硕培养的应用研究特色

专硕研究生研二期间全部进入校企联合培养实践基地进行项目实践，在校内导师和企业导师的共同指导下，参与实际项目工作，通过解决实际项目的专业问题提升专业能力，并从实践项目中发现课题方向（表3）。

专硕进入校企联合培养实践基地情况统计

表3

年度（年）	实践基地专业类型			合计（人）
	建筑设计（人）	城乡规划（人）	古建筑技术（人）	
2021	16	5	5	26
2022	33	7	3	43

4.3 提升了我校建筑学学科水平，奠定了产学研合作基础，拓宽了人才联合培养渠道

通过校内导师和企业导师联合培养专硕研究生，建立了校企合作机制和产学研合作渠道，为今后进一步的项目合作奠定了基础。

鼓励实践基地在职设计人员报考我校建筑学非全日制专硕，2020年录取实践基地的在职设计人员1人，2021年有14名实践基地的在职设计人员报考了我校建筑学非全日制专硕，最终录取4人，为企业培养非全日制专硕开辟了渠道，进行了探索。

4.4 产学研联合培养初见成效

2020级26名专硕研究生全部派往校企联合培养基地，通过1年的专业实践，收获颇丰。收获主要包括以下三个方面。

1）学位论文课题来源于实际工程，突出了专硕培养的应用型目标

学生通过实践，确定了科研课题，课题研究也为工程项目解决了实际问题，并通过实践验证了研究的

价值。

2) 增进了校企导师的相互了解和信任，为进一步的项目合作建立了基础

通过学生的联合培养，开辟了校内导师与企业导师的沟通渠道，衍生出了多项横向合作项目，产学研合作平台初步建立。

3) 沟通了企业人才需求和学生就业需求之间的渠道

通过校企联合培养达到了企业和学生的相互深入了解。多名学生在实践期间已与企业达成就业意向。

在2020级专硕实践成功实施后，2021级43名专硕研究生也已经全部派往校企联合培养基地。

4.5 联合培养实践基地实践成果统计

2020级专硕实践成果共37项，成果类型从高向低依次为：设计64.9%，测绘10.8%，报告10.8%，竞赛8.1%，专业论文5.4%。从成果类型和数量的情况可以看出，基于工程项目实践的成果合计达91.9%，体现出了专硕培养的应用研究导向（表4）。

2020级专硕实践成果统计 表4

序号	成果类型	数量	备注
1	报告	4	可行性研究报告、前期策划、使用后评价报告、环境评价报告等
2	设计	24	方案图、规划图、施工图、修缮图等
3	测绘	4	古建筑测绘、历史建筑测绘、村落测绘等
4	专业论文	2	基于联合培养实践基地项目发表专业论文
5	竞赛	3	全国大学生设计竞赛

4.6 学位论文选题方向统计

2020级专硕学位论文选题类型占比从高向低依次为：建筑遗产和聚落遗产保护与利用46.2%，公共建筑的在地性设计23.1%，城市设计与城市更新7.7%，美丽乡村建设7.7%，建筑低碳节能与生态绿建7.7%，装配式建筑设计3.8%，居住区规划与住宅设计3.8%（表5）。

从学位论文选题类型占比的情况可以看出，选题主要集中于"山西建筑遗产和聚落遗产"与"建筑设计行业热点领域"两个方面。"山西建筑遗产和聚落遗产"方向反映出当前山西对于本省地域文化特色资源的重视和投入；"建筑设计行业热点领域"方向反应出当前行业的热点问题，包括公共建筑的在地性设计、城市设计

与城市更新、美丽乡村建设、建筑低碳节能与生态绿建、装配式建筑设计，而之前占比较高的居住区规划与住宅设计的选题占比很小，反映出房地产市场的现状。从学位论文选题与山西经济社会发展和建筑设计行业现状的契合度来看，很好地体现出了建筑学专硕培养的应用研究导向。

专硕学位论文选题方向统计 表5

序号	课题类型	数量	占比（%）
1	建筑遗产和聚落遗产保护与利用	12	46.2
2	公共建筑的在地性设计	6	23.1
3	城市设计与城市更新	2	7.7
4	美丽乡村建设	2	7.7
5	建筑低碳节能与生态绿建	2	7.7
6	装配式建筑设计	1	3.8
7	居住区规划与住宅设计	1	3.8
	合计	26	100

5 今后校企联合培养需要继续探讨的问题

由于学校和企业是两个不同类型的机构，通过两个学年培养体系的运行，发现仍有许多实际问题需要探索，归纳为以下几个主要方面。

1) 专硕学生本科专业和实践企业专业相一致的问题

作为实践基地的企业都是专门化程度非常高的设计企业，其业务项目的专业化程度很高，因此，对于参与项目实践的专硕学生的本科专业有较高要求，否则很难于深入参与项目。这和学术型硕士对于本科专业相对宽口的要求不同。因此，对于专硕的本科专业范围应限制在建筑类专业之内。

2) 学校导师和企业导师的职责分工与任务界定

专业学位硕士研究生虽然名义上是由校内导师和企业导师共同指导，但由于专长的不同，各有分工，学校导师主要负责专业课程教学、论文指导等学术性工作内容，企业导师主要负责实践工作指导，但在课题方向的选择和确定方面，还是应该由校内导师、校外导师、学生三方面共同决定。在实践中如何提炼学术问题，如何进行研究，校内外导师应加强沟通研讨。

3) 学校导师研究方向与企业导师项目专长相匹配，共同指导学生论文选题

校内导师一般都有自己的研究方向，这些研究方向一般都范围较小，而设计企业的业务范围一般较大，两者完全匹配，较为困难。需要增加企业导师数量，数倍

于校内导师,才便于匹配学校导师的研究方向与企业导师的项目专长方向。

学生学位论文的选题是更学术还是更专业,或者说是学术导向,还是行业导向,是个值得思考的问题。不应该把这两个问题对立起来,应该结合起来考虑,解决建筑行业发展中出现的,尤其是解决在建筑设计、城乡规划、遗产保护领域设计实践中出现的难点,是建筑学专硕课题研究的重点。

4)学校的开题、中期检查、论文评审答辩等时间节点与实践项目的时间差问题

项目实践过程和学校的培养计划存在节奏不合拍的问题,实践基地具体项目的时间进度和学生培养计划存在时间进度协调的问题。实际项目运行有其自身的行业规则,而学校的开题报告、中期检查、论文评审答辩也都有相应的时间节点要求,需要和学校研究生教育管理部门沟通,只要保证学位论文质量和最终完成时间,其他时间节点可以灵活掌握。

5)知识产权和商业秘密问题

学校和联合培养实践基地在项目合作中会涉及一些知识产权问题,包括多个方面:项目实践和研究过程涉及的技术资料在学生发表论文中的使用问题、发表论文的署名问题、相关成果在今后研究中的使用问题、学生毕业进入其他设计企业后对实践企业资料的使用和保密问题等。在全社会对知识产权普遍重视的背景下,学校、企业和个人应以协议的形式对学生联合培养过程中涉及的知识产权和商业秘密加以约定,避免出现纠纷。

6)专硕研究生的培养经费问题

依托企业的实际项目,专硕培养经费有保障,学生可以专心实践学习。专硕培养经费根据校企双方在项目上的合作情况,可以灵活采用以下两种形式解决。

学生参加由学校和企业合作完成的项目,采取签订校企横向课题,由学校课题经费支出学生的助研补助。

学生参加主要由企业完成的项目,由企业直接从项目上给参与实践的学生发放助研补助。

6 结语

太原理工大学建筑学院通过校企联合培养实践,建立了适合地域特色和行业背景的校企联合培养体系,总结出好的具体培养环节方法。在培养指导思想上,把"立德树人"放在首位,坚持包容开放的办学方针;在培养模式上,重视专业理论思维和行业基本技能的训练,贯彻产学研相结合以及理论联系实际的原则,加强与行业和社会的联系,注意教学与建筑师注册考试制度的接轨,广泛开展校企联合培养,加强校企的学术交流。培养适应地域特色和行业发展的,与注册建筑师制度接轨的,具有较高理论水平和设计技能的高级工程技术人才。实践证明,通过这种途径培养出来的专业学位硕士研究生,毕业后能迅速适应行业工作需要,获得了学生、学校、企业三方的共同认可。

主要参考文献

[1] 李明扬,庄惟敏.更学术还是更专业?—剖析我国建筑学研究生教育双轨制培养模式困局[J].新建筑,2018(1):134-137.

[2] 于永进,吉兴全,安�.全日制专业学位硕士研究生联合培养基地建设运行机制[J].教育教学论坛,2020(8):105-106.

[3] 徐学,王战军.专业硕士学位与产业结构耦合协调的实证研究[J].研究生教育研究,2021(6):68-76.

[4] 刘长春,徐星.建筑学专硕产教融合培养模式探索与实践[J].建筑,2021(21):78-80.

[5] 王兴平.企业研究生工作站培养专业硕士的效果评价与对策研究[J].高等建筑教育,2021,30(3):12-22.

刘奔腾　马蕾　张涵

兰州理工大学设计艺术学院；liubt@lut.edu.cn

Liu Benteng　Ma Lei　Zhang Han

School of Design Art, Lanzhou University

工艺相济理念下的建筑学人才培养模式探索
The Architectural Training Model based in Combination of Engineering and Art

摘　要：人才培养模式是建筑专业建设的出发点和落脚点。学生成长需求、学科特点和社会发展成为影响当前建筑学专业建设的突出问题。通过梳理建筑学教育中的"工""艺"分歧，提出了"工艺相融"的人才培养模式理念。以兰州理工大学实践为例，从培养目标、教学内容、教学实施、实习实践、师资建设和教学评价六个维度构建了建筑学本科人才培养模式。分析了探索践的优势和不足，为同类院校人才培养提供思路。

关键词：培养模式；建筑学专业；工艺相济

Abstract：：An architectural training model for undergraduate under the concept of *Combination of engineering and art* is constructed based on the needs of students' personal growth, characteristics of architecture, social development, and the analysis of the differences between *technology* and *art* in the concept of Architectural Education. Taking the practice of the school of design and art, Lanzhou University of technology as an example, this paper analyzes the advantages and disadvantages of its practical exploration, and puts forward some suggestions, which are expected to be used in the Architectural Education of other local engineering universities, and to provide inspiration for the talent training.

Keywords：Training Model；Architectural Major；Combination of Engineering and Art

1　引言

高等教育的任务之一是培养具有创新精神和实践能力的高级专门人才。2018 年《教育部关于加快建设高水平本科教育全面提高人才培养能力的意见》（教高〔2018〕2 号）中明确指出高校应主动对接经济社会发展需求，不断优化专业人才培养模式，持续改进人才培养质量机制。建筑业作为我国国民经济的五大支柱产业之一，与时俱进地培养"工艺兼修"的人才在其专业教育中的意义不言而喻。在新经济、新时代背景下，高校的建筑学本科需秉承"新工科"或者说"创意工科"的理念转型升级。[1] 顺应科技升级与创新探索建筑教育新范式，为国家和社会培育科技与人文相济、工科与艺术相融的专业人才成为建筑学教育工作者亟须探讨的议题。

2　工艺相济人才培养的必要性

2.1　个人成长需要

20 世纪以来，教育的本体功能发展经历了知识、智力和人三个阶段。与传统高等教育中注重于某一门类的专业知识传授不同，具备良好的科学、人文素养和健康的审美情趣是新时代大学生全面发展的内在要求。就个人就业层面而言，不仅需要接受全面扎实的建筑学专业教育，获得具有充分竞争力的就业能力，为未来的人生和事业储备能量，实现社会价值；更需要广博深厚的博雅教育，在个人成长的关键阶段，塑造健全人格，培养人文素养，提升个人"软实力"，实现个人价值。

2.2 学科特点决定

建筑学从广义上说是研究建筑及其环境的科学，与其他专业相比具有涉及面广、概括性强的学科特点。一幢建筑从设计、施工到交付使用的过程可谓是综合性极强，对专业教育的影响和要求不言而喻。首先，建筑学专业学生需拥有广泛的知识面和解决综合问题的能力，以便成为建筑师后妥善应对各相关专业的要求，协调解决设计中的多方矛盾。其次，除了"坚固""实用"之外，建筑的评判原则还包括"美观"。"美观"不仅体现具体的造型能力，还包含艺术观念、文化责任、人文理想，是对使用者的理解、对公共环境的关注和对美的表达。因此，培养学生丰富的想象力和共情力是建筑学学科特点赋予专业教育的任务。

2.3 社会发展要求

时下我国要提高自主创新能力和建设创新型社会，高校教育重点培养具有创新意识的应用型人才。要求建筑学人才具备较强的综合素质，包括理论功底、动手能力、科学素质、人文素养和创新意识等。建筑学高等教育强调工匠精神、人文精神与创新创业的有机融合，又反过来为社会创新发展提供了良好的价值引领和精神支撑，这也是"新工科"服务于新经济发展、解决人才供需矛盾和深化教育改革的内涵的体现。因此，社会的发展和创新需求要求建筑学人才培养要重视专业教育中综合能力的培养，充分发挥文化和艺术要素的育人功能。

3 工艺相济人才培养模式构建

3.1 人才培养模式概念再认识

高等教育中人才培养是一项系统工程，涉及培养理念和目标，培养机制和方法，培养保障和评价等多个环节，是多种要素经过科学设计形成的有机整体。人才培养模式就是这一活动的实践规范和操作范式。以发展的眼光看，人才培养模式应该充分考虑学生个人成长、学科专业特点以及社会和时代的发展需求，有的放矢，与时俱进，总结过去，面向未来，不断更新教育理念，修正和改革各个要素和环节，这也是教育进步的必经之路。具体到建筑学专业教育，特别是在"新工科"及"创意工科"建设背景下，人才培养应依据学科特点，及时更新培养理念，以就业和学生综合素质提升为导向，在充分提升专业教育水平的基础上，注重文化艺术要素在育人中的重要作用，优化教学实践的各个环节，努力输出专业扎实，全面发展的交叉字型创新型人才，

形成重视人文与艺术培养的建筑学现代教育模式。

3.2 建筑学人才培养理念变迁

从古罗马的维特鲁威将人文学科（自由艺术）植入建筑教育的必修课程，到由工匠技艺传承和学徒制巩固的中世纪行会，再到文艺复兴时期的阿尔伯蒂在建筑学中追求的理性和科学的方法，又积极践行人文主义的艺术观。[2] 从17世纪把建筑与古典艺术相结合，将建筑设计更多地视作是艺术创作的鲍扎体系（Beaux-Arts），到20世纪初贯彻"形式与功能统一"及"现代学徒制"的包豪斯体系（Bauhaus），再到20世纪中期重新思考学术与实践的关系的"得州骑警"（Texas Ranger），直至近年来国内外各色建筑院校更为全面综合的教育体系。一直以来，以工艺技能训练为核心的行会（Guild）传统和以人文艺术学习为主的学院（Academy）传统间的分歧是建筑教育所讨论的核心问题，也是建筑学人才培养理念的主要分歧所在。

这一分歧的弥合也随着学生个人成长的需要、学科融合和建筑学综合性的凸显。行会传统与学院传统分歧也因社会分工细致而亟需弥合。即工科与艺术的相济相融的建筑学人才培养理念。要求培养兼具工科素养和美学素养、专业知识和动手能力，既严谨躬行又浪漫文艺的高素质建筑学人才，不是单纯的泥瓦匠（Mason）、建筑工人（Builder）或者艺术家（Artist）、理论家（Theorist），而是如同那些全能而才华横溢的前辈大师一般的建筑师（Architect）甚至建筑大师（Master）。

3.3 工艺相济的教育理念内涵解读

在上述基础上，我们提出"工艺相济"的建筑学教育理念。这一理念的内涵可以从三个方面理解。第一，"艺"不止局限于"艺术"，而是广义的"艺"，是与工程科技相对的人文主义，强调通识教育与专业教育并进，理论和实践互融，知识、能力和素养整体提升。第二，"工艺相济"说的是工科与艺术要素在建筑学人才培养水平提升中有机融合、相互促进的关系：平面艺术训练为三维空间塑造打下基础，严谨务实的工科训练又将虚空的艺术落实为可行的项目；工科给出朴素理性的工程答案，还需要艺术要素在美和感性上的升华。艺术要素对工科教育的质的提升还在于引入突破传统思维的创新创意设计理念，不断提高的工程技术也仅是工具，建筑设计中最重要的还是艺术灵感的迸发和创意设计思维的贯穿。[3] 第三，工艺相济的人才培养理念用以指导高校建筑学教育发展，不仅如上所述迎合和满足了个人乃至社会发展的需要，这种工科教育与艺术文化的融

合，或者说科学与人文的融合，实际上也可以看作是建筑学和建筑师身处特殊位置对斯诺命题的一种回应。[4]

在"工艺相济"的理念之下，以学生为中心，从培养目标、教学内容、教学实施、实习实践、师资建设和教学评价等人才培养的关键要素和环节出发，来构建布局科学、层次结构合理、体系完整的工艺相济的建筑学本科人才培养模式（图1）。

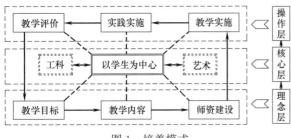

图1　培养模式

4　工艺相济人才培养模式应用

兰州理工大学建筑学专业创建于1987年，我校是甘肃省第一所创办建筑学的高校。经过近来30年来的学科调整和院系整合，目前该专业所在的设计艺术学院共有建筑学、城乡规划、环境设计、工业设计、产品设计和视觉传达设计等六个专业。"三工三艺"的专业构成涵盖工科和艺术两大学科门类，形成了以造型艺术为共性、具有工科性质文科背景的设计艺术类专业群。为打通设计类学院内教学资源的共享和交流，形成了交叉互融、工艺相济的课程体系提供了基础条件。

4.1　培养目标：工艺兼修，知行合一

兰州理工大学建筑学的培养目标强调知识结构、能力层面、素质条件三个层面上都达到"工""艺"兼修。第一，知识结构。工艺相济不仅体现在通识教育与专业教育并行中，更体现在专业知识体系形成中工程教育与审美训练的并进。第二，能力结构。工艺相济体现在面对专业问题时的实践动手能力与创新设计能力兼具，也包括走入社会面中解决复杂问题时的综合能力和全局观念。第三，素质层面。工艺相济不仅体现在"准建筑师"兼具工匠精神与人文精神，审美水准高，艺术修养好，还包括其在道德情操、学术志趣、科学精神、创新精神、开拓思维、责任意识等等综合素质的协调发展上。

4.2　教学内容：专业互通，课程互融

在人才培养目标的指引下优化的课程体系，并在专

业教育中理论结合实践，强化实践教育，为建设高水平人才培养体系打下重要基础。第一，厘清学科关系，打破专业壁垒，制定专业建设规划，帮助建筑学的学生形成开阔的设计观，拓展学科思维和专业视野。第二，以上述学科体系为基础共享丰富课程资源，针对建筑学综合广博、体系庞杂、学科交叉性强、知识更新快、实践性强等特点构建系统化、秩序化的课程体系。第三，加强注重实践的教学内容。"建筑艺术家并不需要极具天赋的人，恰当地说，他们更应该具备快速掌握人物并达到最终目标的实践能力。"落实学生为中心的教学理念，切实锻炼学生获得进入专业领域实践所必需的能力和可持续发展的能力。

4.3　教学实施：软硬兼施，教学相长

改革教学实施所需的硬件条件与教学方式、方法，以适应工科与艺术交叉和互融。第一，"工艺"共享的教学硬件建设。这不仅是教育资源的优化配置，也是借共享平台促进各专业学生交流互进的孵化器。在已有场地、设备的基础上建设各专业共享的研究所、工作室、实验车间等，形成一体化的资源共享平台。第二，交叉开阔的学术交流平台建设。搭建交叉学科与交流合作课程平台，国内外高校交流互鉴的教育联盟平台，校企合作的行科教协作平台等，能快速实现工、艺设计专业之间，理论与实践教育之间，学校与行业之间的有机融合、协同创新。

4.4　实习实践：创新创业，赛教融和

一方面是更新教学理念和方式方法手段。完善以学生"学"和"做"为中心的实训实践机制，建设问题导向课程、跨专业研讨课程、多元化实践课程等，为提供个性化教学模式提供有力支撑。[5]另一方面是组织和鼓励学生科研、探索性设计、素质拓展活动。通过创新创业训练和学科竞赛的方式来培养学生动手能力、促进学生在学科交叉及专业深度上进行自主性学习实践、综合素质提升。推进工程专业教育与工程文化的深度融合，同时结合产学研平台构建"竞赛—项目—创业"递进式的实践阶梯，引导和促进教学成果转化。

4.5　师资建设：工艺并进，双师双能

教育质量提升，从根本上依赖于师资质量的提升。工艺相济的建筑学本科教育也要求教师队伍自身的工科素养和人文素养的共同提升。师资队伍建设凸显人文精神及"大设计"平台的跨专业师资共享，都能潜移默化地以艺术来影响学生。其次，通过校企合作、产学联盟

为学校输送企业导师。企业导师可以更好地把行业先进技术和理念引入实践教学，以实现专业教育与行业前沿技术的同步。校企合作联动、混合式师资团队，无疑也是就业为导向的应用型人才培养、校企信息共享与合作双赢的重要手段。

4.6 教学评价：教师与学生，质量与过程

工艺相济强调构建以学生综合能力和素质为核心的评价机制。以"教"与"学"的主体评价教学活动，是否达成人才培养目标，是否提升了师资队伍，是否做到了教学相长，主要；其次，由于建筑学教学中实践的重要作用以及工艺相济中"艺"的统筹升华效用，故教学评价不仅要关注教学质量，更要重视过程评价，重视实践评价，构建理论和实践有机结合的评价机制和创新考核方式。

5 结语

兰州理工大学地处西北欠发达地区。受地域条件的限制，建筑学师资队伍、生源质量、就业分配等一直是办学面临的挑战。学院利用自身专业设置资源，坚持工艺相济的建筑学人才培养模式。培养出的毕业生具有出口宽、上手快、适应能力强的特点，有效地提高了学生就业率和企业满意度，较好地完成了地方高校的建筑学高等教育的职责和任务。但我们也注意到，这一探索活动是建立在兰州理工大学的专业设置特点的基础上的。从模式建立的角度来说，工艺相济理念还应在校园文化建设、创新成果转化、地域文化挖掘三方面探讨。以此方能形成一种稳定、而成熟建筑学人才培养，为同类高校的建筑学本科人才培养拓展思路。

主要参考文献

[1] 张明皓，姚刚，罗萍嘉，韩晨平. 新工科背景下创意工科人才培养机制研究——以建筑设计类创意工科为例 [J]. 高等建筑教育，2019，28（1）：28-34.

[2] 武鹏飞. 泥瓦匠、行会与学院——建筑教育的传统溯源 [J]. 新建筑，2020（5）：150-155.

[3] 王建华. "艺工融合、理实一体"的艺术设计专业创新人才培养对策探究 [J]. 高教论坛，2017（1）：92-94.

[4] 解海，马洪丽. 工程文化与专业教育融合：转型期地方高校工程人才培养模式研究 [J]. 黑龙江高教研究，2019，37（1）：148-152.

[5] 李枫，翟婷. 工科研究生创新能力的提升路径 [J]. 中国高校科技，2018（12）：84-86.

学科交叉融合与知识和能力重塑

李登钰　顾大庆（通讯作者）

东南大学建筑学院；arch_lbh@163.com

Li Dengyu　Gu Daqing（corresponding author）

School of Architecture，Southeast University

通识教育背景下的建筑教育专业分流与学制的关联性研究

——以美国 120 所建筑院校为例

The Study of the Correlation between the Process of Major Declaration and Curriculum in Architectural Education in the Context of Liberal Arts Education

——Based on a Case Study of 120 Architectural Schools in the United States

摘　要："大类招生与培养"成为我国当前高校通识教育的改革趋势。在此背景下，建筑教育如何应对仍处于探索阶段。专业分流与学制的关联是理解"大类培养"与建筑教育之间关系的路径之一。现代意义上的大学通识教育源自美国，20 世纪 60 年代起，美国建筑院校开始探索与大学通识教育体制相匹配的教学模式。基于此，本文以 120 所美国建筑院校为样本展开研究。通过观察其专业分流与学制之间的关联性，文章发现美国建筑院系的专业分流与大学的专业分流并不完全一致。在大学层级实行专业分流以颁发 4 年制前职业学位的院校为主体，绝大多数以 5 年制建筑学学士为第一职业学位的院校实行"院系内部"的专业分流模式，并且该种分流模式在整体上占据美国建筑院校专业分流的主要部分。

关键词：现代大学；通识教育；大类招生与培养；建筑教育；专业分流；学制与学位

Abstract："Major enrollment and training" has become the main trend of the reform of general education in China. In this context，the coralation of major declaration and curriclumn is a path to understand the problem that architectural education faces in China. The modern sense of university general education originated in the United States，and since the 1960s，American architecture schools have been exploring teaching models that are compatible with the university general education system. This paper takes 120 American architecture schools as the research sample. Through the observation of the correlation between the process of major declaration and academic system in American architecture schools，this paper reveals that the process of major declaration differs from universities to achitecture schools in Ameircan. Most schools that grant 4 year pre-professional degrees conduct the same major declarartion process as "major enrollment and training". Most architecture schools which take 5 year B. Arch as first professional degree conduct the process of major declaration within the college，and this model is the mainstream of achitecture schools in Ameircan.

Keywords：Modern University；General Education；Major Enrollment and Training；Architecture Education；Major Declaration；Academic System and Academic Degree

1 引言：问题的提出

专业选择与分流（Major Declaration and Division，后文简称"专业分流"）是指大学新生选定专业的路径与方式，即新生在申请或进入大学时，在何时，以何种方式确定其所修专业并进入到相应的培养计划中。大学的教育制度通过专业分流的过程影响学科专业的培养方式，学科专业也通过该过程决定在何种程度上执行大学的通识教育制度。

当前，"大类招生与培养"（简称"大类培养"）成为我国高校通识教育（General Education）新的改革。[1] 在此背景下，专业分流与学位之间如何关联成为理解当前我国建筑教育的大类培养问题的路径之一，而这一话题在当前我国学界相关讨论中还鲜有涉及。

现代意义上的大学通识教育源自美国，并成为我国20世纪80年代通识教育改革的蓝本之一。[2] 随着相关译著的引入与教育学领域相关研究的展开，宽泛而自由的本科通识教育成为我国对于美国高等教育的一般印象。然而，建筑学科是否同属此列则有待进一步证实。美国建筑教育伴随大学而发展，形成了一套匹配大学制度的运作机制。因此，本文以美国建筑院校为对象，对美国建筑教育的专业分流与学位之间的关系进行观察，以期对如何理解当前我国建筑教育的大类培养所涉及问题有所帮助。

2 研究方法与过程

本文试图基于美国建筑院校官方网络公开资料，考察美国建筑院校的专业分流与学制之间的关联性关系，研究过程分为样本选择、数据收集与处理，分析结果三个部分。

2.1 样本选择

根据本文研究目的，以美国建筑学教育协会（简称"ACSA"）2021年的学院数据报告（ACSA Instistional Data Report）[3] 中所列出的建筑院校为对象，以颁发前职业学位（Pre-professional Degree）与职业学位（Professional Degree）的美国建筑院校为选择依据，筛选得到有效样院校本共120所（图1）。①

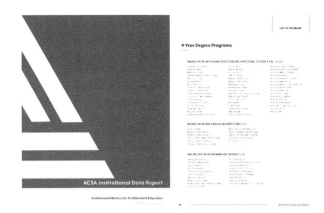

图1 ACSA年度学院报告封面与内容页

2.2 数据收集与处理

本文根据专业分流过程中所涉及的关联要素，对样本院校的官方网站的相关公开信息进行检索。信息源自院校官方网站的"学科目录（Catalog）""专业选择（Major Declaration）""录取方式（Admisson）""培养方案（Program）""学制设置（Curriculum）"等主页的官方内容与相关文件（图2）。本文对收集数据进行分类，依据院校与院系两个层级分别建立相应条目。

图2 亚利桑那大学学科目录主页

1）大学层级

大学层级以"分流路径""专业选择时限"为条目，来考察样本大学的专业分流方式。②

---

① ACSA学院数据报告包含了北美地区，包括加拿大在内的所有开设建筑学相关课程的各个等级的院校，包含了副学位（Associate Degree）、前职业学位、职业学位、后职业学位共730所，其中与本文研究相关的院校共165所，截至本文发稿，可有效检索院校共120所。

② "分流路径"是指新生如何以及何时进入到专业课程的学习，"专业选择时限"是指学生明确提出申请所学专业的时间。

2）院系层级

院系层级"分流路径""学位""学制年限""基础课程授课对象范围"为条目，对院系层级专业选择与分流路径进行统计（图3）。

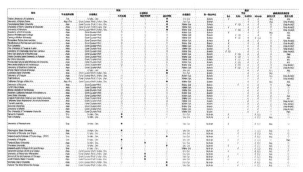

图3　统计表格部分内容

2.3　分析结果

本节根据上文的数据处理，对样本在大学与院系两个层级的专业分流方式得出以下结果。

1）大学层级的分流模式

本文在120个有效样本中，在大学层面共归纳出三种专业选择与分流模式。

（1）核心课程（Core Course）+专业课程（Professional Course）培养模式：在120所院校中共有72所，占比60%。在该种模式下，学生需要在申请大学时即表明自己所学的意向专业，录取后直接进入专业所在学院按专业的培养方案学习。通常由学校的文理学院（College of Art and Science）开设核心通识课程，学生在不同的年级完成特定的核心课程学分。当核心课程与专业课程学分满足相应要求后即可毕业（图4）。

（2）低年级通识教育+高年级专业分流模式：有21所院校实行该种分流模式，在样本院校中占比18%。该种模式下，学生在低年级阶段不设定具体专业，完成大学开设的通识核心课程以及倾向性专业（Intend Major）的入门课程（Introductory Courses），在第一学年或第二学年之后确定所学专业，再分流至相应的专业课程中。该种分流模式下，设定有三种分流路径：本科生院路径（College of Bachelor）、特定学科路径（Pathways）、通识学院（College of General Education）至专业学院路径。[①]（图5）

图4　亚利桑那大学培养模式　　图5　纽约大学培养模式

（3）混合模式：有27所院校实行该种模式，占比22%。该类院校兼具上述两种模式。即大学以低年级通识+高年级分流为培养方式，而部分学院不参与大学的分流系统，学生在选择这些学校的这类专业时，入学时即直接进入学院展开专业课程的学习（图6）。

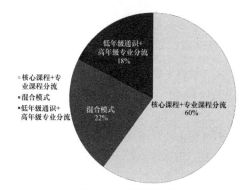

图6　大学层级的分流模式所占比例

2）院系层级的分流模式

在建筑学专业的分流方式中，共归纳出两种分流模式[②]（图7）。

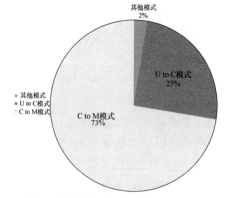

图7　院系层级的分流模式所占比例

---

① 本科生院模式通常不以具体的专业类别划分，而是以学生所选择的课程与学分颁发相应的4年制学位；特定学科群是指以特定的学科划分新生，学生在低年级阶段选择学科群范围内所开设的课程，高年级分流至学科群内的相关专业；通识学院至专业学院是指新生在低年级统一由通识学院进行管理，高年级进入专业学院学习。

② 在120个样本中，有3所学院不设系，新生直接进入学院进行相应专业课程的学习，因此不涉及分流过程。

（1）大学至院系的分流模式（University to College，便于区别，后文简称"U to C"模式）：有30所院校实行该种分流模式，占比25%。该种模式下，新生经由学校在第一学年的通识教育后，在第四学期或第六学期之间进入到建筑专业的学习中，建筑学院设立向全校开放的入门性课程作为学生申请建筑学专业课程的先决条件（Prerequisite）。满足先决条件课程的成绩要求后可继续申请建筑学专业课程作为后续的学习进程。

（2）院系内部的分流模式（College to Major，便于区别，后文简称"C to M"模式）：有87所院校实行该种分流模式，占比总样本比例73%。该种分流模式下，学院进行自主决定学生的录取，设定相应的录取要求，入学时直接进入学院展开专业课程的学习。此类模式下共有两种分流路径：

① 直接进入所申请专业的课程体系（Direct into Architectural Progamme）：学生入学时即展开相应专业的课程学习。在87所实行"C to M"分流模式的院校中，共有44所院校以该种路径进行分流，占比51%。

② 共同基础课程＋专业分流（Common Basic Courses＋Major Division）（图8）：该种路径下，院系内部以特定的基础课程作为学院所开设专业的共同专业课程，新生申请大学时，须同时申请至建筑学院，在低年级阶段①以共同基础课程作为其所修的专业课程，在满足相应学分与成绩的要求后，在高年级阶段进入到建筑学专业的课程阶段。该种路径共有43所院校，占比49%（图9）。

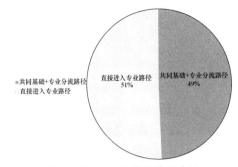

图9 "C to M"分流路径占比

根据NAAB的定义（图10），非职业学位是指"以建筑学科为重点内容的4年制本科学位"，[4]可授予理学士（B. S）、文学士（B. A）、艺术学士（B. F. A）三种学位类型，"不同的大学对于建筑学科内容的侧重有所不同，继而决定了获得NAAB所认证的职业学位的时间长度。"[4]

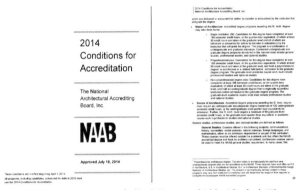

图10 NAAB认证条件手册2014版封面与内容页

职业学位是指"获得职业注册的前提性学位"，[5]其中，从事专门职业的最低资格要求称之为"第一职业学位（First Professional Degree）"，[5]类型包括：建筑学学士（B. Arch）、建筑学硕士（M. Arch）、建筑学博士（D. Arch）。

根据本文研究目的，以前职业学位与本科、硕士职业学位为筛选条件，对120所有效样本进行梳理，其中第一职业学位为5年制B. Arch的院校共有51所，其中24所包含前职业学位；第一职业学位为M. Arch的院校共有47所，全部包含前职业学位；只颁发4年制前职业学位的院校共22所。

由于本文所讨论的专业分流过程只与本科阶段的培养方式相关，因此将学位聚焦于本科5年制职业学位与4年制前职业学位。在24所包含于5年制B. Arch学位的前职业学位院校中，其中7所因其院校对于前职业学

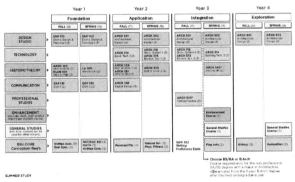

图8 波尔大学（Ball State University）培养方案

3）样本院校的学制与学位

根据ACSA的学院数据报告，美国建筑院校可颁发前职业学位、职业学位、后职业学位（Post-professional Degree）三种学位类型，后职业学位因与本文研究目的的无关，不纳入本文的讨论范围。

---

① 部分学校以第一学年作为共同通识阶段，部分学校以一、二年级作为共同通识阶段。

位与职业学位不同的培养路径，将 4 年制前职业学位与 5 年制 B. Arch 学位分别计数,①将 47 所颁发 M. Arch 学位院校归入 4 年制前职业学位，最终可得样本院校本科学位的分布为：51 所颁发 5 年制 B. Arch 学位的院校以及 76 所颁发 4 年制前职业学位院校（图 11）。

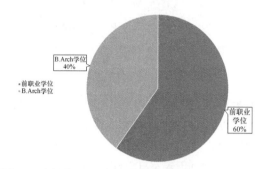

图 11　院校中 B. Arch 学位与前职业学位分布数比例

4）美国建筑院校专业分流与学制关联性

本节根据上文的梳理，将样本的院校专业分流、院系专业分流与学制三者之间进行并置对比后，可发现以下关联。

（1）在 72 所实行"核心课程＋专业课程"的院校中，其建筑院系全部实行"C to M"的专业分流模式，其中以 5 年制 B. Arch 为第一职业学位的院校有 39 所，4 年制前职业学位院校有 39 所（6 所院校重复计数）。

（2）在 21 所实行"低年级通识教育＋高年级专业分流"的院校中，有 13 所院系实行由"U to C"的专业分流模式，其中 5 年制 B. Arch 学位有 2 所，4 年制前职业学位有 11 所；8 所院系实行"C to M"分流模式，全部为 4 年制前职业学位的院校（图 12）。

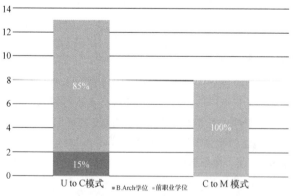

图 12　"低年级通识＋高年级专业分流"模式下院系专业分流模式与学位关联

（3）在 27 所实行混合模式的院校中，有 18 所院系实行由"U to C"的专业分流模式，其中 5 年制 B. Arch 学位院校共有 6 所，4 年制前职业学位院校共有 12 所。9 所院系实行"C to M"的专业分流模式，5 年制 B. Arch 学位院校共 4 所，4 年制前职业学位院校共 6 所（1 所院校重复计数）（图 13）。

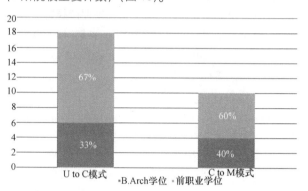

图 13　混合模式下院系专业分流模式与学位关联

3　讨论

美国建筑院校大学层级的"低年级通识＋高年级专业分流"的分流模式以及院系层级"U to C"模式对应当前我国的"跨学院大类培养",[6] 院系的"C to M"分流模式对应我国当前的"学院内大类培养"。[6] 根据前文的相关梳理，本文对美国建筑院校在专业分流与学制之间的关联性特征进行观察后，可以看出。

1）在 48 所实行大学层级"低年级通识＋高年级专业分流"或"混合模式"的院校中，有 31 所院校在院系层级实行"U to C"的分流模式，与大学的分流制度相一致，17 所在院系层级实行"C to M"的分流模式（其中 9 所在大学层级实行"混合模式"），与大学分流制度相异。即，美国建筑院校在大学与院系两个层级的分流模式并不完全一致。

2）在整体分布上，实行"U to C 专业分流"的院校占比仅有 25%，73% 的样本院校实行"C to M"的分流模式。与前文设想相异，宽泛而自由的本科教育并非美国建筑院校的主流，绝大多数实行院系内的招生与专业培养。

3）在 30 所实行"U to C"分流模式的院校中，4 年制前职业学位的院校共有 22 所（占比 73%），是实行"U to C"分流模式的主体（图 14）。

① 这 7 所院校分别为：Rensselaer Polytechnic Institute、The University of Texas at Austin、Universidad Politécnica de Puerto Rico、Carnegie Mellon University、NewSchool of Architecture and Design、New Jersey Institute of Technology。这 7 所院校的前职业学位与 B. Arch 学位实行不同的培养方式，因此分别计算这 7 所院校的学位类型。因此，如果按学位数量来计算，共有 127 个样本。在后文中会出现统计数超过样本数的情况。

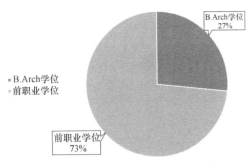

图14 "U to C"模式学位分布比例

4) 在 51 所以 B. Arch 为第一职业学位的院校中，43 所实行 "C to M" 的专业分流方式（占比 84%）。可以看出，绝大多数以 5 年制 B. Arch 作为第一职业学位的美国建筑院校，以 "C to M" 的分流作为其分流方式。并且在这种分流模式下，部分院校以特定的学科范围内进行专业基础的通识教育，部分院校实行直接进入专业学习的进程（图15）。

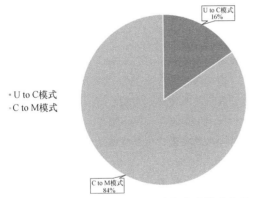

图15 第一职业学位 B. Arch 院校分流模式占比

回到我国，根据笔者基于住房和城乡建设部所最新发布通过学科评估的建筑院校名单①对我国建筑院校分流方式与学制的梳理，在 74 所通过评估的院校中，有 5 所院校实行 "跨学院大类培养" 的分流模式，其中，除南京大学外，其余 4 所院校皆为 5 年制建筑学学士学位；28 所实行 "学院内大类培养"，全部为 5 年制本科建筑学学士学位，剩余 41 所院校实行按专业招生的培养模式。

对比美国可以看出，在 "大类培养" 语境下的专业分流方式与学位的对应关系上，我国 5 年制本科职业学位的建筑院校以 "学院内大类培养" 为主体，与美国的分布情况相似。但在 "跨学院大类培养" 模式下，我国以 5 年制本科职业学位院校为主体，而美国则以 4 年制前职业学位的院校为主。再进一步观察可以看出，在本文所收集的通过 NAAB 认证的 120 所建筑院校中，共有 100 所院校可以颁发 4 年制前职业学位。然而在我国 74

所通过评估的建筑院校中，除南京大学以 4 年制工学学士作为本科学位外，其余 73 所院校都以 5 年制本科职业学位作为第一职业学位。

根据 NAAB 对前职业学位的定义，可以将美国 4 年制前职业学位理解为结合了建筑学专业知识的通识教育（A Liberal Education with Architectural Concentration）。因此，前职业学位在教育理念上更契合大学通识教育的要求。这可以在某种程度上解释为何美国建筑院校在实行与我国 "大类培养" 相类似的通识教育的类型中多为颁发前职业学位的院校。

在当前以 "宽口径、厚基础" 的 "大类培养" 的通识教育改革趋势下，我国建筑教育应当如何回应，根本上涉及如何平衡建筑教育的通识与专业。美国建筑教育体系通过多样的学制的设置平衡了适配大学教学制度与保持建筑学学科专业性之间的制度张力。对于如何平衡建筑学的通识与专业，美国的建筑教育体系在这一问题上或许会对我国有所启示。

4 研究展望

针对 "大类招生" 背景下的建筑教育的议题，本文以美国建筑院校为例，对这一议题下在学制层面的相关问题展开研究。而 "大类培养" 对建筑教育的影响还与教学的直接相关。不同的专业分流模式下如何进行相应的教学，教学如何组织，教授何种内容是笔者下一步研究重点。

主要参考文献

［1］ 谭颖芳，张悦. 大类招生与培养：历程、方案与走向［J］. 教育发展研究，2021，41（Z1）：81-91.

［2］ 沈文钦. 本土传统与西方影响：20 世纪 80 年代以来通识教育的制度化进程［J］. 北京大学教育评论，2018，16（4）：128-147＋187.

［3］ ACSA. Institutional Data Report［EB/OL］.［2022-04-20］. https：//www.acsa-arch.org/resources/reports/.

［4］ Rutledge A. 2014 Conditions for Accreditation National Architectural Accrediting Board，Inc.［EB/OL］.［2022-04-20］. https：//www.naab.org/wp-content/uploads/01_Final-Approved-2014-NAAB-Conditions-for-Accreditation-2.pdf.

［5］ 沈文钦，赵世奎. 美国第一级职业学位（FPD）制度分析［J］. 教育学术月刊，2011（7）：23-27.

［6］ 刘占柱，梁春花，戴海燕，李欣宇. 大类招生模式下专业分流的研究［J］. 中国林业教育，2020，38（2）：16-19.

① 基于 "2021 年专业评估（认证）结论及历年通过学校名单"，截止本文发稿前新一轮专业评估结果尚未发布。

韦诗誉

清华大学建筑学院；shiyuwei@tsinghua. edu. cn
Wei Shiyu
School of Architecture, Tsinghua University

基于人类学观察的聚落更新设计
——一次建筑设计教学的探索*

Renewal Design of Human Settlements based on Anthropological Observation
——A Pedagogic Exploration of Architectural Design Studio

摘　要：以清华大学建筑系高年级建筑设计专题"基于人类学观察的聚落更新设计"为例，探索将文化人类学作为一种建筑设计方法的教学策略。设计选题在学生家乡，以"空间—生活"之关联、核心风貌要素、传统建造范式作为人类学观察向建筑设计转化的媒介，在当下本土建筑设计教学语境中引导学生对地区性文化给予关注。

关键词：建筑设计教学；建筑人类学；主体身份；空间与生活；核心风貌要素；传统建造范式

Abstract：Taking the design studio "Renewal Design of Human Settlements based on Anthropological Observation" as an example, this paper explores a pedagogic strategy of making architectural anthropology an architectural design method. To concern the students with regional culture, in this studio, the design chooses students'hometowns as sites, and the design process is inspired by anthropological observation through the medium of regional space-life interactive relationship, key feature characteristics and traditional building paradigms.

Keywords：Architectural Design Teaching；Architectural Anthropology；Subject Identity；Space and Life；Key Feature Characteristics；Traditional Building Paradigm

1　建筑设计教学中对"地区性文化"的关注

纵观我国建筑教育历史，就建筑设计基础课程而言，经历了几次主要转变。在 20 世纪 80 年代之前，普遍采用源自法国巴黎美术学院"布扎"的方法，强调基本绘图技能的训练。20 世纪 80 年代初，受到源自德国的"包豪斯"基础课程的影响，抽象的形式构成训练成为主流。[1] 1990 年以来，在现代主义建筑注重"（空间）体量（Volume）而非实体（Mass）"[2] 的背景下，建筑院校的基础课开始以建筑空间作为主体。至近十几年，以身体为线索的教案在国内外设计基础教学中持续涌现。[3]

然而，近半个世纪以来，当现代主义伴随着全球化浪潮，对建成环境的地域差异和文化多样性造成持续的冲击和碾压，危及人类的身份认同及价值本源，[4] 建筑界对于现代主义的反思以及对地域价值的重视，[5] 引发

* 项目支持：清华大学本科教育教学改革项目，课题名称：二年级建筑设计系列课程教学内容与结构流程改革研究，编号无。

国内外建筑教育回归对"地区性文化"的关注。在一项针对国内外建筑院校本科建筑学一年级教学比较分析的研究中，研究者通过 NVivo 文本分析，得出 11 所建筑院校本科一年级建筑教学的 13 个教学关键点，其中 8 所学校明确将"文化挖掘"作为建筑设计中的教学关键词。[6] 具体如康奈尔大学持续一个学期的罗马访学，让学生置身于真实历史环境，通过亲身体验与在地研究理解建筑来源，并在建筑设计教学中融入与空间相关的人、社会和文化因素。[5] 库伯联盟则强调不同社会和生态条件下建筑设计的差异性，教学内容包括通过对地域文化、环境和技术问题的研究，以加深对世界建筑和城市化的理解。[5] 国内如东南大学沿袭了 ETH 建筑设计基础课程"以空间为主线，包括文脉环境和材料结构因素在内的结构有序的教学体系"，[7] 近年以《初识南京》为入门设计选题，将对南京这一地点的观察和理解作为后续一系列建筑设计教学的基础。[8] 西安建筑科技大学的建筑教育则从中国传统哲学中获得启示，将场所与文脉以及生活与想象、空间与形态、材料与建构一起，共同构成教学体系的四条主线。[9]

在教学中，如何引导学生在建筑设计中关注地区性文化？结合文化人类学与建筑学的建筑人类学无疑可以提供一种绝佳的视角、范式和方法。"建筑人类学"（Architectural Anthropology）早在 20 世纪 70 年代就流行于西方建筑界，而国内在 20 世纪 90 年代初由常青院士进行较为系统地梳理和引进，并阐述了建筑作为制度、习俗、场景和身体感知对象的人类学属性。[10] "从宏观上看，建筑人类学是对人与自然—社会之间，以及人与人之间的空间关系及潜在维度进行观察、体验和分析的特有视角、范式及方法……与学院派的风格—构图范式和现代派的功能—形式范式界限分明。"[4] "对空间和社会的共同关切"[11] 让建筑学与人类学具有天然的关联；而人性在习俗、情感、身体等方面的需求，可以被当作设计构思的起点；除此之外，如人类学研究中的"参与观察"与建筑界所提倡的"在地实践"不谋而合，亦可以提供方法借鉴。

从建筑人类学出发设计空间和建筑，在过往建筑设计实践及教学中早有大量运用，然而，尚未出现专门将此作为一种教学方法的研究。因此，本文以近两年清华大学建筑系高年级建筑设计专题"基于人类学观察的聚落更新设计"为例，通过选题和方法的设置，尝试将建筑人类学作为一种建筑设计方法在教学中进行探讨，以提供一种建筑设计教学的思路和方向。

2 选题

本次教学选题不再针对建筑类型、功能或面积进行设定，而是对设计"地点"提出具体要求。学生需以自己家乡或特别熟悉的聚落为设计对象，基于过往生活经验和感受，重新梳理当地自然与人文环境，从而确定设计地段与任务书。

2.1 主体身份不同导致场所认知差异

瑞尔夫（Edward Relph）在关于场所的"内在性"（Insideness）与"外在性"（Outsideness）的论述中，揭示了"城里人"和"城外人"的差异。[12] 舒尔茨（Christian Norberg-Schultz）亦对空间进行了"内侧"和"外侧"的区分。[13] 单军在总结前人观点的基础上，进一步提出特定地点的地区性，即对场所的认识，因主体的角色和参与程度不同而异，而地区性首先是一种"内在的共性"，然后才是一种"外在的特性"。[14]

这些研究导向一个结论，建筑师不能完全等同于城外人，他们既需要在城内，深入到设计所服务对象的生活语境中，体会一个地区的内在力量；又需要在城外，保持客观全面的视角，感受此地之所以区分于彼地的特性。在人类学研究中，有"参与考察"的方法论之说，即费孝通先生所说的既要"进得去"，又要"出得来"。[15] 在建筑设计中，真实的情况往往是建筑师到项目所在地实地调研一番，以期获得对场所的基本认知。然而，在建筑设计教学中，由于时间限制，留给学生进行地段调研的时间往往只有一周，更常见的情况是，学生在繁忙的课业安排中抽出一天或半天，到地段转一圈，就算完成了前期调研工作。走马观花式的调查显然只能"雾里看花"，又何谈对地区性文化的体悟。

2.2 自主选题：从雾里看花到参与观察

要求学生选择自己最熟悉的地区作为设计对象，这一设置让学生在本次设计中兼具"城里人"和"城外人"的双重身份。"城里人"的身份，即对于选定地段，他们在设计启动之前已经持续进行了十余年的"参与观察"，对地段文化耳濡目染并有着无法割舍的血缘联系。正如普利兹克奖得主彼得·卒姆托（Peter Zumthor）在谈到极少在瑞士之外的地区实践时所说："我犯了乡愁，但是肯定不是想念瑞士，而是想念熟人。我在这里出生，在这里成长。我懂这个地区的语言。我知道什么是男子合唱团、政党聚会。我自以为可以在这的大街上辨认出热情的集邮爱好者的装腔作势。只有在这我才能很肯定地区分腼腆的人和善于交际的人。"但从本科学习开始，学生离开了家乡，进入到更广阔的外部世界，这又让他们以一个"城外人"的身份去思考独特的地区文化应该何去何从，并通过本次建筑设计给出自己的解答。

如学生基于在澳门老城的生活经验，提出雀仔园街市地区现存大量碎片化商业功能却未能有效组织，导致空间品质差和商业价值低等问题，进而通过置入寄生体块连接现有功能，填补城市裂缝；在建筑结构及材料选择时以突出澳门城市拼贴特质为目标，最终创造出新的城市界面（图1）。设计选题不是在给定地段上特意寻找问题，而是将现实情境与解决方案通过真实的在地生活直接关联。建筑师不再是旁观者，而是空间使用与场景体验的主体。

图1　基于长期参与观察提出现实问题与解决方案

3　作为建筑设计方法的人类学观察

在确定以自己熟悉的地区作为设计对象之后，设计课面临的最大难题是设计应该如何切入和推进，即建筑设计方法的问题。尽管方法是"主观的工具和手段"[16]并具有相当的多样性——对建筑设计来说更是如此——但在教学中必须梳理出规律和体系才能使之可教。在各个院校的建筑设计概论课程中，我们也常常可以看到从众多案例和经验研究中总结出的若干设计方法，以笔者参与讲授的课程为例，就有包括：从地域的自然环境出发，从地域的社会经济出发，从地域性的特征、色彩和景观出发，从地域性的材料和工艺出发，从原型出发，从理论出发，从功能出发等设计方法。正如前文所述，对于关注地区性文化的建筑设计，人类学观察同样可以作为一种具有启发性的设计方法而被加以研究。

要将建筑人类学的经验在建筑设计中进行应用，需要一个有效的转化中介。如近年以身体、运动及其感知为媒介所开展的建筑设计教学就是一种成功的尝试——建筑人类学并不仅仅将人作为尺度来看待，身体的感性经验也可以成为空间创造的灵感源泉。下文将对其他可能的媒介进行探讨。

3.1　探索一：人类学观察→"空间—生活"之关联→建筑设计

建筑人类学认为，要使外在的意义空间——场所精神，转化为有意义的建筑空间，就要首先把建筑看作是社会交往中人的各种行为的组织形态，如路易斯·康就认为建筑创作的灵感在于对各类组织形态的敏感性，并运用类比思维将之与特殊的建筑形式关联。[17]为了便于学生理解，教学中将此描述为某种空间结构或空间原型与特定生活方式的对应，即"空间—生活"之关联。这一方法要求学生对特定地区的典型空间结构进行描述和研究，记录在地人群的日常生活，探寻空间结构背后的行为原因，并展开历时性地形态生成推演。在这里，"为什么"比"是什么"更为重要。这一方法有利于揭示地区性的深层规律，注重潜藏在那些"看得见的"表面物化形态下的"看不见的"意义。

如在马来西亚五渔港，村民世代以捕鱼和虾米为生，为了方便出海和晾晒，住宅、晾晒平台、工具间、渔船呈线性向海方向蔓延，之间以木桥连接，形成了一道道垂直于海岸线的肌理；随着人口增加，在非出海时间里人们聚集在一起开展公共生活，于是在岸上又形成了数道将居住单元串联起来的横向路径（图2）。学生在理解空间生成逻辑的基础上，结合虾米产业发展策划，将建筑设计为出海周和休息周两种模式：出海周建筑单元分散布局，以户为单位，延续向海蔓延的肌理，新增的体块用作民宿或虾米加工作坊，以补贴渔民收入；到了休息周，建筑体块聚拢，创造横向连接的公共集市（图3）。出于功能可变性及海平面上升的考虑，建筑采用漂浮单元模块拼装的形式。建筑形态生成与空间组织并非来源于拍脑袋的设计"概念"，而是源于对本地生活及村落格局的尊重。

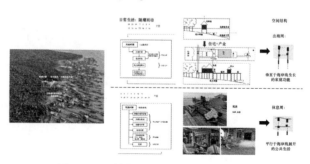

图2　空间结构与日常生活之关联分析

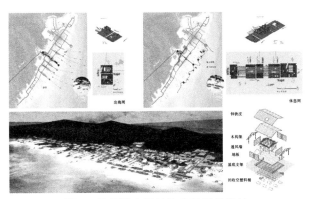

图 3　从延续空间结构出发开始设计

3.2　探索二：人类学观察→核心风貌要素→建筑设计

建筑人类学强调在地的"原型意象""潜在维度"（或"无声语言"）和"集体记忆"等关键词。[4] 社群是聚落的营造主体，也是聚落进一步发展的主体和重要动力。在历时性中每一个人都在以自己的时空角色、个体中阐释着建筑文本，为不同地域、不同群体间形成的民居多样性提供了鲜活而又生动的说明。在设计之初，选择包括工匠、头人、乡绅、村干部、乡村教师、普通村民等多种角色的人群记录其口述历史，结合关键词提取等技术手段，挖掘隐藏在社群集体无意识中的构成聚落风貌的核心要素，从而从人类学视角获取主观身份认同的地区特性。从中再分析哪些是由自然环境与文化环境长期影响形成的集体无意识，而哪些是暂时性、片段性因素，进而厘清当代聚落更新中的"可变"与"不变"，转化为建筑设计中维系社群自组织能力、保护核心风貌的依据。

如在广西龙脊壮族聚居区，基于人类学观察和口述史采集（图4），学生对口述史文本进行关键词提取与排序，其中干栏建筑、木材、梯田、旅游开发、凉亭、

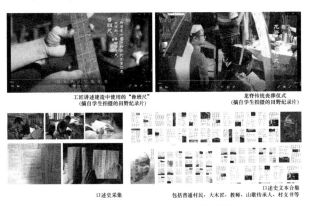

工匠讲述建造中使用的"鲁班尺"
（摘自学生拍摄的田野纪录片）

龙脊传统丧葬仪式
（摘自学生拍摄的田野纪录片）

口述史采集　　包括普通村民、大木匠、教师、山歌传承人、村支书等

图 4　人类学观察与口述史采集

坡屋顶和山歌大会是村民提及频率最高的要素（图5），因此在设计中着重进行了探讨与转译（图6、图7）。而其他要素，诸如精神空间（堂屋）、日常生活空间（火塘）、建造仪式则少有提及。在设计过程中，设计概念与关键词的提出并非基于研究者先入为主的臆想，而是从自下而上、主体和微观的视角出发，通过社群主体的自发叙述，在聚落居民所共有却又未曾主动发觉的观念中获得灵感。

（表格：核心风貌要素提取与排序）

图 5　核心风貌要素提取与排序

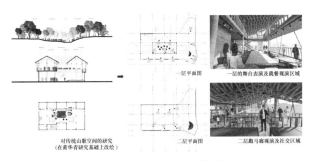

对传统山歌空间的研究
（在黄华青研究基础上改绘）

一层平面图

一层的舞台表演及就餐观演区域

二层平面图

二层题与廊观演及社交区域

图 6　从保护核心风貌出发开始设计——
以方案中对"山歌"要素的研究与转译为例

图 7　综合村民集体无意识中多种"可变"
与"不变"的要素完成设计

3.3　探索三：人类学观察→传统建造范式→建筑设计

"范式"是一个给定共同体的成员所共享的信念、

521

价值观、技术等的集合，[18]曾有建筑人类学领域学者借鉴文化人类学理论和研究方法，将村落看作一个"共同体"（Community），并将乡土建造活动按照技术范式、社会范式和精神范式进行归纳，[19]对本次教学有所启发。这一方法要求学生首先针对某一项典型的传统建造活动进行观察与记录，进而聚焦于技术范式，选择一种自然材料资源或一项传统建构技术，在研习其材料特性和建构方法的同时，结合传统与现代建筑案例，深度解析与之相适宜的结构体系、节点构造以及对应的建筑语汇，探讨其在特定环境下如何最大限度地满足功能、空间及环境品质的要求，完成建筑设计。

如学生从观察及研究温州泰顺廊桥的建造过程出发，在对其编木拱桥结构体系进行优化的基础上，通过单元重复形成大体量城市综合体，既将孤屿和城市连接起来，同时也展现在温州曾经出现却已被人遗忘的编木拱桥上滨水游憩的场景（图8）。

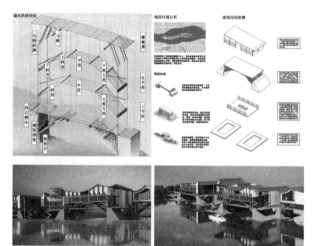

图8　从学习传统建造范式出发开始设计

4　小结和反思

基于人类学观察的聚落更新设计，是将当前建筑人类学研究成果与路径，向建筑设计教学与实践转化的一种尝试。从教学过程观察与后续学生反馈来看，学生对这一选题抱有较大的兴趣，对地段的敏感有助于他们充分调动过往生活经验并积极开展空间想象，设计主动性和场景共情力有所提高。同时，较为明确的设计切入点、按照学术研究线索展开的设计过程，以及与各个阶段对应的具体的成果要求，让设计的推进过程不至于完全天马行空，而是有迹可循。

反思本次教学，还存在如下问题：①将建筑人类学作为一种设计方法的研究还未成体系，上文关于设计方法和媒介的探讨仍是碎片化的。②研究和设计容易脱

节，在第一阶段建筑人类学的研究部分能形成许多成果，但学生要把成果落实到具体设计上仍有很大难度，期望学生能直接从研究中找到设计切入点并顺利用建筑语言进行转译是不太现实的。③在设计课中引进建筑人类学研究有时会引发学生对传统建筑形式的直白模仿，反而阻碍了学生的主动思考和创造能力，而且地域的价值往往都隐藏在那些看不见的地方，哪些东西应该延续而哪些东西应该改变，需要仔细甄别。④教学受限于8周，研究无法深入，导致对一个地区的认知容易浮于表面和符号。上述问题还需在后续教学中持续探讨。

除此之外，本次教学可能也给建筑人类学研究带来一些思考。学生在设计过程中展现出的对自己生活所在的文化的理解，从众多复杂因素中提取出来的将"此地"区别于"彼地"的特性，是从建筑师及本地人双重视角来定义了一个地区的"内在共性"与"外在特性"（图9）。他们的观点本身也是构成社群集体无意识的一部分，在建筑人类学和地区性文化的研究中具有价值。

图9　学生在设计中对地区性文化的提炼与转译

与此同时，除了研究建筑如何"反映"社会文化，空间的"能动性"（Agency）——即空间变迁对社会发展的建构作用，是将建筑学与人类学深度联结的关键问题。[20]海德格尔强调人造物对地方的显现所具有的重要意义，建筑的本质即在于营造地方。[21]营造出来的地方并非仅仅停留为一种苍白而僵滞的存在，而是伴随着社会生命的延续始终处于不断的营造之中。而这也是今天通过建筑设计进行聚落更新的意义。我们需要跳出传统绝对"好"的陷阱，通过科学研究来探索聚落更新的"可变"与"不变"，从而为文化发展注入延绵不绝的生命力。

主要参考文献

[1] 顾大庆. 一石二鸟——"教学即研究"及当今研究型大学中设计教师的角色转变 [J]. 建筑学报，2021 (4)：2-6.

[2] 曾引. 从哈佛包豪斯到德州骑警——柯林·罗的遗产（上）[J]. 建筑师，2015 (4)：36-47.

[3] 陈瑾羲. 借鉴"具身认知"理论的大类一年级建筑设计教学探索 [J]. 建筑学报，2020 (7)：80-84.

[4] 常青. 序一 [J]. 建筑创作，2020 (2)：4-5.

[5] 单军. 地域的价值 [J]. 中国勘察设计，2016 (2)：30-33.

[6] 郑越，贡小雷，陈立维. 中西方建筑院校建筑学一年级教学比较分析 [J]. 新建筑，2021 (2)：130-133.

[7] 吉国华. "苏黎世模式"——瑞士 ETH-Z 建筑设计基础教学的思路与方法 [J]. 建筑师，2000 (6)：77-81.

[8] 一年级设计课教研室—城市专题组. 2020 本科一年级设计基础课程 | 01 城市：初识南京 [R/OL]. 中大院，(2021-02-25) [2021-07-29]. https://mp.weixin.qq.com/s/KYj2haGmKu5lYvGWpDurgw.

[9] 刘克成. 自在具足，心意呈现——以建筑学认知规律为线索的设计课改革 [J]. 时代建筑，2017 (3)：24-30.

[10] 常青. 建筑学的人类学视野 [J]. 建筑师，2008 (6)：95-101.

[11] 黄华青. 超越民居和遗产 [J]. 世界建筑，2021 (3)：123.

[12] Relph Edward C. Place and Placelessness [M]. London：Routledge Kegan & Paul，1976.

[13] （挪威）诺伯格·舒尔茨. 存在·空间·建筑 [M]. 尹培桐，译. 北京：中国建筑工业出版社，1990.

[14] 单军. 城里人、城外人——城市地区性的三个人文解读 [J]. 建筑学报，2001 (11)：20-23.

[15] 费宗惠，张荣华. 费孝通论文化自觉 [M]. 呼和浩特：内蒙古人民出版社，2009.

[16] 列宁. 黑格尔"逻辑学"一书摘要 [M]. 北京：人民出版社，1965.

[17] 常青. 建筑人类学发凡 [J]. 建筑学报，1992 (5)：39-43.

[18] Thomas Kuhn. The Essential Tension [M]. Chicago：The University of Chicago Press，1977.

[19] 潘曦. 纳西族乡土建筑建造范式 [M]. 北京：清华大学出版社，2015.

[20] 潘曦. 建筑与文化人类学 [M]. 北京：中国建材工业出版社，2020.

[21] 吴世旭. 序二 迟到的建筑人类学 [J]. 建筑创作，2020 (2)：6-9.

贺永　张迪新

同济大学建筑与城市规划学院，高密度人居环境生态与节能教育部重点实验室，生态化城市设计国际合作联合实验室；heyong@tongji.edu.cn

He Yong　Zhang Dixin

College of Architecture and Urban Planning, Tongji University; Key Laboratory of Ecology and Energy-saving Study of Dense Habitat (Tongji University); Ministry of Education; International Joint Research Laboratory of Ecological Urban Design, China

建筑类通识课程教学组织探索
——以同济大学"经典住宅赏析"为例*

Experiment on the Teaching Organization of General Courses of Architecture-oriented
——Taking the Course of "The Famous Housing" as a Case

摘　要：通识类课程的通专融合是当下高校教学讨论的重要命题。论文以同济大学建筑类通识课程"经典住宅赏析"为例，从内容组织、作业设计、成果表达等几方面呈现该课程的教学设计，并基于学生的课后反馈讨论教学实际效果，为专业类通识课程教学提供有益借鉴。

关键词：建筑类通识课；教学设计；教学反馈；经典住宅赏析

Abstract：Combining generalization and specialization of general courses is an important teaching topic in the current colleges and universities. Taking architectural-oriented general course "The Famous Housing" in Tongji University as an example, the paper presents the teaching design from aspects as content organization, homework design, and expression of outcomes, discusses the actual effect of teaching based on students' after-class feedback, providing intentional reference for the teaching of professional general education courses.

Keywords：Architecture-oriented General Course; Instructional Design; Teaching Feedback; The Famous Housing

　　"今天回家在火车上看到徽派建筑，长这么大第一次觉得自己家乡的建筑真的好好看啊！这个课上得值，我那个糟糕的审美总算有进步了。"

　　这是一位非建筑学专业的同学（昵称：戴帽子的小毛囊）在课程结束后，发在教学微信群里的一段话。这段话应该是他在回家的路上有感而发，"这个课"则是指同济大学为非建筑学专业本科生开设的通识课程"经典住宅赏析"（图1）。

　　"经典住宅赏析"是一门以培养学生的审美素养为导向的通识课程。本课程通过现代经典住宅案例的介绍，拓展非建筑学专业学生的视野，激发学生的学习兴趣。

　　同济大学的通识课程分为科学探索与生命关怀、社会发展与国际视野、工程能力与创新思维、人文经典与审美素养四个大类。① "经典住宅赏析"属于人文经典与审美素养类通识课程，是学校大类培养模式和新生院跨学科通识教育思想的重要体现。

---

　　* 项目支持：国家自然科学基金项目（51778438）。

　　① 同济大学通识教育选修课申报管理系统 [OL]. https://gec.tongji.edu.cn/shenbao/admin/kecheng/detail/262/wait.

图 1　教学微信群截图

1　课程情况

1.1　背景

同济大学自 2019 年起采取新的人才培养模式，即大类培养的模式。全校的学科主要划分十个大类，其中五个工科，两个文科，三个分属商科、理科和医学。

大一新生入校后全部进入新生院。新生院的人才培养开展跨学科的通识教育，包括大类导论课和教育拓展活动。这些课程及活动重在让学生在入校第一年里真正地了解每一个专业大类的学习内容，未来会遇到的挑战和发展，引导学生走向着眼未来的发展之路。①

根据学校课程建设规划，2020—2021 学年第一学期开展了新开通识教育选修课的申报和评审工作。"经典住宅赏析"就是在这一背景下，在通过申报和评审流程后，面向非建筑学专业本科生开设的通识课程。

1.2　教学目标

本课程以培养学生的审美素养为导向，通过介绍经典住宅背后的经济文化背景，建筑师的设计思想和设计过程，让学生认知居住问题的复杂性和社会性。通过让

学生选择重点案例进行深入研究，拓展非建筑学专业学生的视野，激发学生的研究兴趣，培养学生的研究能力；通过让学生自我组织现场调研，培养学生的团队合作能力和组织能力；通过学生的汇报讨论，培养学生的口头表达能力。为学生建立建筑审美观打好基础。

课程结束要求学生掌握我国现代居住建筑发展的基本脉络，了解重要的住宅案例及其建筑师的生平和思想，学会基本的建筑图纸的阅读和分析，学会用文字表达和阐述建筑问题。

1.3　教学组织

本课程共 34 学时，包括主题讲座、现场调研、案例分析、研究汇报、图像实验等多种课堂教学手段和组织形式。其中，课程简介与教学要求 2 学时，课程讲座 14 学时，影像教学 2 学时，实地参观 2 学时，图像实验 2 学时，讨论汇报 12 学时。课内 32 学时，课外 2 学时。

本课程的考核由考勤、过程考核和期末考核三部分内容组成。考勤占总成绩的 20%，缺勤三次以上按不通过处理。过程考核占总成绩的 60%。其中，案例抄绘占 20%，案例分析占 20%，实地调研占 10%，汇报 10%。期末考核占总成绩的 20%。每位学生需独立完成研究报告一份，占 20%。当年未通过的同学需要来年跟班重修。

1.4　教学内容

本课程主要介绍现代建筑发轫以来中外经典住宅案例，包括案例建筑师的生平和思想，当时建设的社会经济背景，对后续建筑的影响等。

在课程申报时，申请教师根据自己的经验，草拟了课程的教学大纲和主要的教学内容。在教学过程中，任课教师根据选课学生人数、节假日安排、学生的实时反馈等，在保证基本体系不变的情况下，课程的教学组织和教学内容进行适当调整。

2　教学设计

"通专融合"是通识类课程教学改革的重要命题②。作为面向非建筑学专业同学的一门建筑类通识类课程，如何将专业内容的深度特征和通识培养的广度要求有机结合，是"经典住宅赏析"教学设计的重要考量。本课程在作业设计、内容组织和成果表达等方面进行了探索。

①　新华网. 同济大学继续推行大类招生 所有学科均围绕"人工智能＋"交叉升级［EB/OL］.［2021-06-25］. http：//education. news. cn/2021-06/25/c_1211215796. htm.

②　朱金花，谢玉蕾，胡卫平，刘绣华，赵东保. 基于"通专融合"的通识课程教学改革研究——以"中国茶文化与茶科学漫谈"课程为例［J］. 大学教育，2020（10）：147.

2.1 作业设计

1）案例抄绘

要更深入地理解建筑，基本的识图技能不可或缺。结合课程的讲解，安排学生完成两次案例抄绘。一次是让同学们在 ArchDaily（传播世界建筑）网站上自行选择一个住宅案例，要求具备平立剖面图等基本信息。另一次是抄绘流水别墅的平、立、剖面图。通过亲自动手，巩固学生习得的基本识图技能。

"前期的建筑图描绘作业，让我体会到了理科生画建筑图的不易。一条条线的精确描绘，从初始简单的线条到最后完整的图纸，亲身经历从无到有的过程，是一种别样的体验。因为亲手描摹，所以完成后会有成就感。因为静下心来体验，所以有机会让自己慢慢沉淀。画图的过程真的是我很享受的一段时光，每次都是在晚上完成这份作业，卸下一身的疲惫，在台灯暖暖灯光的陪伴下，将自己沉浸在描摹的世界里，是放松也是静心，所以更多的时候，没有把它当作一份作业，而是一种放松的方式吧。"（李群芬）

2）案例分析

课程开始时，任课教师就给出了案例分析的清单。随着同学们对课程内容的熟悉和分析方法的掌握，任课教师要求选课学生以小组单位，在指定的清单中选择一个案例，完成资料搜集、阅读、整理、分析工作，并准备汇报文件，完成案例的分析汇报。同学们也可以和任课教师讨论征得同意后，自己选择案例完成上述工作。很多同学都反应这个环节让自己的团队合作意识和在公共演讲能力得到了提升。

"小组展示在我原有的应试教育当中其实是很匮乏的，我的高中往往是处于一种高压紧绷的状态下，我并不习惯或者说并不向往展示自己表达去交流，去沟通。很感谢这样一门轻松欢快的课程提供小组配合的机会，至少能够让我学会克服社恐去交流和表达自己的想法，去进行一次似乎看不到明显效果，但其实不可或缺的展示。就像分享个人见解的时候，这其实是一个无压力的事情，但我还是会觉得很紧张忐忑，语无伦次地想要把自己表达的东西阐释得尽可能清晰。这对于不善言辞的我来讲，确实有那么一丢丢困难，但是当我完成的时候，就会自己还是很棒的。希望在日后更多类似这样的场合，我能够慢慢的学会从容不迫，真实的去表达自我。"（赵南）

3）参观访谈

整个课程共安排两次参观调研，一次是利用国庆假期，让同学们参观上海的石库门住宅。另一次是进入上海的普通住区，对居住人群进行访谈，了解他们的生活和想法。

参观让同学们对上海的历史有基本了解，让同学们熟悉未来四年或更长时间将要在这里度过的这座城市，逐渐建立地域认同感和归属感，更好地迎接学习和工作的挑战。

访谈让同学们对住宅的理解不仅停留在案例、理论层面，而是真实地了解居住的人群，建立对居住问题更为深入、全面的认识。

"在一次对于小区的问卷调查之中，我对于如何评判一个住宅、一个社区有了更加深刻的认识。并且通过对于不同年龄阶段的人的住宅满意度的问卷调查，我发现不同人群对于住宅的需求其实差别很大。年轻的社区往往对于运动设施需求较高，而较有岁月感的社区则会更加注重社区归属感与社交活动。"（顾沁韵）

4）书面报告

任课教师在教学过程中布置了多个小作业，学期结束时，要求学生把全部小作业汇集，完成课程的最终报告。报告中增加一项内容，让同学们总结在这门课程学习的心得、收获或者遇到的问题，或者从教学内容、教学组织、教学效果等几个角度提出建议。

许多同学都对课程提出了自己的意见和看法。这些意见和建议为下学期课程内容的调整、教学组织的优化、教学方法的改进提供了重要依据。

2.2 内容设计

1）多种教学形式结合

本课程的教学内容以现代经典住宅案例的分析为主线，涵盖了包括建筑师的生平和思想、世界建筑发展、建筑识图方法、建筑模型制作、建筑学习入门书籍、研究和研究报告写作入门等多种内容。教学形式包括讲座、工作坊、案例分析、研究汇报、图像实验、参观、调研访谈、影像等。

改变"老师讲、学生听"主导的教学组织方式，教学内容丰富多彩，最大限度地调动同学们的课堂参与度和学习兴趣。

2）课程内容动态调整

在教学过程中，根据同学们的意见，对教学内容和进度进行及时的调整。例如，有次课间和同学们聊天，有几位同学提了关于同济校园建筑的问题。任课教师顺势引导，增加了一次关于同济校园建筑概况的讲座，并给定了参考文献，让一组完成同济校园建筑的案例分析。

在课程框架保持不变的前提下，根据同学们的意见及时对课程内容进行调整，可以紧贴同学们关注的问题，提升对课程内容的兴趣，激发同学们的主动学习意识。

3）成绩考评贯穿全程

对于刚进入大学的同学而言，第一学期一方面要适应新的生活，另一方面要完成大量的课程并取得好的成绩（为本科二年级的分流作准备），会面对较大的压力。

作为非专业的通识课程，整个课程的考核，有若干小作业构成。任课教师会根据每个阶段的讲授内容，布置一个小作业，并让同学们及时完成提交。这样在课程结束时，作业全部完成，所有的考核环节也全部结束。同学们不用在期末为突击完成作业，占用太多的时间，不用为此加班熬夜，以减轻同学们的学习压力。

4）内容设置结合科研

课程内容和任课教师的科研进行了部分结合，学生们要参与几次建筑图像的视觉喜好度的实验，让同学们对科学研究有个基本的概念。针对上海住区的调研，现场访谈用的是任课教师已完成的结构型访谈问卷。这样让同学们的访谈不要过于宽泛，也又不流于形式，督促学生们真正走进社区，进行真实的现场调研。

2.3 成果设计

课程结束时，在征求每位同学的同意后，任课教师和助教将学生的全部作业成果汇集成册，并分发给每位同学。这个作业集对于选课同学和任课教师都具有重要的意义（图2）。

同济大学（人文经典与审美素养）通识课程

《经典住宅赏析》（02059001）
2021 课程作业集

同济大学本科生院 2020/2021 级
2021.12.30

图2 作业集封面

对同学而言，作业集一方面作为学习经历，留存了每位同学大学生活的一个片段。另一方面也是他们的成长记录。

对教师而言，作业集是教学成果的一部分，留存、回顾、总结，不断完善课程的教学组织，提升课程的教学质量。另外，通过不断的积累，形成历时性的数据和资料，可以作为教学改革研究的基础资料。

3 教学反思

本课程在 2021—2022 学年第 1 学期开设，90 多位同学在选课网站上浏览了课程内容，60 位同学（学生人数上限）选择了该课程，49 位同学坚持到了课程的最后。

在教学工作结束半年后的今天，回溯当时的教学组织，思考教学的优劣得失，对于提升本课程的教学质量，服务通识教育的根本目标具有重要的意义。

3.1 思想引领和价值引导

"推动中华传统文化融入通识教育选修课程教育教学，凸显通识教育课程的思想引领和价值引导功能"。这是同济大学对通识类课程的基本要求。而建筑类通识课程在这方面有着自身的学科优势。

在本课程中，任课教师将思想和价值观引导融入课程作业、实地参观、现场访谈等教学环节。

例如，课程作业 2 是要求学生观看电影《1921》，截取影片里面拍摄到的上海里弄住宅（不少于 5 处），并判断它是哪个类型的里弄住宅。这个作业让同学们以轻松的观影方式，完成对上海里弄住宅的学习巩固，重温党的初创的重要历史。同时，感受那个曾经青春激昂的时代，能够振奋同学们的身心。

课程作业 3 要求同学们利用国庆假期，参观不少于 2 处上海里弄住宅，拍照并判断里弄的类型。结合对居住人群的访谈，并说说对拆除这些里弄住宅的个人看法。这个作业让同学们进一步了解上海的历史文化，感受多元文化对城市空间的塑造，认识传统文化和外来文化融合的价值和影响。

现场调研则让同学们带着结构问卷去上海的新建（20 世纪 80 年代后）住区进行调研，每位同学要完成不少于 5 份的问卷。这个作业让同学们认识到解放特别是改革开放后的几十年间，上海住宅建设取得的巨大进步和人民生活水平的极大改善，更为直观地体会和理解新中国建设取得的重大成就。

"润物细无声"，以作业的形式将价值观的点滴塑造融入整个课程的学习，从而达到思想引领和价值引导的目的。

3.2 通识教育与专业教育

如何针对通识教育课程的特点，处理好"通识教育与专业教育"的关系，实现"理性思维与感性思维、逻辑思维与发散思维"的结合是通识课程教学改革的重要命题。①建筑学专业强调多动手、多合作、多思考。本课程发挥建筑学的专业特点，通过作业的形式，将建筑学专业课程的学习与非建筑学专业学生的手眼协调、团队合作、解决问题的能力培养相结合，实现专业知识学习达成通识能力培养的目标。

例如，抄绘作业可以锻炼学生的动手能力，实现眼、脑、手的协调发展。"通过几次抄绘作业，一笔一画勾勒出建筑的环境与内部结构，它教会我的是再耐心一点。"（陈诺）

案例的汇报分析锻炼了大家的团队协作、口头表达和公共演讲的能力。"小组汇报的形式也为这门课增添了很多乐趣，在这个过程中，大家不仅获得一个上台展示自我的机会，也可以去独立探索一些有趣的、有特点的建筑并运用自己的思考方式加以分析，从而获得不一样的精神体验。"（王丹）

文献阅读和研究报告写作的介绍，拓展了同学们的视野。"在小组作业中好好地看了一些论文，查阅了一些资料。对安藤忠雄有了更深入的了解。'结识'了上海保利大剧院，又打开了新的话剧大门。"（孙路遥），"老师推荐的很多书，比如《文思泉涌：如何克服学术写作拖延症》，我真的很感兴趣，已经打算寒假好好看了！"（陈诺）

动手能力的培养，团队精神的建立，学习兴趣的激发，都是专业课程学习对通识能力培养的重要支撑。

3.3 专业深化与专业延伸

我国理工科院校把工程技术教育作为教育的主体，在推广通识课程过程中存在较多困难，很难摆脱专业教学的思路和模式。②建筑学作为同济大学的优势学科，专业性强，尤其设计课程学习"有一定门槛"，人才培养带有"精英化"的倾向，学科的通识性相对较弱。

本课程依托学院学科优势，在建筑学研究不断走向纵深同时，探索如何让学科的基础教育走出既有的范围和受众，面向更多的非专业学生，甚至面向大众，并在未来走向更为平民化的方向。

在我国城市化进程基本完成的今天，建筑学也正慢慢褪去"热门"专业的光环，学科教育也面临诸多挑战和新的机遇。基于形成的自身优势，"放下身段""走出圈子"，面向社会，开设更多类似的通识课程，或许是建筑学教育在进入"下半场"需要面对的重要问题。

4 结语

在专业教学内容不断加深加强的背景下，如何面向非专业学生的广度和跨度拓展要求，开设专业型的通识课程，是理工科专业的重要挑战。"经典住宅赏析"尝试将建筑类课程的专业特点和通识课程的通识属性结合，实现"通专结合"的教学探索。

面对剧烈的社会变化，未来"通专结合"型人才的培养需要学科交叉融合，需要学生知识能力重塑。③而专业类通识课程的设置、组织、设计、探索是实现这一目标的重要路径。

主要参考文献

[1] 朱金花，谢玉蕾，胡卫平，刘绣华，赵东保. 基于"通专融合"的通识课程教学改革研究——以"中国茶文化与茶科学漫谈"课程为例 [J]. 大学教育，2020（10）：147-150.

[2] 庞琳，田瑾. "通专结合"下设计专业通识课教学改革研究——以"设计认知与思维导入"课程为例 [J]. 教育教学论坛，2022（2）：77-80.

[3] 申玉生，杨成，富海鹰，蒋雅君，金虎. 理工科院校通识教育困境的思考及教学模式探索 [J]. 高等建筑教育，2021，30（5）：1-8.

[4] 刘全香. 改革通识课程教学体系，提升学生创新实践能力 [J]. 大学教育，2021（1）：151-153.

[5] 焦磊. 推动高校学科交叉融合向纵深发展 [N/OL]. 中国社会科学报，2021-08-27. http://news.cssn.cn/zx/bwyc/202108/t20210827_5355911.shtml.

---

① 庞琳，田瑾. "通专结合"下设计专业通识课教学改革研究——以"设计认知与思维导入"课程为例 [J]. 教育教学论坛，2022（2）：77.
② 申玉生，杨成，富海鹰，蒋雅君，金虎. 理工科院校通识教育困境的思考及教学模式探索 [J]. 高等建筑教育，2021，30（5）：1.
③ 焦磊. 推动高校学科交叉融合向纵深发展 [N/OL]. 中国社会科学报，2021-08-27. http://news.cssn.cn/zx/bwyc/202108/t20210827_5355911.shtml.

张倩　叶飞　尤涛

西安建筑科技大学建筑学院；zq1031_jianzhu@xauat.edu.cn

Zhang Qian　Ye Fei　You Tao

College of Architecture，Xi'an University of Architecture and Technology

全面深化新工科背景下的建筑学专业高质量人才培养模式探索

——西安建筑科技大学的改革实践 *

Exploration of the Training Mode of High-Quality Architecture Talents in the Context of Comprehensively Deepen the Emerging Engineering Education

——Reformation and Practice of Xi'an University of Architecture and Technology

摘　要： 新时代城乡建设日益复合多元的新任务，要求未来的建筑学专业高质量人才既掌握新知识、新技术、新能力，又专业视野宽阔、协作能力强。在教育部全面深化新工科建设的教育方针指导下，西安建筑科技大学建筑学专业从培养机制改革，教学内容改革，专业教学方式改革与科、产、教融合改革四个方面，五管齐下进行建筑学专业高质量人才培养模式的改革与实践，在多学科交叉教师团队建设、大类通识系列课程建设以及在本科一年级设计基础课程跨专业、跨学科的联合教学中开展实践。

关键词： 全面深化新工科；建筑学专业高质量人才；人才培养模式

Abstract： Compound multiple new tasks of urban and rural construction in new age demand the prospective high-quality architecture talents should not only command the new knowledge，new technology，new abilities，and also has broad professional vision and strong collaborative ability. Under the guide of the educational policy of comprehensively deepen the emerging engineering education from Ministry of Education，Architecture of Xi'an University of Architecture and Technology had reformed and practiced a lot in the training mode of high-quality architecture talents by five measures in four respects，that are reform of training mechanism，reform of teaching content，reform of professional teaching pattern，and integrated Reform of science，industry and education，carried out practice in constructing the multidisciplinary teachers team，constructing the general categories courses series，cross major and interdisciplinary co-teaching in design foundation course of the first grade.

Keywords： Comprehensively Deepen the Emerging Engineering Education；High-quality Architecture Talents；Talents Training Mode

* 项目支持：本文受到2021年度陕西本科教育教学改革重点攻关研究项目"全面深化新工科背景下的建筑类高质量人才培养模式探索与实践"资助。

1 城乡建设领域新趋势

2021年3月全国两会，将"碳达峰、碳中和""城市更新"首次写入政府工作报告。推动住房和城乡建设事业高质量发展，建设宜居、绿色、韧性、智慧、人文城市成为未来城乡建设的重要任务。新型城镇化、乡村振兴、绿色低碳、城市更新、历史文化保护传承等一系列城乡建设领域的新趋势，使得城乡建设的任务更加复合多元，对建筑学专业人才提出了新的需求，也对建筑类专业人才培养提出了新的挑战。

2 建筑行业人才新需求

2.1 行业发展新趋势对高质量建筑人才的新需求

城乡建设领域的行业发展新趋势要求未来的建筑学专业人才必须具备更宽广的学科基础，以及更加广泛的专业合作能力。掌握资源评价、绿色生态、历史文化、大数据处理、虚拟仿真等方面的新知识、新技术，具备城市更新、历史文化保护传承、乡村规划与建设等领域的设计新能力，才能胜任城乡建设日益复合多元的新任务。

2.2 建筑学专业高质量人才培养目标

根据未来城乡建设领域的发展趋势，对建筑学专业高质量人才培养目标定位为：

1）目标一：德才兼备、面向未来的高层次专业人才。落实党中央坚持把立德树人作为教育的根本任务。在建筑学专业人才培养方面，强调德才兼备、能够胜任未来日益复合多元的城乡建设新任务，培养担当民族复兴大任的时代新人，推进高等教育事业发展同实现高质量发展相适应。

2）目标二：掌握新知识、新技术、新能力的创新型专业人才。城乡建设领域的新趋势要求建筑学专业不断面对更多新问题、新挑战、新课题，需要不断补充社会经济、绿色生态、历史文化、大数据分析、虚拟仿真等方面的新知识、新技术，并创新性地应用于未来的设计实践中，更好地适应未来城乡建设领域的新任务、新需求。

3）目标三：具备"大类基础、多元能力"的复合型专业人才。随着城市开发模式向城市更新转变以及建筑行业产业链整合，建筑设计工作不断向上下游的研究策划、项目实施、管理服务等领域延伸拓展，对建筑类专业人才的能力要求已远超传统的空间设计能力范畴。建筑学专业人才需要拓宽知识结构和专业基础，提高专业方向的设计、研究和管理等方面的多元能力，成为具备"大类基础、多元能力"的复合型专业人才。

3 全面深化新工科与建筑学专业高质量人才培养新任务

3.1 建筑学专业人才培养面临的问题

当前细分的建筑类专业和相对封闭的专业教育存在诸多问题，难以与高质量人才培养需求相适应。

现行五年制本科的学制难以满足行业新任务带来的对高层次专业人才具备更高专业能力的培养要求，专业教学体系中的课程思政建设较为薄弱，专业教学内容与城乡建设的前沿领域衔接不够紧密，相对封闭的专业教学体系不利于学生拓宽专业基础和拓展多元化能力，科、产、教融合不足不利于营造面向高层次人才培养所需的开放的教学环境。多重问题相互叠加，表现在学生身上，就是知识面和专业视野相对较窄，专业能力相对单一，对行业前沿关注不够，创新意识和创新能力还有待提升。

3.2 全面深化新工科为高质量人才培养指明实践方向

2021年4月，在西安召开的全国高教处长会议指出，高等教育高质量的根本与核心是人才培养质量，专业、课程、教材和技术是新时代高校教育教学的"新基建"，要全面落实立德树人根本任务，抓好专业质量、课程质量、教材质量和技术水平，实施建设高质量本科教育攻坚行动。从抓理论、建专业、改课程、变结构、促融合五个方面全面深化新工科。以上五个具体工作指导方针，为适应城乡建设高质量人才新需求、推进建筑学专业高质量人才培养的教育教学改革指明了实践方向（图1）。

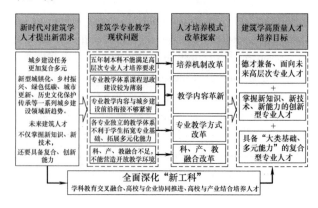

图1 全面深化新工科背景下建筑学专业
高质量人才培养新任务

4 建筑学专业高质量人才培养模式探索

建筑学专业高质量人才培养模式教育教学改革，从四个方面、五管齐下开展探索与实践。

4.1 培养机制改革

采用"4+n"学制实现本研一体化培养，探索适应建筑类高质量人才培养的学制和进出机制。"4"为4年制本科培养阶段，实行动态选拔机制；"n"为2或3年制硕士（专业型硕士2年，学术型硕士3年）或5年制博士研究生培养阶段。其中，本科培养阶段划分为三个阶段：第一学年为大类基础阶段，完成建筑学和城乡规划专业的大类通识基础课程学习；第二、三学年为专业提升阶段，完成各自专业的专业基础课程和专业核心课程学习；第四学年为本研过渡阶段，完成本科阶段其他课程学习和毕业设计，获得工学学士学位，同时开始选修硕士阶段课程，由导师（或导师团队）参与培养（图2）。

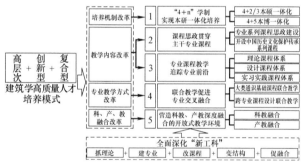

图2 建筑学专业高质量人才培养模式改革

4.2 教学内容改革

1）课程思政贯穿主干专业课程

将立德树人作为高层次人才培养、课程体系建设的首要任务。中国五千年的文明史，在城市和建筑营造方面取得了辉煌的成就，形成了独具东方特色的营造体系。中华人民共和国成立，尤其是改革开放以来，中国在城市建设的规模之大、速度之快举世瞩目，在城乡规划和建筑设计方面也取得了举世瞩目的成就。深挖城乡建设领域的思政教育元素，将中国古代和近现代的建设成就、本土设计师作品等作为课程思政内容贯穿于建筑概论、中外建筑史、城市与建筑认识实习、建筑设计原理、城乡规划原理和各大设计课等主干专业课程中，开设中国历史文化保护传承系列课程，采用课堂讲授、实地参观、案例解析相结合的方式，让学生从中领略中华文明的源远流长和灿烂成就，从而在专业领域树立文化自信，牢固树立历史文化保护传承的自觉意识。

2）专业课程教学追踪专业前沿

新开设与整合相关课程、更新教学内容、拓展教学资源，优化理论、设计、实习实践三大专业课程体系，在教学内容中增加资源评价、绿色生态、历史文化、大数据处理、虚拟仿真等方面的新知识、新技术，使专业课程教学持续追踪专业前沿。

4.3 专业教学方式改革

突破建筑学相对封闭的教学体系，与建筑类专业中相互关系最密切的城乡规划专业相联系，共同探索大类专业联合教学模式，改革专业教学组织方式，促进专业间的交叉互补与优化升级。

1）实施大类通识基础课程联合教学

本科培养阶段第一学年，与文、理、信控等学科合作，强化英语、高等数学、信息技术、文化修养类通识基础课程，根据建筑学专业特点实施定制化教学。专业基础课，由建筑学、城乡规划两专业组成联合教学组，合作进行设计基础、画法几何及阴影透视、美术、构图原理、人类聚居简论、中国传统文化等大类专业基础课程建设，为后续专业课程学习奠定良好基础。

2）探索跨专业课程设计联合教学

建筑学、城乡规划专业组成联合教学实验小组，在第二至四年级的部分专业设计课和毕业设计中探索联合命题、专业衔接、合作设计、多点交流的多专业交叉协同的课程设计联合教学组织模式，旨在让学生突破专业界限，拓展专业视野，了解建筑类相关专业的工作内容、工作程序和技术要求，提高专业合作能力。

4.4 科、产、教融合改革

探索适应建筑类高质量人才培养的科、产、教融合模式，营造有助于人才发展的开放式教学环境。以研促教，依托学科优势和科研团队，引领专业课程、专业教材和教学团队建设，并为学生参与前沿科研课题创造条件。在教学内容上将最新研究成果引入教学，建设一流特色课程；将最新的理论和研究成果纳入教材，培育建筑学专业的一流教材；根据课程需要，抽选相应学科背景、研究经历的骨干教师建设跨专业教学团队；第四学年本研过渡阶段，鼓励学生参与导师团队的科研课题或工程设计实践，形成科教融合的开放式教学环境。

5 已开展的教学实践

5.1 初建多学科交叉教师团队

从建筑学院、理学院、信控学院等相关学院抽选相应学科背景、研究经历的骨干教师，包括建筑学、城乡规划、建筑历史、城乡历史、建筑图学、美术、数学、智能建筑与智慧城市等骨干教师，形成一年级基础教学跨专业、跨学科教学团队，为实现大类通识基础课程的联合教学提供师资保证。

5.2 开展大类通识系列课程建设

在建筑学专业与城乡规划学专业设立拔尖人才试验班，进行大类通识系列课程教学实验。由多学科交叉教师团队共同为两专业同学合班授课（图3），包括必修课程设计基础、画法几何及阴影透视、美术、构图原理、高等数学等，将两专业各自的专业核心理论课程分别作为对方的学科交叉选修课程，例如建筑学专业核心理论课程中的一年级课程"建筑概论"、二年级课程"绿色建筑概论"，作为城乡规划专业的学科交叉选修课程；城乡规划专业核心理论课程中的一年级课程"城乡规划导引"、二年级课程"中外城市发展与规划史"，作为建筑学专业的学科交叉选修课程。同时为两专业学生共同开设中国历史文化保护传承系列课程"人类聚居简论""东西方城市空间比较"，开展大类通识系列课程的建设。

图3 理学院教师为建筑学与城乡规划学专业拔尖人才试验班学生进行建筑类数学基础合班授课

5.3 一年级设计基础课程跨专业、跨学科联合教学实践

由多学科交叉教师团队中的建筑学、城乡规划学、建筑图学、美术等多学科背景教师组成一年级设计基础课程联合教学小组，共同进驻建筑学、城乡规划两专业的拔尖人才试验班教学课堂，进行跨专业、跨学科联合教学试验。

一年级第一学期设计基础课程设置四大教学环节，分别为环节一：对山水人文空间、城市格局骨架、城市片区肌理、街区建筑环境等不同空间尺度的"寻找—认知"练习；环节二：对校园节点环境空间进行环境与构筑物相互结合的"操作—观察"练习；环节三：对一个具体空间构成进行正负、明暗、尺度认知的"抽象—具象"练习；环节四：对一个具体木构空间进行建构认知的"建构—解析"练习。课程教学环节的设置，从宏观的城市空间认知，到微观的环境与空间互洽，以及小尺度空间人体工学尺度感受，到建构逻辑的基本认识，涵盖了建筑学、城乡规划学专业基础教学中的核心专业教学容。

两专业学生在教学过程中全程合班授课，有利于两专业学生在奠定专业基础阶段，就能够突破专业界限、拓展专业视野，了解到相关专业的工作范围、工作重点，并且在学习过程中全程合作，也为今后具备良好的专业合作能力打好基础（图4～图6）。

在一学期的教学中，两专业设计课教师、美术教师、建筑图学教师，分别在相应的教学节点进入课堂，为两专业拔尖班同学共同授课，教授关键知识点、传授专业制图技能，在本科一年级基础教学阶段合力塑造学生基础厚、视野宽、善合作、能力强的专业素养，为培养建筑学专业高质量人才迈出了坚实的第一步（图7、图8）。

寻找—认知

图4 一年级设计基础课程跨专业、跨学科联合教学成果（一）

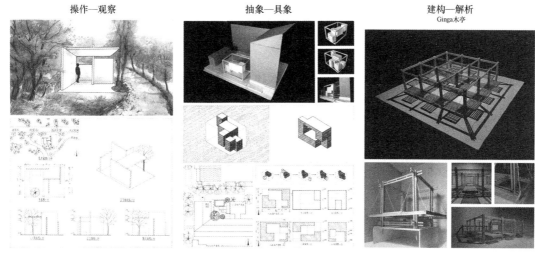

操作—观察　　　　　抽象—具象　　　　建构—解析
Ginga木亭

图4　一年级设计基础课程跨专业、跨学科联合教学成果（二）

图5　建筑学、城乡规划两专业学生共同课程答辩

图6　跨专业教师讨论教案　　图7　跨专业教师联合教学

图8　美术教师深入　　　　图9　建筑图学教师深入
　　设计课堂　　　　　　　　设计课堂

6　结语

新时代城乡建设任务的复合多元，建筑行业产业链整合、工业化、集成化的发展趋势，要求未来的建筑学人才必须拓宽知识结构和专业基础，具有宽广的专业视野，具备向建筑设计上下游产业领域拓展，与相关专业协同工作，能够胜任策划、设计、研究和管理工作的多元能力。因此，打破因过于细化专业而导致的传统建筑学专业过于强调基于本专业要求的专才培养模式，遵循教育部全面深化新工科的教育方针，通过本科教学阶段的学科交叉融合，为国家城乡建设培养厚基础、宽口径的建筑学专业高质量人才，推进人才培养模式探索与实践势在必行。

主要参考文献

[1]　陈敬，叶飞.西部地区建筑学新工科人才培养模式探索与实践[C]//2019中国高等学校建筑教育学术研讨会论文集编委会，西南交通大学建筑与设计学院.2019中国高等学校建筑教育学术研讨会论文集.北京：中国建筑工业出版社，2019：414-417.

[2]　钟登华.新工科建设的内涵与行动[J].高等工程教育研究：2017（3）：1-6.

[3]　叶飞."多线共生"建筑教学体系改革的思考[C]//2018中国高等学校建筑教育学术研讨会论文集编委会，华南理工大学建筑学院.2018中国高等学校建筑教育学术研讨会论文集.北京：中国建筑工业出版社，2018：19-22.

崔婉怡　许懋彦

清华大学建筑学院；cuiwy18@mails.tsinghua.edu.cn

Cui Wanyi　Xu Maoyan

School of Architecture，Tsinghua University

1930—1960 年代美国建筑教育与人文社会科学的融合
——现代性的另一种路径

The Integration of Architectural Education and the Humanities and Social Sciences in the United States，1930s—1960s
——An Alternative Path to Modernity

摘　要：本文以四所美国建筑院校为例——第二次世界大战前以人文通识教育为特色的哈佛大学、以城市规划与社会科学交融为特征的麻省理工学院，以及第二次世界大战后以芒福德的有机人文主义为内核的北卡罗来纳州立学院，和创新了环境设计理念的加州大学伯克利分校——梳理美国现代建筑教学与人文社会科学交叉融合的发展历程，探析基于人文主义的学科融合对现代建筑教学与建筑学科发展产生的深刻影响。

关键词：建筑教育；社会科学；人文主义

Abstract：This paper takes four American architectural schools as examples——Harvard University characterized by humanistic liberal arts education，Massachusetts Institute of Technology by the integration of urban planning and Social Sciences before World War Ⅱ，and North Carolina State College with Mumford's organic humanism as its core，University of California Berkeley with innovative environmental design ideas after World War Ⅱ——to sort out the development of the intersection of modern architecture teaching and the humanities and social sciences in the United States，and explore its profound impact on the modern architectural pedagogy and the discipline of architecture.

Keywords：Architectural Education；Social Science；Humanism

1　引言

以包豪斯为代表的现代主义建筑教学以理性主义著称，崇尚功能技术逻辑，注重抽象形式表达。而理性主义另一端的人文主义——强调建筑与社会历史、城市文化和人类情感的有机联系——同样是推动建筑与建筑教育现代转向的不可忽视的源动力。

针对既有研究多聚焦建筑教育现代性的理性主义方面，本文将以美国建筑教育为例，溯源第二次世界大战前 20 世纪 30—40 年代哈佛大学 (Harvard University) 和麻省理工学院 (Massachusetts Institute of Technology，以下简称 MIT)、第二次世界大战后 20 世纪 50—60 年代加州大学伯克利分校 (UC Berkeley) 和北卡罗来纳州立学院 (North Caroline State College，以下简称 NCSC) 的具有代表性的建筑教学与人文社会科学交叉的发展历程，探析基于人文主义的学科融合对现代建筑教学与建筑学科发展产生的深刻影响。

2 学科融合的先声——20世纪30—40年代

2.1 哈佛大学：人文通识教育

早在1930年代，约瑟夫·哈德纳特（Joseph Hud-nut）就基于人文主义的跨学科理念，在哈佛推行了三项教学改革。其一最为著名，即于1936年将建筑、规划、景观系合并到设计研究生院（Graduate School of Design，GSD），哈德纳特认为三者都是"社会艺术"（Social Art），只有在社会科学和物理科学结合时，设计才能发挥功效、富有生机。三系学生在第一学年须修共同的基础课程，其中就包括以对社会、经济和物质环境的分析为基础的合作设计（Problem）；其二是于1938年成立了建筑科学系（Architectural Science），旨在将通识教育集中在本科阶段，为研究生阶段GSD的专业教育打下人文基础；其三则是于1944年开设了美国第一个建筑、景观和规划方向的博士学位项目。

哈德纳特的第二和第三项举措的重要性常被忽视，实际上，三项举措一并构成了金字塔式的、从通识到专业、再到专精的完整教学结构，而主要由本科阶段的建筑科学系所承载的人文主义教学正是该金字塔的基础。针对现代建筑所缺乏的人文精神，建筑史与艺术史成为哈德纳特教学的重点。建筑科学系开设了多门历史课程，在研究生阶段亦要求学生必须选修三门历史课，这一做法是对此时格罗皮乌斯等教师所倡导的包豪斯建筑教育反历史倾向的制衡。此外，GSD规划系主任珀金斯（G. Holmes Perkins）还成立了由社会、经济、政治等学科教授组成的跨学科委员会，共同指导规划教学。

哈德纳特等人对人文历史教学的坚持，在哈佛形成了与格罗皮乌斯引入的经典包豪斯模式平行的建筑教学传统。其构建的人文主义跨学科教学体系，也是20世纪中期美国现代建筑教学变革的先声。

2.2 麻省理工学院：城市规划与社会科学

直接受到哈德纳特的哈佛模式影响的是MIT的建筑教学。1943年，已经是美国西海岸著名建筑师的威廉·沃斯特（William Wurster）来到GSD进行规划方向的博士研究，次年，沃斯特任MIT建筑学院院长，他引入了哈佛的学科融合模式，将建筑与规划教学融合进建筑与规划学院，并要求两系学生进行合作设计。

沃斯特同样视建筑为"社会艺术"，但与哈德纳特侧重人文通识教育不同的是，沃斯特更强调设计服务于大众的实用主义属性，MIT的设计与人文社会学科的融合也主要出于应用而非通识的目的。沃斯特在规划教学中集中引入了大量社会科学内容，如城市与乡村社会学、经济学、公共财政等课程，教授形式背后的社会逻辑。沃斯特还在教学中强调地域性，指导学生通过对场地的自然与社会科学分析，创造"在地场景"（Local Scene）。

在沃斯特的领导下，MIT的教学并非旨在塑造形式美学大师，而是培养主动参与社会生活建构的，作为分析师、政策制定者或社会活动家的设计师，其作品的价值体现在社会和文化层面。

至此，哈佛和受其影响的MIT率先形成了建筑、规划、景观融合的教学范式，前者侧重人文历史、后者专注城市社会科学，二者开启了建筑学外延的扩张及与人文社会科学融合的序章。

3 学科融合的深入——20世纪50—60年代

第二次世界大战后，建筑界开始了对现代技术乐观主义的人文反思。在教育领域，吉迪恩（Sigfried Giedion）等建筑师联名致信联合国教科文组织，呼吁制定能促进社会、经济、情感和技术的相关知识与能力综合发展的新教学计划。同时，随着战后城市扩张和旧城空心化问题的加剧，芒福德（Lewis Mumford）、雅各布斯（Jane Jacobs）等人文主义学者的城市批评引起了公众对城市环境的广泛关注，这些外部批评倒逼了建筑学的内部反思。1948年，现代艺术博物馆（MoMA）举办了"现代建筑发生了什么？"研讨会，芒福德在会上尖锐批评了现代主义者将建筑的机械功能置于"人"本身之上的做法。

芒福德持有机的人文主义（Organic Humanism）理念，认为建筑不是诉诸科学或审美的抽象物，而是复杂的城乡与自然图景中的一环，是人类社会有机演进的产物。他批评近现代学科分解与细化的知识体系，使学者们对"威尼斯的每一块石头"了若指掌，却不甚了解"威尼斯城的全貌"。尽管这一理念在MoMA研讨会上遭受冷遇，但历史证明它将对战后美国建筑教育产生深远影响。

3.1 北卡罗来纳州立学院：有机的人文主义

MoMA研讨会结束后，新成立的北卡罗来纳建筑与景观设计学院的院长坎福夫纳（Henry L. Kamphoefner）向芒福德伸出橄榄枝，芒福德遂邀请其所欣赏的波兰人文主义建筑师马修·诺维奇（Matthew Nowicki）一同构想新教学计划。

新计划以芒福德的有机人文主义哲学为精神内核，富有理想主义色彩。计划包括人文与历史、结构与技术、描述性绘画和设计四类课程。贯穿五学年的"人文与历史"类课程最富开创性，是输送人文精神养料的核心枝干。首先，本科一年级"当代文明"与"当代科学"课的组合参考了芒福德的《技术与文明》（Technics and Civilization，1934），旨在使学生首先理解当下社会发展的特征，再将物理、化学、生物等学科放在社会框架中去考察和学习，并探究这些科学对文明的影响。这一组合颠覆了孤立学习某一科学的模式，创造了理解、运用科学技术的人文基础。其次，历史课贯穿了四个学年，侧重研究历史建筑诞生的社会动因，而非历史风格本身，体现了芒福德的可用历史（Usable history）观。值得留意的是，第一门历史课为景观历史，体现了芒福德将气候、地质、资源、经济视为影响地区建筑的有机先决因素的理念。最后，四年级的"人类行为"和"城市社会学"继续聚焦心理、社会文化与社会生态的研究，这是美国第一次在建筑学本科阶段将社会科学课程作为必修课。

新课程于1948年形成，在实际执行中，要求全体教师在理念上高度一致，但学院中以富勒（Buckminster Fuller）为代表的一批教师却更看重统一性与标准化，而非个体与文化的差异性。教师间的分歧不断扩大，而随着诺维奇在一场坠机事件中不幸辞世，NCSC的人文主义教学名存实亡。1952年，不满于学院渐长的技术主义倾向，芒福德离开了该校。

NCSC的教学计划虽然夭折，但提供了将有机人文主义应用在建筑教育中的一种理想范式，这一范式及其人文精神内核在今天仍发人深省。

3.2 加州大学伯克利分校：环境设计

芒福德的另一位学术挚友，美国公共住宅的先锋倡导者、著有《现代住宅》（Modern Housing，1934）的凯瑟琳·鲍尔（Catherine Bauer Wurster），则将芒福德式的有机环境理念成功引入了伯克利的建筑教学。

1949年，从MIT辞职的沃斯特任伯克利建筑学院院长，凯瑟琳任副院长。相较沃斯特的实用主义，凯瑟琳更推崇通识的跨学科教育，因此，与MIT的跨学科教学集中在规划系不同，伯克利建筑教育与社会科学的交融更为全面。

1950年代初，为聚焦加州城市扩张与跨文化冲突等社会问题，凯瑟琳曾提出和洛杉矶分校合作，在社会—人口—经济—生态—政治—规划系开展联合课题。这一提议虽被视为过于激进，却为后续跨学科、跨机构合作教学提供了参考。在教学中，她始终坚持以社会科学为中心的跨学科思路，曾开设社会福利（Social Wel-

fare）课程，芒福德的《城市文化》（The Culture of Cities）正是重要参考书目。其规划课亦常吸引社会学、生命科学等系的学生。在其引荐下，不少社会科学系教师加入了建筑学院。

在凯瑟琳与沃斯特的争取下，1959年，分散在伯克利各学院的建筑、规划、景观教学最终融合进新成立的"环境设计学院"（College of Environmental Design，CED）。凯瑟琳重塑了该学院的课程结构，扩充了本科的通识教育，将专业教育延至研究生阶段。这一措施效法了十余年前的哈佛模式，但更注重社会性与当代性。CED以"环境"一词统括设计的各方面，标志着以人文关怀为基础的、重视社会科学的、综合的环境理念深入进了美国建筑教学领域。芒福德的有机人文观及凯瑟琳渗入伯克利的环境设计观，将对1960年代及以后的建筑界产生深远影响。

4 学科融合的影响

与人文社会科学的融合对建筑教育与建筑学科发展产生了三方面影响——促进了美国建筑教育从传统走向现代，推动了"建筑"向城市和环境领域的拓展，并为中国建筑教育的现代转向提供了重要参考。

其一，1930年代由哈佛开创的、在其后的十余年中由MIT、NSCS、CED等院校巩固发展的学科交融模式推动了其他传统建筑院校的革新。如在以布扎模式著称的宾夕法尼亚大学，来自GSD的珀金斯引入了哈佛模式，并聘请了一批具有人文精神的建筑师前来任教。离开NCSC的芒福德就是其中之一，他于20世纪50—60年代任城市规划系教授。通过以人文主义为基础的学科交叉路径，宾大实现了向现代模式的"渐进"。

其二，学科融合拓展了建筑学的广度和深度。GSD博士项目的第一位毕业生即建筑理论家克里斯托弗·亚历山大（Christopher Alexander），毕业后任教于伯克利CED。GSD和CED的跨学科教研氛围，让他通过认知科学等交叉途径研究建筑的模式语言（Pattern Language），其成果在城市设计和计算机领域产生了重要影响；MIT以规划为核心的学科交叉架构催化了城市学者凯文·林奇（Kevin Lynch）的研究，他于1947—1978年在该系学习任教，结合视觉科学和心理学方法，完成了城市环境研究的经典之作《城市意象》（The Image of the City，1960）；以环境理念为内核的CED则为环境行为学的创始人之一拉普卜特（Amos Papoport）提供了教研平台，完成了探讨文化、行为、环境与家屋形式的著作《宅形与文化》（House Form and Culture，1969）。

这批学者在 1960 年代产出的环境设计研究，正是始于 1930 年代、盛于 1950 年代的建筑学跨学科教研体系建构的果实。"建筑—城市—区域—环境"的认知演进，不仅在空间广度上，更在内容深度上充实了"现代建筑"在技术与功能之外的内涵——学者们将建筑浸润到文化与社会生活的广阔图景中，并最终回归到建筑本身。

其三，美国建筑教育与人文社会科学的融合，通过黄作   、梁思成等留美学者——前者曾于 1939—1941 年在 GSD 学习，后者则于 1946—1947 年深入考察了 GSD、MIT 等多所建筑院校——影响到当时圣约翰大学、清华大学等学校的建筑教学，为中国建筑教育的现代转向提供了重要参考。其中，梁思成基于"体形环境"理念在清华营建学系引入了系列人文社会科学课程，是一次与国际建筑教育短暂而紧密的同步，这是值得进一步研究的议题。

主要参考文献

［1］ Eric Bellin. A Certain Brand of Humanism：Lewis Mumford，Matthew Nowicki，and the Architectural Pedagogy of North Carolina State College，1948-1952 ［C］. ACSA International Conference，2012：331-337.

［2］ Joan Ockman. Architecture School：Three Centuries of Educating Architects in North America ［M］. Cambridge：The MIT Press，2012：122-159.

［3］ Clément Orillard. Learning from "Environmental Design" Studies. Cultural landscape and the Renovation of Teaching in US Schools of Architecture between the 50s and the 70s ［J］. Symposium of the European Research in Architecture and Urbanism，2008（1）.

［4］ Lawrence Anderson. William Wurster：Architecture as a Social Art ［J］. Thresholds，1993（3）：3-5.

［5］ Lewis Mumford. The Life，the Teaching，and the Architecture of Matthew Nowicki ［J］. Architectural Record，1954（7）：128-135.

郭海博　于洋　陈旸（通讯作者）

哈尔滨工业大学建筑学院，寒地城乡人居环境科学与技术工业和信息化部重点实验室；guohb@hit.edu.cn

Guo Haibo　Yu Yang　Chen Yang（corresponding author）

School of Architecture, Harbin Institute of Technology; Key Laboratory of Cold Region Urban Human Settlement Environment Science and Technology, Ministry of and Information Technology

基于多学科交叉的国际共建课程体系设计研究 *

Research on the Design of International Co Construction Curriculum System based on Interdisciplinary

摘　要：本文介绍了哈尔滨工业大学建筑学院和英国谢菲尔德建筑学院教师合作开展的国际高水平共建课程"木建筑分析与设计"，在国际化教学体系构建、多学科教学内容交叉以及多维度教学方法改革等方面的经验和成果。通过四年教学实践，充分验证了教学体系的有效性和多学科交叉对学生综合设计能力的显著提高，以此促进学生的全面发展。

关键词：教学体系；多学科交叉；国际化

Abstract：This paper introduces the experience and achievements in the construction of international teaching system, the intersection of multi-disciplinary teaching contents and the reform of multi-dimensional teaching methods in the international high-level co construction course "wood architecture analysis and design" jointly carried out by the school of architecture of Harbin Institute of technology and the school of architecture of Sheffield in the United Kingdom. Through four years of teaching practice, it has fully verified the effectiveness of the teaching system and the significant improvement of students' comprehensive design ability by interdisciplinary interaction, so as to promote the all-round development of students.

Keywords：Teaching System；Interdisciplinary；International

1　课程简介

"木建筑分析与设计"是一门由哈尔滨工业大学建筑学院和英国谢菲尔德建筑学院教师合作开展的国际高水平共建课程。其授课对象为三年级本科生，授课时长为48学时。课程通过实际的设计操作搭配课堂理论讲授与案例分析，使学生能了解木材作为一种生物质建筑材料其特性与构造形式，以及其使用在建筑上必须的注意事项，同时完成实体搭建。课程教师组来自两校建筑、土木、建筑材料、计算机科学等多个学科；在课程中通过知识体系建构、材料物理实验、方案模型设计、建筑实体搭建以及设计成果表达等环节，使学生完成知识点的掌握和建造实践。

1.1　课程意义

1) 构建国际化教学体系

开展国际化建造实践课程，其主要意义在于全面提升教学质量。建造类教学实践是建筑学基础教育的重要组成部分，通过与国外高水平大学学者合作，组建国际化教学团队，引进先进的教学技术，促进学科教学体系

* 项目支持：黑龙江省高等教育教改项目：SJGY20210288；SJGY20200220。

的完善，为国家培养创新型人才。

2）促进学科交叉

与国际学者共同开展教学研究、科学研究，引进先进的数字化应用技术，运用到教学实践体系中，能够与世界高水平大学教学同步，提升学科的国际竞争力；通过交流合作，提升教师的教学能力。

3）开拓学生国际化视野

提升学生国际竞争力，开拓学生国际化视野。课程设计中的"建造实践""国际化合作"等教研活动，为国家培养拔尖创新型的人才，具有重要的战略意义和实践意义。

1.2 课程目标

1）提出建造课程的教学体系

通过课程实践完善各个教学环节，从而总结出具有地域性特色的、基于多学科交叉的国际化建造实践教学体系。在课程实践过程中，对各个环节的教学大纲、实验讲义、电子教案、多媒体课件教学资料进行组织编撰。协调各个专业、各个学科国内外高水平教学学者联合授课、联合指导，在教学各个环节中充分融合。

2）更新建造实践教学内容

在教学大纲指导下，增加材料学、物理学、土木工程学、计算机科学等学科的优选内容，针对建筑学科特色，构建以建筑设计内容为基础，符合学科特色的建造设计类课程内容。设置"理论体系""材料实验""模型设计""建构实践"等教学模块；置入各自研究的内容与环节，形成多轨训练（图1）。

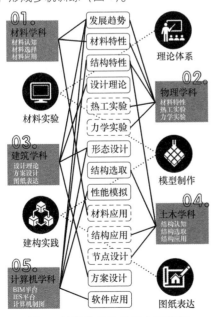

图1 教学体系及教学内容设置

3）完成多学科联合教学改革

组建多学科、多国籍国际化教师联合授课团队，明确各个学科、各个教师在团队设计中的核心任务。将国际先进的教学经验、方法、理念引入到平台建设是本次研究的关键性问题之一。通过研究转化，建立符合学科特色、自身发展规律的教学体系。协调多学科在建造中的核心任务，强化实践教学改革，保证教学内容先进性、前沿性和科学性。

2 理论课程

课程的理论体系融合了多学科知识模块，以建筑设计为主线，在20个学时中主要包括以下内容（表1）：了解木材的材料特性、力学特性、结构特性，并且将之应用在建筑细部设计上；了解全球木构造的发展趋势，以及培养学生能力做木建筑案例分析；了解木构造耐久性的影响，并在建筑设计中将这些特性纳入考量。

课程主要内容　　　　　　　　　　表1

课程学时	课程题目	主要内容	交叉学科
1—4	当代木构造发展趋势	针对本课程内容以及上课要求，学生可以预期学得的知识作简介，并针对本课程第二阶段的设计题目对学生说明；简介目前世界上欧美各国的生物质建筑发展情况	建筑学科 物理学科 材料学科 计算机学科
5—8	木材的特性	木材材料的材料特性（弹性、黏弹性、材料内部水分移动、材料的老化以及潜变等）	物理学科 材料学科
9—12	木构造的节点设计	探讨不同的木构造接点以及其所使用的时机，进而检讨不同的情形下的不同应用	建筑学科 物理学科 土木学科
13—16	木构造的防水设计及生物劣化	探讨如何在设计中避免木材因为不良的设计而导致含水率或是生物劣化（如白蚁啃食）的机会增加并进而导致破坏	材料学科 土木学科
17—20	木构造的低碳环保性能	介绍木构造的固碳效应和对环境可持续发展的意义	建筑学科 物理学科 计算机学科

3 材料实验

这一环节主要是通过实验过程，使学生充分了解木材的力学性能以及热工性能，总计8学时。了解木材作为一种常用的建筑材料，其设计的材料适用性和环境适用性。

3.1 热工性能实验

热工实验主要目的是实木构造墙体的隔热性能，通过数据向学生揭示木构造墙体在冷热周期过程中的节能潜力。实验场所选取哈尔滨工业大学"寒地城乡人居环境科学与技术工业和信息化部重点实验室"。实验利用"寒地气候环境舱"测试在夏季、冬季两个典型室外变温条件下，住宅围护结构室内空间、围护结构墙体内表面对外环境变化的温度响应程度，从而判定围护系统的夏季热稳定性以及热传导过程。试验按照试件框的尺寸建构1:1的标准墙体模型，墙体由20mm的1:3内表面水泥砂浆、250mm的陶粒混凝土砌块、100mm的XPS保温板、挂网以及20mm的1:3外表面水泥砂浆构成（图2）。4组传感器（每组20个）分别被放置在冷热室空间、墙体内表面和墙的外表面。

图2　木构造墙体热工实验过程展示

3.2 力学性能实验

力学实验主要目的是通过对木材试件进行拉力、压力、三点弯矩等基本测试，使学生了解木材的基本力学性能、潜变规律、强度等级分类方法等基础知识。实验场所选取哈尔滨工业大学"寒地城乡人居环境科学与技术工业和信息化部重点实验室"，主要试验仪器为"50kN万能材料试验机"（图3）。

图3　木构造力学性能试验过程展示

4　模型制作

模型制作环节通过计算机模拟、手工制作两个过程完成，总计8学时。计算机模拟可以对设计方案的形态、结构、热工性能等基本条件进行充分研判，传统的手工模型则可以锻炼学生实际操作能力。

4.1　计算机模型

模拟平台能够很好地辅助学生判断其方案在形态、结构、热舒适性等方面的合理性。课程采用多模拟平台将建筑结构、建筑材料等基本参数进行集成。BIM平台下实现建模以及建构的基本信息集成，将既有建构方案的设计、结构、围护体系构造等各种信息整合在三维模型数据库中，并与IES平台直接对接；IES数字平台将对建构方案进行模拟研究，从结构、材料性能、实施难度等方面判断方案的可行性，并能够抽取建构周期的各个阶段进行独立研究。通过模拟结果反馈方案的合理性，供学生参考。

4.2　手工模型

课程设置的手工模型环节，重点在于使学生掌握几种传统木构造屋面的基本形成方式，如网壳结构（Grid Shell）、互承结构（Reciprocal Structure）（图4）。通过实际操作，了解屋面设计的施工方法、设计工艺以及重要的节点构造。

图4　手工模型展示

540

5 建构实践

建构实践是将建筑方案转化为实体的重要实践环节，总计16学时。在这一环节中，学生通过实践检验木构造方案设计的合理性。以2018年的课程建造实践为例：设计任务给定木条100根，木板30张，通过合理的搭接，以及节点设计，实现"迷宫"搭建（图5）。学生在实践过程中，要考虑到建筑设计的复杂性与合理性、材料的用量、材料的力学承载力等综合要素。通过实践加深对木构造的理解，提高对节点设计重要性的认识，提高对力学性能重要性的认知。

图5　建构实践过程及成果展示

6 课程总结

课程的最终成果表达，其代表图纸如图6所示，课程的主要改革创新点体现在以下方面。

1）教学方法创新

运用交叉学科平台解决教学问题。以动态信息数字平台为载体，将建筑的设计、结构、围护系统构造等各种信息整合在三维模型信息数据库中。采用的全息环境系统（IES）平台能够全面描述环境的动态信息，具有"横截面"和"时间序列"两个维度，全方位辅助教师和学生对方案设计的合理性进行评价。

2）教学模式创新

探索国际化教学模式。通过搭建国际化教学团队，与英方高水平学者共同完成国际化联合教学模式改革。立足"本土化"与"国际化"双重视野，聘请国外学者，促进课程建设，完善教学体系，积累合作经验，提升学科知名度。

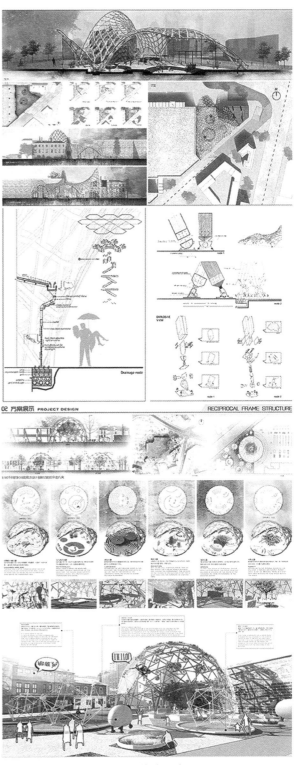

图6　最终成果表达

主要参考文献

[1] 陈启仁，张纹韶. 认识现代木建筑 [M]. 天津：天津大学出版社，2005.

[2] 巩文斌. 基于虚拟现实的新工科建筑类专业多学科融合创新平台构建 [J]. 实验室研究与探索，2021，40（4）：247-251.

[3] 姚斌，李季，金奇志，等. "新工科"背景下地方高校建筑学人才培养模式探索——以桂林理工大学建筑学专业为例 [J]. 教育教学论坛，2020（47）：207-209.

[4] 周珂，赵志毅，李虹. "学科交叉、产教融合"工程能力培养模式探索 [J]. 高等工程教育研究，2019，176（3）：33-39.

[5] 林健. 多学科交叉融合的新生工科专业建设 [J]. 高等工程教育研究，2018，168（1）：32-45.

叶静婕　李昊　沈葆菊

西安建筑科技大学建筑学院；304421124@qq.com

Ye Jingjie　Li Hao　Shen Baoju

School of Architecture，Xi'an University of Architecture and Technology

"案例先行，模型为本"
——基于空间形态转译的城市设计教学方法研究
"Case First，Model Oriented"
——Research on Urban Design Teaching Method based on Spatial Form Translation

摘　要：城市是建筑学研究的重要对象，是建筑存续的空间载体。本教学研究致力于在现行建筑学专业学生培养过程中建立从建筑空间（小尺度）到城市空间（大尺度）设计的过渡方法，回归城市空间的系统和要素，提出了"案例先行，模型为本"的教学策略；在大尺度、多维度的城市空间范畴帮助学生适应并建立空间设计的步骤；在小尺度、人本的城市空间范畴寻找外部空间的人性尺度。意在建立一种培养学生从观察、感知、构形到营造城市空间的全过程教学方法。

关键词：城市设计；空间解析；系统性；教学方法

Abstract：Cities are important objects of architectural research. It is the spatial carrier of the existence of the building. This teaching research aims to establish a transition method from architectural space（small scale）to urban space（large scale）in the current process of architecture student training. Therefore，we searched for the system and elements of urban space，and proposed the teaching strategy of "case first，model-based"：steps to help students adapt and establish space design in the category of large-scale and multi-dimensional urban space；in small-scale urban space category，looking for the human scale of outer space. It is intended to establish a whole-process teaching method that cultivates students from observation，perception，configuration to urban space creation.

Keywords：Urban Design；Spatial Analysis；Systematic；Teaching Methods

1　背景：更新型城市设计的训练困境

近年来，城市设计作为建筑学专业在高年级教学中的必修内容，面对城市快速发展进入瓶颈之后的城市再生问题，其选题多以更新型城市设计为主，这也确实是当今城市设计实践的重要方向。更新型城市设计训练的过程，呈现出小干预、长周期、社会关联度高的主要特点，设计训练重点更多关注在对现实问题的挖掘，人与空间的关联，改造的时序等。2013 年开始，本教学团队致力于城市更新问题的教学研究，我们在教学过程中发现，更新对象的个体性和更新策略的真实性往往使得最终方案的成果形态被转化为建筑学同学熟悉的尺度——若干小节点的建筑或景观改造，学生很难在设计中处理较大尺度的空间问题。城市作为"复杂的巨系统"这一重要特征在更新型城市设计教学中难以进行回应，导致学生依然在教学过程中运用"老手法"处理"新问题"。在后续毕业设计中面对较大尺度的设计对象时，难以入手。

2 调整：选题和目标的优化

为此，教学团队从2020年开始针对四年级新成立的城市设计专门化班进行了课程内容的优化调整，在选题时明确两类设计对象，一是城市中需要较大规模更新的地段，用地具备一定的可拆除面积，一般位于老城区中，周边环境复杂，以低层和多层为主，这类用地规模最好在10hm²左右；另一类是城市中待开发的地段，地段有明确的上位规划，限制要素明确，定位清晰，以高层为主，用地规模最好在20hm²左右。两类对象互为对照组，能够涵盖当下城市设计的基本类型。

调整后的教学目标强调以下几个方面：①培养学生建立对城市空间与现实环境的认识，掌握认知城市的方法路径；②理解建筑设计与城市设计之间的互动关系，建立系统与尺度的意识；③明确城市空间的设计对象，掌握城市组成要素和其组成模式；④强化从空间整体—建筑群体—场地设计的深化过程，建立整体的人居环境观念。

3 主线：空间形态转译的方法过程

我们在传统的城市设计教学过程中增加了案例研究的部分，与其概念设计、总体形态，空间深化、成果优化等传统阶段共同构成了新的教学组织过程。传统的案例研究主要围绕选取对象的设计背景，空间策略、结构功能等方面展开，本次教学希望学生能够深入理解经典案例并使之与自己的设计地段发生联系，将案例中的形态要素在自己的设计地段中进行转化。主要在以下几方面进行了方法创新（图1）。

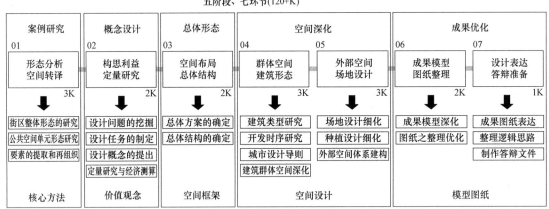

图1 本课程的设计阶段和环节

3.1 入手——案例的学习与物化

空间问题是建筑设计中的重要问题，学生在前三年训练中对建筑空间问题与设计方法进行了学习，那么如何在城市设计课程中打破传统基于功能分区和组织的教学方法，对城市中所涉及的空间类型进行归纳总结是我们课程教学研究的重点。教学小组采用了案例研究的方法来帮助学生建立对于城市空间的基本认知，教师事先针对两类不同用地选取国内外城市设计的经典案例各5个，学生以3人小组为单位，按照选地分别进入A（老城组）B（新区组）两大组，在3周内分两步完成各自对案例的解析（图2）。

1）对案例街区整体形态的研究

对所选案例各系统关系进行结构性拆分。主要包括对城市各系统的梳理、肌理尺度的研究、重要空间要素关系的研究等。要求学生以小组为单位制作案例体块模型并绘制10张20cm×20cm的分析图纸，内容包括：①鸟瞰轴侧、②典型场景（4张照片）、③边界范围（标注指标）、④肌理图底、⑤城市轮廓、⑥街区断面（2个方向）、⑦功能布局、⑧交通系统、⑨公共空间、⑩空间结构（图3）。选定案例之后，学生需要广泛收集相关图像资料，在案例完整边界的基础上，各大组内通过讨论建立相同的研究比例，便于对比不同案例空间尺度的差异。

教师在这部分集中解决以下问题：首先，学生对于系统和结构的理解，不同的系统是怎样独立又互相配合？其次，在城市空间中的不同形态维度上我们应该关注什么？再次，案例中是否有典型的结构方式，这种结构方式是怎么样通过空间形态进行落位的？最后，在不同的城市区域，城市空间尺度是否有显著的差异，为什么？通过教案设置，以上问题都得到了训练和回应。我们可以明显看到学生在第一次自己查阅资料绘制后和第二次经过课程讲授后解析的图纸在案例理解深度上的差异。

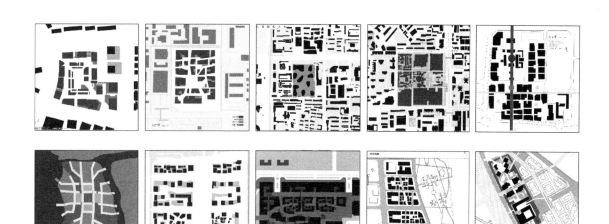

图 2　学生绘制的 10 个案例的肌理图

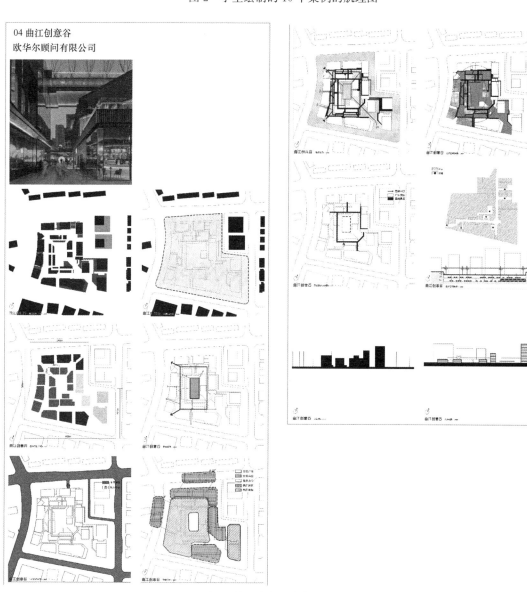

图 3　学生绘制的案例分析图纸

2）对案例不同尺度公共空间单元的形态研究

提取研究案例当中典型的公共空间，包括群体建筑、绿地、广场、街道、公园或者由建筑、绿地、广场、公园组成的公共空间。着重考察围合这些公共空间的边界（建筑、道路）出入口、空间构成、要素特征以及设计关键要素。每位同学选择一个尺度单元进行研究并绘制6张20cm×20cm的分析图纸。

通过这部分研究，学生可以明显意识到在城市设计的不同尺度，设计的深度也不尽相同；也了解到城市不仅仅有建筑，建筑和建筑以外的"空"的部分共同决定了城市的空间品质；同时我们引导学生去找到案例设计的空间原型以及演化组织的方式，因为有一些形态的要素是不断重复的，为后续的设计深化打下基础（表1）。

不同尺度空间单元形态研究的内容　　表1

研究尺度	研究内容
小尺度： 10m×10m的公共 空间单元（近似）	①空间单元轴侧 （建筑＋场地＋环境） ②群体建筑平面肌理 ③群体建筑＋场地剖面 ④场地平面布局图 ⑤典型构筑物或树木种植单元剖面 ⑥铺装样方
中尺度： 25m×25m的公共 空间单元（近似）	
大尺度： 100m×100m的公共 空间单元（近似）	

3.2　转译——要素的提取和再组织

在这部分，教学组认为建筑空间占据、围合并界定了城市空间的范畴，是构成城市形态的基本要素，所以我们要求学生尝试用类型学的角度进行思考。针对案例提取形态原型，尝试进行空间方案的初步构思，每组完成3个概念体块模型及相应图纸（图4）。

经过第一阶段对案例的深入研究和讨论，学生们拥有了10个案例库，10个案例的差异化也使得学生对于城市空间的特征和组成城市空间的要素有了基本的认知。之后我们要求A\B组内统一比例，制作一个60cm×60cm的基地模型底板。之后每组以实体模型方式推敲三套空间方案。其中方案一提取本组案例中的形态原型，在场地中进行空间布局；方案二、三：选取与案例差异化的形态主题，在场地中进行空间布局（教学组建议的形态主题可包括：混合型、横版型、合院型、散点型、竖板型等）（图5、图6）。

之后，各组针对各自三组方案绘制20cm×20cm的图纸，包括正等轴测图、空间结构图、功能布局图、街区断面、公共空间系统等内容，进行方案的进一步比较。在此环节之后，各组的方案其实已经有了一个基本的雏形，后续只需要根据功能定位进行适当的概念调整即可。这种转译形态的设计方法避免了学生过度纠结在城市功能问题之中，但从某种角度而言，他又更恰当地回应了空间和尺度的问题。本课程的训练重点在于帮助学生理解并建立组织城市空间的方法，更多的涉及以往城市设计课程中强调的价值观等训练内容将在后续的更新课程中予以强化。

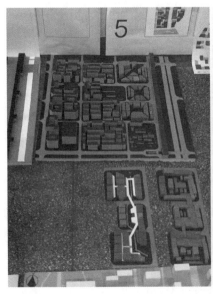

图4　学生用借助模型完成形态的转译

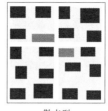

混合型　　　　　　　横版型　　　　　　　合院型　　　　　　　散点型　　　　　　　竖板型

图5　5种典型的形态主题

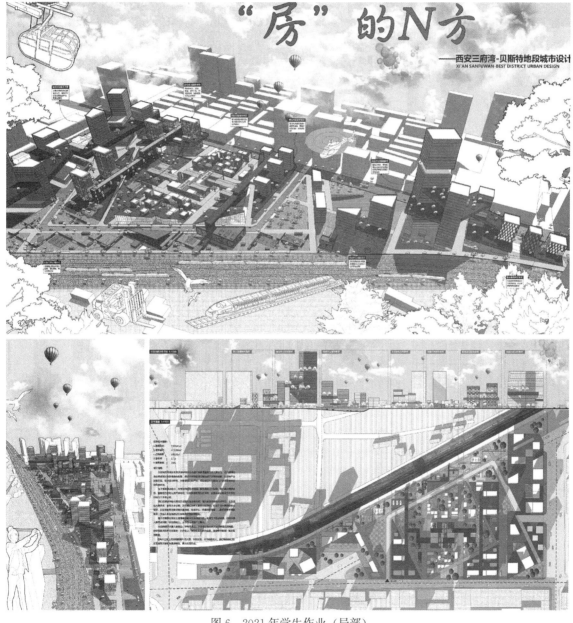

图6　2021年学生作业（局部）

3.3　方法——模型推敲与图示分析

整个案例研究转移的过程都基于模型和图纸的配合完成。模型先行，帮助我们建立城市空间在垂直方向上的层级关系以及水平方向上的联系。在城市尺度的模型中要清晰的表达出地形、道路、街块边界、一般建筑、重点建筑的关系。图示分析作为第二步，其实意在帮助学生进一步思考和理解自己的方案，是非常好的拆解空间的工具，训练学生的逻辑整合能力的同时帮助他们深化对于形态、肌理、尺度的理解。

4 结语

本教学试图建立一种适合城市设计的空间方法。让城市设计的过程可操作，帮助学生完成从建筑视角到城市视角的转化。通过四次课程实验，基本达成了训练目标，对本校新招收的城市设计专业教学也是一次很好的尝试。

城市设计教学作为建筑学同学在高年级的必修课，我们除了塑造建筑与城市、与人息息相关的价值观之外，我们还需要帮助学生扩展已有的研究和设计尺度，锻炼学生不惧怕复杂设计的能力，该方法论的建立，很好的弥补了之前教学中在空间方法上的缺失。

主要参考文献

[1] 陈宇琳，吴唯佳，张悦. 基于城市认知的空间形态构成教学实践探索 [C] //高等学校城乡规划学科专业指导委员会，内蒙古工业大学建筑学院. 地域民族 特色——2017 中国高等学校城乡规划教育年会论文集. 北京：中国建筑工业出版社，2017.

[2] 谭峥. 关于城市形态导控方法的探索性设计教学 [J]. 中国建筑教育，2017 (Z1)：152-159.

邓元媛　林祖锐

中国矿业大学；degnyy@cumt.edu.cn

Deng Yuanyuan　Lin Zurui

China University of Mining andTechnology

向工业建筑学习
——融合设计与研究的教学方法 *

Learning from Industrial Architecture
——A Teaching Method Integrating Design and Research

摘　要： 设计与研究在问题应对上的一致性，使两者存在融合的可能。以设计教学为平台，以工业建筑为载体，将工业建筑中的所涉及的研究性命题分解为认知与设计，形成以工业建筑为核心的设计知识图谱。在知识的维度上将设计与历史、技术知识整合，在知识的复杂程度上，通过不同尺度的设计命题回应工业建筑更新中所涉及的不同问题。从而形成一种融合设计与研究的教学方法，以严密的知识网络和知识节点，分步骤的实现对设计思维和设计能力的综合训练。

关键词： 工业建筑；设计与研究；教学方法

Abstract： The consistency of design and research in problem response makes it possible to integrate them. Taking design teaching as the platform and industrial architecture as the carrier，the research proposition involved in industrial architecture is decomposed into cognition and design，forming a design knowledge map with industrial architecture as the core. Integrate design，history and technology knowledge in the dimension of knowledge，and respond to different problems involved in industrial building renewal through design propositions of different scales in the complexity of knowledge. So as to form a teaching method integrating design and research，and realize the comprehensive training of design thinking and design ability step by step with a tight knowledge network and knowledge nodes.

Keywords： Industrial Buildings；Design and Research；Teaching Method

1　引言

建筑设计教学作为建筑设计专业的核心课程，强调通过经验的方式进行知识的传授。其教学内容和知识架构并不具备明确统一的标准，也成为各个学校体现人才培养目标的主战场。但也因此，使其教学组织的合理性面临同一个困惑：设计课程的核心是教什么？怎么教？

对于设计课的教学研究一直是国内高校研究的热点。长期以来，对设计思维的认知是从整体上看待问题，并以直觉的、混沌的、杂乱的、渐进的手段朝着创造性的方向努力。[1][2] 设计思维变成一种隐性知识、以经验的方式被传授。教学既应总结和传承现有知识经验，又应该培养学生面向未来思考的能力。

一些国外高校的设计课程经验被引入，如南加州大

＊ 项目支持：本文受到中国矿业大学教学改革项目，工矿特色的建筑学设计课程教学改革；中国矿业大学教学改革项目，工矿特色融入建筑学专业课程体系教学改革探索与实践（2021ZD04）资助。

学基于形式分析和几何操作的设计方法教学,[3] 德语区建筑学结构教学体系,[4] 国内的高校也进行着积极的探索: 东南大学本科二年级设计教学通过将建筑设计分解为五个连续的专项练习,提高学生在设计的不同阶段对不同问题的认知,促进整合思维的形成;北京交通大学的基于"强结构"理念的建筑设计教学,将结构线索纳入空间设计,提供一种融合技术理性和艺术感性的设计创新方法;这些对设计课教学的研究,都指向一个命题: 建筑设计教学到底"教什么"。设计教学的范式如何从一种经验传授转向一种设计思维的传授,形成理性驱动的设计思维?设计教学的目的不仅要教会学生如何研究设计问题,还要教会他们如何将设计问题整合成一个完整的设计。设计问题逐渐为设计教学内容的组织提供了线索。

常规的,建筑设计的知识体现为以"空间"为核心,以"技术"和"历史"为两翼的基本结构。让三者融为一体,表现为一种系统性知识,这种系统的建立,需要一条设计问题的主线来激活各个知识点之间的链接。同时,应当注意到的,是建筑设计能力与社会责任的应对,在当前城市更新的背景下,矿大建筑学尝试以"工业建筑"为核心,以工业遗存保护、工业地块更新所引发的设计问题为线索,整合一条问题应对的设计教学内容,通过不同尺度的设计对象,将历史理论中对建筑价值的认知以及技术课程中结构对空间的介入,融入建筑设计的思维中。

2 以工业建筑研究引申的设计基本问题

2000 年,张永和老师在《世界建筑》上发表论文《向工业建筑学习》,文章指出,在中国,工业建筑没有受到过多审美及意识形态的干扰,也许比民用建筑更接近建筑的本质,在对工业建筑分析的过程中,可以引申出基本建筑的概念。基本建筑的定义是建立在建造与形式、房屋与基地、人与空间三组关系上,这三组关系也正是建筑的基本问题。选择工业建筑作为设计教学中问题研究的对象,通过对工业建筑的三组基本关系问题分析,可以获得一种理性驱动的设计逻辑生产方法,从而形成规律性的设计判断。

通过对工业建筑的建造与形式分析,可以发现,形式是建造的结果,而非目的;作为以功能为主要诉求的工业建筑,其形式是工艺流程、设备尺度、建造技术的结果,例如异形空间的组合与衔接反映着工艺流程、高大的空间尺度是对设备尺度的体现,结构与材料的选择是低技、低造价的建造经济性的选择。

在工业建筑中房屋与基地的关系,呈现出一种以原料和设备为核心的布局模式,其设计的原则是如何使供应、运输的流线高效便捷、如何解决不同生产流线之间的衔接与连贯性。布局的结果所反映出生产工艺的要求。

人与空间的关系,在工业建筑中,转化为一种设备与空间的关系。原因是,工业建筑的服务对象是"设备",满足设备的使用要求,满足工艺的生产要求,是其空间形态、尺度的基本原则;人在空间中的感受,是置于设备之后的。但空间为使用服务的原则,在服务主体转为设备的情况下,仍回应了空间设计的基本问题。

3 以工业建筑为核心的设计知识图谱

如何将工业建筑所引发的基本问题与既有的知识结合,发挥其引导性价值,构建完整的知识图谱,构建以设计课为核心的知识群,是一个根本性的问题。

建筑设计本身就是秩序边界与自由发挥的共存,经济、技术、材料、规范等都是限制条件,只有知晓并尊重设计的局限,才能发现可能性、发挥创造性。[5] 工业建筑设计在当下的城市更新语境下,转化为一种适应性的改造设计,随着建筑所处环境、功能的改变,设计的问题即转化为既有要素与更新要素之间的协调与匹配问题。在这个命题下,在建筑历史和建筑技术两个维度,可以衍生出四类研究问题 (图 1)。

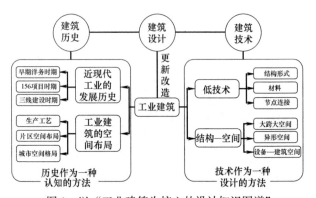

图 1　以"工业建筑为核心的设计知识图谱"

以工业建筑为载体,可以构建特定对象的设计课程的知识图谱,其设计规律的发现,可以指导设计生成。同时,与既有的专业课知识进行结合,增强了专业知识的应用价值。将松散的专业知识聚焦于同一知识载体,有利于知识的整合、衔接。

3.1 历史作为一种认知方法

对于工业建筑的价值认知,需要结合历史发展的脉络以及其与环境的关系两个维度。

1) 时间维度的价值认知

历史时空维度的价值认知。对于工业建筑，以改造的方式的再利用，是基于对其价值认知的基础的。[6] 那么如何认知其价值，如何建议价值认知的标准，则依托于将历史作为一种手段，以时空维度来进行价值研究。从我国近现代工业的发展历史来看，共经历了三次高潮，分别是洋务运动时期；中华人民共和国成立后"156"项目时期和"三线建设"时期，分别代表了近代工业发端，现代新中国重工业奠基；新中国备战时期，自力更生等三个不同的建设高潮。由此引发了历史分期和断代研究，以及每个历史时期的典型案例研究，进而形成近现代工业建筑的研究谱系。

这时间为线索，寻找不同时期工业建筑的典型意义，有利于使设计者建立起一种社会背景下与设计的关联性，更好的建立个体与整体的关联性认知。

2）空间维度的价值认知

工业建筑的布局，是工艺与地形共同影响的结果。首先，不同的工艺决定了不同的厂区布局。工业建筑为工业生产服务的特征，决定了其布局是以工艺流线为线索的，物料流线成为组织空间的关键，这与民用建筑中，因"人流线"确定的空间关系，在本质上是一致的。以采掘类工业厂区为例，因为有采掘、加工、运输的要求，线性关系更加清晰；而制造加工类，如机械、纺织，不存在原料的采掘过程，因此厂区的布局更加符合人的通行要求。

另一个重要的影响因素是地形。采掘类工业厂区占地面积大，且多有近原料产地的布局要求，布置在山体上，如何复合地形高差与工艺流程的双重要求，体现出总体布局上的智慧。以连云港的锦屏磷矿为例。由于选矿工艺是一个重力筛分的过程，建筑布局利用山势，将选矿厂房沿山势形成几个标高平面，矿石从高标高位置，依次进入选矿流程，最大限度地利用了地势，避免了在同一标高处产生的垂直方向的提拉操作。这样一个适应工艺的操作，在客观上形成了厂房沿山势退台的形式，甚至让人产生了"布达拉宫"的联想。不禁让人感叹，这种无意识的形式操作的价值。那么，在我们的建筑设计中，形式操作到底应该是目标还是结果呢？从工业建筑的设计中，我们得到的答案无疑是后者。

从空间上而言，工业建筑的布局，受工艺流程的影响较大，同时由于厂区规模的不同，对其所在的城市空间格局也产生了影响，由此引发了历史研究中的城市空间格局演变研究。这种影响从三个尺度展开，即工艺对地块的布局影响，工业地块对城市功能区的影响，城市功能区对城市的影响。以这种方式去回溯工业建筑的空间维度的价值，可以使设计者更好的建立起单体与环境

之间的关联性认知。

3.2 技术作为一种设计方法

技术是经济与形式之间的桥梁，工业建筑的建造技术中心所涉及的结构与构造更加接近真实的功能需求，以及经济性的限制，从而衍生出一种设计方法。在对其研究的过程中，可以将结构、构造知识更好的与设计相结合。

1）经济条件约束下的设计

工业建筑对于经济性的要求，可以激发出技术上的约束性应对。一般而言，工业建筑相较于民用建筑表现为"标准化"的特征，因其建造的目标是为工业生产服务，其建造的空间、形式都受服务的工艺流程的影响，且有快速施工完成的周期要求，因此标准化，是其建造的基本诉求。而在这标准化的框架下，在地化的一些变通、智慧就显得尤为珍贵，显示出一种节材、节地的朴素的建造观，对于标准化与在地性的认知，可以发现一种条件约束下的技术设计应对。大跨度、大空间是功能上的基本要求。结构形式的选择某种意义上体现了当时的建造水平。工业建筑的选材以节约造价为原则，红砖、石材都是常用的材料。

以"屋顶"为例。工业建筑内置大型设备及吊装设备的要求，对其空间的尺度提出了高大的要求，表现在建筑的建造上，即有大面宽、大进深、高层高的特征。跨度就成为一个在技术上必须解决的问题。在近代的工业建筑中，跨度是通过引入西式屋架的方式来解决。其在力学原理、构造形态和施工做法等方面与中国传统木屋架存在较大差异。[7] 适用的进深从 6m 到 15m 不等。在近代早期的官办和民办厂房中得以应用。

中华人民共和国成立后，"三线"时期，由于节材的需求，拱壳砖成为替代屋架的一种大跨方式。[8] 以异形砖的砌筑，替代钢筋、混凝土完成对跨度的满足，而拱壳砖这种结构、构造形式充分体现了经济约束下的技术应对。

对于这些技术的产生进行研究，以及技术细节的合理性进行剖析，有利于使学生产生一种特定限制下的问题应对的设计思维。

2）"结构—空间"一体化的设计

"结构—空间"一体化设计方法源于工业建筑特殊的功能要求。由于工业建筑的服务对象是大型设备而非人，其尺度、荷载巨大，也对结构、空间提出了更高的要求。将结构知识纳入建筑设计中，便于培养学生对于结构原理的感悟和结构的知觉，即力流的直觉与结构材料的特性，而非结构计算技能。

通过对工业建筑的结构选型（尤其是大跨）与构造设计的研究及规律总结，可以引导学生建立起在空间设计之初就加入结构的设计思维。

在工业建筑的建造过程中，一些特殊的建造过程往往是研究的重点，例如"设备"可能先于"建筑"参与到空间中。以大型洗选厂房为例，工艺中需要巨型料斗，采用混凝土浇筑工艺，设计中可以将料斗看成是设备与建筑的结合体，将浇筑的斗仓与外墙合二为一，形成一种"设备—建筑"一体化的建造方式；另一个情况，是巨大的金属机械设备，需要在底部预留地下空间，进行检修，这对建筑的楼板提出了预留孔洞的要求，同时，对检修空间与使用空间的剖面一体化设计也提出了要求。这些做法，都体现出一种，在设计之初，就将使用行为与空间、结构统筹考量的系统性思维。

4 以工业建筑为要素的设计教学课题组织

在以工业建筑研究为核心的知识体系下，如何将研究问题与设计思维结合，在不同尺度上，对问题进行回应，对设计能力进行培养，是设计选题需要解决的问题。教学目标决定了设计选题方向。以工业建筑的研究为主线，以尺度为区别，在不同年级将设计问题与具体与设计选题融合。

4.1 异形空间设计

本科一年级阶段：工业构筑物的空间改造（料斗的改造）；与空间设计的结合；通过在特定的形态空间划分，理解形态与功能之间的关系；以"建筑设计基础（2）"选题为例，选择储煤仓这一异形空间为设计边界，要求学生通过合理的空间划分，实现艺术家工作室这一功能。训练的重点是，找出原空间的秩序，并在此基础上结合新的功能诉求，在水平向和竖向实现空间的连续性表达（图2）。

4.2 工业景观场域下的建筑设计

本科二年级阶段：工业景观场域下的建筑设计（工业厂区内的新建筑设计）；与环境设计的结合；通过将场地置于特定的工业生产场景中，利用既有建筑物、构筑物形成的工业景观；探索建筑与场地的关系：如何形成轴线、视线、流线之间的整合关系。以"建筑设计（4）"选题为例，选址为一闲置矿业生产广场，场地内保留了体现矿业生产的井架、运煤廊，设计要求在这些工业要素围合的场地中新建一处青年旅舍，要求旅舍的主题，以及客房、餐厅的景观都能充分与场地的工业景观结合（图3）。

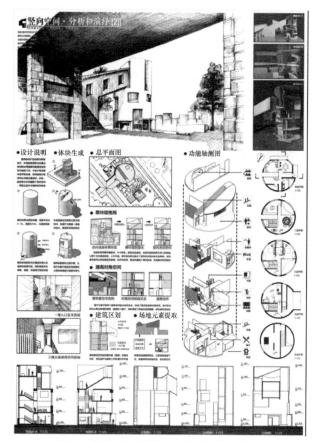

图2　本科一年级设计：异形空间的划分

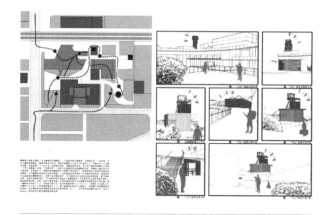

图3　本科二年级设计：工业场地中的新建

4.3 工业建筑的结构空间设计

本科三年级阶段：工业建筑改造（闲置厂房改造）；与结构结合；新增功能带来的新的空间体系与结构体系的衔接问题。以"建筑设计（6）"设计选题为例。要求将原纺织厂主厂房改造为创客中心。原厂房跨度12m，高度10m的空间，需要结合新的功能进行划分。如何在不破坏原结构对于大跨的支撑能力的前提下，通过新增结构体系营造尺度不一的功能性空间，是设计训练的重点。同时，新增结构体系，如何在基础、墙身、楼板、屋顶等位置与原结构实现构造衔接，如何实现合理的材料、节点设计，是训练的重点（图4）。

4.4 工业厂区的城市更新设计

本科四年级阶段：工业厂区改造（毕业设计、联合毕业设计）；与城市设计结合。课题中涉及工业建筑的保护价值评估、既有工业场地的功能、规模、密度、形态更新。涉及由工艺流线的合理性到人群行为合理性的转变，由工业厂房的尺度到人的活动尺度的转变。以"五校联合毕业设计"选题为例，选址为郑州二砂厂旧址。设计中需要从城市发展、上位规划、产业业态、人群定位、交通流向、景观视线等方面解决一系列系统性的地块兼容问题；同时要充分遵循原厂房的结构与构造逻辑，通过空间的在此划分，形成新的空间秩序。该选题综合了前面三个选题的训练要点，是一次综合性的考察和总结（图5）。

通过这样一个主线明确的系列设计训练，学生在面对设计任务时，逐渐建立起强烈的"问题意识"，在与异形空间、工业景观、大跨结构、闲置工业场地等不同尺度的"工业建筑"的遭遇中，习得了一种在设计条件中寻找设计机会的思维范式，这种能力的培养，无疑回应了设计教学的根本目的。

5 教学感悟与总结

5.1 知识生产在教学与科研中的连贯性

近些年来"设计即研究"逐渐成为一个流行的概念，也就是说人们愈来愈认识到"设计"也具有知识生产的功能。这是建筑学对研究型大学的一个回应。以问题展开的设计，有利于链接教学与科研，形成两者的互动。

在"向工业建筑"学习的教学中，需要不断设定新的研究内容，这种教学上的要求，激发了教师在历史和技术两个维度不断探索。例如将工业建筑的概念，细化成不同产业类型、不同时期的代表性建筑，研究建筑的

图4 本科三年级设计：工业建筑改造

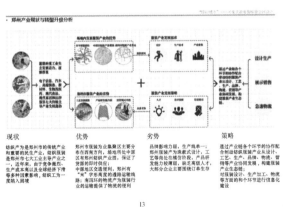

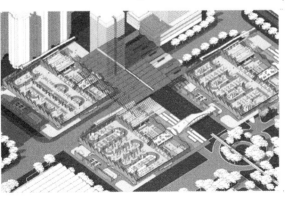

图5 本科四年级设计：工业地块更新

典型性和特殊价值；一方面拓宽了设计教学的发力点，另一方面，也完善了工业建筑的研究谱系。在知识的生产上，形成了教学与科研的连贯性和互动性。

5.2 教学团队在教学与科研中的凝聚性

教学与科研的施动者都是教师，教学和科研就成为教师之间交流的重要载体。明确的研究方向，一定会吸引一批对该领域研究有兴趣的教师。共同的研究方向，促进了教师之间的交流。

以特定选题结合在一起的教学行为，将进一步培育出教学与研究合一的教学组织、教学团队；避免教师因缺乏共同的研究兴趣，而无法在课堂教学之外展开学术交流的问题。教研合一的团队也进一步促进了教学研究与科学研究的整合。[9] 在这样的学术共同体相互的影响下，设计教师个人将完成学术转型，寻找到个人的学术发展之路。

5.3 教学方法在教学与科研中的适配性

正如顾大庆老师在"教学即研究"的观点中所阐述的，将教学和研究结合起来，必须触及两个问题：第一，什么样的设计教学才能被认为是研究？第二，以研究为目的的设计教学在具体操作上与传统的设计教学有什么分别？这两个问题弄清楚了，我们就有可能制定相应的教学方法。以研究为主线的设计教学，在教学方法上，强调问题的发现和探索过程，相关的专题讲座、现场调研环节将成为知识输出的保障。有利于构建设计教学的知识结构：以具体的设计问题为核心，将松散的专业知识整合到一起。

建筑设计教学的核心是培养设计的思维和能力。以研究为主线的设计教学，有利于培养学生的创新思维：

问题导向的设计思维、规律的转译的设计方法，有利于促进学生形成理性设计思维。

主要参考文献

[1] Leatherbarrow David. The Roots of Architectural Invention：Site，Enclosure，Materials［M］. Cambridge：Cambridge University Press，1993.

[2] Lawson Bryan. How Designers Think［M］. London：Routledge，2005.

[3] 郭兰. 基于形式分析和几何操作的设计方法教学——南加州建筑学院1B设计工作室教学研究［J］. 新建筑，2017（6）：121-125.

[4] 韩雨晨，韩冬青. 融汇·实践——德语区建筑学结构教学体系初探［J］. 建筑学报，2020（7）：73-79.

[5] 黄旭升，朱渊，郭莳. 从城市到建筑——分解与整合的建筑设计教学探讨［J］. 建筑学报，2021（3）：95-99.

[6] 刘伯英. 关于中国工业遗产科学技术价值的新思考［J］. 工业建筑，2018，48（8）：1-7＋60.

[7] 赖世贤，徐苏斌，青木信夫. 中国近代早期工业建筑厂房木屋架技术发展研究［J］. 新建筑，2018（6）：19-26.

[8] 夏珩，夏振康，饶小军，赵汝冰. "三材"约束下的低技建造：中国早期工业建筑遗产拱壳砖建构研究［J］. 建筑学报，2020（9）：104-110.

[9] 顾大庆. 一石二鸟——"教学即研究"及当今研究型大学中设计教师的角色转变［J］. 建筑学报，2021（4）：2-6.

张曼

北京建筑大学；zhangman@bucea.edu.cn

Zhang Man

Beijing University of Civil Engineering and Architecture

建筑学学科背景下历史建筑保护工程专业"设计初步"课程教学

The Lesson of Basic Architectural Design of Historical Architecture Preservation Engineering under the Architecture Discipline Background

摘　要：历史建筑保护工程专业的建筑设计初步课程，应着重思考在建筑学学科背景下，课程设置如何实现由建筑学基础教学到历史建筑保护专业训练的过渡作用，并进一步优化教学板块。具体体现在课程结构、课程选题、阶段性能力培养目标的制定、教学方法以及具体的指导过程中，以建筑学既定教学目标为导向，结合专业特色，注重学科交叉融合与知识和能力重塑，并以教研型教学设计适应专业发展需求，并采用"小设计，过程性训练"的互动性教学模式，加强对学生全过程主动参与的科学引导。

关键词：历史建筑保护工程专业；建筑教育；初步设计课；学科交叉融合与专业能力训练

Abstract：The basic architectural design course for architecture preservation engineering is a basic course to train students with professional literacy in architectural design and architectural heritage conservation. This course should focus on the role of transition from basic training to professional training and further optimize the teaching board. It is concretely reflected in the selection of course topics，the development of competence training objectives，teaching methods and specific guidance process. On the basis of combining professional characteristics，introduce new architectural design methods，so as to achieve teaching and research-oriented teaching design to meet the needs of professional development. The interactive teaching mode of "small design，process training" is adopted to strengthen the scientific guidance of students'active participation in the process.

Keywords：Historical Architecture Preservation Engineering；Architecture Education；Basic Architectural Design Course；Interdisciplinary Integration and Professional Ability Training

1　专业型设计初步课程建设的思考

作为建筑学专业主干课之一，[1] "设计初步"是建筑设计课程的准备起步阶段，具有很强的实践性、专业性与基础性的特征。[2] 通过知识讲授和作业训练的方法，课程围绕建筑的初步认识、建筑构成要素、建筑表现的原理与技法、建筑构成理论、建筑设计基本原则与方法等方面展开教学内容，并强调对建筑表现、建筑形态构成、建筑美学等掌握能力的训练。

20 世纪 60 年代以来，随着各国对历史文化遗产保护意识的增强，历史建筑保护研究与实践迅速增多，建筑遗产保护学逐步兴起，并与建筑学、城乡规划学、考古学、博物馆学、美术学等都有着紧密的关系。[3] 我国历史建筑保护工程是以建筑学为基础，跨人文历史和工程技术学科领域，具有很强的实践应用性和交叉综合性。

作为全国第二个设立的"历史建筑保护工程"专业，北京建筑大学历史建筑保护工程系一直致力于寻求向高等教育内涵式发展转型的探索路径。考虑到只有四年学制的现实情况，面对既要学习历史建筑保护专业知识又要兼顾建筑学基础知识训练的巨大压力，在课程设置中如何实现两者的有效衔接与融合存在巨大挑战。作为建筑学专业核心基础课，具有专业特色的建筑设计初步课程建设与教学设计就显得尤为重要。

在2016版建筑学专业培养方案及课程大纲中，学院明确指出开展注重理论、学术性教学与应用、实践性训练的结合，增强学生主动及参与性的教学改革，并以"一人一教改、教研全覆盖"为抓手，通过顶层设计系统构建教育学管理模式，激发师生主体的责任感和创新意识。在此背景下，建筑设计初步课程开始实行"小设计、过程性训练"的课程设置，即以"八周一题"为设计周期，并在过程中增添数个专业训练与实操训练。目前，学院各专业均采用统一的建筑设计初步课程内容，仅在一年级第二学期后8周（最后一个设计板块）鼓励各专业自选题目，旨在统一基础训练内容的前提下，为各专业二年级设计课程的学习过渡打下基础。

2 教学目标与选题思考

按照教学任务要求，设计初步课程四个设计题目的训练目标，分别是对空间单元、空间组合、建筑与功能关系、建筑与环境关系的基本认知。历史建筑保护工程专业延续这种教学思路，注重从建筑构成要素初步认识、建筑构成理论到建筑设计方法的系统化基础教学，并加强图纸绘制、模型制作双重建筑表现能力的训练，同时在选题上不但强调从中国传统建筑中抽取符号转化为建筑构成要素进行基础训练，而且还以具体的历史环境、历史建筑为设计对象，根据不同训练阶段置入相应的建筑遗产保护理论、技术方法讲解，旨在为学科交叉融合与知识和能力重塑提供一种方法路径（图1）。

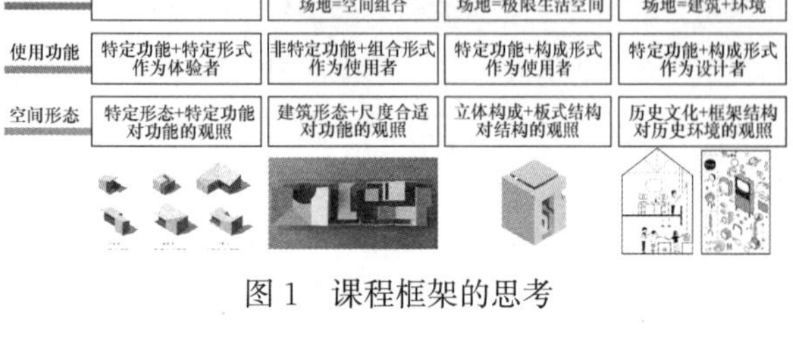

训练阶段	初园一阶	初园二阶	生活立方	市肆概念馆
训练阶段	空间语汇+发生行为空间单元认知	空间组合+行为体验空间组合认知	空间构成+行为方式建筑与功能的关系	历史环境+功能引导建筑与历史环境的关系
环境与场地	—	空间组合形成的场所室内空间环境的塑造场地=空间场地	场地-极限生活场地建筑与环境场地关系场地=建筑+环境	建筑与环境场地关系场地=建筑+环境
使用功能	特定功能+特定形式作为体验者	非特定功能+组合形式作为使用者	特定功能+构成形式作为使用者	特定功能+构成形式作为设计者
空间形态	特定形态+特定功能对功能的观照	建筑形态+尺度合适对功能的观照	立体构成+板式结构对结构的观照	历史文化+框架结构对历史环境的观照

图1 课程框架的思考

2.1 选题对象：历史语境下的设计教学要义

除基本制图训练外，初步设计课程四个阶段的选题分别是初园一阶、初园二阶、生活立方与市肆概念馆。"初园"是一种类型化的观游空间，以基本立方体（边长为3m的立方体）为单元的9个单品，均是从中国传统园林中的景观意象抽取出来的概念，包含了关于人的行为、尺度、心理等多方因素在空间认知层面的意义。一阶、二阶分别是空间词汇与空间组合的训练内容。生活立方旨在训练以人体尺寸为参照，建立空间形式和立体构成的观念，虽然设计对象本身是一个抽象的物质空间，却在空间构成训练中，以物造、形造、以造为出发点，引导学生学习中国传统空间营造制式与方法。作为最后一个课程选题，市肆概念馆以历史文化街区内真实建筑为对象，以形式、功能及历史环境为出发点，注重建筑遗产保护的专业性实操训练。

2.2 教学目标：围绕建筑展开的多向度训练

初园一阶、二阶的教学目标是通过不同的"综合模块"的循序渐进的训练，使学生不仅能有效地感知与理解设计的本质就是空间营造，而且能进一步借助相应的训练条件进行有组织的空间设计，强调注重设计的关联性，注重空间的内外关系。同时将对学生的设计表达能力的培养也有效地综合到整个模块训练中，使之较好地掌握不同的设计表达（图示和模型），尤其强调对过程的记录与分析。

生活立方的教学目标是基于人体尺度的观念，理解人行为与家具设计和空间设计关联，建立空间形式和立体构成的基本认识，并在教学过程中以物造、形造、意造的专题讲解，结合虚拟现实技术，让学生更为准确、直观、简明地了解中国传统建筑空间营建手法，再强调以模型推敲设计，熟悉概念模型制作，训练匠人精神。

市肆概念馆的教学目标是通过训练历史街区建筑调研、测绘与记录工作方法，了解历史城市建筑设计基本原理、方法。以小型建筑单体的设计及建造逻辑为出发点，了解"空间—功能"内在逻辑关系，学习在抽象的空间操作中进行空间组织的推理与深化，掌握框架结构的基本原理，运用在规则网格体系下的建筑形式组织、体量构成和空间营造，旨在实现由抽象建筑形式符号认知训练，向网格、框架、模数、柱、梁、板、中心、边缘、区域、边界等建筑功能单元的知识掌握。

3 教学方法的思考

3.1 虚拟现实技术应用

真实性和完整性是判定建筑遗产保护对象价值的核心依据。历史环境承载着丰富的传统营建智慧，其真实性与完整性需以科学方法进行判断与解读，且因形成年代久远，在教学中更应观照学生的理解与共鸣程度。因为无论是古建筑还是其所在的历史环境，均存在于现代城市语境中，即便是进入到现场调研，学生仍很难把握并感受真实的历史场景及其背后蕴含的传统文化。甚至是许多的历史建筑都不存在来，而 AR 技术比起文献资料更加有效、切合实际，也能够真正地还原古建的风貌及其所在环境，为学生营造一种真实的体验效果。可见，借助 AR 技术呈现历史环境原貌、复原历史真实场景的能力，将为突破历史环境空间调查的传统方法提供重要支撑，实现传统实践性教学模式的优化探索。

3.2 现代环境心理学实验方法应用

近两年来，受新型冠状病毒影响，设计初步阶段性会采取线上教学方法。由于不能现场调研，因此在开题前，结合线上问卷的方式，即以原有无人机拍摄视频、调研照片、历史照片选取各中国传统建筑、构件、景观环境等典型场景作为素材，设计中国传统建筑要素心理喜好度与认知度的线上问卷，[4][5] 帮助在课程训练中科学获取学生对中国传统建筑、景观营造及其构成要素认知情况，并有针对性地调整教学内容。

3.3 "讲授＋过程性训练"的互动型教学方法

延续建筑学背景下设计初步课程设置的基本要求，结合建筑遗产保护学科特点，采取"讲授＋过程性训练"的互动型教学方法，即结合各教学环节的设计要求，穿插过程性训练，帮助学生更有针对性地吸收教学内容（表1）。

教学与过程性训练综合设置　　　　　　　　　　　　　　　　　　表 1

教学内容	过程性训练内容
空间词汇与中国传统建筑语言	①解读：解读三类九品空间构件的解析文字和图纸，建立平面与空间的关联 ②体验：结合模型进行真实空间的体验与观察，观察地点建议为传统街区的胡同宅院，传统村落和园林等 ③临习：依据图纸制作空间模型，掌握模型制作技巧；抄绘图纸，掌握相关空间设计的制图表达方式
空间组合与中国传统建筑、园林景观营造	①案例研究：参照传统园林，组织空间关联，表达通廊地形变化和重要视线节点场地的空间表达 ②利用原九品模型，将其放置于古代场地中，进行空间设计；保持单品模型主体形态的前提，借鉴中国传统园林的空间营建手法，对空间形体进行打断、连通，等，以适合拼合后的整体形态
空间使用与中国传统空间营建智慧	①根据柯布西耶"模度"原理，建立生活立方尺度观念 ②借助虚拟现实教学手段，以中国传统建筑空间营造为训练内容 ③利用现实条件，按照真实比例搭建空间模型（材料、方法不限），感受空间尺度
建筑空间、功能与历史环境	①借助虚拟现实教学手段，开展线上调研，制作调研问卷，每位同学负责一处临街商铺，完成历史文化街区历史研究与设计对象的调查报告 ②开展北京商市文化研究 ③案例研究：包括设计规范、室内设计案例、功能提升案例、街道家具案例

4 结语

历史建筑保护工程专业因既要学习历史建筑保护专业知识又要兼顾建筑学基础知识训练的特殊性，在课程设置中存在巨大挑战，基于此建筑设计初步课程实施"小设计、过程性训练"的课程结构。在课程内容的设置上，延续原有教学思路注重学生基础知识及专业能力的积累，并在教学选题上致力于培养学生在空间词汇与空间组合、中国传统空间营造制式与方法以及专业性实操等方面的能力提升。采用"讲授＋过程性训练"的互动型教学方法，并借助虚拟现实技术、现代环境心理学等前沿的理论和技术，完善课程体系，以期适应专业发展需求。

图表来源

图1、表1均来源于作者自绘。

主要参考文献

[1] 龚文晔，何东林. 《设计初步》课程教学设计与实践 [J]. 价值工程，2016，35（6）：200-202.

[2] 马黎进. 建筑初步教学中的几点思考 [J]. 科技经济市场，2012（4）：77-78.

［3］ 王忭. 我国建筑遗产保护高等教育的现状与发展 ［J］. 美术研究，2015 (6)：106-110.

［4］ Morabito，Giovanni V. Architecture and Neuroscience：Designing for How the Brain Responds to the Built Environment ［J/OL］. University of Cincinnati and OhioLINK，2016. http：//rave. ohiolink. edu/etdc/view? acc_num＝ucin1460729866.

［5］ Steve Chi-Yin Yuen，Gallayanee Yaoyuneyong，Erik Johnson，Augmented Reality：An Overview and Five Directions for AR in Education ［J］，Journal of Educational Technology Development and Exchange，2011，4 (1)：119-140.

展长虹　唐征征　刘京　孙澄　薛名辉　董建锴　沈朝

哈尔滨工业大学建筑学院，寒地城乡人居环境科学与技术工业和信息化部重点实验室；zhan_changhong@163.com

Zhan Changhong　Tang Zhengzheng　Liu Jing　Sun Cheng　Xue Minghui　Dong Jiankai　Shen Chao

School of Architecture，Harbin Institute of Technology；Key Laboratory of cold Region Urban and Rural Human Settlement Environment

Science and Technology，Ministry of Industry and Information Technology

绿色建筑与建成环境交叉学科培养体系建设 *
Establishment of the Training Program for the Interdisciplinary of Green Building and Built Environment

摘　要：当今科学技术的发展越来越呈现出多学科相互交叉、相互渗透、高度融合的趋势，一些传统单一学科教育模式已不能满足培养厚基础、宽口径人才的新目标。以建筑学为代表的土木建筑类专业也面临此问题，亟须探索构建交叉学科的培养新模式，以满足国家对高层次复合型人才的需求。结合"新工科"学科建设的专业结构以及工程教育人才培养的要求，哈尔滨工业大学探索尝试建立了绿色建筑与建成环境交叉学科，本文对该交叉学科面向本硕贯通的培养体系的制定、实施等进行简要介绍。

关键词：绿色建筑与建成环境；本硕贯通；交叉学科；培养方案

Abstract：At present，the development of science and technology has been increasingly showing the trend of multi-discipline overlapping，mutual penetration and high integration. Some traditional education models of single-disciplinary is not capable of meeting the new goal of cultivating talents with a solid foundation and broad caliber. Majors in civil engineering and architecture are also faced with this problem，and it is urgent to explore and build a new training model of interdisciplinary to meet the country's demand for high-level compound talents. Combined with the major structure of "new engineering" discipline construction and the requirements of engineering education personnel training，Harbin Institute of Technology has explored and tried to establish an interdisciplinary discipline of green building and built environment. This paper briefly introduces the formulation and implementation of continuous training program for undergraduates and masters of the interdisciplinary.

Keywords：Green Building and Built Environment；Continuous Training of Undergraduate and Master；Interdisciplinary；Training Program

1　前言

高质量的人才培养是高等教育的出发点和落脚点，学生的成长和成才是衡量高等学校人才培养质量的关键。[1] 学科交叉融合是当前科学技术发展的重大特征，是新学科产生的重要源泉，是培养创新型人才的有效路

＊ 项目支持：本研究受到黑龙江省高等教育教学改革项目经费支持，项目名称：基于本硕贯通的绿色建筑与建成环境交叉学科培养体系建设研究，项目编号：210E28。

径，是经济社会发展的内在需求。2020 年 7 月召开的全国研究生教育会议中，我国决定新增"交叉学科"作为新的学科门类。

为响应和落实党的十九大精神、适应新时代要求及建筑业发展趋势，哈尔滨工业大学（以下简称哈工大）建筑学院于 2020 年探索设立了绿色建筑与建成环境方向的交叉学科，涉及的传统学科包含建筑学、供热供燃气通风及空调工程、城乡规划学、风景园林学、土木工程、环境科学等。结合"新工科"学科建设的专业结构以及工程教育人才培养的要求，积极尝试建设基于本硕贯通的绿色建筑与建成环境交叉学科培养体系。本文对该交叉学科建设的阶段性成果进行简要介绍，以期抛砖引玉。

2 建设背景与意义

党的十九大报告明确指出："中国特色社会主义进入新时代，我国社会主要矛盾已经转化为人民日益增长的美好生活需要和不平衡不充分的发展之间的矛盾"。"加快生态文明体制改革，建设美丽中国"已上升为国家战略。绿色建筑是可持续发展理念在建筑业的落实和践行，是我国整体绿色发展的组成部分，是未来建筑业发展的主导趋势。随着"一带一路"倡议的推进、城镇化的快速发展、落实"'双碳'目标"以及国际地位的提高，国家对建筑土木及相关学科高端人才的需求日益增大，在相应人才培养定位上也在向"内需型、大中型、单一型"与"国际化、精英型、复合型"相结合转变。目前土木建筑及相关领域各自所涉及的单一学科的人才培养模式已无法满足国家对该领域高层次复合型人才培养的需要。因此，亟须在遵循相关学科自身规律的同时，打破学科界限，促进学科交叉与融合。哈工大设立的"绿色建筑与建成环境"交叉学科人才正是对这一挑战的积极回应。

哈工大具备设立绿色建筑与建成环境交叉学科的良好条件。我校拥有多个国家或省部级教学与科研平台，如城市水资源与水环境国家重点实验室、寒地城乡人居环境科学与技术工信部重点实验室、建筑与市政环境两个国家级虚拟仿真实验教学中心等；拥有优秀的师资队伍，包括院士、国家勘察设计大师、国家级人才计划、长江学者、国家杰青等；围绕绿色建筑与建成环境领域，我校在国际化科研与教学体系中也形成了多层次的运作机制。

该交叉学科的设立也是哈工大"双一流"建设的迫切需要，将成为新的学科增长点。综上，设立绿色建筑与建成环境交叉学科是我校结合自身特点和条件响应国家重大战略需求的必然结果。

3 培养体系建设

交叉学科建设工作内容复杂繁多，因篇幅所限，此处仅对其中的一些关键内容进行简要介绍。

3.1 建设规划

交叉学科不是简单的学科之间的叠加。具有多学科交叉特点的本硕贯通人才培养，就是要努力打造本硕培养逐级递进、本科专业知识和硕士学科基础一体化建设的立体化多学科交叉人才培养模式，统筹安排本科生与研究生的课程学习、科学研究以及学位论文，为培养质量和培养效益的提高创造有利条件。[2]

为此，我们立足现实、面向未来，制订了该交叉学科的近期、中期和长期的分阶段建设目标。近期目标：先以建筑学与供热供燃气通风及空调工程两个学科为主进行绿色建筑与建成环境交叉学科建设探索，力争 5 年内形成基本完善和成熟的培养体系，学科整体上在国内处于领先水平；中期目标：到 2030 年，学科达到国际一流水平，纳入更多必要的传统学科；长期目标：到 2035 年，形成完备的学科交叉机制，学科达到国际领先水平，成为绿色建筑与建成环境学科人才培养、科学研究、学术交流和转化应用的高地。

3.2 培养目标

结合哈工大办学理念与宗旨，我们将培养目标设定为：坚持社会主义办学方向，秉承"立德树人"的教育理念，面向国家和社会经济发展重大需求，培养信念执着、社会责任感强、具有较强学术研究与创新能力，具备一定的国际化视野，学科基础理论扎实、专业知识全面系统，能在高校、科研院所、政府和企业等部门胜任相关交叉领域技术或管理工作的高层次复合型人才，以及能够引领绿色建筑与建成环境方向未来发展的杰出人才。

3.3 学科方向设置

哈工大是工科强校，既有的传统土木建筑类学科积淀深厚，特色方向突出，但这既是优势也是负担。交叉学科方向的设置应利于打通壁垒、促进学科交叉，培育新的学科增长点。

因此，基于本硕贯通培养模式以及传统相关学科的积累，本着承上启下、顺畅过渡衔接的原则，学科方向暂设置如下：①绿色建筑与节能设计及理论创新；②可持续建成环境与清洁用能；③健康人居与智慧建筑技术；④绿色城市设计与区域能源。

3.4 课程体系设置

1）本科阶段

交叉学科建设初期阶段的硕士生源主要来自于建筑学和建筑环境与能源应用工程专业的本科生。为了使来自这两个专业的本校本科生在升入硕士阶段后能够顺利学习高层次基础知识和开展该交叉学科领域的研究工作，我们在两个专业本科阶段分别设置了互选课程模块。帮助对该交叉学科感兴趣的学生在本科阶段补充必要的相关专业知识。这也有助于学生充分了解学科、激发科研兴趣，也可以更好地实现交叉学科"本硕贯通"的培养。

两个专业的本科辅修互选课程模块制定已基本完成。拟于下一轮培养方案修订时纳入其中。

2）硕士阶段

科学合理的课程体系是培养高质量交叉学科硕士研究生的关键，应从所设置的学科方向应具备知识体系综合考虑，打通各专业之间壁垒，注重知识体系的构建和独立自主学习能力的训练。课程体系设计的基本思路是由"已有各学科体系课程＋新建课程＋国内外知名学者课程"组成。已有学科体系课程不局限于建筑学院本身，还融合了航天学院、能源学院、环境学院、土木学院、交通学院和计算机学院等专业课程。新建课程更加聚焦于绿色建筑及建成环境方面知识的综合运用和考量。国内外知名专家学者共建课程吸收了国内外知名院校学者在该交叉学科领域的优势课程资源，也包括慕课和网络课程等。

按照以上思路，该交叉学科共设置四类课程：公共学位课、学科核心课、选修课与必修环节。公共学位课由学校统一安排。学科核心课是根据该交叉学科培养目标和学科方向需求设置，让研究生掌握扎实、宽广的基础理论知识，为后续的科研工作奠定广博雄厚的基础。选修课主要是根据研究生课题、个人兴趣或在导师指导下选择的课程。必修环节包括经典文献阅读及学术交流、学位论文开题和社会实践。

4 实施情况

按照建设规划，在学校和学院的大力支持下，来自建筑学和建筑环境与能源应用工程两个专业的 12 名级硕士研究生，于 2020 年秋季学期进入绿色建筑与建成环境交叉学科。因需与传统学科培养过程管理衔接过渡，本届学生按照入学时所在的学科，毕业颁授建筑学硕士或工学硕士学位，学制为 2～2.5 年。截至目前，部分同学已顺利毕业并获取了硕士学位。

本着有利于促进学科交叉融合的原则和理念，我们也在不断推出创新机制或措施。例如，定期举行交叉学科师生论坛，每次学生的报告都会得到不同学科教师从不同角度的精彩点评和指导，同时教师之间也会展开畅所欲言的交流。这使得原本存在于两个学科之间的壁垒自然而然地逐渐消除了。

在培养过程中，师生们反馈这种交叉学科模式使他们受益良多，也经常会对交叉学科建设提出很多有益的意见或建议，这也为未来完善该交叉学科建设和发展机制奠定了良好的基础。

5 结语

绿色建筑与建成环境作为绿色发展国家战略的重要支撑，其本身是多学科交叉融合的承载体。因此单一学科的培养模式已相对滞后。结合"新工科"学科建设的专业结构以及工程教育人才培养的要求，哈工大对基于本硕贯通的交叉学科培养模式进行了积极的探索。已初步建立该交叉学科的培养体系，并正稳步实施推进。本文所取得的初步成果对相关领域交叉学科建设具有一定的参考价值和借鉴意义。

主要参考文献

［1］ 徐红，董泽芳. 当代高校科学化发展的八大关键［J］. 江苏高教，2010（3）：42-45.

［2］ 熊玲，李忠. 本—硕—博贯通的创新人才培养模式探究［J］. 学位与研究生教育，2012（1）：11-15.

戴晓玲　文旭涛　赵小龙

浙江工业大学；dai_xiaoling@hotmail.com

Dai Xiaoling　Wen Xutao　Zhao Xiaolong

Zhejiang University of Technology

建筑师专业地位提升视角下的循证设计课程群构想 *

Enhancement of Professional Status of Architects through a set of Courses Centered on the Concept of Evidence-based Design

摘　要：提升建筑师专业地位是当前建筑学教学改革的重要任务。文章提出"不纠结于形式，做问题解决者"或许是恰当的应对方式。引用建筑设计教学模型 MADE，提出只有在第一阶段设计前期工作有效夯实的前提下，第二阶段的"设计创造"才能发挥出真正的作用。然而，在当前建筑学的课程体系中，第一阶段能力的培育尚未得到应有关注。提议通过理论课与设计课相结合的方式，推进循证设计课程群的建设，从而在有限的时间内强化学生发现问题并解决问题的能力，帮助他们在毕业后能从容应对当下越来越复杂的设计任务。

关键词：建筑教育；课程群；隐性知识；循证设计

Abstract：Improving the professional status of architects is an important goal of current architecture teaching discussion. This article suggests that "focus on solve problems, don't get trapped by form" may be an appropriate approach. Referring to the architectural design teaching model MADE, we propose that only on the premised of that the "pre-design preparation" is effectively conducted, the "design creation" in the second stage can play a crucial role for clients. However, in the current curriculum system of architecture, the cultivation of the first stage ability has not received proper attention. This paper proposes conceive a set of courses centered on the concept of evidence-based design, by the interaction of theory courses with design courses, by which to strengthen students' ability of identifying and solving problems within a limited time, and to cope with the complex design tasks after their graduation in the long round.

Keywords：Architecture Education；Course Group；Tacit Knowledge；Evidence-based Design

1　引言

在这个变化纷呈的新时代，建筑师的专业地位、职业实践等内容，在各类媒体被广泛讨论。其中具有代表性有 2017 年《时代建筑》1 期所刊登的《直面当代中国建筑师的职业现实》论坛记录合集，以及 2020 年 5 月哔哩哔哩平台群岛 FM［我们的城市］第六期："建筑业病了，还是建筑学死了"。[①]后者在知乎平台衍生出一个被浏览 37000 多次的主题帖，共计 28 个回答。

从这两次讨论看，当前的建筑实践与建筑学教育，

---

* 项目支持：浙江工业大学校级教学改革项目资助，编号 JG2021071。

① 群岛 FM［我们的城市］是由群岛 Archipelago 推出的系列播客节目。2020 年 05 月 25 日的主题为："建筑业病了，还是建筑学死了？"。主持人：袁牧；嘉宾：周榕、宋照青、张佳晶、王求安、周源、李乐贤。

隐隐产生了对立。为什么该对立会引起广泛关注呢？深处原因或许能归结到目前行业内普遍存在的悲观性情绪。在很多公众号文章中，我们可以发现大院和大型国企的同行们都在经历着熬夜、加班、甚至猝死。在公共网络平台上，学生们讨论着"要不要学建筑"，或者"学了建筑要不要转行"。

当前建筑行业出现了一定程度的危机，正如一位从业多年的建筑师在其硕士学位论文里所述：当前建筑师的角色却要么定位不清、要么直接缺位，导致其自身职业的社会地位和专业权威性日渐式微。建筑最终交付成果中存在的诸多和设计最初设想的偏离和缺憾，更使得建筑师的职业地位不断地招致各方的质疑和非难，建筑师的职业环境因缺乏足够的尊重更面临越来越难的生存困境。[1]

2 怎样才能提升建筑师的专业地位？

2.1 反省话语权缺失的原因

一方面，当下全球知识网络的飞速发展，建筑师的职业图景正在被重新认知。[2]另一方面建筑师的话语权不高，伍江教授在2005年评论道："（建筑师）他的角色不停地被领导、开发商和一切有权者所取代。有权者大多自以为比建筑师高明，似乎建筑学是一种只要有权便能无师自通的职业。建筑师往往成了为有权者表达意图的画图匠。"这一可悲的现象在今天依然普遍存在。

为什么当前我国建筑师这门职业不能像医生或律师那样，取得甲方足够的尊重呢？建筑师抱怨无止境的加班、熬夜、改方案，与话语权有关。而一个只是将自己的工作范围限定在如何实现他人的想法的基础上设计者，必然只能胜任工匠的角色。[3]

我国建设从粗放发展到精细化设计阶段，大量城市更新项目，要求建筑师掌握更复杂的知识与经验，因而对当代建筑学人才培养提出了更高的要求。庄惟敏院士指出，从项目全过程服务周期看，不合理的任务书导致建筑设计从立项开始就出现了严重的方向错误，最终导致了建筑空间的功能问题，造成了巨大的资源浪费。而建筑策划解决的核心问题正是科学合理的任务书制定。[4]与此相呼吁的一种观点是：设计师按照甲方任务书设计的时代已经过去了。在《直面当代中国建筑师的职业现实》论坛上，段巍指出，当前迷茫的不仅仅是甲方，甚至消费者自己也不清楚自己的真实需要。

从当前建筑实践的发展趋势看，对建筑教育人才培养的目标进行扩充，迫在眉睫。应重视培育有能力应对建筑设计行业发展的综合型人才，即能够胜任建筑策划、使用后评估、全过程咨询工作的人才，而这一方面在今天的建筑学高等教育中尚显不足。

2.2 不纠结于形式，做问题解决者

提升了职业技能的建筑师，是否能获得甲方的信任，避免不必要的方案修改工作？一则建筑师王求安的访谈，[5]给笔者以启发。他谈到："我也常听到很多设计方抱怨甲方干涉太多、村民不讲理经常改方案等问题。我觉得其实还是因为前期的工作做得不够。其实当社会问题解决了以后，政府或者村民就不再关心设计问题了。"他甚至自信地认为："无论我们在村里做什么房子他们都会同意，而且是他们自己花钱的。不管我们做的是黑房子、红房子还是不锈钢房子，他们都觉得挺好。"

这个示例提示我们，提升建筑师的专业地位，应该要回归到建筑设计本源目标上，即通过建筑师的服务，妥善地解决业主的实际问题。从图1中可以看到，一个项目需要考虑使用因素、形体因素、成本因素与技术因素这四大模块。而低效、重复、损害专业荣誉心的修改大部分集中在较为主观的形态因素上。如果建筑师能把业主的关注度引导到另外三项因素，业主很可能就不会再纠结于造型问题，困扰建筑师的难题也就会迎刃而解。

从西方的经验看，建筑师对政府和社会的影响力与他们是否能作为问题解决者的形象密切相关。在20世纪70年代，英国建筑师被视为问题的创造者和负面后果的生产者，相应的，他们的专业话语权也受到了质疑。[6]

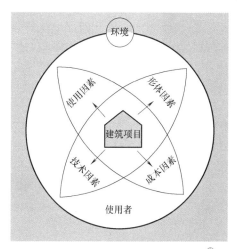

图1 MADE职业化的建筑教育理念①

---

① 引自：张长锐，张玉坤. 基于MADE模型的建筑设计教学研究［J］. 高等建筑教育，2015，24（6）：156-161.

2.3 需要专门课程对应设计前期的任务

做一个好的问题解决者，需要建筑师具有强大的整体性理解力以及丰富的知识积淀。而在传统的高校建筑学教学大纲中，并没有专门性的课程对应这部分能力的培育。

庄惟敏院士与徐卫国教授指出，不论中外，建筑设计课仍然是小组上课，一般10人左右，沿用了师傅带徒弟的传统方法，这种形式不会改变。因此应该思考如何当好新时代的"师傅"。[7] 这段话，其实也提醒我们，仅仅依靠设计课程帮助学生掌握上述能力，倚重设计指导教师本人的修养，并不能做到稳定的知识传授。有没有可能建构更为系统的课程体系，推进学生对这部分能力的学习呢？

由于形式生成占据了学生在设计课程作业中大部分注意力，教师应该强调把"如何学习设计"与"设计时如何思考问题"拆解开来。[8] 张长锐教授与张玉坤教授把传统建筑设计教学过程总结为两种倾向：一是想象模式（由技入道）。[9] 先出现模糊的形态构思，继而是图纸的制作和模型的形成。但中间的推敲过程由于缺乏可描述性，而很难在教学过程中得以有效体现。二是逻辑模式（由理入道）。在设计中将预先编制好的设计程序付诸实施，但其重点往往在"功能"的布置上，它与空间的形成存在一种偶然性的对接，并不具备教学过程的自觉性。他们推崇德国拉尔夫·约翰尼斯教授创建的建筑设计教学MADE模型，认为它可以调和以上两种倾向的矛盾，可以被视为由神秘型向逻辑型过渡的设计解读方法。

MADE将建筑设计教学过程分为三个主体阶段：任务Ⅰ，培养学生设计前期准备阶段的统筹能力；任务Ⅱ，培养学生设计创造的能力；任务Ⅲ，培养学生在项目呈报与审批过程中的主动性。这种教学控制法可以使建筑设计的教学与真实的职业实践模式更为一致。当前在我国教学中通常被一笔带过设计前期阶段的任务Ⅰ，被拆解为三个方面的内容：①梳理项目的设计程序，对整个设计阶段拟定可行的实施计划；②采集、汇总有关项目的各种信息；③对项目的功能与技术因素进行整体性的定位。MADE教学法强调了任务Ⅱ"创造工作"必须在任务Ⅰ"前期准备"基础上进行这一原则，把对项目的评估与成果预测视为影响设计成败的关键因素。

2.4 设计创意需要更可靠的基石

当前，很多职业建筑师对创新能力极为看重。然而，就学校教育而言，如果对第一阶段"前期准备"的重视度不足，很可能会导致"创意"的基础不稳。以近年来流行的叙事设计手法为例，虽然它能产生夺人眼球的学生方案，但在真实项目中，如果没有第一阶段的扎实工作，未能找准复杂问题的关键，再动人的故事对业主而言也是没有意义的。我们看到，王求安在访谈中也强调：在他的工作室，把四分之三的时间花在了前期关于"人"的研究上，这就使得剩下工作的推进变得十分顺畅。

因此，提升建筑师专业地位的关键，或许就在于扩充建筑学专业人才的能力构成内容，强化建筑师作为问题解决者，而非形式创造者的身份。除形式创造的基本功外，还应补全知识结构，提升自己在项目全过程服务中的综合能力，成为问题解决者，而非画图匠。

那么学校教育应该做哪些相应的改变呢？本文将介绍浙江工业大学建筑系的实践，即以循证设计理念下的课程群建设，来督促学生破除形式的迷思，在各种课程作业中不断的提升自己的相关能力。

3 循证设计理念下的课程群建设

从逻辑上看，推进"建筑师作为问题解决者"，建筑学课程教学改革有三种可能性：从设计课入手，从理论课入手，以及设计课与理论课相互联动。本节将结合浙江工业大学建筑系的教学经验，介绍这三种做法的难点以及相应的策略。

3.1 在设计课中破解形式迷思

当前，推进"建筑师作为问题解决者"，较为普遍的做法是在设计课改图过程中，给学生以示范、讲解。例如，范文兵认为，只有将一般性标准功能（Function），放到具体情境（Situation）里，针对特定用户（User）的具体使用（Use），进行更符合事实、更人性化、更细致入微、更个人化的分析与阐释，进而找到真正的问题（Problem），拟定出恰当的使用内容（Program），才能在解决问题的基础上，设计出与人的真实使用，匹配互动的空间形态。[10]

除了提高教师自身水平外，确立恰当的评分制度是引导学生关注形式以外的"设计时如何思考问题"的另一个关键性制度性保障。浙江工业大学建筑系教学过程中出于公平的考虑，要求以全年级集体评图方式，确定90分以上的学生名单。学生希望有限时间内完成的作业能获得高分，而多次试行之后，部分优秀学生可能会发现，花在设计前期的时间效用较低。其背后的原因在于，在集体评图中，熟悉方案推导全过程的任课老师拥有的给分权被减弱，而其他老师对他组学生作品的判断

564

时间较短，对设计题的问题解决方式也很可能持有不同理解。这样，即使整个授课过程以及任务书的编写，淡化了形式设计的比重，最后优秀作业打分时，还是会把模型形式感以及图纸表现力作为作品评价的主要依据。

对形式的片面追求导致学生在设计推进过程中，无法做好"对项目的功能与技术因素进行整体性的定位"。一旦对空间功能组织的设想带来了造型的难度，他们第一个反应就是搞定形式再说。部分教师认为，只要学生能自圆其说，就能认可他的设计构思。这样，以偏概全、一叶障目、管中窥豹等错误，屡见不鲜。从这类象牙塔中培育出来的学生在走到工作岗位后，很可能会受到强烈冲击，无法应对复杂的问题情景，导致设计热情的大幅下降。

王方戟教授[10]批评了"在设计教学领域内，以形式美为基调的训练，及以教师个人形态直觉论作业优劣等做法越来越普及"的现象，他旗帜鲜明的提出"形式没有高级与不高级之分"，并做出具体的解释：将形态操作作为建筑设计的操作主线是一种就形式而论形式的做法，它将建筑设计锁入了一个很难吸收纷杂外部要素，尤其是当代社会具有的新功能需求的闭环。结合实际设计经验，他给出建议：在很多项目中，形态只是设计中需要考虑的一个局部。即使那些形态在设计中占很大成分的项目，"形态都与某些被选定的重要因素以相互关联的方式出现，最后在一个综合的、相互制约的关联中寻求各个因素都得到满足的状态，形态在这种状态中才得以成立"。

设计课在引导学生设计价值观方面发挥着毋庸置疑的关键性作用。因此，更应该在教师群体中围绕"形式迷思"进行充分讨论，才能统一思想，对学生作业给予更合理的评分、引导学生思考形式与形式背后空间布局决策之间的关系。

3.2 服务于设计师的"环境行为学"课程

理论课分历史、技术、结构等多个方向。在全国高等学校建筑学专业教育评估标准中可以发现，"2.2 相关知识"中，提到了建筑与行为的内容。在城市建设进入下半程的当下，要以"绣花般的设计和营造"提升城市品质，[11]对设计场地的详细调研与深刻理解，尤为重要。然而，在本科教育体系中，"环境行为学"课程的重要性尚未得到充分认识。一项调查统计了排名靠前的 35 所院校的建筑学专业设置"环境行为学"或"环境行为学"课程的情况，调查发现其中 6 所把这门课程设为必修课，22 所院校设为选修课，还有 7 所院校没有设置相关的独立课程。

为什么一方面设计师大多赞同对生活的观察，是重要的灵感来源，[12]而另一方面，他们大多更相信自己的主观经验，对环境行为学的观察与分析方法敬而远之呢？理论对收集信息客观性的追求导致调研过于费时、理论关注普适性规律而忽视对具体案例的解读，或许是背后的原因。"环境行为学"课程教学需要进行改革使它能更好地服务于培育更具适应性的专业人才这一目的。

首先要做的就是在教学设计上跨越设计与研究的鸿沟。主动为"时间有限"的设计师提供智力支持，需要强调领悟力的培育以及调查方法的可实施性。该课程在浙江工业大学的授课风格，与传统学院式理论授课有极大区别。教师在内化环境行为学理论后，以项目制教学的方法，激发学习的内生动力。不仅仅把调查作为一个授课单元，并且将"以实地调查为方法的小研究项目"扩大到整个学期，作为授课结构的主干。[13]调研项目类型涵盖范围广，教师也会在近期建设热点中找相关项目，如公租房、TOD 项目、未来社区、历史地段更新等，以提高学生的积极性。在授课过程中，多次对学生的研究问题进行细化，对其调研方法、分析思路进行点评。小研究的基础问题是：建成环境特性，以何种程度，何种方式影响人们的行为与心理？这是一个启发性的问题，强调以找惊奇点、不断比较类似条件下不同使用状态并予以解释等方式，推进学生对建成环境的理解力。

这门课程不推荐学生直接做改造设计。因为时间有限，教师希望学生能通过这个作业提升"预见能力"。通过考察真实环境中人的行为，充分理解人性，理解不同尺度下物质空间因素相互交集产生的影响力。只有真正重视这种理解力，才有可能破除臆想空中楼阁的做法，提升其面对现实改造现实环境的职业修养。

经过 10 年的教学改革，这门课程形成了稳定的教学方式，教学效果得到普遍好评。[13] 在推进"建筑师作为问题解决者"目标下，它与设计课教学相互支持，具有自身不可替代的优势。首先，在这个课程任务中，把问题发现与形式创造拆解开来，使学生受到的训练更为聚焦。其次，一个学期有 20 个左右的小组做汇报，能覆盖工作中会遇到的多种项目类型。有利于学生通过不同的项目情景，以密集轰炸的方式，消化吸收环境行为学原理与知识。这种教学方法尤其适用于隐性知识（Tacit Knowledge）的学习。执业者的知识藏匿于艺术的、直觉的过程中，成为舍恩所倡导的"反思性实践者"——能对专业实践的不同情景做出恰当、科学、智慧的判断与反应。[14]

3.3 循证设计课程群的构想

近年来,本系启动了循证设计课程群的构想。课程群的建设从理论课程组合启动。从 2014 年起,在本科二年级下的"环境行为学"后,设置本科三年级下的进阶理论选修课:"空间认知与解析"。该课程主要讲授空间句法理论。由于面向本科生,会把这个理论作为空间分析工具进行教授,使学生们能以可视化的方式更好的理解的空间复杂性、空间布局与用途的关联性等议题。正如 Peponis 所言,环境与行为研究,擅长描述行为和处理社会、心理、文化或组织变量方面,对环境尤其是环境空间结构的描述较弱。而空间句法研究弥补了这一差距,并提供了一个连贯而又灵活的框架,从不同尺度和不同角度去描述空间的布局:视野范围、运动线、占用区域、连接模式、路径选择、控制边界等。[15]

为了强调连续性,该课程的考核作业推荐深化环境行为学的项目。在已经采集行为模式的情况下,集中精力讨论物质空间布局的异质性,以及它所带来的社会与行为的后果。以 2019 级的骆家庄城中村组研究为例,在第一个课程,他们注意到,行列式兵营排布的安置小区内,有大量公共服务商业店铺,而该布局的形成并不是随机的,受到小区周边道路系统、门禁组织方式的影响。在第二个课程时,他们进一步用空间句法建模,对看似均匀分布的小区平面进行了多尺度组构概念的深入挖掘,体会到复杂空间结构对业态分布模式的潜在作用力(图 2)。并把隔壁商品房居住小区纳入对比,发现两个用地规模类似小区在空间上的极大差异(图 3)。

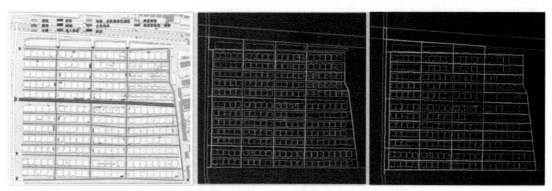

图 2　杭州骆家庄城中村的业态布局与两种空间组构度量(Choice 180m & Node count 180m)

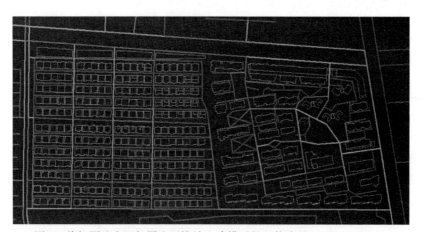

图 3　将把隔壁小区与周边环境纳入建模后的组构度量(Choice 600m)

当前,课程群建设推广到理论课与设计课的整合。教师团体通过协作,把以上两门理论课与本科二年级下的"建筑设计 I"、四年级上学期的"城市设计",以及本科四年级下学期的"居住区规划与住宅设计"进行有机整合。在课程设置上,更新课程大纲,加强理论课与设计课的内在关系与上下承接方式。在具体安排上,注意授课的时间顺序与作业要求之间的相关性。鼓励学生在设计课中运用理论课学到的方法,从而帮助设计前期的定位,场地量化认知和分析,以及后期平面方案的比选工作。这个努力将能帮助学生提升设计的准确性和真实性,培养学生进行循证设计的能力。远期设想形成贯彻整个本科教学阶段的特色课程组合(图 4)。

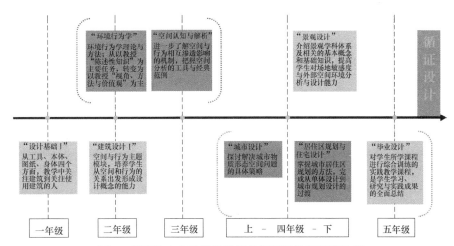

图4 贯穿整个本科教学阶段的循证设计课程群构想

4 结语

在建筑行业面临大变革的当下，以建筑师专业地位提升为目标改进建筑学专业的授课体系，是重要的任务。思考如何分割空间、把功能在复杂空间系统中恰当的组织起来，是建筑师的重要工作，也很可能是建筑师确立自己职业地位的关键。与结构、构造、与造价相比较，这部分内容属于隐性知识，较难以传统方式进行教学。

本文提出的循证设计课程群构想，是一种有潜力的发展方向。教师内化吸收了环境行为学与空间句法理论的精髓，以类似科普的方式，教会学生客观总结行为模式、对异质性的空间布局进行可视化，进而理解建成环境空间与行为之间的互动关系，提升自己的洞察力，真正做好"对项目的功能与技术因素进行整体性的定位"，成为问题解决者。

主要参考文献

[1] 王争辉. 基于项目全过程服务的当代职业建筑师角色研究 [D]. 上海：同济大学，2018.

[2] 支文军. 直面当代中国建筑师的职业现实 [J]. 时代建筑，2017（1）：1.

[3] 范诚，刘鄂东. 话语权的获得——回顾西方建筑师职业的成长 [J]. 华中建筑，2007，25（5）：8-10.

[4] 庄惟敏. 建筑策划与后评估教育的发展与展望 [J]. 住区，2019（3）：6-7.

[5] 于咏正. 我是王求安：为6-8亿人做设计 [EB/OL]. 2022-02-07. https：//mp. weixin. qq. com/s/6hHX_yjwVC_RnyEnSvmIrQ.

[6] 韩佳纹. 先锋浪潮中建筑师职业角色转变：20世纪90年代中国与60年代英国比较研究 [J]. 新建筑，2021（4）：103-106.

[7] 庄惟敏，徐卫国. 创造性的建筑学教育思考 [J]. 住区，2017（3）：53-59.

[8] 张长锐，舒平，田勇，袁景玉. 英国建筑教育中的情景项目课程应用 [J]. 高等建筑教育，2015，24（5）：13-18.

[9] 张长锐，张玉坤. 基于MADE模型的建筑设计教学研究 [J]. 高等建筑教育，2015，24（6）：156-161.

[10] 庄慎，王方戟，张斌. 小菜场上的家5：用设计认知世界 [M]. 上海：同济大学出版社，2021.

[11] 瞭望东方周刊. 王建国：要用"绣花般的设计和营造"提升城市品质 [EB/OL]. 2019-01-31. https：//www. sohu. com/a/292581700_118927.

[12] 朱渊，朱剑飞. 日常生活：作为一种设计视角的关注——"日常生活"国际会议评述 [J]. 建筑学报，2016（10）：19-22.

[13] 戴晓玲. 面向设计师的"环境行为学"：教学探讨 [R]，南京：东南大学，2021-09-25.

[14] SCHÖN D. A. The Reflective Practitioner：How Professionals Think in Action [M]. New York：Basic Books，1983.

[15] PEPONIS J，WINEMAN J. The spatial structure of environment and behavior：space syntax [M] //BECHTEL R. B，CHURCHMAN A. Handbook of Environmental Psychology. New York：John Wiley，2002：271-291.

舒欣　林佳宝　朱金津

南京工业大学建筑学院；494704966@qq.com

Shu Xin　Lin Jiabao　Zhu Jinjin

College of Architecture，Nanjing Tech University

基于学科交叉的木结构建筑设计教学
The Teaching of Timber Building Design based on the Intersection of Disciplines

摘　要：木结构并非一门独立的学科，完成一座木结构建筑需要多个学科能力的支撑，包括林业、土木工程、机械工程、建筑学等。因此，现代木结构设计教育需要紧跟行业的需求，在建筑学的木结构教学中加强交叉学科交流，帮助学生建立全面的木结构建筑知识体系，从而指导建筑设计，并利用 BIM 多学科协同设计的特点，帮助学生更好地完成多学科的设计实践。

关键词：木结构设计；建筑教学；学科交叉；BIM

Abstract：Timber is not an independent discipline. Completing a timber building requires the support of multiple disciplines，including forestry，civil engineering，machinery，and architecture. Therefore，modern timber design education needs to keep up with the needs of the industry，strengthen interdisciplinary exchanges in the timber teaching of architecture，help students establish a comprehensive timber building knowledge system，so as to guide architectural design，and use BIM for multidisciplinary collaborative design features to help students better complete multidisciplinary design practice.

Keywords：Timber Design；Architecture Teaching；Interdisciplinary；BIM

1　建立以多学科交叉设计为导向的教学方法

国内建筑学专业对木结构设计的教学体系仍不完善，迫切需要围绕木结构建筑设计的特点，从土木工程、林业科学和机械工程等相关学科课程体系内抽取木结构建筑所涉及的知识点，重新梳理并构建符合建筑系学生特点的木结构设计课程体系。[1]

南京工业大学木结构建筑教学体系主要围绕"一目标、二途径、二联动、三结合、八模块"的多学科框架进行（图 1）。通过两种方式培养现代木结构建筑领域人才，第一，与英属哥伦比亚大学林学院进行联合教学，实现建筑学与木材科学的融合；同时，利用 BIM 联动建筑设计软件和木结构设计软件，将建筑学与土木工程、机械工程相结合，进行多学科融合设计实践。

2　多维度的联合教学

自 2015 年以来，南京工业大学与加拿大英属哥伦比亚大学林学院进行了长期的交流学习与合作，建筑系开始引入欧美高校的木结构设计相关教学体系，并利用暑期组织学生前往加拿大英属哥伦比亚大学（University of British Columbia，以下简称 UBC），参加为期 3 周的木结构设计联合教学。木结构夏令营教学活动主要由理论授课、木结构建筑参观和木结构建筑设计三个环节组成，涵盖了从木材特性到建筑设计实践的完整学习链条。[2]

2.1　理论授课环节

UBC 木材科学系的 Frank Lam 教授负责学生的理

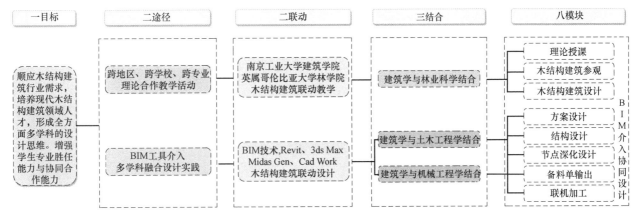

图1　南京工业大学木结构建筑教学体系

论授课环节，主要分为三部分：首先为认知概论课程，通过分析全球各地区的森林覆盖率、二氧化碳排放量等环境问题，强调木结构建筑的节能环保优势；其次为木结构设计教学，通过损伤模型理论计算木材的设计强度、抗压强度等特性，同时简要讲述了木构件设计、节点设计的方法；最后运用案例教学法展示全世界优秀木结构建筑，例如大馆树海巨蛋、悉尼奥运会展览馆等。理论授课环节通过多维度的传授，使学生能够紧跟木结构建筑前沿研究，掌握最新的行业资讯。

2.2　木结构建筑调研环节

Frank Lam 教授首先带领学生参观了林学院的先进木材加工中心，介绍了常用的几种工程木材料、木结构节点的连接方式、金属连接件的适用范围等建造方面的知识；并通过实验展示了单板层积材在受拉情况下的极限强度。同时，讲解了激光切割机、数控机床、机械臂等的木材加工设备及其操作方法。通过现代木结构加工技术，展示木结构产品生产、建造的高效和精确性（图2）。

学生随后调研了 UBC 校园内的几座具有代表性的木结构建筑（图3）。其中，林业科学中心的木质学习区由一个开放的中庭组成，中庭内的树形柱结构通过光线的渲染，与墙壁的木制品交相辉映，显示出独特的韵味。这种实地考察调研正是合作教学的优势之一，既能拓宽学生视野，又可增强学习兴趣。

图2　UBC 理论教学与木材加工中心参观

图3　林业科学中心

2.3 木结构建筑设计环节

南京工业大学的木结构建筑设计课程注重专业间的多元化交叉教学，建筑系教师负责木结构建筑设计方面的教学，而涉及木材性能则由木材加工专业背景的教师授课，

并结合教学特点，明确了以模块化设计为主线的教学方法，通过突出木材料、木结构和木构造技术等木建筑特征表达出了建筑的文化感、自然感及生态性，多学科的融合取得了良好的教学效果（图4）。

图 4 木结构建筑教学模型

3 BIM 介入的多学科融合教学实践

BIM 在设计的不同阶段具有很强的协调性和联动性，可以减少沟通成本，使设计更加流畅且全面；同时 BIM 工具在木材的装配式设计和加工节点零件方面也存在巨大优势。因此，BIM 技术介入木结构建筑项目的设计与建造阶段，能够极大地优化设计流程，提升建筑效能（图5）。

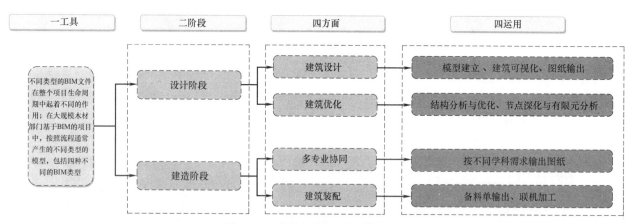

图 5 BIM 在整个项目生命周期中应用

本文以某高校大跨木结构建筑设计教学案例——"贯·虹"为例，介绍 BIM 介入的多学科融合设计实践。"贯·虹"利用 BIM 工具将不同学科内容整合在设计流程中，充分实现多学科融合。学生首先基于 Revit 平台完成建筑方案设计，并建立 BIM 基础模型，同时借助 Midas Gen 软件优化结构设计，完成与土木工程学科的联动；再通过 Cad Work 软件进行节点深化设计，并导出对应的备料单，以供后期进行木结构联机数控加工，实现与机械工程学科的融合（图6）。

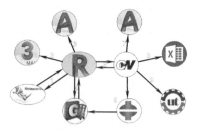

图 6 BIM 软件协同

同时也使造型更加丰富。

本方案在贯木拱的基础上有所提升，将中间的贯木用空心钢管代替，其中布置各种管线，避免了建筑内部管线的杂乱，可以最完美的将结构形式呈现给使用者。主体结构间的次梁用曲梁连接，覆盖层用索膜结构，以增加室内采光（图7、图8）。

3.1 方案介绍

设计方案为游泳馆建筑，位于南京高校校园内，场地周边水系环绕，背山面水，风景秀丽。方案灵感来源于北宋张择端所画《清明上河图》中的贯木拱桥，减少用料的

图7 "贯·虹"室外效果图

图8 "贯·虹"室内效果图

3.2 BIM 的应用实践

1) BIM 核心模型建立

设计伊始,首先在 Revit 中建立主要结构模型,然后将其导入 Rhinoceros 中,在 Rhinoceros 中,捕捉导入模型的控制点,进行索膜结构屋顶的曲面模型建立,完成此过程之后,再将其导入合并至 Revit 主模型中,至此,完成整个 BIM 核心模型的建立(图9)。

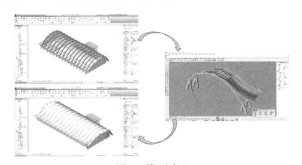

图9 模型建立

2) 可视化应用

核心模型的建立后,将其导入 3ds Max,进行可视化应用。Revit 本身即可做可视化操作,但由于设计模型携带信息量巨大,Revit 中的可视化难免出现卡顿、甚至报错。因此将模型导入至 3ds Max 中,保留 Revit 原有的材质、相机、灯光等信息,在此基础上进行微调,便可做效果图渲染,视频输出等可视化操作(图10)。

3) 图纸输出

在 Revit 中完善的 BIM 核心模型包含整个建筑的所有信息,因此可以根据需要输出各类 2D 图纸到通用设计软件

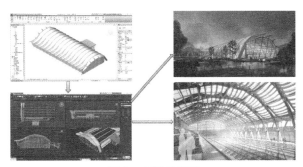

图10 可视化应用

CAD 中,从而方便建筑参与各方的交流与信息传递(图11)。

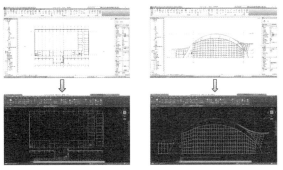

图11 图纸输出

4) 结构分析与优化

在 Revit 中隔离出结构构件,并以线单元的形式导出至三维 ".dwg" 文件,在 CAD 中根据结构模型的初设截面类型调整图层,进而输出 ".dxf" 转换文件,然后分图层导入 Midas Gen 中进行结构有限元分析。根据分析结果,对构件截面、结构布置进行优化,优化后的数据最后应反馈回 Revit 模型中,从而实现结构设计流程(图12)。

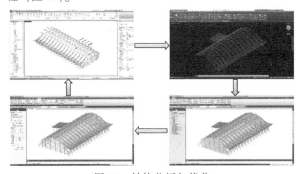

图12 结构分析与优化

5) 节点深化设计

将 Revit 中的结构模型通过 IFC 或 SAT 文件输入至 Cad Work 中,在 Cad Work 中进行节点深化设计,设计出的节点不仅具有可视化性质,而且携带的信息方便其输出各类图纸。在 Cad Work 中设计的节点三维模型亦可反向输入 Revit 模型中,进一步更新 BIM 核心模型(图13)。

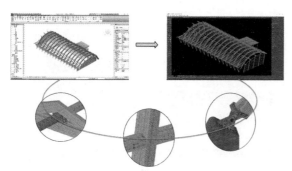

图13　节点深化设计

6）节点有限元分析

在 Cad Work 中设计出节点三维模型（包含销轴类紧固件），将其输出至 Abaqus 中结合 Midas Gen 中的计算内力结果进行有限元分析，计算每个节点是否符合受力要求，若不符合，则返回修改，若符合要求，则进一步计算半刚性节点的刚度系数，根据得到的刚度系数调整 Midas Gen 模型中相关构件的梁端约束，使得计算结果更加逼近实际设计情况（图14）。

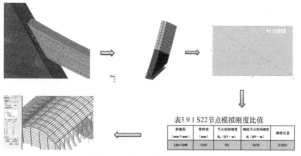

图14　节点有限元分析

图16　备料单输出

9）联机加工

木结构区别于其他结构形式最大的特色之一便是联机数控加工，可通过切、铣、刨、锯、钻等工序生产出设计师设计的几乎所有几何形体的木构件，采用联机加工极大地提高了工厂生产效率和精度，也节约了生产和现场安装时间成本（图17）。

7）根据不同学科需求拆分图纸输出

在 Cad Work 中建立了完整的节点模型之后，该模型就已经具备联机加工的能力了，但是实际过程中不可避免的需要不同专业人员的介入，这时候就需要导出精细的拆分图纸，在 Cad Work 中，可以选择自动或手动的方式输出节点、构件、整体结构等图纸（图15）。

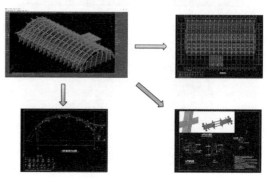

图15　拆分图纸输出

8）备料单输出

在 Cad Work 中建立了完整的节点模型之后，随即可一键生成机器加工数据，在联机加工前，需要输出木料的备料单进行人工备料。Cad Work 可以根据加工数据自动计算每根构件的备料尺寸以及数量。以上过程仅仅适用于直线构件备料，若工程采用曲线形构件，一般不采用软件自动备料数据，Cad Work 中有一个层板（Lamella）模块，在该模块下，可以通过构件的表面形状、选用层板厚度、同一规格数量等控制参数生成具体的层板备料单，进而层压出曲线形构件（图16）。

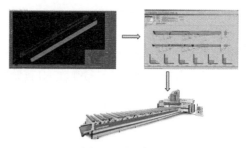

图17　联机加工

4 结语

经过多年的发展和积淀，木结构建筑事业已呈蓬勃发展之势，行业对木结构人才的需求愈加旺盛。然而我国目前的木结构建筑教学仍未形成一套完整的体系，无法满足市场需求。文章针对基于BIM工具的木结构建筑教学进行了分析探讨，希望通过学科交叉模式的教学改进，帮助学生养成全方面多学科的设计思维，促进中国现代木结构建筑领域优秀人才的培养。

主要参考文献

[1] 张国锋，李冉，常爱苹. 高等学校木结构课程现状及教学方法实践探索 [J]. 大学教育，2021 (7)：13-15.

[2] 张晋，冯健，范圣刚，等. 联合加拿大不列颠哥伦比亚大学的木结构课程教学 [J]. 高等建筑教育，2014，23 (4)：63-67.

张春彦　沈晨思

天津大学建筑学院；franczcy@163.com

Zhang Chunyan　Shen Chensi

School of Architecture，Tianjin University

在建筑学教育中纳入景观与国土思维：天津大学 CIEPT 项目

Integrating Landscape and Territorial Thinking into the Architecture Education：CIEPT Program，Tianjin University

摘　要：随着我国经济发展进入转型期，国土空间规划、生态保护、乡村振兴和新型城镇化模式等话题成为建筑相关专业从业人员的重点关注议题，以"布扎"教育体系为主的传统建筑学教育已不能充分回应重视环境生态和文化传承的可持续发展新需求。如何将景观与国土思维引入建筑学教育，引导学生关注建筑所处的社会和自然环境并发展综合解决国土空间问题的能力，将成为建筑学改革的重点。本文以天津大学与法国波尔多国立建筑景观学院、法国波尔多第三大学联合创立的"景观与区域规划设计国际认证课程"（CIEPT）项目为例，介绍这一教学尝试如何将景观规划的方法和国土问题诊断及解决的视角融入建筑学教育之中，以期为我国建筑学教学改革提供经验。

关键词：景观思维；国土视角；建筑学教育；教学改革

Abstract：As China's economic development enters a transition stage，themes which including territorial spatial planning，ecological conservation，rural revitalization，and innovative urbanisation models have emerged as critical concerns for practitioners in architecture-related professions. Traditional architectural education，based on the "Beau-arts" system，which neglected to emphasise environmental ecology and cultural heritage，is no longer capable of meeting the current demands of sustainable development. The objective of architectural education reform will be to introduce landscape and regional thinking to guide students to concentrate to the social and natural surroundings in which projects are placed，and to develop the ability to thoroughly effectively address regional spatial challenges. This study uses the International Certificate in Landscape and Territory Studies Program (CIEPT)，which was jointly established by Tianjin University，the National School of Architecture and Landscape Architecture of Bordeaux，France，and the University of BordeauxⅢ，France，as example，to demonstrate how this pedagogical effort incorporates landscape planning methodology and territotial perspective into architectural education，with the purpose to provide experience for the reform of architecture education in China.

Keywords：Landscape Thinking；Territorial Perspective；Architectural Education；Pedagogical Reform

1 前言：培养解决国土问题的综合型人才

随着我国经济发展，城市化进程也随之进入快速发展阶段后的成熟期，国土空间规划、生态问题、城市转型、乡村振兴等议题成为热点，对我国建筑人才的培养提出了新的要求。如何回应时代需求，引领人居环境与自然环境的协调和文化可持续传承，融入新的国土空间发展规划，应是当下建筑学教育的改革重点。

长期以来我国沿袭的以"布扎"体系为主的建筑教育，过于关注建筑内部的空间逻辑形式和立面构成，使得学生缺乏对环境的真实体验和感受，也缺乏解决实际场地问题的能力。[1] 建筑学教育不仅需要帮助学生理解建筑生成的内部空间逻辑，更需要训练学生理解处于自然、历史和城市环境中的复杂场地问题的能力。同时，还需要学生能够将个人的文化理解和艺术表达创造性地融入设计方案之中。

为实现这一目标，景观的敏感性与国土空间思维的整体性是创建一个可持续的城乡发展模式中必不可少的训练内容。这需要建筑学教育超越建筑单体的关注视角并将视野转向更大的地理尺度之中，通过考虑自然环境、社会文化历史与人工建成环境的多种动态关系，帮助学生发展一种面对城乡发展现实的有机整体观。[2] 因此，在建筑学教育中需要引入以景观和国土思维引导的相关课程，不仅包括区域尺度的城市及城郊乡村的设计专题，也应包括相应的国土分析、景观表达与生态实践课程，帮助学生拓展设计视野，从而培养时代需要的综合型建筑设计人才。

2 "景观与区域规划设计国际认证课程"（CIEPT）

2.1 CIEPT 项目介绍

20 世纪以来，尤其是第二次世界大战后，出于对国家重建和经济快速发展的需要，法国大量功能主义的城市建设造成了许多环境与社会问题。1968 年的社会新思潮和巴黎美院的分离带来了脱离学院派传统而转向社会问题、环境问题和对艺术、审美和独创性的建筑师职业新思考。[3] 建筑师的创作也从单纯的建筑创作转向地理和区域的范畴，由此形成了新的建筑与景观教学体系，其中法国波尔多国立高等建筑景观学院（Ecole Nationale Superieure D'architecture et de Paysage de Bordeaux）以其在建筑院校中的景观教育而成为典型代表。该学院的特色是坚持一种跨学科的教学体系，借助景观设计和国土规划，希望能够给学生提供动态的

社会、经济、文化、艺术、遗产、技术和政治的综合视角。[4]

天津大学与法国波尔多国立建筑景观学院自 2013 年共同建立了中法合作教学项目"景观与区域规划设计国际认证课程"（Certificat International d'Etudes de Paysage et de Territoire，缩写为 CIEPT，以下采用缩小），以顺应变革，将景观思维和国土方法引入建筑学教育乃至城乡区域规划和文化遗产等领域。CIEPT 课程创新性体现在授课的对象、学科的交叉、文化的交叉、不同区域性问题的对比、课程的模式、体验课程等方面。旨在让建筑学院学生能够将景观设计作为创新方式，切入城市与国土规划所承载的文化历史价值和生态自然价值。[5]

课程体系构成基于景观理论与景观系统理解、生态与符号、景观和区域规划项目设计三个部分（图1）。这三个部分的课程在安排上相互交叉，相互渗透。整个课程体系的授课教师除建筑设计师和景观设计师以外，还包括：波尔多旅游与规划机构的规划师、波尔多农业科技学校的农学家和土壤学家、波尔多艺术造型系的艺术家等，力求给学生呈现一个多学科的视野。

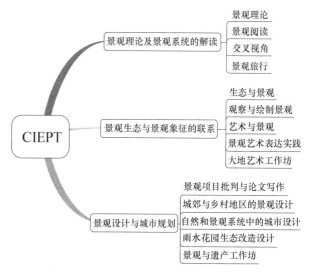

图 1　CIEPT 课程体系构成

2.2 理解国土景观系统并以艺术的方式介入场地——发展对景观的敏感体验和个人立场

如何正确抓住景观要素，并将景观概念转化为可感知的实体，一直是景观思维训练的重要因素。在 CIEPT 项目中，景观符号的抽象教育从理解景观开始，四位教师联合授课，循序渐进介入设计（表1）。

理解景观系统并进行艺术介入的课程特点

表 1

课程名称	课程特点
景观阅读课程	偏重于对乡村和城郊地区的关键区域景观要素的阅读把握,希望初步引导学生形成"敏感"的景观体验和表达个人感受,训练如何在观察中抓取重要的景观元素并采用图示表达
绘制景观课程	以铅笔速写观察绘制景观特征,强调如何在非常短的时间内将景观阅读的成果按照正确的尺度转译为图示
艺术表达工作坊	艺术表达工作坊分为三个阶段:第一阶段的工作坊包括一次实地遗产考察,而后要求学生在教室内通过抽象艺术创作的形式表达自己的个人感受;第二阶段的工作坊希望学生发展一个以艺术干预的方式活化这一遗产的项目;第三阶段的工作坊则通过一次采用自然材料的在地艺术创作将学生的个人立场和艺术表达真正置于场地之中

景观阅读课程是学生建立区域景观思维的先导课程,强调训练实地考察中形成对场地的景观视角和批判思维(图2)。同步开展的绘制景观课程着眼于训练学生在实地景观考察中,采用铅笔速写的方式迅速抓住区域景观结构的能力。学生由区域景观系统的现实,形成抽象艺术的符号化认知,通过个人感知的再加工,并最终将这些认知以艺术介入的方式返回到场地上进行验证,通过轻量化的艺术干预介入景观系统的整体治理当中(图3、图4)。

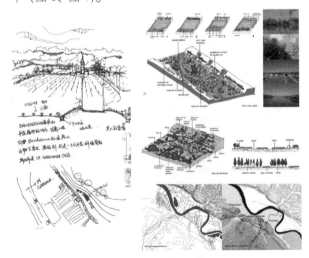

图 2 景观阅读课程作业

图 3 艺术表达工作坊作业(一)

图 4 艺术表达工作坊作业(二)

2.3 景观理论联系地域生态系统的现实——构建人文与自然的景观视角

两条主要线索贯穿 CIEPT 项目的理论课程:景观历史与理论以及生态与景观。景观历史与理论课程通过梳理社会形态及艺术流派的变迁,展示自然和人工是如何相互影响交织最终形成人居环境的文化景观现象。生态与景观课程通过帮助学生建立区域景观系统的生态知识体系,希望提升学生将生态维度嵌入景观评估过程的能力。(表2)。

人文社会与自然生态并行的理论课程　表2	
课程名称	课程特点
景观历史与理论	课程介绍当代景观思维的哲学和社会学内涵、当代的景观思潮与中西方的景观文化交流和特征对比，使学生获得有关当代景观和国土议题的基本知识，并录找在景观和国土规划中的个人认知
生态与景观	则通过探讨波尔多当地的农业、土壤、农业政策，构建生态系统、植被演替、生态平衡、物种多样性的基础知识体系，评估全球农业发展现状并思考法国生态政策的历史发展

2.4 面向区域景观系统的批判视角与系统方案——景观批判课程与区域规划设计工作室

CIEPT课程希望促进学生进行系统性思维模式的锻炼，以便更加清晰地解决社会和经济的可持续发展问题。同时，学生应该学会在专业领域中使用现有的知识和自己的思考，对现有的场地环境进行批判性和建设性的诊断，挑战现有的学科界限，并促进系统性和跨学科的思考。

在CIEPT课程体系中，景观项目批判课程专门设计为锻炼学生批判分析国土项目的能力。学生选择当代景观项目，对其历史、地域、设计和实现过程进行解构思考，并且对该景观项目提出自己的评价。与该课程相互呼应的是景观旅行课程。学生选择一个城市或乡村项目进行实地考察，以摄影、实地走访、与当地居民交流等方式，从而思考设计项目落地所带来的实际自然和社会影响。由此，景观批判从理论走向实际，并向设计实践进行连接。

CIEPT项目的设计课体系包含两个16周的工作室，由4名老师共同带领（表3）。第一学期的设计工作室旨在关注城郊与乡村地区的景观和社会问题，致力于构建学生对当地景观特质的理解视角，并初步回应如下问题：自然地理和生物要素如何塑造了环境？农业、遗产和旅游业在当代设计项目中扮演怎样的角色？如何利用公共空间改善居民生活质量？如何活化和复兴乡村地区？这一工作室以点带面，以微更新的空间改造模式改变国土空间的方式，对学生进行区域尺度上方案设计的首次训练。

第二学期的自然和景观系统中的城市设计教学定位于对现代城市的批判。通过将城市项目定位于整个国土系统之中，课程希望学生理解如何创建空间平衡，关注社会公平、能源合理化使用和流动，并在文化和象征层

面改善人类活动的场所体验。设计课老师不仅包括景观历史与理论的学者、生态学者，也包括从业建筑师和规划师。不同专业的教师在每周两次的设计课中组合并交替出现，训练学生如何反复综合考虑不同维度的问题，逐步从抽象的问题识别落地到具体的实际设计解决方案，最终发展出一个符合区域景观系统发展特质的综合设计与国土发展方案（图5）。

CIEPT 设计工作室特点　　表3	
设计工作室	工作室特点
城郊与乡村地区的微更新设计	在工作室开始之初，学生由教师引领到场地上进行多次大范围徒步调研，学生也被期待多次回到场地，与居民和当地机构交流，从而初步训练学生的场地分析能力和实地调研能力，构建敏感的景观与国土感受视角
自然和景观系统中的城市设计	课程并不给学生提供明确的任务书，而是通过让学生自我探索的方式，就场地的关键要素再次提出需要解决的问题，并且自己提出解决问题的建议，包括规划、经济、生态、文化、居民生活等各个层面

图5　自然和景观系统中的城市设计工作室作业

3 结语

横向上看，学生的景观与国土思维包括阅读能力、转译能力、理解并进行抽象的能力、批判思考能力、识别区域问题的能力、综合解决问题的能力、团队合作能力等。学生的景观知识包括生态知识、历史知识、文化遗产知识、区域发展知识等。最终这些能力和知识片段在设计课程中得到集中体现，通过学生对景观各要素的综合考虑达成国土规划方案。纵向上看，这些课程在不同的时间阶段相互介入、交叉、通过螺旋上升的方式逐

步完善学生的能力库，最终培养一个合格的面向区域景观系统的人居环境设计者。最后，通过外部职业讲座的引入，帮助学生更好地在职业环境和城市发展中进行自我的定位。

总的来说，CIEPT 课程发展出了一套完备的面向将景观与国土思维介入建筑学教育的课程体系。该教学以景观先行的方式作为教学的基本思路，以景观的视角出发，通过寻找场地的价值、关系和构成模式，试图帮助学生时间性中阐明空间的变化，并使得空间愿景能够被设计并实现。从理解场地并形成个人景观敏感性，到形成面对国土景观系统自然与人文语境的专业视角，最终在设计工作室中发展国土思维和综合解决国土问题的能力。同时，国土的视角引导学生将规划项目的设施、功能分区的逻辑纳入到大尺度景观系统中。整个教学过程重视批判性分析及能力实践，着重于培养学生的思维能力及加强个人与团队合作实践能力。该课程体系主要解决了如何在区域景观的复杂系统中，对复杂知识体系和复杂的认识论进行教学的问题。经过近十年的教学，项目培养了来自建筑学、城乡规划学、风景园林及环境设计学的近百名综合型设计人才。该教学模型不仅促进了区域景观系统的研究和教学实践，也从课程设置和学生专业组成两方面成功探索了建筑学相关专业知识能力的交叉融合教育方法，被证明为具有高度实用性，能为我国的建筑学教育改革提供参考。

图片来源

图 1，表 1～表 3 均来源于作者自绘；图 2～图 5 均来源于 CIEPT 学生作业。

主要参考文献

［1］ 刘骏. 景观教学的拓展：将"景观意识"融入建筑学教育中——一次国际合作教学项目的启示［C］//第三届全国风景园林教育学术年会论文集.

［2］ 张春彦，乔羽. 风景园林学科在法国城市发展建设中的作用［J］. 中国园林，2012，28（5）：116-120.

［3］ 张春彦. 当代法国建筑艺术教育与实践［J］. 城市环境设计，2012（11）：82-86.

［4］ 法国波尔多国立建筑景观学院. MISSIONS, ACTIVITÉS ET CHIFFRES［EB/OL］.［2022-05-25］. http：//www. bordeaux. archi. fr/ecole/missions-et-activites. html.

［5］ 胡莲，张春彦. 跨文化跨学科的创新人才培养计划——景观与区域规划课程体系设计［C］//全国高等学校建筑学学科专业指导委员会，合肥工业大学建筑与艺术学院. 2016 全国建筑教育学术研讨会会议论文集. 北京：中国建筑工业出版社，2016.

颜培　张倩　李钰　靳亦冰　谢晖　崔小平　张永刚　苏静
西安建筑科技大学建筑学院；75998468@qq.com
Yan Pei　Zhang Qian　Li Yu　Jin Yibing　Xie Hui　Cui Xiaoping　Zhang Yonggang　Su Jing
College of Architecture，Xi'an University of Architecture and Technology

面向"大类培养"的建筑类基础教学探索
Exploration on the Basic Teaching of Architecture Oriented to the Cultivation in Large Category

摘　要：本文阐述了西安建筑科技大学面向"大类培养"在设计基础课程中的教学改革。课程延续"以空间为主线"的认知规律，以中国人居环境的"传统营造智慧"作为认知框架的理论基石，探索"多课程深度融合"的教学方式，形成"建规互通、注重传统、美画融合"的建筑类设计基础教学模式。

关键词：大类培养；设计基础；空间认知；传统营造智慧；深度融合

Abstract：This paper expounds the teaching reform of Xi'an University of architecture and technology in the course of design foundation for "the cultivation in large category". The course continues the cognitive law of "taking space as the main line"，introduces the "traditional planning and construction wisdom" of China's human settlements as the theoretical cornerstone of the cognitive framework，explores the teaching method of "deep integration of multiple courses"，and forms a teaching mode of architectural design foundation that "Inter flow architecture and urban planning，focus on tradition，and integrates arts and engineering drawing".

Keywords：Cultivation in Large Category；Design Foundation；Spatial Cognition；Traditional Planning and Construction Wisdom；Deep Fusion

1　课程建设背景

随着社会的快速发展，建筑类行业逐渐被越来越精细地划分，这的确为高效高质的社会进步提供了有力保障，但随之细分的高等教育专业分类，也会导致人才培养口径窄、基础薄的问题。

继 2017 年国家开始建设"双一流"高校和学科之后，2019 年教育部又印发了《关于深化本科教育教学改革全面提高人才培养质量的意见》（教高〔2019〕6号），提出高等教育应适应世界潮流和时代变化，培养更高水平的"复合型人才"。基于此背景，各大高校逐渐尝试以"大类培养"的模式回应时代需求。

这种教学模式在国外已开展多年，国外多所知名院校为了培养跨学科的拔尖人才，都在推行大类培养模式。20 世纪 80 年代，北京大学也提出了"加强基础，淡化专业，因材施教，分流培养"的 16 字教学改革方针，并于 2001 年实施由低年级的通识教育与高年级的专业教育构成的"元培计划"。这种模式实现了人才培养口径从"窄"向"宽"的转变，也提供了因材施教的可能，在各大高校的积极探索中，大类培养的模式逐渐延展至高校的建筑类专业。

2　建筑类高校大类培养的探索

在国外的建筑教育演进过程中，建筑类学科也曾经各自为营，但在回应社会发展需求的改革中，"大类培养"成为主要的教学模式。

我国在 2011 年之后城乡规划学和风景园林学陆续成为一级学科，专业基础教育也逐渐从建筑学分离。但是这种基础教学的分离并不利于建筑类学生建立全面且深厚的基础框架，同时也不适应当前多元复合的人才需求。

国内高校逐渐开始探索大类培养的教学模式。清华大学结合"建规景"的设计入门教学需求，改革形成"从空间认知到设计入门"的设计基础教学模式。[1] 哈尔滨工业大学在建筑类专业大类招生的背景下，以"空间建构"为主线建立了"厚基础"的专业基础课程体系。浙江大学在"三重复合结构"的人才培养模式中，增强了学生知识获取的开放度及自主选择度。[2] 西安建筑科技大学也在基于"空间认知"这条主线，针对一年级的设计基础课程进行持续探索。

3 西安建筑科技大学的大类培养探索

面对"宽口径、厚基础"的复合型人才需求，西安建筑科技大学（以下简称西建大）建筑学院于2021年设置"建筑-规划拔尖班"，以"训练建筑类专业基本技能、培养多尺度空间认知能力、养成人居环境整体观"[3] 为设计基础课程的教学目标，从知识、思维、价值三个层面，设置"寻找—认知""操作—观察""抽象—具象""诗意—建构"等四个环节（共96学时），延续西建大设计基础课程以"空间"为主线的教学环节，引入中国传统的人居环境营造理念，与美术、画法几何等课程深度融合，探索"建规互通、注重传统、美画融合"的设计基础课程的教学模式（图1）。

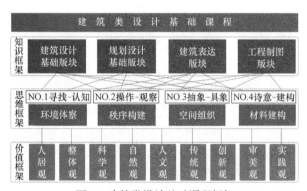

图1 建筑类设计基础课程框架

3.1 延续以"空间"为主线的教学环节

继借鉴"布扎""包豪斯""立体构成"等建筑教育体系之后，西建大开始关注建筑本体，注重"空间认知"，强调对空间尺度、属性、构成方法进行系统训练，2000年后"空间"成为建筑类专业设计基础的教学主线。在2021年"拔尖班"设计基础课程中，仍旧强调以"空间认知"为主线贯穿四个训练环节，并结合建筑

类专业对于不同尺度空间的认知需求，构建延续"空间"主线的"多尺度"认知教学模式。

在"寻找—认知"环节中，通过对古城西安从宏观到微观的观察和探索，培养同学们审视空间的整体视野，熟悉不同比例图纸表达的重点与深度。在"操作—观察"环节中，聚焦场所环境的空间尺度，在操作中观察围合限定的空间与场所环境的相互作用关系，培养学生建筑设计的场所精神。在"抽象—具象"环节中，着重建筑内部空间的训练，以"包裹空间"为设计对象，让学生认知人流、视线、光影与空间组织的关联。在"诗意—建构"环节，重点关注空间的建构尺度，借鉴建构案例中的手法，完成学生自己的实体搭建的方案设计。

通过以上四个环节的训练，学生从自然山水逐层逐步认知区域、城市、片区、场所、建筑、建构等不同尺度的空间及其构成要素，了解影响不同尺度空间的主要因素。

3.2 培育以中国人居环境的"传统营造智慧"为理论基石的整体认知框架

中国人居环境的"传统营造智慧"强调从整体的视角审视空间格局，以自然山水为空间营建基底，注重空间营造与山水要素的关联，形成了巧循山水格局营建人居空间的传统。[4] 在设计基础教学环节中，从环境的体察、秩序的构建、空间的组织、诗意的建构等四个层面引入"传统营造智慧"，帮助学生建立以中国传统营造智慧为基石的空间认知理论框架（图2）。[5]

在第一环节中，学生在"长安城山水人文空间格局"的绘制中逐渐理解"郡邑城市时有变更，山川形势终古不易"的内涵，领会到自然山水才是城市的永恒根基。在第二环节中，学生对场所中"可达""可观""可感"等不同层级的要素进行观察，通过板片的操作围合场所中的空间，构建与环境互融的空间秩序。在第三环节中，学生通过对包裹空间边界洞口位置、尺度的推敲，将场所环境中的良好景观引入空间内部，体会中国传统风景营造中"借局外之力成就局内之功"的奥妙所在。在第四环节中，学生寻找体现具有空间意向的诗词，利用材料的建构塑造能够让体验者感受到传统诗意的空间，让学生探索空间中"意境"的营造，体味中国古人"以物质为承载，以精神为诉求"的价值观。

通过在四环节中引入中国传统的人居空间营造智慧，帮助学生建立坚实的"文化自信"，协助其养成贯穿于设计全过程的传承中国人居空间传统营造智慧的自觉意识，将思政教育融汇于整个课程教学中，为培养具

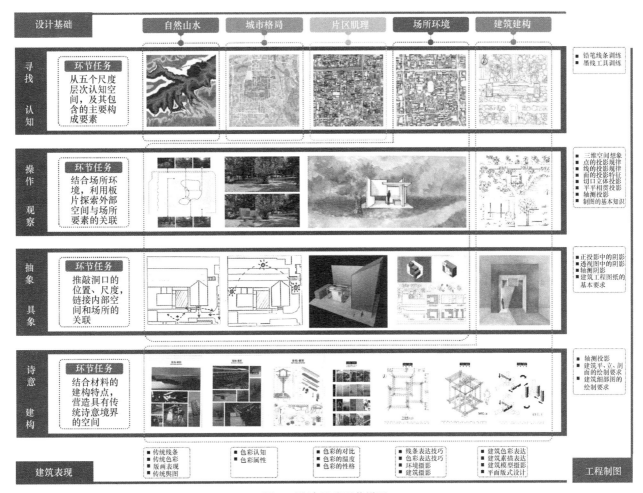

图 2　设计基础环节设置

有家国情怀的建筑、规划人才奠定基础。

3.3　探索"多课程深度融合"的教学组织

　　回应大类培养带来的培养目标、教学内容及教学质量的调整，结合学时不断压缩的教学现实，在原设计基础课程的基础之上，在不同环节、以不同形式融合建筑表现、工程制图、建筑概论等3门课程，构建"多课程深度融合"的建筑类专业基础教学模式。

　　针对建筑表现教学板块，学生在设计基础课程中了解中国传统艺术中的舆图、版画与色谱，熟悉现代艺术的表现手法，掌握了结构素描、建筑水彩等艺术表达技能，将以直觉感受为主的艺术思维与强调科学理性的设计思维行结合，培养学生对艺术的感受、表达与创作能力。针对工程制图教学板块，通过课程的协同推进，学生能够将空间几何制图的理论方法直接应用于设计课程的工程图纸绘制中，打通了理论学习和方法实践的壁垒，在提升教学质量的同时减轻了学生的课业压力。在建筑概论教学板块，依循知识学习的规律，将"空间""尺度""建筑史"等知识的讲授与设计基础课程相结合，建立理论课讲授、设计课研讨的教学模式。

　　经过对建筑类专业基础课程群的整合，坚持"以本为本"，依照"讲授—实践—研讨—反馈"的学习规律，探索"多课程深度融合"的教学模式，建立知识从汲取、运用到掌握的获取路径。

4　结语

　　随着建筑类专业高等教育的改革，大类培养是回应时代需求，遵循教育规律的发展趋势。作为西部建筑与规划行业的重要人才培养高校，西安建筑科技大学通过对"空间认知"主线的延续，对中国传统人居空间营造智慧的引入，对专业基础课程群的整合，构建了适宜的大类培养基础教学模式。本次教学改革是西建大建筑类专业大类培养的首次探索，谨以此文以供借鉴。

主要参考文献

［1］ 陈瑾羲. 从空间认知到设计入门——面向"建规景"大类本科新生的一年级上学期建筑设计教学//2019中国高等学校建筑教育学术研讨会论文集编委会，西南交通大学建筑与设计学院. 2019中国高等学校建筑教育学术研讨会论文集［C］. 北京：中国建筑工业出版社，2019.

［2］ 王竹，朱宇恒，等. 启智创新·卓越培养——大类招生，通识教育改革趋势下的建筑学专业培养体系创新［C］// 全国高等学校建筑学学科专业指导委员会，重庆大学. 2009全国建筑教育学术研讨会会议论文集. 北京：中国建筑工业出版社，2009.

［3］ 吴良镛. 人居环境科学导论［M］. 北京：中国建筑工业出版社，2001.

［4］ 王树声. 中国城市规划传统的现代意义［J］. 城市规划，2019，43（1）：50-57.

［5］ 王树声. 中国城市人居环境历史图典［M］. 北京：科学出版社，2016.

俞传飞　覃圣杰

东南大学建筑学院；yuchuanfei@seu.edu.cn

Yu Chuanfei　Qin Shengjie

School of Architecture，Southeast University

新工科背景下建筑专业教学数字技术应用分析

——关于数字化辅助设计工具在建筑专业教学中使用情况的问卷调研

Analysis of the Application of Digital Technology in the Teaching of Architecture in the Context of New Engineering

摘　要：数字技术在建筑专业教学领域的应用由来已久，日新月异的相关建筑软件，更给专业研究和教学带来不断更新的技术支持和挑战；另一方面，相关软件工具在建筑专业教学活动（课程和设计）的具体应用状况，及其对相关专业人士、设计者和教学师生的影响，仍是一个庞杂的问题亟待厘清。结合东南大学建筑学院的两门本科生/研究生课程近5年来（2016—2021年）数百名学生的相关问卷调研数据，本文尝试从工具与技术的变化、应用中的问题及趋向等不同方面，对这一问题进行必要的梳理和探究，试图为相关专业设计和教学研究提供一定的参考。

关键词：建筑设计软件工具；问卷调研；建筑专业教学

Abstract：The application of digital technology in the field of architecture teaching has been long-standing，and the rapidly changing related architecture software brings constantly updated technical support and challenges to professional research and teaching；on the other hand，the specific application status of related software tools in architecture professional teaching activities（courses and designs）and its impact on related professionals，designers and teaching teachers and students is still a complicated issue that needs to be clarified. Combining the relevant questionnaire research data of hundreds of students from two undergraduate/graduate courses in the School of Architecture of Southeast University over the past five years（2016-2021），this paper attempts to sort out and explore this issue in different aspects such as changes in tools and technologies，problems and tendencies in application，in an attempt to provide some reference for relevant professional design and The study is intended to provide some reference for related professional design and teaching research.

Keywords：Architectural Design Software；Questionnaire Research；Architecture Education

1　应用调研背景

不断发展的数字技术通过冲击传统建筑学科的壁垒，为建筑学科研究和实践教学提供了不断拓展的知识背景。伴随着"工业4.0"的浪潮，从辅助绘图发展到辅助设计，再发展到如今学科交叉中的学科交叉协作，数字化辅助设计工具的应用已然是新工科背景下的建筑专业及其设计教学的新常态内容。[1]

在建筑教学领域内，数字化类课程早已纳入建筑学专业的必修课程计划。[2] 数字化建筑设计教学已经成为诸多建筑院校的共识，大多从本科二年级开始培养数字化技术能力——或独立开设课程，或以数字化技术与建筑设计类课程相结合。[3] 同时，在专业工程领域，随着复杂性设计思维的发展——参数与几何控制概念被引入到建筑设计领域，改变了传统设计逻辑，使其逻辑过程以数据形式的可控、可调，降低设计、施工、运维成本，提高生产效率。这也对新时代的建筑专业和设计教学提出了更高的要求，成为设计教学的新重点之一。建筑信息模型（BIM）、虚拟现实与增强现实（VR&AR）、参数化设计（Parametric Design）等不断革新的数字技术从专业工程实践领域中来，走入到各大建筑设计课堂中去，极大地增强了建筑设计教学的多样性和复杂性；生成设计、绿色建筑、机器人建造、3D打印建筑、互动建筑、媒体与影像建筑等等研究方向正在数字化建筑设计教学中兴起，成为诸多高校前沿的建筑数字化教学课题。[4]

但与此同时，相关软件工具在建筑专业教学活动（课程和设计）的具体应用状况，及其对相关专业人士、设计者和教学师生的影响，仍是一个庞杂的问题亟待厘清。本文结合东南大学建筑学院的"数字化技术与建筑""数字化建筑"两门课程近5年来数百位学生的相关问卷调研数据，通过相关问卷数据中反映出的数字化辅助设计软件工具及其应用变化情况，试图厘清建筑专业教学中数字技术的变化及其应用趋向，为建筑学专业设计教学的未来发展趋势，提供相关的参考。

2 软件使用情况调研方法

2.1 建筑软件使用情况问卷设计

对建筑软件使用情况进行调研是展开数字化专业教学（课程和设计）研究的一个重要前提，挖掘学生对建筑软件工具的使用情况相关数据信息，有助于了解数字化技术在建筑专业教学中的应用状况。为此，本文以建筑软件工具为调研对象展开问卷设计。

根据通常建筑设计的操作流程和行业涉及到的几类软件，问卷将建筑软件工具软件列为如下几类（图1）：

类别	题目\选项	没听说过	接触过，但不会用	会简单命令	较熟练，会快捷键	精通（包括插件）
制图建模/渲染动画	AutoCAD	0.00	0.00	6.00	66.00	16.00
	天正建筑	0.00	10.00	22.00	48.00	8.00
	Rhinoceros	3.00	30.00	41.00	11.00	3.00
	3ds MAX	3.00	73.00	12.00	0.00	0.00
	Maya	48.00	39.00	1.00	0.00	0.00
	SketchUp	0.00	0.00	3.00	34.00	51.00
	FromZ(类似SU)	86.00	2.00	0.00	0.00	0.00
	Bonzai3D(类似SU)	85.00	3.00	0.00	0.00	0.00
	Solidworks(工业设计)	56.00	30.00	2.00	0.00	0.00
	Zbrush(数字雕刻：常配合C4D)	71.00	16.00	1.00	0.00	0.00
	Cinema 4D(C4D)	42.00	42.00	4.00	0.00	0.00
	Twinmotion(独立渲染器)	70.00	17.00	1.00	0.00	0.00
	Lumion(独立渲染器)	2.00	36.00	37.00	8.00	5.00
	VRay(渲染插件)	0.00	23.00	43.00	17.00	5.00
	Keyshot(渲染插件)	65.00	21.00	2.00	0.00	0.00
	Enscape(渲染插件)	0.00	2.00	12.00	48.00	26.00
图像处理/版式设计	Adobe Photoshop	0	0	4	59	25
	Adobe Illustrator	6	26	39	15	2
	Adobe InDesign	0	2	31	49	6
	CorelDRAW	77	8	3	0	0
影像剪辑/特效处理	Adobe Premiere	9	17	39	20	3
	After Effects	41	33	10	3	1
	Final Cut	73	14	0	1	0
	Movie Maker	69	14	4	1	0
生态模拟/仿真分析	Ecotect(绿建模拟)	14	13	47	11	3
	PKPM(绿建设计、造价分析、施工管理)	72	7	8	1	0
	Ansys(工程仿真模拟)	82	4	2	0	0
	Fluent(经典的流体力学模拟软件)	80	6	1	1	0
	Openfoam(开源的流体力学模拟软件)	84	4	0	1	0
	Rhino CFD(Rhino插件，流体模拟)	74	13	1	0	0
	Radiance(采光分析的内核软件)	61	19	5	3	0

图1 2021年软件工具使用情况调研表（局部）

①制图与建模；②渲染与动画；③图像后期处理；④影像后期处理；⑤生态模拟分析；⑥参数化建模；⑦脚本编程；⑧建筑信息模型（BIM）与协同设计；⑨虚拟现实（VR）与实时交互引擎；⑩地理信息系统（GIS）与城市建模，外加一类；⑪传统技能（手绘草图与实体模型）。

随着软件工具的快速发展与更迭，问卷选项跟随设计课程以年为单位发放，或多或少会具有滞后性。为了与时俱进，本问卷分类下的软件工具子项目每年均会动态更新，特别是2019—2021年间的更新较为明显，但根本上不会影响对软件工具使用状况的趋势判断。

2.2 问卷结果赋值量化与取样范围

李克特量表（Likert Scale）社会调查和心理测验等领域中最常使用的一种态度量表形式，通常采用5级分类，并按需附着相应分值。[5]使用李克特量表时，通常会需将所有被调查者的量表总分累加后求平均值，即可得到该群体对某事物的平均意向。另外，通过累加的平均量表还可以了解群体中个体态度总分的分布情况。[6]

本调研借助李克特量表形式，可以将使用者对软件工具的熟悉度与相应软件的分进行赋值。其中0值作为

判断软件工具是否会用的临界点，以此往两个方向发展——正值1、2为积极方向，数值越大，表示掌握程度越优；负值-1、-2为消极方向，数值愈小，表述熟练程度越差。填表者只需勾选（-2、-1、0、1、2）相应选项以确定该软件工具的熟练度，最后可获得相应的统计结果。其中-2为没听说过，-1为接触过但不会用，0为会简单命令操作，1为熟练使用，2为精通（包括插件）。

调查选取了东南大学建筑学院的"数字化技术与建筑"（本科四年级）、"数字化建筑"（研究生一年级）两门课程在2016—2021年397位学生的相关问卷调研数据，主要涵盖建筑学、风景园林专业，具有一定的代表性。本调查利用二维码发放电子版的在线问卷，近年来共获得有效问卷397份，其中研究生47人，本科生356人。

3 建筑软件使用状况调查结果

调查首先以2016—2021年为限，按年获得各分类下的平均分值，以此得到整体的软件掌握情况。由于2016—2018年并未展开对GIS于城市建模分类的调查，所以以"/"显示，结果如图2所示。

题目\选项	2016平均分	2017平均分	2018平均分	2019平均分	2020平均分	2021平均分
(1)制图与建模	0.45	0.51	0.29	0.24	0.38	0.47
(2)渲染与动画	-0.63	-0.55	-0.44	-0.41	-0.08	-0.12
(3)图像后期处理	0.59	0.61	0.76	0.56	0.71	0.64
(4)影像后期处理	-1.39	-1.14	-1.22	-1.25	-1.02	-1.22
(5)生态模拟分析	-1.06	-1.04	-1.11	-1.34	-1.19	-1.09
(6)参数化建模	-1.08	-0.89	-0.53	-1.10	-0.99	-0.81
(7)脚本编程	-1.34	-1.35	-1.55	-1.33	-1.22	-1.29
(8)BIM与协同设计	-1.15	-1.27	-1.09	-0.99	-0.87	-0.99
(9)VR实时交互引擎	-1.74	-1.71	-1.70	-1.60	-1.45	-1.54
(10)GIS与城市建模	—	—	—	-1.58	-1.47	-1.58
(11)传统艺能	0.34	0.40	0.58	0.82	1.15	0.63

图2 2016—2021年软件工具使用情况均分统计

3.1 过去数年来的整体变化

现将结果表格数据转化为柱状图（图3），可更便于直观观察。

图3 2016—2021年软件工具使用趋势分析图表

从整体结果中可以看出，处于正值区域的分类有①制图与建模；③图像后期处理；⑪传统技能，该三类都是传统建筑设计需要的三类工具性技能需求，符合传统印象中学生掌握的技能情况。①和③处于动态平衡，而传统艺能⑪在2020年以前逐步上升以至于超过1分，虽在2021年明显回落到0.63分，但仍然超过2018年的水平，说明传统非数字化设计辅助工具仍然为主流选择。

处于负值区域为大部分分类，说明大部分学生都对新兴数字化设计辅助工具不够熟悉。但在（-2，0）区间内，各类别软件的变化有差异，反映熟练程度的发展趋势。其中，分类②渲染与动画；④影像后期处理；⑥参数化建模；⑧建筑信息模型（BIM）与协同设计整体处于（-1，0）之间，并且随年份逐步有上升趋势，说明这4类软件工具的熟练度虽欠佳，但正在逐渐加强。而分类⑤生态模拟分析；⑦脚本编程；⑨（VR）与实时交互引擎；⑩地理信息系统（GIS）与城市建模处于动态平衡的趋势，基本维持在-1分以下，说明学生对其很不熟悉。

总之，掌握传统数字工具技能依然是绝大多数学生的选择，传统技能达到最高频次。渲染与动画软件工具在近两年的使用频率跃升，实时交互与GIS及城市建模方向的软件使用频率最低，趋势平稳。而其他新兴数字技术工具对于大部分学生来说基本不会使用，使用频率均很低，但趋势正朝更熟练方向发展。

3.2 各类工具的具体变化

根据第3.1节的整体结果再进一步查看软件使用情况，囿于篇幅所限，以下仅以①②两类为例进一步分析。

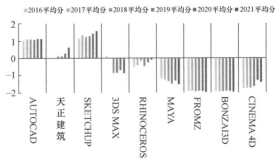

图4 "①制图与建模"软件使用情况分析

从图4中可以看出，目前的行业中主流软件Auto-CAD、天正建筑、SketchUp软件都为正值，除Auto-CAD保持平稳外，其余熟练度随年份稳步上升。

在该大类目的各分类中，能观察到存在正值的软件只有"渲染与动画"一项，从图5中可知，它们是Vray、Lumion和Enscape三项。在2018年以前，行业传统渲染软件Vray仍居主流，其代表的是CPU渲染器，有质量高、但耗时费力的特点。但在2019年后，Vray的分值逐步下降，这个变化恰好与同年在问卷中增加的"Enscape"选项有关，呈此消彼长的态势——Enscape自2020年起，飞跃抬升高居"渲染与动画"分类榜首，说明自2019年后，在学生群体中成为最常用的渲染器。Enscape为GPU渲染器，具有质量较好、速度很快的优势。而行业动画领域最常用的Lumion独立动画渲染器虽一直采用这项即时渲染技术，其熟练度也在不断攀升，2020年曾超过0值，但在2021年回落。

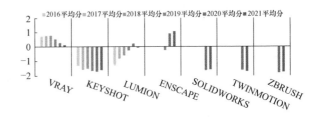

图5 "②渲染与动画"软件使用情况分析

4 调研结果分析与讨论

调研结果受样本容量、数据可信度的影响，虽存在一定的误差，但本文并非苛求精准的因果关系，旨在获取数字技术（体现在应用性很强的软件工具）与具体的专业教学领域的宏观应用情况，重在对整体趋势的分析。可以分为以下几点：

4.1 软件技术迭代与工具应用趋势的相关性

软件工具相关的技术迭代可以最直观地从软件版本的更新体现。因此，对调研结果出现明显上升拐点的几个软件如 Rhino、Enscape、Lumion 等代表软件进行分析，发现结果的趋势可能与软件重大版本更新有关。

举例来说，Rhino 软件在 2016—2018 和 2019—2021 之间都在明显上升，2018 和 2021 年都达到了相似的最高峰，但 2019 年出现了明显下跌。该趋势可能与 Rhino 软件重大版本更新有关——2018 年初推出了 Rhino6.0 版本，2020 年 12 月推出 Rhino7.0 版本（或影响 2021 年数据）。这些更新都显著的优化了软件的内核算法，使得软件工具越来越高效便利。

最突出的变化是 Enscape，或许这也跟 2019 年 Enscape2.0 版本的推出有关，其代表的是以 GPU 为特点即时渲染的渲染器，这与 GPU 硬件与软件技术的成熟密不可分——通用计算架构的不断革新，为即时渲染器的转换带来契机。从前采用主流 CPU 渲染器如 Vray 需要几小时才能完成的离线渲染现在使用 GPU 只需要几分钟的时间。

Lumion 一直保持快速上升的趋势，直到 2020 年才突破正值，这或许与当年 Lumion10.0 版本的革新有关，使其不仅在动画层面，更在静态画面中具备更好的渲染表现能力。但 2021 年又开始下滑，或受到 Enscape 更为先进的 3.0 版本的影响，毕竟该两款软件功能基本接近，不可否认在市场中也存在竞争关系。

4.2 工具软件的应用取向

通过结果综合来看，在显著上升的软件中，特别是正值区间中，以代表软件如 SU、天正建筑、Enscape 等，它们对计算机硬件要求较低且操作傻瓜化，具备易学易用的特点，并且这些特点随着版本更新不断地强化。基本都具备卓越的易学性、易用性、高效性。另外，工具软件对硬件配置要求是否低，也可能是影响学生选择的一个原因。

关于出现明显拐点或稳健上升的软件，如 Rhino、Grasshopper、Revit、Ladybug & Honeybee 等，基本上也都是相关专业工程领域中主流的软件工具，说明学生阶段的工具使用情况与行业要求在一定程度上有所吻合，侧面反映出产学研的紧密相连。但也可以发现，如 Unity3D、Minecraft 这些工具属于跨学科的前沿研究，虽与行业要求并非紧密相关，但因研究性仍然受到欢迎。

简而言之，软件工具是否能够获得学生群体良好的

应用，与其更好的易学性、易用性、高效性、行业契合度、研究价值等因素有关。

4.3 与行业主要技术发展趋势的关联

在行业的主要技术发展趋势中，一方面，随着国家的"十四五"规划出台，住房和城乡建设部按照《住房和城乡建设部等部门关于推动智能建造与建筑工业化协同发展的指导意见》（建市〔2020〕60 号）要求，各地围绕数字设计等方面积极探索，推动智能建造与新型建筑工业化协同发展取得较大进展，确定了建筑信息模型（BIM）技术体系的核心定位。

结合问卷结果显示，学生们对 BIM 相关软件工具应用普遍薄弱，说明其在学校设计教学活动中，对 BIM 技术的应用情况仍与行业要求存在差距。这或许和设计课程的设置以及学生作业的现实需求有关——大多只呈现方案阶段成果。这也许说明 BIM 技术在产与学之间的瓶颈处境。而与之相关的，以编程技术或参数化设计工具为代表的智能建造技术，则与 BIM 技术的应用存在同样困境。虽然如此，可以发现上述软件工具的熟练度都开始逐步攀升，特别是在 2018 年之后，它们在学生群体中逐渐受到重视。

另一方面，随着"碳中和"目标的提出，由住房和城乡建设部、国家发展和改革委员会等 7 部门印发的《绿色建筑创建行动方案》（建标〔2020〕65 号）明确既有建筑能效水平不断提高，装配化建造方式占比稳步提升，绿色建材应用进一步扩大。因此，如何助力实现建筑的碳达峰、碳中和也是行业重要发展趋势。

从调查结果中发现，绿建技术在教学领域的普遍应用情况虽然并不理想，但也可以发现有一些明显特征，如 Ecotect 软件呈现出相对较高的熟练度，并且以 Ladybug & Honeybee 为代表的前沿参数化绿建分析工具在 2019 年后稳步地抬升。

上述种种情况的出现往往与相关课程教学的设置有关，从侧面中反映了相关技术在设计教学中与行业趋向呈一定程度上的吻合。简而言之，这些趋势都呈现出了设计教学领域的数字化发展方向与行业发展要求遥相呼应，产、学、研发展趋势大致相符。

5 结语

通过调研结果的分析与讨论，可以发现以数字化方法组织建筑专业教育仍处于发展方兴未艾的阶段，或许受到相关教学体系和课程大纲的影响，大部分学生对传统数字化辅助设计软件工具（如 CAD、SU 等）基础较好，但对新兴数字化技术的具体掌握程度薄弱。在实然

的结果面前，这到底是一种应然还是一种掣肘——尽管对于专业设计和教学研究者们可以给出不同的答案，但无论如何，它都反映出建筑专业设计教学在数字化领域仍然有广阔的发展前景。

不过，随着相应计算机硬件与软件技术的飞速发展，建筑行业向数字化、精细化转型——建筑信息模型（BIM）成为业内关注的焦点，相关信息集成性软件、参数化及相关编程技术在设计教学领域的重要性增强等等趋势，都证实了建筑专业朝着智能化"新工科"教育转向的必要性[7]——这不仅是"十四五"规划下的建筑专业教学和行业高质量发展需要努力的方向，也与问卷结果中呈现的工具应用趋势的走向吻合。这或许也给数字化建筑专业教育带来启示：如何维护乃至强化这一趋势，仍需各方努力，进一步推动建筑数字化教学体系的创新发展。

主要参考文献

［1］ 孙一民. 建筑学"新工科"教育探索与实践 ［J］. 当代建筑，2020（2）：128-130.

［2］ 陈瑾羲，刘泽洋. 国外建筑院校本科教学重点探析——以苏高工、巴特莱特、康奈尔等6所院校为例 ［J］. 建筑学报，2017（6）：94-100.

［3］ 项星玮，刘翠，沈杰. 数字化建筑设计教学的三个基础性维度及维度属性——以国内15所高校本科阶段的数字化建筑设计教学为样本 ［C］// 胡蠡，徐峰数. 智营造：2020年全国建筑院系建筑数字技术教学与研究学术研讨会论文集. 北京：中国建筑工业出版社，2020：361-367.

［4］ 张烨，许蓁，魏力恺. 基于数字技术的建筑学新工科教育 ［J］. 当代建筑，2020（3）：129-133.

［5］ 风笑天. 社会调查中的问卷设计 ［M］. 天津：天津人民出版社，2002.

［6］ 范克新. 社会学定量方法 ［M］. 南京：南京大学出版社，2004.

［7］ 袁烽，赵耀. 新工科的教育转向与建筑学的数字化未来 ［J］. 中国建筑教育，2017（Z1）：98-104.

苏勇

中央美术学院建筑学院；suyong@cafa.edu.cn

Su Yong

School of Architecture，Central Academy of Fine Arts

基于模块化与在场化理念的"城市设计概论"课程教学探索
——以中央美术学院建筑学院为例

Teaching Exploration of "Introduction to Urban Design" based on the Concept of Modularization and Presence
——Taking the Architecture School of Central Academy of Fine Arts as an Example

摘 要：本文首先指出了"城市设计概论"课程的重要性，以及目前在"城市设计概论"课程教学中普遍存在的问题，接着介绍了中央美术学院建筑学院"城市设计概论"教学过程中提出的模块化理论和在场化体验教学模式，最后总结了"城市设计概论"课程的未来发展方向。

关键词：城市设计概论；模块化理论；在场化体验

Abstract：This paper first points out the importance of the course "Introduction to Urban Design" and the common problems in the teaching of "Introduction to Urban Design"，then introduces the modular theory and presence experience teaching mode proposed in the teaching process of "Introduction to Urban Design" in the School of Architecture at the Central Academy of Fine Arts，and finally summarizes the future development direction of the course "Introduction to Urban Design" was discussed.

Keywords：Introduction to Urban Design；Modularization Theory；Presence Experience

1 城市设计概论课程的意义

城市设计思想古已有之，然而具有现代意义的城市设计教育是伴随着第二次世界大战以后对以现代主义城市规划理论所带来诸多问题的反思和批判而兴起的，通常是以 1956 年在哈佛大学召开的国际城市设计大会作为城市设计专业教育开始的起点。[1] 20 世纪 80 年代城市设计教育伴随着中国的改革开放而被引入，又随着 21 世纪初中国的快速城市化而逐渐普及的，特别是 2015 年中央城市工作会议提出，要加强城市设计，提

高城市设计水平，全面开展城市设计工作之后，城市设计教育已成为我国主流建筑与规划院校建筑学和城市规划两个专业的核心课程之一。应该说城市设计教育的开设，适应了我国城市化的飞速发展带来的对城市设计方面人才的大量需求，有力促进了中国城市建设的发展，其本身也在不断的理论和实践总结下逐步发展和完善起来。然而由于城市设计的研究内容包罗万象，设计师不仅要熟知城市规划的内容，更要具备建筑设计的知识与能力、同时还应具备与历史、经济、工程、环境生态、通信等多方面专业人员合作的团队意识，再加上 5G 时

代来临对城市建设的巨大冲击，都要求我们要用新的眼光来重新审视目前的城市设计教育，明确城市设计教育培养目标与重点，建立与时代需求相匹配的城市设计教学体系已成为建筑规划教育界迫切的任务。

目前，我国主流建筑与规划院校城市设计教育体系主要包括理论课和设计课两大板块。由于设计课在专业必修课中所占比重大，课程设置灵活易创新，因此吸引了高校教师和学者更多的注意力，已形成不少教学改革成果。而理论课作为设计课的指导，虽然作用重大但由于教学内容和方法相对固化比较难以突破，导致在讨论城市设计教育时经常被忽视。为此中央美术学院建筑学院在本科一年级"城市设计概论"课程教学中提出了基于模块化和在场化的教学模式，试图在城市设计理论课程教学领域提供一种新的思路。

2 目前城市设计概论课程中存在的问题

2.1 重空间轻综合

目前我国主流院校的城市设计概论教学无论是建筑学还是城乡规划专业都基本由建筑学科发展而来，理论教学比较注重城市空间设计理论和城市空间分析方法的介绍，而对与城市设计紧密相关的政治、经济、社会及生态环境等问题缺乏足够关注，显露出相关学科知识引入的薄弱甚至缺漏。

2.2 重讲授轻体验

对"城市设计概论"教学而言，一方面城市设计的发展历史时间跨越千年，地域跨越东西，它所涉及的各个地区和时期的代表性城市案例众多，所涉及的教学内容也十分广泛，在有限的课时限定下，目前的教学往往只能侧重书本讲授，运用图像对重点城市进行分析，很难进行实地考察。同时，伴随着信息时代的来临，人们足不出户就可以通过网络搜索到想要了解城市的方方面面，这一方面方便了我们对城市的研究，另一方面也导致人们对城市的认识日益被数据和图象所左右，使我们对城市的理解越来越数字化、抽象化和碎片化。

侧重书本，依赖图像，缺乏在场的体验教育，使学生学习的成果往往停留在死记硬背的抽象理论、数据和图片，而与城市设计紧密相关的城市生活常常被忽视。

2.3 重理论轻实践

目前国内主流院校本科阶段的城市设计教学组织多数是将"城市设计概论"和城市设计课程分开进行。这一方面导致学生在学习理论课程的过程中，由于缺乏将所学理论与具体城市设计实践的相结合，而对于抽象的

理论知识无法深入理解，掌握不牢固。另一方面，当学生进入设计课阶段时，又很难将所学不精的设计理论转化为设计思路，出现理论知识与实践相脱节，与"学以致用"的教学目的相背离的现象。

以上问题的存在，使"城市设计概论"的教学容易变成一盘死记硬背知识点而忽视灵活运用知识的大拼盘，内容繁多但理解不深，很难激发学生们的学习热情。因此，我们认为需要从教学内容、教学方法组成的教学体系构建方面对"城市设计概论"的教学进行有效地改革。

3 中央美术学院建筑学院城市设计概论教学模式

3.1 城市设计概论课程教学内容的更新——模块化建构

中央美术学院建筑学院"城市设计概论"课程被安排在本科一年级下半学期，其教学的目的是让低年级建筑学、城市设计、风景园林专业低年级学生初步了解城市设计的定义、发展历史、研究对象与范围、理论和方法等内容。为适应各专业的学科特点，在授课中我们引入了模块化理论，对城市设计理论进行了模块化处理。

模块是一种能够独立地完成特定功能的子系统，具备可重建、可再生、可扩充等特征。模块化是指把一个复杂的系统自顶向下逐层分解成若干模块，通过信息交换对子模块进行动态整合，各模块兼具独立性和整体性。城市设计理论教学体系中的各模块是教学整体系统的子系统，在具备独立性的同时，也要受整体系统的制约。[2]"教学模块"之间的联系遵循一定的规则，通过模块集中与分解可以生成无限复杂的系统，因此可以产生多种多样的理论与实践教学模型。"教学模块"具有可操作性，同时也具有有机生长性，可从子模块中归纳共同点并形成新的模块，还可以从子模块中分裂出若干新模块。在模块化理论的指导下，把原来复杂的教学内容整合成一个系统，各子模块之间相互渗透、共生共融，具有动态性。既可结合学校自身特点设置模块，形成特色化理论与实践教学体系，又可随着时代的演变、学科的发展而不断进化和完善，形成动态化的教学体系（图1）。

按照模块化理论，我们先将整个城市设计概论系统分解为城市设计发展历史、城市设计核心理论、城市设计外围理论、城市设计实例解析教学四大模块，再按照这四大模块去设计更多的相关子模块来构成整个实践教学系统。这些子模块可根据专业需要和时代发展进行增加、减少或更新、升级（图2）。

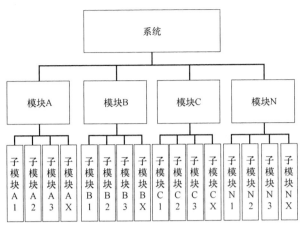

图 1　模块化理论

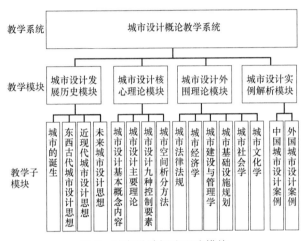

图 2　城市设计概论理论模块

例如在城市设计发展历史模块中，包括城市的诞生、东西方古代城市设计思想、近代城市设计思想、当代城市设计思想和未来城市设计思想展望等内容。希望学生通过研究城市设计发展的历史，可以透过纷繁的城市表象，看到每一种城市设计观念和城市形态的出现都是一定历史时期社会生活发展的必然结果。

城市设计核心理论模块中，包括城市设计的基本概念及内容、层次、类型；城市设计的主要理论；城市设计的9种控制要素（土地利用、公共空间、步行街区、建筑形态、交通与停车、保护与改造、环境设施、城市标志、使用活动）；城市空间分析方法（图底、联系、场所三大理论）等内容。使学生能够树立人才是城市设计的出发点和归属点，城市设计是设计城市，而不是设计建筑的核心观念。

城市设计外围理论模块中，包括与城市设计相关的城市法律法规、城市经济学、城市建设与管理学、城市社会学、城市基础设施规划、城市文化等方面的知识介

绍，努力建构学生整体系统的城市思维，从一开始就树立城市设计不仅仅是狭隘的形态设计观念，主动关注城市与人、自然、文化的相互关系。

城市设计实例解析教学模块中，以古今中外著名的城市设计实例为依托，分析其背景、原因与经验教训，总结设计方法，启发学生主动体验和分析自己生活或访问过的城市，以便今后可以将学到的理论合理运用到自己未来的设计中去。

3.2　城市设计概论课程教学方法的更新——在场化体验

从知行合一角度讲，通过课堂了解的城市设计理论只有通过对城市空间的真实体验之后才能够被真正掌握。因此，我们在课堂理论教学的基础上特别从宏观和微观角度增加了两种城市体验课程。

1）"自上而下"城市设计方法的的体验——"步行体验北京中轴线"

对于大多数城市而言，"自上而下"和"自下而上"的城市设计方法总是共同塑造着城市的空间。

为了使同学们从规划者角度真正了解"自上而下"城市设计方法，我们在理论教学介绍了"自上而下"城市设计方法之后，会组织"步行体验北京中轴线"的教学活动。穿越活动选择"全世界最长，也最伟大的南北中轴线"——北京中轴线。活动中，全体师生从北京中轴线起点外城永定门出发，步行一路向北，经天桥、前门大街、正阳门、天安门广场、故宫、景山公园、地安门外大街、直抵钟鼓楼。这条中轴线是北京城市空间的脊梁，连着北京四重城，即外城、内城、皇城和紫禁城，直线全长约7.8km，实际步行约16km（图3）。

在穿越活动中，师生们假设自己回到明清时代，边走边讲解，在真实的空间体验中讲解和探讨中国传统"自上而下"的城市设计思想，并与现代城市设计思想进行对比。例如，关于讨论总体城市设计原则时，我们会站在景山的万春亭上南北眺望时，先从礼制角度出发分析中轴对称的政治根源，再回顾《周礼·考工记》中记载的"匠人营国，方九里，旁三门。国中九经九纬，经涂九轨。左祖右社，面朝后市，市朝一夫"的营国制度，最后通过现场确认了上述营国制度的真实性——以宫为中心，祖庙、社稷、外朝、市场环绕皇宫南北对称布置的总体布局；关于城市功能分区原则，我们会在穿越城门时介绍"仕者近公"，"工买近市"的思想，即从政的住在衙门附近，从商从工的住在市场附近，"农民"住在城门附近，出入耕作方便，在没有现代交通工具的时代，居住地接近工作地，可节约往返时间，这一思想

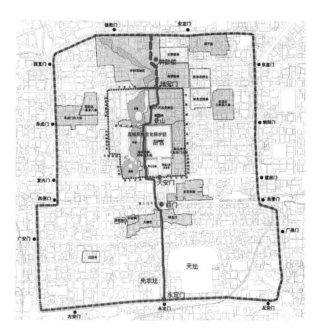

图 3　步行体验北京中轴线路线图

对于指导改变我们现代的城市规划中分区过于明确所带来的交通拥堵、环境污染问题仍有特殊的意义;[3] 步行体验教学活动结束以后,我们会要求学生用文字、照片或速写方式记录自己穿越的真实感受并整理成"步行体验北京中轴线"报告 (图 4～图 6)。

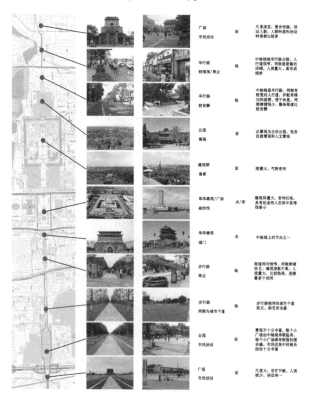

图 4　步行体验北京中轴线示意图

图 5　钟鼓楼广场行为类型记录

2)"自下而上"城市设计方法的体验——"城市公共空间使用调查"

一个城市既是城市统治者或管理者"自上而下"的作品,也是广大的城市使用者——老百姓"自下而上"共同参与的作品。因此,要评价一个城市空间的好坏,我们还应从"自下而上"的市民角度,让同学们以"换位思考"的方式,变身一个使用者,以使用者的视角去体验微观层面的城市设计思想。

对于一个城市而言,它的公共空间是城市社会、经济、历史和文化等诸多现象发生和发展的物质载体,蕴含着丰富的信息,是人们阅读城市、体验城市的首选场所。它既包含公园绿地、滨水空间等自然环境,也包含广场、街道等人工环境。

为此,我们在理论教学案例解析之后,会要求学生选择一处北京中轴线沿线地区城市公共空间进行 POE (使用状况调查) 分析,分析的方法包括,非参与式的客观观察,以及参与式的主观访谈、问卷调查等。通过汇总以上主观、客观的记录数据,绘出各种数据分析图,根据性别、年龄、活动类型等进行使用人数的比较。然后确定出哪些是影响公共空间使用的重要因素。数据分析图和汇总后的公共空间使用图可以让人很快地了解到整个公共空间的使用情况,并使复杂的观察结果更易于让研究者和读者理解。[4] (图 6、图 7) 最后将上述成果整理成北京中轴线沿线地区城市公共空间使用调查报告,和"步行体验北京中轴线"报告共同作为我们城市设计概论课程的作业。

通过对城市设计概论课程理论的模块化建构和城市设计理论的在场化体验,以及完成"步行体验北京中轴线"报告和北京中轴线沿线地区城市公共空间使用调查报告,让同学们初步实现了理论和实践的结合,建立起关于城市设计的两个基本观点:一个是城市是"自上而下"和"自下而上"的城市设计方法共同塑造的;另一

日期	图片	时间	南广场活动								
			驻足	通行	坐憩		拍照	轮滑	排队买票	其他活动	
					总计	详情				总计	详情
11.10	组1	14:03	15	10	10	2人坐钟楼台阶 6人自带座椅 2人坐轮椅	6	6	4	1	1人遛鸟
11.10	组2	14:12	8	17	8	2人坐钟楼台阶 6人自带座椅	1	6	10	2	1人打扫 1人遛鸟
11.10	组3	14:22	30	2	5	5人自带座椅	4	5	2	8	1人打扫 3人带婴儿 1人遛鸟
11.10	组4	14:30	22	5	4	4人自带座椅	10	4	7	7	3人带婴儿 2人踢球 1人遛狗
11.10	组5	14:38	40	9	4	4人自带座椅	4	4	7	7	3人带婴儿 2人踢球 1人遛鸟

日期	图片	时间	北广场活动								
			驻足	通行	棋牌	坐憩				其他活动	
						总计	花坛座椅	轮滑	其他	总计	详情
11.10	组1	14:03	27	1	20	22	6	8	4人坐憩 4人自带座椅	0	0
11.10	组2	14:12	23	7	16	19	4	7	1人坐石桩 4人坐憩 3人自带座椅	1	1人锻炼
11.10	组3	14:22	14	4	12	24	10	10	2人坐石桩 2人坐憩	8	7人锻炼 1人打扫
11.10	组4	14:30	15	8	11	26			2人坐石桩 5人坐憩	3	3人锻炼
11.10	组5	14:38	19	6	14	21	8	7	6人坐憩	9	1人锻炼 3人玩耍 5人踢毽子

图 6 钟鼓楼广场时间与行为关系记录图

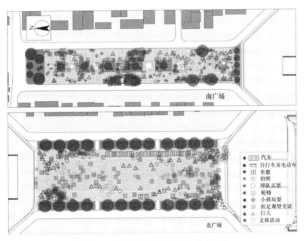

图 7 钟鼓楼广场行为分析图

个是人才是城市的真正主人，它的需求才是决定城市建设的最关键因素，公众参与是城市设计思想真正得以实现和维育的关键。

4 结语

伊利尔·沙里宁（Eliel Saarinen）在他的《城市：它的发展、衰败与未来》一书中明确提出："一定要把城市设计精髓灌输到每个设计题目中去，让每一名学生学习，在城市集镇或乡村中，每一幢房屋都必然是其所在物质及精神环境的不可分割的一部分，并且应按这样的认识来研究和设计房屋，必须以这种精神来从事教育。"[5]

在经历了十余年的不断探索后，中央美术学院建筑学院在一年级《城市设计概论》课程教学中提出的基于模块化和在场化理念的教学思想已初步融入了中央美术学院建筑学院从本科五个年级到研究生一年级的教学体系（从本科一年级的城市设计概论开始经过本科二年级的传统村落和城市测绘，本科三年级的城市设计竞赛，中外城市建设史，本科四年级的城市规划原理、城市设计原理、城市设计，本科五年级的城市设计毕业设计，到研究生一年级的城市住区规划与建设、城市研究前沿动态、当代城市理论课），为未来的城市设计体系教学领域中提供了一种新的思路。它一方面通过模块化使理论教学与实践教学紧密结合、相辅相成，又通过在场化激发学生学习的主体性，从而有效地提升了学生的学习效率；另一方面通过在低年级就树立理论结合实践的学习方法为未来高年级的城市设计教学又打下良好的方法论基础。

主要参考文献

[1] 王一. 城市设计概论 [M]. 北京：中国建筑工业出版社，2019.

[2] 廖启鹏. 基于模块化理论的环境设计实践教学体系研究 [J]. 艺术教育，2015（10）：236-237.

[3] 李允鉌. 华夏意匠 [M]. 天津：天津大学出版社，2005.

[4]（美）克莱尔·库珀·马库斯，（美）卡罗琳·弗朗西斯. 人性场所 [M]. 俞孔坚，孙鹏，王志芳，译，北京：中国建筑工业出版社，2001.

[5]（美）伊利尔·沙里宁. 城市：它的发展、衰败与未来 [M]. 顾启源，译. 北京：中国建筑工业出版社，1986.

沈葆菊　叶静婕

西安建筑科技大学；shen_xauat@qq.com

Shen Baoju　Ye Jingjie

Xi'an University of Architecture and Technology

以一体化街块再造为目标的城市设计课堂教学实验
An Experimental Teaching Research On Urban Design With The Goal Of Integrated Block Reconstruction

摘　要：设计学科与其所在的社会发展背景密切相关，大学设计教育需要建立课堂教学与实践应用的有效衔接度。当前城市设计实践的时代背景由快速城市化转向缓慢的再城市化，城市街块作为建成环境中的一个重要层级，街块单元再造是指以街块作为一个基本对象，对其建筑群体、公共空间以及景观环境进行整体的空间设计组织，本教学团队以一次课堂教学实验为例，总结和归纳这一教学过程的特征与具体手段，为多学科交融的城市设计教育提供一体化空间设计技能培养思路。

关键词：街块；一体化设计；城市设计课堂教学

Abstract：Design discipline is closely related to the social development background of the university design education needs to establish an effective link between classroom teaching and practical application. At present，the era background of urban design practice is changing from rapid urbanization to slow re-urbanization. As an important level in the built environment，Integration design of street block unit reengineering refers to street block as a basic object，the building groups, public space and landscape environment of space design of the whole organization，the teaching team in the case of a teaching experiment，summarizes and induces the characteristics and the specific means of the teaching process，and integration of multiple disciplines blend of urban design education provide space design skills.

Keywords：Block；Integrated Design；Urban Design Course

1　变化中的城市设计学科

现代城市设计是伴随着现代城市化进程逐渐被关注的学科，技术创新驱动下的现代主义革命，深刻影响了建筑与城市的基本构成与形态特征。在中国实践中，城市设计与城市规划和建筑设计关系密切，作为"桥"的设计环节，贯穿于改革开放后快速城市化阶段的建设，这一时期大量的农村人口进入城市成为城市居民，城市建设实践关注在如何在白地上建设新城；2000 年以后，全球化下的城市空间的趋同引发了城市设计学科的新思考，以实现人们对美好生活环境的追求为目标，通过三维的空间形态及场景重建形成场所体验丰富、风貌展示

各异的城市生活环境的各类城市设计技术手段与方法不断提升，城市设计也作为一种城市发展决策工具，影响社会经济的全面发展。2012 年以来，中国城市发展由增量转向存量，从绝对的城市化转向相对的城市化，[1] 此时的城市化意味着"探讨既有城市空间的高品质更新与再造"，在既有的功能、既有建筑空间、既有街块划分的城市环境中寻求与当下城市生活需求相匹配的空间与功能。

当前城市设计实践的时代背景由快速城市化转向缓慢的再城市化，城市街区作为建成环境中的一个重要层级，既是城市规划设计编制和规划管理的基本单元，也是城市建筑设计的基本环境依托[2] 街块单元的再设计

本校城市设计课程开课情况				表1
相关课程	开课专业	开课时间	选题特征	训练重点
城市设计专业课程	城乡规划	本科四年级下学期	20～50hm² 的城市建设区域	城市空间发展策略
	风景园林	本科四年级上学期	聚焦城市公共空间的规划设计,选题尺度跨度较大	具体的外部空间的设计
	建筑学	本科四年级	聚焦城市社会问题,有较强的针对性	群体及单体公共单元设计
	城市设计(新)	本科三年级	—	—
毕业设计城市设计课题	多校多专业联合	毕业班	选取城市中特色与矛盾最为突出的地段,展开设计研究与概念设计	合作与交流

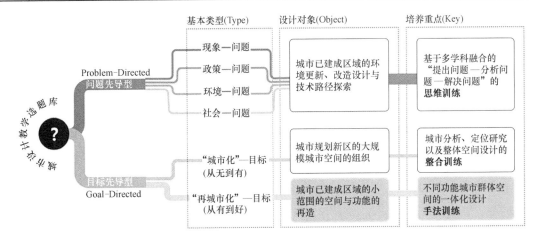

图1 城市设计选题类型

很有必要在当前的城市设计课堂中被系统化的训练。

2 本校城市设计教学现状

2.1 不同专业的城市设计教学课程安排

在本校的教学体系中城市设计开设课程的基本情况如图所示（表1）。可以看到，最早开设城市设计课程的是城乡规划专业，主要选题特征为规模20～50hm²左右的城市片区，教学训练目标包括从整体到局部的城市设计分析方法，局部地段的城市空间设计手法，以及相关的政治经济社会条件的整合思考。2011年专业学科进行细分之后，城市设计课程分别在建筑学本科四年级，城乡规划本科四年级下学期，风景园林四年级上学期进行开始，总体上看，三个学科方向的课程开设时间较为一致，是专业训练的综合环节，其教学目标应该是作为前三年教学技能培养的综合环节，既包含本身的课程特征，也与不同学科的基础能力与技能培养息息相关。

2.2 不同专业的城市设计选题的共性有特征

当下，城市设计因其宽广而模糊的外延在三个学科

中都成为重要的专业支持力量。在近些年的城市设计教学课程实践中，课题的选择较为多元，多从关注城市现象，城市文化遗产保护，城市更新等多维度问题展开，属于问题导向下的教学思考（图1）。"再城市化"目标往往是具体街块单元，其中既涉及既有建成环境的点状设计也包含了部分街块的整体策划与设计，教学中强调首先从空间形态的角度教授相关的技术路线及设计手法，并形成在各个专业可以共同使用的城市设计语汇，为以后的合作实践，奠定基础。

3 目标导向城市设计课程教学训练

在综合既往的教学经验，进行多次跨学科教师研讨的基础上，教学团队初步建立了以街块为设计单元，以尺度为城市认知线索，不同功能目标的训练框架，并尝试以跨学科教学组织为依托，尝试教授学生针对城市空间的一体化设计技术路径与方法。

3.1 教学目标制定

城市化在空间层面首先是一个"从无到有"的过

程，"再城市化"是一个"从有到好"的过程，两者首先是起点不同，其次是目标不同，"再城市化"的城市设计目标体系较于前者更侧重于当下人的需求，寻求空间塑形与行为需求上的统一。"再城市化"目标体系指引下本科课堂教学依旧是以群体空间形态塑造为主体的，因此，教学课题的设定具有一定的研究性与概念性，结合城市设计的内涵挖掘与实践特征将课程目标制定为：

首先，了解和认识既有城市空间形态；

其次，掌握城市设计中"尺度"的概念内涵；

再者，理解不同功能地块的空间构成规律；

最后，掌握具体城市单元的基本设计路径。

3.2 教案设计的主要线索及环节设计

为了实现以上的教学目标，教学小组通过广泛的阅读和整理，初步建立了适用于本次教学的基本理论基础，结合图底理论和克罗普夫（Karl Kropf）的多层级形态理论，[3] 建立了基于尺度-形态基本关联的城市空间认知理论基础（图2），以街块单元为具体对象，由点及面，尝试让学生建立全面一体化的城市设计语境。在这一过程中，建立多尺度的城市认知体系非常关键，需要通过具体的环节设计进行加强。

图 2　基本理论基础

1) 精读—文献

建立基本的城市尺度研究数据库，广泛的阅读规范类的书籍及文章，整理相关的尺度数据库；阅读关于城市设计的理论性书籍与文章，建立不同尺度城市空间与功能之间的系统性关联。

2) 再写—案例

尺度是一个抽象模糊的概念，将其转化为具象空间的过程教授，是本教学的重点也是难点所在。具体的实际项目案例的选取与空间的再写能够帮助学生从机械的理解概念到灵活的运用空间语汇的转换，具体案例中的不同设计手法会使得抽象的数值产生全然不同的空间效果，这与空间的组织关系、视线引导、行为动线、材料

细节等都息息相关。

3) 实做—模型

依托数字技术在当下能够更好地帮助设计教学建构全面的空间认知体验，但是这种全局式的自上而下的审视，在空间尺度的教学中，不能产生有效、直观的尺度标尺。因此在教学中强调建构实体模型，从1：5000、1：1000再到1：500，1：200，在整体的教学环节中，以模型的尺度推进不断地促进空间设计的深度与细节表达。

3.3 课堂教学过程

教学是一个教与学的互动过程，在教学方案的制订中充分考虑学生如何学，怎样能够更直观的建立共同的平台是教学框架制定中首先考虑的问题，具体内容如图3所示。

1) 课程选题

为了完成既定的教学目标，教学团队综合当前西安城市研究的相关经验，选取了西安城市东北城墙内、一环到二环之间的范围划定研究范围。该片区是建国初期陇海铁路经过西安的火车站所在区域，有相当部分的物流、仓储以及工业厂区遗存正在逐步的进行更新，是现阶段城市更新的关键地段。同时毗邻唐长安大明宫宫殿群，唐长安城外郭城城墙的北段和明清西安城墙的东北段从片区内穿过，具有多个历史文化叠层。在片区内部，居住、绿地、商业、办公、医疗、教育等各类用地均有涉及，是进行局部城市地段功能认知的良好对象。

除此之外，该地段的城市空间发展时序清晰，与西安城市化进程一致，地块规模、功能及空间类型在城墙内与城墙外具有较强的对比特征，计划通过该片区的综合认知，建立城市地块以及城市设计的基本对象与认知体系，而设计就以片区内不同功能的地块单元为对象展开，要求在进行充分的城市发展研判及社会需求分析的基础上，提出地块功能、空间更新的设计任务书，在此基础上进行有效的一体化空间设计，每个设计小组1或2个地块范围。

2) 团队招募

通过教师与学生的双向互选，小组共有15名建筑学专业同学及10名风景园林专业同学，共计25名，在充分尊重学生自主意愿的基础上，形成了10个小组，分组结果显示，同学们存在明显的专业鸿沟，专业内成组的意愿较为强烈。

3) 课堂组织

本次城市设计课程总课时120，在教学组织上，为

了践行以空间为核心的教学主旨，采用了以空间案例为线索，模型制作为手段的教学工具箱，具体的训练环节包括城市认知—模型拟合——体化空间设计—场地深化—成果制作—答辩汇报等6个环节。

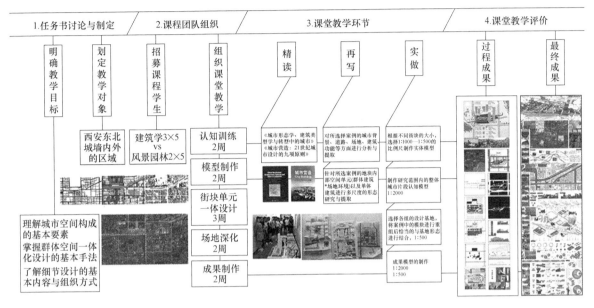

图3　教学过程框架

10个小组在教学组织过程中，能够深入地了解和理解所选案例的空间巧妙之处，并学会运用。真正地用他山之石成为我之工具，将抽象意义上的空间感知转化为可以被看到感到的具体空间存在，在这一过程中训练读群体空间的能力，也训练做群体空间的基本技巧，这也是本教学实验的关键

4）作业设置与评价标准

课程的评价与学生未来的个人发展密切关联，评价标准是影响学生课程精力分配的关键，合理的评价标准应与教学意图充分衔接，实现最优的教学效果。从教学的目标和主要的培养目标上看，希望通过本课程学生能够建立城市基本的尺度单元概念，并能够理解不同功能单元的空间尺度构成差异，建立有效的地块群体空间设计工具箱，举一反三，有效地提升学生对于城市设计的底层逻辑链。因此强化尺度的细节认知与技能是评价的重要指标。

(1) 过程成果中对尺度的反馈

作业设置包括过程性成果与最终成果两个部分，过程性成果主要是学生从"读空间"中展开的一系列分析、模型制作，以及空间提取的相关作业成果。

(2) 最终成果中对尺度的反馈

最终成果是按照一个城市设计课题完整的现状调研、概念分析、群体空间设计、外部公共空间组织、节点设计、细部设计等构成的一个完整的针对具体对象的城市设计方案。

两个专业在节点设计部分有各自的倾向，建筑学选择一个具体的单体建筑进行设计，而风景园林则需要对重要的外部开放空间节点进行详细的设计，在本次教学实验中，不乏两个专业同学进行跨学科挑战的尝试，非常值得鼓励。

4　教学的难点与不足

此次跨学科的本科四年级城市设计课程的教学，基本完成了课程教学目标，为两个专业的同学搭建了不同专业背景共同的知识框架体系，这一体系作为一个开放性的知识结构框架能够使得同学们在今后的学习中不断地完善各自的知识树，具有包容开放的特征，这也是在具体的工作实践中城市设计类项目的典型特征。

在教学中也存在一些不足，例如题目设定的限制性条件不够充足，没能在所有的团队中形成一个地块两个专业思考的碰撞机制；另外题目的预设性缺乏现实条件的有效支撑，对于城市空间塑造的训练缺乏社会维度的支撑。针对以上题目设计的问题，我们也是在积极的发现与准备中，希望能够有一个恰当的时机有一个具体可参的实际课题能与这一教学课题兼容。

作为一次实验性的教学尝试，本次教学中回应变化中的城市设计的底层问题，什么是城市设计？为谁设计城市？怎样设计一个城市？这些在无数的经典书籍与文章中都被关注与解答，而今天这次实验是存在于当下"再城市化"的时间节点，我们这一代人对于"城市如何让生活更美好"的解答，归根结底也是一场哲学性的思考与思辨。

致谢

感谢参与此次教学课程实验的各位同学，分别是建筑系的 18 级李炜烨、汪益扬、刘畅、仝紫天、刘涛、万嘉乐、张新雨、余喆、刘琨琦、王宸、王少辰、王郁涵、赵一博、田珊珊、崔郭强；风景园林系 18 级的王育辉、赵珺蕙、谭凤玲、胡乔凤诺、刘思彤、王一帆、段育松、张旭阳、雷晨婧、龙飞扬、李雪。

参考文献

[1] 王富海. 城市更新行动：新时代的城市建设模式 [M]. 北京：中国建筑工业出版社，2022.

[2] 韩冬青，宋亚程，葛欣. 集约型城市街区形态结构的认知与设计 [J]. 建筑学报，2020 (11)：79-85.

[3] Kropf K. Ambiguity in the Definition of Built Form [J]. Urban Morphology, 2014 (18)：41-57

曾锐　李早

合肥工业大学建筑与艺术学院；269308856@qq.com

Zeng Rui　Li Zao

College of Architecture and Art，Hefei University of Technology

建成环境评估课程浸入式教学探讨与实践 *
Discussion and Practice of Immersive Teaching in Built Environment Assessment Courses

摘　要：建筑使用后评估是建筑设计及其理论二级学科中重要的教学内容和研究方向之一，然而在实际教学过程中发现，学生对于建成环境的评价分析普遍存在认知偏于主观局限、调查方法相对定性单一、问题分析深度不足等问题。本文拟围绕建成环境评估课程开展体验式、浸入式教学探讨，培养并指导学生运用感性工学的实验技术手段和分析方法，精准记录与量化分析建筑环境中人的时空间行为及心理、视觉感知，从使用者角度对人居环境进行客观科学地调查分析，培养学生运用科学研究方法进行环境评估的专业素养水平，实现建成环境评估课程浸入式教学模式创新探讨与实践。

关键词：建成环境评估；浸入式教学；感性工学

Abstract：Post-use assessment of buildings is one of the important teaching contents and research directions in the secondary disciplines of architectural design and its theory. However，in the actual teaching process，it was found that students' evaluation and analysis of the built environment generally have problems such as subjective limitations of cognition，relatively single qualitative survey methods，and insufficient problem analysis depth. This paper intends to carry out experiential and immersive teaching discussions around the built environment assessment courses，in order to train and guide students to use the experimental techniques and analytical methods of Kansei Engineering to accurately record and quantify the time-space behavior and psychological and visual perception of people in the built environment，and to investigate and analyze the living environment objectively and scientifically from the user's point of view. So that students' professional quality of using scientific research methods for environmental assessment can be cultivated，and the innovative discussion and practice of immersive teaching model of built environment assessment courses will be accomplished.

Keywords：Built Environment Assessment；Immersive Teaching；Kansei Engineering

1　建成环境评估课程教学现状与发展趋势

建筑使用后评估是我国建筑学一级学科下"建筑设计及其理论"二级学科中重要的教学内容和研究方向之一，然而目前在我国多数建筑院校中，使用后评估的教学与实践刚刚起步，较多是作为技术手段融入论文研究

* 项目支持：教育部 2021 年第二批产学合作协同育人项目"基于空间认知工效学的建成环境评价教学与实验体系构建"（项目编号：202107RYJG23，津发科技—工效学会"人因与工效学"项目），安徽省高等学校省级质量工程项目"建筑类专业课程教学团队"（2020jxtd207），安徽省教育教学研究项目"基于感性工学的建成环境评价浸入式教学模式创新与实践"（2021jyxm1183）。

和应用实践中，对使用后评估的基本理论和方法的讲授并未得到充分重视。

笔者主要承担环境心理学、建筑设计以及建成环境调查与分析等与建成环境评估相关的建筑类专业本硕课程。教学过程中发现，学生对于建成环境的评价分析普遍存在认知偏于主观局限、调查方法相对定性单一、对存在的问题及原因分析深度不足等问题。

与此同时，随着数字化信息和人机交互技术快速发展，基于感性工学对人的生理测量技术手段愈加成熟。面对全球能源、资源紧缺与环境保护的焦点问题，利用感性评价技术与科学的调查分析方法，从使用者角度开展建成环境使用后评估，探讨营造适用、健康、可持续的人居环境，已成为建筑类学科理论与实践教学的迫切需求，是建筑类学科重要的教学与研究议题之一。

2 基于感性工学的建成环境评估相关实验技术方法

传统的使用后评价方法以主观调查、访谈和观察为主，然而，由于人与环境关系日益复杂，评价对象和内容逐渐精细化，仅仅依靠传统的人工方式和手段在样本采集规模、数据挖掘分析、整体数据的关联性等方面受到局限，相关研究成果很难直接应用于城市规划和建筑设计实践中。随着数字化、信息化技术的革新，研究方法逐渐多样化、数字化。在教学过程中依托建筑环境行为实验室平台，利用行动追踪、虚拟现实、眼动追踪等技术手段计测环境感知评价，指导学生学习通过数据挖掘、多变量解析等定量分析方法建立评价指标因子的方法，开展建成环境评估课程浸入式教学模式的创新与实践，以期弥补传统评价方法的局限性，拓展建成环境评估课程教学与研究的深度和广度，提升教学研究成果的科学应用价值。

2.1 GPS行走追迹实验

运用手持式GPS设备进行外部空间场所中行动追迹与行为观察，获取人群移动和停留特征，通过卫星记录点的坐标转化，将移动距离、行动轨迹、停留时间、停留密度等与建筑空间形态进行图示化对照及定量化解析，同时可根据需要协同应用可穿戴生理记录系统，采集并分析脑电、肌电、心电、皮肤电等人体神经生物电信号特征，结合运用GIS空间分析技术等，把握人的行动与空间特征的关联性。

2.2 眼动追踪实验

在实际已建成环境或虚拟现实场景中进行眼动视觉追踪实验。使用可穿戴式眼动追踪装置精确跟踪记录受试者浏览场景时的眼动信息，通过眼前图像转换，连续不间断地记录受试者视觉聚焦情况，把握受试者的注视时间与轨迹、视觉兴趣范围、注视点变化时序等视觉偏好特征。运用图示化解析与眼动分析技术，探讨视知觉与空间环境之间的关联性（图1）。

通过建成环境评估相关课程中体验式、浸入式教学与实验模式的探索，培养并指导学生利用感性工学的技术手段，对建成环境中使用者的行为、心理、视觉感知进行精准记录与量化分析，掌握开展建成环境科学评价的感性工学方法，探讨营造高品质、人性化的空间环境场所。从而提高学生科学理性地发现问题、分析问题、解决问题的技能，增强运用前沿技术手段进行环境评估的学习主动性和积极性，实现建成环境评估课程教学效果提升与创新实践。

图1 感性工学实验室眼动追踪设备

3 建成环境评估课程内容组织

依托已有的建筑环境行为实验室平台，通过专题教学、案例讲解、分组实验研讨、设计实践等多种方式，开展建成环境调查评价的体验式、浸入式教学与实验，培养学生运用虚拟现实、感性工学的技术手段与定量化的科学研究方法，融合环境心理学、行为学、医学、统计学、社会学等交叉学科对建成环境进行科学评估，进而探索理论与实践融合、教学与实验结合的体验式、浸入式教学创新模式，具体课程内容组织如下。

3.1 分模块专题教学与理论方法讲授

依据研究对象类型，将建成环境评估相关课程组织划分为若干模块专题内容，基于多样化模块内容特点和学习难度，制订适应不同授课对象的教学专题和课程计划。将教学内容分为居住环境、校园环境、医疗建筑、传统民居村落、文化商业街区、商业综合体等模块，讲授建成环境使用后评估的理论与方法，融合虚拟现实—人机交互、眼动信号采集、GPS/GIS等技术方法，确立不同难易程度的教学与实验计划，开展专题教学和相关案例讲解。

3.2 分组浸入式教学与实验

结合学生兴趣意愿进行分组、分模块实验与研讨，探讨体验式、浸入式教学与实验模式。以2～4名意愿相同的学生为一组对同一类目标对象进行环境调查评价实验，讲授眼动追踪仪、手持式GPS等设备仪器的操作流程及数据导出方法，指导学生在分组实验过程中应用技术方法获取环境中受试者的时空行为特征、注视特征、眼动信号等数据信息（图2、图3）。

3.3 实验结果解析与汇报展示

指导学生学习通过可视化分析和数据解析等方法，把握受试者在行为、心理、生理等方面的感知评价，解析各类型建成环境对受试者行为、心理、生理等方面的影响作用，归纳提出相关改善建议与设计策略，进而对实验结果进行分组汇报展示，通过交流讨论和小组竞评打分的方式给出成绩。同时由学生总结心得体会，给出课程反馈与评价。

通过浸入式、体验式的教学与实验方式，充分发挥学生的主观能动性，培养学生对数字化、信息化技术手段的掌握应用能力，提升学生利用科学技术方法分析评价建成环境的专业素养。进而探索形成理论与实践相融合、教学与实验相促进的建成环境评估课程体验式、浸入式教学创新模式。

图2　GPS数据导出教学场景

图3　眼动追踪仪使用教学场景

4 初步教学实践成果与经验

目前已在19级建筑学专业本科生的环境心理学课程以及17级建筑学毕业设计课程中展开浸入式教学实践，初步取得成效。GPS行动实验组有同学选择校园景观湖畔开展行走路径与停留特征分析等，眼动实验组有同学选择研究图书馆内部空间标志物的视觉显著性，传统村落保护性规划设计方案效果评价等，也有同学另辟蹊径，从视觉、听觉两方面进行公园环境视听交互研究，通过数据解析与可视化信息展示，都取得了一定成果（图4），反响积极，部分学生表示"收获颇丰""学到很多"，调动了学生运用科学研究方法分析问题、解决问题的主动性。同时，在此次初步教学实践中也积累了经验，如实验时间安排需预留充足，以保证学生充分掌握调查分析方法的使用等，是今后浸入式教学实践中需注意的地方。

5 结语

本文围绕建成环境评估课程展开体验式、浸入式教学模式探索，指导学生运用行动追踪、眼动追踪、虚拟现实等前沿技术手段进行建筑环境使用后的调查与评价，解析人的时空间行为及心理、视觉感知的特征规律，融合环境心理学、行为学、医学、统计学、社会学等交叉学科进行建成环境评估的教学、研究与设计实践。教学与实验过程中定性定量结合、多学科交叉共融的研究方法，不仅弥补了传统主观评价方法的片面性，也拓展了建成环境评估课程教学与研究的深度与广度，同时有利于培养学生利用科学技术方法分析评价建成环境的专业素养，提升学生运用前沿技术手段开展研究的积极性。

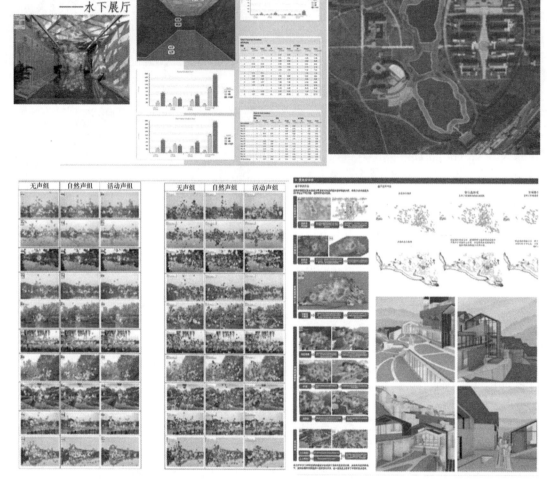

图 4　浸入教学部分成果作业

主要参考文献

［1］ 魏琼，贾宇枝子，李早，何昊. 基于 GIS 的小学生放学行动路径与城市空间关联性研究——以合肥市小学生放学行动调查为例 ［J］. 南方建筑，2017（1）：108-113.

［2］ L. Zao, S. Xia, Z. Shichen, Z. Hongwei. Integrating Eye-movement Analysis and the Semantic Differential Method to Analyze the Visual Effect of a Traditional Commercial Block in Hefei, China ［J］. Frontiers of Architectural Research，2021，10（2）：317-331.

［3］ 伍江. 建筑教育与时代精神 ［J］. 中国建筑教育. 2017（Z1）：16-19.

［4］ 袁牧. 建筑学的产业困境与教育变革 ［J］. 时代建筑，2020（2）：14-18.

［5］ 张烨，许蓁，魏力恺. 基于数字技术的建筑学新工科教育 ［J］. 当代建筑，2020（3）：129-133.

庞佳　叶飞（通讯作者）　陈敬　何泉
西安建筑科技大学；2315609591@qq.com
Pang Jia　Ye Fei（corresponding author）　Chen Jing　He Quan
Xi'an University of Architecture and Technology

自然基因·结构体系·构造形式
——"新工科"山地建筑设计多学科交叉融合教学实践 *

Natural gene & Structural system & Structural form
——Cross- Disciplinary Integration Teaching Practice of Mountain Architecture Design for "Emerging Engineering Education"

摘　要：本文围绕西安建筑科技大学新工科本科三年级第一学期专业方向课教学体系，阐述以场地与环境、空间与形态为基础，材料与建构的设计脉络为主导，建造与机能的技术脉络为核心，山地自然基因、结构体系、构造形式三个方面内容的多学科交叉融合教学实践过程。教学内容分别从山地建筑接地形态、空间形态、景观与交通三个层级剖析山地建筑设计方法，从混凝土、砌体、钢结构三种结构体系提出适宜山地建筑的空间形态类型，从屋面、墙身等细部构造进一步强化建造逻辑，提出基于结构与建造的山地建筑设计的策略与方法。

关键词：自然山地；结构体系；构造形式；山地建筑；类型化教学

Abstract：This paper focuses on the teaching system of the professional orientation course in the first semester of the third grade of the new engineering education of Xi'an University of Architecture and Technology. This article explains cross-disciplinary integration teaching practice process of mountain natural genes, structural systems and structural forms which based on site and environment，space and form，The design context of materials and construction is dominant，the technical context of construction and function is the core. The teaching content is to analyze the mountain building design method from the three levels of mountain building grounding form，space form，landscape and traffic. To propose the spatial form suitable type for mountain buildings from structural systems of concrete，masonry and steel structure. The detailed structure of roof and wall further strengthens the logic of building construction.

Keywords：Natural Gene；Structural System；Tectonic Form；Mountain Architecture；Typed Teaching

1　建筑"新工科"专业方向课程教学背景

1.1　"四重脉络，九条教学线索"的"新工科"专业方向课程体系

在 2017 年《面向西部绿色发展的全产业链高层次建设人才培养模式探索与实践》、2020 年《基于高层次绿色建筑人才培养的建筑学专业改造升级探索与实践》国家新工科研究与实践项目研究的基础上，西安建筑科技大学建筑"新工科"以通才为本、通专融合为人才培养目标，以工具学习、设计创新、科学思维、工具应用、沟通协作、工程实践六大能力培养为基础，根据建筑教学理论、设计、技术、方法四重脉络，梳理出理论

＊项目支持：本文由 2020 年教育部"新工科"研究与实践项目"基于高层次绿色建筑人才培养的建筑学专业改造升级探索与实践"，以及"教育部人文社会科学研究项目工程科技人才培养研究专项（编号18JDGC007）"资助。

603

与思辨、场所与文脉、行为与功能、空间与形态、材料与建构、建造与机能、绿色与生态、程序与方法、工具与表达的九条教学线索。建立大类通识基础平台，采用必修+选修各学科、各专业基础课程的教学模式，在本科二、三年级进行建筑学专业基础课程体系的培养，高年级采用集中实践教学课程体系培养（图1）。

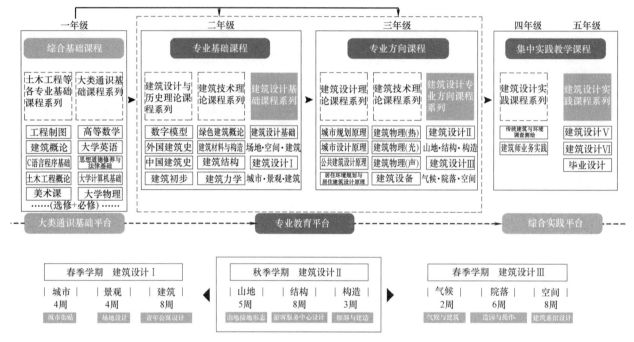

图1 建筑"新工科"课程体系

针对建筑"新工科"教学体系的"四重脉络，九条教学线索"，承接与延续新工科二年级专业基础课程以"场地·空间·建筑""城市·景观·建筑"为核心的教学内容，本科三年级第一学期专业方向课以北方自然山地建筑设计为对象，以场地与环境、空间与形态为训练基础，以材料与建构的教学线索为主导，建造与机能的技术、方法脉络为核心，从山地自然基因—空间形态、结构体系—空间形态、构造形式—空间形态三个方面进行类型化教学（图1），让学生掌握山地建筑设计方法。其中结构工程与建筑技术教师介入教学过程，强化学生对结构体系与受力、构造具体形式的理解，形成"山地·结构·构造"的多专业交叉融贯的教学内容。

1.2 自然生态背景下的山地建筑设计——以汉中洋县龙山观花点为例

在自然生态理念的指导下，学习地形地貌（地质特征、山势坡度、植被、水系等景观）与气候条件（热、风、光）等自然影响因子对建筑选址、布局、朝向、自然通风、自然采光、立面遮阳等设计的影响。利用基地的自然地理条件，因地制宜，随形就势，充分节约土地，保护自然生态环境的完整性，训练学生掌握适宜于基地自然环境的建筑设计方法。强调气候条件与不同地形为线索来理解山地建筑空间形态与接地形态。对于山地场所认知应包含周边环境、道路交通、绿化景观、建筑接地形态，山地建筑空间形态应包含建筑结构体系与建筑空间、形式逻辑的对应关系，以及对于材料与建构如何适应山地自然环境。

本次山地建筑设计基地选址于秦岭南麓汉中洋县，南靠巴山，气候温润潮湿，是国家重点保护野生动物朱 自然保护区，而三个设计地块选在龙山观花点，也是五岭观花环线中最有意境的一个场所，每年4月漫山遍野的油菜花形成的油菜花梯田吸引了大批游客。且毗邻基地分布着朱 生态公园，三个地块均能看到朱 在上空盘旋的场景。三个地块特点各有不同（图2），地块A相对平缓坡度约为15°，毗邻村落，距龙山入口较近，且内部树木为整个地块的建筑设计带来了切入点；地块B处于龙山观花点的制高点，视野开阔且与庙宇毗邻，坡度约为25°，也是唯一能远眺朱 生态园区的地块；地块C在景观步道的终点，也是坡度最大的一块地，其坡度约30°，视野开阔可以远眺县城风景。

2 龙山游客服务中心设计教学模块

游客服务中心设计包含接待公共区（展厅、接待、卫生间）；餐厅与茶室、景观平台、水池等娱乐休闲功

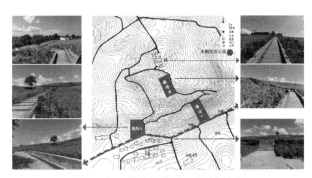

图 2　龙山游客服务中心设计基地

能区；行政管理功能区（办公室、库房、卫生间）。

总平面布局须包含户外活动场地、景观环境等多个功能分区，要求合理、有机的组织各功能要素，同时将自然环境融入建筑设计之中，树木花草、阳光、朱　等

自然景观生态元素是此次接待中心设计的重要魅力所在，形成适宜的总平布局、接地形态、空间形态，着重考虑砌体、钢结构、混凝土结构对空间形态的制约与影响。

教学内容及过程分为五个阶段（图 3）：第一，山地建筑与建造知识储备阶段；学生需利用假期，搜集砌体结构、混凝土结构、钢结构三种结构体系的山地建筑案例进行理解认知与解析，初步了解围绕地质地貌等自然环境、地域气候适应与建筑空间、结构、建造的关系，分别对"场所·认知""功能·空间、材料·建构"几方面进行解析。第二，山地建筑基本单元训练阶段；主要包含山地建筑接地形态训练、空间形态训练、景观与交通训练三个训练内容。教会学生如何针对不同坡度，选用适宜的接地形态，通过简单清晰的空间组织逻辑获得丰富的空间体验，深入了解山地建筑屋台组合型、

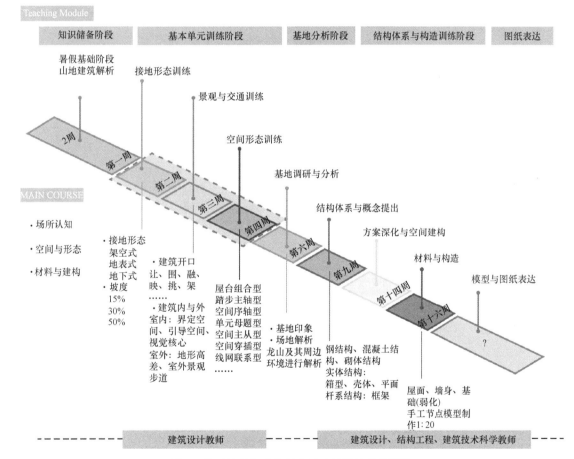

图 3　基于结构与建筑的山地建筑设计教学模块

踏步主轴型、空间序轴型、单元母题型、空间主从型、空间穿插型、线网联系型等七种空间组织类型的特征，学习在树、水系景观植入之后的建筑空间其内与外设计方法。第三，结构体系与空间形态训练；针对钢结构、混凝土结构、砌体结构三种结构体系所形成的线性杆件构

件体系、平面结构构件体系，让学生了解不同的结构体系对应能形成的建筑平面形制、剖面形制，并在多种类型中选择适宜山地建筑的结构体系与空间形态，完成游客服务中心设计；第四，构造阶段；选取方案中节点，制作 1：20 墙身、屋面构造模型，进一步细化建筑设计方案，配合

剖透视图加强对建造的理解。第五，设计呈现与表达阶段；注重学生思维逻辑的展现，重点展示结构体系与空间形态的关系，直观展现设计过程与结果。

3 基于结构与建造背景下的山地建筑设计类型化教学实践

3.1 建造背景下的山地建筑解析

1）场所·认知

（1）道路：分析基地外现状道路等级、道路车流主要来向、基地与道路高差关系。基地外与基地内部道路设计、入口广场节点设计、基地内道路流线、核心广场、院落节点空间、地上停车场位置及布置等。

（2）场地坡度、高差变化：分析场地自然地形条件，剖析建筑空间总体布局的催化因素。

（3）自然要素：太阳、山、水、景观、绿化等具体自然元素与建筑总体布局的对话关系。

（4）建筑与接地形态分析：建筑布局、建筑空间结构、体量（垂直视角—剖面表达）与接地形态的关系。

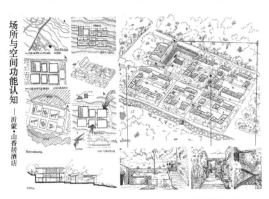 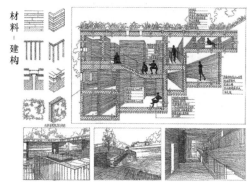

图4 基于结构与建造的山地建筑设计教学内容

2）空间·形态

（1）姿态的消隐—显现：建筑的态度是消隐或显现，分析其推演建筑空间形态生成过程。

（2）建筑的内与外：[1] 建筑整体形态与山势的关系（水平视角—总图上建筑位置与等高线的关系）；建筑剖面与坡地的衔接（垂直视角—接地形态）；建筑与场地的模糊边界（室内功能空间与院落、平台、景观步道的关系，以建筑剖轴侧呈现）；建筑内部功能、流线与室外自然要素的关系（建筑功能空间开口与光、景的关系）。

3）材料·建构

（1）三种结构体系：建筑的空间结构与结构体系的关系；三种结构的基本建造方法。

（2）材料：建筑材料的选择和周围自然环境的关系；细部构造：屋顶、墙身、基础、开窗方式（图4）。

3.2 山地建筑空间组织训练的类型化

1）接地形态类型及训练内容

训练和培养学生处理不同坡度山地形态与建筑空间形态的关系。以手工模型为主要手段，采用4个的基本空间单元（16m×24m×8m）进行设计，可拆分成更多更小的单元，也可组合成为一个整体进行设计，采用空间操作，[2] 也可改变单元形态，形成一个能够适应不同坡度的山地建筑，建筑功能以接待、观景功能为主，形成1:200手工模型。训练重点让学生了解不同坡度所适宜的接地形态，理解建筑与坡地的关系，明确空间组织逻辑并达到丰富的空间体验。给出学生具体接地形态类型：架空式、地表式、地下式；三种坡度类型：15%、30%、50%；三个地块等高线不同朝向：南北向、东西向、45°方向（图5），最终形成同一地块不同坡度的3个方案。

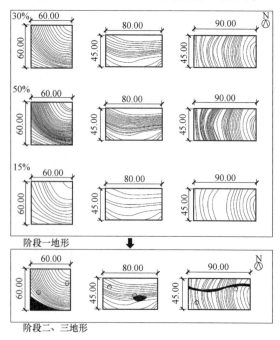

图5 山地建筑设计方法三阶段地形

2) 景观与交通空间类型及训练内容

在上一阶段基地中选取 30% 坡度的山地地形，在原有基地介入景观环境（树、水）（图6），要求在接地形态训练模型的基础之上，进行开口与空间连接方式训练，形成看与被看的视觉关联、连续与断裂的形态关联、功能空间的对话关联，体会山地建筑内与外的关系。

景观是引发概念生成的重要催化因素，景观与室内空间、行为形成的看与被看的视觉关系，而视觉关系触

发了围护结构的开口、[3] 空间与空间关系的思考；空间内部连接[1] 训练需满足界定空间、引导空间、视觉核心的作用，并与空间开口相互作用；空间外部连接[1] 需满足建筑内部空间与场地的互动关系，合理地解决室外步道与建筑功能空间的关系问题，也是解决场地高差的关键；最终形成具有丰富体验的山地建筑空间设计。

给出学生具体景观需求：让、围、融、映、挑、架；交通联系类型：界定空间、引导空间、视觉核心，最终形成 3 个应对自然景观的设计方案（图6）。

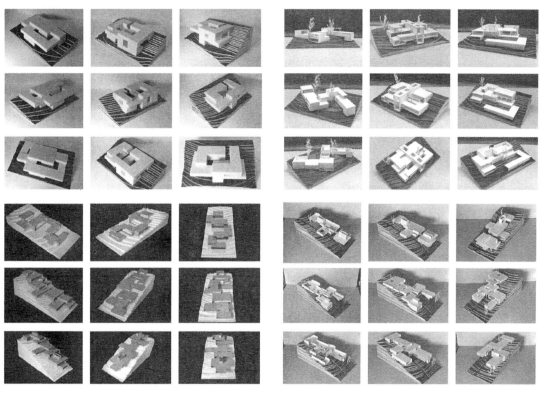

图6 山地建筑空间组织训练阶段一、阶段二成果

3) 空间形态类型及训练内容

围绕屋台组合型、[4] 踏步主轴型、空间序轴型、单元母题型、空间主从型、空间穿插型、线网联系型七类山地建筑空间形态，选择一类空间形态，置入功能分区，重新调整阶段二方案，形成适宜于坡度 30% 地形条件的山地建筑空间组织设计方案，需包含开口、连接，模型需剖开地形及建筑空间展示接地形态、空间形态（建议剖开核心空间），利用不同的模型材料，明确开口与围护结构的材质，制作 1∶100 手工模型（图7）。

3.3 结构体系与空间形态训练的类型化

将结构体系分为平面结构构件体系、线性杆件结构体系，[5] 告知学生钢结构、混凝土结构、砌体结构在这三种类型下所能形成的不同空间形态，每种结构类型从

构建类型与尺度、连接构件、平面形制、建造方式、设计案例几个方面讲授相关理论知识。同时土木工程学院结构工程专业、建筑技术科学教师针对结构设计理论、建筑材料与构造等理论进行补充（图8）。

三种结构类型任选其一进行方案设计，形成适宜于龙山地形条件的龙山游客中心设计。

砌体结构[6] 是实体结构的典型，由竖向墙体构成，形成空间的原理主要是箱型框架结构平行墙体围合成箱型房间、分层次的墙体形成方向清晰的流动空间结构，各类拱圈与非线性承重墙体形成的空间结构。平面形制分类为箱型空间、流动空间、大跨度空间。学生熊澜的建筑主体采用红砖十字拱，探索三种尺寸十字拱结构单元空间组合方式，混凝土框架局部支撑形成之字形空间形态，建筑屋顶创造新的观花流线与山地步道融为一体（图9）。

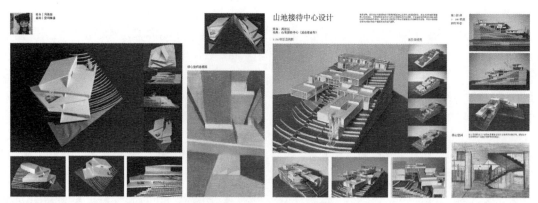

图 7　山地建筑空间组织训练阶段三成果

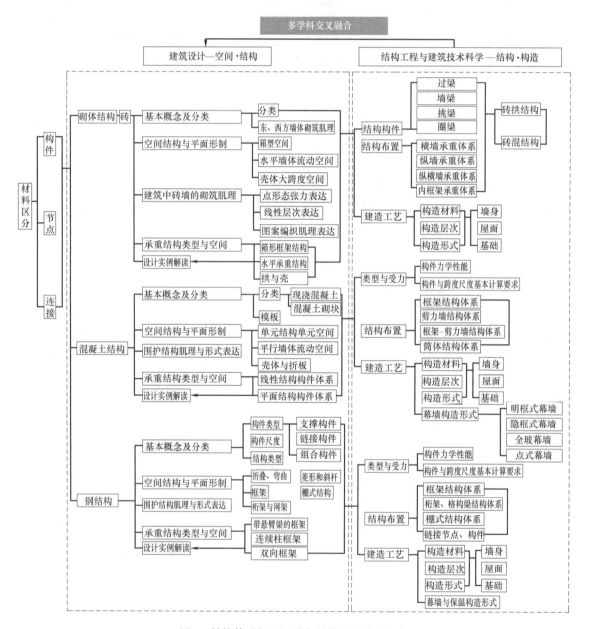

图 8　结构体系与空间形态训练阶段教学内容

图 9 龙山游客服务中心最终成果图

混凝土结构[5] 包含了线性结构构件体系（拱、门式刚架、框架）、平面结构构件体系（板、平板、折叠板、薄壳结构）。建筑承重可采用平行墙体承重、框架承重、混凝土伞形结构等。学生刘懿娇利用混凝土平面结构构件体系，三片垂直于等高线的纵向混凝土平行墙体作为主要划分空间的要素，与水平混凝土楼板组合形成多个室外平台，创造自由的室内外空间关系（图9）。

钢结构[5] 分别从门型钢架、钢框架、桁架、网架、斜杆与菱形、棚式结构几个类型讲述建筑空间形态特征，从钢构件类型与尺度、链接构件、空间形态、建造方法几个角度阐述建筑设计案例。学生风龙吟选择钢结构框架利用圆形几何形态形成景观面最大化，空间形态采用踏步主轴型形成以环形步道为引导的建筑空间形态（图9），形成钢结构轻盈的观景眺望台。

其中，玻璃幕墙设计与建造等相关理论与设计案例解读也是其中的重要环节。

3.4 构造形式训练的类型化

构造围绕屋面、墙身，让学生选择自己设计中空间、结构变化丰富的建筑局部，进行构造节点细化，采用模型材料制作 1：20 建筑构造节点模型（图10），教学内容主要由建筑学与建筑技术教师共同辅导完成，也同样在检验上一阶段结构体系受力与力的传递，学生是否完全理解。

结构类型选定的基础上，已经基本确定屋面承载方式，故屋面的构造类型主要围绕上人屋面、不上人屋面、是否采用种植屋面、排水方式（女儿墙屋面、挑檐沟屋面）、屋面与结构体系的交接处构造处理等教学内容展开。

围护结构的构造形式根据学生设计方案所选用的围护结构类型而定，要求必须包含实体和洞口的节点构造。类型化主要围绕实体结构砌筑方式、构造层次、肌理表达，玻璃幕墙（图8）、窗户构造形式、结构体系

图 10　1∶20 方案构造节点模型

的呈现为主的教学内容。

4　结语

在国家提倡大学生创新创业、推行新时代"新工科"等战略导向下，以"山地·结构·构造"为教学线索，以山地游客服务中心设计为题，依据接地形态、景观与交通、空间形态的三阶段训练，学习山地建筑设计方法，培养学生基本空间组织设计的能力，面对厚基础、宽口径人才培养目标，夯实建筑设计基础。除了建筑学相关基础课程体系设置本身进行多专业基础课程培养外，教学加强土木工程、建筑技术学科课程融贯，坚持多专业进行交叉融合，不仅在教学内容、课程体系、教学方法三个层面让学生初步了解建筑结构体系与空间形态的关系，关注建造、结构受力等相关科学知识，了解建筑细部构造形式，尝试从结构与建造的角度找寻设计的出发点。

让学生熟悉自然科学、人文社科相关知识，掌握建筑材料与构造、建筑结构、建筑设备、建筑物理环境控制的基本理论和知识能够综合应用于解决复杂建筑设计问题。

图片来源

图 1、图 3、图 5、图 8 来源于作者自绘，图 2 来源于学生图纸改绘，图 4、图 6、图 7、图 9、图 10 来源于学生作业。

主要参考文献

[1]　朱雷，吴锦绣，陈秋光，朱渊. 建筑设计入门教程 [M]. 南京：东南大学出版社，2017.

[2]　顾大庆，Vito Bertin. 空间、建构与设计 [M]. 北京：中国建筑工业出版社，2011.

[3]　Anthony Di Mari. Conditional Design [M]. Netherlands：BIS PUBLISHERS，2015.

[4]　卢济威，王海松. 山地建筑设计 [M]. 北京：中国建筑工业出版社，2001：113-135.

[5]　（瑞士）安德烈·德普拉泽斯. 建构建筑手册 [M]. 大连：大连理工大学出版社，2007.

[6]　王社良，熊仲明. 混凝土及砌体结构 [M]. 北京：冶金工业出版社，2004.02

刘永鑫　罗鹏

哈尔滨工业大学建筑学院，寒地城乡人居环境科学与技术工业和信息化部重点实验室；liuyongxin@hit.edu.cn

Liu Yongxin　Luo Peng

School of Architecture，Harbin Institute of Technology；Key Laboratory of Cold Region Urban and Rural Human Settlement Environment Science and Technology，Ministry of Industry and Information Technology

融入绿色建筑设计理念的构造实习教学实践 *
Teaching Practice of Building Construction Integrating Green Building Design Concept

摘　要：在建筑构造教学中，受限于教学阶段，实践成果不宜融入建筑设计环节。本文作者通过亲身教学经历，以哈尔滨工业大学建筑学专业本科二年级学生为授课对象，实践了融入绿色建筑设计理念的构造实习教学方法。通过前期理论知识授课、实践教学以及建筑设计方案改造等环节的设置，实现有效地将节能构造设计融入建筑学专业设计教学的目的。

关键词：建筑构造；节能设计；融入式教学

Abstract：In practice of building construction，there are many restrictions to practice some teaching methods. Limited by the teaching stage，the practical results are usually hard to be integrated into architectural design. Through the personal teaching experience，the author takes the second grade students majored in Architecture in Harbin Institute of Technology as the object of teaching，and carry out the practice of building construction integrating green building design concept. Through theoretical knowledge teaching，practical teaching and architectural design transformation，the teaching aim，integrating energy efficiency concept into the architecture design process，can be achieved.

Keywords：Building Construction；Energy Efficiency Design；Integrated Teaching

1　构造实习课程的背景及其重要性

1.1　建筑构造的发展

建筑构造是建筑设计不可分割的一部分，主要研究建筑物各组成部分的构造原理和构造方法。建筑构造内容广泛，包括：建筑材料、建筑力学、建筑结构、建筑物理以及建筑施工等。建筑构造原理具有很强的综合性，以材料选择、外观造型、技术工艺以及施工安装等为依据，研究建筑构件及其细部构造的合理性和经济性，以更好地满足建筑使用功能要求。建筑构造设计方案需根据建筑物的使用功能要求，满足适用、安全、绿色、美观的建筑设计方针。具体设计内容包括基础、墙体和柱、楼地面、楼梯、屋顶以及门窗等，表达形式为施工图和大样图等。[1]

哈尔滨工业大学地处我国寒地（严寒地区），多年来一直重视寒地建筑耐候性方面的教学与研究，在建筑构造教学方面也是如此。为此，构造实习也秉承了这一优良传统，绿色设计、节能设计理念贯穿于认识实践整个过程中。

1.2　从构造学习到认识实践

在建筑构造课程的教学中，主要为理论知识方面的传授。而理论知识系统性强，但通常生涩、难懂。因此

* 项目支持：黑龙江省教育厅高等教育教学改革研究项目（SJGY20200229）。

在教学过程中需要设置一定的实践教学活动。即便如此，仍难以给学生以直观的印象，并且容易造成理论知识与实践应用脱节。为此，建筑构造教学中一般会设置构造实习认识实践课程。构造实习主要由教师带领学生参观实际的建造现场，并进行同步讲解。[2] 通过构造实习课程的设置，使得教师在建筑构造的课堂教学中，可以侧重于理论知识的传授，夯实理论基础，有利于学生对建筑设计理论的进一步理解和掌握。

伴随我国《2030 年前碳达峰行动方案》国发〔2021〕23 号的颁布，建筑节能愈发受到关注。而建筑节能不仅仅是建筑设计和建筑运行需关注的问题，同时也是建筑构造设计需要重视的问题。黑龙江省哈尔滨市属于严寒地区，该地区建筑保温节能方面的需求尤为突出。在构造实习认识实践中会遇到大量的节能保温构造节点，学以致用，将建筑节能设计思想融入建筑设计中，不仅可以提升设计方案的实用性，同时也有利于"未来建筑师"掌握使用的节能技术。

1.3 构造实习教学的重要意义

正是由于建筑构造及建筑节能技术的蓬勃发展，各大建筑类院校逐渐将建筑节能原理植入建筑构造教学中，由此可见构造实习认识在建筑学专业教育中的重要意义，[3] 主要体现在以下几方面：

1）体系完善

在建筑技术不断发展的条件下，使建筑学专业教育体系更加完善。

2）行业需求

面向行业需求，全面提升人才建筑知识广度，为所培养人才更快、更好地独立承担设计项目奠定基础。

3）能力提升

使建筑设计方案更加科学、合理，更易于发挥建筑节能潜力，在保证方案艺术性的同时，提升构造方案的科学性和技术性。

4）研究准备

为 50% 以上进一步深造的本科学生奠定一定的研究基础和理论准备。

2 教学设计

2.1 传统构造实习课程教学体系

传统构造实习课程定位于建筑设计的重要组成部分，是高级建筑专业人才必须掌握的认识实践类课程。通过本课程的现场认识学习和总结等训练，将使学生掌握建筑构造的基础知识和具体构造做法，通过建筑工地实地参观讲解，与施工方技术人员进行沟通和交流，强

化学生对建筑构造的直观认识，加深对建筑构造知识的了解和把握，同时掌握建筑构造的特点和具体的构造做法等，了解建筑结构的形式和施工方法。

上述课程知识体系较好地完成了构造实习课程认识知识点的传授，同时也展现了建筑设计中建筑技术的应用。但仍然存在以下两方面需要改进之处。

1）尚未将对建筑构造的实际认识应用于建筑设计。

2）尚未在实际建筑构造设计阶段体现绿色建筑技术。

2.2 融入绿色建筑设计理念的构造认识实践

以往教学经验表明：学生对各种建筑构造技术在建筑中的位置、作用等没有充分认识，这给将节能技术手段应用于建筑设计带来一定困难。为消除这种不利影响，本文作者将绿色建筑设计理念，特别是建筑节能设计理念适当融入构造实习课程中。通过相关节能构造的认识，使学生了解新型节能构造的性能、特点以及构造做法，有利于其在今后建筑设计中的应用，使认识实践、理论学习与实际应用间贯通。

具体与节能技术、材料相关的建筑构造实习项目包括新型节能门窗、新型保温材料以及实际施工工艺等。体现建筑节能设计要求的主要实习活动如图 1 所示。

2.3 课程任务

1）教学目的

在现场认识巩固建筑构造相关基本理论的基础上，进一步关注建筑节能技术的应用，主要引导学生将体现节能技术的构造设计内容应用于实际建筑设计案例中。

2）教学内容

要求学生了解建筑结构的形式和施工方法，掌握建筑构造的特点和具体构造做法，掌握先进的施工技术和现代的管理方法，掌握节能型建筑材料的性能和使用方法，并了解一定的绿色建筑构造设计方法。

3）课程安排及考核

本课程总学时共计 2 周。基础认识掌握情况通过实习报告考查，该部分占总成绩的 60%。考察内容主要有建筑构造特点、具体构造做法以及节能型建筑材料的使用方法等。实际设计应用部分通过设计作业考查，该部分占总成绩的 40%。在自己完成的一个建筑设计方案基础上进行节能构造改进，对采用的建筑节能设计方法、策略及具体技术进行展示和论述。具体需提交 A3 规格图纸 2～3 张，电脑绘制，图纸及模型比例自定。

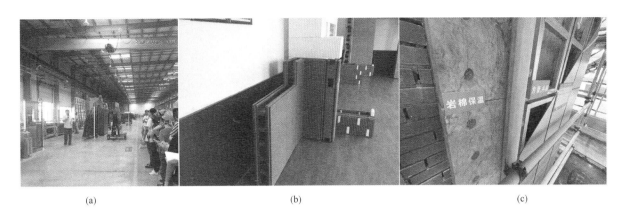

(a)   (b)   (c)

图 1　建筑构造（节能型）的认识
（a）森鹰门窗；（b）鸿盛保温材料；（c）保温墙体施工

3　教学成果分析

3.1　培养方案设置说明

哈尔滨工业大学建筑学专业（本科）建筑节能课程设置在本科二年级（五年制）第二学期，相关的先修课程主要有：建筑设计基础、建筑构造以及建筑物理等。

3.2　认识内容传授效果

构造实习认识实践课程虽然受到先修课程的限制，但课程设置在建筑构造课程之后，主要知识点相对独立。因此，在不同年级、不同阶段开设本课程影响有限。在完成构造实习基本认识任务的基础上，对节能技术在建筑设计中的应用进一步侧重，但从考核结果上来看，并没有影响学生理论学习和现场认识学习的质量。

3.3　作业成果

本文以两份作业成果为例，介绍说明课程教学实践效果。两位同学分别选择已完成设计的公共建筑和居住建筑项目作为改造对象，作业图纸如图 2、图 3 所示。

如图 2 所示，从节能构造应用角度出发，学生对原设计方案进行改造。特别对门窗部分进行改造，在保证使用功能的前提下提升了建筑的自然采光和通风效果，有助于实现过渡季的建筑节能目标。通过开设天窗、遮阳设施、高性能玻璃窗以及外门门斗的设置，试图改善室内热环境，同时通过虚实交替提升建筑外观表现力。此外，该作业还初步提出一些利用可再生能源的建筑用能系统设计方案。改造后的设计方案体现了节能技术融入建筑构造设计的优势。

图 3 所示方案根据项目所在地区特点，首先从规划设计层面对建筑朝向进行完善，提升了不同季节的建筑节能性能。针对严寒地区气候特征，选择合理的外墙、屋面保温构造设计方案，以体现节能效果。此外，考虑建筑体形与建筑能耗的关系，对不同朝向房间的建筑立面窗墙比进行优化，最终确定较优的立面布置方案。通过采用蓄热形式的供暖系统，充分利用新型相变材料特性，达到最优的用能效果。项目改造设计方案表明通过课程教学已将节能构造设计原理和具体构造形式成功地融入建筑设计。

总体上两份作业在保持建筑设计方案特点的同时兼顾了节能构造设计，将节能构造要点应用于建筑设计阶段，从而提升了构造实习课程的教学效果，同时也使设计方案更加"经济"和"绿色"。

4　结语

融入绿色建筑设计理念的构造实习教学在经过了 3 年的探索后，形成了符合哈尔滨工业大学建筑学专业需要的教学培养模式，课程的进行和教学成果的产出表明该培养模式是一种行之有效的教学改革方法。针对建筑构造设计这一关键任务，寻求最合适的手段使之融入建筑设计。通过对比分析，进一步印证了融入绿色建筑设计理念构造实习的必要性和优越性。未来，将考虑进一步丰富建筑构造技术、材料，结合潜在使用者、周边环境以及地域气候特点完善建筑构造设计方案。逐步引导学生从用能分析、方案设计、构造选型最终到绿色节能的主动思考能力。融入式的教学更容易使学生接受，并实现自我提升。

图片来源

图 1 来源于作者自摄，2 来源于学生何煜婷绘制，图 3 来源于学生朱然绘制。

屋顶天窗改造

1.不再使用纯玻璃材质作为天窗，使用侧窗采光，避免光照过于强烈； 2.使增加的屋顶侧窗可以开闭，以便通风。

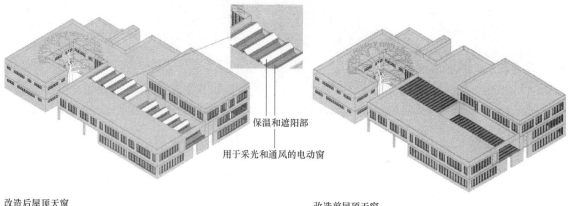

保温和遮阳部

用于采光和通风的电动窗

改造后屋顶天窗   改造前屋顶天窗

改造后相关通风和采光

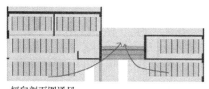

短向剖面图通风   短向剖面图通风和采光

立面窗户改造   改造前东北立面

现状：
建筑开窗甚多，但没有设置遮阳。并且多为固定窗，
缺乏有效通风。

改进措施：
1.选择窗户为推拉窗，使用low-E玻璃，并采用
双层玻璃，内部填充惰性气体，减小传热系数。
2.东北向窗户设置活动内遮阳。
3.对西南向的窗户增加活动外遮阳，同时设置活
动内遮阳，改造前后图示如下。

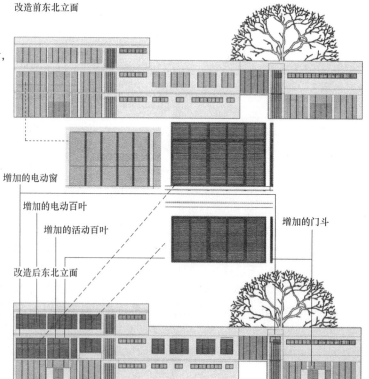

增加的电动窗

增加的电动百叶

增加的活动百叶

增加的门斗

改造后东北立面

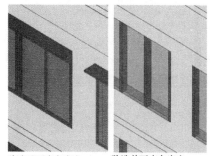

改造后西南向窗户   改造前西南向窗户

图2　公共建筑节能项目改造设计

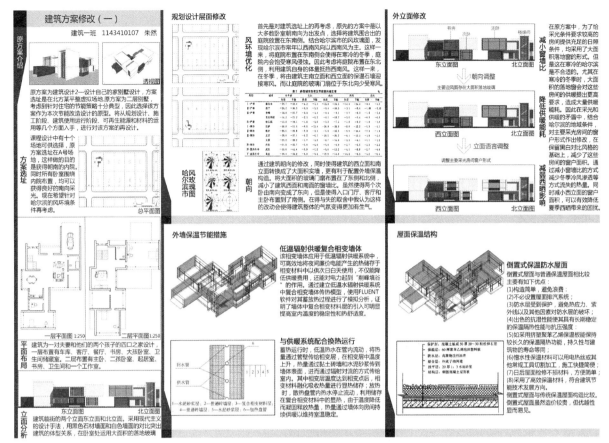

图3 居住建筑节能项目改造设计

主要参考文献

[1] 裴刚，李元奎. 建筑概论 [M]. 广州：华南理工大学出版社，2015.

[2] 熊国恺. 建筑构造课程教学改革的探索与实践 [J]. 湖南理工学院学报（自然科学版），2021（1）：92-94.

[3] 宋德萱，吴耀华. 片段性节能设计与建筑创新教学模式 [J]. 建筑学报，2007（1）：12-14.

杨一帆

北京建筑大学；yangyifan@bucea.edu.cn

Yang Yifan

Beijing University of Civil Engineering and Architecture

学科交叉视野下的历史建筑保护工程专业毕业设计课程探索

Study of the Graduation Design of Historical Architecture Preservation Engineering under the Interdisciplinary Perspective

摘　要：作为建筑院校中的新兴交叉专业，历史建筑保护工程专业的课程建设，始终贯穿着两个主题，一是如何将城市建筑的规划设计与文物保护理念相结合，二是如何使基础知识教学与文化遗产保护实践需求相结合。基于此，本次毕业设计教学的探索，选择胶济铁路沿线的坊子近代工业小镇，通过历史研究、保存现状调研、环境条件分析等环节，引导学生探求解决建成环境保护与发展需求矛盾的途径。选择近代工业遗产单体节点，引导学生运用本科阶段学习的文物建筑保护理论、建筑基本知识，开展建筑遗产保护利用设计思考，提升学生对城市更新与历史建筑保护更新类项目的设计应对能力。

关键词：历史建筑保护工程；建筑遗产保护；保护规划

Abstract：As an emerging interdisciplinary major in architecture colleges，Historical Architecture Preservation Engineering always runs through two themes：one is how to combine the planning and design of architecture with the concept of cultural heritage protection；the other is how to combine the teaching of basic knowledge with the practical needs of cultural heritage protection. Based on this，the exploration of this graduation project teaching，choose the modern industrial town of Fangzi along the Jiao-railway，through historical research，conservation status research，environmental conditions analysis and other links，guide students to explore ways to solve the contradiction between built environment protection and development needs. Single nodes of modern industrial heritage are selected to guide students to use the conservation theory of cultural relics and basic knowledge of architecture learned in the undergraduate stage to carry out design thinking on the conservation and utilization of architectural heritage，so as to improve students' ability to respond to the design of urban renewal and conservation and renewal projects of historical buildings.

Keywords：Historical Architecture Preservation Engineering；Conversation of Architecture Heritage；Protection Planning

1 课题构想

1.1 教学背景

本课题是北京建筑大学历史建筑保护专业毕业设计课程的探索和实践。历史建筑保护工程是对应我国日益增长的文化遗产保护需求，同时发挥传统建筑学专业优势，设立的新兴交叉学科专业，将建筑学基础学习与建筑遗产保护的职业基本素质训练相结合，以培养社会和行业急需的建筑遗产保护人才为目标。具有教学内容广、交叉性强、重视实践能力培养等特点，既需要多方涉猎、触类旁通的复合知识体系，也需要通过实践课题对知识加以引导和综合运用。使学生能够系统地掌握建筑遗产保护知识和技能，并运用于实际工作中。

北京建筑大学的历史建筑保护工程专业设立于2012年，经过10年建设，已形成了较为成熟的培养体系，其中毕业设计的目标是引导学生综合运用本科所学知识，在教学内容上，注重理论和实践的拓展融合，同时探索不同规模类型建筑遗产的保护和更新方法。

在此背景下，本课题选择以坊子火车站为核心的近代工业小镇作为研究设计对象，通过保护更新设计引导学生综合运用知识和技能。尝试真实场景和文物保护要求下的地块保护更新和建筑改扩建设计。

1.2 选题概况

山东潍坊的坊子火车站及周边历史建筑群始建于19世纪末20世纪初，伴随着胶济铁路的修建，煤矿的成规模开采，围绕坊子车站逐步形成了人口聚集的区域，"德日占领时期"的快速建设，加快了城镇化和近代化进程。铁路沿线及车站周边日渐繁华，形成独具特色的小镇。20世纪90年代后，由于铁路站点的重置，矿产资源的枯竭，坊子车站降为四等站，周边发展停滞。2008年由政府主导将近代建筑较为集中的区域打造为欧式风情生态小镇—坊茨小镇，2013年"坊子德日建筑群"被纳入全国重点文物保护单位，2014年坊茨小镇被山东省政府公布为省级历史文化街区。坊子工业小镇具有文物建筑分布广，类型多，历史片区占地面积大等特点，目前处于职能转变与文化遗产保护的关键时期。成点片状的重点区域开发虽取得了一定成效，但尚未带动整体区域的振兴发展，对于重点文物如机车库、火车站等的保护利用尚未展开。

根据前期调研，我们总结归纳了坊子工业小镇的三个显著特点：①分布着大量的文物建筑；②具有良好的区位条件；③有着迫切的地区发展需求。遂将毕设课题总体目标设定为：通过对坊子工业小镇历史和现状分析，合理定位发展方向和展示利用模式，在文化遗产保护的前提下，拓宽再利用思路，深化机车库等文物建筑的保护更新设计，为坊子工业小镇的复兴和持续发展寻求适当的途径，也为同类型城镇的保护与发展提供借鉴。

2 课题设计

2.1 定位、训练目标

毕业设计是综合本科阶段所学，并引导教学与社会实践接轨的重要环节，因此本次毕业设计选择真实场地，现实课题，结合专业特点和人才培养需求，设定训练重点。

1）在文化遗产保护的背景和大前提下，融文物保护规划、文物建筑保护与再利用、地域振兴规划为一体，引导学生综合运用本科阶段学习的专业知识。

2）通过调研—分析—规划设计的阶段式引导，建立研究型毕业设计的模式。

2.2 教学及设计工作内容

1）调研分析

调研分为现场调研测绘及资料分析，师生共同完成潍坊市坊子德日建筑群3km²历史街区调研，及文物建筑机车库、日本领事馆建筑群约3000m²测绘和病害勘察。

指导学生对国内外工业小镇、文物建筑再用的研究成果文献、设计实例、规范、标准等进行检索分析，并在课题过程中选取对应案例，进一步深化比较。

2）规划设计

指导学生借鉴历史文化名城保护规划、旅游规划等，以文物建筑群保护为出发点，以历史文化作为保存和发展的媒介，制订地域发展振兴计划和文物建筑展示利用规划。

3）活化利用设计

选择机车库、日领馆及近代居住建筑群作为研究对象，进行价值和现状评估，明确保护要点，再分别以文化综合体、旅游宿泊设施、公共服务设施三个类型角度进行建筑改扩建方案设计。

3 规划设计过程解析及成果

3.1 规划设计框架及成果

历史建筑保护工程专业修业年限较短，规划相关的教学内容多限于文物保护专项规划，应对综合的地区振兴规划，有一定困难，因此在设计过程中教师给与了较多的引导，引导学生将调研及规划设计内容分解，建立整体规划设计思路。结合现状分析，从历史沿革，文物建筑现状、业态功能、存量资源分析、区位交通条件等方面进行现状分析，并从文物保护、业态功能及历史街区保护更新、历史研究及价值评估的角度探索坊子工业小镇的振兴计划（图1）。

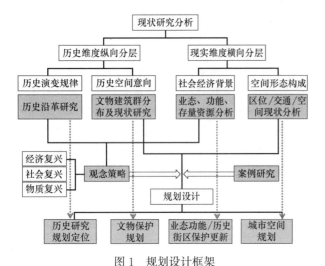

图1　规划设计框架

3.2　文物保护规划

坊子文物建筑群保存较为完整，坊子德日建筑群的文物建筑共有99处196座建（构）筑物。包括交通道路设施、工业建筑及附属物、军事建筑及设施、水利设施及附属物、宗教建筑、文化教育建筑及附属物，另有街区中的传统民居、金融商贸建筑等。其他还包括与坊子德日建筑群的形成与发展有着直接关联的，或有利于充分阐述其价值与历史信息的环境要素。

文物建筑保护利用的教学和设计实践分为两个层次，首先借鉴文物保护规划思路，以调研、评估、规划的顺序，根据现状及价值评估，明确坊子德日建筑群文物建筑的保护规划，在此基础上制订保护更新框架目标。在明确保护对象的基础上，结合地区特点及发展定位，将文物建筑以文旅线路串联，并结合文物建筑本体特征及功能需求，提出展示利用框架（图2）。

3.3　文物建筑保护利用设计

选择机车库等较为典型的铁路建筑遗产，进行保护利用设计。文物建筑保护利用以本体的价值保护为前提，同时考虑赋予其适宜的新功能，在后续发展中成为小镇振兴的重要节点。

保护文化遗产的根本目的是保护文化遗产的内在价值，同时随着整体性内涵的扩展，以及人们对文化遗产认识的加深，避免对近代建筑遗产采取单纯冻结式的保

图2　文物展示利用框架图

护模式已成为共识。如何在保护的同时发挥文物建筑的社会文化价值，将保护利用设计目的从保护物质环境拓展为探寻其新的社会功能，延续文化脉络。因此文物建筑保护利用设计中，引导学生认识建筑遗产的价值及其载体，以此对保护对象进行分解细化，继而明确保护部分，以及可利用部分（图3）。为综合运用建筑设计基础知识，在课程设计中采取了较为大胆的尝试。

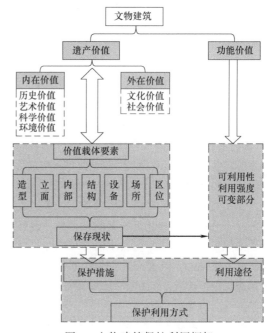

图3　文物建筑保护利用框架

以坊子火车站机车库为例，机车库建于1902年，围绕车库前的机械转盘呈扇形布局，可同时维修12节火车头。机车库为砖木结构，木桁架双坡屋顶，木立柱，红砖墙体，饰有券顶竖向窗。车库地面有地沟和自来水管道。德建转盘池占地面积706m²。这种转盘在近代铁路沿线多有使用，但目前保留完整形态、转向机械

的转盘数量已非常稀少。

改扩建设计依据价值和价值载体的评价分级，对原结构构件采取加固修缮后，充分发挥建筑宽阔的内部空间优势，置入新结构，划分功能空间，满足文化设施的多样化使用需求（图4）。

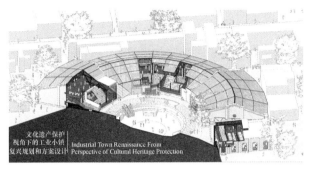

图4　机车库保护利用设计

4　结语

此次毕业设计是历史建筑保护工程专业特色教学的尝试。作为新兴专业，历史建筑保护专业可以说是建筑学和文化遗产保护行业的结合，毕业设计中不仅包括设计，更多的是对文物保护法规、理念的理解，对文物建筑现状的分析，其中包括大量研究性内容。如何在毕业设计的成果中将这些内容以图示语言表达，是本专业毕业设计的难点。文物相关的保护设计是一种特殊类型的规划和设计，既需要建筑设计的基础知识，如对基地环境的认知方法、建筑尺度和形态的把握、建筑功能的安排、结构和构造的技术设计等。又因为对象的特殊性，而不同于一般新建设计。文物建筑的身份决定了设计需要遵守遗产保护法规和保护规划的限定，设计对象是现实存在的、具有特定价值的建筑或建筑群。设计中应通过文献研究、历史研究和现场信息采集对保护对象的价值进行评估分析并确定适当的干预手段。如果说新建筑设计的核心是"创意"，那么保护设计的核心则应当是"价值保护"。因此，即便是与新建筑涉及类似的步骤中，如功能和技术设计阶段，保护设计也有着不同的工作重点和工作方法。遗产保护的特殊性赋予了保护设计过程某种限定，并学习在这一限定条件下进行适应性设计的方法和相关知识。此次毕业设计的目的是通过较为复杂的实地实题，将文化遗产保护、地域振兴规划相结合，将文物建筑适应性再利用作为激发区域活力的媒介，让学生在实践的设计操作中融会贯通知识，灵活运用所学。

主要参考文献

　　[1]　邵甬，葺元. 近代胶济铁路沿线小城镇特征解析——以坊子镇为例 [J]. 城市规划学刊，2010（2）：102-110.

　　[2]　陆红伟. 坊子德日建筑群整体保护与利用研究 [D]. 北京：北京建筑大学，2015.

　　[3]　温玉清. 山东坊子近代建筑遗存及其历史性景观保护随感 [J]. 建筑创作，2007（8）：146-156.

程然　郝赤彪　解旭东

青岛理工大学建筑与城乡规划学院：chengran4023@126.com

Cheng Ran　Hao Chibiao　Xie Xudong

College Of Architecture and Urban Planning，Qingdao University of Technology

固本清源、面向未来
——建筑与城乡规划学院三专业联合毕业设计实践

Solidifying the Root and Facing the Future
——The Joint Graduation Design Practice of Three Majors in the School of Architecture and Urban-Rural Planning

摘　要：培养具有综合研究与创新实践能力、组织与引导团队协作能力的复合型设计人才，已成为建筑学科专业教育的共识。基于建筑相关学科的交汇融合，通过跨学科专业联合毕业设计的实践，同时提升学生端与教师端的学习与教学能力。

关键词：复合型；人才培养；跨学科；跨专业；联合毕设

Abstract：It has become a consensus in professional education of architectural disciplines to cultivate composite design talents with comprehensive research and innovative practice ability，and the ability to organize and lead teamwork. Based on the intersection and integration of architecture-related disciplines，the practice of joint graduation design through interdisciplinary majors will enhance the learning and teaching ability of both the student side and the teacher side.

Keywords：Complex；Talent Cultivation；Interdisciplinary；Interprofessional；Joint Bachelor's Degree

1　当代建筑教育与人才培养要求

建筑学是立足于社会、文化、经济、生态、技术、美学等多个领域的综合性学科。其专业特征非常清晰的体现了以人为本的多领域交叉需求。作为一个具有几千年历史的文明型国家，我国传统教育构建的知识体系最大的优势在于整体性与综合性。我们习惯依靠完整的宏观视野来审视自我和观察世界。而在学科细分的大背景下这种优势正被我们自己逐步分解，这对于学科人才的培养是非常可惜的。为培养具有综合专业素养、复合创新能力的建筑学人才，我们应通过跨学科的认知培育；跨专业的融合交流打破人造学术边界，回归建筑教育的综合性与完整性。提升学生对于专业和职业的完整认知，实现综合技能的训练和提高。

2　多专业联合毕业设计的教学目标

建筑学专业指导委员会明确指出，毕业设计主旨是通过工程技术和科学技术的综合训练，培养学生分析、解决工程实际问题所需要的创新能力与综合能力，为将来走向社会打下良好基础。

基于综合性实践能力的培养目标，青岛理工大学建筑学专业构建了两种毕业设计教学体系。一种是"专业独立类型"：包括延续传统教学模式的"建筑学专业毕业设计"，以及跨地域、跨学校的"建筑学四校联合毕业设计"；另一种是"跨专业联合型"：采用跨学科、跨专业交叉融合的"建筑学院三专业联合毕业设计"。后一种模式作为培养复合型创新设计人才的设计实践，取得了一定的经验和成果。

三专业联合毕业设计以塑造团队设计为理念，实现教育资源的交叉与共享，培养学生建立"建筑学—城乡规划—风景园林"协调共进的设计思维，树立多维平衡、整体协同的职业观念。

2.1 打破专业壁垒

改变固守专业边界的分科观念，强化内核模糊界限。提升学生视野与信息整合能力。由"单一知识"向"复合知识"转变，注重建筑知识的整体性认识和多维度拓展；通过对城市结构、经济政策、地域特性、历史文化、建筑更新、环境品质的多角度思考，提高学生发现问题、分析问题、解决问题的综合能力。

2.2 塑造团队意识

消除专业身份认同，塑造团队认同。改变团队传统的领导——分专业组员组织形式。团队设计从踏勘、资料收集、概念设计到方案设计建立共通任务。以项目目标为导向划分阶段任务，而非以专业区分设计阶段。以提出问题——解决问题为纽带，各专业在统一的任务过程中共同努力，始终保持团队目标和过程的一致性。

2.3 提升教学能力

联合毕业设计不仅为培养学生提供了良好的平台。同时也在训练教师对于复杂教学项目的组织与掌控能力。对于教学调度、教案编写、进度编排、学生情绪调动与矛盾解决等诸多环节都提出了更高的要求。

3 跨学科联合毕业设计教学实践

3.1 联合毕业设计选题

结合建筑学科特点、社会需求以及设计实践可能性，设计选题强调面向未来、具有复杂性及可操作性。考虑城市更新、新型农村建设，注重建筑个体与城乡环境之间依存关系的研究，针对传统与现代社会关系变化所带来的创新需求；立足建筑自身的可持续发展，提高学生发现和解决复杂问题以及平衡多维度问题的综合实践能力。

跨学科专业的设计选题还要注重各专业的可参与性。多专业的可参与性并不是简单的提供可以实现专业分工的选题，而是注重多专业可以协同设计的同步性和关联性。项目选题需要满足各个专业最终毕业设计成果的工作量、设计深度，更要体现多专业联合设计的协同优势。

本次联合设计选取了青岛邮轮母港启动区作为设计用地，以城市—设计—未来作为设计题目。本项目是青岛港老港区搬迁之后产城融合的一个经典案例。一些知名设计公司已经进行过多次国际招标提供了自己的方案和城市理解。为学生多维度的视野提供了很好的研究素材。基于城市定位本块用地的未来发展有很多可能，这也保证了设计的开放度与多样性。

3.2 联合设计教学模式

联合设计采用设计组模式，每个设计组由建筑学、城乡规划、风景园林三个专业学生混编组成。学生采取自由组队的形式，在破冰见面会相互认识并进行交流，通过一定的相互了解组成设计团队（图1）。

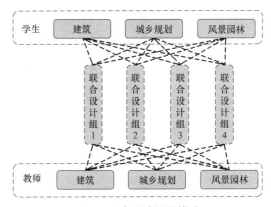

图1 联合设计教学模式

每个设计组配备来自三个专业的指导教师指导本组设计。指导教师在共通任务阶段并不区分专业进行指导，在设计后半分专业深化阶段进行本专业的单独指导。指导教师共同拟定教学计划，并根据各专业特长结合设计题目进行阶段讲座。

外聘专家作为中期答辩和最终答辩的评审委员，对学生的各阶段成果进行审核及评定（图2）。专家团队也以三个专业按比例聘请，并优先聘请具有跨专业背景的专家参加评审。

答辩采用设计展+公开答辩的形式展开，分为两个阶段。团队合作部分采用团体答辩的形式。

成绩以合作作品及答辩表现为依据。个人成绩以专业作品及答辩为依据，在设计展位进行。每个同学的最终成绩以团队成绩+个人成绩按照比例构成。

3.3 教学管理与流程控制

三专业联合毕业设计牵扯到多专业协调，无论是教学计划、组织编排、聘请专家甚至是毕业设计教室安排都需要牵扯大量的人力物力。同时整个设计周期也是一个不断协调、沟通、修改与完善的过程。每一个设计节

图 2 外聘专家参与答辩

点不仅是对学生的考核,也是对教学管理的一次考验。因此在学期开始之前,教师团队已经将整个毕业设计流程不断打磨完善并准备好突发状况预案,应该说准备没有白费。因为疫情联合毕业设计过程中遭遇了一个月的校园封闭,指导教师不能入校指导。但得益于前期的充分准备,各学生设计组依然有条不紊的推进设计,通过网络会议等手段依然与教师团队保持着沟通与联络,并没有对进度造成太大冲击。

进程控制是三专业联合毕业设计的保障。日常过

程 1h + 2/7,即每天一小时指导 + 每周 2 次会题。节点 3 + 2:总共分为三个内审节点与两个外审节点。三个内审节点分别是调研汇报、概念设计审核汇报与方案整改汇报;两个外审节点为中期答辩和最终答辩 (图 3)。

4 经验与成果

总的来说三专业联合毕业设计并非一帆风顺。三个专业的协调本身就是一个非常困难的问题。尽管三个专业有一些共通课程,学生之间也有不少是相熟的朋友。但各专业对于同一项目的理解显然有很大差异,这正是联合毕业设计的最大价值所在,但同时也是最大的冲突爆发点。交流一直是建筑学专业的永恒主题,这在多专业联合毕业设计中体现的淋漓尽致。交流的障壁主要由两方面构成:一是技术问题,这个相对好解决,通过各专业教师的理论讲座提前铺垫,三个专业对相互间的技术知识点有了大致的了解,基本能够在统一平台进行设计推进;另外一个是身份认同,各专业同学习惯于从本专业角度思考问题,而失去整体考量。这是在多年的学习中形成的思维惯性,短时间改变有困难,只有在团队共同设计中慢慢消化。这些矛盾也提示了我们应该在低年级教学中逐步加强跨学科学习,以及整体性认识问题的概念。学生的作品在联合设计中表现出惊人的创造力 (图 4)。三个专业对于城市的理解汇聚到一起显然实现了 1+1+1＞3 的效果。主要体现在由于破除了专业壁垒,同时要兼顾多方面的考量,这使得单纯模仿本专业案例形式做法不再有效,间接促成了学生回到最初从城市与人的本源思考设计。在设计过程中重新审视自身思维角度,进而开拓视野学会从更多层面考虑问题。在这种模式下学生的作品体现出了很高的预见性与可能性。城市设计的形式看来有超现实的韵味,但仔细看分析过程却能够发现其内在逻辑与合理性。是基于收集到的多维信息进行梳理和分析的结果。设计基于人与城市关系的宏观理解与未来叙事,体现出了一定的建筑与哲学思考。

5 结语

青岛理工大学建筑与城乡规划学院通过学院跨专业联合毕业设计的教育改革,打破了学院各专业间的教学壁垒,加强了专业核心建设,拓宽了专业的边界。重新整合了原有的教学资源,为培养视野开阔、具有专业综合能力的"复合型设计人才"提供了有益的探索。

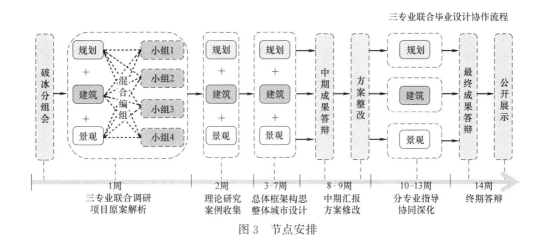

三专业联合毕业设计协作流程

图 3　节点安排

图 4　学生作业

主要参考文献

[1] 高等学校土建学科教学指导委员会建筑学专业指导委员会. 全国高等学校土建类专业本科教育培养目标和培养方案及其主干课程教学基本要求——建筑学专业 [M]. 北京：中国建筑工业出版社，2003.

[2] 黄海静，卢峰. 建筑专业实践教学与复合应用型人才培养 [C] //建筑类高校教育教学改革实践研究编委会. 2014 年中国建设教育协会普通高等教育委员会教学改革与研究论文集. 北京：中国建筑工业出版社，2014 (12)：31-34.

[3] 曹亮功. 从建筑职业看建筑教育 [J]. 建筑学报，2005 (2)：76-77.

[4] 许兆棠，张恒，汪玉祥. 整合教学资源跨专业联合毕业设计 [J]. 重庆科技学院学报（社会科学版），2008 (11)：206-208.

吴茜　顾大庆（通讯作者）

东南大学建筑学院；1019321857@qq.com

Wu Qian　Gu Daqing (corresponding author)

School of Architecture，Southeast University

从国家自然科学基金项目看建筑学科学术研究的问题
——以《建筑学报》基金专刊为例

The Problem of Architectural Research from the Perspective of the NSFC Research
——Based on an Analysis on Special Issues of "Architecture Journal"

摘　要： 近年来自科基金研究成为建筑学院教师的核心学术活动，其成就关系到教师招聘、转正及升等各方面的学术考核。这一新现象不仅关系到教师个人的学术前途，也影响学科的发展方向。由于自科基金研究并非出自建筑学的学术传统，学界主流对于它成为学术评价的核心指标存在质疑，但是有关质疑缺乏严谨论证。在建筑学语境下，本文以《建筑学报》2015到2021年的2月刊国家自然科学基金论文专刊为主要对象，讨论特征、范式以及代表性这三个问题，以文献归纳、统计与分析为方法展开研究。在此基础上指出自科基金研究因其属性与建筑学研究并非完全重合，将它作为建筑学科，特别是设计教师学术成就的核心评价指标是非常值得怀疑的。

关键词： 国家自然科学基金；建筑学；学术研究；建筑学报

Abstract： In recent years the NSFC research has become the core academic activity for faculty in the School of Architecture，relevant to academic assessment，such as faculty recruitment，tenure and promotion. This is a new phenomenon that not only affects the academic future of individuals，but also the direction of the discipline. Since the NSFC research is not part of the tradition of architecture，the academic community has questioned using it as the core indicator of academic evaluation，but this has not yet been rigorously argued. In the context of architecture，this paper takes special issues of "Architecture Journal" as an example to analyze the features，paradigm and representativeness of this type of research through literature induction，statistics and analysis. On this basis the study it points out that NSFC research，because of its properties，does not fully overlap with architectural research，and that it is highly questionable to use it as a core evaluation indicator of the academic achievements of the discipline，especially design faculty.

Keywords： Natural Science Foundation of China (NSFC)；Architecture；Academic Research；Architecture Journal

1　问题提出

近年来国家自然科学基金（以下简称自科基金）研究逐渐成为建筑学院教师的核心学术活动，其成就直接关系到教师招聘、转正以及晋升等各方面的学术考核。这是一个新现象，不仅关系到教师个人的学术前途，也影响到建筑学科的发展方向。由于自科基金研究并非出自建筑学的传统，学界主流对于它成为学术评价的核心指标存在质疑，相关质疑集中在自然科学的研究范式作为建筑学学术评价标准的片面性上，然而目前这一质疑尚缺乏严谨论证。

在国家自然科学基金委成立之初，建筑学就遇到了学术研究的属性问题，潘谷西老师曾在书中提到，他与郭湖生老师在1986年前后的项目申请因建筑史不属于自然科学而一度被拒绝的往事。[1] 1987年基金委为研究建筑学所具有的自然科学属性中的基本规律，还曾专门委托清华大学建筑学院组织"建筑科学的未来"学术研讨会。[2] 自科基金与学科的关系问题并非建筑学所独有，例如管理学就有老师认为这对学科而言是个重要的基本问题。[3] 目前建筑学中讨论自科基金与学科的文章多集中在对资助项目的计量分析上，这些文章的逻辑也多建立在自科基金研究已成为学科发展趋势的重要表现的基础上。[4] 然而较之于管理科学在范畴上经常被划分到社会科学所以自科基金的资助引起了广泛困惑，建筑学除了自科属性，还有社会、历史、人文等方向的研究领域，而其所独有的设计教学与设计实践使这一问题变得更复杂但似乎并没有引起更广泛的重视。

在自科基金的属性偏好和建筑学综合特质的复杂语境下，建筑学科内自科基金项目研究的具体内涵并非不言而明，若要掌握这一类型研究的特点和规律，需要对其展开调研。本文以《建筑学报》自科基金论文专刊为主要研究对象，讨论以下三个问题：一是特征问题，学科内基金研究有哪些特征；二是范式问题，建筑学的自科基金论文与科学研究范式的关系；三是代表性问题，即讨论自科基金研究活动是否为建筑学科内主流学术活动的代表。

2 对《建筑学报》基金专刊的调研

总体来看，2005年与2007年《国家自然科学基金委员会章程》《国家自然科学基金条例》的相继颁布标志着自科基金的规范化和法治化，[5] 建筑领域基金项目的申请数量开始迅速增长（图1），自科基金开始逐渐成为建筑学教师们重要的学术活动，也成为推动学科发展的重要力量。与学科有关的对基金项目的调研有三个思路，常见思路是根据自科基金的代码分类找到学科领域的研究成果加以分析，但这一思路一定程度上会限定在既有框架内而忽略学科内基金项目申请情况的复杂景象；二是从建筑学内部的角度进行观察，广泛调研建筑教师们的基金申请与研究活动，但在实际操作上有很大困难；所以考虑第三个思路是从研究的成果端展开调

研，既可以从学科内的视角出发，又能从基金论文上标注的基金号搜索到相关的基金信息。笔者以学科内最重要的期刊之一《建筑学报》为例，将其自2015年设立的基金专刊为切入点展开调研。

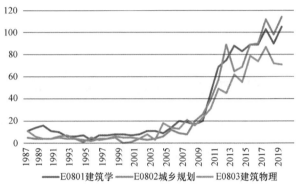

图1 1987—2019年建筑领域获国家
自然科学基金资助数量①

选择《建筑学报》为切入点基于两个原因，一是其重要性，二是自2015年起学报每年的2月刊为国家自然科学基金论文专刊（有少量国家社科基金论文），除第一年前四篇为其他专题的文章外，其他的每篇文章至少关联了一个科学基金项目，笔者认为上述文章与相关联的基金项目可被视为本学科内自然科学基金研究这一类型学术活动的成果代表，在这一前提下通过调研和分析去把握这一类型的学术研究的特点和规律。

2.1 资料收集

以学报2015—2021年的2月刊，即国家自然科学基金论文专刊为研究对象，共有文章144篇，涉及自科基金项目148项，社科基金项目10项，对上述基金项目展开进一步搜集，截至2022年三月份最终得到122篇自科基金项目结题报告，剩下的26项因申请时间较近还未结题，10项社科基金的项目名称、负责人、所属学科等基础信息。

对研究对象的调研具体围绕以下问题展开研究：特征问题，主要从基金结题报告的代码归属，文章的标题、关键词、摘要、正文内容进行归纳分析；范式问题从文章的结构、上一问题归纳的研究方法，以及文章与基金项目的关系等方面展开研究；代表性问题要拓展到基金论文与期刊的关系、《建筑学报》与其他专业学报类核心期刊，以及与本专业其他重要期刊的对比中进行观察。

---

① 国家自然科学基金项目资助数量数据来源：https://kd.nsfc.gov.cn/finalProjectInit.

2.2 调研结果

1）学科代码

122 个国家自然科学基金项目共涉及 6 个学科代码（图2），分别是 E0801 建筑学、E0802 城乡规划、E0803 建筑物理、D0110 人文地理、G0115 工程管理与项目管理、G0413 区域发展与城市治理，除建筑学所在的 E 工程与材料科学部以外还涉及 D 地球科学部与 G 管理学科部。值得一提的是 10 个国家社科基金项目分布在管理学、考古学、艺术学和人口学，除 5 篇文章只标注了社科基金外，另 5 篇既标注了社科基金也标注了自科基金。

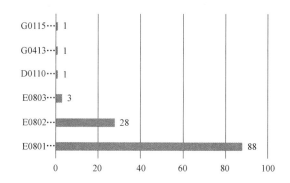

图 2 国家自然科学基金项目数量
及其所属学科代码

2）问题类型

148 篇文章通过对标题、关键词、摘要的归纳整理，以城市、建筑、历史与技术四类进行分类统计，分别有 31、33、53 与 27 篇。其中城市主要关注街道、住区、社区、公共空间、交通站点，具体实践等主题；建筑主题集中在养老空间、综合体、保障性住房等建筑类型、理论研究、建筑策划、设计实践等；历史类文章以历史性研究、民居与聚落、遗产保护三大方向为主；技术类文章主要关注性能优化类型的问题，绿色建筑、工业化、数字化等主题也有涉及。其中高频的关键词为适老化相关，主要集中在城市和建筑类的文章中，同时每期文章的问题分布并非固定不变（图3），以适老化热点为例，图3中折线就显示相关研究文章数量的变化。

3）研究方法

除了综述型及思辨型的文章外，方法呈现出与研究问题的相关性。城市与建筑类文章以空间调研为主，在方法上主要分为三种：一是空间特征问题，常用以测绘、图像记录为主的实地调研，用建模、图示方法，以及空间句法分析等；二是空间绩效问题，多用于公共空

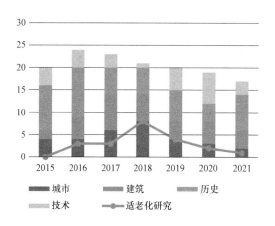

图 3 具体问题类型在各年专利中的数量分布

间及功能性空间，常用行为研究方法，研究工具有 GPS、ICT 通信工具、录像摄影、现场观察等，再通过整理数据加以分析；三是空间认知问题，关注人的主观感受，常用眼动实验、空间认知调研、POE 评价、问卷访谈等方法。历史类文章主要为基于文献档案的历史性研究；以田野调查为主，使用实地测绘、口述史、民族志等方式的聚落调研，以及根据具体问题方法也较为多元的涉及技术、理论和保护实践的遗产保护类文章。技术研究以性能优化类文章为典型，主要方法为通过建模、确立参数、模拟，提出性能优化的措施，同时此类研究更关注对研究方法的优化，通过改进建模或模拟方法、增加社会调研方法工具，达到优化，这类文章在实地调研中更关注建筑物理方面，例如用照度测量、热工测试、问卷调查等。

3 讨论

3.1 特征

在基金专刊的调研中可以观察到，首先建筑学科内的自科基金研究实际上并非局限于只有自然科学属性的研究，例如历史研究的属性，空间绩效研究中的行为研究方法属于社会科学，以及少量思辨类的文章；其次在研究方法上，专刊中广泛使用了来自其他学科的研究方法和研究工具；此外在上述文章的问题类型中可以观察到设计研究的比例是非常低的。

琳达·格鲁达等人曾在《建筑学研究方法》中提到，她们的目标之一就是希望借鉴其他诸学科的方法论研究成果，将其转化为建筑和设计语境下的研究原则。[6] 但是勃罗德彭特也曾在《建筑设计与人文科学》中指出研究与实践之间的鸿沟，正是因为其他学科带来方法的同时也带来关于问题好坏的判断，此外由于研究人员有必要显示方法的严谨，常采用物理学等科学方法

将研究对象孤立起来去观察，而更加难以运用到实践中去。[7] 在基金研究走向专业化和科学化的今天，重视设计研究的价值，思考设计实践与研究活动的联结变得日益重要和迫切。

3.2 研究范式

在今天的学术世界，"研究"一词实际上已成为一个不断扩大的、多层面的、超越学术领域的研究活动的总称，[8] 例如许多关于研究方法论的书籍可以指导不同学科背景的研究生的学术写作。那么基金论文是否也符合这类"提问-组织论证"式的研究范式？

按照研究类型分类，有 82 篇文章为实证调研类文章，18 篇为模拟及实验类，9 篇综述类，以及 35 篇历史及其他定性研究的文章（图 4）。其中综述类文章中常以某某研究综述或进展为标题，其研究对象通常为相关文献，还有一些定性研究的文章以某某思辨、某概念辨析或某话语为标题，同时出现一些范畴较为宽泛的主题词，例如以方法体系、理论模型、范式等抽象概念为主要关键词，此类文章在组织论证上是否也属于此类研究范式需要进一步讨论。

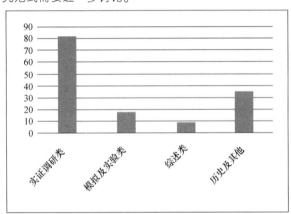

图 4　不同研究类型的文章

在定义上普遍认为科学研究是基于观测的经验研究，其结论基于证据、证据基于事实，[9] 这一事实既可以是自然现象也可以是社会现象，因此思辨类与部分综述类文章的属性在此定义下是值得怀疑的，这一怀疑并非有意贬低这一类型研究的学术价值，而是表达对其研究属性的困惑。其次是需要在基金项目中观察这类论文是否为阶段性的成果，调研发现有些综述类文章确实属于阶段性的成果，但也存在少数文章与基金项目主题完全无关的现象。笔者认为学报自科基金专刊的文章并非每一篇都是以经验研究为属性的文章，在整体上有偏好实证调研类文章的倾向。

3.3 代表性

如何知道基金研究是否为学科的主要学术活动？这一点可以通过学术期刊中基金论文与所有论文的比例来判断，比例越高表明基金研究作为此学科研究活动越具有代表性。需注意此时基金的定义已不局限于国家自然科学基金，而是涵盖一切官方认可的科研基金。

将视野从基金专刊转到《建筑学报》中的基金论文这一范畴上可以看到这类文章占学报每年文献量的比例并不高。从趋势上看这一比例自 2015 年起超过了 30%，但还未曾突破过 50%。在学报近十年文献所属栏目中，文献量最多的也是"作品"一栏，以 670 篇遥遥领先于设计研究、历史与理论、设计与理论、学术论文专刊等栏目。

同时横向比较《建筑学报》与基础科学及其他工程技术学科的学报类核心期刊，以及与建筑学其他重要期刊，可以观察到以下现象：首先基础科学 131 个学报类刊物与工程技术 179 个学报类刊物分别有 123 个、137 个的期刊基金论文比例超过了 80%，几乎全部都超过 60%，而《建筑学报》近 5 年平均比例只有 39.8%；其次调研建筑学科内其他重要期刊可以发现，期刊近 5 年的平均基金论文比例分别为《新建筑》49.2%、《建筑师》44.2%、《时代建筑》27.7%、《建筑创作》12.7%、《世界建筑》7.3%，加上学报，这 6 份期刊近五年的平均基金论文比例只有 30.2%。①

在对其他学科学报的调研中可以观察到，基础科学与工程技术学科的核心期刊中大部分研究成果都属于基金项目研究，在比例上远超于《建筑学报》；而在建筑学重要期刊的调研中可以看到，基金研究的比例普遍不高，可见这一类型的研究实际上并非建筑学目前最主要的学术活动。因此将自科基金项目作为建筑学学术研究的核心评价指标确实是值得商榷的。

4　结语

本文在建筑学科的语境下调研了自科基金研究的特征、研究范式与代表性的问题，并在此基础上指出它与建筑学研究并非完全重合，将它作为建筑学科，特别是设计教师学术成就的核心评价指标是非常值得怀疑的。此外，经过调研发现自科基金研究对于建筑学而言并不是最有代表性的学术研究活动，那么这其实提出了新的问题，哪些类型的研究可以被认为最能代表建筑学研

---

① 期刊基金文章比例数据来源：https://navi.cnki.net/knavi/journals/index? uniplatform=NZKPT.

究？是设计研究么？以及这一研究类型比自科基金研究能更好地弥合学科所面对的设计实践与研究活动之间的裂痕么？希望在之后的研究中对这些问题可以展开进一步的探索。

主要参考文献

［1］ 潘谷西. 一隅之耕［M］. 李海清，单踊，编. 北京：中国建筑工业出版社，2016：68.

［2］ 那向谦. 国家自然科学基金与人聚环境学的研究［J］. 建筑学报，1995（3）：7-8.

［3］ 陈晓田. 国家自然科学基金与我国管理科学（1986—2008）［M］. 北京：科学出版社，2009.

［4］ 徐震，郝慧. 建筑历史与理论学科近二十年发展趋势研究——基于国家自然科学基金项目资助论文的计量研究［J］. 中国建筑教育，2021（1）：107-112.

［5］ 王新，张蕖，唐靖. 追求卓越三十年——国家自然科学基金委员会发展历程回顾［J］. 中国科学基金，2016，30（5）：386-394.

［6］ （美）琳达·格鲁特，大卫·王. 建筑学研究方法［M］. 2版. 王何忆，译. 北京：电子工业出版社，2015.

［7］ （英）乔·勃罗德彭特. 建筑设计与人文科学［M］. 张韦，译. 北京：中国建筑工业出版社，1990.

［8］ David Kaldewey, Désirée Schauz. Basic and Applied Research：The Language of Science Policy in the Twentieth Century［M］. New York：Berghahn Books, 2018.

［9］ 乔晓春. 中国社会科学离科学有多远［M］. 北京：北京大学出版社，2017.

罗明　李哲　解明镜　童淑媛

中南大学；717257508@qq.com

Luo Ming　Li Zhe　Xie Mingjing　Tong Shuyuan

Central South University

健康建筑视野下的建筑学跨学科人才培养研究 *

Research on the Cultivation of Interdisciplinary Talents in Architecture from the Perspective of Healthy Architecture

摘　要：健康建筑作为健康城市的重要分子，是我国未来建筑学的重要趋势之一，健康建筑设计人才的培养也将成为建筑教育界新的思考方向。但由于"健康建筑"本身的研究在国内起步较晚，跨学科性强，基于健康建筑的人才培养体系尚不完善。本文结合建筑学专业近几年在健康建筑领域的实践，整合本校的工科和医科资源，从培养目标、教育平台、创新实践三个方面进行改革，逐步探索出"一框架·两层级·多支撑"的跨学科人才培养创新体系，强调健康建筑观和设计实践、社会服务、专业研究相结合，对于培养适应和引领未来健康建筑的，基础知识扎实，专业视野宽广的创新复合型建筑学人才，具有一定的现实意义。

关键词：健康建筑；建筑学；跨学科人才培养

Abstract：As an important component of healthy city，healthy building is one of the important trends of architecture in the future in China. The training of healthy building design talents will also become a new thinking direction in the field of architectural education. However，due to the late start and strong interdisciplinary nature of the research on"health building"，the talent training system based on health building is not perfect. Based on the practice of architecture major in the field of healthy architecture in recent years，this paper integrates the environmental science and medical resources of our university，carries out the reform from three aspects of training objectives，education platform and innovative practice，and gradually explores The interdisciplinary personnel training and innovation system of "one framework，two levels and multiple supports" emphasizes the combination of healthy architecture concept and design practice，social service and professional research，which has certain practical significance for training innovative composite architecture talents who adapt to and lead the future healthy architecture with solid basic knowledge and broad professional vision.

Keywords：Healthy Building；Architecture；Interdisciplinary Personnel Training

*项目支持：

2020 年湖南省"十三五"教育科学规划课题"基于健康建筑理念的建筑学跨学科设计课程体系优化与应用研究"，

2021 年湖南省研究生教育教学改革项目研究课题"健康建筑视野下的建筑学专业学位硕士培养创新与实践"，

2020 年中南大学教育教学改革项目群"立德树人理念下建筑学专业课程体系及其课程思政的应用研究"，

2021 年中南大学教育教学改革研究普通教育类项目（2021jy096）。

1 前言

随着社会的发展和生活水平的逐步提高,人们追求健康生活的需求越来越强烈,健康也成为我国现阶段社会发展所面临的重大问题。2013 年,第八届全球健康大会,把"将健康融入所有政策"作为大会主题,2015 年我国将"健康中国"上升为国家战略,2016 年发布了《健康中国 2030 规划纲要》,明确将健康城市建设作为推进"健康中国"发展的重要抓手。人类超过 80% 的时间在室内度过,建筑作为人们追求高质量健康生活的重要场所,与人的生活息息相关,建筑的健康性能直接影响着人的健康,健康建筑是人们追求健康生活的必然需求。尤其此次新冠肺炎疫情发生期间,室内空气污染、环境舒适度差、应急适应性差、交流与运动场地不足等由建筑所引起的不健康因素凸显,提醒我们必须从多维度考虑公共建筑对突发传染病疫情的应急能力,以及居住建筑的健康性能。健康建筑作为健康城市的重要分子,是我国未来建筑学的重要趋势之一,健康建筑跨学科人才的培养也将成为建筑教育界新的思考方向。

2 研究现状

健康是人工智能化时代人们生活水平提高的必然需求,也是人类共同追求的目标。因此,对未来建筑师的培养目标更高,专业面更宽,并以此指导新时期的建筑教育。

2.1 国外研究现状

可持续发展方向是健康建筑的总目标。据统计,目前世界范围内已有近 80 所建筑院校设立了可持续发展方向的建筑学学位,部分学校还设立了可持续建筑环境的硕士和博士学位。1981 年《华沙宣言》从人的需求出发,指出建筑学应进入环境健康时代,建筑界开始将研究的目光转向健康建筑。1992 年联合国科教文组织在里约热内卢召开了关于"环境和发展"的世界大会,世界卫生组织(WHO)提出"健康住宅 15 条标准",国际 WELL 建筑研究所推出《美国健康(WELL)建筑标准》,是国际上第一部较为完整的健康建筑评价标准。

健康建筑与建筑学跨学科融合是当今建筑界的大势所趋,健康建筑更加综合且复杂,除建筑领域本身外,还涉及很多交叉学科,如公共卫生学、心理学、营养学、人文与社会科学、运动生理学等,各领域与建筑的关系、与健康的关系,需要持续深入的研究。这些研究倒逼世界各高校进行健康建筑跨学科教育改革与学科组织变革。以视觉艺术为导向的建筑设计教育正逐渐转变为科学主导的全方位、跨学科、职业化的建筑环境整体设计教育。欧盟在过去的 30 年中采取了许多政策鼓励建筑教育界进行对生态负责的教育改革,如何将培养跨学科的健康建筑人才,如何从建筑学的职业责任扩展为一门公共教育等问题,一直是国际建筑教育界在探索的问题。

2.2 国内研究现状

在我国,随着生活水平的提高和生活方式的变化,人们对健康的关注逐渐强烈。2003 年,"非典"疫情的出现更是促使健康建筑引人瞩目。为此,国内加快了对健康建筑研究的步伐,制定了一系列相关政策和规范(表 1),虽然在健康建筑教育方面还刚刚起步,但从以下三个方面说明国内教育界已经意识到健康建筑教育将成为建筑教育的新趋势。

国内健康建筑相关政策或规范　　　表 1

时间	政策或规范名称
2001 年	《健康住宅建设技术要点》
2004 年	《健康住宅建设技术要点》的修编
2009 年	《健康住宅建设技术规程》
2013 年	《住宅健康性能评价体系》(2013 年版)
2016 年	《"健康中国 2030"规划纲要》
2017 年	《健康建筑评价标准》T/AS 02—2016

第一,近几年来,随着环境问题的突出,在"中国建筑教育学术研讨会论文集"中一些有关绿色建筑教育教学探讨、改革等相关文章 始不断出现,虽然健康建筑是基于绿色建筑的深层次发展,绿色建筑关注的是建筑与环境的关系,健康建筑则更加关注人的身心健康,但这些关于绿色建筑教学的成果为深入健康建筑教育打下了基础。

第二,虽然目前关于健康建筑教育的系统性研究成果不多,但国内知名建筑院校已经率先尝试教学与科研结合,进行有关方面的研究。如同济大学健康城市实验室,建立了"健康城市规划与治理"一流学科团队,并积累了一定的教学和科研成果。

第三,在全国高等学校建筑学专业指导委员会举办的全国大学生设计竞赛以及建筑设计作业评比等活动中,竞赛主题、活动主题逐渐体现可持续发展思想。从 2019 年开始,以"大健康"为主题的设计竞赛题目逐渐增多。

综上所述,因健康建筑的实质性研究起步较晚,具有健康建筑理论和设计能力的跨学科人才也极其缺乏,故基于健康建筑理念的建筑学跨学科人才培养体系研究亟须加强，而且高校健康建筑教育不应仅限于大学课堂，还应该积极投身于推广健康建筑观念，唤醒民众生态意识的工作中来，故建筑院校基于健康建筑理念的跨学科人才培养体系研究任重道远，也将成为国内外建筑学教育发展的新方向。

3 人才培养模式创新与实践

3.1 建立健康建筑视野下的培养目标

建筑学专业与人的"衣食住行"息息相关，其学科特点决定了其必需面向国家重大战略、经济社会发展需要和人民健康生活需求。中南大学建筑学专业利用学校学科门类齐全的特点，有效集合工科和湘雅医科资源，融合城市规划、环境科学、公共卫生管理、神经科学与行为学、心理学等多个学科，成立了"健康建筑研究中心"，建成了两个国家级的联合培养基地，逐步改进建筑学人才培养的模式和方法，强调健康建筑观和设计实践、社会服务、专业研究相结合，确立了"培养适应和引领未来健康建筑的，基础知识扎实，专业视野宽广的创新复合型建筑学人才"的培养目标。

3.2 搭建跨学科人才培养平台

未来社会需求决定了人才培养需要涵盖健康人居环境设计领域的跨学科知识、素养和能力，服务于日益复杂的社会和自然环境，实现从单一的专业技能培养向复合的综合能力塑造的转变。为了全面提升面向社会发展的契合度和面向未来健康城市的适应性，中南大学建筑学科打破学科壁垒，搭建一套适合于地方建筑院校的跨学科人才培养平台（图1）。

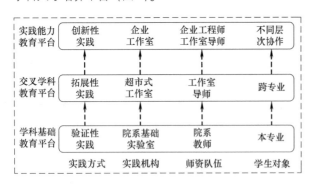

图1 建筑学跨学科人才培养平台

3.3 创新跨学科人才培养实践

人才培养目标和平台构建完成后，则需"知行合一，行胜于言"，将以上目标落实到具体的交叉融合创新实践中（图2）。

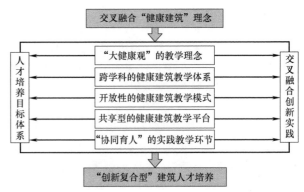

图2 建筑学跨学科人才培养实践

1) 建立"大健康"观的教学理念

教学过程中教师以健康建筑理念为基础，引导学生跨学科学习，加大学生选择空间。低年级阶段通过通识课加强健康建筑基本概念的学习；高年级利用工作营等形式组织不同学科、专业的学生混合编组为 STUDIO 教学团队模式，构成自组织"学习共同体"。这种教学理念以最贴近学生的"健康校园即教材"为指导思想，从点到线、从线到面、从实到虚的一个逐渐发展的过程，走出一条独特的基于健康建筑理念的建筑学教育之路。

2) 构建跨学科的健康建筑教学体系

以交叉融合为核心，构建基于健康建筑理念的"横纵结合"的教学体系。其中，纵向体系涵盖"健康建筑设计""健康建筑技术""健康建筑材料"以及"健康建筑管理"四大板块，横向体系涵盖社会、人文、艺术、管理等专业，培养学生对社会人文、学术动态、经济决策、环境评价及管理组织的统筹思考，实现教学资源的有效整合与信息共享。

3) 拓展开放性的健康建筑教学模式

在技术和知识爆炸的时代，完全掌握所有的知识是不可能也不必要的，基于网络平台的"智慧＋教育"，融通线下和线上两个空间，建设 MOOC、虚拟仿真教学项目，充分利用国内外教育教学资源，与国内外知名建筑院校建立联合教学长效机制，将跨专业教学延伸为跨地域、国际间合作，提高建筑教育参与国际竞争的能力，不仅有利于健康建筑本身的研究，而且为健康建筑的设计储备了人才。

4) 搭建共享型的健康建筑教学平台

以高校为主体，通过政府、企业、科研机构、行业协会的多元协同，建设各级健康建筑教学平台，建立多层级、体系化校企联合培养机制。将与健康建筑相关企业的实践和行业研究转化为教学资源和设计课题来源，将规划、设计、施工、评价纳入健康建筑教学平台，建立全程的健康建筑生命观，实现专业人才培养与社会行业需求的有效接轨和能力匹配。

5）强化"协同育人"的实践教学环节

基于CDIO教育理念，结合我校的"健康建筑研究中心"，搭建"大健康"创新研究及实践体系，将"健康建筑设计""健康建筑技术""健康建筑材料"以及"健康建筑管理"四大实践内容与社会工程项目相结合，提高学生参与社会工程的"实战"能力，缩短学生走出校园后的工作适应期，提高学生未来执业的竞争力。

3.4 架构跨学科人才培养创新体系

通过探索，逐步构建了"一框架＋两层级＋多支撑"的跨学科人才培养创新体系（图3）。

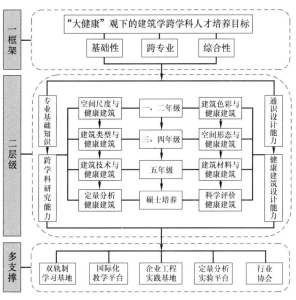

图3 "一框架＋两层级＋多支撑"的人才培养创新体系

4 结语

通过结合地方建筑院校的特点，聚焦"健康建筑理念"与"建筑学跨学科人才培养"两个基本问题，以大健康教育观为理论基础，提出了"适应和引领未来健康城市的需要，培养基础知识扎实，专业视野宽广，综合素质高的创新复合型人才"的培养目标，一直在探索和思考当代与未来社会需求的基本脉络，讨论我国基于健康建筑理念的建筑学人才培养体系以及实现的基本策略，对于培养学生成为健康社会需要的、具有正确健康建筑理念的专业人才，具有一定的现实意义，有助于推进我国建筑学高等教育的改革创新。

主要参考文献

[1] 袁振国. 当代教育学 [M]. 北京：教育科学出版社，2004：102-103.

[2] （美）鲍里奇. 有效教学方法 [M]. 易东平，译. 南京：江苏教育出版社，2002.

[3] 张伶伶，张帆，赵伟峰. 区域建筑学 [J]. 建筑学报，2019（11）：1-8.

[4] 王清勤. 健康建筑是"健康中国"战略的新载体 [J]. 建筑，2017，18（9）：8.

[5] 薛菊. 地方高校建筑学专业教育教学改革的探索 [J]. 华中建筑，2010，28（11）：174-176.

[6] 仲德崑. 中国建筑教育的现实状况和未来发展 [J]. 中国建筑教育，2008（1）：9-15.

[7] 鲍家声. 低碳经济时代的建筑之道 [J]. 建筑学报，2010（7）：1-6.

[8] 黄海静. 卢峰. 交叉·融合——重庆大学建筑"新工科"人才培养创新与实践 [C] //2019中国高等学校建筑教育学术研讨会论文集编委会，西南交通大学建筑与设计学院. 2019中国高等学校建筑教育学术研讨会论文集. 北京：中国建筑工业出版社，2019：189-191.

[9] 王清勤，孟冲，李国柱. 健康建筑的发展需求与展望 [J]. 暖通空调，2017，47（7）：32-35.

[10] 余阳春，翟辉，王译增. 建筑学跨学科借鉴的几点思考 [J]. 建筑与文化，2018（3）：77-79.

[11] Sheng Ying, Fang Lei, Zhang Le, Wang Yanqian. Aimed at Building a Healthy Living Environment: An Analysis of Performance of Clean-Air Heat Pump System for Ammonia Removal [J]. Building and Environment，2019（10）：32.

[12] Marcella Ucci, Are Metrics and Data the Answer to Delivering "Healthy Buildings" [J]. Building Services Engineering Research & Technology，2020（3）：41.

刘滢　于戈

哈尔滨工业大学建筑学院，寒地城乡人居环境科学与技术工业和信息化部重点实验室；liuying01@hit. edu. cn，yuge _ hit@yeah. net
Liu Ying　Yu Ge
School of Architecture，Harbin Institute of Technology；Key Laboratory of Cold Region Urban and Rural Human Settlement Environment Science and Technology，Ministry of Industry and Information Technology

"科学＋艺术"
——建筑类专业多学科交叉融合探索与实践

"Science ＋ Art"
——The Exploration and Practice of Multidisciplinary Integration in Architectural Majors

摘　要：本文聚焦国家战略性新兴产业的人才需求，利用哈工大学院学科结构完善的优势，创新人才培养理念，建立人才培养新标准；以解决产业领域创新为目标，注重工科与艺术的学科交叉融合，设置"科学＋艺术"建筑类专业多学科交叉融合与复合人才培养的课程体系；完善实践教育基地建设，搭建"建筑＋艺术"文理科协同互动、产学研融合的实践教学平台，创新人才培养模式。

关键词：科学＋艺术；多学科交叉融合；改革思路；创新举措

Abstract：This paper focuses on the talent needs of national strategic emerging industries，takes advantage of the complete discipline structure of Harbin Institute of Technology，innovates the concept of talent training，and establishes new standards for talent training. Aiming at solving innovation in the industrial field，focusing on the multidisciplinary integration of engineering and art，setting up a curriculum system of "science＋art" multidisciplinary integration and multidisciplinary talent training for architectural majors. Perfecting the construction of practical education bases，building a practical teaching platform for the collaborative interaction of "architecture＋art" sciences and humanities and the integration of industry-university-research institute，innovating the talent training model.

Keywords：Science ＋ Art；Multidisciplinary Integration；Reform Ideas；Innovative Measures

1　新发展、新需求

随着"十四五"期间，我国已转向高质量发展阶段，但重点领域的关键核心技术创新仍然面临重大挑战。随着新一轮科技革命和产业变革深入发展，人工智能和虚拟现实技术等国家战略性新兴产业领域，将发挥越来越重要的作用。《国民经济和社会发展第十四个五年规划和2035年远景目标纲要》指出，到2025年，数字经济核心产业增加值占GDP比重将从2020年的7.8%提升至10%；提出"聚焦新一代信息技术等战略性新兴产业，加快关键核心技术创新应用"；七大科技前沿攻关领域也包括了涵盖图形图像、语音视频、自然语言识别处理等创新的"新一代人工智能"。

2　新问题、新目标

近年来，建筑类专业迎接数字时代，运用多手段促进数字技术与产业经济深度融合；通过提升创新设计能力水平，提升建筑产业的技术创新能力。人才培养既要面向科技领域的前沿发展，又有较高的艺术认知与创意设计能力要求，具有明显的工科与文科深度交叉融合特色。作为具有工科优势的高校，面对国家经济社会高质量发展的需求，需要解决三个关键问题。

1）在专业发展上，如何定位人才培养标准，以赋能传统产业转型升级，以数字化转型整体驱动生产方式、生活方式发挥重要作用？

2）面向新兴产业领域的人才培养，在工科优势高校，如何建构"科学"与"艺术"双重视野下的建筑类专业课程体系，才能使学生拥有"硬核"科技创新能力的同时，具有创意设计与文化传播的"软实力"？

3）人才培养过程中如何建构有效的科教融合、产教融合、校企联合育人的培养模式，加强与各产业领域交叉融合，以促进形成颠覆性技术供给，提升产业链供应链现代化水平，以满足高质量发展需求？

面向国家经济社会高质量发展对智慧人居产业领域的人才需求，借助工科优势高校的学科发展优势，借鉴"四新"改革研究与实践的成功经验，定位具有哈尔滨工业大学大特色的学科发展方向，制订人才培养标准，建构多学科交叉复合的"科学＋艺术"融合课程体系，探索建筑类专业人才培养新模式。

3 新思路、新举措

3.1 人才培养新思路

以哈尔滨工业大学建筑类专业为例，探索工科优势高校专业建设与改革路径，围绕核心目标，形成"双服务"牵引、"双内核"驱动、"多模式"互动的改革思路。

1）借助工科优势学校的成就，推进学科交叉融合，"双服务"牵引，定位专业特色优势，打造新型智慧人居视角下的建筑类专业，制定人才培养新标准。

高等教育的根本目标是扩大知识生产与人才培养，以实现社会服务与文化传承。面向国家对智慧人居新兴产业领域的需求，借助哈尔滨工业大学在人居环境、计算机等领域的成就，建筑类专业定位支撑两个维度的社会服务：一个维度，紧密结合智能人居环境设计与建造、智慧城市、智慧建筑等国家重点领域关键核心技术创新，为创新型国家发展助力；另一个维度，在培育以信息和数字消费为内核、定制和智能为特征的建筑业新业态中，充分发挥建筑设计不可被替代的作用，推动科学赋能与艺术促进，提升人民生活的幸福感和获得感。

2）以学生能力塑造为核心，"双内核"驱动，建构"科学＋艺术"融合互动课程体系，培养"系统科学观"和"创新软实力"兼备的复合型智慧人居设计人才。

目前，在建筑类专业的课程体系建设中，一直在深化系统性、弥补知识与能力培养碎片化，提升建筑类专业的"软科学"。面向未来人才，依据自身办学定位和特色，借助哈尔滨工业大学人居环境学科、计算机等工科的成就，优化专业结构，建构双核互动的课程体系。课程教学内容和教学方法上，以学生能力塑造为核心，培养具备建筑学和跨学科知识结构，兼具新人文、艺术、科学观，具有较强创新精神、创新意识和创意能力，能够深耕人居环境，带动建筑业发展和进步的复合型高端人才。

3）以人才培养质量牵引，创新政产学研融合的专业人才培养模式，"多模式"互动，着力提升新工科建设质量。

研究表明，数据密集、跨学科、强合作和问题驱动是未来10年教育和学术研究的特点。哈尔滨工业大学以工信部重点实验室和文旅部重点实验室为平台推动科教融合；拓展实践教育基地推动产教融合；聚焦产业研发设计推动创新创业教育。多模式互动，促进人才培养与产业紧密联系，增强"设计实践""人才培养""科学研究"三方面的融合互动，以全周期实践能力和创新能力塑造为目标，提升人才培养水平。

3.2 人才培养新措施

1）面向新时代服务国家经济社会高质量发展的人才需求，深入调研人才培养需求，制定培养目标和毕业要求。

根据《普通高等学校本科专业类教学质量国家标准(2018版)》，"鼓励各高校特色化发展"，国内各高校数字媒体相关专业人才培养呈现多元化特征。对美国麻省理工学院、美国南加州大学、清华大学和同济大学等国内外工科优势学校的相关专业开展深入调研，研究人才培养特色及优势；同时，深入研究建筑类专业的增长点和发展方向，科学确定专业人才培养目标和培养标准，培养学生的核心竞争力。

2）打造中国传统文化为核心的艺术教育课程集群提升创新设计能力，以智慧建筑设计为核心的虚拟现实课程集群培养科技创新能力，设置"三创"工作坊特色专业实践教学环节，着力提高学生的"硬实力"和"软实力"。

在课程体系构建方面，低年级课程以设计基础教育课程集群为主体，辅助虚拟现实基础类课程。设计基础教育课程集群坚持以社会主义核心价值观为引领，挖掘中国传统文化为核心的特色教育，以提升中华文化影响力和国家文化软实力，构建中国特色的学术体系和话语体系。本科三年级开设以建筑设计和数字建构类课程为主体的课程集群。本科四年级以专项设计、数字媒体交互等人工智能、虚拟现实等领域前沿创新设置设计题目。各年级利用夏季学期，设置"创意、创新、创业"为特色的"三创"工作坊，提升学生把知识转化解决问题的能力。

3）建设高水平实验平台，完善实践教育基地，建立打破人居环境学科与设计学科壁垒的组织保障机制，多措施全面提升学生创新能力。

建设寒地建筑科学与工程研究中心和多学科创新设计科学实验平台，"大科学"和"大设计"前沿研究着力科研成果转化创新教育；借鉴哈尔滨工业大学建筑学专业新工科建设积累的"双主体"协同育人培养模式的成熟经验，打造实践教育基地，探索校企联合育人模式；建设交叉型基层教学组织，保障学科交叉下的教学顺畅进行；支持创新创业训练项目、打造学科竞赛平台、参与全国大学生创新创业大赛等。

4 对于"科学＋艺术"的思考

在推进新工科建设，培养新时代工科人才的大背景下，创新"科学＋艺术"融合建筑专业复合型文理科人才培养的新理念，建立引领行业新发展、具有特色优势的交叉人才培养新标准。以创新精神、创新意识和创新能力培养为核心，构建建筑类专业建设方案与人才培养体系，搭建"建筑＋艺术"文理科协同互动、产学研融合的实践教学平台。成果面向国家创新驱动发展和战略新兴产业建设需求，可推广至全国建筑学及相关的设计学、艺术学学科，对于培养"建筑＋艺术"科技创新、智慧人居和设计创新人才，推动国家和地区产业发展和进步，以及服务产业转型升级具有重要意义。

主要参考文献

[1] 王钰淇. 科学＋艺术：高校美育"三步走"教学模式的创新性路径研究 [J]. 大众文艺，2021（13）：178-179.

[2] 刘音，程卫民，刘震. 新工科背景下多学科交叉融合"安全＋"人才培养模式探讨与实践 [J]. 科技与创新，2021（10）：154-155.

[3] 刘滢，于戈. "新工科"背景下建筑学专业的学科交叉融合教学模式探索与实践 [C] //2019 中国高等学校建筑教育学术研讨会论文集编委会，西南交通大学建筑与设计学院. 2019 中国高等学校建筑教育学术研讨会论文集. 北京：中国建筑工业出版社，2019：267-270.

[4] 王振，谭刚毅，汪原，刘晖. 新工科建筑类专业基础教学的多元化培养实践与思考. 2019 中国高等学校建筑教育学术研讨会论文集编委会，西南交通大学建筑与设计学院. 2019 中国高等学校建筑教育学术研讨会论文集. 北京：中国建筑工业出版社，2019：193-197.

[5] 刘滢，于戈. 基于多维目标有效植入的三年级建筑设计课程改革与实践 [C] //2018 中国高等学校建筑教育学术研讨会论文集编委会，华南理工大学建筑学院. 2018 中国高等学校建筑教育学术研讨会论文集. 北京：中国建筑工业出版社，2018：216-219.